Festkörperphysik

von
Neil W. Ashcroft und N. David Mermin

Übersetzung von Dr. Jochen Greß

Oldenbourg Verlag München Wien

Die amerikanische Originalausgabe erschien erstmals 1976 unter dem Titel
„Solid State Physics" bei Saunders College Publishing.

Übersetzung von Dr. Jochen Greß, Berlin

Titelbild:
Fermifläche des 5. Bandes der Minoritätselektronen von Nickel: eine selbstkonsistente Berechnung der Elektronendichte und Bandstruktur mit Hilfe einer Korringa-Kohn-Rostoker Greenschen Funktionsmethode in der Näherung eines lokalen Spindichtefunk-tionals.

Dr. Peter Zahn und Priv. Doz. Dr. Ingrid Mertig
TU Dresden
Institut für Theoretische Physik
D-01062 Dresden

www.phy.tu-dresden.de/~fermisur

> für Elizabeth, Jonathan,
> Robert und Jan

Die Deutsche Bibliothek - CIP-Einheitsaufnahme

Ashcroft, Neil W.
Festkörperphysik / von Neil W. Ashcroft und N. David Mermin. Übers.
von Jochen Greß. – München ; Wien : Oldenbourg, 2001
    Einheitssacht : Solid state physics <dt.>
    ISBN 3-486-24834-0

© 2001 Oldenbourg Wissenschaftsverlag GmbH
Rosenheimer Straße 145, D-81671 München
Telefon: (089) 45051-0
www.oldenbourg-verlag.de

Lektorat: Martin Reck
Satz und Layout: Anne Lessard, Berlin
Herstellung: Rainer Hartl
Umschlagkonzeption: Kraxenberger Kommunikationshaus, München
Gedruckt auf säure- und chlorfreiem Papier
Druck: R. Oldenbourg Graphische Betriebe Druckerei GmbH

Vorwort

Wir begannen dieses Buchprojekt im Jahre 1968 mit dem Ziel, einen Mangel zu beheben, der uns deutlich wurde, nachdem wir mehrere Jahre hindurch Kurse in einführender Festkörperphysik für Studenten der Physik, Chemie, Ingenieur- und Materialwissenschaften an der Cornell-University gegeben hatten. Wir waren dabei gezwungen gewesen, uns sowohl in den Kursen für Anfänger als auch für Fortgeschrittene auf ein Flickwerk von Literaturbeiträgen als Lesestoff für die Studenten zu berufen, zusammengebastelt aus mehr als einem halben Dutzend Texten und Abhandlungen. Die Ursache dafür lag nur zum Teil in der enormen Vielschichtigkeit des Themas. Das wesentliche Problem war vielmehr die nötige Dualität eines lehrenden Ansatzes: Auf der einen Seite muß eine Einführung in die Festkörperphysik einen Überblick geben über die Vielfalt der Festkörpertypen und ihre Beschreibung, wobei sie typische Daten ebenso liefern muß wie illustrative Beispiele. Auf der anderen Seite existiert eine wohlbegründete, grundlegende Theorie der festen Körper, mit der sich jeder ernsthafte Student vertraut machen muß.

Durchaus zu unserer Überraschung hat es uns sieben Jahre gekostet, um zu produzieren, was wir für unbedingt erforderlich hielten: einen einführenden Text, der beide Aspekte des Gegenstandes darstellt, den beschreibenden ebenso wie den analytischen. Dabei war es unser Ziel, die mit den wesentlichsten Erscheinungsformen der kristallinen Materie verbundenen Phänomene zu erschließen und gleichzeitig durch eine klare, detaillierte, dabei aber stets elementare Behandlung der grundlegenden theoretischen Konzepte das Fundament zu legen für ein praktisches Verständnis der Festkörper.

Unser Buch ist geeignet als einführender Kurs in die Festkörperphysik, sowohl für Anfänger als auch für höhere Semester.[1] Die statistische Mechanik und die Quantentheorie bilden das Herz der Festkörperphysik. Obwohl wir beide Konzepte ohne Zögern anwenden, sobald sie benötigt werden, haben wir dennoch versucht – insbesondere in den eher elementaren Kapiteln – auf diejenigen Leser Rücksicht zu nehmen, die sich auf diesen Gebieten noch wenig praktische Erfahrungen aneignen konnten. Wann immer es auf natürliche Weise möglich war, haben wir die Untersuchung von Problemstellungen, die ausschließlich mit klassischen Methoden behandelt werden können, klar getrennt von der Behandlung von Gegenständen, die einen quantenmechanischen Ansatz erfordern. In Fällen der letzteren Art, wenn also eine Anwendung der Quantenmechanik oder der Statistischen Mechanik unabdingbar ist, gehen wir immer von explizit formulierten Grundprinzipien aus. Aus diesen Gründen ist unser Buch geeignet als Begleittext einer einführenden Veranstaltung, die mit Einführungen in die Quantenmechanik und die Statistische Mechanik parallel geht; nur in den weiter fortgeschrittenen Kapiteln oder Anhängen setzen wir beim Leser darüber hinausgehende Erfahrungen voraus.

---

[1] Auf den Seites XIX bis XXII geben wir Vorschläge, auf welche Weise dieses Buch als Begleittext für Lehrveranstaltungen unterschiedlichsten Umfanges und Anspruches eingesetzt werden kann.

Die jedem Kapitel folgenden Aufgaben orientieren sich stark am Text des jeweiligen Kapitels. Die Aufgaben lassen sich in drei Kategorien klassifizieren, die man wie folgt beschreiben kann: (a) Mathematische Umformungen, die zur Routine gehören, werden oft in die Aufgaben verlagert – teils, um den Text von umfangreichen Formeln zu entlasten, die nicht von grundsätzlichem Interesse sind, teils aber auch deshalb, weil der Leser die Herleitungen besser verstehen kann, wenn er sie selbst mit Hilfe von Hinweisen und Vorschlägen zur Vorgehensweise nachvollzieht. (b) Die Aufgaben können auch effektiv den Umfang des eigentlichen Kapitels ausdehnen, wenn dieser aufgrund des vorgegebenen Gesamtumfanges des Buches beschränkt werden mußte. (c) Weiterführende numerische und analytische Anwendungen verlagerten wir oft in die Anhänge – einerseits zur zusätzlichen Information des Lesers, jedoch auch zur Schulung seiner neu erworbenen Fertigkeiten. Der Leser sollte deshalb den Text der Aufgaben auch dann zur Kenntnis nehmen, wenn er nicht beabsichtigt, ihre Lösung zu versuchen.

Obwohl wir wissen, daß ein Bild mehr sagen kann als tausend Worte, ist es uns jedoch ebenso klar, daß eine einzige, wenig informative Abbildung den Platz vieler Hundert erläuternder Wörter einnehmen kann. Der Leser trifft deshalb bei seiner Lektüre auf längere Passagen erklärender Prosa, die nicht durch unnötige Abbildungen unterbrochen werden, ebenso aber auch auf Abschnitte, deren Inhalt durch eine Betrachtung der Abbildungen und die Lektüre der Bildunterschriften rasch erfaßt werden kann.

Wir empfehlen die Verwendung des Buches sowohl als Begleittext zu Lehrveranstaltungen unterschiedlichsten Niveaus, aber auch dann, wenn einzelne Gebiete im Vordergrund des Interesses stehen. Eine Lehrveranstaltung wird wohl in den seltensten Fällen die unterschiedlichen Gebiete in der von uns gewählten Abfolge der Kapitel behandeln; wir haben die Kapitel deshalb auf eine Weise strukturiert, die eine Auswahl einzelner Kapitel ebenso erleichtert wie ein Vertauschen.[2] Die von uns gewählte Reihenfolge verdeutlicht gewisse Grundlinien der Festkörperphysik, ausgehend von einer Darstellung der elementarsten Zusammenhänge bis zu fortgeschrittenen Anwendungen, in einer möglichst konzisen Abfolge.

Wir beginnen das Buch mit den elementaren klassischen (Kapitel 1) und quantenmechanischen (Kapitel 2) Aspekten einer Theorie freier Elektronen der Metalle, da wir hierzu nur ein Minimum an Vorkenntnissen voraussetzen müssen, dennoch aber unmittelbar anhand ausgewählter Beispiele praktisch sämtliche Phänomene kennenlernen können, mit welchen sich die Theorien der Isolatoren, Halbleiter oder der Metalle befassen müssen. Dadurch ersparen wir dem Leser den frustrierenden Eindruck, daß

---

[2] Die Tabelle auf den Seiten XX bis XXII stellt die zum Verständnis eines jeden Kapitels nötigen Vorkenntnisse zusammen, um Lesern, die entweder nur an einem bestimmten Teilgebiet der Festkörperphysik oder einem bestimmten Aspekt interessiert sind, oder auch eine von unserer Anordnung der Kapitel abweichende Reihenfolge der Inhalte vorziehen, eine entsprechende Auswahl der Kapitel zu erleichtern.

man nichts verstehen könne, bevor man nicht eine abschreckende Menge kryptischer Definitionen und Begriffsbildungen (im Zusammenhang mit periodischen Strukturen) verinnerlicht oder umfangreiche quantenmechanische Untersuchungen (periodischer Systeme) bewältigt hätte.

Periodische Strukturen führen wir erst nach einem Überblick (Kapitel 3) über jene Eigenschaften der Metalle ein, die man auch ohne eine Untersuchung der Auswirkungen der Periodizität verstehen kann – oder eben auch nicht. Wir haben dabei versucht, das gewisse Unwohlsein zu mindern, welches einen beschleicht, wenn man sich zum ersten Male in der Sprache periodischer Systeme bewegen muß, indem wir (a) die wichtigsten Konsequenzen der reinen Translationssymmetrie (Kapitel 4 und 5) von den übrigen, weniger essentiellen Aspekten der Rotationssymmetrie (Kapitel 7) trennten, (b) die Beschreibung im Ortsraum (Kapitel 4) und die weniger vertraute Formulierung im reziproken Raum (Kapitel 5) getrennt voneinander behandelten, sowie schließlich auch (c) die abstrakte, beschreibende Behandlung der Periodizität von ihrer elementaren Anwendung bei der Deutung der Röntgenbeugung (Kapitel 6) trennten.

Gerüstet mit der Terminologie periodischer physikalischer Systeme ist der Leser nun in der Lage, die Probleme des Modells freier Elektronen der Metalle bis zu jeder gewünschten Stufe anzugehen, oder sich aber unmittelbar der Untersuchung der Gitterschwingungen zu widmen. Unser Buch verfolgt die erstgenannte Strategie: Wir beschreiben den Blochschen Satz und untersuchen seine Konsequenzen allgemeiner Natur (Kapitel 8), um dabei herauszustellen, daß die Folgerungen dieses wesentlichen Satzes die ebenso anschaulichen wie wichtigen Fälle nahezu freier Elektronen (Kapitel 9) und des *tight-binding* weiterführend umfassen. Ein großer Teil des Inhaltes dieser beiden Kapitel ist zum Gebrauch neben einer fortgeschritteneren Veranstaltung geeignet, ebenso wie der sich anschließende Überblick über Methoden zur Berechnung realer Bandstrukturen (Kapitel 11).

Kapitel 12 stellt das bemerkenswerte Modell der semiklassischen Mechanik vor und führt es zu elementaren Anwendungen, um es anschließend zur komplexeren semiklassischen Transporttheorie auszubauen (Kapitel 13). Die Beschreibung der experimentellen Methoden zur Bestimmung von Fermiflächen in Kapitel 14 mag eher für fortgeschrittenere Leser geeignet sein, während ein Großteil des Überblicks über die Bandstrukturen realer Metalle (Kapitel 15) sehr wohl im Rahmen einer elementaren Veranstaltung zu behandeln wäre.

Mit Ausnahme der Diskussion des Phänomens der Abschirmung kann auch im einführenden Rahmen am Rande Platz finden, was in Kapitel 16 über die Tragweite der Relaxationszeitnäherung sowie in Kapitel 17 über die Folgen einer Vernachlässigung der Elektron-Elektron-Wechselwirkungen gesagt wird.

Die Diskussion der Austrittsarbeit und anderer Oberflächeneffekte in Kapitel 18 kann zu jeder Zeit nach der Behandlung der Translationssymmetrie im Ortsraum einfließen. Wir haben unsere Beschreibung der konventionellen Klassifikation der Festkörper (Kapitel 19) von der Untersuchung der Gitterenergien in Kapitel 20 getrennt. Beide

Themenbereiche werden *nach* einer Einführung in die Bandstruktur der Festkörper behandelt, da erst eine Kenntnis der elektronischen Struktur der Festkörper die Unterschiede zwischen den verschiedenen Kategorien einer Klassifikation der Festkörper klar erkennbar macht.

Zur Motivation einer Beschäftigung mit dem Phänomen der Gitterschwingungen – deren Untersuchung sich der Leser zuwenden kann, sobald er Kapitel 5 zur Kenntnis genommen hat – führen wir in einer Zusammenfassung (Kapitel 21) zunächst all jene Festkörpereigenschaften auf, deren Deutung ohne Berücksichtigung des Vorhandenseins von Schwingungen des Gitters nicht möglich ist. Wir geben eine elementare Einführung in die Gitterdynamik, wobei wir die klassischen (Kapitel 22) und die quantenmechanischen Aspekte (Kapitel 23) einer Behandlung des harmonischen Kristalls getrennt voneinander behandeln. Auf einem elementaren Niveau geben wir einen Überblick über die Methoden der Messung von Phononenspektren (Kapitel 24), die Konsequenzen aus der Anharmonizität der Gitterschwingungen (Kapitel 25) sowie über die besonderen Problemstellungen im Zusammenhang mit dem Verhalten von Phononen in Metallen (Kapitel 26) und Ionenkristallen (Kapitel 27) – obwohl man wesentliche Teile dieser vier letztgenannten Kapitel auch mit Fug und Recht zum Inhalt einer Veranstaltung auf fortgeschrittenem Niveau machen könnte. Keines der Kapitel über Gitterschwingungen setzt eine Kenntnis der Anwendung von Erzeugungs- und Vernichtungsoperatoren für Normalschwingungen voraus; interessierte Leser finden eine Beschreibung dieses Formalismus in den Anhängen.

Zu einem beliebigen Zeitpunkt nach Einführung des Blochschen Satzes sowie einer elementaren Behandlung der semiklassischen Mechanik kann man die Kapitel über homogene (Kapitel 28) und inhomogene (Kapitel 29) Halbleiter in Angriff nehmen. Die Beschäftigung mit Kristalldefekten (Kapitel 30) kann beginnen, sobald das Konzept des Kristalls eingeführt wurde, obwohl in diesem Kapitel bisweilen auch von Ergebnissen früherer Kapitel Gebrauch gemacht wird.

Im Anschluß an einen Überblick über die Phänomene des Magnetismus der Atome untersuchen wir, auf welche Weise diese magnetischen Phänomene im Umfeld eines Festkörpers modifiziert werden (Kapitel 31), behandeln Austauschwechselwirkungen ebenso wie weitere magnetische Wechselwirkungen (Kapitel 32) und wenden schließlich die bis dahin entwickelten Modelle auf das Phänomen der magnetischen Ordnung an (Kapitel 33). Diese kurze Einführung in das Phänomen des Magnetismus ist ebenso wie unsere abschließende Besprechung des Phänomens der Supraleitung (Kapitel 34) im wesentlichen eigenständig. Wir entschieden uns dafür, diese Kapitel an das Ende des Buches zu setzen, um dem Leser diese Phänomene nicht als Folgerungen aus abstrakten Modellvorstellungen, sondern als faszinierende Eigenschaften realer Festkörper vorzustellen zu können.

Wir bedauern, daß es uns nun, am Ende einer sieben Jahre währenden Arbeit, die wir nicht alleine an der Cornell-University, sondern ebenso im Rahmen ausgedehnter Aufenthalte in Cambridge, London, Rom, Wellington und Jülich durchführten, nicht mehr möglich ist, uns all der positiven Kritik, der Hinweise und Ratschläge von unschätzbarem Wert zu erinnern, die uns Studenten, PostDocs, Besucher und Kollegen während dieser Zeit gewährten. Unter vielen anderen sind wir folgenden Personen verpflichtet: V. Ambegaokar, B. W. Batterman, D. Beaglehole, R. Bowers, A. B. Bringer, C. di Castro, R. G. Chambers, G. V. Chester, R. M. Cotts, R. A. Cowley, G. Eilenberger, D. B. Fitchen, C. Friedli, V. Heine, R. L. Henderson, D. F. Holcomb, R. O. Jones, B. D. Josephson, J. A. Krumhansl, C. A. Kukkonen, D. C. Langreth, W. L. McLean, H. Mahr, B. W. Maxfield, R. Monnier, L. G. Parratt, O. Penrose, R. O. Pohl, J. J. Quinn, J. J. Rehr, M. V. Romerio, A. L. Ruoff, G. Russakoff, H. S. Sack, W. L. Schaich, J. R. Schrieffer, J. W. Serene, A. J. Sievers, J. Silcox, R. H. Silsbee, J. P. Straley, D. M. Straus, D. Stroud, K. Sturm und J. W. Wilkins.

Eine Person jedoch hatte Einfluß auf praktisch jedes einzelne Kapitel: Michael E. Fisher, Horace White Professor der Chemie, Physik *und* Mathematik, unser Freund und Nachbar, Troubadour und lästiger Zeitgenosse, begann vor sechs Jahren, unser Manuskript zu lesen und ist uns seitdem hart auf den Fersen geblieben, durch jedes Kapitel hindurch, gelegentlich aber auch durch die erste und zweite Korrekturlesung, hielt uns Unklarheiten vor, verdammte Unaufrichtigkeiten, beklagte Auslassungen, beschriftete Achsen, korrigierte Rechtschreibefehler, zeichnete Abbildungen neu und machte uns das Leben oft verdammt schwer durch sein Insistieren, wir sollten klarer, genauer, einsichtiger und ehrlicher schreiben. Wir hoffen auf seine Genugtuung darüber, wie viele seiner unleserlichen roten Randbemerkungen Eingang in den fertigen Text gefunden haben und erwarten, von ihm zu hören, wie viele es nicht taten...

Einer von uns (NDM) möchte der *Alfred P. Sloan Foundation* sowie der *John Simon Guggenheim Foundation* seine Dankbarkeit aussprechen für die großzügig gewährte Unterstützung während kritischer Phasen der Arbeit, sowie seinen Freunden am *Imperial College London* und am *Istituto di Fisica „G. Marconi"* danken, wo Teile des Buches geschrieben wurden. Darüber hinaus sei R. E. Peierls gedankt, dessen Vorlesungen ihn (NDM) zu dem Standpunkt bekehrten, daß die Festkörperphysik eine physikalische Disziplin von Schönheit, Klarheit und innerem Zusammenhang sei. Der andere von uns (NWA), der das Handwerk von J. M Ziman und A. B. Pippard gelernt hat, bedurfte dieser Bekehrung nicht mehr. Er möchte an dieser Stelle seine Dankbarkeit für die ihm entgegengebrachte Unterstützung und Gastfreundschaft an der Kernforschungsanlage Jülich, der *Victoria University of Wellington* sowie am *Cavendish Laboratory and Clare Hall, Cambridge* zum Ausdruck bringen.

Ithaca, N. W. Ashcroft N. D. Mermin

Inhaltsverzeichnis

Anhänge

Wichtige Tabellen

Im folgenden stellen wir die wichtigsten Tabellen zusammen, die Daten[1] und theoretische Ergebnisse enthalten. Um dem Leser dabei zu helfen, eine bestimmte, gesuchte Tabelle ausfindig zu machen, haben wir die Tabellen nach den wesentlichsten Kategorien gruppiert. So findet man beispielsweise Tabellen mit theoretischen Ergebnissen ausschließlich unter dieser Überschrift, und Tabellen mit Daten zu magnetischen und supraleitenden Metallen in den Gruppen Magnetismus und Supraleitung, nicht etwa in der Gruppe Metalle. Genaue Werte der fundamentalen Konstanten sind im hinteren Buchdeckel sowie auf Seite 965 zusammengestellt.

Theoretische Ergebnisse

[1] Die numerischen Daten in den Tabellen sollen dem Leser dabei helfen, ein Gefühl für absolute und relative Größenordnungen zu entwickeln. Wir haben uns deshalb damit beschieden, die Zahlenwerte bis auf eine oder höchstens zwei signifikante Stellen anzugeben und davon abgesehen, in jedem Falle die genauesten verfügbaren Werte zu präsentieren. Leser, welche Daten für die Forschung benötigen, möchten wir auf die einschlägigen Quellen verweisen.

Kristallstruktur

Metalle

Isolatoren und Halbleiter

Magnetismus

Supraleitung

Vorschläge zur Verwendung des Buches

Wir haben versucht, die Anordnung der Kapitel dieses Buches so vorzunehmen, daß gewisse, miteinander verwobene Entwicklungslinien der Festkörperphysik möglichst wenig verschleiert werden. Die folgende Tabelle soll Lesern mit speziellen Interessen an einzelnen Aspekten (z. B. Gitterschwingungen, Halbleiter, Metalle) oder auch Lehrern, die Beschränkungen des Umfanges oder des Niveaus einer Lehrveranstaltung beachten müssen, dabei helfen, eine geeignete Materialauswahl zu treffen.

Die für jedes Kapitel nötigen Vorkenntnisse geben wir in dieser Tabelle wie folgt an: (a) Wird Kapitel M *nach* Kapitel N aufgeführt, so ist die Bewältigung des Inhaltes von Kapitel M – natürlich ebenso, wie die für dessen Verständnis nötigen Vorkenntnisse – für ein Verständnis des Kapitels N oder wesentlicher Teile von ihm eine notwendige Voraussetzung. (b) Erscheint (M) nach N, so ist der Inhalt von M *nicht essentiell* für das Verständnis von Kapitel N: entweder beruht dann lediglich ein kleiner Teil von N auf M, oder einige Teile von M können bei der Lektüre von N hilfreich sein. (c) Erscheint weder M noch (M) nach N, so bedeutet dies *nicht*, daß in N keinerlei Rückbezug auf den Inhalt von M genommen wird; solche Rückbezüge zeigen wir in diesem Falle in erster Linie deshalb auf, weil der Inhalt von N den Gegenstand von M in einem neuen, interessanten Licht zeigt, und nicht etwa deshalb, weil der Inhalt von M bei der Entwicklung des Kapitels N hilfreich wäre.[1]

Der verbleibende Teil der Tabelle gibt Hinweise darauf, auf welche Weise das Buch in einer einsemestrigen oder zweisemestrigen einführenden Lehrveranstaltung verwendet werden könnte. Gewisse Kapitel (oder auch Teile davon) werden immer dann zur Lektüre vorgeschlagen,[2] wenn sie entweder fast ausschließlich beschreibender Natur sind, oder wir den Eindruck hatten, daß auch eine Anfängervorlesung den Studenten wenigstens auf das Vorhandensein gewisser Gebiete der Festkörperphysik hinweisen sollte – selbst dann, wenn die Zeit im Rahmen einer Anfängervorlesung nicht zur Vefügung steht, um näher auf diese Gebiete einzugehen. Die Ordnung der Darstellung in unserem Buch ist natürlich flexibel; so möchte man es durchaus vorziehen, auch in einer zweisemestrigen Veranstaltung zunächst dem Muster der einsemestrigen Veranstaltung zu folgen, um die schwierigeren Aspekte sodann in der zweiten Vorlesungsreihe zu ergänzen.

Eine einführende Veranstaltung auf höherem Niveau kann – ebenso wie eine Veranstaltung für Fortgeschrittene, die auf eine einsemestrige Einführung folgt – möglicherweise auch den Inhalt von Abschnitten umfassen, die in der zweisemestrigen Anfängerveranstaltung ausgelassen wurden – wie beispielsweise zahlreiche der sechzehn Anhänge.

---

[1] Für die Lektüre des Kapitels 12 raten wir zum Beispiel, sich vorher mit Kapitel 1, 2, 4, 5 und 8 beschäftigt zu haben.

[2] Man wird die Studenten wohl bitten, die Kapitel, auf denen die Vorlesung beruht, ebenfalls zu lesen.

Kapitel	Vorkenntnisse	Einsemestrige Einführung Vorlesungen	Lektüre	Zweisemestrige Einführung Vorlesungen	Lektüre
1. Die Drude-Theorie der Metalle	Keine	•		•	
2. Die Sommerfeld-Theorie der Metalle	1	•		•	
3. Unzulänglichkeiten des Modells freier Elektronen	2		•		•
4. Kristallgitter	Keine	zusammen-fassen	•	•	
5. Das reziproke Gitter	4	•		•	
6. Bestimmung von Kristallstrukturen mittels Röntgenbeugung	5	120-131		•	
7. Klassifikation der Bravaisgitter und Kristallstrukturen	4				•
8. Elektronische Energieniveaus in einem periodischen Potential	5	164-179		•	
9. Elektronen in einem schwachen periodischen Potential	8 (6)	190-207		•	
10. Das Tight-Binding-Verfahren	8		220	220-230	230-237
11. Weitere Verfahren zur Berechnung von Bandstrukturen	8 (9)		242-244		•

Kapitel	Vorkenntnisse	Einsemestrige Einführung		Zweisemestrige Einführung	
		Vorlesungen	Lektüre	Vorlesungen	Lektüre
12. Semiklassisches Modell der Elektronendynamik	2, 8	270-295		270-295	
13. Semiklassische Theorie der Leitung in Metalle	12				308
14. Experimentelle Bestimmung der Fermifläche	12	336-349		336-349	
15. Bandstruktur ausgewählter Metalle	8 (2, 9, 10, 11, 12)		•	•	
16. Die Grenzen der Relaxationszeitnäherung	2 (13)				•
17. Die Grenzen der Näherung unabhängiger Elektronen	2		428-435	418-437	437-446
18. Oberflächeneffekte	2, 4 (6, 8)		450-463	450-463	
19. Klassifikation der Festkörper	2, 4 (9, 10)		•	•	
20. Gitterenergie	19 (17)	500-518	•	•	
21. Unzulänglichkeiten des Modells eines statischen Gitters	(2, 4)		•		•
22. Klassische Theorie des harmonischen Kristalls	5	534-553		•	

Kapitel	Vorkenntnisse	Einsemestrige Einführung		Zweisemestrige Einführung	
		Vorlesungen	Lektüre	Vorlesungen	Lektüre
23. Quantentheorie des harmonischen Kristalls	22	574-589		•	
24. Messung der Dispersionsrelationen von Phononen	2, 23		596-607	•	
25. Anharmonische Effekte in Kristallen	23		635-642	•	
26. Phononen in Metallen	17, 23 (16)	665-668		650-659 665-668	
27. Dielektrische Eigenschaften von Isolatoren	19, 22		678-690	•	
28. Homogene Halbleiter	2, 8, (12)	714-736		•	
29. Inhomogene Halbleiter	28	748-761		•	
30. Kristalldefekte	4 (8, 12, 19, 22, 28, 29)		799-806		•
31. Diamagnetismus und Paramagnetismus	(2, 4, 14)	839-843		•	
32. Elektronenwechselwirkungen und magnetische Struktur	31 (2, 8, 10, 16, 17)	854-867		854-871	
33. Magnetische Ordnung	4, 5, 32		884-893	•	
34. Supraleitung	1, 2 (26)		926-939	•	

1 Die Drude-Theorie der Metalle

Grundannahmen des Drude-Modells

Stoß- und Relaxationszeiten

Gleichstromleitfähigkeit

Halleffekt und Magnetwiderstand

Wechselstromleitfähigkeit

Dielektrische Funktion und Plasmaresonanz

Wärmeleitfähigkeit

Thermoelektrische Effekte

Die Metalle nehmen einen besonderen Platz im Studium der Festkörper ein. Sie haben eine Reihe außergewöhnlicher Eigenschaften gemeinsam, durch die sie sich von anderen Festkörpern, wie beispielsweise Quarz, Schwefel oder gewöhnlichem Kochsalz unterscheiden. Sie sind sehr gute Leiter für Wärme und elektrischen Strom, sind verformbar und legierbar und zeigen einen eindrucksvollen Glanz ihrer frisch exponierten Oberflächen. Diese Eigenschaften zu erklären war eine Herausforderung, die den Anstoß zur Entwicklung der modernen Festkörpertheorie gab.

Obwohl der überwiegende Teil der Festkörper, mit denen man normalerweise umgeht, nichtmetallisch ist, hat die Betrachtung der Metalle immer eine entscheidende Rolle in der Festkörpertheorie gespielt, vom späten neunzehnten Jahrhundert bis zum heutigen Tage. Der metallische Zustand hat sich in der Tat als einer der fundamentalen Zustände der Materie erwiesen. So bevorzugen die Elemente eindeutig den metallischen Zustand: Mehr als ein Drittel davon sind Metalle. Selbst zum Verständnis der Nichtmetalle benötigt man gleichermaßen ein Verständnis der Metalle: Um erklären zu können, warum Kupfer so gut leitet, muß man verstehen, warum gewöhnliches Kochsalz dies nicht tut.

Im Laufe der vergangenen hundert Jahre versuchten die Physiker, einfache Modelle des metallischen Zustandes zu entwerfen, aus denen die charakteristischen Metalleigenschaften qualitativ und zum Teil auch quantitativ zu verstehen sind. Im Laufe dieser Suche gingen brilliante Erfolge Hand in Hand mit scheinbar hoffnungslosen Fehlschlägen. Auch die frühesten Modelle – obwohl offensichtlich falsch in manchen Aspekten – bleiben, richtig verwendet, von großem Nutzen für die heutigen Festkörperphysiker.

In diesem Kapitel betrachten wir die von P. Drude[1] um die Jahrhundertwende entwickelte Theorie der elektrischen Leitung. Der Erfolg des Drude-Modells war groß, und man verwendet es noch heute, um Abschätzungen zu machen und sich von Phänomenen schnell und praktisch ein Bild zu verschaffen, deren detaillierteres Verständnis eine wesentlich komplexere Behandlung erfordern würde. Aus dem Versagen des Drude-Modells bei der Erklärung mancher Experimente, ebenso durch die konzeptionellen Rätsel, die es stellte, ergaben sich die Probleme, mit denen die Theorie der Metalle während des folgenden Vierteljahrhunderts zu kämpfen hatte. Diese Probleme fanden ihre Lösung erst in der umfassenden und verfeinerten Struktur der Quantentheorie der Festkörper.

Grundannahmen des Drude-Modells

Die Entdeckung des Elektrons durch J. J. Thompson im Jahre 1897 hatte einen unmittelbaren und weitreichenden Einfluß auf die Theorien über den Aufbau der Materie und legte einen offensichtlichen Mechanismus der elektrischen Leitung in

---

[1] *Annalen der Physik* **1**, 566 und **3**, 369 (1900).

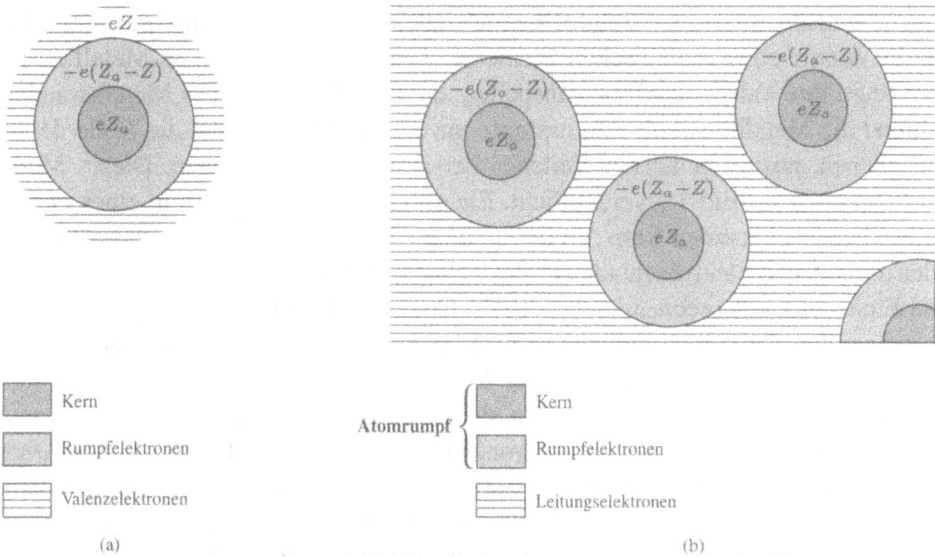

Bild 1.1: (a) Schematische Darstellung eines isolierten Atoms (nicht maßstäblich). (b) In einem Metall bewahren der Kern und der Atomrumpf die Konfiguration eines freien Atoms, lediglich die Valenzelektronen verlassen die Atome und bilden das Elektronengas.

Metallen nahe. Drei Jahre nach Thompsons Entdeckung konstruierte Drude seine Theorie der elektrischen Leitung und der Wärmeleitung in Metallen, indem er die außerordentlich erfolgreiche kinetische Theorie der Gase auf die Metalle übertrug und sie als Elektronengase betrachtete.

In ihrer einfachsten Form behandelt die kinetische Theorie die Moleküle eines Gases als identische, massive Kugeln, die sich solange geradlinig bewegen, bis sie mit einer anderen zusammenstoßen.[2] Die Dauer eines einzelnen Stoßes wird als vernachlässigbar kurz angenommen und man geht davon aus, daß mit Ausnahme der Kräfte, die momentan während eines Stoßes zum Tragen kommen, keinerlei andere Kräfte zwischen den Teilchen wirken.

Im Gegensatz zu den einfachsten Gasen, die nur aus einer Teilchensorte bestehen, müssen in einem Metall wenigstens zwei Arten von Teilchen im Spiel sein, da die Elektronen negativ geladen sind, das Metall aber elektrisch neutral ist. Drude ging davon aus, daß die kompensierende positive Ladung von wesentlich schwereren Teilchen getragen wurde, die er als unbeweglich annahm. Zu seiner Zeit jedoch konnte man sich weder eine präzise Vorstellung von der Natur des Lichtes, noch von den beweglichen Elektronen oder den schwereren, unbeweglichen, positiv geladenen Teilchen machen. Die Lösung dieses Problems ist einer der fundamentalen Erfolge der modernen Quantentheorie der Festkörper. In unserer Betrachtung der Drude-Theorie wollen wir jedoch

---

[2] ... oder mit den Wänden des Behälters, in dem das Gas enthalten ist. Diese letztere Möglichkeit wird bei der Behandlung von Metallen normalerweise ausgeschlossen, es sei denn, man betrachtet sehr dünne Drähte, dünne Folien oder Oberflächeneffekte.

einfach annehmen (und bei zahlreichen Metallen ist diese Annahme gerechtfertigt), daß die Atome eines metallischen Elements, wenn man sie zu einem Metall zusammenbringt, ihre Valenzelektronen abspalten, die dann frei durch das Metall wandern, während die Metallionen als Atomrümpfe unverändert bleiben und die Rolle der unbeweglichen, positiv geladenen Teilchen der Drude-Theorie spielen. Dieses Modell ist schematisch in Bild 1.1 verdeutlicht. Ein einzelnes, isoliertes Atom eines metallischen Elements hat einen Kern mit der Ladung eZ_a, wobei Z_a die Ordnungszahl und e den Betrag der Elektronenladung[3] bezeichnen: $e = 4,80 \cdot 10^{-10}$ esu (elektrostatische Einheiten), entsprechend $1,60 \cdot 10^{-19}$ Coulomb. Der Kern ist umgeben von Z_a Elektronen mit der Gesamtladung $-eZ_a$. Einige dieser Elektronen sind die Z relativ schwach gebundenen Valenzelektronen. Die übrigen $Z_a - Z$ Elektronen sind recht stark an den Kern gebunden, spielen in chemischen Reaktionen nur eine untergeordnete Rolle und werden als Rumpfelektronen bezeichnet. Wenn diese isolierten Atome zu einem Metall kondensieren, dann bleiben die Rumpfelektronen im Metallion an den Kern gebunden, während sich die Valenzelektronen weit von ihren jeweiligen Atomen entfernen können und in Metallen als Leitungselektronen[4] bezeichnet werden.

Drude wandte die Kinetische Theorie auf dieses „Gas" von Leitungselektronen der Masse m an, die sich – im Unterschied zu den Molekülen eines gewöhnlichen Gases – vor einem Hintergrund aus schweren, unbeweglichen Atomrümpfen bewegen.

Man kann die Konzentration des Elektronengases folgendermaßen berechnen: Ein metallisches Element enthält $0,6022 \cdot 10^{24}$ Atome pro Mol (die Avogadro-Zahl) und ρ_m/A Mol pro cm^3, wobei ρ_m die Massendichte in Gramm pro cm^3 und A die Atommasse des Elements bezeichnen. Da jedes Atom Z Elektronen beiträgt, ergibt sich die Anzahl $n = N/V$ von Elektronen pro cm^3 zu

$$n = 0,6022 \cdot 10^{24} \frac{Z\rho_m}{A}. \tag{1.1}$$

In Tabelle 1.1 sind die Leitungselektronenkonzentrationen für einige ausgewählte Metalle angegeben; sie sind typischerweise von der Größenordnung 10^{22} Leitungselektronen pro cm^3 und variieren im Bereich von $0,91 \cdot 10^{22}$ für Cäsium bis zu $24,7 \cdot 10^{22}$ für Beryllium.[5] Die Tabelle enthält ebenfalls Werte der Größe r_s, die oft als Maß für die Elektronenkonzentration benutzt wird. Sie ist definiert als Radius einer

---

[3] Wir setzen für e stets eine positive Zahl.

[4] Wenn die Rumpfelektronen, wie im Drude-Modell, nur eine passive Rolle spielen und man die Atomrümpfe als unteilbare und inerte Einheiten behandelt, so spricht man von den Leitungselektronen oft einfach als von „den Elektronen", um die vollständige Bezeichnung nur dann zu verwenden, wenn die Unterscheidung zwischen Leitungselektronen und Rumpfelektronen wesentlich wird.

[5] Dies ist der Bereich für metallische Elemente unter Normalbedingungen. Man kann höhere Leitungselektronenkonzentrationen durch Anwendung von Druck erzielen, wodurch der metallische Zustand begünstigt wird. Niedrigere Konzentrationen findet man in Verbindungen der Metalle.

Tabelle 1.1
Konzentration freier Elektronen in ausgewählten metallischen Elementen[*]

Element	Z	$n\,(10^{22})\,/\text{cm}^3$	$r_s\,(\text{Å})$	r_s/a_o
Li (78 K)	1	4,70	1,72	3,25
Na (5 K)	1	2,65	2,08	3,93
K (5 K)	1	1,40	2,57	4,86
Rb (5 K)	1	1,15	2,75	5,20
Cs (5 K)	1	0,91	2,98	5,62
Cu	1	8,47	1,41	2,67
Ag	1	5,86	1,60	3,02
Au	1	5,90	1,59	3,01
Be	2	24,7	0,99	1,87
Mg	2	8,61	1,41	2,66
Ca	2	4,61	1,73	3,27
Sr	2	3,55	1,89	3,57
Ba	2	3,15	1,96	3,71
Nb	1	5,56	1,63	3,07
Fe	2	17,0	1,12	2,12
Mn (α)	2	16,5	1,13	2,14
Zn	2	13,2	1,22	2,30
Cd	2	9,27	1,37	2,59
Hg (78 K)	2	8,65	1,40	2,65
Al	3	18,1	1,10	2,07
Ga	3	15,4	1,16	2,19
In	3	11,5	1,27	2,41
Tl	3	10,5	1,31	2,48
Sn	4	14,8	1,17	2,22
Pb	4	13,2	1,22	2,30
Bi	5	14,1	1,19	2,25
Sb	5	16,5	1,13	2,14

[*] Sämtliche Werte gelten bei Raumtemperatur (etwa 300 K) und Atmosphärendruck, soweit es nicht anders angegeben ist. Der Radius r_s der Kugel des freien Elektrons ist in (1.2) definiert. In den Fällen von Elementen, die mit mehr als nur einer einzigen chemischen Wertigkeit auftreten, haben wir einen Wert von Z willkürlich ausgewählt; das Drude-Modell liefert keinerlei theoretische Basis für eine spezielle Wahl. Die Werte von n wurden aufgrund von Daten ermittelt, die R. W. G. Wyckoff, *Crystal Structures*, 2nd ed., Interscience, New York, (1963) angibt.

Kugel, deren Volumen gleich ist dem Volumen pro Leitungselektron:

$$\frac{V}{N} = \frac{1}{n} = \frac{4\pi r_s^3}{3}, \qquad r_s = \left(\frac{3}{4\pi n}\right)^{1/3}. \tag{1.2}$$

Tabelle 1.1 gibt r_s sowohl in Å (10^{-8} cm) als auch in Einheiten des Bohrschen Radius' $a_0 = \hbar^2/me^2 = 0,529 \cdot 10^{-8}$ cm an. Diese Länge entspricht dem Radius eines Wasserstoffatoms im Grundzustand und wird häufig als Maß für Entfernungen auf atomarer Ebene benutzt. Beachten Sie, daß r_s/a_0 meist zwischen 2 und 3 liegt, aber auch Werte von 3 bis 6 für die Alkalimetalle und bis zu 10 in einigen Verbindungen der Metalle annehmen kann.

Diese Konzentrationen sind typischerweise rund tausendmal größer als die Teilchendichten klassischer Gase bei normalen Temperaturen und Drücken. Obwohl dies so ist, und obwohl starke elektromagnetische Kräfte sowohl zwischen den Elektronen, als auch zwischen Elektronen und Metallionen wirken, behandelt das Drude-Modell das dichte metallische Elektronengas mit den Methoden der Kinetischen Theorie eines neutralen, verdünnten Gases, mit nur geringfügigen Modifikationen. Die zugrundeliegenden Annahmen sind folgende:

1. Zwischen zwei Stößen seien die Wechselwirkungen eines Elektrons mit anderen Elektronen sowie mit den Atomrümpfen vernachlässigbar. Falls kein äußeres elektromagnetisches Feld anliegt, bewege sich daher jedes Elektron gleichförmig auf einer geraden Linie. Unter der Wirkung eines äußeren Feldes bewege sich jedes Elektron entsprechend der Newtonschen Bewegungsgleichung, wie sie durch das äußere Feld vorgegeben ist, unter Vernachlässigung der zusätzlichen, komplizierten Feldbeiträge durch andere Elektronen und durch die Atomrümpfe.[6] Die Vernachlässigung von Elektron-Elektron-Wechselwirkungen zwischen den Stößen bezeichnet man als *Näherung unabhängiger Elektronen*, die entsprechende Vernachlässigung der Elektron-Atomrumpf-Wechselwirkungen als *Näherung freier Elektronen*.

In den folgenden Kapiteln werden wir sehen, daß die Näherung unabhängiger Elektronen in vielen Fällen erstaunlich gut ist, während die Näherung des freien Elektrons unhaltbar wird, will man auch nur ein qualitatives Verständnis der wesentlichen metallischen Eigenschaften erreichen.

2. Im Drude-Modell, ebenso wie in der kinetischen Theorie, betrachtet man Stöße als momentane Ereignisse, welche die Geschwindigkeit eines Elektrons abrupt ändern.

---

[6] Streng genommen wird die Wechselwirkung Elektron-Atomrumpf nicht vollständig vernachlässigt, da das Drude-Modell annimmt, daß die Bewegung der Elektronen auf das Innere des Metalls beschränkt ist. Offensichtlich kommt diese Einschränkung durch die Anziehung zwischen den Elektronen und den positiv geladenen Atomrümpfe zustande. Solche globalen Effekte der Elektron-Atomrumpf- oder Elektron-Elektron-Wechselwirkung berücksichtigt man oft durch Addition eines geeignet definierten internen Feldes zu den äußeren Feldern, welches den gemittelten Einfluß dieser Wechselwirkung repräsentiert.

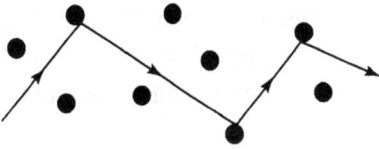

Bild 1.2: Bahn eines Leitungselektrons, das von den Atomrümpfen gestreut wird – im naiven Bild von Drude.

Drude selbst zog nur Stöße von Elektronen in Betracht, die von den als undurchdringlich angenommenen Atomrümpfen zurückprallen – nicht Elektron-Elektron-Stöße, den analogen Prozeß zum vorherrschenden Stoßmechanismus in gewöhnlichen Gasen. Wir werden später sehen, daß die Elektron-Elektron-Streuung tatsächlich zu den weniger bedeutsamen der verschiedenen Streuprozesse in einem Metall gehört – außer unter ungewöhnlichen Bedingungen.

Trotzdem ist die einfache mechanische Vorstellung von Elektronen, die von Rumpf zu Rumpf durch das Metall reflektiert werden (Bild 1.2) weit von der Realität entfernt.[7] Glücklicherweise spielt dies aber in vielen Fällen keine Rolle, und man kann ein qualitatives (und oft sogar quantitatives) Verständnis der metallischen Leitung dadurch gewinnen, daß man einfach *irgend einen* Streumechanismus annimmt, ohne *zu* genau danach zu fragen, welcher Mechanismus ihm zugrundeliegt. Indem wir uns hier auf die Untersuchung lediglich einiger globaler Effekte des Streuprozesses beschränken, vermeiden wir die Betrachtung eines speziellen Bildes von der tatsächlich stattfindenden Elektronenstreuung. Die beiden folgenden Annahmen formulieren diese globalen Effekte.

3. Wir nehmen an, daß ein Elektron mit einer Wahrscheinlichkeit $1/\tau$ pro Zeiteinheit stößt, d. h. daß seine Geschwindigkeit abrupt geändert wird. Dies bedeutet, daß die Wahrscheinlichkeit dafür, daß ein Elektron innerhalb eines infinitesimalen Zeitintervalls dt an einem Stoß teilnimmt, als dt/τ geschrieben werden kann. Die Zeit τ wird als Relaxationszeit, Stoßzeit oder mittlere freie Zeit bezeichnet und spielt eine fundamentale Rolle in der Theorie der metallischen Leitung. Aus dieser Annahme folgert man, daß ein zufällig herausgegriffenes Elektron zu einem bestimmten Zeitpunkt sich im Mittel während einer Zeit τ frei bewegen kann, bevor es den nächsten Stoß erfährt, bzw. sich im Mittel während einer Zeit τ seit dem letzten Stoß frei bewegt hat.[8] In den einfachsten Anwendungen der Drude-Theorie nimmt man die Stoßzeit τ als unabhängig von Ort und Geschwindigkeit des Elektrons an. Wir werden später sehen, daß sich diese Annahme als überraschend brauchbar für viele – wenn auch bei weitem nicht für alle – Anwendungen der Theorie herausstellt.

4. Wir nehmen an, daß die Elektronen das thermodynamische Gleichgewicht mit ihrer Umgebung ausschließlich durch Stöße[9] erreichen. Diese Stöße sollen das lokale

---

[7] Es ergaben sich schwierige, aber irrelevante Diskussionen darüber, ob das Elektron einen Atomrumpf überhaupt genau treffen könne – derart wörtliche Interpretationen von Bild 1.2 sollte man streng vermeiden.

[8] Siehe Aufgabe 1.

[9] Nimmt man die Näherungen des freien und unabhängigen Elektrons als gegeben an, so ist dies der einzig mögliche Mechanismus.

thermodynamische Gleichgewicht auf folgende einfache Weise erhalten: Unmittelbar nach einem Stoß bewege sich ein Elektron mit einer Geschwindigkeit, die nicht korreliert ist mit seiner Geschwindigkeit kurz vor dem Stoß, sondern zufällig orientiert ist und den Betrag der thermischen Geschwindigkeit am Ort des Stoßes hat. Je wärmer also die Region ist, in der ein Stoß stattfindet, desto schneller soll ein Elektron typischerweise den Ort des Stoßes verlassen.

Im verbleibenden Teil dieses Kapitels werden wir diese Annahmen durch ihre wichtigsten Anwendungen illustrieren und uns klar machen, in welchem Umfang sie die beobachteten Erscheinungen zu beschreiben vermögen.

Gleichstromleitfähigkeit eines Metalls

Nach dem Ohmschen Gesetz ist der Strom I in einem Draht proportional zum Spannungsabfall V über die Länge des Drahtes, $V = IR$, wobei der Widerstand R von den Dimensionen des Drahtes abhängt, aber unabhängig ist von der Größe des Stromes oder des Spannungsabfalls. Das Drude-Modell sagt diese Verhalten voraus und liefert eine Abschätzung für die Größe des Widerstandes.

Man eliminiert normalerweise die Abhängigkeit des Widerstandes R von Form und Abmessungen des Drahtes, indem man eine Größe einführt, die alleine charakteristisch ist für das Metall, aus dem der Draht besteht. Der spezifische Widerstand ρ ist definiert als Proportionalitätskonstante zwischen dem elektrischen Feld $\mathbf{E}$ an einem bestimmten Ort im Metall und der Stromdichte, die von diesem Feld erzeugt wird:[10]

$$\mathbf{E} = \rho\mathbf{j}. \tag{1.3}$$

Die Stromdichte $\mathbf{j}$ ist ein Vektor parallel zur Richtung des Ladungsflusses, mit einem Betrag, der die Ladungsmenge angibt, die in der Zeiteinheit durch eine Einheitsfläche senkrecht zum Ladungsfluß hindurchtritt. Wenn somit ein homogener Strom I durch einen Draht der Länge L und der Querschnittsfläche A fließt, so ist die Stromdichte $j = I/A$. Da der Spannungsabfall entlang des Drahtes gegeben ist durch $V = EL$, so folgt $V = I\rho L/A$ aus (1.3), und es ist $R = \rho L/A$.

Bewegen sich alle n Elektronen pro Einheitsvolumen mit der Geschwindigkeit $\mathbf{v}$, so ist die Stromdichte, die sie erzeugen, parallel zu $\mathbf{v}$. Im Zeitintervall dt legt jedes Elektron eine Strecke vdt in Richtung von $\mathbf{v}$ zurück, so daß $n(vdt)A$ Elektronen durch eine Fläche A senkrecht zur Richtung des Ladungsflusses hindurchtreten. Da jedes Elektron eine Ladung $-e$ trägt, ergibt sich die in der Zeit dt durch die Fläche A hindurchtretende

---

[10] Im allgemeinen sind $\mathbf{E}$ und $\mathbf{j}$ nicht parallel. Man definiert dann einen Widerstands-Tensor, vgl. die Kapitel 12 und 13.

Ladung zu $-nev\,Adt$, und die Stromdichte ist

$$\mathbf{j} = -ne\mathbf{v}. \tag{1.4}$$

An jedem Ort in einem Metall bewegen sich die Elektronen mit einer Vielzahl von Richtungen und thermischen Energien. Die effektive Stromdichte ist daher durch (1.4) gegeben, wenn man für $\mathbf{v}$ die mittlere Elektronengeschwindigkeit einsetzt. In Abwesenheit eines äußeren elektrischen Feldes bewegen sich die Elektronen mit gleicher Wahrscheinlichkeit in irgendeine Richtung, die mittlere Geschwindigkeit $\mathbf{v}$ ist Null und ebenso die effektive elektrische Stromdichte. Liegt dagegen ein Feld $\mathbf{E}$ an, so ergibt sich eine dem Feld entgegengesetzt gerichtete mittlere Elektronengeschwindigkeit, die wir wie folgt berechnen können:

Betrachten wir ein Elektron zur Zeit Null, wobei seit seinem letzten Stoß die Zeit t vergangen sei. Seine Geschwindigkeit zur Zeit Null ergibt sich dann aus seiner Geschwindigkeit $\mathbf{v}_0$ unmittelbar nach dem Stoß durch Addition einer Geschwindigkeit $-e\mathbf{E}t/m$, die es in der Zeit seit dem Stoß gewonnen hat. Da wir annehmen, daß ein Elektron den Ort eines Stoßes mit einer zufällig orientierten Geschwindigkeit verläßt, trägt $\mathbf{v}_0$ nicht zur mittleren Elektronengeschwindigkeit bei, welche deshalb vollständig durch den Mittelwert von $-e\mathbf{E}t/m$ gegeben sein muß. Der Mittelwert von t ist nun aber die Relaxationszeit τ, und daher gilt

$$\mathbf{v}_m = -\frac{e\mathbf{E}\tau}{m}, \quad \mathbf{j} = \left(\frac{ne^2\tau}{m}\right)\mathbf{E}. \tag{1.5}$$

Man kann dieses Ergebnis unter Verwendung des inversen des spezifischen Widerstandes, der Leitfähigkeit $\sigma = 1/\rho$, folgendermaßen schreiben:

$$\boxed{\mathbf{j} = \sigma\mathbf{E}, \quad \sigma = \frac{ne^2\tau}{m}.} \tag{1.6}$$

Diese Beziehung beschreibt die lineare Abhängigkeit der Stromdichte $\mathbf{j}$ von $\mathbf{E}$ und gibt die Leitfähigkeit σ in Abhängigkeit von Größen an, die mit Ausnahme der Relaxationszeit τ bekannt sind. Wir können deshalb mit Hilfe von (1.6) aus gemessenen Werten des spezifischen Widerstandes den Wert der Relaxationszeit abschätzen:

$$\tau = \frac{m}{\rho ne^2}. \tag{1.7}$$

In Tabelle 1.2 sind spezifische Widerstandswerte typischer Metalle bei verschiedenen Temperaturen zusammengestellt; beachten Sie die ausgeprägte Temperaturabhängigkeit. Bei Raumtemperatur ist der spezifische Widerstand näherungsweise linear in T, fällt aber bei niedrigen Temperaturen sehr viel steiler ab.

Tabelle 1.2
Spezifische elektrische Widerstände ausgewählter Elemente*

Element	77 K	273 K	373 K	$\frac{(\rho/T)_{373\,K}}{(\rho/T)_{273\,K}}$
Li	1,04	8,55	12,4	1,06
Na	0,8	4,2	flüssig	
K	1,38	6,1	flüssig	
Rb	2,2	11,0	flüssig	
Cs	4,5	18,8	flüssig	
Cu	0,2	1,56	2,24	1,05
Ag	0,3	1,51	2,13	1,03
Au	0,5	2,04	2,84	1,02
Be		2,8	5,3	1,39
Mg	0,62	3,9	5,6	1,05
Ca		3,43	5,0	1,07
Sr	7	23		
Ba	17	60		
Nb	3,0	15,2	19,2	0,92
Fe	0,66	8,9	14,7	1,21
Zn	1,1	5,5	7,8	1,04
Cd	1,6	6,8		
Hg	5,8	flüssig	flüssig	
Al	0,3	2,45	3,55	1,06
Ga	2,75	13,6	flüssig	
In	1,8	8,0	12,1	1,11
Tl	3,7	15	22,8	1,11
Sn	2,1	10,6	15,8	1,09
Pb	4,7	19,0	27,0	1,04
Bi	35	107	156	1,07
Sb	8	39	59	1,11

* Die Werte in $\mu\Omega$cm sind angegeben bei 77 K (dem Siedepunkt des flüssigen Stickstoffs bei Atmosphärendruck), 273 K und 373 K. In der letzten Spalte findet man das Verhältnis aus ρ/T bei 373 K und 273 K, zur Verdeutlichung des annähernd linearen Temperaturverlaufs des Widerstandes in der Nähe der Raumtemperatur. (Quelle: G. W. C. Kaye, T. H. Laby, *Table of Physical and Chemical Constants*, Longmans Green, London, 1966).

Spezifische Widerstände sind bei Raumtemperatur typischerweise von der Größenordnung $\mu\Omega$cm bzw. 10^{-18} statohm·cm[11] in atomaren Einheiten. Bezeichnet ρ_μ den spezifischen Widerstand in $\mu\Omega$cm, dann schreibt man die Relaxationszeit nach (1.7) üblicherweise als

$$\tau = \left(\frac{0,22}{\rho_\mu}\right)\left(\frac{r_s}{a_0}\right)^3 \cdot 10^{-14} \text{ s.} \tag{1.8}$$

Tabelle 1.3 faßt Relaxationszeiten zusammen, die mittels (1.8) unter Verwendung der spezifischen Widerstände aus Tabelle 1.2 berechnet wurden. Typische Werte von τ bei Raumtemperatur liegen zwischen 10^{-14} und 10^{-15} s. Wir können uns klarmachen, daß dies eine realistische Größenordnung ist, wenn wir die mittlere freie Weglänge $\ell = v_0\tau$ betrachten. Darin bezeichnet v_0 die mittlere Elektronengeschwindigkeit. Die Länge ℓ mißt die Strecke, die ein Elektron im Mittel zwischen zwei Stößen zurücklegt. Zur Zeit von Drude erschien es natürlich, den Wert von v_0 aus der klassischen Gleichverteilung der thermischen Energie, $\frac{1}{2}mv_0^2 = \frac{3}{2}k_BT$, abzuschätzen. Benutzt man die bekannte Elektronenmasse, so erhält man ein v_0 von der Größenordnung 10^7 cm/s bei Raumtemperatur, entsprechend einer mittleren freien Weglänge zwischen 1 und 10 Å. Diese Länge ist vergleichbar mit zwischenatomaren Abständen, so daß unser Ergebnis durchaus stimmig ist mit Drudes ursprünglicher Vorstellung von den Stößen als Kollisionen der Elektronen mit den großen und schweren Atomrümpfen.

Wir werden in Kapitel 2 sehen, daß unsere klassische Abschätzung von v_0 diese Geschwindigkeit bei Raumtemperatur um eine Größenordnung zu klein ergibt. Außerdem ist bei den niedrigsten in Tabelle 1.3 enthaltenen Temperaturen die Relaxationszeit τ um eine Größenordnung größer als bei Raumtemperatur, während Kapitel 2 zeigen wird, daß v_0 tatsächlich temperaturunabhängig ist. Die mittlere freie Weglänge bei niedrigen Temperaturen kann sich dadurch auf 10^3 Å oder mehr erhöhen, also auf das Tausendfache des Abstandes zwischen den Ionenrümpfen. In sorgfältig präparierten Proben bei hinreichend niedrigen Temperaturen kann man heute mittlere freie Weglängen der Größenordnung cm erreichen, entsprechend dem 10^8-fachen des Abstandes zwischen den Atomrümpfen – ein deutlicher Hinweis darauf, daß die Elektronen nicht einfach von den Atomrümpfen zurückprallen, wie es Drude vorschlug.

Glücklicherweise ist ein detaillierteres Verständnis der Ursache der Stöße nicht nötig, um weiterhin Berechnungen auf der Basis des Drude-Modells anzustellen; solange uns aber eine Theorie der Stoßzeit fehlt, müssen wir uns bemühen, Voraussagen des Drude-Modells zu finden, die unabhängig sind vom Wert der Relaxationszeit τ. Wie

---

[11] Zur Umrechnung von $\mu\Omega$cm in statohm·cm beachte man, daß bei einem spezifischen Widerstand von $1\mu\Omega$cm ein elektrisches Feld von 10^{-6} V/cm eine Stromdichte von 1 A/cm^2 erzeugt. Da $1A = 3 \cdot 10^9$ esu/s und $1V = \frac{1}{300}$ statvolt, so entspricht einem spezifischen Widerstand von 1 $\mu\Omega$cm ein elektrisches Feld von 1 statvolt/cm, wenn die Stromdichte $300 \cdot 10^6 \cdot 3 \cdot 10^9$ esu · cm^{-2} · s^{-1} ist. Das statohm·cm ist die elektrostatische Einheit des spezifischen Widerstandes und entspricht einer Stromdichte von nur 1 esu · cm^{-2} · s^{-1} bei einem elektrischen Feld von 1 statvolt/cm. Daher gilt $1\mu\Omega$cm $= \frac{1}{9} \cdot 10^{-17}$statohm · cm. Um die Verwendung der Einheit statohm·cm zu vermeiden, berechnet man (1.7) mit ρ in Ωm, m in kg, n in Elektronen/m^3 und e in Coulomb. (Die wichtigsten Formeln,

Tabelle 1.3
Drude-Relaxationszeiten in Einheiten von 10^{-14}s*

Element	77 K	273 K	373 K
Li	7,3	0,88	0,61
Na	17	3,2	
K	18	4,1	
Rb	14	2,8	
Cs	8,6	2,1	
Cu	21	2,7	1,9
Ag	20	4,0	2,8
Au	12	3,0	2,1
Be		0,51	0,27
Mg	6,7	1,1	0,74
Ca		2,2	1,5
Sr	1,4	0,44	
Ba	0,66	0,19	
Nb	2,1	0,42	0,33
Fe	3,2	0,24	0,14
Zn	2,4	0,49	0,34
Cd	2,4	0,56	
Hg	0,71		
Al	6,5	0,80	0,55
Ga	0,84	0,17	
In	1,7	0,38	0,25
Tl	0,91	0,22	0,15
Sn	1,1	0,23	0,15
Pb	0,57	0,14	0,099
Bi	0,072	0,023	0,016
Sb	0,27	0,055	0,036

* Die Relaxationszeiten wurden mit Hilfe von (1.8) aus den Daten der Tabellen 1.1 und 1.2 berechnet, unter Vernachlässigung der geringfügigen Temperaturabhängigkeit von n.

es sich herausstellt, gibt es eine ganze Reihe solcher τ-unabhängiger Größen, die auch heute noch von grundlegendem Interesse sind, und dies insbesondere deshalb, weil in vielerlei Hinsicht die detaillierte, quantitative Behandlung der Relaxationszeit eine der wesentlichsten Schwachstellen aller moderner Theorien der metallischen Leitfähigkeit geblieben ist. Die τ-unabhängigen Größen sind daher von großem Wert und enthalten oft sehr verläßliche Information.

Konstanten und Umrechnungsfaktoren der Kapitel 1 und 2 sind in Anhang A zusammengefaßt.)

Bei der Berechnung der elektrischen Leitfähigkeit sind zwei Fälle von besonderem Interesse: unter der Wirkung eines homogenen, statischen Magnetfeldes, sowie in einem homogenen, aber zeitabhängigen elektrischen Feld.

Beide Fälle behandelt man am einfachsten ausgehend von der Beobachtung, daß zu einer Zeit t die mittlere Elektronengeschwindigkeit $\mathbf{v}$ durch $\mathbf{p}(t)/m$ gegeben ist, wobei $\mathbf{p}$ den Gesamtimpuls pro Elektron bezeichnet. Damit ist die Stromdichte

$$\mathbf{j} = -\frac{ne\mathbf{p}(t)}{m}. \tag{1.9}$$

Ausgehend vom Impuls $\mathbf{p}$ eines Elektrons zur Zeit t berechnen wir den Elektronenimpuls $\mathbf{p}(t + dt)$ zu einem um den infinitesimalen Betrag dt späteren Zeitpunkt. Ein zur Zeit t beliebig herausgegriffenes Elektron wird mit der Wahrscheinlichkeit dt/τ noch vor dem Zeitpunkt $t + dt$ stoßen, bzw. mit der Wahrscheinlichkeit $1 - dt/\tau$ die Zeit bis zu $t + dt$ ohne Stoß überstehen. Stößt es nicht, so bewegt es sich ungestört unter dem Einfluß der Kraft $\mathbf{f}(t)$, die aufgrund des homogenen elektrischen und/oder magnetischen Feldes auf das Elektron wirkt, und gewinnt dadurch einen zusätzlichen Impuls[12] $\mathbf{f}(t)dt + O(dt)^2$. Der Beitrag all jener Elektronen, die zwischen t und dt nicht stoßen, zum Impuls pro Elektron zur Zeit $t + dt$ ist gegeben durch das Produkt aus dem Anteil dieser Elektronen an der Gesamtzahl der Elektronen und deren mittlerem Impuls pro Elektron, $\mathbf{p}(t) + \mathbf{f}(t)dt + O(dt)^2$. Vernachlässigen wir zunächst den Beitrag jener Elektronen, die in der Zeit zwischen t und $t + dt$ stoßen, zum Impuls $\mathbf{p}(t + dt)$, so erhalten wir[13]

$$\mathbf{p}(t + dt) = \left(1 - \frac{dt}{\tau}\right)\left[\mathbf{p}(t) + \mathbf{f}(t)dt + O(dt)^2\right]$$

$$= \mathbf{p}(t) - \left(\frac{dt}{\tau}\right)\mathbf{p}(t) + \mathbf{f}(t)dt + O(dt)^2. \tag{1.10}$$

Eine Korrektur von (1.10) um den Beitrag derjenigen Elektronen, die im Zeitraum zwischen t und $t + dt$ stoßen, ist lediglich von der Ordnung $(dt)^2$. Um dies zu erkennen, stellen wir zunächst fest, daß die Anzahl der stoßenden Elektronen einen Bruchteil dt/τ von der Gesamtzahl der Elektronen darstellt. Da die elektronische Geschwindigkeit (und damit der Impuls) unmittelbar nach einem Stoß eine zufällige Richtung hat, trägt jedes Elektron zum mittleren Impuls $\mathbf{p}(t + dt)$ lediglich soviel bei, wie es in der Zeit seit seinem letzten Stoß durch die Kraft $\mathbf{f}$ gewinnen konnte. Dieser Impulsbeitrag ist von der Ordnung $\mathbf{f}(t)dt$, da er in einer Zeit von maximal dt gewonnen wurde. Damit ist die Korrektur in (1.10) von der Ordnung $(dt/\tau)\mathbf{f}(t)dt$ und

---

[12] Mit $O(dt)^2$ bezeichnet man einen Term der Ordnung $(dt)^2$.
[13] Ist die Kraft $\mathbf{f}$ nicht für sämtliche Elektronen gleich, so behält Gleichung (1.10) ihre Gültigkeit, wenn wir $\mathbf{f}$ als mittlere Kraft pro Elektron auffassen.

hat einen vernachlässigbaren Einfluß auf Terme linearer Ordnung in dt. Wir können daher

$$\mathbf{p}(t + dt) - \mathbf{p}(t) = -\left(\frac{dt}{\tau}\right)(p)(t) + \mathbf{f}(t)dt + O(dt)^2 \qquad (1.11)$$

für den Beitrag *sämtlicher* Elektronen zu $\mathbf{p}(t + dt)$ schreiben. Wir dividieren durch dt und erhalten als Grenzwert für $dt \to 0$

$$\frac{d\mathbf{p}(t)}{dt} = -\frac{\mathbf{p}(t)}{\tau} + \mathbf{f}(t). \qquad (1.12)$$

Diese Gleichung besagt, daß der Einfluß der einzelnen Elektronenstöße berücksichtigt werden kann durch Einführung eines Reibungsterms als Dämpfung in der Bewegungs-gleichung für den Impuls pro Elektron. Wir wenden nun (1.12) in einigen Fällen von besonderen Interesse an.

Hall-Effekt und Magnetwiderstand

Im Jahre 1879 versuchte E. W. Hall herauszufinden, ob die Kraft auf einen stromführenden Draht in einem Magnetfeld auf den Draht als Körper oder auf die sich in dem Draht bewegenden Elektronen (wie wir heute sagen würden) wirkt. Er nahm an, daß letzteres der Fall sei und gründete sein Experiment auf die Vermutung, „... falls der Strom der Elektrizität in einem festgehaltenen Leiter selbst von einem Magneten angezogen wird, so sollte der Strom zur einen Seite des Leiters hingezogen und deshalb der von dem Strom erfahrene Widerstand vergrößert werden."[14] Seine Bemühungen, einen solchen zusätzlichen Widerstand zu messen, waren erfolglos,[15] doch Hall betrachtete dieses Ergebnis nicht als schlüssig: „Möglicherweise versucht der Magnet, den Strom abzulenken, ist aber nicht in der Lage, dies zu tun. Es ist offensichtlich, daß in diesem Fall im Leiter ein Spannungszustand bestehen müßte, ein Elektrizitätsdruck gegen eine Seite des Drahtes." Dieser Spannungszustand sollte sich als transversale Spannung (heute als Hall-Spannung bezeichnet) äußern – und diese Spannung konnte Hall beobachten.

Das Experiment von Hall ist in Bild 1.3 dargestellt: Ein elektrisches Feld E_x erzeugt in einem in x-Richtung liegenden Draht eine Stromdichte j_x, ein Magnetfeld $\mathbf{H}$ zeigt

---

[14] *Am. J. Math.* **2**, 287 (1879)
[15] Diese Widerstandszunahme, Magnetwiderstand genannt, tritt tatsächlich auf, wie wir in den Kapiteln 12 und 13 sehen werden. Das Drude-Modell hingegen bestätigt das Ergebnis von Hall.

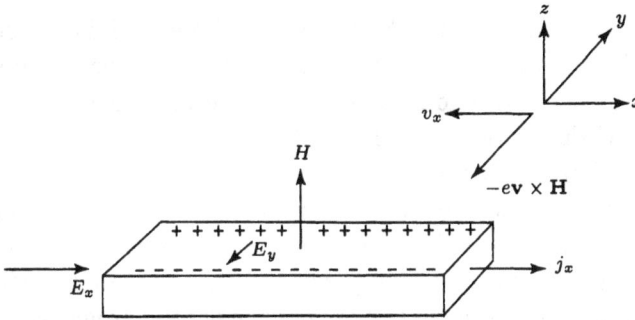

Bild 1.3: Schematische Darstellung des Experimentes von Hall.

in die positive z-Richtung. Die resultierende Lorentz-Kraft[16]

$$-\frac{e}{c}\mathbf{v} \times \mathbf{H} \qquad (1.13)$$

bewirkt eine Ablenkung der Elektronen in die negative y-Richtung (die Driftgeschwindigkeit der Elektronen ist der Stromrichtung entgegengesetzt). Die Elektronen können sich jedoch nicht sehr weit in y-Richtung bewegen, bevor sie an den Rand des Drahtes gelangen; dort sammeln sie sich an und ein Feld in y-Richtung baut sich auf, welches der Bewegung der Elektronen und ihrer weiteren Ansammlung entgegenwirkt. Im Gleichgewicht hebt die Wirkung dieses transversalen Feldes (des Hall-Feldes) E_y die Lorentzkraft auf, und es fließt ausschließlich ein Strom in x-Richtung.

Zwei Größen sind hier von Interesse, zunächst das Verhältnis aus dem Feld E_x in Richtung des Drahtes und der Stromdichte j_x,

$$\rho(H) = \frac{E_x}{j_x}. \qquad (1.14)$$

Dies ist der Magnetwiderstand,[17] dessen Unabhängigkeit vom Feld Hall feststellte. Die andere interessante Größe ist der Betrag des transversalen Feldes E_y. Da seine Wirkung die Lorentzkraft ausgleicht, kann man erwarten, daß es sowohl proportional zum äußeren Feld H, als auch zum Strom j_x im Draht ist; man definiert deshalb einen Hall-Koeffizienten durch

$$R_H = \frac{E_y}{j_x H}. \qquad (1.15)$$

Beachten Sie, daß R_H negativ sein sollte, da das Hall-Feld in die negative y-Richtung weist (Bild 1.3). Wären die Ladungsträger positiv geladen, so würde sich das Vor-

---

[16] Wenn wir es mit nichtmagnetischen (oder nur schwach magnetischen) Materialien zu tun haben, so werden wir das Magnetfeld immer mit **H** bezeichnen, da dann der Unterschied zwischen **B** und **H** sehr klein ist.

[17] Genauergesagt handelt es sich hierbei um den transversalen Magnetwiderstand. Es gibt auch einen longitudinalen Magnetwiderstand, den man mißt, wenn das Magnetfeld parallel zum Strom anliegt.

zeichen ihrer Geschwindigkeit in x-Richtung umkehren, und die Lorentzkraft bliebe unverändert. Folglich wäre die Richtung des Hall-Feldes der Richtung entgegengesetzt, die es für negative Ladungsträger hat. Dieser Effekt ist von wesentlicher Bedeutung, da man durch Messung der Richtung des Hall-Feldes das Vorzeichen der Ladungsträger bestimmen kann. Aus den Meßdaten von Hall ergab sich ein Vorzeichen der Elektronenladung, daß in Übereinstimmung mit den späteren Untersuchungen von Thomson steht. Es ist einer der bemerkenswertesten Aspekte des Hall-Effektes, daß der Hall-Koeffizient in einigen Metallen positiv ist, was darauf hindeutet, daß hier die Ladungsträger das entgegengesetzte Vorzeichen der Elektronenladung haben. Dies ist eines der Rätsel, deren Lösung einer vollständigen Quantentheorie der Festkörper bedurfte. In diesem Kapitel jedoch führen wir unsere Betrachtungen lediglich auf der Basis des einfachen Drude-Modells durch, dessen Voraussagen oft in ziemlich guter Übereinstimmung mit dem Experiment sind, obwohl es das Auftreten positiver Hall-Koeffizienten nicht erklären kann.

Um den Hall-Koeffizienten und den Magnetwiderstand zu berechnen, ermitteln wir zunächst die Stromdichten j_x und j_y, wie sie sich unter der Wirkung eines elektrischen Feldes mit den Komponenten E_x und E_y sowie eines Magnetfeldes $\mathbf{H}$ in z-Richtung einstellen. Die auf jedes Elektron wirkende, ortsunabhängige Kraft ist $\mathbf{f} = -e(\mathbf{E} + \mathbf{v} \times \mathbf{H}/c)$; damit wird (1.12) für den Impuls pro Elektron zu[18]

$$\frac{d\mathbf{p}}{dt} = -e\left(\mathbf{E} + \frac{\mathbf{p}}{mc} \times \mathbf{H}\right) - \frac{\mathbf{p}}{\tau}. \tag{1.16}$$

Im stationären Zustand ist der Strom zeitunabhängig, so daß p_x und p_y den Bedingungen

$$0 = -eE_x - \omega_c p_y - \frac{p_x}{\tau}, \tag{1.17}$$
$$0 = -eE_y + \omega_c p_x - \frac{p_y}{\tau},$$

genügen, worin

$$\omega_c = \frac{eH}{mc}. \tag{1.18}$$

Multiplizieren wir diese Gleichungen mit $-ne\tau/m$ und führen die Komponenten der

---

[18] Beachten Sie, daß die Lorentzkraft nicht für jedes Elektron gleich ist, da sie von der Elektronengeschwindigkeit $\mathbf{v}$ abhängt. Die Kraft $\mathbf{f}$ in (1.12) kann deshalb nur die Bedeutung eines mittleren Wertes pro Elektron haben, vgl. Fußnote 13. Nun hängt aber die Kraft auf ein Elektron vom speziellen Elektron, auf welches sie wirkt, lediglich über einen linearen Term von der Elektronengeschwindigkeit ab, so daß man die mittlere Kraft einfach dadurch erhält, daß man die Elektronengeschwindigkeit durch die mittlere Geschwindigkeit $\mathbf{p}/m$ ersetzt.

Stromdichte mittels (1.4) ein, so erhalten wir

$$\sigma_0 E_x = \omega_c \tau j_y + j_x,$$
$$\sigma_0 E_y = -\omega_c \tau j_x + j_y, \qquad\qquad (1.19)$$

wobei σ_0 die Gleichstromleitfähigkeit ohne Magnetfeld im Drude-Modell bezeichnet, wie sie durch (1.6) gegeben ist.

Das Hall-Feld E_y ist durch die Forderung bestimmt, daß der transversale Strom j_y verschwindet. Setzen wir $j_y = 0$ in der zweiten Gleichung von (1.19), so erhalten wir

$$E_y = -\frac{\omega_c \tau}{\sigma_0} j_x = -\frac{H}{nec} j_x. \qquad\qquad (1.20)$$

Der Hall-Koeffizient (1.15) ergibt sich damit zu

$$R_H = -\frac{1}{nec}. \qquad\qquad (1.21)$$

Dies ist ein bemerkenswertes Ergebnis; es bedeutet, daß der Hall-Koeffizient von keinerlei spezifischen Parametern des Metalles abhängt und nur durch die Ladungsträgerkonzentration bestimmt ist. Die Konzentration n haben wir bereits unter der Annahme berechnet, daß die Valenzelektronen der Atome die Leitungselektronen des Metalls sind, so daß eine Messung der Hall-Konstanten ein direkter Weg ist, die Gültigkeit dieser Annahme zu überprüfen.

Bei der Ermittlung der Elektronenkonzentration n aus gemessenen Hall-Koeffizienten sieht man sich mit der Schwierigkeit konfrontiert, daß die Hall-Koeffizienten – abweichend von (1.21) – im allgemeinen vom Magnetfeld abhängen. Sie sind darüberhinaus auch von der Temperatur abhängig sowie von der Sorgfalt, mit der die jeweilige Probe präpariert wurde. Diese Beobachtung kommt ein wenig unerwartet, da die Relaxationszeit τ, welche stark von der Temperatur und vom Präparationszustand der Probe beeinflußt sein kann, in (1.21) nicht erscheint. Bei sehr niedrigen Temperaturen und hohen Feldern, in sehr reinen, sorgfältig präparierten Proben jedoch streben die gemessenen Hall-Konstanten gegen Grenzwerte. Die wesentlich verfeinerte Theorie der Kapitel 12 und 13 sagt voraus, daß für zahlreiche (jedoch nicht für alle) Metalle diese Grenzwerte exakt mit den einfachen Ergebnissen der Drude-Theorie nach (1.21) übereinstimmen.

Einige Werte von Hall-Koeffizienten bei starken und mittelstarken Magnetfeldern sind in Tabelle 1.4 zusammengestellt. Beachten Sie, daß R_H in einigen Fällen tatsächlich positiv ist, ein Effekt, der offensichtlich auf das Vorhandensein positiver Ladungsträger zurückzuführen ist. Bild 1.4 zeigt ein deutliches Beispiel für eine nach der Drude-Theorie vollständig unerklärbare Feldabhängigkeit des Hall-Koeffizienten.

Tabelle 1.4
Hall-Koeffizienten ausgewählter Elemente in mittleren und
starken Feldern*

Metall	Wertigkeit	$-1/R_h nec$
Li	1	0,8
Na	1	1,2
K	1	1,1
Rb	1	1,0
Cs	1	0,9
Cu	1	1,5
Ag	1	1,3
Au	1	1,5
Be	2	-0,2
Mg	2	-0,4
In	3	-0,3
Al	3	-0,3

* Die Werte entsprechen annähernd den Grenzwerten von R_H in
sehr starken Feldern (der Größenordnung 10^4 G) und bei sehr niedrigen Temperaturen in sorgfältig präparierten Proben. Die Angaben
sind von der Form n_0/n, mit n_0 als derjenigen Ladungsträgerkonzentration, bei der das Drude-Ergebnis (1.21) mit dem gemessenen Wert
R_H ($n_0 = -1/R_H ec$) konsistent ist. Offensichtlich verhalten sich die
Alkalimetalle recht genau entsprechend der Drude-Theorie, während
die Edelmetalle (Cu, Ag, Au) bereits davon abweichen; das Verhalten
der restlichen Metalle in der Tabelle ist mit dem Drude-Modell nicht
vereinbar.

Das Ergebnis von Drude befindet sich in Übereinstimmung mit der Beobachtung von
Hall, daß der Widerstand feldunabhängig ist, da sich für $j_y = 0$ (d. h. im stationären
Fall, wenn sich das Hall-Feld bereits ausgebildet hat) die erste der Gleichungen (1.19)
auf $j_x = \sigma_0 E_x$ reduziert, den erwarteten Ausdruck für die Leitfähigkeit bei verschwindendem Magnetfeld. Sorgfältige Experimente mit einer Vielzahl von Metallen haben
jedoch gezeigt, daß eine Abhängigkeit des Widerstandes vom Magnetfeld sehr wohl
existiert und in einigen Fällen dramatisch sein kann. Wiederum wird hier die Notwendigkeit einer Quantentheorie der Festkörper deutlich, die eine Erklärung dafür liefern
muß, wieso die Drude-Theorie in manchen Metallen gilt, in einigen anderen aber aus-
serordentlich stark von den Beobachtungen abweicht.

Bevor wir das Gebiet der Gleichstromphänomene in homogenen Magnetfeldern verlassen, stellen wir im Hinblick auf spätere Anwendungen fest, daß die Größe $\omega_c \tau$ ein
wesentliches, dimensionsloses Maß für die Stärke des Magnetfeldes darstellt. Ist $\omega_c \tau$
klein, so schließt man aus (1.19) auf eine nahezu perfekte Parallelität von j und E,

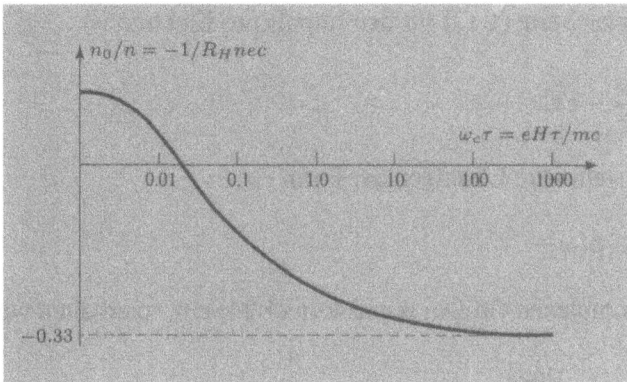

Bild 1.4: Die Größe $n_0/n = -1/R_H nec$, aufgetragen für Aluminium als Funktion von $\omega_c\tau$. Die Abschätzung der Konzentration freier Elektronen n geht von einer effektiven chemischen Wertigkeit von 3 aus. Der Grenzwert für starke Magnetfelder scheint für das Vorhandensein nur eines Ladungsträgers mit einer positiven Ladung in der Primitiven Zelle zu sprechen. (Aus R. Lück, *Phys. Stat. Sol.* **18**, 49 (1966)).

wie man Sie bei einem Magnetfeld Null erwarten würde. Im allgemeinen bildet **j** mit **E** einen Winkel ϕ (den Hall-Winkel), und (1.19) ergibt $\tan\phi = \omega_c\tau$. Man bezeichnet die Größe ω_c als Zyklotronfrequenz; sie entspricht einfach der Kreisfrequenz[19] für die Kreisbewegung eines freien Elektrons im Magnetfeld H.

Somit ist $\omega_c\tau$ klein, wenn die Elektronen zwischen zwei Stößen nur einen kleinen Teil des Kreises durchlaufen; $\omega_c\tau$ ist groß, wenn die Elektronen viele vollständige Kreisbewegungen zwischen zwei Stößen durchlaufen. Anders betrachtet verbiegt das Magnetfeld die Elektronenbahnen nur wenig, wenn $\omega_c\tau$ klein ist; wird $\omega_c\tau$ dagegen Eins oder größer, so ist der Einfluß des Magnetfeldes auf die Elektronenbahnen recht drastisch. Eine nützliche numerische Abschätzung der Zyklotronfrequenz ist die folgende:

$$\nu_c(10^9\text{Hz}) = 2,80 \cdot H\,(\text{kG}), \qquad w_c = 2\pi\nu_c. \tag{1.22}$$

Wechselstromleitfähigkeit eines Metalls

Zur Berechnung des in einem Metall durch die Wirkung eines zeitabhängigen elektrischen Feldes induzierten Stromes schreiben wir das Feld in der Form

$$\mathbf{E}(t) = \text{Re}(\mathbf{E}(\omega)e^{-i\omega t}). \tag{1.23}$$

---

[19] Die Bahnkurve eines Elektrons in einem homogenen Magnetfeld ist eine Spirale um die Feldrichtung, deren Projektion auf eine Ebene senkrecht zum Feld einen Kreis ergibt. Die Kreisfrequenz ω_c ist dann festgelegt durch die Bedingung, daß die Zentripetalbeschleunigung $\omega_c^2 r$ durch die Lorentzkraft $(e/c)(\omega_c r)H$ bewirkt wird.

Die Bewegungsgleichung (1.12) für den Impuls pro Elektron ist

$$\frac{d\mathbf{p}}{dt} = -\frac{\mathbf{p}}{\tau} - e\mathbf{E}. \tag{1.24}$$

Wir suchen nun stationäre Lösungen der Form

$$\mathbf{p}(t) = \mathrm{Re}(\mathbf{p}(\omega)e^{-i\omega t}). \tag{1.25}$$

Setzen wir die komplexen Größen $\mathbf{p}$ und $\mathbf{E}$ in (1.24) ein, so erhalten wir für $\mathbf{p}(\omega)$

$$-i\omega\mathbf{p}(\omega) = -\frac{\mathbf{p}(\omega)}{\tau} - e\mathbf{E}(\omega), \tag{1.26}$$

da sowohl Real- als auch Imaginärteil einer komplexen Lösung (1.24) erfüllen müssen. Mit $\mathbf{j} = -ne\mathbf{p}/m$ ergibt sich dann die Stromdichte zu

$$\mathbf{j}(t) = \mathrm{Re}(\mathbf{j}(\omega)e^{-i\omega t}),$$
$$\mathbf{j}(\omega) = -\frac{ne\mathbf{p}(\omega)}{m} = \frac{(ne^2/m)\mathbf{E}(\omega)}{(1/\tau) - i\omega}. \tag{1.27}$$

Man schreibt dieses Ergebnis üblicherweise als

$$\mathbf{j}(\omega) = \sigma(\omega)\mathbf{E}(\omega), \tag{1.28}$$

worin $\sigma(\omega)$, die frequenzabhängige oder Wechselstromleitfähigkeit, gegeben ist durch

$$\sigma(\omega) = \frac{\sigma_0}{1 - i\omega\tau}, \qquad \sigma_0 = \frac{ne^2\tau}{m}. \tag{1.29}$$

Beachten Sie, daß sich (1.29) bei der Frequenz Null sinnvollerweise auf die Gleichstromleitfähigkeit (1.6) der Drude-Theorie reduziert.

Gleichung (1.29) findet ihre wichtigste Anwendung bei der Berechnung der Ausbreitung elektromagnetischer Strahlung in einem Metall. Die Annahmen, die wir zur Ableitung dieser Gleichung machten, scheinen ihre Anwendung in diesem Fall auszuschließen, da erstens das Feld $\mathbf{E}$ in einer elektromagnetischen Welle von einem dazu senkrechten Magnetfeld $\mathbf{H}$ gleicher Amplitude[20] begleitet wird, das wir in (1.24) nicht berücksichtigt haben, sowie zweitens die Felder in einer elektromagnetischen Welle sowohl räumlich als auch zeitlich veränderlich sind, während (1.12) unter der Annahme einer räumlich homogenen Kraft abgeleitet wurde.

Die erste dieser Komplikationen kann stets vernachlässigt werden: Sie führt zu einem zusätzlichen Term $-e\mathbf{p}/mc \times \mathbf{H}$ in (1.24), der im Vergleich zum Term in $\mathbf{E}$ um einen

---

[20] Dies ist eine der angenehmeren Folgen der Verwendung von CGS-Einheiten.

Faktor v/c kleiner ist, wobei v den Betrag der mittleren Elektronengeschwindigkeit bezeichnet. Selbst in einem großen Strom von 1 A/mm^2 ist $v = j/ne$ nur von der Größenordnung 0,1 cm/s. Daher beträgt der Term in **H** typischerweise lediglich 10^{-10} des Terms in **E** und kann in guter Näherung vernachlässigt werden.

Der zweite Punkt wirft tiefergehende Fragen auf. Gleichung (1.12) wurde unter der Voraussetzung abgeleitet, daß zu jedem Zeitpunkt die gleiche Kraft auf ein Elektron wirkt – was in einem räumlich veränderlichen elektrischen Feld nicht der Fall ist. Wir stellen fest, daß die Stromdichte am Ort **r** vollständig bestimmt ist durch die Wirkung des elektrischen Feldes auf ein jedes Elektron am Ort **r** seit seinem jeweils letzten Stoß. In der überwiegenden Mehrzahl der Fälle hat dieser letzte Stoß nicht mehr als einige wenige mittlere freie Weglängen vom Ort **r** entfernt stattgefunden. Wenn wir also annehmen können, daß sich das Feld über Entfernungen, die mit der elektronischen mittleren freien Weglänge vergleichbar sind, nicht merklich ändert, so ist es gerechtfertigt, die Stromdichte **j**(**r**, t) am Ort **r** unter der Annahme zu berechnen, daß das Feld überall im Raum durch seinen Wert **E**(**r**, t) am Ort **r** gegeben sei. Das Resultat

$$\mathbf{j}(\mathbf{r}, \omega) = \sigma(\omega)\mathbf{E}(\mathbf{r}, \omega) \tag{1.30}$$

ist daher immer dann gültig, wenn die Wellenlänge λ des elektromagnetischen Feldes groß ist im Vergleich zur elektronischen mittleren freien Weglänge ℓ. Für sichtbares Licht mit Wellenlängen im Bereich von 10^3 bis 10^4 Å ist diese Bedingung in einem Metall gewöhnlich erfüllt; falls sie nicht erfüllt ist, so benötigt man kompliziertere, sogenannte nicht-lokale Theorien.

Nehmen wir nun an, daß die Wellenlänge groß ist im Vergleich zur mittleren freien Weglänge, so können wir wie folgt vorgehen: Mit einer gegebenen Stromdichte **j** schreiben wir die Maxwell-Gleichungen als[21]

$$\nabla \cdot \mathbf{E} = 0, \quad \nabla \cdot \mathbf{H} = 0, \quad \nabla \times \mathbf{E} = -\frac{1}{c}\frac{\partial \mathbf{H}}{\partial t},$$

$$\nabla \times \mathbf{H} = \frac{4\pi}{c}\mathbf{j} + \frac{1}{c}\frac{\partial \mathbf{E}}{\partial t}. \tag{1.31}$$

Wir suchen nach Lösungen mit der Zeitabhängigkeit $e^{-i\omega t}$ und beachten dabei, daß wir in einem Metall die Stromdichte **j** nach (1.28) durch **E** ausdrücken können. Wir erhalten so

$$\nabla \times (\nabla \times \mathbf{E}) = -\nabla^2 \mathbf{E} = \frac{i\omega}{c}\nabla \times \mathbf{H} = \frac{i\omega}{c}\left(\frac{4\pi\sigma}{c}\mathbf{E} - \frac{i\omega}{c}\mathbf{E}\right) \tag{1.32}$$

---

[21] Wir betrachten hier eine elektromagnetische Welle, in der die induzierte Ladungsdichte ρ Null ist; weiter unten werden wir auch die Möglichkeit von Oszillationen der Ladungsdichte untersuchen.

oder

$$-\nabla^2 \mathbf{E} = \frac{\omega^2}{c^2}\left(1 + \frac{4\pi i\sigma}{\omega}\right)\mathbf{E}. \tag{1.33}$$

Diese Gleichung hat die Form der gewöhnlichen Wellengleichung

$$-\nabla^2 \mathbf{E} = \frac{\omega^2}{c^2}\epsilon(\omega)\mathbf{E}, \tag{1.34}$$

mit einer durch

$$\epsilon(\omega) = 1 + \frac{4\pi i\sigma}{\omega} \tag{1.35}$$

gegebenen, komplexen Dielektrizitätskonstanten.
Bei hinreichend hohen Frequenzen, für die

$$\omega\tau \gg 1 \tag{1.36}$$

erfüllt ist, folgt aus den Gleichungen (1.35) und (1.29) in erster Näherung

$$\epsilon(\omega) = 1 - \frac{\omega_p{}^2}{\omega^2}, \tag{1.37}$$

worin ω_p die Plasmafrequenz

$$\omega_p{}^2 = \frac{4\pi ne^2}{m} \tag{1.38}$$

bezeichnet. Ist die Dielektrizitätskonstante ϵ reell und negativ (für $\omega < \omega_p$), so gehen die Lösungen von (1.34) räumlich exponentiell gegen Null, so daß sich die Strahlung nicht ausbreiten kann. Ist ϵ dagegen positiv (für $\omega > \omega_p$), dann hat (1.34) oszillatorische Lösungen, Strahlung kann sich ausbreiten und man erwartet, daß das Metall transparent ist. Diese Folgerung ist natürlich nur dann möglich, wenn das Kriterium (1.36) in der Umgebung von $\omega = \omega_p$ erfüllt ist. Drücken wir die Relaxationszeit τ gemäß (1.8) durch den spezifischen Widerstand aus, so können wir die Definition (1.38) der Plasmafrequenz benutzen, um

$$\omega_p\tau = 1,6 \cdot 10^2 \left(\frac{r_s}{a_0}\right)^{3/2}\left(\frac{1}{\rho_\mu}\right) \tag{1.39}$$

zu berechnen. Da der spezifische Widerstand ρ_μ in $\mu\Omega$cm von der Größenordnung Eins oder kleiner ist, und der Wert von r_s/a_o im Bereich zwischen 2 und 6 liegt, so ist das Kriterium (1.36) für hohe Frequenz bei der Plasmafrequenz sehr gut erfüllt.

Tabelle 1.5

Beobachtete und theoretische Grenzwellenlängen, unterhalb derer die Alkalimetalle transparent sind

Element	Theoretische* Wellenlänge (10^3 Å)	Beobachtete Wellenlänge (10^3 Å)
Li	1,5	2,0
Na	2,0	2,1
K	2,8	3,1
Rb	3,1	3,6
Cs	3,5	4,4

* Nach (1.41). Quelle: M. Born und E. Wolf, *Principles of Optics*, Pergamon, New York, 1964.

Man beobachtet tatsächlich, daß die Alkalimetalle im Ultravioletten transparent sind. Eine numerische Berechnung von (1.38) ergibt als Grenzfrequenz, ab welcher Transparenz einsetzen sollte, zu

$$\nu_p = \frac{\omega_p}{2\pi} = 11,4 \cdot \left(\frac{r_s}{a_0}\right)^{-3/2} \cdot 10^{15} \text{ Hz} \tag{1.40}$$

oder

$$\lambda_p = \frac{c}{\nu_p} = 0,26 \left(\frac{r_s}{a_0}\right)^{3/2} \cdot 10^3 \text{ Å}. \tag{1.41}$$

Tabelle 1.5 faßt einige mittels (1.41) berechnete Grenzwellenlängen sowie deren experimentell beobachtete Werte zusammen.

Die Übereinstimmung von Theorie und Experiment ist recht gut. Wie wir später sehen werden, ist die wirkliche Dielektrizitätskonstante eines Metalls sehr viel komplexer als der Ausdruck (1.37) und man kann es als einen günstigen Zufall bezeichnen, daß sich die Alkalimetalle so außergewöhnlich klar entsprechend der Drude-Theorie verhalten. In anderen Metallen konkurrieren mit dem sog. Drude-Term (1.37) verschiedene weitere Beiträge zur dielektrischen Konstanten.

Als weitere wichtige Konsequenz von (1.37) können Oszillationen der Ladungsdichte im Elektronengas auftreten. Wir verstehen darunter eine Störung, in der die Dichte der elektrischen Ladung[22] eine oszillatorische Zeitabhängigkeit $e^{-i\omega t}$ aufweist. Aus der

---

[22] Die Ladungsdichte ρ darf nicht mit dem spezifischen Widerstand verwechselt werden, den wir ebenfalls im allgemeinen mit ρ bezeichnen. Aus dem Kontext heraus ist aber immer klar zu ersehen, auf welche der beiden Größen jeweils Bezug genommen wird.

$\sigma = +nde$ N Elektronen

$$E = 2\pi\sigma + 2\pi\sigma = 4\pi nde$$

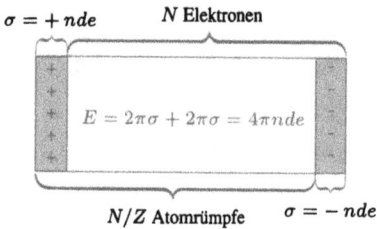

N/Z Atomrümpfe $\sigma = -nde$ **Bild 1.5:** Einfaches Modell einer Plasmaschwingung.

Kontinuitätsgleichung

$$\nabla \cdot \mathbf{j} = -\frac{\partial \rho}{\partial t}, \quad \nabla \cdot \mathbf{j}(\omega) = i\omega\rho(\omega) \tag{1.42}$$

und dem Gaußschen Satz

$$\nabla \cdot \mathbf{E}(\omega) = 4\pi\rho(\omega) \tag{1.43}$$

leiten wir unter Berücksichtigung von (1.30) ab, daß

$$i\omega\rho(\omega) = 4\pi\sigma(\omega)\rho(\omega). \tag{1.44}$$

Diese Gleichung hat eine Lösung, falls

$$1 + \frac{4\pi i\sigma(\omega)}{\omega} = 0, \tag{1.45}$$

was identisch ist mit dem oben abgeleiteten Kriterium für das Einsetzen der Ausbreitung von Strahlung. Hier erscheint es dagegen als Bedingung für die Frequenz, bei der die Ausbreitung einer Ladungsdichtewelle möglich ist.

Man kann die Natur solcher Ladungsdichtewellen, die auch als Plasmaoszillationen oder Plasmonen bekannt sind, anhand eines sehr einfachen Modells verstehen:[23] Stellen Sie sich vor, daß das Elektronengas als Gesamtheit um eine Strecke d gegenüber der fixen, positiv geladenen Anordnung der Atomrümpfe verschoben werde (Bild 1.5).[24] Die daraus resultierende Oberflächenladung erzeugt ein elektrisches Feld vom Betrag $4\pi\sigma$, wobei σ die Ladung pro Einheitsfläche[25] auf jeder Endfläche der Probe bezeichnet.

---

[23] Da das Feld einer homogen geladenen Platte unabhängig ist vom Abstand von der Platte, ist die folgende grobe Argumentation, bei der die gesamte Ladungsdichte auf zwei gegenüberliegenden Platten angenommen wird, nicht ganz so grob, wie es auf den ersten Blick erscheinen mag.

[24] Wir sahen bereits, daß das Drude-Modell der Wechselwirkung zwischen Elektronen und Atomrümpfen durch die Annahme Rechnung trägt, daß die Anziehung zu den positiv geladenen Atomrümpfen die Bewegung der Elektronen auf das Innere des Metalls beschränkt. In unserem einfachen Modell einer Plasmaschwingung bewirkt diese Anziehung die rücktreibende Kraft.

[25] Die Oberflächenladungsdichte darf nicht mit der Leitfähigkeit verwechselt werden, die man im allgemeinen ebenfalls mit σ bezeichnet.

Folglich genügt das Elektronengas als Gesamtheit der Bewegungsgleichung

$$Nm\ddot{d} = -Ne\,|4\pi\sigma| = -Ne(4\pi nde) = -4\pi ne^2 Nd, \tag{1.46}$$

woraus sich eine Schwingung mit der Plasmafrequenz ergibt.

Es sind nur wenige direkte Beobachtungen von Plasmonen bekannt. Davon am bemerkenswertesten sind wohl Messungen des Energieverlustes in ganzzahligen Vielfachen von $\hbar\omega_p$, den Elektronen erfahren, wenn man sie durch dünne Schichten von Metallen schießt.[26] Dennoch muß man die Möglichkeit der Anregung von Plasmonen immer in Betracht ziehen, wenn man andere elektronische Prozesse behandelt.

Wärmeleitfähigkeit eines Metalls

Der eindrucksvollste Erfolg des Drude-Modells zu der Zeit, als es vorgeschlagen wurde, war die Erklärung des empirischen Gesetzes von Wiedemann und Franz (1853). Das Wiedemann-Franzsches Gesetz besagt, daß das Verhältnis κ/σ aus Wärmeleitfähigkeit und elektrischer Leitfähigkeit für zahlreiche Metalle direkt proportional zur Temperatur ist, mit einer Proportionalitätskonstanten, die für alle Metalle relativ gut übereinstimmt. Diese bemerkenswerte Regelmäßigkeit erkennt man aus Tabelle 1.6, wo die gemessenen Wärmeleitfähigkeiten für verschiedene Metalle bei 273 K und 373 K zusammengefaßt sind, zusammen mit den Werten des Verhältnisses $\kappa/\sigma T$ (der sog. Lorenzzahl) bei beiden Temperaturen.

Das Drude-Modell erklärt diese Tatsache durch die Annahme, daß der größte Teil des Wärmestroms in einem Metall von den Leitungselektronen getragen wird. Diese Annahme gründet auf der experimentellen Beobachtung, daß Metalle die Wärme wesentlich besser leiten als Isolatoren. Man kann daher annehmen, daß die Wärmeleitung durch die Atomrümpfe,[27] die sowohl in Metallen als auch in Isolatoren vorhanden sind, sehr viel geringer ist als die Wärmeleitung durch die Leitungselektronen, die nur in Metallen vorhanden sind.

Zur Definition und Größenabschätzung der Wärmeleitfähigkeit betrachten wir einen Metallstab, entlang dessen sich die Temperatur langsam ändert. Gäbe es nicht eine Wärmequelle am einen und eine Wärmesenke am anderen Ende des Stabes, durch deren Wirkung der Temperaturgradient aufrechterhalten wird, so würde sich das wärmere Ende abkühlen und das kältere Ende erwärmen, d.h. Wärmeenergie würde entgegen der Richtung des Temperaturgradienten fließen. Liefert man Wärmeenergie am wärmeren Ende mit derselben Rate nach, mit der sie abfließt, so kann man einen

---

[26] C. J. Powell und J. B. Swan, *Phys. Rev.* **115**, 869 (1959).

[27] Obwohl die Atomrümpfe der Metalle nicht durch das Metall wandern können, gibt es einen Mechanismus, durch den sie Wärmeenergie (wenn auch keine elektrische Ladung) transportieren können: Sie schwingen ein wenig um ihre Gleichgewichtslagen und transportieren so Wärmeenergie in elastischen Wellen, die sich durch das Gitter der Atomrümpfe fortbewegen (vgl. Kapitel 25).

Tabelle 1.6

Experimentell bestimmte Wärmeleitfähigkeiten und Lorenzzahlen einiger ausgewählter Metalle

Element	273 K		373 K	
	κ (W/cm·K)	$\kappa/\sigma T$ ($\cdot 10^{-8}$ W·Ω/K^2)	κ (W/cm·K)	$\kappa/\sigma T$ ($\cdot 10^{-8}$ W·Ω/K^2)
Li	0,71	2,22	0,73	2,43
Na	1,38	2,12		
K	1,0	2,23		
Rb	0,6	2,42		
Cu	3,85	2,20	3,82	2,29
Ag	4,18	2,31	4,17	2,38
Au	3,1	2,32	3,1	2,36
Be	2,3	2,36	1,7	2,42
Mg	1,5	2,14	1,5	2,25
Nb	0,52	2,90	0,54	2,78
Fe	0,80	2,61	0,73	2,88
Zn	1,13	2,28	1,1	2,30
Cd	1,0	2,49	1,0	
Al	2,38	2,14	2,30	2,19
In	0,88	2,58	0,80	2,60
Tl	0,5	2,75	0,45	2,75
Sn	0,64	2,48	0,60	2,54
Pb	0,38	2,64	0,35	2,53
Bi	0,09	3,53	0,08	3,35
Sb	0,18	2,57	0,17	2,69

Quelle: G. W. C. Kaye und T. H. Laby, *Table of Physical and Chemical Constants*, Longmans Green, London, 1966.

stationären Zustand erreichen, in dem sowohl ein Temperaturgradient aufrechterhalten wird, als auch ein gleichförmiger Strom von Wärmeenergie. Wir definieren die Wärmestromdichte $\mathbf{j}^q$ als Vektor parallel zur Richtung des Wärmestroms, mit einem Betrag, der die Menge von Wärmeenergie angibt, die pro Zeiteinheit durch eine Einheitsfläche senkrecht zur Flußrichtung hindurchtritt.[28] Man beobachtet, daß der Wärmestrom für kleine Temperaturgradienten proportional zu ∇T ist (Fouriersches Gesetz):

$$\mathbf{j}^q = -\kappa \nabla T. \tag{1.47}$$

---

[28] Man beachte die Analogie zur Definition der elektrischen Stromdichte $\mathbf{j}$, ebenso die Entsprechung zwischen Ohmschem und Fourierschem Gesetz.

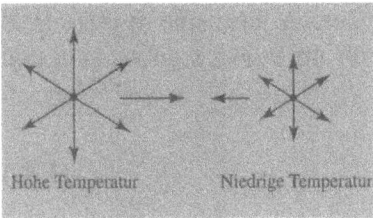

Bild 1.6: Schematisches Bild der Beziehung zwischen Temperaturgradient und Wärmestrom. Elektronen, die in der Mitte des Stabes von links her ankommen, hatten ihren letzten Stoß im Bereich höherer Temperatur; solche, die von rechts her ankommen, hatten ihren letzten Stoß im Bereich niedrigerer Temperatur. Deshalb sind Elektronen, die sich in der Mitte des Stabes nach rechts bewegen, im Mittel energiereicher als jene, die sich nach links bewegen, woraus sich effektiv ein Wärmestrom nach rechts ergibt.

Die Proportionalitätskonstante κ heißt Wärmeleitfähigkeit und ist positiv, da der Wärmestrom entgegen der Richtung des Temperaturgradienten fließt.

Als konkretes Beispiel betrachten wir den Fall, daß die Temperatur gleichförmig in Richtung der positiven x-Achse abnimmt. Im stationären Zustand fließt der Wärmestrom ebenfalls in x-Richtung und ist vom Betrag $j^q = -\kappa \, dT/dx$. Bei der Berechnung des Wärmestromes erinnern wir uns an die Annahme 4 des Drude-Modells, wonach ein Elektron nach jedem Stoß eine Geschwindigkeit hat, die gleich der lokalen thermischen Geschwindigkeit ist: Je höher die Temperatur am Ort des Stoßes, desto größer ist die Energie des wegfliegenden Elektrons. Folglich kommen selbst dann, wenn die mittlere Elektronengeschwindigkeit an einem gegebenen Ort Null ist (was nicht der Fall ist, wenn ein elektrischer Strom fließt), die Elektronen von der Seite mit höherer Temperatur mit höheren Energien an als jene von der Seite mit niedrigerer Temperatur. Dadurch ergibt sich effektiv ein Strom thermischer Energie zur Seite mit niedrigerer Temperatur hin (Bild 1.6).

Um aus diesem Bild eine quantitative Abschätzung der Wärmeleitfähigkeit zu gewinnen, betrachten wir zunächst ein stark vereinfachtes, eindimensionales Modell, worin sich die Elektronen nur auf der x-Achse bewegen können, so daß an einem Ort x die Hälfte der Elektronen von der Seite mit höherer, die andere Hälfte von der Seite mit niedrigerer Temperatur ankommt. Sei $\varepsilon(T)$ die thermische Energie pro Elektron in einem Metall, das bei der Temperatur T im Gleichgewicht ist, so hat ein Elektron, dessen letzter Stoß bei x' stattfand, im Mittel eine thermische Energie $\varepsilon(T[x'])$. Elektronen, die bei x von der Seite mit höherer Temperatur her ankommen, hatten im Mittel ihren letzten Stoß am Ort $x - v\tau$ und tragen deshalb eine thermische Energie pro Elektron, die von der Größenordnung $\varepsilon(T[x - v\tau])$ ist. Der Beitrag dieser Elektronen zur Wärmestromdichte an der Stelle x ergibt sich daher als Produkt aus ihrer Anzahl pro Einheitsvolumen, $n/2$, ihrer Geschwindigkeit v sowie der Energie pro Elektron zu $(n/2)v\varepsilon(T[x - v\tau])$. Ebenso tragen Elektronen, die von der Seite niedrigerer Temperatur in x ankommen, die Energie $(n/2)(-v)\varepsilon(T[x + v\tau])$ bei, da sie sich aus dem Bereich der positiven x-Achse zu negativen x-Werten hin bewegen. Addiert man die beiden Beiträge, so erhält man

$$j^q = \frac{1}{2}nv\left[\varepsilon(T[x - v\tau]) - \varepsilon(T[x + v\tau])\right]. \tag{1.48}$$

Unter der Voraussetzung, daß die Änderung der Temperatur über eine mittlere freie Weglänge $\ell = v\tau$ sehr gering ist,[29] können wir (1.48) im Punkt x entwickeln und erhalten

$$j^q = nv^2\tau\frac{d\varepsilon}{dT}\left(-\frac{dT}{dx}\right). \tag{1.49}$$

Um nun zum dreidimensionalen Fall überzugehen, müssen wir lediglich v durch die x-Komponente v_x der Elektronengeschwindigkeit $\mathbf{v}$ ersetzen und über alle Richtungen mitteln. Mit[30] $\langle v_x^2\rangle=\langle v_y^2\rangle=\langle v_z^2\rangle=\frac{1}{3}v^2$ und $nd\varepsilon/dT=(N/V)(d\varepsilon/dT)=(d\varepsilon/dT)/V = c_v$, der spezifischen Wärmekapazität der Elektronen, erhalten wir

$$\mathbf{j}^q = \frac{1}{3}v^2\tau c_v(-\nabla T) \tag{1.50}$$

oder

$$\kappa = \frac{1}{3}v^2\tau c_v = \frac{1}{3}\ell v c_v, \tag{1.51}$$

wobei v^2 das mittlere Geschwindigkeitsquadrat der Elektronen bezeichnet.

Wir betonen hier noch einmal, wie grob die obige Argumentation ist; so sprachen wir recht ungenau von der thermischen Energie pro Elektron innerhalb einer herausgegriffenen Gruppe von Elektronen, einer Größe, deren präzise Definition schwerfallen dürfte. Darüberhinaus ersetzten wir sorglos in verschiedenen Stadien der Herleitung Größen durch ihre thermodynamischen Mitelwerte. Dagegen könnte man beispielsweise einwenden, daß auch die mittlere Geschwindigkeit der Elektronen von der Richtung abhängt, aus der sie ankommen, wenn dasselbe für die thermische Energie pro Elektron gelten soll – denn auch diese mittlere Geschwindigkeit hängt von der Temperatur am Ort des letzten Stoßes ab. Weiter unten werden wir erkennen, daß der Effekt dieser letzteren Nachlässigkeit sogar durch eine weitere aufgehoben wird, und in Kapitel 13 wird sich durch eine strengere Behandlung des Problems herausstellen, daß (1.51) dem korrekten Resultat sehr nahe kommt und ihm unter gewissen Umständen sogar genau entspricht.

Mittels der Abschätzung (1.51) leiten wir – unabhängig von der Beantwortung ungeklärter Fragen bezüglich der Rolle der Relaxationszeit τ – einen weiteren Zusammenhang ab, indem wir die Wärmeleitfähigkeit durch die elektrische Leitfähigkeit

---

[29] Die Temperaturänderung über die Länge ℓ ist das Produkt aus (ℓ/L) und der Temperaturänderung über die Länge L des Stabes

[30] Im thermodynamischen Gleichgewicht ist die Geschwindigkeitsverteilung isotrop. Abweichungen von dieser Isotropie aufgrund des Temperaturgradienten sind außerordentlich klein.

(1.6) dividieren:

$$\frac{\kappa}{\sigma} = \frac{\frac{1}{3} c_v m v^2}{n e^2}.$$ (1.52)

Drude erschien es natürlich, die Gesetze des klassischen idealen Gases anzuwenden, um die Wärmekapazität der Elektronen und ihr mittleres Geschwindigkeitsquadrat herzuleiten; folglich nahm er c_v zu $\frac{3}{2} n k_B$ und $\frac{1}{2} m v^2$ zu $\frac{3}{2} k_B T$ an, mit der Boltzmannkonstanten $k_B = 1,38 \cdot 10^{-16}$ erg/K . Dies führt zu

$$\frac{\kappa}{\sigma} = \frac{3}{2} \left(\frac{k_B}{e} \right)^2 T.$$ (1.53)

Die rechte Seite von (1.53) ist proportional zu T und enthält weiterhin nur die universellen Konstanten k_B und e, was mit dem Wiedemann-Franzschen Gesetz vollständig im Einklang steht. Aus (1.53) ergibt sich die Lorenzzahl[31] zu

$$\frac{\kappa}{\sigma T} = \frac{3}{2} \left(\frac{k_B}{e} \right)^2 = 1,24 \cdot 10^{-13} \text{ (erg/esu·K)}^2$$

$$= 1,11 \cdot 10^{-8} \text{ W}\Omega/\text{K}^2,$$ (1.54)

entsprechend etwa der Hälfte des in Tabelle 1.6 angegebenen, typischen Wertes. Aus seiner Berechnung der elektrischen Leitfähigkeit erhielt Drude irrtümlicherweise die Hälfte des korrekten Ergebnisses (1.6), woraus er $\kappa/\sigma T = 2,22 \cdot 10^{-8}$ W·Ω/K^2 ermittelte, was in außerordentlicher guter Übereinstimmung mit dem Experiment stand.

Dieser Erfolg, obwohl eigentlich ein glücklicher Zufall, war derart eindrucksvoll, daß er als Motivation für weitere Untersuchungen auf der Grundlage des Drude-Modells wirkte. Es blieb trotzdem rätselhaft, wieso man niemals einen elektronischen Beitrag zur Wärmekapazität beobachten konnte, dessen Größenordung auch nur annähernd mit $\frac{3}{2} n k_B$ vergleichbar gewesen wäre. Tatsächlich schien es bei Raumtemperatur keinerlei elektronischen Beitrag zur gemessenen Wärmekapazität zu geben. In Kapitel 2 werden wir erkennen, daß die Gesetze des klassischen idealen Gases auf das Elektronengas in einem Metall nicht anwendbar sind. Drudes eindrucksvoller Erfolg – einmal abgesehen von dem um einen Faktor 2 falschen Resultat – war das Ergebnis der Kompensation zweier Fehlabschätzungen um jeweils einen Faktor 100: Einerseits ist bei Raumtemperatur der tatsächliche elektronische Beitrag zur Wärmekapazität um etwa einen Faktor 100 kleiner als der klassisch zu erwartende Wert, andererseits ist das mittlere Geschwindigkeitsquadrat der Elektronen um etwa einen Faktor 100 größer.

---

[31] Da (Joule/Coulomb)^2 = (Watt/Ampère)^2 = Watt·Ohm, gibt man Lorenzzahlen oft in der Einheit Watt·Ohm/K^2 anstelle von (Joule/Coulomb·K)^2 an.

Wir werden die exakte Theorie der thermodynamischen Gleichgewichtseigenschaften des freien Elektronengases in Kapitel 2 entwickeln und zu einer korrekteren Analyse der Wärmeleitfähigkeit eines Metalls in Kapitel 13 zurückkehren. Bevor wir jedoch unsere Untersuchung des Wärmetransports beenden, wollen wir noch eine unzulässige Vereinfachung in unserer bisherigen Argumentation richtigstellen, durch die ein wesentliches physikalisches Phänomen verschleiert wird.

Bei der Berechnung der Wärmeleitfähigkeit ließen wir mögliche Auswirkungen des Temperaturgradienten unberücksichtigt, abgesehen von der Annahme, daß die von einer Gruppe von Elektronen getragene thermische Energie abhängig sei von der Temperatur am Ort ihrer letzten Stöße. Wenn jedoch die Elektronen aus einem Stoß bei höherer Temperatur mit einer höheren Energie hervorgehen, dann haben sie auch eine höhere Geschwindigkeit. Es könnte deshalb sinnvoll erscheinen, die Elektronengeschwindigkeit ebenso wie den elektronischen Beitrag zur thermischen Energie als abhängig vom Ort des letzten Stoßes zu betrachten. Wie es sich herausstellt, würde ein solcher zusätzlicher Term das Ergebnis lediglich um einen Faktor von der Größenordnung Eins ändern; tatsächlich war es durchaus richtig, diese Korrektur zu vernachlässigen. Es trifft zu, daß sich unmittelbar nach Anlegen des Temperaturgradienten eine von Null verschiedene mittlere Elektronengeschwindigkeit in Richtung zum kälteren Ende hin einstellt. Da die Elektronen geladen sind, entspricht dieser Geschwindigkeit ein elektrischer Strom. Messungen der Wärmeleitfähigkeit führt man jedoch unter den Bedingungen eines offenen Stromkreises durch, so daß dauerhaft kein Strom fließen kann. Deshalb fließt der Strom nur solange, bis sich genügend elektrische Ladung an den Endflächen des Stabes angesammelt hat, das dadurch aufgebaute elektrische Gegenfeld die weitere Ansammlung von Ladung verhindert und so die Wirkung des Temperaturgradienten auf die mittlere Elektronengeschwindigkeit genau kompensiert.[32] Im stationären Gleichgewicht fließt somit effektiv kein Strom und wir erkennen, daß die Annahme einer in jedem Punkt verschwindenden mittleren Elektronengeschwindigkeit zutreffend war.

Auf diese Weise werden wir zur Betrachtung eines weiteren physikalischen Effektes geführt: Ein Temperaturgradient entlang eines langen, dünnen Stabes sollte begleitet sein von einem elektrischen Feld, dessen Richtung der Richtung des Gradienten entgegengesetzt ist. Die Existenz einen solchen Feldes, des thermoelektrischen Feldes, war bereits seit geraumer Zeit als Seebeck-Effekt bekannt. Man schreibt dieses Feld gewöhnlich in der Form

$$\mathbf{E} = Q\nabla T \tag{1.55}$$

mit einer Proportionalitätskonstanten Q, der sog. thermoelektrischen Kraft. Zur Abschätzung der Größenordnung dieser thermoelektrischen Kraft beachten wir, daß

---

[32] Man vergleiche die analoge Argumentation zur Erklärung des Hall-Feldes.

in unserem eindimensionalen Modell die durch den Temperaturgradienten beeinflußte, mittlere Elektronengeschwindigkeit am Ort x gegeben ist durch

$$v_Q = \frac{1}{2}\left[v(x - v\tau) - v(x + v\tau)\right] = -\tau v \frac{dv}{dx}$$
$$= -\tau \frac{d}{dx}\left(\frac{v^2}{2}\right). \tag{1.56}$$

Man kann dieses Ergebnis auf drei Dimensionen[33] verallgemeinern, indem man v^2 durch $v_x{}^2$ ersetzt und beachtet, daß $\langle v_x{}^2 \rangle = \langle v_y{}^2 \rangle = \langle v_z{}^2 \rangle = \frac{1}{3}v^2$, so daß gilt

$$\mathbf{v}_Q = -\frac{\tau}{6}\frac{dv^2}{dT}(\nabla T). \tag{1.57}$$

Die mittlere, durch das elektrische Feld verursachte Geschwindigkeit ist[34]

$$\mathbf{v}_E = -\frac{e\mathbf{E}\tau}{m}. \tag{1.58}$$

Die Bedingung $\mathbf{v}_Q + \mathbf{v}_E = 0$ ergibt

$$Q = -\left(\frac{1}{3e}\right)\frac{d}{dT}\frac{mv^2}{2} = -\frac{c_v}{3ne}, \tag{1.59}$$

was ebenfalls von der Relaxationszeit τ unabhängig ist. Drude erhielt dieses Resultat durch eine weitere unzulässige Anwendung der klassischen statistischen Mechanik, indem er c_v zu $3nk_b/2$ annahm, woraus er

$$Q = -\frac{k_B}{2e} = -0,43 \cdot 10^{-4} \text{ V/K} \tag{1.60}$$

berechnete. Experimentell bestimmte Werte der thermoelektrischen Kräfte von Metallen bei Raumtemperatur sind von der Größenordnung μV pro K und damit um einen Faktor 100 kleiner. Dies ist derselbe Fehler von 100, der zweimal in Drudes Ableitung des Wiedemann-Franzschen Gesetzes auftritt, hier aber nicht kompensiert wird. Offenbar versagt hier die klassische statistische Mechanik bei der Beschreibung des Elektronengases in Metallen.

Durch Anwendung der Quantenstatistik räumt man solche Widersprüche aus. In einigen Metallen ist das Vorzeichen der thermoelektrischen Kraft – entsprechend der Richtung des thermoelektrischen Feldes – der Voraussage des Drude-Modells entgegengesetzt; dies erscheint ebenso rätselhaft wie die wechselnden Vorzeichen der

---

[33] Man vergleiche die Argumentation, die von (1.49) zu (1.50) führte.
[34] Man vergleiche die Argumentation im Abschnitt über die Gleichstromleitfähigkeit eines Metalls.

Hall-Koeffizienten. Die Quantentheorie der Festkörper liefert auch für den Vorzeichenwechsel der thermoelektrischen Kraft eine Erklärung, jedoch ist der Triumph in diesem Falle etwas gedämpft, da eine wirklich quantitative Theorie des thermoelektrischen Feldes noch immer fehlt. Wir werden in späteren Diskussionen einige der Eigentümlichkeiten dieses Phänomens erwähnen, die seine exakte Berechnung besonders erschweren.

In diesen letzten Beispielen wurde deutlich, daß eine Theorie des freien Elektrons nicht sehr viel weiter entwickelt werden kann, ohne adäquaten Gebrauch von den Methoden der Quantenstatistik zu machen; dies ist der Gegenstand des zweiten Kapitels.

Aufgaben

1.1   Poisson-Verteilung

Im Drude-Modell ist die Wahrscheinlichkeit dafür, daß ein Elektron innerhalb eines infinitesimalen Zeitintervalls dt stößt, gegeben durch dt/τ.

(a) Zeigen Sie, daß ein zu einem bestimmten Zeitpunkt beliebig herausgegriffenes Elektron mit der Wahrscheinlichkeit $e^{-t/\tau}$ innerhalb der vorangegangenen t Sekunden keinen Stoß erfahren hat. Zeigen Sie weiterhin, daß es mit derselben Wahrscheinlichkeit auch innerhalb der folgenden t Sekunden nicht stoßen wird.

(b) Zeigen Sie, daß das Zeitintervall zwischen aufeinanderfolgenden Stößen eines Elektrons mit der Wahrscheinlichkeit $(dt/\tau)e^{-t/\tau}$ im Bereich zwischen t und $t + dt$ liegt.

(c) Zeigen Sie, daß als Konsequenz von (a) zu jedem Zeitpunkt die mittlere Zeit seit dem letzten Stoß ebenso wie die mittlere Zeit bis zum folgenden Stoß, gemittelt über alle Elektronen, gegeben ist durch τ.

(d) Zeigen Sie, daß als Konsequenz von (b) die mittlere Zeit zwischen aufeinanderfolgenden Stößen eines Elektrons ebenfalls gleich τ ist.

(e) Aus (c) folgt, daß zu jedem gegebenen Zeitpunkt die Zeit T zwischen dem letzten Stoß und dem darauf folgenden, gemittelt über alle Elektronen, gleich 2τ ist. Erklären Sie, warum dies nicht im Widerspruch zu dem Ergebnis von (d) steht. (Eine ausreichende Erklärung sollte die Ableitung der Wahrscheinlichkeitsverteilung für T einschließen.) Da Drude diese Feinheit unberücksichtigt ließ, erhielt er als Leitfähigkeit nur die Hälfte des Ausdruckes (1.6). Bei der Ableitung der Wärmeleitfähigkeit machte er denselben Fehler nicht noch einmal, wodurch sich der Faktor 2 in seiner Berechnung der Lorenzzahl ergibt (siehe Seite 29).

1.2   Joulesche Wärme

Betrachten Sie ein Metall, das sich bei einer gleichförmigen Temperatur in einem statischen, homogenen elektrischen Feld **E** befindet. Ein Elektron erfahre einen Stoß, und nach der Zeit t einen zweiten. Im Drude-Modell ist die Energie bei Stößen nicht erhalten, da die mittlere Geschwindigkeit eines vom Ort des Stoßes wegfliegenden Elektrons unabhängig ist von der Energie, die das Elektron während der Zeit seit dem vorangegangenen Stoß aus dem elektrischen Feld aufgenommen hat (Annahme 4 des Drude-Modells).

(a) Zeigen Sie, daß die mittlere Energie, die im zweiten von zwei im Zeitabstand t stattfindenden Stößen an die Atomrümpfe verlorengeht, gleich $(eEt)^2/m$ ist. (Die Mittelung erfolgt über alle Richtungen, in die das Elektron nach dem ersten Stoß fliegt.)

(b) Zeigen Sie unter Verwendung des Ergebnisses von Aufgabe 1(b), daß der mittlere Energieverlust an die Atomrümpfe pro Elektron und pro Stoß gegeben ist durch $(eE\tau)^2/m$, und daß daher der mittlere Verlust pro cm^3 und Sekunde zu $(ne^2\tau/m)E^2 = \sigma E^2$ folgt. Leiten Sie weiterhin ab, daß der Leistungsverlust in einem Draht der Länge L und des Querschnittes A gleich $I^2 R$ ist, wobei I den Strom im Draht und R seinen Widerstand bezeichnen.

1.3   Thomson-Effekt

Nehmen Sie an, daß zusätzlich zum äußeren elektrischen Feld von Aufgabe 2 ein gleichförmiger Temperaturgradient ∇T im Metall bestehe. Da ein Elektron aus einem Stoß mit einer Energie hervorgeht, die der lokalen Temperatur entspricht, so hängt der Energieverlust in den Stößen sowohl davon ab, wie weit sich ein Elektron zwischen zwei Stößen im Temperaturgefälle bewegt, als auch davon, wieviel Energie es in dieser Zeit aus dem elektrischen Feld aufgenommen hat. Folglich enthält der Ausdruck für den Leistungsverlust einen Term proportional zu $\mathbf{E} \cdot \nabla T$, den man leicht von anderen Termen unterscheidet, da er der einzige Term im Energieverlust zweiter Ordnung ist, der sein Vorzeichen bei einer Umkehrung des Feldes $\mathbf{E}$ wechselt. Zeigen Sie, daß dieser Beitrag im Drude-Modell durch einen Term der Ordnung $(ne\tau/m(d\varepsilon/dT)(\mathbf{E} \cdot \nabla \mathbf{T})$ gegeben ist, wobei ε die mittlere thermische Energie pro Elektron bezeichnet. (Berechnen Sie den Energieverlust eines typischen Elektrons in einem Stoß am Ort $\mathbf{r}$, das seinen letzten Stoß bei $\mathbf{r} - \mathbf{d}$ hatte. Nimmt man eine feste (d.h. von der Energie unabhängige) Relaxationszeit τ an, so kann man $\mathbf{d}$ durch eine einfache kinematische Argumentation bis zur linearen Ordnung im Feld und im Temperaturgradienten bestimmen, was ausreichend ist, um den Energieverlust bis zur zweiten Ordnung zu ermitteln.)

1.4   Helikonwellen

Ein Metall befinde sich in einem homogenen, zur z-Achse parallelen Magnetfeld $\mathbf{H}$; zusätzlich liege ein elektrisches Wechselfeld $\mathbf{E}e^{-i\omega t}$ senkrecht zur Richtung von $\mathbf{H}$ an.

(a) Das elektrische Wechselfeld sei zirkular polarisiert ($E_y = \pm iE_x$). Zeigen Sie, daß dann (1.28) die allgemeinere Form

$$j_x = \left(\frac{\sigma_0}{1 - i(\omega \mp \omega_c)\tau} \right) E_x, \quad j_y = \pm ij_x, \quad j_z = 0 \tag{1.61}$$

annimmt.

(b) Zeigen Sie, daß unter Berücksichtigung von (1.61) die Maxwell-Gleichungen (1.31) eine Lösung der Form

$$E_x = E_0 e^{i(kz - wt)}, \quad E_y = \pm iE_x, \quad E_z = 0 \tag{1.62}$$

haben, vorausgesetzt, daß $k^2 c^2 = \epsilon \omega^2$ mit

$$\epsilon(\omega) = 1 - \frac{\omega_p^2}{\omega} \left(\frac{1}{\omega \mp \omega_c + i/\tau} \right). \tag{1.63}$$

(c) Skizzieren Sie $\epsilon(\omega)$ für $\omega > 0$ (wählen Sie die Polarisation $E_y = iE_x$) und zeigen Sie, daß Lösungen von $k^2 c^2 = \epsilon \omega^2$ für beliebiges k bei Frequenzen $\omega > \omega_p$ und $\omega < \omega_c$ existieren. (Nehmen Sie an, daß das Kriterium $\omega_c \tau \gg 1$ für hohe Felder erfüllt ist und beachten Sie, daß selbst für Felder von einigen hundert Kilogauß $\omega_p/\omega_c \gg 1$ gilt.)

(d) Zeigen Sie, daß für $\omega \ll \omega_c$ die Beziehung zwischen k und ω für die niedrigfrequente Lösung lautet

$$\omega = \omega_c \left(\frac{k^2 c^2}{\omega_p^2} \right). \tag{1.64}$$

Diese niedrigfrequente Welle, bekannt als Helikonwelle, wurde in zahlreichen Metallen beobachtet.[35] Schätzen Sie die Helikonfrequenz für eine Wellenlänge von 1 cm und ein Feld von 10 kG bei einer für Metalle typischen Elektronenkonzentration.

1.5 Oberflächenplasmonen

Eine elektromagnetische Welle, die sich an der Oberfläche eines Metalls ausbreitet, erschwert die Beobachtung der gewöhnlichen Volumenplasmonen. Das Metall erstrecke sich im Halbraum $z \geqslant 0$; im Halbraum $z \leqslant 0$ herrsche Vakuum. Nehmen Sie an, die elektrische Ladungsdichte ρ der Maxwell-Gleichungen sei sowohl innerhalb als auch außerhalb des Metalls Null. (Das Vorhandensein einer Oberflächenladungsdichte in

---

[35] R. Bowers et al., *Phys. Rev. Lett.* **7**, 339 (1961)

der Ebene $z = 0$ ist dadurch nicht ausgeschlossen.) Ein Oberflächenplasmon ist eine Lösung der Maxwell-Gleichungen und hat die Form

$$
\begin{aligned}
&E_x = Ae^{iqx}e^{-Kz}, &&E_y = 0, &&E_z = Be^{iqx}e^{-Kz}, &&z > 0, \\
&E_x = Ce^{iqx}e^{K'z}, &&E_y = 0, &&E_z = De^{iqx}e^{K'z}, &&z < 0, \\
&q, K, K' \text{ reell}, &&K, K' \text{ positiv}.
\end{aligned}
\tag{1.65}
$$

(a) Verwenden Sie unter den üblichen Randbedingungen ($\mathbf{E}_\parallel$ stetig, $(\epsilon \mathbf{E})_\perp$ stetig) die Drude-Resultate (1.35) und (1.29) zur Herleitung von drei Gleichungen, die q, K und K' als Funktionen von ω in Zusammenhang bringen.

(b) Zeichnen Sie $q^2 c^2$ als Funktion von ω^2 unter der Bedingung $\omega\tau \gg 1$.

(c) Zeigen Sie, daß im Grenzfall $qc \gg \omega$ eine Lösung bei der Frequenz $\omega = \omega_p/\sqrt{2}$ existiert. Zeigen Sie weiterhin durch eine Untersuchung des Verhaltens von K und K', daß diese Welle auf die Oberfläche beschränkt ist. Beschreiben Sie ihre Polarisation. Diese Welle bezeichnet man als Oberflächenplasmon.

2 Die Sommerfeld-Theorie der Metalle

Die Fermi-Dirac-Verteilung

Freie Elektronen

Dichte der erlaubten Wellenvektoren

Fermiimpuls, Fermienergie und Fermitemperatur

Grundzustandsenergie und Kompressibilität

Thermische Eigenschaften des freien Elektronengases

Sommerfeld-Theorie der elektrischen Leitung

Wiedemann-Franzsches Gesetz

Zu Drudes Zeit und auch noch viele Jahre danach erschien es vernünftig, als Geschwindigkeitsverteilung der Elektronen ebenso wie für ein gewöhnliches, klassisches ideales Gas der Dichte $n = N/V$ im Gleichgewicht bei der Temperatur T eine Maxwell-Boltzmann-Verteilung anzunehmen. Damit ist die Anzahl von Elektronen pro Einheitsvolumen mit Geschwindigkeiten im Bereich[1] $d\mathbf{v}$ um $\mathbf{v}$ gegeben durch $f_B(\mathbf{v})d\mathbf{v}$, mit

$$f_B(\mathbf{v}) = n \left(\frac{m}{2\pi k_B T} \right)^{3/2} e^{-mv^2/2k_B T}. \tag{2.1}$$

Wir sahen in Kapitel 1, daß diese Annahme in Verbindung mit dem Drude-Modell zu einer von der Größenordnung her guten Übereinstimmung mit dem Wiedemann-Franzschen Gesetz führt, andererseits daraus aber ein elektronischer Beitrag $\frac{3}{2} k_B$ zur Wärmekapazität der Metalle folgt, den man nicht beobachten konnte.[2]

Dieses Paradoxon warf einen Schatten auf das Drude-Modell, der erst ein Vierteljahrhundert später mit der Einführung der Quantenmechanik und der Erkenntnis verschwand, daß das Pauliprinzip für Elektronen[3] fordert, die Maxwell-Boltzmann-Verteilung (2.1) durch die Fermi-Dirac-Verteilung

$$f(\mathbf{v}) = \frac{(m/\hbar)^3}{4\pi^3} \frac{1}{\exp\left[(\frac{1}{2}mv^2 - k_B T_0)/k_B T \right] + 1} \tag{2.2}$$

zu ersetzen; $\hbar$ bezeichnet darin die durch 2π dividierte Plancksche Konstante. Die Temperatur T_0 ist durch die Normierung[4]

$$n = \int d\mathbf{v}\, f(\mathbf{v}) \tag{2.3}$$

bestimmt und beträgt typischerweise einige Tausend Kelvin. Im interessierenden Temperaturbereich von weniger als 10^3 K und bei den für Metalle typischen Elektronen-

---

[1] Wir verwenden hier die übliche Schreibweise für Vektoren: v bezeichnet den Betrag des Vektors $\mathbf{v}$. Eine Geschwindigkeit liegt im Bereich $d\mathbf{v}$ um $\mathbf{v}$, wenn ihre i-te Komponente im Bereich zwischen v_i und $v_i + dv_i$ liegt ($i = x, y, z$). Mit $d\mathbf{v}$ bezeichnen wir ebenfalls das Volumen im Geschwindigkeitsraum, das dem Bereich $d\mathbf{v}$ um v entspricht: $d\mathbf{v} = dv_x dv_y dv_z$. Wir folgen damit einer verbreiteten Praxis unter Physikern, in der Notation nicht zwischen einem Raumbereich und dessen Volumen zu unterscheiden, sofern die Bedeutung der Schreibweise aus dem Kontext heraus klar ist.

[2] ... weil, wie wir noch sehen werden, der tatsächliche elektronische Beitrag bei Raumtemperatur etwa hundertmal kleiner ist und mit abnehmender Temperatur noch kleiner wird.

[3] ... und alle anderen Teilchen, die der Fermi-Dirac-Statistik unterliegen

[4] Beachten Sie, daß die Konstanten in der Maxwell-Boltzmann-Verteilung (2.1) bereits so gewählt wurden, daß die Normierungsbedingung (2.3) erfüllt ist. (2.2) werden wir weiter unten herleiten, siehe (2.89). In Aufgabe 3d bringen wir den Vorfaktor in (2.2) in eine Form, die den direkten Vergleich mit (2.1) erleichtert.

konzentrationen weichen die Verteilungen nach Maxwell-Boltzmann und Fermi-Dirac außerordentlich stark voneinander ab (Bild 2.1).

Im vorliegenden Kapitel beschreiben wir die der Fermi-Dirac-Verteilung zugrundeliegende Theorie und verschaffen uns einen Überblick über die Folgerungen aus dieser Theorie in Bezug auf das Elektronengas der Metalle.

Kurze Zeit nachdem man erkannt hatte, daß das Pauliprinzip für ein Verständnis der Existenz gebundener elektronischer Zustände der Atome notwendig sei, wandte Sommerfeld ebendieses Prinzip auf das freie Elektronengas der Metalle an und beseitigte damit die gröbsten Fehlschlüsse des frühen Drude-Modells bezüglich des thermischen Verhaltens der Elektronen. In den meisten Anwendungen unterscheidet sich das Sommerfeld-Modell von Drudes Vorstellung eines klassischen Elektronengases lediglich in dem *einzigen* Punkt, daß die Geschwindigkeitsverteilung der Elektronen durch die quantenmechanische Fermi-Dirac-Verteilung zu beschreiben ist, und nicht durch die klassische Maxwell-Boltzmann-Verteilung.

Um die Anwendung der Fermi-Dirac-Verteilung und deren mutige Aufpropfung auf eine ansonsten klassische Theorie zu rechtfertigen, muß man die Quantenmechanik eines Elektronengases untersuchen.[5]

Der Einfachheit halber betrachten wir zunächst den Grundzustand des Elektronengases (bei $T = 0$), bevor wir sein Verhalten bei höheren Temperaturen untersuchen. Wie sich dabei herausstellen wird, sind die Eigenschaften des Grundzustandes an sich schon wesentlich genug: Die Raumtemperatur stellt für ein Elektronengas mit einer Dichte, wie sie in Metallen herrscht, tatsächlich eine sehr niedrige Temperatur dar und braucht für viele Zwecke von $T = 0$ nicht unterschieden zu werden. Viele – wenn auch nicht alle – elektronischen Eigenschaften eines Metalls unterscheiden sich daher auch bei Raumtemperatur kaum von ihren Werten bei $T = 0$.

Eigenschaften des Elektronengases im Grundzustand

Unsere Aufgabe besteht nun darin, die Grundzustandseigenschaften von N Elektronen zu berechnen, die in einem Volumen V eingeschlossen sind. Da die Elektronen nicht miteinander wechselwirken (Näherung unabhängiger Elektronen), finden wir den Grundzustand des N-Elektronen-Systems, indem wir zunächst die Energieniveaus eines einzelnen Elektrons im Volumen V berechnen und danach diese Niveaus mit Elektronen derart auffüllen, daß das Pauliprinzip gilt, welches die Besetzung eines Ein-Elektron-Zustandes mit jeweils höchstens einem Elektron zuläßt.[6]

---

[5] In diesem Kapitel bezeichnen wir als „Elektronengas" ein Gas aus freien und unabhängigen Elektronen (siehe Seite 6), sofern wir nicht ausdrücklich Korrekturen durch Elektron-Elektron- oder Elektron-Rumpf-Wechselwirkungen in Betracht ziehen.

[6] Beachen Sie, daß wir das Wort „Zustand" hier und im Folgenden ausschließlich zur Bezeichnung des Zustandes eines N-Elektronen-Systems verwenden, wohingegen Ein-Elektron-Zustände als „Niveaus" bezeichet werden.

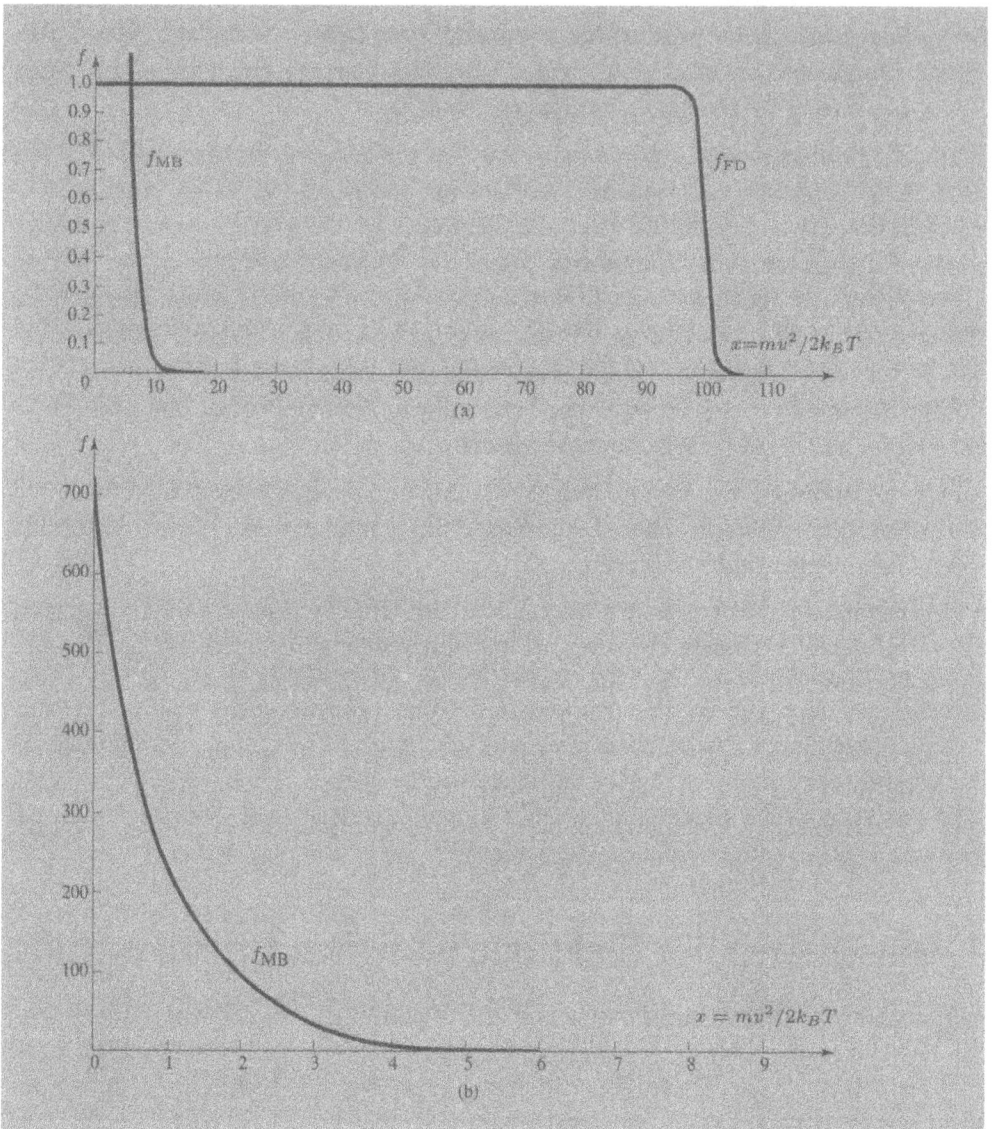

Bild 2.1: (a) Vergleich von Maxwell-Boltzmann- und Fermi-Dirac-Verteilung bei typischen Elektronenkonzentrationen in Metallen bei Raumtemperatur. Beide Kurven sind für die Konzentration bei $T = 0,01 T_0$ gezeichnet. Der Maßstab ist für beide Verteilungen gleich und derart normiert, daß die Fermi-Dirac-Verteilung bei niedrigen Energien gegen 1 geht. Unterhalb der Raumtemperatur ist der Unterschied zwischen den beiden Verteilungen noch ausgeprägter. (b) Teilansicht der Darstellung (a) zwischen $x = 0$ und $x = 10$. Die x-Achse wurde um ca. einen Faktor 10 gestreckt, die f-Achse um ca. einen Faktor 500 gestaucht, um die Maxwell-Boltzmann-Verteilung vollständig darstellen zu können. In diesem Maßstab ist der Graph der Fermi-Dirac-Verteilung von der x-Achse nicht zu unterscheiden.

Man kann ein einzelnes Elektron beschreiben durch eine Wellenfunktion $\psi(\mathbf{r})$ sowie durch die Angabe, welche von zwei möglichen Orientierungen sein Spin besitzt. Ist das Elektron wechselwirkungsfrei, so erfüllt die zu einem Niveau mit der Energie ε gehörige Ein-Elektron-Wellenfunktion die zeitunabhängige Schrödingergleichung[7]

$$-\frac{\hbar^2}{2m}\left(\frac{\partial^2}{\partial x^2}+\frac{\partial^2}{\partial y^2}+\frac{\partial^2}{\partial z^2}\right)\psi(\mathbf{r}) = -\frac{\hbar^2}{2m}\nabla^2\psi(\mathbf{r}) = \varepsilon\psi(\mathbf{r}). \tag{2.4}$$

Die Beschränkung der Bewegung des Elektrons auf das Volumen V (verursacht durch die Anziehung der Atomrümpfe) berücksichtigen wir durch eine Randbedingung an (2.4). Sofern man sich nicht mit Oberflächeneffekten des Metalls befaßt, ist man in der Wahl dieser Randbedingung im wesentichen frei und kann sie im Hinblick auf mathematische Einfachheit und Zweckmäßigkeit bestimmen, da für eine hinreichend große Metallprobe zu erwarten ist, daß ihre Volumeneigenschaften unbeeinflußt sind von der speziellen Konfiguration ihrer Oberfläche.[8] In diesem Sinne wählen wir zunächst die Form der Metallprobe so, daß unsere Analyse dadurch vereinfacht wird; eine bewährte Wahl ist ein Würfel[9] mit der Kantenlänge $L = V^{1/3}$.

Als nächstes müssen wir nun die Schrödingergleichung (2.4) einer Randbedingung unterwerfen, welche die Beschränkung der Elektronenbewegung auf das Volumen dieses Würfels widerspiegelt. Diese Wahl treffen wir ebenfalls unter der Annahme, daß die zu berechnenden Volumeneigenschaften dadurch nicht beeinflußt werden. Eine möglich Wahl der Randbedingung ist die Forderung, daß die Wellenfunktion $\psi(\mathbf{r})$ verschwinden soll, wenn $\mathbf{r}$ auf der Oberfläche des Würfels liegt; dies führt oft zu unbefriedigenden Ergebnissen, da sich als Lösungen von (2.4) stehende Wellen ergeben, während der Transport von Ladung und Energie durch die Elektronen sehr viel zweckmäßiger durch laufende Wellen zu beschreiben ist. Eine bessere Lösung ist es, die Willkür bei der Wahl der Oberfläche zum Anlaß zu nehmen, ihre Anwesenheit vollständig zu ignorieren. Man erreicht dies dadurch, daß man jede Würfelfläche auf die ihr gegenüberliegende abbildet, so daß ein Elektron, das eine Würfelfläche erreicht, nicht reflektiert wird, sondern das Metall verläßt, um gleichzeitig am entsprechenden Punkt der gegenüberliegenden Würfelfläche wieder in das Metall einzutreten. Stellen wir uns ein eindimensionales Metall vor, so würden wir einfach die Strecke von

---

[7] Wir nehmen an, daß die Näherung freier Elektronen gilt, so daß in der Schrödingergleichung kein Term einer potentiellen Energie auftritt.

[8] Diese Denkweise liegt fast allen Theorien der makroskopischen Materie zugrunde. In einer Vielzahl von Fällen kann man heute streng beweisen, daß Volumeneigenschaften von der Wahl der Randbedingungen unabhängig sind. In dieser Hinsicht ist die Arbeit von J. L. Lebowitz und E. H. Lieb, *Phys. Rev. Lett.* **22**, 631 (1969) von größter Bedeutung für die Festkörperphysik.

[9] Im folgenden wird es uns viel zweckmäßiger erscheinen, anstelle eines Würfels ein Parallelepiped zu wählen, dessen Kanten nicht notwendigerweise gleich oder parallel sind. Trotzdem arbeiten wir hier zunächst mit einem Würfel, um kleinere geometrische Schwierigkeiten zu vermeiden. Es ist eine nützliche Übung, zu zeigen, daß alle Ergebnisse dieses Abschnitts auch für ein Parallelepiped gültig bleiben.

0 bis L, auf die das Elektron beschränkt ist, durch einen Ring mit dem Umfang L ersetzen. Die geometrische Darstellung der entsprechenden Randbedingung in drei Dimensionen, daß nämlich die drei einander gegenüberliegenden Würfelflächen paarweise miteinander verbunden sein sollen, ist topologisch im dreidimensionalen Raum nicht möglich; davon unabhängig läßt sich die analytische Darstellung der Randbedingung leicht verallgemeinern. In einer Dimension schreibt man die Bedingung für das Modell des „ringförmigen" Metalls als $\psi(x+L)=\psi(x)$, so daß die Verallgemeinerung auf drei Dimensionen offensichtlich lautet

$$
\begin{aligned}
\psi(x + L, y, z) &= \psi(x, y, z), \\
\psi(x, y + L, z) &= \psi(x, y, z), \\
\psi(x, y, z + L) &= \psi(x, y, z).
\end{aligned}
\tag{2.5}
$$

Gleichung (2.5) ist als Born-von Karman- oder periodische Randbedingung bekannt; wir werden ihr oft begegnen, manchmal in einer etwas verallgemeinerten[9] Form.

Wir lösen nun (2.4) unter der Randbedingung (2.5). Man verifiziert durch Differentiation, daß – unter Außerachtlassung der Randbedingung –

$$
\psi_k(\mathbf{r}) = \frac{1}{\sqrt{V}} e^{i\mathbf{k}\cdot\mathbf{r}}
\tag{2.6}
$$

eine Lösung ist, mit der Energie

$$
\varepsilon(\mathbf{k}) = \frac{\hbar^2 k^2}{2m}.
\tag{2.7}
$$

k bezeichnet einen ortsunabhängigen Vektor. Die Normierungskonstante in (2.6) ist derart gewählt, daß die Wahrscheinlichkeit dafür, das Elektron *irgendwo* im Volumen V anzutreffen, gleich Eins ist:

$$
1 = \int d\mathbf{r} \, |\psi(\mathbf{r})|^2.
\tag{2.8}
$$

Um die physikalische Bedeutung des Vektors $\mathbf{k}$ zu erkennen, beachten Sie, daß das Niveau $\psi_k(\mathbf{r})$ ein Eigenzustand des Impulsoperators

$$
\mathbf{p} = \frac{\hbar}{i} \frac{\partial}{\partial \mathbf{r}} = \frac{\hbar}{i} \nabla, \quad \left(\mathbf{p}_x = \frac{\hbar}{i} \frac{\partial}{\partial x}, \text{ etc.} \right)
\tag{2.9}
$$

zum Eigenwert $\mathbf{p} = \hbar\mathbf{k}$ ist, mit

$$
\frac{\hbar}{i} \frac{\partial}{\partial \mathbf{r}} e^{i\mathbf{k}\cdot\mathbf{r}} = \hbar\mathbf{k} e^{i\mathbf{k}\cdot\mathbf{r}}.
\tag{2.10}
$$

Da ein Teilchen, das sich in einem Eigenzustand eines Operators befindet, einen wohlbestimmten Wert der dem Operator zugeordneten Observablen hat und dieser Wert durch den Eigenwert gegeben ist, hat ein Elektron im Niveau $\psi_k(\mathbf{r})$ einen wohlbestimmten Impuls proportional zu $\mathbf{k}$,

$$\mathbf{p} = \hbar\mathbf{k}, \tag{2.11}$$

sowie eine Geschwindigkeit $\mathbf{v} = \mathbf{p}/m$, gegeben durch

$$\mathbf{v} = \frac{\hbar\mathbf{k}}{m}. \tag{2.12}$$

Damit schreibt man die Energie (2.7) in der wohlbekannten klassischen Form

$$\varepsilon = \frac{p^2}{2m} = \frac{1}{2}mv^2. \tag{2.13}$$

Man kann $\mathbf{k}$ als Wellenvektor interpretieren: Die ebene Welle $e^{i\mathbf{k}\cdot\mathbf{r}}$ hat einen konstanten Wert in jeder zu $\mathbf{k}$ senkrechten Ebene (da diese Ebenen durch die Bedingung $\mathbf{k}\cdot\mathbf{r}$ = konst. definiert sind) und ist entlang von Linien, die zu $\mathbf{k}$ parallel sind, mit einer Wellenlänge

$$\lambda = \frac{2\pi}{k} \tag{2.14}$$

periodisch, die man als de Broglie-Wellenlänge kennt.

Wir berücksichtigen nun die Randbedingung (2.5). Dadurch sind nur noch gewisse, diskrete Werte von $\mathbf{k}$ möglich, da (2.5) von der allgemeinen Wellenfunktion (2.6) nur dann gelöst wird, wenn

$$e^{ik_x L} = e^{ik_y L} = e^{ik_z L} = 1. \tag{2.15}$$

Da $e^z = 1$ nur für $z = 2\pi i n$ gilt (mit einer ganzen Zahl n),[10] so müssen die Komponenten des Wellenvektors $\mathbf{k}$ von der Form sein

$$k_x = \frac{2\pi n_x}{L}, \quad k_y = \frac{2\pi n_y}{L}, \quad k_z = \frac{2\pi n_z}{L}, \quad n_x, n_y, n_z \text{ ganzzahlig.} \tag{2.16}$$

In einem dreidimensionalen Raum mit den kartesischen Achsen k_x, k_y und k_z (dem sog. k-Raum) sind daher die Komponenten der erlaubten Wellenvektoren entlang der drei Achsen gegeben durch ganzzahlige Vielfache von $2\pi/L$. Bild 2.2 veranschaulicht den Sachverhalt in zwei Dimensionen.

---

[10] Als ganze Zahlen bezeichnen wir immer die positiven und die negativen ganzen Zahlen einschließlich der Null.

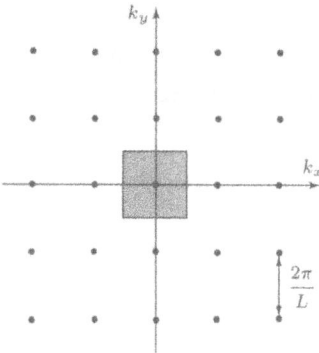

Bild 2.2: Punkte in einem zweidimensionalen k-Raum, die durch $k_x = 2\pi n_x/L$, $k_y = 2\pi n_y/L$ beschrieben werden. Beachten Sie, daß die Fläche je Punkt gleich $(2\pi/L)^2$ ist. In d Dimensionen ist $(2\pi/L)^d$ das Volumen pro Punkt.

Im allgemeinen ist der einzige praktische Gebrauch, den man von der Quantisierungsbedingung (2.16) macht, folgender: Man benötigt oft die Anzahl der erlaubten Werte des Wellenvektors **k**, die in einem gegebenen Bereiches des k-Raums liegen, welcher groß ist in Einheiten von $2\pi/L$ und deshalb eine riesige Zahl erlaubter Punkte enthält. Ist dieser Bereich sehr groß,[11] so ist es eine ausgezeichnete Näherung, die Anzahl erlaubter Punkte als Quotient aus dem Volumen des k-Raums im fraglichen Bereich und dem Volumen je einzelnem erlaubtem Punkt im Netz der erlaubten Werte von k abzuschätzen. Dieses letztere Volumen ist gleich $(2\pi/L)^3$ (siehe Bild 2.2). Wir schließen daraus, daß ein Bereich des k-Raums mit dem Volumen Ω

$$\frac{\Omega}{(2\pi/L)^3} = \frac{\Omega V}{8\pi^3} \tag{2.17}$$

erlaubte Werte von **k** enthält, was äquivalent ist zu der Aussage, daß die Anzahl erlaubter k-Werte pro Einheitsvolumen des k-Raums (die sog. Niveaudichte des k-Raums) gleich

$$\frac{V}{8\pi^3} \tag{2.18}$$

ist. In der Praxis werden wir es mit Bereichen des k-Raums zu tun haben, die so groß (typischerweise 10^{22} Punkte) und so regelmäßig (typischerweise Kugeln) sind, daß man die Gleichungen (2.17) und (2.18) in jedem Falle als exakt gültig betrachten kann. Wir wollen diese wichtigen Abzählformeln in Kürze anwenden.

Da wir die Elektronen als nicht miteinander wechselwirkend betrachten, können wir den N-Elektronen-Grundzustand dadurch aufbauen, daß wir die gerade berechneten, erlaubten Ein-Elektron-Niveaus mit Elektronen besetzen. Das Pauliprinzip spielt eine entscheidende Rolle bei dieser Konstruktion (ebenso wie beim Aufbau der Zustände von Atomen mit mehreren Elektronen): man kann ein einzelnes Ein-Elektron-Niveau mit höchstens einem Elektron besetzen. Jedes Ein-Elektron-Niveau ist durch den

---

[11] ... und nicht zu unregelmäßig geformt: Nur ein vernachlässigbar kleiner Teil der Punkte sollte sich innerhalb eines Abstandes der Größenordnung $O(2\pi/L)$ von der Oberfläche des Bereichs befinden.

Wellenvektor **k** sowie durch die Projektion des Elektronenspins auf eine beliebig gewählte Achse spezifiziert; diese Projektion kann einen der beiden Werte $\hbar/2$ und $-\hbar/2$ annehmen. Deshalb sind jedem erlaubten Wellenvektor zwei elektronische Niveaus zuzuordnen, je eines für jede Richtung des Elektronenspins.

Wir beginnen somit den Aufbau des N-Elektronen-Grundzustandes, indem wir das Ein-Elektron-Niveau $\mathbf{k} = 0$, welches die niedrigstmögliche Ein-Elektron-Energie $\varepsilon = 0$ hat, mit zwei Elektronen besetzen; dann fügen wir weitere Elektronen hinzu, wobei wir jeweils die energetisch niedrigstliegenden, noch nicht besetzten Ein-Elektron-Niveaus füllen. Da die Energie eines Ein-Elektron-Niveaus proportional zum Quadrat seines Wellenvektors ist (siehe (2.7)), so ist der besetzte Bereich des k-Raums für sehr große N von einer Kugel nicht zu unterscheiden.[12] Man bezeichnet den Radius dieser Kugel mit k_F (F steht für Fermi); sein Volumen Ω ist $4\pi k_F^3/3$. Nach (2.17) ist die Anzahl erlaubter Werte von **k** innerhalb dieser Kugel gegeben durch

$$\left(\frac{4\pi k_F^3}{3}\right)\left(\frac{V}{8\pi^3}\right) = \frac{k_F^3}{6\pi^2}V. \tag{2.19}$$

Da zu jedem erlaubten k-Wert zwei Ein-Elektron-Niveaus gehören (eines für jeden Wert der Spinprojektion), so muß die Bedingung

$$N = 2\frac{k_F^3}{6\pi^2}V = \frac{k_F^3}{3\pi^2}V \tag{2.20}$$

erfüllt sein, damit sämtliche N Elektronen untergebracht werden können. Im Grundzustand eines Systems von N Elektronen in einem Volumen V (entsprechend einer Elektronendichte von $n = N/V$) sind deshalb sämtliche Ein-Elektron-Niveaus mit k kleiner als k_F besetzt, sämtliche mit k größer als k_F dagegen unbesetzt. k_F ist durch die Bedingung

$$\boxed{n = \frac{k_F^3}{3\pi^2}} \tag{2.21}$$

festgelegt. Diesen Grundzustand eines Systems freier und unabhängiger Elektronen beschreibt man mittels einer recht phantasielosen Nomenklatur: Die Kugel mit Radius k_F (dem *Fermi-Wellenvektor*), welche die besetzten Ein-Elektron-Niveaus umschließt, heißt *Fermikugel*. Die Oberfläche der Fermikugel, die besetzte von unbesetzten Niveaus trennt, bezeichnet man als *Fermifläche*. (Wir werden in Kapitel 8 und dem darauf folgenden sehen, daß die Fermifläche eine der fundamentalen Konstruktionen der modernen Theorie der Metalle und in der Regel nicht kugelförmig ist.)

---

[12] Wäre der Bereich nicht kugelförmig, so könnte das System nicht in seinem Grundzustand sein, da es in diesem Falle möglich wäre, einen Zustand mit niedrigerer Energie dadurch zu konstruieren, daß man Elektronen aus den am weitesten von **k** = 0 entfernten Niveaus in unbesetzte Niveaus näher am Ursprung bringt.

Der Impuls $\hbar k_F = p_F$ der Elektronen in den energetisch am höchsten liegenden Ein-Elektron-Niveaus ist der *Fermiimpuls*, ihre Energie $\varepsilon_F = \hbar^2 k_F^2 / 2m$ heißt *Fermienergie*, ihre Geschwindigkeit $v_F = p_F / m$ *Fermigeschwindigkeit*. Die Rolle der Fermigeschwindigkeit in der Theorie der Metalle ist vergleichbar mit der Rolle der thermischen Geschwindigkeit $v = (3k_B T/m)^{1/2}$ in der Theorie des klassischen Gases.

Alle diese Größen lassen sich mittels (2.21) aus der Leitungselektronenkonzentration berechnen. Für numerische Abschätzungen ist es jedoch oft günstiger, vom dimensionslosen Parameter r_s/a_0 (siehe Seite 6) auszugehen, dessen Wert für metallische Elemente im Bereich zwischen 2 und 6 liegt. Kombiniert man (1.2) und (2.21), so erhält man

$$ k_F = \frac{(9\pi/4)^{1/3}}{r_s} = \frac{1,92}{r_s} \tag{2.22} $$

oder

$$ \boxed{ k_F = \frac{3,63}{r_s/a_0} \, \text{Å}^{-1}. } \tag{2.23} $$

Der Fermi-Wellenvektor hat die Größenodnung Å^{-1}, so daß die de Broglie-Wellenlänge der energiereichsten Elektronen von der Größenordnung 1 Å ist.

Für die Fermigeschwindigkeit ergibt sich

$$ \boxed{ v_F = \left(\frac{\hbar}{m}\right) k_F = \frac{4,20}{r_s/a_0} \cdot 10^8 \text{ cm/s.} } \tag{2.24} $$

Dies ist eine beachtliche Geschwindigkeit, entsprechend etwa einem Prozent der Lichtgeschwindigkeit. Aus der Sicht der klassischen statistischen Mechanik ist dieses Ergebnis ziemlich überraschend, haben wir es doch hier mit dem Grundzustand bei $T = 0$ zu tun – und sämtliche Teilchen eines klassischen Gases haben bei $T = 0$ die Geschwindigkeit Null. Selbst bei Raumtemperatur ist die thermische (d.h. mittlere) Geschwindigkeit eines klassischen Teilchens mit der Masse des Elektrons lediglich von der Größenordnung 10^7 cm/s .

Praktischerweise schreibt man die Fermienergie mit $a_0 = \hbar^2/me^2$ in der Form

$$ \varepsilon_F = \frac{\hbar^2 k_F^2}{2m} = \left(\frac{e^2}{2a_0}\right)(k_F a_0)^2. \tag{2.25} $$

Der Faktor $e^2/2a_0$, als 1 Rydberg bezeichnet, hat den Wert 13,6 Elektronenvolt[13] und ist die Bindungsenergie des Wasserstoffatoms im Grundzustand. Man verwendet

---

[13] Strenggenommen ist das Rydberg die Bindungsenergie in der Näherung einer unendlich großen Protonenmasse. Ein Elektronenvolt ist die Energie, die ein Elektron beim Durchlaufen einer Potentialdifferenz von 1 Volt gewinnt: 1 eV = $1,602 \cdot 10^{-12}$ erg = $1,602 \cdot 10^{-19}$ J.

das Rydberg als geeignete Einheit zur Messung atomarer Energien, ebenso wie den Bohrschen Radius als Einheit für atomare Abstände. Da $k_F a_0$ von der Größenordnung Eins ist, ergibt sich aus (2.25) für die Fermienergie die Größenordnung einer typischen atomaren Bindungsenergie. Setzt man $a_0 = 0,529 \cdot 10^{-8}$ cm in (2.23), so erkennt man aus der expliziten numerischen Form

$$\varepsilon_F = \frac{50,1 \text{ eV}}{(r_s/a_0)^2}, \tag{2.26}$$

daß die Fermienergie für die Elektronendichten metallischer Elemente im Bereich zwischen 1,5 und 15 eV liegt.

Zur Berechnung der Grundzustandsenergie eines Systems von N Elektronen in einem Volumen V addieren wir die Energien aller Ein-Elektron-Niveaus, die innerhalb der Fermifläche[14] liegen:

$$E = 2 \sum_{k < k_F} \frac{\hbar^2}{2m} k^2. \tag{2.27}$$

Eine ziemlich allgemein anwendbare Methode, eine glatte Funktion $F(\mathbf{k})$ über alle erlaubten Werte von $\mathbf{k}$ zu summieren, ist die folgende: Da das Volumen im k-Raum je erlaubtem k-Wert $\Delta k = 8\pi^3/V$ beträgt (siehe Gl. 2.18), schreibt man

$$\sum_k F(\mathbf{k}) = \frac{V}{8\pi^3} \sum_k F(\mathbf{k}) \Delta \mathbf{k}. \tag{2.28}$$

Im Grenzfall $\Delta \mathbf{k} \to 0$ (d.h. $V \to \infty$) nähert sich die Summe $\sum F(\mathbf{k}) \Delta \mathbf{k}$ dem Integral $\int d\mathbf{k} \, F(\mathbf{k})$, unter der alleinigen Voraussetzung, daß $F(\mathbf{k})$ über Entfernungen im k-Raum von der Größenordnung $2\pi/L$ nicht stark veränderlich[15] ist. Wir können deshalb (2.28) umschreiben zu

$$\lim_{V \to \infty} \frac{1}{V} \sum_k F(\mathbf{k}) = \int \frac{d\mathbf{k}}{8\pi^3} F(\mathbf{k}). \tag{2.29}$$

Wendet man (2.29) auf endliche, aber makroskopische Systeme an, so setzt man immer voraus, daß $(1/V) \sum F(\mathbf{k})$ nur vernachlässigbar wenig von seinem Grenzwert für unendlich großes Volumen abweicht (und nimmt so beispielsweise an, daß die elektronische Energie pro Einheitsvolumen in einem Kupferwürfel mit 1 cm Kantenlänge die gleiche ist wie in einem Würfel mit 2 cm Kantenlänge).

---

[14] Der Faktor 2 berücksichtigt die beiden Spinniveaus, die für jeden Wert von $\mathbf{k}$ erlaubt sind.

[15] Die berühmteste Situation, in der F diese Voraussetzung nicht erfüllt, ist die Kondensation eines idealen Bose-Gases. In Anwendungen auf Metalle tritt dieses Problem nie auf.

Tabelle 2.1

Fermienergien, Fermitemperaturen, Fermi-Wellenvektoren und Fermigeschwindigkeiten für typische Metalle*

Element	r_s/a_0	ε_F (eV)	T_F (10^4 K)	k_F (10^8 cm^{-1})	v_F (10^8 cm/s)
Li	3,25	4,74	5,51	1,12	1,29
Na	3,93	3,24	3,77	0,92	1,07
K	4,86	2,12	2,46	0,75	0,86
Rb	5,20	1,85	2,15	0,70	0,81
Cs	5,62	1,59	1,84	0,65	0,75
Cu	2,67	7,00	8,16	1,36	1,57
Ag	3,02	5,49	6,38	1,20	1,39
Au	3,01	5,53	6,42	1,21	1,40
Be	1,87	14,3	16,6	1,94	2,25
Mg	2,66	7,08	8,23	1,36	1,58
Ca	3,27	4,69	5,44	1,11	1,28
Sr	3,57	3,93	4,57	1,02	1,18
Ba	3,71	3,64	4,23	0,98	1,13
Nb	3,07	5,32	6,18	1,18	1,37
Fe	2,12	11,1	13,0	1,71	1,98
Mn	2,14	10,9	12,7	1,70	1,96
Zn	2,30	9,47	11,0	1,58	1,83
Cd	2,59	7,47	8,68	1,40	1,62
Hg	2,65	7,13	8,29	1,37	1,58
Al	2,07	11,7	13,6	1,75	2,03
Ga	2,19	10,4	12,1	1,66	1,92
In	2,41	8,63	10,0	1,51	1,74
Tl	2,48	8,15	9,46	1,46	1,69
Sn	2,22	10,2	11,8	1,64	1,90
Pb	2,30	9,47	11,0	1,58	1,83
Bi	2,25	9,90	11,5	1,61	1,87
Sb	2,14	10,9	12,7	1,70	1,96

* Die Einträge der Tabelle wurden mit den Werten von r_s/a_0 aus Tab. 1.1 und $m = 9,11 \cdot 10^{-28}$ g berechnet.

Benutzt man (2.29) zur Berechnung der Energie (2.27), so ergibt sich die Energiedichte des Elektronengases zu

$$\frac{E}{V} = \frac{1}{4\pi^3} \int_{k<k_F} d\mathbf{k}\, \frac{\hbar^2 k^2}{2m} = \frac{1}{\pi^2} \frac{\hbar^2 k_F{}^5}{10m}. \tag{2.30}$$

Durch Division mit $N/V = k_F^3/3\pi^2$ berechnen wir hieraus die Energie pro Elektron, E/N, im Grundzustand und erhalten

$$\frac{E}{N} = \frac{3}{10}\frac{\hbar^2 k_F^2}{2m} = \frac{3}{5}\varepsilon_F. \tag{2.31}$$

Dieses Resultat können wir umschreiben als

$$\frac{E}{N} = \frac{3}{5}k_B T_F, \tag{2.32}$$

wobei die Fermitemperatur T_F gegeben ist durch

$$\boxed{T_F = \frac{\varepsilon_F}{k_B} = \frac{58,2}{(r_s/a_0)} \cdot 10^4 \text{ K.}} \tag{2.33}$$

Beachten Sie, daß im Gegensatz dazu die Energie pro Elektron in einem klassischen idealen Gas, $\frac{3}{2}k_B T$, bei $T = 0$ verschwindet und einen so großen Wert wie (2.32) erst bei $T = \frac{2}{5}T_F \approx 10^4$ K erreicht.

Für eine gegebene Grundzustandsenergie E kann man den durch das Elektronengas ausgeübten Druck mittels der Beziehung $P = -(\partial E/\partial V)_N$ berechnen. Da $E = \frac{3}{5}N\varepsilon_F$ git, und ε_F proportional zu k_F^2 ist – was wiederum von V nur über den Faktor $n^{2/3} = (N/V)^{2/3}$ abhängt – folgt[16] deshalb

$$P = \frac{2}{3}\frac{E}{V}. \tag{2.34}$$

Man berechnet weiterhin die Kompressibilität K bzw. den Kompressionsmodul $B = 1/K$, definiert durch

$$B = \frac{1}{K} = -V\frac{\partial P}{\partial V}. \tag{2.35}$$

Da E proportional ist zu $V^{-2/3}$, folgt aus (2.34), daß P mit $V^{-5/3}$ variiert, so daß

$$B = \frac{5}{3}P = \frac{10}{9}\frac{E}{V} = \frac{2}{3}n\varepsilon_F \tag{2.36}$$

oder

$$B = \left(\frac{6,13}{r_s/a_0}\right)^5 \cdot 10^{10} \text{ dyn/cm}^2. \tag{2.37}$$

---

[16] Auch bei von Null verschiedenen Temperaturen erfüllen Druck und Energiedichte diese Beziehung, siehe (2.101).

Tabelle 2.2
Kompressionsmodule in 10^{10} dyn/cm^2 für einige typische Metalle*

Metall	B (für freie Elektronen)	B (gemessen)
Li	23,9	11,5
Na	9,23	6,42
K	3,19	2,81
Rb	2,28	1,92
Cs	1,54	1,43
Cu	63,8	134,3
Ag	34,5	99,9
Al	228	76,0

* Der Wert für freie Elektronen gilt für ein freies Elektronengas bei der experimentell bestimmten Elektronenkonzentration des Metalls, berechnet mittels (2.37).

In Tabelle 2.2 vergleichen wir die aus r_s/a_0 berechneten Kompressionsmodule (2.37) für freie Elektronen mit den gemessenen Werten für einige Metalle. Die Übereinstimmung ist für die schwereren Alkalimetalle durchaus gut.

Selbst dann, wenn die Voraussagen von (2.37) deutlich von den experimentellen Werten abweichen – wie im Falle der Edelmetalle – sind sie doch von der richtigen Größenordnung (auch wenn sie von drei mal zu groß bis zu dreimal zu klein innerhalb der Tabelle variieren). Es wäre absurd, zu erwarten, daß der Widerstand eines Metalls gegenüber Kompression alleine durch den Druck des freien Elektronengases gegeben sei; Tabelle 2.2, zeigt jedoch, daß dieser Druck jedenfalls einen ebenso großen Einfluß hat wie andere Effekte.

Thermische Eigenschaften des freien Elektronengases: Die Fermi-Dirac-Verteilung

Bei einer von Null verschiedenen Temperatur muß man die angeregten Zustände des N-Elektronen-Systems ebenso in Betracht ziehen wie dessen Grundzustand. Entsprechend den Grundprinzipien der statistischen Mechanik ergeben sich nämlich die Eigenschaften eines N-Teilchen-Systems, das sich bei der Temperatur T im Gleichgewicht befindet, aus einer Mittelung über alle stationären Zustände von N Teilchen, wobei jeder Zustand der Energie E mit einem zu $e^{-E/k_B T}$ proportionalen statistischen Gewicht $P_N(E)$ in die Mittelung eingeht:

$$P_N(E) = \frac{e^{-E/k_B T}}{\sum e^{-E_\alpha^N/k_B T}}. \tag{2.38}$$

E_α^N bezeichnet die Energie des stationären Zustandes α des N-Elektronen-Systems; die Summe läuft über sämtliche dieser Zustände.

Man bezeichnet den Nenner von (2.38) als *Verteilungsfunktion*; sie steht mit der Helmholtzschen Freien Energie $F = U - TS$ (U ist die Innere Energie, S die Entropie) über die Beziehung

$$\sum e^{-E_\alpha^N/k_B T} = e^{-F_N/k_B T} \tag{2.39}$$

in Zusammenhang. Damit können wir (2.38) in der kompakteren Form

$$P_N(E) = e^{-(E-F_N)/k_B T} \tag{2.40}$$

schreiben.

Das Pauliprinzip verlangt, den N-Elektronen-Zustand dadurch aufzubauen, daß man N verschiedene Ein-Elektron-Niveaus besetzt. Man kann demnach jeden stationären Zustand von N Elektronen durch Auflistung all jener der N Ein-Elektron-Niveaus spezifizieren, die in diesem Zustand besetzt sind. Sehr nützlich ist in diesem Zusammenhang die Kenntnis der Größe f_i^N, der Wahrscheinlichkeit dafür, ein Elektron in einem bestimmten Ein-Teilchen-Niveau i anzutreffen, während das N-Elektronen-System sich im thermodynamischen Gleichgewicht befindet.[17] Diese Wahrscheinlichkeit ist einfach die Summe der voneinander unabhängigen Wahrscheinlichkeiten dafür, das N-Elektronen-System in irgendeinem derjenigen N-Elektronen-Zustände vorzufinden, in welchen das Niveau i besetzt ist:

$$f_i^N = \sum P_N(E_\alpha^N). \tag{2.41}$$

$\left(\begin{array}{l}\text{Die Summation läuft über alle } N\text{-Elektronen-}\\ \text{Zustände } \alpha \text{ mit } \textit{besetztem} \text{ Ein-Elektron-Niveau } i.\end{array}\right)$

Die folgenden drei Feststellungen leiten uns bei der Berechnung von f_i^N:

1. Da die Wahrscheinlichkeit dafür, ein Elektron im Niveau i zu finden, gegeben ist durch 1 minus die Wahrscheinlichkeit dafür, kein Elektron in i anzutreffen (welches die beiden einzigen Möglichkeiten sind, die das Pauliprinzip erlaubt), so können wir (2.41) auch folgendermaßen schreiben:

$$f_i^N = 1 - \sum P_N(E_\gamma^N). \tag{2.42}$$

$\left(\begin{array}{l}\text{Die Summation läuft über alle } N\text{-Elektronen-Zustände } \gamma, \text{ bei}\\ \text{denen sich im Ein-Elektron-Niveau } i \text{ } \textit{kein} \text{ Elektron befindet.}\end{array}\right)$

---

[17] Im hier interessierenden Fall ist das Niveau i durch den Wellenvektor k des Elektrons und durch die Projektion s seines Spins auf eine beliebig gegebene Richtung spezifiziert.

2.   Greifen wir irgendeinen $(N + 1)$-Elektronen-Zustand heraus, bei dem sich ein
Elektron im Ein-Elektron-Niveau i *befindet*, so können wir einen N-Elektronen-
Zustand, bei dem sich *kein* Elektron im Niveau i befindet einfach dadurch konstru-
ieren, daß wir das Elektron aus dem Niveau i entfernen und dabei die Besetzung aller
übrigen Niveaus unverändert lassen. Auf diese Weise läßt sich *jeder* N-Elektronen-
Zustand ohne Elektron im Ein-Elektron-Niveau i aus nur einem $(N + 1)$-Elektronen-
Zustand *mit* einem Elektron im Niveau i konstruieren.[18] Offenbar unterscheiden sich
die Energien eines gegebenen N-Elektronen-Zustandes und des zugehörigen $(N + 1)$-
Elektronen-Zustandes genau durch die Energie ε_i des einzigen Ein-Elektron-Niveaus,
dessen Besetzung in den beiden Zuständen verschieden ist. Deshalb ist die Menge der
Energiewerte aller N-Elektronen-Zustände mit unbesetztem Niveau i identisch mit der
Menge der Energiewerte aller $(N + 1)$-Elektronen-Zustände mit besetztem Niveau i,
vorausgesetzt, man reduziert jeden Energiewert der letzteren Menge um ε_i. So können
wir (2.42) in der eigenartigen Form

$$f_i^N = 1 - \sum P_N(E_\alpha^{N+1} - \varepsilon_i) \tag{2.43}$$

$$\left(\begin{array}{l}\text{Die Summation läuft über alle } (N + 1)\text{-Elektronen-}\\ \text{Zustände } \alpha \text{ mit } \textit{besetztem} \text{ Ein-Elektron-Niveau } i.\end{array}\right)$$

schreiben.

Gleichung (2.40) gestattet es uns nun, den Summanden als

$$P_N(E_\alpha^{N+1} - \varepsilon_i) = e^{(\varepsilon_i - \mu)/k_B T} P_{N+1}(E_\alpha^{N+1}) \tag{2.44}$$

zu schreiben, wobei das Chemische Potential μ bei der Temperatur T gegeben ist durch

$$\mu = F_{N+1} - F_N. \tag{2.45}$$

Setzen wir dies in (2.43) ein, so erhalten wir:

$$f_i^N = 1 - e^{(\varepsilon_i - \mu)/k_B T} \sum P_{N+1}(E_\alpha^{N+1}) \tag{2.46}$$

$$\left(\begin{array}{l}\text{Die Summation läuft über alle } (N + 1)\text{-Elektronen-}\\ \text{Zustände } \alpha \text{ mit } \textit{besetztem} \text{ Ein-Elektron-Niveau } i.\end{array}\right)$$

Vergleicht man die Summation in (2.46) mit derjenigen in (2.41), so erkennt man, daß
die Aussage von (2.46) einfach darin besteht, daß

$$f_i^N = 1 - e^{(\varepsilon_i - \mu)/k_B T} f_i^{N+1}. \tag{2.47}$$

---

[18] ... nämlich aus jenem Zustand, den man durch Besetzung aller Niveaus erhält, die auch im N-
Elektronen-Zustand besetzt sind, *zuzüglich* des Niveaus i.

3. (2.47) stellt eine exakte Beziehung her zwischen der Wahrscheinlichkeit dafür, das Ein-Elektron-Niveau i in einem N-Elektronen-System bzw. in einem $(N + 1)$-Elektronen-System bei der Temperatur T besetzt zu finden. Für sehr großes N (und in den uns interessierenden Fällen hat N typischerweise die Größenordnung 10^{22}) wäre es absurd anzunehmen, daß sich durch Hinzufügen eines einzelnen Elektrons diese Wahrscheinlichkeit für mehr als nur eine unbedeutende Handvoll von Ein-Elektron-Niveaus nennenswert ändern würde.[19] Wir können daher in (2.47) f_i^{N+1} durch f_i^N ersetzen und nach f_i^N auflösen:

$$f_i^N = \frac{1}{e^{(\varepsilon_i - \mu)/k_B T} + 1}. \tag{2.48}$$

In den folgenden Gleichungen lassen wir den Index N, der die Abhängigkeit der Größe f_i von N andeutet, weg: diese Abhängigkeit wird in jedem Falle vom Chemischen Potential μ getragen, siehe (2.45). Für gegebene f_i kann man stets den Wert von N berechnen, wenn man berücksichtigt, daß f_i die mittlere Anzahl von Elektronen im Ein-Elektron-Niveau[20] i ist. Da man die Gesamtzahl N von Elektronen einfach als Summe über alle Niveaus berechnet, deren jedes mit der mittleren Anzahl von Elektronen besetzt ist, kann man

$$N = \sum_i f_i = \sum_i \frac{1}{e^{(\varepsilon_i - \mu)/k_B T} + 1} \tag{2.49}$$

schreiben, wodurch N als Funktion der Temperatur T und des Chemischen Potentials μ bestimmt ist. In vielen Anwendungen dagegen sind Temperatur und N (oder vielmehr die Elektronendichte $n = N/V$) die gegebenen Größen; in solchen Fällen bestimmt man mittels (2.49) das Chemische Potential μ als Funktion von n und T, um es dann aus anderen Gleichungen zugunsten von Temperatur und Elektronendichte eliminieren zu können. Das Chemische Potential ist aber dennoch in der Thermodynamik eine Größe von beträchtlichem Interesse; einige seiner wesentlichen Eigenschaften sind in Anhang B zusammengefaßt.[21]

---

[19] Die Besetzungswahrscheinlichkeit eines typischen Niveaus wird durch eine Änderung von N um Eins in der Größenordnung $1/N$ geändert; siehe Aufgabe 4.

[20] Beweis: Ein Niveau kann entweder nicht besetzt sein oder ein Elektron enthalten. (Die Besetzung mit mehr als einem Elektron ist duch das Pauliprinzip ausgeschlossen.) Deshalb ergibt sich die mittlere Anzahl von Elektronen in diesem Niveau als 1 multipliziert mit der Wahrscheinlichkeit dafür, ein Elektron anzutreffen, plus 0 multipliziert mit der Wahrscheinlichkeit dafür, kein Elektron in dem Niveau zu finden. Daraus folgt, daß die mittlere Anzahl von Elektronen in diesem Niveau numerisch identisch ist mit der Wahrscheinlichkeit dafür, es besetzt zu finden. Beachten Sie, daß diese Argumentation nicht zuträfe, wenn Mehrfachbesetzung der Niveaus erlaubt wäre.

[21] Das Chemische Potential spielt eine wesentlichere Rolle, wenn man die Verteilung (2.48) im Großkanonischen Ensemble herleitet, siehe z. B. F. Reif, *Statistical and Thermal Physics*, 1965, S. 350. Man findet unsere ein wenig unorthodoxe Herleitung, die nur das Kanonische Ensemble verwendet, ebenfalls im Buch von Reif.

Thermische Eigenschaften des freien Elektronengases: Anwendungen der Fermi-Dirac-Verteilung

Die Ein-Elektron-Niveaus in einem Gas freier und unabhängiger Elektronen sind festgelegt durch den Wellenvektor k sowie die Spinquantenzahl s, mit Energien, die in Abwesenheit eines Magnetfeldes von s unabhängig und durch (2.7) gegeben sind:

$$\varepsilon(\mathbf{k}) = \frac{\hbar^2 k^2}{2m}. \tag{2.50}$$

Wir verifizieren zunächst, daß die Verteilungsfunktion (2.49) konsistent ist mit den oben abgeleiteten Grundzustandseigenschaften (bei $T = 0$). Im Grundzustand sind genau jene Niveaus besetzt, deren Energien die Beziehung $\varepsilon(\mathbf{k}) \leqslant \varepsilon_F$ erfüllen, so daß die Verteilungsfunktion des Grundzustandes wie folgt aussehen muß:

$$\begin{aligned} f_{\mathbf{k}s} &= 1 \quad \text{für } \varepsilon(\mathbf{k}) < \varepsilon_F, \\ &= 0 \quad \text{für } \varepsilon(\mathbf{k}) > \varepsilon_F. \end{aligned} \tag{2.51}$$

Andererseits ist

$$\begin{aligned} \lim_{T \to 0} f_{\mathbf{k}s} &= 1 \quad \text{für } \varepsilon(\mathbf{k}) < \mu, \\ &= 0 \quad \text{für } \varepsilon(\mathbf{k}) > \mu \end{aligned} \tag{2.52}$$

die Fermi-Dirac-Verteilung (2.48) im Grenzfall $T \to 0$. Die beiden Forderungen (2.51) und (2.52) sind vereinbar, wenn

$$\lim_{T \to 0} \mu = \varepsilon_F \tag{2.53}$$

notwendig gilt. Wir werden in Kürze sehen, daß das Chemische Potential für Metalle bis hin zur Raumtemperatur sehr genau mit der Fermienergie übereinstimmt. Bei der Behandlung der Metalle versäumt man es deshalb oft, diese beiden Größen voneinander zu unterscheiden – ein Versäumnis, das sich gefährlich irreführend auswirken kann. Für präzise Berechnungen ist es deshalb unerläßlich, stets zu verfolgen, in welchem Maße das Chemische Potential μ von seinem Wert bei $T = 0$, der Fermienergie ε_F, abweicht.

Die wichtigste Anwendung der Fermi-Dirac-Statistik ist die Berechnung des elektronischen Beitrages zur Wärmekapazität eines Metalls bei konstantem Volumen,

$$c_v = \frac{T}{V}\left(\frac{\partial S}{\partial T}\right)_V = \left(\frac{\partial u}{\partial T}\right)_V, \quad u = \frac{U}{V}. \tag{2.54}$$

In der Näherung unabhängiger Elektronen erhält man die Innere Energie U einfach durch Summation der Produkte aus $\varepsilon(\mathbf{k})$ und der mittleren Zahl von Elektronen in diesem Niveau, ausgeführt über Ein-Elektron-Niveaus:[22]

$$U = 2 \sum_{\mathbf{k}} \varepsilon(\mathbf{k}) f(\varepsilon(\mathbf{k})). \tag{2.55}$$

Wir haben hier die Fermifunktion $f(\varepsilon)$ eingeführt, um zu betonen, daß $f_{\mathbf{k}}$ von $\mathbf{k}$ nur über die elektronische Energie $\varepsilon(\mathbf{k})$ abhängt:

$$\boxed{f(\varepsilon) = \frac{1}{e^{(\varepsilon-\mu)/k_B T} + 1}.} \tag{2.56}$$

Dividieren wir beide Seiten von (2.55) durch das Volumen V, so können wir mittels (2.29) die Energiedichte $u = U/V$ umschreiben zu

$$u = \int \frac{d\mathbf{k}}{4\pi^3} \varepsilon(\mathbf{k}) f(\varepsilon(\mathbf{k})). \tag{2.57}$$

Dividieren wir ebenfalls beide Seiten von (2.49) durch V, so erhalten wir in Ergänzung zu (2.57) eine Gleichung für die Elektronenkonzentration $n = N/V$. Mit Hilfe dieser Beziehung eliminiert man das Chemische Potential:

$$n = \int \frac{d\mathbf{k}}{4\pi^3} f(\varepsilon(\mathbf{k})). \tag{2.58}$$

Bei der Berechnung von Integralen der Form

$$\int \frac{d\mathbf{k}}{4\pi^3} F(\varepsilon(\mathbf{k})), \tag{2.59}$$

wie sie in (2.57) und (2.58) auftreten, macht man oft Gebrauch von der Tatsache, daß der Integrand von $\mathbf{k}$ nur über die elektronische Energie $\varepsilon = \hbar^2 k^2/2m$ abhängt. Man berechnet deshalb das Integral in Polarkoordinaten und ändert die Variable von k zu ε:

$$\int \frac{d\mathbf{k}}{4\pi^3} F(\varepsilon(\mathbf{k})) = \int_0^\infty \frac{k^2 dk}{\pi^2} F(\varepsilon(\mathbf{k})) = \int_{-\infty}^\infty d\varepsilon \, g(\varepsilon) F(\varepsilon). \tag{2.60}$$

---

[22] Der Faktor 2 spiegelt – wie gewohnt – die Tatsache wider, daß jedes Niveau k mit zwei Elektronen entgegengesetzter Spinorientierung besetzt sein kann.

Dabei ist $g(\varepsilon)$ wie folgt definiert:

$$g(\varepsilon) = \frac{m}{\hbar^2 \pi^2} \sqrt{\frac{2m\varepsilon}{\hbar^2}}, \quad \varepsilon > 0$$
$$= 0, \quad\quad\quad \varepsilon < 0. \tag{2.61}$$

Da das Integral (2.59) das Ergebnis der Berechnung von $(1/V) \sum_{\mathbf{k}s} F(\varepsilon(\mathbf{k}))$ ist, folgert man aus (2.60), daß

$$g(\varepsilon)d\varepsilon = \left(\frac{1}{V}\right) \cdot \left(\begin{array}{l} \text{Anzahl von Ein-Elektron-Niveaus} \\ \text{im Energiebereich zwischen } \varepsilon \text{ und} \\ \varepsilon + d\varepsilon \end{array} \right) \tag{2.62}$$

Aus diesem Grund bezeichnet man $g(\varepsilon)$ als Niveaudichte pro Einheitsvolumen, oder oft einfach als Niveaudichte. Eine bezüglich der Dimensionen durchsichtigere Schreibweise von g ist

$$g(\varepsilon) = \frac{3}{2} \frac{n}{\varepsilon_F} \left(\frac{\varepsilon}{\varepsilon_F}\right)^{1/2}, \quad \varepsilon > 0,$$
$$= 0, \quad\quad\quad \varepsilon < 0, \tag{2.63}$$

wobei die Größen ε_F und k_F *definiert* sind durch die am Nullpunkt der Temperatur gültigen Gleichungen (2.21) und (2.25). Von besonderer Bedeutung ist der Wert einer Größe, der Niveaudichte bei der Fermienergie, die man aus (2.61) und (2.63) in zwei äquivalenten Formen erhält:

$$\boxed{g(\varepsilon_F) = \frac{mk_F}{\hbar^2 \pi^2}} \tag{2.64}$$

oder

$$\boxed{g(\varepsilon_F) = \frac{3}{2} \frac{n}{\varepsilon_F}.} \tag{2.65}$$

Mittels dieser Beziehungen schreiben wir (2.57) und (2.58) folgendermaßen um:

$$u = \int_{-\infty}^{\infty} d\varepsilon \, g(\varepsilon) \varepsilon f(\varepsilon) \tag{2.66}$$

und

$$n = \int_{-\infty}^{\infty} d\varepsilon \, g(\varepsilon) f(\varepsilon). \tag{2.67}$$

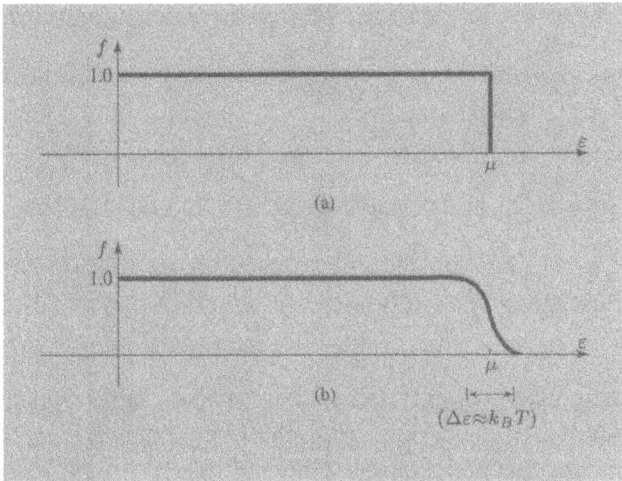

Bild 2.3: Die Fermifunktion $f(\varepsilon) = 1/[e^{\beta(\varepsilon-\mu)} + 1]$ für gegebenes μ bei (a) $T = 0$ und (b) $T \approx 0,01\mu$ (also von der Größenordnung der Raumtemperatur, bei typischer metallischer Elektronenkonzentration). Die beiden Kurven unterscheiden sich nur in einem Bereich der Größenordnung $k_B T$ um μ.

Wir tun dies sowohl, um die Schreibweise zu vereinfachen, als *auch* deshalb, weil die Näherung freier Elektronen in dieser Form lediglich über die beiden speziellen Gleichungen (2.61) oder (2.63) für die Niveaudichte g in unsere Überlegung eingeht. Mit (2.62) können wir eine Niveaudichte definieren, als Funktion derer die Gleichungen (2.66) und (2.67) für jedes System nichtwechselwirkender (d.h. unabhängiger) Elektronen gültig bleiben.[23]

So werden wir später in der Lage sein, aus den Gleichungen (2.66) und (2.67) abgeleitete Folgerungen auf wesentlich komplexere Modelle unabhängiger Elektronen in Metallen anzuwenden.

Im allgemeinen ist die Struktur der Integrale (2.66) und (2.67) recht kompliziert. Es gibt jedoch einen einfachen, systematischen Entwicklungsansatz, der die Tatsache nutzt, daß praktisch alle Temperaturen, die im Fall der Metalle von Interesse sind, sehr weit unterhalb der Fermitemperatur (2.33) liegen. Bild 2.3 zeigt den Verlauf der Fermifunktion $f(\varepsilon)$ mit ε bei $T = 0$ sowie bei Raumtemperatur, für eine typische metallische Elektronenkonzentration ($k_B T/\mu \approx 0,01$). Offensichtlich unterscheidet sich die Kurve f von ihrer Form bei $T = 0$ nur innerhalb eines kleinen Bereichs von der Breite einiger $k_B T$ um μ. Deshalb ist die Abweichung von Integralen der Form $\int_{-\infty}^{\infty} H(\varepsilon) f(\varepsilon) \, d\varepsilon$ von ihren Werten $\int_{-\infty}^{\varepsilon_F} H(\varepsilon) \, d\varepsilon$ bei $T = 0$ praktisch vollständig bestimmt durch den Verlauf von $H(\varepsilon)$ in der Nähe von $\varepsilon = \mu$. Falls $H(\varepsilon)$ sich in einem Energiebereich der Größenordnung $k_B T$ um μ nicht rasch ändert, so ist zu erwarten, daß man die Temperaturabhängigkeit des Integrals recht genau dadurch erhält, daß

---

[23] Siehe Kapitel 8.

man $H(\varepsilon)$ durch die ersten Terme seiner Taylorentwicklung um $\varepsilon = \mu$ ersetzt:

$$H(\varepsilon) = \sum_{n=0}^{\infty} \frac{d^n}{d\varepsilon^n} H(\varepsilon)\Big|_{\varepsilon=\mu} \frac{(\varepsilon - \mu)^n}{n!}. \tag{2.68}$$

Diese Rechnung führen wir in Anhang C durch. Das Ergebnis ist eine Reihe der Form

$$\int_{-\infty}^{\infty} H(\varepsilon)f(\varepsilon)d\varepsilon = \int_{-\infty}^{\mu} H(\varepsilon)\,d\varepsilon + \sum_{n=1}^{\infty} (k_B T)^{2n} a_n \frac{d^{2n-1}}{d\varepsilon^{2n-1}} H(\varepsilon)\Big|_{\varepsilon=\mu}, \tag{2.69}$$

die als Sommerfeld-Entwicklung[24] bekannt ist. Die a_n sind dimensionslose Konstanten von der Größenordnung Eins. Typische Funktionen H zeigen nennenswerte Schwankungen in Energiebereichen der Größenordnung μ, und im allgemeinen ist $(d/d\varepsilon)^n H(\varepsilon)|_{\varepsilon=\mu}$ von der Größenordnung $H(\mu)/\mu^n$. In diesem Falle nehmen höhere Terme in der Sommerfeld-Entwicklung mit einem Faktor $O(k_B T/\mu)^2$ ab, der bei Raumtemperatur von der Ordnung 10^{-4} ist. Deshalb berücksichtigt man in konkreten Berechnungen nur den ersten (und sehr selten auch den zweiten) der Terme in der Entwicklung (2.69). Die explizite Form dieser Terme ist (siehe Anhang C):

$$
\begin{aligned}
\int_{-\infty}^{\infty} H(\varepsilon)f(\varepsilon)\,d\varepsilon = \\
\int_{-\infty}^{\mu} H(\varepsilon)\,d\varepsilon + \frac{\pi^2}{6}(k_B T)^2 H'(\mu) + \frac{7\pi^4}{360}(k_B T)^4 H'''(\mu) \\
+ O\left(\frac{k_B T}{\mu}\right)^6.
\end{aligned}
\tag{2.70}
$$

Zur Berechnung der Wärmekapazität eines Metalls bei Temperaturen, die klein sind im Vergleich zur Fermitemperatur T_F, wenden wir die Sommerfeld-Entwicklung (2.70) auf die Energie- und die Anzahldichte der Elektronen (Gleichungen (2.66) und (2.67)) an:

$$u = \int_0^{\mu} \varepsilon g(\varepsilon)\,d\varepsilon + \frac{\pi^2}{6}(k_B T)^2 \left[\mu g'(\mu) + g(\mu)\right] + 0(T^4), \tag{2.71}$$

---

[24] Diese Entwicklung ist nicht immer exakt, jedoch sehr zuverlässig, falls $H(\varepsilon)$ nicht in der unmittelbaren Nähe von $\varepsilon = \mu$ eine Singularität besitzt. Ist beispielsweise H bei $\varepsilon = 0$ singulär (wie es für die freie Elektronendichte der Niveaus (2.63) der Fall ist), dann werden in der Entwicklung Terme der Größenordnung $e^{(-\mu/k_B T)}$ nicht berücksichtigt, die typischerweise von der Ordnung e^{-100} sind. Siehe auch Aufgabe 1.

$$n = \int_0^{\mu} g(\varepsilon)\, d\varepsilon + \frac{\pi^2}{6}(k_B T)^2 g'(\mu) + 0(T^4). \tag{2.72}$$

Wie wir bald im Detail zeigen werden, folgt aus (2.72), daß μ von seinem Wert ε_F bei $T = 0$ um Terme der Größenordnung T^2 abweicht. Korrekt bis zur Ordnung T^2 können wir daher schreiben

$$\int_0^{\mu} H(\varepsilon)\, d\varepsilon = \int_0^{\varepsilon_F} H(\varepsilon)\, d\varepsilon + (\mu - \varepsilon_F)H(\varepsilon_F). \tag{2.73}$$

Wenden wir diese Entwicklung auf die Integrale in (2.71) und (2.72) an und ersetzen in den Termen, die bereits von der Ordnung T^2 sind, μ durch ε_F, so erhalten wir

$$u = \int_0^{\varepsilon_F} \varepsilon g(\varepsilon)\, d\varepsilon$$
$$+ \varepsilon_F \left\{ (\mu - \varepsilon_F)g(\varepsilon_F) + \frac{\pi^2}{6}(k_B T)^2 g'(\varepsilon_F) \right\}$$
$$+ \frac{\pi^2}{6}(k_B T)^2 g(\varepsilon_F) + 0(T^4), \tag{2.74}$$

$$n = \int_0^{\varepsilon_F} g(\varepsilon)\, d\varepsilon + \left\{ (\mu - \varepsilon_F)g(\varepsilon_F) + \frac{\pi^2}{6}(k_B T)^2 g'(\varepsilon_F) \right\}. \tag{2.75}$$

Die temperaturunabhängigen Terme auf den rechten Seiten der Gleichungen (2.74) und (2.75) sind die Grundzustandswerte von u und n. Da wir die Wärmekapazität bei einer konstanten Konzentration berechnen, ist n temperaturunabhängig und (2.75) reduziert sich auf

$$0 = (\mu - \varepsilon_F)g(\varepsilon_F) + \frac{\pi^2}{6}(k_B T)^2 g'(\varepsilon_F), \tag{2.76}$$

wodurch die Abweichung des Chemischen Potentials von ε_F wie folgt bestimmt ist:

$$\mu = \varepsilon_F - \frac{\pi^2}{6}(k_B T)^2 \frac{g'(\varepsilon_F)}{g(\varepsilon_F)}. \tag{2.77}$$

Da sich $g(\varepsilon)$ für freie Elektronen wie $\varepsilon^{1/2}$ ändert (siehe (2.63)), erhält man

$$\mu = \varepsilon_F \left[1 - \frac{1}{3}\left(\frac{\pi k_B T^2}{2\varepsilon_F}\right) \right], \tag{2.78}$$

was, wie wir oben feststellten, eine Abweichung von der Größenordnung T^2 bedeutet, die charakteristischerweise auch bei Raumtemperatur nur 0,01 Prozent beträgt.

Gleichung (2.76) ergibt sich durch Nullsetzen der Terme in geschweiften Klammern in (2.74) und bedeutet deshalb eine Vereinfachung des Ausdruckes für die thermische Energiedichte bei konstanter Anzahldichte der Elektronen zu

$$u = u_0 + \frac{\pi^2}{6}(k_B T)^2 g(\varepsilon_F), \qquad (2.79)$$

wobei u_0 die Energiedichte im Grundzustand bezeichnet. Die Wärmekapazität des Elektronengases ergibt sich deshalb zu

$$\boxed{c_v = \left(\frac{\partial u}{\partial T}\right)_n = \frac{\pi^2}{3} k_B^2 T g(\varepsilon_F),} \qquad (2.80)$$

oder – für freie Elektronen, siehe (2.65) – zu

$$c_v = \frac{\pi^2}{2}\left(\frac{k_B T}{\varepsilon_F}\right) n k_B. \qquad (2.81)$$

Vergleichen wir dies mit $c_v = 3nk_B/2$, dem klassischen Ergebnis für ein ideales Gas, so erkennen wir, daß sich als Folge der Verwendung der Fermi-Dirac-Statistik die Wärmekapazität um einen Faktor $(\pi^2/3)(k_B T/\varepsilon_F)$ verringert, der proportional zur Temperatur und selbst bei Raumtemperatur nur von der Größenordnung 10^{-2} ist. Dadurch erklärt sich die Tatsache, daß man bei Raumtemperatur keinerlei merklichen Beitrag der elektronischen Freiheitsgrade zur Wärmekapazität eines Metalls beobachtet. Befaßt man sich mit dem präzisen numerischen Wert des Koeffizienten, so kann man dieses Verhalten der Wärmekapazität recht einfach aus der Temperaturabhängigkeit der Fermifunktion selbst verstehen. Die mit einem Anstieg der Temperarur von $T = 0$ an verbundene Zunahme der elektronischen Energie ist vollständig dadurch verursacht, daß einige Elektronen mit Energien in einem Bereich von der Ordnung $O(k_B T)$ unterhalb von ε_F (dem dunkel schattierten Bereich in Bild 2.4) angeregt werden in einen Energiebereich von der gleichen Größenordnung $O(k_B T)$ oberhalb von ε_F (den hell schattierten Bereich in Bild 2.4). Die Anzahl angeregter Elektronen pro Einheitsvolumen ergibt sich als Produkt aus der Breite $k_B T$ des Energieintervalls und der Niveaudichte pro Einheitsvolumen $g(\varepsilon_F)$. Weiterhin ist die Anregungsenergie von der Größenordnung $k_B T$ und die gesamte thermische Energiedichte liegt somit von der Ordnung $g(\varepsilon_F)(k_B T)^2$ über der Energie des Grundzustandes. Zwar weicht dieses Ergebnis vom korrekten Wert (2.79) um einen Faktor $\pi^2/6$ ab, es ist aber sehr nützlich für grobe Abschätzungen und die zugrundeliegende Überlegung vermittelt ein einfaches physikalisches Bild der Vorgänge.

Die Vorhersage eines linearen Verlaufs der Wärmekapazität ist eine der wichtigsten Konsequenzen der Fermi-Dirac-Statistik und eine weitere einfache Bestätigung des theoretischen Konzeptes des Elektronengases in Metallen, soweit man annehmen

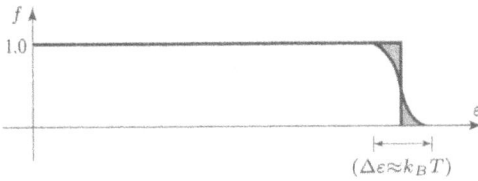

kann, daß keine anderen als die elektronischen Freiheitsgrade in vergleichbarem oder sogar größerem Maße zur Wärmekapazität beitragen. Wie sich herausstellt, dominieren die Freiheitsgrade der Atomrümpfe vollständig die Wärmekapazität bei höheren Temperaturen; deutlich unterhalb der Raumtemperatur dagegen nimmt ihr Beitrag mit der dritten Potenz der Temperatur ab und fällt bei sehr niedrigen Temperaturen unter den elektronischen Beitrag, der lediglich linear mit der Temperatur abnimmt.

Um die beiden Beiträge zu trennen, trägt man üblicherweise c_v/T gegen T^2 auf: Elektronischer Beitrag und Rumpfbeitrag zusammen ergeben einen Verlauf der Form

$$c_v = \gamma T + AT^3 \tag{2.82}$$

bei niedrigen Temperaturen, so daß

$$\frac{c_v}{T} = \gamma + AT^2. \tag{2.83}$$

Man kann deshalb γ dadurch ermitteln, daß man die Kurve c_v/T linear bis hinab zu $T^2 = 0$ extrapoliert und ihren Schnittpunkt mit der Achse c_v/T bestimmt. Gemessene Wärmekapazitäten der Metalle enthalten typischerweise eine lineraen Term, der bei Temperaturen von einigen K mit dem kubischen Term vergleichbar wird.[25]

Man gibt die spezifischen Wärmekapazitäten gewöhnlich in Einheiten von Joule (oder Kalorien) pro Mol und pro Kelvin an. Da ein Mol eines Metalls mit freiem Elektronengas ZN_A Leitungselektronen enthält (Z ist die Wertigkeit des Metalls und N_A die Avogadrozahl) und ein Volumen ZN_A/n einnimmt, so ergibt sich C, die Wärmekapazität pro Mol, als Produkt aus c_V und der Wärmekapazität pro Einheitsvolumen, ZN_A/n:

$$C = \frac{\pi^2}{3} ZR \frac{k_B T g(\varepsilon_F)}{n}. \tag{2.84}$$

---

[25] Da es schwierig ist, experimentell bei konstanter Dichte zu arbeiten, so bestimmt man im allgemeinen die Wärmekapazität bei konstantem Druck, c_p. Man kann jedoch zeigen (siehe Aufgabe 2), daß für das Elektronengas in Metallen bei Raumtemperatur und darunter $c_p/c_v = 1 + O(k_B T/\varepsilon_F)^2$ gilt; dies bedeutet, daß bei Temperaturen von einigen Kelvin – also im Temperaturbereich, in dem der elektronische Beitrag zur Wärmekapazität merklich wird – sich die beiden Wärmekapazitäten nur vernachlässigbar wenig voneinander unterscheiden.

Tabelle 2.3

Einige grobe experimentelle Werte des Koeffizienten γ des in T linearen Terms der molaren spezifischen Wärmen von Metallen im Vergleich mit den Ergebnissen der einfachen Theorie freier Elektronen

Element	γ für freie Elektronen	γ gemessen	Verhältnis*
	(in 10^{-4} cal mol^{-1}K^{-2})		m^*/m
Li	1,8	4,2	2,3
Na	2,6	3,5	1,3
K	4,0	4,7	1,2
Rb	4,6	5,8	1,3
Cs	5,3	7,7	1,5
Cu	1,2	1,6	1,3
Ag	1,5	1,6	1,1
Au	1,5	1,6	1,1
Be	1,2	0,5	0,42
Mg	2,4	3,2	1,3
Ca	3,6	6,5	1,8
Sr	4,3	8,7	2,0
Ba	4,7	6,5	1,4
Nb	1,6	20	12
Fe	1,5	12	8,0
Mn	1,5	40	27
Zn	1,8	1,4	0,78
Cd	2,3	1,7	0,74
Hg	2,4	5,0	2,1
Al	2,2	3,0	1,4
Ga	2,4	1,5	0,62
In	2,9	4,3	1,5
Tl	3,1	3,5	1,1
Sn	3,3	4,4	1,3
Pb	3,6	7,0	1,9
Bi	4,3	0,2	0,047
Sb	3,9	1,5	0,38

* Da der theoretische Wert von γ proportional ist zur Niveaudichte bei der Fermienergie – welche wiederum proportional ist zur Elektronenmasse m – definiert man manchmal eine effektive Masse m^* der spezifischen Wärmekapazität, so daß m^*/m das Verhältnis aus dem gemessenen Wert von γ und dem aus der Theorie freier Elektronen bestimmten Wert angibt. Achten Sie darauf, diese effektive Masse der spezifischen Wärmekapazität nicht mit einer der zahlreichen anderen, in der Festkörperphysik verwendeten effektiven Massen zu verwechseln. (Man vergleiche in diesem Zusammenhang die Einträge im Stichwortverzeichnis unter „Effektive Masse".)

Dabei ist $R = k_B N_A = 8,314$ J/mol $= 1,99$ cal/mol·K . Aus der Niveaudichte freier Elektronen, (2.65), und der Berechnung (2.33) für ε_F/k_B ermitteln wir den Beitrag $C = \gamma T$ der freien Elektronen zur Wärmekapazität pro Mol zu

$$\gamma = \frac{1}{2}\pi^2 R \frac{Z}{T_F} = 0,169 Z \left(\frac{r_s}{a_0}\right)^2 \cdot 10^{-4} \frac{\text{cal}}{\text{mol·K}} \tag{2.85}$$

Einige gemessene Werte von γ sind in Tabelle 2.3 zusammengestellt, im Vergleich mit den Werten für freie Elektronen nach (2.85) sowie den Werten von r_s/a_0 aus Tabelle 1.1. Beachten Sie, daß sowohl die Alkalimetalle als auch die Edelmetalle (Cu, Ag, Au) im Rahmen der Theorie freier Elektronen durchweg gut beschreibbar sind. Ebenso auffällig sind die deutlichen Abweichungen bei Fe und Mn (die gemessenen Werte sind um etwa einen Faktor 10 größer als die theoretischen) sowie bei Bi und Sb (die gemessenen Werte betragen nur etwa ein Zehntel der theoretischen). Die Ursachen für diese großen Abweichungen sind recht grundsätzlicher Natur und man kann sie heute quantitativ verstehen; wir werden in Kapitel 15 darauf zurückkommen.

Die Sommerfeld-Theorie der elektrischen Leitung in Metallen

Zur Berechnung der Geschwindigkeitsverteilung der Elektronen in Metallen betrachten wir im k-Raum ein kleines[26] Volumenelement vom Volumen k um den Punkt $d\mathbf{k}$. Unter Berücksichtigung der zweifachen Spinentartung ist die Anzahl der Ein-Elektron-Niveaus in diesem Volumenelement gleich (siehe (2.18))

$$\left(\frac{V}{4\pi^3}\right) d\mathbf{k}. \tag{2.86}$$

Die Besetzungswahrscheinlichkeit ist für jedes Niveau $f(\varepsilon(\mathbf{k}))$, so daß für die Gesamtzahl von Elektronen im Volumenelement des k-Raumes folgt

$$\frac{V}{4\pi^3} f(\varepsilon(\mathbf{k})) d\mathbf{k}, \qquad \varepsilon(\mathbf{k}) = \frac{\hbar^2 \mathbf{k}^2}{2m}. \tag{2.87}$$

Da die Geschwindigkeit eines freien Elektrons mit Wellenvektor k gegeben ist durch $\mathbf{v} = \hbar\mathbf{k}/m$ (Gleichung 2.12), so stimmt die Anzahl von Elektronen in einem Volumenelement $d\mathbf{v}$ um $\mathbf{v}$ mit der Elektronenzahl in einem Volumenelement $d\mathbf{k} = (m/\hbar)^3 d\mathbf{v}$

---

[26] „Klein" bedeutet hinreichend klein, so daß die Fermifunktion oder andere Funktionen von physikalischer Bedeutung sich nur vernachlässigbar wenig über die Ausdehnung des Volumenelementes ändern, welches dabei aber groß genug ist, um sehr viele Ein-Elektron-Niveaus zu umfassen.

um $\mathbf{k} = m\mathbf{v}/\hbar$ überein. Folglich erhält man die Gesamtzahl von Elektronen pro Einheitsvolumen des Ortsraums, deren Geschwindigkeiten in einem Volumenelement $d\mathbf{v}$ um $\mathbf{v}$ im Geschwindigkeitsraum liegen, zu

$$f(\mathbf{v})d\mathbf{v}, \tag{2.88}$$

mit

$$f(\mathbf{v}) = \frac{(m/\hbar)^3}{4\pi^3} \frac{1}{\exp\left[(\frac{1}{2}mv^2 - \mu)/k_B T\right] + 1}. \tag{2.89}$$

Sommerfeld erneuerte das Drude-Modell, indem er die klassische Geschwindigkeitsverteilung (2.1) nach Maxwell-Boltzmann durch die Fermi-Dirac-Verteilung (2.89) ersetzte. Diese Praxis, eine auf der Grundlage quantenmechanischer Überlegungen konstruierte Geschwindigkeitsverteilung in einer ansonsten klassischen Theorie zu verwenden, bedarf einer gewissen Rechtfertigung.[27] Man kann die Bewegung eines Elektrons klassisch beschreiben, wenn man in der Lage ist, seinen Ort und seinen Impuls so genau wie nötig anzugeben, ohne dabei die Unschärferelation zu verletzen.[28]

Ein Elektron in einem Metall hat typischerweise einen Impuls von der Größenordung $\hbar k_F$, so daß als Voraussetzung für eine adäquate klassische Beschreibung die Unschärfe Δp seines Impulses klein sein muß im Vergleich zu $\hbar k_F$. Da $k_F \sim 1/r_s$ nach (2.22), so muß für die Ortsunschärfe gelten

$$\Delta x \sim \frac{\hbar}{\Delta p} \gg \frac{1}{k_F} \sim r_s. \tag{2.90}$$

Aus (1.2) folgt, daß r_s von der Größenordung des mittleren Elektronenabstandes, also von der Größenordung Å ist. Deshalb ist eine klassische Beschreibung dann ungeeignet, wenn man die Elektronen als innerhalb atomarer Abstände lokalisiert betrachten muß, welche ebenfalls von der Größenordung Å sind. Die Leitungselektronen eines Metalls sind jedoch nicht an bestimmte Atomrümpfe gebunden, sondern können sich frei durch das Volumen des Metalls bewegen. In einer Probe von makroskopischen Abmessungen ist es in den meisten Fällen nicht nötig, die Orte der Elektronen mit

---

[27] Es ist ziemlich schwierig, eine detaillierte analytische Rechtfertigung zu konstruieren, wie es ebenso eine delikate Angelegenheit ist, in voller Allgemeinheit und Genauigkeit zu spezifizieren, unter welchen Bedingungen man die Quantentheorie durch ihren klassischen Grenzfall ersetzen kann. Die zugrundeliegenden physikalischen Überlegungen dagegen sind sehr klar.

[28] Bei der Beschreibung von Leitungselektronen kann man auch eine etwas engere einschränkende Bedingung für den Gebrauch der klassischen Mechanik formulieren: Die kinetische Energie eines Elektrons in einer Ebene senkrecht zu einem äußeren homogenen Magnetfeld ist in Vielfachen von $\hbar\omega_c$ quantisiert (siehe Kapitel 14). Auch für starke Felder der Größenordnung 10^4 ist dies eine sehr kleine Energie. In geeignet präparierten Proben bei Temperaturen von einigen K werden solche Quanteneffekte jedoch beobachtbar und sind in Anwendungen sogar von großer Bedeutung.

einer Genauigkeit von 10^{-8} cm zu kennen. Das Drude-Modell setzt eine Kenntnis der Orte der Elektronen lediglich in den folgenden beiden Zusammenhängen voraus:

1. Unter dem Einfluß von räumlich veränderlichen, äußeren elektromagnetischen Feldern oder Temperaturgradienten muß man in der Lage sein, den Ort eines Elektrons innerhalb einer Größenordnung zu bestimmen, die klein ist im Vergleich zur Länge λ, über welche sich die Felder oder Temperaturen merklich ändern. In den meisten Anwendungen variieren die äußeren Felder oder Temperaturen über Längen der Größenordnung Å nicht wesentlich, so daß die notwendige Genauigkeit bei der Festlegung des Elektronenortes normalerweise keine intolerabel große Impulsunschärfe nach sich zieht. So variiert beispielsweise das elektrische Feld in sichtbarem Licht nennenswert nur über Entfernungen der Größenordnung 10^3 Å; ist jedoch die Wellenlänge des Lichtes sehr viel kürzer (wie z.B. bei Röntgenstrahlen), so muß man zur Beschreibung der durch das Feld verursachten Bewegung der Elektronen die Quantenmechanik heranziehen.

2. Das Drude-Modell macht darüberhinaus implizite die Annahme, daß man den Ort eines Elektrons auf einen Bereich einschränken kann, der wesentlich kleiner ist als die mittlere freie Weglänge ℓ. Man sollte deshalb klassische Argumente mit Vorsicht einsetzen, sobald man mit mittleren freien Weglängen rechnen muß, die wesentlich kleiner sind als einige zehn Å. Wie wir weiter unten sehen werden, sind die mittleren freien Weglängen in Metallen bei Raumtemperatur von der Größenordnung 100 Å und nehmen mit fallender Temperatur weiter zu.

Zur Deutung einer nicht geringen Anzahl von Phänomenen kann man deshalb das Verhalten eines Elektrons in einem Metall angemessen im Rahmen der klassischen Mechanik beschreiben. Daraus ist jedoch nicht unmittelbar einsichtig, daß das Verhalten von N solcher Elektronen ebenfalls mittels der klassischen Mechanik gedeutet werden kann. Wenn das Pauliprinzip eine derart profunde Auswirkung auf die Statistik von N Elektronen hat, weshalb sollte es nicht ihre Dynamik ebenso drastisch verändern? Daß es dies nicht tut, folgt aus einem elementaren Satz, den wir hier ohne Beweis angeben, da der Beweis, wenn auch einfach, so doch von der Notation her sehr ermüdend ist:

Betrachten wir ein System von N Elektronen, deren Wechselwirkungen untereinander vernachlässigt seien, in einem sowohl räumlich als auch zeitlich veränderlichen elektromagnetischen Feld. Der N-Elektronen-Zustand zur Zeit Null werde aufgebaut durch Besetzung einer bestimmten Gruppe $\psi_1(0), \ldots, \psi_N(0)$ von N Ein-Elektron-Niveaus. Bezeichne $\psi_j(t)$ das Niveau, in welches sich das Niveau $\psi_j(0)$ unter dem Einfluß des elektromagnetischen Feldes in der Zeit t entwickeln würde, wenn nur ein einziges Elektron vorhanden wäre, das sich zur Zeit Null im Niveau $\psi_j(0)$ befände. Der korrekte N-Elektronen-Zustand zur Zeit t wäre dann zu bilden durch Besetzung der N Ein-Elektron-Niveaus $\psi_1(t), \ldots, \psi_N(t)$.

Somit ist das dynamische Verhalten von N nichtwechselwirkenden Elektronen vollständig bestimmbar durch die Behandlung von N unabhängigen Ein-Elektron-Problemen. Insbesondere ist die klassische Näherung für das gesamte N-Elektronen-System anwendbar, wenn sie für jedes einzelne dieser Ein-Elektron-Probleme gilt.[29]

Der Gebrauch der Fermi-Dirac-Statistik wirkt sich nur auf solche Folgerungen des Drude-Modells aus, die bei ihrer Herleitung eine Kenntnis der elektronischen Geschwindigkeitsverteilung erfordern. Nimmt man an, daß die Stoßrate $1/\tau$ der Elektronen unabhängig von ihrer Energie ist, so sind überhaupt nur unsere Abschätzung der elektronischen mittleren freien Weglänge sowie unsere Berechnungen der Wärmeleitfähigkeit und der thermoelektrischen Kraft von der Form der Verteilungsfunktion im Gleichgewicht beeinflußt:

Mittlere freie Weglänge   Nehmen wir v_F aus (2.24) als Maß für die typische elektronische Geschwindigkeit, so können wir die mittlere freie Weglänge $\ell = v_F \tau$ mittels (1.8) folgendermaßen berechnen:

$$\boxed{\ell = \frac{(r_s/a_0)^2}{\rho_\mu} \cdot 92 \text{ Å.}} \tag{2.91}$$

Da der spezifische Widerstand ρ_μ in Einheiten von $\mu\Omega$cm typischerweise von der Größenordnung 1 bis 100 bei Raumtemperatur ist, und da weiterhin r_s/a_0 typischerweise 2 bis 6 beträgt, so sind auch bei Raumtemperatur mittlere freie Weglängen von der Größenordnung einiger hundert Å möglich.[30]

Wärmeleitfähigkeit   Wir schätzen die Wärmeleitfähigkeit mit Hilfe von (1.51) ab:

$$\kappa = \frac{1}{3} v^2 \tau c_v. \tag{2.92}$$

Die korrekte spezifische Wärmekapazität (2.81) ist um einen Faktor der Größenordnung $k_B T/\varepsilon_F$ kleiner als das Ergebnis der klassischen Schätzung von Drude. Die korrekte Abschätzung von v^2 hat nicht die Größenordnung $k_B T/m$ des klassischen, thermischen mittleren Geschwindigkeitsquadrats, sondern ist mit $v_F^2 = 2\varepsilon_F/m$ um einen Faktor von der Größenordnung $\varepsilon_F/k_B T$ größer als der klassische Wert. Setzen

---

[29] Daraus folgt, daß jede klassische Systemkonfiguration, die zur Zeit $t = 0$ das Pauliprinzip erfüllt (die also weniger als ein Elektron jeder Spinorientierung pro Einheitsvolumen in jedem Bereich des Impulsraums vom Volumen $d\mathbf{p} = (2\pi\hbar)^3$ aufweist), auch für alle folgenden Zeiten mit dem Pauliprinzip konsistent bleibt.

[30] Vielleicht ist es gut, daß Drude die mittlere freie Weglänge unter Zugrundelegung der sehr viel kleineren, klassischen thermischen Geschwindigkeit schätzte – womöglich wäre er durch derart große freie Weglängen derart irritiert gewesen, daß er von weitergehenden Untersuchungen abgesehen hätte.

wir diese Ausdrücke in (2.92) ein und eliminieren wir mittels (1.6) die Relaxationszeit zugunsten der Wärmeleitfähigkeit, so erhalten wir

$$\frac{\kappa}{\sigma T} = \frac{\pi^2}{3} \left(\frac{k_B}{e} \right)^2 = 2,44 \cdot 10^{-8} \ \text{W}\Omega/\text{K}^2. \tag{2.93}$$

Dieser Wert liegt bemerkenswert nahe bei dem guten, von Drude mit Glück ermittelten Ergebnis – verursacht durch die beiden sich kompensierenden Korrekturen von jeweils der Größenordnung $k_B T/\varepsilon_F$ – und steht in hervorragender Übereinstimmung mit den experimentellen Resultaten in Tabelle 1.6. Wir werden in Kapitel 13 sehen, daß dieser Wert der Lorenzzahl sehr viel besser ist, als man es nach der sehr vereinfachenden Ableitung von (2.93) erwarten würde.

Thermoelektrische Kraft Auch Drudes zu große Abschätzung der Thermoelektrischen Kraft wird durch die Anwendung der Fermi-Dirac-Statistik korrigiert. Setzen wir die spezifische Wärmekapazität nach (2.81) in (1.59) ein, so erhalten wir

$$Q = -\frac{\pi^2}{6} \frac{k_B}{e} \left(\frac{k_B T}{\varepsilon_F} \right) = -1,42 \left(\frac{k_B T}{\varepsilon_F} \right) \cdot 10^{-4} \ V/K, \tag{2.94}$$

was bei Raumtemperatur um einen Faktor von der Größenordnung $O(k_B T/\varepsilon_F) \sim 0,01$ kleiner ist als Drudes Ergebnis (1.60).

Weitere Eigenschaften Da die Herleitungen der Gleichstrom- bzw. Wechselstromleitfähigkeiten, des Hall-Koeffizienten und des Magnetwiderstandes von der Form der elektronischen Geschwindigkeitsverteilung unbeeinflußt waren, behalten die in Kapitel 1 gegebenen Abschätzungen ihre Gültigkeit, unabhängig davon, ob man die Maxwell-Boltzmann oder die Fermi-Dirac-Statistik verwendet. Dies ist jedoch nicht der Fall, wenn man eine energieabhängige Relaxationszeit annimmt. Würde man sich beispielsweise vorstellen, daß die Elektronen mit fixen Stoßzentren kollidieren, so erschiene es natürlich, von einer energieunabhängigen mittleren freien Weglänge und damit einer Relaxationszeit $\tau = \ell/v \sim \ell/\varepsilon^{1/2}$ auszugehen. Kurze Zeit nachdem Drude das Modell des Elektronengases der Metalle vorgeschlagen hatte, zeigte H. A. Lorentz unter Anwendung der klassischen Maxwell-Boltzmann-Geschwindigkeitsverteilung, daß eine energieabhängige Relaxationszeit eine Temperaturabhängigkeit der Gleichstrom- und Wechselstromleitfähigkeiten ebenso zur Folge hätte wie einen nichtverschwindenden Magnetwiderstand und einen sowohl feld- als auch temperaturabhängigen Hall-Koeffizienten. Wie wir inzwischen aufgrund der Inadäquatheit der klassischen Geschwindigkeitsverteilung richtig vermuten könnten, war keine dieser Korrekturen auch nur annähernd geeignet, die Aussagen des Drude-Modells in bessere Übereinstimmung mit den tatsächlich beobachteten Eigenschaften der Metalle zu bringen.[31]

---

[31] Dennoch ist das Lorentz-Modell von wesentlicher Bedeutung bei der Beschreibung von Halbleitern (siehe Kapitel 29).

Ebenfalls wird sich weiterhin herausstellen (siehe Kapitel 13), daß bei Verwendung der korrekten Fermi-Dirac-Geschwindigkeitsverteilung das Hinzufügen einer zusätzlichen Energieabhängigkeit der Relaxationszeit keinen wesentlichen Einfluß auf die meisten der interessierenden Größen eines Metalls hat.[32] Berechnet man die Gleichstrom- und Wechselstromleitfähigkeiten, den Magnetwiderstand oder den Hall-Koeffizienten unter der Annahme einer energieabhängigen Relaxationszeit $\tau(\varepsilon)$, so unterscheiden sich die Ergebnisse nicht von jenen, die man mit einer energieunabhängigen Relaxationszeit $\tau = \tau(\varepsilon_F)$ erhält; diese Größen sind in Metallen praktisch ausschließlich bestimmt durch die Art und Weise, wie Elektronen nahe der Fermienergie gestreut werden.[33] Dies ist eine weitere, sehr wesentliche Konsequenz des Pauliprinzips, deren Herleitung wir in Kapitel 13 angeben werden.

Aufgaben

2.1   Das Gas freier und unabhängiger Elektronen in zwei Dimensionen

(a) Bestimmen Sie die Beziehung zwischen n und k_F im Zweidimensionalen.

(b) Bestimmen Sie die Beziehung zwischen k_F und r_s im Zweidimensionalen.

(c) Zeigen Sie, daß die Niveaudichte freier Elektronen $g(\varepsilon)$ im Zweidimensionalen für $\varepsilon > 0$ eine von ε unabhängige Konstante ist und für $\varepsilon < 0$ verschwindet. Bestimmen Sie diese Konstante.

(d) Zeigen Sie, daß aufgrund der Konstanz von $g(\varepsilon)$ sämtliche Terme der Sommerfeld-Entwicklung von n verschwinden, mit Ausnahme des Terms für $T = 0$. Leiten Sie daraus ab, daß bei jeder Temperatur gilt $\mu = \varepsilon_F$.

(e) Leiten Sie aus (2.67) ab, daß mit einem $g(\varepsilon)$ von der Form in (c) gilt

$$\mu + k_B T \ln(1 + e^{-\mu/k_B T}) = \varepsilon_F \tag{2.95}$$

(f) Schätzen Sie mit Hilfe von (2.95) ab, um welchen Betrag sich μ von ε_F unterscheidet. Diskutieren Sie die numerische Relevanz dieses „Fehlers" der Sommerfeld-Entwicklung und seine mathematische Ursache.

2.2   Thermodynamik des Gases freier und unabhängiger Elektronen

(a) Leiten Sie unter Verwendung der thermodynamischen Identitäten

$$c_v = \left(\frac{\partial u}{\partial T}\right)_n = T\left(\frac{\partial s}{\partial T}\right)_n, \tag{2.96}$$

---

[32] Die thermoelektrische Kraft bildet hier eine erwähnenswerte Ausnahme.

[33] Diese Aussagen sind korrekt bis zur führenden Ordnung in $k_B T/\varepsilon_F$ – was bei Metallen immer ein guter Parameter in Reihenentwicklungen ist.

der Gln. (2.56) und (2.57) sowie des dritten Hauptsatzes der Thermodynamik ($s \to 0$ für $T \to 0$) den folgenden Ausdruck für die Entropiedichte $s = S/V$ ab:

$$s = -k_B \int \frac{d\mathbf{k}}{4\pi^3} \left[f \ln f + (1-f) \ln(1-f) \right] \tag{2.97}$$

$f(\varepsilon(\mathbf{k}))$ bezeichnet die Fermifunktion (2.56).

(b) Der Druck P erfüllt die Beziehung $P = -(\mu - Ts - \mu n)$ (Gleichung (B.5) in Anhang B). Leiten Sie damit aus (2.97) ab, daß

$$P = k_B T \int \frac{d\mathbf{k}}{4\pi^3} \ln \left(1 + \exp \left[-\frac{(\hbar^2 k^2 \, 2m) - \mu}{k_B T} \right] \right). \tag{2.98}$$

Zeigen Sie: Aus (2.98) folgt, daß P eine homogene Funktion von μ und T vom Grad 5/2 ist, daß also

$$P(\lambda\mu, \lambda T) = \lambda^{5/2} P(\mu, T) \tag{2.99}$$

für beliebiges, konstantes λ gilt.

(c) Leiten Sie unter Verwendung der thermodynamischen Beziehungen von Anhang B ab, daß

$$\left(\frac{\partial P}{\partial \mu} \right)_T = n \qquad \left(\frac{\partial P}{\partial T} \right)_\mu = s. \tag{2.100}$$

(d) Zeigen Sie durch Differentiation von (2.99) nach λ, daß die Grundzustandsbeziehung (2.34) in der Form

$$P = \frac{2}{3}u \tag{2.101}$$

auch für eine beliebige Temperatur gilt.

(e) Zeigen Sie, daß das Verhältnis der spezifischen Wärmekapazitäten bei konstantem Druck bzw. bei konstantem Volumen unter der Bedingung $k_B T \ll \varepsilon_F$ die Beziehung

$$\left(\frac{c_p}{c_v} \right) - 1 = \frac{\pi^2}{3} \left(\frac{k_B T}{\varepsilon_F} \right)^2 + O\left(\frac{k_B T}{\varepsilon_F} \right)^4$$

erfüllt.

(f) Beziehen Sie höhere Terme der Sommerfeld-Entwicklungen von u und n mit ein, um zu zeigen, daß die elektronische Wärmekapazität bis zur Ordnung T^3 gegeben ist durch

$$c_v = \frac{\pi^2}{3} k_B^2 T g(\varepsilon_F)$$

$$- \frac{\pi^4}{90} k_B^4 T^3 g(\varepsilon_F) \left[15 \left(\frac{g'(\varepsilon_F)}{g(\varepsilon_F)} \right)^2 - 21 \frac{g''(\varepsilon_F)}{g(\varepsilon_F)} \right]. \tag{2.102}$$

2.3   Klassischer Grenzfall der Fermi-Dirac-Statistik

Unter der Bedingung, daß die Fermi-Funktion (2.56) für jeden positiven Wert von ε sehr viel kleiner als Eins ist, geht die Fermi-Dirac-Verteilung in die Maxwell-Boltzmann-Verteilung über, da in diesem Falle

$$f(\varepsilon) \approx e^{-(\varepsilon - \mu)/k_B T} \tag{2.103}$$

gelten muß. Die notwendige und hinreichende Bedingung dafür, daß (2.103) für jedes positive ε gilt, ist

$$e^{-\mu/k_B T} \gg 1. \tag{2.104}$$

(a) Nehmen Sie die Gültigkeit von (2.104) an und zeigen Sie, daß dann gilt

$$r_s = e^{-\mu/3k_B T} 3^{1/3} \pi^{1/6} \hbar (2mk_B T)^{-1/2}. \tag{2.105}$$

In Verbindung mit (2.104) muß man dann fordern, daß

$$r_s \gg \left(\frac{\hbar^2}{2mk_B T} \right)^{1/2} \tag{2.106}$$

erfüllt ist; diese Relation kann man auch als Bedingung für die Gültigkeit der klassischen Statistik nehmen.

(b) Welche Bedeutung hat der minimale Wert, den die Länge r_s überschreiten muß?

(c) Zeigen Sie, daß (2.106) zu der numerischen Bedingung

$$\frac{r_s}{a_0} \gg \left(\frac{10^5 K}{T} \right)^{1/2} \tag{2.107}$$

führt.

(d) Zeigen Sie, daß man die numerische Konstante $m^3/4\pi^3\hbar^3$ in der Fermi-Dirac-Geschwindigkeitsverteilung (2.2) auch in der Form $(3\sqrt{\pi}/4)n(m/2\pi k_B T_F)^{3/2}$ schreiben kann, so daß also gilt $f_B(0)/f(0) = (4/3\sqrt{\pi})(T_F/T)^{3/2}$.

2.4 Unempfindlichkeit der Verteilungsfunktion gegenüber kleinen Änderungen der Gesamtzahl von Elektronen

Bei der Herleitung der Fermi-Verteilung (Seite 50) argumentierten wir, daß die Wahrscheinlichkeit dafür, ein gegebenes Niveau besetzt zu finden, sich nicht wesentlich ändern sollte, wenn man die Gesamtzahl der Elektronen um Eins ändert. Verifizieren Sie auf die folgende Weise, daß die Fermi-Funktion (2.56) mit dieser Annahme kompatibel ist:

(a) Zeigen Sie unter der Bedingung $k_B T \ll \varepsilon_F$, daß eine Änderung der Elektronenzahl um Eins bei einer festen Temperatur eine Änderung des Chemischen Potentials von

$$\Delta \mu = \frac{1}{V g(\varepsilon_F)} \tag{2.108}$$

bewirkt, wobei $g(\varepsilon)$ die Niveaudichte bezeichnet.

(b) Zeigen Sie, daß sich als Konsequenz hieraus die Wahrscheinlichkeit für die Besetzung eines beliebigen Niveaus höchstens um

$$\Delta f = \frac{1}{6} \frac{\varepsilon_F}{k_B T} \frac{1}{N} \tag{2.109}$$

ändern kann (Verwenden Sie dabei die Form (2.65) von $g(\varepsilon_F)$ für freie Elektronen.). Obwohl man Temperaturen im Bereich mK erreichen kann, bei denen $\varepsilon_F / k_B T \approx 10^8$ gilt, ist Δf für ein N von der Größenordnung 10^{22} noch immer vernachlässigbar klein.

3 Unzulänglichkeiten des Modells freier Elektronen

Die Theorie freier Elektronen beschreibt erfolgreich ein breites Spektrum der metallischen Eigenschaften. Die offensichtlichsten Unzulänglichkeiten des Modells in der ursprünglich von Drude entwickelten Form waren verursacht durch die Verwendung der klassischen statistischen Mechanik bei der Beschreibung der Leitungselektronen. Man berechnete so thermoelektrische Felder und Wärmekapazitäten, die selbst bei Raumtemperatur um Faktoren von einigen Hundert zu groß waren. Die grundsätzliche Problematik wurde dadurch noch verschleiert, daß die klassische Statistik zufälligerweise zu einer Form des Wiedemann-Franzschen Gesetzes führte, die in weit weniger krassem Gegensatz zu den Beobachtungen stand. Sommerfeld vermied Schwierigkeiten dieser Art durch Anwendung der Fermi-Dirac-Statistik auf die Leitungselektronen, wobei er die übrigen grundlegenden Annahmen des Modells freier Elektronen beibehielt.

Dennoch macht das Sommerfeldsche Modell freier Elektronen noch immer quantitative Aussagen, die in ziemlich eindeutigem Widerspruch zu den Beobachtungen stehen, und es läßt zahlreiche grundlegende Fragen von prinzipiellem Interesse offen. Im folgenden fassen wir Unzulänglichkeiten des Modells freier Elektronen zusammen, die sich bei den Anwendungen dieses Modells in den vorangegangenen beiden Kapiteln herausstellten.[1]

Schwierigkeiten mit dem Modell freier Elektronen

1. Unstimmigkeiten bei den Transportkoeffizienten freier Elektronen

(a) **Hall-Koeffizient:** Die Theorie freier Elektronen ergibt, daß der Hall-Koeffizient bei metallischen Elektronenkonzentrationen den konstanten Wert $R_H = -1/nec$ hat, unabhängig von Temperatur, Relaxationszeit oder auch der Stärke des Magnetfelds. Obwohl die experimentell bestimmten Hall-Koeffizienten von dieser Größenordnung sind, so hängen sie doch im allgemeinen sowohl von der Magnetfeldstärke, als auch von der Temperatur ab (und wohl auch von der Relaxationszeit, die experimentell schwieriger zu kontrollieren ist). Diese Abhängigkeiten sind oft sehr deutlich ausgeprägt: So unterscheidet sich beispielsweise bei Aluminium der Wert des Hall-Koeffizienten (siehe Bild 1.4) stets um mehr als einen Faktor 3 vom Wert für freie Elektronen, hängt stark von der Magnetfeldstärke ab und hat für starke Felder noch nicht einmal das Vorzeichen, das die Theorie freier Elektronen voraussagt. Solche Fälle sind nicht untypisch; lediglich die

---

[1] Die Beispiele und Anmerkungen dieses kurzen Kapitels haben nicht zum Ziel, ein detailliertes Bild der Unzulänglichkeiten des Modells freier Elektronen zu geben; ein solches Bild wird sich im Laufe der folgenden Kapitel ergeben, zusammen mit den Lösungen der aufgeworfenen Probleme. Im vorliegenden Kapitel ist es lediglich unser Ziel, zu betonen, wie vielfältig und umfangreich die Probleme sind – und dabei zu verdeutlichen, warum wir uns tatsächlich mit der Ausarbeitung einer wesentlich detaillierteren Analyse der Dinge befassen müssen.

Hall-Koeffizienten der Alkalimetalle kommen in ihrem Verhalten den Voraussagen der Theorie freier Elektronen nahe.

(b) **Magnetwiderstand:** Die Theorie freier Elektronen besagt, daß der Widerstand eines Drahtes, der sich in einem homogenen Magnetfeld befindet, welches zum Draht senkrecht ist, von der Feldstärke unabhängig sein sollte. In fast allen Fällen trifft dies zu. In einigen Fällen – insbesondere bei den Edelmetallen Kupfer, Silber und Gold – kann man erreichen, daß der Widerstand mit wachsender Feldstärke scheinbar ohne Grenze wächst. Bei den meisten Metallen hängt das Verhalten des Widerstandes unter dem Einfluß des Feldes sehr stark von der Art und Weise ab, wie die Probe präpariert wurde, sowie – für geeignet präparierte Proben – auch von der Orientierung der Probe relativ zur Feldrichtung.

(c) **Thermoelektrisches Feld:** Das Vorzeichen des thermoelektrischen Feldes ist – ebenso wie das Vorzeichen der Hall-Konstanten – nicht immer in Übereinstimmung mit den Voraussagen der Theorie freier Elektronen; lediglich die Größenordnungen der Beträge werden richtig wiedergegeben.

(d) **Wiedemann-Franzsches Gesetz:** Die Reproduktion des Wiedemann-Franzschen Gesetzes – der große Triumph der Theorie freier Elektronen – ist sehr gut bei hohen Temperaturen (Raumtemperatur) und ziemlich gut bei sehr niedrigen Temperaturen (einigen K). Bei Temperaturen im Zwischenbereich versagt die Theorie, und $\kappa/\sigma T$ hängt von der Temperatur ab.

(e) **Temperaturabhängigkeit der Gleichstromleitfähigkeit:** In der Theorie freier Elektronen gibt es keinerlei Erklärung für die Temperaturabhängigkeit der Gleichstromleitfähigkeit (wie sie sich beispielsweise in Tabelle 1.2 zeigt). Diese Abhängigkeit muß „künstlich" in die Theorie eingebaut werden, durch einer *ad hoc* angenommenen Temperaturabhängigkeit der Relaxationszeit τ.

(f) **Richtungsabhängigkeit der Gleichstromleitfähigkeit:** In einigen Metallen hängt die Gleichstromleitfähigkeit von der Orientierung der (geeignet präparierten) Probe relativ zur Feldrichtung ab. In solchen Proben kann sogar die Richtung der Stromdichte j von der Feldrichtung abweichen.

(g) **Wechselstromleitfähigkeit:** Die Frequenzabhängigkeit der optischen Eigenschaften der Metalle ist sehr viel komplexer, als daß man hoffen könnte, sie mit der einfachen dielektrischen Konstanten des Modells freier Elektronen zu reproduzieren. Dies gilt sogar für Natrium, welches in anderen Aspekten ziemlich gut im Rahmen des Modells freier Elektronen behandelt werden kann, bezüglich der Details im Frequenzverlauf seiner Reflektivität. In anderen Metallen ist die Erklärungslage noch wesentlich schlechter: So braucht man es gar nicht zu versuchen, die Farben von Kupfer oder Gold durch Reflektivitäten zu erklären, die man aus einer auf dem Modell freier Elektronen basierenden dielektrischen Konstanten berechnet.

2. **Unstimmigkeiten bei den statischen thermodynamischen Voraussagen**

(a) **Linearer Term in der Wärmekapazität:** Die Sommerfeld-Theorie erklärt sehr gut die Größenordnung des in T linearen Terms in der Wärmekapazität bei niedrigen Temperaturen für die Alkalimetalle, deutlich weniger gut im Falle der Edelmetalle und sehr schlecht für Übergangsmetalle wie Eisen und Mangan (vorausgesagte Größenordnung viel zu klein) sowie für Wismut und Antimon (vorausgesagte Größenordnung viel zu groß).

(b) **Kubischer Term in der Wärmekapazität:** Das Modell freier Elektronen bietet keine Handhabe, um zu erklären, warum die Wärmekapazität bei niedriger Temperatur durch den elektronischen Beitrag bestimmt ist. Die Experimente zeigen, daß die Korrektur in T^3 zum linearen Term sehr deutlich durch einen anderen Einfluß dominiert wird, da die einfache Sommerfeld-Theorie als elektronischen Beitrag zum Term in T^3 einen Wert liefert, der das falsche Vorzeichen hat und millionenmal zu klein ist.

(c) **Kompressibilität der Metalle:** Obwohl die Theorie freier Elektronen wunderbarerweise gute Abschätzungen der Kompressionsmodule (oder Kompressibilitäten) zahlreicher Metalle liefert, so ist es doch klar, daß man der Rolle der Atomrümpfe sowie den Elektron-Elektron-Wechselwirkungen mehr Aufmerksamkeit schenken muß, wenn man zu einer genaueren Abschätzung der Zustandsgleichung eines Metalls kommen will.

3. **Rätsel grundsätzlicher Natur**

(a) **Wodurch ist die Anzahl von Leitungselektronen bestimmt?** Wir nahmen an, daß sämtliche Valenzelektronen zu Leitungselektronen werden, während alle übrigen Elektronen an die Atomrümpfe gebunden bleiben. Wir dachten dabei nicht darüber nach, warum dies der Fall sein sollte, oder auch darüber, wie diese Regel im Falle von mehrwertigen Elementen (beispielsweise Eisen) zu interpretieren sei.

(b) **Warum sind einige Elemente Nichtmetalle?** Eine noch wesentlichere Unzulänglichkeit unserer Daumenregel zur Bestimmung der Anzahl von Leitungselektronen wird durch die Existenz von Isolatoren aufgezeigt. Warum ist beispielsweise Bor ein Isolator, während Aluminium, sein vertikaler Nachbar im Periodensystem, exzellent ausgeprägte metallische Eigenschaften zeigt? Warum ist Kohlenstoff in der Form des Diamanten ein Isolator, in der Form des Graphits dagegen ein Leiter? Warum sind Wismut und Antimon so ausgesprochen schlechte Leiter?

Rückblick auf die fundamentalen Annahmen

Um mit der Beantwortung der oben aufgeworfenen Fragen voranzukommen, müssen wir die fundamentalen Annahmen überprüfen, die dem Modell freier Elektronen zugrundeliegen. Die wesentlichsten dieser Annahmen sind:

1. **Näherung freier Elektronen:**[2] Die Atomrümpfe der Metalle spielen eine sehr untergeordnete Rolle: Zwischen zwei Stößen haben sie keinerlei Auswirkungen auf die Bewegung eines Elektrons, und obwohl Drude sie als eine Ursache von Stößen annahm, so war doch die quantitative Information, die wir in Bezug auf die Stoßrate gewinnen konnten, inkonsistent mit einer Interpretation als Stöße von Elektronen mit ortsfesten Atomrümpfe. Die einzige wirkliche Aufgabe, die den Atomrümpfen in den Modellen von Drude und Sommerfeld zukommt, ist die Gewährleistung der Ladungsneutralität des Systems.

2. **Näherung unabhängiger Elektronen:**[3] Die Wechselwirkungen der Elektronen untereinander werden vernachlässigt.

3. **Relaxationszeitnäherung:**[4] Man nimmt an, daß das Ergebnis eines Stoßes unabhängig ist von der Elektronenkonfiguration zum Zeitpunkt des Stoßes.

All diese unzulässigen Vereinfachungen müssen wir fallenlassen, wollen wir ein exaktes Modell eines Festkörpers konstruieren. Wie es sich herausstellt, kann man aber bemerkenswerte Fortschritte in dieser Richtung machen, indem man sich zunächst vollständig darauf konzentriert, einige Aspekte der Näherung freier Elektronen zu verbessern, dabei aber weiterhin die Gültigkeit der Näherung unabhängiger Elektronen sowie der Relaxationszeitnäherung annimmt. Wir werden in den Kapiteln 16 und 17 zu einer kritischen Betrachtung der beiden letzten Näherungen zurückkommen und beschränken uns hier auf die folgenden allgemeinen Beobachtungen:

In einer überraschend großen Zahl von Fällen vermindert der Gebrauch der Näherung unabhängiger Elektronen den Wert einer Analyse nicht drastisch. Bei der Beseitigung der oben angeführten Unzulänglichkeiten der Theorie freier Elektronen spielen Verbesserungen im Bereich der Näherung unabhängiger Elektronen nur bei der Berechnung metallischer Kompressibilitäten eine wesentlichere Rolle (siehe Punkt 2c).[5,6] Eine Begründung dafür, daß wir offensichtlich Elektron-Elektron-Wechselwirkungen vernachlässigen, geben wir in Kapitel 17, zusammen mit weiteren Beispielen für Situationen, in denen Elektron-Elektron-Wechselwirkungen eine direkte und entscheidende Rolle spielen.

Auch zu Drudes Zeit gab es bereits Methoden der kinetischen Theorie zur Korrektur der zu starken Vereinfachung durch die Relaxationszeitnäherung. Sie führen zu einer sehr viel komplexeren Analyse und sind in vielen Fällen in erster Linie von Interesse, um die metallischen Eigenschaften genauer zu verstehen. Von den oben be-

---

[2] siehe Seite 6.
[3] siehe Seite 6.
[4] siehe Seite 7.
[5] Zahlen in Klammern beziehen sich auf die Abschnitte am Beginn dieses Kapitels.
[6] Es gibt auch einige Fälle, in denen ein Versagen der Näherung unabhängiger Elektronen (Kapitel 10, Seite 234 und Kapitel 32) die einfache Unterscheidung zwischen Metallen und Isolatoren, die wir in den Kapiteln 8 und 12 ableiten werden, unbrauchbar macht.

schriebenen Schwierigkeiten hat nur das Problem mit dem Wiedemann-Franzschen Gesetz bei mittleren Temperaturen (1d) eine Lösung, die ein Fallenlassen der Relaxationszeitnäherung selbst auf dem gröbsten, qualitativen Erklärungsniveau erfordert.[7] In Kapitel 16 werden wir beschreiben, welche Form eine Theorie haben muß, damit die Relaxationszeitnäherung nicht mehr notwendig ist. Außerdem werden wir weitere Beispiele für Problemstellungen geben, die eine solche Theorie zu ihrer Lösung benötigen.

Die hauptsächliche Ursache für die Schwierigkeiten in den Theorien von Drude und Sommerfeld ist die Näherung freier Elektronen; sie trifft verschiedene Vereinfachungen:

(i)   Die Wirkung der Atomrümpfe auf die Dynamik eines Elektrons zwischen zwei Stößen wird vernachlässigt.

(ii)   Es wird nicht geklärt, welche Rolle die Atomrümpfe als Ursache von Stößen spielen.

(iii)   Die Möglichkeit, daß die Atomrümpfe selbst, als unabhängige dynamische Objekte, zu physikalischen Phänomenen wie beispielsweise der Wärmekapazität oder der Wärmeleitfähigkeit beitragen könnten, wird ignoriert.

Die Berücksichtigung der Punkte (ii) und (iii) spielt eine wesentliche Rolle bei der Erklärung von Abweichungen vom Wiedemann-Franzschen Gesetz bei mittleren Temperaturen (1d) bzw. von der Temperaturabhängigkeit der elektrischen Leitfähigkeit (1e). Die Berücksichtigung von Punkt (iii) ergibt den kubischen Term in der Wärmekapazität (2b). Die beiden Vernachlässigungen aufzugeben, ist auch eine wesentliche Voraussetzung für das Verständnis einer Vielzahl noch zu besprechender Phänomene. Solche Effekte sind in Kapitel 21 kurz beschrieben, die Folgen der Berücksichtigung von (ii) und (iii) werden wir im Detail in den Kapiteln 22 bis 26 entwickeln.

Es ist die Annahme (i), die Atomrümpfe hätten keine signifikante Auswirkung auf die Bewegung der Elektronen zwischen den Stößen, welche die Ursache für die Mehrzahl der oben beschriebenen Schwachpunkte in den Theorien von Drude und Sommerfeld ist. Der Leser mag sich wohl darüber wundern, wie man eine Unterscheidung zwischen den Annahmen (i) und (ii) treffen kann, da es durchaus nicht offensichtlich ist, daß man den Effekt der Atomrümpfe auf die Elektronen eindeutig in „Stoßaspekte" und „Nicht-Stoß-Aspekte" trennen kann. Wir werden herausfinden (insbesondere in den Kapiteln 8 und 12), daß eine Theorie, die im Detail das von einer geeigneten statischen Anordnung von Atomrümpfen erzeugte Feld berücksichtigt, die Möglichkeit einer Bewegung der Atomrümpfe jedoch ignoriert (die sog. Näherung statischer Rümpfe), sich unter einer Vielzahl von Umständen auf relativ einfache Modifikationen der Theorien freier Elektronen von Drude und Sommerfeld reduziert, in welchen Stöße

---

[7] Man muß die Relaxationszeitnäherung ebenfalls fallenlassen, um die Details der Temperaturabhängigkeit der Gleichstromleitfähigkeit (1e) zu erklären.

vollständig ausgeschlossen sind! Die Rolle der Atomrümpfe als eine Ursache von Stoßprozessen kann nur dann adäquat verstanden werden, wenn man in der Theorie ihre Bewegung zuläßt.

Wir werden deshalb die Näherung freier Elektronen in zwei Stufen abschwächen: Zunächst untersuchen wir die Brauchbarkeit der neuen Struktur und der daraus folgenden Interpretation, die sich ergibt, wenn man die Bewegung der Elektronen nicht im leeren Raum, sondern unter der Wirkung eines bestimmten statischen Potentials betrachtet, welches durch eine feste Anordnung stationärer Rümpfe erzeugt wird. Erst danach (beginnend mit Kapitel 21) untersuchen wir die Folgen der dynamischen Abweichungen der Positionen der Rümpfe von ihrer starren Anordnung.

Die bei weitem wichtigste Eigenschaft der Rümpfe besteht darin, daß deren Positionen nicht zufällig verteilt, sondern in einem regelmäßigen, periodischen Array, dem Gitter, angeordnet sind. Der erste Hinweis darauf ergab sich aus der Beobachtung der makroskopischen kristallinen Formen, die zahlreiche Festkörper (die Metalle eingeschlossen) zeigen; die erste direkte Bestätigung gelang durch Röntgenbeugungsexperimente (Kapitel 6), bald danach unterstützt von Neutronenbeugung, Elektronenmikroskopie und zahlreichen weiteren, direkten experimentellen Methoden.

Die Tatsache, daß die Rümpfe in einem periodischen Gitter angeordnet sind, ist eine der Basiserkenntnisse der modernen Festkörperphysik. Sie bildet die Grundlage und steckt den Rahmen des gesamten analytischen Ansatzes auf diesem Gebiet der Physik ab; ohne diese Basis wäre es nur zu recht geringen Fortschritten gekommen. Wenn es einen Grund dafür gibt, daß die Theorie der Festkörper derart viel höher entwickelt ist als die Theorie der Flüssigkeiten - obwohl doch beide Formen der Materie vergleichbare Dichten haben - so ist es die Tatsache, daß die Ionen in einem Festkörper räumlich periodisch angeordnet, in einer Flüssigkeit dagegen räumlich ungeordnet sind. Es ist ebendieses Fehlen einer räumlich periodischen Anordnung der Atomrümpfe, wodurch das Gebiet der amorphen Festkörper in einem derart primitiven Entwicklungszustand bleiben konnte - verglichen mit der hochentwickelten Theorie kristalliner Festkörper.[8]

---

[8] Obwohl sich auf dem Gebiet der amorphen Festkörper, beginnend in den späten 60er Jahren, eine außerordentlich große Aktivität entfaltete, steht eine Entwicklung vereinheitlichender Prinzipien noch aus, deren Kraft auch nur entfernt vergleichbar wäre mit jenen, die man als Folge der periodischen Anordnung der Atomrümpfe ableiten konnte. Viele Konzepte der Theorie der amorphen Festkörper wurden - mit schwacher oder ohne jede Rechtfertigung - der Theorie der kristallinen Festkörper entlehnt, auch dann, wenn man sie nur als Konsequenzen der Gitterperiodizität richtig verstehen konnte. In der Tat umfaßt die Bezeichnung „Festkörperphysik" - als Gegenstand von Lehrbüchern der Festkörperphysik (das vorliegende eingeschlossen) - üblicherweise fast ausschließlich die Theorie der kristallinen Festkörper. Der Grund dafür liegt im wesentlichen darin, daß der normale Zustand fester Materie der kristalline ist, aber auch darin, daß das Gebiet der amorphen Festkörper in seiner gegenwärtigen Form noch immer nicht jene Art grundlegender Prinzipien entwickelt hat, die es für eine Darstellung im Rahmen eines elementaren Textes geeignet machen.

Wir müssen uns deshalb zunächst mit räumlich periodischen Anordnungen von Atomrümpfe befassen, wenn wir in der Theorie der Festkörper – seien es nun Metalle oder Isolatoren – weitere Fortschritte machen wollen. Die grundlegenden Eigenschaften solcher Anordnungen entwickeln wir in den Kapiteln 4, 5 und 7, ohne dabei spezielle physikalische Anwendungen zu berücksichtigen. In Kapitel 6 wenden wir die gewonnenen Konzepte in einer elementaren Diskussion der Röntgenbeugung an, welche eine direkte Demonstration der Periodizität von Festkörpern ermöglicht und als Paradebeispiel für eine Vielzahl anderer Wellenphänomene in Festkörpern steht, von denen wir einige kennenlernen werden. In den Kapiteln 8 und 11 untersuchen wir die direkten Konsequenzen aus der Periodizität der Rumpfanordnungen auf die elektronische Struktur eines Festkörpers, sei es nun ein Metall oder ein Isolator. In den Kapiteln 12 und 15 wenden wir die bis dahin entwickelte Theorie in einer erneuten Betrachtung der in den Kapiteln 1 und 2 beschriebenen, typisch metallischen Eigenschaften an. Viele der Anomalien in der Theorie freier Elektronen werden sich dabei aufheben und die noch ungelösten Rätsel sich zum größten Teil klären.

4 Kristallgitter

Einfache raumzentrierte und flächenzentrierte kubische Gitter

Primitive Einheitszelle, Wigner-Seitz-Zelle und konventionelle Zelle

Kristallstrukturen und Gitter mit Basis

Hexagonal dichtest gepackte Strukturen und die Diamantstruktur

Natriumchlorid-, Cäsiumchlorid- und Zinkblendestrukturen

Wer nie die mineralogische Abteilung eines Naturkundemuseums besucht hat, wird verwundert sein zu hören, daß Metalle – wie die meisten übrigen Festkörper auch – kristallin sind. Diese Überraschung ist dadurch verursacht, daß man das vertraute und sehr offensichtlich kristalltypische Erscheinungsbild von Quarz, Diamant oder Steinsalz – nämlich ebene Oberflächen, die wohldefinierte Winkel miteinander einschließen – bei Metallen in deren üblichen Formen nicht vorfindet. Tatsächlich liegen Metalle, die in der Natur im metallischen Zustand (gediegen) vorkommen, ziemlich oft kristallin vor. Meist sieht man es einem Stück Metall jedoch nicht an, denn es fehlt ihm in der Regel das bekannte kristalltypische Erscheinungsbild: ebene Oberflächen, die wohldefinierte Winkel miteinander einschließen. In fertigen Metallprodukten ist aufgrund der hohen Verformbarkeit (Duktilität) der Metalle, die eine beliebige makroskopische Formgebung ermöglicht, von dieser Eigenschaft nichts mehr zu erkennen.

Kristallines Verhalten zeigt sich eben nicht unbedingt im oberflächlichen Erscheinungsbild einer makroskopischen Probe, sondern durch eine räumlich periodische Anordnung der Atomrümpfe auf mikroskopischer Ebene.[1] In der mikroskopischen Regelmäßigkeit kristalliner Materie vermutete man lange die offensichtliche Ursache für die einfache geometrische Regelmäßigkeit makroskopischer Kristalle, deren ebene Oberflächen nur ganz bestimmte Winkel miteinander einschließen. Diese Vermutung erfuhr ihre direkte experimentelle Bestätigung im Jahre 1913 durch die Arbeiten von W. und L. Bragg. Sie begründeten das Gebiet der Röntgenkristallographie und begannen zu untersuchen, auf welche Weise die Atome in Festkörpern angeordnet sind.

Bevor wir beschreiben, wie man die mikroskopische Struktur von Festkörpern mittels Röntgenbeugung bestimmt und auf welche Weise die so erkannten Strukturen mit den fundamentalen physikalischen Eigenschaften der Festkörper gekoppelt sind, erscheint es nützlich, sich einen Überblick über einige der wichtigsten geometrischen Eigenschaften periodischer Anordnungen im dreidimensionalen Raum zu verschaffen. Diese rein geometrischen Betrachtungen sind eine implizite Grundlage fast jeder Untersuchung, der man auf dem Gebiet der Festkörperphysik begegnet, und wir werden sie in diesem Kapitel sowie in den Kapiteln 5 und 7 durchführen. Die erste der zahlreichen Anwendungen dieser Konzepte werden wir in Kapitel 6 bei der Betrachtung der Röntgenbeugung kennenlernen.

Bravaisgitter

Ein Grundkonzept bei der Beschreibung eines jeden kristallinen Festkörpers ist das Bravaisgitter. Es gibt die periodische Struktur an, in der gleiche Einheiten eines Kristalls angeordnet sind. Diese Einheiten können einzelne Atome sein, Atomgruppen,

---

[1] Oft ist eine Probe aus vielen kleinen Teilchen aufgebaut, deren jedes groß ist auf der mikroskopischen Größenskala und eine große Anzahl periodisch angeordneter Atomrümpfe enthält. Diesem sog. polykristallinen Zustand begegnet man normalerweise öfter als makroskopischen Einkristallen, bei denen sich eine perfekte Periodizität über den gesamten Körper erstreckt.

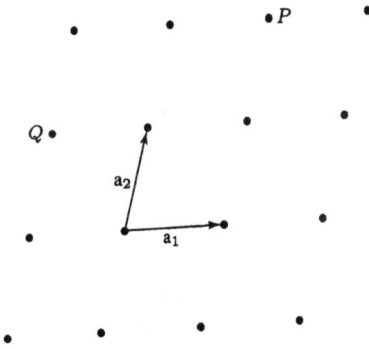

Bild 4.1: Ein allgemeines, zweidimensionales Bravaisgitter ohne besondere Symmetrie: das trikline Netz. Die primitiven Vektoren a_1 und a_2 sind eingezeichnet. Sämtliche Punkte des Netzes sind Linearkombinationen dieser beiden Vektoren, mit ganzzahligen Koeffizienten. Beispiele: $P = a_1 + 2a_2$ und $Q = -a_1 + a_2$.

Moleküle, Ionen etc. – das Bravaisgitter faßt lediglich die Geometrie der zugrunde-liegenden periodischen Raumstruktur zusammen, unabhängig davon, welcher Art die Einheiten sind. Wir geben hier zwei äquivalente Definitionen eines Bravaisgitters[2] an:

(a) Ein Bravaisgitter ist ein unendlich ausgedehntes Muster einzelner Punkte, deren Anordnung und Orientierung exakt identisch erscheinen, unabhängig davon, von welchem der Punkte aus man es betrachtet.

(b) Ein (dreidimensionales) Bravaisgitter besteht aus allen Punkten, deren Ortsvektoren $\mathbf{R}$ von der Form

$$\mathbf{R} = n_1 a_1 + n_2 a_2 + n_3 a_3 \tag{4.1}$$

sind. Dabei bezeichnen a_1, a_2 und a_3 drei beliebige Vektoren, die nicht alle in derselben Ebene liegen. Die n_1, n_2 und n_3 nehmen alle ganzzahligen Werte an.[3] Man erreicht so den Punkt $\sum n_i a_i$, indem man sich um n_i Schritte[4] der Länge a_i in die Richtung a_i bewegt, und dies für $i = 1, 2, 3$.

Man nennt die Vektoren a_i in der Definition (b) des Bravaisgitters primitive Vektoren (oder Grundvektoren) und sagt, daß sie das Gitter erzeugen oder aufspannen. Es bedarf einer kleinen Überlegung, um zu erkennen, daß die beiden Definitionen eines Bravaisgitters äquivalent sind. Daß jede Anordnung, die (b) genügt, auch (a) erfüllt, wird klar, sobald man beide Definitionen verstanden hat. Die Richtigkeit der Aussage, daß jede Anordnung, die der Definition (a) genügt, durch eine geeignete Menge von drei Vektoren erzeugt werden kann, ist nicht so offensichtlich. Der Beweis besteht in der Angabe eines expliziten „Rezeptes" zur Konstruktion der drei primitiven Vektoren; diese Konstruktion findet man in Aufgabe 8a.

---

[2] Über den Ursprung dieses Namens siehe Kapitel 7.

[3] Wir folgen hier der Konvention und bezeichnen mit „ganzzahlig" alle positiven und negativen ganzen Zahlen einschließlich der Null.

[4] Ist n negativ, so bedeuten n Schritte in eine gegebene Richtung die gleiche Anzahl von Schritten in die entgegengesetzte Richtung. Welchen Punkt man erreicht, ist natürlich davon unabhängig, in welcher Reihenfolge man die $n_1 + n_2 + n_3$ Schritte ausführt.

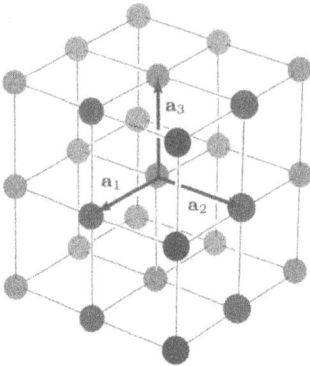

Bild 4.2: Ein einfach-kubisches, dreidimensionales Bravaisgitter. Man kann die drei primitiven Vektoren jeweils senkrecht zueinander und mit gleichen Beträgen wählen.

Bild 4.1 zeigt eine Teil eines zweidimensionalen Bravaisgitters.[5] Offensichtlich gilt die Definition (a), und die von Definition (b) geforderten primitiven Vektoren a_1 und a_2 sind im Bild eingezeichnet. Bild 4.2 zeigt eines der vertrautesten dreidimensionalen Bravaisgitter, das einfach-kubische Gitter. Seine besondere Struktur ist dadurch gekennzeichnet, daß es durch drei jeweils aufeinander senkrecht stehende primitive Vektoren von gleicher Länge aufgespannt wird.

Es ist wesentlich, daß nicht nur die Anordnung, sondern auch die Orientierung der Punkte von jedem Punkt eines Bravaisgitters aus gesehen identisch erscheinen muß. Betrachten Sie beispielsweise die Eckpunkte des zweidimensionalen Wabenmusters in Bild 4.3. Das Punktmuster erscheint von benachbarten Punkten aus betrachtet nur dann identisch, wenn man die Seite um 180° dreht, sobald man seinen Standpunkt zu einem benachbarten Punkt verlagert. Die strukturellen Beziehungen zwischen den Punkten sind offenbar identisch, nicht aber die Orientierungsbeziehungen, so daß die Eckpunkte eines Wabenmusters kein Bravaisgitter bilden. Ein Gitter von größerem praktischem Interesse, welches zwar die strukturellen Forderungen von Definition (a), nicht aber die Forderungen bezüglich der Orientierungsbeziehungen der Punkte erfüllt, ist das dreidimensionale, hexagonal dichtest gepackte Gitter, welches wir weiter unten beschreiben werden.

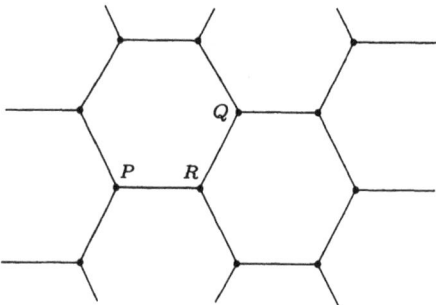

Bild 4.3: Die Eckpunkte eines zweidimensionalen Wabenmusters bilden kein Bravaisgitter. Diese Anordnung von Punkten erscheint identisch, wenn man sie von den Punkten P oder Q aus betrachtet; vom Punkt R aus betrachtet erscheint sie dagegen um 180° gedreht.

---

[5] Ein zweidimensionales Bravaisgitter bezeichnet man auch als Netz.

Unendliche Gitter und endliche Kristalle

Da sämtliche Punkte eines Bravaisgitters äquivalent sind, muß das Bravaisgitter unendlich ausgedehnt sein. Dagegen ist die Ausdehnung realer Kristalle natürlich endlich; sind sie jedoch groß genug, so befindet sich die große Mehrzahl der Punkte derart weit von der Oberfläche entfernt, daß deren Anwesenheit praktisch unbedeutend wird.

Deshalb ist die Annahme eines unendlich ausgedehnten Kristalls eine sehr nützliche Idealisierung. Auch dann, wenn Oberflächeneffekte bedeutsam werden, ist der Begriff des Bravaisgitters noch immer sinnvoll. Man muß sich nun nur vorstellen, der reale Kristall fülle lediglich einen endlichen Teil des idealen Bravaisgitters aus.

Man betrachtet oft endliche Kristalle – nicht, weil Oberflächeneffekte wesentlich wären, sondern einfach aus konzeptionellen Gründen. Ganz entsprechend behandelten wir in Kapitel 2 das Elektronengas als eingeschlossen in einem Würfel vom Volumen $V = L^3$. Man wählt dann im allgemeinen den endlichen Bereich des Bravaisgitters so aus, daß er die einfachst mögliche Form hat. Sind die drei primitiven Vektoren a_1, a_2 und a_3 vorgegeben, so betrachtet man gewöhnlich das endliche Gitter mit N Gitterplätzen, welches sich als Menge von Punkten der Form $R = n_1 a_1 + n_2 a_2 + n_3 a_3$ ergibt, mit $0 \leqslant n_1 < N_1$, $0 \leqslant n_2 < N_2$, $0 \leqslant n_3 < N_3$ und $N = N_1 N_2 N_3$. Diese artifizielle Betrachtungsweise steht in enger Beziehung zur Verallgemeinerung der Beschreibung kristalliner Systeme[6] mittels periodischer Randbedingungen, die wir in Kapitel 2 verwendeten.

Weitere Illustrationen und wichtige Beispiele

Die Definition (b) des Bravaisgitters ist die mathematisch präzisere von beiden und bildet den natürlichen Ausgangspunkt für jede weiterführende Analyse. Diese Definition hat jedoch zwei kleinere Nachteile: Erstens ist die Menge der primitiven Vektoren für ein gegebenes Bravaisgitter nicht eindeutig bestimmt, da es unendlich viele, nicht äquivalente Wahlmöglichkeiten gibt – und zweitens ist es unschön und manchmal irreführend, sich zu stark auf eine Definition zu beziehen, die eine spezielle Wahl annimmt. Andererseits erkennt man normalerweise unmittelbar, ob die erste Definition für ein gegebenes Punktmuster erfüllt ist, während der Beweis für die Existenz einer Menge primitiver Vektoren bzw. der Nachweis, daß eine solche Menge nicht existiert, wesentlich schwieriger direkt zu finden ist.

Betrachten wir beispielsweise das kubisch-raumzentrierte (bcc) Gitter, welches aus dem einfach-kubischen Gitter von Bild 4.2 (dessen Gitterplätze wir nun mit A bezeichnen) durch Hinzufügen eines zusätzlichen Punktes B im Zentrum jedes der kleinen Würfel (Bild 4.5) entsteht. Man könnte zunächst den Eindruck gewinnen, daß die zentralen Punkte B in einer anderen Beziehung zum gesamten Gitter ständen als

---

[6] Wir werden diese Beschreibungmöglichkeit besonders in den Kapiteln 8 und 22 nutzen.

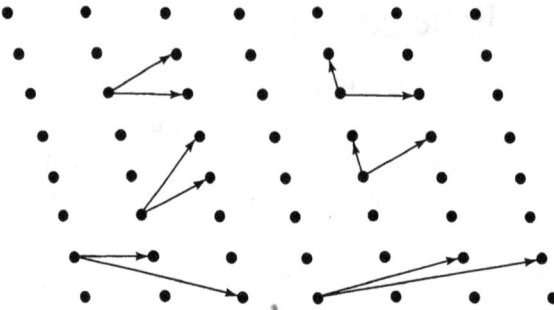

Bild 4.4: Verschiedene Wahlmöglichkeiten von Paaren primitiver Vektoren für ein zweidimensionales Bravaisgitter. Im Interesse der Durchsichtigkeit der Darstellung sind die Paare von jeweils verschiedenen Ursprüngen aus gezeichnet.

die Eckpunkte A; man kann jedoch jeden der zentralen Punkte B als Eckpunkt eines zweiten einfach-kubischen Gitters auffassen.

In diesem neuen Gitter sind die Eckpunkte A des ursprünglichen kubischen Gitters nun Zentrumspunkte; somit haben sämtliche Punkte identische Umgebungen, und das kubisch-raumzentrierte Gitter ist deshalb ein Bravaisgitter. Werde das ursprüngliche einfach-kubische Gitter durch die primitiven Vektoren

$$a\hat{\mathbf{x}}, \quad a\hat{\mathbf{y}}, \quad a\hat{\mathbf{z}} \tag{4.2}$$

erzeugt – mit den drei zueinander orthogonalen Einheitsvektoren $\hat{\mathbf{x}}$, $\hat{\mathbf{y}}$ und $\hat{\mathbf{z}}$ – so kann man einen Satz primitiver Vektoren des kubisch-raumzentrierten Gitters zu

$$\mathbf{a}_1 = a\hat{\mathbf{x}}, \quad \mathbf{a}_2 = a\hat{\mathbf{y}}, \quad \mathbf{a}_3 = \frac{a}{2}(\hat{\mathbf{x}} + \hat{\mathbf{x}} + \hat{\mathbf{x}}) \tag{4.3}$$

wählen (siehe Bild 4.6).

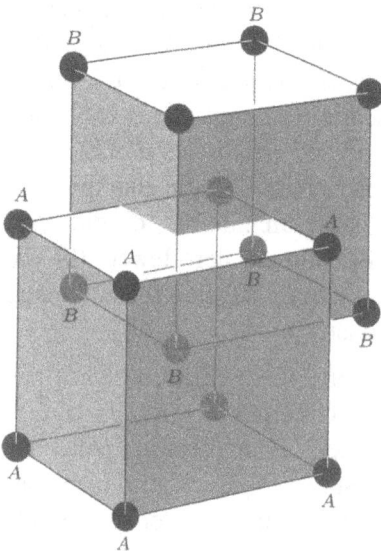

Bild 4.5: Einige Gitterplätze eines kubisch-raumzentrierten Bravaisgitters. Beachten Sie, daß man dieses Gitter sowohl auffassen kann als ein einfach-kubisches Gitter aus Punkten A, mit den Punkten B in den Würfelzentren, als auch als einfach-kubisches Gitter aus Punkten B, mit den Punkten A in den Würfelzentren. Diese Feststellung zeigt, daß es sich tatsächlich um ein Bravaisgitter handelt.

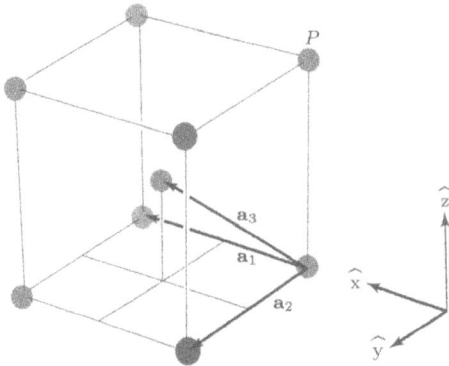

Bild 4.6: Die drei primitiven Vektoren nach (4.3) für das kubisch-raumzentrierte Bravaisgitter. Das Gitter wird aufgebaut durch sämtliche Linearkombinationen der drei primitiven Vektoren mit ganzzahligen Koeffizienten. Beispielsweise kann man den Gitterpunkt P folgendermaßen darstellen: $P = -\mathbf{a}_1 - \mathbf{a}_2 + 2\mathbf{a}_3$.

Symmetrischer in der Form ist der Satz von Vektoren (siehe Bild 4.7)

$$\mathbf{a}_1 = \frac{a}{2}(\hat{\mathbf{y}} + \hat{\mathbf{z}} - \hat{\mathbf{x}}), \quad \mathbf{a}_2 = \frac{a}{2}(\hat{\mathbf{z}} + \hat{\mathbf{x}} - \hat{\mathbf{y}}), \quad \mathbf{a}_3 = \frac{a}{2}(\hat{\mathbf{x}} + \hat{\mathbf{y}} - \hat{\mathbf{z}}). \tag{4.4}$$

Es ist zum Verständnis wichtig, sich sowohl auf geometrischem als auch analytischem Wege davon zu überzeugen, daß diese Sätze von Vektoren in der Tat das bcc-Bravaisgitter erzeugen.

Ein weiteres, ebenso wichtiges Beispiel ist das kubisch-flächenzentrierte (fcc) Bravaisgitter. Zur Konstruktion des kubisch-flächenzentrierten Bravaisgitters fügt man einen zusätzlichen Gitterpunkt im Zentrum jeder quadratischen Fläche (Bild 4.8) des einfach-kubischen Gitters von Bild 4.2 hinzu. Zur Vereinfachung der Beschreibung stellen Sie sich vor, daß jeder Würfel des einfach-kubischen Gitters aus horizontalen Deck- und Bodenflächen aufgebaut ist, sowie aus vier vertikalen Seitenflächen in den Richtungen Nord, Süd, Ost und West. Es könnte der Eindruck entstehen, daß sämtliche Punkte dieses neuen Gitters nicht äquivalent sind – tatsächlich sind sie es aber. Man kann beispielsweise ein neues einfach-kubisches Gitter betrachten, das aus denjenigen Punkten aufgebaut ist, die in den Zentren aller horizontaler Flächen hinzugefügt wurden.

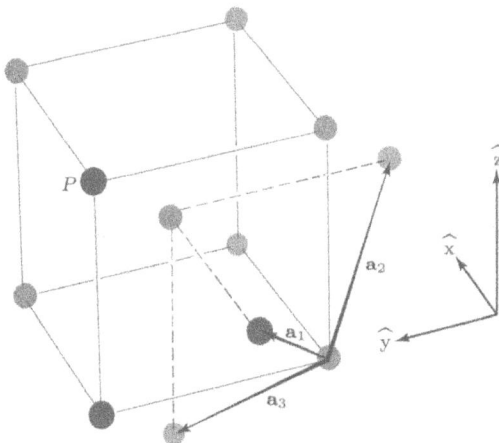

Bild 4.7: Ein von der Form her symmetrischerer Satz primitiver Vektoren, nach (4.4), für das kubisch-raumzentrierte Bravaisgitter. Der Punkt P beispielsweise ist festgelegt durch

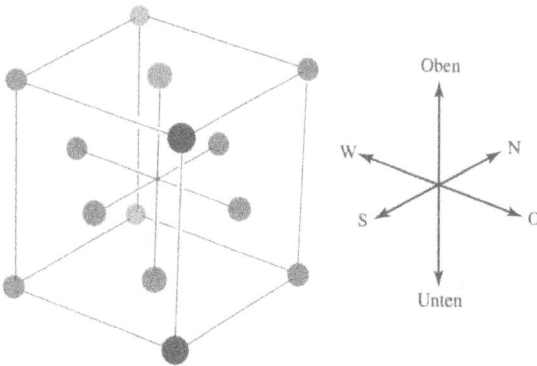

Bild 4.8: Einige Gitterpunkte eines kubisch-flächenzentrierten Bravaisgitters.

Die Gitterpunkte des ursprünglichen einfach-kubischen Gitters erscheinen nun als zentrale Punkte in den horizontalen Flächen des neuen einfach-kubischen Gitters, während jene Punkte, die in den Zentren der nördlichen und südlichen Flächen des ursprünglichen einfach-kubischen Gitters hinzugefügt wurden, nun in den Zentren der östlichen und westlichen Flächen des neuen Gitters sitzen – und umgekehrt.

Auf die gleiche Art und Weise kann man das einfach-kubische Gitter als zusammengesetzt betrachten aus allen Punkten, die in den Zentren der nördlichen und südlichen Flächen des ursprünglichen einfach-kubischen Gitters sitzen, oder ebenso aus allen Punkten in den Zentren der östlichen und westlichen Flächen des ursprünglichen Gitters. In jedem Falle liegen die übrigen Punkte in den Zentren der Flächen des neuen einfach-kubischen Gitters. Deshalb kann man sich jeden Gitterpunkt entweder als Eckpunkt vorstellen, oder als Zentrumspunkt einer Fläche – und dies für jede der drei Flächenarten – so daß das kubisch-flächenzentrierte Gitter in der Tat ein Bravaisgitter ist. Ein in der Form symmetrischerer Satz primitiver Vektoren für das kubisch-flächenzentrierte Gitter ist (siehe Bild 4.9)

$$\mathbf{a}_1 = \frac{a}{2}(\hat{\mathbf{y}} + \hat{\mathbf{z}}), \quad \mathbf{a}_2 = \frac{a}{2}(\hat{\mathbf{z}} + \hat{\mathbf{x}}), \quad \mathbf{a}_3 = \frac{a}{2}(\hat{\mathbf{x}} + \hat{\mathbf{y}}). \tag{4.5}$$

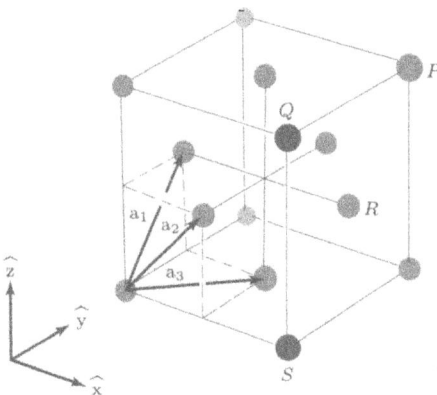

Bild 4.9: Ein Satz primitiver Vektoren, nach (4.5), für das kubisch-flächenzentrierte Bravaisgitter. Die bezeichneten Punkte sind festgelegt durch $P = \mathbf{a}_1 + \mathbf{a}_2 + \mathbf{a}_3$, $Q = 2\mathbf{a}_2$, $R = \mathbf{a}_2 + \mathbf{a}_3$ und $S = -\mathbf{a}_1 + \mathbf{a}_2 + \mathbf{a}_3$.

Tabelle 4.1

Elemente mit einatomiger, kubisch-flächenzentrierter Kristallstruktur

Element	a (Å)	Element	a (Å)	Element	a (Å)
Ar	5,26 (4,2 K)	Ir	3,84	Pt	3,92
Ag	4,09	Kr	5,72 (58 K)	δ-Pu	4,64
Al	4,05	La	5,30	Rh	3,80
Au	4,08	Ne	4,43 (4,2 K)	Sc	4,54
Ca	5,58	Ni	3,52	Sr	6,08
Ce	5,16	Pb	4,95	Th	5,08
β-Co	3,55	Pd	3,89	Xe (58K)	6,20
Cu	3,61	Pr	5,16	Yb	5,49

Die Angaben der Tabellen 4.1 bis 4.7 sind entnommen aus R. W. G. Wyckoff, *Crystal Structures*, 2nd ed., Interscience, New York, 1963. In den meisten Fällen wurden die Werte bei Raumtemperatur und unter normalem Atmosphärendruck bestimmt. Für Elemente, die in verschiedenen Modifikationen vorkommen, wurde die bei Raumtemperatur stabile Form (bzw. die bei Raumtemperatur stabilen Formen) gewählt. Detailliertere Informationen, präzisere Angaben der Gitterkonstanten sowie Literaturangaben findet man in der Arbeit von Wyckoff.

Tabelle 4.2

Elemente mit einatomiger, kubisch-raumzentrierter Kristallstruktur

Element	a (Å)	Element	a (Å)	Element	a (Å)
Ba	5,02	Li	3,49 (78 K)	Ta	3,31
Cr	2,88	Mo	3,15	Tl	3,88
Cs	6,05 (78 K)	Na	4,23 (5 K)	V	3,02
Fe	2,87	Nb	3,30	W	3,16
K	5,23	Rb	5,59 (5K)		

Die kubisch-flächenentrierten und kubisch-raumzentrierten Bravaisgitter sind von großer Bedeutung, da eine sehr große Zahl von Feststoffen in diesen Formen kristallisiert, mit jeweils einem Atom oder Ion auf jedem der Gitterplätze (vgl. die Tabellen 4.1 und 4.2). (Die zugrundeliegende einfach-kubische Form beobachtet man dagegen sehr selten: Das einzige bekannte Beispiel aus der Reihe der Elemente unter Normalbedingungen ist die α-Modifikation von Polonium.)

Eine Bemerkung zum Gebrauch der Begriffe

Obwohl wir den Begriff des Bravaisgitters für eine Mengen von Punkten definierten, so verwendet man ihn üblicherweise auch für eine Menge von Vektoren, die irgendeinen dieser Punkte mit allen übrigen verbinden. (Weil die Punktmenge ein Bravaisgitter ist, hängt diese Menge von Vektoren nicht davon ab, welchen Punkt man als Ursprung wählt.) Eine andere Konvention leitet sich von der Tatsache ab, daß jeder Vektor R eine Translation oder Verschiebung festlegt, durch deren Wirkung sämtliche Objekte als Ganze im Raum um eine Strecke R in Richtung von R bewegt werden. Man verwendet den Begriff des Bravaisgitters ebenfalls zur Bezeichnung der Menge von Translationen, die durch die Vektoren bestimmt sind – nicht für die Menge der Vektoren selbst. In der Praxis ist es immer aus dem Zusammenhang heraus klar, ob man sich auf eine Menge von Punkten, Vektoren oder Translationen bezieht.[7]

Koordinationszahl

Die Punkte eines Bravaisgitters, die einem herausgegriffenen Punkt am nächsten liegen, heißen seine nächsten Nachbarn. Infolge der periodischen Natur eines Bravaisgitters hat jeder Punkt dieselbe Anzahl nächster Nachbarn. Diese Zahl ist deshalb charakteristisch für das Gitter und wird als Koordinationszahl des Gitters bezeichnet. Ein einfach-kubisches Gitter hat die Koordinationszahl 6, ein kubisch-raumzentriertes die Koordinationszahl 8 und ein kubisch-flächenzentriertes die Koordinationszahl 12. Man kann den Begriff der Koordinationszahl auf offensichtliche Art und Weise ausdehnen auf einige einfache Anordnungen von Punkten, die keine Bravaisgitter bilden, vorausgesetzt, daß jeder Punkt der Anordnung die gleiche Anzahl nächster Nachbarn hat.

Primitive Einheitszelle

Ein Volumen im Ortsraum, mit dem man den gesamten Raum ohne Überlappungen oder Freiräume ausfüllen kann, indem man es um sämtliche Vektoren eines Bravaisgitters translatiert, heißt primitive Zelle oder primitive Einheitszelle des Gitters.[8] Die Wahl einer primitiven Zelle für ein gegebenes Bravaisgitter ist nicht eindeutig;

---

[7] Dieser verallgemeinerte Gebrauch des Begriffes ermöglicht eine elegante Definition des Bravaisgitters, welche die Präzision der Definition (b) mit der unvoreingenommenen Art der Definition (a) vereint: Ein Bravaisgitter ist eine unter den Operationen der Vektoraddition und Subtraktion abgeschlossene, diskrete Menge von Vektoren, die nicht alle in derselben Ebene liegen (Abgeschlossenheit bedeutet, daß Summe und Differenz irgend zweier Vektoren der Menge ebenfalls Elemente der Menge sind).

[8] Verschiedene Translationen der primitiven Zelle können Oberflächenpunkte gemeinsam haben; die Forderung, daß keine Überlappungen entstehen sollen, schließt lediglich aus, daß überlappende Gebiete mit nichtverschwindendem Volumen entstehen.

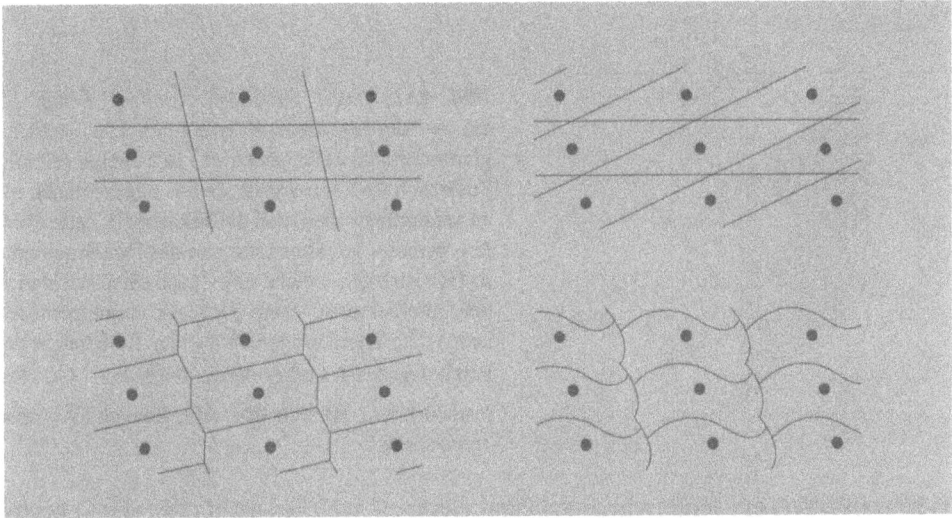

Bild 4.10: Verschiedene Möglichkeiten, eine primitive Zelle für ein zweidimensionale Bravaisgitter zu wählen.

Bild 4.10 zeigt verschiedene mögliche primitive Zellen für ein zweidimensionales Bravaisgitter.

Eine primitive Zelle muß exakt einen Gitterpunkt enthalten (außer sie ist derart angeordnet, daß Punkte auf ihrer Oberfläche liegen). Daraus folgt, daß zwischen der Konzentration n der Punkte im Gitter[9] und dem Volumen v der primitiven Zelle die Beziehung $nv = 1$ oder $v = 1/n$ besteht. Da dieses Ergebnis für jede beliebige primitive Zelle gilt, ist das Volumen einer primitiven Zelle unabhängig von der speziellen Wahl der Zelle.

Aus der Definition einer primitiven Zelle folgt ebenfalls, daß es für zwei gegeben primitive Zellen beliebiger Gestalt möglich ist, eine davon in Teile zu zerlegen und die Teile um geeignete Gittervektoren derart zu translatieren, daß man daraus die zweite Zelle zusammensetzen kann. Diese Operation ist in Bild 4.11 veranschaulicht.

Eine offensichtliche Wahl einer primitiven Zelle zu einem gegebenen Satz primitiver Vektoren a_1, a_2 und a_3 ist die Menge der Punkte r von der Form

$$\mathbf{r} = x_1\mathbf{a}_1 + x_2\mathbf{a}_2 + x_3\mathbf{a}_3, \qquad (4.6)$$

wobei die x_i kontinuierlich im Bereich zwischen 0 und 1 variieren. Es ist dies das von den Vektoren a_1, a_2 und a_3 aufgespannte Parallelepiped. Diese Wahl hat den Nachteil, nicht die volle Symmetrie des Bravaisgitters zu zeigen: Beispielsweise (siehe Bild 4.12) ist die Einheitszelle (4.6) für die Wahl (4.5) von primitiven Vektoren des

---

[9] Die Konzentration n der Gitterpunkte des Bravaisgitters ist natürlich nicht notwendigerweise identisch mit der Konzentration der Leitungselektronen in einem Metall. Sollte die Möglichkeit einer Verwechslung bestehen, so werden wir die beiden Größen mit unterschiedlichen Symbolen bezeichnen.

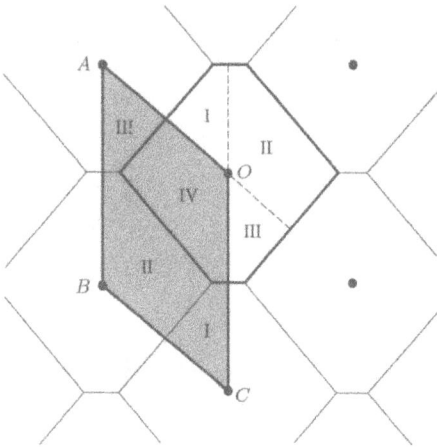

Bild 4.11: Zwei mögliche primitive Zellen für ein zweidimensionales Bravaisgitter. Die parallelogrammförmige Zelle (schattiert) ist offenbar primitiv. Zusätzlich sind hexagonale Zellen eingezeichnet, um zu veranschaulichen, daß die hexagonale Zelle ebenfalls primitiv ist. Man kann nun das Parallelogramm in Teile zerlegen, welche sich – nach einer Translation um Gittervektoren – zum Sechseck zusammenfügen lassen. Die Translationen für die vier Teilbereiche des Parallelogramms sind explizite: Bereich I– $\vec{CO}$, Bereich II– $\vec{BO}$, Bereich III– $\vec{AO}$, Bereich IV - keine Translation.

fcc-Bravaisgitters ein schiefwinkliges Parallelepiped, welches nicht die volle kubische Symmetrie des Gitters hat, in dem es eingebettet liegt. Es ist aber oft wichtig, mit primitiven Zellen arbeiten zu können, welche die volle Symmetrie ihres Bravaisgitters tragen; zu diesem Problem gibt es zwei oft angewandte Lösungen:

Einheitszelle und konventionelle Einheitszelle

Man kann den Raum vollständig mit nichtprimitiven Einheitszellen (einfach als *Einheitszellen* oder *konventionelle Einheitszellen* bezeichnet) ausfüllen. Eine Einheitszelle ist ein Raumbereich, mit dem sich der gesamte Raum vollständig und ohne Überlappungen ausfüllen läßt, wenn man ihn um die Vektoren einer Teilmenge der Vektoren eines Bravaisgitters translatiert. Man wählt die konventionelle Zelle im allgemeinen größer als die primitive Zelle und derart, daß sie die gewünschte Symmetrie des Bravaisgitters hat. So beschreibt man oft das kubisch-raumzentrierte Gitter mittels einer kubischen Einheitszelle (Bild 4.13), die das doppelte Volumen einer primitiven bcc-Einheitszelle hat, sowie das kubisch-flächenzentrierte Gitter mittels einer

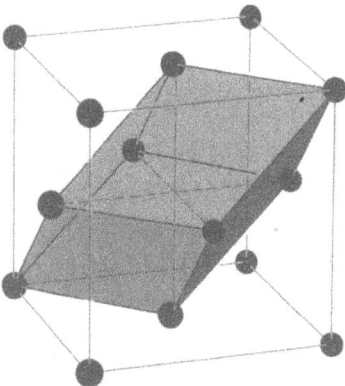

Bild 4.12: Primitive und konventionelle Einheitszellen für das kubisch-flächenzentrierte Bravaisgitter. Der große Würfel ist die konventionelle Zelle; die primitive Zelle wird dargestellt durch den schattierten Körper mit sechs Parallelogrammen als Oberflächen. Diese Zelle nimmt ein Viertel des Würfelvolumens ein und hat deutlich niedrigere Symmetrie.

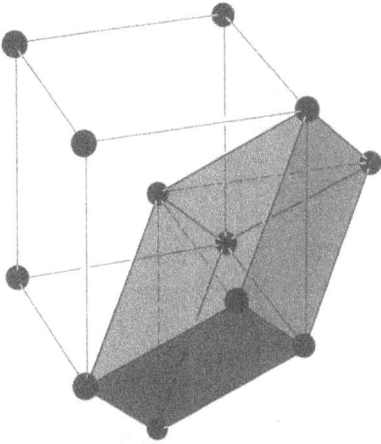

Bild 4.13: Primitive und konventionelle Einheitszellen für das kubisch-raumzentrierte Bravaisgitter. Die primitive Zelle (schattiert) nimmt die Hälfte des Volumens der konventionellen kubischen Zelle ein.

kubischen Einheitszelle (Bild 4.12) mit dem vierfachen Volumen einer primitiven fcc-Einheitszelle. (Man erkennt leicht, daß die konventionellen Zellen das Zwei- bzw. Vierfache des Volumens der entsprechenden primitiven Zellen einnehmen, wenn man sich die Frage stellt, wieviele Gitterpunkte die konventionelle kubische Zelle enthalten müßte, wenn man sie so plazierte, daß keine Punkte auf ihrer Oberfläche zu liegen kämen.) Zahlen, welche die Größe einer Einheitszelle angeben (wie beispielsweise die einzelne Zahl a in kubischen Kristallen), nennt man Gitterkonstanten.

Primitive Zelle nach Wigner-Seitz

Es ist immer möglich, eine primitive Zelle mit der vollen Symmetrie des Bravaisgitters zu wählen. Die bei weitem geläufigste Wahl einer solchen Zelle ist die *Wigner-Seitz-Zelle*. Die Wigner-Seitz-Zelle um einen gegebenen Gitterpunkt ist derjenige Raumbereich, der diesem Punkt näher ist als jedem anderen Gitterpunkt.[10] Infolge der Translationssymmetrie des Bravaisgitters muß die Wigner-Seitz-Zelle eines beliebigen Gitterpunktes in die Wigner-Seitz-Zelle eines anderen Gitterpunktes überführt werden, wenn sie um den die beiden Gitterpunkte verbindenden Gittervektor translatiert wird. Da man jedem Punkt des Raumes eindeutig einen Gitterpunkt als seinen nächsten Nachbarn[11] zuordnen kann, so gehört dieser Punkt zur Wigner-Seitz-Zelle genau eines Gitterpunktes. Daraus folgt, daß eine um sämtliche Gittervektoren translatierte Wigner-Seitz-Zelle den Raum vollständig und ohne Überlappungen ausfüllt und daher eine primitive Zelle ist.

---

[10] Man kann eine solche Zelle für jede Menge diskreter Punkte definieren, die nicht notwendigerweise ein Bravaisgitter bilden müssen. In diesem weiter gefaßten Sinne bezeichnet man die Wigner-Seitz-Zelle als Voronoy-Prisma. Anders als bei der Wigner-Seitz-Zelle sind Aufbau und Orientierung des allgemeinen Voronoy-Prismas davon abhängig, welchen Punkt des Gitters es umschließt.

[11] Dies gilt nicht für Punkte auf der gemeinsamen Oberfläche zweier oder mehrerer Wigner-Seitz-Zellen.

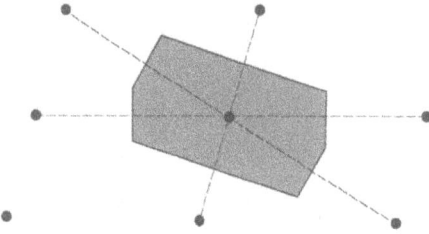

Bild 4.14: Die Wigner-Seitz-Zelle für ein zwei-dimensionales Bravaisgitter. Die sechs Seiten der Zelle sind die Mittelsenkrechten auf den Verbindungslinien (gestrichelt gezeichnet) zwischen dem jeweils zentralen Punkt und seinen sechs nächsten Nachbarn. In zwei Dimensionen ist die Wigner-Seitz-Zelle immer ein Sechseck, außer für ein rechtwinkliges Gitter (siehe Aufgabe 4a).

Da in der Definition der Wigner-Seitz-Zelle keinerlei Bezug auf eine spezielle Wahl der primitiven Vektoren genommen wird, ist die Wigner-Seitz-Zelle ebenso symmetrisch wie ihr Bravaisgitter.[12]

Die Wigner-Seitz-Einheitszelle ist in Bild 4.14 für ein zweidimensionales Bravaisgitter dargestellt, in den Bildern 4.15 und 4.16 entsprechend für die dreidimensionalen kubisch-raumzentrierten und kubisch-flächenzentrierten Bravaisgitter.

Beachten Sie, daß man die Wigner-Seitz-Einheitszelle um einen Gitterpunkt konstruieren kann, indem man Linien zeichnet, welche den gegebenen Gitterpunkt mit allen übrigen[13] Punkten des Gitters verbinden, sodann auf der Mitte jeder Verbindungslinie eine zur Linie senkrechte Ebene errichtet und als Wigner-Seitz-Zelle das kleinste von solchen Ebenen gebildetete Prisma betrachtet, das den Gitterpunkt einschließt.

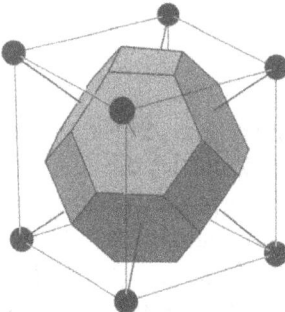

Bild 4.15: Die Wigner-Seitz-Zelle des kubisch-raumzentrierten Bravaisgitters (ein stumpfes Oktaeder). Der die Zelle umschließende Würfel ist eine konventionelle kubisch-raumzentrierte Zelle mit Gitterpunkten im Zentrum und an jeder Ecke. Die sechseckigen Oberflächen der Wigner-Seitz-Zelle sind die mittelsenkrechten Ebenen auf den Verbindungslinien (durchgezogen gezeichnet) zwischen dem zentralen Gitterpunkt und den Eckpunkten des Würfels. Die quadratischen Oberflächen sind die mittelsenkrechten Ebenen auf den Verbindungslinien zwischen dem zentralen Gitterpunkt und den zentralen Gitterpunkten jeder der sechs benachbarten kubischen Zellen (diese sind nicht gezeichnet). Die Sechsecke sind regelmäßig (siehe Aufgabe 4d).

Kristallstrukturen: Gitter mit einer Basis

Man kann einen realen Kristall beschreiben durch Angabe des zugrundeliegenden Bravaisgitters sowie der Anordnung von Atomen, Molekülen, Ionen etc. innerhalb einer primitiven Zelle. Möchte man den Unterschied zwischen dem abstrakten Punktmuster eines Bravaisgitters einerseits und dem zugehörigen realen physikalischen Kristall[14]

---

[12] Eine präzise Definition der Ausdrucksweise „ebenso symmetrisch wie" findet man in Kapitel 7.

[13] Praktisch ergeben sich nur aus den Verbindungen zu einer ziemlich kleinen Anzahl nahe benachbarter Punkte Ebenen, die zur Begrenzung der Wigner-Seitz-Zelle beitragen.

[14] ... den man aber immer als unendlich ausgedehnt idealisiert.

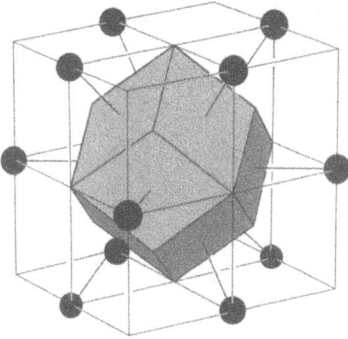

Bild 4.16: Die Wigner-Seitz-Zelle des kubisch-flächenzentrierten Bravaisgitters (ein rhomboedrisches Dodekaeder). Der die Zelle umschließende Würfel ist nicht die konventionelle kubische Zelle aus Bild 4.12, sondern eine Zelle, bei der Gitterpunkte im Würfelzentrum und in den Mitten der 12 Würfelkanten sitzen. Jede der 12 kongruenten Oberflächen der Wigner-Seitz-Zelle steht senkrecht auf einer der Verbindungslinien zwischen dem zentralen Gitterpunkt und den Punkten in den Mitten der Würfelkanten.

andererseits betonen, so verwendet man den Terminus „Kristallstruktur": Eine Kristallstruktur wird aufgebaut aus identischen Kopien einer einzigen physischen Einheit, der Basis, die an jedem Gitterpunkt des Bravaisgitters sitzt (oder die – was eine äquivalente Aussage darstellt – um sämtliche Gittervektoren des Bravaisgitters translatiert wird). Manchmal spricht man auch von einem Gitter mit einer Basis. Diese letztere Ausdrucksweise verwendet man auch in einem allgemeineren Sinne, wenn die Basis kein physisches Objekt oder eine Anordnung von Objekten, sondern eine weitere Punktmenge ist. So kann man beispielsweise die Punkte eines zweidimensionalen Wabenmusters, die selbst kein Bravaisgitter bilden, als zweidimensionales Dreiecks-Bravaisgitter[15] mit einer Basis aus zwei Punkten auffassen (Bild 4.17). Eine Kristallstruktur mit einer Basis, die aus einem einzelnen Atom oder Ion besteht, bezeichnet man oft als einatomares Bravaisgitter.

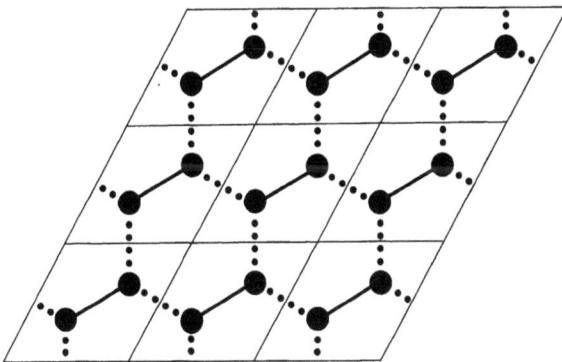

Bild 4.17: Das „Wabennetz" wurde auf eine Art und Weise gezeichnet, die verdeutlicht, daß es ein Bravaisgitter mit einer Basis aus zwei Punkten ist: Paare von Punkten, die mit durchgezogenen Linien verbunden sind, nehmen identische Plätze in den primitiven Zellen (Parallelogramme) des zugrundeliegenden Bravaisgitters ein.

Man kann ein Bravaisgitter auch als ein Gitter mit Basis auffassen, indem man eine nichtprimitive, konventionelle Einheitszelle wählt. Auf diese Weise betont man oft die kubische Symmetrie der bcc- und fcc-Bravaisgitter, die man entsprechend als kubische

---

[15] Dieses Gitter wird aufgespannt durch zwei primitive Vektoren gleicher Länge, die einen Winkel von 60° einschließen.

Gitter beschreibt, aufgespannt durch $a\hat{x}$, $a\hat{y}$ und $a\hat{z}$, mit der Basis aus zwei Punkten

$$0, \quad \frac{a}{2}(\hat{x} + \hat{y} + \hat{z}) \qquad \text{(bcc)} \qquad (4.7)$$

im Falle des bcc-Gitters und der Basis aus vier Punkten

$$0, \quad \frac{a}{2}(\hat{x} + \hat{y}), \quad \frac{a}{2}(\hat{y} + \hat{z}), \quad \frac{a}{2}(\hat{z} + \hat{x}), \qquad \text{(fcc)} \qquad (4.8)$$

im Falle des fcc-Gitters.

Einige wichtige Beispiele für Kristallstrukturen und Gitter mit Basen

Die Diamantstruktur

Die Kohlenstoffatome in einem Diamantkristall sind im Diamantgitter[16] angeordnet. Dieses Gitter besteht aus zwei ineinanderliegenden kubisch-flächenzentrierten Bravaisgittern, die entlang der Raumdiagonalen der kubischen Zelle um ein Viertel der Länge der Diagonalen gegeneinander verschoben sind. Man kann es betrachten als ein kubisch-flächenzentriertes Gitter mit einer Basis aus zwei Punkten bei 0 und $(a/4)(\hat{x} + \hat{y} + \hat{z})$. Das Diamantgitter ist kein Bravaisgitter, weil die Umgebung jedes Punktes sich bezüglich ihrer Orientierung von den Umgebungen der nächsten Nachbarn unterscheidet. In Tabelle 4.3 sind einige Elemente zusammengefaßt, die in der Diamantstruktur kristallisieren.

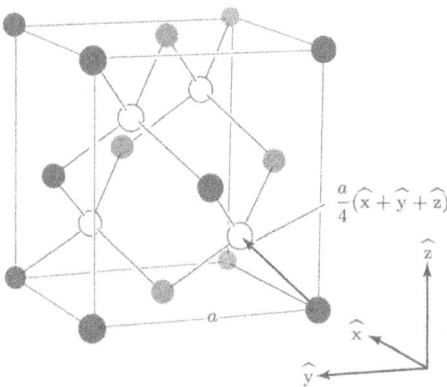

Bild 4.18: Konventionelle kubische Zelle des Diamantgitters. Zur Verdeutlichung sind Gitterplätze, die zu dem einen der beiden ineinanderliegenden kubisch-flächenzentrierten Gittern gehören, nicht schattiert gezeichnet. (Bei der Zinkblendestruktur sind die schattiert gezeichneten Plätze von Ionen der einen, die nicht schattiert gezeichneten Plätze von Ionen der anderen Sorte besetzt.) Die Bindungen zwischen nächsten Nachbarn sind eingezeichnet. Die vier nächsten Nachbarn eines jeden Punktes bilden die Eckpunkte eines regelmäßigen Tetraeders.

---

[16] Wir verwenden das Wort „Gitter" ohne weitere Spezifikation sowohl zur Bezeichnung eines Bravaisgitters, wie auch eines Gitters mit Basis.

Tabelle 4.3
Elemente mit der Kristallstruktur des Diamanten

Element	Länge a der Würfelkante (Å)
C (Diamant)	3,57
Si	5,43
Ge	5,66
α-Sn (grau)	6,49

Hexagonal dichtest gepackte Struktur

Obwohl selbst kein Bravaisgitter, so ist die hexagonal dichtest gepackte (hcp) Struktur doch von ähnlicher Bedeutung wie die kubisch-raumzentrierten und kubisch flächenzentrierten Bravaisgitter: Etwa 30 Elemente kristallisieren in der hexagonal dichtest gepackten Form (siehe Tabelle 4.4).

Der hcp-Struktur liegt ein einfach-hexagonales Bravaisgitter zugrunde, welches durch Stapelung von zweidimensionalen Dreiecksnetzen[15] direkt übereinander entsteht (Bild 4.19). Die Richtung der Stapelung (a_3, siehe unten) bezeichnet man als c-Achse. Drei primitive Vektoren sind

$$\mathbf{a}_1 = a\hat{\mathbf{x}}, \quad \mathbf{a}_2 = \frac{a}{2}\hat{\mathbf{x}} + \frac{\sqrt{3}a}{2}\hat{\mathbf{y}}, \quad \mathbf{a}_3 = c\hat{\mathbf{z}}. \tag{4.9}$$

Tabelle 4.4
Elemente mit hexagonal dichtest gepackter Kristallstruktur

Element	a (Å)	c	c/a	Element	a (Å)	c	c/a
Be	2,29	3,58	1,56	Os	2,74	4,32	1,58
Cd	2,98	5,62	1,89	Pr	3,67	5,92	1,61
Ce	3,65	5,96	1,63	Re	2,76	4,46	1,62
$\alpha - Co$	2,51	4,07	1,62	Ru	2,70	4,28	1,59
Dy	3,59	5,65	1,57	Sc	3,31	5,27	1,59
Er	3,56	5,59	1,57	Tb	3,60	5,69	1,58
Gd	3,64	5,78	1,59	Ti	2,95	4,69	1,59
He (2 K)	3,57	5,83	1,63	Tl	3,46	5,53	1,60
Hf	3,20	5,06	1,58	Tm	3,54	5,55	1,57
Ho	3,58	5,62	1,57	Y	3,65	5,73	1,57
La	3,75	6,07	1,62	Zn	2,66	4,95	1,86
Lu	3,50	5,55	1,59	Zr	3,23	5,15	1,59
Mg	3,21	5,21	1,62				
Nd	3,66	5,90	1,61	„ideal"	—	—	1,63

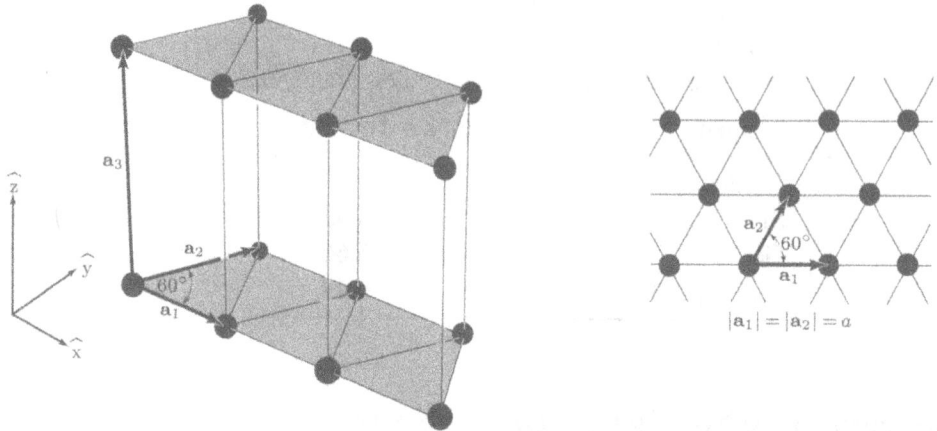

Bild 4.19: Das einfach-hexagonale Bravaisgitter. Zweidimensionale Dreiecksnetze (dargestellt auf der rechten Seite) sind im Abstand c unmittelbar übereinander gestapelt.

Die beiden ersten Vektoren erzeugen ein Dreiecksgitter in der $x - y$-Ebene, der dritte Vektor stapelt die Ebenen im Abstand c übereinander.

Die hexagonal dichtest gepackte Struktur ist aufgebaut aus zwei ineinanderliegenden, einfach-hexagonalen Bravaisgittern, die um den Vektor $a_1/3 + a_2/3 + a_3/2$ gegeneinander verschoben sind (Bild 4.20). Ihr Name leitet sich davon ab, daß man dichtest gepackte, harte Kugeln in dieser Struktur anordnen kann.

Stellen Sie sich vor, Sie würden Kanonenkugeln stapeln, beginnend mit einem dichtest gepackten Dreiecksgitter als erste Schicht (Bild 4.21). Die nächste Schicht ensteht dadurch, daß Sie Kugeln in die Mulden legen, die in den Zentren jedes zweiten Dreiecks der ersten Schicht bestehen, wodurch eine zweite Dreiecksschicht aufgebaut wird, die gegenüber der ersten verschoben ist. In der dritten Schicht sind die Kugeln entsprechend in den Mulden der zweiten Schicht angeordnet, so daß sie direkt über den Kugeln der ersten Schicht liegen. Die Kugeln der vierten Schicht liegen dann direkt

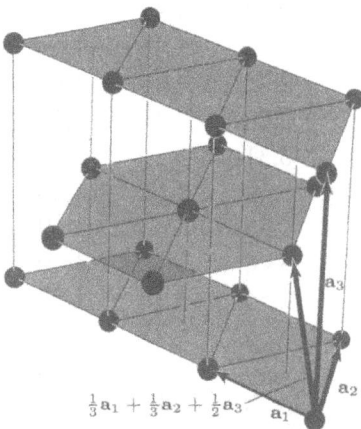

Bild 4.20: Die hexagonal dichtest gepackte Kristallstruktur. Man kann sie betrachten als zwei ineinanderliegende, einfach-hexagonale Bravaisgitter, die in vertikaler Richtung um $c/2$ entlang der gemeinsamen c-Achse gegeneinander verschoben sind. Die Verschiebung in horizontaler Richtung bringt die Punkte eines der Gitter direkt über die Zentren der Dreiecke, die von den Punkten des anderen Gitters gebildet werden.

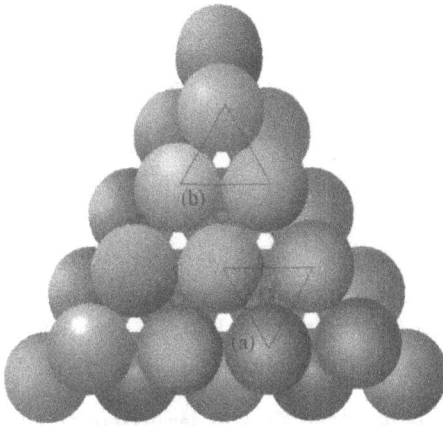

Bild 4.21: Blick von oben auf die ersten beiden Schichten eines Stapels von Kanonenkugeln. Die erste Schicht ist ein ebenes Dreiecksgitter. Die Kugeln der zweiten Schicht liegen in den jeweils übernächsten Zwischenräumen zwischen den Kugeln der ersten Schicht. Wenn man nun die Kugeln der dritten Schicht direkt über den Kugeln der ersten Schicht plaziert, auf Plätzen des Typs (a), die Kugeln der vierten Schicht direkt über den Kugeln der zweiten Schicht, etc., so ergibt sich eine hexagonal dichtest gepackte Struktur. Legt man andererseits die Kugeln der dritten Schicht direkt über solche Zwischenräume in der ersten Schicht, die nicht von Kugeln der zweiten Schicht bedeckt sind – also auf Plätze des Typs (b) – die Kugeln der vierten Schicht direkt über die Kugeln der ersten, die Kugeln der fünften Schicht direkt über die Kugeln der zweiten, etc., so erhält man eine kubisch-flächenzentrierte Struktur (mit einer vertikalen Raumdiagonalen des Würfels).

über den Kugeln der zweiten Schicht usw. Das so entstandene Gitter ist hexagonal dichtest gepackt, mit dem speziellen Wert (siehe Aufgabe 5)

$$c = \sqrt{\frac{8}{3}}\, a = 1,63299\, a. \tag{4.10}$$

Da die Symmetrie des hexagonal dichtest gepackten Gitters unabhängig ist vom Wert des Verhältnisses c/a, ist die Klassifizierung eines Gitters als hcp nicht auf diesen speziellen Fall beschränkt. Man bezeichnet den Wert $c/a = \sqrt{8/3}$ manchmal als „ideal" und die wirklich dichtest gepackte Struktur mit dem idealen Wert von c/a als ideale hcp-Struktur. Es gibt keinen Grund dafür, einen idealen Wert von c/a zu erwarten (siehe Tabelle 4.4), außer dann, wenn die physischen Einheiten in der hcp-Struktur wirklich dichtest gepackte Kugeln sind.

Beachten Sie, daß die hexagonal dichtest gepackte Struktur – wie die Diamantstruktur auch – kein Bravaisgitter ist, da sich die Orientierung der Umgebung eines Punkes von Schicht zu Schicht entlang der c-Achse ändert. Beachten Sie weiterhin, daß sich die beiden Typen von Ebenen entlang der c-Achse gesehen zum zweidimensionalen Wabenmuster von Bild 4.3 überlagern, welches ebenfalls kein Bravaisgitter ist.

Andere dichtest gepackte Strukturen

Die hcp-Struktur ist nicht die einzig mögliche Art, Kugeln dichtest zu packen. Legt man die Kugeln der ersten beiden Schichten wie oben beschrieben ab, plaziert nun aber die Kugeln der dritten Schicht in die vorher nicht benutzten Mulden der zweiten Schicht – d.h. in jene Vertiefungen direkt über Plätzen, die sowohl in der ersten als auch in der zweiten Schicht unbesetzt sind (siehe Bild 4.21) – sodann die Kugeln der

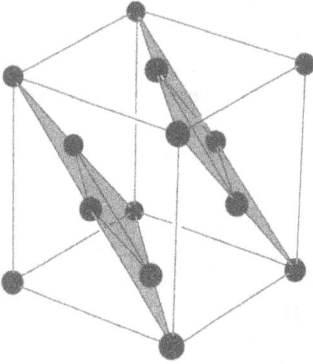

Bild 4.22: In den schattierten Schnitten durch das kubisch-flächenzentrierte Bravaisgitter findet man den in Bild 4.21 gezeichneten
Schichtaufbau vor.

vierten Schicht in Mulden der dritten Schicht direkt über den Kugeln der ersten, die der
fünften Schicht über den Kugeln der zweiten, etc., so erzeugt man ein Bravaisgitter.
Dieses ist genau das kubisch-flächenzentrierte Gitter, mit einer Würfeldiagonalen, die
senkrecht auf den Dreiecksflächen (Bilder 4.22 und 4.23) steht.

Es gibt unendlich viele verschiedene dichtest gepackte Strukturen, da man für jede
neue Schicht zwei Möglichkeiten der Positionierung hat. Nur die fcc-dichtest gepackte
Struktur ist ein Bravaisgitter; die fcc- (... ABCABCABC ...) und hcp- (... ABABAB ...)
Strukturen findet man bei weitem am häufigsten vor. Man beobachtet aber auch andere
dichtest gepackte Anordnungen: Einige Metalle der Seltenen Erden kristallisieren
beispielsweise in der Form (... ABACABACABAC ...).

Die Natriumchloridstruktur

Aufgrund der besonderen geometrischen Anordnung der Gitterpunkte sind wir gezwungen, die hexagonal dichtest gepackten Gitter und das Diamantgitter als Gitter
mit Basis zu beschreiben. Ein Gitter mit Basis ist ebenfalls dann zur Beschreibung
einer Kristallstruktur notwendig, wenn die Atome oder Ionen zwar ausschließlich an
den Punkten des Bravaisgitters sitzen, die Kristallstruktur aber deshalb nicht die volle

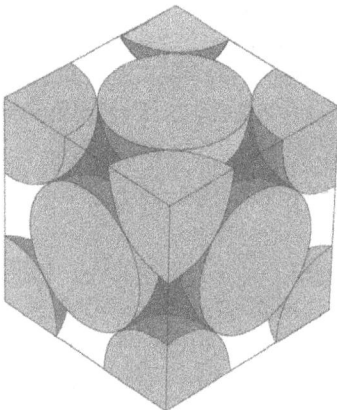

Bild 4.23: Ein würfelförmiger Bereich aus einer Anordnung
kubisch-flächenzentriert dichtest gepackter Kugeln.

Tabelle 4.5
Einige Verbindungen mit Natriumchloridstruktur

Kristall	a (Å)	Kristall	a (Å)	Kristall	a (Å)
LiF	4,02	RbF	5,64	CaS	5,69
LiCl	5,13	RbCl	6,58	CaSe	5,91
LiBr	5,50	RbBr	6,85	CaTe	6,34
LiI	6,00	RbI	7,34	SrO	5,16
NaF	4,62	CsF	6,01	SrS	6,02
NaCl	5,64	AgF	4,92	SrSe	6,23
NaBr	5,97	AgCl	5,55	SrTe	6,47
NaI	6,47	AgBr	5,77	BaO	5,52
KF	5,35	MgO	4,21	BaS	6,39
KCl	6,29	MgS	5,20	BaSe	6,60
KBr	6,60	MgSe	5,45	BaTe	6,99
KI	7,07	CaO	4,81		

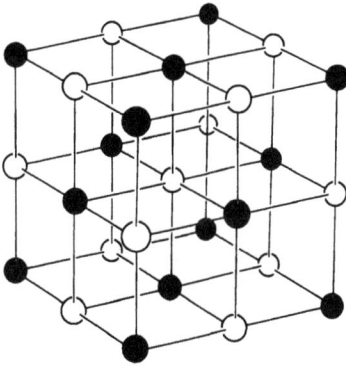

Bild 4.24: Die Natriumchloridstruktur. Eine Ionensorte ist durch schwarze Punkte dargestellt, die andere durch weiße. Die schwarzen und weißen Punkte bilden zwei ineinanderliegende fcc-Gitter.

Translationssymmtrie des Bravaisgitters hat, weil es mehr als eine einzige Atom- oder Ionensorte im Kristall gibt. Natriumchlorid beispielsweise (Bild 4.24) ist aufgebaut aus gleichen Anzahlen von Natrium- und Chloridionen, die abwechselnd auf den Gitterplätzen eines einfach-kubischen Gitters sitzen, so daß jedes Ion von sechs Ionen der jeweils anderen Sorte als seinen sechs nächsten Nachbarn umgeben ist.[17] Man kann diese Struktur beschreiben als ein kubisch-flächenzentriertes Bravaisgitter mit einer Basis, die aus einem Natriumion bei 0 und einem Chloridion im Zentrum der konventionellen kubischen Zelle bei $(a/2)(\hat{\mathbf{x}} + \hat{\mathbf{y}} + \hat{\mathbf{z}})$ besteht.

---

[17] Beispiele für Verbindungen, die in der Natriumchloridstruktur kristallisieren, findet man in Tabelle 4.5.

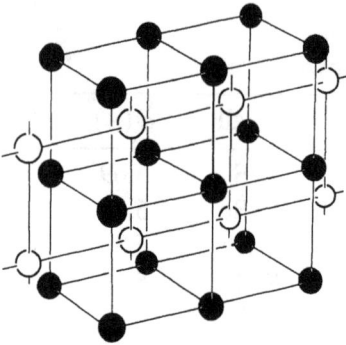

Bild 4.25: Die Cäsiumchloridstruktur. Eine Ionensorte ist durch schwarze Punkte dargestellt, die andere durch weiße. Die schwarzen und weißen Punkte bilden zwei ineinanderliegende einfach-kubische Gitter.

Tabelle 4.6
Einige Verbindungen mit Cäsiumchloridstruktur

Kristall	a (Å)	Kristall	a (Å)
CsCl	4,12	TlCl	3,83
CsBr	4,29	TlBr	3,97
CsI	4,57	TlI	4,20

Die Cäsiumchloridstruktur

Cäsiumchlorid (Bild 4.25) ist in ähnlicher Weise aus gleichen Anzahlen von Cäsium- und Chloridionen aufgebaut, die an den Gitterplätzen eines kubisch-raumzentrierten Gitters sitzen, so daß jedes Ion von acht Ionen der jeweils anderen Sorte als seinen nächsten Nachbarn[18] umgeben ist. Die Translationssymmetrie dieser Struktur ist jene des einfach-kubischen Bravaisgitters. Man kann die Struktur beschreiben als einfach-kubisches Gitter mit einer Basis, die aus einem Cäsiumion am Ursprung 0 und einem Chloridion im Würfelzentrum bei $(a/2)(\hat{x} + \hat{y} + \hat{z})$ besteht.

Zinkblendestruktur

Im Kristall der Zinkblende sind gleiche Anzahlen von Zink- und Schwefelionen auf die Gitterplätze eines Diamantgitters verteilt, so daß jedes Ion von vier Ionen der jeweils anderen Sorte als seinen nächsten Nachbarn umgeben ist (Bild 4.18). Diese Kristallstruktur[19] ist ein Beispiel dafür, daß man – sowohl infolge der besonderen geometrischen Positionen der Ionen, als auch deshalb, weil zwei verschiedene Ionensorten auftreten – eine Beschreibung als Gitter mit Basis wählen muß.

---

[18] Beispiele für Verbindungen, die in der Cäsiumchloridstruktur kristallisieren, findet man in Tabelle 4.6.
[19] Beispiele für Verbindungen, die in der Zinkblendestruktur kristallisieren, findet man in Tabelle 4.7.

Tabelle 4.7
Einige Verbindungen mit Zinkblendestruktur

Kristall	a (Å)	Kristall	a (Å)	Kristall	a (Å)
CuF	4,26	ZnS	5,41	AlSb	6,13
CuCl	5,41	ZnSe	5,67	GaP	5,45
CuBr	5,69	ZnTe	6,09	GaAs	5,65
CuI	6,04	CdS	5,82	GaSb	6,12
AgI	6,47	CdTe	6,48	InP	5,87
BeS	4,85	HgS	5,85	InAs	6,04
BeSe	5,07	HgSe	6,08	InSb	6,48
BeTe	5,54	HgTe	6,43	SiC	4,35
MnS (rot)	5,60	AlP	5,45		
MnSe	5,82	AlAs	5,62		

Weitere Aspekte von Kristallgittern

In diesem Kapitel beschäftigten wir uns mit der Beschreibung der Translationssymmetrie von Kristallgittern im realen physikalischen Raum (Ortsraum). Zwei andere Aspekte periodischer Anordnungen werden wir in folgenden Kapiteln behandeln: In Kapitel 5 untersuchen wir die Folgerungen aus der Translationssymmetrie nicht im Ortsraum, sondern im sogenannten reziproken Raum oder Wellenvektorraum; in Kapitel 7 beschreiben wir einige Konsequenzen der Rotationssymmetrie von Kristallgittern.

Aufgaben

4.1 Finden Sie in jedem der folgenden Fälle heraus, ob es sich bei der beschriebenen Struktur um ein Bravaisgitter handelt. Falls ein Bravaisgitter vorliegt, so geben Sie drei primitive Vektoren an, anderenfalls beschreiben Sie die Struktur als ein Bravaisgitter mit einer möglichst kleinen Basis.

(a) kubisch-basiszentriert (i.e. einfach-kubisch, mit zusätzlichen Punkten in den Zentren der horizontalen Oberflächen der kubischen Zelle)

(b) kubisch-seitenzentriert (i.e. einfach-kubisch, mit zusätzlichen Punkten in den Zentren der vertikalen Oberflächen der kubischen Zelle)

(c) kubisch-kantenzentriert (i.e. einfach-kubisch, mit zusätzlichen Punkten in den Mitten der Verbindungslinien zwischen nächsten Nachbarn)

4.2 Welches Bravaisgitter bilden die Punkte mit den kartesischen Koordinaten (n_1, n_2, n_3), falls

(a) die n_i entweder sämtlich gerade oder sämtlich ungerade sind?

(b) die Summe der n_i gerade sein soll?

4.3   Zeigen Sie, daß der Winkel zwischen irgend zwei Linien (Bindungen), die einen Gitterplatz des Diamantgitters mit seinen vier nächsten Nachbarn verbinden, gegeben ist durch $\cos^{-1}(-1/3) = 109°28'$.

4.4   (a) Zeigen Sie, daß die Wigner-Seitz-Zelle für ein beliebiges zweidimensionales Bravaisgitter entweder ein Sechseck oder ein Rechteck ist.

(b) Zeigen Sie, daß das Längenverhältnis der Diagonalen jeder Parallelogrammfläche der Wigner-Seitz-Zelle des kubisch-flächenzentrierten Gitters (Bild 4.16) gleich $\sqrt{2} : 1$ ist.

(c) Zeigen Sie, daß die Länge jeder Kante des Prismas, das die Wigner-Seitz-Zelle des kubisch-raumzentrierten Gitters begrenzt (Bild 4.15), gegeben ist durch das $\sqrt{2}/4$-fache der Kantenlänge der konventionellen kubischen Zelle.

(d) Zeigen Sie, daß die sechseckigen Oberflächen der bcc-Wigner-Seitz-Zelle sämtlich regelmäßige Sechsecke sind. (Beachten Sie dabei, daß die Achse senkrecht zu einer der sechseckigen Flächen durch deren Zentrum nur dreizählige Symmetrie hat, diese Symmetrie alleine also nicht ausreicht.)

4.5   (a) Zeigen Sie, daß der ideale Wert des Verhältnisses c/a für die hexagonal dichtest gepackte Struktur gleich $\sqrt{8/3} = 1,633$ ist.

(b) Natrium geht bei 23 K von der bcc- in die hcp- Struktur über („martensitische" Umwandlung). Berechnen Sie die Gitterkonstante a der hexagonalen Phase unter der Annahme, daß die Dichte bei dieser Umwandlung unverändert bleibt. Die Gitterkonstante der kubischen Phase sei mit $a = 4,23$ Å gegeben und das Verhältnis c/a sei ununterscheidbar von seinem idealen Wert.

4.6   Das kubisch-flächenzentrierte Gitter ist das dichteste, das einfach-kubische Gitter das am wenigsten dichte der drei kubischen Bravaisgitter. Die Diamantstruktur ist noch weniger dicht gepackt als die drei kubischen Gitter. Ein Maß für diese Eigenschaft ist die Koordinationszahl mit den Werten fcc: 12, bcc: 8, sc: 6, Diamant: 4. Ein anderes Maß ergibt sich wie folgt: Nehmen Sie an, identische, harte Kugeln seien im Raum derart verteilt, daß ihre Mittelpunkte auf den Gitterplätzen der genannten vier Strukturen liegen und sich Kugeln in benachbarten Positionen ohne Überlappung gerade berühren (Eine solche Anordnung von Kugeln nennt man eine dichteste Packung). Zeigen Sie unter der Annahme, daß die Dichte der Kugeln Eins sei, daß die Dichte einer Anordnung dichtest gepackter Kugeln (die Packungsdichte) in den vier genannten Strukturen die folgenden Werte annimmt:

$$
\begin{array}{lrcl}
\text{fcc:} & \sqrt{2}\pi/6 & = & 0,74 \\
\text{bcc:} & \sqrt{3}\pi/8 & = & 0,68 \\
\text{sc:} & \pi/6 & = & 0,52 \\
\text{Diamant:} & \sqrt{3}\pi/16 & = & 0,34.
\end{array}
$$

4.7 Sei N_n die Anzahl der n-ten nächsten Nachbarn eines gegebenen Punktes in einem Bravaisgitter (beispielsweise gilt für ein einfach-kubisches Bravaisgitter $N_1 = 6$, $N_2 = 12$, etc.). Sei weiterhin r_n die Entfernung zum n-ten nächsten Nachbarn, ausgedrückt als Vielfaches des Abstandes zum nächsten Nachbarn (beispielsweise gilt in einem einfach-kubischen Bravaisgitter $r_1 = 1$, $r_2 = \sqrt{2} = 1,414$). Tabellieren Sie N_n und r_n für $n = 1$ und die fcc-, bcc-, sc-Bravaisgitter.

4.8 (a) In einem gegebenen Bravaisgitter bezeichne $\mathbf{a}_1$ den Vektor, der einen herausgegriffenen Punkt P des Gitters mit einem seiner nächsten Nachbarn verbindet. Sei P' ein Gitterpunkt, der nicht auf der Linie durch P in Richtung $\mathbf{a}_1$ liegt und der dieser Linie ebenso nahe sei, wie jeder andere Gitterpunkt; $\mathbf{a}_2$ verbinde P mit P'. Weiterhin sei P'' ein Gitterpunkt, der nicht auf der durch $\mathbf{a}_1$ und $\mathbf{a}_2$ aufgespannten Ebene durch P liege und der dieser Ebene ebenso nahe sei, wie jeder andere Gitterpunkt; $\mathbf{a}_3$ verbinde P mit P''. Beweisen Sie nun, daß die $\mathbf{a}_1$, $\mathbf{a}_2$ und $\mathbf{a}_3$ ein Satz primitiver Vektoren des Bravaisgitters sind.

(b) Zeigen Sie, daß man ein Bravaisgitter definieren kann als eine unter den Operationen der Vektoraddition und Subtraktion abgeschlossene, diskrete Menge von Vektoren, die nicht alle in derselben Ebene liegen (wie auf Seite 90 beschrieben).

5 Das reziproke Gitter

Definitionen und Beispiele

Erste Brillouin-Zone

Gitterebenen und Millersche Indizes

Das reziproke Gitter spielt in den meisten analytischen Untersuchungen von periodischen Strukturen eine fundamentale Rolle. Sehr verschiedene Wege führen zur Idee des reziproken Gitters: Die Theorie der Beugung an Kristallen, die ganz abstrakte Untersuchung von Funktionen, deren Periodizität die eines Bravaisgitters ist – oder auch die Frage, was vom Gesetz der Impulserhaltung noch zu retten ist, wenn die volle Translationssymmetrie des Raumes reduziert wird auf die Symmetrie eines periodischen Potentials. In diesem kurzen Kapitel beschreiben wir einige wesentliche und grundlegende Aspekte des reziproken Gitters unter allgemeinen Gesichtspunkten, ohne auf irgendeine spezielle Anwendung Bezug zu nehmen.

Definition des reziproken Gitters

Wir betrachen eine Menge von Punkten **R**, die ein Bravaisgitter bilden, sowie eine ebene Welle $e^{i\mathbf{k}\cdot\mathbf{r}}$. Für ein beliebig gegebenes **k** hat diese ebene Welle natürlich nicht die Periodizität des Bravaisgitters, wohl aber für gewisse, ausgewählte Werte des Wellenvektors. *Die Menge aller Wellenvektoren **K**, die ebene Wellen mit der Periodizität eines gegebenen Bravaisgitters erzeugen, bezeichnet man als das reziproke Gitter dieses Bravaisgitters.* In Formeln gehört der Wellenvektor **K** zum reziproken Gitter eines gegebene Bravaisgitters aus Punkten **R**, wenn die Beziehung

$$e^{i\mathbf{K}\cdot(\mathbf{r}+\mathbf{R})} = e^{i\mathbf{K}\cdot\mathbf{r}} \tag{5.1}$$

für beliebiges **r** und für jedes **R** des Bravaisgitters gilt. Kürzen wir den Faktor $e^{i\mathbf{K}\cdot\mathbf{r}}$, so können wir das reziproke Gitter definieren als die Menge von Wellenvektoren **G**, die

$$e^{i\mathbf{K}\cdot\mathbf{R}} = 1 \tag{5.2}$$

für alle **R** des Bravaisgitters erfüllen.

Beachten Sie, daß ein reziprokes Gitter in Bezug auf ein spezielles Bravaisgitter definiert ist. Das einem gegebenen reziproken Gitter zugrundeliegende Bravaisgitter bezeichnet man oft als *direktes Gitter*, wenn man die Beziehung zwischen den beiden Gittern betrachtet. Obwohl man für jede beliebige Menge von Vektoren **R** eine Menge von Vektoren **K** derart definieren könnte, daß (5.2) erfüllt wäre, bezeichnet man die Menge der **K** nur dann als reziprokes Gitter, wenn die Menge der **R** ein Bravaisgitter[1] bildet.

---

[1] Insbesondere dann, wenn man mit einem Gitter mit Basis arbeitet, wählt man dasjenige reziproke Gitter aus, welches durch das zugrundeliegende Bravaisgitter bestimmt ist – und nicht etwa eine Menge von Vektoren **K**, die (5.2) erfüllen, zusammen mit einer Menge von Vektoren **R**, die sowohl die Gitterpunkte des Bravaisgitters als auch die Punkte der Basis beschreiben.

Das reziproke Gitter ist ein Bravaisgitter

Daß das reziproke Gitter selbst ein Bravaisgitter ist, folgt am einfachsten aus der in Fußnote 7 von Kapitel 4 gegebenen Definition eines Bravaisgitters, zusammen mit der Tatsache, daß mit zwei Vektoren $\mathbf{K}_1$ und $\mathbf{K}_2$ offensichtlich auch deren Summe und Differenz die Gleichung (5.2) erfüllen.

Es lohnt sich, einen etwas weniger eleganten Beweis der letzteren Aussage zu betrachten, welcher explizite ein „Rezept" zur Konstruktion des reziproken Gitters liefert. Seien $\mathbf{a}_1$, $\mathbf{a}_2$ und $\mathbf{a}_3$ ein Satz primitiver Vektoren des direkten Gitters. Das reziproke Gitter kann dann aufgespannt werden durch die drei primitiven Vektoren

$$
\begin{aligned}
\mathbf{b}_1 &= 2\pi \frac{\mathbf{a}_2 \times \mathbf{a}_3}{\mathbf{a}_1 \cdot (\mathbf{a}_2 \times \mathbf{a}_3)}, \\
\mathbf{b}_2 &= 2\pi \frac{\mathbf{a}_3 \times \mathbf{a}_1}{\mathbf{a}_1 \cdot (\mathbf{a}_2 \times \mathbf{a}_3)}, \\
\mathbf{b}_3 &= 2\pi \frac{\mathbf{a}_1 \times \mathbf{a}_2}{\mathbf{a}_1 \cdot (\mathbf{a}_2 \times \mathbf{a}_3)}.
\end{aligned}
\tag{5.3}
$$

Zum Beweis dafür, daß (5.3) ein Satz primitiver Vektoren des reziproken Gitters ist, stellen wir zunächst fest, daß die $\mathbf{b}_i$ die Beziehung[2]

$$
\mathbf{b}_i \cdot \mathbf{a}_j = 2\pi \delta_{ij},
\tag{5.4}
$$

erfüllen, wobei das Kroneckersymbol δ definiert ist durch

$$
\begin{aligned}
\delta_{ij} &= 0 \quad \text{für } i \neq j, \\
\delta_{ij} &= 1 \quad \text{für } i = j.
\end{aligned}
\tag{5.5}
$$

Man kann nun jeden Vektor $\mathbf{k}$ als Linearkombination[3] der $\mathbf{b}_i$ schreiben:

$$
\mathbf{k} = k_1 \mathbf{b}_1 + k_2 \mathbf{b}_2 + k_3 \mathbf{b}_3.
\tag{5.6}
$$

Ist $\mathbf{R}$ ein beliebiger Vektor des direkten Gitters, so gilt

$$
\mathbf{R} = n_1 \mathbf{a}_1 + n_2 \mathbf{a}_2 + n_3 \mathbf{a}_3,
\tag{5.7}
$$

---

[2] Für $i \neq j$ folgt die Gültigkeit von (5.4), da das Vektorprodukt zweier Vektoren senkrecht zu jedem der beiden ist. Im Falle $i = j$ gilt (5.4) aufgrund der Vektoridentität $\mathbf{a}_1 \cdot (\mathbf{a}_2 \times \mathbf{a}_3) = \mathbf{a}_2 \cdot (\mathbf{a}_3 \times \mathbf{a}_1) = \mathbf{a}_3 \cdot (\mathbf{a}_1 \times \mathbf{a}_2)$.

[3] Dies ist richtig für irgend drei Vektoren, die nicht alle in derselben Eben liegen. Man verifiziert leicht, daß die $\mathbf{b}_i$ nicht alle in derselben Ebene liegen, sofern dies für die $\mathbf{a}_i$ gilt.

mit den ganzzahligen Koeffizienten n_i. Aus (5.4) folgt dann, daß

$$\mathbf{k} \cdot \mathbf{R} = 2\pi(k_1 n_1 + k_2 n_2 + k_3 n_3).\tag{5.8}$$

Nun ist $e^{i\mathbf{k} \cdot \mathbf{R}}$ für alle $\mathbf{R}$ dann Eins (Gleichung (5.2)), wenn $\mathbf{k} \cdot \mathbf{R}$ gleich dem Produkt aus 2π und einer ganzen Zahl ist – für jede Wahl der ganzzahligen Koeffizienten n_i. Dazu müssen auch die k_i notwendigerweise ganze Zahlen sein. Damit wird die Bedingung (5.2) dafür, daß $\mathbf{K}$ ein Vektor des reziproken Gitters ist, genau durch jene Vektoren erfüllt, die Linearkombinationen der $\mathbf{b}_i$ nach (5.6) mit ganzzahligen Koeffizienten sind. Deshalb (vergleichen Sie (4.1)) ist das reziproke Gitter ein Bravaisgitter und die $\mathbf{b}_i$ können als ein Satz primitiver Vektoren gewählt werden.

Das Reziproke des reziproken Gitters

Da das reziproke Gitter selbst ein Bravaisgitter ist, kann man auch sein Reziprokes konstruieren; dieses erweist sich als nichts anderes als das ursprüngliche direkte Gitter.

Ein Weg, diese Feststellung zu beweisen, ist die explizite Konstruktion von Vektoren $\mathbf{c}_1$, $\mathbf{c}_2$ und $\mathbf{c}_3$ aus den $\mathbf{b}_i$ unter Verwendung derselben Formel (5.3), mittels derer wir die $\mathbf{b}_i$ aus den $\mathbf{a}_i$ konstruierten. Man folgert dann mit einfachen Vektoridentitäten (Aufgabe 1), daß $\mathbf{c}_i = \mathbf{a}_i, i = 1, 2, 3$.

Ein einfacherer Beweis ergibt sich aus der Beobachtung, daß – nach der grundlegenden Definition (5.2) – das Reziproke des reziproken Gitters gegeben ist durch die Menge aller Vektoren $\mathbf{G}$, die

$$e^{i\mathbf{G} \cdot \mathbf{K}} = 1\tag{5.9}$$

für alle $\mathbf{K}$ des reziproken Gitters erfüllen. Da jeder Vektor $\mathbf{K}$ des direkten Gitters diese Eigenschaft hat (wiederum nach (5.2)), sind sämtliche Vektoren des direkten Gitters Elemente des zum reziproken Gitter reziproken Gitters. Es kann auch keine anderen Vektoren dieser Art geben, da ein Vektor, der *nicht* Element des direkten Gitters ist, die Form $\mathbf{r} = x_1 \mathbf{a}_1 + x_2 \mathbf{a}_2 + x_3 \mathbf{a}_3$ mit mindestens einem nichtganzzahligen Koeffizienten x_i hat. Für diesen Wert von i gilt $e^{i\mathbf{b}_i \cdot \mathbf{r}} = e^{2\pi i x_i} \neq 1$, so daß die Bedingung (5.9) für den Vektor $\mathbf{K} = \mathbf{b}_i$ des reziproken Gitters verletzt ist.

Wichtige Beispiele

Das *einfach-kubische* Bravaisgitter, mit einer kubischen primitiven Zelle der Seitenlänge a, hat als sein Reziprokes ein einfach-kubisches Gitter mit einer kubischen primitiven Zelle der Seitenlänge a. Man erkennt dies beispielsweise anhand der Konstruktionsvorschrift (5.3), wonach für

$$\mathbf{a}_1 = a\hat{\mathbf{x}}, \quad \mathbf{a}_2 = a\hat{\mathbf{y}}, \quad \mathbf{a}_3 = a\hat{\mathbf{z}}\tag{5.10}$$

gilt

$$\mathbf{b}_1 = \frac{2\pi}{a}\hat{\mathbf{x}}, \quad \mathbf{b}_2 = \frac{2\pi}{a}\hat{\mathbf{y}}, \quad \mathbf{b}_3 = \frac{2\pi}{a}\hat{\mathbf{z}}. \tag{5.11}$$

Das *kubisch-flächenzentrierte* Bravaisgitter mit einer konventionellen kubischen Zelle der Seitenlänge a hat als sein Reziprokes ein kubisch-raumzentriertes Gitter mit einer konventionellen kubischen Zelle der Seitenlänge $\frac{4\pi}{a}$. Zum Beweis wendet man (5.3) auf die primitiven Vektoren (4.5) des fcc-Gitters an, mit dem Ergebnis

$$\mathbf{b}_1 = \frac{4\pi}{a}\frac{1}{2}(\hat{\mathbf{y}} + \hat{\mathbf{z}} - \hat{\mathbf{x}}), \quad \mathbf{b}_2 = \frac{4\pi}{a}\frac{1}{2}(\hat{\mathbf{z}} + \hat{\mathbf{x}} - \hat{\mathbf{y}}), \quad \mathbf{b}_3 = \frac{4\pi}{a}\frac{1}{2}(\hat{\mathbf{x}} + \hat{\mathbf{y}} - \hat{\mathbf{z}}). \tag{5.12}$$

Dies sind exakt die primitiven Vektoren (4.4) des bcc-Gitters, falls man die Seitenlänge der kubischen Zelle zu $\frac{4\pi}{a}$ wählt.

Das Reziproke des *kubisch-raumzentrierten* Gitters mit einer konventionellen kubischen Zelle der Seitenlänge a ist ein kubisch-flächenzentriertes Gitter mit einer konventionellen kubischen Zelle der Seitenlänge $\frac{4\pi}{a}$. Man kann dies wiederum mittels der Konstruktion (5.3) zeigen, es folgt aber auch aus dem obigen Ergebnis für das Reziproke des fcc-Gitters und dem Satz, daß das Reziproke eines reziproken Gitters mit dem ursprünglichen direkten Gitter identisch ist.

Es sei dem Leser als Übung überlassen (Aufgabe 2), zu verifizieren, daß das Reziproke des *einfach-hexagonalen* Bravaisgitters mit den Gitterkonstanten c und a (Bild 5.1a) ebenfalls ein hexagonales Gitter mit den Gitterkonstanten $2\pi/c$ und $4\pi/\sqrt{3}a$ (Bild 5.1b) ist, das gegenüber dem direkten Gitter[4] um einen Winkel von 30° um die c-Achse gedreht ist.

Volumen der primitiven Zelle des reziproken Gitters

Ist v das Volumen[5] einer primitiven Zelle des direkten Gitters, so hat die primitive Zelle des reziproken Gitters das Volumen $(2\pi)^3/v$. Der Beweis ist Gegenstand von Aufgabe 1.

Erste Brillouin-Zone

Die primitive Wigner-Seitz-Zelle (siehe Seite 93) des reziproken Gitters bezeichnet man als *erste Brillouin-Zone*. Wie der Name suggeriert, betrachtet man auch höhere

---

[4] Die hexagonal dichtest gepackte Struktur ist *kein* Bravaisgitter; deshalb benutzt man in Untersuchungen von Festkörpern mit hcp-Struktur das reziproke Gitter der einfach-hexagonalen Struktur (siehe Fußnote1).

[5] Das Volumen einer primitiven Zelle ist unabhängig von der speziellen Wahl der Zelle; dies wurde in Kapitel 4 gezeigt.

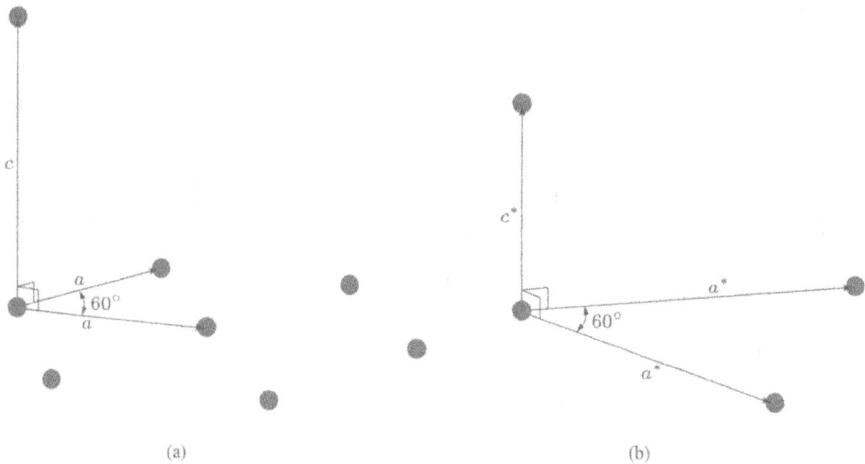

(a)   (b)

Bild 5.1: (a) Primitive Vektoren für das einfach-hexagonale Bravaisgitter. (b) Primitive Vektoren für das Reziproke des von den primitiven Vektoren in (a) erzeugten Gitters. Die Achsen c und c^* sind parallel. Das System der Achsen a^* ist gegenüber dem System der Achsen a um einen Winkel von 30° in einer zu den Achsen c und c^* senkrechten Ebene gedreht. Das reziproke Gitter ist ebenfalls einfach-hexagonal.

Brillouin-Zonen; dabei handelt es sich um primitive Zellen eines anderen Typs, die in der Theorie der elektronischen Niveaus in einem periodischen Potential auftreten. Sie werden in Kapitel 9 besprochen.

Obwohl sich die Begriffe „Wigner-Seitz-Zelle" und „erste Brillouin-Zone" auf dieselbe geometrische Konstruktion beziehen, verwendet man in der Praxis die letztere Bezeichnung ausschließlich für Zellen im k-Raum. Bezieht man sich insbesondere auf die erste Brillouin-Zone eines speziellen Bravaisgitters im direkten Raum (das zu einer bestimmten Kristallstruktur gehört), so meint man immer die Wigner-Seitz-Zelle des zugehörigen reziproken Gitters. Da das reziproke des kubisch-raumzentrierten Gitters kubisch-flächenzentriert ist, erhält man deshalb als erste Brillouin-Zone des bcc-Gitters (Bild 5.2a) die Wigner-Seitz-Zelle des fcc-Gitters (Bild 4.16). Umgekehrt ist die erste Brillouin-Zone des fcc-Gitters (Bild 5.2b) genau die bcc-Wigner-Seitz-Zelle (Bild 4.15).

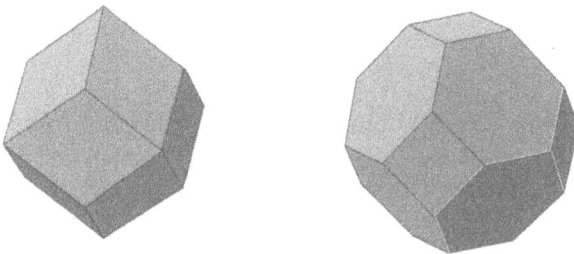

Bild 5.2: (a) Die erste Brillouin-Zone des kubisch-raumzentrierten Gitters. (b) Die erste Brillouin-Zone des kubisch-flächenzentrierten Gitters.

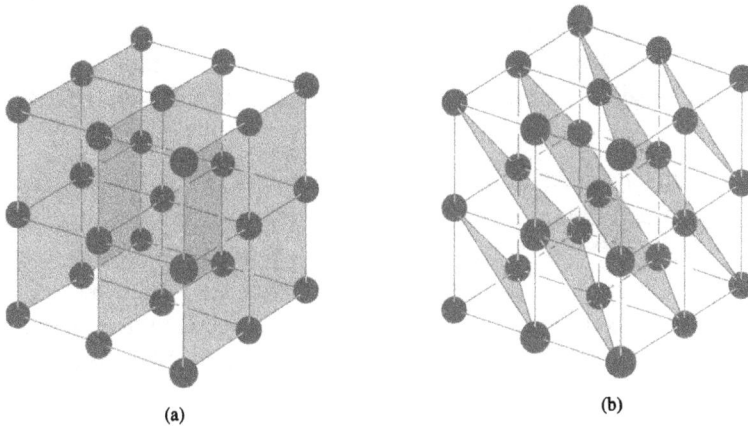

(a) (b)

Bild 5.3: Einige Gitterebenen (schattiert gezeichnet) eines einfach-kubischen Bravaisgitters. (a) und (b) zeigen zwei verschiedene Möglichkeiten, das Gitter als eine Schar von Gitterebenen darzustellen.

Gitterebenen

Zwischen den Vektoren des reziproken Gitters und Ebenen von Punkten des direkten Gitters besteht eine enge Beziehung. Diese Beziehung ist die Ursache dafür, daß das reziproke Gitter eine wesentliche Rolle in der Theorie der Beugung an Kristallen spielt. Die Anwendung des reziproken Gitters in diesem Kontext werden wir im nächsten Kapitel besprechen; hier beschreiben wir den Zusammenhang auf allgemein geometrischer Ebene.

Eine *Gitterebene* ist in einem gegebenen Bravaisgitter definiert als beliebige Ebene, die mindestens drei nicht-kollineare Gitterpunkte des Bravaisgitters enthält. Aufgrund der Translationssymmetrie des Bravaisgitters enthält jede solche Ebene sogar unendlich viele Gitterpunkte, die ein zweidimensionales Bravaisgitter in der Ebene bilden. In Bild 5.3 sind einige Gitterebenen eines einfach-kubischen Gitters dargestellt.

Als *Schar von Gitterebenen* bezeichnen wir eine Menge von parallelen Gitterebenen mit konstantem Abstand, die zusammengenommen sämtliche Punkte des dreidimensionalen Bravaisgitters enthalten. Jede Gitterebene ist Element einer solchen Gitterebenenschar. Offenbar ist die Zerlegung eines Bravaisgitters in eine Schar von Gitterebenen weit davon entfernt, eindeutig zu sein (vgl. Bild 5.3). Der Begriff des reziproken Gitters ermöglicht eine sehr einfache Kassifikation sämtlicher möglichen Gitterebenenscharen, wie es der folgende Satz beschreibt:

Zu jeder Gitterebenenschar mit Abstand d gibt es Vektoren des reziproken Gitters, die senkrecht auf den Ebenen stehen und deren kürzeste den Betrag $2\pi/d$ haben. Umgekehrt gehört zu jedem Vektor **K** des reziproken Gitters eine Schar von dazu senkrechten Gitterebenen mit Abstand d, wobei $2\pi/d$ der Betrag des kürzesten, zu **K** parallelen Vektors des reziproken Gitters ist.

Dieser Satz ist eine direkte Folgerung aus (a) der Definition (5.2) von Vektoren des reziproken Gitters als Wellenvektoren ebener Wellen, die an allen Plätzen des

Bravaisgitters den Wert Eins annehmen, sowie (b) der Tatsache, daß eine ebene Welle denselben Wert hat an allen Punkten in den Ebenen einer zum Wellenvektor senkrechten Ebenenschar, deren Abstand ein ganzzahliges Vielfaches der Wellenlänge beträgt.

Wir beweisen zunächst den ersten Teil des Satzes: Sei $\hat{n}$ ein Einheitsvektor, der senkrecht steht auf den Ebenen einer gegebenen Gitterebenenschar. Aus der Tatsache, daß die ebene Welle $e^{i\mathbf{K}\cdot\mathbf{r}}$ in Ebenen senkrecht zu $\mathbf{K}$ konstant ist und in Ebenen, die im Abstand $\lambda = 2\pi/K = d$ liegen, denselben Wert hat, folgt, daß $\mathbf{K} = 2\pi\hat{n}/d$ ein Vektor des reziproken Gitters ist. Da eine der Gitterebenen den Punkt $\mathbf{r} = 0$ des Bravaisgitters enthält, muß $e^{i\mathbf{K}\cdot\mathbf{r}}$ für jeden Punkt in jeder der Ebenen gleich Eins sein. Da die Ebenenschar sämtliche Punkte des Bravaisgitters enthält, gilt $e^{i\mathbf{K}\cdot\mathbf{r}} = 1$ für alle $\mathbf{R}$, so daß $\mathbf{K}$ tatsächlich ein Vektor des reziproken Gitters ist. Darüberhinaus ist $\mathbf{K}$ der kürzeste, auf den Ebenen der Schar senkrechte Vektor des reziproken Gitters, da jeder Vektor kürzer als $\mathbf{K}$ eine ebene Welle mit einer Wellenlänge größer als $2\pi/K = d$ ergibt. Eine solche Welle kann nicht denselben Wert auf allen Ebenen der Schar haben und deshalb auch nicht an sämtlichen Punkten des Bravaisgitters gleich Eins sein.

Zum Beweis der Umkehrung des Satzes sei ein Vektor des reziproken Gitters gegeben, und sei weiterhin $\mathbf{K}$ der kürzeste dazu parallele Vektor des reziproken Gitters. Betrachten wir die Menge von Ebenen im Ortsraum, auf denen die ebene Welle $e^{i\mathbf{K}\cdot\mathbf{r}}$ den Wert Eins hat. Diese Ebenen (eine unter ihnen enthält den Punkt $\mathbf{r} = 0$) sind senkrecht zu $\mathbf{K}$ und liegen im Abstand $d = 2\pi/K$. Da alle Vektoren $\mathbf{R}$ des Bravaisgitters die Bedingung $e^{i\mathbf{K}\cdot\mathbf{R}} = 1$ für jeden Vektor $\mathbf{K}$ des reziproken Gitters erfüllen, müssen sie sämtlich in diesen Ebenen liegen: Die Gitterebenenschar enthält eine weitere Gitterebenenschar. Ebenfalls ist der Abstand zwischen den Ebenen d (und *nicht* ein ganzzahliges Vielfaches von d), denn enthielte nur jede n-te Ebene der Schar Punkte des Bravaisgitters, so wäre nach dem ersten Teil des Satzes der Vektor senkrecht zu den Ebenen mit dem Betrag $2\pi/d$ – also der Vektor $\mathbf{K}/n$ – ein Vektor des reziproken Gitters. Dies wäre ein Widerspruch zu unserer anfänglichen Annahme, daß kein zu $\mathbf{K}$ paralleler Vektor des reziproken Gitters kürzer ist als $\mathbf{K}$.

Millersche Indizes von Gitterebenen

Die Korrespondenz zwischen Vektoren des reziproken Gitters und Scharen von Gitterebene ist die Grundlage einer einfachen und praktischen Art, die Orientierung einer Gitterebene im Raum anzugeben. Ganz allgemein beschreibt man die Orientierung einer Ebene im Raum durch Angabe eines zur Ebene senkrechten Vektors. Wir wissen, daß zu jeder Gitterebenenschar Vektoren des reziproken Gitters existieren, die senkrecht auf den Ebenen der Schar stehen. Deshalb ist es naheliegend, einen Vektor des reziproken Gitters als Flächennormale auszuwählen. Um diese Wahl eindeutig zu machen, verwendet man den kürzesten dieser Vektoren. Die *Millerschen Indizes* der Gitterebene bestimmt man dann wie folgt:

Die Millerschen Indizes einer Gitterebene sind die Komponenten des kürzesten, auf der Ebene senkrecht stehenden Vektors des reziproken Gitters, bezogen auf ein gegebenes System primitiver Vektoren des reziproken Gitters. Die Ebene mit den Millerschen Indizes h, k, l ist somit senkrecht zum Vektor $h\mathbf{b_1} + k\mathbf{b_2} + l\mathbf{b_3}$ des reziproken Gitters.

Nach dieser Definition sind die Millerschen Indizes ganze Zahlen, da jeder Vektor des reziproken Gitters dargestellt wird als Linearkombination von drei primitiven Vektoren mit ganzzahligen Koeffizienten. Da die Flächennormale durch den kürzesten, auf der Fläche senkrecht stehenden Vektor des reziproken Gitters gegeben ist, können die ganzen Zahlen h, k, l keinen gemeinsamen Teiler haben. Beachten Sie, daß die Millerschen Indizes von der speziellen Wahl der primitiven Vektoren abhängig sind.

Das reziproke Gitter eines einfach-kubischen Bravaisgitters ist ebenfalls einfach-kubisch, so daß die Millerschen Indizes die Komponenten eines Vektors senkrecht zu der zu bezeichnenden Ebene im offensichtlichen kubischen Koordinatensystem sind. In der Regel beschreibt man die kubisch-raumzentrierten und die kubisch-flächenzentrierten Bravaisgitter mittels einer konventionellen kubischen Zelle, d.h. als einfach-kubische Gitter mit Basen. Da jede Gitterebene eines fcc- oder bcc-Gitters ebenfalls Gitterebene des zugrundeliegenden einfach-kubischen Gitters ist, kann man dieselbe elementare kubische Indizierung zur Kennzeichnung von Gitterebenen auch in diesen Gittern verwenden. In der Praxis muß man sich lediglich bei der Beschreibung nicht-kubischer Kristalle daran erinnern, daß die Millerschen Indizes die Komponenten einer Flächennormalen in einem Achsensystem sind, das im reziproken Gitter – und nicht im direkten Gitter – gegeben ist.

Es gibt im direkten Gitter eine geometrische Interpretation der Millerschen Indizes einer Ebene; diese Betrachtungsweise findet man manchmal als eine weitere Art, die Indizes zu definieren. Da eine Gitterebene mit den Millerschen Indizes h, k, l senkrecht ist zum Vektor $\mathbf{K} = h\mathbf{b_1} + k\mathbf{b_2} + l\mathbf{b_3}$ des reziproken Gitters, so liegt sie – für eine geeignete Wahl der Konstanten A – auch in der unendlich ausgedehnten Ebene $\mathbf{K} \cdot \mathbf{r} = A$. Diese Ebene schneidet die durch die primitiven Vektoren $\mathbf{a}_i$ des direkten Gitters festgelegten Koordinatenachsen an den Stellen $x_1\mathbf{a_1}$, $x_2\mathbf{a_2}$ und $x_3\mathbf{a_3}$ (Bild 5.4), wobei die x_i festgelegt sind durch die Bedingung, daß die $x_i\mathbf{a}_i$ die Ebenengleichung erfüllen: $\mathbf{K} \cdot (x_i\mathbf{a}_i) = A$. Aus $\mathbf{K} \cdot \mathbf{a_1} = 2\pi h$, $\mathbf{K} \cdot \mathbf{a_2} = 2\pi k$ und $\mathbf{K} \cdot \mathbf{a_3} = 2\pi l$ folgt

$$x_1 = \frac{A}{2\pi h}, \quad x_2 = \frac{A}{2\pi k}, \quad x_3 = \frac{A}{2\pi l}. \tag{5.13}$$

Somit sind die Schnittpunkte einer Gitterebene mit den Kristallachsen umgekehrt proportional zu den Millerschen Indizes der Ebene.

Die Kristallographen pflegen den Karren vor das Pferd zu spannen, indem sie die Millerschen Indizes *definieren* als Satz teilerfremder ganzer Zahlen, die umgekehrt

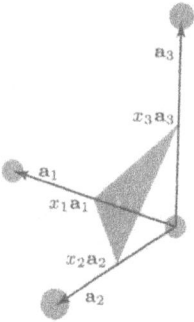

Bild 5.4: Eine Darstellung der kristallographischen Definition der Millerschen Indizes einer Gitterebene. Die schattiert gezeichnete Ebene kann Teil der unendlich ausgedehnten Ebene sein, in welcher die Punkte der Gitterebene liegen, oder aber Teil jeder zur Gitterebene parallelen Ebene. Die Millerschen Indizes sind umgekehrt proportional zu den x_i.

proportional sind zu den Achsenabschnitten der Kristallebene mit den Kristallachsen:

$$h : k : l = \frac{1}{x_1} : \frac{1}{x_2} : \frac{1}{x_3}. \tag{5.14}$$

Einige Schreibweisen zur Angabe von Richtungen im Kristall

Gitterebenen bezeichet man üblicherweise durch Angabe ihrer Millerschen Indizes in runden Klammern: (h, k, l); so benennt man in einem kubischen System eine Ebene mit dem Normalenvektor (4,-2,1) (beziehungsweise, vom kristallographischen Standpunkt aus gesehen, eine Ebene mit den Achsenabschnitten (1,-2,4) entlang der kubischen Achsen) als (4,-2,1)-Ebene. Die Kommata kann man dabei ohne Gefahr einer Konfusion weglassen, wenn man $\bar{n}$ statt $-n$ schreibt; damit vereinfacht sich die Schreibweise zu $(4\bar{2}1)$. Eine eindeutige Interpretation dieser Symbolik ist nur dann möglich, wenn man das benutzte Achsensystem kennt. Bei der Beschreibung von Kristallen mit kubischer Symmetrie verwendet man immer das einfach-kubische Achsensystem. Bild 5.5 zeigt einige Beispiele von Ebenen in kubischen Kristallen.

Mittels einer ähnlichen Schreibweise bezeichnet man Richtungen im direkten Gitter, verwendet aber eckige anstelle von runden Klammern, um Verwechslungen mit den Millerschen Indizes (sie geben Richtungen im reziproken Gitter an) auszuschließen. Beispielsweise liegt die Raumdiagonale eines einfach-kubischen Gitters in der Richtung [111], und allgemein der Gitterpunkt $n_1 a_1 + n_2 a_2 + n_3 a_3$ in der Richtung $[n_1 n_2 n_3]$, vom Ursprung aus gesehen. Man verwendet weiterhin eine besondere Notation, um eine Schar von Gitterebenen zusammen mit allen weiteren Scharen zu bezeichnen, die zu ihr aufgrund der Kristallsymmetrie äquivalent sind.

So sind die Ebenen (100), (010) und (001) in einem kubischen Kristall äquivalent; man benennt sie gemeinsam als {100}-Ebenen. Allgemein schreibt man $\{hkl\}$, um die (hkl)-Ebenen und alle weiteren zu bezeichnen, die aufgrund der Symmetrie des Kristalls äquivalent zu ihnen sind. Entsprechend faßt man die Richtungen [100], [010], [001], [$\bar{1}$00], [0$\bar{1}$0] und [00$\bar{1}$] in einem kubischen Kristall als $\langle 100 \rangle$ zusammen.

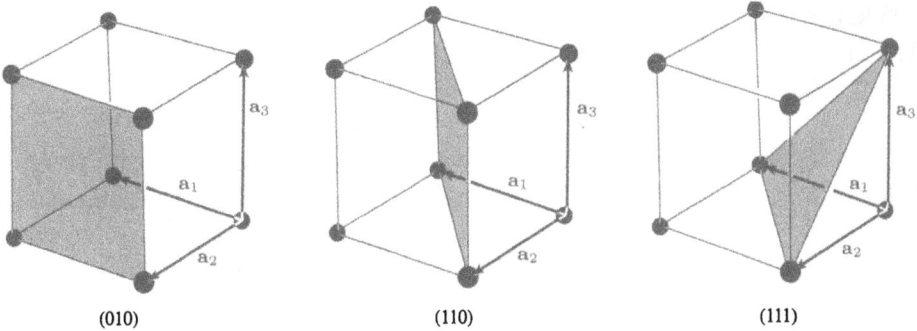

(010)   (110)   (111)

Bild 5.5: Drei Gitterebenen in einem einfach-kubischen Bravaisgitter und ihre Millerschen Indizes.

Damit beschließen wir unsere allgemein gehaltene Betrachtung des reziproken Gitters. Die Theorie der Beugung von Röntgenstrahlen an einem Kristall, ein wichtiges Beispiel für die Nützlichkeit und die analytische Kraft dieses Konzeptes, lernen wir in Kapitel 6 kennen.

Aufgaben

5.1   (a) Zeigen Sie, daß die in (5.3) definierten primitiven Vektoren des reziproken Gitters der Beziehung

$$\mathbf{b_1} \cdot (\mathbf{b_2} \times \mathbf{b_3}) = \frac{(2\pi)^3}{\mathbf{a_1} \cdot (\mathbf{a_2} \times \mathbf{a_3})} \tag{5.15}$$

genügen. (Hinweis: Schreiben Sie $\mathbf{b_1}$ – nicht $\mathbf{b_2}$ oder $\mathbf{b_3}$ – als Funktion der $\mathbf{a}_i$ und machen Sie Gebrauch von den Orthogonalitätsrelationen (5.4).)

(b) Nehmen Sie an, daß primitive Vektoren aus den $\mathbf{b}_i$ auf dieselbe Art (Gleichung (5.3)) konstruiert seien, wie die $\mathbf{b}_i$ aus den $\mathbf{a}_i$. Zeigen Sie, daß diese Vektoren mit den $\mathbf{a}_i$ identisch sind, daß also gilt

$$2\pi \frac{\mathbf{b_2} \times \mathbf{b_3}}{\mathbf{b_1} \cdot (\mathbf{b_2} \times \mathbf{b_3})} = \mathbf{a_1}, \quad \text{etc.} \tag{5.16}$$

(Hinweis: Schreiben Sie im Zähler $\mathbf{b_3}$ (nicht $\mathbf{b_2}$) in Abhängigkeit von den $\mathbf{a}_i$, verwenden Sie die Vektoridentität $\mathbf{A} \times (\mathbf{B} \times \mathbf{C}) = \mathbf{B}(\mathbf{A} \cdot \mathbf{C}) - \mathbf{C}(\mathbf{A} \cdot \mathbf{B})$ sowie die Orthogonalitätsrelationen (5.4) und das Ergebnis (5.15) aus (a).)

(c) Zeigen Sie, daß

$$v = |\mathbf{a_1} \cdot (\mathbf{a_2} \times \mathbf{a_3})| \tag{5.17}$$

das Volumen einer primitiven Zelle eines Bravaisgitters ist. Die a_i sind drei primitive Vektoren. (Mit (5.15) folgt das Volumen einer primitiven Zelle des reziproken Gitters zu $(2\pi)^3/v$.)

5.2 (a) Zeigen Sie, daß das Reziproke des einfach-hexagonalen Bravaisgitters ebenfalls ein einfach-hexagonales Gitter mit den Gitterkonstanten $2\pi/c$ und $4\pi/\sqrt{3}a$ ist, das relativ zum direkten Gitter um einen Winkel von 30° um die c-Achse gedreht ist. Verwenden Sie die primitiven Vektoren nach (4.9) sowie die Konstruktion (5.3) (oder auch eine beliebige andere Methode).

(b) Für welchen Wert von c/a ist dieses Verhältnis für direkte und reziproke Gitter gleich?

(c) Als trigonales Bravaisgitter (vgl. Kapitel 7) bezeichnet man ein Gitter, das durch drei primitive Vektoren vom gleichen Betrag a aufgespannt wird, die miteinander jeweils den Winkel θ einschließen. Zeigen Sie, daß das reziproke eines trigonalen Bravaisgitters ebenfalls trigonal ist, wobei der Winkel θ^* gegeben ist durch $-\cos\theta^* = \cos\theta/[1 + \cos\theta]$ sowie der Betrag a^*eines primitiven Vektors durch $a^* = (2\pi/a)(1 + 2\cos\theta\cos\theta^*)^{-1/2}$.

5.3 (a) Zeigen Sie, daß die Dichte der Gitterpunkte (pro Einheitsfläche) in einer Gitterebene gegeben ist durch d/v, wobei v das Volumen der primitiven Zelle bezeichnet und d den Abstand benachbarter Ebenen in der Ebenenschar, zu der die betrachtete Ebene gehört.

(b) Zeigen Sie, daß die Gitterebenen mit der höchsten Dichte von Punkten in einem kubisch-flächenzentrierten Bravaisgitter die Ebenen {111}, in einem kubisch-raumzentrierten Bravaisgitter die Ebenen {110} sind. (Hinweis: Am einfachsten nutzt man die Beziehung, die zwischen Gitterebenenscharen und Vektoren des reziproken Gitters besteht.)

5.4 Zeigen Sie, daß jeder Vektor $\mathbf{K}$ des reziproken Gitters ein ganzzahliges Vielfaches des kürzesten, dazu parallelen Vektors $\mathbf{K}_0$ des reziproken Gitters ist.
(Hinweis: Nehmen Sie das Gegenteil an und leiten Sie dann ab, daß infolge der Tatsache, daß das reziproke Gitter ein Bravaisgitter ist, ein Vektor des reziproken Gitters parallel zu $\mathbf{K}$ und kürzer als $\mathbf{K}_0$ existiert.)

6 Bestimmung von Kristallstrukturen mittels Röntgenbeugung

Die Ansätze von Bragg und Laue

Laue-Bedingung und Ewald-Konstruktion

Experimentelle Methoden: Laue-Verfahren, Drehkristallmethode, Pulververfahren

Geometrischer Strukturfaktor

Atomformfaktor

In einem Festkörper sind die zwischenatomaren Entfernungen typischerweise von der Größenordnung 1 Å (10^{-8}). Elektromagnetische Strahlung als „Sonde" zur Auflösung der mikroskopischen Struktur eines Festkörpers muß deshalb eine Wellenlänge haben, die mindestens so klein ist, wie die aufzulösenden Abstände, entsprechend einer Energie der Größenordnung

$$\hbar\omega = \frac{hc}{\lambda} = \frac{hc}{10^{-8}\,\text{cm}} \approx 12,3 \cdot 10^3\,\text{eV}. \tag{6.1}$$

Solche Energien, von der Größenordnung einiger Tausend Elektronenvolt (Kiloelektronenvolt oder keV), sind charakteristisch für Röntgenstrahlung.

In diesem Kapitel beschreiben wird, auf welche Weise man aus der Verteilung von Röntgenstrahlung, die von einer starren,[1] periodischen[2] Anordnung von Atomrümpfen gestreut wird, auf die Positionen der Atomrümpfe in dieser Struktur schließen kann. Man kennt zwei äquivalente Ansätze – nach Bragg und nach von Laue – zur Deutung der Streuung von Röntgenstrahlung an einer perfekt periodische Struktur; beide sind noch immer weit verbreitet. Von Laue arbeitet in seinem Ansatz mit dem reziproken Gitter und ist damit den Methoden der modernen Festkörperphysik näher als die Braggs, deren Methode aber noch immer häufig von Röntgen-Kristallographen angewandt wird. Im folgenden werden wir beide Ansätze beschreiben und einen Beweis ihrer Äquivalenz geben.

Braggsche Theorie der Beugung von Röntgenstrahlung an einem Kristall

W. H. und W. L. Bragg erkannten im Jahre 1913, daß Stoffe, deren makroskopisches Erscheinungsbild kristallin war, bemerkenswert charakteristische Intensitätsmuster in der von ihnen reflektierten Röntgenstrahlung zeigten – ganz im Gegensatz zu Flüssigkeiten. Bei kristallinen Stoffen beobachteten sie intensive Maxima der gestreuten Strahlung (heute Bragg-Maxima genannt) für genau festgelegte Wellenlängen der Röntgenstrahlung und bei ebenso scharf definierten Einfallswinkeln.

---

[1] Eigentlich schwingen die Atomrümpfe um ihre idealen Gleichgewichtspositionen (siehe die Kapitel 21 bis 26). Diese Tatsache hat keinerlei Auswirkungen auf die Ergebnisse und Schlüsse dieses Kapitels – obwohl es in den frühen Tagen der Röntgenbeugung durchaus unklar war, ob diese Schwingungsbewegung das für eine periodische Struktur charakteristische Beugungsmuster verwischen würde. Wie sich herausstellte, hat die Schwingungsbewegung der Atomrümpfe im wesentlichen zwei Konsequenzen (siehe Anhang N): (a) Die Intensität der charakteristischen Beugungsmaxima, welche die Struktur des Kristalls enthüllen, wird vermindert, verschwindet aber nicht vollständig. (b) Eine sehr viel schwächerere, kontinuierliche Hintergrundstrahlung (der „Diffuse Hintergrund") wird erzeugt.
[2] Da die Dichten amorpher Festkörper oder Flüssigkeiten mit den Dichten kristalliner Festkörper vergleichbar sind, kann man sie ebenfalls mittels der Röntgenbeugung untersuchen. Man beobachtet hier aber nicht die scharf abgegrenzten Beugungsmaxima, die für Kristalle charakteristisch sind.

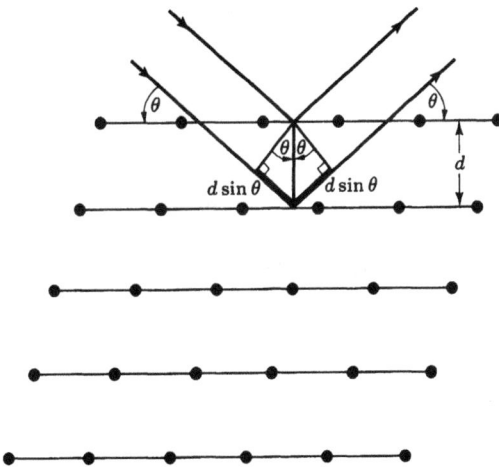

Bild 6.1: Bragg-Reflexion von einer bestimmten Gitterebenenschar, deren Ebenenabstand d beträgt. Einfallende und reflektierte Strahlen sind für zwei benachbarte Ebenen eingezeichnet; der Wegunterschied der Strahlen beträgt $2d \sin \theta$.

Zur Erklärung nahm W. L. Bragg an, daß die Ionen des Kristalls in parallelen Ebenen angeordnet sind, deren Abstand d beträgt (also den in Kapitel 5 beschriebenen Gitterebenen). Unter folgenden Bedingungen erwartete Bragg eine maximale Intensität der gestreuten Strahlung: (1) Die Röntgenstrahlung wird von jedem Atomrumpf der Ebenen spiegelnd[3] reflektiert. (2) Die von benachbarten Ebenen reflektierten Strahlen interferieren konstruktiv. Bild 6.1 zeigt zwei Strahlen, die von benachbarten Ebenen spiegelnd reflektiert werden. Für einen Einfallswinkel[4] θ ist der Wegunterschied zwischen den beiden Strahlen $2d \sin \theta$. Als Bedingung für konstruktive Interferenz der Strahlen muß dieser Wegunterschied ein ganzzahliges Vielfaches der Wellenlänge betragen, so daß sich die berühmte Bragg-Bedingung ergibt:

$$n\lambda = 2d \sin \theta. \tag{6.2}$$

Die ganze Zahl n bezeichnet man als Ordnung der betreffenden Reflexion. Umfaßt das einfallende Röntgenlicht einen breiten Bereich von Wellenlängen (polychromatische oder „weiße" Röntgenstrahlung), so beobachtet man viele verschiedene Reflexe. Darunter können nicht nur Reflexe höherer Ordnung von einer bestimmten Gitterebenenschar sein – man muß auch berücksichtigen, daß es viele verschiedene Arten gibt, einen Kristall in eine Schar von Gitterebenen zu zerlegen, deren jede ihre eigenen Reflexe erzeugt (siehe beispielsweise die Bilder 5.3 und 6.3).

---

[3] Bei „spiegelnder" Reflexion sind Einfallswinkel und Reflexionswinkel gleich.

[4] In der Röntgenkristallographie mißt man den Einfallswinkel üblicherweise zur reflektierenden Ebene, nicht zum Einfallslot (wie in der klassischen Optik). Beachten Sie, daß der Winkel θ die Hälfte der gesamten Ablenkung des einfallenden Strahls aus seiner ursprünglichen Richtung ist (siehe Bild 6.2).

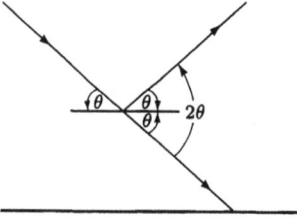

Bild 6.2: Der Bragg-Winkel θ beträgt die Hälfte der gesamten Auslenkung des einfallenden Strahls aus seiner ursprünglichen Richtung.

Lauesche Theorie der Beugung von Röntgenstrahlung an einem Kristall

Max von Laues Ansatz unterscheidet sich vom Braggschen einerseits dadurch, daß keine spezielle Wahl einer Zerlegung des Kristalls in eine Schar von Gitterebenen zu treffen ist. Andererseits wird die „ad hoc"-Annahme spiegelnder[5] Reflexion nicht benötigt. Stattdessen betrachtet man den Kristall als aufgebaut aus identischen mikroskopischen Objekten (Gruppen von Atomen oder Molekülen), die an den Plätzen **R** eines Bravaisgitters sitzen und die einfallende Röntgenstrahlung in alle Richtungen streuen.

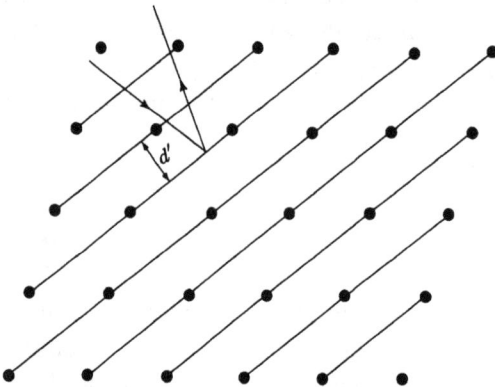

Bild 6.3: Der hier gezeigte Ausschnitt des Bravaisgitters ist mit jenem in Bild 6.1 identisch, es ist jedoch eine andere Zerlegung in Gitterebenen eingezeichnet. Der einfallende Röntgenstrahl ist ebenfalls mit dem Strahl in Bild 6.1 identisch, aber sowohl Richtung (wie im Bild gezeichnet) als auch Wellenlänge (die man aus der Bragg-Bedingung (6.2) mit d' anstelle von d bestimmt) des reflektierten Strahls sind verschieden von den entsprechenden Größen des reflektierten Strahls in Bild 6.1.

Scharf definierte Reflexe erwartet man nur in Richtungen und bei Wellenlängen, für welche die reflektierten Strahlen von sämtlichen Gitterpunkten konstruktiv interferieren.

Zur Ableitung der Bedingung für konstruktive Interferenz betrachten wir zunächst lediglich zwei Streuzentren, die um den Verschiebungsvektor **d** getrennt liegen (Bild 6.4). Ein Röntgenstrahl falle aus sehr großer Entfernung ein, in der Richtung n̂, mit der

---

[5] Die Braggsche Annahme spiegelnder Reflexion ist jedoch äquivalent zu der Annahme, daß die von verschiedenen Atomrümpfen ein und derselben Gitterebene reflektierten Strahlen konstruktiv interferieren. Deshalb gründen sowohl der Lauesche als auch der Braggsche Ansatz auf identischen physikalischen Annahmen und man kann erwarten, daß sie exakt gleichwertig sind (wie wir im folgenden Abschnitt zeigen werden).

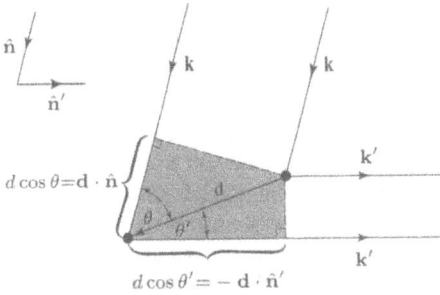

Bild 6.4: Veranschaulichung der Tatsache, daß der Wegunterschied zwischen zwei Strahlen, die von den beiden im Abstand d liegenden Punkten gestreut werden, durch (6.3) oder (6.4) gegeben ist.

Wellenlänge λ und dem Wellenvektor $\mathbf{k} = 2\pi\hat{\mathbf{n}}/\lambda$. Man beobachtet einen gestreuten Strahl in Richtung $\mathbf{n}'$, mit Wellenlänge[6] λ und Wellenvektor $\mathbf{k}' = 2\pi\hat{\mathbf{n}}'/\lambda$, falls die Wegdifferenz zwischen den Strahlen, die von den beiden Atomrümpfen gestreut werden, eine ganze Anzahl von Wellenlängen beträgt. Man liest aus Bild 6.4 ab, daß diese Wegdifferenz

$$d\cos\theta + d\cos\theta' = \mathbf{d} \cdot (\hat{\mathbf{n}} - \hat{\mathbf{n}}') \tag{6.3}$$

beträgt. Damit folgt als Bedingung für konstruktive Interferenz

$$\mathbf{d} \cdot (\hat{\mathbf{n}} - \hat{\mathbf{n}}') = m\lambda, \tag{6.4}$$

mit ganzzahligem m. Multipliziert man (6.4) mit $2\pi/\lambda$, so erhält man als Beziehung zwischen dem einfallenden und dem gestreuten Wellenvektor

$$\mathbf{d} \cdot (\mathbf{k} - \mathbf{k}') = 2\pi m, \tag{6.5}$$

wiederum für ganzzahliges m.

Wir betrachten nun nicht mehr nur zwei Streuzentren, sondern eine Anordnung von Streuzentren, die auf den Plätzen eines Bravaisgitters sitzen. Da die Gitterplätze relativ zueinander jeweils um Gittervektoren $\mathbf{R}$ des Bravaisgitters verschoben liegen, ist die Forderung nach konstruktiver Interferenz sämtlicher gestreuter Strahlen gleichwertig damit, daß die Bedingung (6.5) simultan für all jene Werte von d gilt, die Vektoren des Bravaisgitters sind:

$$\mathbf{R} \cdot (\mathbf{k} - \mathbf{k}') = 2\pi m \qquad \text{für ganzzahliges } m \text{ und für alle Gittervektoren } \mathbf{R} \text{ des Bravaisgitters.} \tag{6.6}$$

---

[6] Hier (und ebenfalls im Braggschen Ansatz) gehen wir davon aus, daß die Wellenlängen von einfallender und gestreuter Strahlung übereinstimmen. Im Photonenbild bedeutet diese Annahme, daß im Streuprozeß keine Energie „verloren geht", daß also – mit anderen Worten – die Streuung elastisch ist. In guter Näherung wird ein Großteil der Strahlung *tatsächlich* elastisch gestreut, so daß unsere Annahme durchaus berechtigt ist – obwohl man sehr viel aus der Untersuchung eben jenes kleinen Teils der reflektierten Strahlung lernen kann, der inelastisch gestreut wurde (siehe Kapitel 24 und Anhang N).

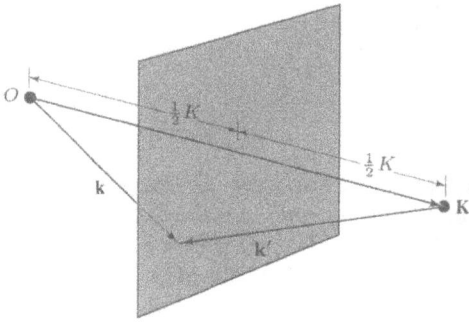

Bild 6.5: Darstellung der Laue-Bedingung. Bezeichnet man die Summe von k und −k' als **K** und sind k und k' betragsgleich, so liegt die Spitze des Vektors k gleichweit entfernt vom Ursprung O und der Spitze von **K**, und somit in der Ebene, die mittelsenkrecht auf der Verbindungslinie zwischen dem Ursprung und der Spitze von **K** steht.

Man kann dies in der äquivalenten Form

$$e^{i(\mathbf{k}'-\mathbf{k})\cdot\mathbf{R}} = 1 \quad \text{für alle Gittervektoren } \mathbf{R} \text{ des Bravaisgitters} \tag{6.7}$$

schreiben. Vergleicht man (6.7) mit der Definition (5.2) des reziproken Gitters, so kann man die Laue-Bedingung formulieren, derzufolge *als Bedingung für konstruktive Interferenz die Änderung* $\mathbf{K} = \mathbf{k}' - \mathbf{k}$ *des Wellenvektors beim Streuprozeß ein Vektor des reziproken Gitters sein muß.*

Es ist manchmal wünschenswert, eine andere Formulierung der Laue-Bedingung zur Hand zu haben, die ausschließlich den Wellenvektor k der einfallenden Strahlung verwendet. Zunächst folgt aus der Tatsache, daß es sich beim reziproken Gitter um ein Bravaisgitter handelt, daß mit $\mathbf{k}' - \mathbf{k}$ auch $\mathbf{k} - \mathbf{k}'$ ein Vektor des reziproken Gitters ist. Bezeichnen wir den letzteren Vektor mit **K**, so schreibt man die Bedingung dafür, daß die Beträge von k und k' übereinstimmen, als

$$k = |(\mathbf{k} - \mathbf{K})|. \tag{6.8}$$

Quadriert man (6.8), so erhält man die Bedingung

$$\mathbf{k} \cdot \hat{\mathbf{K}} = \frac{1}{2}K, \tag{6.9}$$

welche besagt, daß die Komponente des einfallenden Wellenvektors k in Richtung des Vektors **K** des reziproken Gitters die Hälfte der Länge von **K** betragen muß.

Deshalb genügt der Wellenvektor k der einfallenden Strahlung genau dann der Laue-Bedingung, wenn seine Spitze in einer Ebene liegt, die mittelsenkrecht auf einer Verbindungslinie zwischen dem Ursprung des k-Raums und einem Punkt **K** des reziproken Gitters steht (Bild 6.5). Solche Ebenen im k-Raum nennt man *Bragg-Ebenen.*

K = k′−k

(−k)

k′

k

θ θ

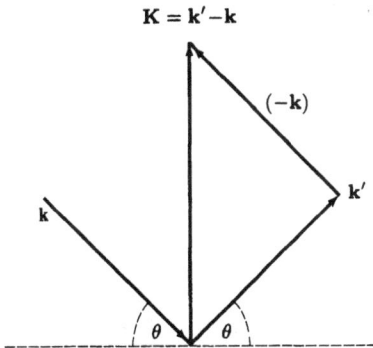

Bild 6.6: Der einfallende Wellenvektor **k**, der reflektierte Wellenvektor **k′** und ihre Differenz **K**, welche die Laue-Bedingung erfüllt, liegen in der Papierebene. Da die Streuung elastisch ist ($k = k′$), liegt **K** auf der Winkelhalbierenden zwischen **k** und **k′**. Die gestrichelte Linie ist die Schnittlinie der Ebene senkrecht zu **K** mit der Papierebene.

Als Folge der Äquivalenz der Betrachtungsweisen Braggs und von Laues, die wir im folgenden Abschnitt zeigen werden, ist die Bragg-Ebene im k-Raum, die man im von Laueschen Ansatz einem bestimmten Beugungsmaximum zuordnet, parallel zu derjenigen Gitterebenenschar im direkten Gitter, die im Braggschen Bild den Reflex verursacht.

Äquivalenz der Betrachtungsweisen Braggs und von Laues

Die Äquivalenz dieser beiden Kriterien für konstruktive Interferenz der von einem Kristall reflektierten Röntgenstrahlen folgt aus der in Kapitel 5 besprochenen Beziehung zwischen Vektoren des reziproken Gitters und Gitterebenenscharen im direkten Gitter. Nehmen wir an, daß die Wellenvektoren **k** und **k′**, der einfallenden und der gestreuten Röntgenstrahlung die Laue-Bedingung erfüllen, so daß also **K** = **k′** − **k** ein Vektor des reziproken Gitters ist. Da die Wellenlängen der einfallenden und der gestreuten Strahlung übereinstimmen,[6] sind die Beträge von **k′** und **k** gleich; daraus folgt (siehe Bild 6.6), daß **k′** und **k** den gleichen Winkel θ mit der zum Vektor **K** senkrechten Ebene einschließen. Deshalb kann man die Streuung als Bragg-Reflexion unter dem Bragg-Winkel θ an derjenigen Schar von Ebenen des direkten Gitters ansehen, die senkecht stehen zum Vektor **K** des reziproken Gitters.

Um zu erkennen, daß diese Reflexion mit der Bragg-Bedingung (6.2) vereinbar ist, beachten Sie zunächst, daß der Vektor **K** ein ganzzahliges Vielfaches[7] des kürzesten zu **K** parallelen Vektors **K**$_0$ des reziproken Gitters ist. Nach dem Satz aus dem Abschnitt „Gitterebenen" von Kapitel 5 ist der Betrag von **K**$_0$ genau $2\pi/d$, mit dem Abstand d zwischen benachbarten Ebenen der Schar senkrecht zu **K**$_0$ oder zu **K**. Deshalb gilt

$$K = \frac{2\pi n}{d}. \tag{6.10}$$

---

[7] Dies ist eine einfache Folge der Tatsache, daß das reziproke Gitter ein Bravaisgitter ist (siehe Kapitel 5, Aufgabe 4).

Andererseits liest man $K = 2k \sin \theta$ aus Bild 6.6 ab, so daß

$$k \sin \theta = \frac{\pi n}{d} \tag{6.11}$$

folgt. Mit $k = 2\pi/\lambda$ ergibt sich aus (6.11), daß die Wellenlänge der Bragg-Bedingung (6.2) genügt.

Wir haben somit gezeigt, daß *ein von Lauescher Beugungsreflex, der einer Änderung des Wellenvektors um den Vektor* $\mathbf{K}$ *des reziproken Gitters entspricht, äquivalent ist zu einer Bragg-Reflexion an einer Schar von Ebenen des direkten Gitters, die senkrecht sind zu* $\mathbf{K}$. *Die Ordnung* n *des Bragg-Reflexes ist der Quotient aus dem Betrag von* $\mathbf{K}$ *und dem Betrag des kürzesten, zu* $\mathbf{K}$ *parallelen Vektors des reziproken Gitters.*

Da das reziproke Gitter eines gegebenen Bravaisgitters sehr viel leichter zu veranschaulichen ist als die Menge aller möglichen Ebenenscharen, in die das Bravaisgitter zerlegt werden kann, ist die Arbeit mit dem von Laueschen Kriterium zur Bestimmung der Beugungsmaxima sehr viel einfacher als mit dem Braggschen Kriterium. Im verbleibenden Teil dieses Kapitels befassen wir uns mit der Anwendung des Laue-Kriteriums bei der Beschreibung von drei der wichtigsten Verfahren zur röntgenkristallographischen Untersuchung von Materialproben; ebenfalls werden wir erläutern, wie man mittels dieser Methoden Rückschlüsse nicht nur auf das zugrundeliegende Bravaisgitter, sondern auch auf die Anordnung der Atomrümpfe in der primitiven Zelle ziehen kann.

Geometrien experimenteller Anordnungen, die der Lauesche Ansatz nahelegt

Eine einfallende Welle mit dem Wellenvektor k erzeugt genau dann einen Beugungsreflex (oder Bragg-Reflex), wenn die Spitze dieses Wellenvektors auf einer Bragg-Ebene im k-Raum liegt. Insofern die Menge aller Bragg-Ebenen diskret ist, können die Ebenen der Menge niemals den dreidimensionalen k-Raum vollständig ausfüllen, so daß die Spitze von k im allgemeinen *nicht* auf einer Bragg-Ebene liegt. Deshalb kann man für beliebig vorgegebenen, festen Wellenvektor der einfallenden Welle – also für eine fixierte Wellenlänge der Röntgenstrahlung sowie eine fixierte Einfallsrichtung relativ zu den Kristallachsen – im allgemeinen *nicht* erwarten, Reflexe zu beobachten.

Möchte man experimentell Bragg-Reflexe finden, so muß man daher die Beschränkung auf einen festen Wellenvektor k abschwächen und entweder den Betrag von k (also die Wellenlänge der einfallenden Röntgenstrahlung) oder aber seine Richtung (in der Praxis: die Orientierung des Kristalls relativ zur Einfallsrichtung der Strahlung) ändern.

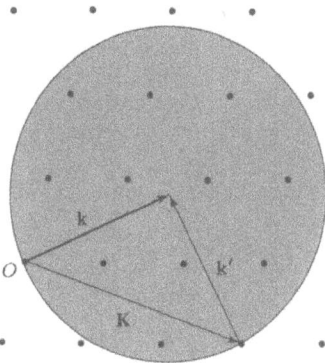

Bild 6.7: Die Ewald-Konstruktion. Für einen gegebenen Wellenvektor k der einfallenden Strahlung zeichnet man eine Kugel mit Radius k um den durch k bestimmten Punkt. Man beobachtet zu Vektoren **K** des reziproken Gitters nur dann Beugungsmaxima, wenn die durch sie bestimmten Punkte des reziproken Gitters auf der Oberfläche der Kugel liegen. Im Bild ist ein solcher Vektor des reziproken Gitters sowie der Wellenvektor k' des Bragg-reflektierten Strahls eingezeichnet.

Die Ewald-Konstruktion

Eine einfache, auf Ewald zurückgehende geometrische Konstruktion ist von großem Nutzen bei der Veranschaulichung dieser verschiedenen experimentellen Methoden sowie bei der Herleitung der Kristallstruktur aus den beobachteten Reflexen. Wir zeichnen dazu im k-Raum eine Kugel mit Radius k, deren Mittelpunkt die Spitze des Wellenvektors k der einfallenden Strahlung ist, so daß der Ursprung auf der Kugeloberfläche liegt. Offensichtlich (siehe Bild 6.7) *existiert genau dann ein* Wellenvektor k', der die Laue-Bedingung erfüllt, wenn es einen Punkt des reziproken Gitters gibt, der (außer dem Ursprung selbst) auf der Oberfläche der Kugel liegt. In diesem Fall beobachtet man einen Bragg-Reflex von derjenigen Ebenenschar des direkten Gitters, die senkrecht zum entsprechenden Vektor des reziproken Gitters ist.

Wählt man eine Kugel im k-Raum, auf deren Oberfläche der Ursprung liegt, so kann man im allgemeinen nicht erwarten, daß noch weitere Punkte des reziproken Gitters auf der Oberfläche liegen. Die Ewald-Konstruktion bestätigt deshalb die Beobachtung, daß man für beliebig gewählten Wellenvektor der einfallenden Strahlung im allgemeinen *keine* Bragg-Reflexe beobachtet. Durch verschiedene experimentelle Techniken kann man jedoch erreichen, daß zumindest einige Bragg-Reflexe erzeugt werden:

1. Das Laue-Verfahren

Man kann weiterhin mit einem feststehenden Einkristall arbeiten, der aus einer festgelegten Richtung $\hat{n}$ bestrahlt wird, zur Erzeugung von Bragg-Reflexen aber Röntgenstrahlung verwenden, die nicht monochromatisch ist, sondern Wellenlängen in einem Bereich zwischen λ_1 und λ_0 enthält. Die Ewald-Kugel erweitert sich dann zum Bereich des k-Raumes, der zwischen den beiden, durch $k_0 = 2\pi\hat{n}/\lambda_0$ und $k_1 = 2\pi\hat{n}/\lambda_1$ bestimmten Kugeln eingeschlossen ist, so daß man Bragg-Reflexe zu allen Vektoren des reziproken Gitters beobachtet, deren Spitzen in diesem Bereich liegen (Bild 6.8). Wählt man den Wellenlängenbereich

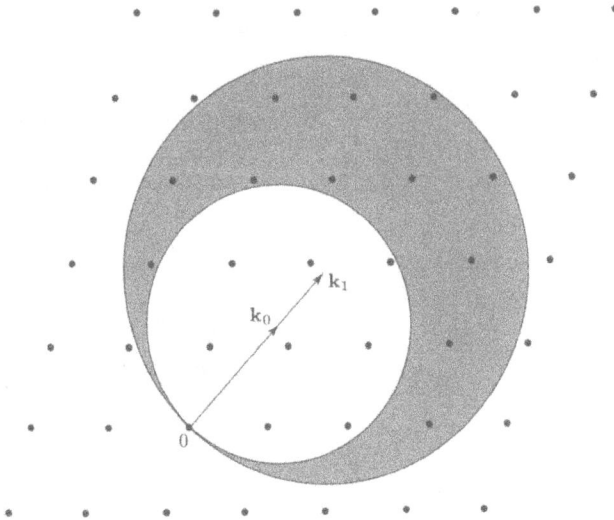

Bild 6.8: Ewald-Konstruktion für das Laue-Verfahren. Der Kristall ist fixiert, die Einfallsrichtung fest, die Wellenlänge der Röntgenstrahlung erstreckt sich kontinuierlich über einen Bereich, der Beträgen des Wellenvektors zwischen k_0 und k_1 entspricht. Die Ewald-Kugeln aller Wellenvektoren der einfallenden Strahlung füllen den schattiert gezeichneten Bereich aus, der von den beiden Kugeln eingeschlossen wird, deren Mittelpunkte in den Spitzen von k_0 beziehungsweise k_1 liegen. Man beobachtet Bragg-Reflexe zu allen Punkten des reziproken Gitters, die in der schattierten Region liegen. (Zur Vereinfachung der Darstellung wurde die Einfallsrichtung so gewählt, daß sie in einer Gitterebene liegt, und es sind ausschließlich Punkte des reziproken Gitters eingezeichnet, die in dieser Ebene liegen.

hinreichend groß, so kann man sicher sein, daß einige Punkte des reziproken Gitters im Bereich zwischen den Kugeln liegen. Andererseits sollte der Wellenlängenbereich auch nicht zu groß sein, um die Anzahl von Bragg-Reflexen zu begrenzen und das Beugungsbild einfach zu halten.

Am besten eignet sich das Laue-Verfahren wohl zur Bestimmung der Orientierung einer einkristallinen Probe, deren Struktur bereits bekannt ist: liegt die Einfallsrichtung beispielsweise in einer Symmetrieachse des Kristalls, so zeigt das von den Bragg-reflektierten Strahlen erzeugte Punktmuster die gleiche Symmetrie. Da sich die Untersuchungen der Festkörperphysik in vielen Fällen mit Stoffen befassen, deren Kristallstruktur man bereits kennt, so kann man dem Laue-Verfahren wohl die größte praktische Bedeutung beimessen.

2. Die Drehkristallmethode

Dieses Verfahren arbeitet mit monochromatischer Röntgenstrahlung, variiert aber den Einfallswinkel. In der Praxis hält man die Richtung des Röntgenstrahls fest und verändert stattdessen die Orientierung des Kristalls relativ dazu. Bei der Durchführung des Drehkristallverfahrens dreht man den Kristall um eine feste Drehachse und registriert alle Bragg-Reflexe, die während der Drehung auftreten, auf einem photographischen Film. Das reziproke Gitter des Kristalls dreht sich um

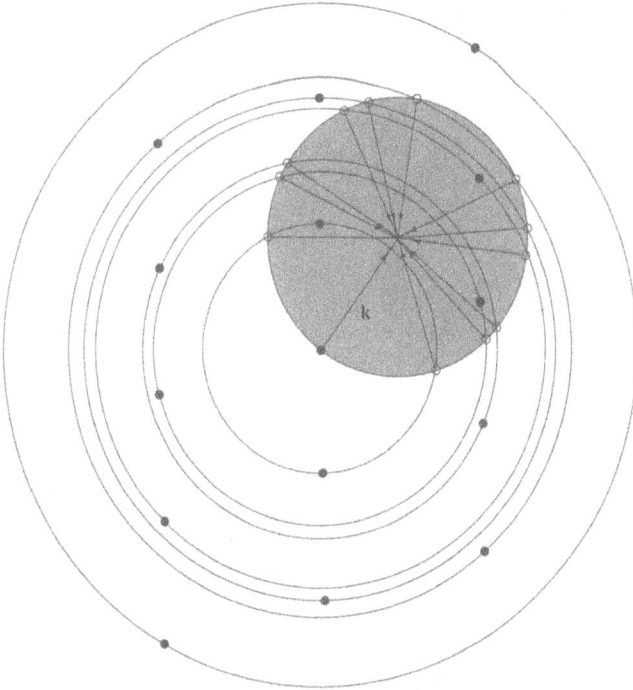

Bild 6.9: Die Ewald-Konstruktion für die Drehkristallmethode. Der Einfachheit halber ist der Wellenvektor der einfallenden Strahlung so gewählt, daß er in einer Gitterebene liegt; die Drehachse steht senkrecht auf dieser Ebene. Die konzentrischen Kreise sind die Bahnen, welche die Spitzen derjenigen Vektoren des reziproken Gitters bei der Drehung durchlaufen, die in der Ebene senkrecht zur den Vektor **k** enthaltenden Achse liegen. Jeder Schnittpunkt einer solchen Bahnkurve mit der Ewald-Kugel bestimmt den Wellenvektor eines Bragg-reflektierten Strahls. (Wellenvektoren weiterer Bragg-reflektierter Strahlen zu Vektoren des reziproken Gitters, die in anderen Ebenen liegen, sind in der Zeichnung nicht berücksichtigt).

dieselbe Achse und um den gleichen Betrag wie das reale Gitter. Deshalb ist die Ewald-Kugel (die bestimmt ist durch den festen Wellenvektor **k** der einfallenden Strahlung) im k-Raum fixiert, während sich das gesamte reziproke Gitter um die Drehachse des Kristalls dreht. Während dieser Drehung durchläuft jeder Punkt des reziproken Gitters eine Kreisbahn um die Drehachse und ein Bragg-Reflex entsteht immer dann, wenn eine dieser Kreisbahnen die Ewald-Kugel schneidet; Bild 6.9 veranschaulicht dies für eine besonders einfache Geometrie.

3. Das Pulververfahren nach Debye-Scherrer

Dieses Verfahren ist äquivalent zu einem Drehkristallexperiment, bei dem zusätzlich die Drehachse durch sämtliche möglichen Orientierungen verändert wird. Praktisch erreicht man diese isotrope Mittelung über sämtliche Einfallsrichtungen durch die Verwendung einer polykristallinen Probe oder eines Pulvers, deren Kristallite im atomaren Maßstab noch immer sehr groß sind, groß genug, um Röntgenbeugungsmuster zu erzeugen.

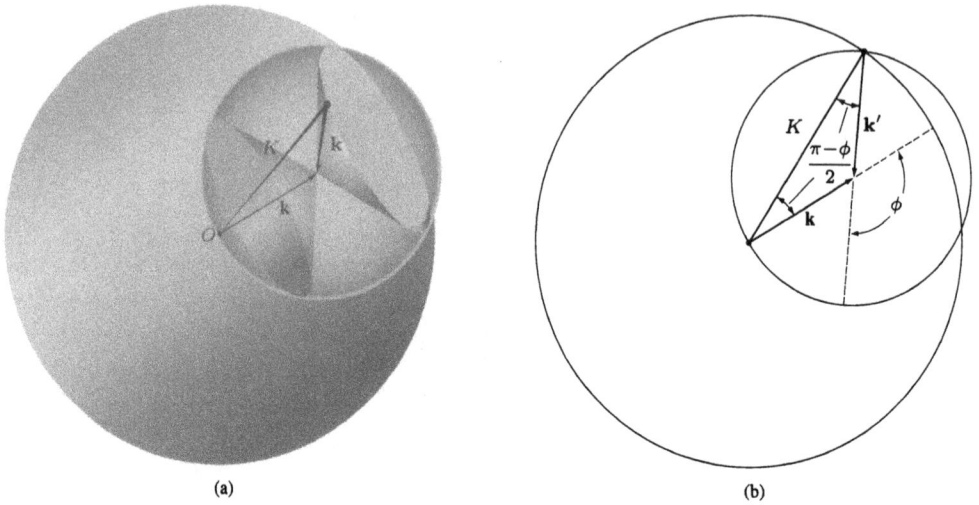

(a)

(b)

Bild 6.10: Die Ewald-Konstruktion für das Pulververfahren. (a) Die kleinere der beiden Kugeln ist die Ewald-Kugel. Ihr Mittelpunkt ist die Spitze des Wellenvektors k der einfallenden Strahlung, ihr Radius ist k, so daß der Ursprung O auf ihrer Oberfläche liegt. Die größere Kugel hat ihren Mittelpunkt im Ursprung und den Radius K. Die Schnittkurve der beiden Kugeln ist ein Kreis (verkürzt zu einer Ellipse). Bragg-Reflexe entstehen für jeden Wellenvektor k', der einen beliebigen Punkt auf der Schnittkurve mit der Spitze des Vektors k verbindet. Die gestreuten Strahlen liegen deshalb auf einem Kegel, der sich in der zur Richtung von k entgegengesetzten Richtung öffnet. (b) Ein ebener Schnitt von (a), der den Wellenvektor der einfallenden Strahlung enthält. Das fett gezeichnete Dreieck ist gleichschenklig, so daß $K = 2k \sin \frac{1}{2}\phi$.

Da die Kristallachsen der einzelnen Kristallite zufällig orientiert liegen, ist das durch ein solches Pulver erzeugte Beugungsmuster identisch mit dem Muster, welches man durch Überlagerung der Beugungsbilder eines einzelnen Kristalls für sämtliche möglichen Orientierungen erhielte.

Man bestimmt nun die Bragg-Reflexe, indem man den Wellenvektor k der einfallenden Strahlung – und mit ihm die Ewald-Kugel – fixiert, und das reziproke Gitter durch sämtliche möglichen Winkel um den Ursprung dreht, so daß jeder Vektor K des reziproken Gitters eine Kugel mit Radius K um den Ursprung erzeugt. Eine solche Kugel schneidet die Ewald-Kugel mit einem Kreis als Schnittkurve (Bild 6.10a), falls K kleiner ist als $2k$. Gestreute Strahlung beobachtet man für jeden Wellenvektor k', der einen beliebigen Punkt auf einem solchen Kreis mit der Spitze des Wellenvektors k der einfallenden Strahlung verbindet. Daraus folgt, daß jeder Vektor des reziproken Gitters mit einem Betrag kleiner als $2k$ einen Kegel gestreuter Strahlung erzeugt, mit einem Öffnungswinkel ϕ – gemessen zur Einfallsrichtung – für den man aus Bild 6.10b abliest:

$$K = 2k \sin \frac{1}{2}\phi. \tag{6.12}$$

Durch Messung der Winkel ϕ, unter welchen man Bragg-Reflexe beobachtet, kann man die Längen aller Vektoren des reziproken Gitters bestimmen, deren Beträge kleiner sind als $2k$. Mit dieser Information, einigen Kenntnissen der makroskopischen Kristallsymmetrie und der Tatsache, daß das reziproke Gitter ein Bravaisgitter ist, gelingt es normalerweise, das reziproke Gitter zu konstruieren (siehe beispielsweise Aufgabe 1).

Beugung durch ein einatomiges Gitter mit Basis – Der geometrische Strukturfaktor

Grundlage der vorangegangenen Diskussion war die Annahme, daß entsprechend der Bedingung (6.7) aus derselben primitiven Zelle gestreute Strahlen konstruktiv interferieren. Ist die Kristallstruktur ein einatomiges Gitter mit einer n-atomigen Basis (wie beispielsweise Kohlenstoff in der Diamantstruktur, oder hexagonal dichtest gepacktes Beryllium – in beiden Fällen ist $n = 2$), so muß man innerhalb jeder primitiven Zelle eine Anordnung von identischen Streuzentren an den Orten $d_1, \ldots, d_n$ betrachten. Die Intensität der in einen bestimmten Bragg-Reflex gestreuten Strahlung ist dann davon abhängig, wie die von den einzelnen Streuzentren der Basis gestreuten Strahlen interferieren: Sie ist am größten bei vollständig konstruktiver Interferenz und verschwindet im Falle vollständig destruktiver Interferenz.

Entspricht einem Bragg-Reflex eine Änderung des Wellenvektors um $k' - k = K$, dann ist $K \cdot (d_i - d_j)$ die Phasendifferenz (Bild 6.4) zwischen den bei d_i und d_j gestreuten Strahlen, und die Amplituden der Strahlen unterscheiden sich um den Faktor $e^{iK \cdot (d_i - d_j)}$. Die Amplituden der von den Zentren bei $d_1, \ldots, d_n$ gestreuten Strahlen stehen daher im Verhältnis $e^{iK \cdot d_1}, \ldots, e^{iK \cdot d_n}$. Der gesamte, von der primitiven Zelle gestreute Strahl ergibt sich als Summe über die einzelnen Strahlen und seine Amplitude enthält deshalb einen Faktor

$$S_K = \sum_{j=1}^{n} e^{iK \cdot d_j}. \tag{6.13}$$

Die Größe S_K, der *geometrische Strukturfaktor*, beschreibt, in welchem Maße die Interferenz der von identischen Atomrümpfen innerhalb der Basis gestreuten Strahlung die Intensität des zum Vektor K des reziproken Gitters gehörigen Bragg-Reflexes vermindert. Die Intensität der in einen bestimmten Bragg-Reflex gestreuten Strahlung ist proportional zum Betragsquadrat der Amplitude und enthält deshalb einen Faktor $|S_K|^2$. Es ist wesentlich, sich klarzumachen, daß dies nicht die einzige Ursache für eine K-Abhängigkeit der Intensität ist; weitere Abhängigkeit von der Wellenvektoränderung ergibt sich sowohl aus der Winkelabhängigkeit, die für jede Streuung elektromagnetischer Strahlung charakteristisch ist, als auch durch den Einfluß der inneren Struktur jedes einzelnen Atomrumpfes der Basis auf die Streuung. Der Strukturfaktor alleine ist deshalb nicht ausreichend, um die absolute Intensität eines Bragg-Reflexes zu berechnen.[8] Trotzdem kann der Strukturfaktor Ursache für eine charakteristische **K**-Abhängigkeit sein, die auch dann leicht zu erkennen ist, wenn ihr andere, weniger deutlich ausgeprägte **K**-Abhängigkeiten überlagert sind. Nur in einem einzigen Fall kann man eine sichere Aussage anhand des Strukturfaktors treffen, dann nämlich, wenn er Null ist. Die Atomrümpfe der Basis sind dann derart angeordnet, daß für ein gegebenes **K** die Teilstrahlen vollständig destruktiv interferieren. In diesem Falle können auch die individuellen Eigenschaften der Teilstrahlen, die von den einzelnen Elementen der Basis gestreut werden, nicht „verhindern", daß der gesamte gestreute Strahl verschwindet.

Wir verdeutlichen den wichtigen Fall eines verschwindenden Strukturfaktors an zwei Beispielen:[9]

1. Kubisch-raumzentriertes Gitter, aufgefaßt als einfach-kubisches Gitter mit Basis

Da das kubisch-raumzentrierte Gitter ein Bravaisgitter ist, so wissen wir, daß Bragg-Reflexe dann auftreten, wenn die Wellenvektoränderung **K** mit einem Vektor des in diesem Falle kubisch-flächenzentrierten reziproken Gitters übereinstimmt. Manchmal ist es jedoch zweckmäßig, das bcc-Gitter als ein durch die primitiven Vektoren $a\hat{\mathbf{x}}$, $a\hat{\mathbf{y}}$ und $a\hat{\mathbf{z}}$ aufgespanntes, einfach-kubisches Gitter mit einer aus zwei Punkten an den Stellen $\mathbf{d}_1 = 0$ und $\mathbf{d}_2 = (a/2)(\hat{\mathbf{x}} + \hat{\mathbf{y}} + \hat{\mathbf{z}})$ bestehenden Basis zu betrachten. Von diesem Standpunkt aus gesehen ist das reziproke Gitter ebenfalls einfach-kubisch, mit einer kubischen Zelle der Seitenlänge $2\pi/a$. Nunmehr kann man jedem Bragg-Reflex einen Strukturfaktor $S_{\mathbf{K}}$ zuordnen; im vorliegenden Fall ergibt die Anwendung von (6.13)

$$S_{\mathbf{K}} = 1 + \exp[i\mathbf{K} \cdot \tfrac{1}{2}a(\hat{\mathbf{x}} + \hat{\mathbf{y}} + \hat{\mathbf{z}})]. \tag{6.14}$$

Ein Vektor im einfach-kubischen reziproken Gitter hat die allgemeine Form

$$\mathbf{K} = \frac{2\pi}{a}(n_1\hat{\mathbf{x}} + n_2\hat{\mathbf{y}} + n_3\hat{\mathbf{z}}). \tag{6.15}$$

Setzen wir diesen Ausdruck in (6.14) ein, so erhalten wir den Strukturfaktor zu

$$\begin{aligned}
S_{\mathbf{K}} &= 1 + e^{i\pi(n_1+n_2+n_3)} = 1 + (-1)^{n_1+n_2+n_3} \\
&= \left.\begin{cases} 2, & n_1 + n_2 + n_3 \quad \text{gerade}, \\ 0, & n_1 + n_2 + n_3 \quad \text{ungerade}. \end{cases}\right\}
\end{aligned} \tag{6.16}$$

---

[8] Eine kurze, dabei aber gründliche Diskussion der Streuung elektromagnetischer Strahlung durch Kristalle, einschließlich der Herleitung detaillierter Formeln zur Berechnung der gestreuten Intensität für die verschiedenen, oben beschriebenen experimentellen Geometrien, findet man in Landau und Lifshitz, *Electrodynamics of Continuous Media*, Kapitel 15, Addison-Wesley, Reading, Mass. 1966.

[9] In den Aufgaben 2 und 3 geben wir weitere Beispiele.

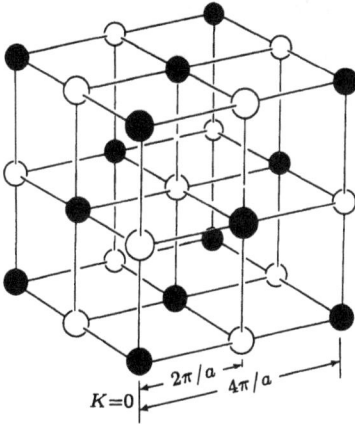

Bild 6.11: Punkte des einfach-kubischen reziproken Gitters der Seitenlänge $2\pi/a$, für welche der Strukturfaktor (6.16) verschwindet (weiß gezeichnet), erreicht man vom Ursprung aus durch Bewegung entlang der Koordinatenachsen um eine ungerade Anzahl von Bindungen zwischen nächsten Nachbarn. Denkt man sich diese Gitterplätze entfernt, so bilden die verbleibenden Punkte (schwarz gezeichnet) ein kubisch-flächenzentriertes Gitter mit einer kubischen Zelle der Seitenlänge $4\pi/a$.

Dies bedeutet, daß solche Punkte des einfach-kubischen reziproken Gitters, deren Koordinatensumme im System der kubischen primitiven Vektoren ungerade ist, keinen Bragg-Reflex erzeugen. Dadurch wird das einfach-kubische reziproke Gitter effektiv zu der kubisch-flächenzentrierten Struktur, mit der wir es zu tun hätten, würden wir das kubisch-raumzentrierte direkte Gitter als Bravaisgitter und nicht als Gitter mit Basis auffassen (siehe Bild 6.11).

Faßt man daher – entweder, weil es unvermeidlich ist, oder aber aus Gründen einer größeren Symmetrie der Beschreibung – ein gegebenes Bravaisgitter als Gitter mit Basis auf, so bleibt die Interpretation der Röntgenbeugung stets korrekt, sofern man das Verschwinden des Strukturfaktors beachtet.

2. Einatomiges Diamantgitter

Das einatomige Diamantgitter (bei Kohlenstoff, Silizium, Germanium oder Grauem Zinn) ist *kein* Bravaisgitter und *muß* als Gitter mit Basis beschrieben werden. Das zugrundeliegende Bravaisgitter ist kubisch-flächenzentriert und man kann die Basis zu $d_1 = 0, d_2 = (a/4)(\hat{x} + \hat{y} + \hat{z})$ wählen, wobei die $\hat{x}, \hat{y}, \hat{z}$ auf den kubischen Achsen liegen und a die Seitenlänge der konventionellen kubischen Zelle bezeichnet. Das reziproke Gitter ist kubisch-raumzentriert, mit einer konventionellen kubischen Zelle der Seitenlänge $4\pi/a$. Wählen wir als primitive Vektoren

$$b_1 = \frac{2\pi}{a}(\hat{y} + \hat{z} - \hat{x}), \quad b_2 = \frac{2\pi}{a}(\hat{z} + \hat{x} - \hat{y}), \quad b_3 = \frac{2\pi}{a}(\hat{x} + \hat{y} - \hat{z}), \quad (6.17)$$

so erhalten wir mit $K = \sum n_i b_i$ den Strukturfaktor (6.13) zu

$$
\begin{aligned}
S_K &= 1 + \exp[i\pi(n_1 + n_2 + n_3)] \\
&= \left. \begin{cases} 2, & n_1 + n_2 + n_3 \text{ das Doppelte einer geraden Zahl,} \\ 1 \pm i, & n_1 + n_2 + n_3 \text{ ungerade,} \\ 0, & n_1 + n_2 + n_3 \text{ das Doppelte einer ungeraden Zahl.} \end{cases} \right\} \quad (6.18)
\end{aligned}
$$

Zur geometrischen Veranschaulichung dieser Bedingungen für $\sum n_i$ beachten Sie, daß man durch Einsetzen von (6.17) in $\mathbf{K} = \sum n_i \mathbf{b}_i$ einen beliebigen Vektor des reziproken Gitters in der Form

$$\mathbf{K} = \frac{4\pi}{a}(\nu_1 \hat{\mathbf{x}} + \nu_2 \hat{\mathbf{y}} + \nu_3 \hat{\mathbf{z}}) \tag{6.19}$$

schreiben kann, wobei

$$\nu_j = \frac{1}{2}(n_1 + n_2 + n_3) - n_j, \quad \sum_{j=1}^{3} \nu_j = \frac{1}{2}(n_1 + n_2 + n_3). \tag{6.20}$$

Wir wissen aus Kapitel 5, daß das Reziproke des fcc-Gitters mit einer kubischen Zelle der Seitenlänge a ein bcc-Gitter mit einer kubischen Zelle der Seitenlänge $4\pi/a$ ist. Wir wollen letzteres als zusammengesetzt aus zwei einfach-kubischen Gittern der Seitenlänge $4\pi/a$ betrachten. Für das erste der beiden, welches den Ursprung ($\mathbf{K} = 0$) enthält, müssen nach (6.19) alle ν_i ganzzahlig sein und es muß – entsprechend (6.20) – durch ein $\mathbf{K}$ mit geradzahliger Summe $n_1 + n_2 + n_3$ gegeben sein. Für das zweite Gitter, welches den „raumzentrierten" Punkt $(4\pi/a)\frac{1}{2}(\hat{\mathbf{x}} + \hat{\mathbf{y}} + \hat{\mathbf{z}})$ enthält, müssen nach (6.19) alle ν_i von der Form „Ganze Zahl $+ \frac{1}{2}$" sein und es muß – entsprechend (6.20) – gegeben sein durch ein $\mathbf{K}$ mit ungeradzahliger Summe $n_1 + n_2 + n_3$.

Durch Vergleich dieses Ergebnisses mit (6.18) sehen wir, daß die Punkte mit Strukturfaktor $1 \pm i$ identisch sind mit den Punkten des einfach-kubischen Untergitters aus „raumzentrierten" Punkten. Solche Punkte, deren Strukturfaktor S gleich 2 oder 0 ist, liegen im zweiten einfach-kubischen Untergitter, das den Ursprung enthält, wobei $\sum \nu_i$ im Falle $S = 2$ gerade ist und ungerade für $S = 0$. Somit werden die Punkte mit verschwindendem Strukturfaktor wiederum durch Anwendung der in Bild 6.11 veranschaulichten Konstruktion auf das den Ursprung enthaltende, einfach kubische Untergitter entfernt, welches dadurch in eine kubisch-flächenzentrierte Struktur umgewandelt wird (Bild 6.12).

Beugung durch einen mehratomigen Kristall – Der Atomformfaktor

Sind die Atomrümpfe der Basis nicht identisch, so wird der Stukturfaktor (6.13) zu

$$S_{\mathbf{K}} = \sum_{j=1}^{n} f_j(\mathbf{K}) e^{i\mathbf{K}\cdot\mathbf{d}_j}, \tag{6.21}$$

wobei f_j, der sogenannte *Atomformfaktor*, vollständig durch die innere Struktur des Atomrumpfes bestimmt ist, welcher auf dem Platz $\mathbf{d}_j$ innerhalb der Basis sitzt. Die

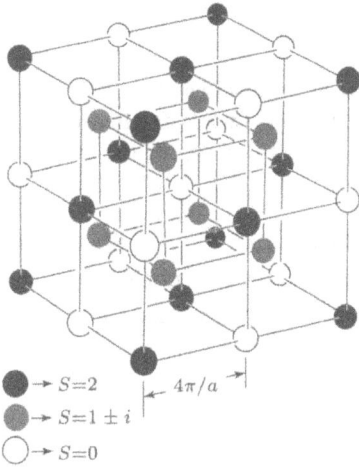

Bild 6.12: Ein kubisch-raumzentriertes Gitter mit kubischer Zelle der Seitenlänge $4\pi/a$ – das Reziproke eines kubisch-flächenzentrierten Gitters mit einer kubischen Zelle der Seitenlänge a. Wenn das der Diamantstruktur zugrundeliegende Gitter fcc ist, dann repräsentieren die weißen Punkte Gitterplätze, deren Strukturfaktor verschwindet. (Die schwarzen Punkte sind Gitterplätze mit Strukturfaktor 2, die grauen solche mit Strukturfaktor $1 \pm i$.)

Formfaktoren identischer Atomrümpfe sind identisch – unabhängig vom Platz, an dem sie sitzen – so daß sich (6.21) in diesem Falle auf (6.13) reduziert, multipliziert mit dem gemeinsamen Wert der Formfaktoren (für eine einatomige Basis).

In elementaren Darstellungen nimmt man für den Atomformfaktor eines durch einen Vektor $\mathbf{K}$ des reziproken Gitters gegebenen Bragg-Reflexes an, daß er proportional zur Fouriertransformierten der elektronischen Ladungsverteilung des betreffenden Atomrumpfes ist:[10]

$$f_j(\mathbf{K}) = -\frac{1}{e} \int d\mathbf{r}\, e^{i\mathbf{K}\cdot\mathbf{r}} \rho_j(\mathbf{r}). \qquad (6.22)$$

Damit ist der Atomformfaktor f_j abhängig von $\mathbf{K}$, sowie von den individuellen Eigenschaften der Ladungsverteilung des Atomrumpfes, welcher auf dem Platz $\mathbf{d}_j$ innerhalb der Basis sitzt. Folglich kann man nicht erwarten, daß der Strukturfaktor für irgendein $\mathbf{K}$ verschwindet, es sei denn, es bestände eine zufällige, günstige Beziehung zwischen den Formfaktoren der verschiedenen Atomrümpfe. Macht man sinnvolle Annahmen bezüglich der Form der $\mathbf{K}$-Abhängigkeit der verschiedenen Formfaktoren, so kann man oft recht schlüssig zwischen unterschiedlichen möglichen Kristallstrukturen unterscheiden, ausgehend von einer experimentellen Bestimmung der Form der $\mathbf{K}$-Abhängigkeit der maximalen Intensitäten von Bragg-Reflexen (siehe beispielsweise Aufgabe 5).

Damit beschließen wir unsere Diskussion der Bragg-Reflexion von Röntgenstrahlen. In unsere Argumentationen gingen keinerlei Annahmen bezüglich der Natur der

---

[10] Mit $\rho_j(\mathbf{r})$ bezeichnen wir die elektronische Ladungsdichte eines Atomrumpfes der Sorte j, welcher am Ort $\mathbf{r}=0$ sitzt. Der Beitrag eines Atomrumpfes an der Stelle $\mathbf{R}+\mathbf{d}_j$ zur elektronischen Ladungsdichte des Kristalls ist daher gegeben durch $\rho_j(\mathbf{r} - (\mathbf{R} + \mathbf{d}_j))$. (Üblicherweise klammert man die Elektronenladung dem Atomformfaktor vor, um ihn dimensionslos zu machen.)

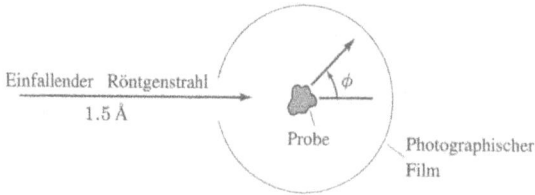

Bild 6.13: Schematische Darstellung einer Debye-Scherrer-Kamera. Die Beugungsmaxima werden auf einem Filmstreifen registriert.

Röntgenstrahlung ein, mit Ausnahme ihrer Welleneigenschaften.[11] Deshalb werden wir zahlreiche der Konzepte und Ergebnisse dieses Kapitels in den noch folgenden Betrachtungen anderer Wellenphänomene in Festkörpern – beispielsweise Elektronen (Kapitel 9) oder Neutronen (Kapitel 24)[12] – wiederfinden.

Aufgaben

6.1 Pulverproben dreier verschiedener einatomiger, kubischer Kristalle A, B und C werden mittels einer Debye-Scherrer-Kamera untersucht. Es ist bekannt, daß jeweils eine der Proben kubisch-flächenzentriert, kubisch-raumzentriert sowie in der Diamantstruktur kristallisiert. Die ersten vier Beugungsringe erscheinen unter den folgenden Winkeln (vgl. Bild 6.13):

Werte von ϕ für die Proben:

A	B	C
42,2°	28,8°	42,8°
49,2°	41,0°	73,2°
72,0°	50,8°	89,0°
87,3°	59,6°	115,0°

(a) Identifizieren Sie die Kristallstrukturen der Proben A, B und C.

(b) Bestimmen Sie in jedem Fall die Seitenlänge der konventionellen kubischen Zelle; die Wellenlänge der einfallenden Röntgenstrahlung sei 1,5 Å.

(c) Unter welchen Winkeln würden die ersten vier Beugungsringe erscheinen, wenn man den Kristall mit Diamantstruktur durch einen anderen mit Zinkblendestruktur und einer kubischen Einheitszelle derselben Seitenlänge ersetzen würde?

6.2 Es ist oft zweckmäßig, ein kubisch-flächenzentriertes Bravaisgitter aufzufassen als einfach-kubisches Gitter mit einer kubischen primitiven Zelle der Seitenlänge a und einer Basis aus vier Punkten.

(a) Zeigen Sie, daß dann der Wert des Strukturfaktors (6.13) an den Punkten des einfach-kubischen reziproken Gitters entweder 4 oder 0 ist.

---

[11] Deshalb konnten wir weder präzise Aussagen über die absoluten Intensitäten der Bragg-Reflexe machen, noch bezüglich des diffusen Strahlungshintergrundes, den man in Richtungen beobachtet, die von der Bragg-Bedingung nicht erlaubt sind.

[12] Quantenmechanisch kann man ein Teilchen mit dem Impuls p als Welle mit der Wellenlänge $\lambda = h/p$ betrachten.

(b) Zeigen Sie: Entfernt man die Gitterpunkte mit Strukturfaktor Null, so bilden die verbleibenden Punkte des reziproken Gitters ein kubisch-raumzentriertes Gitter mit einer konventionellen Zelle der Seitenlänge $4\pi/a$. Warum sollte man dieses Ergebnis erwarten?

6.3   (a) Zeigen Sie, daß der Strukturfaktor in einer einatomigen, hexagonal dichtest gepackten Kristallstruktur die Werte $1 + e^{in\pi/3}$, $n = 1, \ldots, 6$ annehmen kann, wenn **K** die Punkte des einfach-hexagonalen reziproken Gitters durchläuft.

(b) Zeigen Sie, daß die Strukturfaktoren aller Punkte des reziproken Gitters in derjenigen Ebene senkrecht zur c-Achse, die $\mathbf{K} = 0$ enthält, von Null verschieden sind.

(c) Zeigen Sie, daß Punkte mit verschwindendem Strukturfaktor in alternierenden Ebenen der zur c-Achse senkrechten Ebenenschar des reziproken Gitters zu finden sind.

(d) Zeigen Sie, daß derjenige Punkt einer solchen Ebene, der von $\mathbf{K} = 0$ um einen Vektor parallel zur c-Achse verschoben liegt, den Strukturfaktor Null hat.

(e) Zeigen Sie, daß sich das Dreiecksnetz aus Punkten des reziproken Gitters durch Entfernen aller Punkte mit verschwindendem Strukturfaktor aus einer solchen Ebene auf das Honigwabenmuster von Bild 4.3 reduziert.

6.4   Betrachten Sie ein Gitter mit einer Basis aus n Atomrümpfen. Nehmen Sie an, daß man den Rumpf i der Basis, verschoben an die Stelle $\mathbf{r} = 0$, als zusammengesetzt betrachten kann aus m_i Punktteilchen der Ladung $-z_{ij}e$, die sich an den Stellen b_{ij}, $j = 1, \ldots, m_i$ befinden.

(a)   Zeigen Sie, daß der Atomformfaktor gegeben ist durch

$$f_i = \sum_{j=1}^{m_i} z_{ij} e^{i\mathbf{K}\cdot\mathbf{b}_{ij}}. \tag{6.23}$$

(b) Zeigen Sie, daß der gesamte Strukturfaktor (6.21), der sich mit (6.23) ergibt, identisch ist mit dem Strukturfaktor, den man bei der äquivalenten Beschreibung des Gitters als Gitter mit einer Basis aus $m_1 + \ldots + m_n$ punktförmigen Atomrümpfen erhalten hätte.

6.5   (a) Man kann die Natriumchloridstruktur (Bild 4.24) betrachten als ein fcc-Bravaisgitter mit der Würfelkante a und einer Basis aus einem positiv geladenen Atomrumpf im Ursprung und einem negativ geladenen Atomrumpf an der Stelle $(a/2)\hat{x}$. Das zugehörige reziproke Gitter ist kubisch-raumzentriert, und ein Vektor des reziproken Gitters hat die allgemeine Form (6.19), wobei sämtliche Koeffizienten ν_i entweder ganze Zahlen sind oder ganze Zahlen $+\frac{1}{2}$. Seien f_+ und f_- die Atomformfaktoren der beiden Atomrümpfe. Zeigen Sie, daß der Strukturfaktor $S_{\mathbf{K}}$ entweder gleich $f_+ + f_-$ ist, für ganzzahlige ν_i, oder gleich $f_+ - f_-$, falls die ν_i ganze Zahlen $+\frac{1}{2}$ sind. (Warum verschwindet S im letzteren Fall, wenn $f_+ = f_-$?)

(b) Die Zinkblendestruktur (Bild 4.18) ist ebenfalls ein kubisch-flächenzentriertes Bravaisgitter mit der Würfelkante a und einer Basis aus einem positiv geladenen Atomrumpf im Ursprung und einem negativ geladenen Atomrumpf an der Stelle $(a/4)(\hat{\mathbf{x}} + \hat{\mathbf{y}} + \hat{\mathbf{z}})$. Zeigen Sie, daß der Strukturfaktor $S_{\mathbf{K}}$ gegeben ist durch $f_+ \pm if_-$, falls die ν_i ganze Zahlen $+\frac{1}{2}$ sind, durch $f_+ + f_-$, falls die ν_i ganzzahlig sind und die Summe $\sum \nu_i$ gerade ist, sowie durch $f_+ - f_-$, falls die ν_i ganzzahlig sind und die Summe $\sum \nu_i$ ungerade ist.

(c) Von einem kubischen Kristall sei bekannt, daß er aus Atomrümpfen mit abgeschlossenen Elektronenschalen – also kugelsymmetrischen Atomrümpfen – besteht, so daß $f_\pm(\mathbf{K})$ nur vom Betrag von $\mathbf{K}$ abhängt. Aus den Positionen der Bragg-Reflexe erkennt man, daß das Bravaisgitter kubisch-flächenzentriert ist. Diskutieren Sie, auf welche Weise man anhand der zu den Bragg-Maxima gehörigen Strukturfaktoren Rückschlüsse darüber ziehen könnte, ob die vorliegende Kristallstruktur wahrscheinlicher die Natriumchlorid- oder die Zinkblendestruktur ist.

7 Klassifikation der Bravaisgitter und Kristallstrukturen

Symmetrieoperationen und Klassifikation der Bravaisgitter

Die sieben Kristallsysteme und vierzehn Bravaisgitter

Kristallographische Punktgruppen und Raumgruppen

Schönflies-Notation und internationale Notation

Beispiele von Elementkristallen

In den Kapiteln 4 und 5 beschrieben und nutzten wir lediglich die *Translationssymme-trien* der Bravaisgitter. So basiert beispielsweise der Begriff des reziproken Gitters mit seinen grundlegenden Eigenschaften ausschließlich auf der Existenz dreier primitiver Vektoren $\mathbf{a}_i$ des direkten Gitters, und nicht etwa auf dem Vorhandensein irgendwelcher spezieller Beziehungen zwischen ihnen.[1] Die Translationssymmetrien sind für die all-gemeine Theorie der Festkörper von weitaus größter Bedeutung. Dennoch ist es aus bereits beschriebenen Beispielen offensichtlich, daß sich Bravaisgitter auf natürliche Weise auf der Grundlage anderer als Translationssymmetrien klassifizieren lassen. So weisen verschiedene einfach-hexagonale Bravaisgitter – ganz unabhängig von ihrem jeweiligen c/a-Wert – größere Verwandschaft miteinander auf, als zu einem der drei bereits beschriebenen Typen kubischer Bravaisgitter.

Es ist das Ziel der Kristallographie, derartige Verwandschaftsbeziehungen zu präzisie-ren und zu systematisieren.[2] Wir beschränken uns hier darauf, die Grundlagen der recht komplexen kristallographischen Klassifikationsmethoden zu umreißen, indem wir die wesentlichsten Kategorien und die Sprache angeben, mittels derer man sie beschreibt. Für die meisten Anwendungen sind nur Spezialfälle von Interesse, nicht eine allge-meine, systematische Theorie, so daß nur wenige Festkörperphysiker das vollständige analytische Instrumentarium der Kristallographie benötigen. Deshalb können Leser, die wenig Affinität zum Gegenstand dieses Kapitels verspüren, es vollständig aus-lassen, ohne dadurch das Verständnis der darauf folgenden Kapitel wesentlich zu beeinträchtigen. Diesen Lesern kann das vorliegende Kapitel gelegentlich als Referenz zur Klärung fremdartiger Begriffe dienen.

Klassifikation der Bravaisgitter

Das Problem der Klassifikation sämtlicher möglicher Kristallstrukturen ist zu kom-plex, um es direkt anzugehen, so daß wir uns zunächst auf die Klassifikation der Bravaisgitter beschränken.[3] Bezüglich seiner Symmetrie kann man ein Bravaisgitter charakterisieren durch Angabe sämtlicher *starrer* Operationen,[4] die das Gitter in sich selbst überführen. Diese Menge von Operationen bezeichnet man als die *Symmetrie-gruppe* oder *Raumgruppe* des Bravaisgitters.[5]

---

[1] Ein Beispiel für eine solche Beziehung ist die Orthonormalitätsrelation $\mathbf{a}_i \cdot \mathbf{a}_j = a^2 \delta_{ij}$, die für geeignete primitive Vektoren eines einfach-kubischen Bravaisgitters gilt.

[2] Eine detaillierte Gesamtschau der Kristallographie findet man in M. J. Buerger, *Elementary Crystallo-graphy*, Wiley, New York 1963.

[3] In diesem Kapitel betrachten wir ein Bravaisgitter als eine Kristallstruktur, die dadurch entsteht, daß an jeden Punkt eines abstrakten Bravaisgitters eine Basis mit der maximal möglichen Symmetrie gesetzt wird (beispielsweise eine Kugel, deren Mittelpunkt mit dem Bravaisgitterpunkt zusammenfällt) , so daß keine Symmetrie des Punktgitters durch Hinzufügen der Basis verloren geht.

[4] Eine *starre* Transformation läßt sämtliche Abstände zwischen Gitterpunkten unverändert.

[5] Wir werden den Sprachgebrauch der mathematischen Gruppentheorie vermeiden, da wir keinerlei Gebrauch von ihren analytischen Schlußfolgerungen machen.

Die Operationen der Symmetriegruppe eines Bravaisgitters umfassen sämtliche Translationen um Gittervektoren; darüber hinaus gibt es im allgemeinen Rotationen, Spiegelungen und Inversionen,[6] die das Gitter in sich selbst überführen. Ein kubisches Bravaisgitter beispielsweise wird unter anderen durch folgende Operationen in sich selbst überführt: durch Drehung um den Winkel 90°, mit der Linie von Gitterpunkten in einer ⟨100⟩-Richtung als Drehachse; durch Drehung um den Winkel 120°, mit einer Linie von Gitterpunkten in einer ⟨111⟩-Richtung als Drehachse; durch Spiegelung aller Punkte an einer ⟨100⟩-Gitterebene; etc. Ein einfach-hexagonales Bravaisgitter ist beispielsweise unter folgenden Operationen invariant: einer Drehung um den Winkel 60°, mit einer zur c-Achse parallelen Linie von Gitterpunkten als Drehachse; einer Spiegelung an einer zur c-Achse senkrechten Gitterebene; etc.

Man kann jede Symmetrieoperation eines Bravaisgitters zusammensetzen aus einer Translation $T_\mathbf{R}$ um einen Gittervektor $\mathbf{R}$ und einer starren Operation, die mindestens einen Gitterpunkt unverändert läßt.[7] Diese Tatsache ist nicht unmittelbar einsichtig. Beispielsweise bleibt ein einfach-kubisches Bravaisgitter unverändert bei einer Drehung um den Winkel 90°, mit einer Drehachse in ⟨100⟩-Richtung durch den Mittelpunkt einer kubischen primitiven Zelle mit Gitterpunkten an den acht Eckpunkten des Würfels. Dies ist eine starre Operation, die keinen Gitterpunkt unverändert läßt; sie kann zusammengesetzt werden aus einer Translation um einen Vektor des Bravaisgitters und einer Drehung um eine Linie von Gitterpunkten als Drehachse, wie es in Bild 7.1 dargestellt ist.

Daß eine solche Darstellung immer möglich ist, kann man wie folgt einsehen:

Betrachten Sie eine Symmetrieoperation S, die *keinen* Gitterpunkt unverändert läßt; sie überführe den Ursprung $\mathbf{O}$ des Gitters in den Punkt $-\mathbf{R}$. Sei weiterhin $T_{-\mathbf{R}}S$ eine Operation, die durch Nacheinanderausführen von S und einer Translation um den Vektor $\mathbf{R}$ entsteht. Die zusammengesetzte Operation $T_{-\mathbf{R}}S$ ist ebenfalls eine Symmetrieoperation des Gitters, sie läßt aber den Ursprung unverändert, da S den Ursprung nach $\mathbf{R}$ überführt, während $T_{-\mathbf{R}}$ den Punkt $\mathbf{R}$ zum Ursprung bringt. Damit ist $T_{-\mathbf{R}}S$ eine Operation, die mindestens einen Gitterpunkt (nämlich den Ursprung) unverändert läßt. Wenn wir aber die Operation $T_\mathbf{R}$ nach der Anwendung von $T_{-\mathbf{R}}S$ ausführen, dann ist das Ergebnis identisch mit dem Ergebnis der Anwendung von S alleine, da $T_\mathbf{R}$ die Wirkung von $T_{-\mathbf{R}}$ gerade aufhebt. Somit kann S zusammengesetzt werden aus der Operation $T_{-\mathbf{R}}S$ – die einen Punkt unverändert läßt – und der reinen Translation $T_\mathbf{R}$.

---

[6] Die Spiegelung an einer Ebene ersetzt ein Objekt durch sein Spiegelbild an dieser Ebene. Inversion in einem Punkt P überführt einen Punkt mit den Koordinaten $\mathbf{r}$ (bezogen auf P als Ursprung) in den Punkt $-\mathbf{r}$. Alle Bravaisgitter sind inversionssymmetrisch bezüglich eines jeden Gitterpunktes (siehe Aufgabe 1).

[7] Beachten Sie, daß eine Translation um einen beliebigen, von $\mathbf{O}$ verschiedenen Gittervektor, keinen Punkt unverändert läßt.

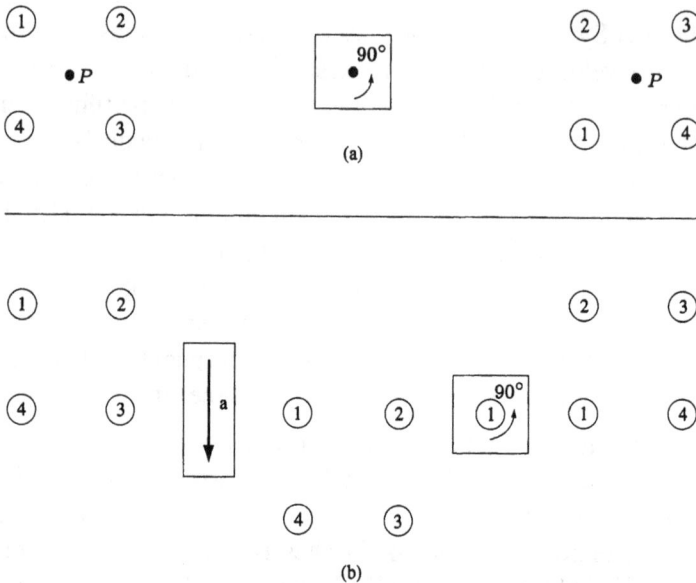

Bild 7.1: (a) Ein einfach-kubisches Gitter wird in sich selbst transformiert durch eine Drehung um den Winkel 90°, mit einer Drehachse, die keine Gitterpunkte enthält. Die Drehachse ist senkrecht zur Papierebene; nur jene Punkte einer einzigen Gitterebene, die der Achse am nächsten liegen, sind gezeichnet. (b) Durch Kombination einer Translation um eine Gitterkonstante (links) mit einer Drehung um den mit 1 bezeichneten Gitterpunkt (rechts) erhält man dasselbe Ergebnis.

Die vollständige Symmetriegruppe eines Bravaisgitters[8] umfaßt daher nur Operationen der folgenden Form:

1. Translationen um Gittervektoren des Bravaisgitters,

2. Operationen, die einen bestimmten Punkt des Gitters unverändert lassen,

3. Operationen, die man durch aufeinanderfolgende Anwendung von Operationen der Typen (1) oder (2) konstruieren kann.

Die sieben Kristallsysteme

Beschäftigt man sich mit nichttranslativen Symmetrien, so betrachtet man oft nicht die vollständige Raumgruppe eines Bravaisgitters, sondern nur jene Operationen, die einen bestimmten Punkt des Gitters unverändert lassen (also Operationen des zweiten Typs nach der obigen Aufstellung). Man nennt diese Teilmenge der vollständigen Symmetriegruppe eines Bravaisgitters seine *Punktgruppe*.

---

[8] Wir werden weiter unten sehen, daß eine Kristallstruktur im allgemeinen noch andere Symmetrieoperationen haben kann, die nicht zu den Typen (1), (2) oder (3) gehören; es sind dies die sog. Schraubenachsen und Gleitspiegelebenen.

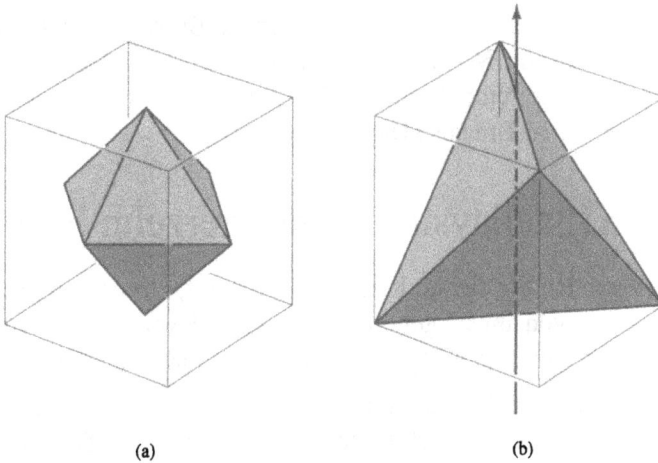

(a)   (b)

Bild 7.2: (a) Jede Symmetrieoperation des Würfels ist auch eine Symmetrieoperation des regelmäßigen Oktaeders – und umgekehrt. Deshalb ist die kubische Symmetriegruppe mit der oktaedrischen identisch. (b) Nicht jede Symmetrieoperation eines Würfels ist auch eine Symmetrieoperation des regelmäßigen Tetraeders. Beispielsweise führt eine Drehung von 90° um die eingezeichnete vertikale Achse den Würfel in sich selbst über, nicht aber das Tetraeder.

Wie sich herausstellt, gibt es nur sieben verschiedene Punktgruppen, die man einem Bravaisgitter zuordnen kann.[9] Jede Kristallstruktur gehört zu einem von *sieben Kristallsystemen*, abhängig davon, welche dieser sieben Gruppen die Punktgruppe des der Kristallstruktur zugrundeliegenden Bravaisgitters ist. Im folgenden Abschnitt beschreiben wir die sieben Kristallsysteme.

Die vierzehn Bravaisgitter

Beschränkt man sich nicht auf Punktoperationen und betrachtet die vollständige Symmetriegruppe eines Bravaisgitters, so ergeben sich vierzehn verschiedene Raumgruppen, die man einem Bravaisgitter zuordnen kann.[10] Klassifiziert entsprechend

---

[9] Zwei Punktgruppen sind identisch, wenn sie exakt dieselben Elemente enthalten. So ist beispielsweise die Menge aller Symmetrieoperationen eines Würfels identisch mit der Menge aller Symmetrieoperationen eines regelmäßigen Oktaeders, wie man leicht erkennt, wenn man dem Würfel das Oktaeder in geeigneter Weise einbeschreibt (Bild 7.2a). Andererseits ist die Symmetriegruppe des Würfels nicht identisch mit der Symmetriegruppe eines regelmäßigen Tetraeders, da der Würfel mehr Symmetrieoperationen als das Tetraeder hat (Bild 7.2b).

[10] Die Äquivalenz zweier Raumgruppen von Bravaisgittern ist nicht so leicht zu formulieren wie die Äquivalenz zweier Punktgruppen – obwohl man im Rahmen der abstrakten Gruppentheorie beide Äquivalenzen anhand des Konzeptes der „Isomorphie von Gruppen" erfaßt. So ist es nicht länger ausreichend, von der Äquivalenz zweier Raumgruppen zu sprechen, sobald beide dieselben Operationen umfassen – die Operationen identischer Raumgruppen können sich auf inkonsequent erscheinende Weise unterscheiden. So betrachtet man beispielsweise die Raumgruppen zweier einfach-kubischer Bravaisgitter mit unterschiedlichen Gitterkonstanten a und a' als identisch, obwohl die Translationen im einen Gitter in Schritten von a, im anderen in Schritten von a' gemessen werden. Entsprechend

ihrer Symmetrie gibt es daher vierzehn verschiedene Bravaisgitter. Diese Abzählung wurde zum ersten Mal von M. L. Frankenheim (1842) durchgeführt; Frankenheim verzählte sich, und führte fünfzehn mögliche Gitter auf. Die erste korrekte Zählung der Kategorien geht auf A. Bravais (1845) zurück.

Die sieben Kristallsysteme und vierzehn Bravaisgitter

Wir führen im folgenden die sieben Kristallsysteme auf, zusammen mit den Bravaisgittern, die zu jedem von ihnen gehören. Die Anzahl von Bravaisgittern in einem Kristallsystem ist in Klammern hinter dem Namen des jeweiligen Systems angegeben.

Kubisch (3)   Das kubische Kristallsystem enthält Bravaisgitter, deren Punktgruppe mit der Symmetriegruppe eines Würfels identisch ist (Bild 7.3a). Drei Bravaisgitter mit nichtäquivalenten Raumgruppen haben dieselbe kubische Punktgruppe: das *einfach-kubische*, das *kubisch-flächenzentrierte* sowie das *kubisch-raumzentrierte* Gitter. Diese Gitter haben wir bereits in Kapitel 4 beschrieben.

Tetragonal (2)   Man kann die Symmetrie eines Würfels dadurch verringern, daß man ihn an zwei gegenüberliegenden Flächen auseinanderzieht, so daß ein rechtwinkliges Prisma mit einer quadratischen Grundfläche entsteht, dessen Höhe verschieden ist von den Seitenlängen der Grundfläche (Bild 7.3b): Die Symmetriegruppe dieses Objekts ist die tetragonale Gruppe. Streckt man das einfach-kubische Bravaisgitter auf diese Weise, so entsteht das *einfach-tetragonale* Bravaisgitter; es wird aufgespannt durch drei jeweils aufeinander senkrecht stehende primitive Vektoren, von denen nur zwei vom gleichen Betrag sind. Die dritte Achse bezeichnet man als c-Achse. Streckt man in entsprechender Weise die flächenzentriert- bzw. raumzentriert kubischen Gitter, so erhält man dadurch lediglich *ein* weiteres Bravaisgitter des tetragonalen Systems, das *tetragonal-zentrierte* Gitter.

Um zu erkennen, wieso kein Unterschied zwischen raumzentriert-tetragonal und flächenzentriert-tetragonal besteht, betrachte man in Bild 7.4a die Darstellung eines in Richtung der c-Achse gesehenen, tetragonal-zentrierten Bravaisgitters. Die mit 2

---

ist es wünschenswert, die Raumgruppen sämtlicher einfach-hexagonaler Bravaisgitter als äquivalent zu betrachten, unabhängig vom jeweiligen Wert c/a, der offensichtlich für die Symmetrie der Struktur ohne Bedeutung ist.

Wir umgehen dieses Problem, indem wir uns vorstellen, daß wir in solchen Fällen die Struktur eines bestimmten Typs in eine andere desselben Typs kontinuierlich verformen könnten, ohne dabei eine der Symmetrien zu verletzen. Im Beispiel kann man die Würfelachsen gleichmäßig von a auf a' verlängern und dabei stets die einfach-kubische Symmetrie erhalten – oder man dehnt (bzw. staucht) die c-Achse (bzw. die a-Achse) unter Beibehaltung der einfach-hexagonalen Symmetrie. Deshalb kann man sagen, die Raumgruppen zweier Bravaisgitter seien identisch, wenn es möglich ist, eines der Gitter kontinuierlich in das andere zu verformen, derart, daß sich jede Symmetrieoperation des ersten Gitters kontinuierlich in eine Symmetrieoperation des zweiten Gitters transformiert und es keinerlei zusätzliche Symmetrieoperationen des zweiten Gitters gibt, die sich nicht auf diese Weise aus einer Symmetrieoperation des ersten Gitters herleiten lassen.

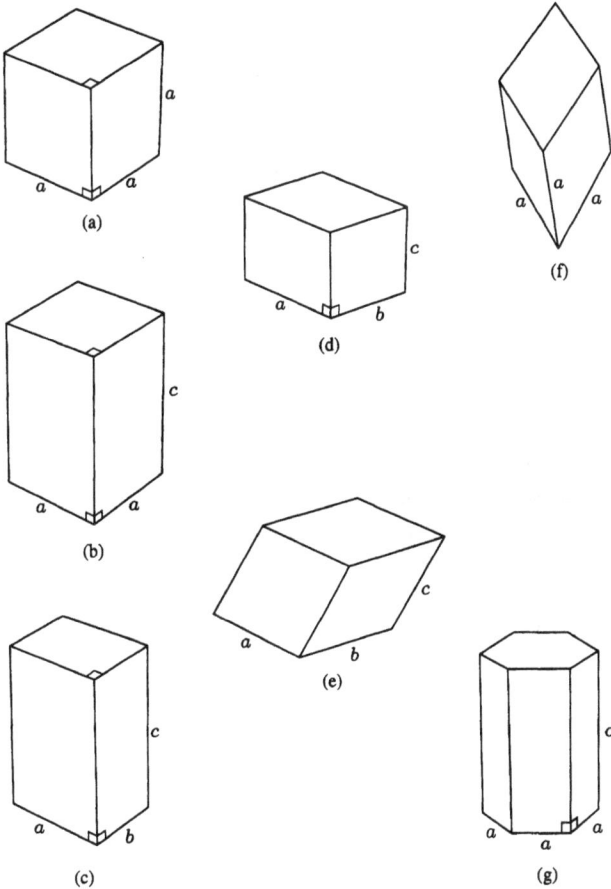

Bild 7.3: Körper, deren Symmetrie jeweils mit der Punktgruppensymmetrie eines Bravaisgitters identisch ist, welches zu einem der sieben Kristallsysteme gehört: (a) kubisch, (b) tetragonal, (c) orthorhombisch, (d) monoklin, (e) triklin, (f) trigonal, (g) hexagonal.

gekennzeichneten Punkte liegen in einer Gitterebene, die um $c/2$ von der Gitterebene der Punkte 1 entfernt ist.

Für $c = a$ ist diese Struktur ein kubisch-raumzentriertes Bravaisgitter; für beliebiges c kann man sie offenbar als ein in Richtung der c-Achse gestrecktes bcc-Gitter betrachten. Man kann auf dasselbe Gitter ebenfalls in Richtung der c-Achse blicken und die Gitterebenen als zentrierte, quadratische Punktanordnungen mit der Seitenlänge $a' = \sqrt{2}a$ auffassen – wie es in Bild 7.4b dargestellt ist: Für $c = a'/\sqrt{2}$ ist diese Struktur ein kubisch-flächenzentriertes Bravaisgitter und kann deshalb für beliebiges c als ein in Richtung der c-Achse gestrecktes fcc-Gitter aufgefaßt werden.

So gesehen sind also kubisch-flächenzentrierte und kubisch-raumzentrierte Strukturen Spezialfälle der tetragonal-zentrierten Struktur, in die mit dem jeweiligen Wert des Verhältnisses c/a zusätzliche Symmetrien gebracht werden, die sich am deutlichsten zeigen, wenn man das Gitter wie in Bild 7.4a (bcc) oder 7.4b (fcc) betrachtet.

Orthorhombisch (4) Indem wir zu immer weniger symmetrischen Abwandlungen des Würfels fortschreiten, können wir die tetragonale Symmetrie dadurch weiter

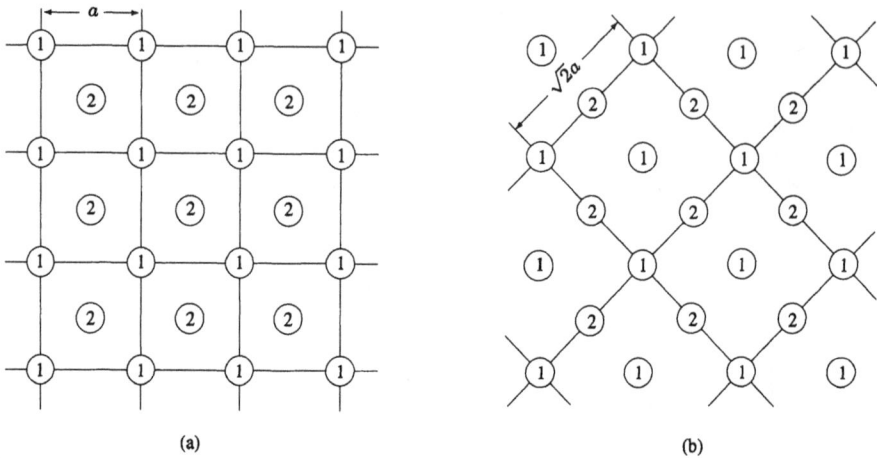

(a)   (b)

Bild 7.4: Zwei Arten, das tetragonal-zentrierte Bravaisgitter zu betrachten. Die Blickrichtung ist entlang der c-Achse. Die mit 1 bezeichneten Punkte liegen in einer Gitterebene senkrecht zur c-Achse, die Punkte 2 in einer im Abstand $c/2$ parallelen Ebene. In (a) betrachtet man die Punkte 1 als in einfachen Quadraten angeordnet, wodurch deutlich wird, daß das tetragonal-zentrierte Gitter eine verzerrte Abwandlung des kubisch-raumzentrierten Gitters ist. In (b) betrachtet man die Punkte 1 als zentriert-quadratisch angeordnet, wodurch deutlich wird, daß man die tetragonal-zentrierte Struktur ebenfalls als verzerrtes kubisch-flächenzentriertes Gitter sehen kann.

erniedrigen, daß wir die quadratischen Flächen des Körpers nach Bild 7.3b zu Rechtecken strecken, um so einen Körper entsprechend Bild 7.3c zu erzeugen, dessen drei aufeinander senkrecht stehende Kanten drei verschiedene Längen haben. Die Symmetriegruppe eines solchen Körpers ist die orthorhombische Gruppe. Streckt man ein einfach-tetragonales Gitter in Richtung einer der a-Achsen (Bild 7.5, a und b), so erhält man das *einfach-orthorhombische* Bravaisgitter. Streckt man das einfach-tetragonale Gitter dagegen entlang einer Quadratdiagonalen (Bild 7.5, c und d), so erzeugt man ein zweites Bravaisgitter mit orthorhombischer Punktgruppensymmetrie, das *basiszentrierte* orthorhombische Gitter.

Entsprechend kann man die Punktgruppensymmetrie des tetragonal-zentrierten Gitters auf zwei Arten zur orhorhombischen Symmetrie erniedrigen: einmal durch Streckung entlang der einen oder anderen der in Bild 7.4a eingezeichneten Scharen paralleler Linien, wodurch man das *raumzentriert-orthorhombische* Gitter erzeugt, dann durch Streckung entlang der einen oder anderen der in Bild 7.4b gezeichneten Linienscharen, mit dem Ergebnis eines *flächenzentriert-orthorhombischen* Gitters.

Mit diesen vier Bravaisgittern erschöpft sich das orthorhombische Kristallsystem.

Monoklin (2) Man kann die orthorhombische Symmetrie erniedrigen durch Verzerrung der zur c-Achse in Bild 7.3c senkrechten, rechteckigen Flächen zu allgemeinen Parallelogrammen. Die Symmetriegruppe des dadurch entstandenen Körpers (Bild 7.3d) ist die monokline Gruppe. Verzerrt man auf diese Weise das einfach-orthorhombische Bravaisgitter, so erhält man das *einfach-monokline* Bravaisgitter.

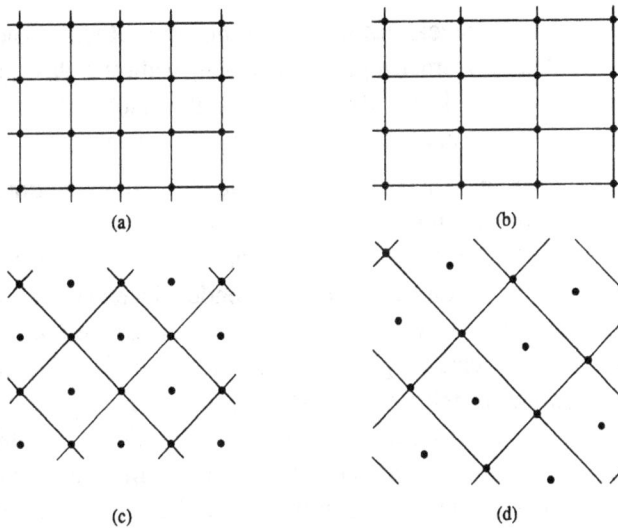

Bild 7.5: Zwei Arten, ein einfach-tetragonales Bravaisgitter zu verzerren. Die Blickrichtung ist parallel zur *c*-Achse; eine einzige Gitterebene ist dargestellt. In (a) sind Bindungen eingezeichnet, um zu verdeutlichen, daß man die Punkte der Ebene als einfache quadratische Anordnung sehen kann. Streckt man diese Anordnung in Richtung einer der Quadratseiten, so ergeben sich die rechteckigen Netze (b), die direkt übereinander gestapelt liegen; das zugeordnete Bravaisgitter ist einfach-orthorhombisch. Zeichnet man Bindungen, wie in (c) dargestellt, so wird deutlich, daß dieselbe Anordnung von Punkten wie in (a) auch als zentriert-quadratisch aufgefaßt werden kann. Streckt man diese Gitter entlang einer Quadratseite – also entlang der Qudratdiagonalen der einfach-quadratischen Anordnung (a) – so erhält man die zentriert-rechteckigen Netze (d), die ebenfalls direkt übereinander gestapelt liegen. Das entsprechende Bravaisgitter ist basiszentriert-orthorhombisch.

Dieses Gitter hat keinerlei Symmetrien mit Ausnahme jener, die sich aus der Forderung ergeben, daß das Gitter aufgespannt werden kann durch drei primitive Vektoren, von denen einer auf der Ebene der beiden anderen senkrecht steht. Entsprechend erhält man durch Verzerrung des basiszentriert-orthorhombischen Bravaisgitters ein Gitter mit derselben, einfach-monoklinen Raumgruppe. Verzerrt man dagegen auf dieselbe Weise entweder das flächenzentriert- oder das raumzentriert-orthorhombische Bravaisgitter, so erhält man das *zentriert-monokline* Bravaisgitter (Bild 7.6).

Beachten Sie, daß die beiden monoklinen Bravaisgitter den beiden tetragonalen entsprechen. Die Verdopplung der Gitteranzahl im orthorhombischen Fall spiegelt die

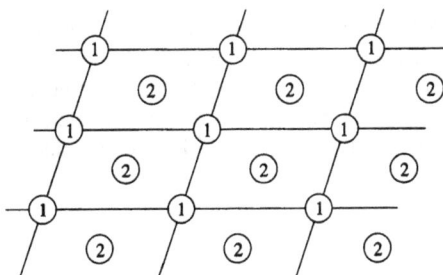

Bild 7.6: Blick entlang der *c*-Achse eines zentriert-monoklinen Bravaisgitters. Die Punkte 1 liegen in einer Gitterebene senkrecht zur *c*-Achse. Die Punkte 2 liegen in einer im Abstand $c/2$ parallelen Gitterebene, direkt oberhalb der Mittelpunkte der von den Punkten 1 gebildeten Parallelogramme.

Tatsache wider, daß ein Rechtecknetz und ein zentriertes Rechtecknetz im Zweidimensionalen verschiedene Symmetriegruppen haben, während das Quadratnetz und das zentrierte Quadratnetz in dieser Beziehung nicht verschieden sind, und ebenso nicht Parallelogrammnetz und zentriertes Parallelogrammnetz

Triklin (1) Die „Zerstörung" der Würfelsymmetrie wird vollendet durch Neigung der c-Achse in Bild 7.3d, so daß sie nun nicht mehr senkrecht zu den beiden anderen steht, wodurch sich der in Bild 7.3e dargestellte Körper ergibt. Seine Form unterliegt nur noch der einzigen Forderung, daß gegenüberliegende Flächen parallel sein müssen. Verzerrt man die monoklinen Bravaisgitter auf diese Weise, so erhält man das *trikline Bravaisgitter*. Dieses Gitter wird aufgespannt von drei primitiven Vektoren, zwischen denen keinerlei Beziehung besteht; es ist deshalb das Bravaisgitter mit der minimalen Symmetrie. Trotzdem ist die trikline Punktgruppe *nicht* die Symmetriegruppe eines Objektes ohne jegliche Symmetrie, da jedes Bravaisgitter invariant ist unter Inversion in einem Gitterpunkt. Diese Inversionssymmetrie ist die einzige Symmetrie, die bei der allgemeinen Definition eines Bravaisgitters erforderlich ist, und die Inversion ist deshalb die einzige Symmetrieoperation[11] in der triklinen Punktgruppe.

Indem wir den Würfel nun soweit „gequält" haben, sind wir zu zwölf der vierzehn Bravaisgitter und zu fünf der sieben Kristallsystemen gelangt. Wir finden das dreizehnte Bravaisgitter und das sechste Kristallsystem dadurch, daß wir zum ursprünglichen Würfel zurückkehren und ihn auf eine andere Weise verzerren:

Trigonal (1) Die trigonale Punktgruppe beschreibt die Symmetrie eines Körpers, der durch Strecken eines Würfels entlang einer seiner Raumdiagonalen entsteht (Bld 7.3f). Das Gitter, welches auf diese Weise aus jedem der drei kubischen Bravaisgitters entsteht, ist das *rhomboedrische* (oder *trigonale*) Bravaisgitter. Es wird aufgespannt durch drei primitive Vektoren gleicher Länge, die gleiche Winkel miteinander einschließen[12].

Schließlich gibt es, ohne Beziehung zum Würfel :

Hexagonal (1) Die hexagonale Punktgruppe ist die Symmetriegruppe eines geraden Prismas mit einem regelmäßigen Sechseck als Grundfläche (Bild 7.3g). Das einfachhexagonale Bravaisgitter (beschrieben in Kapitel 4) hat die hexagonale Punktgruppe als Symmetriegruppe und ist das einzige Bravaisgitter des hexagonalen Kristallsystems[13].

---

[11] ... die einzige außer der Identität (sie läßt das Gitter unverändert), die man immer zu den Elementen einer Symmetriegruppe rechnet.

[12] Für bestimmte Werte dieses Winkels können sich weitere Symmetrien ergeben; in solchen Fällen kann das trigonale Gitter zu einem der drei kubischen Gitter werden (siehe beispielsweise Aufgabe 2a).

[13] Versucht man, weitere Bravaisgitter durch Verzerrung des einfach-hexagonalen Gitters zu erzeugen, so findet man, daß eine Änderung des Winkels zwischen den beiden primitiven Vektoren vom gleichen Betrag, die senkrecht zur c-Achse stehen, ein basiszentriertes, orthorhombisches Gitter ergibt; ändert man auch die Beträge der Vektoren, so erhält man ein monoklines Gitter, dreht man die c-Achse aus ihrer senkrechten Position, ein triklines.

Die oben beschriebenen sieben Kristallsysteme und vierzehn Bravaisgitter erschöpfen sämtliche Möglichkeiten – eine Tatsache, die alles andere als offensichtlich ist (anderenfalls wären die Gitter unter dem Namen Frankenheim-Gitter bekannt ...). Trotzdem ist es ohne praktischen Nutzen, zu verstehen, wieso die beschriebenen Fälle die einzig verschiedenen sind; es genügt, diese Kategorien zu kennen und zu wissen, warum sie existieren.

Die kristallographischen Punktgruppen und Raumgruppen

Wir beschreiben im folgenden die Ergebnisse einer ähnlichen Analyse, diesmal angewandt auf allgemeine Kristallstrukturen, nicht auf Bravaisgitter. Wir betrachten dazu die Struktur, die man durch Translation eines beliebigen Objekts um sämtliche Vektoren eines Bravaisgitters erhält, und versuchen, die Symmetriegruppen der so erzeugten Anordnungen zu klassifizieren. Wir erwarten, daß die Symmetrie dieser Anordnungen sowohl von der Symmetrie des Objekts, als auch von der Symmetrie des Bravaisgitters abhängig ist. Da wir nicht länger annehmen, daß das Objekt maximale (d.h. sphärische) Symmetrie habe, erhöht sich die Anzahl der Symmetriegruppen wesentlich: Ein Gitter mit Basis kann 230 verschiedene Symmetriegruppen haben, die man als die 230 *Raumgruppen* bezeichnet. Man vergleiche dies mit der Zahl von 14 Raumgruppen, die man erhält, wenn man die Basis als vollständig (sphärisch) symmetrisch annimmt.

Auch die möglichen Punktgruppen einer allgemeinen Kristallstruktur hat man abgezählt; sie umfassen sämtliche Symmetrieoperationen, welche die Kristallstruktur in sich selbst überführen und dabei einen Punkt des Gitters fix lassen (d.h. alle nichttranslativen Symmetrien). Man kann die Symmetrien einer Kristallstruktur in 32 verschiedene Punktgruppen klassifizieren, die *zweiunddreißig kristallographischen Punktgruppen*. Man vergleiche diese Zahl mit den 7 Punktgruppen, die möglich sind, wenn man die Basis als vollständig symmetrisch annimmt.

Die bisher erwähnten Punktgruppen, ihre Anzahlen und Beziehungen untereinander, sind in Tabelle 7.1 zusammengefaßt.

Tabelle 7.1
Punkt- und Raumgruppen von Bravaisgittern und Kristallstrukturen

	Bravaisgitter (Basis sphärischer Symmetrie)	Kristallstruktur (Basis beliebiger Symmetrie)
Anzahl der Punktgruppen:	7 („Die 7 Kristallsysteme")	32 („Die 32 kristallographischen Punktgruppen")
Anzahl der Raumgruppen:	14 („Die 14 Bravaisgitter")	230 („Die 230 Raumgruppen")

```
          ┌─────────────── kubisch
          │                   ↓
   hexagonal              tetragonal
    ↓   ↓       │             ↓
  trigonal      └──────→ orthorhombisch
          │                   ↓
          └──────────────→ monoklin
                              ↓
                            triklin
```

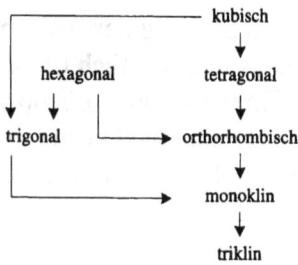

Bild 7.7: Die Hierarchie der Symmetrien innerhalb der Gruppe der sieben Kristallsysteme. Jede Bravaisgitter-Punktgruppe enthält all jene Gruppen, die man von ihrer Position im Schema ausgehend in Pfeilrichtung erreichen kann.

Man kann die zweiunddreißig kristallographischen Punktgruppen aus den sieben Punktgruppen der Bravaisgitter dadurch konstruieren, daß man systematisch die Symmetrien der in Bild 7.3 gezeigten Körper, deren Symmetrien durch diese sieben Punktgruppen beschrieben werden, auf alle möglichen Arten verringert.

Man kann jede der fünfundzwanzig auf diese Weise erhaltenen neuen Gruppen einem der sieben Kristallsysteme zuordnen, entsprechend der folgenden Regel: Jede Gruppe, die man durch Verringerung der Symmetrie eines zu einem bestimmten Kristallsystem gehörigen Körpers konstruiert, bleibt solange zu diesem Kristallsystem gehörig, bis die Symmetrie soweit erniedrigt ist, daß sich sämtliche übriggebliebenen Symmetrieoperationen des Körpers ebenfalls in einem Kristallsystem mit niedrigerer Symmetrie finden. Ist dies der Fall, so ordnet man die Symmetriegruppe des Körpers dem geringersymmetrischen Kristallsystem zu. Somit ist das Kristallsystem einer kristallographischen Punktgruppe dasjenige der niedrigstsymmetrischen[14] Gruppe der sieben Bravaisgitter-Punktgruppen, die jede Symmetrieoperation der kristallographischen Gruppe enthält.

Objekte mit den Symmetrien der fünf kristallographischen Punktgruppen des kubischen Systems sind in Tabelle 7.2 dargestellt; Tabelle 7.3 zeigt Objekte mit den Symmetrien der siebenundzwanzig nicht-kubischen kristallographischen Gruppen. Kristallographische Punktgruppen können die folgenden Arten von Symmetrieoperationen enthalten:

---

[14] Der Begriff der Hierarchie von Symmetrien der Kristallsysteme muß näher erläutert werden. Ein beliebig herausgegriffenes Kristallsystem in Bild 7.7 ist höher symmetrisch als jedes andere, das durch Bewegung in Pfeilrichtung erreicht werden kann. Die zugehörige Bravaisgitter-Punktgruppe enthält daher keine Symmetrieoperationen, die sich nicht ebenfalls in den Gruppen finden, von denen aus man sie durch Bewegung in Pfeilrichtung erreichen kann. Dieses System scheint nicht ganz vollständig zu sein, da die Paare kubisch-hexagonal, tetragonal-hexagonal, tetragonal-trigonal sowie orthorhombisch-trigonal nicht durch Pfeile geordnet sind. Somit könnte man sich einen Körper vorstellen, dessen sämtliche Symmetrieoperationen gleichermaßen zur tetragonalen und zur trigonalen Gruppe gehören, aber zu keiner anderen Gruppe mit niedrigerer Symmetrie als diese beiden. Man könnte dann die Symmetriegruppe eines solchen Körpers als entweder zum tetragonalen oder zum trigonalen System gehörig betrachten, da ein System mit niedrigster Symmetrie nicht eindeutig zu bestimmen wäre. Es stellt sich aber heraus, daß sowohl in diesem, als auch in den drei übrigen, nicht eindeutigen Fällen, sämtliche Symmetrieelemente, die beiden Gruppen eines Paares gemeinsam sind, sich auch in einer Gruppe finden, die in der Hierarchie niedriger steht als beide Gruppen des Paares. So gehört beispielsweise jedes Symmetrieelement, das den tetragonalen und trigonalen Gruppen gemeinsam ist, auch zur monoklinen

Tabelle 7.2

Objekte mit den Symmetrien der fünf kubischen kristallographischen Punktgruppen*

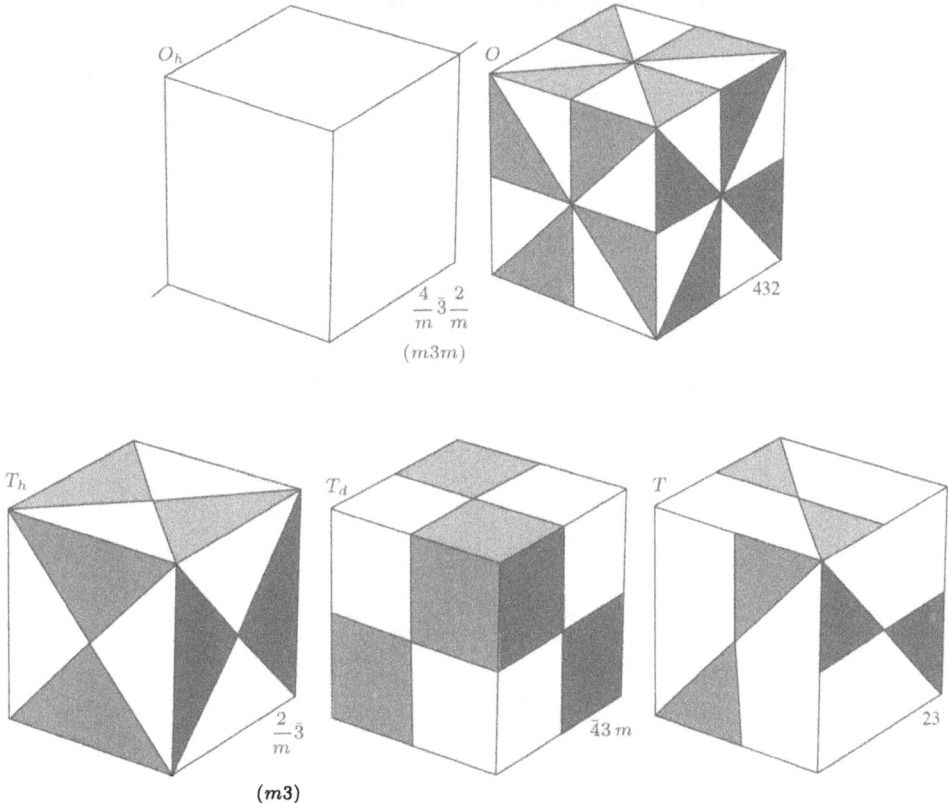

$$\frac{4}{m}\bar{3}\frac{2}{m}$$

$(m3m)$

432

$$\frac{2}{m}\bar{3}$$

$(m3)$

$\bar{4}3\,m$

23

* Links oben an jedem der Objekte ist die Bezeichnung seiner Symmetriegruppe in der Schönflies-Notation angegeben, rechts davon die Bezeichnung in der internationalen Notation. Man kann sich das Aussehen der nicht sichtbaren Flächen anhand der Tatsache erschließen, daß für alle fünf Objekte die Drehung um 120° mit einer Raumdiagonalen als Drehachse eine Symmetrieoperation ist. (Am linken oberen Würfel wurde eine solche Drehachse angedeutet.)

1. **Drehungen um eine Achse, wobei der Drehwinkel ganzzahlige Vielfache von $2\pi/n$ beträgt**

   Die Achse bezeichnet man als n-zählige Drehachse. Man kann zeigen (Aufgabe 6), daß ein Bravaisgitter nur 2-, 3-, 4- oder 6-zählige Achsen haben kann. Dies gilt auch für die kristallographischen Punktgruppen, da sie in den Bravaisgitter-Punktgruppen enthalten sind.

2. **Drehspiegelungen**

   Auch dann, wenn eine Drehung um einen Winkel $2\pi/n$ alleine keine Symmetrie-operation ist, so kann doch die Nacheinanderausführung dieser Drehung und einer

Gruppe. Es existiert daher immer eine eindeutig bestimmte Gruppe mit niedrigster Symmetrie.

Tabelle 7.3
Die nicht-kubischen kristallographischen Punktgruppen*

SCHOEN-FLIES	HEXAGONAL	TETRAGONAL	TRIGONAL	ORTHO-RHOMBIC	MONOCLINIC	TRICLINIC	INTER-NATIONAL
C_n	C_6 6	C_4 4	C_3 3		C_2 2	C_1 1	n
C_{nv}	C_{6v} $6mm$	C_{4v} $4mm$	C_{3v} $3m$	C_{2v} $2mm$			nmm (n even) nm (n odd)
C_{nh}	C_{6h} $6/m$	C_{4h} $4/m$			C_{2h} $2/m$		n/m
	C_{3h} $\bar6$				C_{1h} $(\bar2)$ m		
S_n		S_4 $\bar4$ (C_{3i})	S_6 3			S_2 (C_i) $\bar1$	$\bar n$
D_n	D_6 622	D_4 422	D_3 32 (V)	D_2 222			$n2$ (n even) $n2$ (n odd)
D_{nh}	D_{6h} $6/mmm$	D_{4h} $4/mmm$		D_{2h} (mmm) (V_h) $2/mmm$			$\frac{n}{m}\frac{2}{m}\frac{2}{m}$ (n/mmm)
	D_{3h} $\bar62m$						$\bar n2m$ (n even) $\bar n\frac{2}{m}$ (n odd)
D_{nd}		D_{2d} (V_d) $\bar42m$	D_{3d} $(\bar3m)$ $\bar3\frac{2}{m}$				

Tabelle 7.3

Fortsetzung

* Man kann sich das Aussehen der nicht sichtbaren Flächen erschließen, indem man die Beispielkörper um ihre jeweilige n-zählige Rotationsachse dreht; diese ist immer vertikal. Die Bezeichnung der jeweiligen Symmetriegruppe nach Schönflies ist links oberhalb eines jeden Körpers angegeben, die internationale Bezeichnung rechts unterhalb. Die Symmetriegruppen sind entsprechend ihrer Zugehörigkeit zu den Kristallsystemen in Spalten angeordnet, sowie in Zeilen entsprechend ihrer Bezeichnung nach Schönflies bzw. dem internationalen System. Beachten Sie, daß die Einteilung in Kategorien nach Schönflies (angegeben in der linken Spalte) etwas verschieden ist von der Einteilung im internationalen System (angegeben in der rechten Spalte). In den meisten (nicht allen) Fällen wurden die hier dargestellten Körper aus den in Bild 7.3 gezeigten Körpern – welche die Kristallsysteme (d.h. die Bravaisgitter-Punktgruppen) repräsentieren – einfach dadurch erhalten, daß deren Oberflächen mit schattiert gezeichneten Bereichen dekoriert wurden, um die Symmetrie entsprechend zu erniedrigen. Ausnahmen bilden die trigonalen Gruppen sowie zwei der hexagonalen Gruppen: In diesen Fällen wurden andere Körper gewählt, um die Ähnlichkeiten innerhalb der Zeilen (also innerhalb der Kategorien nach Schönflies) zu verdeutlichen. Eine Darstellung der trigonalen Gruppen durch Dekoration des Körpers in Bild 7.3f behandelt Aufgabe 4.

Spiegelung an einer zur Drehachse senkrechten Ebene eine Symmetrieoperation sein. Man bezeichnet in einem solchen Falle diese Achse als n-zählige Drehspiegelachse. Die Gruppen S_6 und S_4 in Tabelle 7.3 beispielsweise enthalten 6- und 4-zählige Drehspiegelachsen.

3. Drehinversionen

Ganz ähnlich kann eine Drehung um einen Winkel $2\pi/n$, gefolgt von einer Inversion in einem auf der Drehachse liegenden Punkt eine Symmetrieoperation sein, obwohl dies für die Drehung selbst nicht gilt. In diesem Fall bezeichnet man die Achse als n-zählige Drehinversionsachse. So ist beispielsweise die Achse in S_4 (Tabelle 7.3) auch eine 4-zählige Drehinversionsachse, die Achse in S_3 dagegen nur eine 3-zählige.

4. Spiegelungen

Eine Spiegelung überführt jeden Punkt an den Ort seines Spiegelbildes in einer Ebene, der Spiegelebene.

5. Inversionen

Bei einer Inversion gibt es nur einen einzigen fixen Punkt. Wählt man den Ursprung als diesen Punkt, so überführt eine Inversion jeden Punkt **r** außerhalb des Ursprungs in −**r**.

Systematische Benennung der Punktgruppen

Zwei Systeme der Nomenklatur von Punktgruppen – nach Schönflies sowie das internationale System – sind weit verbreitet. Beide Bezeichnungsarten sind in den Tabellen 7.2 und 7.3 angegeben.

Benennung der nichtkubischen kristallographischen Punktgruppen nach Schönflies

Die Kategorisierung der Symmetriegruppen nach Schönflies ist in Tabelle 7.3 durch die Gruppierung der Zeilen nach den Symbolen der linken Spalte verdeutlicht. Diese Kategorien sind folgende:[15]

C_n: Diese Gruppen enthalten nur eine n-zählige Drehachse.

C_{nv}: Zusätzlich zur n-zähligen Drehachse enthalten diese Gruppen eine Spiegelebene, welche die Drehachse enthält, sowie eine Anzahl weiterer Spiegelebenen, soweit es durch die Drehsymmetrie erforderlich ist.

C_{nh}: Diese Gruppen enthalten zusätzlich zur n-zähligen Achse eine einzelne Spiegelebene senkrecht zur Drehachse.

S_n: Diese Gruppen enthalten nur eine n-zählige Drehspiegelachse.

D_n: Zusätzlich zu einer n-zähligen Drehachse enthalten diese Gruppen eine 2-zählige Achse senkrecht dazu sowie eine Anzahl weiterer 2-zähliger Achsen, soweit es durch das Vorhandensein der n-zähligen Achse erforderlich ist.

D_{nh}: Diese Gruppen (sie haben die höchste Symmetrie) enthalten sämtliche Elemente von D_n sowie eine zur n-zähligen Achse senkrechte Spiegelebene.

D_{nd}: Diese Gruppen enthalten die Elemente von D_N sowie Spiegelebenen, welche die n-zählige Achse enthalten und die Winkel zwischen den 2-zähligen Achsen halbieren.

Es ist eine nützliche Übung, explizite zu verifizieren, daß die in Tabelle 7.3 dargestellten Objekte tatsächlich die Symmetrien besitzen, die ihrer Klassifikation nach Schönflies entsprechen.

Internationale Nomenklatur der nichtkubischen kristallographischen Punktgruppen

Die Kategorisierung der Symmetriegruppen nach der internationalen Nomenklatur ist in Tabelle 7.3 durch die Gruppierung der Zeilen nach den Symbolen der rechten Spalte verdeutlicht. Drei der Kategorien sind identisch mit den Kategorien nach Schönflies:

---

[15] Die Buchstaben C, D und S stehen entsprechend für „zyklisch", „dihedral" und „Spiegel". Die Indizes h, v und d stehen entsprechend für „horizontal", „vertikal" und „diagonal"; sie geben die Lagen der Spiegelebenen relativ zur n-zähligen Achse an, die man als vertikal definiert. (Die „diagonalen" Ebenen der Gruppe D_{nd} sind vertikal und halbieren die von den 2-zähligen Achsen eingeschlossenen Winkel.)

n ist mit C_N identisch.

nmm ist mit C_{nv} identisch. Die beiden m's beziehen sich auf unterschiedliche Typen von Spiegelebenen, welche die n-zählige Achse enthalten. Ihre Bedeutung wird klar aus der Betrachtung der repräsentativen Objekte für $6mm$, $4mm$ und $2mm$. Hier wird deutlich, daß bei Anwesenheit einer $2j$-zähligen Achse aus einer vertikalen Spiegelebene j Spiegelebenen entstehen; zusätzlich ergeben sich j weitere Spiegelebenen, welche die Winkel zwischen benachbarten Ebenen der ersten Menge halbieren. Das Vorhandensein einer $(2j + 1)$-zähligen Achse macht aus einer Spiegelebene $2j + 1$ äquivalente Spiegelebenen, so daß[16] C_{3v} als $3m$ bezeichnet wird.

$n22$ ist mit D_n identisch. Die Argumentation ist die gleiche wie für nmm, nur spielen die zur n-zähligen Achse senkrechten 2-zähligen Achsen nun die Rolle der Spiegelebenen.

Die übrigen Kategorien der internationalen Nomenklatur und ihre Beziehung zu den Kategorien nach Schönflies sind die folgenden:

n/m ist identisch mit C_{nh}, mit der Ausnahme, daß man es im internationalen System vorzieht, den Symmetrien von C_{3h} eine 6-zählige Drehinversionsachse zuzurechnen, so daß die Bezeichnung $\bar{6}$ lautet (siehe auch die folgende Kategorie). Beachten Sie ebenfalls, daß C_{1h} das Äquivalent zu m ist, nicht zu $1/m$.

$\bar{n}$ bezeichnet eine Gruppe mit einer n-zähligen Drehinversionsachse. Diese Kategorie enthält C_{3h}, versteckt unter der Bezeichnung $\bar{6}$, sowie S_4, passenderweise als $\bar{4}$ geschrieben. Andererseits wird $\bar{3}$ aus S_6 und $\bar{1}$ aus S_2, worin sich der Unterschied zwischen Drehspiegelachsen und Drehinversionsachsen widerspiegelt.

$\frac{n}{m}\frac{2}{m}\frac{2}{m}$, abgekürzt als n/mmm, entspricht D_{nh}, mit der Ausnahme, daß man es im internationalen System vorzieht, eine 6-zählige Drehinversionsachse zu den Symmetrien von D_{3h} zu rechnen, wodurch sich die Bezeichnung $\bar{6}2m$ ergibt (siehe die folgende Kategorie; beachten Sie die Ähnlichkeit zur Umbenennung des Äquivalents der Gruppe C_{3h} von n/m zu $\bar{n}$.). Beachten Sie weiterhin, daß man die Schreibweise $2/mmm$ gewöhnlich zu mmm verkürzt. Die vollständige Bezeichnung in der internationalen Nomenklatur soll wohl daran erinnern,

---

[16] In ihrer Betonung des Unterschieds zwischen geradzähligen und ungeradzähligen Achsen behandelt die internationale Nomenklatur – im Gegensatz zum Schönfliesschen System – die 3-zählige Achse als einen Spezialfall.

daß man die Symmetrien von D_{nh} beschreiben kann als eine n-zähli-ge Drehachse mit einer dazu senkrechten Spiegelebene, umgeben von zwei Gruppen ebenfalls zur Achse senkrechter, 2-zähliger Achsen, deren jeder eine zu ihr senkrechte Spiegelebene zugeordnet ist.

$\bar{n}2m$ entspricht D_{nd}, mit der Ausnahme, daß D_{3h} als $\bar{6}2m$ bezeichnet wird. Diese Benennung soll darauf hinweisen, daß eine n-zählige Drehinversionsachse vorliegt, mit einer dazu senkrechten, 2-zähligen Achse und einer vertikalen Spiegelebene. Der Fall $n = 3$ stellt wiederum eine Ausnahme dar: Die vollständige Bezeichnung dieser Gruppe lautet $\bar{3}\frac{2}{m}$, abgekürzt als $\bar{3}m$, und betont die Tatsache, daß in diesem Falle die vertikale Spiegelebene senkrecht zur 2-zähligen Achse ist.

Tabelle 7.4

Abzählung einiger einfacher Raumgruppen

Kristallsystem	Anzahl von Punktgruppen	Anzahl von Bravaisgittern	Produkt
Kubisch	5	3	15
Tetragonal	7	2	14
Orthorhombisch	3	4	12
Monoklin	3	2	6
Triklin	2	1	2
Hexagonal	7	1	7
Trigonal	5	1	5
Summe	32	14	61

Nomenklatur der kubischen kristallographischen Punktgruppen

In Tabelle 7.2 findet man die Bezeichungen der fünf kubischen Gruppen nach Schönflies sowie in der internationalen Nomenklatur. O_h ist die vollständige Symmetriegruppe eines Würfels (oder Oktaeders, deshalb der Buchstabe O) und enthält auch uneigentliche Symmetrieoperationen,[17] die durch das Vorhandensein der horizontalen (n) Spiegelebene möglich werden. O ist die kubische Gruppe (oder Oktaedergruppe) *ohne* uneigentliche Operationen. T_d ist die vollständige Symmetriegruppe eines regelmäßigen Tetraeders, einschließlich sämtlicher uneigentlicher Operationen; T bezeichnet dieselbe Gruppe *ohne* die uneigentlichen Operationen, T_h schließlich die Gruppe T mit Inversion.

---

[17] Eine Symmetrieoperation, die ein rechtshändiges Objekt in ein linkshändiges überführt, nennt man *uneigentlich*, sämtliche übrigen Operationen *eigentlich*. Operationen, die eine ungerade Anzahl von Inversionen oder Spiegelungen enthalten, sind uneigentlich.

Die Bezeichnungen der kubischen Gruppen in der internationalen Nomenklatur unterscheiden sich von den Bezeichnungen der übrigen kristallographischen Punktgruppen dadurch, daß sie an der zweiten Stelle eine 3 enthalten – ein Hinweis auf die allen kubischen Gruppen gemeinsame, 3-zählige Drehsymmetrie.

Die 230 Raumgruppen

Es bleibt uns in diesem Rahmen glücklicherweise erspart, näher auf die 230 Raumgruppen eingehen zu müssen; hier sei nur festgestellt, daß deren Anzahl größer ist, als man vielleicht erwartet hätte. In jedem Kristallsystem kann man Kristallstrukturen mit unterschiedlichen Raumgruppen dadurch konstruieren, daß man jeweils ein Objekt mit der Symmetrie einer der Punktgruppen des Kristallsystems in eines der Bravaisgitter des Systems plaziert. Auf diese Weise finden wir jedoch nur 61 Raumgruppen, die in Tabelle 7.4 zusammengefaßt sind.

Man erspäht noch fünf weitere, sobald man erkennt, daß ein Objekt mit trigonaler Symmetrie, plaziert in einem hexagonalen Bravaisgitter,[18] eine noch nicht mitgezählte Raumgruppe erzeugt.

---

[18] Obwohl die trigonale Punktgruppe in der hexagonalen enthalten ist, erhält man das trigonale Bravaisgitter *nicht* durch eine infinitesimale Verzerrung aus dem einfach hexagonalen Bravaisgitter – anders, als für alle übrigen Paare von Kristallsystemen, die in der Hierarchie der Symmetrien von Bild 7.7 durch Pfeile untereinander verbunden sind. Die trigonale Punktgruppe ist in der hexagonalen enthalten, weil man das trigonale Bravaisgitter betrachten kann als einfach-hexagonal, mit einer Basis aus drei Punkten an den Positionen

$$0, \qquad \frac{1}{3}\mathbf{a}_1, \frac{1}{3}\mathbf{a}_2, \frac{1}{3}\mathbf{c} \quad \text{und} \quad \frac{2}{3}\mathbf{a}_1, \frac{2}{3}\mathbf{a}_2, \frac{2}{3}\mathbf{c}.$$

Plaziert man folglich eine Basis mit trigonaler Punktgruppe in ein hexagonales Bravaisgitter, so ist die resultierende Raumgruppe verschieden von der Raumgruppe, die sich durch Kombination derselben Basis mit einem trigonalen Bravaisgitter ergibt. Dieses Phänomen beobachtet man in keinem anderen Fall. Setzt man beispielsweise eine Basis mit tetragonaler Symmetrie in ein einfach-kubisches Gitter, so resultiert exakt dieselbe Raumgruppe, wie bei Kombination dieser Basis mit einem einfach-tetragonalen Gitter (außer dann, wenn zufällig zwischen den Abmessungen des Objekts und der Länge der *c*-Achse eine spezielle Beziehung besteht). Dies spiegelt sich physikalisch in der Tatsache wider, daß es Kristalle mit trigonaler Basis im hexagonalen Bravaisgitter gibt, nicht aber solche mit tetragonaler Basis im kubischen Gitter. Im letzteren Fall würde keinerlei Eigenschaft eines solchen „Objektes" die Längengleichheit der *c*- und *a*-Achsen erfordern, so daß es ein reiner Zufall wäre, wenn das Gitter nach Kombination mit der Basis kubisch bliebe. Im Gegensatz dazu kann ein einfach-hexagonales Bravaisgitter nicht kontinuierlich in ein trigonales verformt werden und bleibt deshalb auch mit einer Basis von lediglich trigonaler Symmetrie in seiner einfach-hexagonalen Form.

Da es möglich ist, Kristallstrukturen mit hexagonaler Symmetrie mittels trigonaler Punktgruppen zu beschreiben, beharren Kristallographen manchmal darauf, daß es nur sechs Kristallsysteme gäbe. Sie begründen diese Ansicht damit, daß die Kristallographie die Punktsymmetrie gegenüber der Translationssymmetrie betone. Vom Standpunkt einer Betrachtungsweise auf der Basis von Bravaisgitter-Punktgruppen jedoch gibt es unzweifelhaft sieben Kristallsysteme: Die Punktgruppen D_{3d} und D_{6h} sind beides Punktgruppen von Bravaisgittern, und sie sind nicht äquivalent.

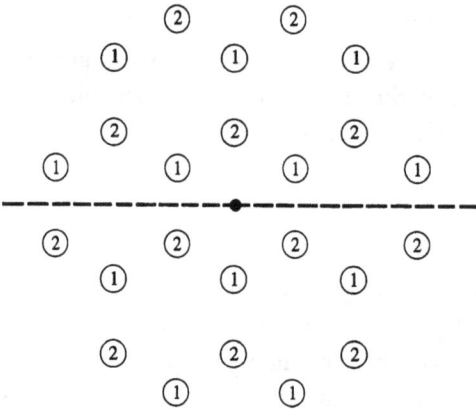

Bild 7.8: Die hexagonal dichtest gepackte Struktur, gesehen in Richtung der c-Achse. Zur c-Achse senkrechte Gitterebenen haben einen Abstand von $c/2$ und enthalten abwechselnd Punkte der Typen 1 und 2. Die Linie, die parallel zur c-Achse durch den Punkt in der Bildmitte verläuft, ist eine Schraubenachse: Die Struktur ist invariant gegenüber einer Translation um $c/2$ in Richtung dieser Achse, gefolgt von einer Drehung um einen Winkel von 60° um dieselbe Achse (Sie ist jedoch weder gegenüber der Translation, noch gegenüber der Rotation alleine invariant.) Die zur c-Achse parallele Ebene, deren Schnittlinie mit der Papierebene gestrichelt gezeichnet ist, stellt eine Gleitspiegelebene dar: Die Struktur ist invariant gegenüber einer Translation um $c/2$ entlang der c-Achse, gefolgt von einer Spiegelung an der Gleitebene (Sie ist jedoch weder gegenüber der Translation, noch gegenüber der Drehung alleine invariant.)

Tabelle 7.5

Elemente mit rhomboedrischen (trigonalen) Bravaisgittern*

Element	a (Å)	θ	Atome in der primitiven Zelle	Basis
Hg	2,99	70°45'	1	$x = 0$
As	4,13	54°10'	2	$x = \pm 0,226$
Sb	4,51	57°6'	2	$x = \pm 0,233$
Bi	4,75	57°14'	2	$x = \pm 0,237$
Sm	9,00	23°13'	3	$x = 0, \pm 0,222$

* Die gemeinsame Länge der primitiven Vektoren ist a, der Winkel zwischen ihnen θ. In jedem Fall haben die Ausdrücke zur Bestimmung der Basispunkte aus den primitiven Vektoren die Form $x(\mathbf{a}_1 + \mathbf{a}_2 + \mathbf{a}_3)$. Beachten Sie (siehe Aufgabe 2b), daß die Kristallstrukturen von Arsen, Antimon und Wismut einem einfach-kubischen Gitter recht nahe kommen, das in Richtung seiner Raumdiagonalen verzerrt ist.

Weitere sieben entsprechen Fällen, in denen ein Objekt mit gegebener Punktgruppensymmetrie in einem gegebenen Bravaisgitter auf mehr als eine Weise orientiert angeordnet werden kann, so daß sich jeweils mehr als eine Raumgruppe ergibt. Diese bisher erwähnten Raumgruppen, 73 an der Zahl, nennt man *symmorph*.

Die Mehrzahl der Raumgruppen ist jedoch *nichtsymmorph*, in dem Sinne, daß sie zusätzliche Operationen enthalten, die sich nicht in einfacher Weise aus Translationen des Bravaisgitters und Punktgruppenoperationen zusammensetzen lassen. Eine Vor-

Tabelle 7.6
Elemente mit tetragonalen Bravaisgittern*

Element	a (Å)	c (Å)	Basis
In	4,59	4,94	An den flächenzentrierten Plätzen der konventionellen Zelle
Sn (weiß)	5,82	3,17	An den Plätzen 000, $0\frac{1}{2}\frac{1}{4}$, $\frac{1}{2}0\frac{3}{4}$, $\frac{1}{2}\frac{1}{2}\frac{1}{2}$, bezogen auf das Achsensystem der konventionellen Zelle.

* Die gemeinsame Länge zweier zueinander senkrechter primitiver Vektoren ist a, die Länge des dritten, der auf den beiden ersten senkrecht steht, c. In beiden Beispielen ist das Bravaisgitter tetragonal-zentriert, im Falle von Indium mit einer einatomigen, beim Weißen Zinn mit einer zweiatomigen Basis. Üblicherweise beschreibt man jedoch beide als einfach-tetragonal mit Basis. Die hier getroffene Wahl der konventionellen Zelle bei Indium soll die Tatsache betonen, daß es sich um eine schwach (in Richtung einer Würfelkante) verzerrte fcc-Struktur handelt. Die Kristallstruktur des Weißen Zinns kann man als Diamantstruktur betrachten, die in Richtung einer der Würfelachsen gestaucht wurde.

aussetzung für die Existenz solcher zusätzlicher Operationen ist das Vorhandensein einer speziellen Beziehung zwischen den Abmessungen der Basis und den Abmessungen des Bravaisgitters. Wenn die Abmessungen der Basis auf geeignete Weise zu den Längen der primitiven Vektoren des Gitters „passen", so können sich zwei neue Typen von Symmetrieoperationen ergeben:

1. **Schraubenachsen**

   Eine Kristallstruktur mit einer Schraubenachse wird in sich selbst überführt durch Translation um einen Vektor, der *nicht* zum Bravaisgitter gehört, gefolgt von einer Drehung um die Achse, die durch den Translationsvektor festgelegt ist.

2. **Gleitspiegelebenen**

   Eine Kristallstruktur mit einer Gleitspiegelebene wird in sich selbst überführt durch eine Translation um einen Vektor, der *nicht* zum Bravaisgitter gehört, gefolgt von einer Spiegelung an einer Ebene, die den Translationsvektor enthält.

Die hexagonal dichtest gepackte Struktur bietet Beispiele für beide Typen von Operationen (Bild 7.8). Diese neuen Symmetrien treten hier nur deshalb auf, weil der Abstand der beiden Basispunkte entlang der c-Achse exakt der Hälfte des Gitterebenenabstands entspricht.

Für die Benennung der Raumgruppen gibt es Systeme sowohl nach Schönflies, als auch innerhalb der internationalen Nomenklatur; man findet sie im Buch von Buerger – zitiert in Fußnote 2 – falls man sie wirklich einmal benötigen sollte.

Beispiele von Elementkristallen

In Kapitel 4 finden sich Zusammenstellungen der Elemente, die kubisch-flächenzentriert, kubisch-raumzentriert, hexagonal dichtest gepackt oder in der Diamantstruktur kristallisieren. Mehr als 70 Prozent der Elemente kann man diesen vier Klassen zuordnen. Die übrigen kristallisieren in einer Vielfalt von Strukturen, meist mit mehratomigen, manchmal recht komplexen primitiven Zellen. Wir beschließen dieses Kapitel mit einigen weiteren Beispielen, zusammengestellt in den Tabellen 7.5, 7.6 und 7.7. Die Daten sind entnommen aus Wyckoff (zitiert in Tabelle 4.1) und gelten, sofern nichts anderes angegeben ist, bei Raumtemperatur und unter Normaldruck.

Tabelle 7.7
Elemente mit orthorhombischen Bravaisgittern*

Element	a (Å)	b (Å)	c (Å)
Ga	4,511	4,517	7,645
P (schwarz)	3,31	4,38	10,50
Cl (113 K)	6,24	8,26	4,48
Br (123 K)	6,67	8,72	4,48
I	7,27	9,79	4,79
S (rhombisch)	10,47	12,87	24,49

* Die Längen der drei aufeinander senkrecht stehenden primitiven Vektoren sind a, b und c. Die Struktur des rhombischen Schwefels ist komplex, mit 128 Atomen pro Einheitszelle; die Kristalle der übrigen Elemente kann man mittels einer achtatomigen Einheitszelle beschreiben. Weitere Details findet man im Buch von Wyckoff (zitiert in Tabelle 4.1).

Aufgaben

7.1 (a) Zeigen Sie, daß jedes Bravaisgitter inversionssymmetrisch bezüglich eines Gitterpunktes ist. (Hinweis: Schreiben Sie die Gittertranslationen als Linearkombinationen von primitiven Vektoren, mit ganzzahligen Koeffizienten.)

(b) Zeigen Sie, daß die Diamantstruktur invariant ist gegenüber Inversion im Mittelpunkt einer jeden Bindung zwischen nächsten Nachbarn.

7.2 (a) Wenn die drei primitiven Vektoren eines trigonalen Bravaisgitters jeweils aufeinander senkrecht stehen, so hat das Gitter offenbar mehr als nur trigonale Symmetrie, es ist einfach-kubisch. Zeigen Sie, daß das Gitter auch dann mehr als trigonale Symmetrie hat, wenn die drei Winkel gleich 60° oder $\arccos(-\frac{1}{3})$ sind, und es in diesen Fällen entsprechend kubisch-flächenzentriert oder kubisch-raumzentriert ist.

(b) Zeigen Sie, daß man das einfach-kubische Gitter darstellen kann als ein trigonales Gitter, aufgespannt von den primitiven Vektoren $\mathbf{a}_i$, die miteinander Winkel von 60° einschließen, mit einer Basis aus zwei Punkten bei $\pm\frac{1}{4}(\mathbf{a}_1 + \mathbf{a}_2 + \mathbf{a}_3)$. (Vergleichen Sie diese Zahlenwerte mit den Angaben über die Kristallstrukturen in Tabelle 7.5)

(c) Welche Kristallstruktur ergibt sich, wenn man im trigonalen Gitter von (b) die Basis als $\pm\frac{1}{8}(\mathbf{a}_1 + \mathbf{a}_2 + \mathbf{a}_3)$ wählt?

7.3 Sind zwei Kristallsysteme in der Hierarchie der Symmetrien von Bild 7.7 durch Pfeile verbunden, so ist es möglich, ein Bravaisgitter des Systems mit der höheren Symmetrie durch eine infinitesimale Verformung in ein Bravaisgitter des Systems mit der niedrigeren Symmetrie zu überführen – außer im Falle des Paares hexagonaltrigonal. Die entsprechenden Verformungen wurden im Text vollständig beschrieben, mit Ausnahme der Fälle hexagonal-orthorhombisch und trigonal-monoklin.

(a) Beschreiben Sie eine infinitesimale Verformung, die ein einfach-hexagonales Bravaisgitter auf ein Bravaisgitter des orthorhombischen Systems reduziert.

(b) Welche Art orthorhombischer Bravaisgitter kann man auf diese Weise erreichen?

(c) Beschreiben Sie eine infinitesimale Verformung, die ein trigonales Bravaisgitter auf ein Gitter des monoklinen Systems reduziert.

(d) Welche Art monokliner Bravaisgitter kann man auf diese Weise erreichen?

7.4 (a) Welche der in Tabelle 7.3 beschriebenen trigonalen Punktgruppen ist die Punktgruppe des Bravaisgitters? Anders formuliert: Welches der in Tabelle 7.3 dargestellten trigonalen Objekte hat die Symmetrie des in Bild 7.3f gezeigten Körpers?

(b) In Bild 7.9 wurden die Oberflächen des Körpers aus Bild 7.3f auf verschiedene, die Symmetrie reduzierende Arten dekoriert, so daß Körper mit den Symmetrien der restlichen vier trigonalen Punktgruppen entstanden. Benennen Sie, unter Zuhilfenahme von Tabelle 7.3, die Punktgruppensymmetrie jedes der Objekte.

7.5 Welche der 14 Bravaisgitter, die weder kubisch-flächenzentriert noch kubischraumzentriert sind, haben keine reziproken Gitter derselben Art?

7.6 (a) Zeigen Sie, daß es zu jeder n-zähligen ($n \geqslant 3$) Drehachse eines Bravaisgitters eine zu dieser Achse senkrechte Schar von Gitterebenen gibt. (Diese Aussage gilt auch für $n = 2$, ist jedoch in diesem Falle schwieriger zu beweisen (siehe Aufgabe 7).)

(b) Folgern Sie aus (a), daß es in einem dreidimensionalen Bravaisgitter keine n-zählige Drehachse geben kann, die nicht auch in einem zweidimensionalen Bravaisgitter existiert.

(c) Zeigen Sie, daß es kein zweidimensionales Bravaisgitter mit einer n-zähligen Drehachse für $n = 5$ und $n \geqslant 7$ geben kann. (Hinweis: Zeigen Sie zunächst, daß man die Drehachse so wählen kann, daß sie durch einen Gitterpunkt verläuft.

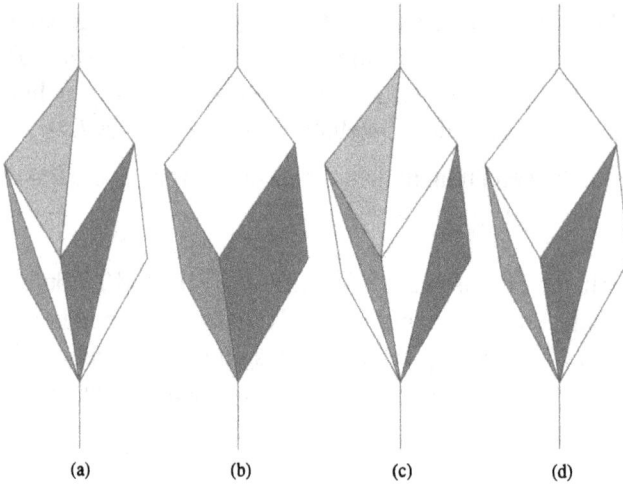

Bild 7.9: Objekte mit den Symmetrien der vier niedrigersymmetrischen trigonalen Punktgruppen. Welches Objekt hat welche Symmetrie?

(a)   (b)   (c)   (d)

Gehen Sie dann nach dem Prinzip des Beweises durch Widerspruch vor, indem Sie die Menge von Punkten betrachten, in die der nächste Nachbarpunkt des fixen Gitterpunktes durch die n Drehungen überführt wird, um ein Paar von Punkten zu finden, die näher zusammenliegen als der angenommene Abstand zwischen nächsten Nachbarn. (Beachten Sie dabei, daß im Falle $n = 5$ eine gegenüber den anderen Fällen geringfügig andere Betrachtungsweise notwendig ist.)

7.7   (a) Zeigen Sie: Hat ein Bravaisgitter eine Spiegelebene, so gibt es eine zur Spiegelebene parallele Schar von Gitterebenen. (Hinweis: Gehen Sie von der Argumentation im Abschnitt „Klassifikation der Bravaisgitter" aus und zeigen Sie zunächst, daß aus der Existenz einer Spiegelebene folgt, daß es auch eine Spiegelebene gibt, die einen Gitterpunkt enthält. Nun genügt es, zu beweisen, daß diese Ebene auch noch zwei weitere Gitterpunkte enthält, die mit dem ersten Punkt nicht kollinear sind.)

(b) Zeigen Sie: Hat ein Bravaisgitter eine 2-zählige Drehachse, so gibt es eine Gitterebenenschar senkrecht zu dieser Achse.

8 Elektronische Energieniveaus in einem periodischen Potential: Allgemeine Eigenschaften

Periodisches Potential und Blochscher Satz

Born-von Karman-Randbedingungen

Ein weiterer Beweis des Blochschen Satzes

Kristallimpuls, Bandindex und Geschwindigkeit

Die Fermifläche

Niveaudichte und van Hove-Singularitäten

Da die Atomrümpfe eines idealen Kristalls regelmäßig und periodisch angeordnet sind, liegt es nahe, das Verhalten eines Elektrons in einem Potential $U(\mathbf{r})$ zu betrachten, welches die Periodizität des zugrundeliegenden Bravaisgitters hat, und somit die Bedingung

$$U(\mathbf{r} + \mathbf{R}) = U(\mathbf{r}) \qquad (8.1)$$

für alle Gittervektoren $\mathbf{R}$ des Bravaisgitters erfüllt.

Da die Periode des Potentials U mit $\sim 10^{-8}$ cm die Größenordnung einer typischen de Broglie-Wellenlänge eines Elektrons im Sommerfeldschen Modell freier Elektronen hat, ist es unabdingbar, bei einer Betrachtung der Auswirkungen der Periodizität des Potentials auf die Elektronenbewegung die Methoden der Quantenmechanik zu benutzen. Im vorliegenden Kapitel werden wir jene Eigenschaften der elektronischen Energieniveaus betrachten, die ausschließlich durch die Periodizität des Potentials bedingt sind, ohne Berücksichtigung seines jeweiligen Verlaufes im Detail. Die Kapitel 9 und 10 setzen diese Diskussion fort und behandeln zwei Grenzfälle von besonderem physikalischem Interesse, die als konkrete Beispiele die allgemeinen Ergebnisse des vorliegenden Kapitels illustrieren. Kapitel 11 faßt einige der wichtigsten Methoden zur tatsächlichen, detaillierten Berechnung der elektronischen Energieniveaus zusammen. In den Kapiteln 12 und 13 werden wir die Auswirkungen unserer Folgerungen auf Probleme der bereits in den Kapiteln 1 und 2 behandelten elektronischen Transporttheorie untersuchen und dabei zeigen, welch große Zahl von Anomalien der Theorie freier Elektronen (siehe Kapitel 3) sich damit aufheben. In den Kapiteln 14 und 15 schließlich werden wir Eigenschaften bestimmter Metalle diskutieren, die unsere allgemeine Theorie bestätigen und illustrieren.

Wir betonen hier gleich zu Beginn, daß vollkommene Periodizität eine Idealisierung ist: Reale Festkörper sind niemals absolut rein, und in der Nähe der Verunreinigungsatome weicht die Struktur des Gefüges von der Struktur an anderen Stellen des Kristalls ab. Darüber hinaus besteht immer eine schwach temperaturabhängige Wahrscheinlichkeit dafür, daß an einem Gitterplatz ein Atomrumpf fehlt oder einer der „falschen" Sorte sitzt (siehe Kapitel 30), so daß die vollkommene Translationssymmetrie selbst eines absolut reinen Kristalls gestört sein kann. Schließlich sind die Ionen nicht eigentlich ortsfest, sondern führen dauernd thermische Schwingungen um ihre Gleichgewichtslagen aus.

Sämtliche der erwähnten Abweichungen vom idealen Kristall sind von großer Bedeutung: Beispielsweise sind sie die eigentliche Ursache dafür, daß die elektrische Leitfähigkeit der Metalle nicht unendlich ist. Man geht aber trotzdem am effektivsten so vor, daß man die Problemstellung künstlich in zwei Bereiche trennt: (a) Die Untersuchung des Ideals eines perfekten Kristalls, innerhalb dessen das Potential vollkommen periodisch ist, und (b) die Untersuchung der Auswirkungen jeglicher Abweichungen von der idealen Periodizität – behandelt als kleine Störungen – auf die Eigenschaften des hypothetischen, perfekten Kristalls.

Wir möchten hier ebenfalls betonen, daß sich das Problem der Untersuchung von Elektronen in einem periodischen Potential nicht nur innerhalb einer Theorie der Metalle stellt: Die meisten der allgemeinen Schlüsse, die wir im vorliegenden Kapitel ziehen werden, lassen sich auf sämtliche kristallinen Festkörper anwenden und spielen eine wesentliche Rolle in der noch folgenden Behandlung der Isolatoren und Halbleiter.

Das periodische Potential

Das Verhalten der Elektronen in Festkörpern ist prinzipiell ein Vielelektronen-Problem, da der vollständige Hamilton-Operator eines Festkörpers nicht nur Ein-Elektron-Potentiale zur Beschreibung der Wechselwirkungen zwischen Elektronen und den massiven Atomrümpfen enthält, sondern auch Paarpotentiale zur Beschreibung der Elektron-Elektron-Wechselwirkungen. In der Näherung unabhängiger Elektronen werden die letzteren Wechselwirkungen durch ein effektives Ein-Elektron-Potential $U(\mathbf{r})$ berücksichtigt. Die am besten geeignete Form dieses effektiven Potentials herauszufinden, ist ein schwieriges Problem, auf das wir in den Kapiteln 11 und 17 zurückkommen werden. Hier stellen wir lediglich fest, daß das effektive Ein-Elektron-Potential – ganz unabhängig von seiner jeweiligen, speziellen Form – jedenfalls (8.1) erfüllen muß, wenn der Kristall perfekt periodisch ist. Aus dieser Tatsache alleine kann man bereits wesentliche Schlüsse ziehen.

Qualitativ kann man den in Bild 8.1 dargestellten Verlauf eines typischen Kristallpotentials erwarten: Es nähert sich in den unmittelbaren Umgebungen der Atomrümpfe den jeweiligen atomaren Potentialen an, verläuft im Bereich zwischen den Rümpfen aber abgeflacht.

Wir werden so dazu geführt, allgemeine Eigenschaften der Schrödingergleichung eines einzelnen Elektrons,

$$H\psi = \left(-\frac{\hbar^2}{2m}\nabla^2 + U(\mathbf{r})\right)\psi = \varepsilon\psi, \qquad (8.2)$$

zu untersuchen, die sich aufgrund der Periodizität (8.1) des Potentials U ergeben. Die Schrödingergleichung (2.4) des freien Elektrons ist ein Spezialfall – ein, wie wir noch sehen werden, in mancher Hinsicht sehr „pathologischer" – von (8.2), wobei man das Potential Null als das einfachste Beispiel eines periodischen Potentials betrachtet.

Unabhängige Elektronen, deren jedes einer Ein-Elektron-Schrödingergleichung mit periodischem Potential genügt, bezeichnet man als *Bloch-Elektronen* – im Gegensatz zu „freien Elektronen", auf die man Bloch-Elektronen zurückführen kann, wenn das periodische Potential identisch Null ist. Als allgemeine Folge der Periodizität

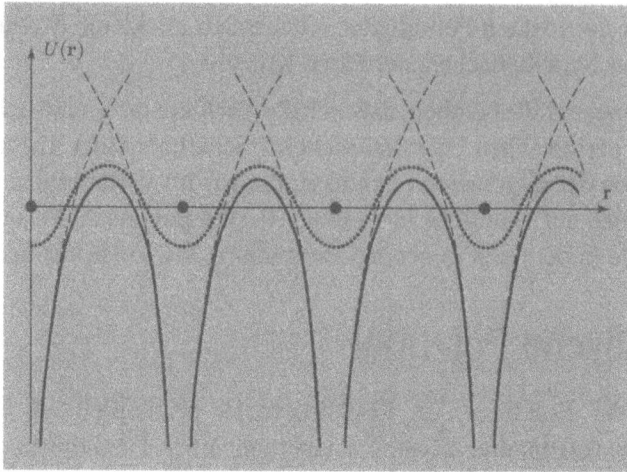

Bild 8.1: Der Verlauf eines typischen, periodischen Kristallpotentials, gezeichnet einmal auf einer die Atomrümpfe verbindenden Linie, zum anderen auf einer Linie, die in der Mitte zwischen den Gitterebenen liegt. (Die schwarzen Punkte kennzeichnen die Gleichgewichtspositionen der Atomrümpfe. Durchgezogene Kurven: Potentialverlauf auf der Verbindungslinie zwische zwei Rümpfen; Punktiert gezeichnete Kurven: Potentialverlauf auf einer Linie zwischen den Gitterbenen; Gestrichelt gezeichnete Kurven: Potential einzelner, isolierter Atomrümpfe.)

des Potentials U haben die stationären Zustände von Bloch-Elektronen die folgende wesentliche Eigenschaft:

Blochscher Satz

Satz[1] Man kann die Eigenzustände ψ des Ein-Elektron-Hamiltonoperators $H = -\hbar^2 \nabla^2/2m + U(\mathbf{r})$ mit einem Potential $U(\mathbf{r})$, welches die Bedingung $U(\mathbf{r} + \mathbf{R}) = U(\mathbf{r})$ für alle Gittervektoren $\mathbf{R}$ eines Bravaisgitters erfüllt, jeweils schreiben als Produkt aus einer ebenen Wellen und einer Funktion $u_{n\mathbf{k}}(\mathbf{r})$, welche die Periodizität des Bravaisgitters besitzt:

$$\boxed{\psi_{n\mathbf{k}}(\mathbf{r}) = e^{i\mathbf{k}\cdot\mathbf{r}} u_{n\mathbf{k}}(\mathbf{r}).} \tag{8.3}$$

Dabei gilt

$$u_{n\mathbf{k}}(\mathbf{r} + \mathbf{R}) = u_{n\mathbf{k}}(\mathbf{r}) \tag{8.4}$$

für alle Vektoren $\mathbf{R}$ des Bravaisgitters.[2]

---

[2] Der Index n heißt *Bandindex*. Er tritt auf, weil es – wie wir noch sehen werden – für einen gegebenen Wert von $\mathbf{k}$ zahlreiche unabhängige Eigenzustände gibt.

Beachten Sie, daß aus den Gleichungen (8.3) und (8.4) die Beziehung

$$\psi_{n\mathbf{k}}(\mathbf{r} + \mathbf{R}) = e^{i\mathbf{k}\cdot\mathbf{R}}\psi_{n\mathbf{k}}(\mathbf{r}) \tag{8.5}$$

folgt. Der Blochsche Satz wird manchmal auch wie folgt formuliert:[3] Die Eigenzustände von H können so gewählt werden, daß ein jedem ψ zugeordneter Wellenvektor $\mathbf{k}$ existiert, der die Bedingung

$$\boxed{\psi(\mathbf{r} + \mathbf{R}) = e^{i\mathbf{k}\cdot\mathbf{R}}\psi(\mathbf{r})} \tag{8.6}$$

für jeden Vektor $\mathbf{R}$ des Bravaisgitters erfüllt.

Wir führen hier zwei Beweise des Blochschen Satzes. Der erste beruht auf allgemeinen quantenmechanischen Betrachtungen, der zweite auf einer expliziten Konstruktion.[4]

Erster Beweis des Blochschen Satzes

Zu jedem Vektor $\mathbf{R}$ des Bravaisgitters definieren wir einen Translationsoperator $T_{\mathbf{R}}$ mit der Eigenschaft, in Anwendung auf eine beliebige Funktion $f(\mathbf{r})$ deren Argument um $\mathbf{R}$ zu verschieben:

$$T_{\mathbf{R}}f(\mathbf{r}) = f(\mathbf{r} + \mathbf{R}). \tag{8.7}$$

Infolge der Periodizität des Hamiltonoperators gilt

$$T_{\mathbf{R}}H\psi = H(\mathbf{r} + \mathbf{R})\psi(\mathbf{r} + \mathbf{R}) = H(\mathbf{r})\psi(\mathbf{r} + \mathbf{R}) = HT_{\mathbf{R}}\psi. \tag{8.8}$$

Da (8.8) identisch für jede Funktion ψ erfüllt ist, folgt daraus die Operatoridentität

$$T_{\mathbf{R}}H = HT_{\mathbf{R}}. \tag{8.9}$$

Weiterhin ist wegen der für jede Funktion $\psi(\mathbf{r})$ gültigen Beziehung

$$T_{\mathbf{R}}T_{\mathbf{R}'}\psi(\mathbf{r}) = T_{\mathbf{R}'}T_{\mathbf{R}}\psi(\mathbf{r}) = \psi(\mathbf{r} + \mathbf{R} + \mathbf{R}') \tag{8.10}$$

das Ergebnis der aufeinanderfolgenden Anwendung zweier Translationen von der Reihenfolge ihrer Anwendung unabhängig. Deshalb folgt

$$T_{\mathbf{R}}T_{\mathbf{R}'} = T_{\mathbf{R}'}T_{\mathbf{R}} = T_{\mathbf{R}+\mathbf{R}'}. \tag{8.11}$$

---

[3] Aus (8.6) folgen sowohl (8.3) als auch (8.4), da die Funktion $u(\mathbf{r}) = \exp(-i\mathbf{k}\cdot\mathbf{r})$ nach (8.6) die Periodizität des Bravaisgitters hat.

[4] Der erste Beweis beruht auf einigen allgemeingültigen Ergebnissen der Quantenmechanik. Der zweite Beweis ist elementar, aber in Bezug auf den Schreibaufwand unbequemer.

Die Gln. (8.9) und (8.11) bedeuten, daß die $T_\mathbf{R}$ für alle Vektoren $\mathbf{R}$ des Bravaisgitters zusammen mit dem Hamiltonoperator H eine Menge vertauschbarer Operatoren bilden. Ein fundamentaler Satz der Quantenmechanik[5] besagt, daß man in einem solchen Falle die Eigenzustände von H derart wählen kann, daß sie simultane Eigenzustände sämtlicher $T_\mathbf{R}$ sind:

$$H\psi = \varepsilon\psi,$$
$$T_\mathbf{R}\psi = c(\mathbf{R})\psi. \tag{8.12}$$

Die Eigenwerte $c(\mathbf{R})$ der Translationsoperatoren stehen über die Beziehung (8.11) miteinander in Beziehung, da einerseits gilt

$$T_{\mathbf{R}'}T_\mathbf{R}\psi = c(\mathbf{R})T_{\mathbf{R}'}\psi = c(\mathbf{R})c(\mathbf{R}')\psi, \tag{8.13}$$

während nach (8.11)

$$T_{\mathbf{R}'}T_\mathbf{R}\psi = T_{\mathbf{R}+\mathbf{R}'}\psi = c(\mathbf{R}+\mathbf{R}')\psi \tag{8.14}$$

erfüllt sein muß. Es folgt, daß die Eigenwerte notwendig die Beziehung

$$c(\mathbf{R}+\mathbf{R}') = c(\mathbf{R})c(\mathbf{R}') \tag{8.15}$$

erfüllen. Seien nun die $\mathbf{a}_i$ drei primitive Vektoren des Bravaisgitters. In jedem Falle können wir die $c(\mathbf{a}_i)$ für eine geeignete Wahl[6] der x_i in der Form

$$c(\mathbf{a_i}) = e^{2\pi i x_i} \tag{8.16}$$

schreiben.

Durch mehrfache Anwendung von (8.15) ergibt sich für einen allgemeinen Vektor

$$\mathbf{R} = n_1\mathbf{a}_1 + n_2\mathbf{a}_2 + n_3\mathbf{a}_3 \tag{8.17}$$

des Bravaisgitters die Beziehung

$$c(\mathbf{R}) = c(\mathbf{a}_1)^{n_1}c(\mathbf{a}_2)^{n_2}c(\mathbf{a}_3)^{n_3}, \tag{8.18}$$

die äquivalent ist zu

$$c(\mathbf{R}) = e^{i\mathbf{k}\cdot\mathbf{R}}. \tag{8.19}$$

---

[5] Siehe beispielsweise D. Park, *Introduction to the Quantum Theory*, McGraw-Hill, New York (1964).
[6] Wir werden noch sehen, daß die x_i unter geeigneten Randbedingungen reell sein müssen; hier können wir sie als allgemeine komplexe Zahlen betrachten.

Dabei ist

$$\mathbf{k} = x_1\mathbf{b}_1 + x_2\mathbf{b}_2 + x_3\mathbf{b}_3 \qquad (8.20)$$

und die $\mathbf{b}_i$ sind Vektoren des reziproken Gitters, die (5.4) erfüllen: $\mathbf{b}_i \cdot \mathbf{a}_j = 2\pi\delta_{ij}$.

Zusammenfassend zeigten wir, daß man die Eigenzustände ψ von H derart wählen kann, daß für jeden Vektor $\mathbf{R}$ des Bravaisgitters die Beziehung

$$T_\mathbf{R}\psi = \psi(\mathbf{r} + \mathbf{R}) = c(\mathbf{R})\psi = e^{i\mathbf{k}\cdot\mathbf{R}}\psi(\mathbf{r}) \qquad (8.21)$$

gilt. Dies ist der Blochsche Satz in seiner Form (8.6).

Die Born-von Karman-Randbedingung

Durch Anwendung einer geeigneten Randbedingung auf die Wellenfunktionen kann man zeigen, daß der Wellenvektor $\mathbf{k}$ reell sein muß, und eine Bedingung ableiten, welche die Anzahl möglicher $\mathbf{k}$-Werte beschränkt. Als Randbedingung wählt man gewöhnlich die natürliche Verallgemeinerung der Bedingung (2.5) aus der Sommerfeld-Theorie freier Elektronen in einem würfelförmigen Volumen. Ebenso wie in diesem Fall führen wir ein die Elektronen enthaltendes Volumen in die Theorie ein, mittels einer Born-von Karman-Randbedingung von makroskopischer Periodizität (Seite 42). Nun ist es jedoch im allgemeinen nicht mehr zweckmäßig, mit einem würfelförmigen Volumen der Kantenlänge L zu arbeiten, es sei denn, das Bravaisgitter ist kubisch und L ist ein ganzzahliges Vielfaches der Gitterkonstanten a. Es ist dagegen wesentlich sinnvoller, die Form des Volumens kommensurabel mit einer primitiven Zelle des Bravaisgitters zu wählen. Wir verallgemeinern deshalb die periodische Randbedingung (2.5) zu

$$\psi(\mathbf{r} + N_i\mathbf{a}_i) = \psi(\mathbf{r}), \quad i = 1, 2, 3. \qquad (8.22)$$

Dabei bezeichnen die $\mathbf{a}_i$ drei primitive Vektoren und die N_i alle ganzen Zahlen der Ordnung $N^{1/3}$, mit der Gesamtzahl $N = N_1 N_2 N_3$ der primitiven Zellen im Kristall.

Ebenso wie in Kapitel 2 verwenden wir diese Randbedingung unter der Annahme, daß die makroskopischen Eigenschaften des Festkörpers von dieser Wahl nicht beeinflußt werden, so daß man die Randbedingung im Hinblick auf mathematische Einfachheit wählen kann.

Wendet man den Blochschen Satz (8.6) auf die Randbedingung (8.22) an, so erhält man

$$\psi_{n\mathbf{k}}(\mathbf{r} + N_i\mathbf{a}_i) = e^{iN_i\mathbf{k}\cdot\mathbf{a}_i}\psi_{n\mathbf{k}}(\mathbf{r}), \quad i = 1, 2, 3. \qquad (8.23)$$

Diese Beziehung ist nur dann erfüllt, wenn

$$e^{iN_i \mathbf{k} \cdot \mathbf{a}_i} = 1, \quad i = 1, 2, 3. \tag{8.24}$$

Hat k die Form (8.20), so verlangt (8.24), daß

$$e^{2\pi N_i x_i} = 1 \tag{8.25}$$

gilt, und folglich auch

$$x_i = \frac{m_i}{N_i}, \quad m_i \text{ ganzzahlig}. \tag{8.26}$$

Deshalb hat ein erlaubter Bloch-Wellenvektor[7] die allgemeine Form

$$\mathbf{k} = \sum_{i=1}^{3} \frac{m_i}{N_i} \mathbf{b}_i, \quad m_i \text{ ganzzahlig}. \tag{8.27}$$

Aus (8.27) folgt, daß das Volumen $\Delta \mathbf{k}$ im k-Raum je erlaubtem Wert von **k** gegeben ist durch das kleine Parallelepiped mit den Kantenlängen $\mathbf{b}_i/N_i$:

$$\Delta \mathbf{k} = \frac{\mathbf{b}_1}{N_1} \cdot \left(\frac{\mathbf{b}_2}{N_2} \times \frac{\mathbf{b}_3}{N_3} \right) = \frac{1}{N} \mathbf{b}_1 \cdot (\mathbf{b}_2 \times \mathbf{b}_3). \tag{8.28}$$

Nun ist $\mathbf{b}_1 \cdot (\mathbf{b}_2 \times \mathbf{b}_3)$ das Volumen einer primitiven Zelle des reziproken Gitters. Folglich besagt (8.28), daß *die Anzahl erlaubter Werte des Wellenvektors innerhalb einer primitiven Zelle des reziproken Gitters gleich der Anzahl von primitiven Zellen im Kristall ist.*

Das Volumen einer primitiven Zelle ist im reziproken Gitter gegeben durch $(2\pi)^3/v$, wobei $v = V/N$ das Volumen einer primitiven Zelle im direkten Gitter ist, so daß man (8.28) auch in der Form

$$\boxed{\Delta \mathbf{k} = \frac{(2\pi)^3}{V}} \tag{8.29}$$

schreiben kann – in Übereinstimmung mit dem Ergebnis (2.18), welches wir im Falle freier Elektronen erhielten.

---

[7] Beachten Sie, daß sich (8.27) auf die Form der in der Theorie freier Elektronen verwendeten Beziehung (2.16) reduziert, wenn das Bravaisgitter einfach-kubisch ist, mit den kubischen primitiven Vektoren $\mathbf{a}_i$ und $N_1 = N_2 = N_3 = L/a$.

Ein weiterer Beweis des Blochschen Satzes

Dieser zweite Beweis[8] des Blochschen Satzes betrachtet dessen Aussage von einem anderen Standpunkt aus, den wir uns in Kapitel 9 zu eigen machen werden. Wir beginnen mit der Beobachtung, daß man eine beliebige Funktion, welche die Born-von Karman-Randbedingung (8.22) erfüllt, in jedem Falle entwickeln kann nach der Menge aller ebenen Wellen, welche ebenfalls die Randbedingung erfüllen, und deren Wellenvektoren deshalb von der Form (8.27) sind:[9]

$$\psi(\mathbf{r}) = \sum_{\mathbf{q}} c_{\mathbf{q}} e^{i\mathbf{q}\cdot\mathbf{r}}. \tag{8.30}$$

Da das Potential $U(\mathbf{r})$ im Gitter periodisch ist, so enthält seine Entwicklung nach ebenen Wellen ausschließlich ebene Wellen mit der Periodizität des Gitters und deshalb mit Wellenvektoren, die Vektoren des reziproken Gitters sind:[10]

$$U(\mathbf{r}) = \sum_{\mathbf{K}} U_{\mathbf{K}} e^{i\mathbf{K}\cdot\mathbf{r}}. \tag{8.31}$$

Die Fourier-Koeffizienten $U_{\mathbf{K}}$ des Potentials $U(\mathbf{r})$ sind gegeben durch[11]

$$U_{\mathbf{K}} = \frac{1}{v} \int_{\text{Zelle}} d\mathbf{r}\, e^{-i\mathbf{K}\cdot\mathbf{r}} U(\mathbf{r}). \tag{8.32}$$

Da eine potentielle Energie nur bis auf eine additive Konstante festgelegt ist, haben wir die Freiheit, diese Konstante durch eine Bedingung festzulegen – beispielsweise durch die Forderung, daß das räumliche Mittel U_0 des Potentials über das Volumen einer primitiven Zelle verschwinden soll:

$$U_0 = \frac{1}{v} \int_{\text{Zelle}} d\mathbf{r}\, U(\mathbf{r}) = 0. \tag{8.33}$$

Beachten Sie, daß aus (8.32) für die Fourier-Koeffizienten

$$U_{-\mathbf{K}} = U_{\mathbf{K}}^* \tag{8.34}$$

---

[8] Obwohl elementarer als der erste, ist dieser Beweis doch von der Schreibweise her aufwendiger. Er ist in erster Linie als Ausgangspunkt der Näherungsrechnungen von Kapitel 9 interessant, weshalb man diesen Abschnitt zunächst übergehen kann.

[9] Im folgenden verstehen wir unter einer nicht näher bezeichneten Summation über $\mathbf{k}$ eine Summe über alle Wellenvektoren der Form (8.27), die mit der Born-von Karman-Randbedingung verträglich sind.

[10] Eine mit $\mathbf{K}$ indizierte Summe läuft immer über alle Vektoren des reziproken Gitters.

[11] Siehe Anhang D. Dort diskutieren wir die Bedeutung des reziproken Gitters für die Fourier-Entwicklung periodischer Funktionen.

folgt, da das Potential $U(\mathbf{r})$ reell ist. Nehmen wir an, daß der Kristall inversionssymmetrisch ist,[12] daß also mit einem geeignet gewählten Ursprung die Beziehung
$U(\mathbf{r}) = U(-\mathbf{r})$ gilt, so folgt aus (8.32), daß die $U_\mathbf{K}$ reell sind, und somit

$$U_{-\mathbf{K}} = U_\mathbf{K} = U_\mathbf{K}^* \quad \text{(für Kristalle mit Inversionssymmetrie).} \tag{8.35}$$

Wir setzen nun die Entwicklungen (8.30) und (8.31) in die Schrödingergleichung (8.2)
ein. Für den Term der kinetischen Energie erhalten wir

$$\frac{p^2}{2m}\psi = -\frac{\hbar^2}{2m}\nabla^2\psi = \sum_\mathbf{q} \frac{\hbar^2}{2m}q^2 c_\mathbf{q} e^{i\mathbf{q}\cdot\mathbf{r}}, \tag{8.36}$$

den Term der potentiellen Energie kann man folgendermaßen schreiben[13]

$$\begin{aligned} U\psi &= \left(\sum_\mathbf{K} U_\mathbf{K} e^{i\mathbf{K}\cdot\mathbf{r}}\right)\left(\sum_\mathbf{q} c_\mathbf{q} e^{i\mathbf{q}\cdot\mathbf{r}}\right) \\ &= \sum_{\mathbf{K}\mathbf{q}} U_\mathbf{K} c_\mathbf{q} e^{i(\mathbf{K}+\mathbf{q})\cdot\mathbf{r}} = \sum_{\mathbf{K}\mathbf{q}'} U_\mathbf{K} c_{\mathbf{q}'-\mathbf{K}} e^{i\mathbf{q}'\cdot\mathbf{r}}. \end{aligned} \tag{8.37}$$

Wir ändern die Summationsindizes in (8.37) von $\mathbf{K}$ und $\mathbf{q}'$ zu $\mathbf{K}'$ und $\mathbf{q}$, so daß die
Schrödingergleichung nun lautet

$$\sum_\mathbf{q} e^{i\mathbf{q}\cdot\mathbf{r}} \left\{\left(\frac{\hbar^2}{2m}q^2 - \varepsilon\right)c_\mathbf{q} + \sum_{\mathbf{K}'} U_{\mathbf{K}'} c_{\mathbf{q}-\mathbf{K}'}\right\} = 0. \tag{8.38}$$

Da die ebenen Wellen, welche die Born-von Karman-Randbedingung erfüllen, eine
orthogonale Menge bilden, müssen die Koeffizienten der Summanden in (8.38) einzeln
verschwinden,[14] so daß für alle erlaubten Wellenvektoren $\mathbf{q}$ gilt:

$$\boxed{\left(\frac{\hbar^2}{2m}q^2 - \varepsilon\right)c_\mathbf{q} + \sum_{\mathbf{K}'} U_{\mathbf{K}'} c_{\mathbf{q}-\mathbf{K}'} = 0.} \tag{8.39}$$

---

[12] Wir möchten dem Leser empfehlen, die Argumentation des vorliegenden Abschnitts (und des Kapitels
9) durchzuführen, ohne dabei Inversionssymmetrie anzunehmen. Diese Annahme hatte hier nur den
einzigen Zweck, eine unnötige Kompliziertheit der Schreibweise zu vermeiden.

[13] Der letzte Schritt dieser Umformung folgt, wenn man $\mathbf{K}+\mathbf{q}=\mathbf{q}'$ substituiert und dabei beachtet, daß
die Summation über alle $\mathbf{q}$ der Form (8.27) gleichbedeutend ist mit einer Summation über alle $\mathbf{q}'$ dieser
Form, da $\mathbf{K}$ ein Vektor des reziproken Gitters ist.

[14] Dies kann man auch aus (D.12) des Anhangs D ableiten, wenn man (8.38) mit einer geeigneten ebenen
Welle multipliziert und über das Volumen des Kristalls integriert.

Es ist zweckmäßig, q in der Form $q = k - K$ zu schreiben, wobei der Vektor K des reziproken Gitters so gewählt ist, daß k in der ersten Brillouin-Zone liegt. Dann wird aus (8.39)

$$\left(\frac{\hbar^2}{2m}(k - K)^2 - \varepsilon\right) c_{k-K} + \sum_{K'} U_{K'} c_{k-K-K'} = 0, \tag{8.40}$$

oder – wenn wir die Variablen wie $K' \to K' - K$ ändern –

$$\boxed{\left(\frac{\hbar^2}{2m}(k - K)^2 - \varepsilon\right) c_{k-K} + \sum_{K'} U_{K'-K} c_{k-K'} = 0.} \tag{8.41}$$

Wir möchten betonen, daß es sich bei den Gln. (8.39) und (8.41) lediglich um Neuformulierungen der ursprünglichen Schrödingergleichung (8.2) im Impulsraum handelt, deren Form durch die Tatsache vereinfacht wird, daß infolge der Periodizität des Potentials U die U_k nur dann von Null verschieden sind, wenn k ein Vektor des reziproken Gitters ist.

Für ein festes k in der ersten Brillouin-Zone koppelt das Gleichungssystem (8.41) für alle Vektoren K des reziproken Gitters lediglich jene Koeffizienten c_k, c_{k-K}, $c_{k-K'}$, $c_{k-K''}$, $\ldots$, deren Wellenvektoren sich von k um einen Vektor des reziproken Gitters unterscheiden. Damit wurde die ursprüngliche Aufgabe in N voneinander unabhängige Aufgaben aufgespalten, eine für jeden erlaubten Wert von k in der ersten Brillouin-Zone. In jedem einzelnen Fall sind die Lösungen Überlagerungen von ebenen Wellen mit Wellenvektoren, die entweder gleich k sind, oder sich von k um Vektoren des reziproken Gitters unterscheiden.

Gehen wir mit den nun gewonnenen Erkenntnissen zurück zur Entwicklung (8.30) der Wellenfunktion ψ, so sehen wir, daß die Wellenfunktion von der Form

$$\psi_k = \sum_{K} c_{k-K} e^{i(k-K)\cdot r} \tag{8.42}$$

ist, falls der Wellenvekor q ausschließlich die Werte k, $k - K'$, $k - K''$, $\ldots$ annimmt. Umgeschrieben in

$$\psi_k(r) = e^{ik\cdot r}\left(\sum_{K} c_{k-K} e^{-iK\cdot r}\right) \tag{8.43}$$

hat (8.42) die Blochsche Form (8.3), mit einer periodischen Funktion $u(r)$, die durch

$$u(\mathbf{r}) = \sum_{\mathbf{K}} c_{\mathbf{k}-\mathbf{K}} e^{-i\mathbf{K}\cdot\mathbf{r}} \tag{8.44}$$

gegeben ist.[15]

Allgemeine Bemerkungen zum Blochschen Satz

1. Der Blochsche Satz führt einen Wellenvektor **k** ein, der – wie sich zeigt – dieselbe grundlegende Rolle bei der Behandlung des Problems der Bewegung in einem periodischen Potential spielt, wie der Wellenvektor des freien Elektrons in der Sommerfeld-Theorie. Beachten Sie aber, daß im Unterschied zum Wellenvektor des freien Elektrons, der einfach mit $\mathbf{p}/\hbar$ durch den Impuls des Elektrons gegeben ist, der Blochsche Wellenvektor **k** *nicht* proportional zum Elektronenimpuls ist. Dies ist klar aufgrund der allgemeinen Überlegung, daß der Hamilton-Operator in Anwesenheit eines nichtkonstanten Potentials nicht vollständig translationsinvariant ist, und seine Eigenzustände daher keine simultanen Eigenzustände des Impulsoperators sind. Diese Folgerung wird dadurch bestätigt, daß das Ergebnis der Anwendung des Impulsoperators $\mathbf{p} = (\hbar/i)\nabla$ auf $\psi_{n\mathbf{k}}$,

$$\frac{\hbar}{i}\nabla\psi_{n\mathbf{k}} = \frac{\hbar}{i}\nabla\left(e^{i\mathbf{k}\cdot\mathbf{r}}u_{n\mathbf{k}}(\mathbf{r})\right)$$

$$= \hbar\mathbf{k}\psi_{n\mathbf{k}} + e^{i\mathbf{k}\cdot\mathbf{r}}\frac{\hbar}{i}\nabla u_{n\mathbf{k}}(\mathbf{r}) \tag{8.45}$$

im allgemeinen *nicht* das Produkt einer Konstanten mit $\psi_{n\mathbf{k}}$, $\psi_{n\mathbf{k}}$ also *kein* Impuls-Eigenzustand ist.

Trotzdem kann man das Produkt $\hbar\mathbf{k}$ unter vielen Aspekten als eine natürliche Verallgemeinerung von **p** auf den Fall eines periodischen Potentials betrachten. Um diese Ähnlichkeit zu betonen, bezeichnet man $\hbar\mathbf{k}$ als den *Kristallimpuls* des Elektrons. Man darf sich aber durch diese Bezeichnung nicht irreführen lassen und glauben, es handle sich um einen Impuls, was nicht zutrifft. Ein intuitives Verständnis der dynamischen Bedeutung des Wellenvektors **k** kann man nur gewinnen, wenn man das Verhalten von Bloch-Elektronen unter dem Einfluß äußerer elektromagnetischer Felder betrachtet (Kapitel 12); nur unter diesen Bedingungen wird seine Verwandschaft mit $\mathbf{p}/\hbar$ vollständig klar. Für den Moment sollte der Leser **k** als eine Quantenzahl betrachten, welche die Translationssymmetrie eines periodischen Potentials widerspiegelt, auf die gleiche Weise, wie der Impuls **p** als Quantenzahl die reichere Translationssymmetrie des freien Raumes zum Ausdruck bringt.

---

[15] Beachten Sie, daß es zu einem gegebenen Wert von **k** (unendlich) viele Lösungen des (unendlichen) Gleichungssystems (8.41) gibt. Man klassifiziert diese Lösungen nach dem Bandindex n (siehe Fußnote 2).

2. Man kann den Wert des im Blochschen Satz auftretenden Wellenvektors k immer auf die erste Brillouin-Zone einschränken – oder auch auf jede andere gewünschte primitive Zelle des reziproken Gitters – da man jeden Vektor k', der nicht in der ersten Brillouin-Zone liegt, schreiben kann als

$$k' = k + K, \tag{8.46}$$

wobei K ein Vektor des reziproken Gitters ist und k in der ersten Brillouin-Zone liegt. Da $e^{iK \cdot R} = 1$ für jeden Vektor des reziproken Gitters gilt, so gilt die Blochsche Form (8.6), sofern sie für k erfüllt ist, auch für k'.

3. Der Index n erscheint im Blochschen Satz, weil es für einen gegebenen Wert von k viele Lösungen der Schrödingergleichung gibt. Wir bemerkten dies im zweiten Beweis des Blochschen Satzes; man kann jedoch auch folgendermaßen argumentieren:

Wir wollen alle Lösungen der Schrödingergleichung (8.2) ermitteln, welche von der Blochschen Form

$$\psi(\mathbf{r}) = e^{i\mathbf{k} \cdot \mathbf{r}} u(\mathbf{r}) \tag{8.47}$$

sind, wobei k fest gewählt ist und u die Periodizität des Bravaisgitters hat. Setzen wir (8.47) in die Schrödingergleichung ein, so sehen wir, daß u durch das Eigenwertproblem

$$H_{\mathbf{k}} u_{\mathbf{k}}(\mathbf{r}) = \left(\frac{\hbar^2}{2m} \left(\frac{1}{i} \nabla + \mathbf{k} \right)^2 + U(\mathbf{r}) \right) u_{\mathbf{k}}(\mathbf{r}) \tag{8.48}$$
$$= \varepsilon_{\mathbf{k}} u_{\mathbf{k}}(\mathbf{r})$$

unter der Randbedingung

$$u_{\mathbf{k}}(\mathbf{r}) = u_{\mathbf{k}}(\mathbf{r} + \mathbf{R}) \tag{8.49}$$

bestimmt ist.

Wegen der periodischen Randbedingung können wir (8.48) als ein hermitesches Eigenwertproblem betrachten, das auf eine einzelne primitive Zelle des Kristalls beschränkt ist. Da das Eigenwertproblem auf einem festen, endlichen Volumen gestellt ist, erwarten wir aufgrund allgemeiner Überlegungen eine unendliche Schar von Lösungen mit *diskreten* Eigenwerten,[16] die wir mit dem Bandindex n indizieren.

Beachten Sie, daß in dem durch die Gln. (8.48) und (8.49) gestellten Eigenwertproblem der Wellenvektor k nur als Parameter im Hamiltonoperator erscheint. Wir

---

[16] Genauso, wie sich für ein freies Elektron in einem festen, endlichen Volumen ein Satz diskreter Energieniveaus ergibt, haben auch die Normalschwingungen eines endlich ausgedehnten Trommelfells diskrete Frequenzen, etc.

erwarten deshalb, daß sich jedes der Energieniveaus zu einem gegebenen Wert von
k kontinuierlich verschiebt, wenn sich k kontinuierlich ändert.[17] Auf diese Weise
gelangen wir zu einer Beschreibung der Energieniveaus eines Elektrons in einem periodischen Potential als eine Schar kontinuierlicher[18] Funktionen $\varepsilon_n(\mathbf{k})$.

4.   Obwohl man den vollständigen Satz von Energieniveaus mit auf eine einzige primitive Zelle beschränktem k beschreiben kann, ist es dennoch oft nützlich, k als über
den gesamten k-Raum variabel zu betrachten – wenn auch die Beschreibung dadurch
sehr redundant wird. Da die Mengen aller Wellenfunktionen und Energieniveaus für
zwei Werte von k, die sich um einen Vektor des reziproken Gitters unterscheiden,
identisch sein müssen, können wir die Niveaus solcherart mit n indizieren, daß *für
ein gegebenes n die Eigenzustände und Eigenwerte periodische Funktionen von* k *im
reziproken Gitter* sind:

$$
\boxed{
\begin{aligned}
\psi_{n,\mathbf{k}+\mathbf{K}}(\mathbf{r}) &= \psi_{n\mathbf{k}}(\mathbf{r}), \\
\varepsilon_{n,\mathbf{k}+\mathbf{K}} &= \varepsilon_{n\mathbf{k}}.
\end{aligned}
}
\tag{8.50}
$$

Dies führt uns zu einer Beschreibung der Energieniveaus eines Elektrons in einem
periodischen Potential durch eine Schar kontinuierlicher Funktionen $\varepsilon_{n\mathbf{k}}$ (oder $\varepsilon_n(\mathbf{k})$),
deren jede die Periodizität des reziproken Gitters hat. Diese Funktionenschar und die
Information, die sie trägt, bezeichnet man als die *Bandstruktur* des Festkörpers.

Die Menge elektronischer Energieniveaus, die für jeden Wert von n durch $\varepsilon_n(\mathbf{k})$
gegeben ist, bezeichnet man als ein *Energieband*. Der Ursprung der Bezeichnung
„Band" wird sich in Kapitel 10 klären; hier stellen wir lediglich fest, daß aus der
Kontinuität und der Periodizität der Funktionen $\varepsilon_n(\mathbf{k})$ mit k folgt, daß es für die
Werte der Funktionen jeweils sowohl eine obere, als auch eine untere Schranke gibt, so
daß folglich sämtliche Energieniveaus $\varepsilon_n(\mathbf{k})$ innerhalb eines Energiebandes zwischen
diesen Schranken liegen.

5.   Man kann auf einer recht allgemeinen Grundlage zeigen (siehe Anhang E), daß
ein Elektron in einem durch den Index n und den Wellenvektor k spezifizierten Niveau

---

[17] Diese Erwartung ist beispielsweise in der gewöhnlichen Störungstheorie implizite enthalten, die nur
dann sinnvoll und möglich ist, wenn kleine Änderungen der Parameter im Hamiltonoperator auch zu
kleinen Änderungen der Energieniveaus führen. In Anhang E berechnen wir explizit die Änderungen der
Energieniveaus für kleine Änderungen von k.

[18] Die Tatsache, daß die Born-von Karman-Randbedingung den Wellenvektor k auf diskrete Werte der
Form (8.27) beschränkt, hat keinerlei Auswirkungen auf die Kontinuität der $\varepsilon_n(\mathbf{k})$ als Funktionen der
kontinuierlichen Variablen k, da das durch die Gleichungen (8.48) und (8.49) bestimmte Eigenwertproblem in keiner Weise von den Abmessungen des gesamten Kristalls abhängig ist, und für jeden Wert von k
wohldefiniert ist. Man sollte ebenfalls beachten, daß die Menge von Wellenvektoren k der Form (8.27)
für den Grenzfall eines unendlich ausgedehnten Kristalls dicht im k-Raum wird.

eine nichtverschwindende mittlere Geschwindigkeit hat, die durch

$$\boxed{\mathbf{v}_n(\mathbf{k}) = \frac{1}{\hbar}\nabla_{\mathbf{k}}\varepsilon_n(\mathbf{k})} \tag{8.51}$$

gegeben ist. Diese sehr bemerkenswerte Tatsache bedeutet: Es gibt stationäre (d.h. zeitunabhängige) Energieniveaus eines Elektrons in einem periodischen Potential, in welchen sich das Elektron, ungeachtet seiner Wechselwirkung mit dem feststehenden Gitter der Atomrümpfe, beliebig lange und ohne jegliche Abnahme seiner mittleren Geschwindigkeit fortbewegen kann. Dieses Ergebnis, dessen Folgerungen von fundamentaler Bedeutung sind und in den Kapiteln 12 und 13 behandelt werden, steht im krassen Gegensatz zu Drudes Vorstellung von Stößen als dem einfachen Zusammentreffen von Elektron und ortsfestem Atomrumpf.

Die Fermifläche

Man konstruiert den Grundzustand eines Systems von N freien Elektronen[19] durch Besetzen aller Ein-Elektron-Niveaus $\mathbf{k}$, deren Energien $\varepsilon(\mathbf{k}) = \hbar^2\mathbf{k}^2/2m$ kleiner als ε_F sind. Dabei ist die Fermienergie ε_F bestimmt durch die Forderung, daß die Gesamtzahl von Ein-Elektron-Niveaus mit Energien kleiner als ε_F gleich der Gesamtzahl von Elektronen sein soll (siehe Kapitel 2).

Den Grundzustand von N Bloch-Elektronen kann man auf ähnliche Weise konstruieren: Man indiziert nun die Ein-Elektron-Niveaus mit den Quantenzahlen n und $\mathbf{k}$, $\varepsilon_n(\mathbf{k})$ hat nicht die einfache, explizite Form wie für freie Elektronen, und $\mathbf{k}$ muß auf eine einzige primitive Zelle des reziproken Gitters beschränkt werden, wenn jedes Niveau nur einmal gezählt werden soll. Sind die niedrigsten Ein-Elektron-Niveaus mit einer bestimmten Anzahl von Elektronen gefüllt, so können sich zwei recht verschiedene Konfigurationen ergeben:

1. Eine gewisse Anzahl von Bändern kann vollständig gefüllt sein, während alle übrigen leer bleiben. Die Energiedifferenz zwischen dem energetisch am höchsten liegenden, besetzten Niveau und dem energetisch am niedrigsten liegenden, unbesetzten Niveau (also die Energiedifferenz zwischen der „Oberkante" des höchstliegenden besetzten Bandes und der „Unterkante" des niedrigstliegenden leeren Bandes) bezeichnet man als *Bandlücke*. Wir werden im folgenden sehen, daß Festkörper mit einer Bandlücke, die sehr viel größer ist als k_BT (mit einer Temperatur T nahe der Raumtemperatur), Isolatoren sind (siehe Kapitel 12). Wird die Bandlücke vergleichbar mit k_BT, so bezeichnet man den Festkörper als einen

---

[19] Wir unterscheiden in der Schreibweise nicht zwischen der Anzahl von Leitungselektronen und der Anzahl von primitiven Zellen, wenn aus dem Zusammenhang hervorgeht, welche von beiden gemeint ist. Beide Zahlen sind natürlich nur in einem einatomigen Bravaisgitter einwertiger Atome (beispielsweise der Alkalimetalle) identisch.

intrinsischen Halbleiter (siehe Kapitel 28). Da die Anzahl von Niveaus in einem Band gleich der Anzahl primitiver Zellen des Kristalls ist (siehe den Abschnitt „Die Born-von Karman-Randbedingung"), und da weiterhin jedes Niveau maximal zwei Elektronen mit unterschiedlichen Spins aufnimmt, *kann eine Konfiguration mit einer Bandlücke nur dann auftreten (muß es aber nicht notwendig), wenn die Anzahl von Elektronen je primitiver Zelle gerade ist.*

2. Eine Anzahl von Bändern kann teilweise gefüllt sein. In diesem Falle liegt die Energie des höchsten besetzten Niveaus, die Fermienergie ε_F, innerhalb des Energiebereiches von einem oder mehreren Bändern. Für jedes teilweise gefüllte Band gibt es eine Fläche im k-Raum, welche die besetzten von den unbesetzten Niveaus trennt. Die Gesamtheit all dieser Oberflächen bezeichnet man als die *Fermifläche*; sie ist die Verallgemeinerung der Fermikugel freier Elektronen auf den Fall von Bloch-Elektronen. Teile der Fermifläche, die den einzelnen, teilweise gefüllten Bändern zuzuordnen sind, bezeichnet man als *Zweige* der Fermifläche.[20] Wir werden in Kapitel 12 sehen, daß ein Festkörper dann metallische Eigenschaften zeigt, wenn er eine Fermifläche hat.

Der Zweig der Fermifläche im n-ten Band ist, falls er existiert, eine durch

$$\varepsilon_n(\mathbf{k}) = \varepsilon_F \qquad (8.52)$$

analytisch bestimmte[21] Fläche im k-Raum. Die Fermifläche ist deshalb eine Fläche (oder auch eine Menge von Flächen) konstanter Energie im k-Raum, vergleichbar mit den vertrauteren Äquipotentialflächen der Elektrostatik, welch letztere Flächen konstanter Energie im Ortsraum sind.

Da die Bänder $\varepsilon_n(\mathbf{k})$ im reziproken Gitter periodisch sind, ist die vollständige Lösung von (8.52) für jedes n eine Fläche im k-Raum mit der Periodizität des reziproken Gitters. Stellt man einen Zweig der Fermifläche in der vollständigen periodischen Struktur dar, so sagt man, er sei im *periodischen Zonenschema* beschrieben. Oft ist es jedoch vorzuziehen, von jedem Zweig der Fermifläche nur einen solch kleinen

---

[20] In zahlreichen wichtigen Fällen liegt die Fermifläche vollständig innerhalb eines einzelnen Bandes; auch im allgemeinen erstreckt sie sich nur über den Energiebereich einiger, weniger Bänder (siehe Kapitel 15).

[21] Definiert man die Fermienergie ε_F allgemein als die Energie zwischen dem höchsten besetzten und dem niedrigsten unbesetzen Niveau, so ist sie in einem Festkörper mit Energielücke nicht eindeutig definiert, da jede Energie innerhalb der Lücke dieses Kriterium erfüllt. Trotzdem spricht man von „der" Fermienergie eines intrinsischen Halbleiters; man meint damit das Chemische Potential, das bei jeder von Null verschiedenen Temperatur wohldefiniert ist (siehe Anhang B). Mit $T \to 0$ nähert sich das Chemische Potential eines Festkörpers mit Energielücke der Energie in der Mitte der Lücke (siehe den Abschnitt „Intrinsische Leitung" von Kapitel 28), und man findet sich manchmal versichert, daß diese mittlere Energie die eigentliche „Fermienergie" eines Festkörpers mit Bandlücke sei. Unabhängig davon, ob man sich nun der korrekten (ε_F unbestimmt) oder der üblichen Definition der Fermienergie anschließt, besagt (8.52), daß Festkörper mit Energielücke keine Fermifläche haben.

Teil darzustellen, daß jedes physikalisch unterscheidbare Niveau durch einen einzigen Punkt auf der Oberfläche repräsentiert wird. Man erreicht dies dadurch, daß man jeden Zweig durch denjenigen Teil der vollständigen, periodischen Fläche darstellt, der innerhalb einer einzigen primitiven Zelle des reziproken Gitters liegt. Man bezeichnet diese Darstellungsart als *reduziertes Zonenschema*. Als primitive Zelle wählt man oft die erste Brillouin-Zone.

Die verschiedenen Geometrien der Fermifläche mit ihrer jeweiligen physikalischen Bedeutung werden wir in zahlreichen der folgenden Kapitel, insbesondere in den Kapiteln 9 und 15 kennenlernen.

Niveaudichte[22]

Man findet sich oft vor die Aufgabe gestellt, Größen zu berechnen, die gewichtete Summen von Ein-Elektron-Eigenschaften über alle elektronischen Niveaus sind. Eine solche Größe hat die allgemeine Form[23]

$$Q = 2 \sum_{n,\mathbf{k}} Q_n(\mathbf{k}), \qquad (8.53)$$

wobei die Summe für jeden Wert von n über alle erlaubten $\mathbf{k}$-Werte läuft, die physikalisch unterscheidbare Niveaus liefern, also über alle $\mathbf{k}$-Werte der Form (8.27), die in einer einzigen primitiven Zelle liegen.[24]

Im Grenzfall eines großen Kristalls liegen die erlaubten $\mathbf{k}$-Werte zunehmend dicht, so daß man die Summe durch ein Integral ersetzen kann. Da das Volumen des k-Raumes pro erlaubtem Wert von $\mathbf{k}$ (Gleichung 8.29) den gleichen Wert hat wie im Falle freier Elektronen, so behält auch die für freie Elektronen hergeleitete Vorschrift (2.29) ihre Gültigkeit, und man kann schreiben[25]

$$q = \lim_{V \to \infty} \frac{Q}{V} = 2 \sum_n \int \frac{d\mathbf{k}}{(2\pi)^3} Q_n(\mathbf{k}), \qquad (8.54)$$

wobei sich der Integrationsbereich über eine primitive Zelle erstreckt.

---

[23] Der Faktor 2 tritt auf, weil jedes durch n und $\mathbf{k}$ bestimmte Niveau zwei Elektronen mit unterschiedlichen Spins aufnehmen kann. Wir nehmen hier an, daß $Q_n(\mathbf{k})$ vom Elektronenspin s unabhängig ist; sollte dies der Fall sein, so ist der Faktor 2 durch eine Summe über s zu ersetzen.

[22] Dieser Abschnitt kann bei einer ersten Lektüre ausgelassen werden und bei Bedarf als Referenz dienen.

[24] Gewöhnlich haben die Funktionen $Q_n(\mathbf{k})$ die Periodizität des reziproken Gitters, so daß die spezielle Wahl einer primitiven Zelle ohne Bedeutung ist.

[25] Die notwendigen „Vorsichtsmaßnahmen" findet man in der Diskussion von (2.29).

Wenn $Q_n(\mathbf{k})$ – wie es oft der Fall ist[26] – von n und $\mathbf{k}$ nur mittelbar über die Energie $\varepsilon_n(\mathbf{k})$ abhängt, so kann man die Analogie zum Fall freier Elektronen weiter fortführen und eine Dichte $g(\varepsilon)$ der Niveaus (bezogen auf ein Einheitsvolumen, kurz als Niveaudichte bezeichnet) definieren, so daß q die Form (vgl. (2.60))

$$q = \int d\varepsilon\, g(\varepsilon) Q(\varepsilon) \tag{8.55}$$

annimmt. Vergleichen wir (8.54) und (8.55) miteinander, so folgt

$$g(\varepsilon) = \sum_n g_n(\varepsilon), \tag{8.56}$$

wobei $g_n(\varepsilon)$, die Niveaudichte im n-ten Band, gegeben ist durch

$$g_n(\varepsilon) = \int \frac{d\mathbf{k}}{4\pi^3} \delta(\varepsilon - \varepsilon_n(\mathbf{k})). \tag{8.57}$$

Der Integrationsbereich erstreckt sich wiederum über eine beliebige primitive Zelle.

Alternativ kann man eine weitere Darstellung der Nivaudichte konstruieren, wenn man sich klarmacht, daß – ebenso wie im Fall freier Elektronen, (2.62) – gilt

$$g_n(\varepsilon)d\varepsilon = (2/V) \quad \times \quad \left(\begin{array}{l} \text{Anzahl erlaubter Wellenvektoren im} \\ n\text{-ten Band und im Energiebereich zwi-} \\ \text{schen } \varepsilon \text{ und } \varepsilon + d\varepsilon \end{array} \right) \tag{8.58}$$

Die Anzahl erlaubter Wellenvektoren im n-ten Band und in diesem Energiebereich ist gegeben durch den Quotienten aus dem Volumen einer primitiven Zelle im k-Raum – mit $\varepsilon \leqslant \varepsilon_n(\mathbf{k}) \leqslant \varepsilon + d\varepsilon$ – und dem Volumen je erlaubtem Wellenvektor, $\Delta\mathbf{k} = (2\pi)^3/V$. Daher gilt

$$g_n(\varepsilon)d\varepsilon = \int \frac{d\mathbf{k}}{4\pi^3} \times \begin{cases} 1 & \text{für } \varepsilon \leqslant \varepsilon_n(\mathbf{k}) \leqslant \varepsilon + d\varepsilon, \\ 0 & \text{sonst} \end{cases} \tag{8.59}$$

Da $d\varepsilon$ infinitesimal ist, kann man (8.59) auch als Oberflächenintegral schreiben. Sei dazu $S_n(\varepsilon)$ der innerhalb der primitiven Zelle liegende Teil der Oberfläche $\varepsilon_n(\mathbf{k}) = \varepsilon$ und bezeichne weiterhin $\delta k(\mathbf{k})$ den senkrecht zu den Flächen gemessenen Abstand zwischen den Flächen $S_n(\varepsilon)$ und $S_n(\varepsilon + d\varepsilon)$ im Punkt $\mathbf{k}$. Dann gilt nach Bild 8.2

$$g_n(\varepsilon)d\varepsilon = \int_{S_n(\varepsilon)} \frac{dS}{4\pi^3} \delta k(\mathbf{k}). \tag{8.60}$$

---

[26] Sei beispielsweise q die elektronische Anzahldichte n, so gilt $q(\varepsilon) = f(\varepsilon)$, mit der Fermifunktion f. Ist q die elektronische Energiedichte u, so gilt $Q(\varepsilon) = \varepsilon f(\varepsilon)$.

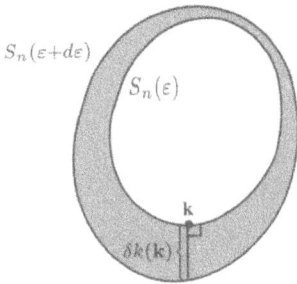

Bild 8.2: Eine zweidimensionale Veranschaulichung der durch (8.60) ausgedrückten Konstruktion. Die durchgezogenen Kurven stellen die beiden Flächen konstanter Energie dar; die fragliche Fläche liegt zwischen ihnen (schattiert). Der Abstand $\delta k(\mathbf{k})$ ist für einen bestimmten Wert von $\mathbf{k}$ eingezeichnet.

Einen expliziten Ausdruck für $\delta k(\mathbf{k})$ finden wir wie folgt: Da $S_n(\varepsilon)$ eine Fläche konstanter Energie ist, so ist der k-Gradient von $\varepsilon_n(\mathbf{k})$, geschrieben $\nabla \varepsilon_n(\mathbf{k})$, ein Vektor senkrecht zu dieser Fläche, dessen Betrag gleich der Rate ist, mit der sich $\varepsilon_n(\mathbf{k})$ in Normalenrichtung ändert, d.h.

$$\varepsilon + d\varepsilon = \varepsilon + |\nabla \varepsilon_n(\mathbf{k})| \; \delta k(\mathbf{k}) \tag{8.61}$$

und daher

$$\delta k(\mathbf{k}) = \frac{d\varepsilon}{|\nabla \varepsilon_n(\mathbf{k})|}. \tag{8.62}$$

Setzen wir (8.62) in (8.60) ein, so erhalten wir mit

$$g_n(\varepsilon) = \int_{S_n(\varepsilon)} \frac{dS}{4\pi^3} \frac{1}{|\nabla \varepsilon_n(\mathbf{k})|} \tag{8.63}$$

eine explizite Beziehung zwischen Niveaudichte und Bandstruktur.

Gleichung (8.63) und die Argumentation zu ihrer Herleitung werden wir in den folgenden Kapiteln anwenden.[27] An dieser Stelle erwähnen wir lediglich die folgende, recht allgemeine Eigenschaft der Niveaudichte:

Da $\varepsilon_n(\mathbf{k})$ im reziproken Gitter periodisch, für jedes n nach oben ebenso wie nach unten beschränkt sowie im allgemeinen überall differenzierbar ist, muß es innerhalb jeder primitiven Zelle Werte von $\mathbf{k}$ geben, für die $|\nabla \varepsilon| = 0$ gilt. Der Gradient einer differenzierbaren Funktion verschwindet beispielsweise sowohl an den Stellen lokaler Maxima als auch Minima; die Beschränktheit und die Periodizität jedes Zweiges $\varepsilon_n(\mathbf{k})$ stellen jedoch sicher, daß für jedes n innerhalb jeder primitiven Zelle mindestens ein Maximum und ein Minimum existieren.[28]

---

[27] Siehe auch Aufgabe 2.

[28] In voller Allgemeinheit ist eine Untersuchung darüber, wieviele Punkte mit verschwindendem Gradienten jeweils notwendig auftreten, recht komplex; siehe hierzu beispielsweise die Seiten 73–79 in G. Weinreich, *Solids*, Wiley, New York (1965).

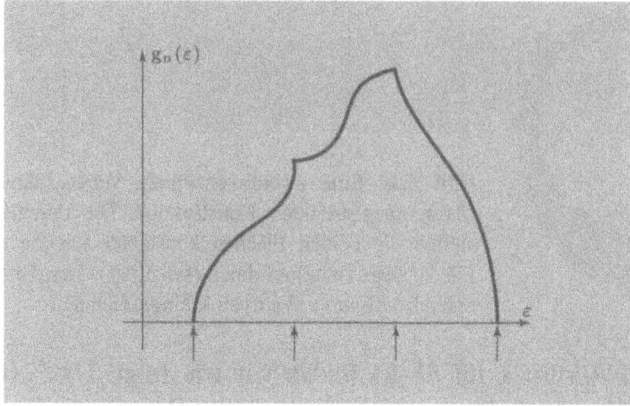

Bild 8.3: Charakteristische van Hove-Singularitäten im Verlauf der Niveaudichte, angezeigt durch die Pfeile an der ε-Achse.

Verschwindet der Gradient von ε_n, so ist der Integrand in (8.63) für die Niveaudichte divergent. Man kann zeigen, daß solche Singularitäten im Dreidimensionalen[29] integrierbar sind und endliche Werte von g_n ergeben, jedoch zu Singularitäten der Steigung $dg_n/d\varepsilon$ führen, die man als *van Hove-Singularitäten* bezeichnet.[30] Sie treten auf für Werte von ε, deren zugehörige Fläche konstanter Energie $S_n(\varepsilon)$ Punkte enthält, an denen $\nabla\varepsilon_n(\mathbf{k})$ verschwindet. Da Ableitungen der Niveaudichte bei der Fermienergie in alle Terme der Sommerfeldentwicklung mit Ausnahme des ersten eingehen,[31] muß man auf Anomalien im Verhalten bei tiefen Temperaturen achten, wenn es Punkte mit verschwindendem Gradienten $\nabla\varepsilon_n(\mathbf{k})$ auf der Fermifläche gibt.

Typische van Hove-Singularitäten sind in Bild 8.3 dargestellt; sie werden in Aufgabe 2 von Kapitel 9 behandelt.

Damit beschließen wir unsere Betrachtungen der allgemeinen Eigenschaften von Ein-Elektron-Niveaus in einem periodischen Potential.[32] In den nun folgenden beiden Kapiteln gehen wir auf zwei wichtige, recht unterschiedliche Grenzfälle ein, die eine konkrete Illustration der ziemlich abstrakten Abhandlungen dieses Kapitels geben.

---

[29] In einer Dimension ist $g_n(\varepsilon)$ selbst an einer van Hove-Singularität unendlich.

[30] Im wesentlichen dieselbe Art von Singularitäten tritt in der Theorie der Gitterschwingungen auf; siehe Kapitel 23.

[31] Siehe beispielsweise Aufgabe 2f von Kapitel 2.

[32] In Aufgabe 1 verfolgen wir unsere allgemeine Untersuchung ein wenig weiter, indem wir auf den handhabbaren, wenngleich etwas irreführenden Fall eines eindimensionalen periodischen Potentials eingehen.

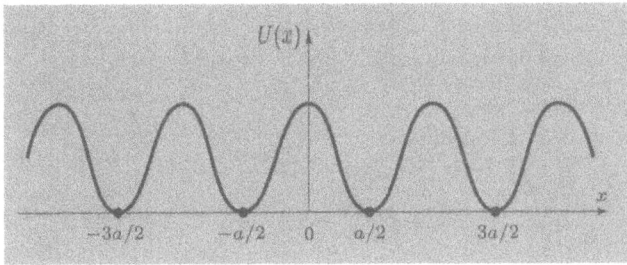

Bild 8.4: Ein eindimensionales, periodisches Potential $U(x)$. Die Atomrümpfe sollen die Plätze eines Bravaisgitters der Gitterkonstanten a besetzen. Es ist zweckmäßig, die Koordinaten dieser Punkte zu $(n + \frac{1}{2})a$ zu wählen, sowie den Nullpunkt des Potentials an den Orten der Atomrümpfe.

Aufgaben

8.1 Periodische Potentiale in einer Dimension

Man kann die Untersuchung der elektronischen Energieniveaus in einem periodischen Potential auf einem allgemeinen Niveau, also unabhängig von den jeweiligen Eigenschaften eines speziellen Potentials, im Eindimensionalen noch wesentlich weiter ausbauen. Obwohl dieser eindimensionale Ansatz in vielerlei Hinsicht atypisch (das Konzept einer Fermifläche wird nicht benötigt) oder sogar irreführend ist (ein Überlappen der Bänder – in zwei oder drei Dimensionen recht wahrscheinlich – ist nicht möglich), kann es eine willkommene Bestätigung sein, einige der Eigenschaften dreidimensionaler Bandstrukturen, die wir in den Kapiteln 9, 10 und 11 mittels Näherungsrechnungen beschreiben werden, in einer exakten Behandlung des eindimensionalen Falls wiederzufinden.

Betrachten wir also das eindimensionale, periodische Potential $U(x)$ in Bild 8.4. Es ist zweckmäßig, die Orte der Atomrümpfe an den Stellen der Minima von U zu wählen; die Energie dieser Minima sei der Nullpunkt der Energie. Wir betrachten das periodische Potential als Überlagerung von Potentialbarrieren $v(x)$ der Breite a, deren Mittelpunkte an den Stellen $x = \pm na$ liegen (Bild 8.5):

$$U(x) = \sum_{n=-\infty}^{\infty} v(x - na). \tag{8.64}$$

Der Term $v(x-na)$ beschreibt die Potentialbarriere gegen das Tunneln der Elektronen zwischen den Atomrümpfen auf beiden Seiten des Punktes na. Der Einfachheit halber nehmen wir an, daß (in eindimensionaler Analogie zur Inversionssymmetrie im Dreidimensionalen) $v(x) = v(-x)$ erfüllt ist; wir machen aber keinerlei weitere Annahmen über die Gestalt von v, so daß die Form des periodischen Potentials U recht allgemein bleibt.

Man kann die Bandstruktur dieses „eindimensionalen Festkörpers" recht einfach beschreiben, indem man das Verhalten eines Elektrons in einem Potential untersucht,

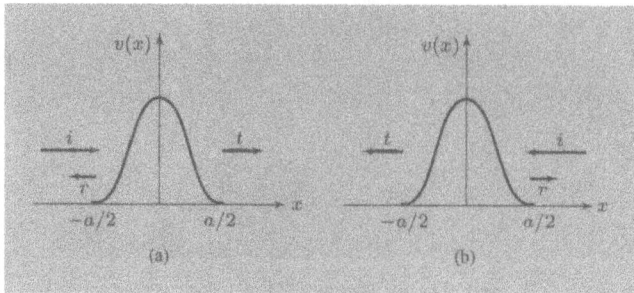

Bild 8.5: Teilchen treffen von links (a) und von rechts (b) auf eine einzelne der Barrieren, die im periodischen Potential von Bild 8.4 benachbarte Atomrümpfe voneinander trennen. Die einfallenden, transmittierten und reflektierten Wellen sind dargestellt durch Pfeile, deren Richtungen die jeweiligen Ausbreitungsrichtungen der Wellen angeben und deren Längen proportional zu den jeweiligen Amplituden sind.

welches aus einer einzelnen der Potentialbarrieren $v(x)$ besteht. Betrachten wir deshalb ein Elektron, das von links kommend mit der Energie[33] $\varepsilon = \hbar^2 K^2/2m$ auf die Potentialbarriere $v(x)$ trifft. Da $v(x) = 0$ für $|x| \geqslant a/2$, so hat die Wellenfunktion $\psi_l(x)$ in diesen Bereichen die Form

$$\psi_l(x) = \begin{cases} e^{iKx} + re^{-iKx} & \text{für } x \leqslant -\frac{a}{2}, \\ te^{iKx} & \text{für } x \geqslant \frac{a}{2}, \end{cases} \tag{8.65}$$

wie es in Bild 8.5a schematisch dargestellt ist.

Die Koeffizienten der Transmission und Reflexion, t und r, messen die Amplituden der Wahrscheinlichkeit dafür, daß ein Elektron die Potentialbarriere durchtunnelt oder an ihr reflektiert wird. Ihre Abhängigkeit vom Wellenvektor K der einfallenden Welle ist bestimmt durch die Details der Struktur des Barrierenpotentials v; trotzdem kann man auch dann zahlreiche Eigenschaften der Bandstruktur des periodischen Potentials U ableiten, wenn man nur die Kenntnis sehr allgemeiner Eigenschaften von t und r voraussetzt. Da v eine gerade Funktion ist, so ist $\psi_r(x) = \psi_l(-x)$ ebenfalls eine Lösung der Schrödingergleichung zur Energie ε. Aus (8.65) folgt, daß $\psi_l(x)$ die Form hat

$$\psi_r(x) = \begin{cases} te^{-iKx} & \text{für } x \leqslant -\frac{a}{2}, \\ e^{-iKx} + re^{iKx} & \text{für } x \geqslant \frac{a}{2}. \end{cases} \tag{8.66}$$

Offensichtlich wird dadurch ein Teilchen beschrieben, welches von rechts auf die Barriere trifft (siehe Bild 8.5b).

---

[33] Beachten Sie, daß K in dieser Aufgabe eine kontinuierliche Variable ist und in keinerlei Beziehung zum reziproken Gitter steht.

Da ψ_l und ψ_r zwei linear unabhängige Lösungen der Ein-Barrieren-Schrödingerglei-chung zur gleichen Energie sind, ist jede andere Lösung mit derselben Energie eine Linearkombination[34] dieser beiden: $\psi = A\psi_l + B\psi_r$. Insbesondere muß jede Lösung der Schrödingergleichung des „Kristalls" mit der Energie ε innerhalb des Bereiches $-a/2 \leqslant x \leqslant a/2$ eine Linearkombination von ψ_l und ψ_r sein, da in diesem Bereich der Hamiltonoperator des „Kristalls" mit dem Operator für ein einzelnes Ion identisch ist:

$$\psi(x) = A\psi_l(x) + B\psi_r(x), \quad -\frac{a}{2} \leqslant x \leqslant \frac{a}{2}. \tag{8.67}$$

Nun kann man nach dem Blochschen Satz die Wellenfunktion ψ derart wählen, daß sie

$$\psi(x + a) = e^{ika}\psi(x) \tag{8.68}$$

für ein geeignetes k erfüllt. Differenzieren wir (8.68), so sehen wir, daß für die Ableitung $\psi' = d\psi/dx$ gilt

$$\psi'(x + a) = e^{ika}\psi'(x). \tag{8.69}$$

(a) Wenden Sie Bedingungen (8.68) und (8.69) an der Stelle $x = -a/2$ an und benutzen Sie die Gleichungen (8.65) bis (8.67) um zu zeigen, daß die Energie des Bloch-Elektrons wie folgt mit seinem Wellenvektor **k** verknüpft ist:

$$\cos(ka) = \frac{t^2 - r^2}{2t}e^{iKa} + \frac{1}{2t}e^{-iKa}, \quad \varepsilon = \frac{\hbar^2 K^2}{2m}. \tag{8.70}$$

Verifizieren Sie außerdem, daß (8.70) für freie Elektronen ($v \equiv 0$) das richtige Ergebnis liefert.

Die Gleichung (8.70) gewinnt an Aussagekraft, wenn man ein wenig mehr Information über die Koeffizienten der Transmission und Reflexion hineinsteckt. Dazu schreiben wir die komplexe Zahl t mit Betrag und Phase:

$$t = |t|e^{i\delta}. \tag{8.71}$$

Die reelle Zahl δ bezeichnet man als Phasenverschiebung, da sie die Phasenänderung der transmittierten Welle relativ zur einfallenden beschreibt. Da das Elektron erhalten

---

[34] Dies ist ein Spezialfall des allgemeinen Satzes, daß eine lineare Differentialgleichung n-ter Ordnung n linear unabhängige Lösungen hat.

bleibt, muß die Summe der Wahrscheinlichkeiten für Transmission und Reflexion Eins sein:

$$1 = |t|^2 + |r|^2. \tag{8.72}$$

Man kann die Gültigkeit dieser – und einiger anderer nützlicher Aussagen – wie folgt zeigen. Seien ϕ_1 und ϕ_2 irgend zwei Lösungen der Ein-Barrieren-Schrödingergleichung mit gleicher Energie:

$$-\frac{\hbar^2}{2m}\phi_i^n + v\phi_i = \frac{\hbar^2 K^2}{2m}\phi_i, \quad i = 1, 2. \tag{8.73}$$

Wir definieren die Wronski-Determinante $w(\phi_1, \phi_2)$ durch

$$w(\phi_1, \phi_2) = \phi_1(x)'\phi_2(x) - \phi_1(x)\phi_2'(x). \tag{8.74}$$

(b) Zeigen Sie, daß w von x unabhängig ist, indem Sie aus (8.73) folgern, daß die Ableitung von w verschwindet.

(c) Zeigen sie die Gültigkeit von (8.72) durch Berechnung von $w(\psi_l, \psi_l{}^*)$ in den Bereichen $x \leqslant -a/2$ und $x \geqslant a/2$. Beachten Sie dabei, daß $\psi_l{}^*$ und ψ_l Lösungen derselben Schrödingergleichung sind, da $v(x)$ reell ist.

(d) Zeigen Sie durch Berechnung von $w(\psi_l, \psi_r{}^*)$, daß rt^* rein imaginär ist, so daß r von der Form

$$r = \pm i|r|e^{i\delta} \tag{8.75}$$

sein muß – mit δ aus (8.71).

(e) Zeigen Sie, daß als Folge der Gültigkeit (8.70), (8.72) und (8.75) die Energie und der Wellenvektor des Bloch-Elektrons verknüpft sind durch

$$\boxed{\frac{\cos(Ka + \delta)}{|t|} = \cos(ka), \quad \varepsilon = \frac{\hbar^2 K^2}{2m}.} \tag{8.76}$$

Da $|t|$ immer kleiner als Eins ist, für große Werte von K (die Potentialbarriere wird immer weniger hinderlich, wenn die Energie der einfallenden Welle zunimmt) aber gegen Eins strebt, hat die linke Seite von (8.76), aufgetragen gegen K, die in Bild (8.6) dargestellte Form. Für einen gegebenen Wert von k sind die erlaubten Werte von K (und damit die erlaubten Energien $\varepsilon(k) = \hbar^2 K^2/2m$) bestimmt durch die Schnittpunkte der Kurve in Bild 8.6 mit der horizontalen Linie $\cos(ka)$. Beachten Sie dabei, daß K-Werte, die in der Umgebung von Werten

$$Ka + \delta = n\pi \tag{8.77}$$

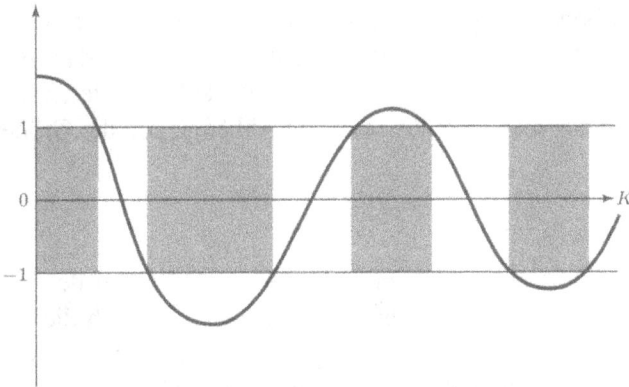

Bild 8.6: Charakteristischer Verlauf der Funktion $\cos(Ka + \delta)/|t|$. Da $|t(K)|$ immer kleiner ist als eins, so wird der Betrag der Funktion in der unmittelbaren Umgebung von Lösungen der Gleichung $Ka + \delta(K) = n\pi$ größer als eins. Gleichung (8.76) ist für reelles k dann und nur dann erfüllt, wenn der Betrag der Funktion kleiner ist als eins. Es gibt demnach erlaubte Bereiche (nicht schattiert gezeichnet) und verbotene Bereiche (schattiert gezeichnet) von K – und damit auch von $\varepsilon = \hbar^2 K^2 / 2m$. Beachten Sie: Liegt $|t|$ sehr nahe bei eins (schwaches Potential), so sind die verbotenen Bereiche schmal; ist dagegen $|t|$ sehr klein (starkes Potential), so sind die erlaubten Bereiche schmal.

liegen, $|\cos(Ka + \delta)|/|t| \geqslant 1$ ergeben, und deshalb für kein k erlaubt sind. Die entsprechenden Energiebereiche sind die Energielücken. Ist δ eine beschränkte Funktion von K (was im allgemeinen zutrifft), so gibt es zu jedem Wert von k unendlich viele verbotene Energiebereiche und ebenso unendlich viele erlaubte Energiebereiche.

(f) Nehmen Sie an, die Potentialbarriere sei sehr niedrig, so daß $|t| \approx 1$, $|r| \approx 0$ und $\delta \approx 0$ gelte. Zeigen Sie, daß dann die Energielücken sehr schmal sind, wobei die Breite der Lücke, die $K = n\pi/a$ enthält, gegeben ist durch

$$\varepsilon_{\text{Lücke}} \approx 2\pi n \frac{\hbar^2}{ma^2} |r|. \tag{8.78}$$

(g) Nehmen sie an, die Barriere sei sehr hoch, so daß $|t| \approx 0$, $|r| \approx 1$ gelte. Zeigen Sie, daß die erlaubten Energiebänder in diesem Fall sehr schmal sind, mit einer Breite von der Größenordnung

$$\varepsilon_{\text{max}} - \varepsilon_{\text{min}} = O(|t|). \tag{8.79}$$

(h) Als konkretes Beispiel betrachtet man oft eine Barriere der Form $v(x) = g\delta(x)$, mit der Diracschen Deltafunktion δ; dies ist ein Spezialfall des sog. Kronig-Penney-Modells. Zeigen Sie, daß in diesem Fall gilt

$$\cot \delta = -\frac{\hbar^2 K}{mg}, \quad |t| = \cos \delta. \tag{8.80}$$

Das hier besprochene Modell ist ein übliches „Lehrbuchbeispiel" eines eindimensionalen, periodischen Potentials. Beachten Sie auch, daß ein Großteil der (Band-)Strukturen, die wir im Rahmen dieses Modells ableiteten, im wesentlichen unabhängig ist von der speziellen funktionalen Abhängigkeit der Größen $|t|$ und δ von K.

8.2   Niveaudichte

(a) Im Falle freie Elektronen kann man die Niveaudichte bei der Fermienergie mit (2.64) schreiben als $g(\varepsilon_F) = mk_F/\hbar^2\pi^2$. Zeigen Sie, daß sich die allgemeine Form (8.63) auf (2.64) reduziert, wenn man $\varepsilon_n(\mathbf{k}) = \hbar^2 k^2/2m$ wählt und die (kugelförmige) Fermifläche vollständig innerhalb einer primitiven Zelle liegt.

(b) Betrachten Sie ein Energieband, innerhalb dessen $\varepsilon_n(\mathbf{k}) = \varepsilon_0 + (\hbar^2/2)(k_x^2/m_x + k_y^2/m_y)$ für hinreichend kleines k gilt; dies kann beispielsweise in einem Kristall mit orthorhombischer Symmetrie der Fall sein. Die m_x, m_y, und m_z sind positive Konstanten. Unter der Bedingung, daß ε nahe genug bei ε_0 liege, so daß die obige Beziehung erfüllt sei, zeigen Sie, daß die Zustandsdichte $g_n(\varepsilon)$ proportional zu $(\varepsilon - \varepsilon_0)^{1/2}$ ist und somit ihre Ableitung unendlich wird (eine van Hove-Singularität), wenn ε sich dem Bandminimum nähert. (Hinweis: Verwenden Sie die Form (8.57) der Niveaudichte.) Leiten sie hieraus weiterhin ab, daß man – vorausgesetzt, die obige quadratische Form von $\varepsilon_n(\mathbf{k})$ bleibe gültig für Energien bis zu ε_F – die Niveaudichte $g_n(\varepsilon_F)$ bei der Fermienergie in offensichtlicher Verallgemeinerung von (2.65) für freie Elektronen schreiben kann als

$$g_n(\varepsilon_F) = \frac{3}{2}\frac{n}{\varepsilon_F - \varepsilon_0}. \tag{8.81}$$

n bezeichnet den Beitrag der Elektronen im Band zur gesamten Elektronenkonzentration.

(c) Untersuchen Sie die Niveaudichte in der Umgebung eines Sattelpunktes, wobei das Band durch $\varepsilon_n(\mathbf{k}) = \varepsilon_0 + (\hbar^2/2)(k_x^2/m_x + k_y^2/m_y - k_z^2/m_z)$ gegeben sei. Die m_x, m_y und m_z sind positive Konstanten. Zeigen Sie, daß die Ableitung der Niveaudichte für $\varepsilon \approx \varepsilon_0$ die folgende Form hat:

$$\begin{aligned} g_n'(\varepsilon) &\approx \text{konstant}, &\varepsilon &> \varepsilon_0, \\ &\approx (\varepsilon_0 - \varepsilon)^{-1/2}, &\varepsilon &< \varepsilon_0. \end{aligned} \tag{8.82}$$

9 Elektronen in einem schwachen periodischen Potential

Störungstheorie und schwache periodische Potentiale

Energieniveaus in der Umgebung einer einzelnen Bragg-Ebene

Beispiele für erweiterte, reduzierte und periodische Zonenschemata in einer Dimension

Fermifläche und Brillouin-Zonen

Geometrischer Strukturfaktor

Spin-Bahn-Kopplung

Man kann grundlegende Einsichten gewinnen in die Struktur, die den elektronischen Energieniveaus durch ein periodisches Potential aufgeprägt wird, wenn dieses Potential sehr schwach ist. Man hat diesen Ansatz einmal als instruktive, aber rein akademische Übung betrachtet – heute wissen wir dagegen, daß diese scheinbar unrealistische Annahme zu Ergebnissen führt, die überraschend genau den Punkt treffen. Neuere thoretische und experimentelle Untersuchungen an Metallen der Gruppen I, II, III und IV des Periodensystems der Elemente (Metallen, deren atomare elektronische Strukturen *s*- und *p*-Elektronen außerhalb einer abgeschlossenen Edelgaskonfiguration aufweisen) zeigen, daß deren Leitungselektronen beschrieben werden können, als bewegten sie sich in einem quasikonstanten Potential. Man bezeichnet diese Elemente oft als „Metalle mit nahezu freien Elektronen", da der Ausgangspunkt bei ihrer Beschreibung das Sommerfeldsche Modell des freien Elektronengases ist, modifiziert durch die Wirkung eines *schwachen* periodischen Potentials. Im vorliegenden Kapitel betrachten wir einige allgemeine Aspekte der Bandstruktur vom Standpunkt eines Modells quasifreier Elektronen; Kapitel 15 bringt Anwendungen dieser Theorie auf ausgewählte Metalle.

Es ist keinesfalls offensichtlich, daß die Elektronen in den Leitungsbändern dieser Metalle so deutlich den Charakter freier Elektronen zeigen. Es gibt zwei Gründe fundamentaler Art dafür, daß die starken Wechselwirkungen der Leitungselektronen untereinander sowie mit den positiv geladenen Atomrümpfen effektiv als ein sehr schwaches Potential erscheinen können:

1. Die Wechselwirkung zwischen Elektronen und Atomrümpfen ist bei kleinen relativen Abständen am stärksten, jedoch werden die Leitungselektronen durch das Pauliprinzip daran gehindert, sich in die unmittelbare Nachbarschaft der Atomrümpfe zu bewegen, da sich in diesem Raumbereich bereits die Rumpfelektronen befinden.

2. Infolge der Beweglichkeit der Leitungselektronen ist auch in den für sie zugänglichen Raumbereichen das resultierende Potential, welches jedes einzelne von ihnen spürt, vermindert: Die Elektronen *schirmen* die Felder der positiv geladenen Atomrümpfe ab und verringern damit das effektive Gesamtpotential.

Diese beiden Beobachtungen vermitteln nur einen schwachen Eindruck davon, welch umfangreiche praktische Anwendung die im folgenden entwickelte Theorie findet. Wir werden später auf das Problem zurückkommen, eine Rechtfertigung für den Ansatz quasifreier Elektronen zu finden, wobei wir Punkt 1 in Kapitel 11 und Punkt 2 in Kapitel 17 aufgreifen.

Allgemeiner Ansatz der Schrödingergleichung bei schwachem Potential

Ist das periodische Potential identisch Null, so sind die Lösungen der Schrödingergleichung ebene Wellen. Ein naheliegender Ansatz zur Behandlung schwacher Potentiale
ist deshalb die Entwicklung der exakten Lösung nach ebenen Wellen, wie in Kapitel 8
beschrieben. Man kann die Wellenfunktion eines Bloch-Niveaus mit dem Kristallimpuls k in der durch (8.42) gegebenen Form schreiben als

$$\psi_{\mathbf{k}}(\mathbf{r}) = \sum_{\mathbf{K}} c_{\mathbf{k}-\mathbf{K}} e^{i(\mathbf{k}-\mathbf{K})\cdot\mathbf{r}}, \tag{9.1}$$

wobei die Koeffizienten $c_{\mathbf{k}-\mathbf{K}}$ und die Energie ε des Niveaus durch das Gleichungssystem (8.41) bestimmt sind:

$$\left[\frac{\hbar^2}{2m}(\mathbf{k}-\mathbf{K})^2 - \varepsilon\right] c_{\mathbf{k}-\mathbf{K}} + \sum_{\mathbf{K}'} U_{\mathbf{K}'-\mathbf{K}}\, c_{\mathbf{k}-\mathbf{K}'} = 0. \tag{9.2}$$

Die Summe in (9.1) läuft über alle Vektoren K des reziproken Gitters, und für festes
k gibt es zu jedem Vektor K eine Gleichung der Form (9.2). Die (unendlich vielen)
voneinander verschiedenen Lösungen von (9.2) zu einem gegebenen k numeriert man
mit dem Bandindex n. Man kann annehmen, daß der Wellenvektor k in der ersten
Brillouin-Zone des k-Raumes liegt.

Im Falle freier Elektronen sind sämtliche Fourier-Komponenten $U_{\mathbf{K}}$ exakt gleich Null;
(9.2) hat dann die Form

$$(\varepsilon^0_{\mathbf{k}-\mathbf{K}} - \varepsilon)c_{\mathbf{k}-\mathbf{K}} = 0, \tag{9.3}$$

wobei wir die Schreibweise

$$\varepsilon^0_q = \frac{\hbar^2}{2m}q^2 \tag{9.4}$$

eingeführt haben. (9.3) erfordert, daß für jedes K entweder $c_{\mathbf{k}-\mathbf{K}} = 0$ oder $\varepsilon = \varepsilon^0_{\mathbf{k}-\mathbf{K}}$
gilt. Die letztere Möglichkeit kann nur für einen einzigen Wert von K eintreten, außer
wenn zufällig einige der $\varepsilon^0_{\mathbf{k}-\mathbf{K}}$ für mehrere, unterschiedlich gewählte K übereinstimmen. Tritt eine solche Entartung *nicht* auf, so erhält man den gewünschten Typ von
Lösungen für freie Elektronen:

$$\varepsilon = \varepsilon^0_{\mathbf{k}-\mathbf{K}}, \qquad \psi_k \propto e^{i(\mathbf{k}-\mathbf{K})\cdot\mathbf{r}}. \tag{9.5}$$

Erfüllt jedoch eine Gruppe von Vektoren $\mathbf{K}_1, \ldots, \mathbf{K}_m$ des reziproken Gitters die Beziehung

$$\varepsilon^0_{\mathbf{k}-\mathbf{K}_1} = \ldots = \varepsilon^0_{\mathbf{k}-\mathbf{K}_m}, \tag{9.6}$$

so gibt es unter der Bedingung, daß ε gleich dem gemeinsamen Wert dieser Energien freier Elektronen ist, m linear unabhängige, entartete Lösungen in Form ebener Wellen. Da jede Linearkombination entarteter Lösungen ebenfalls eine Lösung ist, hat man vollständige Freiheit in der Wahl der Koeffizienten $c_{\mathbf{k}-\mathbf{K}}$ für $\mathbf{K}_1, \ldots, \mathbf{K}_m$.

Diese einfachen Feststellungen gewinnen mehr Substanz, wenn die $U_{\mathbf{K}}$ nicht exakt gleich Null, sondern sehr klein sind. Auch dann unterscheidet man natürlicherweise, genauso wie bei freien Elektronen, entsprechend zwischen nichtentartetem und entartetem Fall. Die Basis für diese Fallunterscheidung ist jedoch nun nicht mehr die exakte Gleichheit[1] zweier oder mehrerer verschiedener Niveaus freier Elektronen, sondern nurmehr deren Übereinstimmung bis auf Terme der Größenordnung U.

1. Fall: Für ein festes $\mathbf{k}$ betrachten wir einen Vektor $\mathbf{K}_1$ des reziproken Gitters, der so gewählt ist, daß die Energie für freie Elektronen $\varepsilon^0_{\mathbf{k}-\mathbf{K}_1}$ deutlich verschieden ist – gemessen an U – von den Werten $\varepsilon^0_{\mathbf{k}-\mathbf{K}}$ für alle übrigen $\mathbf{K}$ (siehe Bild 9.1):[2]

$$|\varepsilon^0_{\mathbf{k}-\mathbf{K}_1} - \varepsilon^0_{\mathbf{k}-\mathbf{K}}| \gg U \quad \text{für festes } \mathbf{k} \text{ und alle } \mathbf{K} \neq \mathbf{K}_1. \tag{9.7}$$

Wir wollen die Wirkung des Potentials auf das durch

$$\varepsilon = \varepsilon^0_{\mathbf{k}-\mathbf{K}_1}, \quad c_{\mathbf{k}-\mathbf{K}} = 0, \quad \mathbf{K} \neq \mathbf{K}_1 \tag{9.8}$$

gegebene Niveau freier Elektronen untersuchen.

Setzen wir $\mathbf{K} = \mathbf{K}_1$ in (9.2) und verwenden die Kurzschreibweise (9.4) – wobei wir den Strich am Summationsindex weglassen – so erhalten wir

$$(\varepsilon - \varepsilon^0_{\mathbf{k}-\mathbf{K}_1})c_{\mathbf{K}-\mathbf{K}_1} = \sum_{\mathbf{K}} U_{\mathbf{K}-\mathbf{K}_1} c_{\mathbf{k}-\mathbf{K}}. \tag{9.9}$$

Da wir die additive Konstante in der potentiellen Energie derart gewählt hatten, daß $U_{\mathbf{K}} = 0$ für $\mathbf{K} = 0$ gilt (siehe Seite 171), erscheinen nur Terme mit $\mathbf{K} \neq \mathbf{K}_1$

---

[1] Leser, die mit der zeitunabhängigen Störungstheorie vertraut sind, mögen sich überlegen, daß wir sämtliche Unterschiede zwischen den Niveaus immer groß machen können – verglichen mit U – indem wir nur hinreichend kleine U betrachten. Dies trifft tatsächlich *für jedes gegebene* $\mathbf{k}$ zu. Sobald jedoch U festgelegt wurde – wie klein auch immer – so benötigen wir ein Verfahren, welches für alle $\mathbf{k}$ in der ersten Brillouin-Zone funktioniert. Wie wir sehen werden, findet man – unabhängig davon, wie klein U auch sei – immer einige Werte von $\mathbf{k}$, für welche die ungestörten Niveaus enger benachbart liegen als U. Unsere Vorgehensweise ist hier somit subtiler als die übliche entartete Störungstheorie.

[2] In Ungleichungen dieser Art bezeichnet U eine typische Fourierkomponente des Potentials.

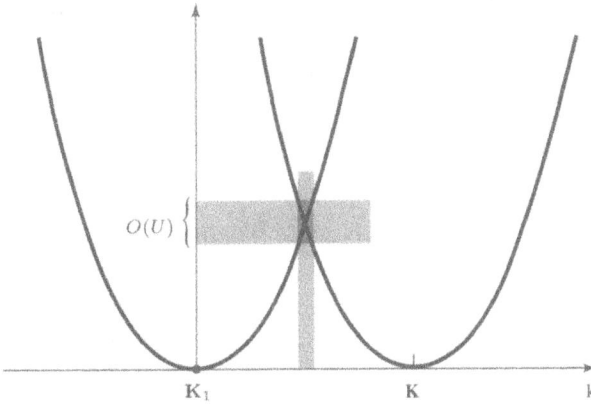

Bild 9.1: Innerhalb des schattiert gezeichneten Bereiches von $\mathbf{k}$ ist die Differenz zwischen den Energien freier Elektronen $\varepsilon_{\mathbf{k}-\mathbf{K}_1}$ und $\varepsilon_{\mathbf{k}-\mathbf{K}}$ von der Ordnung $O(U)$.

auf der rechten Seite von (9.9). Da wir diejenige Lösung untersuchen, für die $c_{\mathbf{k}-\mathbf{K}}$ im Grenzfall eines verschwindenden Potentials und für $\mathbf{K} \neq \mathbf{K}_1$ verschwindet, so können wir erwarten, daß die rechte Seite von (9.9) von zweiter Ordnung in U ist. Man bestätigt dies explizit, indem man (9.2) für $\mathbf{K} \neq \mathbf{K}_1$ in der Form

$$c_{\mathbf{k}-\mathbf{K}} = \frac{U_{\mathbf{K}_1-\mathbf{K}}c_{\mathbf{k}-\mathbf{K}_1}}{\varepsilon - \varepsilon^0_{\mathbf{k}-\mathbf{K}}} + \sum_{\mathbf{K}'\neq\mathbf{K}_1} \frac{U_{\mathbf{K}'-\mathbf{K}}c_{\mathbf{k}-\mathbf{K}'}}{\varepsilon - \varepsilon^0_{\mathbf{k}-\mathbf{K}}} \tag{9.10}$$

schreibt. Dabei haben wir den $c_{\mathbf{k}-\mathbf{K}_1}$ enthaltenden Term aus der Summe in (9.10) abgetrennt, da er die restlichen Terme, welche die $c_{\mathbf{k}-\mathbf{K}'}$ für $\mathbf{K}' \neq \mathbf{K}_1$ enthalten, um eine Größenordnung übertrifft. Dieser Schluß ruht auf der Annahme (9.7), daß das Niveau $\varepsilon^0_{\mathbf{k}-\mathbf{K}_1}$ nicht nahezu entartet ist mit einem anderen Niveau $\varepsilon^0_{\mathbf{k}-\mathbf{K}}$; eine solche Nahezu-Entartung könnte zur Folge haben, daß einige der Nenner in (9.10) von der Größenordnung U werden und sich mit dem expliziten U im Zähler kürzen könnten, wodurch in der Summe (9.10) zusätzliche Summanden entstehen würden, die mit dem Term für $\mathbf{K} = \mathbf{K}_1$ vergleichbar wären. Deshalb gilt unter der Voraussetzung, daß keine Nahezu-Entartung vorliegt,

$$c_{\mathbf{k}-\mathbf{K}} = \frac{U_{\mathbf{K}_1-\mathbf{K}}c_{\mathbf{k}-\mathbf{K}_1}}{\varepsilon - \varepsilon^0_{\mathbf{k}-\mathbf{K}}} + O(U^2). \tag{9.11}$$

Setzen wir dies in (9.9) ein, so erhalten wir

$$(\varepsilon - \varepsilon^0_{\mathbf{k}-\mathbf{K}_1})c_{\mathbf{k}-\mathbf{K}_1} = \sum_{\mathbf{K}} \frac{U_{\mathbf{K}-\mathbf{K}_1}U_{\mathbf{K}_1-\mathbf{K}}}{\varepsilon - \varepsilon^0_{\mathbf{k}-\mathbf{K}}}c_{\mathbf{k}-\mathbf{K}_1} + O(U^3). \tag{9.12}$$

Somit unterscheidet sich das gestörte Energieniveau ε vom Wert $\varepsilon^0_{\mathbf{k}-\mathbf{K}_1}$ für freie Elektronen um Terme der Größenordnung U^2. Um ε bis zu dieser Ordnung aus (9.12) zu bestimmen, genügt es deshalb, ε im Nenner auf der rechten Seite von (9.12) durch

$\varepsilon^0_{\mathbf{k}-\mathbf{K}_1}$ zu ersetzen, was zum folgenden, bis zur zweiten Ordnung in U korrekten Ausdruck[3] für ε führt:

$$\varepsilon = \varepsilon^0_{\mathbf{k}-\mathbf{K}_1} + \sum_{\mathbf{K}} \frac{|U_{\mathbf{K}-\mathbf{K}_1}|^2}{\varepsilon^0_{\mathbf{k}-\mathbf{K}_1} - \varepsilon^0_{\mathbf{k}-\mathbf{K}}} + O(U^3). \tag{9.13}$$

Gleichung (9.13) besagt, daß schwach gestörte, nichtentartete Bänder einander abstoßen, da jedes Niveau $\varepsilon^0_{\mathbf{k}-\mathbf{K}}$, welches unterhalb von $\varepsilon^0_{\mathbf{k}-\mathbf{K}_1}$ liegt, einen Term in (9.13) beiträgt, der den Wert von ε erhöht, während jedes oberhalb von $\varepsilon^0_{\mathbf{k}-\mathbf{K}_1}$ liegende Niveau einen Term beiträgt, der die Energie vermindert. Die wesentlichste Einsicht, die man aus der obigen Behandlung des Falles *ohne* Nahezu-Entartung gewinnen kann, ist einfach die Beobachtung, daß die Energieverschiebung relativ zum Wert für freie Elektronen generell von zweiter Ordnung in U ist. Liegt dagegen Nahezu-Entartung vor, so kann – wie wir im folgenden sehen werden – die Energieverschiebung *linear* in U sein. Folglich sind es – bis zur führenden Ordnung im schwach periodischen Potential U – lediglich die schwach entarteten Niveaus freier Elektronen, die signifikant verschoben werden, und wir müssen den Großteil unserer Aufmerksamkeit diesem wichtigen Fall widmen.

2. Fall: Nehmen wir an, daß zu einem gegebenen Wert von k Vektoren $\mathbf{K}_1, \ldots, \mathbf{K}_m$ des reziproken Gitters derart existieren, daß die $\varepsilon_{\mathbf{k}-\mathbf{K}_1}, \ldots, \varepsilon_{\mathbf{k}-\mathbf{K}_m}$ sämtlich innerhalb der Größenordnung U voneinander entfernt liegen,[4] jedoch – ebenfalls im Maßstab von U – weit entfernt von den übrigen $\varepsilon_{\mathbf{k}-\mathbf{K}}$:

$$|\varepsilon^0_{\mathbf{k}-\mathbf{K}} - \varepsilon^0_{\mathbf{k}-\mathbf{K}_i}| \gg U, \quad i = 1, \ldots, m, \quad \mathbf{K} \neq \mathbf{K}_1 \ldots, \mathbf{K}_m. \tag{9.14}$$

In diesem Fall müssen wir all jene Gleichungen getrennt voneinander untersuchen, die sich aus (9.2) ergeben, wenn man für $\mathbf{K}$ jeden der m Werte $\mathbf{K}_1, \ldots, \mathbf{K}_m$ einsetzt. Somit entsprechen im nichtentarteten Fall m Gleichungen der einzelnen Gleichungen (9.9). In diesen m Gleichungen trennen wir jene Terme, welche Koeffizienten $c_{\mathbf{k}-\mathbf{K}_j}$, $j = 1, \ldots, m$ enthalten, die im Grenzfall verschwindender Wechselwirkung nicht klein zu werden brauchen, von den übrigen $c_{\mathbf{k}-\mathbf{K}}$, die höchstens von der Ordnung U sind. Damit erhalten wir

$$(\varepsilon - \varepsilon^0_{\mathbf{k}-\mathbf{K}_i}) c_{\mathbf{k}-\mathbf{K}_i} = \sum_{j=1}^{m} U_{\mathbf{K}_j-\mathbf{K}_i} c_{\mathbf{k}-\mathbf{K}_j}$$
$$+ \sum_{\mathbf{K} \neq \mathbf{K}_1, \ldots, \mathbf{K}_m} U_{\mathbf{K}-\mathbf{K}_i} c_{\mathbf{k}-\mathbf{K}}, \quad i = 1, \ldots, m \tag{9.15}$$

---

[3] Wir verwenden dabei (8.34): $U_{-\mathbf{K}} = U^*_{\mathbf{K}}$.

[4] m kann im eindimensionalen Fall nicht größer als 2 sein, in drei Dimensionen aber recht groß werden.

Führen wir dieselbe Trennung in der Summe aus, so können wir (9.2) für die restlichen Niveaus schreiben als

$$c_{\mathbf{k-K}} = \frac{1}{\varepsilon - \varepsilon^0_{\mathbf{k-K}}} \left(\sum_{j=1}^{m} U_{\mathbf{K}_j - \mathbf{K}} c_{\mathbf{k-K}_j} \right.$$

$$\left. + \sum_{\mathbf{K'} \neq \mathbf{K}_1, \dots, \mathbf{K}_m} U_{\mathbf{K'-K}} c_{\mathbf{k-K'}} \right) \text{ für } \mathbf{K} \neq \mathbf{K}_1, \dots, \mathbf{K}_m, \quad (9.16)$$

was (9.10) entspricht, im Fall ohne Nahezu-Entartung. Da $C_{\mathbf{k-K}}$ für $\mathbf{K} \neq \mathbf{K}_1, \dots, K_m$ höchstens von der Ordnung U ist, ergibt (9.16)

$$c_{\mathbf{k-K}} = \frac{1}{\varepsilon - \varepsilon^0_{\mathbf{k-K}}} \sum_{j=1}^{m} U_{\mathbf{K}_j - \mathbf{K}} c_{\mathbf{k-K}_j} + O(U^2). \quad (9.17)$$

Setzen wir dies in (9.15) ein, so erhalten wir

$$(\varepsilon - \varepsilon^0_{\mathbf{k-K}_i}) c_{\mathbf{k-K}_i} = \sum_{j=1}^{m} U_{\mathbf{K}_j - \mathbf{K}_i} c_{\mathbf{k-K}_j}$$

$$+ \sum_{j=1}^{m} \left(\sum_{\mathbf{K} \neq \mathbf{K}_1, \dots, \mathbf{K}_m} \frac{U_{\mathbf{K-K}_i} U_{\mathbf{K}_j - \mathbf{K}}}{\varepsilon - \varepsilon^0_{\mathbf{k-K}}} \right) c_{\mathbf{k-K}_j} + O(U^3). \quad (9.18)$$

Man vergleiche dieses Ergebnis mit (9.12) für den Fall ohne Nahezu-Entartung: Dort erhielten wir einen expliziten Ausdruck bis zur Ordnung U^2 für die Energieverschiebung (auf diesen Ausdruck reduziert sich das Gleichungssystem (9.18) im Falle $m = 1$). Nun sehen wir, daß die Bestimmung der Energieverschiebungen der m nahezu entarteten Niveaus – bis zu einer Genauigkeit von der Ordnung U^2 – darauf hinausläuft, m gekoppelte Gleichungen[5] für die $c_{\mathbf{k-K}_i}$ zu lösen. Darüber hinaus sind die Koeffizienten im zweiten Term auf den rechten Seiten dieser Gleichungen von höherer Ordnung in U als die Koeffizienten im ersten Term;[6] folglich können wir zur

---

[5] Diese Gleichungen stehen in einer engen Beziehung zu den Gleichungen der *entarteten Störungstheorie zweiter Ordnung*, auf die sie sich reduzieren, falls sämtliche $\varepsilon^0_{\mathbf{k-K}_1}$, $i = 1, \dots, m$ einander streng gleich sind. (Siehe hierzu: L. D. Landau und E. M. Lifshitz, *Quantum Mechanics*, Addison-Wesley, Reading Mass., 1965, Seite 134.)

[6] Der Zähler ist explizite von der Ordnung U^2; da weiterhin nur K-Werte in der Summe auftreten, die von $\mathbf{K}_1, \dots, \mathbf{K}_m$ verschieden sind, ist der Nenner *nicht* von der Ordnung U, wenn ε nahe bei den $\varepsilon^0_{\mathbf{k-K}_i}$, $i = 1, \dots, m$ liegt.

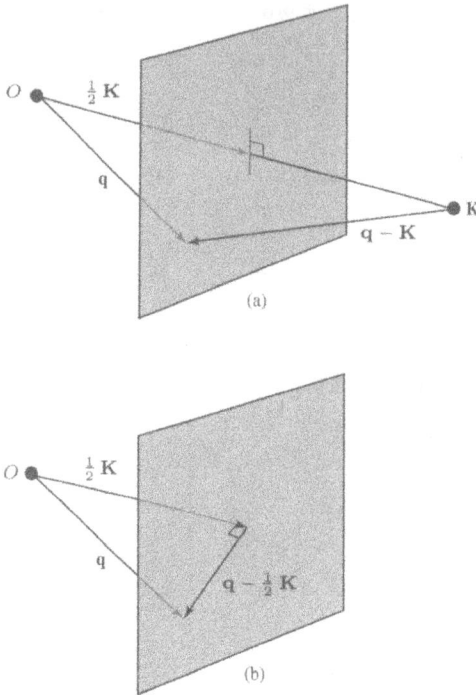

Bild 9.2: (a) Wenn $|\mathbf{q}| = |\mathbf{q} - \mathbf{K}|$, so muß der Punkt $\mathbf{q}$ in der durch $\mathbf{K}$ bestimmten Bragg-Ebene liegen. (b) Liegt der Punkt $\mathbf{q}$ in der Bragg-Ebene, so ist der Vektor $\mathbf{q} - \frac{1}{2}\mathbf{K}$ parallel zu dieser Ebene.

Bestimmung der *führenden* Korrekturen in U die Gleichungen (9.18) durch die weitaus einfacheren Gleichungen

$$(\varepsilon - \varepsilon_{\mathbf{k}-\mathbf{K}_i})c_{\mathbf{k}-\mathbf{K}_i} = \sum_{j=1}^{m} U_{\mathbf{K}_j-\mathbf{K}_i}c_{\mathbf{k}-\mathbf{K}_j}, \quad i = 1,\dots,m \tag{9.19}$$

ersetzen, welches die allgemeinen Gleichungen für ein System mit m Quantenniveaus[7] sind.

Energieniveaus in der Umgebung einer einzelnen Bragg-Ebene

Das einfachste und zugleich wichtigste Beispiel für eine Anwendung der vorangegangenen Überlegungen ist der Fall zweier Niveaus freier Elektronen, die innerhalb der

---

[7] Beachten Sie, daß es eine einfache „Daumenregel " gibt, um von (9.19) zur genaueren Form (9.18) zurückzukehren: Man ersetze U durch U', mit

$$U'_{\mathbf{K}_j-\mathbf{K}_i} = U_{\mathbf{K}_j-\mathbf{K}_i} + \sum_{\mathbf{K}\neq\mathbf{K}_1,\dots,\mathbf{K}_m} \frac{U_{\mathbf{K}_j-\mathbf{K}}U_{\mathbf{K}-\mathbf{K}_i}}{\varepsilon - \varepsilon^0_{\mathbf{k}-\mathbf{K}}}.$$

Größenordnung U benachbart liegen, aber weit entfernt sind – gemessen an U – von allen übrigen Niveaus. In diesem Fall reduziert sich (9.19) auf die beiden Gleichungen

$$(\varepsilon - \varepsilon^0_{\mathbf{k}-\mathbf{K}_1})c_{\mathbf{k}-\mathbf{K}_1} = U_{\mathbf{K}_2-\mathbf{K}_1}c_{\mathbf{k}-\mathbf{K}_2},$$
$$(\varepsilon - \varepsilon^0_{\mathbf{k}-\mathbf{K}_2})c_{\mathbf{k}-\mathbf{K}_2} = U_{\mathbf{K}_1-\mathbf{K}_2}c_{\mathbf{k}-\mathbf{K}_1}. \tag{9.20}$$

Sind lediglich zwei Niveaus beteiligt, so ist es wenig sinnvoll, eine Notation beizubehalten, welche diese Niveaus symmetrisch bezeichnet. Wir führen deshalb Variablen ein, die dem Zwei-Niveau-Problem besonders angemessen sind,

$$\mathbf{q} = \mathbf{k} - \mathbf{K}_1 \quad \text{und} \quad \mathbf{K} = \mathbf{K}_2 - \mathbf{K}_1, \tag{9.21}$$

und schreiben damit (9.20) in der Form

$$(\varepsilon - \varepsilon^0_{\mathbf{q}})c_{\mathbf{q}} = U_{\mathbf{K}}c_{\mathbf{q}-\mathbf{K}},$$
$$(\varepsilon - \varepsilon^0_{\mathbf{q}-\mathbf{K}})c_{\mathbf{q}-\mathbf{K}} = U_{-\mathbf{K}}c_{\mathbf{q}} = U^*_{\mathbf{K}}c_{\mathbf{q}}. \tag{9.22}$$

Somit gilt

$$\varepsilon^0_{\mathbf{q}} \approx \varepsilon^0_{\mathbf{q}-\mathbf{K}}, \quad |\varepsilon^0_{\mathbf{q}} - \varepsilon^0_{\mathbf{q}-\mathbf{K}'}| \gg U, \quad \text{für} \quad \mathbf{K}' \neq \mathbf{K}, 0. \tag{9.23}$$

Nun ist $\varepsilon^0_{\mathbf{q}}$ für einen herausgegriffenen Vektor des reziproken Gitters nur dann gleich $\varepsilon^0_{\mathbf{q}-\mathbf{K}}$, wenn $|\mathbf{q}| = |\mathbf{q} - \mathbf{K}|$. Dies bedeutet (siehe Bild 9.2a), daß $\mathbf{q}$ auf derjenigen Bragg-Ebene (siehe Kapitel 6) liegen muß, welche mittelsenkrecht auf der Verbindungslinie zwischen dem Ursprung des k-Raums und dem Punkt $\mathbf{K}$ des reziproken Gitters steht. Die Forderung, daß $\varepsilon^0_{\mathbf{q}} = \varepsilon^0_{\mathbf{q}-\mathbf{K}'}$ ausschließlich für $\mathbf{K}' = \mathbf{K}$ gelten soll, hat zur Folge, daß $\mathbf{q}$ *nur* auf dieser Bragg-Ebene liegt – und auf keiner anderen.

Die geometrische Bedeutung der Bedingungen (9.23) besteht also in der Forderung, daß $\mathbf{q}$ nahe bei einer Bragg-Ebene liegen muß – nicht aber in der Nähe einer Region, wo sich zwei oder mehrere Bragg-Ebenen schneiden. Deshalb beschreibt der Fall zweier nahezu entarteter Niveaus die Situation für ein Elektron, dessen Wellenvektor sehr genau die Bedingung für eine einzelne Bragg-Streuung erfüllt.[8] Entsprechend kann man den allgemeinen Fall vieler nahezu entarteter Niveaus auf die Behandlung eines Niveaus freier Elektronen anwenden, dessen Wellenvektor nahezu gleich ist einem Wellenvektor, bei dem viele Bragg-Reflexionen gleichzeitig auftreten können. Da die schwach entarteten Niveaus am stärksten durch ein schwaches periodisches Potential beeinflußt werden, schließen wir, daß *ein schwaches periodisches Potential seine*

---

[8] Ein einfallender Röntgenstrahl wird nur dann reflektiert, wenn sein Wellenvektor auf einer Bragg-Ebene liegt (siehe Kapitel 6).

wesentlichsten Wirkungen nur auf jene Niveaus freier Elektronen zeigt, deren Wellenvektoren nahe bei Wellenvektoren liegen, bei welchen Bragg-Reflexionen auftreten können.

Wir werden weiter unten im Abschnitt „Brillouin-Zonen" systematisch diskutieren, unter welchen Bedingungen die Wellenvektoren freier Elektronen auf Bragg-Ebenen liegen, und ebenso aufzeigen, was hieraus für die allgemeine Struktur der Energieniveaus in einem schwachen Potential folgt. Zunächst aber untersuchen wir, welche Anordnung von Niveaus sich aus (9.22) ergibt, wenn nur eine einzige Bragg-Ebene in der Nähe liegt. Die Gleichungen (9.22) haben eine Lösung, falls

$$\begin{vmatrix} \varepsilon - \varepsilon_{\mathbf{q}}^0 & -U_{\mathbf{K}} \\ -U_{\mathbf{K}}^* & \varepsilon - \varepsilon_{\mathbf{q-K}}^0 \end{vmatrix} = 0. \tag{9.24}$$

Diese Bedingung führt zur quadratischen Gleichung

$$(\varepsilon - \varepsilon_{\mathbf{q}}^0)(\varepsilon - \varepsilon_{\mathbf{q-K}}^0) = |U_{\mathbf{K}}|^2. \tag{9.25}$$

Die beiden Lösungen

$$\varepsilon = \frac{1}{2}(\varepsilon_{\mathbf{q}}^0 - \varepsilon_{\mathbf{q-K}}^0) \pm \left[\left(\frac{\varepsilon_{\mathbf{q}}^0 - \varepsilon_{\mathbf{q-K}}^0}{2} \right)^2 + |U_{\mathbf{K}}|^2 \right]^{1/2} \tag{9.26}$$

dieser Gleichung beschreiben den dominierenden Effekt des periodischen Potentials auf die Energien der beiden Niveaus freier Elektronen $\varepsilon_{\mathbf{q}}^0$ und $\varepsilon_{\mathbf{q-K}}^0$, wenn $\mathbf{q}$ nahe bei der durch $\mathbf{K}$ bestimmten Bragg-Ebene liegt. Der Verlauf der beiden Lösungen ist in Bild 9.3 aufgetragen.

Gleichung (9.26) nimmt eine besonders einfache Form an für Punkte, die *auf* der Bragg-Ebene liegen: Für auf der Bragg-Ebene liegende $\mathbf{q}$ gilt $\varepsilon_{\mathbf{q}}^0 = \varepsilon_{\mathbf{q-K}}^0$. Daher folgt

$$\varepsilon = \varepsilon_{\mathbf{q}}^0 \pm |U_{\mathbf{K}}|, \quad \mathbf{q} \text{ auf einer einzelnen Bragg-Ebene.} \tag{9.27}$$

Somit ist in allen Punkten der Bragg-Ebene eines der Niveaus um $|U_{\mathbf{K}}|$ erhöht, das andere um denselben Betrag abgesenkt. Aus (9.26) leitet man auch ab, daß

$$\frac{\partial \varepsilon}{\partial \mathbf{q}} = \frac{\hbar^2}{m} (\mathbf{q} - \frac{1}{2}\mathbf{K}) \tag{9.28}$$

gilt, falls $\varepsilon_{\mathbf{q}}^0 = \varepsilon_{\mathbf{q-K}}^0$: Liegt der Punkt $\mathbf{q}$ auf der Bragg-Ebene, so ist der Gradient von ε parallel zu dieser Ebene (siehe Bild 9.2b). Da der Gradient senkrecht steht auf

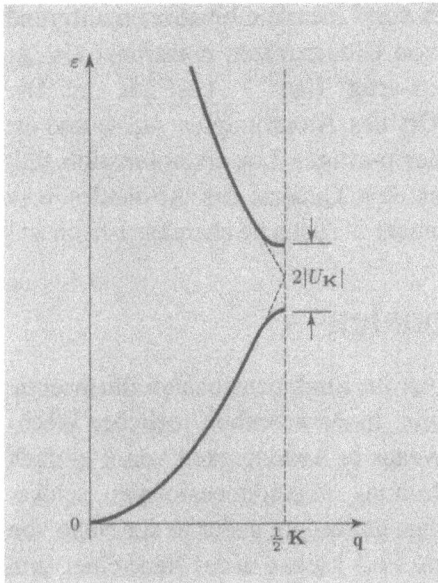

Bild 9.3: Darstellung der durch (9.26) gegebenen Energiebänder für ein zu **K** paralleles **q**. Wählt man das Minuszeichen in (9.26), so ergibt sich das untere Band, wählt man das Pluszeichen, das obere. Bei $\mathbf{q} = \frac{1}{2}\mathbf{K}$ sind die beiden Bänder durch eine Bandlücke vom Betrag $2|U_{\mathbf{K}}|$ getrennt. Entfernt man **q** weit von der Bragg-Ebene, so werden die Energien der Niveaus (bis zur führenden Ordnung) ununterscheidbar von den Energiewerten für freie Elektronen (gestrichelt gezeichnet).

Flächen, auf welchen eine Funktion einen konstanten Wert hat, so treffen die Flächen konstanter Energie die Bragg-Ebene senkrecht.[9]

Falls **q** auf einer einzelnen Bragg-Ebene liegt, können wir auch auf einfache Weise die Wellenfunktionen bestimmen, die zu den beiden Lösungen $\varepsilon = \varepsilon_{\mathbf{q}}^0 \pm |U_{\mathbf{K}}|$ gehören. Ist ε durch (9.27) gegeben, so folgt aus (9.22), daß die beiden Koeffizienten $c_{\mathbf{q}}$ und $c_{\mathbf{q}-\mathbf{K}}$ die Beziehung

$$c_{\mathbf{q}} = \pm \operatorname{sgn}(U_{\mathbf{K}})c_{\mathbf{q}-\mathbf{K}} \qquad (9.29)$$

erfüllen.[10] Da diese beiden Koeffizienten in der Entwicklung (9.1) nach ebenen Wellen dominieren, so folgt

$$|\psi(\mathbf{r})|^2 \propto (\cos \tfrac{1}{2}\mathbf{K} \cdot \mathbf{r})^2, \quad \varepsilon = \varepsilon_{\mathbf{q}}^0 + |U_{\mathbf{K}}|,$$

$$|\psi(\mathbf{r})|^2 \propto (\sin \tfrac{1}{2}\mathbf{K} \cdot \mathbf{r})^2, \quad \varepsilon = \varepsilon_{\mathbf{q}}^0 - |U_{\mathbf{K}}|$$

für $U_{\mathbf{K}} > 0$ sowie

$$|\psi(\mathbf{r})|^2 \propto (\sin \tfrac{1}{2}\mathbf{K} \cdot \mathbf{r})^2, \quad \varepsilon = \varepsilon_{\mathbf{q}}^0 + |U_{\mathbf{K}}|,$$

$$|\psi(\mathbf{r})|^2 \propto (\cos \tfrac{1}{2}\mathbf{K} \cdot \mathbf{r})^2, \quad \varepsilon = \varepsilon_{\mathbf{q}}^0 - |U_{\mathbf{K}}| \qquad (9.30)$$

---

[9] Dieser Schluß trifft oft, aber nicht immer zu, auch wenn das periodische Potential nicht schwach ist, da sich die Bragg-Ebenen an Positionen mit recht hoher Symmetrie befinden.

[10] Der Einfachheit halber nehmen wir hier an, daß $U_{\mathbf{K}}$ reell ist, daß der Kristall also inversionssymmetrisch ist.

für $U_K < 0$. Man bezeichnet diese beiden Arten von Linearkombinationen aufgrund der Form ihrer Ortsabhängigkeit in der Nähe von Gitterpunkten manchmal als „p-artig" ($|\psi|^2 \sim \sin^2 \frac{1}{2} \mathbf{K} \cdot \mathbf{r}$) beziehungsweise „$s$-artig" ($|\psi|^2 \sim \cos^2 \frac{1}{2} \mathbf{K} \cdot \mathbf{r}$). Die s-artige Linearkombination verschwindet am Ort des Atomrumpfes *nicht*, und ist darin einem atomaren s-Zustand ähnlich; bei der p-artigen Linearkombination fällt die Ladungsdichte für kleine Entfernungen mit dem Quadrat des Abstandes vom Atomrumpf ab, ein Verhalten, das ebenso für atomare p-Zustände charakteristisch ist.

Energiebänder im Eindimensionalen

Wir möchten die obigen Schlüsse allgemeiner Art im Eindimensionalen illustrieren, wo höchstens zweifache Entartung auftreten kann. In Abwesenheit jeglicher Wechselwirkungen sind die elektronischen Energieniveaus in Abhängigkeit von k einfach Parabeln (siehe Bild 9.4a). Bis zur führenden Ordnung im eindimensionalen, schwachen periodischen Potential bleibt diese Abhängigkeit korrekt, außer in der Nähe von Bragg-„Ebenen", die im Eindimensionalen Punkte sind. Liegt q in der Nähe einer zum Vektor K (d.h. zum Punkt $\frac{1}{2}K$) des reziproken Gitters gehörigen Bragg-„Ebene", so kann man die verschobenen Energieniveaus bestimmen, indem man eine weitere Parabel freier Elektronen zeichnet, die im Punkt K zentriert ist (siehe Bild 9.4b), und dabei beachtet, daß die Entartung im Schnittpunkt der beiden Parabeln um den Betrag $2|U_K|$ derart aufgehoben wird, daß beide Kurven in diesem Punkt die Steigung Null haben. Sodann zeichnet man Bild 9.4b neu und erhält Bild 9.4c. Die ursprüngliche Kurve für freie Elektronen wird demnach modifiziert zur Kurve in Bild 9.4d. Beziehen wir alle Bragg-Ebenen und ihre zugehörigen Fourier-Komponenten mit ein, so erhalten wir schließlich eine Schar von Kurven, wie sie in Bild 9.4e dargestellt ist. Diese besondere Darstellungsart der Energieniveaus bezeichnet man als *erweitertes Zonenschema*.

Besteht man darauf, sämtliche Niveaus durch einen Wellenvektor k in der ersten Brillouin-Zone zu beschreiben, so muß man die in Bild 9.4e gezeichneten Kurventeile um Vektoren des reziproken Gitters in die erste Brillouin-Zone zurücktransformieren. Das Ergebnis, die Darstellung in Bild 9.4f, ist das *reduzierte Zonenschema* (siehe Seite 179).

Man kann die Periodizität der Indizierung im k-Raum dadurch betonen, daß man die Darstellung von Bild 9.4f periodisch über den gesamten k-Raum fortsetzt. Man erhält so die Darstellung Bild 9.4g, welche die Tatsache hervorhebt, daß man ein bestimmtes Niveau bei k durch jeden anderen Wellenvektor beschreiben kann, der sich von k um einen Vektor des reziproken Gitters unterscheidet. Diese Darstellung ist das *periodische Zonenschema* (siehe Seite 179). Im reduzierten Zonenschema indiziert man jedes Niveau mit einem k, welches in der ersten Billouin-Zone liegt, während das erweiterte Zonenschema eine Indizierung benutzt, die den kontinuierlichen Übergang von den Niveaus freier Elektronen her betont. Das periodische Zonenschema ist die Darstellung von der größten Allgemeinheit, dabei aber sehr redundant, da jedes Niveau

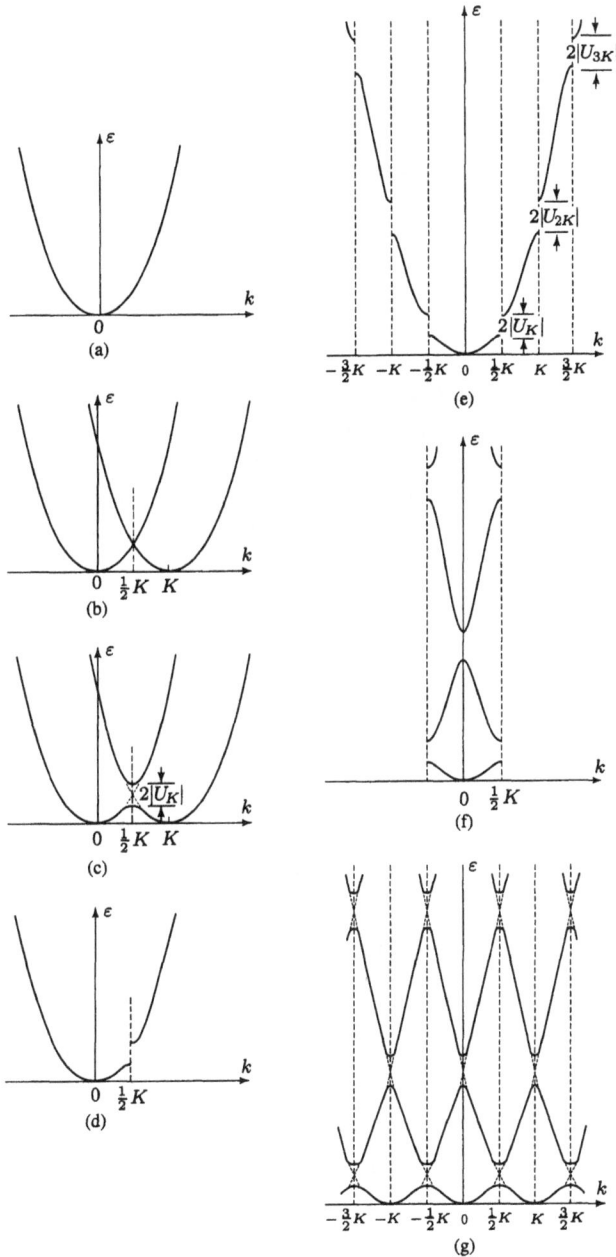

Bild 9.4: (a) Die parabolische Abhängigkeit der Energie ε freier Elektronen vom Wellenvektor k in einer Dimension. (b) Der erste Schritt zur Konstruktion der durch ein schwaches periodisches Potential verursachten Deformationen der Parabel freier Elektronen in der Nähe einer Bragg-„Ebene". Ist die Bragg-„Ebene" bestimmt durch K, so zeichnet man eine zweite, im Punkt K zentrierte Parabel freier Elektronen. (c) Zweiter Schritt der Konstruktion zur Bestimmung der Verformungen der Parabel freier Elektronen in der Nähe einer Bragg-„Ebene". Die Entartung der beiden Energieniveaus im Schnittpunkt der Parabeln bei $K/2$ wird aufgehoben. (d) Kurventeile von (c), die der ursprünglichen Parabel freier Elektronen in (a) entsprechen. (e) Veränderungen der Parabel freier Elektronen durch Einbeziehen aller übrigen Bragg-„Ebenen". Diese besondere Darstellungsart der elektronischen Niveaus in einem periodischen Potential bezeichnet man als *erweitertes Zonenschema*. (f) Die Niveaus (e), dargestellt in einem *reduzierten Zonenschema*. (g) Niveaus freier Elektronen aus (e) oder (f), dargestellt in einem *periodischen Zonenschema*.

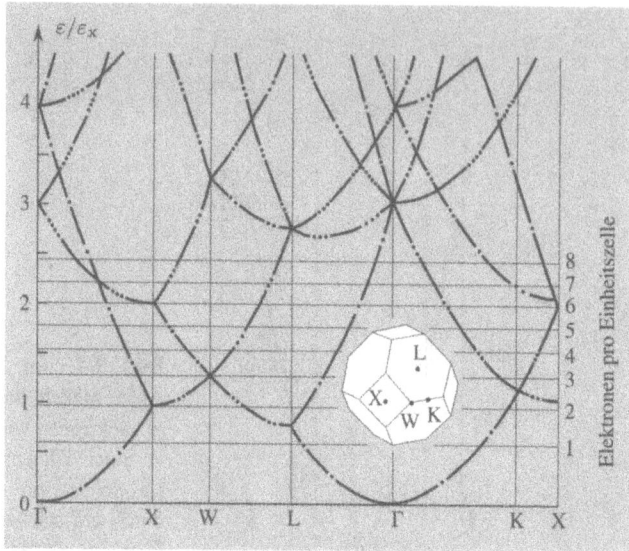

Bild 9.5: Energieniveaus freier Elektronen für ein fcc-Bravaisgitter. Die Energien sind entlang von Linien aufgetragen, die in der ersten Brillouin-Zone die Punkte $\Gamma(\mathbf{k} = 0)$, K, L, W und X verbinden. ε_X ist die Energie im Punkt X ($[\hbar^2/2m][2\pi/a]^2$). Die horizontalen Geraden zeigen die Fermienergien für die jeweils angegebenen Elektronenzahlen je primitiver Zelle an. Die Anzahl entarteter Niveaus freier Elektronen, die durch jede der Kurven repräsentiert werden, ist jeweils durch Punkte auf den Kurven angezeigt (aus F. Herman, *„An Atomistic Approach to the Nature and Properties of Materials"*, J. A. Pask, ed., Wiley, New York (1967)).

viele Male dargestellt wird, einmal für jeden der äquivalenten Wellenvektoren k, $k\pm K$, $k \pm 2K \ldots$

Energie-Wellenvektor-Kurven im Dreidimensionalen

In drei Dimensionen verdeutlicht man die Struktur der Energiebänder manchmal durch Darstellungen der Abhängigkeit $\varepsilon(k)$ entlang ausgewählter, gerader Linien im k-Raum. Gewöhnlich zeichnet man diese Kurven in einem reduzierten Zonenschema, da sie für beliebig gewählte Richtungen im k-Raum im allgemeinen *nicht* periodisch sind. Sogar in der Näherung vollständig freier Elektronen sind diese Kurven erstaunlich komplex. Bild 9.5 zeigt ein Beispiel: In dieser Darstellung sind die Energiewerte $\varepsilon^0_{k-K} = \hbar^2(\mathbf{k} - \mathbf{K})^2/2m$ aufgetragen gegen den Wert des Wellenvektors $\mathbf{k}$, der entlang der jeweils angegebenen Linien variiert, und zwar für alle Vektoren $\mathbf{K}$ des reziproken Gitters, die genügend nahe beim Ursprung liegen, um Energien unterhalb des Maximalwertes der vertikalen Achse zu liefern.

Beachte Sie, daß die meisten der Kurven hoch entartet sind, da die Richtungen, entlang derer die Abhängigkeiten aufgetragen wurden, sämtlich Richtungen recht hoher Symmetrie sind, so daß Punkte auf diesen Geraden mit großer Wahrscheinlichkeit ebenso weit von mehreren anderen Punkten des reziproken Gitters entfernt liegen, wie von einem beliebig gegebenen. Im allgemeinen kann man erwarten, daß durch die Wirkung eines schwachen periodischen Potentials einige der Entartungen aufgehoben werden. Man benutzt oft die mathematische Gruppentheorie, um zu bestimmen, auf welche Weise solche Entartungen aufgespalten werden.

Die Energielücke

In den meisten Fällen verursacht ein schwaches periodisches Potential eine „Energielücke" in der Nähe der Bragg-Ebenen. Wir meinen damit folgendes: Ändert sich ε für $U_\mathbf{K} = 0$ über eine Bragg-Ebene hinweg, so variiert dabei die Energie kontinuierlich von der unteren Lösung der Gleichung (9.26) zur oberen (siehe Bild 9.4b). Für $U_\mathbf{K} \neq 0$ dagegen ist dies nicht mehr der Fall: Nun ändert sich beim „Überqueren" der Bragg-Ebene die Energie nur dann kontinuierlich mit k, wenn man auf der Kurve der oberen Lösung oder aber auf der Kurve der unteren Lösung bleibt (wie in Bild 9.4c dargestellt). Ein Wechsel von der einen Kurve auf die andere bei kontinuierlich veränderlichem k ist nun nur noch möglich, wenn sich die Energie dabei *diskontinuierlich* um einen Betrag von mindestens $2|U_\mathbf{K}|$ ändert.

Wir werden in Kapitel 12 sehen, daß sich diese mathematische Trennung der beiden Bänder in einer physikalischen Trennung widerspiegelt: Wenn der Wellenvektor eines Elektrons durch die Wirkung eines äußeren Feldes geändert wird, so bewirkt die Anwesenheit der Energielücke, daß die Energie des Endniveaus des Elektrons beim „Queren" der Bragg-Ebene im ursprünglichen Zweig von $\varepsilon(\mathbf{k})$ bleiben muß. Durch diese Eigenschaft gewinnt die Energielücke fundamentale Bedeutung bei der Deutung von elektronischen Transportphänomenen.

Brillouin-Zonen

Verwendet man die Theorie der Elektronen in einem schwachen periodischen Potential zur Bestimmung der vollständigen Bandstruktur eines dreidimensionalen Kristalls, so ergeben sich geometrische Konstruktionen von großer Komplexität. Dabei ist es oft von größter Wichtigkeit, die Fermifläche (siehe Seite 177) und das Verhalten der $\varepsilon_n(\mathbf{k})$ in deren unmittelbarer Umgebung zu bestimmen.

Unternimmt man dies für schwache Potentiale, so beginnt man damit, die Fermikugel für freie Elektronen mit Mittelpunkt in $\mathbf{k} = 0$ zu zeichnen. Als nächstes beachtet man, daß diese Kugel beim „Queren" einer Bragg-Ebene auf die in Bild 9.6 dargestellte, charakteristische Weise[11] verformt wird, sowie auf eine entsprechend komplexere Weise, wenn sie sich in der näheren Umgebung mehrerer Bragg-Ebenen bewegt. Hat man schließlich die Einflüsse sämtlicher Bragg-Ebenen berücksichtigt, so erhält

---

[11] Die Darstellung von Bild 9.6 folgt aus den Ausführungen im Abschnitt „Energiebänder im Eindimensionalen", wonach in der Näherung nahezu freier Elektronen eine Fläche konstanter Energie eine Bragg-Ebene senkrecht schneidet.

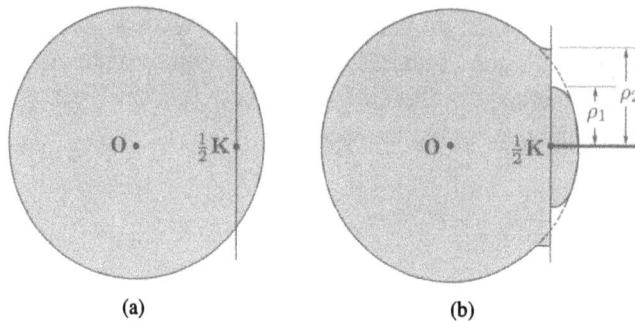

Bild 9.6: (a) Eine die Fermikugel freier Elektronen schneidende Bragg-Ebene, die im Abstand $\frac{1}{2}\mathbf{K}$ vom Ursprung liegt ($U_{\mathbf{K}} = 0$). (b) Verformung der Fermikugel freier Elektronen in der Nähe der Bragg-Ebene für $U_{\mathbf{K}} \neq 0$. Die Fläche konstanter Energie schneidet die Bragg-Ebene in Form von zwei Kreisen. deren Radien wir in Aufgabe 1 berechnen.

man eine Darstellung der Fermifläche im erweiterten Zonenschema als vielfach gebrochene Kugel. Um im periodischen Zonenschema die in den verschiedenenen Bändern liegenden Teile der Fermifläche zu konstruieren, kann man eine ähnliche Konstruktion durchführen, wobei man mit Fermikugeln freier Elektronen beginnt, deren Zentren in den Punkten des reziproken Gitters liegen. Zur Konstruktion der Fermifläche im reduzierten Zonenschema transformiert man sämtliche Teile der einen, vielfach gebrochenen Kugel mittels Vektoren des reziproken Gitters zurück in die erste Brillouin-Zone. Mit Hilfe des geometrischen Begriffes der höheren Brillouin-Zonen kann man diese Prozedur systematisieren.

Erinnern Sie sich, daß die erste Brillouin-Zone die primitive Zelle nach Wigner-Seitz des reziproken Gitters ist (siehe die Seiten 93 und 111), also die Menge aller Punkte, die näher bei $\mathbf{K} = 0$ als bei jedem anderen Punkt des reziproken Gitters liegen.

Da Bragg-Ebenen die Verbindungslinien zwischen dem Ursprung und den Punkten des reziproken Gitters halbieren, so kann man die erste Brillouin-Zone gleichwertig definieren als Menge aller Punkte, die man vom Ursprung aus erreichen kann, ohne dabei eine Bragg-Ebene zu queren.[12]

Höhere Brillouin-Zonen sind einfach andere Bereiche im k-Raum, die folgendermaßen durch Bragg-Ebenen begrenzt werden:

Die *erste Brillouin-Zone* ist die Menge aller Punkte des k-Raums, die man vom Ursprung aus erreichen kann, *ohne* eine Bragg-Ebene zu kreuzen. Die *zweite Brillouin-Zone* ist definiert als die Menge aller Punkte, die man aus der ersten Brillouin-Zone heraus durch Queren einer einzigen Bragg-Ebene erreicht. Entsprechend definiert man die *(n+1)-te Brillouin-Zone* als Menge aller Punkte, die nicht in der $(n-1)$-ten Zone liegen und die aus der n-ten Zone heraus durch Queren einer einzigen Bragg-Ebene zugänglich sind.

---

[12] Bei unserer Betrachtung berücksichtigen wir Punkte nicht, die *auf* Bragg-Ebenen liegen: Diese Punkte sind den Oberflächen von zwei oder mehr Zonen gemeinsam. Wir definieren die Zonen nur durch ihre inneren Punkte.

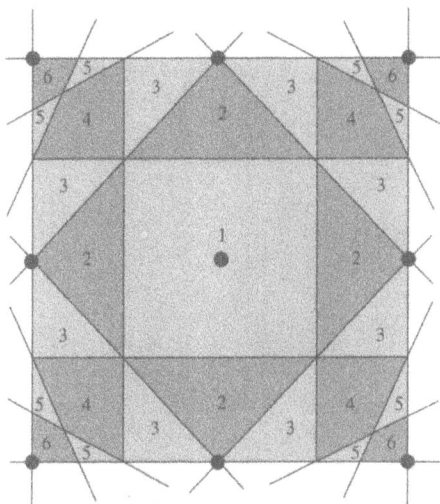

Bild 9.7: Illustration der Definition der Brillouin-Zonen am Beispiel eines zweidimensionalen, quadratischen Bravaisgitters. Das reziproke Gitter ist ebenfalls ein quadaratisches Gitter mit der Seitenlänge b. Die Abbildung zeigt alle Bragg-Ebenen (in zwei Dimensionen sind es Linien), die innerhalb eines Quadrats der Seitenlänge $2b$ mit Mittelpunkt im Ursprung liegen. Diese Bragg-Ebenen teilen das Quadrat in Bereiche, die zu den Zonen 1 bis 6 gehören. (Nur die Zonen 1, 2 und 3 liegen vollständig innerhalb des Quadrats.)

Wahlweise kann man die n-te *Brillouin-Zone* auch definieren als Menge aller Punkte, die man vom Ursprung aus durch Queren von $(n-1)$ (aber nicht weniger) Bragg-Ebenen erreicht.

Bild 9.7 illustriert diese Definitionen in zwei Dimensionen, Bild 9.8 zeigt die Grenzflächen der ersten drei Zonen für fcc- und bcc-Gitter. Beide Definitionen betonen die physikalisch wesentliche Tatsache, daß die Zonen von Bragg-Ebenen begrenzt werden. Damit sind sie Gebiete, an deren Oberflächen die Wirkungen eines schwachen periodischen Potentials wesentlich (d.h. von erster Ordnung), innerhalb derer dagegen die Energieniveaus freier Elektronen lediglich in zweiter Ordnung gestört sind.

Es ist sehr wichtig, zu verstehen, daß jede der Brillouin-Zonen eine primitive Zelle des reziproken Gitters darstellt, und dies deshalb, weil die n-te Brillouin-Zone einfach die Menge aller Punkte ist, für welche der Ursprung der n-te nächste Punkt des reziproken Gitters ist. (Ein Punkt **K** des reziproken Gitters ist dann und nur dann einem Punkt **k** näher als dieser dem Ursprung, wenn zwischen **k** und dem Ursprung die durch **K** bestimmte Bragg-Ebene liegt.) Dies vorausgesetzt, ist der Beweis dafür, daß die n-te Brillouin-Zone eine primitive Zelle ist, identisch mit dem Beweis auf Seite 93 dafür, daß die Wigner-Seitz-Zelle (d.h. die erste Brillouin-Zone) primitiv ist, sofern man in dieser Argumentation nur durchgehend „nächster Nachbar" durch „n-ter nächster Nachbar" ersetzt.

Da jede Brillouin-Zone eine primitive Zelle ist, gibt es ein einfaches Verfahren zur Konstruktion der Zweige der Fermifläche im periodischen Zonenschema:[13]

---

[13] Die Darstellung der Fermifläche im periodischen Zonenschema ist die allgemeinste Darstellung. Nachdem man jeden Zweig der Fermifläche in seiner vollen, periodischen Pracht im Überblick betrachtet hat, kann man diejenige primitive Zelle herausgreifen, die am klarsten die topologische Struktur des Ganzen repräsentiert – dies ist oft, aber keineswegs immer, die erste Brillouin-Zone.

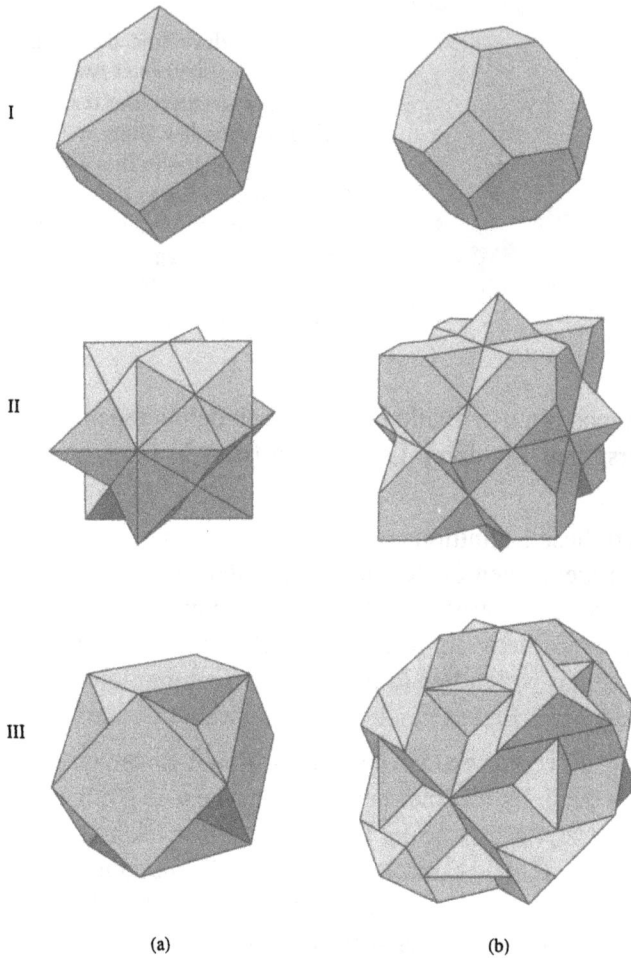

Bild 9.8: Oberflächen der ersten, zweiten und dritten Brillouin-Zone für (a) kubisch-raumzentrierte und (b) kubisch-flächenzentrierte Kristalle. (Nur die *äußeren* Oberflächen sind dargestellt. Aus der Definition der Brillouin-Zonen folgt, daß die *innere* Oberfläche der n-ten Zone identisch ist mit der *äußeren* Oberfläche der $(n-1)$-ten Zone.) Offenbar werden die Oberflächen, welche die Zonen begrenzen, mit zunehmender Ordnungszahl der Zone komplexer. In der Praxis ist es oft am einfachsten, Fermiflächen freier Elektronen unter Verwendung von Mehoden (wie sie beispielsweise in Aufgabe 4 beschrieben werden) zu konstruieren, die den Gebrauch der expliziten Formen der Brillouin-Zonen vermeiden. (Nach R. Lück, Dissertation, Technische Hochschule Stuttgart (1965)).

1. Man zeichne die Fermikugel freier Elektronen.

2. In der unmittelbaren Umgebung einer jeden Bragg-Ebene verforme man sie leicht (wie in Bild 9.6 gezeigt). (Im Grenzfall überaus schwacher Potentiale kann man diesen Schritt manchmal in erster Näherung auslassen.)

3. Man verschiebe den innerhalb der n-ten Brillouin-Zone liegenden Teil der Oberfläche der Fermikugel freier Elektronen um sämtliche Vektoren des reziproken Gitters. Die resultierende Fläche ist der Teil der Fermifläche (den man gewöhnlich dem n-ten Band zuordnet) im periodischen Zonenschema.[14]

Im allgemeinen besteht der Einfluß des schwachen periodischen Potentials auf die Flächen, die man aus der Fermikugel freier Elektronen unter Auslassung des 2. Schrittes konstruiert, einfach darin, daß scharfe Ecken und Kanten abgerundet werden. Besteht dagegen ein Zweig der Fermifläche aus sehr kleinen Oberflächenteilen (welche besetzte oder unbesetzte Niveaus, sog. Elektronentaschen bzw. Löchertaschen umschließen können), so verschwinden diese unter dem Einfluß eines schwachen periodischen Potentials vollständig. Sind weiterhin einzelne Teile der Fermifläche freier Elektronen durch Abschnitte mit sehr geringem Querschnitt untereinander verbunden, so können diese Teile unter dem Einfluß eines schwachen periodischen Potentials getrennt werden.

Einige weitere Konstruktionen von Fermiflächen, geeignet zur Beschreibung des Verhaltens nahezu freier Elektronen in fcc-Kristallen, sind in Bild 9.10 dargestellt. Diese Fermiflächen quasifreier Elektronen sind sehr wesentlich für das Verständnis der *realen* Fermiflächen vieler Metalle; wir werden darauf in Kapitel 15 zurückkommen.

Geometrischer Strukturfaktor für einatomige Gitter mit Basis

Für unsere bisherige Argumentation setzten wir keinerlei spezielle Eigenschaften des Potentials $U(\mathbf{r})$ voraus, mit Ausnahme seiner Periodizität sowie – dies aber lediglich aus Gründen der Bequemlichkeit – seiner Inversionssymmetrie. Schenken wir der speziellen Form des Potentials U ein wenig mehr Aufmerksamkeit, wobei wir erkennen, daß es aufgebaut sein sollte als Summe von atomaren, an den Orten der Atomrümpfe zentrierten Potentialen, so können wir einige weiterführende Schlüsse ziehen, die beim Studium der elektronischen Struktur von einatomigen Gittern mit

---

[14] Man kann auch die in der n-ten Zone liegenden Teile der Fermifläche um Vektoren des reziproken Gitters verschieben, welche diese Teile in die erste Brillouin-Zone bringen – solche Translationen existieren, da die n-te Zone eine primitive Zelle ist. Dieses Verfahren ist in Bild 9.9 veranschaulicht. Man konstruiert dann die Fermifläche im periodischen Zonenschema, indem man die in der ersten Brillouin-Zone entstandenen Strukturen um sämtliche Vektoren des reziproken Gitters verschiebt.

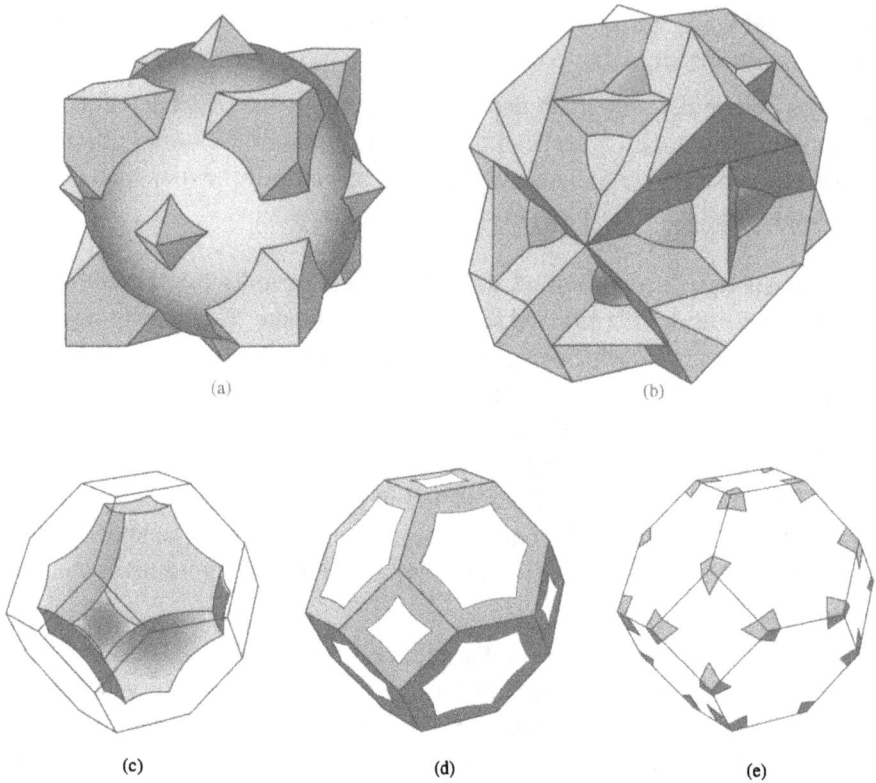

(a)   (b)

(c)   (d)   (e)

Bild 9.9: Die Fermikugel freier Elektronen für ein kubisch-flächenzentriertes, vierwertiges Metall. Die erste Brillouin-Zone liegt vollständig im Inneren der Kugel, und die Kugel ist nicht über die vierte Zone hinaus ausgedehnt. Somit sind die einzigen Zonenoberflächen, die sich mit der Kugeloberfläche schneiden, die Außenflächen der zweiten und der dritten Zone (siehe Bild 9.8b). Die Fermifläche der zweiten Zone besteht aus allen Teilen der Kugeloberfläche, die vollständig innerhalb des Polyeders liegen, welches die zweite Zone begrenzt (d.h. aus der gesamten Kugeloberfläche, mit Ausnahme der Teile, die über das Polyeder in (a) hinausragen.) Verschiebt man die Teile der Fermifläche der zweiten Zone um Vektoren des reziproken Gitters in die erste Zone, so ergibt sich die einfach zusammenhängende Figur (c). (Man bezeichnet sie als eine „Lochfläche"; die Energieniveaus innerhalb dieser Fläche haben höhere Energien als die außerhalb gelegenen.) Die Fermifläche der dritten Zone umfaßt alle Teile der Kugeloberfläche, die außerhalb der zweiten Zone liegen (d.h. jene Teilstücke, die über das Polyeder (a) hinausragen), nicht aber außerhalb der dritten Zone (also innerhalb des Polyeders (b), verschiebt man diese Kugelteile um Vektoren des reziproken Gitters in die erste Zone, so ergibt sich die mehrfach zusammenhängende Struktur (d). Die Fermifläche der vierten Zone besteht aus den übrigen Teilen der Kugeloberfläche außerhalb der dritten Zone (wie in (b) dargestellt). Verschiebt man diese Teile um Vektoren des reziproken Gitters in die erste Zone, so entstehen die in (e) abgebildeten „Elektronentaschen". Aus Gründen der Klarheit der Darstellung zeigen (d) und (e) lediglich die Schnitte der Fermiflächen der dritten und vierten Zone mit der Oberfläche der ersten Zone. (Aus R. Lück, wie zitiert in Bild 9.8.)

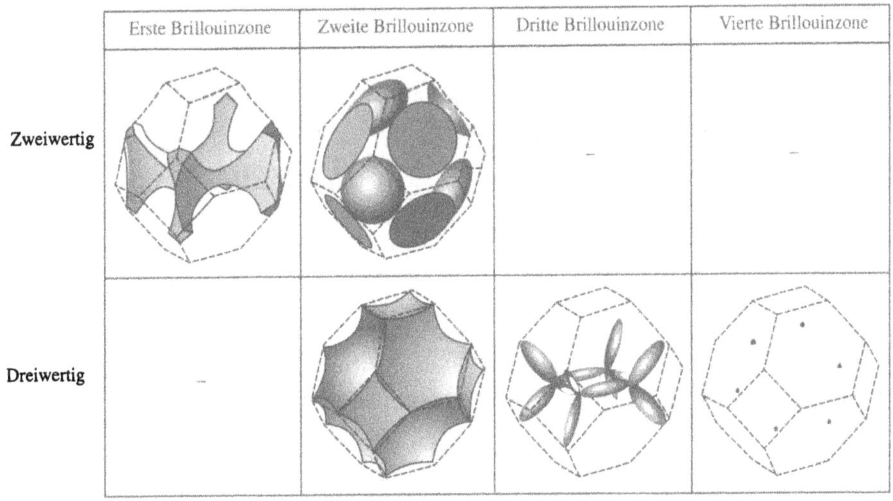

Erste Brillouinzone	Zweite Brillouinzone	Dritte Brillouinzone	Vierte Brillouinzone
Zweiwertig			
Dreiwertig			

Bild 9.10: Die Fermiflächen freier Elektronen für kubisch-flächenzentrierte, zwei- und dreiwertige Metalle. (Für einwertige Metalle liegt die Fermifläche vollständig innerhalb der ersten Brillouin-Zone und bewahrt damit in niedrigster Näherung Kugelgestalt; die Fläche für vierwertige Metalle ist in Bild 9.9 dargestellt.) Sämtliche Zweige der Fermifläche sind dargestellt; die primitiven Zellen, innerhalb derer sie dargestellt sind, haben die Form und die Orientierung der ersten Brillouin-Zone. Die den Darstellungen zugrundeliegende primitive Zelle ist jedoch nur für die Fermiflächen der zweiten Zone identisch mit der ersten Brillouin-Zone (so daß also ihr Zentrum bei $\mathbf{K} = 0$ liegt). Für die Darstellungen in der ersten und dritten Zone liegt $\mathbf{K} = 0$ im Zentrum einer der horizontalen Flächen, für die Darstellung in der vierten Zone im Zentrum der sechseckigen Fläche oben rechts (oder auf der verdeckten, parallel gegenüberliegenden Fläche). Die sechs kleinen Elektronentaschen, aus denen die Fermifläche der vierten Zone für die Wertigkeit 3 besteht, liegen in den Ecken des regelmäßigen Sechsecks, welches man dadurch erhält, daß man die oben bezeichnete, sechseckige Fläche in [111]-Richtung um die Hälfte ihres Abstandes zur gegenüberliegenden Fläche verschiebt. (Nach W. Harrison, *Phys. Rev.* **118**, 1190 (1960)). Im Artikel von Harrison finden sich auch entsprechende Konstruktionen für kubisch-raumzentrierte Metalle.

Basis, wie beispielsweise dem Diamanten oder den hexagonal dichtest gepackten (hcp-)Strukturen, von Nutzen sind.

Nehmen wir an, die Basis sei aus identischen Atomrümpfen an den Positionen $\mathbf{d}_j$ aufgebaut. Dann hat das periodische Potential $U(\mathbf{r})$ die Form

$$U(\mathbf{r}) = \sum_{\mathbf{R}} \sum_{j} \phi(\mathbf{r} - \mathbf{R} - \mathbf{d}_j). \tag{9.31}$$

Setzen wir dies in (8.32) zur Berechnung der $U_{\mathbf{K}}$ ein, so erhalten wir

$$U_{\mathbf{K}} = \frac{1}{v} \int_{\text{Zelle}} d\mathbf{r} \, e^{-i\mathbf{K}\cdot\mathbf{r}} \sum_{\mathbf{R},j} \phi(\mathbf{r} - \mathbf{R} - \mathbf{d}_j)$$

$$= \frac{1}{v} \int_{\substack{\text{gesamter} \\ \text{Raum}}} d\mathbf{r} \, e^{-i\mathbf{K}\cdot\mathbf{r}} \sum_{j} \phi(\mathbf{r} - \mathbf{d}_j). \tag{9.32}$$

oder

$$U_{\mathbf{K}} = \frac{1}{v}\phi(\mathbf{K})S_{\mathbf{K}}^*, \tag{9.33}$$

worin $\phi(\mathbf{K})$ die Fourier-Transformierte des atomaren Potentials

$$\phi(\mathbf{K}) = \int_{\substack{\text{gesamter} \\ \text{Raum}}} d\mathbf{r}\, e^{-i\mathbf{K}\cdot\mathbf{r}}\phi(\mathbf{r}) \tag{9.34}$$

bezeichnet sowie $S_{\mathbf{K}}$ den geometrischen Strukturfaktor, den wir im Laufe unserer Diskussion der Röntgenstreuung in Kapitel 6 einführten:

$$S_{\mathbf{K}} = \sum_j e^{i\mathbf{K}\cdot\mathbf{d}_j}. \tag{9.35}$$

Ergibt die Basis für gewisse Bragg-Ebenen einen verschwindenden Strukturfaktor, fehlen also die Röntgenreflexe von diesen Ebenen, so sind auch die diesen Ebenen zugeordneten Fourier-Komponenten des periodischen Potentials Null, und die Aufspaltung der Niveaus freier Elektronen verschwindet in niedrigster Ordnung.

Diese Aussage ist von besonderer Bedeutung in der Theorie der Metalle mit hexagonal dichtest gepackter Struktur, von denen es mehr als 25 gibt (siehe Tabelle 4.4). Die erste Brillouin-Zone des einfach-hexagonalen Gitters ist ein Prisma mit einem regelmäßigen Sechseck als Basisfläche; die Strukturfaktoren der sechseckigen Boden- und Deckflächen verschwinden (siehe Aufgabe 3 von Kapitel 6). Nach der Theorie nahezu freier Elektronen gibt es deshalb in erster Ordnung *keine* Aufspaltung der Niveaus freier Elektronen an diesen Flächen. Man könnte vermuten, daß trotzdem kleine Aufspaltungen durch Effekte zweiter oder höherer Ordnung auftreten; ist jedoch der Ein-Elektron-Hamiltonoperator vom Spin unabhängig, so kann man zeigen, daß für die hcp-Struktur jedes Bloch-Niveau mit einem Wellenvektor **k** auf einer der sechseckigen Flächen der ersten Brillouin-Zone mindestens zweifach entartet ist. Folglich ist die Aufspaltung streng gleich Null. In einer Situation wie dieser wählt man oft zweckmäßigerweise eine Darstellung der Zonenstruktur, in welcher derartige Ebenen mit verschwindender Bandlücke nicht berücksichtigt werden. Die dann übrigen, noch zu betrachtenden Bereiche, bezeichnet man als Jones-Zonen oder Große Zonen.

Einfluß der Spin-Bahn-Kopplung an Punkten hoher Symmetrie

Bisher hatten wir den Elektronenspin als dynamisch vollständig unbeteiligt betrachtet. Tatsächlich aber „sieht" ein Elektron, welches sich durch ein elektrisches Feld bewegt

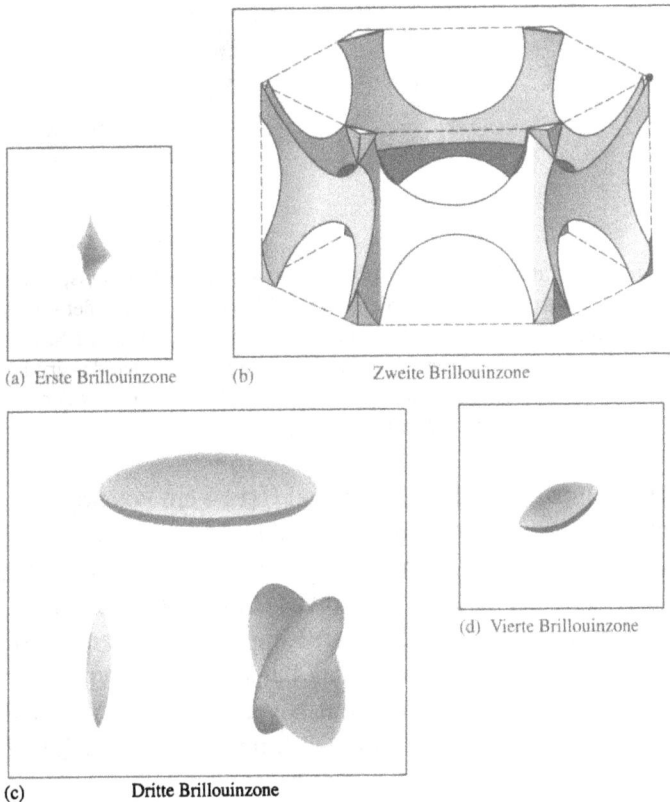

(a) Erste Brillouinzone   (b)   Zweite Brillouinzone

(d) Vierte Brillouinzone

(c)   Dritte Brillouinzone

Bild 9.11: Fermiflächen freier Elektronen für ein zweiwertiges hcp-Metall mit einem idealen Verhältnis $c/a = 1,633$. Da es sich bei der hcp-Struktur um eine einfach hexagonale Struktur mit zwei Atomen in der primitiven Zelle handelt, sind je primitiver Zelle vier Elektronen zu berücksichtigen. Die resultierende Fermifläche ist vielfach unterteilt, und die Namen der Teile zeugen von erstaunlicher Vorstellungskraft und sogar Geschmack: (a) *Der Hut.* Die *erste* Brillouin-Zone wird fast vollständig von der Fermikugel freier Elektronen ausgefüllt; es gibt aber kleine, unbesetzte Bereiche in den sechs oberen und den sechs unteren Ecken. Mittels Translationen um Vektoren des reziproken Gitters kann man aus diesen Bereichen zwei der dargestellten Objekte zusammensetzen. (b) *Das Monster.* Teile der Fermikugel freier Elektronen können aus der *zweiten Zone* in die erste Zone zurückverschoben werden, um dort eine der ausgedehnten Strukturen zu formen, die hier dargestellt ist. Das Monster enthält unbesetzte Niveaus. (c) Teile der Fermikugel freier Elektronen, die man aus der *dritten Zone* zurückverschiebt, kann man zu verschiedenen, Elektronen einschließenden Flächen zusammensetzen: Man kennt eine *Linse,* zwei *Zigarren* und drei *Schmetterlinge.* (d) Die wenigen besetzten Niveaus freier Elektronen in der *vierten Zone* kann man zu drei Elektronentaschen des hier gezeigten Typs zusammenbauen. Diese Strukturen entstehen, wenn die Niveaus freier Elektronen infolge der Spin-Bahn-Wechselwirkung auf den sechseckigen Flächen der ersten Brillouin-Zone genügend stark aufgespalten sind. Im Falle schwacher Spin-Bahn-Kopplung (wie bei den leichteren Elementen) ist die Aufspaltung der Niveaus auf diesen Flächen vernachlässigbar gering, und man beobachtet die in Bild 9.12 dargestellten Strukturen. (Aus J. B. Ketterson und R. W. Stark, *Phys. Rev.* **156**, 751 (1967).)

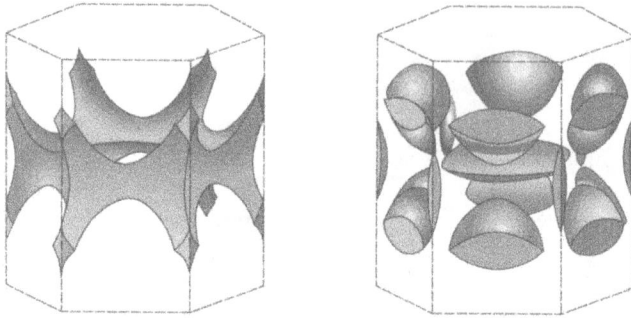

Bild 9.12: Eine Darstellung der Fermifläche eines zweiwertigen hcp-Metalls, aufgebaut aus jenen Teilen in Bild 9.11, welche durch die horizontalen, sechseckigen Oberflächen der ersten Brillouin-Zone voneinander getrennt waren. Die Teile der ersten und der zweiten Zone bilden die Struktur auf der linken Seite, während die Struktur auf der rechten Seite aus den zahlreichen Teilen der dritten und der vierten Zone aufgebaut ist. In dieser Darstellung wurde die Spin-Bahn-Aufspaltung auf der sechseckige Fläche vernachlässigt. (Nach W. Harrison, *Phys. Rev.* **118**, 1190 (1960))

– beispielsweise durch das periodische Potential $U(\mathbf{r})$ – ein Potential, das proportional ist dem Skalarprodukt aus seinem spinmagnetischen Moment und dem Vektorprodukt aus seiner Geschwindigkeit und dem elektrischen Feld. Diese zusätzliche Wechselwirkung, die in der Atomphysik eine wesentliche Rolle spielt (siehe Kapitel 31), kennt man als *Spin-Bahn-Kopplung*. Die Spin-Bahn-Kopplung ist wesentlich bei der Berechnung der Niveaus nahezu freier Elektronen an Punkten hoher Symmetrie im k-Raum, da es oft vorkommt, daß die Entartung von Niveaus, die bei Vernachlässigung der Spin-Bahn-Kopplung streng entartet sind, durch ihre Wirkung aufgehoben wird und die Niveaus daher aufspalten.

So ist beispielsweise die Aufspaltung der elektronischen Niveaus auf den sechseckigen Oberflächen der ersten Brillouin-Zone in hcp-Metallen vollständig auf die Wirkung der Spin-Bahn-Kopplung zurückzuführen. Da die Stärke der Spin-Bahn-Kopplung mit höherer Ordnungszahl zunimmt, ist ihr Einfluß bei den schweren, hexagonal kristallisierenden Metallen deutlich spürbar, kann dagegen bei den leichten Metallen vernachlässigbar klein sein. Entsprechend gibt es, wie in den Bildern 9.11 und 9.12 veranschaulicht, zwei verschiedene Vorgehensweisen zur Konstruktion der freien, elektronenähnlichen Fermiflächen hexagonal kristallisierender Metalle.

Aufgaben

9.1 Fermifläche nahezu freier Elektronen in der Nähe einer einzelnen Bragg-Ebene

Untersucht man die durch (9.26) gegebene Bandstruktur für nahezu freie Elektronen in der Nähe einer Bragg-Ebene, so ist es zweckmäßig, den Wellenvektor $\mathbf{q}$ relativ zum Punkt $\frac{1}{2}\mathbf{K}$ auf der Bragg-Ebene zu messen. Schreiben wir $\mathbf{q} = \frac{1}{2}\mathbf{K} + \mathbf{k}$ und zerlegen wir **k** in seine Komponenten senkrecht ($k_\perp$) und parallel ($k_\parallel$) zu **K**, so können wir (9.26) folgendermaßen schreiben:

$$\varepsilon = \varepsilon_{K/2}^0 + \frac{\hbar^2}{2m}k^2 \pm \left(4\varepsilon_{K/2}^0 \frac{\hbar^2}{2m}k_\parallel^2 + |U_K|^2\right)^{1/2}. \tag{9.36}$$

Weiterhin ist es sinnvoll, die Fermienergie ε_F in Bezug auf die niedrigste Energie aller durch (9.36) gegebenen Bänder in der Bragg-Ebene zu messen:

$$\varepsilon_F = \varepsilon_{K/2}^0 - |U_K| + \Delta. \tag{9.37}$$

Gilt daher $\Delta < 0$, so schneidet keine Fermifläche die Bragg-Ebene.

(a) Zeigen Sie, daß unter der Bedingung $0 < \Delta < 2|U_K|$ die Fermifläche vollständig im unteren Band liegt und die Bragg-Ebene in einem Kreis mit dem Radius

$$\rho = \sqrt{\frac{2m\Delta}{\hbar^2}} \tag{9.38}$$

schneidet.

(b) Zeigen Sie, daß die Fermifläche für $\Delta > |2U_K|$ innerhalb beider Bänder liegt und die Bragg-Ebene in zwei Kreisen mit den Radien ρ_1 und ρ_2 schneidet (siehe Bild 9.6). Zeigen Sie weiterhin, daß die Flächendifferenz der beiden Kreise gegeben ist durch

$$\pi(\rho_2{}^2 - \rho_1{}^2) = \frac{4m\pi}{\hbar^2}|U_K| \tag{9.39}$$

(Die Flächen dieser Kreise sind in einigen Metallen über den de Haas-van Alphén - Effekt direkt meßbar (siehe Kapitel 14), und man kann deshalb auch $|U_K|$ für diese „Nahezu-freie-Elektronen-Metalle" direkt experimentell bestimmen.)

9.2 Niveaudichte in einem zweidimensionalen Modell

Das im folgenden zu behandelnde Problem ist in gewisser Hinsicht künstlich, da der Einfluß der hier vernachlässigten Bragg-Ebenen zu Korrekturen führen kann, die mit den Abweichungen vom Modell freier Elektronen, die wir berechnen werden, vergleichbar sind. Die Aufgabe ist jedoch instruktiv, da die qualitativen Ergebnisse allgemeingültig sind.

Zerlegen wir **q** in seine Komponenten parallel ($q_\parallel$) und senkrecht ($q_\perp$) zu **K**, so wird (9.26) zu

$$\varepsilon = \frac{\hbar^2}{2m}q_\perp^2 + h_\pm(q_\parallel), \tag{9.40}$$

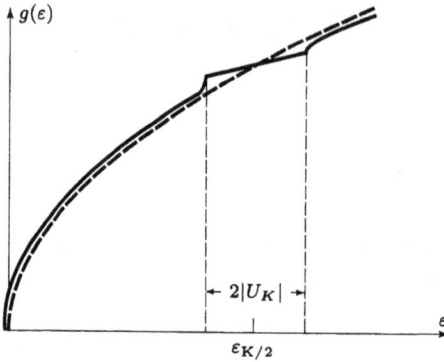

Bild 9.13: Niveaudichte in der Zwei-Bänder-Näherung. Die gestrichelte Kurve gilt nach (2.63) für freie Elektronen. Beachten Sie, daß hier – im Unterschied zu allen früheren Abbildungen dieses Kapitels – Korrekturen zweiter Ordnung des Ergebnisses für freie Elektronen, weit entfernt von einer Bragg-Ebene, explizite dargestelt sind.

wobei

$$h_\pm(q_\parallel) = \frac{\hbar^2}{2m}\left[q_\parallel^2 + \frac{1}{2}(K^2 - 2q_\parallel K)\right]$$
$$\pm\left\{\left[\frac{\hbar^2}{2m}\frac{1}{2}(K^2 - 2q_\parallel K)\right] + |U_K|^2\right\}^{1/2} \qquad (9.41)$$

eine Funktion von $q_\parallel$ alleine ist. Man kann nun die Niveaudichte mittels (8.57) bestimmen, indem man das Integral in einer geeigneten primitiven Zelle über Wellenvektoren **q** in Zylinderkoordinaten ausführt, deren z-Achse man in Richtung von **K** wählt.

(a) Zeigen Sie, daß die Integration über **q** für jedes Band eine Niveaudichte

$$g(\varepsilon) = \frac{1}{4\pi^2}\left(\frac{2m}{\hbar^2}\right)(q_\parallel^{max} - q_\parallel^{min}) \qquad (9.42)$$

ergibt, wobei $q_\parallel^{max}$ und $q_\parallel^{min}$ die Lösungen von $\varepsilon = h_\pm(q_\parallel)$ in jedem Band sind. Verifizieren Sie, daß man im Grenzfall $|U_K| \to 0$ die vertraute Form für freie Elektronen erhält.

(b) Zeigen Sie, daß für das untere Band

$$q_\parallel^{min} = -\sqrt{\frac{2m\varepsilon}{\hbar^2}} + O(U_\mathbf{K}^2), \quad (\varepsilon > 0), \quad q_\parallel^{max} = \frac{1}{2}\mathbf{K} \qquad (9.43)$$

gilt, falls die Fläche konstanter Energie (zur Energie ε) die Zonenebene schneidet, d.h. falls gilt $\varepsilon_{\mathbf{K}/2}^0 - |U_\mathbf{K}| \leqslant \varepsilon \leqslant \varepsilon_{\mathbf{K}/2}^0 + |U_\mathbf{K}|$.

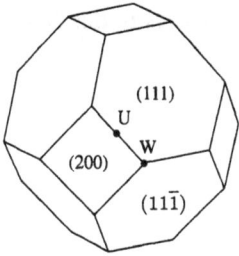

Bild 9.14: Erste Brillouin-Zone eines kubisch-flächenzentrierten Kristalls.

(c) Zeigen Sie, daß man (9.42) für das *obere* Band dahingehend interpretieren sollte, daß sich eine Niveaudichte

$$g_+(\varepsilon) = \frac{1}{4\pi^2}\left(\frac{2m}{\hbar^2}\right)(q_{\parallel}^{max} - \frac{1}{2}K), \quad \text{für } \varepsilon > \varepsilon_{\mathbf{K}/2} + |U_K| \qquad (9.44)$$

ergibt.

(d) Zeigen Sie, daß $dg/d\varepsilon$ bei $\varepsilon = \varepsilon_{\mathbf{K}/2\pm|U_\mathbf{K}|}$ eine Singularität aufweist, so daß die Niveaudichte von der in Bild 9.13 dargestellten Form ist. (Das Auftreten solcher Singularitäten ist weder auf den Fall eines schwachen Potentials, noch auf Zwei-Bänder-Näherungen beschränkt (siehe Seite 182)

9.3 Wirkung eines schwachen periodischen Potentials an Stellen des *k*-Raums, wo Bragg-Ebenen zusammentreffen

Betrachten Sie den Punkt $W(\mathbf{k}_W = (2\pi/a)(1, \frac{1}{2}, 0))$ innerhalb der in Bild 9.14 dargestellten, ersten Brillouin-Zone einer fcc-Struktur. In diesem Punkt treffen die drei Bragg-Ebenen (200), (111) und (11$\bar{1}$) zusammen, so daß die Energien freier Elektronen

$$\varepsilon_1^0 = \frac{\hbar^2}{2m}\mathbf{k}^2,$$

$$\varepsilon_2^0 = \frac{\hbar^2}{2m}\left(\mathbf{k} - \frac{2\pi}{a}(1,1,1)\right)^2,$$

$$\varepsilon_3^0 = \frac{\hbar^2}{2m}\left(\mathbf{k} - \frac{2\pi}{a}(1,1,\bar{1})\right)^2,$$

$$\varepsilon_4^0 = \frac{\hbar^2}{2m}\left(\mathbf{k} - \frac{2\pi}{a}(2,0,0)\right)^2 \qquad (9.45)$$

für $\mathbf{k} = \mathbf{k}_W$ entartet und in diesem Fall gleich $\varepsilon_W = \hbar^2\mathbf{k}_w^2/2m$ sind.

(a) Zeigen Sie, daß die Energien innerhalb eines Bereiches des k-Raumes in der Nähe von W in erster Ordnung durch die Lösungen von[15]

$$
\begin{vmatrix}
\varepsilon_1^0 - \varepsilon & U_1 & U_1 & U_2 \\
U_1 & \varepsilon_2^0 - \varepsilon & U_2 & U_1 \\
U_1 & U_2 & \varepsilon_3^0 - \varepsilon & U_1 \\
U_2 & U_1 & U_1 & \varepsilon_4^0 - \varepsilon
\end{vmatrix} = 0
$$

gegeben sind, mit $U_2 = U_{200}, U_1 = U_{111} = U_{11\bar{1}}$ und den Werten

$$
\varepsilon = \varepsilon_W - U_2 \quad \text{(zweifach)}, \quad \varepsilon = \varepsilon_W + U_2 \pm 2U_1 \tag{9.46}
$$

der Lösungen im Punkt W.

(b) Zeigen Sie auf ähnliche Weise, daß die Energien im Punkt U $(\mathbf{k}_U = (2\pi/a)(1, \frac{1}{4}, \frac{1}{4}))$ zu

$$
\varepsilon = \varepsilon_U - U_2, \quad \varepsilon = \varepsilon_U + \frac{1}{2}U_2 \pm \frac{1}{2}(U_2{}^2 + 8U_1{}^2)^{1/2} \tag{9.47}
$$

gegeben sind, mit $\varepsilon_U = \hbar^2 k_U^2/2m$.

9.4 Andere Definitionen der Brillouin-Zonen

Sei k ein Punkt im reziproken Raum; weiterhin seien Kugeln vom Radius k um jeden Punkt K des reziproken Gitters gezeichnet, mit Ausnahme des Ursprungs. Zeigen Sie unter der Voraussetzung, daß der Punkt k im Inneren von $n - 1$ Kugeln sowie auf keiner ihrer Oberflächen liegt, er sich auch innerhalb der n-ten Brillouin-Zone befindet. Zeigen Sie weiterhin unter der Voraussetzung, daß k im Inneren von $n - 1$ Kugeln sowie auf den Oberflächen von m weiteren Kugeln liegt, daß er dann ein gemeinsamer Punkt der Oberflächen der n-ten, $(n + 1)$-ten, ... $(n + m)$-ten Brillouin-Zonen ist.

9.5 Brillouin-Zonen in einem zweidimensionalen, quadratischen Gitter

Wir betrachten ein zweidimensionales, quadratisches Gitter mit der Gitterkonstanten a.

(a) Schreiben Sie einen Ausdruck für den Radius eines Kreises in Einheiten von $2\pi/a$, der m freie Elektronen je primitiver Zelle umfaßt. Stellen Sie eine Tabelle zusammen, die für $m = 1, 2, \ldots, 12$ angibt, welche der ersten sieben Brillouin-Zonen des quadratischen Gitters (siehe Bild 9.15a) vollständig gefüllt sind, welche teilweise leer und welche vollständig leer sind. Verifizieren Sie, daß die besetzten Niveaus für

---

[15] Nehmen Sie an, daß das periodische Potential U Inversionssymmetrie besitzt, so daß die $U_{\mathbf{K}}$ reell sind.

(a)

(b)

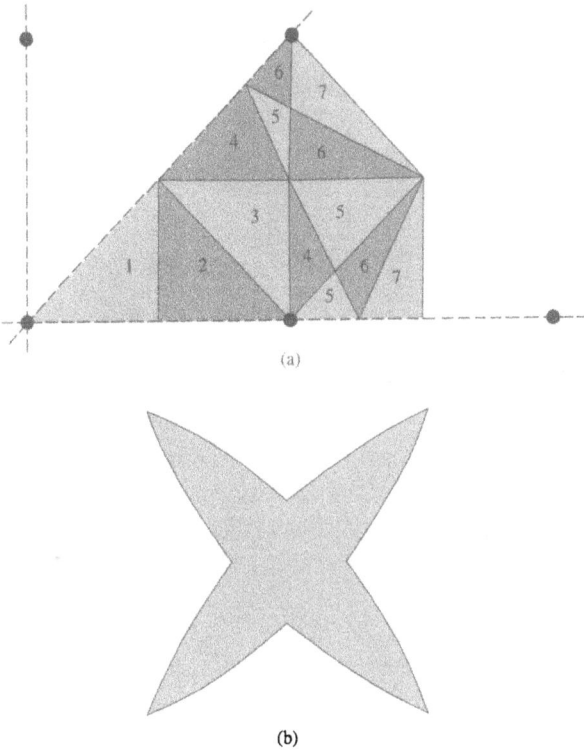

Bild 9.15: (a) Die ersten sieben Brillouin-Zonen eines zweidimensionalen, quadratischen Gitters. Infolge der Symmetrie des Gitters genügt es, lediglich ein Achtel des vollständigen Bildes zu betrachten; die restlichen Teile ergeben sich durch Spiegelung an den gestrichelten Linien. (Diese Linien sind *keine* Zonenbegrenzungen.) (b) Fermifläche in der dritten Brillouin-Zone für ein quadratisches Gitter mit vier Elektronen pro Einheitszelle. (Der Maßstab in (b) ist gegenüber (a) beträchtlich gestreckt.)

$m \leqslant 12$ vollständig innerhalb der ersten sieben Zonen liegen und daß für $m \geqslant 13$ die Besetzung von Niveaus in der achten und höheren Zonen beginnt.

(b) Zeichnen Sie sämtliche Zweige der Fermifläche in geeigneten primitiven Zellen für die Fälle $m = 1, 2, \ldots, 7$. Bild 9.15b zeigt beispielsweise die Fermifläche der dritten Zone für $m = 4$.

10 Das *Tight-Binding*-Verfahren

Linearkombination von Atomorbitalen (LCAO)

Anwendung auf Bänder von s-Zuständen

Allgemeine Eigenschaften von stark gekoppelten Niveaus

Wannier-Funktionen

In Kapitel 9 berechneten wir die elektronischen Niveaus in einem Metall, welches wir als ein nur schwach durch das periodische Potential der Atomrümpfe gestörtes Gas nahezu freier Leitungselektronen betrachteten. Wir können einen davon sehr verschiedenen Standpunkt einnehmen und einen Festkörper, sei es ein Metall oder ein Isolator, als einen Komplex schwach wechselwirkender, neutraler Atome betrachten. Als extremes Beispiel für ein solches System stellen Sie sich Natriumatome vor, die in einem kubisch-raumzentrierten Gitter angeordnet sind, dessen Gitterkonstante von der Größenordnung cm, nicht Angström ist. Sämtliche Elektronen befänden sich dann in atomaren, an den Gitterpositionen lokalisierten Energieniveaus, die keinerlei Ähnlichkeit mehr hätten mit den Linearkombinationen aus wenigen ebenen Wellen, die wir in Kapitel 9 betrachteten.

Ließen wir nun dieses Gitter aus Natriumatomen schrumpfen, so daß sich die künstlich groß gewählte Gitterkonstante der wirklichen Gitterkonstanten von metallischem Natrium annähern würde, so müßten wir an einem bestimmten Punkt, bevor die eigentliche Gitterkonstante erreicht wäre, unsere Identifizierung der Niveaus des Gitters mit den atomaren Niveaus isolierter Natriumatome modifizieren. Für ein bestimmtes atomares Niveau wäre diese Modifikation notwendig, sobald der zwischenatomare Abstand vergleichbar würde mit der räumlichen Ausdehung der Wellenfunktion des Niveaus, da in diesem Falle ein Elektron in diesem Niveau die Anwesenheit benachbarter Atome spüren könnte.

Konkret ist diese Überlegung in Bild 10.1 am Beispiel der $1s$-, $2s$-, $2p$- und $3s$-Niveaus des Natriumatoms verdeutlicht. Die atomaren Wellenfunktionen dieser Niveaus sind in der Umgebung zweier Kerne gezeichnet, deren Abstand von 3,7 Å dem Abstand nächster Nachbarn in metallischem Natrium entspricht. Der Überlapp der beiden, an den Kernorten zentrierten $1s$-Wellenfunktionen ist offensichtlich vernachlässigbar, so daß diese atomaren Niveaus in metallischem Natrium praktisch unverändert bleiben. Der Überlapp der $2s$- und $2p$-Wellenfunktionen ist ebenfalls sehr gering, und es besteht daher eine begründete Hoffnung, im metallischen Zustand Niveaus vorzufinden, welche diesen sehr ähnlich sind. Dagegen ist der Überlapp der $3s$-Wellenfunktionen, welche die Valenzelektronen des Metalls enthalten, sehr stark, so daß man nicht erwarten kann, daß die elektronischen Niveaus des Metalls diesen atomaren Niveaus ähnlich sind.

Die *tight-binding*-Näherung behandelt den Fall, daß der Überlapp der atomaren Wellenfunktionen stark genug ist, um Korrekturen am Bild einer Anordnung isolierter Atome zu erfordern, jedoch nicht stark genug, um die atomare Beschreibung der Niveaus vollständig irrelevant werden zu lassen. Man zieht den meisten Nutzen aus dieser Näherung bei der Beschreibung der Energiebänder, die von den teilweise gefüllten d-Schalen der Atome der Übergangsmetalle gebildet werden, sowie bei der Beschreibung der elektronischen Struktur von Isolatoren.

Ganz abgesehen von ihrem praktischen Nutzen bietet das *tight-binding*-Verfahren eine instruktive Möglichkeit, Blochniveaus und die Niveaus nahezu freier Elektro-

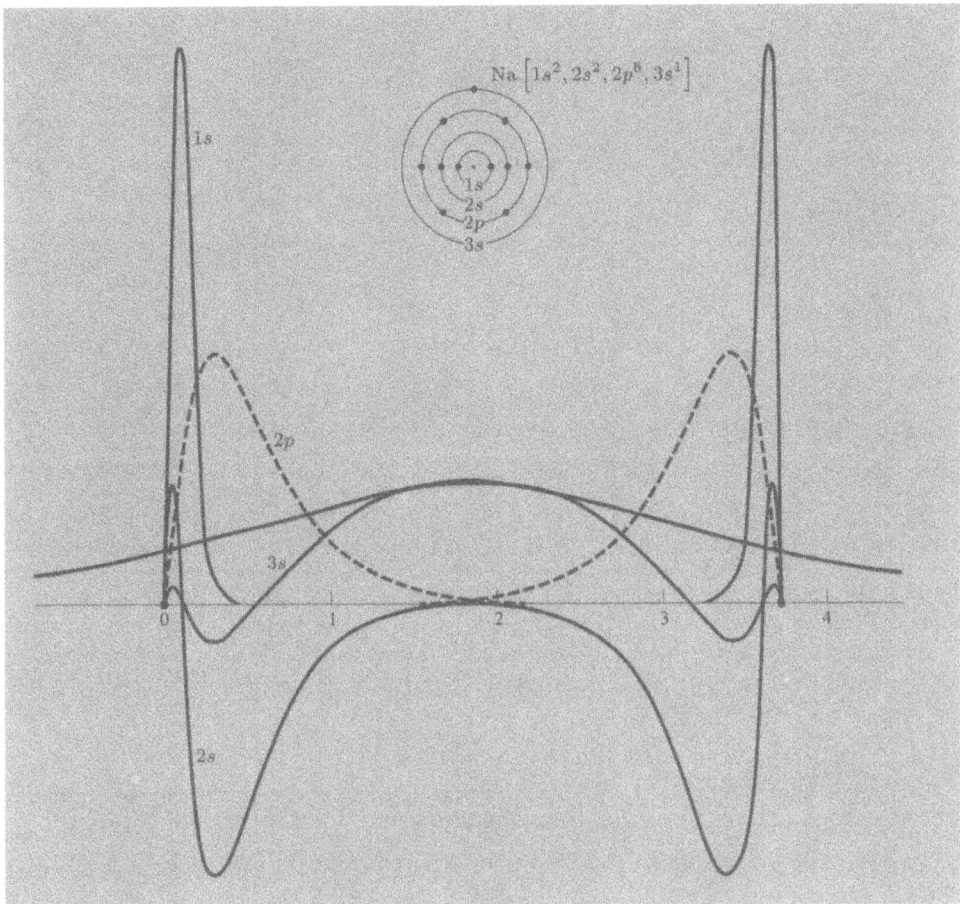

Bild 10.1: Berechnete elektronische Wellenfunktionen für die Energieniveaus von atomarem Natrium, aufgetragen in der Umgebung von zwei Kernen im Abstand 3,7 Å, dem Abstand nächster Nachbarn in metallischem Natrium. Die durchgezogenen Kurven stellen $r\psi(r)$ für die Niveaus 1s, 2s und 3s dar, die gestrichelte Kurve das Produkt aus r und der radialen Wellenfunktion für die 2p-Niveaus. Beachten Sie, wie die 3s-Kurven stark, die 2s- und die 2p-Kurven nur schwach, und die 1s-Kurven praktisch nicht überlappen.

nen als komplementär zu betrachten und dadurch die scheinbar widersprüchlichen Eigenschaften von lokalisierten, atomaren Niveaus auf der einen Seite und Ebene-Wellen-Niveaus für freie Elektronen auf der anderen Seite in einen Zusammenhang zu bringen.

Allgemeine Formulierung der Näherung

Zur Entwicklung der *tight-binding*-Näherung gehen wir davon aus, daß man in der Nähe eines jeden Gitterpunktes den vollständigen, periodischen Hamiltonoperator H des Kristalls durch den Hamiltonoperator H_{at} eines einzelnen, im Gitterpunkt

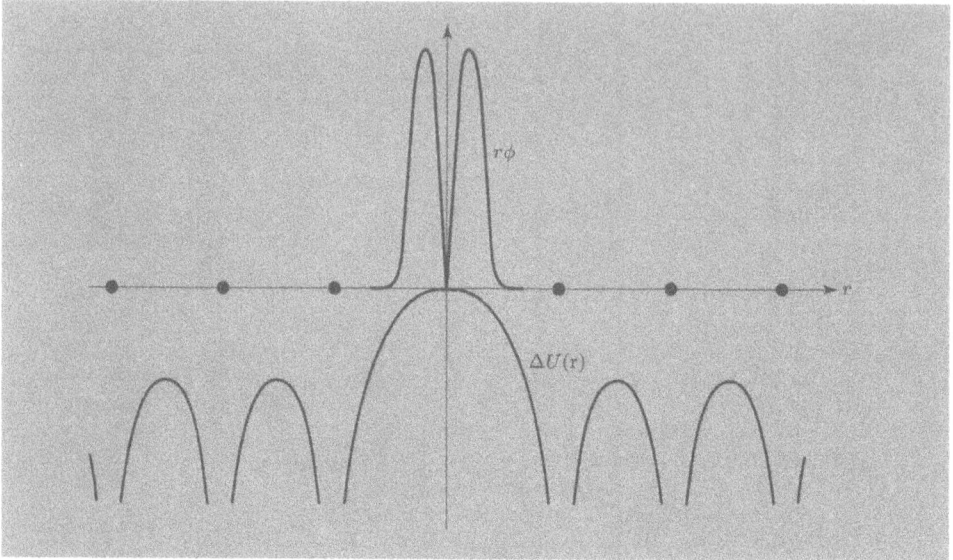

Bild 10.2: Die untere Kurve ist eine Darstellung der Funktion $\Delta U(\mathbf{r})$ entlang einer Reihe von Atomorten. Addiert man $\Delta U(\mathbf{r})$ zu einem einzelnen, im Ursprung lokalisierten Atompotential, so ergibt sich wieder das vollständige, periodische Potential $U(\mathbf{r})$. Die obere Kurve stellt das Produkt aus r und einer im Ursprung lokalisierten, atomaren Wellenfunktion dar. Für große Werte von $r\phi(\mathbf{r})$ ist $\Delta U(\mathbf{r})$ klein – und umgekehrt.

lokalisierten Atoms annähern kann. Weiterhin nehmen wir an, daß die gebundenen Energieniveaus des atomaren Hamiltonoperators stark lokalisiert sind. Gilt daher für einen gebundenen Zustand ψ_n des Hamiltonoperators H_{at} für ein Atom im Ursprung

$$H_{at}\psi_n = E_n\psi_n, \tag{10.1}$$

so fordern wir, daß $\psi_n(\mathbf{r})$ für Abstände r, die von der Größenordnung der Gitterkonstanten sind, sehr klein wird; diese Entfernung bezeichnen wir als die „Reichweite" von ψ_n.

Im Extremfall, daß der Hamiltonoperator des Kristalls sich von H_{at} (für ein Atom, dessen Gitterpunkt als Ursprung gewählt wurde) erst bei Abständen vom Ursprung $\mathbf{r} = 0$ zu unterscheiden beginnt, welche die Reichweite von $\psi(\mathbf{r})$ überschreiten, ist die Wellenfunktion $\psi_n(\mathbf{r})$ eine sehr gute Näherung für die Wellenfunktion eines stationären Zustandes zum Eigenwert E_n des vollständigen Hamiltonoperators. Dies trifft ebenfalls auf die Wellenfunktionen $\psi_n(\mathbf{r} - \mathbf{R})$ für alle Bravaisgittervektoren $\mathbf{R}$ zu, da H die Periodizität des Gitters besitzt.

Um die Korrekturen der Energien in diesem Extremfall zu berechnen, schreiben wir den Hamiltonoperator H des Kristalls in der Form

$$H = H_{at} + \Delta U(\mathbf{r}), \tag{10.2}$$

wobei der Term $\Delta U(\mathbf{r})$ sämtliche Korrekturen des atomaren Potentials enthält, die notwendig sind, um das vollständige, periodische Kristallpotential zu erzeugen (siehe Bild 10.2). Erfüllt die Wellenfunktion $\psi_n(\mathbf{r})$ die Schrödingergleichung (10.1) des Atoms, so erfüllt sie unter der Bedingung, daß $\Delta U(\mathbf{r})$ überall dort verschwindet, wo $\psi_n(\mathbf{r})$ von Null verschieden ist, auch die Schrödingergleichung (10.2) des Kristalls. Wäre dies tatsächlich der Fall, so würde jedes atomare Niveau $\psi_n(\mathbf{r})$ im periodischen Potential in N Niveaus aufspalten, mit den Wellenfunktionen $\psi_n(\mathbf{r} - \mathbf{R})$ für jeden der N Plätze $\mathbf{R}$ im Gitter. Um die Blochsche Beschreibung zu wahren, müssen wir die N Linearkombinationen dieser entarteten Wellenfunktionen finden, welche die Bloch-Bedingung (8.6) erfüllen:

$$\psi(\mathbf{r} + \mathbf{R}) = e^{i\mathbf{k}\cdot\mathbf{R}}\psi(\mathbf{r}). \tag{10.3}$$

Die N Linearkombinationen, welche wir benötigen, sind

$$\psi_{n\mathbf{k}}(\mathbf{r}) = \sum_{\mathbf{R}} e^{i\mathbf{k}\cdot\mathbf{R}}\psi_n(\mathbf{r} - \mathbf{R}), \tag{10.4}$$

wobei $\mathbf{k}$ die N Werte innerhalb der ersten Brillouin-Zone annimmt, die mit der periodischen Randbedingung nach Born-von Karman[1] verträglich sind. Daß die Wellenfunktionen (10.4) die Bloch-Bedingung (10.3) erfüllen, bestätigt man wie folgt:

$$\begin{aligned}
\psi(\mathbf{r} + \mathbf{R}) &= \sum_{\mathbf{R}'} e^{i\mathbf{k}\cdot\mathbf{R}'}\psi_n(\mathbf{r} + \mathbf{R} - \mathbf{R}') \\
&= e^{i\mathbf{k}\cdot\mathbf{R}}\left[\sum_{\mathbf{R}'} e^{i\mathbf{k}\cdot(\mathbf{R}'-\mathbf{R})}\psi_n(\mathbf{r} - (\mathbf{R}' - \mathbf{R}))\right] \\
&= e^{i\mathbf{k}\cdot\mathbf{R}}\left[\sum_{\bar{\mathbf{R}}} e^{i\mathbf{k}\cdot\bar{\mathbf{R}}}\psi_n(\mathbf{r} - \bar{\mathbf{R}})\right] \\
&= e^{i\mathbf{k}\cdot\mathbf{R}}\psi(\mathbf{r}).
\end{aligned} \tag{10.5}$$

Somit erfüllen die Wellenfunktionen (10.4) die Bloch-Bedingung für einen Wellenvektor $\mathbf{k}$, während sie gleichzeitig den atomaren Charakter der Energieniveaus wahren.

---

[1] Man sollte der Versuchung widerstehen, bei der Behandlung eines endlichen Kristalls die Summation über $\mathbf{R}$ auf die Gitterplätze eines endlichen Teilbereiches des Bravaisgitters einzuschränken – es sei denn, man betrachtet Oberflächeneffekte explizite. Es ist wesentlich zweckmäßiger, über ein unendlich ausgedehntes Bravaisgitter zu summieren (zumal die Summe infolge der Kürze der Reichweite der atomaren Wellenfunktion ψ_n rasch konvergiert) und den endlichen Kristall mit Hilfe der üblichen Born-von Karman-Randbedingung darzustellen, welche $\mathbf{k}$ nach (8.27) beschränkt, sofern die Bloch-Bedingung erfüllt ist. Erstreckt man die Summe über sämtliche Gitterplätze, so ist es beispielsweise zulässig, die wichtige Ersetzung des Summationsindex $\mathbf{R}'$ durch $\bar{\mathbf{R}} = \mathbf{R}' - \mathbf{R}$ in der zweitletzten Zeile von (10.5) vorzunehmen.

Die Energiebänder, die man auf diese Weise erhält, zeigen jedoch wenig Struktur: $\varepsilon_n(\mathbf{k})$ ist einfach gleich der Energie des atomaren Niveaus E_n, unabhängig vom Wert von $\mathbf{k}$. Wir beheben diesen Mangel durch die realistischere Annahme, daß $\psi(\mathbf{r})$ bereits klein, aber nicht exakt gleich Null ist, noch bevor $\Delta U(\mathbf{r})$ nenenswert von Null verschieden wird (siehe Bild 10.2). Diese Annahme legt es nahe, nach einer Lösung der vollständigen Schrödingergleichung des Kristalls zu suchen, welche die allgemeine Form (10.4) hat[2]

$$\psi(\mathbf{r}) = \sum_{\mathbf{R}} e^{i\mathbf{k}\cdot\mathbf{R}} \phi(\mathbf{r} - \mathbf{R}), \tag{10.6}$$

bei der aber die Funktion $\phi(\mathbf{r})$ nicht notwendig eine exakte Wellenfunktion eines atomare stationären Zustandes, sondern durch weitergehende Berechnung noch zu bestimmen ist. Ist das Produkt $\Delta U(\mathbf{r})\psi_n(\mathbf{r})$ zwar von Null verschieden, aber außerordentlich klein, so könnten wir erwarten, daß die Funktion $\phi(\mathbf{r})$ der atomaren Wellenfunktion $\psi_n(\mathbf{r})$ – oder auch Wellenfunktionen, mit welchen $\psi_n(\mathbf{r})$ entartet ist – sehr ähnlich ist. Aufgrund dieser Vermutung sucht man eine Funktion $\phi(\mathbf{r})$, die man nach einer relativ kleinen Zahl lokalisierter, atomarer Wellenfunktionen[3,4] entwickeln kann:

$$\phi(\mathbf{r}) = \sum_n b_n \psi_n(\mathbf{r}). \tag{10.7}$$

Multiplizieren wir die Schrödingergleichung des Kristalls

$$H\psi(\mathbf{r}) = (H_{at} + \Delta U(\mathbf{r}))\psi(\mathbf{r}) = \varepsilon(\mathbf{k})\psi(\mathbf{r}) \tag{10.8}$$

mit der atomaren Wellenfunktion $\psi_m^*(\mathbf{r})$, integrieren über alle $\mathbf{r}$ und nutzen die Tatsache, daß

$$\int \psi_m^*(\mathbf{r}) H_{at}\psi(\mathbf{r})\, d\mathbf{r} = \int (H_{at}\psi_m(\mathbf{r}))^*\psi(\mathbf{r})\, d\mathbf{r} = E_m \int \psi_m^*(\mathbf{r})\psi(\mathbf{r})\, d\mathbf{r}, \tag{10.9}$$

---

[2] Wie sich herausstellen wird (siehe den folgenden Abschnitt über Wannier-Funktionen), kann man jede Bloch-Funktion in der Form (10.6) schreiben – wobei man die Funktion ϕ als eine *Wannier-Funktion* bezeichnet – so daß auch unter dieser Annahme die Allgemeinheit der Argumentation gewahrt bleibt.

[3] Indem wir ausschließlich lokalisierte (d.h. gebundene) atomare Wellenfunktionen in der Entwicklung (10.7) zulassen, machen wir eine erste wesentliche Näherung, da ein vollständiger Satz atomarer Energieniveaus auch ionisierte Zustände umfaßt. In dieser Hinsicht ist unsere Methode nicht anwendbar auf die Berechnung von Niveaus, die im Rahmen der Näherung nahezu freier Elektronen zufriedenstellend beschrieben werden können.

[4] Aufgrund dieser Art der Näherung von ϕ bezeichnet man das *tight-binding*-Verfahren manchmal als Methode der *Linearkombination von Atomorbitalen* (LCAO).

so erhalten wir

$$(\varepsilon(\mathbf{k}) - E_m) \int \psi_m^*(\mathbf{r})\psi(\mathbf{r})\, d\mathbf{r} = \int \psi_m^*(\mathbf{r})\Delta U(\mathbf{r})\psi(\mathbf{r})\, d\mathbf{r}. \tag{10.10}$$

Setzt man (10.6) und (10.7) in (10.10) ein und verwendet die Eigenschaft der Orthonormalität der atomaren Wellenfunktionen

$$\int \psi_m^*(\mathbf{r})\psi_n(\mathbf{r})\, d\mathbf{r} = \delta_{nm}, \tag{10.11}$$

so erhält man eine Eigenwertgleichung, welche die Koeffizienten $b_n(\mathbf{k})$ und die Bloch-Energien $\varepsilon(\mathbf{k})$ zu bestimmen gestattet:

$$\begin{aligned}
(\varepsilon(\mathbf{k}) - E_m)b_m =\ & \\
& - (\varepsilon(\mathbf{k}) - E_m) \sum_n \left(\sum_{\mathbf{R} \neq 0} \int \psi_m^*(\mathbf{r})\psi_n(\mathbf{r} - \mathbf{R}) e^{i\mathbf{k}\cdot\mathbf{R}}\, d\mathbf{r} \right) b_n \\
& + \sum_n \left(\int \psi_m^*(\mathbf{r})\Delta U(\mathbf{r})\psi_n(\mathbf{r})\, d\mathbf{r} \right) b_n \\
& + \sum_n \left(\sum_{\mathbf{R} \neq 0} \int \psi_m^*(\mathbf{r})\Delta U(\mathbf{r})\psi_n(\mathbf{r} - \mathbf{R}) e^{i\mathbf{k}\cdot\mathbf{R}}\, d\mathbf{r} \right) b_n.
\end{aligned} \tag{10.12}$$

Der erste Term auf der rechten Seite von (10.12) enthält Integrale der Form[5]

$$\int d\mathbf{r}\, \psi_m^*(\mathbf{r})\psi_n(\mathbf{r} - \mathbf{R}) \tag{10.13}$$

Unsere Annahme deutlich lokalisierter atomarer Niveaus bedeutet nun, daß das Integral (10.13) deutlich kleiner als Eins ist. Weiterhin können wir davon ausgehen, daß die Werte der Integrale im dritten Term der rechten Seite von (10.12) klein sind, da sie ebenfalls das Produkt zweier atomarer Wellenfunktionen enthalten, deren Zentren an verschiedenen Gitterpositionen liegen. Schließlich erwarten wir, daß auch der zweite Term auf der rechten Seite von (10.12) klein ist, da wir davon ausgehen, daß die atomaren Wellenfunktionen kleine Werte annehmen bei Abständen, die groß genug sind, um

---

[5] Ein Integral, dessen Integrand ein Produkt aus Wellenfunktionen enthält, deren Zentren an verschiedenen Gitterplätzen liegen, bezeichnet man als *Überlapp-Integral*. Das *tight-binding*-Verfahren nutzt die Kleinheit solcher Überlapp-Integrale. Auch in der Theorie des Magnetismus spielen Überlapp-Integrale eine wichtige Rolle (siehe Kapitel 32).

die Abweichung des periodischen Potentials vom atomaren Potential spürbar werden zu lassen.[6]

Folglich ist die rechte Seite der Gleichung (10.13) – und damit auch $(\varepsilon(\mathbf{k}) - E_m)b_m$ – immer klein. Dies kann nur der Fall sein, wenn $\varepsilon(\mathbf{k}) - E_m$ immer dann klein ist, wenn b_m es nicht ist – und umgekehrt. Daher muß der Wert von $\varepsilon(\mathbf{k})$ in der Nähe eines atomaren Niveaus liegen – welches mit E_0 bezeichnet sei – und sämtliche Koeffizienten b_m müssen klein sein, mit Ausnahme derer, die zu diesem atomaren Niveau gehören, zu Niveaus, die mit ihm entartet sind oder die eine fast gleiche Energie besitzen:[7]

$$\varepsilon(\mathbf{k}) \approx E_0, \quad b_m \approx 0 \quad \text{außer für } E_m \approx E_0 \tag{10.14}$$

Würde in den Abschätzungen der (10.14) strikt das Gleichheitszeichen gelten, so entspräche dies wiederum dem Extremfall, daß die Energieniveaus des Kristalls identisch mit den atomaren Niveaus wären. Nun aber sind wir in der Lage, die Niveaus des Kristalls dadurch genauer zu bestimmen, daß wir (10.14) benutzen, um die rechte Seite von (10.12) abzuschätzen, wobei die Summe über n lediglich jene Niveaus erfaßt, deren Energien entweder mit dem Niveau E_0 entartet oder ihm energetisch sehr nahe sind. Ist das atomare Niveau 0 nicht entartet,[8] ist es also ein s-Niveau, so reduziert sich (10.12) in unserer Näherung auf eine einzige Gleichung, die ein expliziter Ausdruck für die Energie des Bandes ist, welches aus diesem s-Niveau entsteht. Man bezeichnet ein solches Band allgemein als ein „s-Band".

Sind wir dagegen an den Bändern interessiert, die aus einem atomaren p-Niveau entstehen – welches dreifach entartet ist – so erhält man aus (10.12) ein System von drei homogenen Gleichungen, deren Eigenwerte die $\varepsilon(\mathbf{k})$ für die drei p-Bänder sind, und mit deren Lösungen $b(\mathbf{k})$ die Koeffizienten der geeigneten Linearkombinationen

---

[6] Die letzte Annahme ruht auf einer weniger stabilen Grundlage als die vorangegangenen, da die Potentiale der Ionen nicht notwendig ebenso rasch abfallen wie die atomaren Wellenfunktionen; diese Annahme beeinflußt aber auch weniger kritisch die Schlußfolgerungen, die wir ziehen werden, da der fragliche Term nicht von $\mathbf{k}$ abhängt. In einem gewissen Sinne spielt dieser Term die Rolle einer Korrektur des atomaren Potentials innerhalb jeder Zelle, mit der Wirkung, die Felder der Ionen außerhalb der Zelle mit einzubeziehen. Man könnte den Term ebenso klein machen wie die beiden anderen Terme, durch eine sinnvolle Neudefinition des „atomaren" Hamiltonoperators und seiner Energieniveaus.

[7] Beachten Sie die Ähnlichkeit dieser Argumentation mit jener auf den Seiten 191 bis 196. Dort zogen wir den Schluß, daß die Wellenfunktion eine Linearkombination von nur einer kleinen Anzahl ebener Wellen ist, deren Energien freier Elektronen eng benachbart liegen; hier folgerten wir, daß die Wellenfunktion mittels der Gleichungen (10.7) und (10.6) dargestellt werden kann durch eine nur kleine Anzahl atomarer Wellenfunktionen, deren atomare Energien sehr eng benachbart sind.

[8] Wir vernachlässigen zunächst die Spin-Bahn-Kopplung und können uns deshalb ganz auf die Betrachtung des Bahnanteils der atomaren Zustände beschränken. Nachträglich berücksichtigen wir dann den Spin einfach durch Multiplikation der Bahnanteile der Wellenfunktionen mit den entsprechenden Spinoren sowie durch Verdopplung des Entartungsgrades jedes der Bahnzustände.

atomarer *p*-Niveaus gegeben sind, um ϕ in den Punkten **k** innerhalb der Brillouin-Zone aufzubauen. Entsprechend müssen wir ein 5×5 -Eigenwertproblem lösen, um ein *d*-Band aus atomaren *d*-Niveaus zu erhalten, etc.

Sollte sich das so erhaltene $\varepsilon(\mathbf{k})$ für gewisse Werte von **k** allzu weit von den Energien der atomaren Niveaus entfernen, so kann es notwendig werden, die gesamte Prozedur zu wiederholen, wobei man in die Entwicklung (10.7) der Wellenfunktion ϕ zusätzlich jene atomaren Niveaus aufnimmt, deren Energien sich die Bänder $\varepsilon(\mathbf{k})$ in ihrem Verlauf nähern. Als ein Beispiel aus der Praxis sei die Berechnung der Bandstruktur der Übergangsmetalle genannt, deren atomarer Zustand eine äußere *s*-Schale sowie eine teilweise gefüllte *d*-Schale umfaßt, so daß man hier im allgemeinen ein 6×6 -Eigenwertproblem behandelt, wobei man sowohl die atomaren *s*- als auch die *d*-Niveaus berücksichtigt. Dieses Verfahren ist als *s*-*d*-Mischung oder *s*-*d*-„Hybridisierung" bekannt.

Oft sind die atomaren Wellenfunktionen von so geringer Reichweite, daß man in den Summen über **R** in (10.12) nur Terme berücksichtigen muß, die Wechselwirkungen zwischen nächsten Nachbarn beschreiben, was die nachfolgende Analyse sehr verein-facht. Im folgenden beschreiben wir kurz die Bandstruktur für den einfachsten Fall.[9]

Anwendung der Theorie zur Bestimmung eines *s*-Bandes, das aus einem einzelnen atomaren *s*-Niveau entsteht

Verschwinden sämtliche *b* in (10.12), mit Ausnahme der Koeffizienten für ein einziges *s*-Niveau, so ergibt (10.12) direkt die Bandstruktur des entsprechenden *s*-Bandes:

$$\varepsilon(\mathbf{k}) = E_s - \frac{\beta + \sum \gamma(\mathbf{R})e^{i\mathbf{k}\cdot\mathbf{R}}}{1 + \sum \alpha(\mathbf{R})e^{i\mathbf{k}\cdot\mathbf{R}}}. \tag{10.15}$$

Darin bezeichnet E_s die Energie des atomaren *s*-Niveaus, und es gilt

$$\beta = -\int d\mathbf{r}\, \Delta U(\mathbf{r})\, |\phi(\mathbf{r})|^2 \tag{10.16}$$

$$\alpha(\mathbf{R}) = \int d\mathbf{r}\, \phi^*(\mathbf{r})\phi(\mathbf{r} - \mathbf{R}), \tag{10.17}$$

sowie

$$\gamma(\mathbf{R}) = -\int d\mathbf{r}\, \phi^*(\mathbf{r})\Delta U(\mathbf{r})\phi(\mathbf{r} - \mathbf{R}). \tag{10.18}$$

---

[9] Der einfachste Fall ist der eines *s*-Bandes; den nächstkomplexeren Fall, ein *p*-Band, behandeln wir in Aufgabe 2.

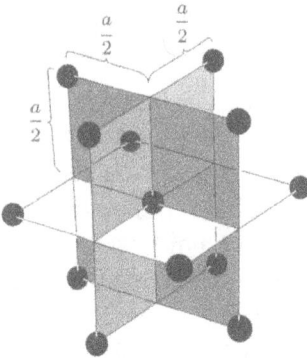

Bild 10.3: Die 12 nächsten Nachbarn des Ursprungs in einem kubisch-flächenzentrierten Gitter mit einer konventionellen kubischen Zelle der Seitenlänge a.

Man kann die Form der Koeffizienten (10.16) bis (10.18) vereinfachen, indem man gewisse Symmetrien nutzt: Da es sich bei ϕ um einen s-Zustand handelt, ist $\phi(\mathbf{r})$ reell und hängt nur vom Betrag r ab, so daß gilt $\alpha(-\mathbf{R}) = \alpha(\mathbf{R})$. Aus dieser Eigenschaft und der Inversionssymmetrie des Bravaisgitters, $\Delta U(-\mathbf{r}) = \Delta U(\mathbf{r})$, folgt weiterhin $\gamma(-\mathbf{R}) = \gamma(\mathbf{R})$. Darüberhinaus vernachlässigen wir die von α abhängigen Terme im Nenner von (10.15), da sie nur kleine Korrekturen zum Zähler beitragen. Eine letzte Vereinfachung ergibt sich aus der Annahme, daß die Überlappintegrale lediglich bei Entfernungen nächster Nachbarn Werte annehmen, die nicht zu vernachlässigen sind.

Setzt man die genannten Vereinfachungen um, so erhält man aus (10.15)

$$\varepsilon(\mathbf{k}) = E_s - \beta - \sum_{\substack{\text{nächste} \\ \text{Nachbarn}}} \gamma(\mathbf{R}) \cos \mathbf{k} \cdot \mathbf{R}, \qquad (10.19)$$

wobei die Summe nur über jene Vektoren $\mathbf{R}$ des Bravaisgitters läuft, die den Ursprung mit seinen nächsten Nachbarn verbinden.

Als ein explizites Beispiel wenden wir (10.19) auf einen kubisch-flächenzentrierten Kristall an. Die 12 nächsten Nachbarn des Ursprungs sitzen an den Stellen (siehe Bild 10.3)

$$\mathbf{R} = \frac{a}{2} (\pm 1, \pm 1, 0), \quad \frac{a}{2} (\pm 1, 0, \pm 1), \quad \frac{a}{2} (0, \pm 1, \pm 1). \qquad (10.20)$$

Schreiben wir $\mathbf{k} = (k_x, k_y, k_z)$, so ergeben sich die entsprechenden 12 Werte des Produktes $\mathbf{k} \cdot \mathbf{R}$ zu

$$\mathbf{k} \cdot \mathbf{R} = \frac{a}{2}(\pm k_i, \pm k_j), \quad i, j = x, y; \; y, z; \; z, x. \qquad (10.21)$$

Nun hat $\Delta U(\mathbf{r}) = \Delta U(x, y, z)$ die vollständige kubische Symmetrie des Gitters und ist deshalb invariant gegenüber Permutationen oder Vorzeichenwechsel der Argumente. Hieraus, sowie aus der Tatsache, daß die Wellenfunktion $\phi(\mathbf{r})$ des s-Zustandes nur vom Betrag von $\mathbf{r}$ abhängt, folgt nun, daß $\gamma(\mathbf{R})$ für sämtliche Vektoren (10.20) gleich

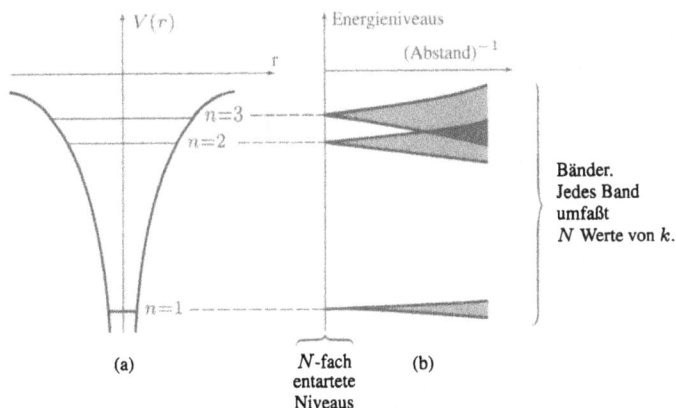

Bild 10.4: (a) Schematische Darstellung nichtentarteter, elektronischer Niveaus in einem atomaren Potential. (b) Die Energieniveaus einer periodischen Anordnung von N solcher Atome, aufgetragen als Funktion des inversen, mittleren zwischenatomaren Abstandes. Sind die Atome weit voneinander entfernt, die Überlappintegrale folglich klein, so sind die Energieniveaus nahezu entartet; liegen die Atome aber näher beieinander, sind die Überlappintegrale also größer, so verbreitern sich die Niveaus zu Energiebändern.

einer gemeinsamen Konstanten γ ist. Daher ergibt die Summation (10.19) unter Verwendung von (10.21)

$$
\varepsilon(\mathbf{k}) = E_s - \beta - 4\gamma(\cos \frac{1}{2}k_x a \cos \frac{1}{2}k_y a
$$
$$
+ \cos \frac{1}{2}k_y a \cos \frac{1}{2}k_z a + \cos \frac{1}{2}k_z a \cos \frac{1}{2}k_x a), \tag{10.22}
$$

mit

$$
\gamma = -\int d\mathbf{r} \, \phi^*(x, y, z) \Delta U(x, y, z) \phi(x - \frac{1}{2}a, y - \frac{1}{2}a, z). \tag{10.23}
$$

Gleichung (10.22) zeigt ein wesentliches Charakteristikum von Energiebändern, die mittels der Methode des *tight-binding* berechnet wurden: Die Breite des Bandes – d.h. die Differenz zwischen der minimalen und der maximalen Energie innerhalb des Bandes – ist proportional dem kleinen Überlappintegral γ. Die *tight-binding*-Bänder sind daher schmal – und umso schmäler, je geringer der Überlapp ist. Im Grenzfall verschwindenden Überlapps wird auch die Breite des Bandes Null, und das Band entartet N-fach – entsprechend dem Extremfall, daß das Elektron bei einem der N isolierten Atome lokalisiert bleibt. Die Abhängigkeit der Bandbreite vom Wert des Überlappintegrals ist in Bild 10.4 dargestellt.

Gleichung (10.22) zeigt beispielhaft nicht nur die Wirkung der Stärke des Überlapps auf die Bandbreite, sondern auch einige allgemeine Eigenschaften der Bandstruktur

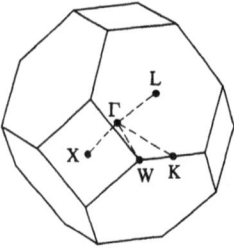

Bild 10.5: Die erste Brillouin-Zone eines kubisch-flächenzentrierten Kristalls. Der Punkt Γ ist das Zentrum der Zone; die Buchstaben K, L, W und X sind gebräuchliche Bezeichnungen für Punkte hoher Symmetrie auf dem Zonenrand.

eines kubisch-flächenzentrierten Kristalls, die *nicht* der Methode des *tight-binding* eigentümlich sind. Die folgenden Eigenschaften sind typisch:

1. Im Grenzfall für kleines ka vereinfacht sich (10.22) zu

$$\varepsilon(\mathbf{k}) = E_s - \beta - 12\gamma + \gamma k^2 a^2. \tag{10.24}$$

Dieser Ausdruck ist von der Richtung des Vektors $\mathbf{k}$ unabhängig; die Flächen konstanter Energie in der Nähe von $\mathbf{k} = 0$ sind deshalb kugelförmig.[10]

2. Trägt man ε entlang einer beliebigen Linie senkrecht zu einer der quadratischen Oberflächen der ersten Brillouin-Zone auf (siehe Bild 10.5), so schneidet die Funktion $\varepsilon(\mathbf{k})$ diese Fläche mit der Steigung Null (siehe Aufgabe 1).

3. Trägt man ε entlang einer beliebigen Linie senkrecht zu einer der sechseckigen Oberflächen der ersten Brillouin-Zone (siehe Bild 10.5) auf, so schneidet die Funktion $\varepsilon(\mathbf{k})$ diese Fläche *nicht notwendig* mit verschwindender Steigung (siehe Aufgabe 1).[11]

Allgemeine Bemerkungen zur Methode des *tight-binding*

1. In Fällen von praktischem Interesse treten in der Entwicklung (10.7) mehrere atomare Niveaus auf, was bei drei p-Zuständen zu einem 3×3-Eigenwertproblem, bei fünf d-Zuständen zu einem 5×5-Eigenwertproblem führt, etc. Als Beispiel zeigt Bild 10.6 die Bandstruktur, welche man aus einer *tight-binding*-Rechnung unter Zugrundelegung der fünffach entarteten atomaren $3d$-Zustände des Nickels erhält. Die Bänder sind entlang dreier verschiedener Richtungen besonderer Symmetrie innerhalb

---

[10] Man kann dies unter recht allgemeinen Voraussetzungen für jedes nichtentartete Band eines Kristalls mit kubischer Symmetrie zeigen.

[11] Betrachten Sie zum Vergleich den Fall nahezu freier Elektronen (siehe Seite 198. Wir zeigten dort, daß in diesem Fall die Steigung von $\varepsilon(\mathbf{k})$ entlang einer zur Bragg-Ebene senkrechten Linie immer dann gleich Null ist, wenn diese Linie die Bragg-Ebene in einem Punkt fern von anderen Bragg-Ebenen schneidet. Diese Eigenschaft der *tight-binding*-Näherung illustriert den allgemeineren Fall, der deshalb auftritt, weil keine Spiegelebene parallel zur sechseckigen Begrenzungsfläche der Brillouin-Zone existiert.

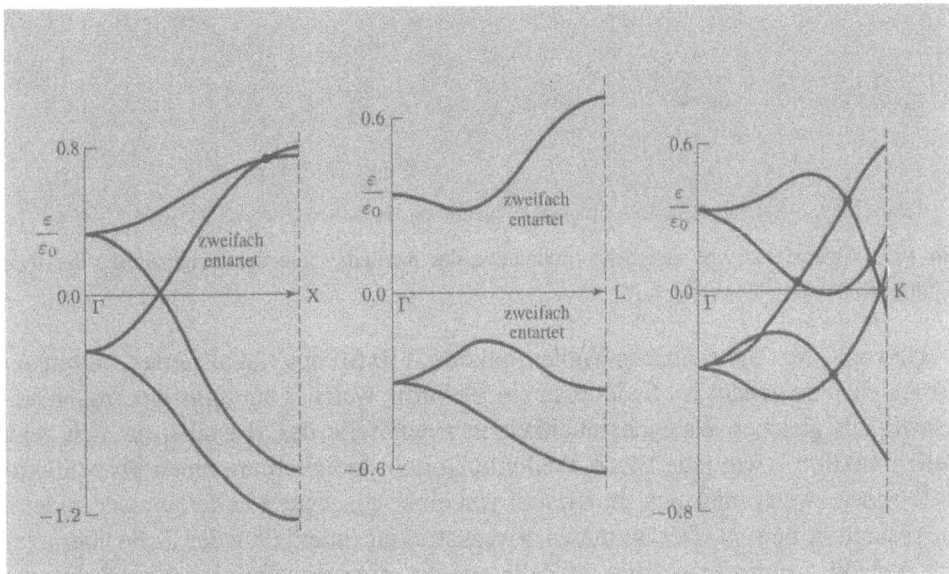

Bild 10.6: Ergebnisse einer *tight-binding*-Rechnung für die 3*d*-Bänder von Nickel (G. C. Fletcher, *Proc. Phys. Soc.* **A65**, 192 (1952). Die Energien sind in der Einheit $\varepsilon_0 = 1,349$ eV angegeben, die Breite der Bänder beträgt ca. 2, 7 eV. Die Linien innerhalb der Brillouin-Zone, entlang derer ε aufgetragen ist, sind in Bild 10.5 gestrichelt eingezeichnet. Beachten Sie die charakteristischen Entartungen entlang ΓX und ΓL, sowie das Fehlen von Entartungen in der Richtung ΓK. Die große Breite der Bänder ist ein Hinweis darauf, daß unsere Behandlung zu elementar und dem Problem nicht ganz angemessen ist.

der Brillouin-Zone aufgetragen, wobei die Bänder in jeder dieser Richtungen jeweils charakteristische Entartungen aufweisen.[12]

2. Ein recht allgemein zu beobachtendes Merkmal von *tight-binding*-Rechnungen ist die Form der Beziehung zwischen den Bandbreiten und den Überlapp-Integralen

$$\gamma_{ij}(\mathbf{R}) = -\int d\mathbf{r} \, \phi_i^*(\mathbf{r}) \Delta U(\mathbf{r}) \phi_j(\mathbf{r} - \mathbf{R}). \tag{10.25}$$

Sind die γ_{ij} klein, so ist auch die Bandbreite entsprechend klein. Als eine „Daumen-regel" kann man annehmen, daß sich die Wellenfunktion eines atomaren Zustandes räumlich umso weiter ausdehnt, je höher seine Energie (d.h. je geringer seine Bin-dungsenergie) ist. Entsprechend sind die niedrigliegenden Bänder eines Festkörpers sehr schmal, und die Bandbreiten vergrößern sich mit zunehmender mittlerer Ban-denergie. Die energetisch höchstliegenden Bänder der Metalle sind sehr breit, da die räumliche Ausdehnung der höchstliegenden atomaren Zustände mit der Gitterkonstan-ten vergleichbar, und somit die Gültigkeit der *tight-binding*-Näherung zweifelhaft ist.

---

[12] Die berechneten Bänder sind derart breit, daß Zweifel an der Brauchbarkeit der gesamten Entwicklung entstehen könnten. Eine realistischere Rechnung sollte zumindest noch den Einfluß des 4*s*-Zustandes berücksichtigen.

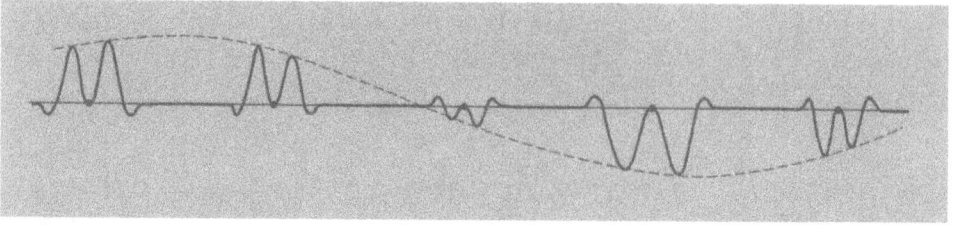

Bild 10.7: Charakteristische räumliche Modulation des Realteils (oder des Imaginärteils) der *tight-binding*-Wellenfunktion (10.6).

3. Obwohl die *tight-binding*-Wellenfunktion (10.6) aus lokalisierten, atomaren Zuständen ϕ aufgebaut ist, findet man ein Elektron, welches ein *tight-binding*-Niveau besetzt, mit gleicher Wahrscheinlichkeit in jeder Zelle des Kristalls, da sich seine Wellenfunktion – wie jede Bloch-Wellenfunktion – lediglich um einen Phasenfaktor $e^{i\mathbf{k}\cdot\mathbf{R}}$ ändert, wenn man sich im Kristall von einer gegebenen Zelle zu einer anderen im Abstand $\mathbf{R}$ bewegt. Der atomaren Niveaustruktur innerhalb jeder Zelle überlagert sich deshalb, wenn $\mathbf{r}$ von Zelle zu Zelle variiert, eine sinusförmige Modulation der Amplituden von Re ψ und Im ψ, wie in Bild 10.7 dargestellt.

Ein weiteres Indiz dafür, daß die *tight-binding*-Zustände den Charakter laufender Wellen haben, ergibt sich aus dem Satz, daß die mittlere Geschwindigkeit eines Elektrons in einem Bloch-Niveau mit Wellenvektor $\mathbf{k}$ und Energie $\varepsilon(\mathbf{k})$ gegeben ist durch $\mathbf{v}(\mathbf{k}) = (1/\hbar)\partial\varepsilon/\partial\mathbf{k}$ (siehe Anhang E). Ist ε von $\mathbf{k}$ unabhängig, so verschwindet $\partial\varepsilon/\partial\mathbf{k}$ – konsistent mit der Tatsache, daß die Elektronen in streng isolierten atomaren Niveaus (also bei verschwindender Bandbreite) fest an die einzelnen Atome gebunden sind. Ist jedoch auch nur irgendein Überlappintegral der atomaren Wellenfunktionen von Null verschieden, so ist $\varepsilon(\mathbf{k})$ nicht mehr innerhalb der gesamten Brillouin-Zone konstant. Da eine kleine Nichtkonstanz von ε auch einen kleinen, nichtverschwindenden Wert von $\partial\varepsilon/\partial\mathbf{k}$ bedeutet, und damit eine kleine, aber nicht verschwindende mittlere Geschwindigkeit, so können sich die Elektronen frei innerhalb des gesamten Kristalls bewegen, sobald auch nur der geringste Überlapp zwischen den atomaren Wellenfunktionen besteht! Ein schwächerer Überlapp äußert sich lediglich in einer Verringerung der mittleren Geschwindigkeit – die Bewegungsmöglichkeit der Elektronen bleibt jedoch grundsätzlich erhalten. Man kann diese Bewegung sehen als ein quantenmechanisches Tunneln von Gitterplatz zu Gitterplatz: Je geringer der Überlapp der atomaren Wellenfunktionen ist, desto kleiner ist auch die Tunnelwahrscheinlichkeit und eine umso längere Zeit benötigt ein Elektron, um eine gegebene Distanz zurückzulegen.

4. Die Formulierung der *tight-binding*-Näherung wird komplizierter für Festkörper, die kein einatomares Bravaisgitter aufweisen. Diese Komplikation tritt auf im Falle der hexagonal dichtest gepackten Metalle, die man als einfach hexagonal mit einer zweiatomigen Basis beschreiben kann. Formal kann man die zweiatomige Basis als ein Molekül behandeln – dessen Wellenfunktionen man als bekannt voraussetzt –

und die obige Prozedur mit den molekularen anstelle der atomaren Wellenfunktionen durchführen. Ist der Überlapp zwischen nächsten Nachbarn klein, so trifft dies insbesondere auch auf den Überlapp innerhalb des „Moleküls" zu, und aus einem atomaren s-Zustand entstehen zwei nahezu entartete, molekulare Zustände. Daher entstehen in einer hexagonal dichtest gepackten Struktur aus einem einzelnen atomaren s-Zustand zwei *tight-binding*-Bänder.

Man kann aber auch anders vorgehen und weiterhin Linearkombinationen von atomaren Zustanden konstruieren, zentriert in den Punkten des Bravaisgitters *und* in den Punkten der Basis. Dies führt zur folgenden Erweiterung von (10.6), wobei d den Abstand zwischen den Atomen der Basis bezeichnet:

$$\psi(\mathbf{r}) = \sum_{\mathbf{R}} e^{i\mathbf{k}\cdot\mathbf{R}}(a\phi(\mathbf{r} - \mathbf{R}) + b\phi(\mathbf{r} - \mathbf{d} - \mathbf{R})). \tag{10.26}$$

Diese Betrachtungsweise ist im wesentlichen gleichbedeutend mit dem erstgenannten Ansatz: Dort verwendet man genäherte molekulare Wellenfunktionen und kombiniert die Näherung molekularer Zustände mit der *tight-binding*-Näherung der Energieniveaus des gesamten Kristalls.[13]

5. Die Spin-Bahn-Kopplung (siehe Seite 210) ist bei der Bestimmung der atomaren Energieniveaus der schwereren Elemente von großer Bedeutung und sollte deshalb bei der Behandlung der Verbreiterung dieser Niveaus zu den Bändern des Festkörpers mit in Betracht gezogen werden. Prinzipiell ist die nötige Erweiterung der Theorie leicht durchzuführen: Wir müssen dazu nur in $\Delta U(\mathbf{r})$ die Wechselwirkung zwischen dem Elektronenspin und dem elektrischen Feld sämtlicher Atomrümpfe mit Ausnahme des Atomrumpfes im Ursprung mit einbeziehen, d.h. entsprechende Wechselwirkungsterme in den atomaren Hamiltonoperator aufnehmen. Ist dies einmal getan, so können wir weiterhin nicht mehr vom Spin unabhängige Linearkombinationen atomarer Bahn-Wellenfunktionen verwenden, sondern müssen mit Linearkombinationen sowohl der Bahnanteile als auch der Spinanteile arbeiten. Somit nähert die *tight-binding*-Theorie eines s-Zustandes – wenn die Spin-Bahn-Kopplung wesentlich ist – die Wellenfunktion ϕ nicht durch einen einzelnen atomaren s-Zustand an, sondern durch eine Linearkombination mit k-abhängigen Koeffizienten von zwei Zuständen mit identischen Bahn-Wellenfunktionen, aber entgegengesetzten Spins. Die *tight-binding*-Theorie eines d-Bandes würde sich von einem 5×5 -Eigenwertproblem zu einem 10×10 -Problem erweitern, etc. Wie bereits in Kapitel 9 erwähnt, können Effekte der Spin-Bahn-Kopplung – obwohl sie oft recht klein sind – doch häufig ausschlaggebend sein, so beispielsweise dann, wenn durch ihre Wirkung Entartungen aufgehoben werden, die bei Vernachlässigung der Kopplung streng wären.[14]

---

[13] Diese „genäherten molekularen Wellenfunktionen" sind deshalb von k abhängig.

[14] Die Berücksichtigung der Spin-Bahn-Kopplung bei der *tight-binding*-Methode diskutieren J. Friedel, P. Lenghart, G. Leman, *J. Phys. Chem. Solids* **25**, 781 (1964).

6. Die gesamte Theorie der elektronischen Energieniveaus in einem periodischen Potential, die wir in diesem und den beiden vorangegangenen Kapiteln entwickelten, setzte die Gültigkeit der Näherung unabhängiger Elektronen voraus, welche die Wechselwirkung zwischen den Elektronen entweder vollständig vernachlässigt, oder sie bestenfalls als gemittelten Effekt im effektiven periodischen Potential berücksichtigt, das jedes einzelne Elektron spürt. Wir werden in Kapitel 32 sehen, daß die Näherung unabhängiger Elektronen möglicherweise dann keine gute Näherung mehr ist, wenn man mit ihrer Hilfe mindestens ein *teilweise* gefülltes Band berechnet, welches sich von stark lokalisierten atomaren Zuständen mit kleinen Überlapp-Integralen ableitet. In vielen Fällen von Interesse (insbesondere bei Isolatoren und den sehr niedrig liegenden Bändern der Metalle) tritt dieses Problem jedoch nicht auf, da die *tight-binding*-Bänder energetisch derart niedrig liegen, daß sie vollständig gefüllt sind. Trotzdem muß man immer damit rechnen, daß die Näherung unabhängiger Elektronen unter Umständen keine gute Näherung mehr ist, insbesondere dann, wenn man schmale *tight-binding*-Bänder von teilweise gefüllten atomaren Schalen ableitet – in Metallen sind dies im allgemeinen die *d*- und *f*-Schalen. Besondere Vorsicht ist diesbezüglich bei der Behandlung von Festkörpern mit einer magnetischen Struktur angebracht.

Diese Möglichkeit des Fehlschlagens der Näherung unabhängiger Elektronen wirft einen Schatten auf das einfache physikalische Bild, welches die *tight-binding*-Methode suggeriert: das Bild eines kontinuierlichen Überganges vom metallischen zum atomaren Zustand bei stetiger Vergrößerung des zwischenatomaren Abstandes.[15]

Denken wir konsequent in der *tight-binding*-Näherung weiter, so erwarten wir, daß sich in einem Metall der Überlapp zwischen den atomaren Zuständen mit zunehmender Gitterkonstanten verringert und sämtliche Bänder – auch das teilweise gefüllte Leitungsband (oder die Leitungsbänder) – schließlich zu schmalen *tight-binding*-Bändern werden. Dabei würde sich mit schmaler werdendem Leitungsband die mittlere Geschwindigkeit der darin befindlichen Elektronen und folglich die Leitfähigkeit des Metalls verringern. Somit könnten wir erwarten, daß die Leitfähigkeit parallel mit den Überlapp-Integralen kontinuierlich gegen Null geht, wenn man das Metall „expandiert".

Es ist jedoch wahrscheinlicher, daß eine umfassendere Rechnung – welche die Näherung unabhängiger Elektronen nicht benötigt – zeigen könnte, daß die Leitfähigkeit jenseits eines gewissen Abstandes nächster Nachbarn abrupt gegen Null gehen und das Material somit zum Isolator werden würde (Dies ist der sogenannte *Mott-Übergang*.)

Der Grund für eine derartige Abweichung von der Aussage der *tight-binding*-Theorie liegt darin, daß es im Rahmen der Näherung unabhängiger Elektronen nicht möglich ist, die zusätzliche, sehr starke Abstoßung zu behandeln, die ein Elektron an einem

---

[15] Dieser Übergang ist experimentell schwierig zu realisieren; ihn sich theoretisch vorzustellen ist jedoch sehr instruktiv und hilft uns, ein physikalisches Verständnis des Phänomens der Energiebänder zu gewinnen.

Gitterplatz erfährt, wenn dort bereits ein anderes Elektron vorhanden ist. Wir werden in Kapitel 32 näher auf dieses Problem eingehen, erwähnen es aber an dieser Stelle, da man es manchmal als eine der Schwachstellen der *tight-binding*-Methode beschrieben findet.[16] Dies ist jedoch irreführend, da diese „Schwäche" genau dann auftritt, wenn die *tight-binding*-Näherung an das Modell unabhängiger Elektronen am besten funktioniert: Es ist vielmehr die Näherung unabhängiger Elektronen selbst, die hier versagt.

Wannier-Funktionen

Wie beschließen dieses Kapitel, indem wir zeigen, daß man die Bloch-Funktionen immer und für *jedes* Band in Form der Basisgleichung (10.4) der *tight-binding*-Näherung schreiben kann. Allgemein bezeichnet man dabei die Funktionen ϕ, welche die atomaren Wellenfunktionen repräsentieren, als *Wannier-Funktionen*. Man kann diese Wannier-Funktionen für jedes beliebige Band definieren, unabhängig davon, ob es im Rahmen der *tight-binding*-Näherung adäquat beschrieben werden kann oder nicht. Handelt es sich jedoch nicht um ein schmales *tight-binding*-Band, so haben die zugehörigen Wannier-Funktionen wenig Ähnlichkeit mit irgendeiner der elektronischen Wellenfunktionen des isolierten Atoms.

Um einzusehen, daß man jede Bloch-Funktion $\psi_{n\mathbf{k}}(\mathbf{r})$ in der Form (10.4) schreiben kann, beachten wir zunächst, daß $\psi_{n\mathbf{k}}$ als Funktion von $\mathbf{k}$ bei festem Wert von $\mathbf{r}$ periodisch im reziproken Gitter ist. Man kann $\psi_{n\mathbf{k}}(\mathbf{r})$ deshalb in eine Fourier-Reihe nach ebenen Wellen entwickeln, mit Wellenvektoren, die im Reziproken des reziproken Gitters, also im direkten Gitter liegen. Man kann daher für jedes feste $\mathbf{r}$ schreiben

$$\psi_{n\mathbf{k}}(\mathbf{r}) = \sum_{\mathbf{R}} f_n(\mathbf{R}, \mathbf{r}) e^{i\mathbf{R}\cdot\mathbf{k}}. \qquad (10.27)$$

Die Koeffizienten der Summe hängen sowohl von $\mathbf{r}$ als auch von den „Wellenvektoren" $\mathbf{R}$ ab, da für jeden Wert von $\mathbf{r}$ eine andere Funktion von $\mathbf{k}$ entwickelt wird.

Die Fourier-Koeffizienten in (10.27) sind gegeben durch die inverse Gleichung[17]

$$f_n(\mathbf{R}, \mathbf{r}) = \frac{1}{v_0} \int d\mathbf{k} \, e^{-i\mathbf{R}\cdot\mathbf{k}} \psi_{n\mathbf{k}}(\mathbf{r}). \qquad (10.28)$$

---

[16] Siehe beispielsweise H. Jones, *The Theory of Brillouin Zones and Electron States in Crystals*, North-Holland, Amsterdam, 1960, S. 229.

[17] v_0 bezeichnet hier das Volumen der ersten Brillouin-Zone im k-Raum. Das Integral wird über diesen Bereich ausgeführt. Die Gleichungen (10.27) und (10.28) (mit $\mathbf{r}$ als festem Parameter) entsprechen den Gleichungen (D.1) und (D.2) im Anhang D, wobei die Rollen von direktem und reziprokem Raum vertauscht sind.

Gleichung (10.27) hat unter der Bedingung die Form von (10.4), daß die Funktion $f_n(\mathbf{R}, \mathbf{r})$ nicht explizit von $\mathbf{r}$ und $\mathbf{R}$, sondern nur von deren Differenz $\mathbf{r} - \mathbf{R}$ abhängt: Denn werden sowohl $\mathbf{r}$ als auch $\mathbf{R}$ um einen Vektor $\mathbf{R}_0$ des reziproken Gitters verschoben, so bleibt f tatsächlich unverändert – als direkte Konsequenz von (10.28) und dem Blochschen Satz in der Form (8.5). Somit hat $f_n(\mathbf{R}, \mathbf{r})$ die Form

$$f_n(\mathbf{R}, \mathbf{r}) = \phi_n(\mathbf{r} - \mathbf{R}).\tag{10.29}$$

Im Unterschied zu den atomaren Wellenfunktionen $\phi(\mathbf{r})$ der *tight-binding*-Theorie sind die Wannier-Funktionen $\phi_n(\mathbf{r} - \mathbf{R})$ an verschiedenen Gitterplätzen (oder mit unterschiedlichen Bandindizes) orthogonal zueinander (siehe Aufgabe 3, (10.35)). Da man den vollständigen Satz der Bloch-Funktionen als Linearkombinationen der Wannier-Funktionen schreiben kann, bilden die Wannier-Funktionen $\phi_n(\mathbf{r} - \mathbf{R})$ für alle n und $\mathbf{r}$ einen vollständigen Satz orthogonaler Funktionen. Sie können deshalb bei der exakten Beschreibung der Energieniveaus unabhängiger Elektronen in einem Kristallpotential als eine weitere Basis dienen.

Die formale Ähnlichkeit der Wannier-Funktionen mit den *tight-binding*-Wellenfunktionen läßt die Hoffnung zu, daß die Wannier-Funktionen ebenfalls lokalisiert sind, daß also für Werte von $\mathbf{r}$, die sehr viel größer sind als eine Länge von atomarer Größenordnung, die Funktionen $\phi_n(\mathbf{r})$ vernachlässigbar klein werden. In dem Ausmaß, in dem man den Wannier-Funktionen diese Eigenschaft geben kann, stellen sie ein ideales Werkzeug dar zur Beschreibung von Phänomenen, bei denen die räumliche Lokalisierung der Elektronen wesentlich ist. Die wesentlichsten Anwendungsfelder sind hier die folgenden:

1. Versuche der Aufstellung einer Transporttheorie für Bloch-Elektronen: Die Wannier-Funktionen sind geeignet, das Analogon zu den Wellenpaketen freier Elektronen zu konstruieren, nämlich elektronische Energieniveaus in einem Kristall, die sowohl in $\mathbf{r}$ als auch in $\mathbf{k}$ lokalisiert sind. Die Theorie der Wannier-Funktionen ist eng verwandt mit Betrachtungen darüber, unter welchen Bedingungen und auf welche Art und Weise der Zusammenbruch der semiklassischen Theorie des Transports durch Bloch-Elektronen erfolgt (siehe die Kapitel 12 und 13).

2. Behandlung von Phänomenen, die durch lokalisierte elektronische Niveaus verursacht werden, beispielsweise durch die Niveaus eines Elektrons, welches im attraktiven Potential eines Verunreinigungsatoms gebunden ist. Ein sehr wesentliches Beispiel für eine solche Anwendung ist die Theorie der Donator- und Akzeptorniveaus in Halbleitern (siehe Kapitel 28.).

3. Deutung bestimmter magnetischer Phänomene, verursacht durch magnetische Momente, die an den Gitterplätzen geeigneter Verunreinigungsatome lokalisiert sind.

Theoretische Abschätzungen der Reichweiten von Wannier-Funktionen sind in der Regel recht komplex.[18] Grob gesagt, wird die Reichweite einer Wannier-Funktion mit größer werdender Bandlücke geringer – wie man es auch von der *tight-binding*-Näherung her erwarten würde, bei der die Breite der Bänder abnimmt, wenn sich die Reichweite der atomaren Wellenfunktionen verringert. Die verschiedenen, mit einem „Zusammenbruch" oder „Durchbruch" assoziierten Phänomene, die wir in Kapitel 12 erwähnen werden, und die dann auftreten, wenn die Bandlücke schmal ist, finden ihre Entsprechung in der Tatsache, daß Theorien, die auf einer Lokalisierung der Wannier-Funktionen aufbauen, im Grenzfall schmaler Bandlücke immer weniger zuverlässig werden.

Aufgaben

10.1 (a) Zeigen Sie, daß sich die Gleichung (10.22) der *tight-binding*-Theorie für die Energien eines *s*-Bandes in einem kubisch-flächenzentrierten Kristall entlang der in Bild 10.5 dargestellten Hauptsymmetrierichtungen auf die folgenden Ausdrücke reduziert:

(i) entlang ΓX $(k_y = k_z = 0, \ k_x = \mu\, 2\pi/a, \ 0 \leqslant \mu \leqslant 1)$
$$\varepsilon = E_s - \beta - 4\gamma(1 + 2\cos\mu\pi),$$

(ii) entlang ΓL $(k_x = k_y = k_z = \mu 2\pi/a, \ 0 \leqslant \mu \leqslant \tfrac{1}{2})$
$$\varepsilon = E_s - \beta - 12\gamma\cos^2\mu\pi,$$

(iii) entlang ΓK $(k_z = 0, \ k_x = k_y = \mu 2\pi/a, \ 0 \leqslant \mu \leqslant \tfrac{3}{4})$
$$\varepsilon = E_s - \beta - 4\gamma(\cos^2\mu\pi + 2\cos\mu\pi),$$

(iv) entlang ΓW $(k_z = 0, \ k_x = \mu 2\pi/a, \ k_y = \tfrac{1}{2}\mu 2\pi/a, \ 0 \leqslant \mu \leqslant 1)$
$$\varepsilon = E_s - \beta - 4\gamma(\cos\mu\pi + \cos\tfrac{1}{2}\mu\pi + \cos\mu\pi\cos\tfrac{1}{2}\mu\pi).$$

(b) Zeigen Sie, daß die Normalenableitung von ε auf den quadratischen Oberflächen der ersten Brillouin-Zone verschwindet.

(c) Zeigen Sie, daß die Normalenableitung von ε auf den sechseckigen Oberflächen der Zone nur entlang der Verbindungslinien zwischen dem Mittelpunkt des Sechsecks und seinen Ecken verschwindet.

10.2   Tight-binding-p-Bänder in kubischen Kristallen

Befaßt man sich mit kubischen Kristallen, so sind die zweckmäßigsten Linearkombinationen der drei entarteten atomaren p-Zustände von der Form $x\phi(r)$, $y\phi(r)$ und

---

[18] Eine recht einfach nachvollziehbare Argumentation – wenn auch nur im Eindimensionalen – gibt W. Kohn, *Phys. Rev.* **115**, 809 (1959). Eine Diskussion von größerer Allgemeinheit findet man in E. I. Blount, *Solid State Physics*, Vol.13, Academic Press, New York (1962), S. 305.

$z\phi(r)$, wobei die Funktion ϕ nur vom Betrag des Vektors r abhängt. Die Energien der drei zugehörigen p-Bänder erhält man aus (10.12), indem man die Determinante gleich Null setzt:

$$(\varepsilon(\mathbf{k}) - E_p)\delta_{ij} + \beta_{ij} + \tilde{\gamma}_{ij}(\mathbf{k}) = 0, \tag{10.30}$$

mit

$$\tilde{\gamma}_{ij}(\mathbf{k}) = \sum_{\mathbf{R}} e^{i\mathbf{k}\cdot\mathbf{R}}\gamma_{ij}(\mathbf{R}),$$

$$\gamma_{ij}(\mathbf{R}) = -\int d\mathbf{r}\,\psi_i^*(\mathbf{r})\psi_j(\mathbf{r} - \mathbf{R})\Delta U(\mathbf{r}),$$

$$\beta_{ij} = \gamma_{ij}(\mathbf{R} = 0). \tag{10.31}$$

(In (10.30) wurde ein Vorfaktor der Differenz $\varepsilon(\mathbf{k}) - E_p$ vernachlässigt, da er nur sehr kleine Korrekturen verursacht, analog zu den Korrekturen durch den Nenner von (10.15) für den Fall von s-Bändern.)

(a) Zeigen Sie, daß als Folge der kubischen Symmetrie gilt

$$\beta_{xx} = \beta_{yy} = \beta_{zz} = \beta,$$
$$\beta_{xy} = 0. \tag{10.32}$$

(b) Zeigen Sie unter der Annahme, daß die γ_{ij} nur für Abstände $\mathbf{R}$ zwischen nächsten Nachbarn nicht vernachlässigbar sind, daß $\tilde{\gamma}_{ij}(\mathbf{k})$ für ein einfach-kubisches Bravaisgitter diagonal ist, so daß die $x\phi(r)$, $y\phi(r)$ und $z\phi(r)$ jeweils voneinander unabhängige Bänder erzeugen. (Beachten Sie, daß dies nicht mehr der Fall ist, wenn man auch die γ_{ij} der zweitnächsten Nachbarn berücksichtigt.)

(c) Zeigen Sie, daß unter Vernachlässigung aller γ_{ij}, die *nicht* zu nächsten Nachbarn gehören, die Energiebänder eines kubisch-flächenzentrierten Bravaisgitters die Lösungen von

$$0 = \begin{vmatrix} \varepsilon(\mathbf{k}) - \varepsilon^0(\mathbf{k}) + 4\gamma_0\cos\frac{1}{2}k_ya\cos\frac{1}{2}k_za & -4\gamma_1\sin\frac{1}{2}k_xa\sin\frac{1}{2}k_ya & -4\gamma_1\sin\frac{1}{2}k_xa\sin\frac{1}{2}k_za \\[2ex] -4\gamma_1\sin\frac{1}{2}k_ya\sin\frac{1}{2}k_xa & \varepsilon(\mathbf{k}) - \varepsilon^0(\mathbf{k}) + 4\gamma_0\cos\frac{1}{2}k_za\cos\frac{1}{2}k_xa & -4\gamma_1\sin\frac{1}{2}k_ya\sin\frac{1}{2}k_za \\[2ex] -4\gamma_1\sin\frac{1}{2}k_za\sin\frac{1}{2}k_xa & -4\gamma_1\sin\frac{1}{2}k_za\sin\frac{1}{2}k_ya & \varepsilon(\mathbf{k}) - \varepsilon^0(\mathbf{k}) + 4\gamma_0\cos\frac{1}{2}k_xa\cos\frac{1}{2}k_ya \end{vmatrix} \tag{10.33}$$

sind. Dabei ist

$$\varepsilon^0(\mathbf{k}) = E_p - \beta$$

$$- 4\gamma_2(\cos\frac{1}{2}k_x a \cos\frac{1}{2}k_z a + \cos\frac{1}{2}k_x a \cos\frac{1}{2}k_y a + \cos\frac{1}{2}k_y a \cos\frac{1}{2}k_z a),$$

$$\gamma_0 = -\int d\mathbf{r}\,[x^2 - y(y - \frac{1}{2}a)]\phi(r)\phi([x^2 + (y - \frac{1}{2}a)^2 + z^2]^{1/2})\Delta U(\mathbf{r}),$$

$$\gamma_1 = -\int d\mathbf{r}\,x(y - \frac{1}{2}a)\phi(r)\phi([(x - \frac{1}{2}a)^2 + (y - \frac{1}{2}a)^2 + z^2]^{1/2})\Delta U(\mathbf{r}),$$

$$\gamma_2 = -\int d\mathbf{r}\,x(x - \frac{1}{2}a)\phi(r)\phi([(x - \frac{1}{2}a)^2 + (y - \frac{1}{2}a)^2 + z^2]^{1/2})\Delta U(\mathbf{r}). \quad (10.34)$$

(d) Zeigen Sie, daß die drei obigen Bänder bei $\mathbf{k} = 0$ entartet sind, und daß zweifache Entartung vorliegt, wenn $\mathbf{k}$ die Richtung einer Würfelachse (ΓX) oder einer Würfeldiagonalen (ΓL) hat. Zeichnen Sie die Energiebänder, entsprechend Bild 10.6, entlang dieser Richtungen.

10.3 Zeigen Sie, daß Wannier-Funktionen, deren Zentren an verschiedenen Gitterplätzen liegen, zueinander orthogonal sind:

$$\int \phi_n^*(\mathbf{r} - \mathbf{R})\phi_{n'}(\mathbf{r} - \mathbf{R}')\,d\mathbf{r} \propto \delta_{n,n'}\,\delta_{\mathbf{R},\mathbf{R}'}. \quad (10.35)$$

Verwenden Sie dabei die Orthonormalität der Blochfunktionen sowie die Identität (F.4) in Anhang F. Zeigen Sie weiterhin, daß

$$\int d\mathbf{r}\,|\phi_n(\mathbf{r})|^2 = 1 \quad (10.36)$$

gilt, falls die Integrale der $|\psi_{n\mathbf{k}}(\mathbf{r})|^2$ über eine primitive Zelle auf Eins normiert sind.

11 Weitere Verfahren zur Berechnung von Bandstrukturen

Näherung unabhängiger Elektronen

Allgemeine Eigenschaften von Valenzband-Wellenfunktionen

Zellen-Verfahren nach Wigner-Seitz

Muffin-Tin-Potentiale

Augmented Plane Wave-Verfahren (APW)

Verfahren der Greenschen Funktionen (KKR)

Orthogonalized Plane Wave-Verfahren (OPW)

Pseudopotentiale

In den Kapiteln 9 und 10 betrachteten wir Näherungslösungen der Ein-Elektron-Schrödingergleichung in den Grenzfällen nahezu freier Elektronen sowie der *tight-binding*-Näherung. In den meisten Fällen von Interesse ist die *tight-binding*-Näherung – zumindest in der in Kapitel 10 beschriebenen, einfachen Form – nur geeignet zur Berechnung von Bändern, die aus Zuständen des Atomrumpfes entstehen, während die Näherung nahezu freier Elektronen nicht direkt auf einen realen Festkörper anwendbar ist.[1] Ziel des vorliegenden Kapitels ist es deshalb, einige der gebräuchlicheren Verfahren zu beschreiben, mittels derer man in der Praxis die Bandstrukturen realer Festkörper berechnet.

Wir bemerkten in Kapitel 8, daß wir bereits durch den Ansatz einer separaten Schrödingergleichung[2]

$$\left(-\frac{\hbar^2}{2m}\nabla^2 + U(\mathbf{r})\right)\psi_{\mathbf{k}}(\mathbf{r}) = \varepsilon(\mathbf{k})\psi_{\mathbf{k}}(\mathbf{r}) \tag{11.1}$$

für jedes Elektron eine starke Vereinfachung des tatsächlichen Problems vornehmen, das Verhalten vieler *miteinander wechselwirkender* Elektronen in einem periodischen Potential zu erfassen. In einer wirklich exakten Behandlung dieses Problems ist es *nicht* möglich, jedes der Elektronen unabhängig von allen anderen durch eine Wellenfunktion zu beschreiben, die Lösung einer Ein-Teilchen-Schrödingergleichung ist.

Eigentlich vernachlässigt die Näherung unabhängiger Elektronen die Elektron-Elektron-Wechselwirkungen nicht vollständig: Sie nimmt vielmehr an, daß man die wesentlichsten Effekte dieser Wechselwirkung durch eine „geschickte" Wahl des periodischen Potentials $U(\mathbf{r})$, welches in der Ein-Teilchen-Schrödingergleichung erscheint, berücksichtigen kann. $U(\mathbf{r})$ enthält somit nicht alleine das durch die Rümpfe verursachte periodische Potential, sondern auch periodische Effekte, die durch Wechselwirkung eines Elektrons (dessen Wellenfunktion in (11.1) erscheint) mit sämtlichen übrigen Elektronen entstehen. Die letztere Wechselwirkung hängt ab von der Konfiguration der anderen Elektronen, also von *deren* jeweiligen Wellenfunktionen. welche ebenfalls durch eine Schrödingergleichung der Form (11.1) bestimmt sind. Um daher das in (11.1) auftretende Potential bestimmen zu können, muß man zunächst sämtliche Lösungen derselben Gleichung kennen; da man aber deren Lösungen nur dann ermitteln kann, wenn man das Potential kennt, stößt man dabei auf gewisse mathematische Schwierigkeiten.

Die einfachste – und meist auch praktikabelste – Methode ist es, mit einer „wilden" Vermutung $U_0(\mathbf{r})$ anstelle des Potentials $U(\mathbf{r})$ zu beginnen, mittels (11.1) die Wellen-

---

[1] Mittels verfeinerter Methoden gelangt man jedoch oft zu einer Vorgehensweise, die der Näherung nahezu freier Elektronen in einem geeignet modifizierten Potential formal sehr ähnlich ist; dieses Potential nennt man *Pseudopotential* (siehe weiter unten in diesem Kapitel).

[2] Wir werden auch weiterhin den Bandindex n nicht explizite verwenden, außer dann, wenn dadurch Irrtümer zu vermeiden sind.

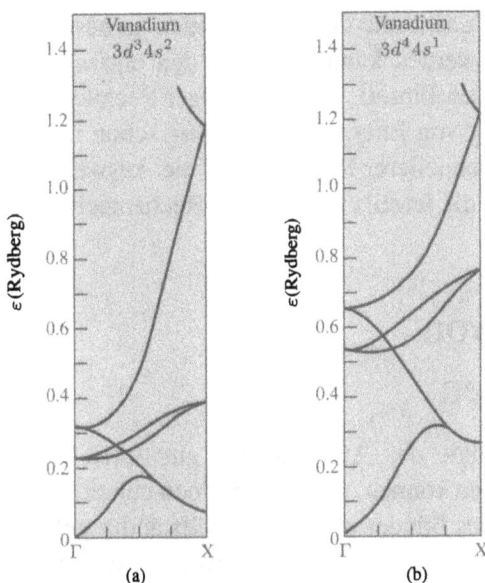

Bild 11.1: Energiebänder von Vanadium, berechnet für zwei verschieden gewählte, mögliche Kristallpotentiale $U(\mathbf{r})$. Vanadium kristallisiert kubisch-raumzentriert. Die Bänder sind entlang der Richtung [100] vom Zentrum bei Γ bis zum Rand der Brillouin-Zone bei X gezeichnet. Die Elektronenkonfiguration des Vanadiumatoms umfaßt fünf Elektronen außerhalb einer abgeschlossenen Argon-Schale. Dargestellt sind die berechneten $3d$- und $4s$-Bänder sowie höhere Bänder. (a) Diese Bänder wurden in einem Potential $U(\mathbf{r})$ berechnet, welches sich aus einer zu $3d^3 4s^2$ angenommenen Konfiguration des atomaren Vanadiums ableitet. (b) Berechnete Bänder auf der Basis einer zu $3d^4 4s^1$ angenommenen atomaren Konfiguration. (Aus L. F. Matheis, *Phys. Rev.* A **970**, 134 (1964)

funktionen der besetzten elektronischen Niveaus zu bestimmen und von diesen dann auf $U(\mathbf{r})$ zurückzurechnen. Ist das so ermittelte Potential $U_1(\mathbf{r})$ identisch mit oder sehr ähnlich dem Startpotential $U_{0(\mathbf{r})}$, so spricht man davon, *Selbstkonsistenz* erreicht zu haben, und geht davon aus, daß $U = U_1$ das real vorliegende Potential ist. Unterscheidet sich U_1 deutlich von U_0, so wiederholt man dieselbe Prozedur mit U_1 als Startpotential und nimmt das auf diese Weise berechnete Potential U_2, falls es U_1 sehr ähnlich ist, als das reale Potential an. Anderenfalls berechnet man ein Potential U_3, etc. Die Hoffnung dabei ist, daß das Verfahren konvergiert, daß man also früher oder später ein selbstkonsistentes Potential erhält, welches sich selbst „reproduziert".[3]

Wir werden im vorliegenden Kapitel, ebenso wie in den Kapiteln 8–10, annehmen, daß das Potential $U(\mathbf{r})$ eine gegebene Funktion ist, daß wir uns also entweder im ersten Schritt der oben geschilderten, iterativen Prozedur befinden, oder aber – nach einer glücklichen Schätzung von $U(\mathbf{r})$ – von Beginn an mit einem halbwegs selbstkonsistenten $U(\mathbf{r})$ arbeiten können. Die Zuverlässigkeit der Verfahren, die wir im folgenden beschreiben werden, ist nicht nur durch die Genauigkeit der berechneten Lösungen von (11.1) begrenzt – eine Genauigkeit, die recht groß sein kann – sondern auch durch die Qualität unserer Schätzung für das Potential $U(\mathbf{r})$.

Die so berechneten $\varepsilon_n(\mathbf{k})$ zeigen eine unbefriedigende Empfindlichkeit gegenüber Fehlern bei der Konstruktion des Potentials, und in vielen Fällen ist die erreichbare Endgenauigkeit der berechneten Bandstruktur stärker durch das Problem limitiert, das richtige Potential zu finden, als durch die Schwierigkeiten bei der Lösung der Schrödingergleichung (11.1) für ein gegebenes Potential U. Bild 11.1 illustriert dieses Phänomen an einem drastischen Beispiel.

---

[3] Man sollte sich immer bewußt sein, daß auch eine selbstkonsistente Lösung noch immer lediglich eine Näherungslösung des überaus komplexen Mehrkörperproblems darstellt.

Gleich zu Beginn müssen wir hier betonen, daß keine der im folgenden zu beschreibenden Verfahren analytisch durchgeführt werden kann, außer in den einfachsten, eindimensionalen Fällen; alle erfordern sie den Einsatz leistungsfähiger Rechner. Der Fortschritt bei der theoretischen Berechnung von Energiebändern ging schon immer parallel mit der Entwicklung größerer und schnellerer Rechner, und die Auswahl der Näherungen, die man dabei macht, ist durch die jeweils verfügbaren Rechentechniken beeinflußt.[4]

Allgemeine Eigenschaften von Valenzband-Wellenfunktionen

Da die energetisch niedrigliegenden Zustände des Atomrumpfes gut durch *tight-binding*-Wellenfunktionen beschrieben werden können, zielt man mit den numerischen Verfahren auf die Berechnung höherliegender Bänder ab, welche vollständig gefüllt, teilweise oder gänzlich leer sein können. Wir beziehen uns auf diese Bänder, wenn wir hier von *Valenzbändern*[5] sprechen – im Unterschied zu den *tight-binding*-Rumpfbändern. Die Valenzbänder bestimmen das elektronische Verhalten eines Festkörpers unter einer Vielzahl von Umständen, während sich die Elektronen in den Rumpfzuständen in vielen Fällen inert zeigen.

Die wesentlichste Schwierigkeit bei praktischen Berechnungen der Energieniveaus und Wellenfunktionen der Valenzbänder zeigt sich, wenn man die Frage stellt, warum die in Kapitel 9 eingeführte Näherung nahezu freier Elektronen auf die Valenzbänder eines realen Festkörpers nicht anwendbar ist. Eine einfache, aber oberflächliche Begründung dafür wäre, daß das Potential nicht klein sei. Wir können die sehr grobe Abschätzung machen, daß das Potential – zumindest deutlich innerhalb des Atomrumpfes – die Coulombsche Form

$$\frac{-Z_a e^2}{r} \tag{11.2}$$

besitzt, für ein Element mit der Ordnungszahl Z_a. Die durch das Potential (11.2) verursachten Beiträge zu den Fourier-Komponenten $U_{\mathbf{K}}$ in (9.2) sind dann gegeben durch (siehe (17.73, sowie Seite 207):

$$U_{\mathbf{K}} \approx -\left(\frac{4\pi Z_a e^2}{\mathbf{K}^2}\right)\frac{1}{v}. \tag{11.3}$$

---

[4] Siehe beispielsweise *Computational Methods in Band Theory*, P. M. Marcus, J. F. Janak, A. R. Williams, eds., Plenum Press, New York, 1971, sowie *Methods in Computational Physics: Energy Bands in Solids*, Vol. 8, B. Alder, S. Fernbach, M. Rotenburg, eds., Academic Press, New York, 1968.

[5] Unglücklicherweise verwendet man denselben Begriff „Valenzband" in der Theorie der Halbleiter in einem viel enger gefaßten Sinne, siehe Kapitel 28.

(a)

(b)

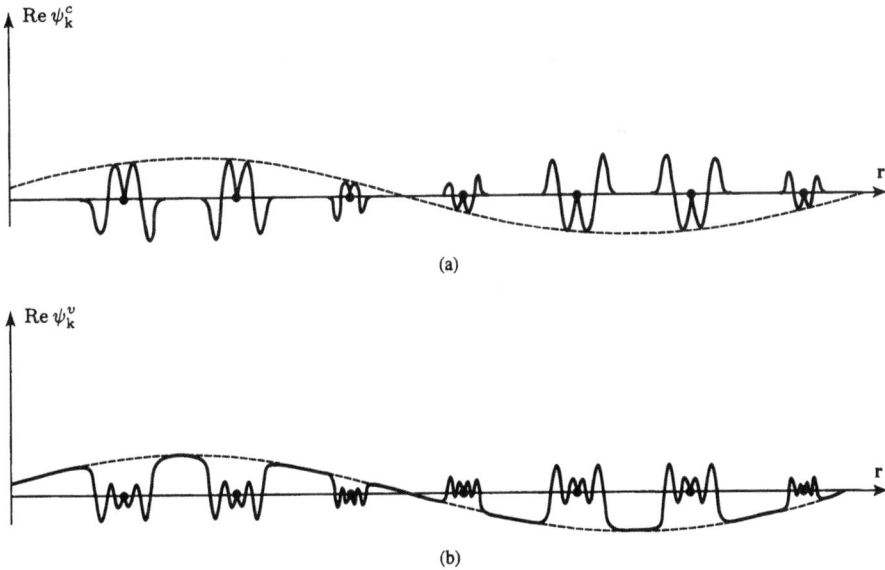

Bild 11.2: (a) Charakteristische räumliche Variation einer Rumpf-Wellenfunktion $\psi_{\mathbf{k}}^c(\mathbf{r})$. Die Kurve stellt die Abhängigkeit des Realteils Re ψ vom Ort entlang einer Reihe von Atomrümpfen dar. Beachten Sie die charakteristischen atomaren Oszillationen in der Umgebung eines jeden Atomrumpfes. Die gestrichelt gezeichnete Einhüllende der atomaren Anteile ist sinusförmig mit der Wellenlänge $\lambda = 2\pi/k$. Zwischen den Gitterplätzen ist die Wellenfunktion vernachlässigbar klein. (b) Charakteristische räumliche Variation einer Valenz-Wellenfunktion $\psi_{\mathbf{k}}^v(\mathbf{r})$. Auch hier sind die atomaren Oszillationen in den Rumpfbereichen vorhanden. Die Wellenfunktion braucht in den Bereichen zwischen den Gitterplätzen durchaus nicht klein zu sein; sie ist dort langsam veränderlich und ebene-Wellen-artig.

Bringen wir diesen Ausdruck auf die Form

$$|U_{\mathbf{K}}| \approx \frac{e^2}{2a_0}\left(\frac{a_0^3}{v}\right)\frac{1}{(a_0 K)^2}8\pi Z_a, \quad \frac{e^2}{2a_0} = 13,6\,\text{eV}, \tag{11.4}$$

so erkennen wir, daß $U_{\mathbf{K}}$ für eine sehr große Zahl von Vektoren $\mathbf{K}$ des reziproken Gitters von der Größenordnung einiger Elektronenvolt sein kann und daher mit den in (9.2) auftretenden kinetischen Energien vergleichbar wird. Die Annahme, daß $U_{\mathbf{K}}$ klein im Vergleich mit diesen kinetischen Energien sei, ist deshalb nicht zulässig.

Wir gewinnen einen tieferen Einblick in dieses Problem, wenn wir genauer betrachten, welcher Art die Wellenfunktionen der Rumpf- bzw. der Valenzzustände sind: Die Rumpf-Wellenfunktionen sind nur innerhalb der unmittelbaren Umgebung des Atomrumpfes merklich und haben dort die charakteristische, räumlich oszillatorische Form atomarer Wellenfunktionen (siehe Bild 11.2a). In diesen Oszillationen kommt die hohe kinetische Energie der Elektronen innerhalb des Atomrumpfes[6] zum Ausdruck, welche zusammen mit der hohen, negativen potentiellen Energie der Elektronen die Gesamt-

---

[6] $(\hbar/mi)\nabla$ ist der Operator der Geschwindigkeit: Je rascher daher eine Wellenfunktion in einem gegebene Raumbereich variiert, desto größer muß die Elektronengeschwindigkeit in diesem Bereich sein.

energie der Rumpfzustände ausmacht. Da die Gesamtenergie von Valenzzuständen generell höher ist als die von Rumpfzuständen, so müssen die kinetischen Energien der Valenzelektronen innerhalb der Rumpfregion – wo sie dasselbe stark negative Potential wie die Rumpfelektronen spüren – noch deutlich höher als die Energien der Rumpf-elektronen sein. Daher ist zu erwarten, daß die Wellenfunktionen der Valenzzustände innerhalb des Rumpfbereiches noch deutlich stärkere Oszillationen aufweisen als die Wellenfunktionen der Rumpfzustände.

Zu dieser Folgerung gelangen wir auch durch eine Überlegung, die von der obigen scheinbar verschieden ist: Eigenzustände eines Hamiltonoperators zu verschiede-nen Eigenwerten sind zueinander orthogonal. Deshalb erfüllen insbesondere jede Wellenfunktion $\psi_{\mathbf{k}}^{\mathrm{v}}(\mathbf{r})$ eines Valenzzustandes und jede Wellenfunktion $\psi_{\mathbf{k}}^{\mathrm{c}}(\mathbf{r})$ eines Rumpfzustandes eine Beziehung der Form

$$0 = \int d\mathbf{r}\, \psi_{\mathbf{k}}^{\mathrm{c}*}(\mathbf{r})\psi_{\mathbf{k}}^{\mathrm{v}}(\mathbf{r}) \tag{11.5}$$

Da die Wellenfunktionen der Rumpfzustände nur in der unmittelbaren Umgebung des Atomrumpfes merklich sind, muß der Hauptbeitrag zum Wert dieses Integrals aus dem Rumpfbereich kommen. Da nach dem Blochschen Satz (8.3) der Integrand für jede primitive Zelle gleich sein muß, ist es ausreichend, lediglich den Beitrag aus der Rumpfregion eines einzelnen Atoms zum Integral (11.5) zu betrachten. Innerhalb dieser Rumpfregion müssen dann die Oszillationen von $\psi_{\mathbf{k}}^{\mathrm{v}}(\mathbf{r})$ so beschaffen sein, daß sie durch Überlapp mit den $\psi_{\mathbf{k}}^{\mathrm{c}}(\mathbf{r})$ die Integrale (11.5) für sämtliche Rumpfzustände zum Verschwinden bringen.

Jede dieser beiden Argumentationen führt uns zu dem Schluß, daß die Wellenfunktion eines Valenzzustandes von der in Bild 11.2b dargestellten Form sein sollte. Haben die Valenz-Wellenfunktionen jedoch eine oszillatorische Struktur, deren Ausdehnung mit der Ausdehnung der Rumpfregion vergleichbar ist, so muß eine Fourier-Entwicklung wie (9.1) sehr viele kurzwellige, ebene Wellen enthalten, d. h. zahlreiche Terme mit großen Wellenvektoren. Damit wird die Näherung nahezu freier Elektronen – die zu einer angenäherten Wellenfunktion führt, die aus einer sehr kleinen Anzahl ebener Wellen aufgebaut ist – unhaltbar.

Auf die eine oder andere Art sind sämtliche heute gebräuchlichen Rechenmethoden Versuche, diese atomähnliche Struktur der Valenz-Wellenfunktionen in der Rumpfre-gion detailliert zu reproduzieren und dabei stets zu berücksichtigen, daß die Valenz-zustände *nicht* vom *tight-binding*-Typ sind und ihre Wellenfunktionen deshalb in den Bereichen zwischen den Atomen *nicht* zu vernachlässigende Werte haben.

Die Zellen-Methode nach Wigner-Seitz

Die Zellen-Methode von Wigner-Seitz[7] war – abgesehen von Blochs ursprünglicher Verwendung der *tight-binding*-Methode – der erste ernsthaft Versuch, Bandstrukturen zu berechnen. Dieser Ansatz geht von der Beobachtung aus, daß es infolge der Gültigkeit der Blochschen Beziehung (8.6)

$$\psi_{\mathbf{k}}(\mathbf{r} + \mathbf{R}) = e^{i\mathbf{k}\cdot\mathbf{R}}\psi_{\mathbf{k}}(\mathbf{r}) \tag{11.6}$$

ausreicht, die Schrödinger-Gleichung (11.1) lediglich innerhalb einer einzelnen primitiven Zelle C_0 zu lösen. Danach ermöglicht es (11.6), die Wellenfunktion innerhalb jeder anderen primitiven Zelle aus ihren Werten in der Zelle C_0 zu bestimmen.

Nicht jede Lösung von (11.1) innerhalb von C_0 führt jedoch auf diese Weise zu einer für den gesamten Kristall akzeptablen Wellenfunktion, da sowohl $\psi(\mathbf{r})$ als auch $\nabla\psi(\mathbf{r})$ stetig sein müssen, wenn $\mathbf{r}$ den Rand der primitiven Zelle „überquert".[8] Infolge von (11.6) kann man diese Bedingung vollständig durch die Werte der Wellenfunktion ψ im Inneren der Zelle C_0 sowie auf deren Rand ausdrücken. Diese Randbedingung führt eine Abhängigkeit von $\mathbf{k}$ in die Zellen-Lösungen ein und erlaubt nur Lösungen zu einem diskreten Satz von Energien, den Bandenergien $\varepsilon = \varepsilon_n(\mathbf{k})$.

Die Randbedingungen innerhalb von C_0 sind

$$\psi(\mathbf{r}) = e^{-i\mathbf{k}\cdot\mathbf{R}}\psi(\mathbf{r} + \mathbf{R}) \tag{11.7}$$

und

$$\hat{\mathbf{n}}(\mathbf{r}) \cdot \nabla\psi(\mathbf{r}) = -e^{-i\mathbf{k}\cdot\mathbf{R}}\hat{\mathbf{n}}(\mathbf{r} + \mathbf{R}) \cdot \nabla\psi(\mathbf{r} + \mathbf{R}). \tag{11.8}$$

Dabei bezeichnen $\mathbf{r}$ und $\mathbf{r} + \mathbf{R}$ Punkte auf der Zellenoberfläche und $\hat{\mathbf{n}}$ ist ein nach außen gerichteter Normalenvektor (siehe Aufgabe 1).

Das analytische Problem besteht nun darin, (11.1) innerhalb der primitiven Zelle C_0 unter den obigen Randbedingungen zu lösen. Um die Symmetrie des Kristalls zu wahren, wählt man als primitive Zelle C_0 die Wigner-Seitz-Zelle (siehe Kapitel 4) mit Zentrum im Gitterpunkt $\mathbf{R} = 0$.

Die erste Näherung der Zellen-Methode besteht darin, das periodische Potential $U(\mathbf{r})$ innerhalb der Wigner-Seitz-Zelle durch ein um den Ursprung kugelsymmetrisches Potential $V(r)$ zu ersetzen (siehe Bild 11.3). Beispielsweise könnte man das Potential $V(r)$ als das Potential eines einzelnen, im Ursprung sitzenden Atomrumpfes wählen und dabei ignorieren, daß auch die dem Ursprung benachbarten Atomrümpfen zum

---

[7] E. P. Wigner und F. Seitz, *Phys. Rev.* **43**, 804 (1933) sowie **46**, 509 (1934).

[8] Wären ψ oder $\nabla\psi$ auf der Zellenoberfläche unstetig, so hätte $\nabla^2\psi$ dort Singularitäten (δ-Funktionen oder Ableitungen von δ-Funktionen). Da solche Terme in $U\psi$ auf der Zellenoberfläche nicht auftreten, wäre somit die Schrödingergleichung nicht erfüllbar.

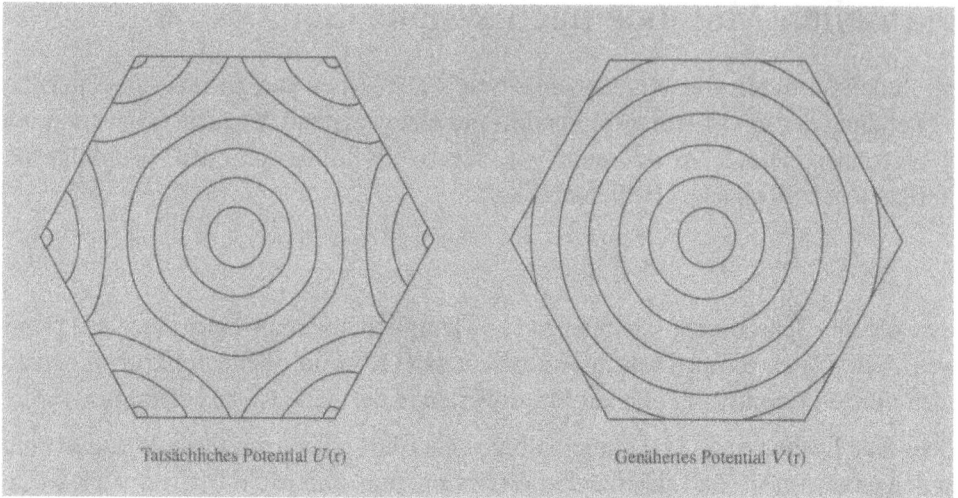

Bild 11.3: Äquipotentialkurven (d.h. auf den Kurven ist $U(\mathbf{r})$ konstant) innerhalb einer primitiven Zelle. Beim tatsächlichen Kristallpotential haben diese Äquipotentiallinien sphärische Symmetrie in der Nähe des Zentrums der Zelle, wo der Verlauf des Potentials durch den Beitrag des zentralen Atomrumpfes dominiert wird. In den Randbereichen der Zelle dagegen weicht das Potential deutlich von der sphärischen Symmetrie ab. Die Zellenmethode nähert das tatsächliche Potential überall innerhalb der Zelle durch ein sphärisch symmetrisches Potential an, dessen Äquipotentiallinien die auf der rechten Seite dargestellte Form haben.

Potential $U(\mathbf{r})$ innerhalb C_0 beitragen – besonders an den Rändern der Zelle. Diese Vereinfachung nimmt man aus rein praktischen Gründen vor, um damit ein schwieriges rechnerisches Problem besser handhabbar zu machen.

Hat man ein derartiges, in C_0 kugelsymmetrisches Potential gewählt, so kann man innerhalb dieser primitiven Zelle einen vollständigen Satz von Lösungen der Schrödingergleichung (11.1) in der Form[9]

$$\psi_{lm}(\mathbf{r}) = Y_{lm}(\theta, \phi)\chi_l(r) \tag{11.9}$$

---

[9] Siehe beispielsweise D. Park, *Introduction to the Quantum Theory*, McGraw-Hill, New York (1964), Seiten 516–519, oder auch ein anderes Buch über Quantenmechanik. Man beachte aber den folgenden wesentlichen Unterschied zum bekannten Fall eines Atoms: Die entsprechende Randbedingung in der Atomphysik – daß nämlich die Wellenfunktion ψ im Unendlichen verschwindet – ist ebenfalls kugelsymmetrisch, und folglich ist durch einen einzelnen Ausdruck der Form (11.9) ein stationärer Zustand des Atoms gegeben (Der Drehimpuls ist eine gute Quantenzahl.) Im vorliegenden Fall (außer für das weiter unten zu beschreibende kugelsymmetrische Zellen-Modell) hat die Randbedingung *keine* Kugelsymmetrie. Deshalb sind die stationären Wellenfunktionen von der Form (11.11), mit nichtverschwindenden Koeffizienten für einige bestimmte Werte von l und m. Der Drehimpuls ist daher in diesem Fall *keine* gute Quantenzahl.

bestimmen. $Y_{lm}(\theta, \phi)$ sind die Kugelfunktionen und die $\chi_l(r)$ lösen die gewöhnliche Differentialgleichung

$$\chi_l''(r) + \frac{2}{r}\chi_l'(\mathbf{r}) + \frac{2m}{\hbar^2}\left(\varepsilon - V(r) - \frac{\hbar^2}{2m}\frac{l(l+1)}{r^2}\right)\chi_l(r) = 0. \qquad (11.10)$$

Sind das Potential $V(r)$ sowie ein *beliebiger* Wert von ε gegeben, so ist dadurch eine Funktion $\chi_{l,\varepsilon}$ eindeutig bestimmt, welche (11.10) löst und im Ursprung nicht singulär ist.[10] Diese $\chi_{l,\varepsilon}$ berechnet man in einfacher Weise numerisch, da die Lösung gewöhnlicher Differentialgleichungen mittels Computern keinerlei Schwierigkeiten bereitet. Da jede Linearkombination von Lösungen der Schrödingergleichung zur selben Energie selbst eine Lösung ist, so wird (11.1) auch durch

$$\psi(\mathbf{r}, \varepsilon) = \sum_{lm} A_{lm} Y_{lm}(\theta, \phi)\chi_{l,\varepsilon}(r) \qquad (11.11)$$

gelöst – mit der Energie ε und beliebigen Koeffizienten A_{lm}. Die Funktion (11.11) ist aber nur dann eine akzeptable Wellenfunktion für den gesamten Kristall, wenn sie die Randbedingungen (11.7) und (11.8) erfüllt. Bei der Anwendung dieser Randbedingungen macht die Zellen-Methode ihre nächste wesentliche Näherung: Zunächst berücksichtigt man nur eine solche Anzahl von Termen der Entwicklung (11.11), daß der Rechenaufwand überschaubar bleibt.[11] Da die Entwicklung nur eine endliche Anzahl von Koeffizienten enthält, kann man für eine beliebig gewählte Zelle die Lösung lediglich in einer endlichen Anzahl von Punkten auf der Zellenoberfläche den Randbedingungen anpassen. Diese endliche Zahl von Randbedingungen (deren Zahl wir in Übereinstimmung mit der Anzahl unbekannter Koeffizienten wählen) führt nun auf ein System k-abhängiger, linearer und homogener Gleichungen für die A_{lm}. Die Werte ε, für welche die Determinante dieses Gleichungssystems verschwindet, sind die gesuchten Bandenergien $\varepsilon_n(\mathbf{k})$.

Man kann so versuchen, die Eigenwerte $\varepsilon_n(\mathbf{k})$ für jeden, jeweils fest gewählten Wert von $\mathbf{k}$ zu berechnen. Eine andere Möglichkeit besteht darin, einen festen Wert der Energie ε zu wählen und eine einzelne numerische Integration der Gleichung (11.10) durchzuführen, um dann k-Werte zu berechnen, für welche die Determinante

---

[10] Diese Feststellung mag jenen Lesern ein wenig zweifelhaft erscheinen, die von der Atomphysik her ausschließlich einen diskreten Satz von Eigenwerten erwarten, nämlich die Energieniveaus des Atoms zu einem bestimmten Drehimpulswert l. Im atomaren Fall muß die Randbedingung erfüllt sein, daß $\chi_l(r)$ für $r \to \infty$ verschwindet; hier dagegen interessiert uns χ_l nur innerhalb der Wigner-Seitz-Zelle, so daß eine zusätzliche Randbedingung für das Verhalten von $\chi_l(r)$ im Unendlichen nicht erforderlich ist. Letztendlich sind die erlaubten Energiewerte ε durch die Kristall-Randbedingungen (11.7) und (11.8) bestimmt. Auch durch Anwendung dieser Randbedingungen wird man zu einem diskreten Satz von Energien geführt, den Bändern $\varepsilon_n(\mathbf{k})$.

[11] ... beruhigt durch die Überzeugung, daß diese Entwicklung schließlich konvergieren muß, da für hinreichend große Drehimpulswerte l die Wellenfunktion überall innerhalb der Zelle sehr klein wird.

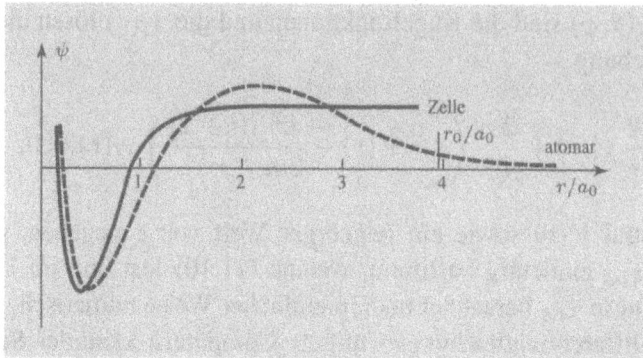

Bild 11.4: Vergleich der $3s^1$ atomaren Wellenfunktion (gestrichelte Kurve) und der zugehörigen Zellen-Wellenfunktion (durchgezogene Kurve) für Natrium.

verschwindet. Unter der Voraussetzung, daß der gewählte Wert der Energie ε nicht unglücklicherweise in einer Energielücke liegt, kann man immer solche k-Werte finden und auf diese Weise die Flächen konstanter Energie punktweise konstruieren.

Man hat einfallsreich verschiedene Techniken entwickelt, um die Fehlanpassung der Wellenfunktion an den Zellenrändern zu minimieren, die sich daraus ergibt, daß man die Randbedingungen nur in einer endlichen Zahl von Punkten anwenden kann. Dank solcher Methoden sowie durch die Fähigkeit moderner Rechner, sehr große Determinanten zu bearbeiten, konnte man Zellenberechnungen großer Genauigkeit durchführen[12] und dadurch Bandstrukturen ermitteln, die sehr gut mit den Resultaten einiger anderer Verfahren – die wir im folgenden noch beschreiben werden – übereinstimmen.

Die berühmteste Anwendung der Zellen-Methode ist die originale Berechnung des niedrigstliegenden Energieniveaus im Valenzband von Natriummetall durch Wigner und Seitz. Da das Energieminimum dieses Bandes bei $\mathbf{k} = 0$ liegt, ist der Exponentialfaktor in den Randbedingungen (11.7) und (11.8) gleich Eins. Wigner und Seitz wählten als weitere Näherung anstelle der Wigner-Seitz-Zelle eine Kugel mit Radius r_0 und dem gleichen Volumen wie die Zelle; sie erreichten dadurch, daß die Randbedingung dieselbe Kugelsymmetrie wie das Potential $V(r)$ hatte. Sie konnten also in konsistenter Weise fordern, daß auch die Lösung $\psi(\mathbf{r})$ selbst kugelsymmetrisch sei, so daß man in der Entwicklung (11.11) lediglich den einzigen Term mit $l = 0$ und $m = 0$ berücksichtigen muß. Unter diesen Bedingungen reduzieren sich die Randbedingungen zu

$$\chi_0'(r_0) = 0 \qquad\qquad\qquad (11.12)$$

---

[12] Diese Rechnungen wurden im wesentlichen von S. L. Altmann und Mitarbeitern durchgeführt, siehe *Proc. Roy. Soc.* **A244**, 141, 153 (1958).

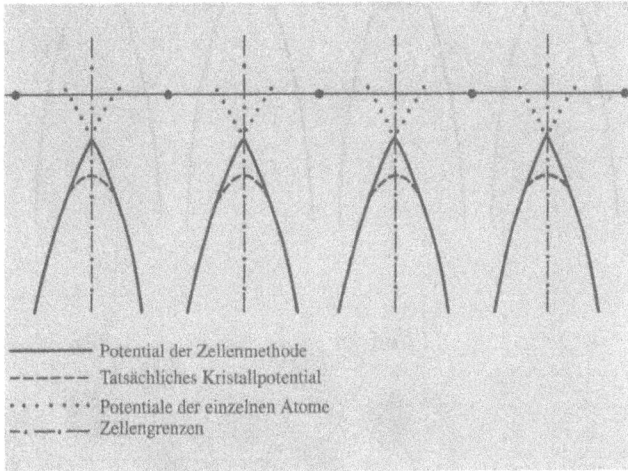

Bild 11.5: Das Potential der Zellen-Methode hat in der Mitte zwischen den Gitterpunkten eine unstetige Ableitung, während das reale Potential dort recht glatt ist.

So erhält man als Lösungen der einzelnen Gleichung (11.10) für $l = 0$, unter der Randbedingung (11.12), die Energien und kugelsymmetrischen Wellenfunktionen der Zellenlösung.

Beachten Sie, daß dieses Problem dem atomaren Fall formal ähnlich ist, mit dem Unterschied, daß die atomare Randbedingung – die Wellenfunktion verschwindet im Unendlichen – ersetzt ist durch die Zellen-Randbedingung, daß die Radialableitung der Wellenfunktion bei r_0 verschwindet. In Bild 11.4 sind die $3s^1$ atomare Wellenfunktion sowie die zugehörige Zellen-Wellenfunktion gemeinsam gezeichnet. Beachten Sie, daß die Zellen-Wellenfunktion im zwischenatomaren Bereich größere Werte als die atomare Wellenfunktion annimmt, die Abweichungen im Rumpfbereich jedoch sehr gering sind.

Beim Arbeiten mit der Zellen-Methode treten zwei wesentliche Schwierigkeiten auf:

1. Es ist rechnerisch schwierig, numerisch eine Randbedingung auf der Oberfläche der Wigner-Seitz-Zelle – einer recht komplexen, polyedrischen Struktur – zu erfüllen.

2. Es ist physikalisch fragwürdig, ob das Potential eines einzelnen, isolierten Atomrumpfes die beste Näherung an das wirkliche Potential innerhalb der gesamten Wigner-Seitz-Zelle darstellt. Insbesondere ist die Ableitung des in Zellen-Berechnungen verwendeten Potentials an den Grenzflächen zwischen zwei Zellen unstetig (siehe Bild 11.5), während das reale Potential in diesen Bereichen recht glatt ist.

Das *muffin-tin*-Potential vermeidet beide Schwierigkeiten: Man wählt es derart, daß es innerhalb einer Kugel mit gegebenem Radius r_0 um jeden Gitterpunkt die Form des

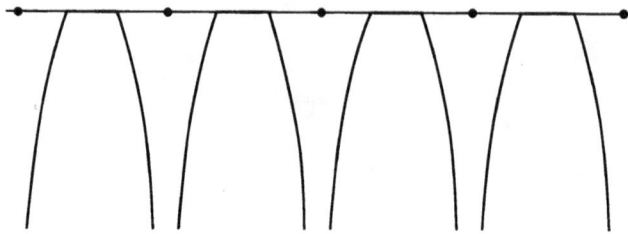

(a)

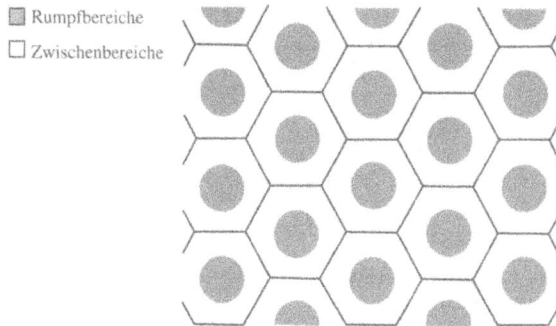

▨ Rumpfbereiche
☐ Zwischenbereiche

(b)

Bild 11.6: (a) Das *muffin-tin*-Potential, aufgetragen entlang einer Reihe von Atomrümpfen. (b) Das *muffin-tin*-Potential ist in den zwischenatomaren Bereichen konstant (gleich Null) und hat in den Rumpfbereichen die Form des Potentials eines isolierten Atomrumpfes.

Potentials eines isolierten Atomrumpfes hat, und außerhalb dieser Kugel verschwindet (d.h. einen konstanten Wert hat.); dabei ist r_0 klein genug gewählt, so daß die einzelnen Kugeln nicht überlappen (siehe Bild 11.6.). Das *muffin-tin*-Potential umgeht die oben genannten Problem dadurch, daß es in den zwischenatomaren Bereichen einen flachen Verlauf hat und dazu führt, daß die Randbedingungen auf einer Kugeloberfläche, nicht auf einer polyedrischen Oberfläche zu erfüllen sind.

Formal kann man das *muffin-tin*-Potential für alle **R** definieren durch

$$U(\mathbf{r}) = V(|\mathbf{r} - \mathbf{R}|), \quad \text{für } |\mathbf{r} - \mathbf{R}| < r_0 \quad \text{(in den } Rumpfbereichen\text{)}$$
$$= V(r_0) = 0, \quad \text{für } |\mathbf{r} - \mathbf{R}| > r_0 \quad \text{(in den } Zwischenbereichen\text{)} \tag{11.13}$$

Dabei ist r_0 kleiner als die Hälfte des Abstandes zwischen nächsten Nachbarn.[13]

---

[13] Man wählt r_0 oft als die Hälfte des Abstandes nächster Nachbarn; die Kugel mit Radius r_0 ist dann die der Wigner-Seitz-Zelle einbeschriebene Kugel. In diesem Fall treten aber kleinere „technische" Komplikationen bei der Rechnung auf, die wir hier dadurch vermeiden, daß wir r kleiner wählen als die Hälfte des Abstandes nächster Nachbarn.

Nehmen wir an, daß die Funktion $V(r)$ für Argumente größer als r_0 verschwindet, so können wir $U(\mathbf{r})$ einfach schreiben als

$$U(\mathbf{r}) = \sum_{\mathbf{R}} V(|\mathbf{r} - \mathbf{R}|). \tag{11.14}$$

Zwei Rechenmethoden sind weithin im Gebrauch zur Bandberechnung in einem *muffin-tin*-Potential; es sind dies das *augmented plane-wave*-Verfahren (APW-Verfahren) sowie die Methode von Korringa, Kohn und Rostoker (KKR-Verfahren).

Das *augmented plane-wave*-Verfahren

In diesem Ansatz, der auf J. C. Slater[14] zurückgeht, stellt man $\psi_{\mathbf{k}}(\mathbf{r})$ in den „flachen", zwischenatomaren Bereichen als Superposition einer endlichen Zahl ebener Wellen dar, versucht aber, der Wellenfunktion in den Rumpfbereichen ein stärker oszillatorisches, „atomares" Verhalten zu geben. Man erreicht dies dadurch, daß man $\psi_{\mathbf{k},\varepsilon}$ nach einer Menge sogenannter *augmented plane waves* (APW's) entwickelt.[15] Eine mit $\phi_{\mathbf{k},\varepsilon}$ bezeichnete APW ist wie folgt definiert:

1. In den zwischenatomaren Bereichen gilt $\phi_{\mathbf{k},\varepsilon} = e^{i\mathbf{k}\cdot\mathbf{r}}$. Dabei ist es wichtig, sich klarzumachen, daß es keine Bedingung (wie beispielsweise $\varepsilon = \hbar^2 k^2/2m$) gibt, die ε und $\mathbf{k}$ verknüpft. Man kann für jede Energie ε und für jeden beliebigen Wellenvektor $\mathbf{k}$ eine APW definieren; daher *erfüllt keine einzelne APW die Schrödingergleichung des Kristalls zur Energie ε in den zwischenatomaren Bereichen.*

2. $\phi_{\mathbf{k},\varepsilon}$ ist an den Grenzflächen zwischen Rumpfbereichen und zwischenatomaren Bereichen *stetig*.

3. Im Rumpfbereich um $\mathbf{R}$ erfüllt $\phi_{\mathbf{k},\varepsilon}$ die atomare Schrödingergleichung

$$-\frac{\hbar^2}{2m}\nabla^2\phi_{\mathbf{k},\varepsilon}(\mathbf{r}) + V(|\mathbf{r} - \mathbf{R}|)\phi_{\mathbf{k},\varepsilon}(\mathbf{r}) = \varepsilon\phi_{\mathbf{k},\varepsilon}(\mathbf{r}), \quad |\mathbf{r} - \mathbf{R}| < r_0. \tag{11.15}$$

Da $\mathbf{k}$ in dieser Gleichung nicht explizit erscheint, erhält $\phi_{\mathbf{k},\varepsilon}$ eine $\mathbf{k}$-Abhängigkeit alleine durch die Randbedingung (2) sowie durch die mit (1) gegebene $\mathbf{k}$-Abhängigkeit in den zwischenatomaren Bereichen.

Man kann zeigen, daß durch diese Bedingungen für jedes $\mathbf{k}$ und ε eine APW $\phi_{\mathbf{k},\varepsilon}$ eindeutig bestimmt ist. Beachten Sie, daß die APW in den zwischenatomaren Bereichen nicht (11.15) erfüllt, sondern $H\phi_{\mathbf{k},\varepsilon} = (\hbar^2 k^2/2m)\phi_{\mathbf{k},\varepsilon}$. Weiterhin ist die

---

[14] *Phys. Rev.* **51**, 846 (1937)
[15] Wir fügen die Energie eines Niveaus als zusätzlichen Index hinzu, wenn durch diese explizite Angabe möglichen Mißverständnissen vorgebeugt werden kann.

Ableitung von $\phi_{k,\varepsilon}$ an den Grenzen zwischen Rumpfbereichen und zwischenatomaren Bereichen im allgemeinen unstetig, so daß $\nabla^2\phi_{k,\varepsilon}$ dort Singularitäten in Form von Deltafunktionen aufweist.

Beim APW-Verfahren versucht man, die Lösung der Schrödingergleichung (11.1) des Kristalls durch eine Überlagerung von APWs der gleichen Energie anzunähern. Für jeden Vektor $\mathbf{K}$ des reziproken Gitters erfüllt die APW $\phi_{k+K,\varepsilon}$ mit einem Wellenvektor $\mathbf{k}$ die Bloch-Bedingung (siehe Aufgabe 2), so daß die Entwicklung von $\psi_k(\mathbf{r})$ die Form

$$\psi_{\mathbf{k}}(\mathbf{r}) = \sum_{\mathbf{K}} c_{\mathbf{K}}\phi_{\mathbf{k}+\mathbf{K},\varepsilon(\mathbf{k})}(\mathbf{r}) \tag{11.16}$$

hat. Summiert wird über die Vektoren des reziproken Gitters.

Indem man als Energie der APW die Energie des Bloch-Niveaus wählt, erreicht man, daß $\psi_{\mathbf{k}}(\mathbf{r})$ in den Rumpfbereichen die Schrödingergleichung des Kristalls erfüllt. Die Hoffnung dabei ist, daß nicht allzu viele APWs notwendig sind, um die Lösungen der vollständigen Schrödingergleichung in den zwischenatomaren Bereichen[16] sowie an den Grenzen zu den Rumpfbereichen anzunähern. In der Praxis kann es notwendig sein, bis zu hundert APWs zu verwenden. In diesem Stadium der Näherung ändert sich $\varepsilon(\mathbf{k})$ nicht mehr merklich, wenn weitere APWs hinzugefügt werden, so daß man einigermaßen sicher sein kann, eine gute Konvergenz erreicht zu haben.

Da die Ableitung jeder APW an den Grenzen zwischen Rumpfbereichen und zwischenatomaren Bereichen unstetig ist, arbeitet man am besten nicht mit der Schrödingergleichung, sondern mit einem zur Schrödingergleichung äquivalenten Variationsprinzip:

Sei eine beliebige, differenzierbare (aber nicht notwendig zweimal differenzierbare)[17] Funktion $\psi(\mathbf{r})$ gegeben, so definieren wir das Energiefunktional

$$E\left[\psi\right] = \frac{\int \left(\dfrac{\hbar^2}{2m}|\nabla\psi(\mathbf{r})|^2 + U(\mathbf{r})\,|\psi(\mathbf{r})|^2\right)\,d\mathbf{r}}{\int |\psi(\mathbf{r})|^2\,d\mathbf{r}} \tag{11.17}$$

Man kann zeigen,[18] daß eine Lösung der Schrödingergleichung (11.1), welche die Bloch-Bedingung zu einem Wellenvektor $\mathbf{k}$ und einer Energie $\varepsilon(\mathbf{k})$ erfüllt, (11.17) stationär macht in Bezug auf differenzierbare Funktionen $\psi(\mathbf{r})$, die ebenfalls die

---

[16] Wir möchten den Leser hier vor der „Falle" warnen, in die man geht, wenn man denkt, daß die exakten Lösungen von $(-\hbar^2/2m)\nabla^2\psi = \varepsilon\psi$ in den komplex strukturierten Gebieten, wo das *muffin-tin*-Potential flach verläuft, Linearkombinationen ebener Wellen $e^{i\mathbf{k}\cdot\mathbf{r}}$ mit $\varepsilon = \hbar^2 k^2/2m$ sein müßten.

[17] An den Stellen, wo ψ unstetig ist, kann die Funktion $\nabla\psi$ einen „Knick" haben.

[18] Einen einfachen Beweis sowie eine detailliertere Formulierung des Variationsprinzips findet man in Anhang G.

Bloch-Bedingung zum Wellenvektor k erfüllen. Der Wert $E[\psi_\mathbf{k}]$ des Energiefunktionals ist dann genau die Energie $\varepsilon(\mathbf{k})$ des Niveaus $\psi_\mathbf{k}$.

Man wendet das Variationsprinzip an, indem man die Entwicklung (11.16) nach APWs benutzt, um $E[\psi_\mathbf{k}]$ zu berechnen. Man erhält auf diese Weise eine Näherung für $\varepsilon(\mathbf{k}) = E[\psi_\mathbf{k}]$, die von den Koeffizienten $c_\mathbf{K}$ abhängig ist. Die Forderung, daß $E[\psi_\mathbf{k}]$ stationär sein soll, führt zu den Bedingungen $\partial E / \partial c_\mathbf{K} = 0$, einem System homogener Gleichungen in den $c_\mathbf{K}$. Die Koeffizienten in diesem Gleichungssystem hängen von der gesuchte Energie $\varepsilon(\mathbf{k})$ab, sowohl über die Abhängigkeit der APWs von $\varepsilon(\mathbf{k})$, als auch deshalb, weil $E[\psi_\mathbf{k}]$ am stationären Punkt gleich $\varepsilon(\mathbf{k})$ ist. Setzt man die Determinante dieses Gleichungssystems Null, so erhält man eine Gleichung, deren Lösungen die $\varepsilon(\mathbf{k})$ sind.

Ebenso wie bei der Zellen-Methode ist es auch hier oft vorzuziehen, von einer Menge von APWs mit definierter Energie auszugehen und nach Werten von k zu suchen, für welche die Säkulardeterminante verschwindet, um so die Flächen konstanter Energie im k-Raum punktweise zu konstruieren. Moderne Rechenmethoden ermöglichen es, genügend viele APWs einzubeziehen, um eine gute Konvergenz[19] des Verfahrens zu erreichen, so daß die APW-Methode eines der erfolgreichsten Verfahren zur Berechnung von Bandstrukturen ist.[20]

In Bild 11.7 sind Teile der Bandstrukturen einiger metallischer Elemente dargestellt, berechnet von L. F. Mattheis mit Hilfe des APW-Verfahrens. Eines der interessantesten Ergebnisse dieser Untersuchungen ist die große Ähnlichkeit der Bänder von Zink – dessen atomare d-Schale vollständig gefüllt ist – mit den Bändern freier Elektronen. Vergleicht man die von Mattheis für Titan berechneten Kurven mit den Ergebnissen der Zellen-Rechnungen von Altmann (Siehe Bild 11.8), so sollte man jedoch ein gesundes Maß an Vorsicht walten lassen: Obwohl es erkennbare Ähnlichkeiten gibt, sind doch die Unterschiede um so deutlicher. Diese Differenzen sind wohl eher darauf zurückzuführen, daß den beiden Rechnungen unterschiedlich gewählte Potentiale zugrunde liegen, als daß man daraus ohne weiteres auf Schwächen des einen oder anderen Verfahrens schließen könnte; sie machen jedoch deutlich, daß man *ab initio*-berechnete Bandstrukturen durchaus mit Vorsicht genießen sollte.

---

[19] In einigen Fällen kann eine sehr kleine Anzahl von APWs ausreichend sein, um gute Konvergenz zu erhalten; man kann dies sehr ähnlich begründen wie bei den weiter unten zu besprechenden *orthogonalized* plane-wave- und Pseudopotentialmethoden.

[20] Eine ausführliche und detaillierte Darstellung des Verfahrens mit Beispielen für Computerprogramme liegt sogar in Buchform vor: T. L. Loucks, *Augmented Plane Wave Method*, W. A. Benjamin, Menlo Park, California (1967).

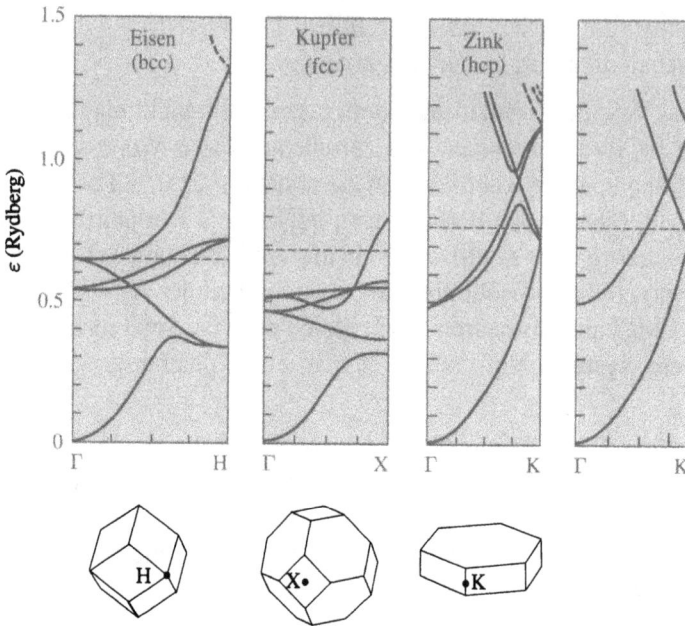

Bild 11.7: Mit dem APW-Verfahren berechnete Bänder von Eisen, Kupfer und Zink nach L. F. Mattheis, *Phys. Rev.* **A134**, 970 (1964). Die Bänder sind aufgetragen entlang der Verbindungslinien vom Ursprung des k-Raumes zu den jeweils angegebenen Punkten auf den Zonenrändern. Beachten Sie die auffällige Ähnlichkeit der berechneten Bänder von Zink mit den Bändern freier Elektronen (ganz rechts). Das Zinkatom besitzt zwei s-Elektronen außerhalb von abgeschlossenen Schalen. Die horizontalen, gestrichelten Linien geben die Fermienergie an.

Die Methode der Greenschen Funktionen nach Korringa, Kohn und Rostoker (KKR-Verfahren)

Ein anderer Ansatz zur Berechnung von Bandstrukturen in einem *muffin-tin*-Potential ist die Methode von Korringa, Kohn und Rostoker;[21] sie geht aus von der Integralform der Schrödingergleichung[22]

$$\psi_{\mathbf{k}}(\mathbf{r}) = \int d\mathbf{r}' G_{\varepsilon(\mathbf{k})}(\mathbf{r} - \mathbf{r}') U(\mathbf{r}') \psi_{\mathbf{k}}(\mathbf{r}'), \qquad (11.18)$$

---

[21] J. Korringa, *Physica* **13**, 392 (1947) sowie W. Kohn und N. Rostoker, *Phys. Rev.* **94**, 1111 (1954).

[22] Gleichung (11.18) ist der Ausgangspunkt für eine elementare Theorie der Streuung. Ihre Gleichwertigkeit mit der gewöhnlichen Schrödingergleichung (11.1) folgt aus der Tatsache (siehe Kapitel 17, Aufgabe 3), daß G die Beziehung $(\varepsilon + \hbar^2 \nabla^2 / 2m) G(\mathbf{r} - \mathbf{r}') = \delta(\mathbf{r} - \mathbf{r}')$ erfüllt. Eine leicht verständliche Behandlung dieser Zusammenhänge findet man beispielsweise in D. S. Saxon, *Elementary Quantum Mechanics*, Holden-Day, San Francisco (1968), Seite 360 ff. In der Streutheorie ist es üblich, einen inhomogenen Term $e^{i\mathbf{k}\cdot\mathbf{r}}$ in (11.18) mit aufzunehmen ($\hbar k = \sqrt{2m\varepsilon}$) mit dem Zweck, die Randbedingung für eine einlaufende ebene Welle zu erfüllen. In unserem vorliegenden Falle ist die Randbedingung die Bloch-Bedingung, welche durch die Wellenfunktionen (11.18) auch ohne einen solchen inhomogenen Term erfüllt wird.

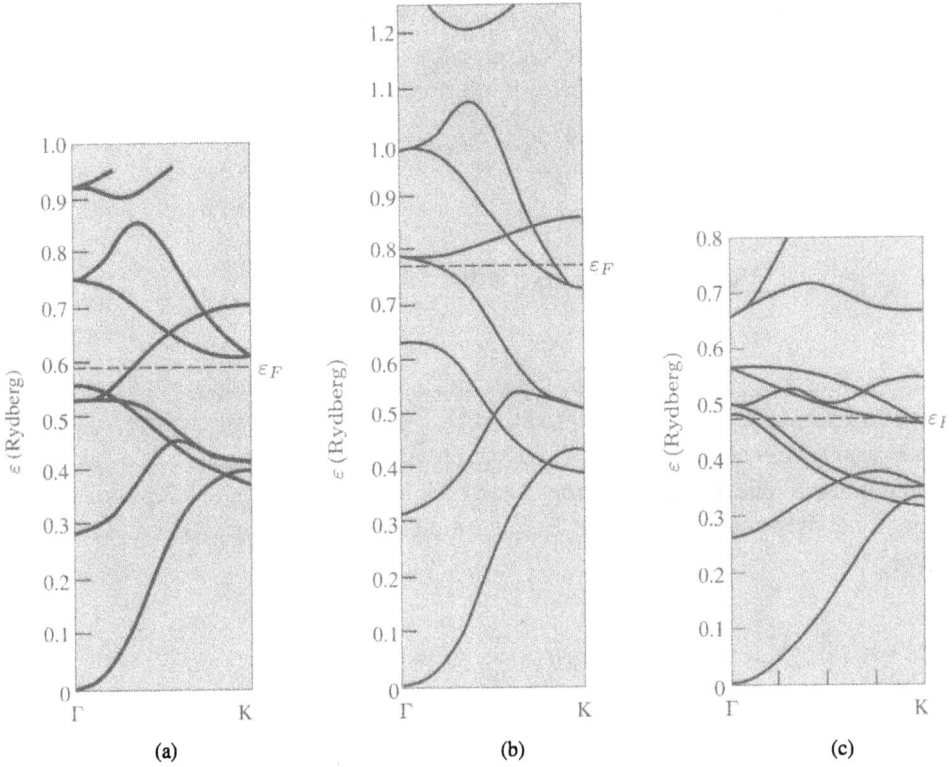

Bild 11.8: Drei berechnete Bandstrukturen für Titan. Die Kurven (a) und (b) wurden mit Hilfe der Zellen-Methode für zwei verschiedene Potentiale berechnet. Sie sind entnommen aus S. L. Altmann in *Soft X-Ray Band Spectra*, D. Fabian (ed.), Academic Press London (1968). Die Kurve (c) ist das Ergebnis einer APW-Rechnung von Mattheis.

wobei sich die Integration über den gesamten Raum erstreckt und

$$G_\varepsilon(\mathbf{r} - \mathbf{r}') = -\frac{2m}{\hbar^2} \frac{e^{iK|\mathbf{r}-\mathbf{r}'|}}{4\pi|\mathbf{r} - \mathbf{r}'|},$$

$$K = \sqrt{2m\varepsilon/\hbar^2}, \qquad \varepsilon > 0,$$

$$= i\sqrt{2m(-\varepsilon)/\hbar^2}, \qquad \varepsilon < 0.$$

$$(11.19)$$

Setzt man das *muffin-tin*-Potential der Form (11.14) in (11.18) ein und führt in jedem Term der sich ergebenden Summe eine Umbenennung der Variablen entsprechend $\mathbf{r}'' = \mathbf{r}' - \mathbf{R}$ aus, so kann man (11.18) umschreiben zu

$$\psi_\mathbf{k}(\mathbf{r}) = \sum_\mathbf{R} \int d\mathbf{r}''\, G_{\varepsilon(\mathbf{k})}(\mathbf{r} - \mathbf{r}'' - \mathbf{R}) V(r'') \psi_\mathbf{k}(\mathbf{r}'' + \mathbf{R}). \qquad (11.20)$$

Die Bloch-Bedingung liefert $\psi_\mathbf{k}(\mathbf{r}'' + \mathbf{R}) = e^{i\mathbf{k}\cdot\mathbf{R}}\psi_\mathbf{k}(\mathbf{r}'')$, so daß man (11.20) wie folgt schreiben kann (wir ersetzen $\mathbf{r}''$ durch $\mathbf{r}'$)

$$\psi_\mathbf{k}(\mathbf{r}) = \int d\mathbf{r}'\, \mathcal{G}_{\mathbf{k},\varepsilon(\mathbf{k})}(\mathbf{r} - \mathbf{r}')V(r')\psi_\mathbf{k}(\mathbf{r}') \tag{11.21}$$

mit

$$\mathcal{G}(\mathbf{r} - \mathbf{r}') = \sum_\mathbf{R} G_\varepsilon(\mathbf{r} - \mathbf{r}' - \mathbf{R})e^{i\mathbf{k}\cdot\mathbf{R}}. \tag{11.22}$$

Gleichung (11.21) hat die gefällige Eigenschaft, daß *alle* Abhängigkeit von Wellenvektor und Kristallstruktur in der Funktion $\mathcal{G}_{\mathbf{k},\varepsilon}$ enthalten ist, welche man daher ein für allemal für verschiedene Kristallstrukturen und gegebene Werte von ε und $\mathbf{k}$ berechnen kann.[23] Wie wir in Aufgabe 3 zeigen werden, folgt aus (11.21), daß die $\psi_\mathbf{k}$ auf der Oberfläche einer Kugel mit Radius r_0 die folgende Integralgleichung erfüllen müssen:

$$0 = \int d\Omega' \left[\mathcal{G}_{\mathbf{k},\varepsilon(\mathbf{k})}(r_0\theta\phi, r_0\theta'\phi')\frac{\partial}{\partial r}\psi(r\theta'\phi')\Big|_{r=r_0} \right.$$
$$\left. - \psi(r_0\theta'\phi')\frac{\partial}{\partial r}\mathcal{G}_{\mathbf{k},\varepsilon(\mathbf{k})}(r_0\theta\phi, r\theta'\phi')\Big|_{r=r_0} \right]. \tag{11.23}$$

Da die Funktion $\psi_\mathbf{k}$ stetig ist, behält sie bei r_0 die aus der Atomphysik bekannte Form (11.9) - (11.11). Die Näherung der KKR-Methode – die bis zu diesem Punkt für ein *mufin-tin*-Potential exakt ist – besteht nun darin, anzunehmen, daß man die $\psi_\mathbf{k}$ mit einer vertretbaren Genauigkeit berechnen kann, obwohl man nur eine endliche Anzahl N von Kugelflächenfunktionen in der Entwicklung (11.11) berücksichtigt. Setzt man diese genäherte Entwicklung in (11.23) ein, multipliziert mit $Y_{lm}(\theta, \phi)$ und integriert über den Raumwinkel $d\theta\, d\phi$ für alle l und m, die in der genäherten Entwicklung erscheinen, so erhält man ein System von N linearen Gleichungen für die Koeffizienten A_{lm} der Entwicklung (11.11). Die Koeffizienten in diesen Gleichungen hängen über $\mathcal{G}_{\mathbf{k},\varepsilon(\mathbf{k})}$ sowie über den Radialteil $\chi_{l,\varepsilon}$ der Wellenfunktion und dessen Ableitung $\chi'_{l,\varepsilon}$ von $\varepsilon(\mathbf{k})$ und $\mathbf{k}$ ab. Setzt man die $N \times N$-Determinante der Koeffizienten gleich Null, so erhält man wiederum eine Beziehung zwischen ε und $\mathbf{k}$. Ebenso wie im Falle der oben beschriebenen Verfahren hat man die Wahl, entweder für festes $\mathbf{k}$ nach Werten von ε zu suchen, die eine Lösung ergeben, oder aber ε festzuhalten und die Fläche im k-Raum zu konstruieren, auf welcher die Determinante verschwindet – dies ist dann die Fläche konstanter Energie $\varepsilon(\mathbf{k}) = \varepsilon$.

---

[23] Zur Ausführung der Summe über $\mathbf{R}$ verwendet man die gleichen Rechentechniken wie bei den Berechnungen der Gitterenergien von Ionenkristallen (Siehe Kapitel 20.).

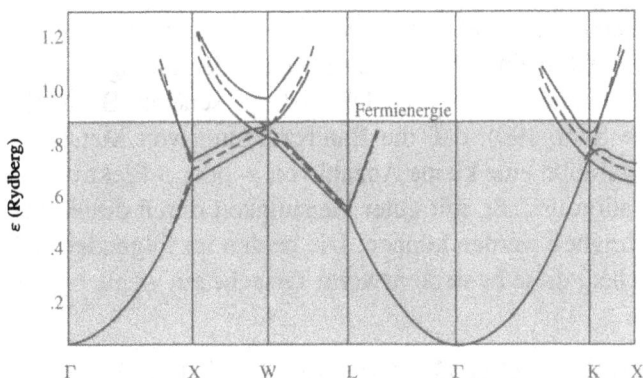

Bild 11.9: Berechnete Valenzbänder von Aluminium (mit drei Elektronen außerhalb einer abgeschlossenen Neon-Konfiguration) im Vergleich mit Bändern freier Elektronen (gestrichelt gezeichnet). Die Bänder wurden mittels der KKR-Methode berechnet. (B. Segall, *Phys. Rev.* **124**, 1797 (1961))

Sowohl das KKR- als auch das APW-Verfahren liefern – für ein *muffin-tin*-Potential exakt ausgeführt – Determinantengleichungen unendlich hoher Ordnung; diese nähert man an, indem man nur eine endlich-dimensionale Unterdeterminante berücksichtigt. Beim APW-Verfahren „rundet" man **K**: Die Wellenfunktion wird in den zwischenatomaren Bereichen genähert. Beim KKR-Verfahren andererseits führt man effektiv eine Summation über alle **K** aus, wenn man $\mathcal{G}$ berechnet;[24] man nähert dagegen die Form der Wellenfunktion in den Rumpfbereichen. In beiden Fällen erreicht man gute Konvergenz, sofern man nur hinreichend viele Terme berücksichtigt. In der Praxis scheint das KKR-Verfahren im allgemeinen weniger Terme der Entwicklung nach Kugelflächenfunktionen zu verlangen als bei der APW-Methode in der **K**-Entwicklung nötig sind. Wendet man die beiden Verfahren auf dasselbe *muffin-tin*-Potential an, so erhält man sehr gut übereinstimmende Resultate.

Die Ergebnisse einer KKR-Rechnung für die aus $3s^2$ und $3p^1$ abgeleiteten Bänder von Aluminium sind in Bild 11.9 dargestellt. Beachten Sie die außerordentlich große Ähnlichkeit der berechneten Bänder mit den Niveaus freier Elektronen, die gestrichelt eingezeichnet sind.

---

[24] Man braucht $\mathcal{G}$ nicht für sämtliche Werte von **r** zu berechnen; es genügt, die Integrale

$$\int d\Omega \, d\Omega' Y_{lm}^*(\theta, \phi) \mathcal{G}_{\mathbf{k}, \varepsilon(\mathbf{k})}(r_0 \theta \phi, r_0 \theta' \phi') Y_{l'm'}(\theta', \phi') \quad \text{und}$$

$$\int d\Omega \, d\Omega' Y_{lm}^*(\theta, \phi) \frac{\partial}{\partial r} \mathcal{G}_{\mathbf{k}, \varepsilon}(r_0 \theta \phi, r \theta' \phi') \Big|_{\mathbf{r} = r_0} Y_{l'm'}(\theta', \phi')$$

zu ermitteln. Die Werte dieser Integrale liegen für verschiedene Kristallstrukturen und Bereiche von ε und **k** tabelliert vor, wobei r_0 gewöhnlich als Radius der einer Wigner-Seitz-Zelle einbeschriebenen Kugel gewählt ist.

Der einzige erkennbare Effekt einer Wechselwirkung zwischen Elektronen und Atomrümpfen besteht in einer Aufspaltung der Bandentartungen – wie es die Theorie nahezu freier Elektronen voraussagt. Dies ist ein schönes Beispiel für unsere Beobachtung (siehe Seite 190), daß die Bandstrukturen von Metallen, deren atomare Elektronenkonfiguration eine kleine Anzahl von *s*- oder *p*-Elektronen außerhalb einer Edelgaskonfiguration umfaßt, mit guter Genauigkeit durch die Bänder nahezu freier Elektronen beschrieben werden können. Die beiden im folgenden zu beschreibenden Verfahren versuchen, diese bemerkenswerte Tatsache ein wenig besser zu beleuchten.

Das *orthogonalized plane-wave*-Verfahren

Diese von Herring entwickelte Methode nutzt eine weitere Möglichkeit, einen stark oszillatorischen Charakter der Wellenfunktion im Rumpfbereich mit einem Verhalten wie von ebenen Wellen im zwischenatomaren Bereich zu verbinden.[25] Das OPW-Verfahren benötigt *kein muffin-tin*-Potential, um die Berechnungen durchführbar zu machen; es ist deshalb dann von besonderem Nutzen, wenn man darauf besteht, ein weniger „konstruiertes" Potential zu verwenden. Darüber hinaus bietet die Methode einen Einblick in die Hintergründe der Frage, warum man in der Näherung nahezu freier Elektronen die Bandstrukturen einer Vielzahl von Metallen so bemerkenswert gut beschreiben kann.

Ausgangspunkt unserer Überlegung ist eine explizite Unterscheidung zwischen Rumpf- und Valenzelektronen. Die Rumpf-Wellenfunktionen sind an den Gitterpunkten ausgeprägt lokalisiert. Andererseits halten sich die Valenzelektronen mit nicht geringer Wahrscheinlichkeit in den zwischenatomaren Bereichen auf, so daß wir hoffen können, ihre Wellenfunktionen in diesen Bereichen durch Superposition einer sehr kleinen Anzahl ebener Wellen anzunähern. In diesem und dem folgenden Abschnitt werden wir die Wellenfunktionen mit den Indizes *c* (core, Rumpf) und *v* (valence, Valenz) bezeichnen, um damit jeweils anzuzeigen, ob sie Rumpf- oder Valenzniveaus beschreiben.

Versucht man, eine Valenz-Wellenfunktion – wie im Modell nahezu freier Elektronen – *überall* im Raum durch einige wenige ebene Wellen anzunähern, so besteht das Problem darin, daß dieser Ansatz hoffnungslos ungeeignet ist, das in der Rumpfregion erforderliche, stark oszillatorische Verhalten zu reproduzieren. Herring bemerkte, daß man dieses Problem dadurch angehen konnte, daß man nicht nur einfache ebene Wellen verwendete, sondern solche, die von Anfang an zu den Rumpfniveaus orthogonal waren. Wir definieren eine *orthogonalisierte* ebene Welle (OPW) durch

$$\phi_{\mathbf{k}} = e^{i\mathbf{k}\cdot\mathbf{r}} + \sum_{c} b_c \psi_{\mathbf{k}}^c(\mathbf{r}), \qquad (11.24)$$

---

[25] C. Herring, *Phys. Rev.* **57**, 1169 (1940).

wobei sich die Summation über sämtliche Rumpfzustände mit Bloch-Wellenvektor **k** erstreckt. Dabei nimmt man die Rumpf-Wellenfunktionen als bekannt an (Man wählt sie im allgemeinen als *tight-binding*-Kombinationen berechneter atomarer Niveaus). Die Konstanten b_c sind durch die Forderung bestimmt, daß $\phi_\mathbf{k}$ orthogonal sein soll zu jedem Rumpfzustand:[26]

$$\int d\mathbf{r}\, \psi_\mathbf{k}^{c*}(\mathbf{r})\phi_\mathbf{k}(\mathbf{r}) = 0, \tag{11.25}$$

woraus folgt

$$b_c = -\int d\mathbf{r}\, \psi_\mathbf{k}^{c*}(\mathbf{r})e^{i\mathbf{k}\cdot\mathbf{r}}. \tag{11.26}$$

Die OPW $\phi_\mathbf{k}$ hat die folgenden, für Valenz-Wellenfunktionen charakteristischen Eigenschaften:

1. Sie ist explizit so konstruiert, daß sie zu sämtlichen Rumpf-Wellenfunktionen orthogonal ist. Deshalb hat sie auch den erforderlichen, stark oszillatorischen Charakter in der Rumpfregion. Dies ist besonders gut aus (11.24) ersichtlich, da die in die Entwicklung von $\psi_\mathbf{k}^c(\mathbf{r})$ eingehenden Rumpf-Wellenfunktionen $\phi_\mathbf{k}$ selbst in der Rumpfregion oszillatorisch sind.

2. Da die Rumpfzustände an den Gitterpunkten lokalisiert sind, ist der zweite Term von (11.24) in den zwischenatomaren Bereichen klein, wo sich $\phi_\mathbf{k}$ sehr stark einer einzelnen ebenen Welle $e^{i\mathbf{k}\cdot\mathbf{r}}$ annähert.

Da sowohl die ebene Welle $e^{i\mathbf{k}\cdot\mathbf{r}}$ als auch die Rumpf-Wellenfunktionen $\psi_\mathbf{k}^c(\mathbf{r})$ die Bloch-Bedingung zum Wellenvektor **k** erfüllen, so gilt dies ebenfalls für die OPW $\phi_\mathbf{k}$. Wir können deshalb – wie auch beim APW-Verfahren – die elektronischen Eigenzustände der Schrödingergleichung als Linearkombinationen von OPWs ansetzten:

$$\psi_\mathbf{k} = \sum_\mathbf{K} c_\mathbf{K} \phi_{\mathbf{k}+\mathbf{K}}. \tag{11.27}$$

In weiterer Analogie zum APW-Verfahren können wir nun die Koeffizienten $c_\mathbf{K}$ in (11.27) sowie die Energien $\varepsilon(\mathbf{k})$ dadurch bestimmen, daß wir (11.27) in die Formulierung (11.17) des Variationsprinzips einsetzen und fordern, daß die Ableitungen der so erhaltenen Beziehung nach den $c_\mathbf{K}$ sämtlich verschwinden sollen. Das

---

[26] Wir nehmen an, daß die Normierungsbedingung $\int d\mathbf{r}\, |\psi_\mathbf{k}^c|^2 = 1$ gilt. Beachten Sie, daß $\phi_\mathbf{k}$ infolge der Bloch-Bedingung ebenso zu $\psi_\mathbf{k}^c$ mit $\mathbf{k}' \neq \mathbf{k}$ orthogonal ist.

Kristallpotential $U(\mathbf{r})$ geht in das sich ergebende Säkularproblem nur durch seine OPW-Matrixelemente ein:

$$\int \phi^*_{\mathbf{k}+\mathbf{K}}(\mathbf{r})U(\mathbf{r})\phi_{\mathbf{k}+\mathbf{K}'}(\mathbf{r})\,d\mathbf{r}. \tag{11.28}$$

Der Erfolg des OPW-Verfahrens beruht auf der Tatsache, daß sich die OPW-Matrixelemente des Potentials U als sehr viel kleiner als die Matrixelemente von U mit ebenen Wellen herausstellen. Dies bedeutet, daß die Entwicklung nach OPWs sehr viel rascher konvergiert, während es hoffnungslos wäre, Konvergenz der Entwicklung von $\psi_{\mathbf{k}}$ nach ebenen Wellen anzustreben.

In der Praxis verwendet man das OPW-Verfahren auf zwei verschiedene Arten: Einerseits kann man eine OPW-Rechnung numerisch *ab initio* durchführen, wobei man von einem atomaren Potential ausgeht, dessen OPW-Matrixelemente berechnet und dann hinreichend große Säkularprobleme formuliert – die sich manchmal als erstaunlich klein erweisen, bisweilen aber auch bis zu hundert OPWs umfassen – um gute Konvergenz zu erreichen.

Andererseits betrachtet man oft „Bandstrukturberechnungen", die nichts anderes zu sein scheinen, als die Theorie nahezu freier Elektronen aus Kapitel 9, in welcher man die Fourier-Komponenten $U_{\mathbf{K}}$ des Potentials nicht als bekannte Größen, sondern als „einstellbare" Parameter behandelt. Man bestimmt die $U_{\mathbf{K}}$, indem man die Bänder nahezu freier Elektronen entweder an empirische Daten *fittet*, oder auch an Bänder, die man detailliert mit Hilfe eines der „realistischeren" Verfahren berechnet hat. Ein Beispiel sind die in Bild 11.9 dargestellten KKR-Bänder von Aluminium, die mit bemerkenswerter Genauigkeit innerhalb der gesamten Zone durch eine Rechnung für nahezu freie Elektronen reproduziert werden, welche lediglich vier ebene Wellen verwendet und nur zwei Parameter,[27] U_{111} und U_{200}, erfordert.

Da die Theorie nahezu freier Elektronen mit Sicherheit nicht immer so gut „funktioniert", wie in diesem Fall, kann man annehmen, daß das Säkularproblem nur scheinbar eines für freie Elektronen ist, eigentlich jedoch der letzte Schritt eines sehr viel komplexeren Zusammenhanges, wie er beispielsweise beim OPW-Verfahren behandelt wird, und die Fourier-Komponenten $U_{\mathbf{K}}$ eigentlich OPW-Matrixelemente des Potentials und nicht die Matrixelemente ebener Wellen sind. Deshalb bezeichnet man eine solche Berechnung als OPW-Rechnung. In diesem Zusammenhang ist eine solche Bezeichnung jedoch wenig mehr als eine Erinnerung daran, daß dieses Verfahren, wenn auch formal der Theorie freier Elektronen ähnlich, doch auf einem sichereren theoretischen Fundament ruht.

Es ist durchaus nicht ohne weiteres klar, ob das OPW-Verfahren die beste Methode darstellt, um das Problem eines Elektrons in einem periodischen Potential effektiv

---

[27] B. Segall, *Phys. Rev.* **124**, 1797 (1961). Der Autor führt einen dritten Parameter in der als $\alpha \hbar^2 k^2/2m$ geschriebenen Energie freier Elektronen ein. Diese Bänder führen jedoch nicht zu einer korrekt strukturierten Fermifläche – ein Beispiel dafür, wie schwierig es ist, gute Potentiale zu finden.

auf eine Berechnung für „nahezu freie Elektronen" zu reduzieren. Die sogenannten Pseudopotential-Verfahren gehen diese Aufgabe systematischer an und eröffnen darüber hinaus eine Vielzahl weiterer rechnerischer Ansätze.

Das Pseudopotential

Die Theorie des Pseudopotentials begann als eine Erweiterung des OPW-Verfahrens. Neben den Möglichkeiten einer Verfeinerung von OPW-Rechungen bietet diese Theorie eine zumindest teilweise Erklärung für den Erfolg von Rechnungen auf der Basis der Näherung nahezu freier Elektronen bei dem Versuch, reale Bandstrukturen nachzuvollziehen.

Wir werden die Pseudopotentialmethode hier nur in ihrer historisch frühesten Form[28] beschreiben, was im Grunde auf eine Neuformulierung des OPW-Verfahrens hinausläuft. Schreiben wir die exakte Wellenfunktion eines Valenzzustandes wie in (11.27) als Linearkombination von OPWs. Sei $\phi_{\mathbf{k}}^{\mathrm{v}}$ der Anteil ebener Wellen in dieser Entwicklung:

$$\phi_{\mathbf{k}}^{\mathrm{v}}(\mathbf{r}) = \sum_{\mathbf{K}} c_{\mathbf{K}} e^{i(\mathbf{k}+\mathbf{K})\cdot\mathbf{r}}. \tag{11.29}$$

Wir können damit die Entwicklungen (11.27) und (11.24) umschreiben zu

$$\psi_{\mathbf{k}}^{\mathrm{v}}(\mathbf{r}) = \phi_{\mathbf{k}}^{\mathrm{v}}(\mathbf{r})$$
$$- \sum_{c} \left(\int d\mathbf{r}' \, \psi_{\mathbf{k}}^{\mathrm{c}*}(\mathbf{r}') \phi_{\mathbf{k}}^{\mathrm{v}} \mathbf{r}' \right) \psi_{\mathbf{k}}^{\mathrm{c}}(\mathbf{r}). \tag{11.30}$$

Da $\psi_{\mathbf{k}}^{\mathrm{v}}$ eine exakte Valenz-Wellenfunktion ist, so erfüllt sie die Schrödingergleichung zum Eigenwert $\varepsilon_{\mathbf{k}}^{\mathrm{v}}$:

$$H\psi_{\mathbf{k}}^{\mathrm{v}} = \varepsilon_{k}^{\mathrm{v}} \psi_{\mathbf{k}}^{\mathrm{v}}. \tag{11.31}$$

Setzen wir (11.30) in (11.31) ein, so erhalten wir

$$H\phi_{\mathbf{k}}^{\mathrm{v}} - \sum_{c} \left(\int d\mathbf{r}' \, \psi_{\mathbf{k}}^{\mathrm{c}*} \phi_{\mathbf{k}}^{\mathrm{v}} \right) H\psi_{\mathbf{k}}^{\mathrm{c}}$$
$$= \varepsilon_{k}^{\mathrm{v}} \left(\phi_{k}^{\mathrm{v}} - \sum_{c} \left(\int d\mathbf{r}' \psi_{\mathbf{k}}^{\mathrm{c}*} \phi_{\mathbf{k}}^{\mathrm{v}} \right) \psi_{\mathbf{k}}^{\mathrm{c}} \right). \tag{11.32}$$

---

[28] E. Antoncik, *J. Phys. Chem. Solids* **10**, 314 (1959) sowie J. C. Phillips und L. Kleinman, *Phys. Rev.* **116**, 287, 880 (1959).

Berücksichtigen wir weiter, daß $H\psi_{\mathbf{k}}^{\mathrm{c}} = \varepsilon_{\mathbf{k}}^{\mathrm{c}}\psi_{\mathbf{k}}^{\mathrm{c}}$ für exakte Rumpfzustände $\psi_{\mathbf{k}}^{\mathrm{c}}$ gilt, so können wir (11.32) in der Form

$$(H + V^R)\phi_{\mathbf{k}}^{\mathrm{v}} = \varepsilon_{\mathbf{k}}^{\mathrm{v}}\phi_{\mathbf{k}}^{\mathrm{v}} \qquad (11.33)$$

schreiben, wobei wir einige „lästige" Terme im Operator V^R „begraben" haben, der durch

$$V^R\psi = \sum_{\mathrm{c}}(\varepsilon_{\mathbf{k}}^{\mathrm{v}} - \varepsilon_{\mathrm{c}})\left(\int d\mathbf{r}'\,\psi_{\mathbf{k}}^{\mathrm{c}*}\psi\right)\psi_{\mathbf{k}}^{\mathrm{c}} \qquad (11.34)$$

definiert ist. Wir sind so bei einer effektiven Schrödingergleichung (11.33) angelangt, die von $\phi_{\mathbf{k}}^{\mathrm{v}}$, dem glatten Teil der Bloch-Funktion, erfüllt wird. Da die Erfahrungen mit dem OPW-Verfahren nahelegen, daß man $\phi_{\mathbf{k}}^{\mathrm{v}}$ durch Linearkombination einer kleinen Zahl ebener Wellen annähern kann, so können wir vermuten, daß man die Theorie nahezu freier Elektronen von Kapitel 9 anwenden kann, um die Valenzniveaus von $H + V^R$ zu berechnen. Dies ist der Ausgangspunkt von Analysen und Berechnungen mit Pseudopotentialen.

Das *Pseudopotential* ist definiert als die Summe aus dem tatsächlichen periodischen Potential U und V^R:

$$H + V^R = -\frac{\hbar^2}{2m}\nabla^2 + V^{\mathrm{pseudo}}. \qquad (11.35)$$

Man hegt bei diesem Ansatz die Hoffnung, daß das Pseudopotential hinreichend klein ist, um eine Berechnung der Valenzniveaus auf der Basis der Näherung nahezu freier Elektronen rechtfertigen zu können. Einen Hinweis darauf, daß sich diese Hoffnung tatsächlich erfüllen könnte, kann man darin sehen, daß das zugehörige Matrixelement des Potentials V^R – obwohl das tatsächliche periodische Potential in der unmittelbaren Umgebung der Atomrümpfe anziehend, und deshalb $(\psi, U\psi) = \int d\mathbf{r}\,\psi^*(\mathbf{r})U(\mathbf{r})\psi(\mathbf{r})$ negativ ist – nach (11.34) doch von der Form

$$(\psi, V^R\psi) = \sum_{\mathrm{c}}(\varepsilon_{\mathbf{k}}^{\mathrm{v}} - \varepsilon_{\mathbf{k}}^{\mathrm{c}})\left|\int d\mathbf{r}\,\psi_{\mathbf{k}}^{\mathrm{c}*}\psi\right|^2 \qquad (11.36)$$

ist. Da die Energien der Valenzniveaus höher sind als die Energien der Rumpfniveaus, ist dieses Matrixelement stets positiv. Addiert man V^R zu U, so heben sich deshalb Terme zumindest teilweise auf, so daß man optimistisch sein und hoffen kann, daß dadurch das Pseudopotential klein genug wird, um Berechnungen von $\phi_{\mathbf{k}}^{\mathrm{v}}$ (der sogenannten Pseudo-Wellenfunktion) auf der Basis der Näherung nahezu freier Elektronen zu ermöglichen und dabei das Pseudopotential als eine schwache Störung zu betrachten.

Das Pseudopotential hat einige bemerkenswerte Eigenschaften. Aus (11.34) folgt, daß V^R (und damit auch das Pseudopotential) nichtlokal ist, daß also seine Wirkung auf eine Wellenfunktion $\psi(\mathbf{r})$ nicht nur eine Multiplikation mit einer anderen Funktion von $\mathbf{r}$ bedeutet. Darüber hinaus hängt das Pseudopotential von der Energie $\varepsilon_{\mathbf{k}}^{\mathrm{v}}$ des zu berechnenden Niveaus ab, was bedeutet, daß viele der grundlegenden Eigenschaften, die ohne weitere Überlegung anzuwenden man gewohnt ist – wie beispielsweise die Orthogonalität von Eigenfunktionen zu verschiedenen Eigenwerten – im Umgang mit H^{pseudo} nicht mehr anwendbar sind.

Die letztere dieser Schwierigkeiten kann man vermeiden, wenn man für die $\varepsilon_{\mathbf{k}}^{\mathrm{v}}$ in (11.34) die Energien derjenigen Niveaus einsetzt, an denen man am meisten interessiert ist – meistens ist dies die Fermienergie. Ist diese Ersetzung einmal gemacht, so sind die Eigenwerte von $H + V^R$ natürlich nicht mehr die exakten Eigenwerte des ursprünglichen Hamiltonoperators, außer für Niveaus bei der Fermienergie. Da man aber meistens an eben diesen Niveaus am meisten interessiert ist, scheint der Preis für diese Vereinfachung nicht zu hoch zu sein. Auf diese Weise kann man beispielsweise die Menge der k-Werte ermitteln, für welche $\varepsilon_{\mathbf{k}}^{\mathrm{v}} = \varepsilon_F$ gilt – und so die Fermifläche punktweise konstruieren.

Wie sich herausstellt, gibt es zahlreiche andere Möglichkeiten neben (11.34), ein V^R derart zu definieren, daß $H + V^R$ dieselben Valenz-Eigenwerte hat wie der tatsächliche Hamiltonoperator H des Kristalls. Aus dieser Freiheit der Wahl heraus entstand eine Menge „Pseudopotential-Müll", dessen Nützlichkeit zu etwas anderem als zur Rechtfertigung von in der Näherung nahezu freier Elektronen berechneten Fermiflächen erst noch überzeugend dargelegt werden müßte.[29]

Kombinierte Verfahren

Man hat natürlich mit großem Erfindungsreichtum versucht, die verschiedenen Verfahren weiterführend zu kombinieren. So kann es beispielsweise zweckmäßig sein, die d-Bänder der Übergangsmetalle im Rahmen der *tight-binding*-Näherung zu behandeln und trotzdem s-d-Mischung zuzulassen – nicht durch Einbeziehen von *tight-binding*-Wellenfunktionen auch für das s-Band, sondern durch Kombination mit einer der oben in einer geeigneten, selbstkonsistenten Weise beschriebenen Methoden mit ebenen Wellen.

Wir brauchen hier nicht zu betonen, daß wir in dieser überblicksartigen Darstellung von Verfahren zur Berechnung von Energiebändern zahlreiche weite Gebiete der Forschung nur berühren konnten.

Im vorliegenden sowie in den beiden vorangegangenen Kapiteln befaßten wir uns mit abstrakten, strukturellen Eigenschaften von Energiebändern. Im folgenden wenden wir

---

[29] Einen Überblick über die Theorie des Pseudopotentials und seine Anwendungen geben D. Turnbull und F. Seitz, eds., in *Solid State Physics*, Vol. 24, Academic Press, New York (1970).

uns nun einigen direkter beobachtbaren Manifestationen elektronischer Energiebänder zu: Die Kapitel 12 und 13 behandeln die Verallgemeinerung der Transporttheorie von Drude und Sommerfeld auf Bloch-Elektronen, Kapitel 14 stellt einige experimentelle Techniken zur direkten Beobachtung von Fermiflächen vor und Kapitel 15 beschreibt die Bandstrukturen einiger gängiger Metalle.

Aufgaben

11.1   Randbedingungen für die Wellenfunktionen von Elektronen in Kristallen

Sei $\mathbf{r}$ der Ortsvektor eines Punktes, der dicht am Rande einer primitiven Zelle C_0 innerhalb der Zelle liegt, sowie $\mathbf{r}'$ der Ortsvektor eines Punktes, der von $\mathbf{r}$ infinitesimal entfernt, aber außerhalb der Zelle liegt. Die Kontinuitätsgleichungen für $\psi(\mathbf{r})$ sind

$$\lim_{\mathbf{r}\to\mathbf{r}'}[\psi(\mathbf{r}) - \psi(\mathbf{r}')] = 0,$$

$$\lim_{\mathbf{r}\to\mathbf{r}'}[\nabla\psi(\mathbf{r}) - \nabla\psi(\mathbf{r}')] = 0. \qquad (11.37)$$

(a) Verifizieren Sie, daß man jeden Punkt $\mathbf{r}$ auf der Oberfläche einer primitiven Zelle durch einen Vektor $\mathbf{R}$ des reziproken Gitters mit einem anderen Oberflächenpunkt verbinden kann und daß die Normalenvektoren auf dem Zellenrand an den Stellen $\mathbf{r}$ und $\mathbf{r} + \mathbf{R}$ entgegengesetzt gerichtet sind.

(b) Verwenden Sie die Tatsache, daß man ψ in der Blochschen Form wählen kann, um zu zeigen, daß man die obigen Kontinuitätsbedingungen auch durch vollständig innerhalb einer primitiven Zelle liegende Werte von ψ ausdrücken kann:

$$\psi(\mathbf{r}) = e^{-i\mathbf{k}\cdot\mathbf{R}}\psi(\mathbf{r} + \mathbf{R}),$$

$$\nabla\psi(\mathbf{r}) = e^{-i\mathbf{k}\cdot\mathbf{R}}\nabla\psi(\mathbf{r} + \mathbf{R}), \qquad (11.38)$$

für alle Paare von Punkten auf der Oberfläche, die durch einen Vektor $\mathbf{R}$ des direkten Gitters verbunden werden können.

(c) Zeigen Sie, daß die einzige Aussage der zweiten Gleichung von (11.38), die nicht bereits in der ersten Gleichung ausgedrückt wäre, in

$$\hat{\mathbf{n}}(\mathbf{r})\cdot\nabla\psi(\mathbf{r}) = -e^{-i\mathbf{k}\cdot\mathbf{R}}\hat{\mathbf{n}}(\mathbf{r} + \mathbf{R})\cdot\nabla\psi(\mathbf{r} + \mathbf{R}) \qquad (11.39)$$

enthalten ist, wobei $\hat{\mathbf{n}}$ einen Normalenvektor auf dem Zellenrand bezeichnet.

11.2   Begründen Sie – ausgehend von der Tatsache, daß die APW stetig ist auf den Oberflächen, die das *muffin-tin*-Potential definieren – daß die APW $\phi_{\mathbf{k}+\mathbf{K},\varepsilon}$ die Bloch-Bedingung zum Wellenvektor $\mathbf{k}$ erfüllt.

11.3 Die Integralgleichung für eine Bloch-Funktion in einem periodischen Potential ist durch (11.21) gegeben, wobei der Integrationsbereich für Potentiale des *muffin-tin*-Typs durch $|\mathbf{r}'| < r_0$ beschränkt ist.

(a) Zeigen Sie, ausgehend von der Definition (11.22) der Funktion $\mathcal{G}$, daß

$$\left(\frac{\hbar^2}{2m}\nabla'^2 + \varepsilon\right)\mathcal{G}_{\mathbf{k},\varepsilon}(\mathbf{r} - \mathbf{r}') = \delta(\mathbf{r} - \mathbf{r}') \qquad r, r' < r_0 \tag{11.40}$$

(b) Zeigen Sie unter Verwendung der Beziehung

$$\mathcal{G}\nabla'^2\psi = \nabla'\cdot(\mathcal{G}\nabla'\psi - \nabla'\psi\mathcal{G}) + \psi\nabla'^2\mathcal{G},$$

daß die Gln. (11.21), (11.40) sowie die Schrödingergleichung für $r' < r_0$ zu

$$0 = \int\limits_{\mathbf{r}'<\mathbf{r}_0} d\mathbf{r}'\,\nabla'\cdot[\mathcal{G}_{\mathbf{k},\varepsilon(\mathbf{k})}(\mathbf{r} - \mathbf{r}')\nabla'\psi_{\mathbf{k}}(\mathbf{r}') - \psi_{\mathbf{k}}(\mathbf{r}')\nabla'\mathcal{G}_{\mathbf{k},\varepsilon(\mathbf{k})}(\mathbf{r} - \mathbf{r}')] \tag{11.41}$$

führen.

(c) Transformieren Sie (11.41) mit Hilfe des Gaußschen Satzes in ein Integral über die Oberfläche einer Kugel mit dem Radius $r' = r_0$ und zeigen Sie dann, daß sich (11,23) ergibt, wenn man r ebenfalls gleich r_0 setzt.

12 Semiklassisches Modell der Elektronendynamik

Wellenpakete von Bloch-Elektronen

Semiklassische Mechanik

Allgemeine Merkmale des semiklassischen Modells

Bewegung in statischen elektrischen Feldern

Allgemeine Theorie der Löcher

Bewegung in homogenen, statischen Magnetfeldern

Hall-Effekt und Magnetwiderstand

Die Blochsche Theorie (Kapitel 8) verallgemeinert die Gleichgewichtstheorie freier Elektronen von Sommerfeld (Kapitel 2) auf den Fall, daß ein periodisches (nicht konstantes) Potential vorhanden ist. In Tabelle 12.1 vergleichen wir die wesentlichen Merkmale dieser beiden Theorien.

Um das Phänomen der elektrischen Leitung zu erfassen, mußten wir die Gleichgewichtstheorie von Sommerfeld auf Nichtgleichgewichts-Situationen verallgemeinern. Wir vermuteten in Kapitel 2, daß man das dynamische Verhalten des Gases freier Elektronen mit Hilfe der gewöhnlichen klassischen Mechanik würde berechnen können, vorausgesetzt, daß es nicht notwendig wäre, ein einzelnes Elektron auf einem Längenmaßstab zu lokalisieren, der vergleichbar wäre mit den Abständen zwischen den Elektronen. Somit würde man die Bahnkurve eines jeden Elektrons zwischen zwei aufeinanderfolgenden Stößen mit Hilfe der gewöhnlichen klassischen Bewegungsgleichungen eines Teilchens mit dem Impuls $\hbar k$ berechnen:

$$\dot{\mathbf{r}} = \frac{\hbar \mathbf{k}}{m}, \qquad \hbar \dot{\mathbf{k}} = -e \left(\mathbf{E} + \frac{1}{c} \mathbf{v} \times \mathbf{H} \right). \tag{12.1}$$

Um diese Vorgehensweise von einem quantenmechanischen Standpunkt aus zu rechtfertigen, würden wir argumentieren, daß (12.1) eigentlich das Verhalten eines Wellenpaketes aus Niveaus freier Elektronen beschreibt,

$$\psi(\mathbf{r}, t) = \sum_{\mathbf{k}'} g(\mathbf{k}') \exp \left[i \left(\mathbf{k}' \cdot \mathbf{r} - \frac{\hbar k'^2 t}{2m} \right) \right],$$

$$g(\mathbf{k}') \approx 0, \quad |\mathbf{k}' - \mathbf{k}| > \Delta k, \tag{12.2}$$

wobei $\mathbf{k}$ und $\mathbf{r}$ den mittleren Ort und Impuls bedeuten, um den das Wellenpaket innerhalb der Schranken $\Delta x \Delta k > 1$, die das Unschärfeprinzip vorgibt, lokalisiert ist.

Dieser Ansatz hat eine ebenso einfache wie elegante Verallgemeinerung auf den Fall der Bewegung von Elektronen in einem allgemeinen, periodischen Potential, bekannt als das *semiklassische Modell* der Elektronendynamik. Die Begründung dieses Modells im Detail ist eine schwierige Aufgabe, deutlich schwieriger als die Begründung des gewöhnlichen klassischen Grenzfalls für freie Elektronen. In unserem Buch werden wir deshalb keine systematische Ableitung des Modells angeben; statt dessen werden wir es schlicht beschreiben, die Grenzen seiner Gültigkeit angeben und einige seiner wesentlichsten physikalischen Konsequenzen ziehen.[1]

---

[1] Einen neueren Ansatz zu einer systematischen Herleitung des *semiklassischen Modells* gibt J. Zak, *Phys. Rev.* **168**, 686 (1968). Diese Arbeit enthält zahlreiche Referenzen auf neuere Untersuchungen. Eine sehr interessante Behandlung von Bloch-Elektronen in einem Magnetfeld (wahrscheinlich das schwierigste Feld zur Ableitung des *semiklassischen Modells* gibt R. G. Chambers, *Proc. Phys. Soc.* **89**, 695 (1966), einschließlich der expliziten Konstruktion eines zeitabhängigen Wellenpakets, dessen Zentrum sich auf einer Bahn bewegt, die mittels der semikassischen Bewegungsgleichungen ermittelt wurde.

Tabelle 12.1
Vergleich der Ein-Elektron-Gleichgewichtsniveaus in den Theorien von Bloch und Sommerfeld

	SOMMERFELD	BLOCH
Quantenzahlen (außer Spin)	$\mathbf{k}$ ($\hbar\mathbf{k}$ ist der Impuls)	$\mathbf{k}, n$ ($\hbar\mathbf{k}$ ist der Kristallimpuls und n der Bandindex)
Wertebereiche der Quantenzahlen	$\mathbf{k}$ nimmt alle Werte im k-Raum an, die mit der periodischen Randbedingung nach Born-von Karman verträglich sind.	Für jeden Wert von n nimmt der Wellenvektor $\mathbf{k}$ alle Werte innerhalb einer einzelnen primitiven Zelle des reziproken Gitters an, die mit der periodischen Randbedingung nach Born-von Karman verträglich sind. n nimmt unendlich viele diskrete Werte an.
Energie	$$\varepsilon(\mathbf{k}) = \frac{\hbar^2 k^2}{2m}$$	Für einen gegebenen Bandindex n hat die Energie $\varepsilon_n(\mathbf{k})$ keine einfache, explizite Form. Ihre einzige allgemeingültige Eigenschaft ist ihre Periodizität im reziproken Gitter: $\varepsilon_n(\mathbf{k} + \mathbf{K}) = \varepsilon_n(\mathbf{k})$.
Geschwindigkeit	Die mittlere Geschwindigkeit eines Elektrons in einem Niveau mit dem Wellenvektor $\mathbf{k}$ ist gegeben durch $$\mathbf{v} = \frac{\hbar\mathbf{k}}{m} = \frac{1}{\hbar}\frac{\partial\varepsilon}{\partial\mathbf{k}}.$$	Die mittlere Geschwindigkeit eines Elektrons in einem Niveau mit Bandindex n und Wellenvektor $\mathbf{k}$ ist gegeben durch $$\mathbf{v}_n(\mathbf{k}) = \frac{1}{\hbar}\frac{\partial\varepsilon_n}{\partial\mathbf{k}}.$$
Wellenfunktion	Die Wellenfunktion eines Elektrons mit Wellenvektor $\mathbf{k}$ ist $$\psi_{\mathbf{k}}(\mathbf{r}) = \frac{e^{i\mathbf{k}\cdot\mathbf{r}}}{V^{1/2}}.$$	Die Wellenfunktion eines Elektrons mit Bandindex n und Wellenvektor $\mathbf{k}$ ist $\psi_{n\mathbf{k}}(\mathbf{r}) = e^{i\mathbf{k}\cdot\mathbf{r}}u_{n\mathbf{k}}(\mathbf{r})$, wobei die Funktion $u_{n\mathbf{k}}$ keine einfache, explizite Form hat. Ihre einzige allgemeingültige Eigenschaft ist ihre Periodizität im direkten Gitter: $u_{n\mathbf{k}}(\mathbf{r} + \mathbf{R}) = u_{n\mathbf{k}}(\mathbf{r})$.

Einem Leser, dem unsere sehr unvollständigen und wenig suggestiven Bemerkungen zur Begründung des semiklassischen Modells unbefriedigend erscheinen, empfehlen wir, sich selbst darüber kundig zu machen, wie viele der Anomalien und Unverständlichkeiten der Theorie freier Elektronen der semiklassische Ansatz behebt. Als Ausgangspunkt wäre vielleicht die folgende Überlegung geeignet: Gäbe es keine grundlegende, mikroskopische Quantentheorie der Elektronen in Festkörpern, so könnte man sich doch eine semiklassische Mechanik vorstellen, wie sie ein „Newton der Kristalle" im späten Neunzehnten Jahrhundert vielleicht vermutet haben könnte, die durch ihre Erklärung des beobachteten Verhaltens der Elektronen in glänzender Weise bestätigt worden wäre – ebenso wie die klassische Mechanik durch ihre Erklärung der Planetenbewegung bestätigt und erst sehr viel später als Grenzfall der Quantenmechanik auf eine fundamentale Basis gestellt worden ist.

Ebenso wie im Falle freier Elektronen stellen sich bei einer Behandlung der elektrischen Leitung durch Bloch-Elektronen[2] zwei wesentliche Fragen: (a) Auf welche Weise gehen die Stöße vor sich? (b) Auf welche Weise bewegen sich die Bloch-Elektronen zwischen zwei aufeinanderfolgenden Stößen? Das semiklassische Modell beschäftigt sich ausschließlich mit der letzteren Frage, für die Bloch-Theorie ist jedoch auch die Beantwortung der ersten Frage von kritischer Relevanz. Drude nahm an, daß die Elektronen mit den räumlich fixierten, sehr viel schwereren Atomrümpfen stoßen. Diese Annahme kann jedoch mit den in Metallen möglichen, sehr großen mittleren freien Weglängen nicht in Einklang gebracht werden und versagt darüber hinaus bei der Erklärung deren beobachteter Temperaturabhängigkeit.[3] Die Bloch-Theorie schließt die Gültigkeit dieser Annahme aus theoretischen Gründen ebenfalls aus: Bloch-Niveaus sind *stationäre* Lösungen der Schrödingergleichung im vollständigen periodischen Potential der Atomrümpfe. Hat ein Elektron im Niveau $\psi_{n\mathbf{k}}$ eine nicht verschwindende mittlere Geschwindigkeit (was der Fall ist, sofern $\partial\varepsilon_n(\mathbf{k})/\partial\mathbf{k}$ nicht zufällig verschwindet), so bleibt diese Geschwindigkeit dauernd erhalten.[4] Man kann die Stöße mit den fixierten Atomrümpfen nicht als Mechanismus einer Abnahme der Geschwindigkeit annehmen, da die Wechselwirkung des Elektrons mit der raumfesten, periodischen Anordnung der Atomrümpfe bereits *vollständig* und *ab initio* in der Schrödingergleichung berücksichtigt wurde, deren Lösung die Bloch-Wellenfunktion ist. Somit muß die Leitfähigkeit eines perfekt periodischen Kristalls unendlich groß sein.

So sehr dieses Ergebnis einer klassischen Neigung widerspricht, sich ein Bild von Elektronen zu machen, die fortwährend geschwindigkeitsvermindernde Stöße mit einzelnen Atomrümpfen erleiden, so kann man es doch einfach als Manifestation der Wellennatur der Elektronen verstehen. Innerhalb einer *periodischen* Anordnung von

---

[2] Unter einem „Bloch-Elektron" verstehen wir hier ein Elektron in einem allgemeinen periodischen Potential.
[3] Siehe Seite 11.
[4] Siehe Seite 177.

Streuzentren kann sich eine Welle ohne Abschwächung ausbreiten, da die einzelnen gestreuten Wellen kohärent konstruktiv interferieren.[5]

Metalle zeigen deshalb einen elektrischen Widerstand, weil kein realer Festkörper ein perfekter Kristall ist: Es gibt immer Verunreinigungsatome, Fehlstellen oder andere Gitterfehler, an welchen eine Streuung stattfinden kann, und bei sehr niedrigen Temperaturen begrenzen diese Gitterfehler die Leitfähigkeit. Auch dann, wenn man die Gitterfehler im Kristall vollständig eliminieren könnte, bliebe die Leitfähigkeit trotzdem endlich, nämlich aufgrund der thermischen Schwingungen der Atomrümpfe und der damit verbundenen, temperaturabhängigen Störungen der perfekten Periodizität des Potentials, in welchem sich die Elektronen bewegen. Solche Störungen der Periodizität können streuend wirken und sind die Ursache für eine Temperaturabhängigkeit der elektronischen Relaxationszeit, wie wir sie in Kapitel 1 feststellten.

Wir verschieben eine vollständige Diskussion der möglichen Streumechanismen auf die Kapitel 16 und 26. Hier stellen wir lediglich fest, daß die Folgerungen der Bloch-Theorie uns nun zwingen, Drudes naive Vorstellung von einer Elektron-Atomrumpf-Streuung zu verwerfen. Wir werden dennoch auch weiterhin Folgerungen aus der einfachen Annahme ziehen, daß *irgendein* Streumechanismus existiert, ganz unabhängig davon, wie er im einzelnen zu charakterisieren sei.

Unser Hauptproblem besteht nun also darin, eine Beschreibung der Bewegung von Bloch-Elektronen *zwischen* aufeinanderfolgenden Stößen zu finden. Die Tatsache, daß die mittlere Geschwindigkeit eines Elektrons in einem bestimmten Bloch-Niveau $\psi_{n\mathbf{k}}$ gegeben ist[6] durch

$$\mathbf{v}_n(\mathbf{k}) = \frac{1}{\hbar}\frac{\partial \varepsilon_n(\mathbf{k})}{\partial \mathbf{k}} \tag{12.3}$$

wirkt sehr suggestiv: Betrachten wir ein Wellenpaket aus Bloch-Niveaus eines gegebenen Bandes, konstruiert in Analogie zum Wellenpaket (12.2) für freie Elektronen:

$$\psi_n(\mathbf{r}, t) = \sum_{\mathbf{k}'} g(\mathbf{k}')\psi_{n\mathbf{k}'}(\mathbf{r})\exp\left[-\frac{i}{\hbar}\varepsilon_n(\mathbf{k}')t\right],$$

$$g(\mathbf{k}') \approx 0, \quad |\mathbf{k}' - \mathbf{k}| > \Delta k. \tag{12.4}$$

Die Streuung Δk im Wellenvektor sei klein im Vergleich mit den Abmessungen der Brillouin-Zone, so daß sich die $\varepsilon_n(\mathbf{k})$ der Niveaus, die das Wellenpaket aufbauen, nur wenig voneinander unterscheiden. Man kann den Ausdruck (12.3) für die Geschwindigkeit als eine Formulierung der bekannten Tatsache ansehen,

---

[5] Eine einheitliche Betrachtung einer Vielzahl ähnlicher Phänomene findet man bei L. Brillouin, *Wave Propagation in Periodic Structures*, Dover, New York (1953).
[6] Siehe Seite 177. (1.3) leiten wir im Anhang E her.

daß die Gruppengeschwindigkeit eines Wellenpakets gegeben ist durch $\partial\omega/\partial\mathbf{k} = (\partial/\partial\mathbf{k})(\varepsilon/\hbar)$.

Die semiklassische Näherung beschreibt solche Wellenpakete unter der Voraussetzung, daß nicht die Notwendigkeit besteht, den Ort eines Elektrons mit einer Genauigkeit festzulegen, die mit der Ausdehnung des Wellenpakets vergleichbar wäre.

Wir wollen abschätzen, wie breit das Wellenpaket (12.4) sein muß, wenn die Streuung im Wellenvektor klein ist im Vergleich zu den Abmessungen der Brillouin-Zone. Dazu betrachten wir das Wellenpaket an Punkten, die durch einen Vektor des Bravaisgitters verbunden sind. Setzen wir $\mathbf{r} = \mathbf{r}_0 + \mathbf{R}$ und verwenden wir die grundlegende Eigenschaft (8.6) der Bloch-Funktion, so können wir (12.4) umschreiben zu

$$\psi_n(\mathbf{r}_0 + \mathbf{R}, t) = \sum_{\mathbf{k}'} \left[g(\mathbf{k}')\psi_{n,\mathbf{k}'}(\mathbf{r}_0) \right] \exp\left[i\left(\mathbf{k}' \cdot \mathbf{R} - \frac{1}{\hbar}\varepsilon_n(\mathbf{k}')t \right) \right]. \quad (12.5)$$

Betrachtet man $\psi_n(\mathbf{r}_0 + \mathbf{R}, t)$ als Funktion von $\mathbf{R}$ bei festem $\mathbf{r}_0$, so ist sie eine Überlagerung ebener Wellen der Form (12.2), mit einer Gewichtsfunktion $\bar{g}(\mathbf{k}) = [g(\mathbf{k})\psi_{n\mathbf{k}}(\mathbf{r}_0)]$. Nimmt man demnach Δk als Maß für die Ausdehnung des Bereiches an, in dem g – und daher auch $\bar{g}$ – nennenswert von Null verschieden sind,[7] so sollte $\psi_n(\mathbf{r}_0 + \mathbf{R})$ aufgrund der üblichen Eigenschaften von Wellenpaketen innerhalb eines Bereiches der Größenordnung $\Delta R \approx 1/\Delta k$ nicht vernachlässigbar sein. Da Δk klein ist im Vergleich zu den Abmessungen der Brillouin-Zone – welche von der Größenordnung einer inversen Gitterkonstanten $1/a$ sind – so folgt, daß ΔR groß sein muß im Vergleich zu a. Da diese Folgerung vom speziellen Wert von $\mathbf{r}_0$ unabhängig ist, so schließen wir, daß *ein Wellenpaket aus Bloch-Niveaus, dessen Wellenvektor auf der Längenskala der Abmessungen einer Brillouin-Zone wohldefiniert ist, im Ortsraum über viele primitive Zellen ausgedehnt sein muß.*

Das semiklassische Modell beschreibt das Verhalten von Elektronen in äußeren elektrischen Feldern oder Magnetfeldern, die sich über die Abmessungen eines solchen Wellenpakets (siehe Bild 12.1) nur wenig ändern – und daher überaus wenig im Bereich einiger weniger primitiver Zellen variieren.

Im semiklassischen Modell wirken in solchen Feldern gewöhnliche, klassische Kräfte, die in eine Bewegungsgleichung eingehen, welche die zeitliche Entwicklung des Ortes und des Wellenvektors des Wellenpakets beschreibt. Die Besonderheit des semiklassischen Modells – die es komplizierter macht als die gewöhnliche klassische Näherung bei *freien* Elektronen – besteht darin, daß sich das periodische Potential des Gitters über Längen ändert, die *klein* sind im Vergleich zur Breite des Wellenpakets, so daß eine klassische Behandlung des Gitterpotentials nicht möglich ist. Das semiklassische

---

[7] Ist die Gewichtsfunktion g lediglich in einer Umgebung von $\mathbf{k}$ nennenswert von Null verschieden, die klein ist im Vergleich zu den Abmessungen der Brillouin-Zone, so ändert sich $\psi_{n\mathbf{k}}(\mathbf{r}_0)$ in diesem Bereich nur wenig, und $\bar{g}$ – betrachtet als Funktion von $\mathbf{k}$ – unterscheidet sich nur wenig vom Produkt aus einer Konstanten und g.

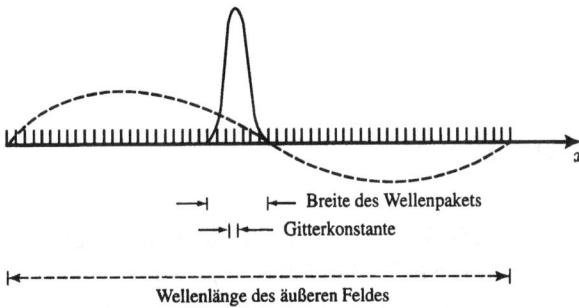

Bild 12.1: Schematische Darstellung der Situation, die durch das semiklassische Modell beschrieben wird. Die Abmessung, über welche sich das äußere Feld (gestrichelte Linie) merklich ändert, ist viel größer als die Ausdehnung des Wellenpakets des Elektrons (durchgezogene Linie) und damit sehr viel größer als die Gitterkonstante.

Modell ist demnach nur teilweise ein klassischer Grenzfall: Die äußeren Felder werden klassisch behandelt, das räumlich periodische Feld der Atomrümpfe jedoch nicht.

Beschreibung des semiklassischen Modells

Das semiklassische Modell beschreibt, wie sich der Ort r und der Wellenvektor k jedes einzelnen Elektrons[8] zwischen den Stößen unter der Wirkung äußerer elektrischer und magnetischer Felder entwickeln. *Das Modell beruht vollständig auf der Kenntnis der Bandstruktur des Metalls – d.h. des Verlaufs der Funktionen $\varepsilon_n(\mathbf{k})$; eine weitergehende, explizite Kenntnis des periodischen Potentials der Atomrümpfe wird nicht vorausgesetzt.* Das Modell nimmt die Funktionen $\varepsilon_n(\mathbf{k})$ als gegeben an und macht keinerlei Aussage darüber, wie sie zu berechnen seien. Ziel des Modells ist es, die Bandstruktur in Beziehung zu den Transporteigenschaften zu setzen, d.h. zur Art und Weise, wie die Elektronen auf äußere Felder oder Temperaturgradienten reagieren. Man verwendet das Modell sowohl zur Ableitung von Transporteigenschaften aus einer gegebenen (berechneten) Bandstruktur, als auch zur Herleitung gewisser Eigenschaften der Bandstruktur aus experimentell beobachteten Transporteigenschaften.

Ausgehend von den Funktionen $\varepsilon_n(\mathbf{k})$ ordnet das semiklassische Modell jedem Elektron einen Ort r, einen Wellenvektor k sowie einen Bandindex n zu. Man nimmt nun im Modell an, daß die zeitliche Entwicklung des Ortes, des Wellenvektors und des Bandindex' n unter der Wirkung der äußeren elektrischen und magnetischen Felder $\mathbf{E}(\mathbf{r}, t)$ und $\mathbf{H}(\mathbf{r}, t)$ nach den folgenden Regeln vor sich geht:

1. Der Bandindex n ist eine Konstante der Bewegung. Man schließt im semiklassischen Modell die Möglichkeit von „Interbandübergängen" aus.

2. Die Zeitentwicklung des Ortes und des Wellenvektors eines Elektrons mit Bandindex n wird beschrieben durch die Bewegungsgleichungen

---

[8] Wir werden im folgenden davon sprechen, daß *ein Elektron* einen Ortsvektor und einen Impulsvektor hat, wobei wir natürlich immer ein wie oben beschriebenes Wellenpaket meinen.

$$\dot{\mathbf{r}} = \mathbf{v}_n(\mathbf{k}) = \frac{1}{\hbar} \frac{\partial \varepsilon_n(\mathbf{k})}{\partial \mathbf{k}}, \tag{12.6a}$$

$$\hbar \dot{\mathbf{k}} = -e \left[\mathbf{E}(\mathbf{r}, t) + \frac{1}{c} \mathbf{v}_n(\mathbf{k}) \times \mathbf{H}(\mathbf{r}, t) \right]. \tag{12.6b}$$

3. (Diese Regel rekapituliert lediglich jene Merkmale der vollständig quantenmechanischen Bloch-Theorie, die in das semiklassische Modell übernommen werden.) Der Wellenvektor eines Elektrons ist nur bis auf einen additiven Vektor $\mathbf{K}$ des reziproken Gitters definiert. Es kann nicht zwei *verschiedene* Elektronen mit gleichem Bandindex n und Ort $\mathbf{r}$ geben, deren Wellenvektoren $\mathbf{k}$ und $\mathbf{k}'$ sich um einen Vektor $\mathbf{K}$ des reziproken Gitters unterscheiden: Die Indizes n, $\mathbf{r}$, $\mathbf{k}$ und n, $\mathbf{r}$, $\mathbf{k} + \mathbf{K}$ beschreiben in vollständig äquivalenter Weise *dasselbe* Elektron.[9] Sämtliche voneinander verschiedenen Wellenvektoren desselben Bandes liegen deshalb innerhalb einer einzigen primitiven Zelle des reziproken Gitters. Im thermodynamischen Gleichgewicht ist der Beitrag zur Elektronenkonzentration von jenen Elektronen im n-ten Band, deren Wellenvektoren im infinitesimalen Volumenelement $d\mathbf{k}$ des k-Raums liegen, gegeben durch die übliche Fermiverteilung (2.56):[10]

$$f(\varepsilon_n(\mathbf{k})) \frac{d\mathbf{k}}{4\pi^3} = \frac{d\mathbf{k}/4\pi^3}{e^{(\varepsilon_n(\mathbf{k}) - \mu)/k_B T} + 1}. \tag{12.7}$$

Bemerkungen zum semiklassischen Modell und Beschränkungen seines Gültigkeitsbereiches

Eine Viele-Ladungsträger-Theorie

Da wir annehmen, daß die äußeren Felder keine Interbandübergänge verursachen, so enthält jedes Band eine feste Anzahl von Elektronen eines bestimmten Typs. Die Eigenschaften jedes dieser Typen können sich von Band zu Band beträchtlich unterscheiden, da die Bewegungsmöglichkeiten eines Elektrons mit Bandindex n von der jeweiligen Form von $\varepsilon_n(\mathbf{k})$ beeinflußt werden. Im Gleichgewicht (oder in der Nähe des Gleichgewichts) sind Bänder mit Energien, die viele $k_B T$ über der Fermienergie ε_F liegen, unbesetzt. Deshalb ist es nicht erforderlich, unendlich viele

---

[9] Die semiklassischen Bewegungsgleichungen (12.6) wahren diese Äquivalenz im Verlauf der Zeit: Ist $\mathbf{r}(t)$, $\mathbf{k}(t)$ eine Lösung für das n-te Band, so gilt dies – infolge der Periodizität von $\varepsilon_n(\mathbf{k})$ – ebenso für $\mathbf{r}(t)$, $\mathbf{k}(t) + \mathbf{K}$ mit einem beliebigen Vektor $\mathbf{K}$ des reziproken Gitters.

[10] Dabei ist angenommen, daß Wechselwirkungen des Elektronenspins mit vorhandenen Magnetfeldern ohne Bedeutung sind. Trifft diese Annahme nicht zu, so trägt jede Spinpopulation die Hälfte von (12.7) zu n bei, wobei in $\varepsilon_n(\mathbf{k})$ die Wechselwirkungsenergie des gegebenen Spins mit dem Magnetfeld berücksichtigt werden muß.

Typen von Ladungsträgern zu betrachten, sondern nur solche in Bändern, deren Energien unterhalb oder nur wenige $k_B T$ oberhalb der Fermienergie ε_F liegen. Wir werden außerdem im folgenden sehen, daß man Bänder, innerhalb derer sämtliche Energien um viele $k_B T$ unterhalb der Fermienergie ε_F liegen – Bänder also, die im Gleichgewicht vollständig gefüllt sind – ebenfalls vernachlässigen kann. Somit muß man bei der Beschreibung eines realen Metalls oder Halbleiters nur eine kleine Anzahl von Bändern (oder Ladungsträgertypen) in Betracht ziehen.

Der Kristallimpuls ist kein Impuls

Beachten Sie, daß innerhalb eines jeden Bandes die Bewegungsgleichungen (12.6) formal identisch sind mit den entsprechenden Gleichungen (12.1) für freie Elektronen, mit dem Unterschied, daß $\varepsilon_n(\mathbf{k})$ anstelle der Energie $\hbar^2 k^2/2m$ freier Elektronen erscheint. Trotzdem ist der Kristallimpuls $\hbar \mathbf{k}$ *nicht* der Impuls eines Bloch-Elektrons – wie wir bereits in Kapitel 8 betonten. Die Änderungsrate des Elektronenimpulses ist durch die Gesamtkraft auf das Elektron gegeben, während die Änderungsrate des Kristallimpulses eines Elektrons durch (12.6) beschrieben wird: Diese Gleichung enthält nur Kräfte, die auf die äußeren Felder zurückgehen, aber keinerlei Kraftwirkungen, die durch das periodische Feld des Gitters[11] verursacht wären.

Grenzen der Gültigkeit des semiklassischen Modells

Im Grenzfall eines verschwindenden periodischen Potentials ist das semiklassische Modell nicht mehr anwendbar, da die Elektronen in diesem Grenzfall zu freien Elektronen werden. In einem homogenen elektrischen Feld kann sich die kinetische Energie eines freien Elektrons stetig auf Kosten seiner elektrostatischen potentiellen Energie vergrößern. Im Gegensatz dazu schließt das semiklassische Modell Interbandübergänge aus und verlangt deshalb, daß die Energie eines jeden Elektrons innerhalb der Grenzen des Bandes bleibt, in dem sich das Elektron ursprünglich befunden hatte.[12] Folglich muß eine Mindeststärke des periodischen Potentials vorliegen, soll das semiklassische Modell anwendbar sein. Solche Grenzbedingungen sind nicht einfach herzuleiten, nehmen aber eine sehr einfache Form an, in der wir sie hier ohne Beweis angeben.[13] In einem gegebenen Punkt des k-Raumes gelten die semiklassischen Gleichungen für Elektronen im n-ten Band unter der Voraussetzung, daß die

---

[11] Obwohl das periodische Gitterpotential eine entscheidende Rolle für die semiklassischen Gleichungen spielt (über die Form der Funktion $\varepsilon_n(\mathbf{k})$, die durch dieses Potential bestimmt ist), kann dies nicht durch eine ortsabhängige Kraft geschehen: Um eine Kraft zu messen, welche die Periodizität des Gitters hat, müßte man ein Elektron innerhalb einer einzelnen primitiven Zelle lokalisieren. Eine solche Lokalisierung wäre aber nicht mit der Struktur der Wellenpakete vereinbar, die dem semiklassischen Modell zugrunde liegen (siehe Bild 12.1) und deren Breite sich über viele Gitterplätze erstreckt.

[12] Diese Bedingung wird immer dann verletzt, wenn der Wellenvektor eines freien Elektrons eine Bragg-Ebene kreuzt, da das Elektron in diesem Falle vom niedriger liegenden Band freier Elektronen zum höherliegenden springt.

[13] Wir geben eine grobe Rechtfertigung dieser Aussage in Anhang J.

Amplituden der langsam veränderlichen, äußeren elektrischen und magnetischen Felder die Bedingungen

$$eEa \ll \frac{[\varepsilon_{\text{gap}}(\mathbf{k})]^2}{\varepsilon_F}, \tag{12.8}$$

$$\hbar\omega_c \ll \frac{[\varepsilon_{\text{gap}}(\mathbf{k})]^2}{\varepsilon_F} \tag{12.9}$$

erfüllen. In diesen Gleichungen bezeichnen a eine Länge von der Größenordnung der Gitterkonstanten und ω_c die Zyklotronfrequenz (1.18). $\varepsilon_{\text{gap}}(\mathbf{k})$ ist die Differenz zwischen $\varepsilon_n(\mathbf{k})$ und der nächstgelegenen Energie $\varepsilon_{n'}(\mathbf{k})$ am selben Punkt des k-Raumes, aber in einem anderen Band.

Die Bedingung (12.8) ist in einem Metall immer klar erfüllt: Selbst bei einer so großen Stromdichte wie 10^2 A/cm^2 und einem spezifischen Widerstand von $100\mu\Omega$cm beträgt das elektrische Feld in einem Metall lediglich $E = \rho j = 10^{-2} V$/cm; für ein a der Größenordnung 10^{-8} cm ist dann eEa von der Größenordnung 10^{-10} eV. Da ε_F von der Größenordnung 1 eV oder größer ist, muß $\varepsilon_{\text{gap}}(\mathbf{k})$ weniger als 10^{-5} eV betragen, bevor die Bedingung (12.8) verletzt wird. In der Praxis beobachtet man fast nie derart schmale Bandlücken, außer in der Nähe solcher Punkte im k-Raum, in denen zwei Bänder entartet sind, und auch dann nur innerhalb eines überaus kleinen Bereiches des k-Raums um solche Punkte. Typische „schmale" Bandlücken sind von der Größenordnung 10^{-1} eV, so daß (12.8) mit einem „Sicherheitsfaktor" von 10^{-8} erfüllt ist. Von praktischem Belang ist diese Bedingung überhaupt nur in Isolatoren und homogenen Halbleitern, wo es möglich ist, sehr große elektrische Felder aufzubauen. Wird die Bedingung verletzt, so kann das Feld Interbandübergänge der Elektronen auslösen; dieses Phänomen bezeichnet man als *elektrischen Durchbruch*.

Dagegen ist es wesentlich leichter, die Bedingung (12.9) für die Magnetfeldstärke zu verletzen: In einem Feld von $10^4 G$ ist die Energie $\hbar\omega_c$ von der Größenordnung 10^{-4} eV, so daß die Bedingung (12.9) selbst für Bandlücken mit einer Breite von 10^{-2} eV nicht mehr erfüllt ist. Obwohl man auch dies noch als schmal bezeichnen kann, findet man Energielücken dieser Breite durchaus nicht selten vor, insbesondere aber dann, wenn die Lücke ausschließlich als Folge der Aufspaltung einer Entartung durch Spin-Bahn-Kopplung entsteht. Sobald die Bedingung (12.9) nicht mehr gilt, kann es vorkommen, daß die Elektronen nicht mehr den durch die semiklassischen Bewegungsgleichungen (12.6) bestimmten Bahnen folgen, ein Phänomen, welches man als *magnetischen Durchbruch* bezeichnet. Bei der Deutung elektronischer Eigenschaften in sehr starken Magnetfeldern muß man stets die Möglichkeit des magnetischen Durchbruchs mit in Betracht ziehen.

Ergänzend zu den Bedingungen (12.8) und (12.9) an die Amplituden der äußeren Felder muß man auch deren Frequenz durch

$$\hbar\omega \ll \varepsilon_{\text{gap}} \tag{12.10}$$

beschränken, da für höhere Frequenzen die Energie eines einzelnen Photons ausreichen würde, einen Interbandübergang auszulösen. Für die Wellenlänge der äußeren Felder muß darüber hinaus die Bedingung

$$\lambda \gg a \tag{12.11}$$

erfüllt sein, da man anderenfalls das Modell eines Wellenpakets nicht sinnvoll einführen kann.[14]

Grundlage der Bewegungsgleichungen

Wie oben ausgeführt, besteht die Aussage von (12.6a) einfach darin, daß die Geschwindigkeit eines semiklassischen Elektrons gegeben ist durch die Gruppengeschwindigkeit des zugehörigen Wellenpakets. Dagegen ist (12.6b) viel schwieriger zu begründen. Liegt ein statisches elektrisches Feld vor, so erscheint die Gleichung sehr plausibel als die einfachste Möglichkeit, die Erhaltung der Energie zu gewährleisten: Ist das Feld durch $\mathbf{E} = -\nabla\phi$ gegeben, so sollten wir erwarten können, daß bei der Bewegung eines jeden Wellenpakets die Energie

$$\varepsilon_n(\mathbf{k}(t)) - e\phi(\mathbf{r}(t)) \tag{12.12}$$

konstant ist. Die Zeitableitung dieser Energie,

$$\frac{\partial\varepsilon_n}{\partial\mathbf{k}} \cdot \dot{\mathbf{k}} - e\nabla\phi \cdot \dot{\mathbf{r}}, \tag{12.13}$$

können wir mit Hilfe von (12.6a) schreiben als

$$\mathbf{v}_n(\mathbf{k}) \cdot [\hbar\dot{\mathbf{k}} - e\nabla\phi]. \tag{12.14}$$

Dieser Ausdruck ist gleich Null, falls

$$\hbar\dot{\mathbf{k}} = e\nabla\phi = -e\mathbf{E} \tag{12.15}$$

gilt, was für den Fall eines verschwindenden Magnetfeldes identisch ist mit (12.6b) . (12.15) ist jedoch keine notwendige Bedingung dafür, daß die Energie erhalten ist, da (12.14) auch dann verschwindet, wenn man einen beliebigen, zu $\mathbf{v}_n(\mathbf{k})$ senkrechten Term zu (12.15) addiert. Es stellt sich als eine sehr schwierige Aufgabe heraus, in Strenge zu beweisen, daß $[\mathbf{v}_n(\mathbf{k})/c] \times \mathbf{H}$ der einzig mögliche additive Term ist

---

[14] Manchmal ist es notwendig, weitere Quanteneffekte zu berücksichtigen, die sich aus der Möglichkeit von geschlossenen Bahnen im k-Raum der Elektronen in einem Magnetfeld ergeben. Man kann diese Effekte durch eine geschickte Erweiterung des semiklassischen Modells erfassen, so daß sie keine Begrenzung seiner Gültigkeit im oben beschriebenen Sinne bedeuten. Schwierigkeiten mit dem semiklassischen Modell treten dagegen in der Theorie des de Haas-van Alphén-Effekts und verwandter Phänomene auf; wir beschreiben sie in Kapitel 14.

und daß die sich damit ergebende Gleichung auch für zeitabhängige Felder gilt. Wir werden uns deshalb mit diesem Problem nicht weiter beschäftigen – dadurch nicht befriedigte Leser finden in Anhang H einen weiteren Ansatz, um die semiklassischen Gleichungen plausibler zu machen. Wir zeigen dort, daß man die Gleichungen in einer sehr kompakten, Hamiltonschen Form schreiben kann. Um wirklich überzeugende Argumente zu finden, kommt man jedoch nicht umhin, sich in die (noch immer an Umfang zunehmende) einschlägige Literatur zu vertiefen.[15]

Folgerungen aus den semiklassischen Bewegungsgleichungen

In den verbleibenden Abschnitten dieses Kapitels geben wir einen Überblick über die grundlegenden und direkten Konsequenzen der semiklassischen Bewegungsgleichungen. In Kapitel 13 schließlich wenden wir uns einer systematischeren Art zu, Theorien der elektrischen Leitung daraus abzuleiten.

Wir betrachten im folgenden in den meisten Fällen nur jeweils ein einzelnes Band, und lassen deshalb den Bandindex weg, außer wenn wir explizit die Eigenschaften zweier oder mehrerer Bänder vergleichen. Der Einfachheit halber gehen wir weiterhin davon aus, daß wir als elektronische Verteilungsfunktion im Gleichgewicht die Verteilung bei $T = 0$ annehmen können: In Metallen ist der Einfluß von Effekten, die bei von Null verschiedenen Temperaturen auftreten können, auf die im folgenden zu besprechenden Eigenschaften vernachlässigbar gering. Thermoelektrische Effekte in Metallen behandeln wir in Kapitel 13, Halbleiter in Kapitel 28.

Die folgende Diskussion ist im Geiste recht ähnlich unserer Betrachtung der Transporteigenschaften in den Kapiteln 1 und 2: Wir behandeln Stöße im Rahmen einer einfachen Relaxationszeitnäherung und richten unsere Aufmerksamkeit größtenteils auf die Bewegung der Elektronen zwischen den Stößen, wie sie – im Gegensatz zu den Kapiteln 1 und 2 – hier durch die *semiklassischen* Bewegungsgleichungen (12.6) beschrieben wird.

Vollständig gefüllte Bänder sind stabil

In einem gefüllten Band liegen sämtliche Energien unterhalb[16] der Fermienergie ε_F. Elektronen eines gefüllten Bandes, deren Wellenvektoren in einem Bereich des k-Raums vom Volumen $d\mathbf{k}$ liegen, tragen $d\mathbf{k}/4\pi^3$ zur gesamten Elektronenkonzentration (12.7) bei. Man kann deshalb eine gefülltes Band *semiklassisch* dadurch charakterisieren, daß die Elektronenkonzentration in einem sechsdimensionalen $r\,k$-Raum (den man – in Analogie zum rp-Raum der klassischen Mechanik – als Phasenraum bezeichnet) gleich $1/4\pi^3$ ist.

---

[15] Siehe beispielsweise die in Fußnote 1 angegebene Literatur.

[16] Allgemeiner gesagt sollten die Energien, verglichen mit $k_B T$, so weit unterhalb des Chemischen Potentials μ liegen, daß die Fermifunktion innerhalb des Bandes nicht von Eins zu unterscheiden ist.

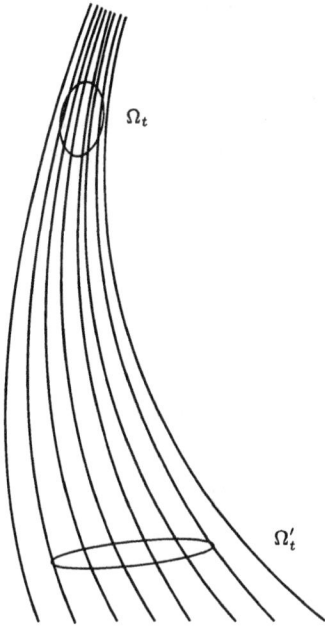

Bild 12.2: Semiklassische Trajektorien im rk-Raum. Der Bereich $\Omega_{t'}$ umfaßt zur Zeit t' genau jene Punkte, welche aus dem Bereich Ω_t zur Zeit t durch eine „semiklassische Bewegung" hierher gebracht wurden. Der Satz von Liouville besagt nun, daß die Volumina der beiden Bereiche Ω_t und $\Omega_{t'}$ übereinstimmen. (Dargestellt ist ein zweidimensionaler rk-Raum, der in der Papierebene liegt, für eine semiklassische Bewegung in einer Dimension.)

Aus den semiklassischen Gleichungen (12.6) folgt, daß ein gefülltes Band ein gefülltes Band bleibt, und dies auch unter dem Einfluß von räumlich und zeitlich veränderlichen elektrischen Feldern und Magnetfeldern. Dies ist eine direkte Folgerung aus dem semiklassischen Analogon des Satzes von Liouville, welcher folgendes besagt:[17]

Sei Ω_t ein beliebig gewähltes Gebiet des sechsdimensionalen Phasenraums. Wir betrachten den Punkt $\mathbf{r}'$, $\mathbf{k}'$, in welchen ein Punkt $\mathbf{r}$, $\mathbf{k}$ des Gebietes Ω_t durch die semiklassischen Bewegungsgleichungen in der Zeit zwischen t und t'[18] transformiert wird. Die Gesamtheit aller dieser Punkte bildet einen neuen Bereich $\Omega_{t'}$, dessen Volumen mit dem Volumen von Ω_t übereinstimmt (siehe Bild 12.2). Phasenvolumina sind demnach unter der Wirkung der semiklassischen Bewegungsgleichungen erhalten.

Daraus folgt unmittelbar, daß die Phasenraumdichte, die zur Zeit Null gleich $1/4\pi^3$ war, diesen Wert für alle späteren Zeiten behält. Um dies einzusehen, betrachten

---

[17] In Anhang H bringen wir einen Beweis dafür, daß man den Satz von Liouville auf eine semiklassische Bewegung anwenden kann. Vom quantenmechanischen Standpunkt aus betrachtet erscheint das stabile Verhalten gefüllter Bänder als eine einfache Folge des Pauliprinzips: Die „Phasenraumdichte" kann nicht größer werden, falls jedes Energieniveau die maximale, mit dem Pauliprinzip vereinbare Anzahl von Elektronen enthält. Sie kann auch nicht kleiner werden, sofern Interbandübergänge ausgeschlossen sind, da die Anzahl von Elektronen in einem Energieniveau nur dann verringert werden kann, wenn im Band unvollständig gefüllte Niveaus vorhanden sind, die das Elektron besetzen kann. Um die logische Konsistenz zu wahren, muß man dennoch zeigen, daß sich diese Schlußfolgerung auch als direkte Konsequenz aus den semiklassischen Bewegungsgleichungen ergibt, ohne dabei die zugrundeliegende Quantentheorie zu bemühen, welche eigentlich durch das semiklassische Modell ersetzt werden soll.

[18] Die Zeit t' muß nicht notwendig größer sein als die Zeit t: Die Bereiche, aus denen sich Ω_t entwickelte, haben das gleiche Volumen wie $\Omega_{t'}$, ebenso die Bereiche, in die sich Ω_t entwickeln wird.

wir einen beliebig gewählten Bereich Ω des Phasenraums zur Zeit t. Dieselben Elektronen, welche sich zur Zeit t im Bereich Ω befinden, waren zur Zeit Null in einem anderen Bereich Ω_0, wobei – nach dem Satz von Liouville – die Volumina dieser beiden Bereiche übereinstimmen. Da die Elektronenzahlen in beiden Bereichen ebenfalls gleich sind, herrscht in beiden Bereichen die gleiche Phasenraumdichte von Elektronen. Weil diese Dichte, unabhängig vom Bereich, zur Zeit Null den Wert $1/4\pi^3$ hatte, muß dies auch zur Zeit t der Fall sein, ebenfalls unabhängig vom Bereich des Phasenraums. Daraus folgt, daß eine semiklassische Bewegung zwischen zwei Stößen die Konfiguration eines gefüllten Bandes nicht verändern kann, auch nicht unter der Wirkung orts- und zeitabhängiger äußerer Felder.[19]

Ein Band mit der konstanten Phasenraumdichte $1/4\pi^3$ kann nicht zu einem elektrischen Strom oder zu einem Wärmestrom beitragen. Um dies verständlich zu machen, bemerken wir, daß ein infinitesimales Volumenelement $d\mathbf{k}$ um den Punkt $\mathbf{k}$ des Phasenraumes ein Anzahl von $d\mathbf{k}/4\pi^3$ Elektronen pro Einheitsvolumen – sämtlich mit der gleichen Geschwindigkeit $\mathbf{v}(\mathbf{k}) = (1/\hbar)(\partial\varepsilon(\mathbf{k})/\partial\mathbf{k})$ – zu einem Strom beiträgt. Summieren wir diese Beiträge über alle $\mathbf{k}$-Werte in der Brillouin-Zone, so erhalten wir den Gesamtbeitrag eines gefüllten Bandes zur elektrischen Stromdichte sowie zur Energiestromdichte zu

$$\mathbf{j} = (-e)\int\frac{d\mathbf{k}}{4\pi^3}\frac{1}{\hbar}\frac{\partial\varepsilon}{\partial\mathbf{k}},$$

$$\mathbf{j}_\varepsilon = \int\frac{d\mathbf{k}}{4\pi^3}\varepsilon(\mathbf{k})\frac{1}{\hbar}\frac{\partial\varepsilon}{\partial\mathbf{k}} = \frac{1}{2}\int\frac{d\mathbf{k}}{4\pi^3}\frac{1}{\hbar}\frac{\partial}{\partial\mathbf{k}}(\varepsilon(\mathbf{k}))^2. \tag{12.16}$$

Aufgrund des Satzes,[20] daß das Integral des Gradienten einer periodischen Funktion über eine beliebige primitive Zelle Null ist, sind beide Ausdrücke Null.

Bei der Berechnung der elektronischen Eigenschaften eines Festkörpers braucht man demnach nur die teilweise gefüllten Bänder zu berücksichtigen. So wird die Bedeutung dieses geheimnisvollen Parameters in der Theorie freier Elektronen, nämlich der Anzahl von Leitungselektronen, klar: *Leitung wird ausschließlich von den Elektronen in teilweise gefüllten Bändern getragen.* Der Grund dafür, daß Drudes Ansatz, jedem Atom eine Anzahl von Leitungselektronen entsprechend seiner Wertigkeit zuzuordnen, oft so erfolgreich ist, liegt darin, daß in vielen Fällen jene Bänder, die von den

---

[19] Auch Stöße können diese Stabilität gefüllter Bänder nicht stören – vorausgesetzt, wir halten an unserer grundlegenden Annahme fest (siehe Seite 7 in Kapitel 1 sowie Seite 309 in Kapitel 13), daß die Stöße – was immer sonst sie auch bewirken mögen – die Verteilung der Elektronen nicht verändern können, sobald sie ihre Form des thermodynamischen Gleichgewichts hat – denn eine Verteilungsfunktion mit dem konstanten Wert $1/4\pi^3$ ist exakt die Gleichgewichtsform bei der Temperatur Null, und dies für jedes Band, dessen Energien sämtlich unterhalb der Fermienergie liegen.

[20] Wir beweisen diesen Satz in Anhang I. Die periodischen Funktionen sind dann $\varepsilon(\mathbf{k})$ für $\mathbf{j}$ sowie $\varepsilon(\mathbf{k})^2$ für $\mathbf{j}_\varepsilon$.

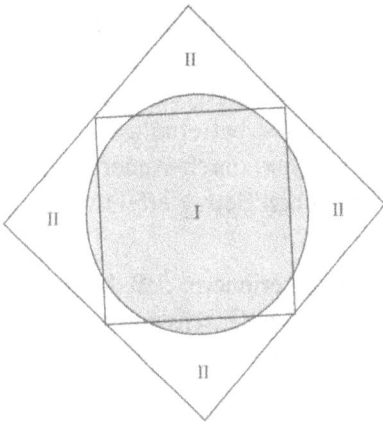

Bild 12.3: Zweidimensionale Veranschaulichung der Tatsache, daß ein aus zweiwertigen Atomen aufgebauter Festkörper ein elektrischer Leiter sein kann. Ein Kreis freier Elektronen, dessen Fläche gleich der Fläche der ersten Brillouin-Zone (I) ist, erstreckt sich auch in die zweite Zone (II), so daß zwei teilweise gefüllte Bänder entstehen. Unter dem Einfluß eines hinreichend starken periodischen Potentials können die „Taschen" mit Löchern der ersten Zone sowie mit Elektronen der zweiten Zone bis zum vollständigen Verschwinden schrumpfen. Ganz allgemein bewirkt ein schwaches periodisches Potential immer einen solchen Überlapp (außer in einer Dimension).

atomaren Valenzelektronen gebildet werden, die einzigen teilweise gefüllten Bänder sind.

Offensichtlich verhält sich ein Festkörper, dessen Bänder sämtlich entweder vollständig gefüllt oder vollständig leer sind, als elektrischer und – zumindest, was den Wärmetransport *durch Elektronen* betrifft – auch als thermischer Isolator. Da die Anzahl von Energieniveaus in jedem Band genau das Doppelte der Anzahl von primitiven Zellen des Kristalls beträgt, können *ausschließlich* Festkörper mit einer geraden Anzahl von Elektronen pro primitiver Zelle entweder nur leere oder nur vollständig gefüllte Bänder besitzen. Beachten Sie, daß der umgekehrte Schluß nicht richtig ist: Festkörper mit einer geraden Anzahl von Elektronen in der primitiven Zelle können elektrische Leiter sein – und sind es häufig auch – da der Überlapp der Bandenergien zu einem Grundzustand führen kann, in welchem einige Bänder nur teilweise gefüllt sind (siehe beispielsweise Bild 12.3). Wir haben somit eine notwendige, aber keinesfalls hinreichende Bedingung dafür abgeleitet, daß ein gegebener Stoff ein Isolator ist.

Als bestätigende Übung kann man das Periodensystem durchgehen und die Kristallstrukturen aller isolierenden, festen Elemente betrachten: Man findet dabei heraus, daß diese Elemente sämtlich entweder eine geradzahlige Wertigkeit aufweisen, oder aber (wie beispielsweise im Falle der Halogene) eine Kristallstruktur, die man als Gitter mit einer zweiatomigen Basis beschreiben kann. Damit bestätigt man diese sehr allgemein gültige Regel.

Semiklassische Bewegung in einem zeitunabhängigen, äußeren elektrischen Feld

In einem homogenen, statischen elektrischen Feld hat die semiklassische Bewegungsgleichung für $\mathbf{k}$ (12.6) die allgemeine Lösung

$$\mathbf{k}(t) = \mathbf{k}(0) - \frac{e\mathbf{E}t}{\hbar}. \tag{12.17}$$

Jedes Elektron ändert somit in der Zeit t seinen Wellenvektor um den gleichen Betrag. Dies ist konsistent mit unserer Beobachtung, daß äußere Felder im Rahmen des semiklassischen Modells ohne Wirkung auf ein vollständig gefülltes Band bleiben, da eine für *jedes* besetzte Niveau gleiche Änderung des Wellenvektors die Phasenraumdichte der Elektronen nicht verändert, sofern diese Dichte konstant ist – was für ein vollständig gefülltes Band zutrifft. Trotzdem wirkt es befremdlich auf ein klassisch-physikalisches Denken, daß es unmöglich sein sollte, durch Änderung der Wellenvektoren sämtlicher Elektronen um den jeweils gleichen Betrag effektiv einen elektrischen Strom zustandezubringen.

Um diesen Effekt verstehen zu können, muß man sich daran erinnern, daß der durch ein Elektron getragene elektrische Strom proportional zu dessen Geschwindigkeit ist, welche im semiklassischen Modell *nicht* proportional zu **k** ist. Die Geschwindigkeit eines Elektrons zur Zeit t erhält man zu

$$\mathbf{v}(\mathbf{k}(t)) = \mathbf{v}\left(\mathbf{k}(0) - \frac{e\mathbf{E}t}{\hbar}\right). \tag{12.18}$$

$\mathbf{v}(\mathbf{k})$ ist im reziproken Gitter periodisch, so daß die Geschwindigkeit (12.18) eine beschränkte Funktion der Zeit ist und – sofern das Feld **E** und ein Vektor des reziproken Gitters parallel sind – auch oszillatorisch! Dies steht im deutlichen Gegensatz zum Fall freier Elektronen, wo **v** proportional ist zu **k** und linear mit der Zeit wächst.

Bild 12.4 zeigt eine Darstellung der k-Abhängigkeit (also – bis auf einen Skalierungsfaktor – der Zeitabhängigkeit) der Geschwindigkeit, wobei sowohl $\varepsilon(k)$ als auch $v(k)$ für den eindimensionalen Fall aufgetragen sind. Die Geschwindigkeit in Abhängigkeit von k verläuft in der Umgebung des Bandminimums linear, erreicht ein Maximum nahe dem Zonenrand, fällt danach wieder ab und verschwindet schließlich auf dem Zonenrand. Im Bereich zwischen dem Maximum der Geschwindigkeit und dem Zonenrand wird die Geschwindigkeit offenbar mit zunehmendem k kleiner, so daß also die Beschleunigung des Elektrons der äußeren elektrischen Kraft entgegengesetzt gerichtet ist!

Dieses außergewöhnliche Verhalten ist eine Folge der zusätzlichen Kraft durch das periodische Potential, welches – obwohl es in das semiklassische Modell nicht mehr explizit eingeht – doch in der Form der Funktion $\varepsilon(\mathbf{k})$ verborgen liegt. Nähert sich ein Elektron einer Bragg-Ebene, so wird es durch das äußere elektrische Feld zu Niveaus hin verschoben, aus welchen seine Bragg-Reflexion zurück in die entgegengesetzte Richtung zunehmend wahrscheinlicher ist.[21]

Wäre es demnach einem Elektron möglich, im k-Raum zwischen aufeinanderfolgenden Stößen eine Strecke größer als die Abmessungen der Brillouin-Zone zurückzulegen, so könnte ein zeitunabhängiges elektrisches Feld einen Wechselstrom induzieren. Die Häufigkeit von Stößen schließt diese Möglichkeit jedoch sehr deutlich aus. Nimmt

---

[21] So sind beispielsweise im Rahmen der Näherung nahezu freier Elektronen die Niveaus ebener Wellen mit unterschiedlichen Wellenvektoren in der unmittelbaren Umgebung der Bragg-Ebenen am stärksten gemischt (siehe Kapitel 9).

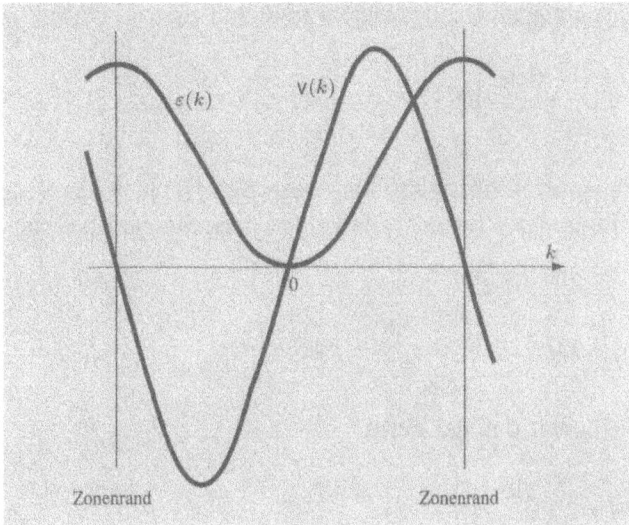

Bild 12.4: Darstellung von $\varepsilon(k)$ sowie $v(k)$ in Abhängigkeit von k (beziehungsweise von der Zeit, über (12.17)) in einer Dimension (oder auch im Dreidimensionalen, dann aber in einer Richtung parallel zu einem Vektor des reziproken Gitters, durch welchen eine der Oberflächen der ersten Brillouin-Zone bestimmt ist).

man realistische Werte für Feldstärke und Relaxationszeit an, so beträgt die Änderung des Wellenvektors zwischen zwei Stößen, zu berechnen nach (12.17), nur einen Bruchteil der Abmessungen der Brillouin-Zone.[22]

Obwohl also die hypothetischen Phänomene einer periodischen Bewegung in einem elektrischen Gleichfeld einer Beobachtung unzugänglich sind, so erkennt man doch im eigentümlichen Verhalten der „Löcher" Effekte, welche durch jene Elektronen verursacht werden, die dem Zonenrand nahe genug sind, um durch ein äußeres Feld verzögert zu werden.

Löcher

Einer der beeindruckendsten Erfolge des semiklassischen Modells besteht in der Erklärung jener Phänomene, welche die Theorie freier Elektronen nur durch die Annahme positiver Ladungsträger erklären kann. Einer der bemerkenswertesten Effekte ist in dieser Hinsicht das anomale Vorzeichen des Hall-Koeffizienten einiger Metalle (siehe Seite 74). Drei wesentliche Aspekte sind zu beachten, um verstehen zu können, wie die Elektronen eines Bandes zu elektrischen Strömen in einer Weise beitragen können, die eine Annahme positiver Ladungsträger nahelegt:

1.   Da die Elektronen innerhalb eines Volumenelements $d\mathbf{k}$ um $\mathbf{k}$ einen Beitrag $-e\mathbf{v}(\mathbf{k})d\mathbf{k}/4\pi^3$ zur Stromdichte liefern, so erhält man den gesamten Beitrag aller

---

[22] Für ein elektrisches Feld der Größenordnung 10^{-2} V/cm sowie eine Relaxationszeit der Größenordnung 10^{-14} s ist $eEt/\hbar$ von der Größenordnung 10^{-1} cm^{-1}. Die Abmessungen der Brillouin-Zone betragen dagegen $1/a \sim 10^8$ cm^{-1}.

Elektronen eines gegebenen Bandes zur Stromdichte zu

$$\mathbf{j} = (-e) \int_{\text{besetzt}} \frac{d\mathbf{k}}{4\pi^3} \mathbf{v}(\mathbf{k}), \tag{12.19}$$

wobei sich die Integration über sämtliche besetzten Niveaus des Bandes erstreckt.[23] Unter Berücksichtigung der Tatsache, daß ein vollständig gefülltes Band keinen Strom trägt,

$$0 = \int_{\text{Zone}} \frac{d\mathbf{k}}{4\pi^3} \mathbf{v}(\mathbf{k}) = \int_{\text{besetzt}} \frac{d\mathbf{k}}{4\pi^3} \mathbf{v}(\mathbf{k}) + \int_{\text{unbesetzt}} \frac{d\mathbf{k}}{4\pi^3} \mathbf{v}(\mathbf{k}), \tag{12.20}$$

können wir (12.19) ebenso in der Form

$$\mathbf{j} = (+e) \int_{\text{unbesetzt}} \frac{d\mathbf{k}}{4\pi^3} \mathbf{v}(\mathbf{k}) \tag{12.21}$$

schreiben. Somit *ist der durch Besetzen einer bestimmten Menge von Niveaus mit Elektronen erzeugte Strom exakt gleich dem Strom, den man erhielte, wenn (a) diese Niveaus unbesetzt wären und (b) sämtliche übrigen Niveaus des Bandes mit Teilchen der Ladung +e (dem Entgegengesetzten der Elektronenladung) besetzt wären.*

Obwohl daher Elektronen die einzigen Ladungsträger sind, können wir immer dann, wenn es uns zweckmäßig erscheint, einen Strom als vollständig von fiktiven, positiv geladenen Teilchen getragen betrachten, die all jene Niveaus eines Bandes besetzen, welche nicht mit Elektronen besetzt sind.[24] Diese fiktiven Teilchen bezeichnet man als *Löcher.*

Betrachtet man einen Strom als von positiv geladenen Löchern, nicht von negativ geladenen Elektronen getragen, so stellt man sich die Elektronen am besten als nicht vorhandene Löcher vor. In diesem Sinne faßt man dann Niveaus, die von Elektronen besetzt sind, als von Löchern unbesetzt auf. Wir müssen hier betonen, daß man die beiden Betrachtungsweisen innerhalb eines gegebenen Bandes nicht vermischen kann. Wählt man die Elektronen als Träger des Stromes, so tragen die unbesetzten Niveaus nicht zum Strom bei; wählt man dagegen die Löcher als Träger des Stromes, so geben die Elektronen keinen Beitrag zum Strom. Es ist jedoch sehr wohl möglich, einzelne Bänder im Elektronenbild, andere dagegen im Löcherbild zu betrachten – wie es jeweils am zweckmäßigsten erscheint.

---

[23] Dies müssen nicht notwendigerweise die Niveaus mit Energien kleiner als ε_F sein, da wir uns für Nichtgleichgewichts-Konfigurationen des Systems interessieren, welche durch die Wirkung der äußeren Felder erzeugt werden.

[24] Beachten Sie, daß aus dieser Aussage speziell folgt, daß ein vollständig gefülltes Band keinen Strom tragen kann, da es in einem gefüllten Band keine unbesetzten Niveaus und damit auch keine der fiktiven positiven Ladungsträger gibt.

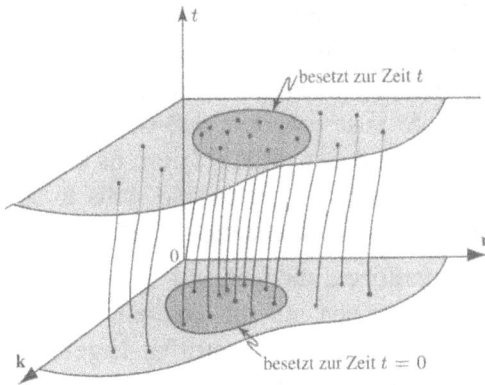

Bild 12.5: Schematische Darstellung der zeitlichen Entwicklung von Bahnkurven im semiklassischen Phasenraum (**r** und **k** sind hier jeweils in einer einzigen Koordinate zusammengefaßt). Die zur Zeit t besetzte Region des Phasenraums ist festgelegt durch die Bahnkurven, welche zur Zeit $t = 0$ im besetzten Bereich liegen.

Zur Vervollständigung unserer Theorie der Löcher müssen wir nun noch untersuchen, wie sich die Menge der unbesetzten Niveaus unter dem Einfluß äußerer Felder verhält.

2.   *Die unbesetzten Niveaus eines Bandes entwickeln sich zeitlich unter dem Einfluß äußerer Felder exakt so, als seien sie tatsächlich mit Elektronen der Ladung $-e$ besetzt.*

Dies ist deshalb der Fall, weil die semiklassischen Bewegungsgleichungen – sechs Gleichungen erster Ordnung in sechs Variablen – ausgehend von den zur Zeit $t = 0$ gegebenen Werten von **k** und **r** diese Größen für alle zukünftigen (und auch vergangenen) Zeiten eindeutig bestimmen – genauso, wie in der gewöhnlichen klassischen Mechanik die Vorgaben von Ort und Impuls eines Teilchens zu einem beliebig gewählten Zeitpunkt die gesamte Bahnkurve einer Bewegung unter dem Einfluß gegebener, äußerer Felder festlegen. Bild 12.5 zeigt eine schematische Darstellung der Bahnkurven, wie sie durch die semiklassischen Bewegungsgleichungen gegeben sind, als Linien in einem siebendimensionalen rkt-Raum. Da jeder beliebige, einzelne Punkt auf einer Bahnkurve bereits eindeutig die gesamte Kurve festlegt, können zwei verschiedene Bahnkurven keine Punkte gemeinsam haben. Wir können deshalb die Bahnen in besetzte oder unbesetzte unterscheiden, abhängig davon, ob sie zum Zeitpunkt $t = 0$ besetzte oder unbesetzte Punkte enthalten. Die zeitliche Entwicklung sowohl der besetzten als auch der unbesetzten Niveaus ist daher vollständig durch die jeweilige Gestalt der Bahnkurven bestimmt.

Diese Gestalt aber hängt ausschließlich von der Form der semiklassischen Gleichungen (12.6) ab, und nicht davon, ob ein Elektron nun tatsächlich einer bestimmten Bahnkurve folgt.

3.   Um zu wissen, wie sich Löcher in äußeren Feldern verhalten, genügt es also, zu untersuchen, wie Elektronen sich in den äußeren Feldern bewegen. Die Bewegung eines Elektrons ist durch die semiklassische Gleichung

$$\hbar\dot{\mathbf{k}} = (-e)\left(\mathbf{E} + \frac{1}{c}\mathbf{v} \times \mathbf{H}\right) \tag{12.22}$$

bestimmt. Ob die tatsächliche Bahnkurve des Elektrons Ähnlichkeit mit der Bahnkurve eines freien Teilchens mit negativer Ladung hat oder nicht, hängt davon ab, ob die Beschleunigung dv/dt parallel zu $\dot{\mathbf{k}}$ ist oder nicht. Sollten Beschleunigung und $\dot{\mathbf{k}}$ einander entgegengesetzt gerichtet sein, so würde man erwarten, daß das Elektron eher wie ein positiv geladenes freies Teilchen auf das äußere Feld reagiert. Es kommt oft vor, daß $d\mathbf{v}(\mathbf{k})/dt$ und $\dot{\mathbf{k}}$ einander entgegengesetzt gerichtet sind, falls $\mathbf{k}$ der Wellenvektor eines unbesetzten Niveaus ist, und dies aus folgendem Grund:

Im Gleichgewicht, beziehungsweise in Konfigurationen, die sich nur unwesentlich vom Gleichgewicht unterscheiden (was im allgemeinen auf die uns hier interessierenden Nichtgleichgewichtskonfigurationen der Elektronen zutrifft), liegen die unbesetzten Niveaus oft in der Nähe des Bandmaximums. Nimmt die Bandenergie $\varepsilon(\mathbf{k})$ ihr Maximum bei $\mathbf{k}_0$ an, so können wir – falls $\mathbf{k}$ hinreichend nahe bei $\mathbf{k}_0$ liegt – $\varepsilon(\mathbf{k})$ um den Punkt $\mathbf{k}_0$ entwickeln. Der in $\mathbf{k} - \mathbf{k}_0$ lineare Term verschwindet in einem Maximum, und wenn wir hier zunächst annehmen, daß $\mathbf{k}_0$ einen Punkt hinreichend hoher (beispielsweise kubischer Symmetrie) repräsentiert, so ist der quadratische Term proportional zu $(\mathbf{k} - \mathbf{k}_0)^2$. Daher folgt

$$\varepsilon(\mathbf{k}) \approx \varepsilon(\mathbf{k}_0) - A(\mathbf{k} - \mathbf{k}_0)^2 \qquad (12.23)$$

mit A positiv, da ε in $\mathbf{k}_0$ maximal ist. Üblicherweise definiert man eine positive Größe m^* mit der Dimension einer Masse durch

$$\frac{\hbar^2}{2m^*} = A. \qquad (12.24)$$

Für Niveaus, deren Wellenvektoren nahe bei $\mathbf{k}_0$ liegen, gilt

$$\mathbf{v}(\mathbf{k}) = \frac{1}{\hbar}\frac{\partial \varepsilon}{\partial \mathbf{k}} \approx -\frac{\hbar(\mathbf{k} - \mathbf{k}_0)}{m^*} \qquad (12.25)$$

und folglich

$$\mathbf{a} = \frac{d}{dt}\mathbf{v}(\mathbf{k}) = -\frac{\hbar}{m^*}\dot{\mathbf{k}}, \qquad (12.26)$$

so daß also die Beschleunigung zu $\dot{\mathbf{k}}$ entgegengesetzt gerichtet ist.

Setzen wir die Beziehung (12.26) zwischen Beschleunigung $\mathbf{a}$ und Wellenvektor $\mathbf{k}$ in die Bewegungsgleichung (12.22) ein, so erkennen wir, daß das negativ geladene Elektron – solange seine Bahnkurve sich auf Niveaus beschränkt, die hinreichend nahe beim Bandmaximum liegen, um die Genauigkeit der Entwicklung (12.23) zu gewährleisten – auf äußere Felder so reagiert, als hätte es die negative Masse $-m^*$. Indem wir einfach die Vorzeichen auf beiden Seiten tauschen, können wir ebensogut

– und intuitiv viel besser verständlich – (12.22) als Bewegungsgleichung eines positiv geladenen Teilchens mit der positiven Masse m^* betrachten.

Da das Verhalten eines Loches als Reaktion auf die äußeren Felder nicht zu unterscheiden ist vom Verhalten, welches ein Elektron zeigen würde, befände es sich in einem unbesetzten Niveau (vgl. Punkt 2), so haben wir damit gezeigt, daß sich Löcher in jeder Beziehung wie gewöhnliche, positiv geladene Teilchen verhalten.

Die Forderung, daß die unbesetzten Niveaus hinreichend nahe bei einem Bandmaximum hoher Symmetrie liegen sollen, kann noch wesentlich abgeschwächt werden.[25] Wir können ein für positiv oder für negativ geladene Teilchen charakteristisches, dynamisches Verhalten erwarten, abhängig davon, ob der Winkel zwischen $\dot{\mathbf{k}}$ und der Beschleunigung größer oder kleiner ist als 90°, d.h. $\dot{\mathbf{k}} \cdot \mathbf{a}$ entweder negativ oder positiv ist. Da

$$
\dot{\mathbf{k}} \cdot \mathbf{a} = \dot{\mathbf{k}} \cdot \frac{d}{dt} \mathbf{v} = \dot{\mathbf{k}} \cdot \frac{d}{dt} \frac{1}{\hbar} \frac{\partial \varepsilon}{\partial \mathbf{k}} = \frac{1}{\hbar} \sum_{ij} \dot{k}_i \frac{\partial^2 \varepsilon}{\partial k_i \partial k_j} \dot{k}_j, \tag{12.27}
$$

so stellt

$$
\sum_{ij} \Delta_i \frac{\partial^2 \varepsilon(\mathbf{k})}{\partial k_i \partial k_j} \Delta_j < 0 \quad \text{(mit einem beliebigen Vektor } \boldsymbol{\Delta}) \tag{12.28}
$$

eine hinreichende Bedingung dafür dar, daß $\dot{\mathbf{k}} \cdot \mathbf{a}$ negativ ist. Nimmt $\varepsilon(\mathbf{k})$ bei $\mathbf{k}$ ein lokales Maximum an, so muß (12.28) erfüllt sein: Wäre für einen beliebigen Vektor $\boldsymbol{\Delta}_0$ die umgekehrte Ungleichung richtig, so würde $\varepsilon(\mathbf{k})$ bei einer Bewegung des Punktes $\mathbf{k}$ vom „Maximum" auf $\boldsymbol{\Delta}_0$ hin größer werden. Da $\varepsilon(\mathbf{k})$ stetig ist, muß (12.28) in einer Umgebung des Maximums erfüllt sein, und wir können deshalb erwarten, daß ein Elektron auf die äußeren Felder wie eine postitive Ladung reagiert, vorausgesetzt, sein Wellenvektor bleibt innerhalb dieser Umgebung.

Die Größe m^*, welche die Dynamik von Löchern in der Nähe von Bandmaxima hoher Symmetrie bestimmt, bezeichnet man als „effektive Lochmasse". Allgemeiner definiert man den Tensor der effektiven Masse als

$$
[\mathbf{M}^{-1}(\mathbf{k})]_{ij} = \pm \frac{1}{\hbar^2} \frac{\partial^2 \varepsilon(\mathbf{k})}{\partial k_i \partial k_j} = \pm \frac{1}{\hbar} \frac{\partial v_i}{\partial k_j}, \tag{12.29}
$$

wobei entweder das Minuszeichen oder das Pluszeichen gilt, abhängig davon, ob $\mathbf{k}$ in der Nähe eines Bandmaximums liegt (Löcher) oder in der Nähe eines Minimums

---

[25] Wird die Gestalt der unbesetzten Region des k-Raumes zu komplex, so ist die Betrachtungsweise der Löcher nur noch von begrenztem Nutzen.

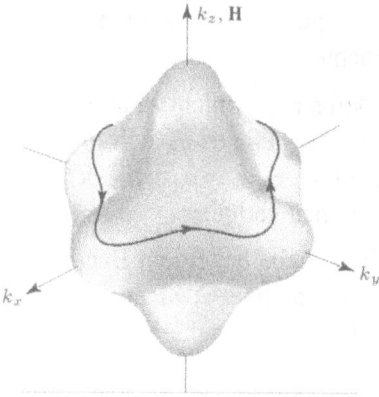

Bild 12.6: Schnittlinie einer Fläche konstanter Energie mit einer zur Richtung des Magnetfeldes senkrechten Ebene. Der Pfeil gibt die Richtung der Bewegung entlang der Bahnkurve an, wenn die von der Energiefläche eingeschlossenen Niveaus energetisch niedriger liegen als die Niveaus außerhalb der Fläche.

(Elektronen). Da für die Beschleunigung

$$\mathbf{a} = \frac{d\mathbf{v}}{dt} = \pm\, \mathbf{M}^{-1}(\mathbf{k})\hbar\dot{\mathbf{k}} \tag{12.30}$$

gilt, so nimmt die Bewegungsgleichung (12.22) die Form

$$\mathbf{M}(\mathbf{k})\mathbf{a} = \mp\, e(\mathbf{E} + \frac{1}{c}\mathbf{v}(\mathbf{k}) \times \mathbf{H}) \tag{12.31}$$

an. Der Massentensor spielt eine wichtige Rolle in Untersuchungen der Dynamik von Löchern in der Nähe anisotroper Maxima beziehungsweise von Elektronen in der Umgebung anisotroper Minima. Ist die Löchertasche (beziehungsweise die Elektronentasche) klein genug, so kann man den Massentensor durch seinen Wert im Maximum (beziehungsweise im Minimum) ersetzen, und erhält so eine lineare Gleichung, die nur geringfügig komplizierter ist als jene für freie Teilchen. Gleichungen dieser Art beschreiben die Dynamik von Elektronen und Löchern in Halbleitern recht genau (siehe Kapitel 28).

Semiklassische Bewegung in einem homogenen Magnetfeld

Eine große Menge wesentlicher Einsichten in die elektronischen Eigenschaften von Metallen und Halbleitern kann man aus Messungen ihres Verhaltens in einem homogenen Magnetfeld mittels einer Vielzahl von Untersuchungsmethoden gewinnen. In einem solchen Feld sind die semiklassischen Bewegungsgleichungen von der Form

$$\dot{\mathbf{r}} = \mathbf{v}(\mathbf{k}) = \frac{1}{\hbar}\frac{\partial\varepsilon(\mathbf{k})}{\partial\mathbf{k}}, \tag{12.32}$$

$$\hbar\dot{\mathbf{k}} = (-e)\frac{1}{c}\mathbf{v}(\mathbf{k}) \times \mathbf{H}. \tag{12.33}$$

Aus diesen Gleichungen folgt unmittelbar, daß sowohl die Komponente des Wellenvektors $\mathbf{k}$ in Richtung des Magnetfelds, als auch die elektronische Energie $\varepsilon(\mathbf{k})$

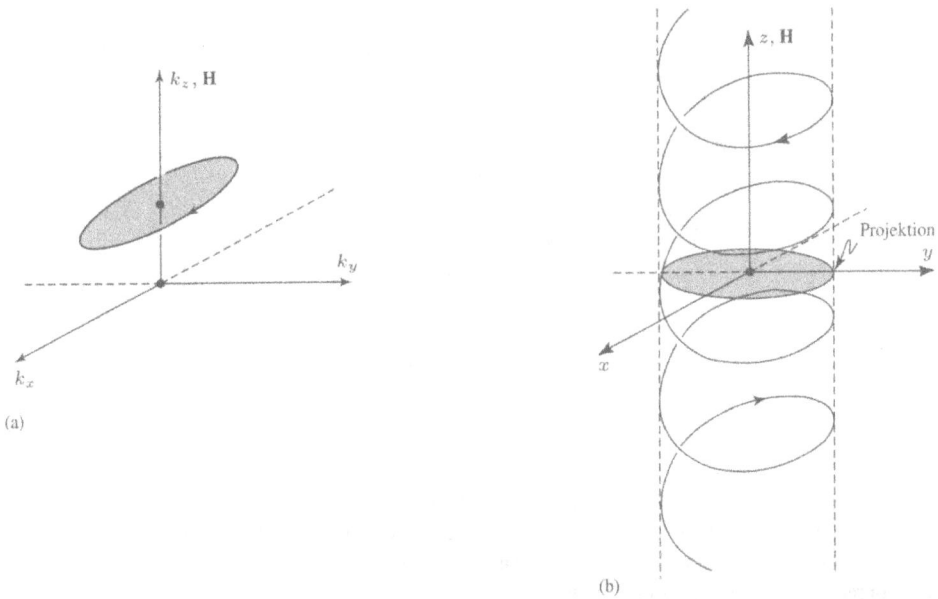

Bild 12.7: Man erhält die Projektion der Bahnkurve im Ortsraum (b) auf eine zur Feldrichtung senkrechte Ebene, indem man die Bahnkurve im k-Raum (a) um $90°$ mit der Richtung von H als Drehachse dreht und mit dem Faktor $\hbar c/eH$ skaliert.

Konstanten der Bewegung sind. Diese beiden Erhaltungssätze bestimmen vollständig die Bahnkurven der Elektronen im k-Raum: Die Elektronen bewegen sich entlang der Schnittkurven von Flächen konstanter Energie mit Ebenen senkrecht zur Richtung des Magnetfeldes (siehe Bild 12.6).

Der Durchlaufsinn für eine Bahnkurve folgt aus der Beobachtung, daß die zum k-Gradienten von ε proportionale Geschwindigkeit $\mathbf{v}(\mathbf{k})$ im k-Raum von niedrigeren zu höheren Energien zeigt. In Verbindung mit (12.33) ergibt sich daraus folgendes Bild: Bewegt man sich im k-Raum aufrecht entlang einer Bahnkurve in Richtung der Bewegung eines Elektrons, und zeigt das Magnetfeld nach oben, so liegt die hochenergetische Seite der Bahnkurve rechts. So werden insbesondere geschlossene Bahnkurven im k-Raum, die Niveaus umschließen, deren Energien höher sind als die Energien der Niveaus auf der Kurve (sogenannte Lochbahnen), im entgegengesetzten Sinne durchlaufen wie geschlossene Bahnen, welche Niveaus mit niedrigeren Energien einschließen. Diese Aussage ist konsistent mit der Schlußfolgerung unserer Diskussion der Löcher, wenn auch geringfügig allgemeiner.

Man berechnet die Projektion $\mathbf{r}_\perp = \mathbf{r} - \hat{\mathbf{H}}(\hat{\mathbf{H}} \cdot \mathbf{r})$ der Bahnkurve im Ortsraum auf eine zur Feldrichtung senkrechte Ebene, indem man auf beiden Seiten der Gleichung (12.33) das Vektorprodukt mit einem zur Feldrichtung parallelen Einheitsvektor bildet. Man erhält so

$$\hat{\mathbf{H}} \times \hbar\dot{\mathbf{k}} = -\frac{eH}{c}(\dot{\mathbf{r}} - \hat{\mathbf{H}}(\hat{\mathbf{H}} \cdot \dot{\mathbf{r}})) = -\frac{eH}{c}\dot{\mathbf{r}}_\perp, \tag{12.34}$$

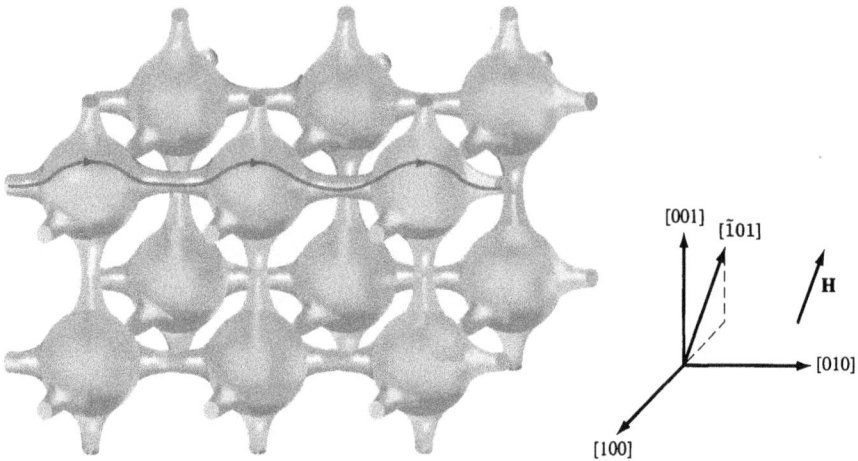

Bild 12.8: Darstellung einer Fläche konstanter Energie mit einfach-kubischer Symmetrie im periodischen Zonenschema. Auf dieser Fläche sind in geeignet orientierten Magnetfeldern offene Bahnen möglich. Eine solche offene Bahn ist für ein Magnetfeld parallel zu [$\bar{1}$01] dargestellt. Weitere Beispiele für offene Bahnen in realen Metallen findet man in den Bildern 15.7 und 15.8.

und integriert

$$\mathbf{r}_\perp(t) - \mathbf{r}_\perp(0) = -\frac{\hbar c}{eH}\hat{\mathbf{H}} \times (\mathbf{k}(t) - \mathbf{k}(0)). \tag{12.35}$$

Da das Vektorprodukt eines Einheitsvektors mit einem dazu senkrechten Vektor identisch ist mit dem um 90° um die Richtung des Einheitsvektors gedrehten Vektor selbst, so schließen wir, daß man die Projektion der Bahnkurve im Ortsraum auf eine Ebene senkrecht zur Feldrichtung einfach dadurch erhält, daß man die Bahnkurve im k-Raum um 90° mit der Feldrichtung als Drehachse dreht und mit dem Faktor $\hbar c/eH$ skaliert (siehe Bild 12.7).[26]

Beachten Sie, daß die Flächen konstanter Energie im Falle freier Elektronen ($\varepsilon = \hbar k^2/2m$) Kugelflächen sind und deren Schnittlinien mit Ebenen Kreise. Bei einer Drehung um 90° bleibt der Kreis ein Kreis, so daß wir das vertraute Ergebnis erhalten, daß die Projektion der Bewegung eines freien Elektrons auf eine zur Feldrichtung senkrechte Ebene ein Kreis ist. In der semiklassischen Verallgemeinerung müssen die Bahnkurven der Elektronen keine Kreise sein, in vielen Fällen sind es nicht einmal geschlossene Kurven (siehe Bild 12.8).

---

[26] Die Komponente der Bahn im Ortsraum parallel zum Feld ist schwieriger zu beschreiben. Nehmen wir an, das Feld sei parallel zur z-Achse gerichtet, so gilt

$$z(t) = z(0) + \int_0^t v_z(t)\,dt, \quad \mathbf{v}_z = \frac{1}{\hbar}\frac{\partial \varepsilon}{\partial k_z}.$$

Im Gegensatz zum Fall freier Elektronen braucht v_z nicht konstant zu sein, obwohl dies für k_z zutrifft. Deshalb ist die Bewegung des Elektrons in Richtung des Feldes nicht notwendig gleichförmig.

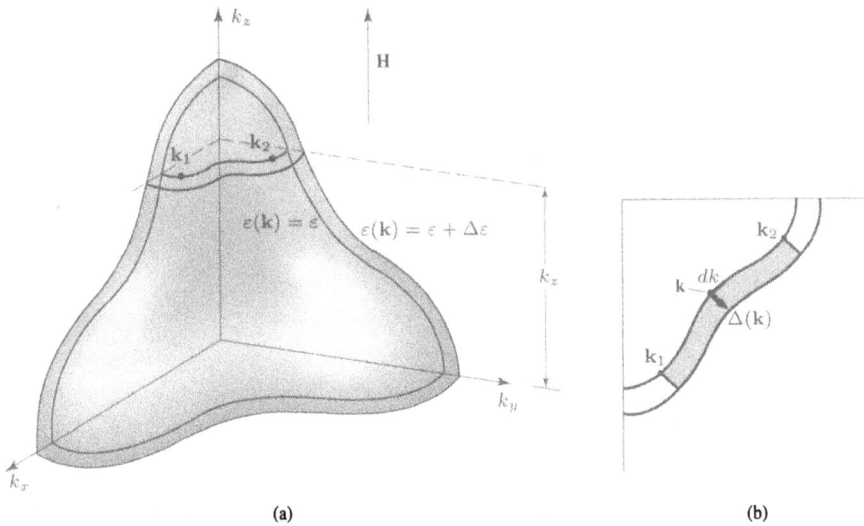

Bild 12.9: Geometrie der Dynamik auf Bahnkurven. Das Magnetfeld **H** ist parallel zur z-Achse gerichtet. (a) Teile zweier Bahnkurven mit gleichem $k_{z'}$, die auf den Flächen konstanter Energie $\varepsilon(\mathbf{k}) = \varepsilon$ und $\varepsilon(\mathbf{k}) = \varepsilon + \Delta\varepsilon$ liegen. Die „Flugzeit" zwischen $\mathbf{k}_1$ und $\mathbf{k}_2$ ist durch (12.41) gegeben. (b) Ein Ausschnitt aus (a) in einer Ebene senkrecht zu **H**, die beide Bahnkurven enthält. Das Linienelement dk sowie der Vektor $\Delta(\mathbf{k})$ sind eingezeichnet. Der Inhalt der schattiert gezeichneten Fläche ist gegeben durch $(\partial A_{1,2}/\partial\varepsilon)\Delta\varepsilon$.

Wir können die zeitliche Rate, mit der eine Bahnkurve durchlaufen wird, durch gewisse geometrische Charakteristika der Bandstruktur ausdrücken. Betrachten wir hierzu eine Bahnkurve mit der Energie ε in einer gegebenen Ebene senkrecht zur Feldrichtung (Bild 12.9a). Die zum Durchlaufen des Teils der Bahnkurve zwischen $\mathbf{k}_1$ und $\mathbf{k}_2$ benötigte Zeit ist gegeben durch

$$t_2 - t_1 = \int_{t_1}^{t_2} dt = \int_{\mathbf{k}_1}^{\mathbf{k}_2} \frac{dk}{|\dot{\mathbf{k}}|}. \tag{12.36}$$

Eliminiert man $\dot{\mathbf{k}}$ mittels der Gleichungen (12.32) und (12.33), so erhält man

$$t_2 - t_1 = \frac{\hbar^2 c}{eH} \int_{\mathbf{k}_1}^{\mathbf{k}_2} \frac{dk}{|(\partial\varepsilon/\partial\mathbf{k})_\perp|}, \tag{12.37}$$

wobei $(\partial\varepsilon/\partial\mathbf{k})_\perp$ die Komponente von $\partial\varepsilon/\partial\mathbf{k}$ senkrecht zur Feldrichtung bezeichnet, also die Projektion von $\partial\varepsilon/\partial\mathbf{k}$ auf die Bahnebene.

Man kann die Größe $|(\partial\varepsilon/\partial\mathbf{k})_\perp|$ folgendermaßen geometrisch interpretieren: Sei $\Delta(\mathbf{k})$ ein in der Bahnebene liegender Vektor, der im Punkt $\mathbf{k}$ senkrecht zur Bahn steht und den Punkt $\mathbf{k}$ mit dem Punkt einer benachbarten Bahnkurve in einer Ebene mit der Energie $\varepsilon + \Delta\varepsilon$ verbindet (Bild 12.9b). Ist $\Delta\varepsilon$ sehr klein, so können wir schreiben

$$\Delta\varepsilon = \frac{\partial\varepsilon}{\partial\mathbf{k}}\cdot\Delta(\mathbf{k}) = \left(\frac{\partial\varepsilon}{\partial\mathbf{k}}\right)_{\perp}\cdot\Delta(\mathbf{k}). \tag{12.38}$$

Da $\partial\varepsilon/\partial\mathbf{k}$ auf Flächen konstanter Energie senkrecht steht, ist der Vektor $(\partial\varepsilon/\partial\mathbf{k})_{\perp}$ senkrecht zur Bahn und folglich parallel zu $\Delta(\mathbf{k})$. Wir können deshalb (12.38) durch

$$\Delta\varepsilon = \left|\left(\frac{\partial\varepsilon}{\partial\mathbf{k}}\right)_{\perp}\right|\Delta(\mathbf{k}) \tag{12.39}$$

ersetzen und (12.37) umschreiben zu

$$t_2 - t_1 = \frac{\hbar^2 c}{eH}\frac{1}{\Delta\varepsilon}\int_{\mathbf{k}_1}^{\mathbf{k}_2}\Delta(\mathbf{k})\,dk. \tag{12.40}$$

Der Beträg des Integrals in (12.40) gibt die Fläche zwischen den beiden benachbarten Bahnkurven und den Punkten $\mathbf{k}_1$ und $\mathbf{k}_2$ an (Bild 12.9). Bilden wir demnach den Grenzwert von (12.40) für $\Delta\varepsilon \to 0$, so erhalten wir

$$t_2 - t_1 = \frac{\hbar^2 c}{eH}\frac{\partial A_{1,2}}{\partial\varepsilon}, \tag{12.41}$$

wobei $\partial A_{1,2}/\partial\varepsilon$ die Geschwindigkeit ist, mit welcher der zwischen $\mathbf{k}_1$ und $\mathbf{k}_2$ liegende Abschnitt der Bahnkurve in der gegebenen Ebene Fläche überstreicht, wenn ε größer wird.

Man begegnet dem Ergebnis (12.41) am häufigsten dann, wenn die Bahn eine einfach geschlossenen Kurve ist und $\mathbf{k}_1$ und $\mathbf{k}_2$ derart gewählt sind, daß dazwischen ein einzelner, geschlossenen Abschnitt der Bahnkurve liegt ($\mathbf{k}_1 = \mathbf{k}_2$). Die Zeit $t_2 - t_1$ ist dann die Periode T der Bahnkurve. Bezeichnet A die von der Bahnkurve in ihrer Ebene eingeschlossene Fläche im k-Raum, so liefert (12.41)[27]

$$T(\varepsilon, k_z) = \frac{\hbar^2 c}{eH}\frac{\partial}{\partial\varepsilon}A(\varepsilon, k_z). \tag{12.42}$$

Um eine formale Ähnlichkeit mit dem Ergebnis

$$T = \frac{2\pi}{\omega_c} = \frac{2\pi mc}{eH} \tag{12.43}$$

für freie Elektronen[28] herzustellen, ist es üblich, eine sogenannte Zyklotronmasse

---

[27] Die Größen A und T hängen von der Energie der Bahn und von deren Ebene ab, welche durch die Richtung von k_z gegeben ist, wenn man die z-Achse parallel zum Feld wählt.

[28] Siehe Seite 17 sowie (1.18). Wir leiten (12.43) in Aufgabe 1 aus der allgemeinen Form (12.42) ab.

$m^*(\varepsilon, k_z)$ durch

$$m^*(\varepsilon, k_z) = \frac{\hbar^2}{2\pi} \frac{\partial A(\varepsilon, k_z)}{\partial \varepsilon} \tag{12.44}$$

zu definieren. Wir möchten betonen, daß diese effektive Masse nicht notwendig gleich anderen effektiven Massen ist, die man zweckmäßigerweise in anderen Zusammenhängen definiert, so beispielsweise die effektive Masse der Wärmekapazität (siehe Aufgabe 2).

Semiklassische Bewegung in aufeinander senkrecht stehenden, homogenen elektrischen und magnetischen Feldern

Ist dem statischen Magnetfeld **H** ein homogenes elektrisches Feld **E** überlagert, so kommt in (12.35) für die Projektion der Bahnkurve im Ortsraum auf eine Ebene senkrecht zu **H** ein Term

$$\mathbf{r}_\perp(t) - \mathbf{r}_\perp(0) = -\frac{\hbar c}{eH} \hat{\mathbf{H}} \times [\mathbf{k}(t) - \mathbf{k}(0)] + \mathbf{w}t \tag{12.45}$$

hinzu, mit

$$\mathbf{w} = c\frac{E}{H}(\hat{\mathbf{E}} \times \hat{\mathbf{H}}). \tag{12.46}$$

Somit ist die Bewegung im Ortsraum in einer Ebene senkrecht zu **H** eine Überlagerung (a) der Bahnkurve im k-Raum, gedreht und skaliert, als sei nur das Magnetfeld vorhanden, und (b) einer homogenen Driftbewegung mit der Geschwindigkeit **w**.[29]

Zur Bestimmung der Bahnkurve im k-Raum stellen wir fest, daß man für aufeinander senkrecht stehende Felder **E** und **H** die Bewegungsgleichung (12.6b) in der Form

$$\hbar\dot{\mathbf{k}} = -\frac{e}{c} \frac{1}{\hbar} \frac{\partial\bar{\varepsilon}}{\partial\mathbf{k}} \times \mathbf{H} \tag{12.47}$$

schreiben kann, mit[30]

$$\bar{\varepsilon}(\mathbf{k}) = \varepsilon(\mathbf{k}) - \hbar\mathbf{k} \cdot \mathbf{w}. \tag{12.48}$$

Gleichung (12.47) beschreibt die Bewegung eines Elektrons, wenn nur das Magnetfeld **H** vorhanden und die Bandstruktur durch $\bar{\varepsilon}(\mathbf{k})$, nicht durch $\varepsilon(\mathbf{k})$ gegeben ist (vgl. (12.33)). Aus der Diskussion dieses Falles schließen wir daher, daß die Bahnkurven

---

[29] Mit der elektromagnetischen Theorie vertraute Leser erkennen in **w** die Geschwindigkeit des Bezugssystems, in welchem das elektrische Feld verschwindet.
[30] Für ein freies Elektron ist $\bar{\varepsilon}$ einfach – bis auf eine von k unabhängige, additive Konstante – die Energie des Elektrons in einem Bezugssystem, welches sich mit der Geschwindigkeit **w** bewegt.

im k-Raum gegeben sind durch die Schnittlinien von Flächen konstanter Energie $\bar{\varepsilon}$ und Ebenen senkrecht zur Magnetfeldrichtung. Damit haben wir eine explizite geometrische Konstruktionsvorschrift für semiklassische Bahnen in gekreuzten elektrischen und magnetischen Feldern gefunden.

Hochfeld-Halleffekt und Magnetwiderstand[31]

Wir verfolgen unsere Diskussion der Bewegung in gekreuzten elektrischen und magnetischen Feldern für die Fälle weiter, daß (a) das Magnetfeld sehr stark ist (typischerweise 10^4 G und mehr. Eine entsprechende physikalische Situation kann sich für bestimmte Bandstrukturen ergeben; wir werden sie weiter unten beschreiben.) sowie (b) $\bar{\varepsilon}(\mathbf{k})$ sich nur geringfügig von $\varepsilon(\mathbf{k})$ unterscheidet. Die Bedingung (b) kann praktisch mit Sicherheit dann als gegeben angenommen werden, wenn (a) erfüllt ist, da ein typischer Wellenvektor $\mathbf{k}$ höchstens von der Größenordnung $1/a_0$ ist. Folglich gilt

$$\hbar\mathbf{k}\cdot\mathbf{w} < \frac{\hbar}{a_0}\, c\, \frac{E}{H} = \left(\frac{e^2}{a_0}\right)\left(\frac{eEa_0}{\hbar\omega_c}\right). \tag{12.49}$$

Da eEa_0 höchstens[32] von der Größenordnung 10^{-10} eV, und $\hbar\omega_c$ – in einem Feld von 10^4 G – von der Größenordnung 10^{-4} eV ist, hat $\hbar\mathbf{k}\cdot\mathbf{w}$ die Größenordnung 10^{-6} Ry. Da weiterhin $\varepsilon(\mathbf{k})$ typischerweise einen nicht geringen Bruchteil eines Rydberg beträgt, ist $\bar{\varepsilon}(\mathbf{k})$ (12.48) tatsächlich nahezu gleich $\varepsilon(\mathbf{k})$.

Das Grenzverhalten des Stromes, der durch ein elektrisches Feld in starken Magnetfeldern erzeugt wird, hängt recht stark davon ab, ob (a) sämtliche besetzten (beziehungsweise sämtliche unbesetzten) elektronischen Niveaus auf geschlossenen Bahnkurven liegen, oder ob (b) einige der besetzten und unbesetzten Niveaus auf Bahnkurven liegen, die nicht in sich geschlossen, sondern offen im k-Raum sind. Insofern $\bar{\varepsilon}(\mathbf{k})$ sehr nahe bei $\varepsilon(\mathbf{k})$ liegt, werden wir davon ausgehen, daß dann, wenn eines der obigen Kriterien durch Bahnkurven auf $\bar{\varepsilon}$ erfüllt wird, dasselbe auch für die Bahnkurven auf ε gilt.

1. Fall Sind sämtliche besetzten (beziehungsweise sämtliche unbesetzten) Bahnen geschlossen, so soll die Hochfeld-Bedingung bedeuten, daß diese Bahnkurven viele Male zwischen aufeinanderfolgenden Stößen durchlaufen werden können. Für freie Elektronen wird diese Situation durch die Bedingung $\omega_c\tau \gg 1$ beschrieben, und wir werden diese Bedingung im allgemeinen Fall als Abschätzung der Mindestfeldstärke verwenden. Die Bedingung ist nur für sehr starke Felder (10^4 G oder mehr) in sehr reinen Einkristallen bei sehr niedrigen Temperaturen zu erfüllen, da man nur so die

---

[31] Bei der Anwendung unserer vorangegangenen Analyse der Bewegung in gekreuzten **E**- und **H**-Feldern auf die Theorie des Hall-Effekts und des Magnetwiderstands werden wir uns auf Geometrien beschränken, welche in Bezug auf die Kristallachsen hinreichend symmetrisch gewählt sind, so daß sowohl das Hall-Feld, als auch die äußeren elektrischen Felder senkrecht zum Magnetfeld sind. Mit den verfeinerten Methoden des Kapitels 13 kommt man im allgemeinen Fall jedoch zu ähnlichen Schlüssen.

[32] Siehe den auf Gleichung (12.9) folgenden Abschnitt.

erforderlichen langen Relaxationszeiten erreicht. Mit etwas Glück kann man auf diese Weise Werte von $\omega_c\tau$ bis zu 100 oder mehr realisieren.

Nehmen wir also an, daß die Periode T klein sei im Vergleich zur Relaxationszeit τ, und dies für jede Bahnkurve, die besetzte Niveaus enthält.[33] Um die Stromdichte zur Zeit $t = 0$ zu berechnen, stellen wir zunächst fest,[34] daß die Beziehung $\mathbf{j} = -ne\mathbf{v}$ gilt, wobei $\mathbf{v}$ die mittlere Geschwindigkeit bezeichnet, die ein Elektron seit seinem letzten Stoß gewonnen hat, gemittelt über sämtliche besetzten Niveaus. Da τ die mittlere, seit dem letzten Stoß verstrichene Zeit ist, so schließen wir aus (12.45), daß die Komponente der Geschwindigkeit $\mathbf{v}$ senkrecht zur Richtung des Magnetfeldes für ein herausgegriffenes Elektron gegeben ist durch

$$\frac{\mathbf{r}_\perp(0) - \mathbf{r}_\perp(-\tau)}{\tau} = -\frac{\hbar c}{eH}\hat{\mathbf{H}} \times \frac{\mathbf{k}(0) - \mathbf{k}(-\tau)}{\tau} + \mathbf{w}. \tag{12.50}$$

Da alle besetzten Bahnkurven geschlossen sind, ist $\Delta\mathbf{k} = \mathbf{k}(0) - \mathbf{k}(-\tau)$ als Funktion der Zeit beschränkt, so daß die Driftgeschwindigkeit $\mathbf{w}$ für hinreichend große Werte von τ den dominierenden Beitrag in (12.50) darstellt und man als Grenzfall erhält[35]

$$\lim_{\tau/T \to \infty} \mathbf{j}_\perp = -ne\mathbf{w} = -\frac{nec}{H}(\mathbf{E} \times \hat{\mathbf{H}}). \tag{12.51}$$

---

[33] Um konkret zu sein, nehmen wir an, daß die *besetzten* Niveaus sämtlich auf geschlossenen Bahnen liegen. Ist dies für die *unbesetzten* Niveaus der Fall, so können wir uns auf die Diskussion der Löcher berufen, um praktisch dieselbe Argumentation zu rechtfertigen – mit der Ausnahme, daß die Stromdichte nun gegeben ist durch $\mathbf{j} = +n_h e\mathbf{v}$, mit n_h als der Löcherkonzentration und $\mathbf{v}$ als der mittleren Geschwindigkeit, die ein Elektron in der Zeit τ erreicht, gemittelt über alle unbesetzten Niveaus.

[34] Siehe (1.4). Die folgende Diskussion ist im Geiste sehr ähnlich der Drudeschen Ableitung der Gleichstromleitfähigkeit in Kapitel 1. Wir werden den Strom berechnen, der von einem einzelnen Band getragen wird, da sich die Beiträge weiterer Bänder einfach addieren.

[35] Indem wir den Hochfeld-Grenzfall in dieser Form schreiben, interpretieren wir ihn als Grenzfall für großes τ bei festem H – und nicht für hohes H bei festem τ. Zu zeigen, daß man im letzteren Fall denselben führenden Term erhält und den Wert von $\omega_c\tau$ abzuschätzen, ab welchem dieser Term führend wird, erfordert eine tiefergehende Analyse. Wir bemerken zunächst, daß für verschwindendes elektrisches Feld der effektive Beitrag des zu $\Delta\mathbf{k}$ proportionalen Termes in (12.50) zum mittleren Strom verschwinden würde, mittelte man über besetzte Bahnen (da sowohl $\mathbf{j}$ als auch $\mathbf{w}$ Null sein müssen, wenn $\mathbf{E} = 0$). Ist dagegen $\mathbf{E} \neq 0$, so verschwindet der Mittelwert von $\Delta\mathbf{k}$ über die Bahnkurven nicht mehr, weil die Ersetzung von ε durch $\bar{\varepsilon}$ (12.48) sämtliche Bahnen im k-Raum in dieselbe Richtung verschiebt. Im Falle freier Elektronen erkennt man dies leicht, da $\bar{\varepsilon}(\mathbf{k})$ für $\varepsilon(\mathbf{k}) = \hbar^2 k^2/2m$ bis auf eine dynamisch irrelevante, additive Konstante gegeben ist durch $\bar{\varepsilon}(\mathbf{k}) = \hbar^2(\mathbf{k} - m\mathbf{w}/\hbar)^2/2m$. Der Mittelwert von $\Delta\mathbf{k}$ über sämtliche Bahnen ist deshalb nicht mehr Null, sondern gleich $m\mathbf{w}/\hbar$. Es folgt dann aus (12.50), daß der über alle Bahnen gemittelte Beitrag von $\Delta\mathbf{k}$ zur mittleren Geschwindigkeit $\mathbf{v}$ gegeben ist durch $(m\mathbf{w}/\hbar)(\hbar c/eH)(1/\tau) = \omega/(\omega_c\tau)$. Dies ist um einen Faktor $1/\omega_c$ kleiner als der führende Term $\mathbf{w}$. Somit gilt der Grenzfall (12.51) dann, wenn die Bahnen zwischen aufeinanderfolgenden Stößen viele Male durchlaufen werden können. Im allgemeinen Fall einer Bandstruktur hat der Mittelwert von $\Delta\mathbf{k}$ eine komplexere Form und hängt dann beispielsweise von der jeweiligen Bahnkurve ab; wir können aber erwarten, daß die Abschätzung für freie Elektronen zumindest die richtige Größenordnung ergibt, falls man m durch eine geeignet definierte effektive Masse ersetzt.

Liegen die unbesetzten Niveaus sämtlich auf geschlossenen Bahnen, so ergibt sich entsprechend[36]

$$\lim_{\tau/T \to \infty} \mathbf{j}_\perp = +\frac{n_l ec}{H}(\mathbf{E} \times \hat{\mathbf{H}}). \tag{12.52}$$

Die Gleichungen (12.51) und (12.52) besagen, daß unter der Bedingung, daß sämtliche relevanten Bahnkurven geschlossen sind, die Ablenkung der Elektronen durch die Lorentzkraft sie so effektiv davon abhält, Energie aus dem elektrischen Feld aufzunehmen, daß die homogene Driftgeschwindigkeit **w** senkrecht zu **E** den wesentlichen Beitrag zum Strom liefert.

Man drückt die Aussage der Gleichungen (12.51) und (12.52) gewöhnlich durch den Hall-Koeffizienten aus, welcher definiert ist (siehe (1.15)) als Quotient aus der Komponente des elektrischen Feldes senkrecht zum Strom und dem Produkt aus Magnetfeldstärke und Stromdichte. Wird der gesamte Strom durch Elektronen eines einzelnen Bandes getragen, für welches (12.51) oder (12.52) erfüllt ist, so hat der Hochfeld-Hall-Koeffizient die einfache Form[37]

$$R_\infty = -\frac{1}{nec} \quad \text{Elektronen,} \qquad R_\infty = +\frac{1}{n_h ec} \quad \text{Löcher.} \tag{12.53}$$

Dies ist identisch mit dem elementaren Ergebnis (1.21) der Theorie freier Elektronen, welches hier unter bemerkenswert allgemeineren Bedingungen wieder gilt, vorausgesetzt, daß (a) sämtliche besetzten (beziehungsweise unbesetzten) Bahnen geschlossen sind, daß (b) die Feldstärke hoch genug ist, so daß jede Bahn viele Male zwischen zwei aufeinanderfolgenden Stößen durchlaufen wird, und daß man schließlich (c) Löcher als Ladungsträger annimmt, falls die unbesetzten Bahnkurven die geschlossenen sind. Die semiklassische Theorie liefert somit eine Erklärung für das „anomale" Vorzeichen einiger experimentell bestimmter Hall-Koeffizienten[38] und wahrt dabei – unter recht allgemeinen Bedingungen – die sehr wertvolle Information über die Ladungsträgerkonzentration, wie man sie aus gemessenen Werten der Hochfeld-Hall-Koeffizienten ableiten kann.

---

[36] Da die Gleichungen (12.51) und (12.52) definitiv verschieden sind, kann es kein Band geben, in welchem sämtliche Bahnen – sowohl besetzte als auch unbesetzte – geschlossene Kurven sind. Der topologisch interessierte Leser möge diese Folgerung direkt aus der Periodizität von $\varepsilon(\mathbf{k})$ ableiten.

[37] Diese Ergebnis von bemerkenswert großer Allgemeinheit ist nichts anderes als eine kompakte Formulierung der Tatsache, daß die Driftbewegung mit der Geschwindigkeit **w** im Hochfeld-Grenzfall den dominierende Beitrag zum Strom liefert. Es gilt exakt für recht allgemeine Wahl der Bandstruktur, da die semiklassischen Bewegungsgleichungen die fundamentale Rolle bewahren, welche die Geschwindigkeit **w** in der Theorie freier Elektronen spielt; es verliert seine Gültigkeit (siehe weiter unten), wenn einige der Elektronen- oder Lochbahnen offen sind, weil in diesem Fall die Driftbewegung mit der Geschwindigkeit **w** nicht mehr länger den Strom im Hochfeld-Grenzfall dominiert.

[38] Siehe Tabelle 1.4, Bild 1.4 sowie Seite 74.

Tragen mehrere Bänder zur Stromdichte bei, deren jedes ausschließlich geschlossene Elektronen- beziehungsweise Lochbahnen enthält, so ist (12.51) beziehungsweise (12.52) getrennt für jedes Band erfüllt, und die gesamte Stromdichte ergibt sich im Grenzfall hoher Felder zu

$$\lim_{\tau/T \to \infty} \mathbf{j}_\perp = -\frac{n_{\text{eff}}ec}{H}(\mathbf{E} \times \hat{\mathbf{H}}), \tag{12.54}$$

wobei n_{eff} die Differenz aus gesamter Elektronenkonzentration und gesamter Löcherkonzentration bezeichnet. Der Hochfeld-Hall-Koeffizient ist dann

$$R_\infty = -\frac{1}{n_{\text{eff}}ec}. \tag{12.55}$$

Weitere Aspekte des Falles mehrerer Bänder, einschließlich einer Diskussion der Frage, auf welche Weise man (12.55) modifizieren muß, falls die Elektronenkonzentration gleich der Löcherkonzentration ist (in sogenannten kompensierten Materialien), beschäftigen uns in Aufgabe 4.

Man kann zeigen (siehe Aufgabe 5), daß sich der transversale Magnetwiderstand[39] im Grenzfall hoher Feldstärken[40] einem feldunabhängigen, konstanten Wert nähert („in Sättigung geht"), da die Korrekturen zu den Hochfeld-Stromdichten (12.51) und (12.52) um einen Faktor der Größenordnung $1/\omega_c\tau$ kleiner sind – vorausgesetzt, der Strom wird durch ein einzelnes Band mit geschlossenen Elektronen– beziehungsweise Lochbahnen getragen. Den Fall mehrerer Bänder untersuchen wir in Aufgabe 4, wo wir auch zeigen, daß der Magnetwiderstand – falls sämtliche Elektronen- oder Lochbahnen in jedem Band geschlossen sind – immer in Sättigung geht, sofern es sich nicht um ein kompensiertes Material handelt. Trifft letzteres zu, so wächst der Magnetwiderstand unbegrenzt mit zunehmendem Magnetfeld.

2. Fall Die obigen Schlußfolgerungen ändern sich drastisch, wenn in mindestens einem Band weder sämtliche besetzten, noch sämtliche unbesetzten Bahnen geschlossen sind. Dies ist dann der Fall, wenn zumindest einige Bahnen in der Nähe der Fermienergie offene, unbegrenzte Kurven sind (Bild 12.8). Elektronen auf solchen Bahnen werden nicht länger durch das Magnetfeld dazu veranlaßt, eine periodische Bewegung parallel zur Richtung des elektrischen Feldes auszuführen, wie sie es auf geschlossenen Bahnen tun. Folglich kann das Magnetfeld diese Elektronen auch nicht mehr daran hindern, Energie aus dem elektrischen Feld aufzunehmen. Erstreckt sich eine solche offene Bahn in eine Richtung $\hat{n}$ des Ortsraumes, so erwartet man demnach einen Strombeitrag, der im Hochfeld-Grenzfall *nicht* verschwindet, parallel zu $\hat{n}$ gerichtet und proportional zur Komponente des elektrischen Feldes $\mathbf{W}$ in Richtung des

---

[39] Siehe Seite 15.
[40] In der Theorie freier Elektronen ist der Magnetwiderstand von der Magnetfeldstärke unabhängig (siehe Seite 17).

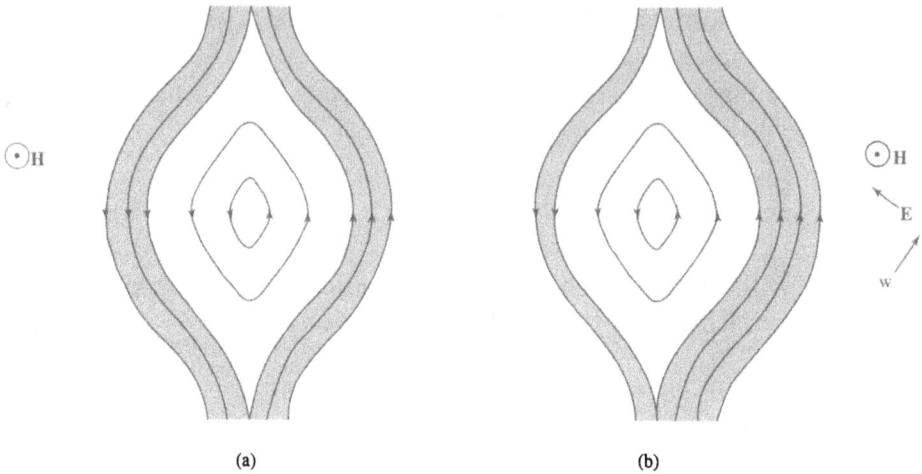

(a)   (b)

Bild 12.10: Teile von Flächen konstanter Energie in einer Ebene senkrecht zur Richtung des Magnetfeldes **H**. Sowohl besetzte, offene (schattiert) als auch besetzte, geschlossene (nicht schattiert) Bahnen sind eingezeichnet. In (a) ist kein elektrisches Feld vorhanden und die einander entgegengesetzt gerichteten Strombeiträge durch offene Bahnen heben sich gegenseitig auf. In Bild (b) ist ein elektrisches Feld **E** vorhanden, welches im stationären Fall ein Ungleichgewicht zwischen den einander entgegengesetzt gerichteten, mit Elektronen bevölkerten offenen Bahnen, und somit effektiv einen Strom bewirkt. (Dies ist eine Folge der Tatsache, daß $\bar{\varepsilon}$ (Gleichung (12.48)) bei einer semiklassischen Bewegung zwischen zwei Stößen erhalten ist.).

Vektors $\hat{\mathbf{n}}$ ist:

$$\mathbf{j} = \sigma^{(0)}\hat{\mathbf{n}}(\hat{\mathbf{n}} \cdot \mathbf{E}) + \boldsymbol{\sigma}^{(1)} \cdot \mathbf{E}, \qquad \begin{array}{l} \sigma^{(0)} \to \text{ eine Konstante für } H \to \infty, \\ \boldsymbol{\sigma}^{(1)} \to 0 \text{ für } H \to \infty. \end{array} \qquad (12.56)$$

Diese Erwartung wird durch die semiklassischen Gleichungen bestätigt, da die Zunahme Δk des Wellenvektors eines Elektrons, welches sich nach einem Stoß auf einer offenen Bahn bewegt, in der Zeit nicht beschränkt ist, sondern mit einer Rate[41] anwächst, die direkt proportional zur Magnetfeldstärke H ist. Dadurch ergibt sich ein Beitrag zur mittleren Geschwindigkeit (12.50), der von der Stärke des Magnetfeldes unabhängig ist und im Ortsraum in die Richtung der offenen Bahn im Hochfeld-Grenzfall[42] weist.

---

[41] Da die zeitliche Rate, mit der eine Bahn durchlaufen wird, proportional ist zu H (12.41).

[42] Beachten Sie, daß dieser Beitrag, gemittelt über sämtliche offenen Bahnen, für $\mathbf{E} = 0$ noch immer Null sein muß (da sowohl **j** als auch **w** verschwinden), so daß entgegengesetzt gerichtete, offene Bahnen vorhanden sein müssen, deren Beiträge sich aufheben. Ist dagegen ein elektrisches Feld vorhanden, so werden jene Bahnen, die so gerichtet sind, daß die sich auf ihnen bewegenden Ladungsträger Energie aus dem Feld „ziehen" können, stärker bevölkert auf Kosten anderer Bahnen, auf welchen die Ladungsträger Energie verlieren (Bild 12.10). Dieser Besetzungsunterschied ist proportional zur Komponente der Driftgeschwindigkeit **w** in Richtung der Bahn im k-Raum, oder – äquivalent – zur Komponente des Feldes **E** in Richtung der Bahn im Ortsraum. Dieser Mechanismus ist die Ursache der Abhängigkeit von $\hat{\mathbf{n}} \cdot \mathbf{E}$ in (12.56).

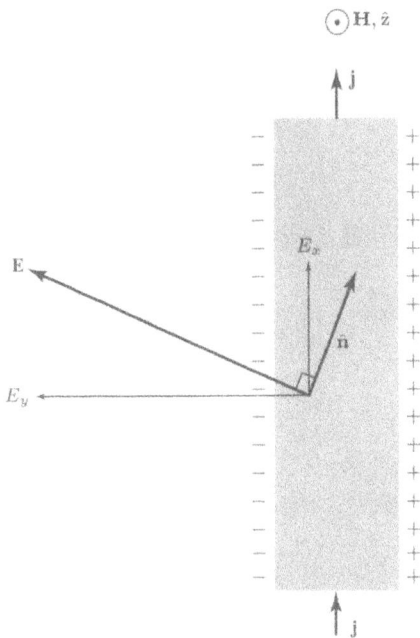

Bild 12.11: Schematische Darstellung des Stromes **j** in einem Draht senkrecht zu einem Magnetfeld **H**, wenn eine offene Bahn in einer Ortsraumrichtumg n̂ senkrecht zu **H** liegt. Im Hochfeld-Grenzfall wird das gesamte elektrische Feld **E** senkrecht zu n̂. Da die Komponente E_x parallel zu **j** durch die äußere Spannung bestimmt ist, so äußert sich diese Spannung durch das Auftreten eines transversalen Feldes E_y, welches auf die Ansammlung von Ladung auf den Oberflächen des Drahtes zurückgeht. Somit ist der Hall-Winkel (der Winkel zwischen **j** und **E**) genau das Komplement des Winkels zwischen **j** und der Richtung der offenen Bahn. Deshalb geht er – anders als im Falle freier Elektronen, siehe Seite 19 – im Hochfeld-Grenzfall nicht gegen 90°.

Die Hochfeld-Form (12.56) der Stromdichte ist sehr verschieden von den Ausdrücken (12.51) und (12.52) für Ladungsträger, die sich ausschließlich auf geschlossenen Bahnen bewegen. Folglich hat der Hall-Koeffizient im Hochfeld-Grenzfall nicht mehr die einfache Form (12.53). Die Folgerung, daß der Hochfeld-Magnetwiderstand gegen einen konstanten Wert geht, ist ebenfalls nicht mehr haltbar. Tatsächlich ist die Beobachtung, daß der Magnetwiderstand nicht in Sättigung geht, ein charakteristischer Hinweis darauf, daß auf einer Fermifläche offene Bahnen möglich sind.

Um die Konsequenzen zu verstehen, die das Grenzwertverhalten (12.56) für den Hochfeld-Magnetwiderstand hat, betrachten wir ein Experiment (Bild 12.11), bei dem die Richtung des Stromflusses (bestimmt durch die Geometrie der Probe) verschieden ist von der Richtung n̂ der offenen Bahn im Ortsraum. Wegen (12.56) ist dies im Hochfeld-Grenzfall nur dann möglich, wenn die Komponente **E** · n̂ des elektrischen Feldes in Richtung von n̂ verschwindet.[43] Man kann deshalb das elektrische Feld wie folgt schreiben (Bild 12.11):

$$\mathbf{E} = E^{(0)}\hat{\mathbf{n}}' + E^{(1)}\hat{\mathbf{n}}. \tag{12.57}$$

Dabei ist n̂′ ein Einheitsvektor senkrecht sowohl zu n̂ als auch $\hat{\mathbf{H}}$ (n̂′ = n̂ × **H**), $E^{(0)}$ ist im Hochfeld-Grenzfall unabhängig von H und $E^{(1)}$ verschwindet mit $H \to \infty$.

---

[43] Im Experiment (Bild 12.11) liegt die Komponente von **E** in Richtung **j** fest. Im stationären Zustand jedoch gibt es auch ein Hall-Feld senkrecht zu **j** (siehe Seite 15), wodurch es möglich wird, daß **E** · n̂ im Hochfeld-Grenzfall verschwindet.

Der Magnetwiderstand ist das Verhältnis aus der Komponente des elektrischen Feldes
E in Richtung von j und dem Betrag j:

$$\rho = \frac{\mathbf{E} \cdot \hat{\mathbf{j}}}{j}. \tag{12.58}$$

Ist der Strom nicht parallel zur Richtung $\hat{\mathbf{n}}$ der offenen Bahn, so erhält man für den
Magnetwiderstand im Hochfeld-Grenzfall

$$\rho = \left(\frac{E^{(0)}}{j} \right) \hat{\mathbf{n}}' \cdot \hat{\mathbf{j}}. \tag{12.59}$$

Zur Berechnung von $E^{(0)}/j$ setzen wir den Ausdruck (12.57) für das elektrische Feld
in die Feld-Strom-Beziehung (12.56) ein und erhalten so für den Hochfeld-Grenzfall
in führender Ordnung das Ergebnis

$$\mathbf{j} = \sigma^{(0)} \hat{\mathbf{n}} E^{(1)} + \boldsymbol{\sigma}^{(1)} \cdot \hat{\mathbf{n}} E^{(0)}. \tag{12.60}$$

Da $\hat{\mathbf{n}}'$ senkrecht zu $\hat{\mathbf{n}}$ ist, folgt daraus

$$\hat{\mathbf{n}}' \cdot \mathbf{j} = E^{(0)} \hat{\mathbf{n}}' \cdot \boldsymbol{\sigma}^{(1)} \cdot \hat{\mathbf{n}}' \tag{12.61}$$

oder

$$\frac{E^{(0)}}{j} = \frac{\hat{\mathbf{n}}' \cdot \hat{\mathbf{j}}}{\hat{\mathbf{n}}' \cdot \boldsymbol{\sigma}^{(1)} \cdot \hat{\mathbf{n}}'}. \tag{12.62}$$

Setzen wir diesen Ausdruck in (12.59) ein, so erhalten wir den führenden Term des
Magnetwiderstandes im Hochfeld-Grenzfall zu

$$\rho = \frac{(\hat{\mathbf{n}}' \cdot \hat{\mathbf{j}})^2}{\hat{\mathbf{n}}' \cdot \boldsymbol{\sigma}^{(1)} \cdot \hat{\mathbf{n}}'}. \tag{12.63}$$

Da σ im Hochfeld-Grenzfall verschwindet, beschreibt (12.63) einen Magnetwiderstand, der mit zunehmender Feldstärke unbeschränkt wächst und proportional ist zum
Quadrat des Sinus des Winkels zwischen der Stromrichtung und der Richtung der offenen Bahn im Ortsraum.

Damit löst das semiklassische Modell eine weitere Anomalie der Theorie freier
Elektronen und bietet zwei mögliche Mechanismen[44] an, nach welchen der Magnetwiderstand mit zunehmender Feldstärke unbeschränkt anwachsen kann.

---

[44] Diese Mechanismen sind: Offene Bahnen oder (Aufgabe 4) Kompensation. In der Theorie freier
Elektronen ist der Magnetwiderstand feldunabhängig.

Wir verschieben die Betrachtung einiger Beispiele dafür, auf welche Weise die obigen Schlußfolgerungen durch das Verhalten der Metalle betätigt werden, auf Kapitel 15 und wenden uns nun einer recht systematischen Methode zu, um Transportkoeffizienten im Rahmen des semiklassischen Modells zu bestimmen.

Aufgaben

12.1 Für freie Elektronen gilt $\varepsilon(\mathbf{k}) = \hbar^2 k^2 / 2m$. Berechnen Sie $\partial A(\varepsilon, k_z)/\partial \varepsilon$ und zeigen Sie, daß sich damit der allgemeine Ausdruck (12.42) für die Periode in einem Magnetfeld auf das Ergebnis (12.43) für freie Elektronen reduziert.

12.2 Für Elektronen in der Nähe eines Bandminimums (oder Bandmaximums) ist $\varepsilon(\mathbf{k})$ von der Form

$$\varepsilon(\mathbf{k}) = \text{Konstante} + \frac{\hbar^2}{2}(\mathbf{k} - \mathbf{k}_0) \cdot \mathbf{M}^{-1} \cdot (\mathbf{k} - \mathbf{k}_0), \qquad (12.64)$$

wobei das Matrixelement M unabhängig ist von **k**. (Elektronen in Halbleitern behandelt man fast immer in dieser Näherung.)

(a) Berechnen Sie die Zyklotronmasse nach (12.44) und zeigen Sie, daß sie sowohl von ε als auch von k_z unabhängig und gegeben ist durch

$$m^* = \left(\frac{|\mathbf{M}|}{\mathbf{M}_{zz}}\right)^{1/2} \quad \text{(Zyklotron)}. \qquad (12.65)$$

$|\mathbf{M}|$ ist die Determinante der Matrix **M**.

(b) Berechnen Sie nach (2.80) die elektronische Wärmekapazität, die sich mit der Bandstruktur (12.64) ergibt und zeigen Sie durch Vergleich mit dem entsprechenden Ergebnis für freie Elektronen, daß der Beitrag der Bandstruktur zur effektiven Masse der Wärmekapazität (siehe Tabelle 2.3) gegeben ist durch

$$m^* = |\mathbf{M}|^{1/3} \quad \text{(Wärmekapazität)}. \qquad (12.66)$$

12.3 Hat $\varepsilon(\mathbf{k})$ die Form (12.64), so sind die semiklassischen Bewegungsgleichungen linear und damit leicht zu lösen.

(a) Verallgemeinern Sie die Vorgehensweise in Kapitel 1, um zu zeigen, daß die Gleichstromleitfähigkeit für solche Elektronen gegeben ist durch

$$\boldsymbol{\sigma} = ne^2 \tau \mathbf{M}^{-1}. \qquad (12.67)$$

(b) Leiten Sie (12.65) für die Zyklotronmasse noch einmal ab, indem Sie explizit die zeitabhängigen Lösungen der Gleichung (12.31)

$$\mathbf{M} \cdot \frac{d\mathbf{v}}{dt} = -e\left(\mathbf{E} + \frac{\mathbf{v}}{c} \times \mathbf{H}\right) \tag{12.68}$$

bestimmen und dabei berücksichtigen, daß die Kreisfrequenz ω mit m^* über die Beziehung $\omega = eH/m^*c$ zusammenhängt.

12.4   Man kann (1.19), die für freie Elektronen den Strom beschreibt, der durch ein elektrisches Feld in einem dazu senkrechten, homogenen Magnetfeld erzeugt wird, in der Form

$$\mathbf{E} = \rho \cdot \mathbf{j} \tag{12.69}$$

schreiben, wobei der Widerstandstensor ρ gegeben ist durch

$$\rho = \begin{pmatrix} \rho & -RH \\ RH & \rho \end{pmatrix}. \tag{12.70}$$

(Aus den Definitionen (1.14) und (1.15) folgt, daß ρ mit dem Magnetwiderstand und R mit dem Hall-Koeffizienten identisch ist.)

(a) Betrachten Sie ein Metall mit mehreren teilweise gefüllten Bändern. In jedem dieser Bänder sei der erzeugte Strom mit dem elektrischen Feld durch die Beziehung $\mathbf{E}_n = \rho_n \mathbf{j}_n$ verknüpft, wobei die ρ_n von der Form (12.70) seien:[45]

$$\rho_n = \begin{pmatrix} \rho_n & -R_n H \\ R_n H & \rho_n \end{pmatrix}. \tag{12.71}$$

Zeigen Sie, daß der gesamte induzierte Strom durch $\mathbf{E} = \rho \cdot \mathbf{j}$ mit

$$\rho = \left(\sum \rho_n^{-1}\right)^{-1} \tag{12.72}$$

gegeben ist.

(b) Zeigen Sie, daß dann, wenn nur zwei Bänder vorhanden sind, Hall-Koeffizient und Magnetwiderstand gegeben sind durch

$$R = \frac{R_1 \rho_2^2 + R_2 \rho_1^2 + R_1 R_2 (R_1 + R_2) H^2}{(\rho_1 + \rho_2)^2 + (R_1 + R_2)^2 H^2}, \tag{12.73}$$

---

[45] Die Form der (12.71) erfordert es im allgemeinen nicht, das jedes der Bänder im Modell freier Elektronen beschrieben werden kann, sondern lediglich, daß das Magnetfeld parallel zu einer Achse mit hinreichend großer Symmetrie liegt.

$$\rho = \frac{\rho_1\rho_2(\rho_1 + \rho_2) + (\rho_1 R_2^2 + \rho_2 R_1^2)H^2}{(\rho_1 + \rho_2)^2 + (R_1 + R_2)^2 H^2}. \tag{12.74}$$

Beachten Sie, daß R und ρ explizit von der Magnetfeldstärke abhängen, obwohl die R_i und ρ_i feldunabhängig sind (was für Bänder freier Elektronen immer zutrifft).

(c) Leiten sie direkt aus (12.73) die Form (12.55) des Hochfeld-Hall-Koeffizienten unter der Voraussetzung ab, daß in beiden Bändern geschlossene Bahnen vorhanden sind. Diskutieren Sie das Hochfeld-Grenzverhalten für den Fall h_{eff} (d.h. für ein kompensiertes Zwei-Bänder-Metall). Zeigen Sie weiterhin, daß der Magnetwiderstand in diesem Fall wie H^2 mit der Feldstärke wächst.

12.5 Da die Korrektur zum Hochfeld-Ergebnis (12.51) von der Ordnung H^2 ist, hat der in einem Band mit geschlossenen Bahnen induzierte Strom die allgemeine Form

$$\mathbf{j} = -\frac{nec}{H}(\mathbf{E} \times \hat{\mathbf{H}}) + \boldsymbol{\sigma}^{(1)} \cdot \mathbf{E}, \tag{12.75}$$

wobei

$$\lim_{H\to\infty} H^2 \boldsymbol{\sigma}^{(1)} < \infty. \tag{12.76}$$

Zeigen Sie, daß der Hochfeld-Magnetwiderstand gegeben ist durch

$$\rho = \frac{1}{(nec)^2} \lim_{H\to\infty} H^2 \sigma_{yy}^{(1)}, \tag{12.77}$$

wobei die y-Achse sowohl senkrecht zur Richtung des Magnetfeldes als auch zur Richtung des Stromflusses sei. Beachten Sie, daß (12.76) erfordert, daß der Magnetwiderstand *in Sättigung geht*.

12.6 Das semiklassische Ergebnis $\mathbf{k}(t) = \mathbf{k}(0) - e\mathbf{E}t/\hbar$ für ein Elektron in einem homogenen elektrischen Feld wird durch den folgenden Satz gestützt, der darüber hinaus ein guter Ausgangspunkt ist für eine strenge Theorie des elektrischen Durchbruchs:

Betrachten wir die zeitabhängige Schrödingergleichung für ein Elektron in einem periodischen Potential $U(\mathbf{r})$ und in einem homogenen elektrischen Feld $\mathbf{E}$:

$$i\hbar\frac{\partial\psi}{\partial t} = \left[-\frac{\hbar^2}{2m}\nabla^2 + U(\mathbf{r}) + e\mathbf{E}\cdot\mathbf{r}\right]\psi = H\psi. \tag{12.78}$$

Nehmen wir an, daß $\psi(\mathbf{r}, 0)$ zur Zeit $t = 0$ eine Linearkombination von Bloch-Niveaus mit demselben Wellenvektor $\mathbf{k}$ ist. Dann ist die Wellenfunktion $\psi(\mathbf{r}, t)$ zur Zeit r

eine Linearkombination von Bloch-Niveaus,[46] die sämtlich denselben Wellenvektor $\mathbf{k} - e\mathbf{E}t/\hbar$ haben.

Beweisen Sie diesen Satz. Berücksichtigen Sie dabei, daß die formale Lösung der Schrödingergleichung die Gestalt

$$\psi(\mathbf{r}, t) = e^{-iHt/\hbar}\psi(\mathbf{r}, 0) \tag{12.79}$$

hat und drücken Sie die angenommene Eigenschaft des Anfangsniveaus ebenso wie die zu zeigende Eigenschaft des Endniveaus durch die Wirkung von Translationen um Vektoren des Bravaisgitters auf die Wellenfunktion aus.

12.7   (a) Umschließt die Bahnkurve in Bild 12.7 besetzte oder unbesetzte Niveaus?

(b) Umschließen die geschlossenen Bahnen in Bild 12.10 besetzte oder unbesetzte Niveaus?

---

[46] Trotz dieses Satzes ist die semiklassische Theorie eines Elektrons in einem homogenen elektrischen Feld *nicht* exakt, da die Koeffizienten der Linearkombination von Bloch-Niveaus im allgemeinen von der Zeit abhängen, so daß Interbandübergänge möglich sind.

13 Semiklassische Theorie der Leitung in Metallen

Die Relaxationszeitnäherung

Allgemeine Form der Nichtgleichgewichts-Verteilungsfunktion

Gleichstromleitfähigkeit

Wechselstromleitfähigkeit

Wärmeleitfähigkeit

Thermoelektrische Effekte

Leitfähigkeit in einem Magnetfeld

Unsere Diskussion der elektronischen Leitung in den Kapiteln 1, 2 und 12 war oft qualitativ und beruhte häufig auf Vereinfachungen, die nur im jeweils untersuchten, speziellen Fall anwendbar waren. Im vorliegenden Kapitel beschreiben wir einen systematischeren Ansatz zur Berechnung von Leitfähigkeiten, anwendbar auf eine allgemeine, semiklassische Bewegung in orts- und zeitabhängigen Feldern und Temperaturgradienten. Die physikalischen Voraussetzungen, welche diesem Ansatz zugrunde liegen, sind nicht strenger oder ausgeklügelter als jene, die wir in Kapitel 12 verwendeten – sie werden hier lediglich präziser formuliert. Trotzdem ist die Methode, mittels derer wir in diesem Kapitel Ströme auf der Basis fundamentaler physikalischer Annahmen berechnen werden, allgemeiner und systematischer als bisher und dabei von einer Form, die den Vergleich mit noch genaueren Theorien leicht macht (Kapitel 16).

Bei der Beschreibung von Leitung verwenden wir in diesem Kapitel eine Nichtgleichgewichts-Verteilungsfunktion $g_n(\mathbf{r}, \mathbf{k}, t)$, definiert derart, daß $g_n(\mathbf{r}, \mathbf{k}, t) \, d\mathbf{r} \, d\mathbf{k}/4\pi^3$ die Anzahl der Elektronen im n-ten Band zur Zeit t und in einem semiklassischen Phasenraumvolumen $d\mathbf{r} \, d\mathbf{k}$ um den Punkt $\mathbf{r}$, $\mathbf{k}$ ist. Im Gleichgewicht wird diese Verteilungsfunktion gleich der Fermifunktion.

$$g_n(\mathbf{r}, \mathbf{k}, t) \equiv f(\varepsilon_n(\mathbf{k})),$$

$$f(\varepsilon) = \frac{1}{e^{(\varepsilon - \mu)/k_B T} + 1}, \tag{13.1}$$

weicht aber von ihrer Gleichgewichtsform ab, sobald äußere Felder und/oder Temperaturgradienten wirken.

Im vorliegenden Kapitel werden wir die Verteilungsfunktion in einer geschlossenen Form ableiten, auf der Grundlage (a) der Annahme, daß die elektronische Bewegung zwischen zwei aufeinanderfolgenden Stößen durch die semiklassischen Gleichungen (12.6) beschrieben wird, sowie (b) einer besonders einfachen Behandlung der Stöße, bekannt als Relaxationszeitnäherung, die dem qualitativen Bild der Stöße, welches wir uns in den früheren Kapiteln machten, einen präzisen Inhalt gibt. Wir werden die Nichtgleichgewichts-Verteilungsfunktion dann dazu verwenden, die elektrischen und thermischen Ströme in verschiedenen Fällen von Interesse zu berechnen, in Erweiterung der in Kapitel 12 betrachteten physikalischen Situationen.

Die Relaxationszeitnäherung

Das grundsätzliche Bild, welches wir uns von den Stößen machen, bleibt in seinen wesentlichen Eigenschaften das in Kapitel 1 beschriebene, wobei wir es hier präziser als eine Reihe von Annahmen formulieren, die man als Relaxationszeitnäherung kennt. Wir gehen auch weiterhin davon aus, daß ein Elektron innerhalb des infinitesimalen Zeitintervalls dt mit der Wahrscheinlichkeit dt/τ stößt, ziehen nun aber auch eine Abhängigkeit der Stoßrate von Ort, Wellenvektor sowie Bandindex eines Elektrons in

Betracht: $\tau = \tau_n(\mathbf{r}, \mathbf{k})$. Wir drücken weiterhin die Tatsache, daß sich das elektronische System durch Stöße auf ein lokales, thermodynamisches Gleichgewicht hin entwickelt, in den folgenden zusätzlichen Annahmen aus:

1. Die Verteilung der Elektronen, die zu einer Zeit t aus Stößen hervorgehen, ist unabhängig von der Struktur der Nichtgleichgewichts-Verteilungsfunktion $g_n(\mathbf{r}, \mathbf{k}, t)$ unmittelbar vor den Stößen.

2. Haben die Elektronen eines Raumgebietes in der Umgebung des Punktes $\mathbf{r}$ eine Gleichgewichtsverteilung

$$g_n(\mathbf{r}, \mathbf{k}, t) = g_n^0(\mathbf{r}, \mathbf{k}) = \frac{1}{e^{(\varepsilon_n(\mathbf{k}) - \mu(\mathbf{r}))/k_B T(\mathbf{r})} + 1} \tag{13.2}$$

bei einer lokalen Temperatur[1] $T(\mathbf{r})$, so ändern die Stöße die Form dieser Verteilung nicht.

Annahme 1 stellt sicher, daß die Stöße jegliche Information über die Nichtgleichgewichtskonfiguration, die das elektronische System noch tragen könnte, vollständig auslöschen – was mit ziemlicher Sicherheit eine Überschätzung der Effizienz der Stöße beim Wiederherstellen des Gleichgewichts ist (siehe hierzu Kapitel 16).

Annahme 2 ist eine besonders einfache, quantitative Formulierung der Tatsache, daß es die Stöße sind, die das thermodynamische Gleichgewicht erhalten – wie auch immer die lokale Temperatur durch die experimentellen Bedingungen vorgegeben sei.[2]

Durch diese beiden Annahmen ist die Form $dg_n(\mathbf{r}, \mathbf{k}, t)$ der Verteilungsfunktion vollständig festgelegt, welche genau jene Elektronen beschreibt, die aus Stößen in der Umgebung des Punktes $\mathbf{r}$ während des Zeitintervalls dt um t hervorgegangen sind. Nach Annahme 1 kann dg nicht von der speziellen Form der vollständigen Nichtgleichgewichts-Verteilungsfunktion $g_n(\mathbf{r}, \mathbf{k}, t)$ abhängen; es genügt daher, dg für eine beliebig herausgegriffene Form von g zu bestimmen. Im einfachsten Fall hat g die Form (13.2) des lokalen thermodynamischen Gleichgewichts, da dann nach Annahme 2 die Stöße diese Verteilung unverändert lassen. Wir wissen jedoch, daß innerhalb des Zeitintervalls dt ein Bruchteil $dt/\tau_n(\mathbf{r}, \mathbf{k})$ der Elektronen im Band n, mit Wellenvektor $\mathbf{k}$ in der Nähe von $\mathbf{r}$, Stöße ausführen wird, die den

---

[1] Wir werden nur einen einzigen Fall diskutieren, für welchen die lokale Gleichgewichtsverteilung *nicht* mit der homogenen Gleichgewichtsverteilung (13.1) (für T und μ konstant) identisch ist, nämlich den Fall einer räumlichen Temperaturverteilung $T(\mathbf{r})$, die durch eine bestimmte Anordnung von Wärmequellen und/oder Wärmesenken erzeugt wird, wie beispielsweise bei einer Wärmeleitungsmessung. Da die Elektronendichte n aus Gründen der Elektrostatik räumlich konstant sein muß, ist in diesem Fall das lokale Chemische Potential ebenfalls ortsabhängig, so daß $\mu(\mathbf{r}) = \mu_{eq}(n, T(\mathbf{r}))$ gilt. Im allgemeinsten Fall sind Temperatur und lokales Chemisches Potential sowohl orts- als auch zeitabhängig (siehe beispielsweise Aufgabe 4 dieses Kapitels sowie Aufgabe 1b des Kapitels 16).

[2] Eine grundlegendere Theorie würde diese Rolle der Stöße *herleiten*, anstatt sie *anzunehmen*.

Bandindex und/oder den Wellenvektor der Elektronen *ändern*. Soll dabei die Form (13.2) der Verteilungsfunktion trotzdem unverändert bleiben, so muß die Verteilung jener Elektronen, die mit Wellenvektor **k** innerhalb desselben Zeitintervalls *durch Stöße* in das Band n gelangen, exakt den obigen Verlust kompensieren. Es muß also gelten

$$dg_n(\mathbf{r}, \mathbf{k}, t) = \frac{dt}{\tau_n(\mathbf{r}, \mathbf{k})}\, g_n^0(\mathbf{r}, \mathbf{k}). \tag{13.3}$$

Gleichung (13.3) ist die mathematisch präzise Formulierung der Relaxationszeitnäherung.[3]

Die oben formulierten Annahmen ermöglichen es uns nunmehr, die Nichtgleichgewichts-Verteilungsfunktion unter der Wirkung äußerer Felder und Temperaturgradienten zu berechnen.[4]

Berechnung der Nichtgleichgewichts-Verteilungsfunktion

Betrachten wir die Gruppe von Elektronen des n-ten Bandes, die sich zur Zeit t im Volumenelement $d\mathbf{r}\, d\mathbf{k}$ um **r**, **k** aufhalten. Die Anzahl von Elektronen dieser Gruppe läßt sich mittels der Verteilungsfunktion folgendermaßen schreiben:

$$dN = g_n(\mathbf{r}, \mathbf{k}, t)\, \frac{d\mathbf{r}\, d\mathbf{k}}{4\pi^3}. \tag{13.4}$$

Um diese Zahl zu berechnen, gruppieren wir die Elektronen nach dem Zeitpunkt ihres letzten Stoßes. Sei $\mathbf{r}_n(t')\mathbf{k}_n(t')$ diejenige Lösung der semiklassischen Bewegungsgleichungen für das n-te Band, die zur Zeit $t = t'$ durch den Punkt **r**, **k** verläuft:

$$\mathbf{r}_n(t) = \mathbf{r}, \quad \mathbf{k}_n(t) = \mathbf{k}. \tag{13.5}$$

Elektronen im Volumenelement $d\mathbf{r}\, d\mathbf{k}$ um **r**, **k** zur Zeit t, deren letzte Stöße *vor* dem Zeitpunkt t im Zeitintervall dt' um t' lagen, müssen aus diesen letzten Stößen in ein Volumenelement $\mathbf{r}'$, $\mathbf{k}'$ des Phasenraums um $\mathbf{r}_n(t')\mathbf{k}_n(t')$ übergegangen sein, da ihre Bewegung *nach* dem Zeitpunkt t' vollständig durch die semiklassischen Bewegungsgleichungen bestimmt ist, welche die Elektronen zur Zeit r an den Punkt **r**, **k** bringen. Nach der Relaxationszeitnäherung (13.3) ist die Gesamtzahl von Elektronen, die aus

---

[3] In Kapitel 16 werden wir die Relaxationszeitnäherung im kritischen Rückblick nochmals betrachten und sie mit einer genaueren Behandlung der Stöße vergleichen.

[4] Beachten Sie die unterschiedlichen Rollen von Feldern und Temperaturgradienten: Felder bestimmen die Bewegung der Elektronen zwischen zwei Stößen, während Temperaturgradienten die Form (13.3) beeinflussen, welche die Verteilung der aus Stößen hervorgegangenen Elektronen annimmt.

Stößen bei $\mathbf{r}_n(t')\mathbf{k}_n(t')$ in das Volumenelement $\mathbf{r}'$, $\mathbf{k}'$ im Zeitintervall dt' um t' hervorgehen, gegeben durch

$$\frac{dt'}{\tau_n(\mathbf{r}_n(t'),\mathbf{k}_n(t'))}\, g_n^0(\mathbf{r}_n(t'),\mathbf{k}_n(t'))\,\frac{d\mathbf{r}\,d\mathbf{k}}{4\pi^3 s}, \tag{13.6}$$

wobei wir auf der Grundlage des Liouvilleschen Satzes[5] die Ersetzung

$$d\mathbf{r}'\,d\mathbf{k}' = d\mathbf{r}\,d\mathbf{k} \tag{13.7}$$

vorgenommen haben. Nur ein Bruchteil $P_n(\mathbf{r},\mathbf{k},t;t')$ dieser Elektronen (den wir im folgenden berechnen werden) überdauert die Zeit von t bis t' ohne weiteren Stoß. Man erhält deshalb dN durch Multiplikation dieser Wahrscheinlichkeit mit dem Ausdruck (13.6) und anschließender Summation über alle möglichen Zeitpunkte t' der Stöße, die vor dem Zeitpunkt t stattfanden:

$$dN = \frac{d\mathbf{r}\,d\mathbf{k}}{4\pi^3}\int_{-\infty}^{t}\frac{dt'\,g_n^0(\mathbf{r}_n(t'),\mathbf{k}_n(t'))P_n(\mathbf{r},\mathbf{k},t;t')}{\tau_n(\mathbf{r}_n(t'),\mathbf{k}_n(t'))}. \tag{13.8}$$

Vergleichen wir (13.8) mit (13.4), so erhalten wir

$$g_n(\mathbf{r},\mathbf{k},t) = \int_{-\infty}^{t}\frac{dt'\,g_n^0(\mathbf{r}_n(t'),\mathbf{k}_n(t'))P_n(\mathbf{r},\mathbf{k},t;t')}{\tau_n(\mathbf{r}_n(t'),\mathbf{k}_n(t'))}. \tag{13.9}$$

Die Gestalt der Gleichung (13.9) wird durch die verwendete Notation ein wenig verschleiert, die explizit daran erinnern soll, daß die Verteilungsfunktion für das n-te Band an der Stelle $\mathbf{r}$, $\mathbf{k}$ berechnet wurde und daß die t'-Abhängigkeit des Integranden bestimmt ist durch Berechnung von g_n^0 und τ_n im Punkt $\mathbf{r}_n(t')$, $\mathbf{k}_n(t')$ der semiklassischen Trajektorie, welche zur Zeit $\mathbf{r}$, $\mathbf{k}$ durch den Punkt t verläuft. Um zu vermeiden, daß die Einfachheit einiger der folgenden Umformungen der Gleichung (13.9) nicht mehr zu erkennen ist, verwenden wir zeitweise eine abkürzende Schreibweise und betrachten den Bandindex n, den Punkt $\mathbf{r}$, $\mathbf{k}$ sowie die Trajektorien $\mathbf{r}_n$, $\mathbf{k}_n$ als implizit festgelegt:

$$\begin{aligned}
g_n(\mathbf{r},\mathbf{k},t) &\to g(t), & g_n^0(\mathbf{r}_n(t'),\mathbf{k}_n(t')) &\to g^0(t') \\
\tau_n(\mathbf{r}_n(t'),\mathbf{k}_n(t')) &\to \tau(t'), & P_n(\mathbf{r},\mathbf{k},t;t') &\to P(t,t').
\end{aligned} \tag{13.10}$$

---

[5] Der Liouvillesche Satz besagt, daß Volumina im rk-Raum unter den semiklassischen Bewegungsgleichungen erhalten sind. Wir beweisen diesen Satz in Anhang H.

Damit schreiben wir (13.9) in der Form[6]

$$g(t) = \int_{-\infty}^{t} \frac{dt'}{\tau(t')} g^0(t') P(t, t').$$

(13.11)

Wir möchten die besonders einfache Gestalt dieses Ausdruckes betonen. Die Elektronen, welche sich zur Zeit t in einem gegebenen Volumenelement des Phasenraumes aufhalten, werden gruppiert nach dem Zeitpunkt ihres letzten Stoßes. Die Anzahl der Elektronen, deren letzte Stöße im Zeitintervall dt' um t' stattfanden, ergibt sich als Produkt zweier Faktoren:

1. der *Gesamtzahl* von Elektronen, welche innerhalb dieses Zeitintervalls aus Stößen hervorgehen und die *ohne weitere Stöße* das gegebene Volumenelement des Phasenraumes zur Zeit t erreichen würden. Diese Anzahl ist durch die Relaxationszeitnäherung (13.3) bestimmt.

2. des Bruchteils $P(t, t')$ der Elektronen aus (1), welche tatsächlich die Zeit zwischen t' und t ohne weitere Stöße überdauern.

Nun bleibt noch $P(t, t')$ zu berechnen, der Bruchteil von Elektronen im n-ten Band, welche zum Zeitpunkt t die durch $\mathbf{r}$, $\mathbf{k}$ verlaufende Trajektorie passieren, ohne in der Zeit zwischen t' und t zu stoßen. Der Bruchteil von Elektronen, die zwischen t' und t nicht stoßen, ist um einen Faktor $[1 - dt'/\tau(t')]$ geringer als der Bruchteil von Elektronen, die den Zeitraum von $t' + dt'$ bis t ohne Stoß überdauern; damit ist die Wahrscheinlichkeit dafür gegeben, daß ein Elektron im Zeitraum zwischen t' und $t' + dt'$ stößt. Daher gilt

$$P(t, t') = P(t, t' + dt') \left[1 - \frac{dt'}{\tau(t')} \right].$$

(13.12)

Im Grenzfall $dt' \to 0$ wird daraus die Differentialgleichung

$$\frac{\partial}{\partial t'} P(t, t') = \frac{P(t, t')}{\tau(t')},$$

(13.13)

deren Lösung unter der Randbedingung

$$P(t, t) = 1$$

(13.14)

---

[6] Diese Ergebnis und seine Ableitung gehen auf R. G. Chambers, *Proc. Phys. Soc. (London)* **81**, 877 (1963) zurück.

lautet

$$P(t,t') = \exp\left(-\int_{t'}^{t} \frac{d\bar{t}}{\tau(\bar{t})}\right). \tag{13.15}$$

Wir können die Verteilungsfunktion (13.11) mittels (13.13) in die Form

$$g(t) = \int_{-\infty}^{t} dt' \, g^0(t') \frac{\partial}{\partial t'} P(t,t') \tag{13.16}$$

bringen. Es ist zweckmäßig, (13.16) partiell zu integrieren, dabei (13.14) zu verwenden sowie die physikalische Bedingung, daß *kein* Elektron beliebig lange ohne Stoß bleiben kann: $P(t \to \infty) = 0$. Das Ergebnis ist

$$g(t) = g^0(t) - \int_{-\infty}^{t} dt' \, P(t,t') \frac{d}{dt'} g^0(t'), \tag{13.17}$$

womit wir die Verteilungsfunktion ausgedrückt haben durch die lokale Gleichgewichtsverteilung und einen additiven Korrekturterm.

Zur Berechnung der zeitlichen Ableitung von g^0 stellen wir fest (siehe (13.10) und (13.2)), daß g^0 nur über $\varepsilon_n(\mathbf{k}_n(t'))$, $T(\mathbf{r}_n(t'))$ und $\mu(\mathbf{r}_n(t'))$ von der Zeit abhängt, so daß[7]

$$\frac{\partial g^0(t')}{\partial t'} = \frac{\partial g^0}{\partial \varepsilon_n} \frac{\partial \varepsilon_n}{\partial \mathbf{k}} \cdot \frac{\partial \mathbf{k}_n}{\partial t'} + \frac{\partial g^0}{\partial T} \frac{\partial T}{\partial \mathbf{r}} \cdot \frac{\partial \mathbf{r}_n}{\partial t'} + \frac{\partial g^0}{\partial \mu} \frac{\partial \mu}{\partial \mathbf{r}} \cdot \frac{\partial \mathbf{r}_n}{\partial t'}. \tag{13.18}$$

Eliminieren wir dr_n/dt' und dk_n/dt' mit Hilfe der semiklassischen Bewegungsgleichungen (12.6) aus (13.18), so können wir (13.17) in der Form

$$g(T) = g^0 + \int_{-\infty}^{t} dt' \, P(t,t') \left[\left(-\frac{\partial f}{\partial \varepsilon}\right) \mathbf{v}\right.$$
$$\left. \cdot \left(-e\mathbf{E} - \nabla\mu - \left(\frac{\varepsilon - \mu}{T}\right)\nabla T\right)\right] \tag{13.19}$$

schreiben. Hier bezeichnet f die Fermifunktion (13.1), berechnet bei der lokalen Temperatur und mit dem lokalen Chemischen Potential. Sämtliche Größen in Klammern[8] hängen über ihre Argumente $\mathbf{r}_n(t')$ und $\mathbf{k}_n(t')$ von t' ab.

---

[7] Wollten wir für gewisse Anwendungen eine explizite Zeitabhängigkeit der lokalen Temperatur und des lokalen Chemischen Potentials in Betracht ziehen, so müßten wir weitere Terme in $\partial T/\partial t$ und $\partial\mu/\partial t$ zu (13.18) hinzufügen. Wir geben in Aufgabe 4 ein Beispiel dafür an.

[8] Beachten sie, daß ein eventuell vorhandenes Magnetfeld H nicht explizit in (13.19) erscheinen würde, da die Lorentz-Kraft senkrecht ist zu $\mathbf{v}$. Das Magnetfeld ginge natürlich implizit über die Zeitabhängigkeit von $\mathbf{r}_n(t')$ und $\mathbf{k}_n(t')$ ein.

Vereinfachungen der Nichtgleichgewichts-Verteilungsfunktion in speziellen Fällen

Die Form (13.19) der semiklassischen Verteilungsfunktion in der Relaxationszeitnäherung gilt unter sehr allgemeinen Bedingungen und ist deshalb auf eine große Vielfalt von Problemstellungen anwendbar. In vielen Fällen jedoch erlauben die jeweiligen speziellen Situationen weitere wesentliche Vereinfachungen:

1. Schwache elektrische Felder und Temperaturgradienten Wie wir bereits in Kapitel 1 feststellen konnten, sind die äußeren elektrischen Felder und Temperaturgradienten, denen man Metalle gewöhnlich aussetzt, fast immer schwach genug, um eine Berechnung der induzierten elektrischen Ströme oder Wärmeströme bis zur höchstens linearen Ordnung zu gestatten.[9] Da der zweite Term von (13.19) explizite linear[10] in $\mathbf{E}$ und ∇T ist, kann man die t'-Abhängigkeit des Integranden bei verschwindendem elektrischen Feld und konstanter Temperatur berechnen.

2. Homogene elektromagnetische Felder und Temperaturgradienten sowie ortsunabhängige Relaxationszeiten[11] In diesem Fall ist der gesamte Integrand in (13.19) unabhängig von $\mathbf{r}_n(t')$. Die einzige t'-Abhängigkeit (abgesehen von einer möglichen expliziten Zeitabhängigkeit von $\mathbf{E}$ und T) kommt über $\mathbf{k}_n(t')$ ins Spiel, welches zeitabhängig ist, falls ein Magnetfeld wirkt. Da die Fermifunktion f von $\mathbf{k}$ nur über $\varepsilon_n(\mathbf{k})$ abhängt – welches in einem Magnetfeld erhalten ist – so tragen ausschließlich $P(t, t')$, $\mathbf{v}(\mathbf{k}_n(t'))$ sowie (falls sie zeitabhängig sind) $\mathbf{E}$ und T die t'-Abhängigkeit des Integranden in (13.19).

3. Energieunabhängige Relaxationszeit Hängt τ vom Wellenvektor nur über $\varepsilon_n(\mathbf{k})$ ab, so ist – da $\varepsilon_n(\mathbf{k})$ in einem Magnetfeld eine Erhaltungsgröße ist – $\tau(t')$ von t'

---

[9] Die Berechtigung dieser Linearisierung kann man direkt aus (13.19) folgern, indem man zunächst feststellt, daß die Wahrscheinlichkeit dafür, daß ein Elektron innerhalb eines Zeitintervalls gegebener Länge vor dem Zeitpunkt t *nicht* stößt, vernachlässigbar klein wird, wenn die Länge dieses Zeitintervalls deutlich größer ist als τ. Deshalb tragen nur Zeiten t von der Größenordnung τ merklich zum Wert des Integrals in (13.19) bei. Innerhalb einer Zeit dieser Größenordnung jedoch (siehe Seite 284) ändert das elektrische Feld den elektronischen Wellenvektor $\mathbf{k}$ um einen Betrag, der sehr klein ist im Vergleich zu den Abmessungen der Brillouin-Zone. Daraus folgt unmittelbar, daß die E-Abhängigkeit aller Terme in (13.19) sehr gering ist. Auf entsprechende Weise kann man auch eine Linearisierung im Temperaturgradienten rechtfertigen, vorausgesetzt, daß die Temperaturänderung über eine mittlere freie Weglänge nur einen kleinen Teil der vorherrschenden Temperatur beträgt. In einem Magnetfeld ist eine Linearisierung dagegen nicht möglich, da man durchaus Magnetfelder von solcher Stärke in einem Metall erzeugen kann, daß die Elektronen innerhalb der Relaxationszeit Strecken im k-Raum zurücklegen, die mit den Abmessungen der Brillouin-Zone vergleichbar sind.

[10] Das Chemische Potential ist nur deshalb ortsabhängig, weil Gleiches für die Temperatur gilt (siehe Fußnote 1.); somit hat $\nabla\mu$ die gleiche Größenordnung wie ∇T.

[11] Im allgemeinen könnte es wünschenswert erscheinen, eine Ortsabhängigkeit von τ in Betracht zu ziehen, um beispielsweise inhomogene Verteilungen von Verunreinigungen, besondere Streueffekte im Zusammenhang mit Oberflächen etc. zu erfassen.

unabhängig, und (13.15) reduziert sich auf

$$P(t, t') = e^{-(t-t')/\tau_n(\mathbf{k})}.$$

(13.20)

Es gibt keinen überzeugenden Grund dafür, anzunehmen, daß τ in anisotropen Systemen lediglich über $\varepsilon_n(\mathbf{k})$ von $\mathbf{k}$ abhänge; wird jedoch die Art der elektronischen Streuung deutlich vom Wellenvektor beeinflußt, so kann sich möglicherweise die gesamte Relaxationszeitnäherung als fragwürdig erweisen (siehe Kapitel 16). Deshalb machen die meisten Berechnungen im Rahmen der Relaxationszeitnäherung diese zusätzliche, vereinfachende Annahme, und verwenden sogar oft ein konstantes (d.h. energieunabhängiges) τ. Da die Verteilungsfunktion (13.19) einen Faktor $\partial f/\partial \varepsilon$ enthält – welcher vernachlässigbar ist, außer in einer Umgebung der Ordnung $O(k_B T)$ um die Fermienergie – so ist die Energieabhängigkeit von $\tau(\varepsilon)$ in Metallen nur nahe der Fermienergie ε_F von Bedeutung.

Unter diesen Bedingungen schreiben wir (13.19) wie folgt um:

$$g(\mathbf{k}, t) = g^0(\mathbf{k}) + \int_{-\infty}^{t} dt' \, e^{-(t-t')/\tau(\varepsilon(\mathbf{k}))} \left(-\frac{\partial f}{\partial \varepsilon}\right)$$
$$\cdot \mathbf{v}(\mathbf{k}(t')) \cdot \left[-e\mathbf{E}(t') - \nabla\mu(t') - \frac{\varepsilon(\mathbf{k}) - \mu}{T} \nabla T(t')\right].$$

(13.21)

Dabei nehmen wir wiederum nicht explizit Bezug auf den Bandindex n, haben aber eine explizite Abhängigkeit von $\mathbf{k}$ und t erneut eingeführt.[12]

Wir beschließen dieses Kapitel mit einigen interessanten Anwendungen des Zusammenhangs (13.21).

Gleichstromleitfähigkeit

Im Falle $\mathbf{H} = 0$ reduziert sich $\mathbf{k}(t')$ in (13.21) auf $\mathbf{k}$, so daß die Integration für zeitunabhängiges $\mathbf{E}$ und ∇T elementar wird. Ist die Temperatur räumlich konstant, so erhält man

$$g(\mathbf{k}) = g^0(\mathbf{k}) - e\mathbf{E} \cdot \mathbf{v}(\mathbf{k})\tau(\varepsilon(\mathbf{k})) \left(-\frac{\partial f}{\partial \varepsilon}\right).$$

(13.22)

---

[12] Die Größe $\mathbf{k}(t')$ ist die Lösung der semiklassischen Bewegungsgleichung für ein Band mit Index n in einem homogenen Magnetfeld $\mathbf{H}$, und für $t = t'$ gleich $\mathbf{k}$.

Da die Anzahl von Elektronen pro Einheitsvolumen im Volumenelement $d\mathbf{k}$ gegeben ist durch $g(\mathbf{k})\,d\mathbf{k}/4\pi^3$, so erhält man die Stromdichte innerhalb eines Bandes zu[13]

$$\mathbf{j} = -e \int \frac{d\mathbf{k}}{4\pi^3} \mathbf{v}(\mathbf{k})g. \tag{13.23}$$

Jedes teilweise gefüllte Band liefert diesen Beitrag zur Stromdichte; die gesamte Stromdichte ist dann die Summe dieser Beiträge über sämtliche Bänder. Mittels der Gleichungen (13.22) und (13.23) kann man die Stromdichte in der Form $\mathbf{j} = \sigma\mathbf{E}$ schreiben, wobei der Leitfähigkeitstensor σ eine Summe der Beiträge sämtlicher Bänder ist:[14]

$$\sigma = \sum_n \sigma^{(n)}, \tag{13.24}$$

$$\sigma^{(n)} = e^2 \int \frac{d\mathbf{k}}{4\pi^3} \tau_n(\varepsilon_n(\mathbf{k}))\mathbf{v}_n(\mathbf{k}) \left(-\frac{\partial f}{\partial \varepsilon}\right)_{\varepsilon=\varepsilon_n(\mathbf{k})}. \tag{13.25}$$

Die folgenden Eigenschaften der Leitfähigkeit sind bemerkenswert:

1. Anisotropie In der Theorie freier Elektronen ist $\mathbf{j}$ parallel zu $\mathbf{E}$, der Tensor σ daher diagonal: $\sigma_{\mu\nu} = \sigma\delta_{\mu\nu}$. Im allgemeinen Falle einer Kristallstruktur muß $\mathbf{j}$ nicht notwendig parallel zu $\mathbf{E}$ sein, so daß die Leitfähigkeit ein Tensor wird. In einem Kristall mit kubischer Symmetrie bleibt $\mathbf{j}$ auch weiterhin parallel zu $\mathbf{E}$, da – für eine Wahl der Koordinatenachsen parallel zu den kubischen Kristallachsen – $\sigma_{xx} = \sigma_{yy} = \sigma_{zz}$ gilt. Induzierte ein Feld in x-Richtung auch einen Strom in y-Richtung, so könnte man aufgrund der kubischen Symmetrie argumentieren, daß ein gleicher Strom auch in $-y$-Richtung induziert werden müßte. Die einzig konsistente Möglichkeit ist dann ein verschwindender Strom, so daß also σ_{xy} ebenso wie – aus Gründen der Symmetrie – auch alle übrigen, nichtdiagonalen Komponenten null sein müssen. Deshalb gilt in Kristallen mit kubischer Symmetrie $\sigma_{\mu\nu} = \sigma\delta_{\mu\nu}$.

2. Vollständig gefüllte Bänder liefern keinen Beitrag Die Ableitung der Fermifunktion ist vernachlässigbar, außer in einer Umgebung k_BT der Fermienergie ε_F. Deshalb tragen vollständig gefüllte Bänder nicht zur Leitfähigkeit bei – im Einklang mit den Ergebnissen der allgemeinen Diskussion auf den Seiten 280-283.

3. Äquivalenz des Elektronen- und des Löcherbildes in Metallen In einem Metall können wir (13.25) – bis zu einer Genauigkeit von der Größenordnung $(k_BT/\varepsilon_F)^2$

---

[13]   Hier, ebenso wie an anderen Stellen diese Kapitels, erstrecken sich Integrationen über $\mathbf{k}$ – sofern nicht anders angegeben – über eine Primitive Zelle.

[14]   Da im Gleichgewicht kein Strom fließt, trägt der führende Term g^0 der Verteilungsfunktion nicht zu (13.23) bei. Wir verwenden hier eine Tensornotation und schreiben $\mathbf{A} = \mathbf{bc}$ anstelle von $A_{\mu\nu} = b_\mu c_\nu$.

– bei der Temperatur $T = 0$ berechnen.[15] Weiterhin kann man die Relaxationszeit wegen $(-\partial f/\partial \varepsilon) = \delta(\varepsilon - \varepsilon_F)$ bei ε_F berechnen und vor das Integral ziehen. Wegen[16]

$$\mathbf{v}(\mathbf{k}) \left(-\frac{\partial f}{\partial \varepsilon} \right)_{\varepsilon = \varepsilon_n(\mathbf{k})} = -\frac{1}{\hbar} \frac{\partial}{\partial \mathbf{k}} f(\varepsilon(\mathbf{k})) \tag{13.26}$$

können wir dann partiell integrieren[17] und kommen so zu dem Ergebnis

$$\sigma = e^2 \tau(\varepsilon_F) \int \frac{d\mathbf{k}}{4\pi^3 \hbar} \frac{\partial}{\partial \mathbf{k}} \mathbf{v}(\mathbf{k}) f(\varepsilon(\mathbf{k}))$$

$$= e^2 \tau(\varepsilon_F) \int_{\substack{\text{besetzte} \\ \text{Niveaus}}} \frac{d\mathbf{k}}{4\pi^3} \mathbf{M}^{-1}(\mathbf{k}). \tag{13.27}$$

Da der Tensor $\mathbf{M}^{-1}(\mathbf{k})$ die Ableitung einer periodischen Funktion ist, muß sein Integral – genommen über die gesamte primitive Zelle – verschwinden,[18] und wir können (13.27) deshalb auch in der Form

$$\sigma = e^2 \tau(\varepsilon_F) \int_{\substack{\text{unbesetzte} \\ \text{Niveaus}}} \frac{d\mathbf{k}}{4\pi^3} (-\mathbf{M}^{-1}(\mathbf{k})) \tag{13.28}$$

schreiben. Vergleichen wir beide Formen, so erkennen wir, daß man den Strombeitrag als durch die unbesetzten, nicht die besetzten Niveaus verursacht denken kann, vorausgesetzt, man ändert das Vorzeichen des Tensors der effektiven Masse. Dieser Schluß ergab sich bereits aus unserer Diskussion der Löcher im entsprechenden Abschnitt von Kapitel 12; wir wiederholen ihn hier, um zu betonen, daß er sich ebenso aus einer formalen Analyse ergibt.

4. Das Ergebnis der Theorie freier Elektronen ergibt sich als Spezialfall Gilt $\mathbf{M}^{-1}{}_{\mu\nu} = (1/m^*)\delta_{\mu\nu}$ unabhängig von $\mathbf{k}$ für sämtliche *besetzten* Niveaus eines Bandes, so reduziert sich (13.27) auf die Drudesche Form (1.6)

$$\sigma_{\mu\nu} = \frac{ne^2\tau}{m^*} \tag{13.29}$$

---

[15] Siehe Anhang C.

[16] Wir verzichten hier wiederum darauf, explizit auf den Bandindex Bezug zu nehmen. Die folgenden Formeln geben die Leitfähigkeit für einen Festkörper mit einem einzigen Band von Ladungsträgern an. Ist mehr als ein Ladungsträgerband vorhanden, so erhält man die gesamte Leitfähigkeit durch Summation über n.

[17] Siehe Anhang I.

[18] Dies folgt aus der Identität (I.1) in Anhang I, wenn man eine der periodischen Funktionen gleich eins setzt. Der Massentensor $\mathbf{M}^{-1}(\mathbf{k})$ ist in (12.29) definiert.

mit einer effektiven Masse m^*. Gilt $\mathbf{M}^{-1}{}_{\mu\nu} = -(1/m^*)\delta_{\mu\nu}$ unabhängig von $\mathbf{k}$ für sämtliche *unbesetzten* Niveaus eines Bandes, so reduziert sich (13.28) auf

$$\sigma_{\mu\nu} = \frac{n_h e^2 \tau}{m^*}, \tag{13.30}$$

mit n_h als der Anzahl unbesetzter Niveaus pro Einheitsvolumen: Die Leitfähigkeit des Bandes ist also von der Drudeschen Form, wobei m durch eine effektive Masse m^* sowie die Elektronenkonzentration durch die Löcherkonzentration ersetzt ist.

Wechselstromleitfähigkeit

Ist das elektrische Feld nicht statisch, sondern hat es eine Zeitabhängigkeit der Form

$$\mathbf{E}(t) = \text{Re}\left[\mathbf{E}(\omega)e^{-i\omega t}\right], \tag{13.31}$$

so verläuft die Herleitung der Leitfähigkeit aus (13.21) ganz entsprechend wie im Falle der Gleichstromleitfähigkeit, mit dem einzigen Unterschied, daß nun ein zusätzlicher Faktor $e^{-i\omega t}$ im Integranden auftritt. Man erhält

$$\mathbf{j}(t) = \text{Re}\left[\mathbf{j}(\omega)e^{-i\omega t}\right] \tag{13.32}$$

mit

$$\mathbf{j}(\omega) = \boldsymbol{\sigma}(\omega) \cdot \mathbf{E}(\omega), \quad \boldsymbol{\sigma}(\omega) = \sum_n \boldsymbol{\sigma}^{(n)}(\omega) \tag{13.33}$$

und

$$\boldsymbol{\sigma}^{(n)}(\omega) = e^2 \int \frac{d\mathbf{k}}{4\pi^3} \frac{\mathbf{v}_n(\mathbf{k})\mathbf{v}_n(\mathbf{k})(-\partial f/\partial\varepsilon)_{\varepsilon=\varepsilon_n(\mathbf{k})}}{[1/\tau_n(\varepsilon_n(\mathbf{k}))] - i\omega}. \tag{13.34}$$

Somit ergibt sich die Wechselstromleitfähigkeit – ebenso wie im Falle freier Elektronen, (1.29) – aus der Gleichstromleitfähigkeit durch Division mit dem Faktor $(1 - i\omega\tau)$; man muß nun aber die Möglichkeit in Betracht ziehen, daß die Relaxationszeit von Band zu Band verschieden sein kann.[20]

In dieser Form ermöglicht (13.34) eine direkte und einfach durchzuführende Prüfung der Brauchbarkeit des semiklassischen Modells im Grenzfall $\omega\tau \gg 1$: In diesem Fall reduziert sich (13.34) auf

$$\boldsymbol{\sigma}^{(n)}(\omega) = -\frac{e^2}{i\omega} \int \frac{d\mathbf{k}}{4\pi^3} \mathbf{v}_n(\mathbf{k})\mathbf{v}_n(\mathbf{k})(-\partial f/\partial\varepsilon)_{\varepsilon=\varepsilon_n(\mathbf{k})} \tag{13.35}$$

---

[20] Bei der Behandlung von Metallen kann man innerhalb desselben Bandes $\tau_n(\varepsilon)$ mit vernachlässigbar geringem Fehler durch $\tau_n(\varepsilon_F)$ ersetzen.

oder die äquivalente, bereits für die Gleichstromleitfähigkeit hergeleitete Form

$$\sigma_{\mu\nu}^{(n)} = -\frac{e^2}{i\omega} \int \frac{d\mathbf{k}}{4\pi^3} f(\varepsilon_n(\mathbf{k})) \frac{1}{\hbar^2} \frac{\partial^2 \varepsilon_n(\mathbf{k})}{\partial k_\mu \partial k_\nu}. \qquad (13.36)$$

Mit (13.36) ist der in linearer Ordnung durch ein elektrisches Wechselfeld unter Ausschluß von Stößen induzierte Strom bestimmt, da man den Grenzfall $\omega\tau$ interpretieren kann als $\tau \to \infty$ für festes ω. Schließt man Stöße aus, so ist es eine elementare quantenmechanische Rechnung, die durch das elektrische Feld verursachten Änderungen der Blochschen Wellenfunktionen in linearer Ordnung exakt [21] zu bestimmen. Sind diese Wellenfunktionen gegeben, so kann man den Erwartungswert des Stromoperators bis zur linearen Ordnung im elektrischen Feld berechnen, und erhält so eine vollständig quantenmechanische Form von σ, welche nicht auf den Näherungen des semiklassischen Modells beruht. Diese Rechnung ist eine gute Übung in zeitabhängiger Störungstheorie erster Ordnung, jedoch ein wenig zu umfangreich, um sie hier durchführen zu können; wir geben lediglich das Ergebnis an:[22]

$$\sigma_{\mu\nu}^{(n)} = -\frac{e^2}{i\omega} \int \frac{d\mathbf{k}}{4\pi^3} f(\varepsilon_n(\mathbf{k})) \frac{1}{\hbar^2} \left[\frac{\hbar^2}{m} \delta_{\mu\nu} - \frac{\hbar^4}{m^2} \cdot \right.$$

$$\left. \cdot \sum_{n'\neq n} \left(\frac{\langle n\mathbf{k}|\nabla_\mu|n'\mathbf{k}\rangle\langle n'\mathbf{k}|\nabla_\nu|n\mathbf{k}\rangle}{\hbar\omega + \varepsilon_n(\mathbf{k}) - \varepsilon_{n'}(\mathbf{k})} + \frac{\langle n\mathbf{k}|\nabla_\nu|n'\mathbf{k}\rangle\langle n'\mathbf{k}|\nabla_\mu|n\mathbf{k}\rangle}{-\hbar\omega + \varepsilon_n(\mathbf{k}) - \varepsilon_{n'}(\mathbf{k})} \right) \right]. \qquad (13.37)$$

Gleichung (13.37) unterscheidet sich im allgemeinen recht deutlich von (13.36). Ist dagegen $\hbar\omega$ für sämtliche besetzten Niveaus klein im Vergleich zur Bandlücke, so kann man die Frequenzen in den Nennern der Gleichung (13.37) weglassen, und die Größe in Klammern reduziert sich auf den in Anhang E (Gleichung E.11) hergeleiteten Ausdruck für $\partial^2 \varepsilon_n(\mathbf{k})/\partial k_\mu \partial k_\nu$. Gleichung (13.37) wird in diesem Fall identisch mit dem semiklassischen Resultat (13.36), womit sich die in Kapitel 12 gemachte Annahme bestätigt, daß die semiklassische Behandlung nur unter der Bedingung $\hbar\omega \ll \varepsilon_{\text{gap}}$ (12.10) sinnvoll ist.[23]

---

[21] Im Rahmen der Näherung unabhängiger Elektronen.

[22] Die Schreibweise für die Matrixelemente des Gradienten-Operators entspricht der Notation in Anhang E.

[23] Ist $\hbar\omega$ klein genug, so daß keiner der Nenner in (13.37) verschwindet, so gibt diese allgemeinere Gleichung einfach nur quantitative Korrekturen zur semiklassischen Näherung und man kann diese Korrekturen beispielsweise in Form einer Potenzreihe in $\hbar\omega/\varepsilon_{\text{gap}}$ schreiben. Wird andererseits $\hbar\omega$ groß genug, um in (13.37) Nenner zum Verschwinden zu bringen (die Energie der Photonen ist dann groß genug, um Interbandübergänge zu verursachen), so gilt das semiklassische Resultat auch qualitativ nicht mehr, da sich bei der Herleitung von (13.37) die Notwendigkeit ergibt, die Gleichung im Falle einer durch Verschwinden eines Nenners verursachten Singularität im Grenzfall eines sich der reellen Achse der komplexen Frequenzebene von oben nähernden ω zu betrachten. (Falls *keiner* der Nenner in (13.37) verschwindet, so ist das Resultat davon unabhängig, welchen infinitesimalen Imaginärteil ω

Wärmeleitfähigkeit

In den Kapiteln 1 und 2 beschrieben wir die Wärmestromdichte als analog zur elektrischen Stromdichte, wobei im ersten Fall Wärmeenergie, im letzteren elektrische Ladung transportiert wird. Nunmehr sind wir in der Lage, eine präzisere Definition des Wärmestroms zu geben.

Betrachten wir einen kleinen, fest vorgegebenen Bereich des Festkörpers, innerhalb dessen die Temperatur effektiv konstant sei. Die Rate, mit welcher Wärme in diesen Bereich einströmt, ist gegeben durch das Produkt aus T und der Rate, mit welcher sich die Entropie der Elektronen innerhalb des Bereiches ändert ($dQ = TdS$). Somit[24] erhält man die Wärmestromdichte $\mathbf{j}^q$ als Produkt aus Temperatur und Entropiestromdichte $\mathbf{j}^s$:

$$\mathbf{j}^q = T\mathbf{j}^s. \tag{13.38}$$

Da das Volumen des Bereiches festliegt, ist eine Änderung der Entropie in diesem Bereich mit den Änderungen der Inneren Energie sowie der Elektronenzahl durch die thermodynamische Identität

$$T\,dS = dU - \mu\,dN \tag{13.39}$$

verknüpft. Schreibt man (13.39) unter Verwendung der Stromdichten, so erhält man

$$T\mathbf{j}^s = \mathbf{j}^\varepsilon - \mu\mathbf{j}^n, \tag{13.40}$$

---

eventuell noch haben könnte.) Dadurch wird ein Realteil in die Leitfähigkeit eingeführt, wobei man einen Absorptionsmechanismus postulieren muß, der unabhängig von den Stößen wirkt – einen Mechanismus, den man im Rahmen des semiklassischen Modells nicht konstruieren kann. Dieser zusätzliche Realteil ist von großer Bedeutung für das Verständnis des Verhaltens der Metalle bei optischen Frequenzen (siehe Kapitel 15); bei diesen Frequenzen spielen Interbandübergänge eine entscheidende Rolle.

[24] Dabei ist angenommen, daß sich die Entropie des Bereiches nur dadurch ändert, daß Elektronen Entropie aus dem Bereich heraus- oder in ihn hineintragen. Entropie kann aber auch innerhalb des Bereiches durch Stöße erzeugt werden. Man kann zeigen, daß dieser Mechanismus der Produktion von Entropie ein Effekt zweiter Ordnung im von außen angelegten Temperaturgradienten und elektrischen Feld (Joulsche Wärme – der „I^2R-Verlust" – ist das bekannteste Beispiel) und deshalb in einer linearen Theorie vernachlässigbar ist.

wobei die Stromdichten der Energie sowie der Teilchenzahl gegeben sind durch[25]

$$\left\{ \begin{matrix} \mathbf{j}^\varepsilon \\ \mathbf{j}^n \end{matrix} \right\} = \sum_n \int \frac{d\mathbf{k}}{4\pi^3} \left\{ \begin{matrix} \varepsilon_n(\mathbf{k}) \\ 1 \end{matrix} \right\} \mathbf{v}_n(\mathbf{k}) g_n(\mathbf{k}). \tag{13.41}$$

Kombiniert man die Gleichungen (13.40) und (13.41), so erhält man die Wärmestromdichte[26] zu

$$\mathbf{j}^q = \sum_n \int \frac{d\mathbf{k}}{4\pi^3} [\varepsilon_n(\mathbf{k}) - \mu] \mathbf{v}_n(\mathbf{k}) g_n(\mathbf{k}). \tag{13.42}$$

Die Verteilungsfunktion in (13.42) ist durch den Ausdruck (13.21) gegeben, berechnet für $\mathbf{H} = 0$ in einem homogenen, statischen elektrischen Feld und Temperaturgradienten:[27]

$$g(\mathbf{k}) = g^0(\mathbf{k}) + \tau(\varepsilon(\mathbf{k})) \left(-\frac{\partial f}{\partial \varepsilon} \right) \mathbf{v}(\mathbf{k}) \cdot \left[-e\boldsymbol{\mathcal{E}} + \frac{\varepsilon(\mathbf{k}) - \mu}{T} (-\nabla T) \right] \tag{13.43}$$

mit

$$\boldsymbol{\mathcal{E}} = \mathbf{E} + \frac{\nabla \mu}{e}. \tag{13.44}$$

Aus dieser Verteilungsfunktion können wir die elektrische Stromdichte (13.23) sowie die Wärmestromdichte (13.42) wie folgt konstruieren:

$$\begin{aligned} \mathbf{j} &= \mathbf{L}^{11} \boldsymbol{\mathcal{E}} + \mathbf{L}^{12} (-\nabla T) \\ \mathbf{j}^q &= \mathbf{L}^{21} \boldsymbol{\mathcal{E}} + \mathbf{L}^{22} (-\nabla T). \end{aligned} \tag{13.45}$$

Die Matrizen $\mathbf{L}^{ij}$ sind mit

$$\mathfrak{L}^{(\alpha)} = e^2 \int \frac{d\mathbf{k}}{4\pi^3} \left(-\frac{\partial f}{\partial \varepsilon} \right) \tau(\varepsilon(\mathbf{k})) \mathbf{v}(\mathbf{k}) \mathbf{v}(\mathbf{k}) (\varepsilon(\mathbf{k}) - \mu)^\alpha \tag{13.46}$$

---

[25] Beachten Sie, daß diese Stromdichten dieselbe Form haben wie die elektrische Stromdichte, mit dem einzigen Unterschied, daß man als die von jedem Elektron getragene Eigenschaft nun nicht seine Ladung $(-e)$ betrachtet, sondern seine Energie $(\varepsilon_n(\mathbf{k}))$ beziehungsweise seine Anzahl (Eins). Die Stromdichte der Teilchenzahl ist einfach der durch die Elektronenladung dividierte elektrische Strom: $j = -e j^n$. (Verwechseln Sie den hochgestellten Index n, welcher andeuten soll, daß es sich bei j um eine Stromdichte der Teilchenzahl handelt, nicht mit dem Bandindex n!)

[26] Da man Wärmeleitfähigkeiten normalerweise unter Bedingungen mißt, bei denen kein elektrischer Strom fließt, kann man oft den Wärmestrom mit dem Energiestrom identifizieren – wie wir es bereits in Kapitel 1 taten. Fließen jedoch gleichzeitig ein elektrischer und ein Wärmestrom (wie beispielsweise beim weiter unten zu beschreibenden Peltier-Effekt), so muß man (13.42) verwenden.

[27] Auf Seite 30 begründen wir, warum im allgemeinen ein Temperaturgradient von einem elektrischen Feld begleitet wird.

definiert[28] durch

$$L^{11} = \mathcal{L}^{(0)}$$
$$L^{21} = TL^{12} = -\frac{1}{e}\mathcal{L}^{(1)}$$
$$L^{22} = \frac{1}{e^2 T}\mathcal{L}^{(2)}. \tag{13.47}$$

Man vereinfacht die Gestalt dieser Formeln, indem man

$$\boldsymbol{\sigma}(\varepsilon) = e^2/\tau(\varepsilon) \int \frac{d\mathbf{k}}{4\pi^3}\delta(\varepsilon - \varepsilon(\mathbf{k}))\mathbf{v}(\mathbf{k})\mathbf{v}(\mathbf{k}) \tag{13.48}$$

definiert[29] und (13.46) damit umschreibt zu

$$\mathcal{L}^{(\alpha)} = \int d\varepsilon \left(-\frac{\partial f}{\partial \varepsilon}\right)(\varepsilon - \mu)^\alpha \boldsymbol{\sigma}(\varepsilon). \tag{13.49}$$

Bei der Berechnung von (13.49) für Metalle können wir die Tatsache nutzen, daß $(-\partial f/\partial \varepsilon)$ vernachlässigbar ist, außer in einer Umgebung der Ordnung $O(k_B T)$ um $\mu \approx \varepsilon_F$. Da die Integranden in $\mathcal{L}^{(1)}$ und $\mathcal{L}^{(2)}$ Faktoren aufweisen, welche für $\varepsilon = \mu$ verschwinden, muß man für ihre Berechnung die erste Temperaturkorrektur in der Sommerfeld-Entwicklung beibehalten.[30] So erhält man mit einer Genauigkeit von der Größenordnung $(k_B T/\varepsilon_F)^2$

$$L^{11} = \boldsymbol{\sigma}(\varepsilon_F) = \boldsymbol{\sigma} \tag{13.50}$$

$$L^{21} = TL^{12} = -\frac{\pi^2}{3e}(k_B T)^2 \boldsymbol{\sigma}' \tag{13.51}$$

$$L^{22} = \frac{\pi^2}{3}\frac{k_B^2 T}{e^2}\boldsymbol{\sigma} \tag{13.52}$$

mit

$$\boldsymbol{\sigma}' = \frac{\partial}{\partial \varepsilon}\boldsymbol{\sigma}(\varepsilon)\Big|_{\varepsilon = \varepsilon_F}. \tag{13.53}$$

---

[28] Um die Notation so einfach wie möglich zu halten, schreiben wir die folgenden Formeln für den Fall, daß sämtliche Ladungsträger einem einzigen Band angehören, so daß wir den Bandindex weglassen können. Sind mehrere Bänder vorhanden, so ist jedes L durch eine Summe der L's sämtlicher teilweise gefüllter Bänder zu ersetzen. Diese Verallgemeinerung beeinträchtigt nicht die Gültigkeit des Wiedemann-Franzschen Gesetzes, kann aber den Ausdruck für die Thermoelektrische Kraft verkomplizieren.

[29] Da in Metallen $(-\partial f/\partial \varepsilon) = \delta(\varepsilon - \varepsilon_F)$ bis zu einer Genauigkeit der Größenordnung $(k_B T/\varepsilon_F)^2$ gilt, so soll diese Schreibweise daran erinnern, daß die Gleichstromleitfähigkeit (13.25) eines Metalls im wesentlichen durch $\boldsymbol{\sigma}(\varepsilon_F)$ gegeben ist.

[30] Siehe Anhang C oder auch (2.70) auf Seite 58.

Die Gleichungen (13.45), (13.50) und (13.53) sind die hauptsächlichen Ergebnisse der Theorie der elektronischen Beiträge zu den thermoelektrischen Effekten. Liegen mehrere teilweise gefüllte Bänder vor, so behalten diese Gleichungen ihre Gültigkeit, einzig vorausgesetzt, daß wir $\sigma_{ij}(\varepsilon)$ interpretieren als Summe des Ausdrucks (13.48) über *sämtliche* teilweise gefüllten Bänder.

Zur Herleitung der Wärmeleitfähigkeit aus diesen Beziehungen stellen wir fest, daß sie den Wärmestrom in Beziehung zum Temperaturgradienten setzen unter der Bedingung eines verschwindenden elektrischen Stroms – wie wir es in Kapitel 1 diskutierten. Die erste der Gleichungen (13.45) besagt, daß unter der Bedingung eines verschwindenden elektrischen Stroms

$$\mathcal{E} = -(\mathbf{L}^{11})^{-1}\mathbf{L}^{12}(-\nabla T) \tag{13.54}$$

gilt. Setzen wir dies in die Zweite der Gleichungen (13.45) ein, so erhalten wir

$$\mathbf{j}^q = \mathbf{K}(-\nabla T), \tag{13.55}$$

wobei der Wärmeleitfähigkeitstensor $\mathbf{K}$ gegeben ist durch

$$\mathbf{K} = \mathbf{L}^{22} - \mathbf{L}^{21}(\mathbf{L}^{11})^{-1}\mathbf{L}^{12}. \tag{13.56}$$

Aus den Gleichungen (13.50) bis (13.52), sowie unter Berücksichtigung der Tatsache, daß σ' typischerweise von der Größenordnung σ/ε_F ist, folgern wir, daß für Metalle der erste Term in (13.56) den zweiten Term um einen Faktor der Größenordnung $(\varepsilon_F/k_B T)^2$ übertrifft. Damit gilt

$$\mathbf{K} = \mathbf{L}^{22} + O(k_B T/\varepsilon_F)^2. \tag{13.57}$$

Dieses Ergebnis hätte man erhalten, hätte man das thermoelektrische Feld von Beginn an ignoriert; wir möchten hier betonen, daß es nur bei Verwendung entarteter Fermistatistik gültig ist. Für Halbleiter ist (13.57) keine gute Näherung an das korrekte Ergebnis (13.56).

Berechnen wir (13.57) mit Hilfe von (13.52), so erhalten wir

$$\mathbf{K} = \frac{\pi^2}{3}\left(\frac{k_B}{e}\right)^2 T\sigma. \tag{13.58}$$

Dies ist nichts weiter als das Wiedemann-Franzsche Gesetz (2.93) – mit einem wesentlich erweiterten Gültigkeitsbereich. Für eine allgemeine Bandstruktur ist der Wärmeleitfähigkeitstensor Komponente für Komponente proportional zum Tensor der elektrischen Leitfähigkeit, mit der universellen Proportionalitätskonstanten $\pi^2 k_B^2 T/3e^2$. Somit erhält man dieses bemerkenswerte experimentelle Ergebnis – welches seit mehr

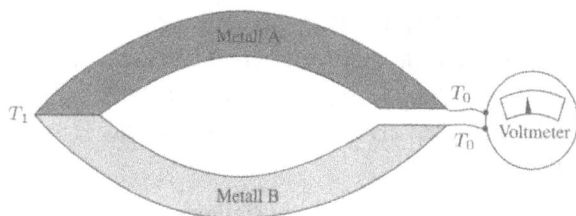

Bild 13.1: Anordnung zur Messung der Differenz der Thermospannungen, die sich in zwei verschiedenen Metallproben aufbauen, über deren Länge sich die Temperatur zwischen T_0 und T_1 ändert.

als einem Jahrhundert bekannt ist – auch aus immer weiter verfeinerten theoretischen Modellen in einer im wesentlichen unveränderten Form.

Auch in der Freude darüber, daß das semiklassische Modell dieses elegante Ergebnis reproduziert, darf man nicht vergessen, daß Abweichungen vom Wiedemann-Franzschen Gesetz beobachtet werden.[31] Wir werden in Kapitel 16 erkennen, daß diese Abweichungen nicht durch eine Unzulänglichkeit der semiklassischen Methode, sondern der Relaxationszeitnäherung verursacht sind.

Die Thermoelektrische Kraft

Hält man in einer Metallprobe einen Temperaturgradienten aufrecht, verhindert aber, daß ein Strom fließt, so stellt sich im Gleichgewicht eine elektrostatische Potentialdifferenz zwischen Bereichen der Probe mit unterschiedlichen Temperaturen ein.[32] Die Messung dieser Potentialdifferenz ist aus den folgenden Gründen keine einfache Aufgabe:

1. Um die Thermospannung mittels eines Voltmeters messen zu können, ist es unbedingt erforderlich, das Meßgerät an zwei Stellen gleicher Temperatur mit der Probe zu verbinden: Da die Zuleitungen zum Voltmeter an den Kontaktstellen im thermischen Gleichgewicht mit der Probe stehen, würde sonst innerhalb des Meßkreises selbst ein Temperaturgradient aufgebaut und sich deshalb eine zusätzliche Thermospannung der zu messenden überlagern. Da sich aber zwischen zwei Punkten ein und desselben Metalls, die sich auf der gleichen Temperatur befinden, keine Thermospannung aufbaut, muß man zwei verschiedene Metalle derart zu einem Stromkreis verbinden (Bild 13.1), daß eine Kontaktstelle der Metalle auf der Temperatur T_1 gehalten wird, während eine zweite – nur durch das Voltmeter überbrückt – die Temperatur $T_0 \neq T_1$ hat. Eine solche Messung liefert als Ergebnis die Differenz der Thermospannungen, welche sich über jedes der beiden Metallteile aufbauen.

2. Zur Messung der absoluten Thermospannung in einem Metall kann man die Tatsache nutzen, daß sich in einem supraleitenden Metall keine Thermospannung

---

[31] Siehe Kapitel 3.
[32] Dies ist der Seebeck-Effekt. Auf den Seiten 30 bis 32 geben wir eine zwar grobe, dafür aber elementare Diskussion der physikalischen Grundlagen dieses Effekts.

aufbaut.[33] Ist daher eines der Metalle in einem Stromkreis aus zwei verschiedenen Metallen supraleitend, so mißt man direkt die Thermospannung des normalleitenden Metalls.[34]

3. Die über das Voltmeter miteinander verbundenen Punkte des Stromkreises haben nicht nur verschiedene elektrische Potentiale, sondern auch verschiedene Chemische Potentiale.[35] Mißt das Voltmeter – wie es meistens der Fall ist – eigentlich das Produkt IR aus einem kleinen Strom I, der durch einen großen Widerstand R fließt, so muß man sich klarmachen, daß dieser Strom nicht nur durch das elektrische Feld $\mathbf{E}$, sondern durch ein Feld $\boldsymbol{\mathcal{E}} = \mathbf{E} + (1/e)\nabla\mu$ „angetrieben" wird. Diese Korrektur ergibt sich deshalb, weil der Gradient im Chemischen Potential einen Diffusionsstrom verursacht, der sich dem durch die Kraftwirkung des elektrischen Feldes erzeugten Strom hinzuaddiert.[36] Folglich zeigt das Voltmeter nicht $-\int \mathbf{E} \cdot d\ell$, sondern $-\int \boldsymbol{\mathcal{E}} \cdot d\ell$ an.

Die Thermoelektrische Kraft Q eines Metalls ist definiert als Proportionalitätskonstante zwischen der Anzeige eines wie oben beschrieben geschalteten Voltmeters und der Temperaturänderung:

$$-\int \boldsymbol{\mathcal{E}} \cdot d\ell = Q\Delta T \qquad (13.59)$$

oder

$$\boldsymbol{\mathcal{E}} = Q\nabla T. \qquad (13.60)$$

Da bei der Messung einer Thermospannung nur ein vernachlässigbar kleiner Strom fließt, erhält man aus (13.45)[37]

$$Q = \frac{L^{12}}{L^{11}}. \qquad (13.61)$$

---

[33] Siehe Seite 929.

[34] Dadurch wird es möglich, die absolute thermoelektrische Kraft eines Metalls bei Temperaturen bis zu 20 K zu bestimmen (bis heute wurde Supraleitung nur bis zu dieser Temperatur beobachtet); für höhere Temperaturen kann man sie aus Messungen des Thomson-Effekts ableiten (Aufgabe 5).

[35] Obwohl die Chemischen Potentiale im Kontaktpunkt der Metalle durch den Elektronenfluß von einem Metall zum anderen einander angeglichen werden, so besteht dennoch zwischen den Punkten, mit denen das Voltmeter verbunden ist, eine Differenz der Chemischen Potentiale, da die Form der Abhängigkeit des Chemischen Potentials von der Temperatur für die beiden Metalle verschieden ist.

[36] Daß es gerade diese spezielle Kombination aus elektrischem Feld und Gradient des Chemischen Potentials ist, die den elektrischen Strom „antreibt", folgt aus (13.45). Man referiert oft dadurch auf diese Tatsache, daß man sagt, das Voltmeter messe nicht ein elektrisches Potential, sondern das „elektrochemische Potential".

[37] Der Einfachheit halber beschränken wir uns bei unserer Betrachtung auf kubische Metalle, für welche die Tensoren $\mathbf{L}^{ij}$ diagonal sind.

Mit den Gleichungen (13.50) und (13.51) folgt hieraus

$$Q = -\frac{\pi^2}{3} \frac{k_B^2 T}{e} \frac{\sigma'}{\sigma}. \tag{13.62}$$

Dieser Ausdruck ist in seiner Gestalt deutlich komplexer als die von der Relaxationszeit τ unabhängige[38] Abschätzung (2.94) für freie Elektronen. Wir können σ' in eine brauchbarere Form bringen, indem wir (13.48) differenzieren:

$$\frac{\partial}{\partial\varepsilon}\boldsymbol{\sigma}(\varepsilon) = \frac{\tau'(\varepsilon)}{\tau(\varepsilon)}\boldsymbol{\sigma}(\varepsilon) + e^2\tau(\varepsilon)\int \frac{d\mathbf{k}}{4\pi^3}\delta'(\varepsilon-\varepsilon(\mathbf{k}))\mathbf{v}(\mathbf{k})\mathbf{v}(\mathbf{k}). \tag{13.63}$$

Da gilt

$$\mathbf{v}(\mathbf{k})\delta'(\varepsilon-\varepsilon(\mathbf{k})) = -\frac{1}{\hbar}\frac{\partial}{\partial\mathbf{k}}\delta(\varepsilon-\varepsilon(\mathbf{k})), \tag{13.64}$$

so ergibt eine partielle Integration[39]

$$\sigma' = \frac{\tau'}{\tau}\sigma + \frac{e^2\tau}{4\pi^3}\int d\mathbf{k}\,\delta(\varepsilon_F-\varepsilon(\mathbf{k}))\mathbf{M}^{-1}(\mathbf{k}). \tag{13.65}$$

Ist die Energieabhängigkeit der Relaxationszeit unerheblich, so ist das Vorzeichen der Thermoelektrischen Kraft durch das Vorzeichen der effektiven Masse bestimmt, gemittelt über die Fermifläche – also dadurch, ob die Ladungsträger Elektronen oder Löcher sind. Dies ist konsistent mit der in Kapitel 12 beschriebenen allgemeinen Theorie der Löcher und bietet darüber hinaus eine Erklärungsmöglichkeit für eine weitere Anomalie in der Theorie freier Elektronen.[40]

Die Thermoelektrische Kraft ist keine sehr zuverlässige „Sonde" der fundamentalen elektronischen Eigenschaften eines Metalls: Das Verständnis der Energieabhängigkeit der Relaxationszeit τ ist unzureichend, die Gültigkeit der Gleichung (13.65) beruht auf der Gültigkeit der Relaxationszeitnäherung und – was am wesentlichsten ist – die

---

[38] Nehmen wir τ als unabhängig von der Energie an, so gilt im Grenzfall freier Elektronen $\sigma'/\sigma = (3/2\varepsilon_F)$, und (13.62) reduziert sich auf $Q = -(\pi^2/2e)(k_B^2 T/\varepsilon_F)$. Dieser Ausdruck ist um einen Faktor 3 größer als die grobe Abschätzung (2.94). Diese Diskrepanz geht zurück auf die sehr ungefähre Art und Weise der Behandlung der thermischen Mittelwerte von Energien und Geschwindigkeiten in den Kapiteln 1 und 2. Man erkennt nun, daß es zum größten Teil ein glücklicher Zufall war, daß die analoge Herleitung der Wärmeleitfähigkeit den richtigen numerischen Faktor ergab.

[39] Obwohl es naheliegend erscheint, die Größe $\sigma'(\varepsilon_F)$ zu interpretieren als Abhängigkeit der gemessenen Gleichstromleitfähigkeit von hinreichend gut kontrollierbaren Parametern, ist diese Sichtweise nicht zu rechtfertigen. Im Rahmen der Relaxationszeitnäherung bedeutet diese Größe nicht mehr (und nicht weniger), als das in (13.65) ausgedrückte.

[40] Siehe Kapitel 3.

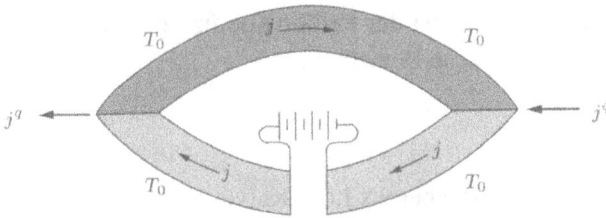

Bild 13.2: Der Peltier-Effekt: Man schickt einen elektrischen Strom durch einen Kreis, der aus zwei verschiedenen Metallen aufgebaut ist und auf der einheitlichen Temperatur T_0 gehalten wird. Um diese einheitliche Temperatur aufrechtzuerhalten, muß man dann am einen der Kontakte Wärme zuführen, am anderen Kontakt abführen (in Form eines Wärmestroms j^q).

Gitterschwingungen können den Transport von Wärmeenergie in einem Maße beeinträchtigen, welches die Formulierung einer exakten Theorie der Thermoelektrischen Kraft sehr erschwert.

Weitere Thermoelektrische Effekte

Man kennt eine Vielzahl weiterer thermoelektrischer Effekte. In Aufgabe 5 beschreiben wir den Thomson-Effekt und möchten den Peltier-Effekt hier lediglich erwähnen.[41] Schickt man einen elektrischen Strom durch einen aus zwei verschiedenen Metallen aufgebauten, auf einer einheitlichen Temperatur gehaltenen Stromkreis, so wird an der einen Kontaktstelle Wärme entwickelt, an der anderen Wärme absorbiert (Bild 13.2). Dieser Effekt entsteht deshalb, weil ein isothermer elektrischer Strom in einem Metall von einem Wärmestrom begleitet wird:

$$\mathbf{j}^q = \Pi \,\mathbf{j}. \tag{13.66}$$

Π bezeichnet man als den Peltier-Koeffizienten. Da der elektrische Strom im geschlossenen Stromkreis homogen fließt, die Peltier-Koeffizienten sich aber von Metall zu Metall unterscheiden, so sind die Wärmeströme in den beiden Metallen nicht gleich, und die Differenz muß am einen Kontakt abgeleitet, am anderen Kontakt zugeführt werden, soll die einheitliche Temperatur erhalten bleiben.

Setzen wir den Temperaturgradienten in (13.45) gleich null, so erhalten wir für den Peltier-Koeffizienten den Ausdruck

$$\Pi = \frac{L^{21}}{L^{11}}. \tag{13.67}$$

---

[41] Wirken sowohl ein Temperaturgradient als auch ein Magnetfeld, so ergeben sich neue experimentelle Situationen für weitere Messungen. Eine kompakte Zusammenfassung der verschiedenen thermomagnetischen Effekte (Nernst, Ettingshausen, Righi-Leduc) findet man in H. B. Callen, *Thermodynamics*, Wiley, New York (1960), Kapitel 17.

Aufgrund der Identität (13.51) ist der Peltier-Koeffizient mit der Thermoelektrischen Kraft (13.61) durch die einfache Beziehung

$$\Pi = TQ \tag{13.68}$$

verbunden, eine Gleichung, die bereits Lord Kelvin ableitete.

Semiklassische Leitfähigkeit in einem homogenen Magnetfeld

Man kann die Gleichstromleitfähigkeit bei homogener Temperaturverteilung und in einem homogenen Magnetfeld $\mathbf{H}$ in eine Form bringen, die der entsprechenden Gleichung (13.25) für $\mathbf{H} = 0$ recht ähnlich ist. Im einem Magnetfeld hängt $\mathbf{v}(\mathbf{k}(t'))$ von t' ab, so daß das Integral in der Nichtgleichgewichts-Verteilungsfunktion (13.21) im allgemeinen Fall nicht mehr explizit berechnet werden kann. Statt dessen ist die für verschwindendes Feld geltende Beziehung (13.25) durch

$$\sigma^{(n)} = e^2 \int \frac{d\mathbf{k}}{4\pi^3} \tau_n(\varepsilon_n(\mathbf{k})) \mathbf{v}_n(\mathbf{k}) \bar{\mathbf{v}}_n(\mathbf{k}) \left(-\frac{\partial f}{\partial \varepsilon} \right)_{\varepsilon = \varepsilon_n(\mathbf{k})} \tag{13.69}$$

zu ersetzen, wobei $\bar{\mathbf{v}}_n(\mathbf{k})$ ein gewichtetes Mittel der Geschwindigkeit ist, berechnet über die „Historie" der durch $\mathbf{k}$ verlaufenden Bahnkurve[42] eines Elektrons:

$$\bar{\mathbf{v}}_n(\mathbf{k}) = \int_{-\infty}^{0} \frac{dt}{\tau_n(\mathbf{k})} e^{t/\tau_n(\mathbf{k})} \mathbf{v}_n(\mathbf{k}_n(t)). \tag{13.70}$$

Im Grenzfall eines schwachen Feldes wird die Bahnkurve sehr langsam durchlaufen, nur Punkte in der unmittelbaren Nachbarschaft von $\mathbf{k}$ tragen in nennenswertem Maße zum Mittelwert (13.70) bei, und die für verschwindendes Feld gültige Beziehung wird erreicht. Im allgemeinen Fall – insbesondere auch im Hochfeld-Grenzfall – wird eine recht komplexe Behandlung unvermeidlich – und dies selbst zur Herleitung der Ergebnisse, welche wir in Kapitel 12 direkt aus den semiklassischen Bewegungsgleichungen erhielten. Wir werden uns hier mit derartigen Berechnungen nicht weiter beschäftigen, jedoch einige Anwendungen der (13.70) in Aufgabe 6 demonstrieren.

---

[42] $\mathbf{k}_n(t)$ ist diejenige Lösung der semiklassischen Bewegungsgleichungen (12.6) in einem homogenen Magnetfeld, welche zur Zeit Null durch den Punkt $\mathbf{k}$ verläuft: $\mathbf{k}_n(0) = \mathbf{k}$. Wir verwenden dabei die Tatsache, daß die Verteilungsfunktion für statische Felder ebenfalls zeitunabhängig ist, und schreiben daher das Integral in (13.21) in seiner Form bei $t = 0$.

Aufgaben

13.1 Im Abschnitt „Gleichstromleitfähigkeit" begründeten wir, daß der Leitfähigkeitstensor in einem Metall mit kubischer Symmetrie die Form eines Produktes aus einer Konstanten und der Einheitsmatrix hat, daß also **j** immer parallel zu **E** ist. Zeigen Sie durch eine analoge Argumentation, daß für ein hexagonal dichtest gepacktes Metall der Leitfähigkeitstensor diagonal ist in einem rechtwinkligen Koordinatensystem, dessen z-Achse parallel ist zur c-Achse, mit $\sigma_{xx} = \sigma_{yy}$, so daß also der durch ein zur c-Achse paralleles oder dazu senkrechtes Feld erzeugte Strom parallel zum Feld verläuft.

13.2 Leiten Sie aus (13.25) ab, daß bei $T = 0$ – also in sehr guter Näherung auch bei jedem $T \ll T_F$ – die Leitfähigkeit eines Bandes mit kubischer Symmetrie gegeben ist durch

$$\sigma = \frac{e^2}{12\pi^3\hbar}\tau(\varepsilon_F)\bar{v}S, \qquad (13.71)$$

wobei S die Flächenmaßzahl des zum Band gehörigen Teils der Fermifläche bezeichnet sowie $\bar{v}$ die elektronische Geschwindigkeit, gemittelt über die Fermifläche:

$$\bar{v} = \frac{1}{S}\int dS\,|\mathbf{v}(\mathbf{k})|. \qquad (13.72)$$

Beachten Sie dabei, daß darin der Spezialfall eingeschlossen ist, daß vollständig gefüllte oder vollständig leere Bänder – welche beide keine Fermifläche besitzen – keinen Strom tragen. Dieses Resultat ermöglicht darüber hinaus eine andere Betrachtungsweise der Tatsache, daß fast leere (wenige Elektronen) und fast vollständig gefüllte Bänder (wenige Löcher) eine geringe Leitfähigkeit haben, da ihnen nur sehr kleine Bereiche der Fermifläche zugeordnet sind.

Zeigen Sie außerdem, daß sich (13.71) im Grenzfall freier Elektronen auf das Drudesche Ergebnis reduziert.

13.3 Zeigen Sie, daß die Gleichungen (13.45) sowie (13.50) bis (13.53), welche die elektrischen und die Wärmeströme beschreiben, auch in einem homogenen Magnetfeld gelten, sofern man in (13.48) für σ die Wirkungen des Magnetfeldes durch Ersetzen des zweiten $\mathbf{v}(\mathbf{k})$ durch das in (13.70) definierte $\bar{\mathbf{v}}(\mathbf{k})$ berücksichtigt.

13.4 Die Reaktion der Leitungselektronen auf ein sowohl orts- als auch zeitabhängiges elektrisches Feld der Form

$$\mathbf{E}(\mathbf{r}, t) = \mathrm{Re}\left[\mathbf{E}(\mathbf{q}, \omega)e^{i(\mathbf{q}\cdot\mathbf{r} - \omega t)}\right] \qquad (13.73)$$

erfordert eine eingehendere Betrachtung. Ein derartiges Feld erzeugt im allgemeinen eine räumlich veränderliche Ladungsdichte

$$\rho(\mathbf{r}, t) = -e\delta n(\mathbf{r}, t)$$
$$\delta n(\mathbf{r}, t) = \mathrm{Re}\left[\delta n(\mathbf{q}, \omega)e^{i(\mathbf{q}\cdot\mathbf{r}-\omega t)}\right]. \tag{13.74}$$

Da die Elektronen bei Stößen erhalten sind, muß der lokalen Gleichgewichtsverteilung, welche in die Relaxationszeitnäherung (13.3) eingeht, eine Ladungsdichte entsprechen, die gleich ist der effektiven, momentanen lokalen Dichte $n(\mathbf{r}, t)$. Deshalb muß man selbst bei einer homogenen Temperaturverteilung annehmen, daß das lokale Chemische Potential von der Form

$$\mu(\mathbf{r}, t) = \mu + \delta\mu(\mathbf{r}, t)$$
$$\delta\mu(\mathbf{r}, t) = \mathrm{Re}\left[\delta\mu(\mathbf{q}, \omega)e^{i(\mathbf{q}\cdot\mathbf{r}-\omega t)}\right] \tag{13.75}$$

ist, wobei $\delta\mu(\mathbf{q}, \omega)$ derart gewählt wurde, daß es (bis zur linearen Ordnung in E) die Bedingung

$$\delta n(\mathbf{q}, \omega) = \frac{\partial n_{eq}(\mu)}{\partial\mu}\delta\mu(\mathbf{q}, \omega) \tag{13.76}$$

erfüllt.

(a) Zeigen Sie, daß deshalb bei homogener Temperaturverteilung (13.22) zu ersetzen ist durch[43]

$$g(\mathbf{r}, \mathbf{k}, t)' = f(\varepsilon(\mathbf{k})) + \mathrm{Re}\left[\delta g(\mathbf{q}, \mathbf{k}, \omega)e^{i(\mathbf{q}\cdot\mathbf{r}-\omega t)}\right],$$
$$\delta g(\mathbf{q}, \omega) = \left(-\frac{\partial f}{\partial\varepsilon}\right)\frac{(\delta\mu(\mathbf{q}, \omega)/\tau) - e\mathbf{v}(\mathbf{k})\cdot\mathbf{E}(\mathbf{q}, \omega)}{(1/\tau) - i[\omega - \mathbf{q}\cdot\mathbf{v}(\mathbf{k})]}. \tag{13.77}$$

(b) Konstruieren Sie den erzeugten Strom sowie die erzeugten Ladungsdichten aus der Verteilungsfunktion (13.77) und zeigen Sie so, daß die Wahl (13.75) für $\delta\mu(\mathbf{q}, \omega)$ exakt sicherstellt, daß die Kontinuitätsgleichung (lokale Erhaltung der Ladung)

$$\mathbf{q}\cdot\mathbf{j}(\mathbf{q}, \omega) = \omega\rho(\mathbf{q}, \omega), \quad \left(\nabla\cdot\mathbf{j} + \frac{\partial\rho}{\partial t} = 0\right), \tag{13.78}$$

erfüllt ist.

---

[43] Siehe Fußnote 7.

(c) Zeigen Sie, daß der erzeugte Strom unter der Voraussetzung, daß keine Ladungsdichte induziert wird, von der Form

$$\mathbf{j}(\mathbf{r}, t) = \text{Re}\,[\sigma(\mathbf{q}, \omega) \cdot \mathbf{E}(\mathbf{q}, \omega) e^{i(\mathbf{q} \cdot \mathbf{r} - \omega t)}],$$

$$\sigma(\mathbf{q}, \omega) = e^2 \int \frac{d\mathbf{k}}{4\pi^3} \left(-\frac{\partial f}{\partial \varepsilon} \right) \frac{\mathbf{v}\mathbf{v}}{(1/\tau) - i[\omega - \mathbf{q} \cdot \mathbf{v}(\mathbf{k})]} \tag{13.79}$$

ist. Zeigen Sie weiterhin, daß eine hinreichende Bedingung für die Gültigkeit von (13.79) darin besteht, daß das elektrische Feld $\mathbf{E}$ senkrecht ist auf einer Spiegelebene, welche den Wellenvektor $\mathbf{q}$ enthält.

13.5   Betrachten Sie ein Metall, in welchem gleichzeitig elektrische Ströme und Wärmeströme fließen. Die Erzeugungsrate von Wärme pro Einheitsvolumen ist mit der lokalen Energie und den Anzahldichten durch (siehe (13.39))

$$\frac{dq}{dt} = \frac{du}{dt} - \mu \frac{dn}{dt} \tag{13.80}$$

verbunden, wobei μ das lokale Chemische Potential bezeichnet. Verwenden Sie die Kontinuitätsgleichung

$$\frac{dn}{dt} = -\nabla \cdot \mathbf{j}^n \tag{13.81}$$

sowie die Tatsache, daß die Änderungsrate der lokalen Energie gegeben ist als Summe der Rate, mit welcher Elektronen Energie in ein Volumen hineintragen, und der Rate, mit welcher das elektrische Feld Arbeit verrichtet,

$$\frac{du}{dt} = -\nabla \cdot \mathbf{j}^\varepsilon + \mathbf{E} \cdot \mathbf{j}, \tag{13.82}$$

um zu zeigen, daß man (13.80) in der Form

$$\frac{dq}{dt} = -\nabla \cdot \mathbf{j}^q + \boldsymbol{\mathcal{E}} \cdot \mathbf{j} \tag{13.83}$$

schreiben kann. Dabei bezeichnet $\mathbf{j}^q$ den Wärmestrom (gegeben durch (13.38) und (13.40)), und es gilt $\boldsymbol{\mathcal{E}} = \mathbf{E} + (1/e)\nabla\mu$. Nehmen Sie kubische Symmetrie an – so daß die Tensoren $\mathbf{L}^{ij}$ diagonal sind – und zeigen Sie, daß unter den Bedingungen eines homogenen Stromflusses ($\nabla \cdot \mathbf{j} = 0$) sowie eines homogenen Temperaturgradienten ($\nabla^2 T = 0$)

$$\frac{dq}{dt} = \rho \mathbf{j}^2 + \frac{dK}{dT}(\nabla T)^2 - T \frac{dQ}{dT}(\nabla T) \cdot \mathbf{j} \tag{13.84}$$

gilt, wobei ρ den spezifischen Widerstand, K die Wärmeleitfähigkeit sowie Q die Thermoelektrische Kraft bezeichnen. Durch Messung der Änderung der Wärmeerzeugungsrate pro Volumen bei einer Umkehrung der Stromrichtung für einen gleichbleibenden Temperaturgradienten (bekannt als Thomson-Effekt) kann man deshalb die Ableitung der Thermoelektrischen Kraft nach der Temperatur bestimmen – und dadurch den Wert von Q bei hohen Temperaturen aus dem Wert bei niedrigen Temperaturen berechnen.

Vergleichen Sie den Wert des numerischen Koeffizienten von $\nabla T \cdot \mathbf{j}$ mit dem Wert, der in Aufgabe 3 von Kapitel 1 durch grobe Abschätzung bestimmt wurde.

13.6 Die mittlere Geschwindigkeit $\bar{\mathbf{v}}$ (Gleichung (13.70)) im Ausdruck (13.69) für die Leitfähigkeit in einem homogenen Magnetfeld nimmt im Hochfeld-Grenzfall eine recht einfache Form an.

(a) Zeigen Sie, daß die Komponente von $\bar{\mathbf{v}}$ in einer Ebene senkrecht zu $\mathbf{H}$ für eine geschlossene Bahnkurve gegeben ist durch

$$\bar{\mathbf{v}}_\perp = -\frac{\hbar c}{eH\tau}\hat{\mathbf{H}} \times [\mathbf{k} - \langle \mathbf{k} \rangle]_\perp + O\left(\frac{1}{H^2}\right).$$
(13.85)

Dabei bezeichnet $\langle \mathbf{k} \rangle$ das zeitliche Mittel des Wellenvektors, berechnet über die Bahnkurve:

$$\langle \mathbf{k} \rangle = \frac{1}{T}\oint \mathbf{k}\, dt.$$
(13.86)

(b) Zeigen Sie, daß der Grenzwert von $\bar{\mathbf{v}}$ im Hochfeld-Grenzfall für eine offene Bahn gegeben ist durch die mittlere Geschwindigkeit der Bewegung entlang der Bahnkurve (und damit parallel zur Richtung der Bahnkurve).

(c) Zeigen Sie,[44] daß im Hochfeld-Grenzfall für $\mathbf{E} \cdot \mathbf{H} = 0$ die Beziehung

$$\mathbf{j}_\perp = -e\int\frac{d\mathbf{k}}{4\pi^3}\left(-\frac{\partial f}{\partial \mathbf{k}}\right)\mathbf{k} \cdot \mathbf{w}$$
(13.87)

gilt, wobei $\mathbf{w} = c(\mathbf{E} \times \mathbf{H})/H^2$ die in Gleichung (12.46) definierte Driftgeschwindigkeit bezeichnet. Leiten Sie die Gleichung (12.51) beziehungsweise (12.52) aus (13.87) ab und unterscheiden sie dabei die Fälle, daß das Band elektronenähnlich oder lochähnlich sein kann. (Bemerkung: Da $\mathbf{k}$ *keine* periodische Funktion im k-Raum ist, kann man in (13.87) nicht ohne weiteres partiell integrieren.)

---

[44] Argumentieren Sie, daß der Term in $\langle \mathbf{k} \rangle$ der Gleichung (13.85) keinen Beitrag liefert, da er nur von ε und k_z abhängt.

(d) Leiten Sie aus dem Ergebnis von Teil (b) die Grenzform (12.56) der Leitfähigkeit im Falle offener Bahnen ab. (Hinweis: Beachten Sie, daß $\bar{\mathbf{v}}$ unabhängig ist von der Komponente des Vektors k parallel zur Richtung der offenen Bahn im k-Raum.)

(e) Leiten Sie aus der allgemeinen Form der semiklassischen Bewegungsgleichung in einem Magnetfeld (Gleichung (12.6)) ab, daß die funktionale Abhängigkeit des Leitfähigkeitstensors (13.69) von H und τ für ein gegebenes Band in einem homogenen Magnetfeld die Gestalt

$$\sigma = \tau\mathbf{F}(H\tau) \tag{13.88}$$

hat. Der Strom werde durch die Elektronen eines einzelnen Bandes getragen (oder die Relaxationszeit sei für alle Bänder gleich); leiten Sie unter diesen Bedingungen aus (13.88) ab, daß

$$\frac{\rho_{xx}(H) - \rho_{xx}(0)}{\rho_{xx}(0)} \tag{13.89}$$

von H und τ nur über das Produkt $H\tau$ abhängt (Kohlersche Regel). Dies gilt für jede Diagonalkomponente des spezifischen Widerstands senkrecht zu H.

(f) Leiten Sie aus den Eigenschaften der semiklassischen Bewegungsgleichungen in einem Magnetfeld ab, daß

$$\sigma_{\mu\nu}(H) = \sigma_{\nu\mu}(-H) \tag{13.90}$$

gilt. Diese Gleichung ist eine Onsagersche Beziehung.[45] (Hinweis: Führen Sie die Variablentransformation $\mathbf{k}(t) = \mathbf{k}'$ aus und berufen Sie sich auf den Satz von Liouville, um die k-Raum-Integrale in (13.69) durch Integrale über $\mathbf{k}'$ ersetzen zu können.)

---

[45] Derartige Beziehungen zwischen Transportkoeffizienten wurden erstmals in sehr großer Allgemeinheit von L. Onsager formuliert. Die erste Gleichheit in (13.51) stellt ein weiteres Beispiel für eine Onsagersche Beziehung dar.

14 Experimentelle Bestimmung der Fermifläche

Der de Haas-van Alphén-Effekt

Weitere oszillatorische, galvanomagnetische Effekte

Landau-Niveaus freier Elektronen

Bloch-Elektronen in Landau-Niveaus

Physikalischer Ursprung der oszillatorischen Phänomene

Einfluß des Elektronenspins auf die oszillatorischen Phänomene

Magneto-akkustischer Effekt

Ultraschallabschwächung

Anomaler Skineffekt

Zyklotronresonanz

Effekte der Probenabmessungen (*size effects*)

Die Messung einer gewissen Klasse physikalischer Größen ist in erster Linie deshalb von Interesse, weil diese Größen detaillierte Information über die geometrische Struktur der Fermifläche vermitteln. Solche Größen hängen ausschließlich von universellen Konstanten (e, h, c oder m), experimentell kontrollierbaren Parametern (wie beispielsweise der Temperatur, der Frequenz, der Magnetfeldstärke oder der Kristallorientierung) sowie von den Einzelheiten der elektronischen Bandstruktur ab, welche durch die Gestalt der Fermifläche vollständig bestimmt ist.

Wir haben bereits eine dieser Größen kennengelernt: In nicht kompensierten Metallen ohne offene Bahnen für eine gegebene Feldrichtung ist die Hochfeld-Hallkonstante vollständig bestimmt durch das von den lochartigen und elektronenartigen Zweigen der Fermifläche umschlossene Volumen des k-Raumes.

In der Physik der Metalle nehmen Größen, die solche Information über die Fermifläche vermitteln, einen besonderen Stellenwert ein. Ihre Messung erfordert nahezu in jedem Falle die Verwendung von Einkristallen sehr reiner Stoffe bei sehr niedrigen Temperaturen (um die Abhängigkeit von der Relaxationszeit zu eliminieren), und sie wird oft in sehr starken Magnetfeldern durchgeführt, um die Elektronen dazu zu zwingen, die topologische Struktur der Fermifläche im Laufe ihrer semiklassischen Bewegung im k-Raum „abzutasten".

Die Bedeutung einer experimentellen Bestimmung der Gestalt der Fermifläche eines Metalls ist offenbar: Die Form der Fermifläche steht in enger Beziehung zu den Transportkoeffizienten – wie in den Kapiteln 12 und 13 besprochen – und ebenso zu den Gleichgewichtseigenschaften sowie den optischen Eigenschaften des Metalls – wie wir in Kapitel 15 noch zeigen werden; eine experimentell vermessene Fermifläche kann die Zielvorgabe einer *ab initio*-Bandstrukturberechnung sein oder Daten liefern zur Bestimmung der Parameter im *fit* an ein phänomenologisches Kristallpotential, welchen man dann zur Berechnung anderer Effekte verwenden kann. Auch wenn sie weiter keinen bestimmten Zweck verfolgen, so sind Messungen der Fermifläche schon alleine als weitere Bestätigung der semiklassischen Ein-Elektron-Theorie von Interesse, da es inzwischen zahlreiche voneinander unabhängige Methoden gibt, um Daten über die Fermifläche zu gewinnen.

Unter den experimentellen Methoden zur Bestimmung der Topologie von Fermiflächen hat sich der *de Haas-van Alphén-Effekt*, zusammen mit einer Gruppe weiterer, eng mit diesem Effekt verwandter und auf demselben physikalischen Mechanismus beruhender Phänomene als die bei weitem leistungsfähigste herausgestellt. Auf der Nutzung dieses Effekts beruht fast vollständig die umfangreiche und ständig wachsende, detaillierte Kenntnis der Fermiflächen einer großen Zahl von Metallen. Keine andere experimentelle Technik ist mit dem *de Haas-van Alphén-Effekt* in Bezug auf Leistungsfähigkeit und Einfachheit vergleichbar. Aus diesem Grunde beschäftigt sich der größte Teil des vorliegenden Kapitels mit der Beschreibung dieses Effekts. Wir werden dieses Kapitel beschließen mit knappen Darstellungen einer Auswahl anderer Phänomene, mittels derer man darüber hinausgehend zusätzliche Information über die Topologie der Fermiflächen gewonnen hat.

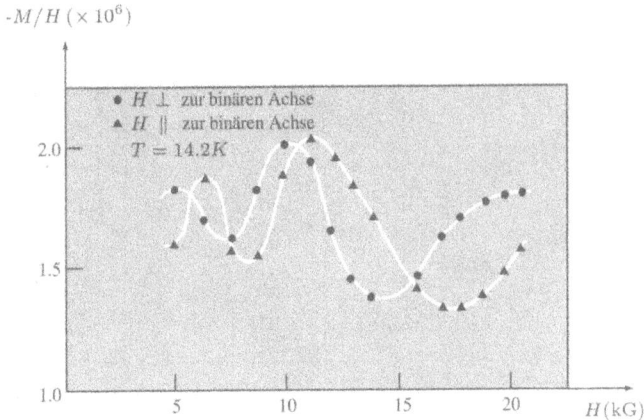

Bild 14.1: Experimentelle Daten von de Haas und van Alphén. Aufgetragen ist das Verhältnis der Magnetisierung pro Gramm zur Feldstärke, in Abhängigkeit von der Feldstärke, für zwei verschiedene Orientierungen eines Wismut-Kristalls bei einer Temperatur von 14,2 K. (W. J. de Haas und P. M. van Alphén, *Leiden Comm.* **208d**, **212a** (1930) sowie **220d** (1932).)

Der de Haas-van Alphén-Effekt

Bild 14.1 zeigt Ergebnisse eines berühmten Experimentes von de Haas und van Alphén aus dem Jahre 1930: Sie untersuchten die Abhängigkeit der Magnetisierung einer Wismut-Probe als Funktion des Magnetfeldes bei starken Feldern und einer Temperatur von 14,2 K, und fanden dabei Oszillationen des Verhältnisses M/H.

Auf den ersten Blick würde man hinter diesem eigenartigen Phänomen, zu beobachten ausschließlich bei niedrigen Temperaturen und in starken Feldern, nicht den Schlüssel zur elektronischen Struktur eines Metalls vermuten, als der es sich herausgestellt hat. Seine Nützlichkeit in dieser Beziehung wurde im vollen Umfange erst 1952 von Onsager erkannt und herausgestellt. Seit der ursprünglichen experimentellen Demonstration des Effekts hat man – insbesondere seit den Jahren um 1960 – sorgfältige Messungen dieser oszillatorischen Feldabhängigkeit der magnetischen Suszeptibilität[1] $\chi = dM/dH$ in zahlreichen Metallen durchgeführt.

Diese Oszillationen zeigen eine bemerkenswerte Regelmäßigkeit, sobald man die Suszeptibilität *nicht* gegen das Feld selbst, sondern gegen sein *Inverses* aufträgt; dann wird klar, daß χ in einer periodischen Abhängigkeit von $1/H$ steht, wobei oft zwei oder auch mehrere Perioden überlagert erscheinen. Einige typische experimentelle Ergebnisse sind in Bild 14.2 dargestellt.

Ein ähnliches oszillatorisches Verhalten hat man nicht nur bei der Suszeptibilität, sondern auch bei der Leitfähigkeit (Shubnikov-de Haas-Effekt), der Magnetostriktion

---

[1] Verläuft die Magnetisierung linear mit der Feldstärke, so braucht man nicht zwischen M/H und $\partial M/\partial H$ zu unterscheiden. Hier jedoch – wie auch bei der Behandlung kritischer Phänomene in Kapitel 33 – sind nichtlineare Effekte von entscheidender Bedeutung. Es herrscht deshalb allgemein Konsens darüber, die Suszeptibilität als $\partial M/\partial H$ zu definieren.

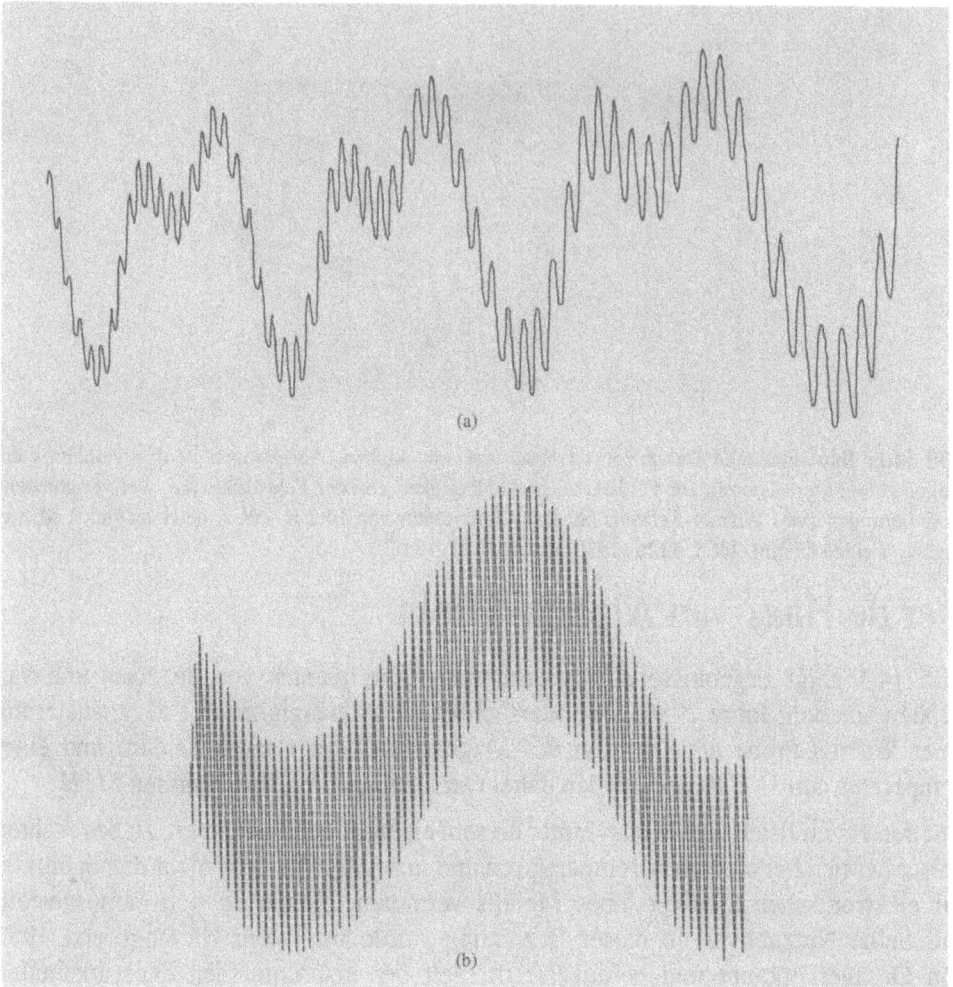

Bild 14.2: de Haas-van Alphén-Oszillationen in (a) Rhenium und (b) Silber (mit freundlicher Genehmigung von A. S. Joseph).

(Abhängigkeit der Probenabmessungen von der Magnetfeldstärke) sowie – hinreichend sorgfältige Messung vorausgesetzt – bei fast allen anderen Größen eines Metalls beobachtet. Sehr schwache Oszillationen derselben Art zeigt sogar die Hochfeld-Hall-„Konstante", was ein deutliches Anzeichen dafür ist, daß der Effekt eine Unzulänglichkeit des semiklassischen Modells offenbart. In Bild 14.3 ist eine Auswahl solcher Effekte dargestellt.

Die Verfeinerung des Effekts zu einem leistungsfähigen Meßverfahren zur Bestimmung der Gestalt von Fermiflächen geht größtenteils auf D. Shoenberg zurück, dessen Historie des Phänomens[2] eine instruktive und erfreuliche Lektüre bietet. Zwei

---

[2] *Proc. 9th Internat. Conf. on Low Temperature Physics*, Daunt, Edwards, Milford, Yaqub, ed., Plenum Press, New York, 1965, S.665.

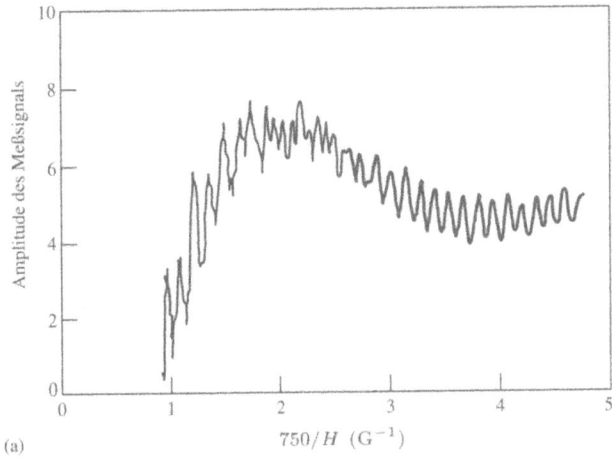

(a)

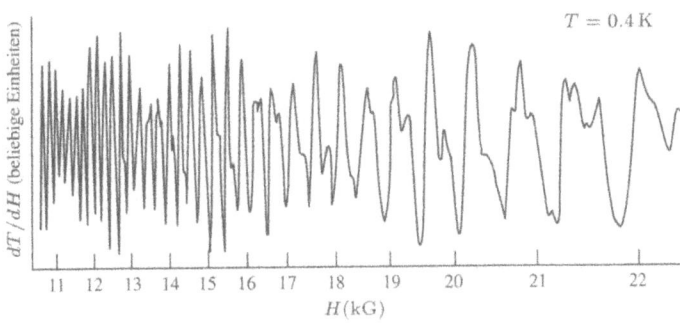

(b)

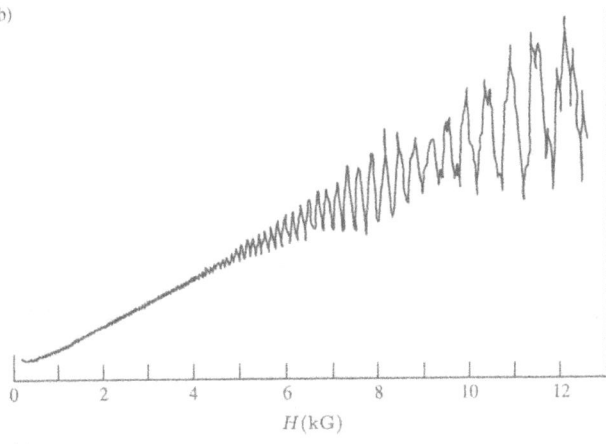

(c)

Bild 14.3: Beispiele für die fast allgegenwärtigen Oszillationen, deren berühmteste den de Haas-van Alphén-Effekt ausmacht: (a) Schallabschwächung in Wolfram (C. K. Jones und J. A. Rayne), (b) Feldabhängigkeit von dT/dH in Antimon (B. D. McCombe und G. Seidel), (c) Magnetwiderstand von Gallium in Abhängigkeit von der Feldstärke bei 1,3 K.

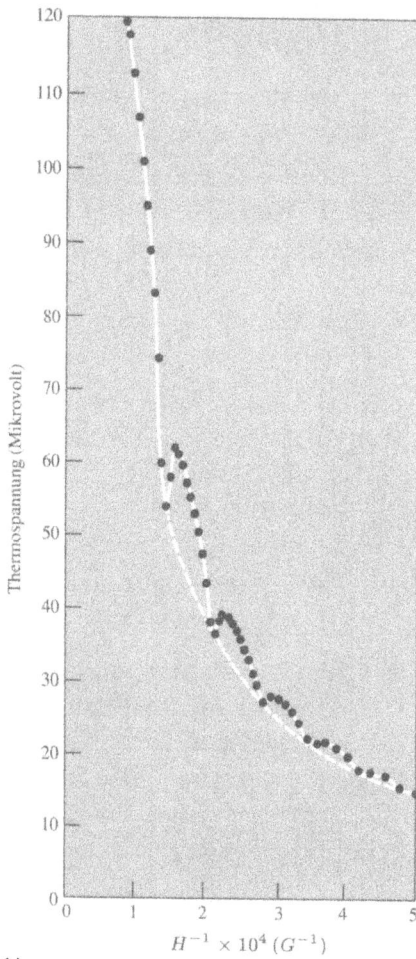

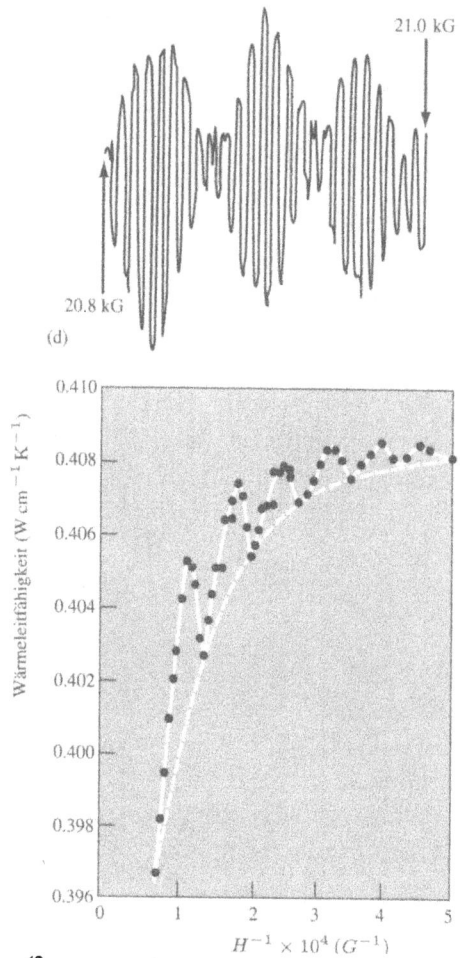

Bild 14.3: (d) Oszillationen beim Peltier-Effekt in Zink, (e) Thermospannung von Wismut bei 1,6 K, (f) Wärmeleitfähigkeit von Wismut bei 1,6 K. (Quellen: (a), (b) und (c): *Proc. 9th Internat. Conf. on Low Temperature Physics*, J. G. Daunt et al., eds., Plenum Press, New York, 1965. (d): H. J. Trodahl, F. J. Blatt, *Phys. Rev.* **180**, 709 (1969). (e) und (f): M. C. Steele, J. Babiskin, *Phys. Rev.* **98**, 359 (1955).)

hauptsächliche experimentelle Techniken zur Messung der Oszillationen hat man in größerem Umfange erforscht: Eine dieser Methoden gründet darauf, daß eine magnetisierte Probe in einem Magnetfeld ein zu ihrem magnetischen Moment proportionales Drehmoment erfährt,[3] Die andere Methode ist besonders dann geeignet, wenn hohe Felder erforderlich sind, und registriert die in einer die Probe umschließenden Spule induzierte Spannung, wenn die Probe einem Magnetfeldimpuls[4] ausgesetzt wird. Da diese Spannung proportional ist zu $dM/dt = (dM/dH)(dH/dt)$, so kann man auf diese Weise die Oszillationen der Suszeptibilität als Funktion der Feldstärke messen. und mißt einfach die Oszillationen der Winkelposition einer an einem Faden aufgehängten Metallprobe in Abhängigkeit von der Feldstärke – und somit von der Magnetisierung $M(H)$.

Noch bevor Onsager den Schlüssel zur Theorie des de Haas-van Alphén-Effekts für Bloch-Elektronen fand, konnte Landau[5] die Oszillationen im Rahmen der Theorie freier Elektronen deuten als direkte Konsequenz der Quantisierung geschlossener Elektronenbahnen in einem Magnetfeld und damit als eine direkt beobachtbare Manifestation eines reinen Quantenphänomens.

Der Effekt gewann noch an Interesse und Wichtigkeit, als Onsager[6] zeigen konnte, daß die Änderung $\Delta(1/H)$ der reziproken Feldstärke $1/H$ während einer einzelnen Schwingungsperiode durch die bemerkenswert einfache Beziehung

$$\Delta\left(\frac{1}{H}\right) = \frac{2\pi e}{\hbar c}\frac{1}{A_e} \tag{14.1}$$

beschrieben wird; dabei bezeichnet A_e einen beliebigen, extremalen Querschnitt der Fermifläche in einer Ebene senkrecht zur Richtung des Magnetfeldes. Einige dieser extremalen Querschnitte sind in Bild 14.4 eingezeichnet. Wählt man die z-Achse parallel zum Magnetfeld, so bezeichne $A(k_z)$ die Flächenmaßzahl eines Querschnittes der Fermifläche in der Höhe k_z; die Extremalflächen A_e sind dann die Werte von $A(k_z)$ an den Stellen k_z, an welchen $dA/dk_z = 0$ gilt. (Sowohl maximale als auch minimale Querschnitte sind extremal.)

---

[3] Das Drehmoment tritt nur dann in Erscheinung, wenn die Magnetisierung *nicht* parallel zur Feldrichtung ist. Da es sich um einen nichtlinearen Effekt handelt, trifft dies im allgemeinen zu, außer dann, wenn die Feldrichtung mit einer Symmetrierichtung zusammenfällt.

[4] In diesem „Feldimpuls" ändert sich die Feldstärke natürlich langsam auf der Skala der Relaxationszeiten in Metallen, so daß die Magnetisierung der Probe bei jedem momentanen Wert der Feldstärke stets im Gleichgewicht ist.

[5] L. D. Landau, *Z. Phys.* **64**, 629 (1930). Beachten Sie das Datum der Veröffentlichung! Landau sagte die Oszillationen voraus, ohne vom Experiment von de Haas und van Alphén zu wissen – und nahm an, daß man nicht in der Lage sein würde, ein Magnetfeld zu erzeugen, welches hinreichend homogen wäre, um den Effekt beobachten zu können (siehe Aufgabe 3).

[6] L. Onsager, *Phil. Mag.* **43**, 1006 (1952).

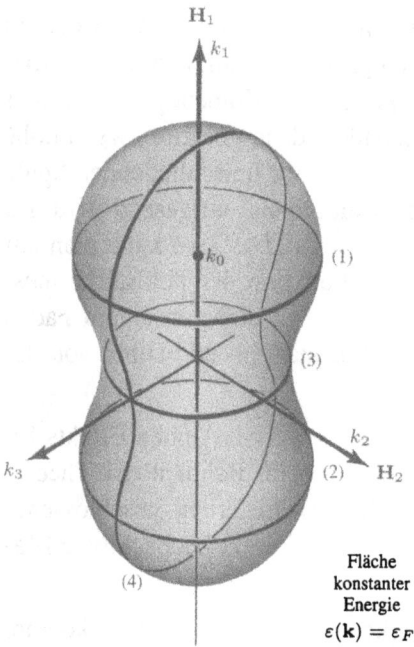

Bild 14.4: Einige Beispiele für extremale Bahnkurven. Liegt **H** parallel zur k_1-Achse, dann sind die Bahnen (1) und (2) maximale Extremalbahnen, (3) ist eine minimale. Liegt das Magnetfeld dagegen parallel zur k_2-Achse, so gibt es nur die einzige Extremalbahn (4).

Da man durch Ändern der Feldrichtung verschiedene extremale Querschnitte ins Spiel bringen kann, so ist es auf diese Weise möglich, sämtliche Extremalschnitte der Fermifläche auszumessen. Oft reicht diese Information schon aus, um daraus die vollständige Gestalt der Fermifläche zu konstruieren. In der Praxis kann sich dies jedoch als eine schwierige Aufgabe erweisen: Existieren für gewisse Feldrichtungen mehrere Extremalbahnen, oder ist mehr als ein einziges Band teilweise gefüllt, so überlagern sich mehrere Periodendauern. Oft ist es einfacher, von einer begründeten Vermutung über die Gestalt der Fermifläche auszugehen (basierend beispielsweise auf einer angenäherten Berechnung der Bandstruktur) und diese dann anhand der experimentellen Ergebnisse zu überprüfen und zu verfeinern, als zu versuchen, *direkt* geometrische Information aus verworrenen experimentellen Daten zu gewinnen.

Die Begründung für Gleichung (14.1) ist einfach, aber kühn: Die Erklärung *kann* nicht klassisch sein, da ein Satz von Bohr und van Leeuwen (siehe Kapitel 31) besagt, daß keine der Eigenschaften eines klassischen Systems im thermodynamischen Gleichgewicht auf irgendeine Weise von einem Magnetfeld abhängig sein kann. Diese weitreichende Aussage gilt ebenso für semiklassische Systeme (im Sinne der Kapitel 12 und 13), so daß der de Haas-van Alphén-Effekt eindeutig ein Versagen des semiklassischen Modells aufzeigt. Das Problem tritt immer dann auf, wenn die semiklassische Theorie geschlossene Bahnen in der Projektion der Elektronenbewegung auf eine zur Feldrichtung senkrechte Ebene voraussagt. Tritt eine solche Situation ein (was nicht ungewöhnlich ist), so ist die Energie der Bewegung senkrecht zur Richtung des Feldes **H** quantisiert. Um diese Energieniveaus zu berechnen, muß man im Prinzip auf die Schrödingergleichung eines Elektrons in einem periodischen Kristallpotential unter der Wirkung eines äußeren Magnetfeldes zurückgreifen. Die vollständige Lösung dieses Problems ist eine schwierige Aufgabe, die man nur für den einfachen Fall freier Elektronen (d.h. für ein identisch verschwindendes periodisches Potential) in einem Magnetfeld durchführen konnte. Wir werden im folgenden die Ergebnisse für freie Elektronen beschreiben und verweisen den an der Herleitung interessierten Leser auf die zitierten Standardwerke.[7] Wir werden diese Ergebnisse für freie Elektronen weiterhin lediglich dazu verwenden, die Aussagen von Onsagers Theorie der magnetischen Energieniveaus in einem periodischen Potential, welche von wesentlich größerer Allgemeinheit, jedoch von ein wenig geringerer Strenge ist, zu überprüfen und zu illustrieren.

Freie Elektronen in einem homogenen Magnetfeld

Die Bahn-Energieniveaus[8] eines Elektrons in einem würfelförmigen Volumen mit Seiten der Länge L parallel zu den Koordinatenachsen x, y und z sind unter der Wirkung eines homogenen Magnetfeldes H in z-Richtung durch die beiden Quantenzahlen ν und k_z festgelegt:

$$\varepsilon_\nu(k_z) = \frac{\hbar^2}{2m}k_z^2 + \left(\nu + \frac{1}{2}\right)\hbar\omega_c$$

$$\omega_c = \frac{eH}{mc}. \tag{14.2}$$

Die möglichen Werte der Quantenzahl ν sind alle nichtnegativen, ganzen Zahlen, und die Werte der Quantenzahl k_z sind identisch mit den Werten für verschwindendes Magnetfeld (Gleichung (2.16)),

$$k_z = \frac{2\pi n_z}{L}, \tag{14.3}$$

für jedes ganzzahlige n_z. Jedes dieser Niveaus ist hochgradig entartet: Die Anzahl der Niveaus mit Energie (14.2) für gegebene Werte von ν und k_z ist – einschließlich eines

---

[7] L. D. Landau und E. M. Lifshitz, *Quantum Mechanics*, 2nd ed., Addison-Wesley, Reading, Mass. (1965), Seiten 424 – 426 oder R. E. Peierls, *Quantum Theory of Solids*, Oxford, New York, 1955, Seiten 146 – 147. Peierls' Diskussion der recht komplizierten Randbedingung ist besser. Die Energieniveaus werden bestimmt durch Reduktion des Problems mittels einer einfachen Transformation auf das Problem eines eindimensionalen, harmonischen Oszillators.

[8] (14.2) schließt die Wechselwirkungsenergie zwischen Feld und Elektronenspin *nicht* mit ein. Wir werden weiter unten die Auswirkungen des entsprechenden zusätzlichen Terms betrachten, ignorieren ihn hier aber zunächst.

Faktors 2, der die Spinentartung berücksichtigt – gleich

$$\frac{2e}{hc}\, HL^2. \tag{14.4}$$

Mit

$$\frac{hc}{2e} = 2,068 \cdot 10^{-7}\,\mathrm{G\,cm^2} \tag{14.5}$$

berechnet man für ein Feld der Stärke 1 kG – ein typischer Wert für ein de Haas-van Alphén-Experiment – und eine Probe der Seitenlänge 1 cm einen Entartungsgrad von 10^{10}. In dieser hohen Entartung spiegelt sich die Tatsache wider, daß ein *klassisches* Elektron mit gegebener Energie und gegebenem k_z eine spiralförmige Bewegung um eine zur z-Richtung parallele Achse ausführt und seine x- und y-Koordinaten dabei beliebige Werte annehmen können.[9]

Gleichung (14.2) ist recht plausibel: Da die Lorentz-Kraft keine Komponente in Richtung des Feldes H hat, ist die Energie der Bewegung in z-Richtung vom Feld unbeeinflußt und behält so ihren Wert $\hbar^2 k_z^2/2m$ bei. Die Energie der Bewegung senkrecht zur Feldrichtung jedoch – deren Wert für verschwindendes Magnetfeld $\hbar^2(k_x^2 + k_y^2)$ wäre – ist in Schritten vom Betrage $\hbar\omega_c$, dem Produkt aus der Planckschen Konstanten $\hbar$ und der Frequenz ω_c der klassischen Bewegung, quantisiert (siehe Seite 17). Dieses Phänomen bezeichnet man als *Bahnquantisierung*. Die Menge aller Niveaus mit gegebenem Wert von ν (und beliebigem k_z) bezeichnet man kollektiv als das ν-te *Landauniveau*.[10]

Aus dem Beschriebenen kann man eine Theorie des de Haas-van Alphén-Effekts auf der Grundlage des Modells freier Elektronen entwickeln. Wir sehen davon ab, diese Überlegungen[11] hier wiederzugeben, und wenden uns statt dessen einer geringfügig modifizierten Version von Onsagers einfacher, aber scharfsinniger Argumentation zu, welche die Ergebnisse für freie Elektronen auf Bloch-Elektronen verallgemeinert und die Aufgabe einer Konstruktion der Fermifläche direkt angeht.

---

[9] Aus diesem Grunde ist der Entartungsgrad (14.4) zur Querschnittsfläche der Probe proportional.

[10] Wir müssen hinzufügen, daß die obigen Ergebnisse nur dann gültig sind, wenn der Radius der klassischen Kreisbewegung eines Elektrons mit Energie ε und Impuls $\hbar k_z$ *nicht* von vergleichbarer Größenordnung ist wie die Querschnittsabmessungen des zur Verfügung stehenden Volumens. Diese Bedingung gilt am stärksten einschränkend für ein Elektron mit Energie ε_F und $k_z = 0$:

$$L \gg r_c = \frac{v_F}{\omega_c} = \frac{\hbar k_F}{m\omega_c} = \left(\frac{\hbar c}{eH}\right) k_F.$$

In einem Feld von 10^3 G ist $\hbar c/eH \approx 10^{-10}$ cm^2. Da k_F typischerweise 10^8 cm^{-1} beträgt, so sind unsere Ergebnisse anwendbar auf Proben mit Abmessungen von der Größenordnung einiger Zentimeter, versagen jedoch bereits bei Probenabmessungen von 0,1 mm.

[11] Man findet diese Theorie im Buch von Peierls, zitiert in Fußnote 7.

Energieniveaus von Bloch-Elektronen in einem homogenen Magnetfeld

Onsagers Verallgemeinerung der Landauschen Ergebnisse für freie Elektronen ist nur für ziemlich hohe Quantenzahlen gültig. Wir werden jedoch sehen, daß die im de Haas-van Alphén-Effekt beteiligten Niveaus in der Nähe der Fermienergie liegen, und fast immer sehr hohe Quantenzahlen aufweisen. Beispielsweise muß ein Niveau der Energie ε_F in der Theorie freier Elektronen eine Quantenzahl der Größenordnung $\varepsilon_F/\hbar\omega_c = \varepsilon_F/[(e\hbar/mc)H]$ haben – außer dann, wenn die elektronische Energie fast vollständig Energie der Bewegung parallel zur Feldrichtung ist. Nun gilt

$$\boxed{\frac{e\hbar}{mc} = \frac{\hbar}{m} \cdot 10^{-8}\,\mathrm{eV/G} = 1,16 \cdot 10^{-8}\,\mathrm{eV/G}.} \tag{14.6}$$

ε_F hat eine typische Größenordnung von einigen Elektronenvolt, so daß selbst in so starken Feldern wie 10^4 G die Quantenzahl ν von der Größenordnung 10^4 ist.

Die Energien von Niveaus mit sehr hohen Quantenzahlen kann man mit großer Genauigkeit auf der Grundlage des Bohrschen Korrespondenzprinzips berechnen, welches besagt, daß die Energiedifferenz zweier benachbarter Niveaus gegeben ist durch das Produkt aus der Planckschen Konstanten und der Frequenz einer klassischen Bewegung mit der Energie der Niveaus. Da k_z eine Konstante der semiklassischen Bewegung ist, so können wir diese Aussage auf den Fall zweier Niveaus mit gegebenem k_z sowie den Quantenzahlen ν und $\nu + 1$ anwenden.

Sei $\varepsilon_\nu(k_z)$ die Energie des ν-ten erlaubten Niveaus[12] für den gegebenen Wert von k_z. Die Anwendung des Korrespondenzprinzips ergibt

$$\varepsilon_{\nu+1}(k_z) - \varepsilon_\nu(k_z) = \frac{h}{T(\varepsilon_\nu(k_z), k_z)}, \tag{14.7}$$

wobei $T(\varepsilon, k_z)$ die Periode der semiklassischen Bewegung auf der durch ε und k_z (Gleichung (12.42)) spezifizierten Bahnkurve bezeichnet,

$$T(\varepsilon, k_z) = \frac{\hbar^2 c}{eH} \frac{\partial A(\varepsilon, k_z)}{\partial \varepsilon}, \tag{14.8}$$

sowie $A(\varepsilon, k_z)$ die Maßzahl der im k-Raum von der Bahn umschlossenen Fläche. Durch Kombination der Gleichungen (14.8) und (14.7) erhalten wir (wobei wir den

---

[12] In den folgenden Ausführungen werden wir immer ein einzelnes Band betrachten und deshalb den Bandindex weglassen. Wir wollen dadurch Verwechslungen des Bandindexes n mit der magnetischen Quantenzahl ν ausschließen. Im vorliegenden Kapitel bezeichnen wir mit $\varepsilon_\nu(k_z)$ die ν-te erlaubte Energie eines Elektrons mit Wellenvektor k_z im gegebenen Band. Sollte es notwendig sein, mehr als ein einzelnes Band zu betrachten, so verwenden wir die Schreibweise $\varepsilon_{n,\nu}(k_z)$.

expliziten Bezug auf die Variable k_z vermeiden)

$$(\varepsilon_{\nu+1} - \varepsilon_\nu)\frac{\partial}{\partial\varepsilon}A(\varepsilon_\nu) = \frac{2\pi eH}{\hbar c}. \tag{14.9}$$

Da wir nur an Energieniveaus ε_ν von der Größenordnung ε_F interessiert sind, so können wir (14.9) stark vereinfachen: Auf der Grundlage der Ergebnisse für freie Elektronen erwarten wir, daß die Energiedifferenz zwischen benachbarten Landauniveaus von der Größenordnung $\hbar\omega_c$ ist, also mindestens um einen Faktor 10^{-4} kleiner als die Energien der Niveaus selbst. Deshalb kann man in ausgezeichneter Näherung schreiben

$$\frac{\partial}{\partial\varepsilon}A(\varepsilon_\nu) = \frac{A(\varepsilon_{\nu+1}) - A(\varepsilon_\nu)}{\varepsilon_{\nu+1} - \varepsilon_\nu}. \tag{14.10}$$

Setzen wir dies in (14.9) ein, so erhalten wir die Beziehung

$$A(\varepsilon_{\nu+1}) - A(\varepsilon_\nu) = \frac{2\pi eH}{\hbar c}, \tag{14.11}$$

welche besagt, daß klassische Bahnen mit benachbarten, erlaubten Energien (und demselben Wert von k_z) Flächen im k-Raum einschließen, die sich um den durch

$$\boxed{\Delta A = \frac{2\pi eH}{\hbar c}} \tag{14.12}$$

gegebenen, festen Betrag ΔA voneinander unterscheiden.

Man kann diese Folgerung anders formulieren und feststellen, daß für große Werte von ν die von einer semiklassischen Bahn mit einer erlaubten Energie und k_z umschlossene Fläche von ν in der Form

$$\boxed{A(\varepsilon_\nu(k_z), k_z) = (\nu + \lambda)\Delta A} \tag{14.13}$$

abhängt, wobei λ unabhängig[13] ist von ν. Dies ist Onsagers berühmtes Ergebnis – welches er auf einem anderen Weg herleitete, wobei er die Bohr-Sommerfeldsche Quantisierungsbedingung verwendete.

---

[13] Wir folgen hier der gängigen Praxis, indem wir annehmen, daß λ ebenfalls von k_z und H unabhängig ist. Wir zeigen die Gültigkeit dieser Annahme für freie Elektronen in Aufgabe 1a; die Annahme gilt auch allgemein für jedes elliptische Band. Wir werden hier nicht in Allgemeinheit beweisen, daß die Schlußfolgerungen, welche wir weiter unten unter der Annahme eines konstanten Wertes von λ ziehen werden, nur für den ausgesprochen unwahrscheinlichen Fall zu modifizieren sind, daß λ eine sehr rasch veränderliche Funktion von k_z oder von H ist. Dies zu zeigen sei dem Leser als Übung überlassen.

Physikalischer Ursprung der oszillatorischen Phänomene

Den Oszillationen des de Haas-van Alphén-Effekts und verwandter Phänomene liegt eine scharf ausgeprägte, oszillatorische Struktur der elektronischen Niveaudichte zugrunde, wie sie durch die Quantisierungsbedingung (14.13) beschrieben wird: Die Niveaudichte zeigt immer dann ein scharf ausgeprägtes Maximum,[14] wenn ε mit der Energie einer Extremalbahn[15] zusammenfällt, welche die Quantisierungsbedingung (14.13) erfüllt. Der Grund dafür ist in Bild 14.5 veranschaulicht: Bild 14.5a zeigt die Menge aller Bahnkurven, welche (14.13) für ein gegebenes ν erfüllen. Diese Bahnkurven formen eine röhrenartige Struktur mit der Querschnittsfläche $(\nu + \lambda)\Delta A$ im k-Raum. Der Beitrag der zu den Bahnkurven auf der ν-ten Röhre gehörigen Landauniveaus zu $g(\varepsilon)d\varepsilon$ ist gegeben durch die Anzahl dieser Niveaus mit Energien zwischen ε und $\varepsilon+d\varepsilon$. Diese Zahl wiederum ist proportional zur Fläche[16] des zwischen den Flächen konstanter Energie ε und $\varepsilon + d\varepsilon$ eingeschlossenen Teils der Röhre. Bild 14.5b zeigt diesen Teil der Röhre, wenn die Bahnkurven der Energie ε auf der Röhre *nicht* extremal sind; Bild 14.5c zeigt den entsprechenden Teil der Röhre, wenn es eine Extremalbahn der Energie ε auf der Röhre gibt. Im letzteren Fall ist die Fläche diese Röhrenteils offenbar sehr viel größer als im ersten Fall, was dadurch verursacht wird, daß die Energie der Niveaus in der Nähe der gegebenen Bahnkurve sich nur sehr langsam entlang der Röhre ändert.

Die Mehrzahl der elektronischen Eigenschaften eines Metalls wird bestimmt durch die Niveaudichte bei der Fermienergie, $g(\varepsilon_F)$. Aus der vorangegangenen Argumentation folgt unmittelbar,[17] daß $g(\varepsilon_F)$ immer dann singulär wird, wenn das Magnetfeld einen solchen Wert hat, daß eine Extremalbahn auf der Fermifläche die Quantisierungsbedingung (14.13) erfüllt, also immer dann, wenn gilt

$$(\nu + \lambda)\Delta A = A_e(\varepsilon_F). \tag{14.14}$$

Verwenden wir den Wert (14.12) für ΔA, so können wir folgern, daß $g(\varepsilon_F)$ als Funktion von $1/H$ periodisch in den durch

$$\Delta\left(\frac{1}{H}\right) = \frac{2\pi e}{\hbar c}\frac{1}{A_e(\varepsilon_F)} \tag{14.15}$$

---

[14] Eine eigehendere Untersuchung zeigt, daß die Niveaudichte wie $(\varepsilon - \varepsilon_0)^{-1/2}$ singulär wird, wenn sich ε der Energie ε_0 einer Extremalbahn nähert, welche die Quantisierungsbedingung erfüllt.

[15] Eine Extremalbahn der Energie ε umschließt einen extremalen Querschnitt der Fläche $\varepsilon(\mathbf{k}) = \varepsilon$.

[16] Die Dichte der Energieniveaus innerhalb der Röhre ist in Feldrichtung homogen; die erlaubten k_z-Werte sind durch (14.3) gegeben.

[17] Streng genommen hängt das Chemische Potential – welches am Nullpunkt der Temperatur gleich ε_F ist – auch von der Magnetfeldstärke ab, was unsere obige Schlußweise verkompliziert. Dieser Effekt ist jedoch sehr klein und kann normalerweise vernachlässigt werden.

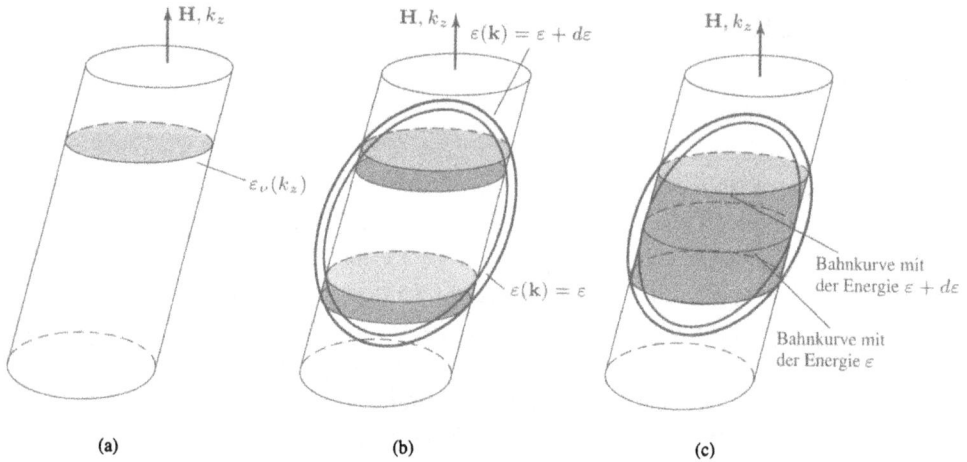

Bild 14.5: (a) Eine Landau-Röhre. Die Schnitte der Röhre mit Ebenen senkrecht zur Richtung von **H** umschließen sämtlich die gleiche Fläche, nämlich $(\nu + \lambda)\Delta A$ für die ν-te Röhre, und sind beschränkte Kurven konstanter Energie $\varepsilon_\nu(k_z)$ bei der „Höhe" k_z auf der Landau–Röhre. (b) Ein Teilabschnitt einer Röhre, der die Bahnkurven im Energiebereich zwischen ε und $\varepsilon + d\varepsilon$ enthält, falls *keine* der in diesem Energiebereich liegenden Bahnkurven eine Extremalbahn auf der zugehörigen Fläche konstanter Energie ist. (c) Die gleiche Konstruktion wie in (b), mit dem Unterschied, daß nun ε die Energie einer Extremalbahn ist. Beachten Sie, daß der Bereich der k_z-Werte, für welche die Röhre zwischen den Flächen konstanter Energie ε und $\varepsilon + d\varepsilon$ eingeschlossen liegt, nun stark vergrößert ist.

gegebenen Abständen singulär wird. Man erwartet somit oszillatorisches Verhalten als Funktion von $1/H$ mit einer Periode (14.15) für alle Größen, welche von der Niveaudichte in der Nähe der Fermienergie ε_F abhängen – was bei $T = 0$ für praktisch alle charakteristischen Eigenschaften der Metalle zutrifft.

Bei von Null veschiedenen Temperaturen sind die typischen Eigenschaften der Metalle Mittelwerte über einen Energiebereich der Breite $k_B T$ um die Fermienergie ε_F. Ist dieser Energiebereich derart breit, daß für einen *beliebigen* Wert von H Extremalbahnen, welche (14.13) erfüllen, in nennenswertem Maße zum Mittelwert beitragen, so wird die oszillatorische Struktur der Größen als Funktionen von $1/H$ verwischt. Dieser Fall tritt ein, sobald $k_B T$ größer wird als der typische Energieabstand benachbarter Röhren von Landauniveaus. Wir schätzen diesen Energieabstand durch seinen Wert $\hbar\omega_c$ für freie Elektronen (Gleichung (14.2)) ab. Wegen

$$\frac{e\hbar}{mck_B} = 1,34 \cdot 10^{-4} \text{ K}/\text{G} \tag{14.16}$$

muß man mit Feldern der Größenordnung 10^4 G und Temperaturen von höchstens einigen Kelvin arbeiten, um das thermische „Verwischen" der Oszillationen zu vermeiden.

Ebenso kann Elektronenstreuung die Oszillationen verschleiern. Eine detaillierte Behandlung des ursächlichen Mechanismus ist schwierig; zur groben Abschätzung der Größenordnung des Effekts stellen wir fest, daß für einen gegebenen Wert der elektronischen Relaxationszeit τ die elektronische Energie lediglich innerhalb einer Breite $\Delta\varepsilon \sim \hbar/\tau$ bestimmbar ist. Ist $\Delta\varepsilon$ größer als der Abstand zwischen benachbarten Maxima von $g(\varepsilon)$, so wird die Ausprägung der oszillatorischen Struktur wesentlich beeinträchtigt. Im Falle freier Elektronen ist dieser Abstand gleich $\hbar\omega_c$, woraus sich die Bedingung ergibt, daß $\omega_c\tau$ vergleichbar mit oder größer als eins sein muß, um Oszillationen beobachten zu können. Dies ist dieselbe Hochfeld-Bedingung wie in der semiklassischen Theorie der elektronischen Transportphänomene (siehe Kapitel 12 und 13).

Einfluß des Elektronenspins auf die oszillatorischen Phänomene

Vernachlässigt man Effekte der Spin-Bahn-Kopplung,[18] so besteht die wesentliche Auswirkung des Vorhandenseins eines Spins des Elektrons darin, daß die Energie eines jeden Niveaus um einen Betrag

$$\frac{ge\hbar H}{4mc} \tag{14.17}$$

erhöht oder vermindert wird, abhängig davon, ob der Spin parallel oder antiparallel zur Feldrichtung ist. Die Zahl g – nicht zu verwechseln mit der Niveaudichte $g(\varepsilon)$ – ist der „g-Faktor des Elektrons" mit einem Wert sehr nahe bei 2. Bezeichnen wir die unter Vernachlässigung der zusätzlichen Energie berechnete Niveaudichte mit $g_0(\varepsilon)$, so ergibt sich die infolge der Energieverschiebungen veränderte Niveaudichte $g(\varepsilon)$ zu

$$g(\varepsilon) = \frac{1}{2}g_0\left(\varepsilon + \frac{ge\hbar H}{4mc}\right) + \frac{1}{2}g_0\left(\varepsilon - \frac{ge\hbar H}{4mc}\right). \tag{14.18}$$

Beachten Sie, daß die Verschiebung der Maxima der Niveaudichte vergleichbar ist mit dem Abstand zwischen den Maxima, abgeschätzt durch den Wert $e\hbar H/mc$ für freie Elektronen. Man hat beobachtet, daß die Oszillationen der beiden Terme in (14.18) für bestimmte Feldrichtungen infolge dieser Verschiebung um 180° außer Phase gebracht werden können, wodurch die beobachtbaren Oszillationen verschwinden.

Weitere „Sonden" zur Vermessung der Fermifläche

Eine Vielzahl weiterer experimenteller Methoden zur Bestimmung der Gestalt der Fermifläche ist im Gebrauch. Im allgemeinen führen die Ergebnisse dieser Verfahren weniger direkt zur Topologie der Fermifläche, als die mittels des de Haas-van Alphén-Effekts und verwandter Oszillationen bestimmten Extremalflächen. Darüber hinaus ist

---

[18] Die Effekte der Spin-Bahn-Kopplung sind bei den leichteren Elementen schwächer. Siehe Seite 210.

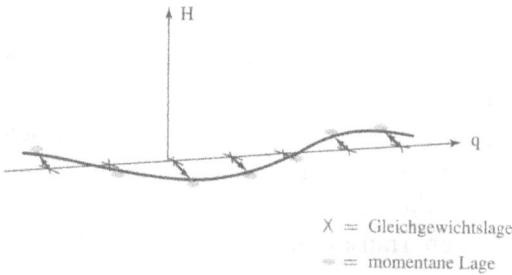

Bild 14.6: Die momentanen Gleichgewichts-auslenkungen der Atomrümpfe in einer zur Messung des magneto-akkustischen Effekts geeigneten Schallwelle. Nur eine einzelne Reihe von Atomrümpfen ist dargestellt.

X = Gleichgewichtslage
= momentane Lage

es oft schwieriger, geometrische Information aus den gemessenen Daten auf eindeutige Weise zu gewinnen. Wie beschränken uns deshalb darauf, einen kurzen Überblick über einige ausgewählte Verfahren zu geben.

Der magneto-akkustische Effekt

In einigen Fällen kann man recht direkte Information über die Topologie der Fermifläche gewinnen, indem man die Abschwächung von Schallwellen mißt, die sich in einem Metall senkrecht zu einem homogenen Magnetfeld[19] ausbreiten. Dieses Verfahren arbeitet dann besonders gut, wenn die Schallwelle getragen wird durch Auslenkungen der Atomrümpfe senkrecht sowohl zur Ausbreitungsrichtung als auch zur Richtung des Magnetfeldes (Bild 14.6). Da die Atomrümpfe elektrisch geladen sind, wird eine solche Schallwelle von einem elektrischen Feld mit gleichem Wellenvektor, gleicher Frequenz und Polarisation begleitet. Die Elektronen im Metall können über dieses elektrische Feld mit der Schallwelle in Wechselwirkung treten und dadurch deren Ausbreitung entweder erleichtern oder behindern.

Lassen die Bedingungen es zu, daß die Elektronen zwischen zwei aufeinanderfolgenden Stößen viele Bahnkurven im Magnetfeld durchlaufen,[20] so kann die Schallabschwächung von der Wellenlänge des Schalls auf eine Weise abhängen, welche die Topologie der Fermifläche widerspiegelt. Man kann dies dadurch begründen,[21] daß die Elektronen im Ortsraum Bahnen durchlaufen, deren Projektionen in zur Feldrichtung senkrechte Ebenen einfach Querschnitte von Flächen konstanter Energie sind, die mit einem Faktor $\hbar c/eH$ skaliert und um 90° gedreht wurden. Ist die Wellenlänge der Schallwelle vergleichbar mit der räumlichen Ausdehnung einer Elektronenbahn,[22] so hängt das Ausmaß der Störung der Elektronenbewegung durch das elektrische

---

[19] Eine detaillierte Theorie dieses Phänomens für freie Elektronen gibt M. H. Cohen et al., *Phys. Rev.* **117**, 937 (1960).

[20] Dafür muß die Bedingung $\omega_c\tau \gg 1$ gelten: Die Probe muß ein Einkristall hoher Reinheit sein und sich bei niedrigen Temperaturen in einem starken Magnetfeld befinden.

[21] Siehe die Seiten 290 und 292.

[22] Eine typische Bahnkurve hat einen Durchmesser von der Größenordnung v_f/ω_c. Da die Kreisfrequenz der Schallwelle für $l \approx l_c$ von der Größenordnung v_s/l ist, so folgt $\omega \approx \omega_c(v_s/v_F)$. Typische Schallgeschwindigkeiten betragen etwa 1 Prozent der Fermigeschwindigkeit, so daß die Elektronen während der Dauer einer einzigen Periode typischer Schallwellen viele Bahnkurven vollständig durchlaufen können. Insbesondere kann man das die Elektronenbewegung störende elektrische Feld während eines einzelnen Umlaufs eines Elektrons als statisch betrachten.

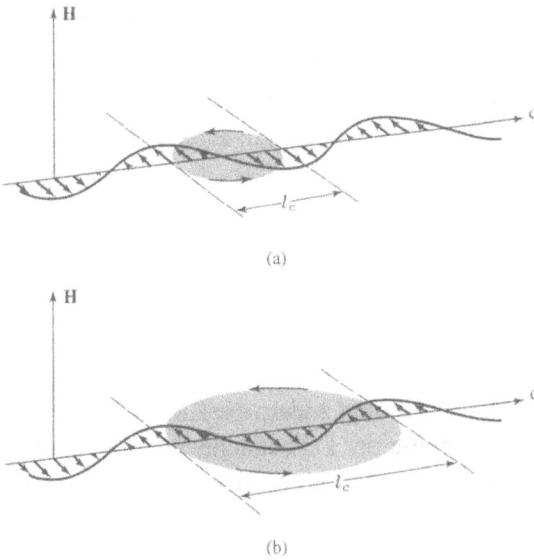

Bild 14.7: (a) Eine Elektronenbahn, deren Durchmesser l_c gleich einer halben Wellenlänge der Schallwelle ist. Aufgrund der Lage der Bahn wird das Elektron auf ihr in jedem Bahnpunkt durch das die Schallwelle begleitende elektrische Feld beschleunigt. (b) Eine Elektronenbahn, deren Durchmesser gleich einer ganzen Wellenlänge der Schallwelle ist. Unabhängig von der Position der Bahn in Richtung von $\hat{q}$ ist die in (a) gegebene, kohärente Beschleunigung (oder Verzögerung) über die gesamte Länge der Bahn hier nicht möglich.

Feld der Welle davon ab, in welchem Verhältnis die Wellenlänge l zur maximalen linearen Ausdehnung l_c der Bahnkurve in Richtung der Wellenausbreitung steht (in diesem Zusammenhang als „Durchmesser" der Bahnkurve bezeichnet). Befinden sich Elektronen beispielsweise auf Bahnkurven mit Durchmessern, die gleich einer halben Wellenlänge der Schallwelle sind (Bild 14.7a), so können sie von der Welle während ihres gesamten Umlaufs beschleunigt (oder auch verzögert) werden; befinden sich Elektronen dagegen auf Bahnen, deren Durchmesser einer ganzen Wellenlänge entsprechen (Bild 14.7b), so werden sie auf manchen Teilen ihrer Bahnkurve beschleunigt, auf anderen verzögert.

Allgemeiner gesprochen ist ein Elektron schwach an die Schallwelle gekoppelt, wenn der Durchmesser seiner Bahnkurve ein ganzzahliges Vielfaches der Wellenlänge des Schalls beträgt, kann aber stark daran gekoppelt sein, wenn sich der Bahndurchmesser von einem ganzzahligen Vielfachen der Wellenlänge um eine halbe Wellenlänge unterscheidet:

$$l_c = nl \qquad \text{(schwach gekoppelt)}$$
$$l_c = (n + \tfrac{1}{2})l \qquad \text{(stark gekoppelt)}. \tag{14.19}$$

Nur die Elektronen nahe der Fermifläche können zur Schallabschwächung beitragen, da das Paulische Ausschließungsprinzip es verbietet, daß Elektronen mit geringeren Energien kleine Energiebeträge mit der Schallwelle austauschen. Zwar lassen sich Durchmesser der Fermifläche über einen kontinuierlichen Bereich finden, doch jene Elektronen, deren Bahndurchmesser nahezu gleich den extremalen Durchmessern der

Fermifläche sind, spielen die entscheidende Rolle, da es vergleichsweise viel mehr von ihnen gibt.[23]

Aus dem oben gesagten folgt, daß die Schallabschwächung in Abhängigkeit von der inversen Wellenlänge ein periodisches Verhalten zeigen kann, mit einer Periode (siehe (14.19)), die gleich ist dem Inversen des extremalen Durchmessers der Fermifläche in Richtung der Schallausbreitung:

$$\Delta\left(\frac{1}{l}\right) = \frac{1}{l_c}. \tag{14.20}$$

Variiert man nun die Ausbreitungsrichtung der Schallwelle – um dadurch verschiedene extremale Durchmesser ins Spiel zu bringen – und ändert zudem die Richtung des Magnetfeldes – so daß auch verschiedene Querschnitte der Fermifläche beteiligt werden – so ist es manchmal möglich, die Gestalt der Fermifläche aus dieser „strukturierten" Schallabschwächung herzuleiten.

Abschwächung von Ultraschall

Man kann auch dann Information über die Gestalt der Fermifläche aus Messungen der Schallabsorption gewinnen, wenn kein äußeres Magnetfeld vorhanden ist. Man untersucht dann nicht mehr einen resonanten Effekt, sondern berechnet die Abschwächungsrate einfach unter der Annahme, daß sie vollständig auf[24] Energieverlusten an die Elektronen beruht. Man kann zeigen, daß in diesem Fall die Abschwächung vollständig durch die Gestalt der Fermifläche bestimmt ist. Die topologische Information, welche man auf diesem Wege gewinnt, ist jedoch auch unter den günstigsten Umständen nicht annähernd so einfach zu interpretieren, wie es sowohl die durch den de Haas-van Alphén-Effekt gelieferten Extremalflächen, als auch die extremalen Durchmesser sind, die man aus der Messung des magneto-akustischen Effekts erhält.

Anomaler Skineffekt

Eine der frühesten Messungen einer Fermifläche (von Kupfer) führte Pippard[25] durch, auf der Grundlage von Messungen der Reflexion und Absorption elektromagnetischer Strahlung im Mikrowellenbereich und ohne statisches Magnetfeld. Ist die Frequenz ω des Feldes nicht zu hoch, so dringt ein solches Mikrowellenfeld um eine Strecke δ_0 in das Metall ein (die „klassische Eindringtiefe"), die gegeben ist durch[26]

$$\delta_0 = \frac{c}{\sqrt{2\pi\sigma\omega}}. \tag{14.21}$$

---

[23] Diese Bahndurchmesser spielen eine ähnliche Rolle wie die extremalen Querschnittsflächen in der Theorie des de Haas-van Alphén-Effekts.

[24] Diese Annahme trifft im allgemeinen nicht zu: Es gibt andere Mechanismen der Schallabschwächung, siehe beispielsweise Kapitel 25.

[25] A. B. Pippard, *Phil. Trans. Roy. Soc.* **A250**, 325 (1957).

[26] Siehe beispielsweise J. D. Jackson, *Classical Electrodynamics*, Wiley, New York (1962), Seite 225.

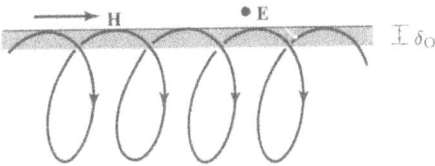

Bild 14.8: Parallelfeld-Geometrie nach Azbel'-Kaner.

Bei der Herleitung von (14.21) ist angenommen, daß sich das Feld im Metall über eine mittlere freie Weglänge ℓ nur schwach ändert: $\delta_0 \gg \ell$. Wird δ_0 mit ℓ vergleichbar, so ist eine sehr viel kompliziertere Theorie notwendig, und für $\delta_0 \ll \ell$ (im „extrem anomalen Bereich") ist das einfache Bild eines exponentiell über die Strecke δ_0 abfallenden Feldes vollständig unbrauchbar. Man kann jedoch zeigen, daß gerade in diesem extrem anomalen Fall die Eindringtiefe des Feldes sowie das Reflexionsvermögen für Mikrowellen vollständig bestimmt sind durch gewisse strukturelle Eigenheiten der Fermifläche und ausschließlich von der Orientierung der Fermifläche in Bezug auf die Oberfläche der Probe abhängen.

Zyklotronresonanz

Auch diese Methode nutzt die Abschwächung eines Mikrowellenfeldes beim Eindringen in ein Metall. Streng genommen beobachtet man bei diesem Verfahren nicht die Topologie der Fermifläche, sondern die sog. *Zyklotronmasse* (12.44), welche durch $\partial A / \partial \varepsilon$ gegeben ist. Man mißt dabei die Frequenz, bei welcher Resonanz zwischen dem elektrischen Feld und der Elektronenbewegung in einem homogenen Magnetfeld eintritt. Um eine periodische Bewegung der Elektronen zu ermöglichen, ist ein hoher Wert von $\omega_c \tau$ erforderlich; die Resonanzbedingung $\omega = \omega_c$ wird für Wellenlängen der elektromagnetischen Strahlung im Mikrowellenbereich erfüllt.

Das Feld dringt nicht sehr weit in das Metall ein, so daß die Elektronen nur dann Energie aus dem Feld absorbieren können, wenn sie sich innerhalb einer „Skin-Tiefe" von der Oberfläche der Probe befinden.[27] Bei Frequenzen im Mikrowellenbereich und großen Werten von ω_c befindet man sich im extrem anomalen Bereich; die Skin-Tiefe ist dann recht klein im Vergleich zur mittleren freien Weglänge. Da die Abmessungen der Elektronenbahn im Ortsraum in der Nähe der Fermifläche vergleichbar sind mit der mittleren freien Weglänge, so ist die Skin-Tiefe im Vergleich mit der Ausdehnung der Bahnkurve ebenfalls klein.

Diese Betrachtungen führten Azbel' und Kaner[28] dazu, die in Bild 14.8 dargestellte Feldgeometrie vorzuschlagen, bei welcher das Magnetfeld parallel zur Probenoberfläche anliegt.

Spürt das Elektron ein phasenrichtiges elektrisches Feld jedesmal dann, wenn es in den Bereich der Skin-Tiefe eintaucht, so kann es aus diesem Feld Energie resonant absor-

---

[27] In Halbleitern ist die Elektronenkonzentration sehr viel geringer, ein Mikrowellenfeld kann deshalb viel weiter eindringen und die Methode der Zyklotronresonanz wird dadurch sehr erleichtert.

[28] M. I. Azbel', E. A. Kaner, *Sov. Phys. JETP* **3**, 772 (1956).

bieren. Dies ist der Fall, wenn das elektrische Feld jedesmal dann, wenn das Elektron wieder auf die Oberfläche trifft, eine ganze Anzahl von Perioden T_E durchlaufen hat:

$$T = nT_E. \tag{14.22}$$

Dabei bezeichnet T die Periode der Zyklotron-Bewegung, und n ist eine ganze Zahl. Da Frequenzen und Periodendauern umgekehrt proportional zueinander sind, so können wir (14.22) umschreiben zu

$$\omega = n\omega_c. \tag{14.23}$$

Man arbeitet gewöhnlich bei einer festen Frequenz ω und verändert die Magnetfeldstärke H, so daß man die Resonanzbedingung vorteilhaft in der Form

$$\frac{1}{H} = \frac{2\pi e}{\hbar^2 c\omega} \frac{1}{\partial A/\partial \varepsilon} n \tag{14.24}$$

schreibt. Trägt man daher die Absorption gegen $1/H$ auf, so liegen die einer bestimmten Zyklotronperiode zugeordneten Resonanzmaxima in gleichen Abständen.

Die Auswertung der Daten wird dadurch erschwert, daß es nicht ohne weiteres klar ist, welche Bahnen die dominierenden Beiträge zu einer gegebenen Resonanz liefern. Man kann zeigen, daß die Zyklotronfrequenz im Falle einer ellipsoidalen Fermifläche nur von der Richtung des Magnetfeldes abhängt und unabhängig ist von der „Höhe" k_z der Bahn auf der Landau-Röhre; in diesem Fall liefert das Verfahren deshalb recht eindeutige Ergebnisse. Ergibt sich jedoch für eine bestimmte Feldrichtung ein Kontinuum von Periodendauern – wie es immer dann der Fall ist, wenn $T(\varepsilon_F, k_z)$ von k_z abhängt – so ist eine gewisse Vorsicht bei der Interpretation der experimentellen Daten angebracht. Wie gewohnt, braucht man dabei nur Bahnkurven in der Nähe der Fermifläche zu berücksichtigen, da das Pauliprinzip es verhindert, daß Elektronen in energetisch niedriger liegenden Bahnen Energie absorbieren. Ein quantitative Abschätzung zeigt, daß die Bahnen, deren Zyklotron-Perioden $T(\varepsilon_F, k_z)$ als Funktionen von k_z extremal sind, mit großer Wahrscheinlichkeit die wesentlichsten Beiträge zu den Resonanzen liefern. Die Frequenzabhängigkeit des Energieverlustes kann jedoch im Detail recht kompliziert strukturiert sein, und man muß sich stets bewußt sein, daß man nicht unbedingt die Extremwerte der Funktion $T(\varepsilon_F, k_z)$ mißt, sondern vielmehr einen recht komplex zusammengesetzten Mittelwert von T über die Fermifläche. Bei keinem anderen Verfahren ist die Situation so klar definiert wie beim de Haas-van Alphén-Effekt.

Bild 14.9 zeigt typische Ergebnisse von Messungen der Zyklotronresonanz. Beachten Sie, daß dabei mehrere extremale Periodendauern im Spiel sind. Die Äquidistanz in $1/H$ aller Resonanzen, welche derselben Periodendauer zuzuordnen sind, erleichtert sehr die Aufschlüsselung der recht komplexen Struktur.

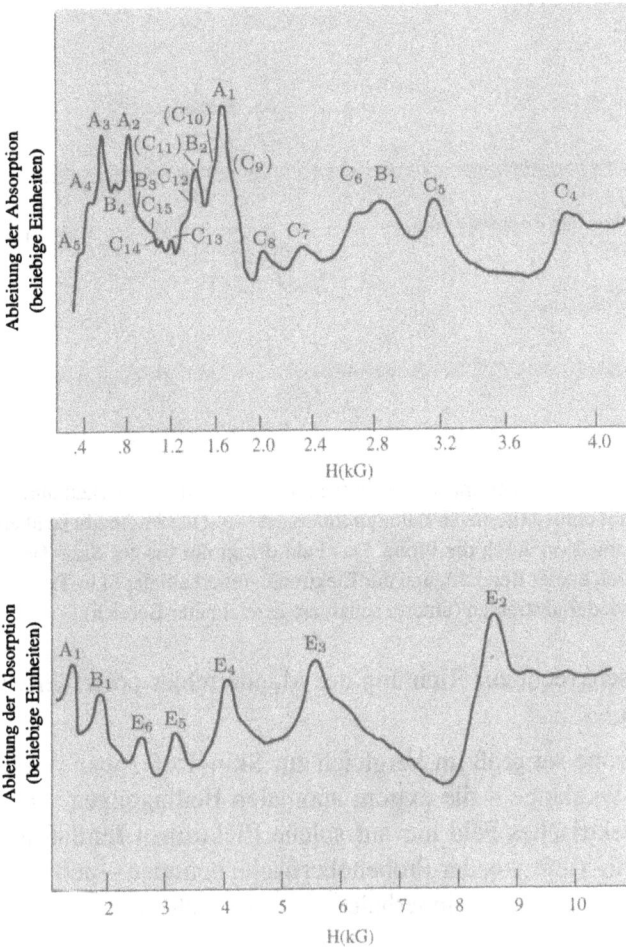

Bild 14.9: Typische Kurven der Zyklotronresonanz in Aluminium für zwei unterschiedliche Feldrichtungen. Die identifizierten Maxima im Verlauf der Feldableitung der absorbierten Leistung kann man vier verschiedenen extremalen Zyklotronmassen zuordnen. (Die zur selben extremalen Masse gehörigen Maxima sind äquidistant in $1/H$, wie man bei sorgfältiger Untersuchung des Kurvenverlaufs feststellen kann.) (T. W. Moore, F. W. Spong, *Phys. Rev.* **125**, 846 (1962).

Effekte der Probenabmessungen (*size effects*)

Eine weitere Gruppe experimenteller Verfahren zur Bestimmung der Topologie von Fermiflächen untersucht sehr dünne Proben mit planparallelen Oberflächen, wobei man resonante Effekte zu messen sucht, die verursacht werden durch Elektronenbahnen, welche exakt zwischen die beiden parallelen Oberflächen der Probe „passen". Die direkteste dieser Methoden nutzt den Parallelfeld-Ganthmakher-Effekt.[29] Dabei befindet sich eine dünne Metallplatte in einem zu den Oberflächen parallelen Magnetfeld

---

[29] V. F. Gantmakher, *Sov. Phys. JETP* **15**, 982 (1962). Der Parallelfeld- ebenso wie der Schrägfeld-Gantmakher-Effekt sind wichtige Verfahren zur Bestimmung der elektronischen Relaxationszeiten.

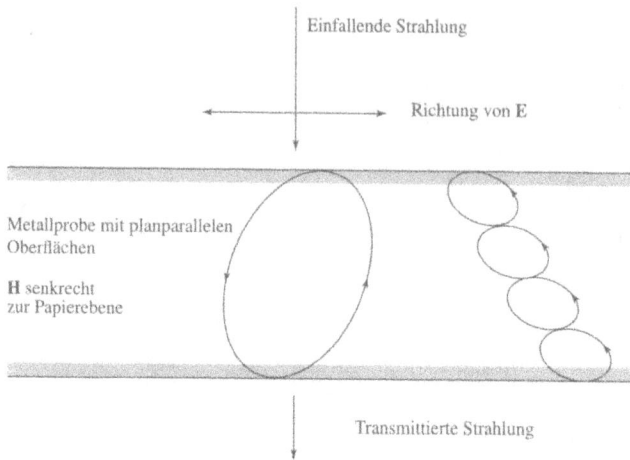

Bild 14.10: Der Parallelfeld-Ganthmakher-Effekt: Stimmt ein extremaler Bahndurchmesser – oder ein ganzahliges Vielfaches eines extremalen Bahndurchmessers – mit der Probendicke überein, so beobachtet man resonante Transmission durch die Probe. Das Feld dringt nur bis zur Skin-Tiefe in das Metall ein (oberer schattiert gezeichneter Bereich), und nur Elektronen innerhalb der Skin-Tiefe können Energie aus dem Metall heraus wieder abstrahlen (unterer schattiert gezeichneter Bereich).

sowie in einem senkrecht zur Richtung des Magnetfeldes polarisierten Mikrowellenfeld (Bild 14.10).

Die Dicke der Probe sei groß im Vergleich zur Skin-Tiefe, aber vergleichbar mit der mittleren freien Weglänge – die extrem anomalen Bedingungen seien also gegeben. Nun kann ein elektrisches Feld nur auf solche Elektronen Einfluß nehmen, die sich innerhalb der Skin-Tiefe von der Probenoberfläche befinden – und umgekehrt können nur jene Elektronen, die sich innerhalb der Skin-Tiefe befinden, Energie aus dem Metall heraus abstrahlen.

Betrachten wir nun Elektronen, deren Bahnkurve im Magnetfeld sie aus dem Bereich einer Skin-Tiefe von der einen Probenoberfläche bis in den Bereich einer Skin-Tiefe von der gegenüberliegenden Probenoberfläche bringt. Man kann zeigen, daß Elektronen in solchen Bahnen den durch das elektrische Feld an der einen Probenoberfläche erzeugten Strom an der gegenüberliegenden Seite der Probe „reproduzieren", so daß von dieser Probenoberfläche elektromagnetische Energie abgestrahlt wird. Man beobachtet daher immer dann eine resonante Zunahme der Transmission elektromagnetischer Energie durch die Probe, wenn Probendicke und magnetische Feldstärke derart abgestimmt sind, daß Bahnkurven existieren, welche auf diese Weise zwischen gegenüberliegende Oberflächen der Probe „passen". Wiederum sind auch hier nur Elektronen in der Nähe der Fermifläche relevant, da das Pauliprinzip nur für solche Elektronen einen Energieaustausch mit dem Feld zuläßt. Auch in diesem Falle tragen nur Bahnkurven mit extremalen linearen Abmessungen zur Resonanz bei.

Messungen des Gantmakher-Effekts werden oft im Frequenzbereich einiger MHz ausgeführt, um die unübersichtliche Situation zu vermeiden, die im Mikrowellenbereich

eintreten kann und die dann entsteht, wenn sich Zyklotronresonanzen den Größenreso-
nanzen des Ganthmakher-Effekts überlagern. Trotzdem muß die Frequenz genügend
hoch sein, so daß die anomalen Bedingungen gegeben sind.

Die oben beschriebenen experimentellen Methoden zur Bestimmung der Topologie
von Fermiflächen, sowie auch eine Vielzahl verwandter Verfahren, hat man auf eine
große Zahl von Metallen angewandt. In Kapitel 15 geben wir eine Übersicht der auf
diese Weise gewonnenen Erkenntnisse.

Aufgaben

14.1 (a) Zeigen Sie, daß die Anwendung der Onsagerschen Quantisierungsbedingung (14.13) (mit $\lambda = \frac{1}{2}$) auf die Bahnkurven freier Elektronen direkt zu den
Energieniveaus freier Elektronen (14.2) führt.

(b) Zeigen Sie, daß der Entartungsgrad (14.4) der Niveaus freier Elektronen (14.2)
gegeben ist als die Anzahl der Niveaus freier Elektronen bei verschwindendem äußeren
Feld, mit gegebenem k_z und Werten von k_x sowie k_y innerhalb eines ebenen Bereiches
mit der Fläche ΔA (Gleichung (14.12)).

14.2 Verwenden Sie die grundlegende Beziehung (14.1), um den Wert des Verhältnisses der Flächen der beiden extremalen Bahnen zu berechnen, welche Ursache für
die in Bild 14.2b gezeigten Oszillationen sind.

14.3 Jegliche Inhomogenität des Magnetfeldes über die Ausdehnung der Metallprobe in einem de Haas-van Alphén-Experiment zeigt sich in der Struktur von $g(\varepsilon)$:
Verschiedene Bereiche der Probe verursachen bei unterschiedlichen Feldstärken Maxima in $g(\varepsilon)$, und die Suszeptibilität, als Summe aus den Beiträgen aller Bereiche,
kann dadurch ihre oszillatorische Struktur verlieren. Damit dieser Fall nicht eintritt,
muß die durch eine räumliche Variation δH des Magnetfeldes verursachte Variation
$\delta \varepsilon_\nu$ der Energie klein sein im Vergleich zu $\varepsilon_{\nu+1} - \varepsilon_\nu$ für zwei extremale Bahnen.
Berechnen Sie $\partial \varepsilon_\nu(k_z)/\partial H$ aus (14.13) für eine extremale Bahn. Nutzen Sie dabei
die Tatsache, daß $\partial A(\varepsilon, k_z)/\partial k_z$ für extremale Bahnen verschwindet. Leiten Sie dann
ab, daß die Inhomogenität des Magnetfeldes die Bedingung

$$\frac{\delta H}{H} < \frac{\Delta A}{A} \tag{14.25}$$

erfüllen muß, soll die oszillatorische Struktur beobachtbar sein; dabei ist ΔA durch
(14.12) gegeben.

14.4 (a) Zeigen Sie, daß sich für Frequenzen im Mikrowellenbereich ($\omega \approx 10^{10}$
sec^{-1}) die Ausbreitungsgleichung für elektromagnetische Strahlung in einem Metall

auf die Form

$$-\nabla^2 \mathbf{E} = \left(\frac{4\pi i \sigma \omega}{c^2} \right) \mathbf{E} \qquad (14.26)$$

reduziert.

(b) Leiten Sie hieraus den Ausdruck (14.21) für die klassische Skin-Tiefe ab.

(c) Warum ist diese Vorgehensweise nicht korrekt, wenn sich das Feld über ein mittlere freie Weglänge nennenswert ändert? (Hinweis: Überprüfen Sie Drudes Herleitung des Ohmschen Gesetzes.)

15 Bandstrukturen ausgewählter Metalle

Alkalimetalle

Edelmetalle

Einfache zweiwertige Metalle

Einfache dreiwertige Metalle

Einfache vierwertige Metalle

Halbmetalle

Übergangsmetalle

Metalle der Seltenen Erden

Legierungen

Im vorliegenden Kapitel beschreiben wir einige der besser verstandenen Eigenschaften der Bandstrukturen realer Metalle, wie man sie experimentell mit Methoden wie den in Kapitel 14 vorgestellten bestimmt hat. Dabei ist es unser primäres Ziel, schlicht zu illustrieren, wie groß die Vielfalt der Bandstrukturen metallischer Elemente ist. Wir werden insbesondere Fälle herausstellen, bei welchen sich eine spezielle Eigenheit der Bandstruktur eines Metalls deutlich in seinen physikalischen Eigenschaften widerspiegelt. Weiterhin werden wir besonders auf Beispiele von Fermiflächen eingehen, anhand derer sich der Einfluß der Bandstruktur auf die Transporteigenschaften – wie in den Kapiteln 12 und 13 besprochen – verdeutlichen läßt. Ebenso lernen wir einige der leichter verständlichen Beispiel dafür kennen, auf welche Weise die Bandstruktur eines Metalls seine Wärmekapazität sowie seine optischen Eigenschaften beeinflussen kann.

Einwertige Metalle

Die einfachsten Fermiflächen sind jene der einwertigen Metalle. Man unterscheidet die beiden Klassen der Alkalimetalle und der Edelmetalle. Ihre Kristallstrukturen und elektronischen Strukturen sind in Tabelle 15.1 zusammengefaßt.

Die Fermiflächen dieser Metalle sind mit großer Genauigkeit bekannt (mit der Ausnahme Lithium) und umschließen jeweils ein Volumen im k-Raum, welches genau ein Elektron pro Atom aufnehmen kann. Alle Bänder sind entweder vollständig gefüllt oder leer, mit Ausnahme eines einzigen, zur Hälfte gefüllten Leitungsbandes. Die Fermiflächen der Edelmetalle sind komplexer in ihrer Struktur: Ihre Topologie ist komplizierter, und der Einfluß des gefüllten d-Bandes auf die Eigenschaften dieser Metalle kann sehr ausgeprägt sein.

Die Alkalimetalle

Die Alkalimetalle bilden einfach geladene Ionen, deren Rumpfelektronen in Edelgaskonfigurationen sehr stark gebunden sind und deshalb sehr niedrig liegende, sehr schmale, gefüllte *tight-binding*-Bänder erzeugen. Außerhalb des Rumpfes bewegt sich ein einziges Leitungselektron. Betrachten wir diese Leitungselektronen als vollständig frei, dann ist die Fermifläche eine Kugel mit Radius k_F, gegeben durch (siehe (2.21))

$$\frac{k_F{}^3}{3\pi^2} = n = \frac{2}{a^3},$$

(15.1)

mit der Kantenlänge a der konventionellen kubischen Zelle (jede konventionelle Zelle des bcc-Bravaisgitters enthält zwei Atome). In Einheiten von $2\pi/a$ (der Hälfte der Kantenlänge einer konventionellen kubischen Zelle des reziproken fcc-Gitters) können wir dann schreiben

$$k_F = \left(\frac{3}{4\pi}\right)^{1/3}\left(\frac{2\pi}{a}\right) = 0,620\left(\frac{2\pi}{a}\right).$$

(15.2)

Tabelle 15.1

Die einwertigen Metalle

Alkalimetalle (kubisch-raumzentriert)*		Edelmetalle (kubisch-flächenzentriert)	
Li:	$1s^2 2s^1$	—	
Na:	$[\text{Ne}]3s^1$	—	
K:	$[\text{Ar}]4s^1$	Cu:	$[\text{Ar}]3d^{10}4s^1$
Rb:	$[\text{Kr}]5s^1$	Ag:	$[\text{Kr}]4d^{10}5s^1$
Cs:	$[\text{Xe}]6s^1$	Au:	$[\text{Xe}]4f^{14}5d^{10}6s^1$

*Die Struktur der Fermifläche des Lithiums ist nicht gut bekannt, da dieses Metall bei 77 K eine sogenannte *martensitische Umwandlung* zu einem Gemisch verschiedener kristalliner Phasen durchläuft. Die bcc-Phase liegt daher nur bei Temperaturen vor, die zu hoch sind, um den de Haas-van Alphén-Effekt beobachten zu können, während die bei niedrigen Temperaturen existierende Phase „nicht kristallin genug" für eine Messung auf der Basis des de Haas-van Alphén-Effekts ist. Auch Natrium zeigt eine ähnliche martensitische Umwandlung bei 23 K, welche man aber durch sorgfältiges Arbeiten teilweise verhindern kann, so daß man brauchbare de Haas-van Alphén-Daten für die bcc-Phase erhalten konnte. (In der Liste der Alkalimetalle fehlen das erste und das letzte Element der 1. Hauptgruppe: Fester Wasserstoff ist ein Isolator, und deshalb kein einatomiges Bravaisgitter – obwohl man bei sehr hohen Drücken die Existenz einer metallischen Phase vermutet; Francium andererseits ist radioaktiv, mit einer sehr kurzen Halbwertszeit.)

Die kürzeste Entfernung vom Mittelpunkt der Brillouin-Zone zu einer Zonenrandfläche (Bild 15.1) beträgt

$$\Gamma N = \frac{2\pi}{a}\sqrt{(\frac{1}{2})^2 + (\frac{1}{2})^2 + 0^2} = 0,707\,\frac{2\pi}{a}. \tag{15.3}$$

Die Fermikugel freier Elektronen liegt deshalb vollständig innerhalb der ersten Brillouin-Zone und kommt dem Zonenrand in Richtung ΓN am nächsten – bis auf einen Bruchteil $k_F/\Gamma N$ der Entfernung zwischen Zonenmitte und Zonenrand.

Die Ergebnisse der de Haas-van Alphén-Messungen der Fermiflächen bestätigen mit einer bemerkenswert hohen Genauigkeit diese im Rahmen der Theorie freier Elektronen ermittelten Resultate und dies insbesondere für Natrium und Kalium: Die Abweichungen des Wertes von k_F vom Wert für freie Elektronen betragen hier höchstens einige Promille.[1] Die Abweichungen der gemessenen Fermiflächen von idealen Kugeln sind in Bild 15.1 illustriert, wobei man sowohl erkennt, wie gering

---

[1] Man kann das Problem der Messung derart kleiner Änderungen der de Haas-van Alphén-Periode mit der Kristallorientierung glatt umgehen, indem man bei konstantem Magnetfeld arbeitet und die Änderung der Suszeptibilität mit der Kristallorientierung beobachtet. Bild 15.2 zeigt typische experimentelle Daten. Dem Abstand zwischen den Maxima entspricht hier eine Änderung ΔA der extremalen Querschnittsfläche von der typischen Größenordnung $10^{-4}\,A$. Somit ist es möglich, recht genaue Daten zu gewinnen.

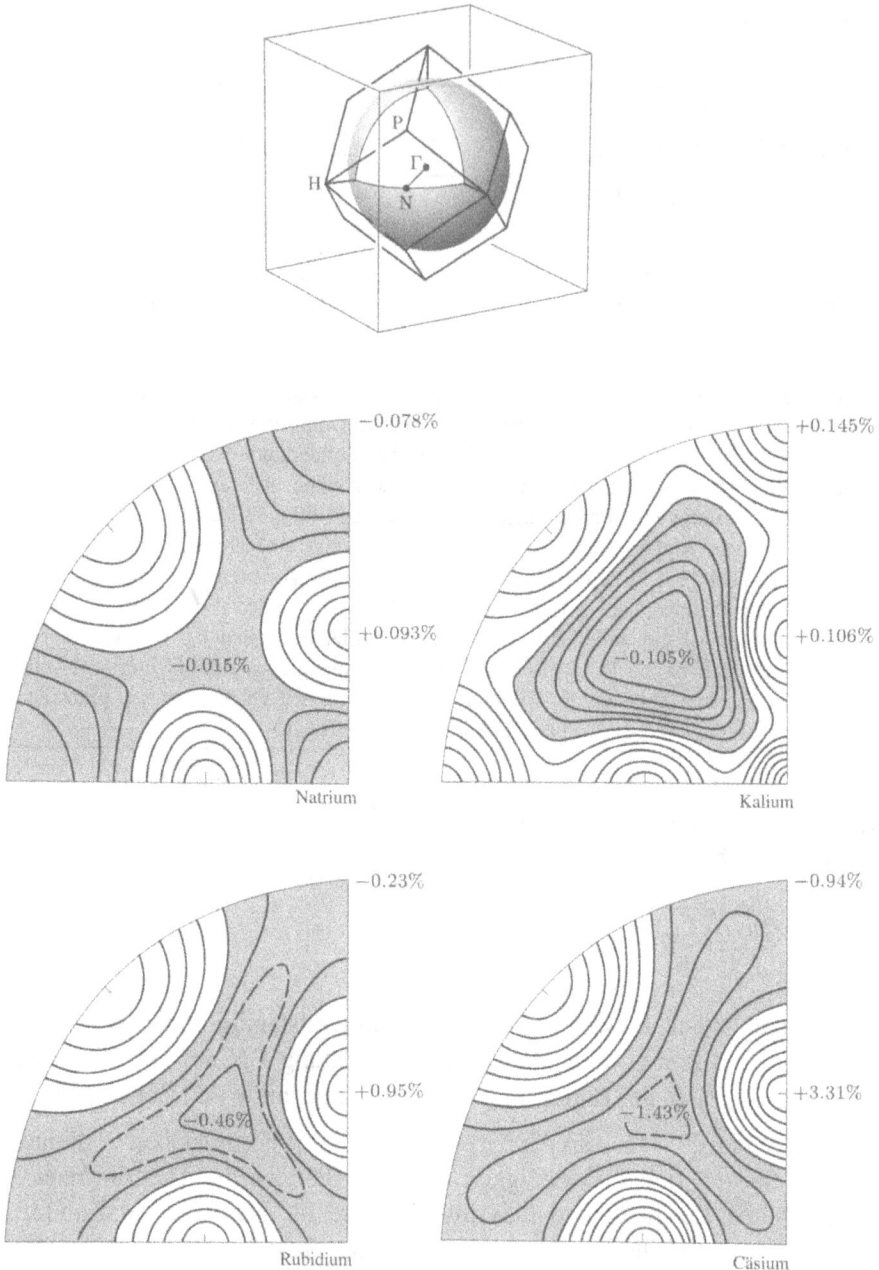

Bild 15.1: Gemessene Fermiflächen der Alkalimetalle: Gezeichnet sind die Linien konstanter Entfernung vom Ursprung für den im ersten Oktanden liegenden Teil der Fermifläche. Die Zahlen an den Linien geben an, um wieviel Prozent der jeweilige maximale oder minimale Wert von k/k_0 von Eins abweicht, wobei k_0 den Radius der Fermikugel freier Elektronen bezeichnet. Der Abstand der Konturlinien beträgt $0,02$ Prozent bei Natrium und Kalium, $0,2$ Prozent bei Rubidium (mit einer zusätzlichen, gestrichelt gezeichneten Linie bei $-0,3$ Prozent) sowie $0,5$ Prozent im Falle von Cäsium (mit einer gestrichelt gezeichneten Linie bei $-1,25$ Prozent). (Aus D. Schoenberg, *The Physics of Metals*, Vol.1, J. M. Ziman, ed., Cambridge, 1969.)

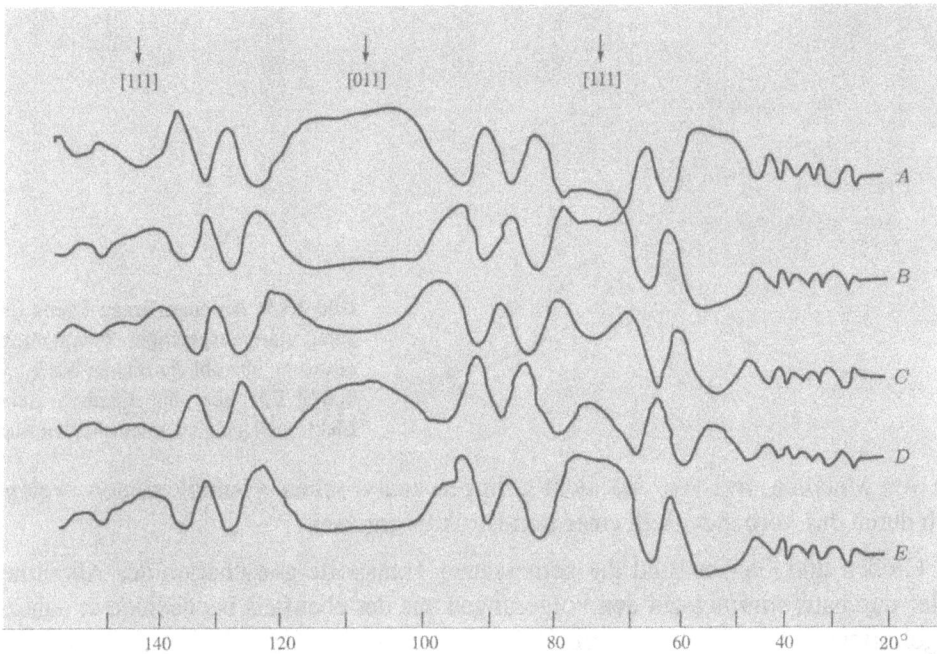

Bild 15.2: De Haas-van Alphén-Oszillationen, erzeugt durch Drehen eines Kaliumkristalls in einem konstanten Magnetfeld. (Aus D. Schoenberg, *Low Temperature Physics* LT9, Plenum Press, New York (1965).)

diese Abweichung sind, als auch, mit welch hoher Genauigkeit die Gestalt der Fermiflächen bekannt ist.

Die Alkalimetalle zeigen daher eindrucksvoll die Genauigkeit des Sommerfeldschen Modells freier Elektronen; es wäre jedoch falsch, hieraus zu schließen, daß das effektive Kristallpotential in den Alkalimetallen schwach ist. Jedoch ist die Vermutung begründet, daß die Methode des schwachen Pseudopotentials (Kapitel 11) hervorragend zur Beschreibung der Leitungselektronen in Alkalimetallen geeignet ist. Auch das Pseudopotential muß nicht notwendig schwach sein, da sich – außer in der Nähe von Bragg-Ebenen – die Abweichungen vom Verhalten freier Elektronen erst in zweiter Ordnung im Störpotential zeigen (siehe Aufgabe 5 sowie Kapitel 9). Man kann zeigen, daß daher selbst Bandlücken von der Größenordnung 1 eV an den Bragg-Ebenen noch immer konsistent sind mit nahezu kugelförmigen Fermiflächen (Bild 15.3).

Nur die Alkalimetalle besitzen nahezu kugelförmige, vollständig innerhalb einer einzigen Brillouin-Zone liegende Fermiflächen. In Anwendung auf die Transporteigenschaften der Alkalimetalle reduziert sich aufgrund dieser Eigenschaft die in Kapitel 12 entwickelte semiklassische Theorie auf die einfache Sommerfeld-Theorie freier Elektronen von Kapitel 2. Da die Behandlung freier Elektronen einfacher ist als die Behandlung allgemeiner Bloch-Elektronen, so sind die Alkalimetalle sehr wertvolle „Testsysteme" zur Untersuchung zahlreicher Aspekte der elektronischen Eigenschaf-

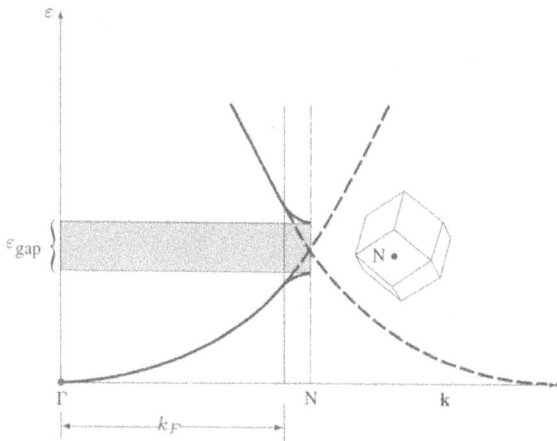

Bild 15.3: An einer Bragg-Ebene (N) kann eine ausgeprägte Energielücke bestehen, obwohl die Bänder bei $k_F = 0,877\ \Gamma N$ von den Bändern freier Elektronen nicht zu unterscheiden sind.

ten von Metallen, frei von den nicht geringen analytischen Komplikationen, welche sich durch das Vorhandensein einer Bandstruktur ergeben.

Im Großen und Ganzen sind die gemessenen Transporteigenschaften der Alkalimetalle[2] durchaus stimmig mit den Folgerungen aus der ebenfalls beobachteten, nahezu kugelförmigen Gestalt ihrer Fermiflächen – konsistent also mit den Aussagen der Theorie freier Elektronen. Es ist dennoch schwierig, Proben zu präparieren, die derart wenig Kristalldefekte aufweisen, daß man die Richtigkeit dieser Aussage mit Stringenz experimentell zu demonstrieren in der Lage ist. Obwohl beispielsweise Messungen des Magnetwiderstandes klar zeigen, daß er für die Alkalimetalle weit weniger stark feldabhängig ist als für zahlreiche andere Metalle, so konnte man dennoch ein vollständig feldunabhängiges Verhalten bei großen Werten von $\omega_c \tau$ – wie man es bei kugelförmigen Fermiflächen erwartet – bisher noch nicht beobachten. Gemessene Hall-Konstanten weichen um einige Prozent vom Wert $-1/nec$ ab, welcher nach der Theorie freier Elektronen – oder ebenso unter Zugrundelegung einer beliebigen, einfach zusammenhängenden Fermifläche mit einem einzelnen elektronischen Niveau pro Atom – zu erwarten wäre. Diese Diskrepanzen führten zu der Vermutung, daß die elektronische Struktur der Alkalimetalle komplexer sein könnte als hier beschrieben – eine Annahme, deren Richtigkeit man nicht sehr überzeugend demonstrieren konnte, so daß bis zum Zeitpunkt der Abfassung des vorliegenden Textes die Meinung vorherrscht, daß die Fermiflächen der Alkalimetalle tatsächlich in sehr guter Näherung kugelförmig sind.

Die Edelmetalle

Ein Vergleich zwischen Kalium ($[Ar]4s^1$) und Kupfer ($[Ar]3d^{10}4s^1$) zeigt die charakteristischen und wesentlichen Unterschiede zwischen den Alkalimetallen einerseits und den Edelmetallen andererseits. Im metallischen Zustand beider Elemente erzeugen die atomaren Niveaus der geschlossenen Schalen einer Argon-Konfiguration

---

[2] Mit Ausnahme von Lithium, dessen Fermifläche – aus den in Tabelle 15.1 erwähnten Gründen – nur ungenügend bekannt ist.

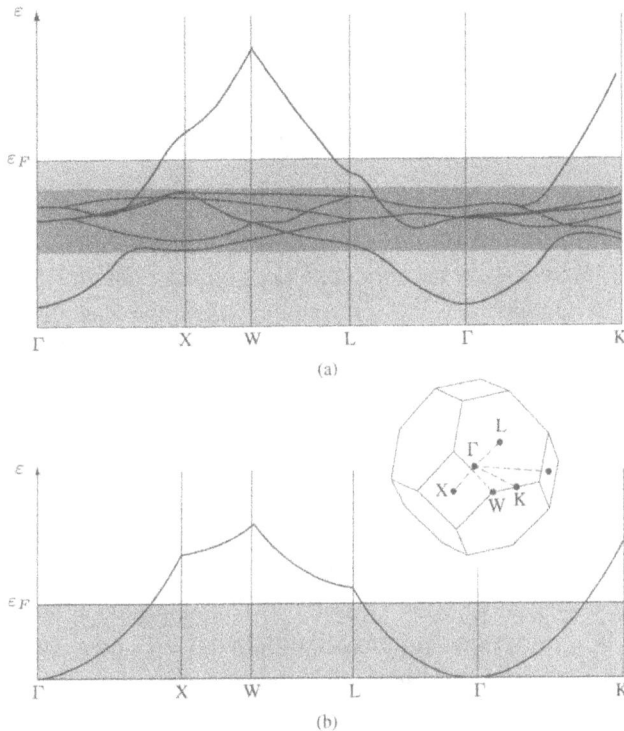

(a)

(b)

Bild 15.4: (a) Berechnete Energiebänder von Kupfer. (Nach G. A. Burdick, *Phys. Rev.* **129**, 138 (1963).) Gezeichnet sind die Kurven $\varepsilon(k)$ entlang verschiedener Richtungen im Inneren sowie auf der Oberfläche der ersten Brillouin-Zone. (Der Punkt Γ bezeichnet den Mittelpunkt der Zone.) Die d-Bänder liegen im am dunkelsten getönten Bereich, dessen Energiebreite etwa 3,5 eV beträgt. (b) Die niedrigstliegenden Energien freier Elektronen entlang derselben Richtungen wie in (a). (Die Energieskalen in (a) und (b) sind verschieden.)

$1s^2 2s^2 2p^6 3s^2 3p^6$ sehr stark gebundene Bänder, deren Energien sehr deutlich niedriger liegen als die Energien aller übrigen elektronischen Niveaus dieser Metalle. Man kann die Elektronen in diesen niedrig liegenden Bändern als zu den – für die meisten Zwecke als inert zu behandelnden – Atomrümpfen gehörig betrachten. Die übrigen Bänder konstruiert man, indem man entweder ein bcc-Bravaisgitter aus K^+-Ionen betrachtet, zu dem ein einzelnes Elektron je primitiver Zelle hinzugefügt wurde, oder aber ein fcc-Bravaisgitter aus Cu^{11+}-Rümpfen mit zusätzlichen 11 Elektronen ($3d^{10} 4s^1$) je primitiver Zelle.

Im Falle von Kalium – und ebenso für die übrigen Alkalimetalle – wird das eine zusätzliche Elektron dadurch „untergebracht", daß man ein recht freie-Elektronen-ähnliches Band zur Hälfte füllt, wodurch sich die oben beschriebenen, nahezu kugelförmigen Fermiflächen ergeben.

Im Falle von Kupfer und der übrigen Edelmetalle[3] sind mindestens sechs Bänder erforderlich – deren Anzahl sich auch als ausreichend erweist – um die zusätzlichen 11 Elektronen aufzunehmen. Die Struktur dieser Bänder ist in Bild 15.4 dargestellt. Für fast alle Werte des Wellenvektors **k** liegt eine Einteilung dieser sechs Bänder nahe: in eine Gruppe von fünf Bändern im relativ schmalen Energiebereich von etwa 2 bis 5 eV

---

[3] In Gold liegt das $4f$-Band niedrig genug, so daß man seine Elektronen – ebenso wie sämtliche Elektronen der Xe-Konfiguration – als zum Atomrumpf gehörig betrachten kann.

unterhalb der Fermienergie ε_F einerseits, sowie ein sechstes Band mit einer Energie zwischen etwa 7 eV oberhalb und etwa 9 eV unterhalb von ε_F anderseits.

Es ist üblich, die fünf schmalen Bänder als d-Bänder zu bezeichnen und die restlichen Niveaus als s-Band zusammenzufassen. Man sollte diese Bezeichnungen mit Vorsicht verwenden, da bei einigen Werten von k alle sechs Niveaus eng benachbart liegen, so daß die Unterscheidung zwischen Niveaus des d-Bandes und Niveaus des s-Bandes nicht mehr sinnvoll ist. In dieser Nomenklatur spiegelt sich die Tatsache wider, daß bei Werten des Wellenvektors, bei welchen die beschriebene Gruppierung der Niveaus möglich und sinnvoll ist, sich die Bänder der Fünfergruppe – im Sinne des *tight-binding* (Kapitel 10) – von den fünf atomaren d-Niveaus ableiten, und das übrige Band mit den atomaren s-Elektronen korrespondiert.

Beachten Sie, daß die k-Abhängigkeit der Niveaus des s-Bandes – außer an Stellen, wo sie sich den d-Bändern nähern – in bemerkenswertem Maße an das niedrigste Band freier Elektronen in einem fcc-Kristall erinnert (welches zum Vergleich in Bild 15.4b dargestellt ist), und dies insbesondere dann, wenn man die zu erwartenden Modifikationen in der Nähe der Zonenrandflächen berücksichtigt, welche für eine Rechnung im Rahmen des Modells nahezu freier Elektronen (Kapitel 9) charakteristisch sind. Beachten Sie weiterhin, daß das Ferminiveau weit genug oberhalb des d-Bandes liegt, so daß das s-Band ε_F in Punkten schneidet, wo die Ähnlichkeit mit dem Band freier Elektronen noch immer recht deutlich erkennbar ist.[4] Die berechnete Bandstruktur berechtigt noch immer zu der Hoffnung, daß man mit einer Rechnung im Rahmen des Modells nahezu freier Elektronen bei der Bestimmung der Gestalt von Fermiflächen erfolgreich sein kann. Man muß sich jedoch stets bewußt sein, daß nicht zu weit unterhalb der Fermienergie eine sehr komplexe Menge von d-Bändern „lauert", von denen man erwarten kann, daß sie die metallischen Eigenschaften sehr viel stärker beeinflussen als irgendeines der gefüllten Bänder der Alkalimetalle.[5]

Die Fermifläche eines einzelnen, zur Hälfte gefüllten Bandes freier Elektronen in einem fcc-Bravaisgitter ist eine vollständig innerhalb der ersten Brillouin-Zone liegende Kugel, welche sich dem Zonenrand am stärksten in den Richtungen $\langle 111 \rangle$ annähert, wobei die Ausdehnung der Kugel in diesen Richtungen 0,903 der Entfernung vom Ursprung zum Mittelpunkt der sechseckigen Berandungsflächen beträgt. Der de Haas-van Alphén-Effekt in den drei Edelmetallen zeigt, daß ihre Fermiflächen

---

[4] Trotzdem liegt das Ferminiveau nahe genug beim d-Band, um die s-Band-Nomenklatur für Niveaus des Leitungsbandes auf der Fermifläche etwas zweifelhaft erscheinen zu lassen. Eine genauere Aussage darüber, wie „s-ähnlich" oder „p-ähnlich" ein gegebenes Niveau ist, muß auf einer ins Einzelne gehenden Untersuchung seiner Wellenfunktion gründen. In diesem Sinne sind die meisten – aber bei weitem nicht alle – Niveaus in der Nähe der Fermifläche s-ähnlich.

[5] Die Werte der atomaren Ionisierungsenergien erinnern stets daran, welch unterschiedliche Rollen gefüllte Bänder bei Alkalimetallen und Edelmetallen spielen: Um das erste ($4s$) beziehungsweise das zweite Elektron ($3p$) des Kaliumatoms zu entfernen, ist eine Energie von 4,34 eV beziehungsweise 31,81 eV notwendig; die entsprechenden Werte für Kupfer sind 7,72 eV für das $4s$- und 20,29 eV für das $3d$-Elektron.

(a)

(b)

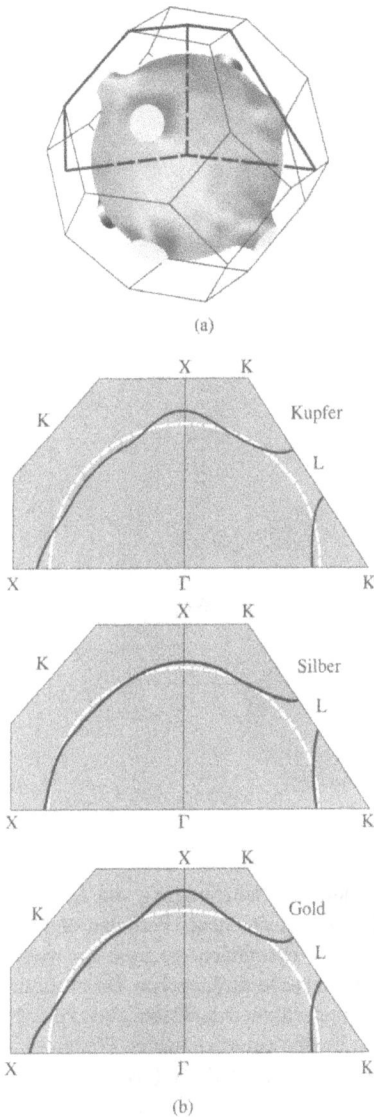

Bild 15.5: (a) In den drei Edelmetallen ist die Fermikugel freier Elektronen in den $\langle 111 \rangle$-Richtungen „ausgestülpt" und berührt in diesen Richtungen die sechseckigen Zonenrandflächen. (b) Querschnitte der Fermiflächen der drei Metalle. (D. Schoenberg, D. J. Roaf, *Phil. Trans. Roy. Soc.* **255**, 85 (1962).) Die jeweilige Lage der Querschnitte in der Brillouin-Zone erkennt man aus (a).

der Fermikugel freier Elektronen sehr nahe verwandt sind, sie berühren jedoch in den Richtungen $\langle 111 \rangle$ den Zonenrand, und die gemessenen Fermiflächen haben die in Bild 15.5 gezeigte Gestalt. Acht „Hälse" ragen heraus und berühren die acht sechseckigen Oberflächen der Brillouin-Zone, ansonsten aber weicht die Fermifläche nicht stark von der Kugelform ab. Die Existenz dieser „Hälse" äußert sich am deutlichsten in den de Haas-van Alphén-Oszillationen, wenn die Richtung des Magnetfeldes mit den Richtungen $\langle 111 \rangle$ zusammenfällt: man beobachtet dann zwei Perioden, welche den Extremalbahnen um den „Körper" (als Maximalbahn) sowie um

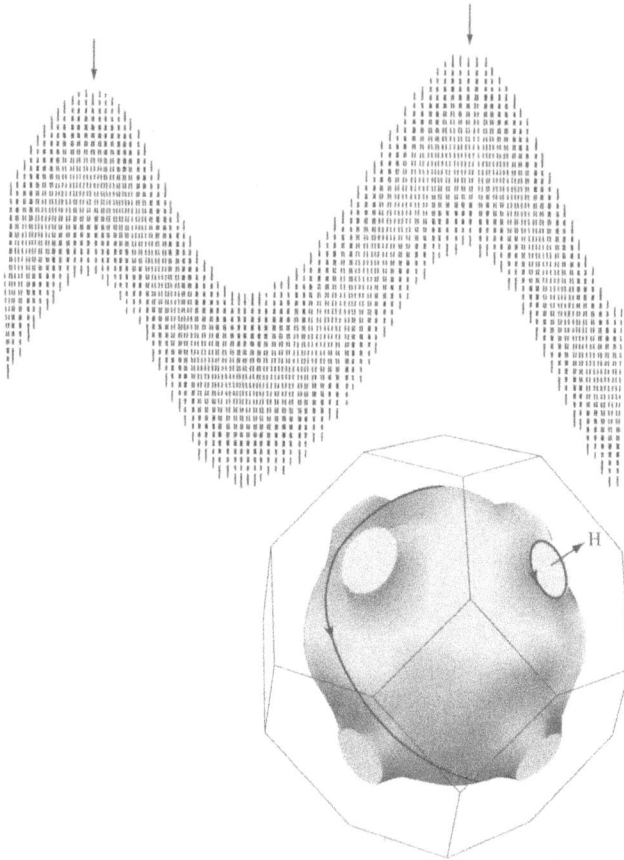

Bild 15.6: De Haas-van Alphén-Oszillationen bei Silber (mit freundlicher Genehmigung von A. S. Joseph). Das Magnetfeld liegt parallel zu einer Richtung $\langle 111 \rangle$. Die beiden verschiedenen Perioden sind den eingezeichneten Bahnkurven um die „Hälse" sowie um den „Körper" der Fermifläche zuzuordnen, wobei die höherfrequenten Oszillationen auf die um den Körper liegende Bahnkurve zurückgehen. Durch einfaches Abzählen der Anzahl von Perioden der höherfrequenten Oszillation während der Dauer einer Periode der niedrigerfrequenten Oszillation (also im Bereich zwischen den beiden eingezeichneten Pfeilen) leitet man direkt ab, daß das Verhältnis der beiden Extremalflächen A_{111}(„Körper")$/A_{111}$(„Hals") beträgt. (Beachten Sie, daß man weder den horizontalen noch den vertikalen Maßstab der Darstellung kennen muß, um diese grundlegende geometrische Information über die Fermifläche ermitteln zu können!)

die „Hälse" (als Minimalbahnen) zuzuordnen sind (Bild 15.6). Das Verhältnis dieser beiden Perioden bestimmt direkt das Verhältnis der maximalen und minimalen $\langle 111 \rangle$-Querschnittsflächen:[6]

---

[6] M. R. Halse, *Phil. Trans. Roy. Soc.* **A265**, 507 (1969). Man kann den Wert für Silber direkt aus der experimentellen Kurve in Bild 15.6 ablesen.

Metall	A_{111}("Körper")/A_{111}("Hals")
Cu	27
Ag	51
Au	29

Obwohl die verformte Kugel mit ihren Ausstülpungen, welche die sechseckigen Zonenrandflächen berühren, noch immer eine recht einfache Gestalt hat, so zeigen doch die Fermiflächen der Edelmetalle, betrachtet im periodischen Zonenschema, eine Vielfalt äußerst komplexer Bahnkurven. Einige der einfachsten sind in Bild 15.7 dargestellt. Die offenen Bahnen sind die Ursache für das recht dramatische Verhalten des Magnetwiderstandes der Edelmetalle (Bild 15.8): Die Beobachtung, daß ihr Magnetwiderstand in bestimmten Richtungen nicht in Sättigung geht, läßt sich sehr gut innerhalb der semiklassischen Theorie erklären (siehe die Seiten 296-303).

Obwohl die Topologie der Fermiflächen der Edelmetalle Ursache für ein sehr komplexes Verhalten der Transporteigenschaften sein kann, haben diese Fermiflächen nur einen einzigen Zweig, so daß man die Edelmetalle – ebenso wie die Alkalimetalle – in Untersuchungen ihrer Transporteigenschaften als Ein-Band-Metalle behandeln kann. Die übrigen Fermiflächen metallischer Elemente weisen – soweit bekannt – mehr als einen Zweig auf.

Da die d-Bänder sehr flach sind, ist es recht wahrscheinlich, daß sich ein Ein-Band-Modell zur Beschreibung von Effekten, die eine weitergehende als die semiklassische

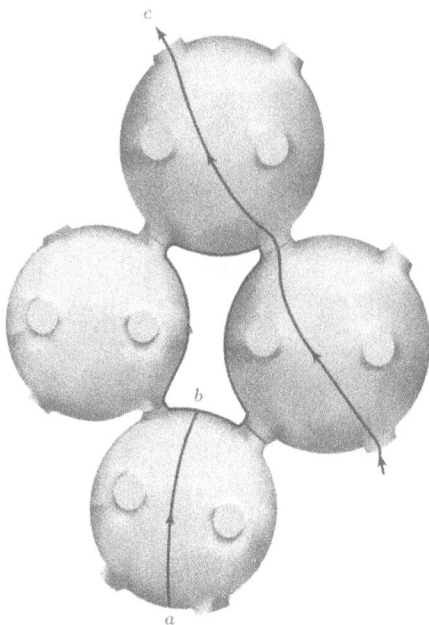

Bild 15.7: Einige der erstaunlich zahlreichen Typen von Bahnkurven im k-Raum, die einem Elektron eines Edelmetalls in einem homogenen Magnetfeld möglich sind. (Erinnern Sie sich, daß sich die Bahnkurven als Schnitte der Fermifläche mit zur Feldrichtung senkrechten Ebenen ergeben.) Dargestellt sind (a) eine geschlossene Elektronenbahn, (b) eine geschlossene Lochbahn, sowie (c) eine offene Bahn, welche sich im periodischen Zonenschema in der angezeigten Richtung unendlich weit fortsetzt.

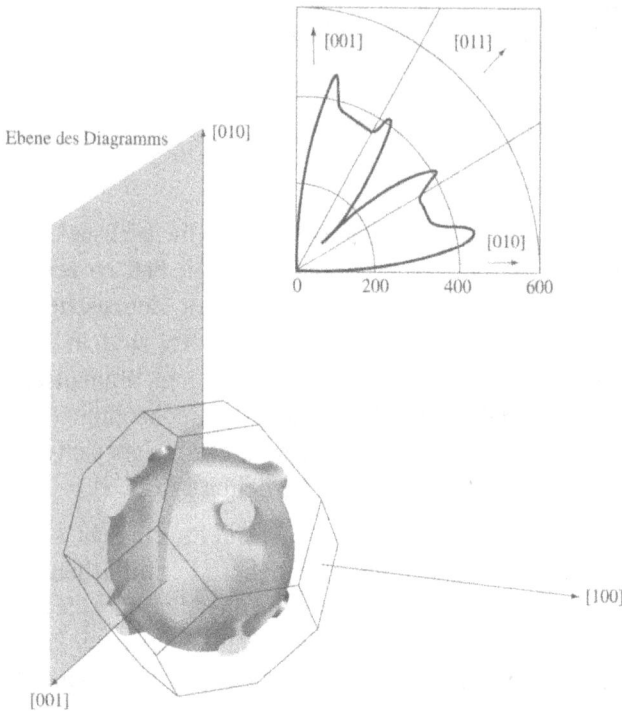

Bild 15.8: Die spektakuläre Richtungsabhängigkeit des Hochfeld-Magnetwiderstandes in Kupfer, wie sie für eine Fermifläche charakteristisch ist, auf welcher offene Bahnen möglich sind. Die Richtungen [001] und [010] im Kupferkristall sind durch Pfeile angedeutet; der Strom fließt in Richtung [100], senkrecht zur Papierebene, das Magnetfeld liegt in der Papierebene. Die Feldstärke beträgt konstant 18 kG; die Orientierung des Feldes wird kontinuierlich von der Richtung [001] zur Richtung [010] hin verändert. Die Darstellung ist ein Polardiagramm der Abhängigkeit der Größe $(\rho(H) - \rho(0))/\rho(0)$ von der Feldorientierung. Um einen möglichst großen Wert von $\omega_c \tau$ zu erreichen, ist die Probe sehr rein und wurde auf eine sehr niedrige Temperatur gebracht − 4,2 K, die Temperatur des flüssigen Heliums (J. R. Klauder, J. E. Kunzler, *The Fermi Surface*, Harrison and Webb, eds., Wiley, New York (1960)).

Behandlung erfordern, als inadäquat erweist. Der Einfluß der d-Bänder zeigt sich besonders deutlich in den optischen Eigenschaften der Edelmetalle.

Optische Eigenschaften einwertiger Metalle

Die Farbe eines Metalls ist bestimmt durch die Frequenzabhängigkeit seines Reflexionsvermögens: Einige Frequenzen werden besser reflektiert als andere. Die sehr unterschiedlichen Farben von Kupfer, Gold und Aluminium sind ein Hinweis darauf, daß die Form dieser Frequenzabhängigkeit von Metall zu Metall stark verschieden sein kann.

Andererseits ist das Reflexionsvermögen eines Metalls bestimmt durch die Frequenzabhängigkeit seiner Leitfähigkeit − wie eine der Standardberechnungen der elektromagnetischen Theorie zeigt (siehe Anhang K). Setzt man die für freie Elektronen gültige Form (1.29) in (K.6) ein, so erhält man einen Ausdruck für das Reflexionsvermögen, in welchen die Eigenschaften eines speziellen Metalls nur über die Plasmafrequenz und die Relaxationszeit eingehen. Der Verlauf dieses Reflexionsvermögens für freie Elektronen zeigt keinerlei Struktur, welche man zur Erklärung des beobachteten, charakteristischen Schwellenverhaltens der Reflexionsvermögen der Metalle, oder auch zur Deutung der ausgeprägten Unterschiede im Reflexionsvermögen verschiedener Metalle heranziehen könnte.

Abrupte Änderungen des Reflexionsvermögens sind dadurch verursacht, daß bei bestimmten Frequenzen neue Mechanismen zur Absorption von Energie zugänglich werden. Das Modell freier Elektronen ergibt deshalb einen relativ strukturlosen Frequenzverlauf des Reflexionsvermögens, weil in diesem Modell Stöße der einzige Mechanismus der Energieabsorption sind. Freie Elektronen werden durch die einfallende elektromagnetische Strahlung einfach nur beschleunigt, und ohne Stöße würden die Elektronen die gesamte auf diese Weise aufgenommene Energie als transmittierte oder reflektierte Strahlung wieder abstrahlen. Da unterhalb der Plasmafrequenz keine Transmission möglich ist (siehe Aufgabe 2 sowie Seite 19), würde ohne Stöße die einfallende Strahlung vollständig reflektiert. Oberhalb der Plasmafrequenz dagegen ist Transmission möglich, und das Reflexionsvermögen nimmt ab. Der Effekt der Stöße besteht einzig darin, den scharfen Übergang zwischen vollständiger und partieller Reflexion „abzurunden". Durch Stöße wird ein Teil der von den Elektronen aus der einfallenden Strahlung aufgenommenen Energie in Wärmeenergie (beispielsweise der Atomrümpfe oder der Verunreinigungsatome) umgewandelt, wodurch sich der Anteil reflektierter Energie sowohl oberhalb als auch unterhalb der Plasmafrequenz verringert. Da dieser Effekt der Stöße frequenzunabhängig ist, verursachen sie keine ausgeprägte Struktur im Frequenzverlauf des Reflexionsvermögens.

Die Situation für Bloch-Elektronen ist dagegen eine andere: Hier ist ein stark frequenzabhängiger Mechanismus der Energieabsorption möglich, den man am einfachsten versteht, wenn man die einfallende Strahlung als Strahl von Photonen der Energie $\hbar\omega$ und des Impulses $\hbar q$ betrachtet. Eines dieser Photonen kann Energie verlieren durch die Anregung eines Elektrons aus einem Niveau der Energie ε in ein Niveau der Energie $\varepsilon' = \varepsilon + \hbar\omega$. Für freie Elektronen folgt aus der Erhaltung des Impulses außerdem die Bedingung $\mathbf{p}' = \mathbf{p} + \hbar\mathbf{q}$, die sich als nicht erfüllbar erweist (Aufgabe 3), so daß dieser Mechanismus des Energieverlustes im Falle freier Elektronen nicht möglich ist. Unter der Wirkung eines periodischen Potentials dagegen ist die Translationssymmetrie des kräftefreien Raumes gebrochen, und der Impuls ist keine Erhaltungsgröße. Trotzdem gilt noch immer ein schwächerer Erhaltungssatz, da ein Rest der vollen Translationssymmetrie auch im periodischen Potential gewahrt bleibt. Demnach ist die Änderung des elektronischen Wellenvektors beschränkt, in einer Art und Weise, die formal an die Impulserhaltung erinnert:

$$\mathbf{k}' = \mathbf{k} + \mathbf{q} + \mathbf{K}. \tag{15.4}$$

$\mathbf{K}$ ist ein Vektor des reziproken Gitters.

Gleichung (15.4) ist ein Spezialfall des „Erhaltungssatzes für den Kristallimpuls", wie wir ihn im Einzelnen in Anhang M diskutieren. An dieser Stelle bemerken wir lediglich, daß (15.4) eine sehr plausible Modifikation des im kräftefreien Raum gültigen Impulserhaltungssatzes darstellt, da die elektronischen Niveaus in einem periodischen Potential – obwohl dies für die einzelnen Niveaus ebener Wellen im kräftefreien Raum *nicht* gilt – auch weiterhin durch Überlagerung ebener Wellen dargestellt werden können, deren Wellenvektoren sich lediglich um Vektoren des Reziproken Gitters voneinander unterscheiden (siehe beispielsweise (8.42)).

Ein Photon des sichtbaren Lichtes hat eine Wellenlänge um 5000 Å, so daß der Wellenvektor des Photons entsprechend von der Größenordnung 10^5 cm^{-1} ist. Andererseits liegen typische Abmessungen einer Brillouin-Zone bei $k_F \approx 10^8$ cm^{-1}. Der Term q in (15.4) kann demnach den Wellenvektor k lediglich um einen Bruchteil eines Prozents der Abmessungen der Brillouin-Zone verändern. Da zwei Niveaus desselben Bandes, deren Wellenvektoren sich um einen Vektor des reziproken Gitters unterscheiden, quasi identisch sind, kann man den Beitrag des Vektors **K** vollständig vernachlässigen, und wir können den bedeutsamen Schluß ziehen, daß der Wellenvektor eines Bloch-Elektrons im wesentlichen unverändert bleibt, wenn es ein Photon absorbiert.

Um seine Energie um einen Betrag $\hbar\omega$ – also typischerweise um einige Elektronenvolt – zu ändern, muß das Elektron von einem Band in ein anderes übergehen, ohne dabei seinen Wellenvektor nennenswert zu verändern: Solche Prozesse bezeichnet man als Interband-Übergänge.[7] Sie können auftreten, sobald $\hbar\omega$ für bestimmte k größer ist als $\varepsilon_{n'}(\mathbf{k}) - \varepsilon_n(\mathbf{k})$ zwischen Bändern n und n', wobei $\varepsilon_n(\mathbf{k})$ niedriger als die Fermienergie liegt – so daß also ein Elektron für eine Anregung zur Verfügung steht – sowie $\varepsilon_{n'}(\mathbf{k})$ über der Fermienergie, so daß das elektronische Zielniveau nicht aufgrund des Pauliprinzips unzugänglich ist. Diese Grenzenergie oder Grenzfrequenz bezeichnet man als Interband-Schwellenenergie.[8]

Die Interband-Schwelle kann die Anregung von Elektronen aus dem Leitungsband (dem energetisch höchstliegenden Band, in welchem einige Elektronen vorhanden sind) in noch höher liegende, unbesetzte Niveaus widerspiegeln, oder aber die Anregung von Elektronen aus vollständig gefüllten Bändern in unbesetzte Niveaus des Leitungsbandes (des niedrigstliegenden Bandes, welches einige unbesetzte Niveaus enthält).

---

[7] Genauer bezeichnet man diese Übergänge als *direkte Interband-Übergänge*. Im allgemeinen wird die Analyse optischer Daten dadurch erschwert, daß auch *indirekte Interband-Übergänge* möglich sind, bei welchen der elektronische Wellenvektor k nicht erhalten ist und der „verlorene" Kristallimpuls von einer quantisierten Gitterschwingung, einem Phonon abtransportiert wird. Die Energien von *Phononen* sind sehr viel geringer sind als die Energien optischer *Photonen* in einwertigen Metallen (siehe Kapitel 23 und 24), so daß die Gültigkeit unserer Schlußfolgerungen von möglichen Auftreten indirekter Übergänge nicht wesentlich beeinträchtigt wird, weshalb wir solche Übergänge hier vernachlässigen. Im Rahmen einer genaueren, quantitativen Theorie sind indirekte Übergänge jedoch keinesfalls vernachlässigbar.

[8] Interband-Übergänge sind im Rahmen des semiklassischen Modells der Kapitel 12 und 13 explizit durch die Bedingung (12.10) verboten. Sobald die Frequenz mit der Interband-Schwelle vergleichbar wird, ist der Ausdruck (13.34) für die semiklassische Wechselstromleitfähigkeit, wenn überhaupt, so doch mit Vorsicht zu verwenden, da Korrekturen durch den allgemeineren Ausdruck (13.37) wesentlich werden können.

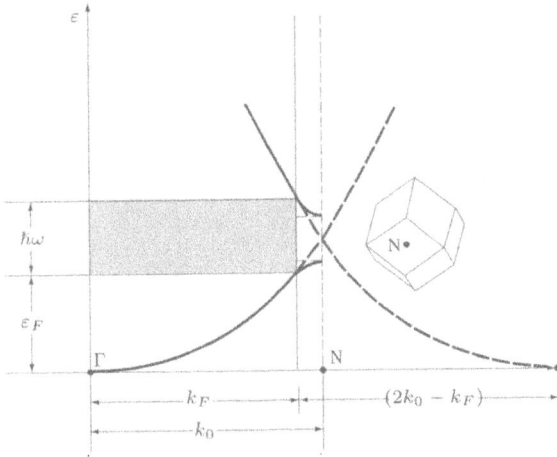

Bild 15.9: Bestimmung der Schwellen-energie für Interband-Absorption in Alkalimetallen im Modell freier Elektronen. Es gilt die numerische Beziehung $\hbar\omega = 0,64\varepsilon_F$.

In den Alkalimetallen liegen die vollständig gefüllten Bänder weit unterhalb des Leitungsbandes, so daß die Interband-Schwelle gegeben ist durch die Anregung von Elektronen des Leitungsbandes in höher gelegene Niveaus. Da sich die Fermiflächen der Alkalimetalle in so hohem Maße der Fermikugel freier Elektronen annähern, liegen die Bänder oberhalb des Leitungsbandes ebenfalls recht nahe bei Bändern freier Elektronen, und dies insbesondere für Werte von k innerhalb der „Fermikugel", die sich nicht bis zu den Zonenrändern hin ausdehnt. Aus der Beobachtung, daß die besetzten Niveaus des Leitungsbandes, deren Energien den höchstgelegenen Niveaus freier Elektronen zum selben Wert von k am nächsten sind, an jenen Punkten der Fermifläche auftreten, die am nächsten bei einer Bragg-Ebene liegen, ergibt sich eine Abschätzung der Interband-Schwellenenergie $\hbar\omega$ für freie Elektronen. In diesen Punkten (Bild 15.1) schneidet die Fermifläche die Linien ΓN. Die Interband-Schwellenenergie ist dann gegeben durch

$$\hbar\omega = \frac{\hbar^2}{2m}(2k_0 - k_F)^2 - \frac{\hbar^2}{2m}k_F{}^2. \tag{15.5}$$

Dabei bezeichnet k_0 die Länge der Linie ΓN zwischen dem Zentrum der Brillouin-Zone und einem Mittelpunkt einer der Zonengrenzflächen (Bild 15.9) – und erfüllt die Beziehung $k_F = 0,877k_0$ (siehe Seite 360). Drückt man mittels dieser Beziehung k_0 in (15.5) durch k_F aus, so erhält man

$$\hbar\omega = 0,64\varepsilon_F \tag{15.6}$$

Bild 15.10 ist eine Darstellung des Verlaufes von Re $\sigma(\omega)$, bestimmt aus den gemessenen Reflexionsvermögen von Natrium, Kalium und Rubidium. Bei niedrigen Frequenzen beobachtet man den im Modell freier Elektronen typischen, scharfen Abfall mit zunehmender Frequenz (siehe Aufgabe 2). In der Umgebung von $0,64\varepsilon_F$ jedoch erkennt man einen deutlichen Anstieg von Re $\sigma(\omega)$ – als offensichtliche

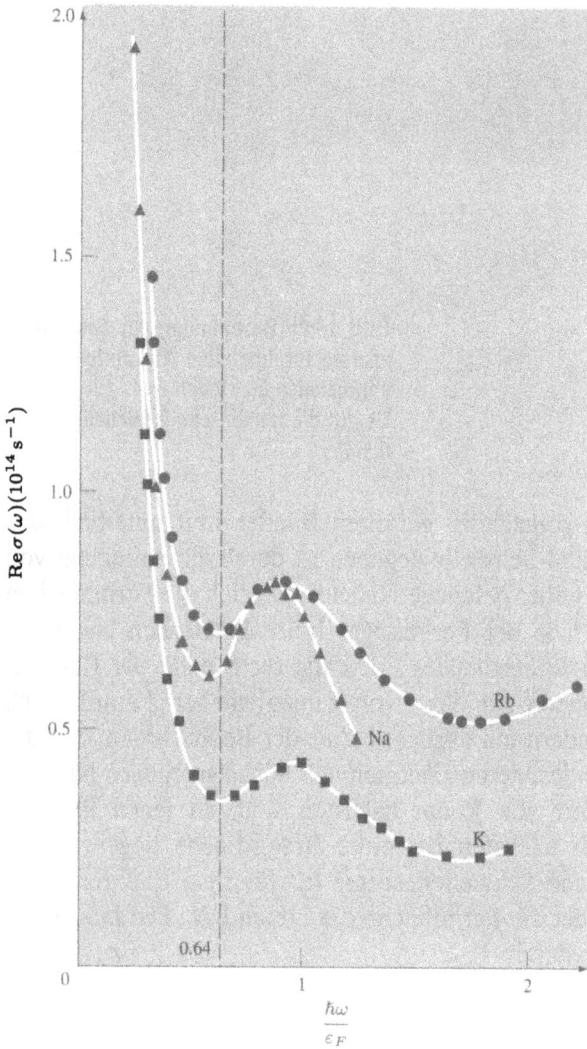

Bild 15.10: Verlauf des Realteils Re $\sigma(\omega)$, bestimmt aus Messungen der Reflexionsvermögen der angegebenen Alkalimetalle. Die Interband-Schwelle ist deutlich erkennbar und tritt nahe bei $0,64\varepsilon_F$ auf, wobei ε_F die in Tabelle 2.1 angegebene Fermi-energie freier Elektronen bezeichnet (mit freundlicher Genehmigung von N. Smith).

Bestätigung der Abschätzung der Interband-Schwellenenergie im Modell nahezu freier Elektronen.

Durch das Vorhandensein der d-Bänder unterscheidet sich die Situation bei den Edelmetallen recht deutlich von der soeben beschriebenen: Bild 15.11 zeigt die berechnete Bandstruktur von Kupfer, einschließlich der niedrigstliegenden, vollständig leeren Bänder. Beachten Sie, daß diese Bänder ebenfalls als Verformungen der darunter dargestellten Bänder freier Elektronen erkennbar sind. Die Schwelle für die Anregung eines Elektrons aus dem Leitungsband tritt im Punkt b auf, wo der „Hals" der Fermifläche die sechseckige Zonengrenzfläche berührt (Bild 15.5a), und bei einer Energie, die proportional ist zur Länge des oberen der senkrechten Pfeile – entsprechend etwa 4 eV.

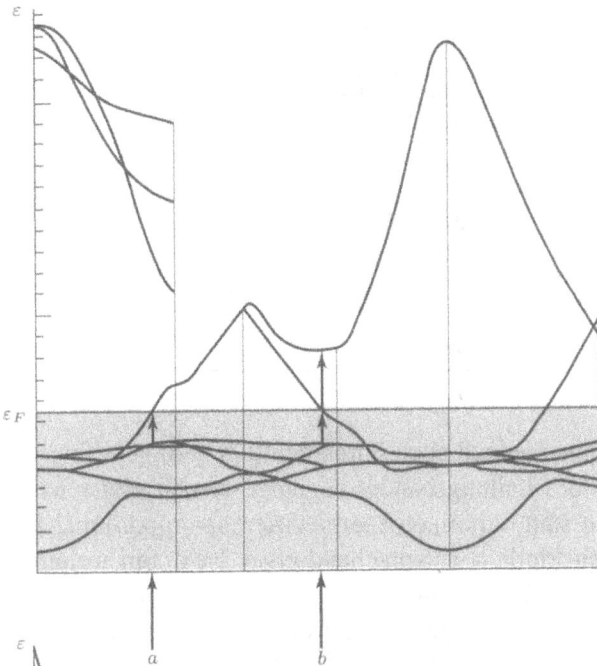

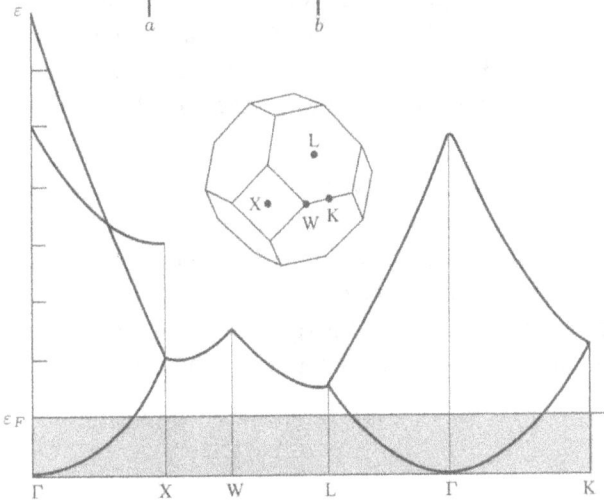

Bild 15.11: Von Burdick berechnete Energiebänder von Kupfer. Man erkennt, daß die Schwellenenergie der Absorption für Übergänge aus dem Leitungsband etwa 4 eV beträgt, während die Schwellenenergie für Übergänge vom d-Band zum Leitungsband bei nur etwa 2 eV liegt. (Die Energieskala ist in Schritten eines Zehntel Rydberg geteilt, wobei 0,1 Ry = 1,36 eV .) Beachten Sie die Ähnlichkeit der Bänder – mit Ausnahme der d-Bänder – mit den im unteren Diagramm gezeichneten Bändern freier Elektronen.

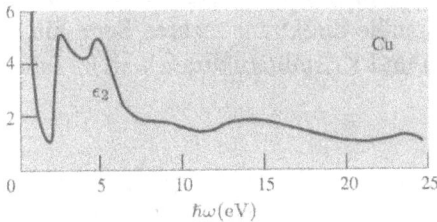

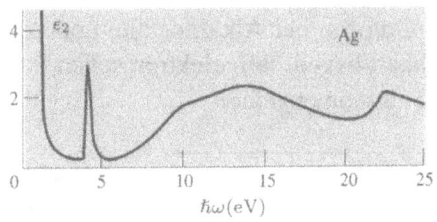

Bild 15.12: Imaginärteil $\epsilon_2(\omega) = \operatorname{Im} \epsilon(\omega)$ der dielektrischen Konstanten in Abhängigkeit von $\hbar\omega$, ermittelt aus Messungen des Reflexionsvermögens (H. Ehrenreich, H. R. Phillip, *Phys. Rev.* **128**, 1622 (1962)). Beachten Sie den für freie Elektronen charakteristischen $(1/\omega^3)$-Verlauf unterhalb etwa 2 eV bei Kupfer und 4 eV bei Silber. Das Einsetzen der Interband-Absorption ist recht deutlich zu erkennen.

Tabelle 15.2
Zweiwertige Metalle

Metalle der Gruppe IIA			Metalle der Gruppe IIB		
Be:	$1s^2 2s^2$	hcp			
Mg:	[Ne]$3s^2$	hcp			
Ca:	[Ar]$4s^2$	fcc	Zn:	[Ar]$3d^{10}4s^2$	hcp
Sr:	[Kr]$5s^2$	fcc	Cd:	[Kr]$4d^{10}5s^2$	hcp
Ba:	[Xe]$6s^2$	bcc	Hg:	[Xe]$4f^{14}5d^{10}6s^2$	*

* Rhomboedrisches, einatomiges Bravaisgitter

Elektronen aus den d-Bändern können jedoch auch durch deutlich geringere Energien als 4 eV in unbesetzte Niveaus des Leitungsbandes angeregt werden. Ein solcher Übergang findet im selben Punkt d statt, mit einer Energiedifferenz proportional zur Länge des unteren der senkrechten Pfeile – entsprechend etwa 2 eV. Ein weiterer, geringfügig energieärmerer Übergang, ist im Punkt a möglich. Die gemessene Absorption von Kupfer (Bild 15.12) zeigt bei ungefähr 2 eV einen scharfen Anstieg. In der rötliche Farbe dieses Metalls manifestiert sich somit unmittelbar die recht niedrige Schwellenenergie für die Anregung von Elektronen der d-Bänder in das Leitungsband: Eine Photonenenergie von 2 eV liegt im orangefarbenen Bereich des sichtbaren Spektrums.[9]

Der Schluß von den optischen Eigenschaften eines Metalls auf seine Bandstruktur ist bei einigen der mehrwertigen Metalle ebenso einfach,[10] kann aber bei anderen weitaus schwieriger sein: So treten beispielsweise oft Punkte der Fermifläche auf, in welchen das Leitungsband mit dem nächst höherliegenden Band entartet ist, wodurch Interband-Übergänge bei beliebig niedrigen Energien möglich werden und man deshalb keinerlei ausgeprägte Interband-Schwellenenergie beobachtet.

Zweiwertige Metalle

Die zweiwertigen Metalle sind im Periodensystem in den Spalten angeordnet, welche den Gruppen der Alkalimetalle und der Edelmetalle direkt zur rechten Seite hin benachbart liegen. Ihre elektronischen Strukturen und Kristallstrukturen sind in Tabelle 15.2 zusammengefaßt.

---

[9] Eine Schwellenenergie vom ungefähr gleichen Betrag ist auch die Ursache für die gelbliche Farbe von Gold. Der Fall Silber ist dagegen komplizierter: Die Schwellenenergie für die Anregung von Elektronen des d-Bandes sowie die Schwellenenergie einer plasmonenähnlichen Anregung überlagern sich bei etwa 4 eV (Bild 15.12), wodurch sich ein einheitlicher Verlauf des Reflexionsvermögens im sichtbaren Spektralbereich zwischen 2 und 4 eV ergibt.

[10] Vergleichen Sie beispielsweise die weiter unten folgende Diskussion des Aluminiums.

Im Gegensatz zu den Metallen der Gruppen IA (Alkalimetalle) und IB (Edelmetalle) zeigen sich die Eigenschaften der Metalle in den Gruppen IIA und IIB weniger drastisch beeinflußt durch das Vorhandensein oder Fehlen eines vollständig gefüllten d-Bandes. Bandstrukturberechnungen für Zink und Cadmium zeigen, daß das d-Band vollständig unterhalb des Leitungsbandes liegt, während es bei Quecksilber lediglich innerhalb eines schmalen Bereiches in der Nähe des tiefsten Punktes des Leitungsbandes mit diesem überlappt. Folglich verhalten sich die d-Bänder relativ inert, und der Einfluß der Kristallstruktur auf die metallischen Eigenschaften ist weit weniger stark ausgeprägt als beim Übergang von Gruppe IIA zu Gruppe IIB.

Kubische zweiwertige Metalle

Mit zwei Elektronen je Primitiver Zelle könnten Calcium, Strontium und Barium eigentlich Isolatoren sein. Im Modell freier Elektronen ist das Volumen der Fermikugel mit dem Volumen der ersten Brillouin-Zone identisch und die Fermikugel schneidet deshalb die Zonenrandflächen. Die Fermifläche freier Elektronen hat daher innerhalb der ersten Brillouin-Zone eine recht komplexe Struktur, mit „Elektronentaschen", die in die zweite Zone hineinreichen. Vom Standpunkt der Theorie nahezu freier Elektronen aus betrachtet stellt sich die Frage, ob das effektive Gitterpotential (also das Pseudopotential) stark genug ist, um das Volumen der Elektronentaschen in der zweiten Brillouin-Zone zum Verschwinden zu bringen und dabei sämtliche unbesetzten Niveaus in der ersten Zone zu füllen. Offensichtlich ist dies nicht der Fall, da die Elemente der Gruppe II sämtlich Metalle sind. Die Strukturen der Fermiflächen der Erdalkalimetalle (Gruppe IIA) sind im Detail jedoch nicht genau bekannt, da diese Elemente nur schwer in reiner Form darzustellen und die Standardmethoden zur Bestimmung der Fermiflächen entsprechend wenig wirksam sind.

Quecksilber

Quecksilber kristallisiert in einem rhomboedrischen Bravaisgitter und erfordert deshalb unerfreulich unbequeme geometrische Konstruktionen im k-Raum. Trotzdem wurden de Haas-van Alphén-Messungen an Quecksilber durchgeführt,[11] wobei man Hinweise fand auf das Vorhandensein von Elektronentaschen in der zweiten Zone sowie einer ausgedehnten, komplexen Struktur in der ersten Brillouin-Zone.

Hexagonale zweiwertige Metalle

Brauchbare de Haas-van Alphén-Daten stehen bei Beryllium, Magnesium, Zink und Cadmium zur Verfügung. Diese Daten sprechen für das Vorliegen von Fermiflächen, die mehr oder weniger als Verzerrungen derjenigen – äußerst komplexen – Struktur erkennbar sind, welche sich ergibt, wenn man einfach eine Fermikugel freier Elektronen zeichnet, die vier Niveaus je primitiver hexagonaler Zelle enthält (Erinnern Sie sich daran, daß die Primitive Zelle der hcp-Struktur *zwei* Atome umfaßt.), und sie dann mit

---

[11] G. B. Brandt, J. A. Rayne, *Phys. Rev.* **148**, 644 (1966).

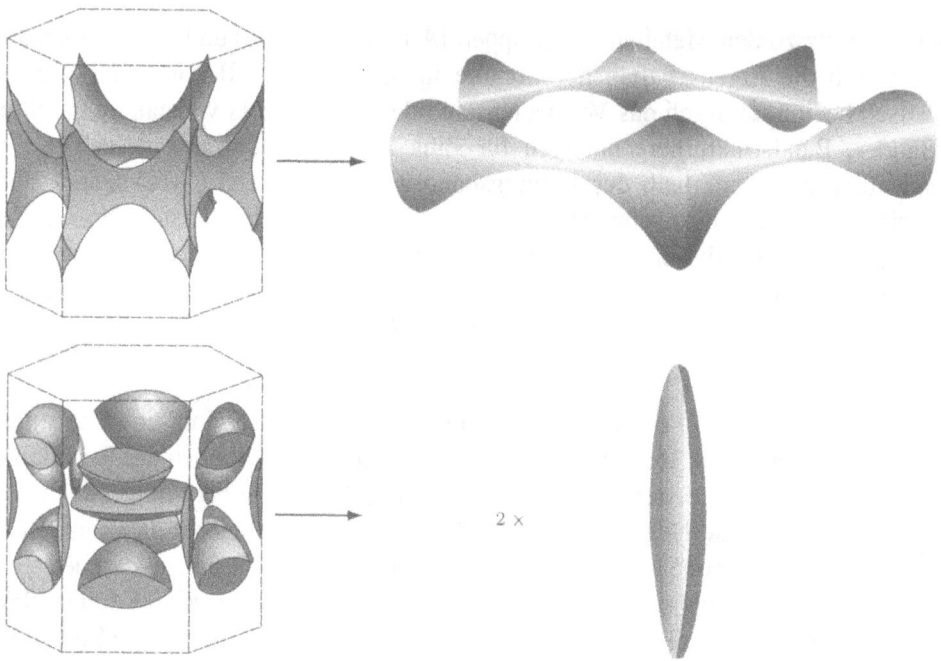

Bild 15.13: Gemessene Fermifläche von Beryllium (T.L.Loucks, P.H.Cutler, *Phys.Rev.*A**133**, 819 (1964)). Das „Monster" für freie Elektronen (oben links) schrumpft zu einem „Krönchen" (oben rechts), und sämtliche übrigen, im Falle freier Elektronen vorhandenen Teile (unten links) verschwinden – mit Ausnahme der beiden „Zigarren" (unten rechts). Im Krönchen gibt es unbesetzte Niveaus, während die Zigarren Elektronen enthalten.

den Bragg-Ebenen „zerschneidet". Diese Konstruktion ist in Bild 9.11 für das „ideale" Verhältnis[12] von $c/a = 1,633$ dargestellt.

Eine für alle hcp-Metalle charakteristische Komplikation ergibt sich dadurch, daß der Strukturfaktor – ohne Spin-Bahn-Kopplung, siehe Seite 210 – auf den sechseckigen Randflächen der ersten Zone verschwindet. Hieraus folgt, daß ein schwaches periodisches Potential (oder Pseudopotential) auf diesen Flächen in erster Ordnung keine Aufspaltung der Bänder freier Elektronen erzeugt. Diese Tatsache weist über die Grenzen der Näherung nahezu freier Elektronen hinaus: Es gilt recht allgemein, daß bei Vernachlässigung der Spin-Bahn-Kopplung auf diesen Flächen eine mindestens zweifache Entartung besteht. Folglich ist es besser – zumindest insoweit, als man die Spin-Bahn-Kopplung als schwach annehmen kann, wie es bei den leichteren Elementen der Fall ist – diese Bragg-Ebenen bei der Konstruktion der „deformierten" Fermifläche freier Elektronen wegzulassen, was dann zu den deutlich einfacheren, in Bild 9.12 dargestellten Strukturen führt. Welches Bild genauer ist, hängt davon ab, wie groß die durch die Spin-Bahn-Kopplung erzeugten Energieaufspaltungen sind. So können die Aufspaltungen von einer Größenordnung sein, die eine Darstellung nach

---

[12] Die Werte des Verhältnisse c/a für Beryllium und Magnesium liegen nahe beim Idealwert, wogegen die entsprechenden Werte von Zink und Cadmium um etwa 15% größer sind.

Bild 9.11 für die Analyse galvanomagnetischer Daten bei niedrigen Feldern sinnvoll erscheinen läßt, obwohl bei hohen Feldern die Wahrscheinlichkeit eines magnetischen Durchbruchs bei den Energielücken so groß ist, daß die Darstellung in Bild 9.12 die Geeignetere sein kann.

Die oben beschriebenen Probleme machen es ziemlich schwierig, die de Haas-van Alphén-Daten hexagonaler Metalle zu „entwirren". Beryllium (mit sehr schwacher Spin-Bahn-Kopplung) hat die vielleicht einfachste Fermifläche der Erdalkalien (Bild 15.13). Das im Bild dargestellte „Krönchen" enthält Löcher, die beiden „Zigarren" Elektronen, so daß das Beryllium ein einfaches, wenn auch topologisch recht grotesk anmutendes Beispiel für ein kompensiertes Metall ist.

Dreiwertige Metalle

Immer weniger Ähnlichkeiten zu Vertrautem ist bei den dreiwertigen Metallen zu erkennen, und wir betrachten hier nur den einfachsten Fall: Aluminium.[13]

Aluminium

Die Fermifläche von Aluminium ist der Fermifläche freier Elektronen für ein kubisch-flächenzentriertes, einatomiges Bravaisgitter mit drei Leitungselektronen je Atom (dargestellt in Bild 15.14) sehr ähnlich.

Man kann zeigen (Aufgabe 4), daß die Fermifläche freier Elektronen vollständig innerhalb der zweiten, der dritten und der vierten Zone liegt (Bild 15.14c). Dargestellt im reduzierten Zonenschema erscheint die Fermifläche in der zweiten Zone (Bild 15.14d) als eine geschlossene Struktur, welche unbesetzte Niveaus enthält, während sie in der dritten Zone (Bild 15.14e) aus einer komplexen Anordnung enger Röhren besteht. Der in der vierten Zone liegende Teil der Fermifläche ist sehr klein und umfaßt kleine „Taschen" besetzter Niveaus.

Unter dem Einfluß eines schwachen periodischen Potentials verschwinden die Elektronentaschen der vierten Zone und der in der dritten Zone liegende Teil der Fermifläche reduziert sich auf eine Anzahl nicht miteinander verbundener „Ringe" (Bild 15.15). Dies ist mit den Ergebnissen der de Haas-van Alphén-Messungen konsistent, die keine Hinweise auf das Vorhandensein von Elektronentaschen in der vierten Zone geben, und dabei die Gestalten und Abmessungen der Flächenteile in der zweiten und dritten Zone recht genau „reproduzieren".

---

[13] Bor ist ein Halbleiter. Die komplexe, orthorhombische Kristallstruktur von Gallium führt zu einer Fermifläche freier Elektronen, die sich bis in die neunte Brillouin-Zone hinein erstreckt. Indium hat ein tetragonal-zentriertes Gitter, welches man als ein in Richtung einer der Würfelachsen leicht gestrecktes fcc-Gitter betrachten kann. Zahlreiche seiner elektronischen Eigenschaften sind als Abwandlungen der entsprechenden Eigenschaften des Aluminiums erkennbar. Thallium ist das schwerste hcp-Metall und weist deshalb die stärkste Spin-Bahn-Kopplung auf. Seine Fermifläche erinnert an die Fläche freier Elektronen in Bild 9.11, wobei die Aufspaltungen auf den sechseckigen Begrenzungsflächen – im Gegensatz zu Beryllium, dem leichtesten hcp-Metall – erhalten sind.

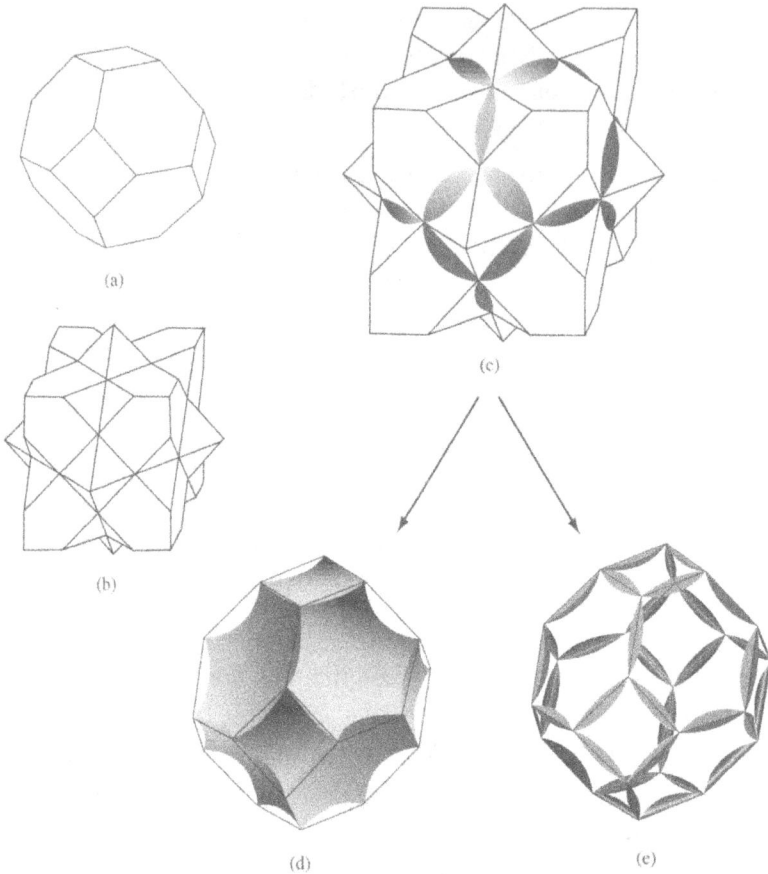

Bild 15.14: (a) Erste Brillouin-Zone eines fcc-Kristalls. (b) Zweite Brillouin-Zone eines fcc-Kristalls. (c) Die Kugel freier Elektronen für ein dreiwertiges, einatomiges fcc-Bravaisgitter. Sie schließt die erste Zone vollständig ein, erstreckt sich durch die zweite Zone hindurch in die dritte Zone, und an den Ecken sogar ein wenig bis in die vierte Zone hinein. (d) Der in die erste Zone zurücktransformierte Teil der Fermikugel freier Elektronen in der zweiten Zone: Die konvexe Oberfläche schließt Löcher ein. (e) Der in die erste Zone zurücktransformierte Teil der Fermikugel freier Elektronen in der dritten Zone: Die Oberfläche schließt Elektronen ein. (Der in der vierten Zone gelegene Teil der Fermifläche besteht aus winzigen Elektronentaschen in sämtlichen Eckpunkten.) (Aus R. Lück, Dissertation, Technische Hochschule Stuttgart (1965).)

Aluminium ist ein gutes Beispiel für die Anwendbarkeit der semiklassischen Theorie des Hall-Koeffizienten. Man erwartet den Wert des Hochfeld-Hallkoeffizienten zu $R_H = -1/(n_e - n_h)ec$, mit n_e und n_h als den Anzahlen von Niveaus pro Einheitsvolumen, die von den elektronenähnlichen beziehungsweise den lochähnlichen Zweigen der Fermifläche eingeschlossen sind. Da die erste Brillouin-Zone bei Aluminium vollständig gefüllt ist und je Atom zwei Elektronen enthält, muß eines der

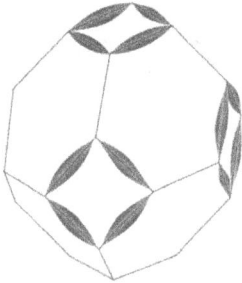

Bild 15.15: Die Fermifläche von Aluminium in der dritten Brillouin-Zone, dargestellt in einem reduzierten Zonenschema. (Aus N. W. Ashcroft, *Phil. Mag.* **8**, 2055 (1963).)

drei Valenzelektronen jedes Atoms Niveaus in der zweiten oder dritten Zone besetzen. Deshalb gilt

$$n_e^{II} + n_e^{III} = \frac{n}{3}.$$ (15.7)

n bezeichnet die für freie Elektronen gültige Ladungsträgerkonzentration entsprechend der Wertigkeit 3. Da die Gesamtzahl der Niveaus innerhalb jeder Zone ausreichend groß ist, um zwei Elektronen je Atom aufzunehmen, so gilt ebenfalls

$$n_e^{II} + n_h^{II} = 2\left(\frac{n}{3}\right).$$ (15.8)

Subtrahiert man (15.8) von (15.7), so erhält man

$$n_e^{III} - n_h^{II} = -\frac{n}{3}.$$ (15.9)

Der Hochfeld-Hallkoeffizient sollte deshalb ein positives Vorzeichen aufweisen und eine effektive Ladungsträgerkonzentration ergeben, die ein Drittel des Wertes für freie Elektronen beträgt. Dies ist exakt, was man beobachtet (siehe Bild 1.4). Vom Standpunkt der Interpretation des Hochfeld-Halleffekts aus betrachtet muß man bei Aluminium von *einem* Loch je Atom ausgehen – und nicht von drei *Elektronen*. (Das *eine* Loch je Atom ergibt sich effektiv aus dem Vorhandensein von „ein wenig mehr als einem" Loch je Atom in der zweiten Zone einerseits, sowie „ein klein wenig Elektron" je Atom in der dritten Zone andererseits.)

Das Reflexionsvermögen von Aluminium (Bild 15.16a) zeigt ein sehr scharfes Minimum, welches man zwanglos als Interband-Übergang in einem Modell nahezu freier Elektronen interpretiert.[14] In Bild 15.16b sind die Energiebänder dargestellt, wie sie

---

[14] Wir deuteten die Interband-Schwellenenergien der Alkalimetalle im wesentlichen in einem Modell freier Elektronen; es war also nicht notwendig, die durch das Gitterpotential verursachten Verformungen der Bänder freier Elektronen in irgendeiner Weise zu berücksichtigen. Das hier besprochene Beispiel ist um eine Stufe komplexer: der fragliche Übergang findet zwischen Niveaus statt, deren Wellenvektoren in derselben Bragg-Ebene liegen, so daß die Energieaufspaltung zwischen ihnen vollständig durch die Störung erster Ordnung des periodischen Potentials verursacht ist – betrachtet in einem Modell nahezu freier Elektronen.

durch eine Rechnung mit nahezu freien Elektronen ermittelt wurden, aufgetragen entlang der Linie ΓX durch den Mittelpunkt einer quadratischen Begrenzungsfläche der Brillouin-Zone. Die Bänder sind als Funktionen von k innerhalb der in Bild 15.16c mit dem Punkt X gekennzeichneten, quadratischen Fläche aufgetragen. In einem Modell nahezu freier Elektronen zeigt man leicht (siehe (9.27)), daß die in Bild 15.16c dargestellten Bänder um einen konstanten Betrag $2|U|$ – unabhängig von k – verschoben sind. Aufgrund der Lage der Fermienergie wird aus Bild 15.16c deutlich, daß es innerhalb der quadratischen Fläche einen Bereich von k-Werten gibt, für welche Übergänge zwischen besetzten und unbesetzten Niveaus möglich sind, die sämtlich um den gleichen Energiebetrag $2|U|$ getrennt liegen. Man beobachtet deshalb bei $\hbar\omega = 2|U|$ eine resonante Absorption und einen deutlichen Einbruch im Reflexionsvermögen.

Aus der Position des Einbruchs im Verlauf der Kurve Bild 15.16a bestimmt man einen Wert von $|U|$, der in guter Übereinstimmung steht mit dem aus de Haas-van Alphén-Messungen ermittelten Wert.[15]

Vierwertige Metalle

Zinn und Blei sind die beiden einzigen vierwertigen Metalle, und wir betrachten wiederum nur den einfachsten Fall, das Blei.[16]

Blei

Ebenso wie Aluminium bildet Blei ein fcc-Bravaisgitter, und seine Fermifläche freier Elektronen ist jener von Aluminium recht ähnlich. Die Fermikugel muß nur in diesem Falle ein um ein Drittel größeres Volumen und damit einen um zehn Prozent größeren Radius aufweisen, um vier Elektronen je Atom aufnehmen zu können (siehe Bild 9.9). Die Elektronentaschen in der vierten Brillouin-Zone sind deshalb größer als beim Aluminium, werden aber durch die Wirkung des Kristallpotentials auch in diesem Fall zum Verschwinden gebracht. Der in der zweiten Zone gelegene Flächenteil ist kleiner als beim Aluminium, und die ausgedehnte, röhrenförmige Struktur in der dritten Zone erscheint weniger „schlank".[17] Da die Wertigkeit von Blei geradzahlig

---

[15] Im Modell nahezu freier Elektronen sind die Inhalte der Querschnittsflächen in einer Bragg-Ebene (welche extremal, und deshalb durch das Haas-van Alphén-Effekt der Messung direkt zugänglich sind) vollständig durch das Matrixelement des periodischen Potentials $|U|$ bestimmt, welches zu dieser Bragg-Ebene gehört. Siehe (9.39).

[16] Kohlenstoff ist – abhängig von seiner jeweiligen Kristallstruktur – entweder ein Isolator oder ein Halbmetall (Halbmetalle diskutieren wir weiter unten.), Silizium und Germanium sind Halbleiter (Kapitel 28). Zinn hat sowohl eine metallische (weißes Zinn), als auch eine halbleitende Phase (graues Zinn). Graues Zinn hat Diamantstruktur, während das weiße Zinn tetragonal-raumzentriert kristallisiert, mit einer Basis aus zwei Atomen. Die Fermifläche wurde sowohl berechnet als auch gemessen, und geht wiederum erkennbar durch Verformung aus der Fermifläche freier Elektronen hervor.

[17] Im Falle des sehr schweren Metalls Blei ist es wichtig, die Spin-Bahn-Kopplung bei der Berechnung der Fermifläche zu berücksichtigen. Siehe E. Fawcett, *Phys. Rev. Lett.* **6**, 534 (1961).

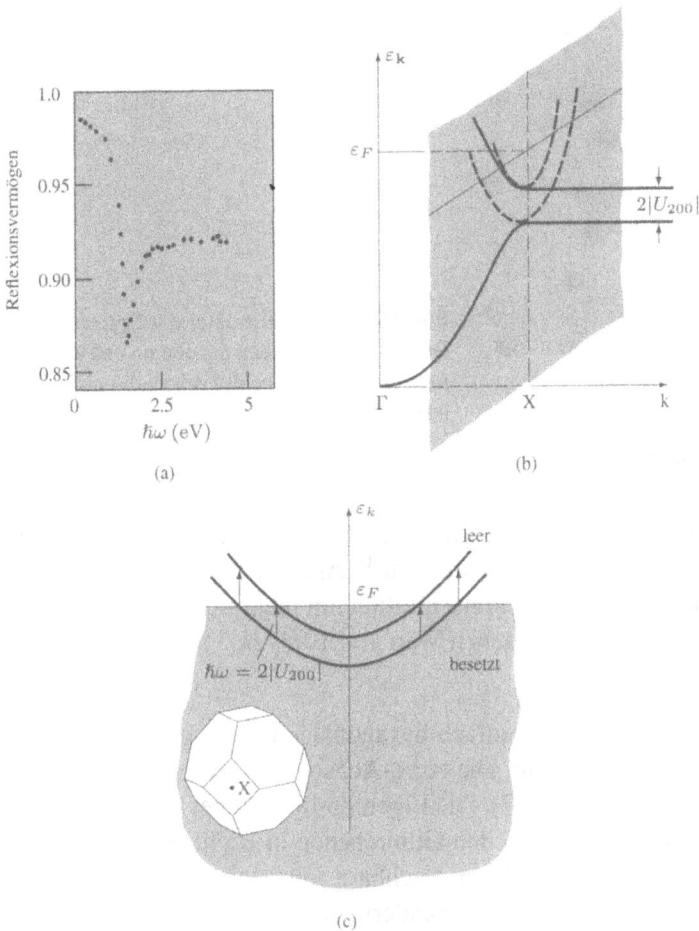

(a)

(b)

(c)

Bild 15.16: (a) Reflexionsvermögen von Aluminium im Energiebereich $0 \leqslant \hbar\omega \leqslant 5$ eV. (H. E. Bennet, M. Silver, E. J. Ashley, *J. Opt. Soc. Am.* **53**, 1089 (1963)) (b) Energiebänder, aufgetragen entlang der Linie ΓX sowie innerhalb der quadratischen Fläche senkrecht zu dieser Linie (schattiert gezeichnete Ebene). Im Falle eines schwachen Pseudopotentials sind diese Bänder nahezu parallel zueinander und liegen um einen Energiebetrag $2|U|$ voneinander getrennt. Übersteigt $\hbar\omega$ diese Energiedifferenz, so können Elektronen, deren Energie sich um nicht mehr als $\hbar\omega$ von der Fermienergie unterscheidet, vom unteren in das obere Band angeregt werden. Diese Anregung ist die Ursache für den Einbruch in der Kurve (a). (Siehe N. W. Ashcroft, K. Sturm, *Phys. Rev.* **B3**, 1898 (1971).)

ist, so müssen die Flächenteile der zweiten und der dritten Zone dieselbe Anzahl von Niveaus enthalten: $n_h^{II} = n_e^{III}$. Das galvanomagnetische Verhalten von Blei ist recht komplex, da die Bahnkurven auf der Fermifläche innerhalb der dritten Zone nicht alle vom selben Ladungsträgertyp sind.

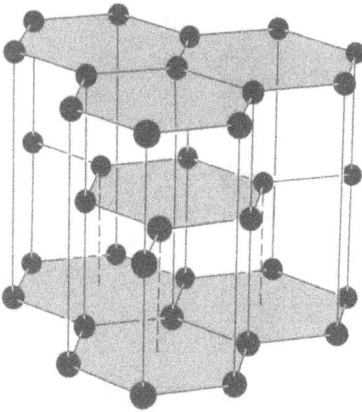

Bild 15.17: Kristallstruktur des Graphits (nicht maßstäblich). Der Abstand zwischen der oberen und unteren Ebenen beträgt nahezu das 4,8-fache des Abstandes nächster Nachbarn innerhalb der Ebenen.

Halbmetalle

Kohlenstoff in der Modifikation des Graphits ist – ebenso wie die elektrisch leitenden, fünfwertigen Elemente – ein Halbmetall.[18] Als *Halbmetalle* bezeichnet man Metalle, in welchen die Ladungsträgerkonzentration um mehrere Größenordnungen unter dem für gewöhnliche Metalle typischen Wert von $10^{22}/cm^3$ liegt.

Graphit

Graphit kristallisiert als ein einfach hexagonales Bravaisgitter mit vier Kohlenstoffatomen in der Primitven Zelle. Die zur c-Achse senkrechten Gitterebenen weisen eine Wabenstruktur auf (Bild 15.17). Die Eigentümlichkeit der Graphitstruktur besteht darin, daß der Abstand zwischen den Gitterebenen in Richtung der *c*-Achse nahezu das 2,4-fache des Abstandes nächster Nachbarn innerhalb einer Gitterebene beträgt. Es gibt kaum Überlapp zwischen den Bändern, und die Fermifläche besteht hauptsächlich aus winzigen Taschen von Elektronen oder Löchern, wobei die Ladungsträgerkonzentrationen bei $n_e = n_h = 3 \cdot 10^{18}/cm^3$ liegen.

Fünfwertige Halbmetalle

Die fünfwertigen, nicht isolierenden Elemente (Arsen ([Ar]$3d^{10}4s^24p^3$), (Antimon [Kr]$4d^{10}5s^25p^3$) und (Wismut [Xe]$4f^{14}5d^{10}6s^26p^3$) sind ebenfalls Halbmetalle. Alle weisen sie dieselbe Kristallstruktur auf: ein rhomboedrisches Bravaisgitter mit einer zweiatomigen Basis – wie in Tabelle 7.5 beschrieben. Da die Anzahl von Leitungselektronen in der primitiven rhomboedrischen Zelle gerade ist, wären diese Elemente „beinahe" Isolatoren, gäbe es nicht einen geringfügigen Bandüberlapp, resultierend in einer sehr geringen Anzahl von Ladungsträgern. Die Fermifläche von Wismut besteht aus einigen ellipsoidisch geformten Taschen von Elektronen und Löchern; die gesamte Elektronenkonzentration – sie ist in diesen kompensierten Halb-

---

[18] Man darf die Halbmetalle nicht mit den Halbleitern verwechseln: Ein reines Halbmetall ist bei $T = 0$ ein Leiter, da es teilweise gefüllte Elektronen- und Lochbänder gibt. Ein Halbleiter dagegen leitet nur deshalb, weil Ladungsträger entweder durch thermische Anregung erzeugt, oder durch Verunreinigungsatome eingeführt werden. Ein reiner Halbleiter ist bei $T = 0$ ein Isolator (siehe Kapitel 28).

metallen gleich der Löcherkonzentration – beträgt etwa $3 \cdot 10^{17}/\text{cm}^3$, ein Wert, der um einen Faktor 10^5 unter den für Metalle typischen Ladungsträgerkonzentrationen liegt. Bei Antimon beobachtet man ähnliche Elektronen- und Löchertaschen, die jedoch nicht so perfekt ellipsoidisch geformt sind wie im Falle von Wismut. Die Elektronenkonzentration (beziehungsweise die Löcherkonzentration) ist höher als bei Wismut; sie beträgt etwa $5 \cdot 10^{19}/\text{cm}^3$. Im Arsen liegt die Konzentration der Elektronen und Löcher bei $2 \cdot 10^{20}/\text{cm}^3$, während die Ladungsträgertaschen noch weniger ausgeprägt ellipsoidisch geformt und die Löchertaschen offenbar durch dünne „Röhren" miteinander verbunden sind, wodurch sich eine Vergrößerung der Oberfläche ergibt.[19]

Diese niedrigen Ladungsträgerkonzentrationen erklären, warum die fünfwertigen Metalle derart auffällige Ausnahmen darstellen in den Datensammlungen, die wir in den Tabellen der Kapitel 1 und 2 zur raschen, aber etwas vordergründigen Unterstützung einer Theorie freier Elektronen anführten. Kleine Ladungsträgertaschen sind gleichbedeutend mit einer kleinen Fermifläche und damit auch einer geringen Niveaudichte bei der Fermienergie. Dies ist der Grund dafür,[20] weshalb der lineare Term in der Wärmekapazität von Wismut nur etwa 5 Prozent eines „naiv" angenommenen Wertes für freie Elektronen in einem fünfwertigen Element beträgt, und entsprechend bei Antimon lediglich 35 Prozent (siehe Tabelle 2.3). Der spezifische Widerstand von Wismut ist zwischen 10 und 100 mal größer als bei den meisten Metallen, jener von Antimon etwa 3 bis 30 mal (siehe Tabelle 1.2).

Es ist interessant zu beobachten, daß sich die Kristallstruktur von Wismut (und ebenso der beiden anderen Halbmetalle) durch eine sehr geringfügige Deformation aus einem einfach-kubischen, einatomigen Bravaisgitter ergibt – wie die folgende Konstruktion zeigt: Man nehme eine Natriumchloridstruktur (Bild 4.24), strecke sie ein wenig in (111)-Richtung (so daß die Würfelachsen gleiche Winkel vom Betrag wenig kleiner als 90° miteinander einschließen) und verschiebe jedes der Chloratome sehr geringfügig um gleiche Beträge ebenfalls in (111)-Richtung. In der Kristallstruktur von Wismut sitzt dann ein Wismutatom an *jedem* Platz des so entstandenen Gitters.

Die fünfwertigen Halbmetalle sind deshalb ein gutes Beispiel dafür, welch entscheidende Rolle eine Kenntnis der Kristallstruktur bei der Bestimmung der metallischen Eigenschaften spielt: Kristallisierten diese Elemente exakt in einfach-kubischen Bravaisgittern, so wären sie – mit ihrer ungeradzahligen Wertigkeit – sehr „gute Metalle". Die Energielücken, welche durch eine nur sehr geringfügige Abweichung von der einfach-kubischen Struktur entstehen, bewirken also eine Änderung der effektiven Anzahl von Ladungsträgern um einen Faktor 10^5!

---

[19] Siehe M. G. Priestley et al., *Phys. Rev.* **154**, 671 (1967).

[20] Um diese Abweichungen von der Theorie freier Elektronen zu verstehen, ist es wichtig zu wissen, daß die effektiven Massen in den fünfwertigen Halbmetallen im allgemeinen wesentlich kleiner sind als die Masse eines freien Elektrons. Infolgedessen sind die Unterschiede in der Leitfähigkeit zwischen den Halbmetallen nicht so groß, wie man es aufgrund der Unterschiede in der Anzahl der Ladungsträger vermuten würde (da deren Geschwindigkeiten für ein gegebenes k höher sind als die Geschwindigkeit eines freien Elektrons).

Übergangsmetalle

Jede der drei Zeilen des Periodensystems zwischen den Erdalkalien (Calcium, Strontium, Barium) und den Edelmetallen (Kupfer, Silber, Gold) enthält neun Übergangselemente. In der Reihe dieser Elemente wird die d-Schale, welche bei den Erdalkalien leer, bei den Edelmetallen vollständig besetzt ist, sukzessive aufgefüllt. Die bei Raumtemperatur stabilen Formen dieser Übergangselemente sind einatomige fcc- und bcc-Gitter oder auch hcp-Strukturen. Sämtliche Übergangselemente sind Metalle. Im Unterschied zu den bisher beschriebenen Metallen – den Edelmetallen einerseits sowie den sogenannten *einfachen Metallen* andererseits – dominiert jedoch der Einfluß der d-Elektronen in beträchtlichem Maße ihre Eigenschaften.

Berechnete Bandstrukturen der Übergangsmetalle lassen erkennen, daß das d-Band nicht nur sehr hoch im Leitungsband liegt – wie bei den Edelmetallen – sondern im allgemeinen auch das Ferminiveau einschließt – dies im Unterschied zu den Edelmetallen. Leiten sich Niveaus auf der Fermifläche von d-Niveaus ab, so wird die *tight-binding*-Näherung wahrscheinlich der konzeptionell stimmigere Ausgangspunkt einer Abschätzung der Gestalt der Fermifläche sein, verglichen mit Konstruktionen auf der Basis nahezu freier Elektronen oder OPW-Verfahren. Es gibt deshalb keinerlei Grundlage mehr dafür, als Fermiflächen der Übergangsmetalle leicht verformte Fermikugeln freier Elektronen zu erwarten. Als ein typisches Beispiel ist ein Vorschlag für die Gestalt der Fermifläche von bcc-Wolfram ($[Xe]4f^{14}5d^{4}6s^{2}$) in Bild 15.18 zu sehen.

Die d-Bänder sind weniger breit als typische Leitungsbänder freier Elektronen und enthalten genügend viele Niveaus, um zehn Elektronen aufnehmen zu können. Da die d-Bänder mehr Niveaus in einem schmaleren Energiebereich umfassen, kann man erwarten, daß die Niveaudichte deutlich höher ist als die Niveaudichte freier Elektronen im Energiebereich des d-Bandes (Bild 15.19). Dieser Effekt wird beobachtbar in der Größe des elektronischen Beitrags zur Wärmekapazität bei niedrigen Temperaturen: In Kapitel 2 zeigten wir, daß dieser Beitrag proportional ist zur Niveaudichte bei der Fermienergie (Gleichung (2.80)).[21] Man entnimmt Tabelle 2.3, daß die elektronischen Wärmekapazitäten der Übergangsmetalle tatsächlich deutlich höher sind als jene der einfachen Metalle.[22,23]

Untersuchungen der Übergangsmetalle werden dadurch erschwert, daß die nur teilweise gefüllten d-Bänder Ursache sein können für außergewöhnliche magnetische

---

[21] Bei der Herleitung von (2.80) setzten wir keinerlei spezielle Eigenschaften der Niveaudichte freier Elektronen voraus, so daß das Ergebnis ebenso für Bloch-Elektronen gilt.

[22] Beachten Sie ebenfalls, daß die Wärmekapazitäten der Halbmetalle deutlich kleiner sind, als man es aufgrund der sehr geringen Konzentration von Leitungselektronen erwarten würde.

[23] Eine detaillierte experimentelle Überprüfung der Gleichung (2.80) wird dadurch erschwert, daß Korrekturen durch Elektron-Elektron-Wechselwirkungen (typischerweise nur einige Prozent) ebenso eine Rolle spielen, wie Korrekturen aufgrund von Elektron-Phonon-Wechselwirkungen, die bis zu 100 % betragen können (Elektron-Phonon-Wechselwirkungen betrachten wir in Kapitel 26).

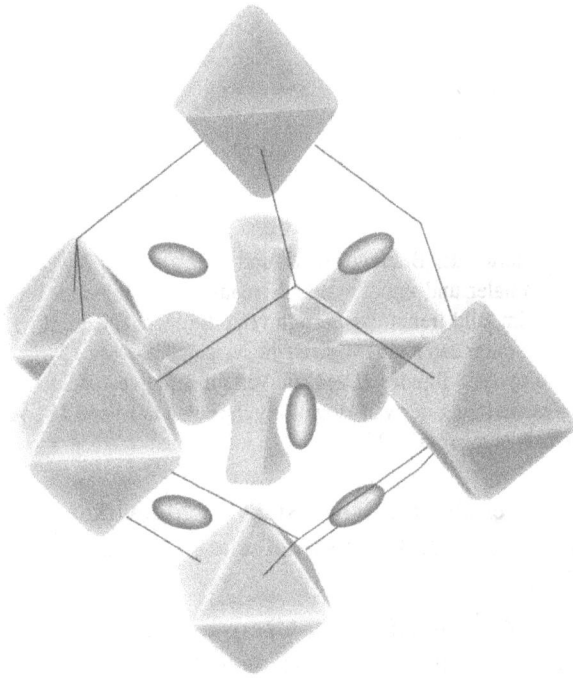

Bild 15.18: Vorschlag für die Gestalt der Fermifläche von bcc-Wolfram. Die sechs Taschen von oktaedrischer Form an den Ecken der Brillouin-Zone enthalten Löcher. Sie sind sämtlich äquivalent, so daß also jede beliebige von ihnen in jede beliebige andere durch Translation um einen Vektor des Reziproken Gitters überführt werden kann. Daraus folgt, daß sämtliche physikalisch verschiedenen Energieniveaus innerhalb der Gruppe von Taschen auch in einer beliebig herausgegriffenen einzelnen Tasche vorhanden sind. Die zwölf kleinen Taschen in den Mittelpunkten der Zonengrenzflächen – nur fünf davon sind hier sichtbar – enthalten ebenfalls Löcher, wobei die einander gegenüberliegenden Taschen paarweise zueinander äquivalent sind. Die Struktur in der Mitte der Zone ist eine Elektronentasche. Wolfram hat eine gerade Elektronenzahl und ist deshalb ein kompensiertes Metall. Man schließt daraus, daß die Summe aus dem Volumen einer der großen Löchertaschen und dem Sechsfachen des Volumens der kleinen Löchertasche gleich ist dem Volumen der Elektronentasche im Zentrum der Brillouin-Zone. Konsistent mit einer Fermifläche, die ausschließlich aus abgeschlossenen Taschen besteht, beobachtet man, daß der Magnetwiderstand für alle Feldrichtungen quadratisch mit H ansteigt – wie man es für ein kompensiertes Metall ohne offene Bahnen erwartet. Beachten Sie, daß diese Fermifläche – im Unterschied zu den vorher betrachteten – *nicht* durch Deformation aus der Fermifläche freier Elektronen gebildet werden kann. Dies ist eine Folge daraus, daß das Ferminiveau innerhalb des d-Bandes liegt, und charakteristisch für die Übergangsmetalle. (Nach A. V. Gold, zitiert nach D. Schoenberg, *The Physics of Metals 1: Electrons*, J. M. Ziman, ed., Cambridge (1969), S.112.)

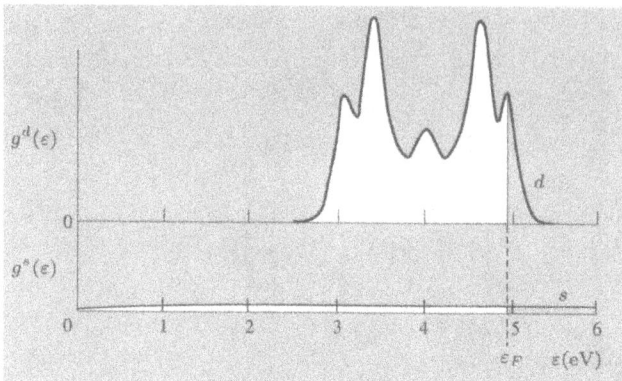

Bild 15.19: Einige qualitative Eigenschaften der Beiträge von d- und s-Bändern zur Niveaudichte eines Übergangsmetalls. Das d-Band ist schmaler und umfaßt mehr Niveaus als das s-Band. Liegt nun das Ferminiveau innerhalb des d-Bandes (im Bild trennt das Ferminiveau die nicht schattiert gezeichneten von den schattiert gezeichneten Flächen unter den Kurven), so ist die Niveaudichte $g(\varepsilon_F)$ sehr viel größer als der freie-Elektronen-ähnliche Beitrag des s-Bandes. (Der reale Verlauf der Niveaudichte weist scharfe Knicke auf; vergleiche hierzu die Beschreibung der van Hove-Singularitäten auf Seite 181.) (Aus J. M. Ziman, *Electrons and Phonons*, Oxford, New York (1960).)

Eigenschaften. Zur Behandlung der elektronischen Spin-Wechselwirkungen sind deshalb wesentlich feinere Methoden erforderlich als sämtliche bisher beschriebenen; wir werden hierauf in Kapitel 32 eingehen.

Die Messung des de Haas-van Alphén-Effekts in Übergangsmetallen gestaltet sich ebenfalls schwierig, da für schmale Bänder die Werte von $\partial A/\partial \varepsilon$ groß, und folglich die Zyklotronfrequenzen klein sind (Gleichung (12.42)). Der Bereich hoher Werte von $\omega_c \tau$ ist deshalb schwieriger zu erreichen. Ungeachtet dieser Komplikationen liegen nun de Haas-van Alphén-Daten sowie Ergebnisse der konventionelleren Typen von Bandstrukturberechnungen für mehr als die Hälfte der Übergangsmetalle, und sogar für ferromagnetische Stoffen vor.

Metalle der Seltenen Erden

Im Periodensystem liegen die Metalle der Seltenen Erden zwischen Lanthan und Hafnium. Ihre atomaren Elektronenkonfigurationen sind gekennzeichnet durch teilweise gefüllte $4f$-Schalen, welche – darin den teilweise gefüllten d-Schalen der Übergangsmetalle ähnlich – Ursache sind für eine Vielzahl bemerkenswerter magnetischer Phänomene. Die typische atomare Elektronenkonfiguration der Seltenen Erden ist $[Xe]4f^n 5d^{10}$ oder $6s^2$. Als Festkörper kristallisieren sie in einer Vielzahl von Kristallstrukturen, wobei die bei weitem häufigste Form bei Raumtemperatur die hexagonal dichtest gepackte Struktur ist.

Zur Zeit liegt nur sehr wenig Information über die Gestalt der Fermiflächen von Metallen der Seltenen Erden vor, da sie infolge ihrer großen chemischen Ähnlichkeit nur schwer in der notwendigen Reinheit darstellbar sind. Einige wenige Band-strukturberechnungen wurden durchgeführt, deren Zuverlässigkeit ohne zusätzliche experimentelle Daten über die Gestalt der Fermiflächen nicht sehr groß ist.

Der übliche Ansatz geht davon aus, daß jedes Atom eine Anzahl von Elektronen zum Leitungsband beisteuert, die gleich der nominellen chemischen Wertigkeit ist – in nahezu allen Fällen gleich Drei. Abgesehen vom Einfluß der atomaren $5d$-Niveaus – welcher beträchtlich sein kann – ist das Leitungsband freie-Elektronen-ähnlich, so daß also die $4f$-Niveaus effektiv nicht anderen Niveaus beigemischt sind. Auf den ersten Blick mag dies erstaunlich erscheinen, da man erwarten könnte, daß sich die atomaren $4f$-Niveaus zu einem teilweise gefüllten[24] $4f$-Band verbreitern. Ein solches Band würde – wie jedes teilweise gefüllte Band – das Ferminiveau enthalten, weshalb umgekehrt auch einige der Niveaus auf der Fermifläche einen stark ausgeprägten $4f$-Charakter zeigen sollten. In offensichtlicher Analogie trifft solches tatsächlich auf die teilweise gefüllten $3d$-, $4d$- und $5d$-Niveaus der Übergangsmetalle zu.

Trotz dieser Analogie beobachtet man ähnliches nicht bei den Metallen der Selte-nen Erden, und die Niveaus auf der Fermifläche zeigen nur einen sehr schwachen $4f$-Charakter. Der entscheidende Unterschied zwischen den Elementen der beiden Gruppen besteht darin, daß die atomaren $4f$-Orbitale der Seltenen Erden sehr viel stärker lokalisiert sind als die höchstliegenden, besetzten atomaren d-Niveaus der Übergangsmetalle. Deshalb kann man recht wahrscheinlich davon ausgehen, daß die Näherung unabhängiger Elektronen im Falle der $4f$-Elektronen vollständig unbrauch-bar wird, da diese Elektronen die Bedingungen (siehe die Seiten 233-235) erfüllen, um bei einer *tight-binding*-Analyse schmale, teilweise gefüllte Bänder zu bilden. Elektron-Elektron-Wechselwirkungen zwischen den $4f$-Elektronen an jedem Gitter-platz sind tatsächlich stark genug, um lokale magnetische Momente zu erzeugen (siehe Kapitel 32).

Man spricht manchmal davon, daß das $4f$-Band bei den Elementen der Seltenen Er-den in zwei schmale Teile aufspalte: Ein vollständig besetztes, deutlich unterhalb des Ferminiveaus gelegenes Band, sowie ein vollständig leeres Band, deutlich oberhalb des Ferminiveaus (Bild 15.20). Dieses Bild ist von zweifelhafter Gültigkeit, wahr-scheinlich aber das beste, was man erreichen kann, sofern man auf der Anwendung des Modells unabhängiger Elektronen auf die $4f$-Elektronen beharrt. So kann man die Lücke zwischen den beiden Teilen des $4f$-Bandes als Ergebnis des Versuchs sehen, die sehr stabile Spinkonfiguration der $4f$-Elektronen im besetzten Teil des Bandes zu modellieren, eine Konfiguration, an welcher keinerlei andere Elektronen partizipieren können.

Unabhängig davon, welche Beschreibung der $4f$-Elektronen man wählt, scheint man sie jedoch in jedem Falle bei Untersuchungen der Bandstrukturen der Seltenen Erden als Teil der Atomrümpfe betrachten zu können, obwohl die atomaren $4f$-Schalen nur teilweise gefüllt sind.

---

[24] Bei den meisten Elementen der Seltenen Erden befinden sich weniger als 14 Elektronen außerhalb

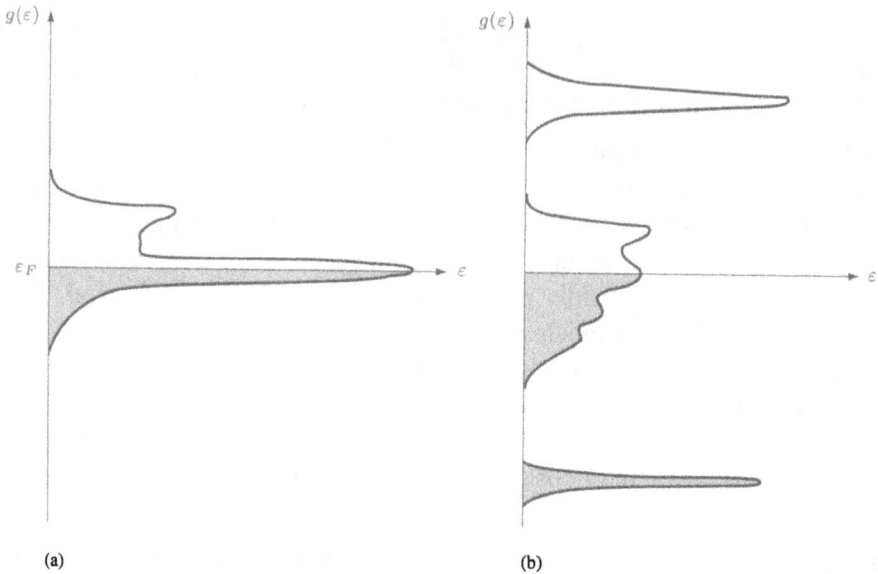

Bild 15.20: Zwei hypothetische Verläufe der Niveaudichte für ein Metall der Seltenen Erden. (a) Die *nicht* korrekte Form, entstanden durch naive Überlagerung eines recht breiten s-p-d-Bandes mit einem scharf ausgeprägten Peak des f-Bandes bei der Fermienergie. (b) Teilweise korrekte Form der Niveaudichte, mit einem recht breiten s-p-d-Band in der Umgebung der Fermienergie, sowie zwei Peaks des f-Bandes, jeweils deutlich oberhalb und unterhalb der Fermienergie gelegen. Es erscheint jedoch am ehesten realistisch zu sein, die Näherung unabhängiger Elektronen bei einer Behandlung der $4f$-Elektronen vollständig fallenzulassen – wodurch man sich aber auch die Möglichkeit nimmt, einfache Ein-Elektron-Niveaudichtekurven zu zeichnen.

Legierungen

Zum Abschluß dieses Kapitels möchten wir daran erinnern, daß sich eine Betrachtung der Aspekte des metallischen Zustandes der Materie nicht in einer Durchsicht des Periodensystems erschöpfen kann: Die Herstellung und Untersuchung von Legierungen aus den etwa 70 metallischen Elementen ist ein eigenständiger und umfangreicher Forschungsbereich. Obwohl man nicht ohne weiteres davon ausgehen kann, daß sich zwei beliebig herausgegriffene Metalle ineinander lösen (Indium löst sich beispielsweise nicht in Gallium), so bilden doch die meisten Paare metallischer Elemente sogenannte *binäre Legierungen* über weite Bereiche des Mischungsverhältnisses. Man stellt her und untersucht aber auch *ternäre* (dreikomponentige) oder mehrkomponentige Legierungen. Mittels der Legierungsbildung kann man so offenbar eine große Zahl unterschiedlicher Metalle konstruieren.[25]

Es ist üblich, die Legierungen in zwei großen Klassen zu gruppieren: die geordneten und die ungeordneten Legierungen. Die geordneten, manchmal auch als *stöchiometrisch* bezeichneten Legierungen weisen die Translationssymmetrie eines

---

der [Xe]-Konfiguration.

[25] Einige Legierungen, wie beispielsweise Indiumantimonid, sind keine Metalle, sondern Halbleiter.

Bravaisgitters auf. Sie sind so aufgebaut, daß jeder Gitterplatz des Bravaisgitters durch eine vielatomige Basis besetzt ist. So hat beispielsweise die als β-Messing bekannte Legierung eine geordnete[26] Phase, bei der die beiden Komponenten Kupfer und Zink zu gleichen Anteilen vorliegen und eine Cäsiumchloridstruktur bilden (Bild 4.25). Diese Struktur kann man betrachten als einfach-kubisches Bravaisgitter mit einer zweiatomigen Basis: Einem Kupferatom bei (000) und einem Zinkatom bei $(a/2)(111)$. Die erste Brillouin-Zone eines einfach-kubischen Gitters ist ein Würfel, dessen Oberfläche von einer Fermikugel freier Elektronen geschnitten wird, welche drei Elektronen je Einheitszelle enthält. (Kupfer hat die Wertigkeit Eins, Zink die Wertigkeit Zwei.)[27]

Das Modell freier Elektronen sollte man nur unter der Bedingung verwenden, daß sämtliche Komponenten der Legierung einfache Metalle sind – was seine Anwendung im Falle von Messing zweifelhaft erscheinen läßt. Trifft diese Bedingung nicht zu, so muß man sich auf die in Kapitel 11 beschriebenen Methoden zurückziehen, die man in geeigneter Weise verallgemeinert, um die Behandlung vielatomiger Basen zu ermöglichen.

In der ungeordneten Phase von Messing – welche bei genügend hohen Temperaturen die stabilere Phase ist – sitzen die Atome selbst bei Zusammensetzungen, für welche geordnete Geometrien möglich wären (sogenannten „stöchiometrischen" Zusammensetzungen), an den Gitterplätzen eines abstrakten Bravaisgitters (oder diesen sehr nahe benachbart), und die „Ungeordnetheit" besteht lediglich darin, daß die Atome beider Arten zufällig auf die Gitterplätze verteilt sind: Bewegte man sich in geordnetem β-Messing entlang einer (111)-Richtung, so wäre die Reihenfolge der Kupferatome und Zinkatome Cu Zn Cu Zn Cu Zn Cu Zn. In der ungeordneten Phase dagegen würde man beispielsweise eine Reihenfolge Cu Zn Zn Zn Cu Zn Cu Cu antreffen.

Die theoretische Untersuchung ungeordneter Legierungen ist eine in jeder Beziehung schwierige Aufgabe: Infolge der zufälligen Verteilung der Atome auf die Gitterplätze gilt der Blochsche Satz nicht, und ohne die Quantenzahl $\mathbf{k}$ ist man nicht in der Lage, auch nur irgendeine elektronische Eigenschaft zu beschreiben. Trotzdem hat man es bei diesen Legierungen eindeutig mit Metallen zu tun, die sich häufig durch einfache Berechnungen auf der Basis des Drude-Modells gut beschreiben lassen – und ihre Wärmekapazitäten zeigen den charakteristischen elektronischen Beitrag, wie wir ihn von Metallen zu erwarten gelernt haben.

Ein wesentlicher Unterschied zwischen ungeordneten Legierungen und reinen Metallen besteht jedoch darin, daß man unabhängig davon, mit welch hoher Reinheit man die ungeordnete Legierung darstellt, den für reine Metalle charakteristischen, starken

---

[26] Es gibt auch eine ungeordnete Phase des Messings: Oberhalb einer scharf ausgeprägten Übergangstemperatur verliert die geordnete Phase ihre Ordnung. Man kann diesen *Ordnung-Unordnung-Übergang* im *Ising-Modell* beschreiben, wobei die Besetzung eines Gitterplatzes durch ein Kupferatom einem Zustand *spin-up*, die Besetzung durch ein Zinkatom dem Zustand *spin-down* entspricht, siehe Kapitel 33.

[27] Siehe beispielsweise J. P. Jan, *Can. J. Phys.* **44**, 1787 (1966).

Abfall des Widerstandes mit abnehmender Temperatur *nicht* beobachtet. So ist beispielsweise der elektrische Widerstand des reinsten, ungeordneten Messings bei der Temperatur des flüssigen Heliums auf lediglich die Hälfte seines Wertes bei Raumtemperatur gesunken – im Gegensatz zu einer Widerstandsabnahme der Größenordnung 10^{-4}, wie man sie in sorgfältig präparierten, geordneten Metallproben beobachtet. Wir können dieses Phänomen deuten, wenn wir eine Komponente der Legierung als – hochkonzentrierte – substitutive Verunreinigung im Gitter der anderen Komponente betrachten, da in diesem Fall Streuung an Verunreinigungsatome eine wesentliche, temperaturunabhängige Ursache des elektrischen Widerstandes ist. Im Gegensatz dazu wird der Effekt der Streuung an Verunreinigungen in sehr reinen Metallen erst bei sehr niedrigen Temperaturen merklich. In einem alternativen Ansatz kann man einfach feststellen, daß in einer ungeordneten Legierung die Periodizität zerstört ist, und deshalb eine semiklassische Behandlung, die in Abwesenheit von Streuung ungeschwächte Ströme voraussagt, nicht mehr angemessen ist.

Das Problem der elektronischen Struktur ungeordneter Legierung ist somit ein sehr schwieriges: Bis heute kann es als im wesentlichen ungelöst gelten, und es ist gegenwärtig von beträchtlichem Interesse.

Aufgaben

15.1 Verifizieren Sie, daß der Radius der Fermikugel freier Elektronen in einem Kristall aus einwertigen Atomen mit einatomigem fcc-Bravaisgitter einen Bruchteil $(16/3\pi^2)^{1/6} = 0,903$ der Entfernung vom Ursprung zur Zonenrandfläche in Richtung [111] beträgt.

15.2 Verwenden Sie das allgemeingültige Ergebnis (K.6) zur Untersuchung des mit der Leitfähigkeit freier Elektronen (1.29) verknüpften Reflexionsvermögens unter der Bedingung $\omega\tau \gg 1$: Zeigen Sie, daß das Reflexionsvermögen unterhalb der Plasmafrequenz eins ist, und daß $r = [\omega_p^2/4\omega^2]^2$ für $\omega \gg \omega_p$ gilt.

15.3 Zeigen Sie, daß es einem freien Elektron aufgrund der Erhaltung von Energie und Impuls unmöglich ist, ein Photon zu absorbieren. (Anmerkung: Sollten Sie die nichtrelativistische Form $\varepsilon = p^2/2m$ der Energie des Elektrons verwenden, so werden Sie herausfinden, daß eine solche Absorption sehr wohl möglich ist, jedoch nur bei elektronischen Energien, die so groß sind – verglichen mit mc^2 – daß die nichtrelativistische Näherung nicht mehr gilt. Es ist deshalb notwendig, vom relativistischen Ausdruck $\varepsilon = (p^2c^2 + m^2c^4)^{1/2}$ für die Energie des Elektrons auszugehen, um zu zeigen, daß der fragliche Absorptionsprozeß bei *jeder* elektronischen Energie nicht möglich ist.)

15.4 Der Rand der ersten Brillouin-Zone eines Kristalls mit fcc-Bravaisgitter ist am weitesten vom Zentrum Γ der Zone entfernt im Punkt W, in welchem eine quadratische

Randfläche und zwei der sechseckigen Flächen aufeinandertreffen (Bild 15.4). Zeigen Sie, daß die Fermikugel freier Elektronen für eine Wertigkeit 3 über diesen Punkt hinaus reicht – daß, um genau zu sein, $k_F/\Gamma W = (1296/125\pi^2)^{1/6} = 1,008$ gilt – und somit die erste Brillouin-Zone vollständig ausfüllt.

15.5 Bei den Alkalimetallen liegt die Fermikugel freier Elektronen vollständig innerhalb der ersten Brillouin-Zone, und das schwache Pseudopotential erzeugt nur geringfügige Verformungen dieser Kugel, ohne dabei – anders als im Falle der Edelmetalle – die topologischen Verhältnisse grundlegend zu verändern. Verschiedene Eigenschaften dieser Verformungen kann man mittels der Methoden von Kapitel 9 untersuchen:

(a) Unter der Wirkung eines schwachen periodischen Potentials und in der Nähe einer Bragg-Ebene kann man die Näherung zweier ebener Wellen anwenden (siehe die Seiten 196-200). Die Polarwinkel des Wellenvektors k seien θ und ϕ, bezogen auf den zur Bragg-Ebene gehörigen Vektor **K** des reziproken Gitters. Zeigen Sie unter der Bedingung $\varepsilon < (\hbar^2/2m)(K/2)^2$ und für hinreichend kleines U_K, daß die Energiefläche ε bis zur Ordnung U_K^2 gegeben ist durch

$$k(\theta,\phi) = \sqrt{\frac{2m\varepsilon}{\hbar^2}}(1 + \delta(\theta)), \qquad (15.10)$$

mit

$$\delta(\theta) = \frac{m|U_\mathbf{K}|^2/\varepsilon}{(\hbar K)^2 - 2\hbar K \cos\theta\sqrt{2m\varepsilon}}. \qquad (15.11)$$

(b) Zeigen Sie unter der Annahme, das in der Näherung einer einzelnen Bragg- Ebene erhaltene Ergebnis gelte überall in der Brillouin-Zone, daß die durch das schwache periodische Potential verursachte Verschiebung der Fermienergie gegeben ist durch $\varepsilon_F - \varepsilon_F^0 = \gamma$, wobei

$$\gamma = -\frac{1}{8}\frac{|U_\mathbf{K}|^2}{\varepsilon_F^0}\left(\frac{2k_F}{K}\right)\ln\left|\frac{1 + 2k_F/K}{1 - 2k_F/K}\right|. \qquad (15.12)$$

(Hinweis: Beachten Sie, daß die Fermienergie die Beziehung $n = \int(d\mathbf{k}/4\pi^3)\theta(\varepsilon_F - \varepsilon_\mathbf{k})$ erfüllt (mit der Stufenfunktion $\theta(x) = 1$ für $x > 0$; $\theta(x) = 0$ für $x < 0$), und entwickeln Sie die Funktion θ nach γ.)

In den Alkalimetallen reicht die Fermikugel freier Elektronen in die Nähe von 12 verschiedenen Bragg-Ebenen. Da sie aber nie gleichzeitig in der Nähe von mehr als einer Ebene ist, ergibt sich die Verschiebung der Fermienergie aus dem oben berechneten Wert durch Multiplikation mit 12.

16 Die Grenzen der Relaxationszeitnäherung

Mechanismen der Elektronenstreuung

Streuwahrscheinlichkeit und Relaxationszeit

Allgemeine Beschreibung von Stößen

Die Boltzmann-Gleichung

Streuung an Verunreinigungsatomen

Wiedemann-Franzsches Gesetz

Matthiessensche Regel

Streuung in isotropen Stoffen

Im Rahmen der allgemeinen, semiklassischen Theorie der elektrischen Leitung, wie wir sie in Kapitel 13 entwickelten, beschrieben wir – ebenso wie in den Überlegungen der Kapitel 1 und 2 – die Stöße der Elektronen als zufällige, nicht korrelierte Ereignisse, die man in einer Relaxationszeitnäherung behandeln kann. Diese Näherung nimmt an, daß die jeweilige Form der Nichtgleichgewichts-Verteilungsfunktion der Elektronen ohne Einfluß ist auf die zeitliche Rate, mit welcher ein gegebenes Elektron stößt, noch auf die Form der Verteilungsfunktion von Elektronen, die aus Stößen hervorgehen.[1]

Wir unternahmen keinen Versuch, diese Annahmen zu rechtfertigen; wir benutzten sie einfach, da sie auf die einfachste Art die Tatsache erfassen, daß überhaupt Stöße stattfinden und daß diese Stöße letztlich das thermodynamische Gleichgewicht herbeiführen. Tatsächlich sind diese Annahmen, im einzelnen betrachtet, sicherlich falsch: Die Rate, mit der ein Elektron stößt, hängt jedenfalls kritisch von der Verteilung der übrigen Elektronen ab – selbst in einer Näherung unabhängiger Elektronen – weil das Pauliprinzip nur die Streuung eines Elektrons in unbesetzte elektronische Niveaus gestattet. Darüber hinaus hängt die Verteilung der Elektronen, die aus Stößen hervorgehen, sehr wohl von der elektronischen Verteilungsfunktion ab, nicht nur deshalb, weil das Pauliprinzip die zugänglichen Endzustände beschränkt, sondern auch deshalb, weil der effektive *output* der Stoßprozesse von der Form des „*inputs*" abhängen muß, wobei letzterer durch die elektronische Verteilungsfunktion bestimmt ist.

Aus dem Gesagten folgt, daß man Schlüsse aus den Ergebnissen von Berechnungen, die auf der Relaxationszeitnäherung fußen, nur mit der angemessenen Vorsicht ziehen sollte. Im allgemeinen sollte man die Ergebnisse derartiger Rechnungen nur dann ohne weiteres verwenden, wenn die Details des Stoßprozesses offensichtlich nur von geringer Relevanz sind. Beispielsweise bleiben die elektrische Leitfähigkeit bei hohen Frequenzen ($\omega\tau \gg 1$) und der Hochfeld-Hallkoeffizient ($\omega_c\tau \gg 1$) von einer Erweiterung der Relaxationszeitnäherung unberührt, da beide Größen Grenzfälle beschreiben, in welchen die Anzahl von Stößen je Periode des Feldes oder der Umlaufbewegung im Magnetfeld verschwindend klein ist.

Aussagen, die unabhängig von der Relaxationszeitnäherung Gültigkeit haben, beziehen sich oft auf von τ unabhängige Größen, wie beispielsweise den Hochfeld-Hallkoeffizienten $R_H = -1/nec$. Trotzdem kann man nicht unkritisch davon ausgehen, daß sämtliche Beziehungen, in welchen die Relaxationszeit τ nicht auftritt, unabhängig von der Relaxationszeitnäherung gültig seien. Ein bemerkenswertes Beispiel ist in dieser Hinsicht das Wiedemann-Franzsche Gesetz, welches einen universell gültigen Wert $(\pi^2/3)(k_B/e)^2 T$ für das Verhältnis aus elektrischer und Wärmeleitfähigkeit eines Metalls voraussagt, unabhängig[2] von der Form der Abhängigkeit $\tau_n(\mathbf{k})$. Sobald man jedoch die Relaxationszeitnäherung *nicht* mehr zugrunde legt, so

---

[1] Siehe Seiten 308-310.
[2] Siehe Seite 323.

gilt – wie wir noch sehen werden – dieses Gesetz nur unter der Voraussetzung, daß die Energie jedes Elektrons in jedem Stoß erhalten ist.

Selbst dann, wenn die spezifischen Eigenheiten des Stoßmechanismus von Bedeutung sind, kann die Relaxationszeitnäherung immer noch ausgesprochen aussagekräftig sein, vorausgesetzt, die gewünschten Voraussagen betreffen eher globale Eigenschaften, als feinere Details. So ordnet man Elektronen und Löchern bei der Beschreibung von Halbleitern oft unterschiedliche Relaxationszeiten zu, benutzt also ein τ, welches vom Bandindex abhängt, nicht aber vom Wellenvektor. Gibt es Gründe zu der Annahme, daß Stoßprozesse in einem bestimmten Band wesentlich häufiger als in einem anderen sind, so kann eine solche Vereinfachung recht zweckmäßig sein, um Folgerungen allgemeiner Art aus dieser Ungleichheit zu ziehen.

Generell betrachte man Ergebnisse, die von Einzelheiten der funktionalen Form von $\tau_n(\mathbf{k})$ abhängen, als „verdächtig": Versucht man beispielsweise, den Verlauf $\tau(\mathbf{k})$ für ein gegebenes Band aus einem Datensatz und mit Hilfe einer Theorie abzuleiten, die auf der Gültigkeit der Relaxationszeitnäherung fußen, so gibt es keinerlei Grundlage für die Hoffnung, daß verschiedene experimentelle Ansätze zur Bestimmung von $\tau(\mathbf{k})$ nicht vollständig unterschiedliche Funktionen liefern. Die Relaxationszeitnäherung „übersieht" die Tatsache, daß die Eigenheiten des Streuprozesses eigentlich von der elektronischen Nichtgleichgewichts-Verteilungsfunktion abhängen, deren Form sich im allgemeinen von der einen experimentellen Situation zur anderen ändert.

Im vorliegenden Kapitel werden wir – im Vergleich mit der Relaxationszeitnäherung – eine genauere Beschreibungsart der Stöße darlegen, wie man sie immer dann verwendet (außer in den oben beschriebenen Fällen), wenn man mehr anstrebt, als nur eine grobe, qualitative Beschreibung der elektrischen Leitung.

Mechanismen der Elektronenstreuung

Welches die jeweils angemessene Art der Beschreibung von Elektronenstößen ist, hängt davon ab, welche Stoßmechanismen im jeweiligen Fall dominieren. Wir konnten bereits[3] feststellen, wie ungeeignet Drudes Vorstellung von Stößen der Elektronen mit einzelnen Atomrümpfe ist. Nach der Bloch-Theorie erfährt eine Elektron in einer perfekt periodischen Anordnung von Atomrümpfen überhaupt keine Stöße. In der Näherung unabhängiger Elektronen können sich Stöße nur als Folge einer Abweichung von der perfekten Periodizität ergeben. Man ordnet diese Abweichungen in zwei große Klassen:

1. **Verunreinigungen und Kristalldefekte**   Punktdefekte (Kapitel 30), d.h. fehlende Atomrümpfe oder Atomrümpfe an „falschen" Plätzen, verhalten sich in vielerlei Hinsicht sehr ähnlich den Verunreinigungen, das Vorhandensein eines

---

[3] Siehe Seite 177.

lokalisierten Streuzentrums vorausgesetzt. Die Streuung an Punktdefekten ist wohl der einfachste der hier zu beschreibenden Streumechanismen. Darüber hinaus können auch ausgedehntere Defekte auftreten, wobei die Gitterperiodizität entlang einer Linie im Kristall, oder sogar über die gesamte Fläche einer Gitterebene gestört ist.[4]

2. **Intrinsische Abeichungen von der Periodizität des idealen Kristalls aufgrund der Wärmebewegung der Atomrümpfe**   Auch dann, wenn keinerlei Verunreinigungsatome oder Defekte vorhanden sind, sind die Atomrümpfe nicht starr in einer idealen, räumlich periodischen Anordnung fixiert, da sie eine kinetische Energie besitzen, die mit zunehmender Temperatur ebenfalls zunimmt (vgl. die Kapitel 21-26). Unterhalb der Schmelztemperatur des Kristalls ist diese Energie kaum groß genug, um die Atomrümpfe sehr weit von ihren „idealen" Gleichgewichtslagen zu entfernen, und das Vorhandensein der thermischen Energie äußert sich im wesentlichen in kleinen Schwingungen der Atomrümpfe um diese Gleichgewichtslage. Die Abweichungen des Netzwerks der Atomrümpfe von der idealen Periodizität aufgrund dieser Schwingungen sind die wesentlichste Ursache für eine Temperaturabhängigkeit des Gleichstromwiderstandes (Kapitel 26) und stellen normalerweise den bei Raumtemperatur dominierenden Streumechanismus dar. Mit abnehmender Temperatur verringert sich die Amplitude der Schwingungen der Atomrümpfe, so daß bei niedrigen Temperaturen schließlich die Streuung an Verunreinigungsatomen oder Gitterdefekten dominiert.

Neben diesen Streumechanismen, welche auf Abweichungen des Kristallgitters von der idealen Periodizität beruhen, ergibt sich eine weitere, in der Näherung unabhängiger Elektronen vernachlässigte Ursache von Streuung aus der Wechselwirkung der Elektronen untereinander. Aus Gründen, die wir in Kapitel 17 diskutieren werden, spielt diese Elektron-Elektron-Streuung[5] eine relativ untergeordnete Rolle in der Theorie der Leitung in Festkörpern. Bei hohen Temperaturen ist sie wesentlich weniger bedeutsam als die Streuung an den thermischen Schwingungen der Atomrümpfe; bei niedrigen Temperaturen wird ihre Wirkung verdeckt durch Streuung an Verunreinigungsatomen oder Gitterdefekten – außer in ungewöhnlich reinen und perfekten Kristallen.

Streuwahrscheinlichkeit und Relaxationszeit

Anstelle der Relaxationszeitnäherung nimmt eine realistischere Theorie der Stöße an, daß es eine gewisse Wahrscheinlichkeit pro Zeiteinheit dafür gibt, daß ein Elektron

---

[4] Hierzu können wir auch Oberflächenstreuung rechnen, welche beispielsweise in Kristallen bedeutsam wird, deren Abmessungen mit der mittleren freien Weglänge vergleichbar sind.

[5] In der kinetischen Gastheorie ist das Analogon zur Elektron-Elektron-Streuung der einzige Streumechanismus, abgesehen von Stößen mit den Wänden des Behälters. In diesem Sinne ist das Elektronengas in einem Metall sehr verschieden von einem gewöhnlichen Gas.

mit Wellenvektor **k** aus dem Band n durch Stöße in ein Band n' mit Wellenvektor **k'** gestreut wird, wobei die entsprechende Wahrscheinlichkeit durch geeignete mikroskopische Berechnungen zu bestimmen ist. Der Einfachheit halber beschränken wir uns auf die Betrachtung eines einzelnen Bandes[6] $n = n'$ und gehen davon aus, daß Streuung nur innerhalb dieses Bandes stattfindet. Weiterhin setzen wir voraus, daß der Elektronenspin bei den Stößen erhalten ist.[7] Schließlich sollen die Stoßprozesse in Raum und Zeit sehr gut lokalisiert sein, so daß Stöße, die zur Zeit t am Ort **r** stattfinden, durch die Eigenschaften des Festkörpers in der unmittelbaren Nachbarschaft von **r**, t bestimmt sind. Da somit sämtliche Größen, die auf einen am Ort **r** zur Zeit t stattfindenden Stoß Einfluß haben, an eben diesem Punkt berechnet werden, geben wir die Abhängigkeit von Ort und Zeit nicht explizit an, um die Notation einfach zu halten.

Wir schreiben die Streuwahrscheinlichkeit in Abhängigkeit von einer Größe $W_{\mathbf{k},\mathbf{k}'}$, die wie folgt definiert ist: $W_{\mathbf{k},\mathbf{k}'}$ ist die Wahrscheinlichkeit dafür, daß ein Elektron mit Wellenvektor **k** im Verlauf des infinitesimalen Zeitintervalls dt in ein beliebiges der Niveaus (mit gleichem Spin) gestreut wird, die in einem infinitesimalen Volumenelement $d\mathbf{k}'$ des k-Raumes um den Punkt **k'** liegen,

$$\frac{W_{\mathbf{k},\mathbf{k}'} dt \, d\mathbf{k}'}{(2\pi)^3}, \tag{16.1}$$

wobei wir annehmen, daß all diese Niveaus unbesetzt sind, und ihre Besetzung daher nicht durch das Pauliprinzip ausgeschlossen wird. Die jeweilige, spezielle Form der Größe $W_{\mathbf{k},\mathbf{k}'}$ ist abhängig vom jeweils zu beschreibenden Stoßprozeß. Im allgemeinen hat W eine recht komplexe Struktur und kann von der Verteilungsfunktion g abhängen. Weiter unten werden wir eine besonders einfache Form von W betrachten (Gleichung (16.14)). Zunächst jedoch basieren die Schlüsse, die wir ziehen werden, lediglich auf der Existenz einer Größe W, nicht auf ihrer Struktur im einzelnen.

Sind die Größe $W_{\mathbf{k},\mathbf{k}'}$ sowie die elektronische Verteilungsfunktion g gegeben, so können wir explizit die Wahrscheinlichkeit pro Zeiteinheit dafür konstruieren, daß ein Elektron mit Wellenvektor **k** einen Stoß erfährt. Nach Definition (siehe Seite 308) ist diese Wahrscheinlichkeit gegeben durch $1/\tau(\mathbf{k})$, und ihre formale Struktur offenbart einige Schwachpunkte der Relaxationszeitnäherung. Da $W_{\mathbf{k},\mathbf{k}'} d\mathbf{k}'/(2\pi)^3$ die Wahrscheinlichkeit pro Zeiteinheit dafür ist, daß ein Elektron mit Wellenvektor **k** in eines der im Volumenelement $d\mathbf{k}'$ enthaltenen Niveaus (mit gleichem Spin) gestreut wird – vorausgesetzt, daß alle diese Niveaus unbesetzt sind – so ergibt sich die effekti-

---

[6] Man kann die Argumentation problemlos verallgemeinern, um die Möglichkeit der Interband-Streuung mit einzubeziehen. Sämtliche Schlußfolgerungen, die wir im folgenden ziehen wollen, lassen sich aber auch durch das Beispiel eines einzelnen Bandes befriedigend illustrieren.

[7] Diese Annahme ist nicht erfüllt, wenn die Streuung an magnetischen Verunreinigungen erfolgt. In diesem Falle können sich bemerkenswerte Effekte aus der Nichtkonstanz des Spins ergeben (siehe die Seiten 874-876).

ve Übergangsrate als reduziert um den Bruchteil der *tatsächlich* unbesetzten Niveaus – da Übergänge in bereits besetzte Niveaus durch das Pauliprinzip ausgeschlossen sind. Dieser Bruchteil ist gegeben durch[8] $1 - g(\mathbf{k}')$. Die Gesamtwahrscheinlichkeit für einen Stoß pro Zeiteinheit erhält man dann durch Summation über sämtliche End-Wellenvektoren $\mathbf{k}'$:

$$\frac{1}{\tau(\mathbf{k})} = \int \frac{d\mathbf{k}'}{(2\pi)^3} W_{\mathbf{k},\mathbf{k}'} [1 - g(\mathbf{k}')]. \tag{16.2}$$

Aus Gleichung (16.2) ist offensichtlich, daß $\tau(\mathbf{k})$ – im Unterschied zur Relaxationszeitnäherung – keine festgelegte Funktion von $\mathbf{k}$ ist, sondern von der jeweiligen Form der Nichtgleichgewichts-Verteilungsfunktion g abhängt.

Änderungsrate der Verteilungsfunktion aufgrund von Stößen

Es ist zweckmäßig, die Aussage der Gleichung (16.2) auf eine etwas andere Art zu formulieren: Wir definieren dazu eine Größe $(dg(\mathbf{k})/dt)_{\text{aus}}$ derart, daß die Anzahl von Elektronen im Einheitsvolumen und mit Wellenvektoren im infinitesimalen Volumenelement $d\mathbf{k}$ um $\mathbf{k}$, die innerhalb des infinitesimalen Zeitintervalls dt einen Stoß erfahren, geschrieben werden kann in der Form

$$-\left(\frac{dg(\mathbf{k})}{dt}\right)_{\text{aus}} \frac{d\mathbf{k}}{(2\pi)^3} dt. \tag{16.3}$$

Da $d\mathbf{k}$ infinitesimal ist, so besteht die Wirkung eines jeden beliebigen Stoßes auf ein Elektron in diesem Volumenelement darin, es daraus zu entfernen. Somit kann man den Ausdruck (16.3) ebenso interpretieren als Anzahl von Elektronen, die innerhalb des Zeitintervalls dt aus dem Volumenelement $d\mathbf{k}$ um $\mathbf{k}$ heraus gestreut werden.

Da $dt/\tau(\mathbf{k})$ die Wahrscheinlichkeit dafür ist, daß ein beliebiges Elektron in der Umgebung von $\mathbf{k}$ innerhalb des Zeitintervalls dt gestreut wird, so verwenden wir zur Berechnung von $(dg(\mathbf{k})/dt)_{\text{aus}}$ einfach die Tatsache, daß die Gesamtzahl von Elektronen pro Einheitsvolumen innerhalb des Volumenelements $d\mathbf{k}$ um $\mathbf{k}$, die einen Stoß erfahren, gegeben ist durch das Produkt aus $dt/\tau(\mathbf{k})$ und $g(\mathbf{k}) d\mathbf{k}/(2\pi)^3$, der

---

[8] Der Beitrag der Elektronen (mit gegebenem Spin) im Volumenelement $d\mathbf{k}$ um $\mathbf{k}$ zur Elektronendichte ist $g(\mathbf{k}) d\mathbf{k}/(2\pi)^3$ (siehe Seite 308). Da der Beitrag von Elektronen (mit dem gegebenen Spin) in diesem Volumenelement zur Elektronendichte maximal, nämlich gleich $d\mathbf{k}/(2\pi)^3$ ist, wenn sämtliche Niveaus darin besetzt sind, so kann man $g(\mathbf{k})$ auch interpretieren als Bruchteil besetzter Niveaus im Volumenelement $d\mathbf{k}$ um $\mathbf{k}$. Somit ist $1 - g(\mathbf{k})$ der Anteil unbesetzter Niveaus.

Anzahl von Elektronen pro Einheitsvolumen und mit einem Wellenvektor im Element $d\mathbf{k}$ um $\mathbf{k}$. Durch Vergleich mit (16.3) erhalten wir

$$\left(\frac{dg(\mathbf{k})}{dt}\right)_{\text{aus}} = -\frac{g(\mathbf{k})}{\tau(\mathbf{k})}$$

$$= -g(\mathbf{k}) \int \frac{d\mathbf{k}'}{(2\pi)^3} W_{\mathbf{k},\mathbf{k}'} [1 - g(\mathbf{k}')]. \tag{16.4}$$

Dies ist jedoch nicht der einzige Einfluß der Streuung auf die Verteilungsfunktion: Elektronen werden nicht nur aus dem Niveau mit Wellenvektor $\mathbf{k}$ heraus gestreut, sondern auch aus anderen Niveaus in das Niveau $\mathbf{k}$ hinein. Solche Prozesse beschreiben wir durch die Größe $(dg(\mathbf{k})/dt)_{\text{ein}}$. Sie ist derart definiert, daß

$$\left(\frac{dg(\mathbf{k})}{dt}\right)_{\text{ein}} \frac{d\mathbf{k}}{(2\pi)^3} dt \tag{16.5}$$

gleich der Anzahl von Elektronen pro Einheitsvolumen ist, die im Volumenelement $d\mathbf{k}$ um $\mathbf{k}$ infolge eines Stoßes innerhalb des infinitesimalen Zeitintervalls dt angekommen sind.

Zur Berechnung von $(dg(\mathbf{k})/dt)_{\text{ein}}$ betrachten wir den Beitrag jener Elektronen, die sich unmittelbar vor dem Stoß im Volumenelement $d\mathbf{k}'$ um $\mathbf{k}'$ befanden: Die Gesamtzahl dieser Elektronen – mit gegebenem Spin – ist $g(\mathbf{k}')d\mathbf{k}'(2\pi)^3$. Ein Bruchteil $W_{\mathbf{k},\mathbf{k}'} \, dt \, d\mathbf{k}/(2\pi)^3$ davon würde nun in das Volumenelement $d\mathbf{k}$ um $\mathbf{k}$ hinein gestreut, falls sämtliche Niveaus in diesem Volumenelement unbesetzt wären; da jedoch lediglich ein Anteil $1 - g(\mathbf{k})$ der Niveaus leer ist, muß der erstgenannte Bruchteil weiter um diesen Faktor reduziert werden. Damit ergibt sich die Gesamtzahl von Elektronen pro Einheitsvolumen, die im Volumenelement $d\mathbf{k}$ um $\mathbf{k}$ aus dem Volumenelement $d\mathbf{k}'$ um $\mathbf{k}'$ infolge eines Stoßes innerhalb des Zeitintervalls dt ankommen, zu

$$\left[g(\mathbf{k})' \frac{d\mathbf{k}'}{(2\pi)^3}\right] \left[W_{\mathbf{k}',\mathbf{k}} \frac{d\mathbf{k}}{(2\pi)^3} \, dt\right] [1 - g(\mathbf{k})]. \tag{16.6}$$

Summieren wir diesen Ausdruck über alle $\mathbf{k}'$ und vergleichen mit (16.5), so erhalten wir

$$\left(\frac{dg(\mathbf{k})}{dt}\right)_{\text{ein}} = [1 - g(\mathbf{k})] \int \frac{d\mathbf{k}'}{(2\pi)^3} W_{\mathbf{k}',\mathbf{k}} \, g(\mathbf{k},\mathbf{k}'). \tag{16.7}$$

Diese Gleichung ist formal identisch mit (16.4), wobei $\mathbf{k}$ und $\mathbf{k}'$ vertauscht sind.

Es ist lehrreich, diese Ausdrücke mit den entsprechenden Größen in der Relaxationszeitnäherung zu vergleichen. Die Relaxationszeitnäherung für $(dg(\mathbf{k})/dt)_{\text{aus}}$ unterscheidet sich vom Ausdruck in (16.4) nur dadurch, daß die Stoßrate $1/\tau(\mathbf{k})$ eine wohldefinierte, explizite Funktion von $\mathbf{k}$ ist, die – im Gegensatz zu (16.2) – nicht

Tabelle 16.1

Gegenüberstellung einer verallgemeinerten Behandlung der Stöße einerseits und der Vereinfachungen durch die Relaxationszeitnäherung andererseits

	Relaxationszeit-näherung	Verallgemeinerte Behandlung
$\dfrac{dg(\mathbf{k})}{dt}\Big^{\text{aus}}_{\text{Stoß}}$	$-\dfrac{g(\mathbf{k})}{\tau(\mathbf{k})}$	$-\displaystyle\int \dfrac{d\mathbf{k}'}{(2\pi)^3} W_{\mathbf{k},\mathbf{k}'}[1 - g(\mathbf{k}')]g(\mathbf{k})$
$\dfrac{dg(\mathbf{k})}{dt}\Big^{\text{ein}}_{\text{Stoß}}$	$\dfrac{g^0(\mathbf{k})}{\tau(\mathbf{k})}$	$\displaystyle\int \dfrac{d\mathbf{k}'}{(2\pi)^3} W_{\mathbf{k}',\mathbf{k}}g(\mathbf{k}')[1 - g(\mathbf{k})]$
Kommentare	$\tau(\mathbf{k})$ ist eine wohldefinierte, explizite Funktion von $\mathbf{k}$, unabhängig von $g(\mathbf{k})$. $g^0(\mathbf{k})$ bezeichnet die lokale Gleichgewichts-Verteilungsfunktion.	$W_{\mathbf{k},\mathbf{k}'}$ ist eine Funktion von $\mathbf{k}$ und $\mathbf{k}'$, kann aber darüber hinaus im allgemeinen sowohl von $g(\mathbf{k})$ abhängen, als auch sogar von einer weiteren Verteilungsfunktion, welche die lokale Konfiguration der Streuzentren beschreibt.

von der Verteilungsfunktion g abhängt. Dagegen ist der Unterschied zwischen dem Ausdruck (16.7) für $(dg(\mathbf{k})/dt)_{\text{ein}}$ und der entsprechenden Größe in der Relaxationszeitnäherung deutlicher: In der Relaxationszeitnäherung ist die Verteilung der Elektronen, die innerhalb des Zeitintervalls dt aus Stößen hervorgehen, einfach gegeben durch das Produkt aus $dt/\tau(\mathbf{k})$ und der lokalen Gleichgewichts-Verteilungsfunktion $g^0(\mathbf{k})$ (siehe Gleichung (13.3)). Tabelle 16.1 faßt diese Beobachtungen zusammen.

Zweckmäßig definiert man $(dg/dt)_{\text{Stoß}}$ als die gesamte Änderungsrate der Verteilungsfunktion aufgrund von Stößen. Damit ist $(dg(\mathbf{k})/dt)_{\text{Stoß}}\, dt\, d\mathbf{k}/(2\pi)^3$ die Änderung der Anzahl von Elektronen pro Einheitsvolumen mit Wellenvektoren im Volumenelement $d\mathbf{k}$ um $\mathbf{k}$ innerhalb des Zeitintervalls dt, als Folge sämtlicher Stöße. Da die Elektronen durch Stöße sowohl in das Volumenelement $d\mathbf{k}$ hinein, als auch aus ihm heraus gestreut werden können, ergibt sich $(dg/dt)_{\text{Stoß}}$ einfach als Summe von $(dg/dt)_{\text{ein}}$ und $(dg/dt)_{\text{aus}}$:

$$\frac{dg(\mathbf{k})}{dt}\bigg_{\text{Stoß}} = -\int \frac{d\mathbf{k}'}{(2\pi)^3} \left\{ W_{\mathbf{k},\mathbf{k}'}g(\mathbf{k})[1 - g(\mathbf{k}')] - W_{\mathbf{k}',\mathbf{k}}g(\mathbf{k}')[1 - g(\mathbf{k})] \right\}. \tag{16.8}$$

In der Relaxationszeitnäherung vereinfacht sich diese Beziehung zu

$$\left(\frac{dg(\mathbf{k})}{dt}\right)_{\text{Stoß}} = \frac{[g(\mathbf{k}) - g^0(\mathbf{k})]}{\tau(\mathbf{k})} \quad \text{(Relaxationszeit-Näherung)}. \tag{16.9}$$

Berechnung der Verteilungsfunktion:
Die Boltzmann-Gleichung

Läßt man die Relaxationszeitnäherung fallen, so ist es nicht mehr möglich, eine explizite Darstellung der Nichtgleichgewichts-Verteilungsfunktion g aus den Lösungen der semiklassischen Bewegungsgleichungen zu konstruieren, wie wir es in Kapitel 13 durch Betrachtung aller vergangenen Zeitpunkte taten. Man kann jedoch die weniger schwierige Frage beantworten, auf welche Weise der Wert der Funktion g zur Zeit t aus ihrem Wert zu einer um das infinitesimale Intervall dt früheren Zeit zu konstruieren sei.

Hierzu vernachlässigen wir zunächst die Möglichkeit, daß in der Zeit zwischen $t - dt$ und t Stöße stattfinden können, werden diese Auslassung aber später korrigieren. Fänden keinerlei Stöße statt, so würden sich die Koordinaten $\mathbf{r}$ und $\mathbf{k}$ eines jeden Elektrons zeitlich nach Maßgabe der semiklassischen Bewegungsgleichungen (12.6) entwickeln:

$$\dot{\mathbf{r}} = \mathbf{v}(\mathbf{k}), \quad \hbar \dot{\mathbf{k}} = -e \left(\mathbf{E} + \frac{1}{c}\, \mathbf{v} \times \mathbf{H} \right) = \mathbf{F}(\mathbf{r}, \mathbf{k}). \tag{16.10}$$

Da dt infinitesimal ist, so können wir die Lösungen dieser Gleichungen explizit zur linearen Ordnung in dt bestimmen: Ein Elektron mit den Koordinaten $\mathbf{r}, \mathbf{k}$ zur Zeit t muß zur früheren Zeit $t - dt$ die Koordinaten $\mathbf{r} - \mathbf{v}(\mathbf{k})dt, \mathbf{k} - \mathbf{F}\, dt/\hbar$ besessen haben. Schließt man Stöße aus, so ist dies der einzige Punkt im Koordinatenraum, aus welchem Elektronen mit den Koordinaten $\mathbf{r}, \mathbf{k}$ gekommen sein können; umgekehrt erreicht jedes Elektron aus diesem Punkt auch den Punkt $\mathbf{r}, \mathbf{k}$. Folglich gilt[9]

$$g(\mathbf{r}, \mathbf{k}, t) = g(\mathbf{r} - \mathbf{v}(\mathbf{k})\, dt, \mathbf{k} - \mathbf{F}dt/\hbar, t - dt). \tag{16.11}$$

Wir berücksichtigen nun die Wirkung der Stöße durch Addition zweier Korrekturterme zu (16.11). Die rechte Seite dieser Gleichung ist insofern nicht korrekt, als sie voraussetzt, daß sämtliche Elektronen innerhalb des Zeitintervalls dt vom Punkt $\mathbf{r} - \mathbf{v}\, dt$, $\mathbf{k} - \mathbf{F}dt/\hbar$ kommend den Punkt $\mathbf{r}, \mathbf{k}$ erreichen – unter Vernachlässigung der Tatsache, daß einige der Elektronen durch Stöße abgelenkt werden. Sie ist weiterhin nicht korrekt, da sie jene Elektronen nicht berücksichtigt, die sich zur Zeit t im

---

[9] Indem wir (16.11) schreiben, verwenden wir den Satz von Liouville (Anhang H), welcher besagt, daß Volumina des Phasenraumes unter den semiklassischen Bewegungsgleichungen erhalten sind. Unsere Argumentation liefert nämlich lediglich das Ergebnis

$$g(\mathbf{r}, \mathbf{k}, t)\, d\mathbf{r}(t)\, d\mathbf{k}(t) = g(\mathbf{r} - \mathbf{v}(\mathbf{k})\, t, \mathbf{k} - \mathbf{F}dt/\hbar, t - dt)\, d\mathbf{r}(t - dt)\, d\mathbf{k}(t - dt),$$

womit die Gleichheit der Elektronenzahlen in den Volumina $d\mathbf{r}(t)\, d\mathbf{k}(t)$ und $d\mathbf{r}(t - dt)\, d\mathbf{k}(t - dt)$ ausgedrückt ist. Erst der Satz von Liouville ermöglicht das Kürzen der Phasenraum-Volumenelemente auf beiden Seiten.

Punkt $\mathbf{r}$, $\mathbf{k}$ befinden, dies jedoch nicht aufgrund ihrer ungehinderten, semiklassischen Bewegung seit dem Zeitpunkt $t - dt$, sondern infolge eines Stoßes in der Zeit zwischen $t - dt$ und t. Addieren wir die entsprechenden Korrekturterme, so erhalten wir zur führenden Ordnung in dt

$$g(\mathbf{r}, \mathbf{k}, t) =$$

$$g(\mathbf{r} - \mathbf{v}(\mathbf{k})\, dt, \mathbf{k} - \mathbf{F}dt/\hbar, t - dt) \quad \begin{pmatrix} \text{Stoßfreie Entwick-} \\ \text{lung des Systems} \end{pmatrix}$$

$$+ \left(\frac{\partial g(\mathbf{r}, \mathbf{k}, t)}{\partial t} \right)_{\text{aus}} \quad \begin{pmatrix} \text{Korrektur: Einige Elektronen er-} \\ \text{reichen das Volumen aufgrund} \\ \text{von Stößen \textit{nicht}.} \end{pmatrix}$$

$$+ \left(\frac{\partial g(\mathbf{r}, \mathbf{k}, t)}{\partial t} \right)_{\text{ein}} \quad \begin{pmatrix} \text{Korrektur: Einige Elektronen er-} \\ \text{reichen das Volumen \textit{nur} auf-} \\ \text{grund von Stößen.} \end{pmatrix} \qquad (16.12)$$

Entwickeln wir die linke Seite bis zur linearen Ordnung in dt, so reduziert sich (16.12) im Grenzfall $dt \to 0$ auf

$$\boxed{\frac{\partial g}{\partial t} + \mathbf{v} \cdot \frac{\partial}{\partial \mathbf{r}} g + \mathbf{F} \cdot \frac{1}{\hbar} \frac{\partial}{\partial \mathbf{k}} g = \left(\frac{\partial g}{\partial t} \right)_{\text{Stoß}}.} \qquad (16.13)$$

Dies ist die berühmte Boltzmann-Gleichung. Man bezeichnet die Terme auf der linken Seite oft als Driftterme, den Term auf der rechten Seite als Stoßterm. Verwendet man den Stoßterm in der Form (16.8), so wird die Boltzmann-Gleichung im allgemeinen Fall zu einer nichtlinearen Integro-Differentialgleichung. Diese Gleichung bildet das Fundament der Theorie des Transports in Festkörpern. Man hat zahlreiche raffinierte und scharfsinnige Methoden entwickelt, um mehr Information über die Verteilungsfunktion g zu gewinnen, und damit auch über die verschiedenen Leitfähigkeiten.[10] Wir werden uns hier nicht weiter mit diesem Gegenstand befassen, und uns auch auf die Boltzmann-Gleichung nur insofern beziehen, als sie die Grenzen der Relaxationszeitnäherung aufzeigt.

Ersetzen wir den Stoßterm durch den Ausdruck (16.9) in der Relaxationszeitnäherung, so vereinfacht sich die Boltzmann-Gleichung zu einer linearen partiellen Differentialgleichung. Man kann zeigen, daß die Verteilungsfunktion (13.17), welche wir im Rahmen der Relaxationszeitnäherung konstruierten, diese Differentialgleichung löst – wie man es auch erwartet, da beiden Herleitungen identische Annahmen zugrunde

---

[10] Einen sehr guten Überblick gibt J. M. Ziman in *Electrons and Phonons*, Oxford (1960). Wir möchten außerdem auf eine Reihe sehr bemerkenswerter Veröffentlichungen von I. M. Lifshitz und M. I. Kaganov hinweisen: *Sov. Phys. Usp.* **2**, 831 (1960), **5**, 878 (1963), **8**, 805 (1966). *Usp. Fiz. Nauk* **69**, 419 (1959), **78**, 411 (1962), **87**, 389 (1965).

liegen. Wir betonen hier diese Äquivalenz, da es verbreitete Praxis ist, Ergebnisse von der Art, wie wir sie in Kapitel 13 erhielten, nicht direkt aus der expliziten, durch die Relaxationszeitnäherung gegebenen Verteilungsfunktion (13.17) herzuleiten, sondern den scheinbar davon recht verschiedenen Weg einer Lösung der Boltzmann-Gleichung (16.13) zu gehen, wobei man den Stoßterm durch den Ausdruck (16.9) in der Relaxationszeitnäherung ersetzt. Die Gleichwertigkeit beider Ansätze demonstrieren wir in den Aufgaben 2 und 3, wo wir einige typische Ergebnisse der Diskussion in Kapitel 13 aus der Boltzmann-Gleichung in Relaxationszeitnäherung herleiten.

Streuung an Verunreinigungen

Wir wollen nun einige Voraussagen im Rahmen der Relaxationszeitnäherung mit den entsprechenden Folgerungen aus dem genaueren Stoßterm (16.8) vergleichen. Um die Stoßwahrscheinlichkeit $W_{\mathbf{k},\mathbf{k}'}$ eine konkrete Form zu geben, betrachten wir den mathematisch einfachsten Spezialfall: elastische Streuung an ortsfesten, substitutiven Verunreinigungsatomen, die zufällig verteilt Gitterplätze eines Kristalls besetzen. Dies ist keineswegs ein realitätsfern konstruierter Fall, da die Streuung an den thermischen Schwingungen der Atomrümpfe (Kapitel 26) ebenso wie die Elektron-Elektron-Streuung (Kapitel 17) mit abnehmender Temperatur immer weniger bedeutsam wird, wogegen weder die Konzentration der Verunreinigungsatome, noch deren Wechselwirkung mit den Elektronen in nennenswertem Maße temperaturabhängig sind. Deshalb ist in jedem realen Festkörper bei hinreichend niedrigen Temperaturen die Streuung an Verunreinigungen des Kristalls der wesentlichste Stoßmechanismus. Diese Streuung verläuft unter der Voraussetzung elastisch, daß die Energielücke zwischen Grundzustand und erstem angeregten Zustand der Verunreinigungsatome (typischerweise einige Elektronenvolt) groß ist im Vergleich mit $k_B T$. Damit ist sichergestellt, daß (a) es sehr wenige angeregte Verunreinigungsatome gibt, die ihre Anregungsenergie in Stößen auf Elektronen übertragen könnten, sowie auch (b) sehr wenige unbesetzte elektronische Niveaus energetisch niedrig genug liegen, um Elektronen aufnehmen zu können, nachdem diese genügend Energie verloren haben, um ein Verunreinigungsatom aus seinem Grundzustand heraus anzuregen.

Ist die Konzentration der Verunreinigungsatome hinreichend klein,[11] und das Potential $U(\mathbf{r})$, welches die Wechselwirkung zwischen einem Elektron und einem einzelnen Verunreinigungsatom im Koordinatenursprung beschreibt, hinreichend schwach, so kann man die Gültigkeit der Beziehung

$$W_{\mathbf{k},\mathbf{k}'} = \frac{2\pi}{\hbar} n_i \delta(\varepsilon(\mathbf{k}) - \varepsilon(\mathbf{k}')) |\langle \mathbf{k}|U|\mathbf{k}'\rangle|^2 \tag{16.14}$$

---

[11] Die Verunreinigungsatome müssen hinreichend verdünnt vorliegen, um die Wechselwirkung zwischen ihnen und den Elektronen so behandeln zu können, als wechselwirkten zu einem bestimmten Zeitpunkt die Elektronen mit nur jeweils einem dieser Teilchen.

zeigen. n_i bezeichnet die Anzahl von Verunreinigungsatomen pro Einheitsvolumen.

$$\langle \mathbf{k}|U|\mathbf{k}'\rangle = \int d\mathbf{r}\, \psi_{n\mathbf{k}}^*(\mathbf{r})U(\mathbf{r})\psi_{n\mathbf{k}}(\mathbf{r}) \tag{16.15}$$

und die Bloch-Funktionen sind als normiert angenommen, so daß

$$\int_{\text{Zelle}} d\mathbf{r}\, |\psi_{n\mathbf{k}}(\mathbf{r})|^2 = v_{\text{Zelle}}. \tag{16.16}$$

Man kann (16.14) herleiten durch Anwendung der „Goldenen Regel" der zeitabhängigen Störungstheorie erster Ordnung[12] auf die Streuung eines Bloch-Elektrons an einem einzelnen Verunreinigungsatom. Wesentlich schwieriger ist es, einen fundamentaleren Ansatz zu verfolgen, und von den Hamiltonoperatoren sämtlicher Elektronen sowie sämtlicher Verunreinigungsatome auszugehen, um dann die Boltzmann-Gleichung ebenso wie den Stoßterm (16.8) und Gleichung (16.14) herzuleiten.[13]

Wir werden die Herleitung der Gleichung (16.14) hier nicht weiter verfolgen, sondern lediglich einige Eigenschaften des Ergebnisses betrachten, die von sehr allgemeiner Bedeutung sind:

1.   Wegen der Deltafunktion in (16.14) ist $W_{\mathbf{k},\mathbf{k}'} = 0$, außer für $\varepsilon(\mathbf{k}) = \varepsilon(\mathbf{k}')$: Die Streuung ist streng elastisch.

2. $W_{\mathbf{k},\mathbf{k}'}$ ist von der elektronischen Verteilungsfunktion g unabhängig. Dies ist eine Folge der Näherung unabhängiger Elektronen: Die Art und Weise der Wechselwirkung eines Elektrons mit einem Verunreinigungsatom ist – abgesehen von den Einschränkungen durch das Pauliprinzip – unabhängig von den übrigen Elektronen. Dies ist die entscheidend vereinfachende Eigenschaft der Streuung an Verunreinigungen. Im Unterschied hierzu hängt $W_{\mathbf{k},\mathbf{k}'}$ bei der Elektron-Elektron-Streuung von der Verteilungsfunktion g ab, da die Streuwahrscheinlichkeit für ein Elektron – über die einfachen Beschränkungen durch das Pauliprinzip hinaus – davon abhängt, welche anderen Elektronen für eine Wechselwirkung zur Verfügung stehen. Ebenfalls komplizierter ist die Beschreibung der Streuung an den thermischen Schwingungen der Atomrümpfe, da W in diesem Falle von den Eigenschaften des Systems der Atomrümpfe abhängt, welches recht komplex sein kann.

3. W ist symmetrisch:

$$W_{\mathbf{k},\mathbf{k}'} = W_{\mathbf{k}',\mathbf{k}}. \tag{16.17}$$

Diese Eigenschaft folgt aus der Tatsache, daß U hermitesch ist: $\langle \mathbf{k}|U|\mathbf{k}'\rangle = \langle \mathbf{k}'|U|\mathbf{k}\rangle$.

---

[12] Siehe beispielsweise L. D. Landau, E. M. Lifshitz, *Quantum Mechanics*, Addison-Wesley, Reading, Mass. (1965), Gleichung (43.1).
[13] Eine der frühesten, vollständigen Herleitungen dieser Art gaben J. M. Luttinger, W. Kohn, *Phys.Rev.* **108**, 590 (1957) sowie **109**, 1892 (1958).

Man kann zeigen, daß die Wechselwirkung zwischen Verunreinigungsteilchen und Elektronen nicht notwendig schwach sein muß, damit diese Symmetrie besteht; vielmehr gilt sie allgemein, dabei lediglich vorausgesetzt, daß sowohl das Kristallpotential, als auch das Potential der Verunreinigungsteilchen reell und invariant unter räumlichen Inversionen sind. Für Streumechanismen allgemeinerer Art existieren verwandte, aber komplexere Symmetrien, die in Untersuchungen der Annäherung an das thermodynamische Gleichgewicht eine wesentliche Rolle spielen.

Infolge der Symmetrieeigenschaft (16.17) vereinfacht sich der Stoßterm (16.8) zu

$$\left(\frac{dg(\mathbf{k})}{dt}\right)_{\text{Stoß}} = -\int \frac{d\mathbf{k}'}{(2\pi)^3} W_{\mathbf{k},\mathbf{k}'}[g(\mathbf{k}) - g(\mathbf{k}')]. \tag{16.18}$$

Beachten Sie, daß sich die infolge des Pauliprinzips in (16.8) auftretenden, in g quadratischen Terme aufgrund der Symmetrieeigenschaft (16.17) identisch herausheben.

In den verbleibenden Abschnitten dieses Kapitels beschreiben wir einige typische Problemstellungen, deren angemessene Formulierung eine präzisere Beschreibung der Stöße erfordert, als sie die Relaxationszeitnäherung liefern kann.

Das Wiedemann-Franzsche Gesetz

Die Herleitung des Wiedemann-Franzschen Gesetzes in Kapitel 13 schien von recht großer Allgemeinheit zu sein. Untersucht man die Problemstellung jedoch erneut, ohne dabei die Relaxationszeitnäherung anzunehmen, so kann man zeigen, daß das Wiedemann-Franzsche Gesetz nur dann gilt, wenn die Energie eines jeden Elektrons in jedem Stoß erhalten bleibt. Die entsprechende mathematische Bedingung besteht darin, daß die Streuwahrscheinlichkeit $W_{\mathbf{k},\mathbf{k}'}$ für eine beliebige Funktion $g(\mathbf{k})$ die Beziehung

$$\int d\mathbf{k}' W_{\mathbf{k},\mathbf{k}'} \varepsilon(\mathbf{k}') g(\mathbf{k}') = \varepsilon(\mathbf{k}) \int d\mathbf{k}' W_{\mathbf{k},\mathbf{k}'} g(\mathbf{k}') \tag{16.19}$$

erfüllen muß. Die Bedingung (16.19) ist offenbar dann erfüllt, wenn W die „energieerhaltende" Form (16.14) hat, gilt jedoch nicht, wenn $W_{\mathbf{k},\mathbf{k}'}$ für Werte $\mathbf{k}$ und $\mathbf{k}'$ mit $\varepsilon(\mathbf{k}) = \varepsilon(\mathbf{k}')$ nichtverschwindende Werte annehmen kann.

Eine analytische Demonstration der Tatsache, daß die Bedingung (16.19) der elastischen Streuung hinreichend für das Wiedemann-Franzsche Gesetz ist, würde uns zu weit führen. Der physikalische Grund dafür ist jedoch leicht einzusehen: Da die Elektronenladung konstant $-e$ beträgt, können Stöße einen elektrischen Strom nur dadurch abschwächen, daß sie die Geschwindigkeit jedes der Elektronen verändern. Nun ist bei einem Wärmestrom (Gleichung (13.42)) die Ladung durch $(\varepsilon - \mu)/T$ zu ersetzen. Bleibt daher die Energie in jedem Stoß erhalten (was für die Ladung mit Sicherheit

der Fall ist), so werden Wärmeströme auf exakt die gleiche Weise und in exakt demselben Maße wie elektrische Ströme abgeschwächt. Ist dagegen die Energie ε jedes
einzelnen Elektrons in den Stößen *nicht* erhalten, so wird ein zweiter Mechanismus
der Abschwächung eines Wärmestroms wirksam, der keine Entsprechung bei elektrischen Strömen hat: Die Stöße können nun die Energie ε eines Elektrons ebenso ändern
wie seine Geschwindigkeit. Da die Wirkung solcher inelastischer Stöße auf elektrische Ströme vollständig verschieden ist von ihrer Wirkung auf Wärmeströme, so gibt
es nicht länger irgendeinen Grund dafür, einen einfachen Zusammenhang zwischen
elektrischer Leitfähigkeit und Wärmeleitfähigkeit zu erwarten.[14]

Offenbar ist das Wiedemann-Franzsche Gesetz in guter Näherung erfüllt, sobald
die Energie in guter Näherung erhalten ist; entscheidend ist dafür die Forderung,
daß die Energieänderung eines Elektrons bei einem Stoß klein sein sollte im Vergleich mit $k_B T$. Wie sich herausstellt, kann bei hohen Temperaturen die Streuung
an den Wärmeschwingungen der Atomrümpfe diese Bedingung erfüllen. Diese Art
von Streuung ist bei hohen Temperaturen die dominierende Stoßursache, so daß das
Wiedemann-Franzsche Gesetz im allgemeinen sowohl bei niedrigen, als auch bei hohen[15] Temperaturen in guter Näherung erfüllt ist. Im mittleren Temperaturbereich
jedoch – von ungefähr 10 bis zu einigen 100 K – in einem Bereich also, innerhalb
dessen inelastische Stöße vorherrschen und Energieverluste der Elektronen von der
Größenordnung $k_B T$ verursachen können, erwartet – und beobachtet – man Abweichungen vom Wiedemann-Franzschen Gesetz.

Die Matthiessensche Regel

Nehmen wir an, es seien zwei physikalisch unterscheidbare Streumechanismen wirksam, beispielsweise Streuung der Elektronen an anderen Elektronen sowie Streuung
der Elektronen an Verunreinigungsatomen. Unter der Annahme, daß keiner der beiden
Streumechanismen die Wirkungsweise des anderen beeinflußt, ist die gesamte Stoßrate
W gegeben durch die Summe der Stoßraten für die einzelnen Streumechanismen:

$$W = W^{(1)} + W^{(2)}. \tag{16.20}$$

---

[14] Man trifft manchmal auf die Feststellung, daß das Wiedemann-Franzsche Gesetz deshalb versa-
ge, weil die Relaxationszeit für Wärmeströme verschieden sei von der Relaxationszeit für elektrische
Ströme. Dies ist bestenfalls eine nicht zulässige, irreführende Verallgemeinerung: Sobald inelastische
Streuprozesse beteiligt sind, versagt das Wiedemann-Franzsche Gesetz deshalb, weil es dann Streuprozesse gibt, die einen Wärmestrom verringern können, nicht aber einen elektrischen Strom. Das
Wiedemann-Franzsche Gesetz versagt nicht aufgrund der unterschiedlichen Stoßraten der Elektronen,
sondern aufgrund der unterschiedlichen Effektivitäten, mit welchen jeder einzelne Stoß die beiden Arten
von Strömen schwächt.
[15] Wir haben bereits darauf hingewiesen, daß bei niedrigen Temperaturen die elastische Streuung an
Verunreinigungen der vorwiegende Stoßmechanismus ist.

In der Relaxationszeitnäherung folgt hieraus unmittelbar

$$\frac{1}{\tau} = \frac{1}{\tau^{(1)}} + \frac{1}{\tau^{(2)}}. \tag{16.21}$$

Nehmen wir darüber hinaus für jeden der Stoßmechanismen eine von **k** unabhängig Relaxationszeit an, so erhalten wir

$$\rho = \frac{m}{ne^2\tau} = \frac{m}{ne^2}\frac{1}{\tau^{(1)}} + \frac{m}{ne^2}\frac{1}{\tau^{(2)}} = \rho^{(1)} + \rho^{(2)}, \tag{16.22}$$

da der spezifische Widerstand proportional zu $1/\tau$ ist. Dies bedeutet, daß sich der spezifische Widerstand für mehrere, voneinander unabhängige Streumechanismen einfach als Summe der spezifischen Widerstände ergibt, die man messen würde, wenn nur jeweils einer der Streumechanismen wirksam wäre. Dieser Zusammenhang ist als die Matthiessensche Regel bekannt. Auf den ersten Blick mag seine Brauchbarkeit fragwürdig erscheinen, da man sich nur schwer vorstellen kann, wie es möglich sein sollte, nur *eine* der Ursachen für Streuung zu beseitigen, dabei aber die Gesamtsituation unverändert zu lassen. Dennoch folgen aus dieser Regel einige allgemeingültige Aussagen von prinzipieller Bedeutung, die leicht experimentell zu überprüfen sind. So sollte sich beispielsweise die elastische Streuung an Verunreinigungen temperaturunabhängig verhalten – da weder die Dichte der Verunreinigungsatome, noch ihre Wechselwirkung mit den Elektronen in nennenswertem Maße von der Temperatur beeinflußt wird – während die Elektron-Elektron-Streuung proportional zu T^2 verlaufen sollte, wie man es von den einfachsten Theorien her erwartet (siehe Kapitel 17). Die Matthiessensche Regel sagt einen Verlauf des spezifischen Widerstandes von der Form $\rho = A + BT^2$ voraus, mit den temperaturunabhängigen Koeffizienten A und B, falls die Streuung an Verunreinigungen und die Elektron-Elektron-Streuung die vorherrschenden Streumechanismen sind.

Man zeigt unschwer, daß die Matthiessensche Regel sogar in der Relaxationszeitnäherung ihre Gültigkeit verliert, wenn τ von **k** abhängt: Die Leitfähigkeit σ ist dann proportional zu einem Mittelwert $\overline{\tau}$ der Relaxationszeit (siehe beispielsweise (13.25)), der spezifische Widerstand ρ ist proportional zu $1/\overline{\tau}$, und die Matthiessensche Regel fordert

$$1/\overline{\tau} = 1/\overline{\tau^{(1)}} + 1/\overline{\tau^{(2)}}. \tag{16.23}$$

Aus (16.21) ergeben sich jedoch lediglich Beziehungen der Form

$$(\overline{1/\tau}) = (\overline{1/\tau^{(1)}}) + (\overline{1/\tau^{(2)}}), \tag{16.24}$$

die nur dann mit (16.23) gleichwertig sind, wenn $\tau^{(1)}$ und $\tau^{(2)}$ nicht von **k** abhängen.

Ein realistischeres Modell der Stöße wirft noch schwerwiegendere Zweifel an der Allgemeingültigkeit der Matthiessenschen Regel auf, da die Annahme, daß die Streurate aufgrund eines der Streumechanismen unabhängig ist von der Gegenwart eines zweiten, wesentlich weniger plausibel erscheint, sobald man die Voraussetzungen der Relaxationszeitnäherung aufgibt. Die tatsächliche Stoßrate für ein Elektron hängt ab von der Konfiguration der übrigen Elektronen, welche hinwiederum stark durch den Einfluß zweier konkurrierender Streumechanismen bestimmt sein kann – außer dann, wenn aufgrund eines glücklichen Zufalls die Verteilungsfunktionen für die beiden Streumechanismen übereinstimmen.

Man kann jedoch zeigen, daß auch ohne Relaxationszeitnäherung die Matthiessensche Regel als Ungleichung gilt:[16]

$$\rho \geqslant \rho^{(1)} + \rho^{(2)}. \tag{16.25}$$

Quantitative, analytische Untersuchungen darüber, in welchem Ausmaß die Matthiessensche Regel versagt, sind recht kompliziert. Sicherlich kann man mit Hilfe dieser Regel eine ungefähre Vorstellung davon gewinnen, was man zu erwarten hat, muß sich dabei aber immer der Möglichkeit grober Fehler bewußt sein – einer Möglichkeit, die durch eine naive Anwendung der Relaxationszeitnäherung verschleiert wird.

Streuung in isotropen Stoffen

Man begegnet manchmal der Behauptung, daß die Anwendung der Relaxationszeitnäherung in isotropen Systemen gerechtfertigt sei. Es ist dies eine interessante und nützliche Beobachtung, doch muß man sich ihrer Grenzen bewußt sein. Die entsprechende Situation ergibt sich bei der Beschreibung elastischer Streuung an Verunreinigungen in isotropen Metallen. Die beiden entscheidenden Bedingungen[17] sind dabei die folgenden:

(a) Die Energie $\varepsilon(\mathbf{k})$ darf nur vom Betrag k des Vektors $\mathbf{k}$ abhängen.

(b) Die Wahrscheinlichkeit für eine Streuung zwischen den beiden Niveaus $\mathbf{k}$ und $\mathbf{k}'$ darf nur für $k = k'$ von Null verschieden sein (die Streuung muß also elastisch

---

[16] Siehe beispielsweise J. M. Ziman, *Electrons and Phonons*, Oxford (1960), S. 286, und ebenso Aufgabe 4.

[17] Eine genauere Untersuchung zeigt, daß diese Forderungen lediglich für solche Niveaus erfüllt sein müssen, deren Energie innerhalb einer Umgebung $O(k_B T)$ der Fermifläche liegt, und dies deshalb, weil die Endform der Verteilungsfunktion nur in diesem Energiebereich von der lokalen Gleichgewichtsform verschieden ist (siehe beispielsweise (13.43)). Die folgende Behandlung ist daher nicht nur auf ein ideales Gas freier Elektronen anwendbar, sondern auch auf die Alkalimetalle, deren Fermiflächen in bemerkenswertem Maße kugelförmig sind. Vorauszusetzen ist dabei, daß die Streuung in der Umgebung der Fermienergie genügend isotrop ist.

sein), und darf lediglich vom gemeinsamen Wert ihrer Energien sowie vom Winkel zwischen **k** und **k′** abhängen.

Falls die Bedingung (a) erfüllt ist, so hat die Nichtgleichgewichts-Verteilungsfunktion in Gegenwart eines statischen, räumlich gleichförmigen elektrischen Feldes und Temperaturgradienten, Gleichung (13.43), in der Relaxationszeitnäherung die allgemeine Form[18]

$$g(\mathbf{k}) = g^0(\mathbf{k}) + \mathbf{a}(\varepsilon) \cdot \mathbf{k}, \tag{16.26}$$

wobei die vektorielle Funktion **a** von **k** nur über dessen Betrag abhängt – also nur über $\varepsilon(\mathbf{k})$ – und $g^0(\mathbf{k})$ die lokale Gleichgewichts-Verteilungsfunktion bezeichnet. Liegt elastische Streuung an Verunreinigungen vor, und sind die Bedingungen (a) und (b) erfüllt, so läßt sich folgendes zeigen: Hat die Lösung der Boltzmann-Gleichung in der Relaxationszeitnäherung die Form (16.26),[19] *so ist diese Lösung auch eine Lösung der vollständigen Boltzmann-Gleichung.*

Zum Beweis genügt es, zu zeigen, daß sich der korrektere Ausdruck (16.18) für $(dg/dt)_{\text{Stoß}}$ immer dann auf die in der Relaxationszeitnäherung angenommene Form (16.9) reduziert, wenn die Verteilungsfunktion g von der Form (16.26) ist. Wir müssen somit nachweisen, daß es möglich ist, eine von der Verteilungsfunktion g unabhängige Funktion $\tau(\mathbf{k})$ derart zu finden, daß immer dann, wenn g von der Form (16.26) und die Streuung eine elastische, isotrope Streuung an Verunreinigungen ist, gilt

$$\int \frac{d\mathbf{k}'}{(2\pi)^3} W_{\mathbf{k},\mathbf{k}'}[g(\mathbf{k}) - g(\mathbf{k}')] = \frac{1}{\tau(\mathbf{k})}[g(\mathbf{k}) - g^0(\mathbf{k})]. \tag{16.27}$$

Setzt man die Verteilungsfunktion (16.26) in (16.27) ein und beachtet weiterhin, daß $W_{\mathbf{k},\mathbf{k}'}$ bei elastischer Streuung nur für $\varepsilon(\mathbf{k}) = \varepsilon(\mathbf{k}')$ *nicht* verschwindet, so kann man den Vektor $\mathbf{a}(\varepsilon')$ durch $\mathbf{a}(\varepsilon)$ ersetzen und vor das Integral ziehen, so daß sich die Bedingung (16.27) reduziert auf[20]

$$\mathbf{a}(\varepsilon) \cdot \int \frac{d\mathbf{k}'}{(2\pi)^3} W_{\mathbf{k},\mathbf{k}'}(\mathbf{k} - \mathbf{k}') = \frac{1}{\tau(\mathbf{k})}\mathbf{a}(\varepsilon) \cdot \mathbf{k}. \tag{16.28}$$

---

[18] Die Gleichung gilt in dieser Form auch für zeitabhängige Störungen, sowie auch unter der Wirkung homogener, statischer Magnetfelder. Ist jedoch auch nur eines der äußeren Felder oder einer der äußeren Temperaturgradienten ortsabhängig, so gilt (16.26) nicht mehr, und man kann *nicht* mehr schließen, daß die Lösung der Boltzmann-Gleichung die in der Relaxationszeitnäherung ermittelte Form hat.

[19] Die in Kapitel 13 konstruierte Verteilungsfunktion ist eine Lösung der Boltzmann-Gleichung in der Relaxationszeitnäherung, wie wir es auf Seite 404 darstellten.

[20] Beachten Sie, daß die Gleichgewichtsverteilung g^0 von **k** nur über $\varepsilon(\mathbf{k})$ abhängt, und sich deshalb aus (16.28) heraushebt, falls die Streuung elastisch ist.

Wir können den Vektor $\mathbf{k}'$ in seine Komponenten parallel und senkrecht zu $\mathbf{k}$ zerlegen:

$$\mathbf{k}' = \mathbf{k}'_\parallel + \mathbf{k}'_\perp = (\hat{\mathbf{k}} \cdot \mathbf{k}')\hat{\mathbf{k}} + \mathbf{k}'_\perp. \tag{16.29}$$

Da die Streuung elastisch ist, und $W_{\mathbf{k},\mathbf{k}'}$ nur vom Winkel zwischen $\mathbf{k}$ und $\mathbf{k}'$ abhängt, kann $W_{\mathbf{k},\mathbf{k}'}$ nicht von $\mathbf{k}'_\perp$ abhängig sein, so daß $\int d\mathbf{k}'\, W_{\mathbf{k},\mathbf{k}'}\mathbf{k}'_\perp$ verschwinden muß. Folglich gilt

$$\int d\mathbf{k}'\, W_{\mathbf{k},\mathbf{k}'}\mathbf{k}' = \int d\mathbf{k}'\, W_{\mathbf{k},\mathbf{k}'}\mathbf{k}'_\parallel = \hat{\mathbf{k}} \int d\mathbf{k}'\, W_{\mathbf{k},\mathbf{k}'}(\hat{\mathbf{k}} \cdot \hat{\mathbf{k}}')k'. \tag{16.30}$$

Schließlich ist $W_{\mathbf{k},\mathbf{k}'}$ nur dann von Null verschieden, wenn die Beträge von $\mathbf{k}$ und $\mathbf{k}'$ gleich sind, so daß man den Faktor k' im letzten Integranden von (16.30) durch k ersetzen und vor das Integral ziehen kann. Dort kombiniert man diesen Faktor mit dem Einheitsvektor $\hat{\mathbf{k}}$ zum Vektor $\mathbf{k}$:

$$\int d\mathbf{k}'\, W_{\mathbf{k},\mathbf{k}'}\mathbf{k}' = \mathbf{k} \int d\mathbf{k}'\, W_{\mathbf{k},\mathbf{k}'}(\hat{\mathbf{k}} \cdot \hat{\mathbf{k}}'). \tag{16.31}$$

Aus der Identität (16.31) folgt nun, daß die linke Seite der Gleichung (16.28) tatsächlich von der gleichen Form wie die rechte Seite ist, sofern man $\tau(\mathbf{k})$ folgendermaßen definiert[21]

$$\frac{1}{\tau(\mathbf{k})} = \int \frac{d\mathbf{k}'}{(2\pi)^3} W_{\mathbf{k},\mathbf{k}'}(1 - \hat{\mathbf{k}} \cdot \hat{\mathbf{k}}'). \tag{16.32}$$

Wendet man somit die Relaxationszeitnäherung – mit einer durch (16.32) gegebenen Relaxationszeit – auf räumlich homogene Störungen in einem isotropen Metall mit isotroper, elastischer Streuung durch Verunreinigungen an, so liefert sie eine Beschreibung der Situation, die äquivalent ist einer Beschreibung durch die vollständige Boltzmann-Gleichung.

Beachten Sie, daß die durch (16.32) gegebene Relaxationszeit ein gewichtetes Mittel der Stoßwahrscheinlichkeit ist, wobei der Vorwärtsstreuung ($\hat{\mathbf{k}} = \hat{\mathbf{k}}'$) nur ein sehr geringes Gewicht zukommt. Bezeichnet θ den Winkel zwischen $\mathbf{k}$ und $\mathbf{k}'$, so gilt für kleine Winkel $1 - \hat{\mathbf{k}} \cdot \hat{\mathbf{k}}' = 1 - \cos\theta \approx \theta^2/2$. Es erscheint nicht ungewöhnlich, daß die Kleinwinkelstreuung nur in sehr geringem Maße zur effektiven Stoßrate beiträgt: Fänden Stöße ausschließlich in Vorwärtsrichtung statt – wäre also $W_{\mathbf{k},\mathbf{k}'}$ nur für $\mathbf{k} = \mathbf{k}'$ von Null verschieden – so hätten sie keinerlei Auswirkungen. Sind die möglichen Änderungen des Wellenvektors nicht Null, sondern sehr klein, so wird die Verteilung der elektronischen Wellenvektoren durch Stöße nur schwach beeinflußt. Beispielsweise würde ein einzelner Stoß sicherlich nicht sämtliche „Spuren" der Felder verwischen,

---

[21] Beachten Sie, daß die durch (16.32) gegebene Relaxationszeit vom Betrag, nicht aber von der Richtung von $\mathbf{k}$ abhängen kann.

welche das Elektron beschleunigten – wie es die Relaxationszeitnäherung gewährleistet – und deshalb ist die inverse effektive Relaxationszeit (16.32) sehr viel kleiner als
die tatsächliche Stoßrate (16.2), falls die Streuung vorwiegend Vorwärtsstreuung ist.

Diese letztere Aussage gilt auch recht allgemein: Vorwärtsstreuung trägt zu den
„effektiven Stoßraten" weniger stark bei als Großwinkelstreuung, falls man nicht
gerade eine Größe mißt, die sehr empfindlich von den Bewegungsrichtungen einzelner
Elektronen abhängt. Wir werden in Kapitel 26 sehen, daß dieser Punkt für das
Verständnis der Temperaturabhängigkeit des elektrischen Gleichstromwiderstandes
von Bedeutung ist.

Aufgaben

16.1 Sei $h(\mathbf{k})$ eine beliebige Ein-Elektron-Eigenschaft mit einer durch

$$H = \int \frac{d\mathbf{k}}{4\pi^3} h(\mathbf{k}) g(\mathbf{k}) \tag{16.33}$$

gegebenen Gesamtdichte, wobei g die elektronische Verteilungsfunktion bezeichnet.
Identifiziert man $h(\mathbf{k})$ beispielsweise mit der elektronischen Energie $\varepsilon(\mathbf{k})$, so ist H
die Energiedichte u; setzt man andererseits für $h(\mathbf{k})$ die Elektronenladung $-e$, so
repräsentiert H die Ladungsdichte ρ. Der Wert der Dichte H in der Umgebung eines
Punktes ändert sich, weil sich Elektronen in diese Umgebung hinein oder aus ihr
heraus bewegen, einige davon aufgrund ihrer durch die semiklassischen Gleichungen
bestimmten Bewegung, andere aufgrund von Stößen. Die Änderung von H aufgrund
von Stößen ist gegeben durch

$$\left(\frac{dH}{dt}\right)_{\text{Stoß}} = \int \frac{d\mathbf{k}}{4\pi^3} h(\mathbf{k}) \left(\frac{\partial g}{\partial t}\right)_{\text{Stoß}}. \tag{16.34}$$

(a) Zeigen Sie mit Hilfe von (16.8), daß $(dH/dt)_{\text{Stoß}}$ verschwindet, falls in allen
Stößen h erhalten ist (d.h. vorausgesetzt, daß ausschließlich Streuung zwischen
Niveaus $\mathbf{k}$ und $\mathbf{k}'$ mit $h(\mathbf{k}) = h(\mathbf{k})'$ stattfindet).

(b) Ersetzt man (16.8) durch die Relaxationszeitnäherung (16.9), so zeigen Sie, daß
dann $(dH/dt)_{\text{Stoß}}$ nur unter der Voraussetzung verschwindet, daß die Parameter
$\mu(\mathbf{r}, t)$ und $T(\mathbf{r}, t)$, welche die lokale Gleichgewichtsverteilung f charakterisieren,
einen Gleichgewichtswert von H liefern, der gleich dem tatsächlichen Wert (16.33)
ist.

(c) Leiten Sie die Kontinuitätsgleichung $\nabla \cdot \mathbf{j}$ aus der Boltzmann-Gleichung (16.13)
her.

(d) Leiten Sie Gleichung (13.83) für den Energiefluß aus der Boltzmann-Gleichung
(16.13) unter der Annahme her, daß $(du/dt)_{\text{Stoß}} = 0$.

16.2 Ein Metall werde durch ein räumlich homogenes elektrisches Feld sowie durch einen räumlich homogenen Temperaturgradienten gestört. Machen Sie die Relaxationszeitnäherung (16.9) (dabei ist g_0 die mit dem wirkenden Temperaturgradienten vereinbare, lokale Gleichgewichtsverteilung), lösen Sie die Boltzmann-Gleichung (16.13) bis zur linearen Ordnung im Feld und im Temperaturgradienten und verifizieren Sie, daß die so erhaltene Lösung mit (13.43) identisch ist.

16.3 Betrachten Sie die Störung eines Metalls durch ein homogenes, statisches elektrisches Feld bei einer konstanten Temperatur und in einem homogenen, statischen Magnetfeld.

(a) Machen Sie die Relaxationszeitnäherung (16.9) und lösen Sie die Boltzmann-Gleichung (16.13) bis zur linearen Ordnung im elektrischen Feld (wobei Sie den Einfluß des Magnetfeldes exakt behandeln) unter der Annahme

$$\varepsilon(\mathbf{k}) = \frac{\hbar^2 k^2}{2m^*}. \tag{16.35}$$

Verifizieren Sie, daß Ihre Lösung von der Form (16.26) ist.

(b) Konstruieren Sie den Leitfähigkeitstensor aus Ihrer Lösung und verifizieren Sie, daß er übereinstimmt mit dem Ergebnis, welches man erhält, wenn man die Gleichungen (13.69) und (13.70) für ein einzelnes Band freier Elektronen berechnet.

16.4 Betrachten Sie die Boltzmann-Gleichung (16.13) für ein Metall in einem statischen, homogenen Feld, mit einem Stoßterm (16.18), welcher elastische Streuung an Verunreinigungen beschreibt.

(a) Nehmen Sie eine Nichtgleichgewichts-Verteilungsfunktion der Form

$$g(\mathbf{k}) = f(\mathbf{k}) + \delta g(\mathbf{k}) \tag{16.36}$$

an, worin f die Gleichgewichts-Fermifunktion bezeichnet und $\delta g(\mathbf{k})$ von der Größenordnung E ist. Leiten Sie bis zur linearen Ordnung in E eine Integralgleichung für δg ab und zeigen Sie, daß man die Leitfähigkeit in der Form

$$\boldsymbol{\sigma} = e^2 \int \frac{d\mathbf{k}}{4\pi^3} \left(-\frac{\partial f}{\partial \varepsilon} \right) \mathbf{v}(\mathbf{k})\mathbf{u}(\mathbf{k}) \tag{16.37}$$

schreiben kann. Dabei ist $\mathbf{u}(\mathbf{k})$ eine Lösung der Integralgleichung

$$\mathbf{v}(\mathbf{k}) = \int \frac{d\mathbf{k}'}{(2\pi)^3} W_{\mathbf{k},\mathbf{k}'} [\mathbf{u}(\mathbf{k}) - \mathbf{u}(\mathbf{k}')]. \tag{16.38}$$

(b) $\alpha(\mathbf{k})$ und $\gamma(\mathbf{k})$ seien zwei beliebige Funktionen von $\mathbf{k}$. Sei weiter

$$(\alpha, \gamma) = e^2 \int \frac{d\mathbf{k}}{4\pi^3} \left(-\frac{\partial f}{\partial \varepsilon} \right) \alpha(\mathbf{k}) \gamma(\mathbf{k}) \tag{16.39}$$

definiert, so daß man (16.37) in der kompakten Form

$$\sigma_{\mu\nu} = (v_\mu, u_\nu) \tag{16.40}$$

schreiben kann. Weiterhin sei

$$\{\alpha, \gamma\} = e^2 \int \frac{d\mathbf{k}}{4\pi^3} \left(-\frac{\partial f}{\partial \varepsilon} \right) \alpha(\mathbf{k}) \int \frac{d\mathbf{k}'}{(2\pi)^3} W_{\mathbf{k}, \mathbf{k}'} [\gamma(\mathbf{k}) - \gamma(\mathbf{k}')]. \tag{16.41}$$

Zeigen Sie $\{\alpha, \gamma\} = \{\gamma, \alpha\}$ und weiterhin, daß aus (16.38) folgt

$$\{u_\mu, \gamma\} = (v_\mu, \gamma), \tag{16.42}$$

so daß man also die Leitfähigkeit auch in der Form

$$\sigma_{\mu\nu} = \{u_\mu, u_\nu\} \tag{16.43}$$

schreiben kann.

(c) Zeigen Sie, daß

$$\{\alpha, \alpha\} \geqslant \frac{\{\alpha, \gamma\}^2}{\{\gamma, \gamma\}} \tag{16.44}$$

für beliebige α und γ gilt. (Hinweis: Zeigen Sie zunächst $\{\alpha + \lambda\gamma, \alpha + \lambda\gamma\} \geqslant 0$ für beliebiges λ, und wählen Sie danach ein λ derart, daß die linke Seite dieser Ungleichung minimal wird.)

(d) Wählen Sie $\alpha = u_x$ und leiten Sie dann her, daß σ_{xx} die Ungleichung

$$\sigma_{xx} \geqslant \frac{e^2 \left[\int \frac{d\mathbf{k}}{4\pi^3} \left(-\frac{\partial f}{\partial \varepsilon} \right) v_x(\mathbf{k}) \gamma(\mathbf{k}) \right]^2}{\int \frac{d\mathbf{k}}{4\pi^3} \left(-\frac{\partial f}{\partial \varepsilon} \right) \gamma(\mathbf{k}) \int \frac{d\mathbf{k}'}{(2\pi)^3} W_{\mathbf{k}, \mathbf{k}'} [\gamma(\mathbf{k}) - \gamma(\mathbf{k})']} \tag{16.45}$$

für beliebige Funktionen γ erfüllt.

(e) Es gelte $W = W^{(1)} + W^{(2)}$, und γ sei gleich u_x, wobei **u** die Lösung von (16.38) bezeichnet. Wäre nur jeweils $W^{(1)}$ oder $W^{(2)}$ vorhanden, so seien die Leitfähigkeiten $\boldsymbol{\sigma}^{(1)}$ beziehungsweise $\boldsymbol{\sigma}^{(2)}$. Wenden Sie (16.45) auf $\boldsymbol{\sigma}^{(1)}$ und $\boldsymbol{\sigma}^{(2)}$ an, um herzuleiten, daß

$$\frac{1}{\sigma_{xx}} \geqslant \frac{1}{\sigma_{xx}^{(1)}} + \frac{1}{\sigma_{xx}^{(2)}}. \tag{16.46}$$

17 Die Grenzen der Näherung unabhängiger Elektronen

Die Hartree-Gleichungen

Die Hartree-Fock-Gleichungen

Korrelation

Abschirmung: Die dielektrische Funktion

Thomas-Fermi- und Lindhard-Theorie

Frequenzabhängige Lindhard-Abschirmung

Hartree-Fock-Näherung mit Abschirmung

Theorie der Fermiflüssigkeit

Die richtige Wahl des Potentials $U(\mathbf{r})$ in der Ein-Elektron-Schrödingergleichung

$$-\frac{\hbar^2}{2m}\nabla^2\psi(\mathbf{r}) + U(\mathbf{r})\psi(\mathbf{r}) = \varepsilon\psi(\mathbf{r}) \tag{17.1}$$

ist ein diffiziles Problem.[1] Diesem Problem liegt die Frage zugrunde, auf welche Weise die Effekte der Elektron-Elektron-Wechselwirkung am besten zu berücksichtigen sind. Eine Beantwortung dieser Frage konnten wir bisher vollständig vermeiden, indem wir in der Näherung unabhängiger Elektronen arbeiteten.

Grundsätzlich ist es unmöglich, das Verhalten der Elektronen in einem Metall durch eine derart elementare Gleichung wie (17.2) korrekt[2] zu beschreiben – wie geschickt man auch das Potential $U(\mathbf{r})$ wählen möge – da die Wechselwirkungen zwischen den Elektronen die Situation enorm komplizieren. Eine genauere Berechnung der elektronischen Eigenschaften eines Metalls sollte deshalb von der Schrödingergleichung für die N-Teilchen-Wellenfunktion $\Psi(\mathbf{r}_1 s_1, \mathbf{r}_2 s_2, \ldots, \mathbf{r}_N s_N)$ aller N Elektronen des Metalls[3] ausgehen:

$$H\Psi = \sum_{i=1}^{N}\left(-\frac{\hbar^2}{2m}\nabla_i^2\Psi - Ze^2\sum_{\mathbf{R}}\frac{1}{|\mathbf{r}_i - \mathbf{R}|}\Psi\right)$$
$$+ \frac{1}{2}\sum_{i\neq j}\frac{e^2}{|\mathbf{r}_i - \mathbf{r}_j|}\Psi = E\Psi. \tag{17.2}$$

Der Term der negativen potentiellen Energie stellt das anziehende elektrostatische Potential der nackten Atomkerne dar, die in den Punkten $\mathbf{R}$ des Bravais-Gitters fixiert sind; der letzte Summand beschreibt die Wechselwirkungen der Elektronen untereinander.

Eine Gleichung wie (17.2) lösen zu wollen, ist ein hoffnungsloses Unterfangen. Weitere Fortschritte kann man nur mit einer die Situation vereinfachenden physikalischen Idee machen. Eine solche Idee wird nahegelegt durch die Frage, welche Wahl von $U(\mathbf{r})$ die Ein-Elektron-Gleichung (17.1) wohl am wenigsten unvernünftig erscheinen ließe. Offensichtlich sollte $U(\mathbf{r})$ die Potentiale der Atomrümpfe enthalten:

$$U^{\text{Rumpf}}(\mathbf{r}) = -Ze^2\sum_{\mathbf{R}}\frac{1}{|\mathbf{r} - \mathbf{R}|}. \tag{17.3}$$

---

[1] Vergleiche die Diskussion zu Beginn von Kapitel 11.

[2] Dies gilt sogar in der Näherung fixierter, unbeweglicher Atomrümpfe. Wir halten hier zunächst an dieser Annahme fest, um sie dann in den Kapiteln 21-26 zu lockern.

[3] Wir berücksichtigen explizit die Abhängigkeit der Funktion Ψ sowohl vom Elektronenspin s, als auch vom Ort $\mathbf{r}$.

Darüber hinaus könnte man sich wünschen, daß die Form von $U(\mathbf{r})$ wenigsten annähernd die Tatsache widerspiegeln würde, daß ein Elektron die elektrischen Felder sämtlicher übrigen Elektronen „spürt". Würden wir die übrigen Elektronen als eine glatte Verteilung negativer Ladung mit der Ladungsdichte ρ beschreiben, so wäre die potentielle Energie eines herausgegriffenen Elektrons in ihrem Feld gegeben durch

$$U^{\text{el}}(\mathbf{r}) = -e \int d\mathbf{r}' \, \rho(\mathbf{r}') \frac{1}{|\mathbf{r} - \mathbf{r}'|}. \tag{17.4}$$

Würden wir weiterhin auf einem Bild unabhängiger Elektronen beharren, so wäre der Beitrag eines Elektrons im Niveau[4] ψ_i zur Ladungsdichte zu schreiben als

$$\rho_i(\mathbf{r}) = -e|\psi_i(\mathbf{r})|^2. \tag{17.5}$$

Die gesamte elektronische Ladungsdichte wäre dann

$$\rho(\mathbf{r}) = -e \sum_i |\psi_i(\mathbf{r})|^2, \tag{17.6}$$

wobei sich die Summe über alle besetzten Ein-Elektron-Niveaus des Metalls erstreckt.[5]

Setzen wir (17.6) in (17.4) ein und schreiben $U = U^{\text{Rumpf}} + U^{\text{el}}$, so erhalten wir die Ein-Elektron-Gleichung:

$$-\frac{\hbar^2}{2m} \nabla^2 \psi_i(\mathbf{r}) + U^{\text{Rumpf}}(\mathbf{r}) \psi_i(\mathbf{r})$$

$$+ \left[e^2 \sum_j \int d\mathbf{r}' \, |\psi_j(\mathbf{r}')|^2 \frac{1}{|\mathbf{r} - \mathbf{r}'|} \right] \psi_i(\mathbf{r}) = \varepsilon_i \psi_i(\mathbf{r}). \tag{17.7}$$

Das Gleichungssystem (17.7) – eine solche Gleichung gibt es für jedes besetzte Ein-Elektron-Niveau $\psi_i(\mathbf{r})$ – bezeichnet man als die *Hartree-Gleichungen*. Man löst diese nichtlinearen Gleichungen für die Ein-Elektron-Wellenfunktionen und -Energien praktisch durch Iteration: Dazu nimmt man eine bestimmte Form für U^{el} an (den Term in Klammern in (17.7)) und löst die Gleichungen damit. Aus den so berechneten Wellenfunktionen $\psi_i(\mathbf{r})$ ermittelt man dann ein neues U^{el} und löst damit eine neue

---

[4] Der Index i steht hier für die Spin- und Bahnquantenzahlen des Ein-Elektron-Niveaus.

[5] Obwohl das Elektron nicht mit sich selbst wechselwirkt, ist es nicht notwendig, sein Niveau aus der Summe in (17.6) herauszunehmen, da die Hinzunahme eines einzelnen, räumlich ausgedehnten Niveaus bei einer Gesamtzahl von rund 10^{22} besetzten Niveaus nur eine vernachlässigbar geringe Änderung der Ladungsdichte bewirkt.

Schrödingergleichung. Im Idealfall führt man diese Prozedur solange fort, bis sich das Potential auch bei weiteren Iterationen nicht mehr wesentlich ändert.[6]

Die Hartree-Näherung ist nicht in der Lage, die Art und Weise darzustellen, wie eine spezielle – im Gegensatz zur mittleren – Konfiguration der übrigen $N-1$ Elektronen das herausgegriffene Elektron beeinflußt, da (17.7) lediglich die Wechselwirkung dieses Elektrons mit dem Feld beschreibt, welches man durch Mittelung über die Orte der übrigen Elektronen erhält, mit einer Gewichtung, die durch die Wellenfunktionen dieser Elektronen bestimmt ist. So grob diese Näherung an die vollständige Schrödingergleichung (17.2) auch sein mag, so führt sie doch noch immer auf eine mathematische Aufgabe von beträchtlicher Komplexität. Es ist schwierig, auf der Basis der Hartree-Näherung weitere Fortschritte zu erzielen.

Es gibt jedoch einige weitere wesentliche Aspekte der Elektron-Elektron-Wechselwirkung, die man nicht adäquat in der einfachen Näherung eines selbstkonsistenten Feldes beschreiben kann, die man jedoch trotzdem theoretisch recht gut beschreiben konnte. Im vorliegenden Kapitel werden wir uns mit den folgenden dieser Aspekte beschäftigen:

(a) einer Erweiterung der Gleichungen des selbstkonsistenten Feldes auf das Phänomen des „Austauschs",

(b) einer Untersuchung des Phänomens der „Abschirmung", welches eine noch genauere Theorie der Elektron-Elektron-Wechselwirkung zu entwickeln gestattet und darüber hinaus eine theoretische Behandlung des Verhaltens der Elektronen eines Metalls unter dem Einfluß anderer geladener Partikel wie beispielsweise Ionen, Verunreinigungen oder anderer Elektronen ermöglicht, sowie

(c) der Landauschen Theorie der Fermiflüssigkeit. Diese Theorie ermöglicht auf phänomenologischer Basis ein qualitatives Verständnis der Auswirkungen der Elektron-Elektron-Wechselwirkungen auf die elektronischen Eigenschaften der Metalle und erlaubt eine Erklärung für den außerordentlich großen Erfolg der Näherung unabhängiger Elektronen.

Wir werden hier keinen der zahlreichen Versuche diskutieren, die Elektron-Elektron-Wechselwirkungen in wirklich systematischer Weise zu behandeln; Versuche dieser Art sind allgemein in die Klasse der Viel-Körper-Probleme einzuordnen und wurden in den vergangenen Jahren mittels feldtheoretischer Methoden sowie der Methode der Greenschen Funktionen unternommen.

---

[6] Aus diesem Grunde bezeichnet man die Hartree-Näherung auch als „Näherung des selbstkonsistenten Feldes".

Austausch: Die Hartree-Fock-Näherung

Die Hartree-Gleichungen (17.7) sind in einer fundamentalen Weise inadäquat, die sich in der von uns gegebenen Herleitung nicht zeigt. Dieser Mangel stellt sich heraus, wenn wir zur exakten N-Elektronen-Schrödingergleichung zurückkehren und sie in einer äquivalenten Form als Variationsprinzip[7] schreiben. Dieses Variationsprinzip besagt, daß jeder Zustand Ψ, der die Größe

$$\langle H \rangle_\Psi = \frac{(\Psi, H\Psi)}{(\Psi, \Psi)} \tag{17.8}$$

mit

$$(\Psi, \Phi) = \sum_{s_1} \cdots \sum_{s_N} \int d\mathbf{r}_1 \ldots d\mathbf{r}_N \, \Psi^*(\mathbf{r}_1 s_1, \ldots, \mathbf{r}_N s_N) \cdot \Phi(\mathbf{r}_1 s_1, \ldots, \mathbf{r}_N s_N) \tag{17.9}$$

stationär macht, eine Lösung von $H\Psi = E\Psi$ ist. Insbesondere macht die Wellenfunktion des Grundzustandes den Ausdruck (17.8) minimal. Diese Eigenschaft der Grundzustands-Wellenfunktion nutzt man oft zur Konstruktion angenäherter Grundzustände, indem man den Ausdruck (17.8) nicht über beliebige Funktionen Ψ minimiert, sondern nur über eine Klasse ausgewählter Wellenfunktionen, die günstig zu handhaben sind.

Man kann zeigen,[8] daß sich die Hartree-Gleichungen (17.7) durch Minimieren von (17.8) über alle Funktionen Ψ der Form

$$\Psi(\mathbf{r}_1 s_1, \mathbf{r}_2 s_2, \ldots, \mathbf{r}_N s_N) = \psi_1(\mathbf{r}_1 s_1)\psi_2(\mathbf{r}_2 s_2) \ldots \psi_N(\mathbf{r}_N s_N) \tag{17.10}$$

ergeben, wobei die ψ_i eine Menge von N orthonormalen Ein-Elektron-Wellenfunktionen sind.

Die Wellenfunktion (17.10) ist jedoch unvereinbar mit dem Pauliprinzip, welches fordert, daß sich das Vorzeichen der Funktion Ψ ändern muß, sobald man irgend zwei ihrer Argumente miteinander vertauscht:[9]

$$\Psi(\mathbf{r}_1 s_1, \ldots, \mathbf{r}_i s_i, \ldots, \mathbf{r}_j s_j, \ldots, \mathbf{r}_N s_N)$$
$$= -\Psi(\mathbf{r}_1 s_1, \ldots, \mathbf{r}_j s_j, \ldots, \mathbf{r}_i s_i, \ldots, \mathbf{r}_N s_N). \tag{17.11}$$

---

[7] Siehe Anhang G. Wir diskutieren dort die Ein-Elektron-Schrödingergleichung; der allgemeine Fall ist – wenn man es so nennen will – einfacher.

[8] Wir überlassen diesen Nachweis dem Leser als eine unmittelbar durchführbare Übung (Aufgabe 1).

[9] Die Antisymmetrie der N-Elektronen-Wellenfunktion ist eine fundamentale Manifestation des Pauliprinzips. Die äquivalente Aussage dieses Prinzips, daß kein Ein-Elektron-Niveau mehrfach besetzt sein kann, ist nur im Rahmen einer Näherung unabhängiger Elektronen möglich und folgt dort direkt aus der Tatsache, daß der Ausdruck (17.13) verschwinden muß, falls $\psi_i = \psi_j$ für mindestens eine Kombination i, j gilt. Der Hartree-Zustand (17.10) ist sehr wohl konsistent (wenn auch nicht automatisch, wie (17.13)) mit dem Verbot der Mehrfachbesetzung – unter der Bedingung, daß keine zwei ψ_i identisch sind. Die grundlegendere Prüfung auf Antisymmetrie besteht er jedoch nicht.

Gleichung (17.11) ist durch die Produktform (17.10) nicht zu erfüllen – außer für identisch verschwindendes Ψ.

Die einfachste Verallgemeinerung der Hartree-Näherung, welche die Forderung der Antisymmetrie (17.11) erfüllt, erhält man dadurch, daß man die Probe-Wellenfunktion (17.10) durch eine *Slater-Determinante* aus Ein-Elektron-Wellenfunktionen ersetzt. Diese Slater-Determinante ist eine Linearkombination des Produktes (17.10) mit sämtlichen anderen Produkten, die man durch Permutation der $r_j s_j$ untereinander erhalten kann, jeweils versehen mit Gewichten $+1$ oder -1, die so gewählt sind, daß die Bedingung (17.11) erfüllt ist:

$$
\begin{aligned}
\Psi = {}& \psi_1(\mathbf{r}_1 s_1)\psi_2(\mathbf{r}_2 s_2)\dots\psi_N(\mathbf{r}_N s_N) \\
& - \psi_1(\mathbf{r}_2 s_2)\psi_2(\mathbf{r}_1 s_1)\dots\psi_N(\mathbf{r}_N s_N) + \dots\,.
\end{aligned}
\tag{17.12}
$$

Man kann dieses antisymmetrisierte Produkt in kompakter Form als Determinante einer $N \times N$ -Matrix[10] schreiben:

$$
\Psi(\mathbf{r}_1 s_1, \mathbf{r}_2 s_2, \dots, \mathbf{r}_N s_N) =
\begin{vmatrix}
\psi_1(\mathbf{r}_1 s_1)\psi_1(\mathbf{r}_2 s_2)\dots\psi_1(\mathbf{r}_N s_N) \\
\psi_2(\mathbf{r}_1 s_1)\psi_2(\mathbf{r}_2 s_2)\dots\psi_2(\mathbf{r}_N s_N) \\
\vdots \qquad \vdots \qquad \vdots \\
\psi_N(\mathbf{r}_1 s_1)\psi_N(\mathbf{r}_2 s_2)\dots\psi_N(\mathbf{r}_N s_N)
\end{vmatrix}.
\tag{17.13}
$$

Durch ein wenig buchhalterische Tätigkeit zeigt man (siehe Aufgabe 2), daß der Ausdruck (17.8) für die Energie, berechnet in einem Zustand (17.13) mit orthonormalen Ein-Elektron-Wellenfunktionen $\psi_1 \dots \psi_N$, die Form

$$
\begin{aligned}
\langle H \rangle_\Psi = {}& \sum_i \int d\mathbf{r}\, \psi_i^*(\mathbf{r}) \left(-\frac{\hbar^2}{2m}\nabla^2 + U^{\text{Rumpf}}(\mathbf{r}) \right) \psi_i(\mathbf{r}) \\
& + \frac{1}{2}\sum_{i,j} \int d\mathbf{r}\, d\mathbf{r}'\, \frac{e^2}{|\mathbf{r}-\mathbf{r}'|}|\psi_i(\mathbf{r})|^2|\psi_j(\mathbf{r}')|^2 \\
& - \frac{1}{2}\sum_{i,j} \int d\mathbf{r}\, d\mathbf{r}'\, \frac{e^2}{|\mathbf{r}-\mathbf{r}'|}\delta_{s_i s_j}\psi_i^*(\mathbf{r})\psi_i(\mathbf{r}')\psi_j^*(\mathbf{r}')\psi_j(\mathbf{r})
\end{aligned}
\tag{17.14}
$$

annimmt. Beachten Sie, daß der letzte Term in (17.14) negativ ist, und anstelle des gewohnten Ein-Elektron-Produktes $|\psi_i(\mathbf{r})|^2$ das Produkt $\psi_i^*(\mathbf{r})\psi_i(\mathbf{r}')$ enthält.

---

[10] Da eine Determinante ihr Vorzeichen wechselt, wenn man irgend zwei Spalten miteinander vertauscht, ist die Bedingung (17.11) automatisch erfüllt.

Minimiert man den Ausdruck (17.14) in Bezug auf die ψ_i^* (Aufgabe 2), so erhält man eine Verallgemeinerung der Hartree-Gleichungen, die Hartree-Fock-Gleichungen:

$$-\frac{\hbar^2}{2m}\nabla^2\psi_i(\mathbf{r}) + U^{\text{Rumpf}}(\mathbf{r})\psi_i(\mathbf{r}) + U^{\text{el}}(\mathbf{r})\psi_i(\mathbf{r})$$

$$-\sum_j \int d\mathbf{r}' \frac{e^2}{|\mathbf{r}-\mathbf{r}'|}\psi_j^*(\mathbf{r}')\psi_i(\mathbf{r}')\psi_j(\mathbf{r})\delta_{S_i S_j} = \varepsilon_i\psi_i(\mathbf{r}). \ (17.15)$$

U^{el} ist durch die Gleichungen (17.4) und (17.6) definiert.

Die Hartree-Fock-Gleichungen unterscheiden sich von den Hartree-Gleichungen (17.7) durch einen zusätzlichen Term auf der linken Seite, den sogenannten *Austauschterm*. Durch diesen Austauschterm werden die Gleichungen deutlich komplexer: Ebenso wie das selbstkonsistente Feld U^{el} (oft als der *direkte Term* bezeichnet) ist dieser Term nichtlinear in ψ, hat jedoch im Unterschied dazu nicht die Form $V(\mathbf{r})\psi(\mathbf{r})$, sondern muß von seiner Struktur $\int V(\mathbf{r},\mathbf{r}')\psi(\mathbf{r}')\ d\mathbf{r}'$ her als ein Integraloperator betrachtet werden. Die Hartree-Fock-Gleichungen sind infolgedessen in ihrer Anwendung auf allgemeine Systeme praktisch nicht zu handhaben – mit einer einzigen Ausnahme: dem Gas freier Elektronen. Ist das periodische Potential nämlich Null (oder konstant), so kann man die Hartree-Fock-Gleichungen exakt durch Wahl der ψ_i als eine Menge orthonormaler ebener Wellen lösen.[11] Obwohl der Fall freier Elektronen nur von zweifelhafter Relevanz für die Eigenschaften der Elektronen in einem wirklichen Metall ist, so geben die Lösungen für freie Elektronen dennoch Hinweise auf weitergehende Näherungen, welche die Hartree-Fock-Gleichungen in einem periodischen Potential behandelbar machen. Aus diesem Grunde werden wir im folgenden kurz auf den Fall freier Elektronen eingehen.

Hartree-Fock-Theorie freier Elektronen

Eine Lösung der Hartree-Fock-Gleichung für freie Elektronen ist der gewöhnliche Satz ebener Wellen für freie Elektronen,

$$\psi_i(\mathbf{r}) = \left(\frac{e^{i\mathbf{k}_i\cdot\mathbf{r}}}{\sqrt{V}}\right) \cdot \text{Spinfunktion}, \tag{17.16}$$

wobei jeder Wellenvektor mit einem Betrag kleiner als k_F in der Slater-Determinante zweimal auftritt – einmal für jede Spinorientierung. Falls nämlich ebene Wellen Lösungen sind, so ist die elektronische Ladungsdichte, durch welche U^{el} bestimmt ist, homogen. Im Modell eines Gases freier Elektronen werden die Atomrümpfe dargestellt durch eine homogene Verteilung positiver Ladung mit derselben Ladungsdichte

---

[11] Es existieren auch komplexere Lösungen, sogenannte Spindichte-Wellen (Kapitel 32).

wie die negative Ladung. Deshalb heben sich das Potential der Atomrümpfe und der direkte Term genau auf, $U^{\text{Rumpf}} + U^{\text{el}} = 0$, und lediglich der Austauschterm bleibt übrig, den man leicht berechnen kann, indem man den Term der Coulomb-Wechselwirkung durch seine Fourier-Transformierte[12] ausdrückt:

$$\frac{e^2}{|\mathbf{r} - \mathbf{r}'|} = 4\pi e^2 \frac{1}{V} \sum_{\mathbf{q}} \frac{1}{q^2} e^{i\mathbf{q}\cdot(\mathbf{r}-\mathbf{r}')} \rightarrow 4\pi e^2 \int \frac{d\mathbf{q}}{(2\pi)^3} \frac{1}{q^2} e^{i\mathbf{q}\cdot(\mathbf{r}-\mathbf{r}')}. \tag{17.17}$$

Setzt man (17.17) in den Austauschterm von (17.15) ein und wählt sämtliche ψ_i als ebene Wellen der Form (17.16), so kann man die linke Seite der Gleichung (17.15) schreiben als

$$\varepsilon(\mathbf{k}_i)\psi_i \tag{17.18}$$

mit

$$\varepsilon(\mathbf{k}) = \frac{\hbar^2 k^2}{2m} - \frac{1}{V} \sum_{k' < k_F} \frac{4\pi e^2}{|\mathbf{k} - \mathbf{k}'|^2} = \frac{\hbar^2 k^2}{2m} - \int_{k' < k_F} \frac{d\mathbf{k}'}{(2\pi)^3} \frac{4\pi e^2}{|\mathbf{k} - \mathbf{k}'|^2}$$

$$= \frac{\hbar^2 k^2}{2m} - \frac{2e^2}{\pi} k_F F\left(\frac{k}{k_F}\right) \tag{17.19}$$

und

$$F(x) = \frac{1}{2} + \frac{1 - x^2}{4x} \ln\left|\frac{1 + x}{1 - x}\right|. \tag{17.20}$$

Man erkennt so, daß ebene Wellen tatsächlich (17.15) lösen und die Energie eines Ein-Elektron-Niveaus mit dem Wellenvektor $\mathbf{k}$ durch den Ausdruck (17.19) gegeben ist. In Bild 17.1a ist die Funktion $F(x)$ aufgetragen, in Bild 17.1b der Verlauf der Energie $\varepsilon(\mathbf{k})$.

Einige Eigenschaften der durch (17.19) beschriebenen Energie sind bemerkenswert:

1. Obwohl die Ein-Elektron-Niveaus in der Hartree-Fock-Theorie auch weiterhin ebene Wellen sind, ist die Energie eines Elektrons im Niveau $e^{i\mathbf{k}\cdot\mathbf{r}}$ nunmehr die Summe aus $\hbar^2 k^2/2m$ und einem Term, welcher den Einfluß der Elektron-Elektron-Wechselwirkung berücksichtigt. Um den Beitrag dieser Wechselwirkungen zur Gesamtenergie eines Systems von N Elektronen zu berechnen, müssen wir diesen Korrekturterm über alle $k < k_F$ summieren, das Ergebnis mit 2 multiplizieren (um die beiden Spinniveaus zu berücksichtigen, die für jedes gegebene $\mathbf{k}$ besetzt sind) und

---

[12] Siehe Aufgabe 3.

durch 2 dividieren (da wir bei der Summation der Wechselwirkungsenergie eines gegeben Elektrons über sämtliche Elektronen jedes Elektronenpaar doppelt zählen). Auf
diese Weise erhält man

$$E = 2 \sum_{k<k_F} \frac{\hbar^2 k^2}{2m} - \frac{e^2 k_F}{\pi} \sum_{k<k_F} \left[1 + \frac{k_F^2 - k^2}{2kk_F} \ln \left| \frac{k_F + k}{k_F - k} \right| \right]. \tag{17.21}$$

Den ersten Term dieses Ausdruckes berechneten wir bereits in Kapitel 2 (Gleichung
(2.31)). Schreibt man den zweiten Term als Integral, so können wie dieses zu

$$E = N \left[\frac{3}{5} \varepsilon_F - \frac{3}{4} \frac{e^2 k_F}{\pi} \right] \tag{17.22}$$

berechnen. Dieses Ergebnis drückt man gewöhnlich in Rydberg aus ($e^2/2a_0 = 1$ Ry $=$
$13,6$ eV) und führt den Parameter r_S/a_0 ein (siehe Seite 6):

$$\frac{E}{N} = \frac{e^2}{2a_0} \left[\frac{3}{5}(k_F a_0)^2 - \frac{3}{2\pi}(k_F a_0) \right] = \left[\frac{2,21}{(r_s/a_0)^2} - \frac{0,916}{(r_s/a_0)} \right] \text{Ry}. \tag{17.23}$$

Der Wert des Parameters r_S/a_0 liegt in Metallen im Bereich zwischen 2 und 6,
so daß der Betrag des zweiten Terms in (17.23) mit dem Betrag des ersten Terms
vergleichbar ist. Man kann dies als einen Hinweis darauf sehen, daß der Einfluß der
Elektron-Elektron-Wechselwirkung in einer Abschätzung der elektronischen Energie
eines Metalls im Bild freier Elektronen durchaus nicht zu vernachlässigen ist.

2. Mit großem Arbeitsaufwand hat man die *exakten* führenden Terme in einer
genauen (d.h. mit einem kleinen Wert des Parameters r_S/a_0 berechneten) Entwicklung
der Grundzustandsenergie eines Elektronengases berechnet:[13]

$$\frac{E}{N} = \left[\frac{2,21}{(r_s/a_0)^2} - \frac{0,916}{(r_s/a_0)} + 0,0622 \ln(r_s/a_0) \right.$$
$$\left. - 0,096 + O(r_s/a_0) \right] \text{Ry}. \tag{17.24}$$

Beachten Sie, daß die beiden ersten Terme mit den entsprechenden Termen im Ergebnis (17.23) der Hartree-Fock-Theorie übereinstimmen. Da der Wert des Parameters
r_S/a_0 in Metallen nicht klein ist, mag diese Entwicklung von zweifelhafter Aussagekraft sein; ihre Herleitung stellt jedoch einen der ersten systematischen Versuche dar,
eine bessere und genauere Theorie der Elektron-Elektron-Wechselwirkungen herauszu-
zuarbeiten. Die beiden folgenden Terme in (17.24) und alle höheren Korrekturen des
Hartree-Fock-Ergebnisses faßt man gewöhnlich als *Korrelationsenergie* zusammen.

---

[13] M. Gell-Mann und K. Brueckner, *Phys. Rev.* **106**, 364 (1957).

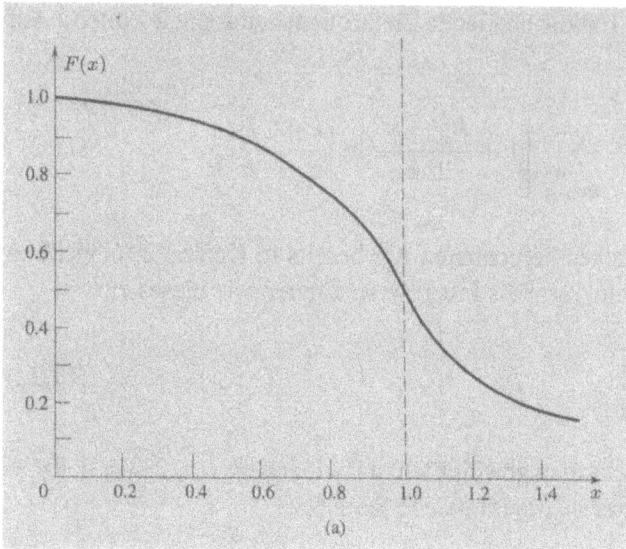

(a)

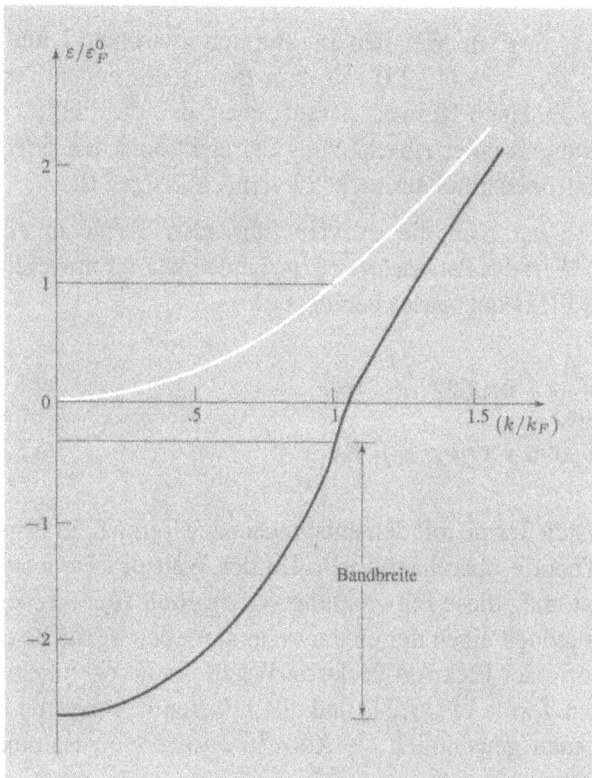

(b)

Bild 17.1: (a) Darstellung der durch (17.20) beschriebenen Funktion $F(x)$. Die Steigung dieser Funktion divergiert bei $x = 1$ logarithmisch, so daß die Divergenz auch durch eine Änderung des Maßstabes der Darstellung nicht deutlicher zu zeigen wäre. Die Funktion verhält sich bei großen Werte des Argumentes x wie $F(x) \rightarrow 1/3x^2$. (b) Man kann die Hartree-Fock-Energie in der Form

$$\frac{\varepsilon_{\mathbf{k}}}{\varepsilon_F^0} = \left[x^2 - 0,663 \left(\frac{r_S}{a_0} \right) F(x) \right]$$

schreiben, mit $x = k/k_F$. Diese Funktion ist hier im Vergleich mit der Energie eines freien Elektrons aufgetragen (weiße Kurve). Beachten Sie, daß infolge der Berücksichtigung des Austauschterms die Energie nunmehr deutlich unterhalb der Energie des freien Elektrons liegt und die Bandbreite des Energieverlaufs wesentlich vergrößert ist (in den hier gewählten Einheiten von 1 auf 2,33). Dieser Effekt wird nicht durch experimentelle Ansätze wie die Emission weicher Röntgenstrahlung oder die Photoelektronenemission aus Metallen gestützt, welche eigentlich die Messung einer solchen Bandbreite gestatten sollten.

Beachten Sie dabei, daß dieser Korrelationsenergie keinerlei Bedeutung als physikalische Größe beikommt; sie ist lediglich ein Maß für den Fehler, den man bei der recht groben Näherung erster Ordnung macht.[14]

3. Der zweite Term in E/N stellt die mittlere Abweichung der Energie eines Elektrons vom Wert $\hbar^2 k^2 / 2m$ aufgrund des Austauschs dar:

$$\left\langle \varepsilon^{\text{Austausch}} \right\rangle = -\frac{3}{4} \frac{e^2 k_F}{\pi} = -\frac{0,916}{(r_s/a_0)} \text{ Ry.} \qquad (17.25)$$

Diese Form führte Slater[15] zu dem Vorschlag, die Hartree-Fock-Gleichungen ganz allgemein in nicht-homogenen Systemen – und insbesondere unter der Wirkung des periodischen Gitterpotentials – dadurch zu vereinfachen, daß man den Austauschterm in (17.15) durch eine lokale Energie ersetzt, die gegeben ist durch das Zweifache des Terms (17.25) mit einem k_F, welches bei der lokalen Dichte berechnet ist. Slater schlug somit eine Gleichung vor, in welcher der Effekt des Austauschs einfach dadurch berücksichtigt wird, daß man zum Hartree-Term $U^{\text{el}}(\mathbf{r})$ ein zusätzliches Potential $U^{\text{Austausch}}$ addiert, welches gegeben ist durch

$$U^{\text{Austausch}}(\mathbf{r}) = -2,95 (a_0^3 n(\mathbf{r}))^{1/3} \text{ Ry.} \qquad (17.26)$$

In zahlreichen Berechnungen von Bandstrukturen geht man auf diese Weise vor, obwohl das Verfahren grob ist und *ad hoc* angenommen wird. Es wurde kontrovers darüber diskutiert,[16] ob es besser sei, den Austausch für freie Elektronen über alle k zu mitteln, oder aber ihn bei $k = k_F$ zu berechnen; aufgrund der Ungenauigkeit der Näherung hat eine solche Diskussion allerdings nur eine beschränkte Basis. Es läßt sich kaum mehr über diese Vereinfachung sagen, als daß sie die Effekte des Austauschs durch Einführen eines Potentials annähert, welches Bereiche hoher Dichte in einer Weise bevorzugt, welche die Dichteabhängigkeit des Austauschterms in der Energiedichte freier Elektronen grob nachahmt.

4. Gleichung (17.19) hat eine alarmierende Eigenschaft: Die Ableitung $\partial \varepsilon / \partial k$ ist bei $k = k_F$ logarithmisch divergent.[17] Nun sind es eben die Elektronen mit der Geschwindigkeit $(1/\hbar)(\partial \varepsilon / \partial \mathbf{k})|_{k=k_F}$, welche die elektronischen Eigenschaften der

---

[14] Die Bezeichnung „Korrelationsenergie" ist eigentlich irreführend: Die Hartree-Näherung vernachlässigt Elektronenkorrelationen, so daß die N-Elektronen-Wahrscheinlichkeitsverteilung in ein Produkt von N Ein-Elektron-Verteilungen faktorisiert. Die Hartree-Fock-Wellenfunktion (17.13) hingegen faktorisiert nicht auf diese Weise, was bedeutet, daß die Elektronenkorrelationen auf dieser, nächst höheren Ebene der Annäherung eingeführt werden. Dennoch ist die „Korrelationsenergie" derart definiert, daß die Austauschbeiträge ausgeschlossen sind, und sie umfaßt lediglich höhere Korrekturen, die über die Korrekturen durch die Hartree-Fock-Theorie hinausgehen.

[15] J. C. Slater, *Phys. Rev.* **81**, 385 (1951); **82**, 538 (1951); **91**, 528 (1953).

[16] Siehe beispielsweise W. Kohn und L. J. Sham, *Phys. Rev.* **A140**, 1193 (1965) sowie R. Gaspar, *Acta. Phys. Acad. Sci. Hung.* **3**, 263 (1954).

[17] Siehe Bild 17.1.

Metalle dominieren, so daß dieses Ergebnis sehr unbefriedigend ist. Eine Singularität im Verlauf der Ein-Elektron-Energien macht die Sommerfeld-Entwicklung (2.70) unbrauchbar und führt im vorliegenden Fall dazu, daß die elektronische Wärmekapazität bei niedrigen Temperaturen nicht wie T, sondern wie $T/|\ln T|$ verläuft.

Eine solche Singularität tritt für ein allgemeines, nicht-coulombsches Potential nicht auf; ihre Ursache liegt in der Divergenz der Fourier-Transformierten $4\pi e^2/k^2$ der Wechselwirkung e^2/r bei $k = 0$, worin sich die sehr lange Reichweite einer mit dem inversen Abstandsquadrat verlaufenden Kraft widerspiegelt. Würde man die Coulomb-Wechselwirkung beispielsweise durch eine Wechselwirkung der Form $e^2(e^{-k_0 r}/r)$ ersetzen, so wäre deren Fourier-Transformierte[18] $4\pi e^2/(k^2 + k_0^2)$, die Divergenz bei $k = 0$ nicht mehr vorhanden und die unphysikalische Singularität im Verlauf der Hartree-Fock-Energien damit beseitigt. Man kann dahingehend argumentieren (siehe den folgenden Abschnitt), daß das in den Austauschterm eingehende Potential in eben diesem Sinne zu modifizieren wäre, um dadurch den Einfluß der Felder der übrigen Elektronen zu berücksichtigen, welche sich dann entsprechend anordnen müßten, um die Felder der beiden Elektronen bei **r** und **r**′ teilweise zu kompensieren. Dieser Effekt, als „Abschirmung" bezeichnet, ist von fundamentaler Bedeutung, nicht alleine durch seinen Einfluß auf die Elektron-Elektron-Wechselwirkungsenergie, sondern ganz allgemein bei der Behandlung ladungstragender Störungen in einem Metall.[19]

Abschirmung, allgemeine Betrachtung

Das Phänomen der Abschirmung ist einer der einfachsten und wesentlichsten Aspekte der Elektron-Elektron-Wechselwirkung. Wir betrachten hier ausschließlich Abschirmung in einem Gas freier Elektronen. Eine detaillierte Theorie der Abschirmung für den allgemeinen Fall eines realistischen periodischen Potentials ist sehr viel schwieriger, so daß man oft gezwungen ist, die Theorie in ihrer Form für freie Elektronen auch bei der Behandlung realer Metalle zu verwenden.

Nehmen wir an, ein positiv geladenes Teilchen sei an gegebener Position innerhalb des Elektronengases fixiert. Das Teilchen zieht dann Elektronen an und erzeugt einen Überschuß negativer Ladung in seiner Umgebung, wodurch sein eigenes Feld geschwächt (oder abgeschirmt) wird. Um diesen Abschirmeffekt zu behandeln, ist es zweckmäßig, zwei elektrostatische Potentiale einzuführen: Eines dieser Potentiale, mit ϕ^{ext} bezeichnet, sei das Potential der positiven Ladung des Teilchens selbst und genügt deshalb einer Poisson-Gleichung der Form

$$-\nabla^2 \phi^{\mathrm{ext}}(\mathbf{r}) = 4\pi\rho^{\mathrm{ext}}(\mathbf{r}), \tag{17.27}$$

---

[18] Siehe Aufgabe 3.

[19] Die Behandlung der Atomrümpfe in einem Metall ist ein wesentlicher Punkt, auf den wir in Kapitel 26 im Zusammenhang mit der dynamischen Abschirmung noch zurückkommen werden.

wobei ρ^{ext} die Ladungsdichte des Teilchens bezeichnet.[20] Das zweite Potential, mit ϕ bezeichnet, sei das vollständige Potential, erzeugt sowohl von der positiven Ladung des Teilchens, als auch von der durch das Feld dieser Ladung induzierten „Wolke" abschirmender Elektronen. Dieses letztere Potential genügt deshalb ganz entsprechend einer Beziehung

$$-\nabla^2 \phi(\mathbf{r}) = 4\pi\rho(\mathbf{r}), \tag{17.28}$$

wobei ρ die gesamte Ladungsdichte bezeichnet,

$$\rho(\mathbf{r}) = \rho^{\text{ext}}(\mathbf{r}) + \rho^{\text{ind}}(\mathbf{r}), \tag{17.29}$$

und ρ^{ind} die im Elektronengas durch die Wirkung der Teilchenladung induzierte Ladungsdichte. In Analogie zur Theorie dielektrischer Stoffe nimmt man an, daß ϕ und ϕ^{ext} durch eine lineare Beziehung der Form[21]

$$\phi^{\text{ext}}(\mathbf{r}) = \int d\mathbf{r}' \, \epsilon(\mathbf{r}, \mathbf{r}')\phi(\mathbf{r}') \tag{17.30}$$

zusammenhängen. In einem räumlich homogen verteilten Elektronengas kann ϵ nur vom Abstand der beiden Punkte $\mathbf{r}$ und $\mathbf{r}'$ abhängen, nicht von den „absoluten" Positionen der Punkte:

$$\epsilon(\mathbf{r}, \mathbf{r}') = \epsilon(\mathbf{r} - \mathbf{r}'). \tag{17.31}$$

Damit wird (17.30) zu

$$\phi^{\text{ext}}(\mathbf{r}) = \int d\mathbf{r}' \, \epsilon(\mathbf{r} - \mathbf{r}')\phi(\mathbf{r}'), \tag{17.32}$$

---

[20] Die Bezeichnung „extern" beziehungsweise der Hochindex „ext", die zur Kennzeichnung der von außen eingebrachten Ladung dienen, sollten nicht dahingehend mißverstanden werden, daß sich die Ladung außerhalb des Metalls befinde – sie befindet sich tatsächlich innerhalb des Metalls – sondern sind lediglich Hinweise darauf, daß der Ursprung dieser Ladung außerhalb des Systems der Elektronen liegt.

[21] Das Potential ϕ^{ext} ist analog zur elektrischen Verschiebung $\mathbf{D}$, deren Quellen „freie", nicht zum Medium gehörige Ladungen sind. Das Potential ϕ ist analog zum elektrischen Feld $\mathbf{E}$, welches durch die gesamte Ladungsverteilung erzeugt wird, also sowohl durch die „freien" Ladungen, als auch durch die im Medium induzierten, „gebundenen" Ladungen. Die Beziehung $\mathbf{D}(\mathbf{r}) = \int d\mathbf{r}' \epsilon(\mathbf{r} - \mathbf{r}')\mathbf{E}(\mathbf{r}')$ (beziehungsweise die entsprechende Beziehung (17.32)) reduziert sich auf die vertrautere, lokale Form $\mathbf{D}(\mathbf{r}) = \epsilon\mathbf{E}(\mathbf{r})$ – mit einer durch $\epsilon = \int d\mathbf{r}\epsilon(\mathbf{r})$ gegebenen dielektrischen Konstanten ϵ – falls $\mathbf{D}$ und $\mathbf{E}$ räumlich homogene Felder sind (oder, allgemeiner gesprochen, wenn sich die Felder auf einer Längenskala r_0 mit $\epsilon(\mathbf{r}) \approx 0$ für $r > r_0$ nur schwach ändern).

so daß[22] die entsprechenden Fourier-Transformierten die Beziehung

$$\phi^{\text{ext}}(\mathbf{q}) = \epsilon(\mathbf{q})\phi(\mathbf{q}) \tag{17.33}$$

erfüllen. Die Fourier-Transformierten sind dabei durch

$$\epsilon(\mathbf{q}) = \int d\mathbf{r}\, e^{-i\mathbf{q}\cdot\mathbf{r}}\epsilon(\mathbf{r}) \tag{17.34}$$

und

$$\epsilon(\mathbf{r}) = \int \frac{d\mathbf{q}}{(2\pi)^3} e^{i\mathbf{q}\cdot\mathbf{r}}\epsilon(\mathbf{q}) \tag{17.35}$$

definiert, wobei für ϕ und ϕ^{ext} analoge Beziehungen gelten.

Die Größe $\epsilon(\mathbf{q})$ ist die (vom Wellenvektor abhängige) dielektrische Konstante des Metalls.[23] Geschrieben in der Form

$$\boxed{\phi(\mathbf{q}) = \frac{1}{\epsilon(\mathbf{q})}\phi^{\text{ext}}(\mathbf{q})} \tag{17.36}$$

besagt (17.33), daß die q-te Fourier-Komponente des Gesamtpotentials innerhalb des Elektronengases gegeben ist durch die um einen Faktor $1/\epsilon(\mathbf{q})$ reduzierte q-te Fourier-Komponente des äußeren Potentials ϕ^{ext}. Ein Zusammenhang dieser Art ist aus elementaren Behandlungen der Dielektrizität vertraut, wobei dort die Felder im allgemeinen als homogen angenommen werden, so daß die Abhängigkeit vom Wellenvektor nicht ins Spiel kommt.

Es stellt sich heraus, daß die am natürlichsten direkt zu berechnende Größe nicht die dielektrische Konstante $\epsilon(\mathbf{q})$ ist, sondern die im Elektronengas durch das Gesamtpotential $\phi(\mathbf{r})$ induzierte Ladungsdichte $\rho^{\text{ind}}(\mathbf{r})$. Im folgenden werden wir untersuchen, auf welche Weise diese Ladungsdichte berechnet werden kann. Stehen ρ^{ind} und ϕ in einem linearen Zusammenhang – wie es für genügend schwaches ϕ zu erwarten ist –, so erfüllen ihre Fourier-Transformierten eine Beziehung der Form

$$\rho^{\text{ind}}(\mathbf{q}) = \chi(\mathbf{q})\phi(\mathbf{q}). \tag{17.37}$$

---

[22] Dies gilt aufgrund des Faltungssatzes der Fourier-Analyse. Wir folgen hier der unter Physikern üblichen Praxis und verwenden dasselbe Symbol zur Bezeichnung einer Funktion und ihrer Fourier-Transformierten, unterscheiden beide aber durch eine unterschiedliche Wahl des Symbols für deren Argumente.

[23] In elementaren Behandlungen der Elektrostatik spricht man manchmal davon, daß die dielektrische Konstante eines Metalls unendlich sei – was bedeuten soll, daß sich eine Ladung frei bewegen kann und das Medium deshalb unendlich polarisierbar ist. Wir werden sehen, daß die Form von $\epsilon(\mathbf{q})$ mit dieser Aussage konsistent ist, da im Grenzfall eines räumlich homogenen äußeren Feldes ($q \to 0$) $\epsilon(\mathbf{q})$ tatsächlich unendlich wird (siehe (17.51)).

Man kann ϵ – die physikalisch interessante Größe – mit χ – der am natürlichsten aus den Berechnungen zu ermittelnden Größe – folgendermaßen in Relation setzen:

Die Fourier-Transformierten der Poisson-Gleichungen (17.27) und (17.28) lauten

$$q^2 \phi^{\text{ext}}(\mathbf{q}) = 4\pi \rho^{\text{ext}}(\mathbf{q})$$
$$q^2 \phi(\mathbf{q}) = 4\pi \rho(\mathbf{q}). \tag{17.38}$$

Unter Verwendung der Gleichungen (17.29) und (17.37) erhält man hieraus

$$\frac{q^2}{4\pi} (\phi(\mathbf{q}) - \phi^{\text{ext}}(\mathbf{q})) = \chi(\mathbf{q})\phi(\mathbf{q}) \tag{17.39}$$

oder

$$\phi(\mathbf{q}) = \phi^{\text{ext}}(\mathbf{q}) \left/ \left(1 - \frac{4\pi}{q^2} \chi(\mathbf{q})\right) \right. \tag{17.40}$$

Ein Vergleich mit (17.36) führt uns dann zu der Beziehung

$$\boxed{\epsilon(\mathbf{q}) = 1 - \frac{4\pi}{q^2} \chi(\mathbf{q}) = 1 - \frac{4\pi}{q^2} \frac{\rho^{\text{ind}}(\mathbf{q})}{\phi(\mathbf{q})}.} \tag{17.41}$$

Sieht man von der Annahme ab, daß das Feld der von außen in das Elektronengas eingebrachten Ladung genügend schwach ist, um lediglich einen linearen Effekt im Elektronengas zu verursachen, so ist unsere Betrachtung bis zu diesem Punkt exakt – besteht sie doch auch aus wenig mehr als einer Reihe von Definitionen. Versucht man jedoch, χ zu berechnen, so werden wesentliche Näherungen unvermeidlich. Zwei theoretische Ansätze zur Berechnung von χ sind vornehmlich im Gebrauch, beides Vereinfachungen einer allgemeinen Hartree-Theorie der durch die eingebrachte Ladung induzierten Ladung. Die erste dieser beiden Methoden – die Methode nach Thomas-Fermi – ist im wesentlichen nichts anderes als der klassische (präziser: der semiklassische) Grenzfall der Hartree-Theorie. Beim zweiten Ansatz – der Lindhardschen Methode, auch als *random phase approximation* (Näherung der zufälligen Phase, RPA) bekannt – handelt es sich im Prinzip um eine exakte Hartree-Theorie der Ladungsdichte unter dem Einfluß des selbstkonsistenten Feldes von eingebrachter Ladung und Elektronengas, wobei die Hartree-Rechnung jedoch von Beginn an dadurch vereinfacht wird, daß man eine Kenntnis von ρ^{ind} nur bis zur linearen Ordnung in ϕ fordert.

Die Methode nach Thomas-Fermi hat den Vorteil, daß sie auch dann brauchbar ist, wenn keine lineare Beziehung zwischen ρ^{ind} und ϕ besteht; sie hat den Nachteil, daß sie nur für sehr langsam räumlich veränderliche äußere Potentiale zuverlässige Ergebnisse liefert. Linearisiert man das Ergebnis der Thomas-Fermi-Methode, so wird es identisch mit dem Ergebnis der Lindhard-Theorie für kleine Werte von q – und weniger genau als das Ergebnis der Lindhard-Theorie für größere q-Werte. Im folgenden behandeln wir diese beiden Methoden getrennt.

Thomas-Fermi-Theorie der Abschirmung

Zur Berechnung der Ladungsdichte unter der Wirkung des Gesamtpotentials $\phi = \phi^{\text{ext}} + \phi^{\text{ind}}$ müßten wir eigentlich die Ein-Elektron-Schrödingergleichung[24]

$$-\frac{\hbar^2}{2m}\nabla^2\psi_i(\mathbf{r}) - e\phi(\mathbf{r})\psi_i(\mathbf{r}) = \varepsilon_i\psi_i(\mathbf{r}) \tag{17.42}$$

lösen, um danach unter Verwendung von (17.6) die elektronische Ladungsdichte aus den Ein-Elektron-Wellenfunktionen zu konstruieren. Der Ansatz nach Thomas-Fermi beruht auf einer Vereinfachung dieser Prozedur, die man unter der Voraussetzung einführen kann, daß das Gesamtpotential eine sehr langsam veränderliche Funktion des Ortes $\mathbf{r}$ ist. Wir sprechen hier von „langsam veränderlich" im gleichen Sinne wie in den Kapiteln 2 und 12, d.h. wir nehmen an, daß man in sinnvoller Weise einen Zusammenhang zwischen Energie und Wellenvektor eines Elektrons angeben kann, welches sich im Punkt $\mathbf{r}$ befindet. Wir wählen diesen Zusammenhang in der Form

$$\varepsilon(\mathbf{k}) = \frac{\hbar^2 k^2}{2m} - e\phi(\mathbf{r}). \tag{17.43}$$

Die Energie unterscheidet sich somit vom Wert für freie Elektronen durch den Betrag des lokalen Gesamtpotentials.

Offensichtlich stellt (17.43) nur für Wellenpakete eine sinnvolle Aussage dar; die Ortsbreite solcher Wellenpakete hat mindestens die Größenordnung $1/k_F$. Man muß deshalb fordern, daß $\phi(\mathbf{r})$ auf der Skala einer Fermi-Wellenlänge langsam veränderlich ist, und die Ergebnisse werden daher nur für Werte der Fourier-Komponenten $\chi(\mathbf{q})$ mit $q \ll k_F$ zuverlässig sein. Wir demonstrieren diese Beschränkung explizit, sobald wir uns dem genaueren Ansatz von Lindhard zuwenden.

Wir nehmen also an, daß die Lösungen der Gleichung (17.42) eine Gruppe von Elektronen beschreiben, deren Energien die einfache klassische Form (17.43) haben. Um die durch diese Elektronen dargestellte Ladungsdichte zu berechnen, setzen wir

---

[24] Da ϕ das Gesamtpotential bezeichnet, welches gemeinsam von der äußeren Ladung und der durch die äußere Ladung im Elektronengas induzierten Ladungsdichte erzeugt wird, beschreibt (17.42) implizite Elektron-Elektron-Wechselwirkungen in der Hartree-Näherung. Das Problem der Selbstkonsistenz ist – zumindest bei der linearisierten Form der Theorie – enthalten in der Forderung, daß ϕ mit der elektronischen Ladungsdichte ρ^{ind}, wie sie durch die Lösungen der Gleichung (17.42) bestimmt ist, über die Gleichungen (17.36) und (17.41) zusammenhängen muß.

ihre Energien in den Ausdruck (2.58) für die elektronische Anzahldichte ein und erhalten (mit $\beta = 1/k_B T$)

$$n(\mathbf{r}) = \int \frac{d\mathbf{k}}{4\pi^3} \frac{1}{\exp[\beta((\hbar^2 k^2/2m) - e\phi(\mathbf{r}) - \mu)] + 1}. \tag{17.44}$$

Die induzierte Ladungsdichte ist gegeben durch $-en(\mathbf{r}) + en_0$, wobei der zweite Term die Ladungsdichte des homogenen positiven Hintergrundes darstellt. Die Anzahldichte des Hintergrundes ist identisch mit der Dichte des elektronischen Systems, falls ϕ^{ext} – und damit ϕ – verschwindet:[25]

$$n_0(\mu) = \int \frac{d\mathbf{k}}{4\pi^3} \frac{1}{\exp[\beta((\hbar^2 k^2/2m) - \mu)] + 1}. \tag{17.45}$$

Wir kombinieren nun die Gleichungen (17.44) und (17.45) und schreiben

$$\rho^{\text{ind}}(\mathbf{r}) = -e[n_0(\mu + e\phi(\mathbf{r})) - n_0(\mu)]. \tag{17.46}$$

Dies ist die Grundgleichung der nichtlinearen Thomas-Fermi-Theorie.

Wir nehmen hier an, daß ϕ hinreichend klein ist, so daß man (17.46) entwickeln kann und in führender Ordnung erhält

$$\rho^{\text{ind}}(\mathbf{r}) = -e^2 \frac{\partial n_0}{\partial \mu} \phi(\mathbf{r}). \tag{17.47}$$

Vergleicht man die Gleichungen (17.47) und (17.37) miteinander, so erhält man für $\chi(\mathbf{q})$ den konstanten Wert

$$\chi(\mathbf{q}) = -e^2 \frac{\partial n_0}{\partial \mu}, \quad \text{unabängig von } \mathbf{q}. \tag{17.48}$$

Setzen wir diesen Ausdruck in (17.41) ein, so ergibt sich die dielektrische Konstante nach Thomas-Fermi[26]

$$\epsilon(\mathbf{q}) = 1 + \frac{4\pi e^2}{q^2} \frac{\partial n_0}{\partial \mu}. \tag{17.49}$$

---

[25] Die in die Gleichungen (17.44) und (17.45) eingehenden Werte des Chemischen Potentials μ sind dieselben unter der Annahme, daß $\phi(\mathbf{r})$ nur in einem endlichen Bereich innerhalb des Elektronengases merklich ist, außerhalb dessen die Elektronendichte nur vernachlässigbar wenig von ihrem Gleichgewichtswert abweicht.

[26] Wie wir bereits vorweggenommen haben, wird dieser Ausdruck für die dielektrische Konstante mit $q \to 0$ unendlich (siehe Fußnote 23).

Es ist üblich, einen Wellenvektor k_0 nach Thomas-Fermi durch

$$k_0^2 = 4\pi e^2 \frac{\partial n_0}{\partial \mu} \qquad\qquad (17.50)$$

zu definieren, so daß

$$\epsilon(\mathbf{q}) = 1 + \frac{k_0^2}{q^2}. \qquad\qquad (17.51)$$

Um die Bedeutung dieses Wellenvektors k_0 zu illustrieren, betrachten wir den Fall, daß das äußere Potential das Potential einer Punktladung ist:

$$\phi^{\text{ext}}(\mathbf{r}) = \frac{Q}{r}, \quad \phi^{\text{ext}}(\mathbf{q}) = \frac{4\pi Q}{q^2}. \qquad\qquad (17.52)$$

Das Gesamtpotential im Metall ist dann gegeben durch

$$\phi(\mathbf{q}) = \frac{1}{\epsilon(\mathbf{q})} \phi^{\text{ext}}(\mathbf{q}) = \frac{4\pi Q}{q^2 + k_0{}^2}. \qquad\qquad (17.53)$$

Man kann die inverse Fourier-Transformierte bilden und erhält (siehe Aufgabe 3):

$$\phi(\mathbf{r}) = \int \frac{d\mathbf{q}}{(2\pi)^3} e^{i\mathbf{q}\cdot\mathbf{r}} \frac{4\pi Q}{q^2 + k_0{}^2} = \frac{Q}{r} e^{-k_0 r}. \qquad\qquad (17.54)$$

Das Gesamtpotential ist somit das Produkt aus einem coulombschen Faktor und einem exponentiellen Dämpfungsfaktor, der den coulombschen Anteil bei Abständen, die größer sind als die Größenordnung von $1/k_0$, auf einen vernachlässigbar kleinen Wert reduziert. Dieser Ausdruck wird als *abgeschirmtes Coulomb-Potential*[27] oder auch als *Yukawa-Potential* bezeichnet – aufgrund seiner Form, die der Form eines Ausdruckes aus der Theorie der Mesonen analog ist.

Wir haben damit das bereits vorweggenommene Ergebnis hergeleitet, daß die Elektronen das Feld der externen Ladung abschirmen. Darüber hinaus konnten wir einen expliziten Ausdruck für den charakteristischen Abstand erhalten, jenseits dessen die durch das Vorhandensein der externen Ladung verursachte „Störung" effektiv abgeschirmt ist. Man kann die Größenordnung von k_0 wie folgt abschätzen: In einem freien

---

[27] Diese Form des Potentials tritt auch in einer Theorie der Elektrolyte von P. Debye und E. Hückel, *Phys. Z.* **24**, 185, 305 (1923) auf.

Elektronengas bei $T \ll T_F$ ist $\partial n_0 / \partial \mu$ einfach identisch mit der Niveaudichte bei der Fermienergie, gegeben durch $g(\varepsilon_F) = m k_F / \hbar^2 \pi^2$ (Gleichung (2.64)). Deshalb gilt

$$\frac{k_0{}^2}{k_F{}^2} = \frac{4}{\pi} \frac{me^2}{\hbar^2 k_F} = \frac{4}{\pi} \frac{1}{k_F a_0} = \left(\frac{16}{3\pi^2}\right)^{2/3} \left(\frac{r_S}{a_0}\right)$$

$$\boxed{k_0 = 0,815 k_F \left(\frac{r_s}{a_0}\right)^{1/2} = \frac{2,95}{(r_S/a_0)^{1/2}} \, \text{Å}^{-1}.}$$

(17.55)

Da r_S/a_0 bei metallischen Dichten etwa einen Wert zwischen 2 und 6 hat, ist k_0 von der Größenordnung k_F: Störungen des elektronischen Systems sind in einer Entfernung effektiv abgeschirmt, die von derselben Größenordnung ist wie der Teilchenabstand. Die Elektronen vermögen somit externe Ladungen sehr effektiv abzuschirmen.

Lindhard-Theorie der Abschirmung

Der Lindhardsche Ansatz[28] geht wiederum von der Schrödingergleichung (17.42) aus, macht jedoch keine semiklassische Näherung, die ein langsam veränderliches ϕ erfordern würde. Statt dessen nutzt man von Beginn an die Tatsache, daß die induzierte Ladungsdichte nur bis zur linearen Ordnung im Gesamtpotential bekannt sein muß. Es ist dann Routine, (17.42) bis zur linearen Ordnung in Störungstheorie zu berechnen. Sobald man die elektronischen Wellenfunktionen bis zur linearen Ordnung in ϕ kennt, kann man auch die lineare Änderung der elektronischen Ladungsdichte mit Hilfe von (17.6) berechnen. Dieses Verfahren verläuft problemlos (Aufgabe 5), so daß wir an dieser Stelle lediglich das Ergebnis angeben. Gleichung (17.48) der linearisierten Thomas-Fermi-Theorie ist folgendermaßen zu verallgemeinern:

$$\chi(\mathbf{q}) = -e^2 \int \frac{d\mathbf{k}}{4\pi^3} \frac{f_{\mathbf{k}-\frac{1}{2}\mathbf{q}} - f_{\mathbf{k}+\frac{1}{2}\mathbf{q}}}{\hbar^2 \mathbf{k} \cdot \mathbf{q}/m}.$$

(17.56)

Dabei bezeichnet $f_{\mathbf{k}}$ die Gleichgewichts-Fermifunktion für ein freies Elektron mit der Energie $\hbar^2 k^2 / 2m$: $f_{\mathbf{k}} = 1/\exp\{[\beta(\hbar^2 k^2/2m - \mu) + 1]\}$.

Unter der Voraussetzung, daß q klein sei im Vergleich zu k_F, kann man den Zähler des Integranden um seinen Wert bei $\mathbf{q} = 0$ entwickeln:

$$f_{\mathbf{k} \mp \frac{1}{2}\mathbf{q}} = f_{\mathbf{k}} \pm \frac{\hbar^2}{2} \frac{\mathbf{k} \cdot \mathbf{q}}{m} \frac{\partial}{\partial \mu} f_{\mathbf{k}} + O(q^2).$$

(17.57)

---

[28] J. Lindhard, *Kgl. Danske Videnskab. Selskab Mat.-Fys. Medd.* **28**, No. 8 (1954).

Der in **q** lineare Term dieser Entwicklung ist identisch mit dem Ausdruck (17.48) nach Thomas-Fermi. Somit reduziert sich – wie erwartet – die Lindhard-Theorie im Grenzfall einer langsam veränderlichen Störung des elektronischen Systems auf die Thomas-Fermi-Theorie.[29] Wird jedoch q mit k_F vergleichbar, so zeigt die dielektrische Konstante nach Lindhard deutlich mehr Struktur. Für $T = 0$ kann man die Integrationen in (17.56) explizit ausführen und erhält

$$\chi(\mathbf{q}) = -e^2 \left(\frac{mk_F}{\hbar^2\pi^2}\right) \left[\frac{1}{2} + \frac{1-x^2}{4x} \ln\left|\frac{1+x}{1-x}\right|\right], \quad x = \frac{q}{2k_F}. \tag{17.58}$$

Die Größe in eckigen Klammern – bei $x = 0$ hat sie den Wert eins – ist die Lindhard-Korrektur[30] zum Ergebnis der Thomas-Fermi-Theorie. Beachten Sie, daß die dielektrische Konstante $\epsilon = 1 - 4\pi\chi/q^2$ bei $q = 2k_F$ nicht analytisch ist; infolgedessen kann man zeigen, daß das abgeschirmte Potential einer Punktladung bei großen Abständen nunmehr einen Term enthält, der sich (für $T = 0$) verhält wie

$$\phi(\mathbf{r}) \sim \frac{1}{r^3} \cos 2 \qquad\qquad kfr. \tag{17.59}$$

Das abgeschirmte Potential ist somit in großen Entfernungen wesentlich stärker strukturiert als das einfache Yukawa-Potential der Thomas-Fermi-Theorie, wobei nun insbesondere der oszillatorische Term wesentlich weniger stark mit der Entfernung abfällt. In unterschiedlichen Zusammenhängen bezeichnet man diese Oszillationen als Friedel-Oszillationen oder aber als Ruderman-Kittel-Oszillationen. Wir werden im Kapitel 26 näher auf diese Oszillationen eingehen.

Frequenzabhängige Lindhard-Abschirmung

Ist die externe Ladungsdichte mit $e^{-i\omega t}$ zeitabhängig, so gilt dies auch für das induzierte Potential und die induzierte Ladungsdichte, und die dielektrische Konstante hängt dann sowohl von der Frequenz als auch vom Wellenvektor ab. Im Grenzfall vernachlässigbarer Stöße kann man die Argumentation der Lindhard-Theorie unmittelbar erweitern, indem man sich der zeitabhängigen anstelle der zeitunabhängigen Störungstheorie bedient. Man findet auf diese Weise, daß das statische Ergebnis (17.56) im zeitabhängigen Fall lediglich durch Addition der Größe $\hbar\omega$ zum Nenner des Integranden zu modifizieren ist.[31] Die so gewonnene, allgemeinere Form dieser Gleichung ist von Bedeutung in der Theorie der Gitterschwingungen der Metalle sowie auch in der

---

[29] Man kann $\chi(\mathbf{q})$ nach Thomas-Fermi in der Tat als Grenzwert von $\chi(\mathbf{q})$ nach Lindhard für $q \to 0$ auffassen.

[30] Die Funktion in eckigen Klammern ist nichts anderes als die Funktion $F(x)$, die in der Hartree-Fock-Energie (17.19) für freie Elektronen auftritt, und deren Verlauf in Bild 17,1a skizziert ist.

[31] Verschwindet der Nenner, so wird das Integral durch die Forderung eindeutig, daß es für ein ω mit einem sehr kleinen, positiven Imaginärteil zu berechnen ist.

Theorie der Supraleitung. An dieser Stelle möchten wir lediglich anmerken, daß sich die Lindhardsche dielektrische Konstante

$$\epsilon(\mathbf{q}, \omega) = 1 + \frac{4\pi e^2}{q^2} \int \frac{d\mathbf{k}}{4\pi^3} \frac{f_{\mathbf{k}-\frac{1}{2}\mathbf{q}} - f_{\mathbf{k}+\frac{1}{2}\mathbf{q}}}{\hbar^2 \mathbf{k} \cdot \mathbf{q}/m + \hbar\omega} \qquad (17.60)$$

im Grenzfall $q \to 0$ bei festem ω auf die Drudesche Form (1.37) reduziert, welche wir unter der Annahme einer räumlich homogenen Störung ableiteten. Die Ergebnisse der komplexeren Lindhard-Theorie sind somit konsistent mit den Resultaten elementarer Untersuchungen in deren Anwendungsbereichen.

Hartree-Fock-Näherung mit Abschirmung

Wir diskutierten bisher die Abschirmung einer von außen eingebrachten Ladungsverteilung durch die Elektronen eines Metalls. Das Phänomen der Abschirmung kommt jedoch auch bei der Wechselwirkung zweier Elektronen ins Spiel, da man vom System aller übrigen Elektronen aus betrachtet die beiden herausgegriffenen Elektronen als externe Ladungen sehen kann. Untersucht man die Hartree-Fock-Gleichungen unter diesem Aspekt erneut, so kann man eine wichtige Verbesserung erreichen. Zunächst kann man den Term des selbstkonsistenten Feldes auf keinen Fall antasten, da es dieser Term ist, der den Effekt der Abschirmung in erster Linie verursacht. Man unterliegt jedoch der Versuchung,[32] die Elektron-Elektron-Wechselwirkung im Austauschterm durch ihre abgeschirmte Form zu ersetzen, indem man $1/(\mathbf{k} - \mathbf{k}')^2$ in (17.19) mit der inversen dielektrischen Konstanten $1/\epsilon(\mathbf{k} - \mathbf{k}')$ multipliziert. Dadurch verschwindet die Singularität, welche die anomale Divergenz der Ein-Elektron-Geschwindigkeit $\mathbf{v}(\mathbf{k}) = (1/\hbar)(\partial \epsilon(\mathbf{k})/\partial \mathbf{k})$ bei k_{k_F} verursacht, da sich der Verlauf der abgeschirmten Wechselwirkung in der Umgebung von $q = 0$ nicht e^2/q^2, sondern e^2/k_0^2 annähert. Berechnet man nun den Wert von $\mathbf{v}(\mathbf{k})$ bei $k = k_F$, so findet man für Werte von r_S, die für metallische Dichten typisch sind, daß sich die Geschwindigkeit von ihrem Wert für freie Elektronen nur um etwa 5 Prozent unterscheidet. Somit verringert das Phänomen der Abschirmung den Einfluß der Elektron-Elektron-Wechselwirkung in charakteristischer Weise.[33]

Theorie der Fermiflüssigkeit

Wir beschließen dieses Kapitel mit einer knappen Diskussion einiger tiefgehender und scharfsinniger, im wesentlichen auf Landau[34] zurückgehender Überlegungen,

---

[32] Einer der Erfolge der Methode der Greenschen Funktionen besteht in einer systematischen Rechtfertigung der scheinbar *ad hoc* vorgenommenen Einführung der Abschirmung in den Austauschterm.

[33] Im vorliegenden Fall ist diese Verringerung recht dramatisch: von einer Divergenz zu einer unbedeutenden Korrektur um einige Prozent.

[34] L. D. Landau, *Sov. Phys. JETP* **3**, 920 (1957); **5**, 101 (1957) sowie **8**, 70 (1959).

die (a) den bemerkenswerten Erfolg der Näherung unabhängiger Elektronen trotz der Stärke der Elektron-Elektron-Wechselwirkung erklären, sowie (b) deutlich machen, auf welche Weise man in vielen Fällen – insbesondere bei der Berechnung von Transporteigenschaften – die Effekte der Elektron-Elektron-Wechselwirkung qualitativ berücksichtigen kann. Landaus Ansatz ist als Theorie der Fermiflüssigkeit bekannt. Diese Theorie wurde ursprünglich entwickelt, um den flüssigen Zustand des Helium-Isotops ^{3}He zu beschreiben, findet aber zunehmend auch in der Theorie der Elektron-Elektron-Wechselwirkung in Metallen Anwendung.[35]

Zunächst können wir feststellen, daß uns die bisherige Untersuchung der Elektron-Elektron-Wechselwirkung zu einer wesentlich modifizierten Form des Zusammenhangs zwischen Energie und Wellenvektor für die Ein-Elektron-Niveaus geführt hat (Gleichung (17.19)), daß jedoch die Grundstruktur des Modells unabhängiger Elektronen dadurch im wesentlich unangetastet blieb, welches annimmt, daß die elektronischen Eigenschaften eines Metalls auf die Besetzung einer bestimmten Gruppe von Ein-Elektron-Niveaus zurückgeführt werden können. Auch in der Hartree-Fock-Näherung beschreiben wir weiterhin die stationären elektronischen Zustände dadurch, daß wir angeben, welche der Ein-Elektron-Niveaus ψ_i in der Slater-Determinante (17.13) vertreten sind. Die N-Elektron-Wellenfunktion weist deshalb exakt dieselbe Struktur auf, die sie auch für ein System nicht wechselwirkender Elektronen hätte; die einzige Modifikation besteht darin, daß die Form der Ein-Elektron-Wellenfunktionen ψ_i durch die Elektron-Elektron-Wechselwirkung beeinflußt sein kann.[36] Es ist bei weitem nicht selbstverständlich, daß man auf diese Weise die stationären Zustände des N-Elektronen-Systems angemessen beschreiben kann. Nehmen wir beispielsweise an, die resultierende Elektron-Elektron-Wechselwirkung sei anziehend und dabei stark genug, um gebundene Zustände zwischen Paaren von Elektronen zu ermöglichen.[37] In diesem Falle erschiene es ganz natürlich, die Elektronen eines Metalls als ein System von Elektronenpaaren zu beschreiben. Der Versuch, ein solches Metall durch die stationären Zustände einer Menge voneinander unabhängiger Elektronen adäquat zu beschreiben, erschiene ebenso unangemessen, als wollte man die Eigenschaften eines Gases aus Sauerstoffmolekülen auf die Eigenschaften der einzelnen Sauerstoffatome zurückführen.

Auch wenn kein solch drastisches Ereignis wie Paarbildung der Elektronen eintritt, ist es noch immer alles andere als offensichtlich, daß ein Modell auf der Grundlage unabhängiger Elektronen und mit geeignet modifizierten Energien das Verhalten der Elektronen in einem wirklichen Metall auch nur annähernd angemessen beschreiben kann. Man hat jedoch Grund zu der Erwartung, daß eine solche Beschreibung

---

[35] Einen sorgfältige und recht elementar gehaltenen Überblick über die Theorie geladener Fermiflüssigkeiten bis 1966 findet man in *The Theory of Quantum Liquids I*, D. Pines und P. Nozieres, W. A. Benjamin, Menlo Park, California (1966).

[36] Im Falle freier Elektronen wird noch nicht einmal diese Änderung vorgenommen: Die Wellenfunktionen bleiben auch weiterhin ebene Wellen.

[37] Ein solches Phänomen tritt tatsächlich in einem Supraleiter auf, siehe Kapitel 34.

für Elektronen mit Energien nahe der Fermienergie[38] geeignet sein könnte. Die Überlegung von Landau verläuft auf zwei Ebenen: Während die Argumentation auf der
ersten Ebene direkt einsichtig ist, kann man sie auf der zweiten Ebene mit Recht als
subtil bezeichnen.

Theorie der Fermiflüssigkeit: Konsequenzen aus dem Pauliprinzip für die Elektron-Elektron-Streuung nahe der Fermienergie

Betrachten wir eine Gruppe nicht wechselwirkender Elektronen. Stellen wir uns vor,
die Wechselwirkung zwischen den Elektronen werde nun stetig „hochgeregelt", so
erwarten wir Auswirkungen von zweierlei Art:

(a) Die Energien eines jeden Ein-Elektron-Niveaus verändern sich.[39] Diese Auswirkung der Elektron-Elektron-Wechselwirkung wird durch die Hartree-Fock-Näherung und ihre verfeinerten Versionen beschrieben; weiter unten werden wir noch
näher auf diesen Effekt eingehen.

(b) Elektronen werden aus den Ein-Elektron-Niveaus heraus- und in sie hineinge-
streut; diese Niveaus können daher nicht mehr als stationär betrachtet werden.
Dieser Effekt ist innerhalb der Hartree-Fock-Näherung nicht „vorgesehen", in welcher die Ein-Elektron-Niveaus auch weiterhin gültige stationäre Zustände des nun
wechselwirkenden Systems darstellen. Ob der Einfluß dieser Streuprozesse groß
genug ist, um das Bild unabhängiger Elektronen ins Wanken zu bringen, hängt
davon ab, wie hoch die Stoßrate ist: Ist sie hinreichend niedrig, so könnten wir
eine Relaxationszeit einführen und diese Streuung in derselben Weise wie die
Streuprozesse behandeln, die wir im Rahmen unserer Theorie der Transportprozesse diskutierten. Sollte die Elektron-Elektron-Relaxationszeit wesentlich größer
sein als andere Relaxationszeiten (was, wie wir noch sehen werden, gewöhnlich
der Fall ist), so könnten wir sie vollständig vernachlässigen und das Modell unabhängiger Elektronen mit deutlich größerem Vertrauen verwenden, wobei die

---

[38] Das Bild unabhängiger Elektronen ist nicht zu rechtfertigen, wenn sich die Energien der Elektronen
stark von der Fermienergie unterscheiden; glücklicherweise jedoch – wie wir es in den Kapiteln 2, 12 und
13 gesehen haben – sind viele der interessantesten elektronischen Eigenschaften der Metalle praktisch
vollständig durch das Verhalten der Elektronen innerhalb eines Energiebereiches der Größenordnung
$k_B T$ um die Fermienergie bestimmt. Jede Eigenschaft jedoch, die von Elektronen in Niveaus deutlich
unterhalb oder oberhalb der Fermienergie dominiert wird (wie beispielsweise die Emission weicher
Röntgenstrahlung, der photoelektrische Effekt oder optische Absorption), kann sehr wohl wesentlich
durch Elektron-Elektron-Wechselwirkungen beeinflußt sein.

[39] Wir stellen für den Augenblick die Frage zurück, ob es überhaupt noch sinnvoll ist, von „Ein-Elektron-
Niveaus" zu sprechen, sobald die Wechselwirkung „eingeschaltet" wurde. Natürlich ist gerade dies das
zentrale Problem – worin umgekehrt die Ursache für die Spitzfindigkeit unserer Argumentation liegt.

einzig notwendigen Korrekturen in einer modifizierten Form des Zusammenhangs zwischen Energie und Wellenvektor bestünden.[40]

Man könnte zunächst vermuten, daß die Elektron-Elektron-Streurate hoch sein sollte, da die Coulomb-Wechselwirkung – auch abgeschirmt – stark ist; jedoch kommt das Pauliprinzip auf entscheidende Weise ins Spiel und reduziert die effektive Streurate in vielen wichtigen Fällen dramatisch. Diese Reduktion der Streurate tritt dann in Erscheinung, wenn sich die elektronische Konfiguration nur wenig von ihrer Form im thermischen Gleichgewicht unterscheidet – was bei sämtlichen der von uns in Kapitel 13 untersuchten Transportprozesse der Fall ist. Um die Auswirkungen des Pauliprinzips auf die Streurate zu illustrieren, nehmen wir beispielsweise an, daß der N-Elektronen-Zustand dargestellt werden kann durch eine gefüllte Fermikugel (im thermodynamischen Gleichgewicht bei $T = 0$) sowie ein einzelnes, angeregtes Elektron, welches sich in einem Niveau mit $\varepsilon_1 > \varepsilon_F$ befindet. Dieses Elektron wird gestreut, wenn es mit einem anderen Elektron der Energie ε_2 in Wechselwirkung tritt, wobei diese Energie ε_2 kleiner sein muß als ε_F, da ausschließlich elektronische Niveaus mit Energien kleiner als ε_F besetzt sind. Das Pauliprinzip fordert nun, daß diese beiden Elektronen nur in *unbesetzte* Niveaus gestreut werden können, deren Energien folglich größer als ε_F sein müssen. Es müssen also die folgenden Relationen erfüllt sein:

$$\varepsilon_2 < \varepsilon_F, \quad \varepsilon_3 > \varepsilon_F, \quad \varepsilon_4 > \varepsilon_F. \tag{17.61}$$

Darüber hinaus muß die Energie erhalten sein:

$$\varepsilon_1 + \varepsilon_2 = \varepsilon_3 + \varepsilon_4. \tag{17.62}$$

Ist ε_1 gleich ε_F, so sind die Bedingungen (17.61) und (17.62) nur dadurch zu erfüllen, daß ε_2, ε_3 und ε_4 ebenfalls gleich ε_F sind. Dies bedeutet, daß die erlaubten Wellenvektoren der Elektronen 2, 3 und 4 in einem Bereich des k-Raumes mit dem Volumen Null (auf der Fermifläche) liegen, und deshalb in verschwindendem Maße zu den Integralen beitragen, welche den Wirkungsquerschnitt des Streuprozesses bestimmen. In der Sprache der Streutheorie kann man sagen, daß es für diesen Prozeß „keinen Phasenraum gibt". Folglich *ist die Lebensdauer eines Elektrons auf der Fermifläche bei $T = 0$ unendlich.*

Unterscheidet sich ε_1 ein wenig von ε_F, so wird auch ein wenig Phasenraum für den Streuprozeß verfügbar, da die Werte der drei übrigen Energien nun innerhalb einer Schale mit einer Dicke der Größenordnung $|\varepsilon_1 - \varepsilon_F|$ um die Fermifläche variieren können, ohne die Bedingungen (17.61) und (17.62) zu verletzen. Dadurch ergibt sich eine Streurate der Größenordnung $(\varepsilon_1 - \varepsilon_F)^2$: Sobald die Werte der

---

[40] ... sowie in der subtilen Veränderung des Standpunktes, die mit der Einführung von „Quasiteilchen" einhergeht (siehe weiter unten).

Energien ε_2 und ε_3 innerhalb der Schale erlaubter Energien gewählt wurden, erlaubt die Energieerhaltung keine weitere Freiheit bei der Wahl von ε_4. Deshalb beträgt die Potenz diese Ausdruckes 2, nicht 3.

Betrachtet man zusätzlich zur gefüllten Fermikugel nicht ein einzelnes, angeregtes Elektron, sondern eine thermische Gleichgewichtsverteilung von Elektronen bei einer von null verschiedenen Temperatur, so sind nun teilweise gefüllte Niveaus innerhalb einer Schale der Dicke $k_B T$ um ε_F verfügbar. Dadurch ergibt sich ein weiterer zugänglicher Energiebereich der Größenordnung $k_B T$, innerhalb dessen die Energiewerte die Bedingungen (17.61) und (17.62) erfüllen, so daß sich die Streurate selbst für $\varepsilon_1 = \varepsilon_F$ wie $(k_B T)^2$ verhält. Fassen wir diese Betrachtungen zusammen, so können wir schließen, daß ein Elektron der Energie ε_1 nahe der Fermifläche bei einer Temperatur T der Streuung mit einer Rate $1/\tau$ unterliegt, welche von der Energie und der Temperatur in der Form

$$\frac{1}{\tau} = a(\varepsilon_1 - \varepsilon_F)^2 + b(k_B T)^2 \qquad (17.63)$$

abhängt, wobei die Koeffizienten a und b von ε_1 und T unabhängig sind.

Man kann somit die Lebensdauer eines Elektrons gegenüber Elektron-Elektron-Streuung beliebig vergrößern, indem man Elektronen hinreichend nahe der Fermifläche bei hinreichend niedrigen Temperaturen betrachtet. Da es eben diese Elektronen mit Energien innerhalb $k_B T$ um die Fermienergie sind, die entscheidend die Ausprägung der meisten metallischen Eigenschaften bei niedrigen Energien bestimmen (Elektronen mit geringeren Energien sind „eingefroren", und vernachlässigbar wenige haben höhere Energien), so kann man schließen, daß die physikalisch relevante Relaxationszeit dieser Elektronen sich wie $1/T^2$ verhält.

Um zu einer wenn auch groben, so doch quantitativen Abschätzung des Wertes dieser Lebensdauer zu gelangen, argumentieren wir wie folgt: Nehmen wir an, die Temperaturabhängigkeit dieser Lebensdauer τ werde vollständig durch den Faktor $1/T^2$ beschrieben. Von der Störungstheorie niedrigster Ordnung (der Bornschen Näherung) her erwarten wir, daß τ von der Elektron-Elektron-Wechselwirkung über das Quadrat der Fourier-Transformierten des Wechselwirkungspotentials abhängt. Von unserer Diskussion der Abschirmung her können wir vermuten, daß dieses Wechselwirkungspotential durch das abgeschirmte Thomas-Fermi-Potential abgeschätzt werden kann, welches überall in seinem Verlauf kleiner als $4\pi e^2/k_0{}^2$ ist. Damit können wir annehmen, daß die Abhängigkeit der elektronischen Lebensdauer τ von der Temperatur sowie von der Elektron-Elektron-Wechselwirkung vollständig beschrieben werden kann durch einen Ausdruck der Form

$$\frac{1}{\tau} \propto (k_B T)^2 \left(\frac{4\pi e^2}{k_0{}^2} \right)^2 . \qquad (17.64)$$

Mit dem Ausdruck (17.55) für k_0 können wir diese Beziehung umschreiben zu

$$\frac{1}{\tau} \propto (k_B T)^2 \left(\frac{\pi^2 \hbar^2}{m k_F}\right)^2. \tag{17.65}$$

Mittels einer Dimensionsbetrachtung gelangen wir zu einer Aussage über die Proportionalitätskonstante: Als wählbare Parameter kommen nur noch die temperatur-unabhängigen Größen in Betracht, welche ein nicht-wechselwirkendes Elektronengas beschreiben: k_F, m und $\hbar$. Wir können daraus eine Größe mit der Dimension einer inversen Zeit konstruieren, indem wir (17.65) mit $m^3/\hbar^7$ multiplizieren, und erhalten so

$$\frac{1}{\tau} = A \frac{1}{\hbar} \frac{(k_B T)^2}{\varepsilon_F}. \tag{17.66}$$

Da es unmöglich ist, aus den Größen k_F, m und $\hbar$ einen dimensionslosen Faktor zu konstruieren, so ist (17.66) die einzig mögliche Form für diesen Faktor. Als Größenordnung der dimensionslosen Zahl A wählen wir den Bereich zwischen 1 und 10.

Bei Raumtemperatur ist $k_B T$ von der Größenordnung 10^{-2} eV und ε_F von der Größenordnung 1 eV. Damit hat $(k_B T)^2/\varepsilon_F$ die Größenordnung 10^{-4} eV, woraus sich eine Lebensdauer τ der Größenordnung $10^{-10} s$ ergibt. In Kapitel 1 sahen wir, daß typische Relaxationszeiten der Metalle bei Raumtemperatur in der Größenordnung 10^{-14} s liegen. Wir schließen daraus, daß die Elektron-Elektron-Streuung bei Raumtemperatur um einen Faktor 10^4 langsamer abläuft als der jeweils dominante Streumechanismus. Dieser Faktor ist genügend groß, um den Fehler von einer bis zwei Größenordnungen, der sich leicht bei unserer groben Dimensionsabschätzung eingeschlichen haben mag, unbedeutend zu machen. Ohne Zweifel spielt daher die Elektron-Elektron-Streuung bei Raumtemperatur in Metallen nur eine untergeordnete Rolle. Da die Elektron-Elektron-Relaxationszeit mit abnehmender Temperatur nur wie $1/T^2$ ansteigt, so ist es durchaus denkbar, daß sie bei jeder beliebigen Temperatur ohne wesentliche Folgen bleibt. Gewiß wird es notwendig sein, bei sehr niedrigen Temperaturen und mit sehr reinen Proben zu arbeiten (um die Streuung an den thermischen Schwingungen der Atomrümpfe beziehungsweise die Streuung an Verunreinigungen zu minimieren), um Effekte der Elektron-Elektron-Streuung wahrnehmen zu können; in der Tat gibt es Anzeichen dafür, daß es unter diesen extremen Bedingungen sogar möglich sein könnte, die charakteristische T^2-Abhängigkeit zu beobachten.

Zusammenfassend kann man sagen, daß – zumindest für Niveaus, die innerhalb einer Umgebung der Größenordnung $k_B T$ um die Fermienergie liegen – die Elektron-Elektron-Wechselwirkung offenbar nicht dazu beiträgt, die Gültigkeit eines Bildes unabhängiger Elektronen abzuschwächen. In unserer Argumentation gibt es jedoch eine schwerwiegende Lücke – was uns zum subtilen Teil der Landauschen Theorie bringt.

Theorie der Fermiflüssigkeit: Quasiteilchen

Die obige Argumentation führte uns zu dem Schluß, daß die Elektron-Elektron-Streuung – falls das Bild unabhängiger Elektronen wirklich eine gute erste Näherung ist – zumindest für Niveaus in der Nähe der Fermienergie die Anwendbarkeit dieses Bildes nicht beeinträchtigt, auch dann nicht, wenn die Elektron-Elektron-Wechselwirkung stark ist. Natürlich ist es im Falle starker Elektron-Elektron-Wechselwirkung ganz und gar nicht selbstverständlich, daß das Bild unabhängiger Elektronen eine gute erste Näherung darstellt – womit es fraglich wird, ob unsere Argumentation überhaupt von irgendwelcher Relevanz ist.

Landau zerschlug diesen Gordischen Knoten durch das Zugeständnis, daß das Bild unabhängiger *Elektronen* kein gültiger Ausgangspunkt der Überlegungen sein kann. Er betonte jedoch, daß die Gültigkeit der oben ausgeführten Argumentation bestehen bleibe, falls nur das Bild eines unabhängigen „Irgendetwas" als gute erste Näherung zugrunde gelegt werden kann. Er taufte diese „Irgendetwasse" *Quasiteilchen* oder *Quasielektronen*. Falls diese Quasiteilchen dem Pauliprinzip unterliegen, so funktioniert unsere oben gegebene Argumentation ebenso gut für diese Quasiteilchen, wie für unabhängige Elektronen – und dies sogar mit einem erweiterten Gültigkeitsbereich – vorausgesetzt, wir können uns eine Vorstellung davon machen, was wohl ein solches Quasiteilchen sei. Landaus Beschreibung eines Quasiteilchens ist in groben Zügen die folgende:

Stellen wir uns vor, die Elektron-Elektron-Wechselwirkung würde langsam „hochgeregelt", und die Zustände des stark wechselwirkenden N-Elektronen-Systems – zumindest die energetisch niedrig liegenden – würden sich dabei kontinuierlich aus den Zuständen des nicht-wechselwirkenden N-Elektronen-Systems entwickeln, so daß die Zustände einander jederzeit eindeutig zuzuordnen wären. Wir können die angeregten Zustände des nicht-wechselwirkenden Systems beschreiben, indem wir angeben, auf welche Weise sie sich vom Grundzustand unterscheiden, also durch Angabe derjenigen Wellenvektoren $\mathbf{k}_1, \mathbf{k}_2, \ldots, \mathbf{k}_n$ größer als k_F, die besetzte Niveaus beschreiben, sowie jener Wellenvektoren $\mathbf{k}'_1, \mathbf{k}'_2, \ldots, \mathbf{k}'_m$ kleiner als k_F, die unbesetzte Niveaus beschreiben.[41] Damit können wir zur Charakterisierung eines solchen angeregten Zustandes davon sprechen, daß m Elektronen aus den Ein-Elektron-Niveaus $\mathbf{k}'_1, \ldots, \mathbf{k}'_m$ heraus angeregt wurden und sich n angeregte Elektronen in den Ein-Elektron-Niveaus $\mathbf{k}_1, \ldots, \mathbf{k}_n$ befinden. Die Energie des angeregten Zustandes ergibt sich aus der Energie des Grundzustandes einfach durch Addition von $\varepsilon(\mathbf{k}_1) + \ldots + \varepsilon(\mathbf{k}_n) - \varepsilon(\mathbf{k}'_1) - \ldots - \varepsilon(\mathbf{k}'_m)$, wobei für freie Elektronen $\varepsilon(\mathbf{k}) = \hbar^2 k^2 / 2m$ gilt.

---

[41] Beachten Sie, daß beim Vergleich des angeregten Zustandes von N Elektronen mit einem Grundzustand von N Elektronen n und m gleich sein müssen. n und m brauchen dagegen nicht notwendig gleich zu sein, wenn wir den angeregten Zustand eines N-Elektronen-Systems mit dem Grundzustand eines N'-Elektronen-Systems vergleichen. Beachten Sie weiterhin, daß wir dieselben Schlußfolgerungen auch für eine beliebig geformte Fermifläche ziehen könnten, obwohl wir hier eine zur Beschreibung freier Elektronen adäquate Sprache verwenden, um die Besetzung der Niveaus zu charakterisieren.

Wir definieren Quasiteilchen nun implizit durch die Feststellung, daß der zugehörige
Zustand des wechselwirkenden Systems durch die Anregung von m Quasiteilchen aus
den Niveaus mit den Wellenvektoren $k'_1, \ldots, k'_m$ heraus charakterisiert werden kann,
und sich n angeregte Quasiteilchen in den Niveaus mit den Wellenvektoren $k_1, \ldots, k_n$
befinden. Wir geben dann die Energie des angeregten Zustandes als die Summe aus der
Grundzustandsenergie und $\varepsilon(k_1) + \ldots + \varepsilon(k_n) - \varepsilon(k'_1) - \ldots - \varepsilon(k'_m)$ an, wobei die
Abhängigkeit $\varepsilon(k)$ für diese Quasiteilchen dabei im allgemeinen recht schwierig zu
bestimmen ist.

Es ist natürlich nicht klar, ob dieses Verfahren konsistent sein kann, da nun implizit
folgt, daß das Anregungsspektrum des wechselwirkenden Systems – obwohl numerisch verschieden vom Spektrum des wechselwirkungsfreien Systems – noch immer
eine freie-Elektronen-ähnliche Struktur aufweist. Wir können uns jedoch auf die Überlegungen des vorangegangenen Abschnitts berufen und argumentieren, daß dieses
Verfahren zumindest eine konsistente Möglichkeit sein muß, da gerade dann, wenn
das Anregungsspektrum eine dem Spektrum freier Elektronen ähnliche Struktur aufweist, die Quasiteilchen-Quasiteilchen-Wechselwirkungen infolge der Wirksamkeit
des Pauliprinzips diese Struktur nicht wesentlich verändern können – zumindest für
Quasiteilchen in der Nähe der Fermifläche.

Diese Andeutung einer Idee ist weit davon entfernt, eine kohärente Theorie zu sein.
Insbesondere müßten wir erneut über die Regeln zur Konstruktion von Größen wie
den thermischen und elektrischen Strömen aus der Verteilungsfunktion nachdenken,
sobald wir den Standpunkt vertreten, daß diese Verteilungsfunktion nicht Elektronen,
sondern Quasiteilchen beschreibt. Bemerkenswerterweise stellt sich heraus, daß diese
Regeln sehr ähnlich – wenn auch nicht identisch – den Regeln sind, die wir anwenden
würden, hätten wir es in der Tat mit Elektronen, nicht mit Quasiteilchen zu tun. In
diesem Rahmen eine adäquate Diskussion dieser außergewöhnlichen Zusammenhänge
zu geben, würde uns zu weit führen. Wir begnügen uns deshalb mit dem Hinweis auf
die Artikel von Landau[34] sowie auf das Buch von Pines und Nozieres,[35] wo der Leser
eine umfassendere Beschreibung dieser Theorie finden kann.

Systeme wechselwirkender Teilchen, die sich entsprechend der Fermi-Dirac-Statistik
verhalten und für welche eine Darstellungsweise mit Hilfe von Quasiteilchen möglich
ist, bezeichnet man als „normale Fermisysteme". Durch eine schwierige und scharfsinnige Argumentation auf der Grundlage der Methode der Greenschen Funktionen
konnte Landau zeigen, daß in Störungstheorie jeder Ordnung (in der Wechselwirkung)
jedes wechselwirkende Fermisystem normal ist. Dies bedeutet nicht, daß sämtliche
elektronischen Systeme in Metallen normal wären. Es ist eine inzwischen wohlbe-
kannte Tatsache, daß der supraleitende Grundzustand ebenso wie verschieden Arten
magnetisch geordneter Grundzustände des elektronischen Systems von Metallen nicht
durch ein störungstheoretisches Verfahren aus dem Grundzustand eines Systems freier
Elektronen konstruierbar sind. Wir können soweit also lediglich feststellen, daß dann,
wenn sich ein Fermisystem nicht normal verhält, es auch etwas ganz anderes, interes-
santes und dramatisches tun kann.

Theorie der Fermiflüssigkeit: Die f-Funktion

Nehmen wir also an, daß wir es mit einem normalen Fermisystem zu tun haben, und gehen wir kurz auf die übrigen Effekte der Elektron-Elektron-Wechselwirkung auf das Verhalten der Elektronen ein. Ist eine Beschreibung des Elektronensystems durch ein Quasiteilchen-Modell möglich, so besteht der primäre Effekt der Elektron-Elektron-Wechselwirkung einfach darin, die Werte der Anregungsenergien $\varepsilon(\mathbf{k})$ gegenüber ihren Werten in einem System freier Elektronen zu verschieben. Landau hob hervor, daß dieser Effekt von wesentlicher Bedeutung für die Struktur der Transporttheorien ist: Fließen elektrische oder thermische Ströme in einem Metall, so unterscheidet sich die elektronische Verteilungsfunktion $g(\mathbf{k})$ von ihrer Gleichgewichtsform $f(\mathbf{k})$. Sind die Elektronen tatsächlich voneinander unabhängig, so ist dieser Unterschied ohne Bedeutung für die Form der Abhängigkeit $\varepsilon(\mathbf{k})$; da jedoch die Quasiteilchen-Energie eine Folge der Elektron-Elektron-Wechselwirkung ist, kann sie durchaus dadurch beeinflußt werden, daß die Konfiguration der übrigen Elektronen verändert wird. Landau bemerkte, daß in einer linearisierten Theorie[42] eine Abweichung $\delta n(\mathbf{k}) = g(\mathbf{k}) - f(\mathbf{k})$ der Verteilungsfunktion von ihrer Gleichgewichtsform eine Änderung der Quasiteilchen-Energie von der Form[43]

$$\delta\varepsilon(\mathbf{k}) = \frac{1}{V}\sum_{\mathbf{k}'} f(\mathbf{k}, \mathbf{k}')\delta n(\mathbf{k}') \tag{17.67}$$

bewirkt. Eben dies sind die Verhältnisse in der Hartree-Fock-Theorie, wo $f(\mathbf{k}, \mathbf{k}')$ die explizite Form $4\pi e^2/(\mathbf{k} - \mathbf{k}')^2$ hat. In einer genaueren, abgeschirmten Hartree-Fock-Theorie hätte f die Form $4\pi e^2/[(\mathbf{k} - \mathbf{k}')^2 + k_0{}^2]$. Im allgemeinen ist jedoch keine dieser Näherungsformen korrekt, und die exakte f-Funktion ist schwierig zu berechnen. Jedenfalls muß in einer korrekten Transporttheorie die Beziehung (17.67) gelten. Die Durchführung dieses Programmes liegt außerhalb des Rahmens dieses Buches; eine der wesentlichsten Erkenntnisse einer solchen Untersuchung ist es, daß die f-Funktion für zeitunabhängige Prozesse vollständig aus einer Transporttheorie herausfällt, und die Elektron-Elektron-Wechselwirkungen nur noch durch ihren Einfluß auf die Streurate relevant sind. Dies bedeutet insbesondere, daß stationäre Prozesse in einem Magnetfeld bei einem hohen Wert von $\omega_c \tau$ vollständig unbeeinflußt durch Elektron-Elektron-Wechselwirkungen sind und durch eine Theorie unabhängiger Elektronen korrekt beschrieben werden können. Genau diese Prozesse aber sind es, die zuverlässige und umfangreiche Information über die Fermifläche liefern, so daß damit ein wesentlicher Zweifel an der absoluten Zuverlässigkeit dieser Art von Information aus dem Weg geräumt werden konnte.

---

[42] ... was in der Praxis auf sämtliche Transporttheorien zutrifft.

[43] Es ist üblich, aus (17.67) denjenigen Beitrag zur Energieänderung herauszunehmen, der sich aufgrund des makroskopischen elektromagnetischen Feldes ergibt, welches durch die mit der Abweichung vom Gleichgewicht verbundenen Ströme und Ladungsdichten erzeugt wird. Dies bedeutet, daß die f-Funktion die Effekte des Austauschs und der Korrelation beschreibt; die Effekte des selbstkonsistenten Feldes behandeln wir – auf die übliche Art und Weise – explizit getrennt davon.

Obwohl die Berechnung der f-Funktion mit keiner der zuverlässigen Rechenmethoden durchführbar ist, kann man dennoch versuchen zu verstehen, auf welche Weise schon alleine ihre Existenz verschiedene frequenzabhängige Transporteigenschaften beeinflussen sollte. In den meisten Fällen scheint dieser Einfluß gering und von den Effekten der Bandstruktur nur schwer zu unterscheiden zu sein. Trotzdem hat man in jüngster Zeit versucht, Eigenschaften zu messen, die kritisch vom Verlauf der f-Funktion abhängen, um somit Werte dieser Funktion experimentell zu bestimmen.[44]

Theorie der Fermiflüssigkeit: Zusammenfassung und „Daumenregeln"

Zusammenfassend kann man von einer Gültigkeit des Bildes unabhängiger Elektronen mit ziemlicher Sicherheit unter den folgenden Bedingungen ausgehen:

(a) Man betrachtet ausschließlich Elektronen mit Energien innerhalb einer Umgebung $k_B T$ der Fermienergie ε_F.

(b) Man erinnert sich daran, daß man es eigentlich nicht mehr mit Elektronen, sondern mit Quasiteilchen zu tun hat.

(c) Man läßt Effekte der Wechselwirkung auf die Form der Abhängigkeit $\varepsilon(\mathbf{k})$ zu.

(d) Man rechnet mit möglichen Auswirkungen des Vorhandenseins einer f-Funktion auf die Form der Transporttheorien.

Aufgaben

17.1   Herleitung der Hartree-Gleichungen mit Hilfe des Variationsprinzips

(a) Zeigen Sie, daß der Erwartungswert des Hamiltonoperators (17.2) in einem Zustand der Form (17.10) gegeben ist durch[45]

$$\langle H \rangle = \sum_i \int d\mathbf{r}\, \psi_i^*(\mathbf{r}) \left(-\frac{\hbar^2}{2m} \nabla^2 + U^{\text{Rumpf}}(\mathbf{r}) \right) \psi_i(\mathbf{r})$$

$$+ \frac{1}{2} \sum_{i \neq j} \int d\mathbf{r}\, d\mathbf{r}'\, \frac{e^2}{|\mathbf{r} - \mathbf{r}'|} |\psi_i(\mathbf{r})|^2 |\psi_j(\mathbf{r}')|^2, \tag{17.68}$$

---

[44] Siehe beispielsweise P. M. Platzman, W. M. Walsh jr., E-Ni Foo, *Phys. Rev.* **172**, 689 (1968).

[45] Beachten Sie das Vorhandensein der Beschränkung $i \neq j$, die ein wenig pedantisch erscheinen mag, sobald die Summe eine große Anzahl von Niveaus umfaßt. Eine derartige Beschränkung besteht dagegen nicht in der allgemeineren Form der Hartree-Fock-Energie nach (17.14), da sich in diesem Falle die direkten und die Austauschterme für $i = j$ identisch herausheben.

vorausgesetzt, daß alle ψ_i die Normierungsbedingung $\int dr |\psi_i|^2 = 1$ erfüllen.

(b) Drücken Sie die Normierungsbedingung für eine jede der Funktionen ψ_i mit Hilfe von Lagrangeschen Multiplikatoren ε_i aus, wählen Sie $\delta\psi_i$ und $\delta\psi_i^*$ als unabhängige Variationen und zeigen Sie, daß die Bedingung

$$\delta_i \langle H \rangle = 0 \tag{17.69}$$

für eine stationäre Energie direkt auf die Hartree-Gleichungen (17.7) führt.

17.2 Herleitung der Hartree-Fock-Gleichungen mit Hilfe des Variationsprinzips

(a) Zeigen Sie, daß der Erwartungswert des Hamiltonoperators (17.2) in einem Zustand der Form (17.13) gegeben ist durch (17.14).

(b) Zeigen Sie, daß das in Aufgabe 1(b) beschriebene Verfahren, angewandt auf (17.14), nun auf die Hartree-Fock-Gleichungen (17.15) führt.

17.3 Eigenschaften des Coulomb-Potentials sowie des abgeschirmten Coulomb-Potentials

(a) Verwenden Sie die Integraldarstellung

$$\delta(\mathbf{r}) = \int \frac{d\mathbf{k}}{(2\pi)^3} e^{i\mathbf{k}\cdot\mathbf{r}} \tag{17.70}$$

der Deltafunktion sowie die Tatsache, daß das Coulomb-Potential $\phi(\mathbf{r}) = -e/r$ die Poisson-Gleichung

$$-\nabla^2 \phi(\mathbf{r}) = -4\pi e \delta(\mathbf{r}) \tag{17.71}$$

erfüllt und stellen Sie dar, daß das Elektron-Elektron-Paarpotential $V(\mathbf{r}) = -e\phi(\mathbf{r}) = e^2/r$ in der Form

$$V(\mathbf{r}) = \int \frac{d\mathbf{k}}{(2\pi)^3} e^{i\mathbf{k}\cdot\mathbf{r}} V(\mathbf{k}) \tag{17.72}$$

geschrieben werden kann, wobei die Fourier-Transformierte $V(\mathbf{k})$ gegeben ist durch

$$V(\mathbf{k}) = \frac{4\pi e^2}{k^2}. \tag{17.73}$$

(b) Zeigen Sie, daß die Fourier-Transformierte der abgeschirmten Coulomb-Wechselwirkung $V_S(\mathbf{r}) = (e^2/r)e^{-k_0 r}$ gegeben ist durch

$$V_S(\mathbf{k}) = \frac{4\pi e^2}{k^2 + k_0^2}, \tag{17.74}$$

indem Sie den Ausdruck (17.74) in das Fourier-Integral

$$V_S(\mathbf{R}) = \int \frac{d\mathbf{k}}{(2\pi)^3} e^{i\mathbf{k}\cdot\mathbf{r}} V_S(\mathbf{k}) \tag{17.75}$$

einsetzen und das Integral dann in sphärischen Koordinaten berechnen. (Das Radial-Integral berechnet man am besten als Kontur-Integral.)

(c) Leiten Sie aus (17.74) her, daß $V_S(\mathbf{r})$ die Beziehung

$$(-\nabla^2 + k_0{}^2)V_S(\mathbf{r}) = 4\pi e^2 \delta(\mathbf{r}) \tag{17.76}$$

erfüllt.

17.4 Hartree-Fock-Effektive Masse in der Nähe von k = 0

Zeigen Sie, daß in der Nähe des Bandminimums ($k = 0$) die Ein-Elektron-Energie (17.19) nach Hartree-Fock als Funktion von f parabolisch verläuft

$$\varepsilon(\mathbf{k}) \approx \frac{\hbar^2 k^2}{2m^*}, \tag{17.77}$$

wobei

$$\frac{m^*}{m} = \frac{1}{1 + 0,22(r_S/a_0)}. \tag{17.78}$$

17.5 Berechnung der Lindhardschen Antwortfunktion

Verwenden Sie die Formel

$$\psi_{\mathbf{k}} = \psi_{\mathbf{k}}^0 + \sum_{\mathbf{k}'} \frac{1}{\varepsilon_{\mathbf{k}} - \varepsilon_{\mathbf{k}'}} (\psi_{\mathbf{k}'}^0, V\psi_{\mathbf{k}}^0)\psi_{\mathbf{k}'}^0 \tag{17.79}$$

der zeitunabhängigen Störungstheorie erster Ordnung und schreiben Sie die Ladungs-dichte in der Form

$$\rho(\mathbf{r}) = -e\sum f_{\mathbf{k}}\psi_{\mathbf{k}}(\mathbf{r})^2 = \rho^0(\mathbf{r}) + \rho^{\mathrm{ind}}(\mathbf{r}) \tag{17.80}$$

(mit der Gleichgewichts-Fermiverteilung $f_{\mathbf{k}}$), um zu zeigen, daß die Fourier-Transformierte der in erster Ordnung durch das Gesamtpotential ϕ induzierten Ladung gegeben ist durch

$$\rho^{\mathrm{ind}}(\mathbf{q}) = -e^2 \int \frac{d\mathbf{k}}{4\pi^3} \frac{f_{\mathbf{k}-\frac{1}{2}\mathbf{q}} - f_{\mathbf{k}+\frac{1}{2}\mathbf{q}}}{\hbar^2(\mathbf{k}\cdot\mathbf{q}/m)} \phi(\mathbf{q}). \tag{17.81}$$

(17.56) folgt dann aus der Definition (17.37) von $\chi(\mathbf{q})$.

18 Oberflächeneffekte

Austrittsarbeit

Kontaktpotentiale

Glühemission

Beugung niedrigenergetischer Elektronen (LEED)

Feldionenmikroskopie

Elektronische Oberflächenzustände

Bisher galt unser Interesse vornehmlich den Körpereigenschaften der Stoffe, so daß wir das Vorhandensein von Oberflächen ignorierten und im idealisierten Modell eines unendlich ausgedehnten Festkörpers[1] arbeiteten. Wir konnten diese Vorgehensweise durch die Argumentation rechtfertigen, daß von den größenordnungsmäßig 10^{24} Atomen eines makroskopischen Kristalls mit einer „Kantenlänge" von typischerweise 10^8 Atomen sich lediglich etwa eines von 10^8 Atomen in der Nähe der Oberfläche befindet.

Indem wir uns auf die Körpereigenschaften der Stoffe beschränken, ignorieren wir den immer bedeutender werdenden Bereich der Oberflächenphysik. Die Oberflächen-physik befaßt sich mit Phänomenen wie der Katalyse oder dem Kristallwachstum, welche vollständig auf die Wechselwirkung von Atomen der Oberfläche eines Kristalls mit Atomen zurückzuführen sind, die auf die Oberfläche auftreffen. Da die mikro-skopische Struktur der meisten Oberflächen irregulär und schwer zu bestimmen ist, erscheint die Oberflächenphysik als ein recht komplexes Gebiet und weist bei wei-tem nicht die überschaubare Zahl einfacher und experimentell überprüfbarer Modelle auf, welche der Festkörperphysik zur Verfügung steht. Auch im vorliegenden Kapi-tel werden wir uns nicht den Oberflächenphänomenen zuwenden, sondern uns darauf beschränken, einige der wichtigsten experimentellen Werkzeuge zur Bestimmung von Oberflächenstrukturen vorzustellen.

Jedenfalls sind wir selbst dann, wenn wir uns ausschließlich mit den Körperei-genschaften der Stoffe befassen wollen, gezwungen, die Existenz einer Oberfläche zumindest immer dann zur Kenntnis zu nehmen, wenn ein Meßprozeß – beispielsweise das Anlegen eines Voltmeters – ein Elektron aus dem Festkörper entfernt. Die zum Ent-fernen eines Elektrons aus dem Festkörper nötige Energie wird – obwohl das Elektron tief aus dem Inneren des Festkörpers stammen kann – ebenso durch die Eigenschaften der Oberfläche beeinflußt, wie durch die Bedingungen im Inneren des Körpers. Dies ist deshalb der Fall, weil es Verzerrungen der elektrischen Ladungsverteilung in der Nähe der Oberfläche gibt, die aufgrund der großen Reichweite des Coulomb-Potentials auch die Energien der Niveaus tief im Inneren des Körpers beeinflussen. Die Berücksichti-gung von Effekten dieser Art trägt entscheidend zum Verständnis des Auftretens von Kontaktpotentialen (siehe weiter unten), der Glühemission (dem „Verdampfen" von Elektronen aus einem Metall heraus bei hohen Temperaturen), des photoelektrischen Effekts (dem Ablösen von Elektronen durch auftreffende Photonen) sowie weiterer Phänomene bei, bei denen Elektronen aus einem Festkörper entfernt werden oder von einem Festkörper in einen anderen übertreten.

Bei der Beschreibung solcher Phänomene spielt die *Austrittsarbeit* eine entscheidende Rolle, definiert als Energie, die minimal erforderlich ist, um ein Elektron aus dem Inneren des Festkörpers an einen Ort unmittelbar außerhalb zu bringen. „Unmittelbar

---

[1] Im Sinne mathematischer Einfachheit legen wir durchgehend anstelle eines unendlich ausgedehnten Festkörpers das Modell eines sich periodisch wiederholenden Festkörpers zugrunde, wie er durch die Born-von Karman-Randbedingungen beschrieben wird.

außerhalb" bedeutet in einer Entfernung von der Oberfläche, die groß ist im Vergleich zu den atomaren Abständen, jedoch klein im Vergleich zu den linearen Abmessungen des Kristalls; wir werden diese Entfernung im Laufe der folgenden Diskussion noch genauer angeben.

Einfluß der Oberfläche auf die Bindungsenergie eines Elektrons: Die Austrittsarbeit

Um zu verdeutlichen, auf welche Weise das Vorhandensein einer Oberfläche die zum Entfernen eines Elektrons aus dem Festkörper notwendige Energie beeinflußt, wollen wir das periodische Potential U^{inf} eines idealisierten, unendlich ausgedehnten Kristalls mit dem Potential U^{fin} vergleichen, welches in die Ein-Elektron-Schrödingergleichung einer endlich ausgedehnten Probe des gleichen Stoffes eingeht. Der Einfachheit halber beschränken wir uns dabei auf die Betrachtung von Kristallen des kubischen Kristallsystems mit Inversionssymmetrie. Für den unendlichen, periodisch ausgedehnten Kristall können wir das Potential U^{inf} darstellen als eine Summe von Beiträgen der primitiven Wigner-Seitz-Zellen um jeden Gitterpunkt,

$$U^{\text{inf}}(\mathbf{r}) = \sum_{\mathbf{R}} v(\mathbf{r} - \mathbf{R}), \tag{18.1}$$

mit

$$v(\mathbf{r}) = -e \int_C d\mathbf{r}' \, \rho(\mathbf{r}') \frac{1}{|\mathbf{r} - \mathbf{r}'|}. \tag{18.2}$$

Die Integration in (18.2) ist über eine im Ursprung zentrierte Wigner-Seitz-Zelle C auszuführen; $\rho(\mathbf{r})$ bezeichnet die gesamte Ladungsdichte, sowohl der Elektronen als auch der Atomrümpfe.[2]

In einer Entfernung von der Zelle, die groß ist im Vergleich zu deren Abmessungen, können wir die Multipolentwicklung der Elektrostatik ansetzen und schreiben

$$\frac{1}{|\mathbf{r} - \mathbf{r}'|} = \frac{1}{r} - (\mathbf{r}' \cdot \nabla)\frac{1}{r} + \frac{1}{2}(\mathbf{r}' \cdot \nabla)^2 \frac{1}{r} + \cdots$$

$$= \frac{1}{r} + \frac{\mathbf{r}' \cdot \hat{\mathbf{r}}}{r^2} + \frac{3(\mathbf{r}' \cdot \hat{\mathbf{r}})^2 - r'^2}{r^3} + \frac{1}{r}O\left(\frac{r'}{r}\right)^3. \tag{18.3}$$

---

[2] Als Ein-Elektron-Schrödingergleichung nehmen wir die selbstkonsistente Hartree-Gleichung an, wie wir sie in den Kapiteln 11 und 17 diskutierten.

Damit erhalten wir

$$v(\mathbf{r}) = -e\frac{Q}{r} - e\frac{\mathbf{p} \cdot \hat{\mathbf{r}}}{r^2} + O(\frac{1}{r^3}), \tag{18.4}$$

mit der Gesamtladung

$$Q = \int_C d\mathbf{r}' \, \rho(\mathbf{r}') \tag{18.5}$$

der Zelle sowie deren gesamtem Dipolmoment

$$\mathbf{p} = \int_C d\mathbf{r}' \, \mathbf{r}' \, \rho(\mathbf{r}'). \tag{18.6}$$

Da der Kristall elektrisch neutral ist und $\rho(\mathbf{r})$ die Periodizität des Bravaisgitters aufweist, muß auch jede der primitiven Zellen neutral sein: $Q = 0$. Der Beitrag der Wigner-Seitz-Zelle zum Dipolmoment verschwindet in einem Kristall mit Inversionssymmetrie. Aufgrund der kubischen Symmetrie ist der Koeffizient des Terms $1/r^3$, des Quadrupolpotentials, gleich Null,[3] und da die Inversionssymmetrie es erfordert, daß der Koeffizient des Terms $1/r^4$ ebenfalls verschwindet, können wir schließen, daß der Beitrag der Wigner-Seitz-Zelle zu $v(\mathbf{r})$ in großen Entfernungen von der Zelle wie $1/r^5$ abfällt – also recht rasch.

Somit sind die Beiträge von Zellen, die – auf einer atomaren Skala betrachtet – weit vom Punkt $\mathbf{r}$ entfernt sind, zum Potential U^{inf} vernachlässigbar klein, so daß dieses Potential sehr gut angenähert werden kann durch die Beiträge derjenigen Zellen, die sich innerhalb einiger weniger Gitterkonstanten von $\mathbf{r}$ befinden.

Betrachten wir nun einen endlich ausgedehnten Kristall. Nehmen wir an, wir könnten die Konfiguration der Atomrümpfe des endlichen Kristalls einfach dadurch erhalten, daß wir einen endlichen Bereich V des im unendlich ausgedehnten Gitter besetzten Bravaisgitters mit Atomrümpfen besetzen. Nehmen wir weiterhin an, die elektrische

---

[3] Diese folgt aus der Tatsache, daß $\int_C d\mathbf{r}' r_i' r_j' \rho(\mathbf{r}')$ für $i \neq j$ verschwinden und für $i = j$ seinen Mittelwert $\frac{1}{3} \int d\mathbf{r}' r'^2 \rho(\mathbf{r}')$ annehmen muß. Folglich hebt der erste Term im Integral

$$\int_C d\mathbf{r}' \left[\frac{3(\mathbf{r}' \cdot \hat{\mathbf{r}})^2}{r^3} - \frac{r'^2}{r^3} \right] \rho(\mathbf{r}')$$

den zweiten Term auf.

Hat der Kristall keine kubische Symmetrie, so bleiben unsere allgemeinen Schlußfolgerungen davon unberührt. Dennoch ist bei der Behandlung des Quadrupolterms Vorsicht geboten: Eine $1/r^3$-Abhängigkeit nimmt mit der Entfernung nicht rasch genug ab, um mit Sicherheit davon ausgehen zu können, daß entfernte Zellen sich nicht gegenseitig beeinflussen; darüber hinaus ist auch die Winkelabhängigkeit des Quadrupolpotentials zu berücksichtigen. Die Behandlung würde dadurch mit sehr viel mehr Rechentechnik belastet, und ihre Durchführung ist – für unsere Zwecke – der Mühe nicht wert.

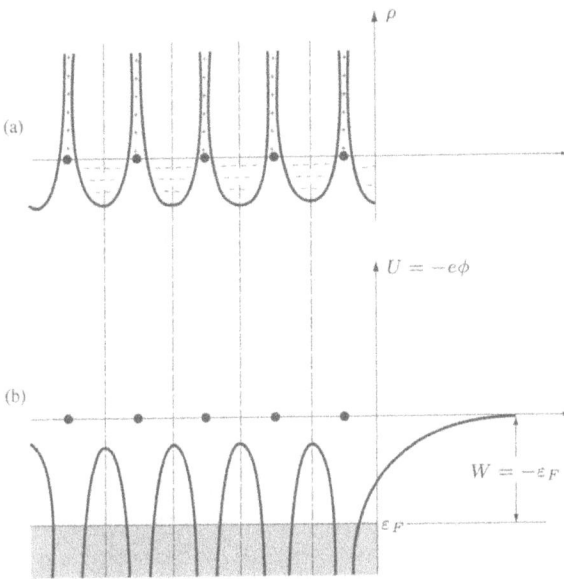

Bild 18.1: (a) Verlauf der elektrischen Ladungsdichte nahe der Oberfläche eines endlich ausgedehnten Kristalls, falls man Verzerrungen in oberflächennahen Zellen vernachlässigt. Die Dichte ist entlang einer Reihe von Atomrümpfen aufgetragen; vertikale, gestrichelt gezeichnete Linien deuten die Zellengrenzen an. (b) Verlauf des Kristallpotentials U (beziehungsweise des elektrostatischen Potentials $\phi = -U/e$), welches durch die in (a) dargestellte Ladungsdichte erzeugt wird, aufgetragen entlang derselben Reihe von Atomrümpfen wie in (a). In großer Entfernung vom Kristall gehen sowohl U als auch ϕ gegen Null. An der senkrechten Achse ist die Lage der (negativen) Fermienergie angegeben. Die Schattierung im Bereich unterhalb der Fermienergie deutet die besetzten elektronischen Niveaus des Metalls an. Da die energetisch niedrigstliegenden elektronischen Niveaus außerhalb des Metalls die Energie null haben, muß eine Energie $W = -\varepsilon_F$ aufgebracht werden, um ein Elektron aus dem Metall zu entfernen.

Ladungsdichte in der Umgebung eines jeden Atomrumpfes innerhalb der Wigner-Seitz-Zelle bleibe im Vergleich zu ihrer Form im unendlich ausgedehnten Kristall vollständig unverändert, und dies selbst in Zellen nahe der Oberfläche (Bild 18.1a). Unter diesen Voraussetzungen wäre der Beitrag jeder besetzten Zelle zum Potential auch weiterhin $v(\mathbf{r} - \mathbf{R})$, und das Potential selbst gegeben durch

$$U^{\text{fin}}(\mathbf{r}) = \sum_{\mathbf{R} \text{ in } V} v(\mathbf{r} - \mathbf{R}). \tag{18.7}$$

Wäre (18.7) korrekt, so würden sich an Punkten $\mathbf{r}$, die – auf einer atomaren Skala – weit innerhalb des Kristalls liegen, die Potentiale U^{fin} und U^{inf} alleine deshalb voneinander unterscheiden, weil dem endlich ausgedehnten Kristall an Punkten $\mathbf{R}$, die von $\mathbf{r}$ weit entfernt sind, Zellen fehlen. Da aber solche Zellen nur in vernachlässigbar geringem Maße zum Potential im Punkt $\mathbf{r}$ beitragen, so wäre $U^{\text{fin}}(\mathbf{r})$ ununterscheidbar von $U^{\text{inf}}(\mathbf{r})$, falls $\mathbf{r}$ um mehr als nur einige Gitterkonstanten innerhalb des Kristalls läge. Andererseits wäre in einem Punkt $\mathbf{r}$, der mehr als nur einige Gitterkonstanten außerhalb des Kristalls liegt, das Potential U^{fin} verschwindend gering – infolge der rasch abfallenden $1/r^5$-Abhängigkeit des Beitrages zu U^{fin} von jeder besetzten Zelle des kubischen Kristalls (Bild 18.1b).

Infolgedessen wäre die Energie des höchsten besetzten, weit innerhalb des Kristalls liegenden elektronischen Niveaus noch immer gleich ε_F, wobei die Fermienergie für den idealen, unendlich ausgedehnten Kristall mit dem periodischen Potential U^{inf} berechnet ist. Die niedrigste Energie eines elektronischen Niveaus außerhalb des Kristalls wäre Null – da U^{fin} außerhalb des Kristalls gegen Null streben würde, und die kinetische Energie eines freien Elektrons beliebig kleine Werte annehmen kann.

Gäbe es somit keinerlei Verzerrung der Ladungsverteilung in oberflächennahen Zellen, so wäre die zum Entfernen eines Elektrons aus dem Inneren des Kristalls an einen unmittelbar außerhalb des Kristalls gelegenen Punkt minimal notwendige Energie gegeben durch[4]

$$W = 0 - \varepsilon_F = -\varepsilon_F. \tag{18.8}$$

Dieser Schluß ist jedoch nicht richtig, weil sich die tatsächliche Ladungsverteilung in Zellen nahe den Oberflächen eines endlich ausgedehnten Kristalls von der Ladungsverteilung der im Inneren des Kristalls gelegenen Zellen unterscheidet: Zum einen sind die Orte der Atomrümpfe an einer Oberfläche im allgemeinen ein wenig gegenüber ihren Positionen in einem idealen Bravaisgitter verschoben. Darüber hinaus hat die elektrische Ladungsverteilung in oberflächennahen Zellen nicht notwendig die Symmetrie des Bravaisgitters (Bild 18.2a); diese Zellen zeigen im allgemeinen ein nicht verschwindendes elektrisches Dipolmoment und können sogar eine nicht verschwindende elektrische Oberflächenladung tragen.

Auf welche Art sich im einzelnen die Ladungsverteilung in oberflächennahen Zellen von der Ladungsverteilung im Inneren unterscheidet, hängt von den besonderen Eigenschaften der jeweiligen Oberfläche ab, davon beispielsweise, ob die Oberfläche

---

[4] Da die Elektronen im Metall gebunden sind, muß Arbeit verrichtet werden, um sie aus dem Metall zu entfernen; ε_F muß deshalb negativ sein. Es ist nicht schwierig, diese Forderung mit der Konvention der Theorie freier Elektronen in Einklang zu bringen, daß die Energie von der Form $\hbar^2 k_F^2/2m$ ist. Der wesentliche Punkt besteht darin, daß es in Theorien der Körpereigenschaften, die das Modell eines unendlich ausgedehnten Metalls zugrunde legen, keinen Grund dafür gibt, irgendeinen speziellen Wert der frei wählbaren, additiven Konstanten im Ausdruck für die elektronische Energie festzulegen; wir trafen implizit eine Wahl für den Wert dieser Konstanten, indem wir dem niedrigstliegenden elektronischen Niveau die Energie null zuordneten. Legt man diese Konvention zugrunde, so muß die potentielle Energie eines Elektrons außerhalb des Metalls groß und positiv sein – positiver jedenfalls als ε_F – wenn man die Elektronen als im Metall gebunden betrachtet. In der vorliegenden Diskussion jedoch schlossen wir uns der üblichen Konvention der Elektrostatik an, das Potential in großen Entfernungen von einer endlich ausgedehnten Metallprobe als Null anzunehmen. Um Konsistenz mit dieser anderen Konvention zu erreichen, ist es notwendig, zur Energie eines jeden elektronischen Niveaus innerhalb des Metalls eine große negative Konstante zu addieren. Man kann diese Konstante dahingehend interpretieren, daß sie in grober Form die Wirkung des anziehenden Potentials des Gitters der Atomrümpfe beschreibt. Der Wert dieser Konstanten ist ohne Einfluß auf die Bestimmung der Körpereigenschaften; vergleicht man jedoch Energien innerhalb und außerhalb des Metalls, so muß man entweder einen solchen Term explizit einführen, oder aber die Konvention eines in großen Entfernungen vom Metall verschwindenden Potentials fallenlassen.

glatt oder rauh ist, oder – falls sie glatt ist – von ihrer relativen Orientierung zu den Kristallachsen. Die Form dieser verzerrten Ladungsverteilung für verschiedene Oberflächentypen zu bestimmen, ist ein schwieriges Problem der Oberflächenphysik, mit dem wir uns hier nicht beschäftigen werden; uns interessieren primär die Folgen dieser Verzerrung.

Wir betrachten zunächst den Fall, daß die Verzerrung der Ladungsverteilung in den oberflächennahen Zellen nicht das Auftreten einer makroskopischen Ladung pro Einheit der Oberfläche des Metalls verursacht. Fordern wir, daß die Metallprobe als Ganze elektrisch neutral sei, so wird dies dann der Fall sein, wenn die Strukturen sämtlicher Oberflächen äquivalent sind, entweder deshalb, weil alle Oberflächen kristallographisch äquivalente Ebenen sind, oder aber – falls sie rauh sind – deshalb, weil sie sämtlich durch identische Prozesse präpariert wurden. In großen Entfernungen – auf einer atomaren Längenskala – von einer solchen elektrisch neutralen Oberfläche werden die Ladungsverteilungen der einzelnen, „verzerrten" Oberflächenzellen auch weiterhin keinerlei resultierendes, makroskopisches elektrisches Feld erzeugen.[5] Innerhalb der Oberflächenschicht verzerrter Zellen jedoch äußert sich diese Verzerrung im Auftreten wahrnehmbarer elektrischer Felder, gegen welche man einen Arbeitsbetrag $W_s = \int e\mathbf{E} \cdot d\boldsymbol{\ell}$ verrichten muß, wenn man ein Elektron durch die Oberflächenschicht hindurch nach außen bewegt.

Der Betrag dieser Arbeit W_s ist dadurch bestimmt, auf welche Weise sich die Ladungsverteilung der Oberflächenzellen von der Ladungsverteilung im Inneren unterscheidet, und hängt deshalb davon ab, welcher Art die betrachtete Oberfläche ist. In einigen Modellen[5] stellt man die Verzerrung der Ladungsverteilung in den Oberflächenzellen als eine homogene, makroskopische Oberflächendichte von Dipolen dar; auf der Grundlage dieser Vorstellung bezeichnet man die Oberflächenschicht allgemein oft als „Doppelschicht".

Die gegen das innerhalb der Doppelschicht herrschende Feld verrichtete Arbeit W_s muß nun im Ausdruck (18.8) hinzugefügt werden, welcher die Austrittsarbeit unter Vernachlässigung der Verzerrung der Ladungsverteilung in den oberflächennahen Zellen angibt. Der korrekte Ausdruck für die Austrittsarbeit ist deshalb[6]

$$W = -\varepsilon_F + W_s. \tag{18.9}$$

Der entsprechende Verlauf des Kristallpotentials $U(\mathbf{r})$ ist in Bild 18.2b dargestellt.

---

[5] Siehe beispielsweise Aufgabe 1a.

[6] Bei Gleichung (18.8) ist ebenso wie bei Gleichung (18.9) angenommen, daß ε_F für einen unendlich ausgedehnten Kristall mit einer bestimmten Wahl des Wertes der additiven Konstanten im Ausdruck für das periodische Potential berechnet wurde, jenem Wert nämlich, der im Falle eines endlich ausgedehnten Kristalls, wenn eine Verzerrung der Ladungsverteilungen in oberflächennahen Zellen nicht berücksichtigt wird, gewährleistet, daß U in großen Entfernungen vom Kristall verschwindet.

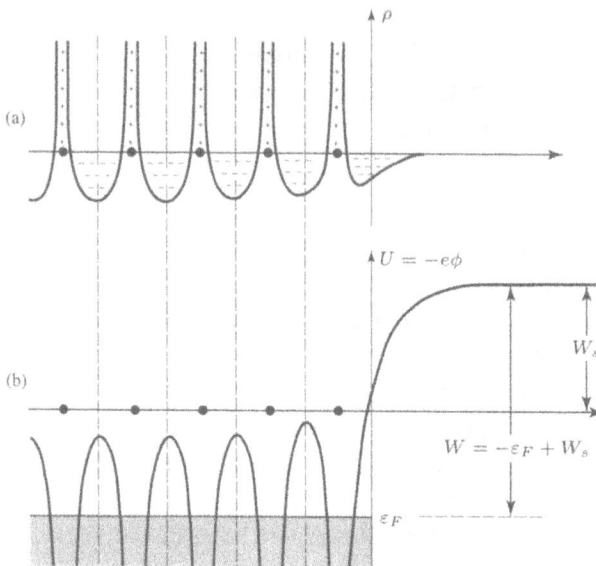

Bild 18.2: (a) Der tatsächliche Verlauf der elektrischen Ladungsdichte nahe der Oberfläche eines Kristalls – unter Vernachlässigung möglicher, geringfügiger Verschiebungen der Atomrümpfe in der Nähe der Oberfläche von ihren Plätzen im unendlich ausgedehnten Kristall. Beachten Sie den Elektronenmangel in den beiden Zellen, die der Oberfläche am nächsten sind, sowie das Vorhandensein elektronischer Ladung in der ersten „Zelle" auf der Vakuumseite der Oberfläche. Dieser Art der Verzerrung erzeugt die unten beschriebene „Doppelschicht". (b) Verlauf des durch die in (a) dargestellte Ladungsdichte erzeugten Kristallpotentials U. Wählt man die additive Konstante derart, daß U dem in Bild 18.1b dargestellten Potential weit innerhalb des Kristalls ähnelt, so geht U außerhalb des Kristalls nicht gegen null, sondern nähert sich dem Betrag W_s der Arbeit, die aufzubringen ist, um ein Elektron durch das elektrische Feld der Doppelschicht hindurch nach außen zu bringen. Nun ist die Energie der niedrigstliegenden Niveaus außerhalb des Kristalls gleich W_s, so daß ein Energiebetrag $W = -\varepsilon_F + W_s$ aufzubringen ist, um ein Elektron aus dem Kristall zu entfernen.

Sind die Kristalloberflächen nicht äquivalent, so gibt es nichts, was die Ausbildung resultierender, makroskopischer Oberflächenladungen auf den Flächen – zusätzlich zur Doppelschicht – verhindern sollte, vorausgesetzt, die Gesamtladung aller Oberflächen des Kristalls verschwindet. Durch die folgende Überlegung kann man leicht einsehen, daß sich kleine, aber nicht verschwindende Oberflächenladungen entwickeln müssen:

Betrachten wir einen Kristall mit zwei nicht äquivalenten Flächen F und F': Ihre Austrittsarbeiten müssen nicht notwendig übereinstimmen, da sich die Beiträge W_s und W_s' zu den jeweiligen Austrittsarbeiten aufgrund von Doppelschichten ergeben, die durch unterschiedliche interne Strukturen verursacht sind. Nun werde ein Elektron, dessen Energie gleich der Fermienergie sei, durch die Oberfläche F hindurch aus dem Kristall entfernt, um anschließend durch die Oberfläche F' hindurch wieder auf ein internes Niveau zurückgebracht zu werden, dessen Energie wiederum gleich

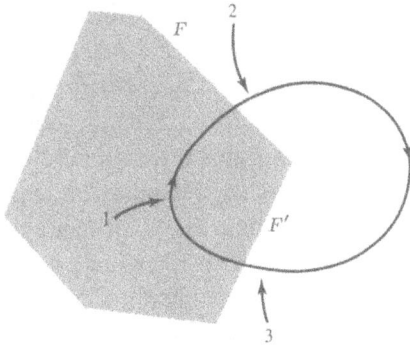

Bild 18.3: Führt man ein Elektron aus einem internen Niveau bei der Fermienergie entlang des gezeichneten Weges zu einem internen Niveau bei der Fermienergie zurück, so ist die gesamte verrichtete Arbeit Null. Diese Arbeit ergibt sich als Summe dreier Beiträge: W (für den Weg von 1 nach 2), $e(\phi - \phi')$ (für den Weg von 2 nach 3, wobei ϕ und ϕ' die elektrostatischen Potentiale unmittelbar außerhalb der Oberflächen F beziehungsweise F' bezeichnen) sowie $-W'$ (für den Weg von 3 zurück zum Punkt 1).

der Fermienergie sei (Bild 18.3). Die gesamte, in diesem Zyklus verrichtete Arbeit muß verschwinden, um die Erhaltung der Energie zu gewährleisten. Jedoch ist die Arbeit, die zu verrichten ist, um das Elektron zu entfernen und danach wieder zurückzubringen, gegeben durch $W - W'$, und muß für zwei nicht äquivalente Oberflächen nicht notwendig verschwinden. Es muß deshalb ein elektrisches Feld außerhalb des Metalls existieren, gegen welches der fehlende Arbeitsbetrag verrichtet wird, wenn das Elektron von der Oberfläche F zur Fläche F' gebracht wird – was bedeutet, daß die beiden Kristallflächen auf unterschiedlichen elektrostatischen Potentialen ϕ und ϕ' liegen müssen, so daß gilt

$$-e(\phi - \phi') = W - W'. \tag{18.10}$$

Da die Doppelschichten keinerlei makroskopische elektrische Felder außerhalb des Metalls erzeugen dürfen, so müssen solche Felder durch makroskopische Verteilungen resultierender elektrischer Ladung auf den Oberflächen erzeugt werden.[7] Die Ladungsmenge, die zwischen den Oberflächen umverteilt werden muß, um solche externen Felder zu erzeugen, ist sehr gering, verglichen mit der Ladungsmenge, die zwischen benachbarten Oberflächenzellen bei der Ausbildung der Doppelschicht[8] umverteilt wird. Dementsprechend ist das innerhalb der Doppelschicht herrschende Feld sehr stark, verglichen mit dem externen, durch die resultierende Oberflächenladung verursachten elektrischen Feld.[9]

Sind sämtliche Oberflächen eines Festkörpers nicht äquivalent, so definiert man die Austrittsarbeit für eine ausgewählte Oberfläche ausschließlich durch die Arbeit, die

---

[7] Die Forderung, daß der Kristall als Ganzer neutral sei, bedeutet lediglich, daß die über alle Oberflächen berechnete Summe der makroskopischen Oberflächenladung auf jeder der Flächen verschwinden soll.

[8] Siehe Aufgabe 1b.

[9] Die Potentialdifferenz zwischen den verschiedenen Oberflächen ist vergleichbar mit der Potentialdifferenz über Doppelschichten (siehe Gleichung (18.10)). Während die Potentialdifferenz zwischen verschiedenen Oberflächen über makroskopische Entfernungen auftritt (von der Größenordnung der Abmessungen der Kristallflächen), liegt die Potentialdifferenz innerhalb einer Doppelschicht über eine mikroskopische Entfernung an (von der Größenordnung der Dicke der Doppelschicht, entsprechend einigen Gitterkonstanten).

gegen das elektrische Feld ihrer Doppelschicht (eine für die jeweilige Oberfläche spezifische Eigenschaft) aufzubringen ist, und berücksichtigt dabei nicht die zusätzliche
Arbeit gegen externe Felder, die aufgrund der Umverteilung von Oberflächenladungen
vorhanden sein können (wobei der Betrag dieser Arbeit davon abhängt, welche weiteren Oberflächen exponiert sind). Da diese externen Felder im Vergleich zu den Feldern
innerhalb von Doppelschichten sehr schwach sind, stellt man sicher, daß nur die letzteren Felder zur Austrittsarbeit einer Oberfläche beitragen, indem man die Austrittsarbeit
definiert als die minimale Arbeit, die erforderlich ist, um ein Elektron durch diese
Oberfläche hindurch zu einem Punkt zu bringen, der – auf einer atomaren Längenskala – weit von der Oberfläche entfernt ist (um sicherzustellen, daß das Elektron die
Doppelschicht vollständig durchquert hat), jedoch nicht weit entfernt auf der Skala der
Abmessungen der makroskopischen Kristallflächen, so daß die außerhalb des Kristalls
herrschenden elektrischen Felder nur vernachlässigbar wenig Arbeit an diesem Elektron verrichten können.[10]

Kontaktpotentiale

Betrachten wir zwei Metalle, die so miteinander verbunden sind, daß Elektronen frei
vom einen Metall zum anderen fließen können. Sobald das Gleichgewicht erreicht
ist, müssen sich die Elektronen in beiden Metallen auf dem gleichen Chemischen
Potential befinden; dies wird erreicht durch einen kurzzeitigen Ladungsfluß von der
Oberfläche des einen Metalls zur Oberfläche des anderen. Die Oberflächenladung auf
den Metallproben erzeugt ein Potential, welches im Inneren der Proben sämtliche
Niveaus gleichförmig zusammen mit dem Chemischen Potential verschiebt, so daß
die Körpereigenschaften im Inneren unverändert bleiben.

Da Ladung transportiert wurde, befinden sich die beiden Metallproben jedoch nun
nicht mehr auf demselben elektrostatischen Potential. Die Potentialdifferenz zwischen
zwei beliebigen Oberflächen der beiden Metalle kann man durch dieselbe Argumentation auf ihre Austrittsarbeiten zurückführen, mittels derer wir die Potentialdifferenz
zwischen zwei nicht äquivalenten Oberflächen einer einzelnen Metallprobe ermittelten
(Bild 18.3). Denkt man sich in entsprechender Weise ein Elektron aus einem Niveau
mit der Fermienergie[11] durch eine Oberfläche eines der beiden Metalle (mit der Austrittsarbeit W) entfernt, und danach durch eine Oberfläche des zweiten Metalls (mit
der Austrittsarbeit W') hindurch wieder in ein Niveau mit (derselben) Fermienergie
gebracht, so fordert die Energieerhaltung die Existenz eines äußeren elektrischen Fel-

---

[10] Auch wenn sämtliche Flächen äquivalent sind, induziert die Wechselwirkung des aus dem Metall
entfernten Elektrons mit den übrigen Elektronen im Metall makroskopische Oberflächenladungen (die
„Bildladung" der Elektrostatik), deren Beitrag zur Austrittsarbeit infolge dieser Festlegung ebenfalls
vernachlässigbar gering sei.

[11] In Metallen bei Raumtemperatur und darunter unterscheidet sich das Chemische Potential nur
vernachlässigbar wenig von der Fermienergie; siehe (2.77).

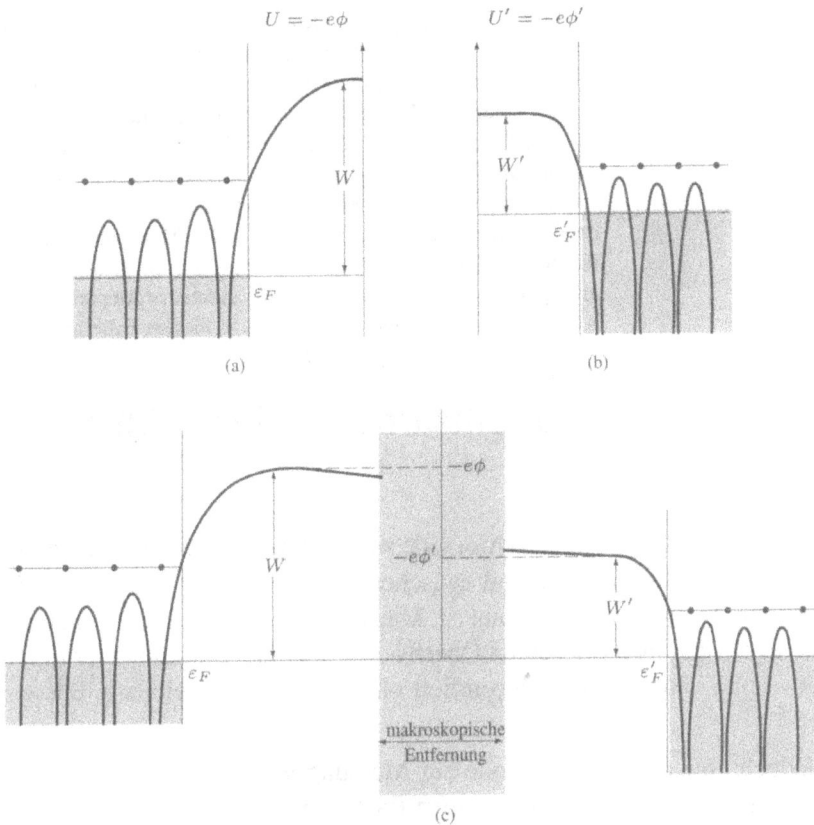

Bild 18.4: (a) Verlauf des Kristallpotentials U (beziehungsweise des elektrostatischen Potentials $\phi = U/(-e)$) für ein Metall mit der Austrittsarbeit W und der Fermienergie ε_F. (Die Darstellung ist praktisch identisch mit Bild 18.2b) (b) Eine entsprechende Darstellung für ein zweites, vom ersten elektrisch isoliertes Metall mit Austrittsarbeit W' und Fermienergie ε'_F. In (c) wurden die beiden Metalle elektrisch leitend miteinander verbunden, so daß Ladung frei zwischen ihnen fließen kann: Das einzige Ergebnis dieser Maßnahme besteht darin, daß sich kleine Mengen resultierender Oberflächenladung auf jedem Metall sammeln – genug, um die Niveausysteme in (a) und (b) so zu verschieben, daß die beiden Ferminiveaus in Übereinstimmung gebracht werden. Das Vorhandensein der geringen Oberflächenladungen auf den beiden Metallflächen bewirkt, daß die Potentiale außerhalb der Metalle nicht mehr unverändert bleiben, sondern sich eine leichte Potentialdifferenz zwischen beiden einstellt, die gegeben ist durch den Ausdruck $-e(\phi - \phi') = W - W'$.

des, welches eine Arbeit $W - W'$ an diesem Elektron verrichtet. Daher muß eine Potentialdifferenz zwischen den beiden Oberflächen bestehen, die gegeben ist durch

$$-e(\phi - \phi') = W - W'. \tag{18.11}$$

In Bild 18.4 sind die beiden Metalle schematisch dargestellt, bevor und nachdem sich eine Gleichgewicht zwischen den Systemen ihrer Elektronen eingestellt hat. Da ein Kontakt zwischen den beiden Metallen hergestellt werden muß, um die Einstellung eines Gleichgewichts zwischen den beiden Elektronensystemen zu ermöglichen, bezeichnet man die Potentialdifferenz (18.11) als *Kontaktpotential*.

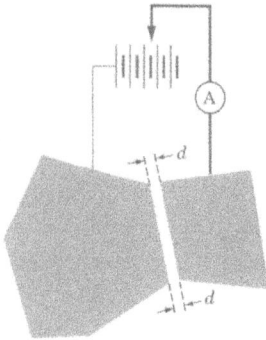

Bild 18.5: Messung eines Kontaktpotentials: Durch Änderung des Abstandes der beiden planparallelen Kristallflächen ändert sich die Kapazität; da die Potentialdifferenz zwischen den Flächen durch das Kontaktpotential gegeben und unverändert ist, muß eine Änderung der Kapazität eine Änderung der Ladungsdichten auf den Flächen nach sich ziehen. Damit sich die Ladungsmenge auf den Flächen dem veränderten Abstand zwischen ihnen entsprechend einstellen kann, muß im Leiter, der die Flächen verbindet, ein Strom fließen. Man kann die Messung dadurch vereinfachen, daß man eine externe Spannungsquelle in den Kreis einfügt und so regelt, daß *kein* Strom durch das Ampèremeter A fließt, wenn man den Abstand *d* verändert. In diesem Falle hebt die externe Spannung das Kontaktpotential genau auf.

Bestimmung von Austrittsarbeiten durch Messung der Kontaktpotentiale

Gleichung (18.11) legt als einfache Methode zur Bestimmung der Austrittsarbeit eines Metalls[12] nahe, das Kontaktpotential zwischen diesem Metall und einem anderen zu messen, dessen Austrittsarbeit bekannt ist. Man kann dies jedoch nicht einfach dadurch bewerkstelligen, daß man die beiden Oberflächen über ein Galvanometer miteinander verbindet – man hätte so einen Stromfluß ohne eine ihn antreibende Energiequelle erzeugt.

Es gibt jedoch eine einfache Methode zur Messung von Kontaktpotentialen, die auf Kelvin zurückgeht: Man ordnet die beiden Proben in einer Weise an, daß die beiden Kristallflächen einen planparallelen Kondensator bilden. Eine Potentialdifferenz V zwischen den Flächen bedeutet das Vorhandensein einer durch

$$\sigma = \frac{E}{4\pi} = \frac{V}{4\pi d} \qquad (18.12)$$

gegebenen Ladung pro Flächeneinheit, wobei d den Abstand zwischen den Kristallflächen bezeichnet. Werden die beiden Flächen leitend verbunden und keinerlei äußere Spannung angelegt, so stellt sich als Potentialdifferenz das Kontaktpotential V_K ein. Verändert man den Abstand d zwischen den Flächen, so bleibt dieses Kontaktpotential unverändert bestehen, so daß eine Ladung zwischen den Flächen fließen muß, um die Gültigkeit der Beziehung

$$\sigma = \frac{V_K}{4\pi d} \qquad (18.13)$$

---

[12] Wenn man von der Austrittsarbeit eines Metalls spricht, ohne sich dabei auf eine bestimmte Kristallfläche zu beziehen, so denkt man an einen Wert für eine – auf mikroskopischer Skala betrachtet – rauhe Oberfläche, so daß dieser Wert einen gewissen Mittelwert über die Austrittsarbeiten kristallographisch wohldefinierter Flächen darstellt.

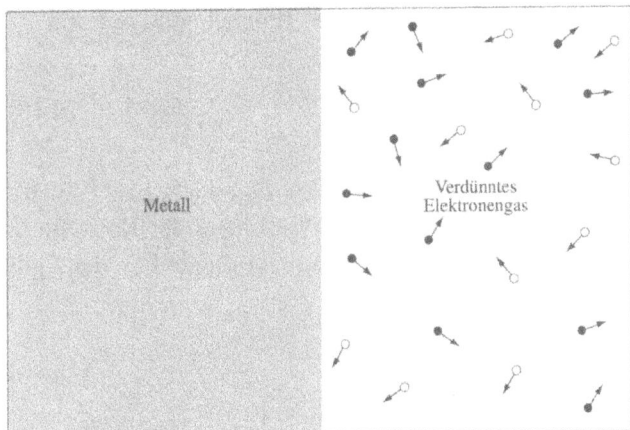

Bild 18.6: Ein einfaches Modell der Glühemission: Man berechnet den aus einem Metall heraus fließenden Elektronenstrom, der sich einstellt, wenn die austretenden Elektronen kontinuierlich abgezogen werden, unter der Annahme, daß sich das Metall im thermodynamischen Gleichgewicht mit einem verdünnten Gas freier Elektronen befindet. Der abfließende Strom wird somit durch jene Elektronen getragen, die sich von der Metalloberfläche weg bewegen (als schwarze Punkte gezeichnet).

aufrechtzuerhalten. Durch Messung dieses Ladungsflusses kann man das Kontaktpotential messen. Das Meßverfahren wird dadurch vereinfacht, daß man in den Meßkreis eine externe, einstellbare Spannungsquelle einfügt und diese so regelt, daß bei einer Änderung des Abstandes d kein Strom fließt (Bild 18.5); die externe Vorspannung ist dann entgegengesetzt gleich dem Kontaktpotential.

Weitere Methoden zur Messung von Austrittsarbeiten: Glühemission

Man kennt verschiedene andere Methoden zur Messung von Austrittsarbeiten; eine dieser Methoden nutzt den photoelektrischen Effekt, mißt die minimale Photonenenergie, die zur Ablösung eines Elektrons aus einer Kristallfläche heraus notwendig ist, und nimmt diesen Wert als Austrittsarbeit W.

Eine weiteres Verfahren – von wesentlicher Bedeutung für die Konstruktion von Elektronenröhren – mißt die Temperaturabhängigkeit des Elektronenstroms, der aus der Oberfläche eines heißen Metalles austritt. Zum Verständnis dieser *Glühemission* betrachten wir zunächst den idealisierten Fall des thermodynamischen Gleichgewichts zwischen einer Metalloberfläche und einem verdünnten Elektronengas im Raum außerhalb des Metalls (Bild 18.6). Bei der Temperatur T ist die elektronische Verteilungsfunktion gegeben durch

$$f(\mathbf{k}) = \frac{1}{\exp\left[(\varepsilon_n(\mathbf{k}) - \mu)/k_B T\right] + 1}. \tag{18.14}$$

Innerhalb des Metalls ist der Verlauf von $\varepsilon_n(\mathbf{k})$ durch die Bandstruktur bestimmt;[13]

---

[13] Die hier angegebene Herleitung setzt nicht voraus, daß die Bänder denen freier Elektronen ähnlich

außerhalb des Metalls kann man für $\varepsilon_n(\mathbf{k})$ die für ein freies Teilchen gültige Form

$$\frac{\hbar^2 k^2}{2m} - e\phi \tag{18.15}$$

annehmen, wobei ϕ den lokalen Wert des elektrostatischen Potentials hat.[14] Wählt man die additive Konstante im periodischen Potential entsprechend der Konvention von Bild 18.2b – so daß der Ausdruck (18.9) die Austrittsarbeit beschreibt – dann gilt außerhalb der Doppelschicht (siehe Bild 18.2b)

$$-e\phi = W_s. \tag{18.16}$$

Deshalb ist die Verteilung der externen Elektronen im Raum außerhalb der Doppelschicht gegeben durch

$$f(\mathbf{k}) = \frac{1}{\exp\left[(\hbar^2 k^2/2m + W_s - \mu)/k_B T\right] + 1}. \tag{18.17}$$

Mit Hilfe von (18.9) kann man diesen Ausdruck in der Form[15]

$$f(\mathbf{k}) = \frac{1}{\exp\left[(\hbar^2 k^2/2m + W)/k_B T\right] + 1} \tag{18.18}$$

schreiben, wobei W die Austrittsarbeit der Oberfläche bezeichnet.

Da Austrittsarbeiten typischerweise einige Elektronenvolt betragen (siehe Tabelle 18.1), so ist W/k_B von der Größenordnung 10^4 K. Damit reduziert sich (18.18) für Temperaturen unterhalb einiger Tausend Kelvin zu[16]

$$f(\mathbf{k}) = \exp\left[-(\hbar^2 k^2/2m + W)/k_B T\right]. \tag{18.19}$$

Die von der Oberfläche abfließende elektronische Stromdichte ergibt sich additiv aus den Beiträgen aller Elektronen mit einer positiven Geschwindigkeitskomponente $v_x = \hbar k_x/m$, wobei die positive x-Richtung als Richtung der nach außen gerichteten

---

sind. Das Resultat (18.21) ist unabhängig von den Einzelheiten der Bandstruktur.

[14] Wir vernachlässigen hier zunächst den Beitrag des verdünnten Elektronengases selbst zu diesem Potential. Den Strom, welchen man unter Vernachlässigung dieser Komplikationen – den sogenannten Raumladungs-Effekten – berechnet, bezeichnet man als Sättigungsstrom.

[15] Siehe Fußnote 11.

[16] Die experimentelle Bestätigung der Maxwell-Boltzmann-Form (18.19) dieser Verteilungsfunktion war ein wesentliches Hindernis auf dem Weg zu der Einsicht, daß die Elektronen in einem Metall der Fermi-Dirac-Statistik unterliegen.

Oberflächennormalen gewählt ist:

$$j = -e \int\limits_{k_x>0} \frac{d\mathbf{k}}{4\pi^3} v_x f(\mathbf{k}) = e^{-W/k_B T}(-e) \int\limits_{k_x>0} \frac{d\mathbf{k}}{4\pi^3} \frac{\hbar k_x}{m} e^{-\hbar^2 k^2/2mk_B T}. \qquad (18.20)$$

Die Integration ist elementar und ergibt den von der Oberfläche emittierten Elektronenstrom pro Flächeneinheit zu:

$$\begin{aligned} j &= -\frac{em}{2\pi^2\hbar^3}(k_B T)^2 e^{-W/k_B T} \\ &= 120 \text{ A·cm}^{-2}\text{K}^{-2}(T^2 e^{-W/k_B T}). \end{aligned} \qquad (18.21)$$

Trägt man diesen, als *Richardson-Dushman-Gleichung* bekannten Zusammenhang in einer Darstellung von $\ln(j/T^2)$ gegen $1/k_B T$ auf, so ergibt sich eine Gerade mit der Steigung $-W$. Auf diese Weise kann man die effektive Austrittsarbeit bestimmen.

In der Praxis vermeidet man die hier vernachlässigten Raumladungseffekte dadurch, daß man ein schwaches elektrisches Feld anlegt, welches die Elektronen abzieht, sobald sie emittiert wurden. Weiterhin muß man als Voraussetzung für die Gültigkeit dieses Modells annehmen können, daß der von der Metalloberfläche ausgehende Elektronenfluß im wesentlichen aus Elektronen besteht, die ihren Ursprung im Metall haben, und nicht aus Elektronen des Elektronengases im Raum über der Metalloberfläche, die von der Metalloberfläche in Richtung des Elektronenflusses reflektiert wurden. Sobald diese Rückstreuung von der Metalloberfläche wesentlich wird, reduziert sich der Elektronenstrom gegenüber dem durch (18.21) gegebenen Wert.

Gemessene Werte der Austrittsarbeiten ausgewählter Metalle

In Tabelle 18.1 fassen wir Werte der Austrittsarbeiten zusammen, wie sie mittels der drei oben beschriebenen Methoden für einige typische Metalle gemessen wurden. Im allgemeinen ergeben die verschiedenen Methoden jeweils geringfügig unterschiedliche Werte, die sich um etwa 5 Prozent unterscheiden. Da sich die Austrittsarbeiten für kristallographisch unterschiedliche Flächen desselben Kristalls leicht innerhalb dieser Größenordnung voneinander unterscheiden können, geben wir hier keine spezifischen Werte an. Der jeweils pauschal angegebene Zahlenwert für ein bestimmtes Metall ist deshalb nur innerhalb einer Toleranz von einigen Prozent verläßlich.

Wir beschließen unsere Betrachtung der Eigenschaften von Oberflächen mit kurzen Beschreibungen zweier der wesentlichsten experimentellen Methoden zur Bestimmung der Strukturen von Oberflächen.

Tabelle 18.1

Austrittsarbeiten typischer Metalle

Metall	W (eV)	Metall	W (eV)	Metall	W (eV)
Li	2,38	Ca	2,80	In	3,8
Na	2,35	Sr	2,35	Ga	3,96
K	2,22	Ba	2,49	Tl	3,7
Rb	2,16	Nb	3,99	Sn	4,38
Cs	1,81	Fe	4,31	Pb	4,0
Cu	4,4	Mn	3,83	Bi	4,4
Ag	4,3	Zn	4,24	Sb	4,08
Au	4,3	Cd	4,1	W	4,5
Be	3,92	Hg	4,52		
Mg	3,64	Al	4,25		

Quelle: V. S. Fomenko, *Handbook of Thermionic Properties*, G. V. Samsanov, ed., Plenum Press Data Division, New York (1966). (Die in diesem Werk angegebenen Werte wurden von den Autoren aus den Ergebnissen zahlreicher unterschiedlicher experimenteller Untersuchungen „herausdestilliert".)

Beugung niedrigenergetischer Elektronen (LEED)

Die Struktur einer im mikroskopischen Maßstab ebenen Oberfläche einer kristallinen Probe kann man mit der Methode der Beugung niedrigenergetischer Elektronen (LEED) untersuchen. Die Grundlagen dieser Methode sind der Theorie der Röntgenstreuung sehr ähnlich, wobei man nun der Tatsache Rechnung tragen muß, daß die streuende Oberfläche nur in zwei Dimensionen periodisch ist (nämlich in ihrer eigenen Ebene). Die elastische Streuung von Elektronen eignet sich besser als die Röntgenstreuung zur Untersuchung von Oberflächen, da die Elektronen nur um eine sehr geringe Strecke in den Festkörper eindringen und das Streumuster somit fast vollständig durch Oberflächenatome erzeugt wird.

Die geeignete Elektronenenergie für eine solche Untersuchung ist leicht abzuschätzen: Ein freies Elektron mit Wellenvektor **k** hat die Energie

$$E = \frac{\hbar^2 k^2}{2m} = (k\,a_0)^2 \, \text{Ry} = 13,6\,(k\,a_0)^2 \, \text{eV}, \tag{18.22}$$

woraus als Beziehung zwischen der de Broglie-Wellenlänge des Elektrons und seiner Energie in Elektronenvolt folgt

$$\lambda = \frac{12,3}{(E_{\text{eV}})^{1/2}} \, \text{Å}. \tag{18.23}$$

Da die Wellenlängen der Elektronen von der Größenordnung der Gitterkonstanten oder kleiner sein müssen, so sind demnach Elektronenenergien von einigen Zehn Elektronenvolt oder mehr notwendig.

Um zu einem qualitativen Verständnis des bei einer Elektronenbeugungsmessung entstehenden Beugungsmusters zu gelangen, nehmen wir an, daß die Streuung elastisch[17] sei und bezeichnen die Wellenvektoren der einfallenden und gestreuten Elektronen mit **k** beziehungsweise **k'**. Weiterhin sei die untersuchte Kristallfläche eine Gitterebene senkrecht zum Vektor $\mathbf{b}_3$ des reziproken Gitters (siehe Seite 113). Wir wählen nun einen Satz primitiver Vektoren $\mathbf{b}_i$ des reziproken Gitters – einschließlich des Vektors $\mathbf{b}_3$ – sowie einen Satz primitiver Vektoren $\mathbf{a}_i$ des direkten Gitters derart, daß

$$\mathbf{a}_i \cdot \mathbf{b}_j = 2\pi \delta_{ij} \tag{18.24}$$

gilt. Dringt der Elektronenstrahl so wenig in den Kristall ein, daß praktisch nur die Streuung von der Oberflächenebene signifikant ist, so muß als Bedingung für konstruktive Interferenz die Änderung **q** des Wellenvektors eines gestreuten Elektrons die Beziehung

$$\mathbf{q} \cdot \mathbf{d} = 2\pi \times \text{ganze Zahl}, \quad \mathbf{q} = \mathbf{k}' - \mathbf{k} \tag{18.25}$$

für alle Vektoren **d** erfüllen, welche Gitterpunkte in der Gitterebene der Oberfläche miteinander verbinden (siehe Gleichung (6.5)).

Da solche Vektoren **d** senkrecht zu $\mathbf{b}_3$ sind, kann man sie folgendermaßen schreiben:

$$\mathbf{d} = n_1 \mathbf{a}_1 + n_2 \mathbf{a}_2. \tag{18.26}$$

Stellt man weiterhin **q** in der allgemeinen Form

$$\mathbf{q} = \sum_{i=1}^{3} q_i \mathbf{b}_i \tag{18.27}$$

dar, so folgert man aus den Gleichungen (18.25) und (18.26) die Bedingungen

$$
\begin{aligned}
q_1 &= 2\pi \times \text{ganze Zahl}, \\
q_2 &= 2\pi \times \text{ganze Zahl}, \\
q_3 &= \text{beliebig}
\end{aligned}
\tag{18.28}
$$

Da $\mathbf{b}_3$ auf der Oberfläche senkrecht steht, so sind die Bedingungen (18.28) auf diskreten, zur Kristalloberfläche senkrechten *Linien*[18] im **q**-Raum erfüllt – im Unterschied

---

[17] Tatsächlich macht diese elastisch gestreute Komponente im allgemeinen nur einen sehr kleinen Bruchteil des gesamten reflektierten Elektronenflusses aus.

[18] In der Literatur bisweilen als „Stäbe" (*rod*) bezeichnet.

zu den diskreten *Punkten* im Falle der Beugung an einem dreidimensionalen Gitter. Somit ergeben sich auch unter der zusätzlichen Bedingung $k = k'$ der Energieerhaltung immer nichttriviale Lösungen – es sei denn, der Wellenvektor der einfallenden Elektronen wäre zu klein.

Wählt man eine geeignete experimentelle Anordnung zur selektiven Messung der elastisch gestreuten Komponente, so kann man mit Hilfe von (18.28) das Bravaisgitter der Oberfläche aus der Struktur des reflektierten Beugungsbildes bestimmen. Trägt mehr als eine Oberflächenschicht zur Beugung bei, so bleibt doch die Grundstruktur des Beugungsbildes unverändert, da tieferliegende Ebenen lediglich ein schwächer ausgeprägtes, aber identisches Muster liefern; das Muster ist schwächer, da nur ein kleiner Teil des Elektronenstrahls bis zur nächst folgenden Ebene in den Kristall eindringt.

In den Details der Verteilung der gestreuten Elektronen ist noch wesentlich mehr Information enthalten, als lediglich die Anordnung der Atome in der Oberflächenebene; diese Information zu gewinnen ist jedoch ein schwieriges Problem, dessen Lösung noch aussteht.

Das Feldionenmikroskop

Durch elastische Beugung niedrigenergetischer Elektronen bestimmt man den Verlauf der Fourier-Transfomierten der Oberflächenladungsdichte, also deren Struktur im k-Raum. Die Struktur im Ortsraum kann man mittels der Methode der Feldionenmikroskopie sichtbar machen. Dazu muß die Oberfläche auf einer atomaren Längenskala stark gekrümmt und nahezu halbkugelförmig sein, wie es für die Oberfläche einer sehr scharfen Spitze der zutrifft (Bild 18.7), deren Krümmungsradius nur wenige Tausend Angström beträgt. Die Spitze wird im Hochvakuum einer halbkugelförmigen Elektrode gegenübergestellt.

Zwischen Spitze und Gegenelektrode wird eine Hochspannung angelegt, wobei sich die Spitze auf positivem Potential befindet. Man führt nun neutrale Heliumatome in das Vakuum ein, die im elektrischen Feld polarisiert werden. Die Wechselwirkung des Feldes mit dem induzierten Dipolmoment zieht die Atome in den Bereich hoher Feldstärke nahe der Spitze. Im Bereich einiger atomarer Abstände von der Oberfläche der Spitze ist das Feld stark genug, um ein Elektron vom Heliumatom abzuziehen und es so zu ionisieren. Das entstandene, positiv geladene Heliumion wird nun stark von der Spitze in Richtung auf die Gegenelektrode hin abgestoßen. Regelt man die Feldstärke so ein, daß Ionisation nur in einem Bereich sehr nahe der Oberfläche der Spitze stattfindet, so kann man die Hoffnung hegen, daß die Winkelverteilung der von der Spitze wegfliegenden Ionen den Verlauf des Feldes in unmittelbarer Nähe der Oberfläche und somit die mikroskopische Struktur der Oberfläche widerspiegelt. Diese Abbildung ist vergrößert um das Verhältnis der Krümmungsradien der Gegenelektrode und der halbkugelförmigen Spitze.

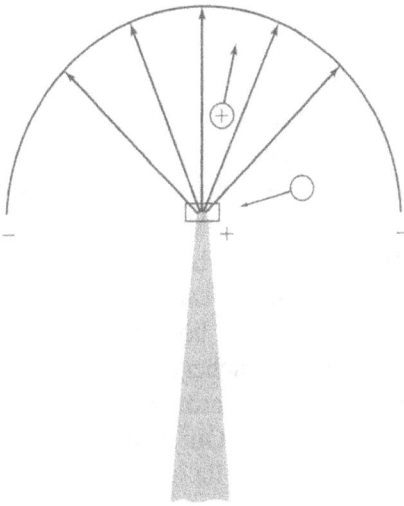

Bild 18.7: Schematische Darstellung des Feldionenmikroskops. Die Probe (der schattiert gezeichnete Kegel) befindet sich auf positivem Potential relativ zur Gegenelektrode; die Feldlinien zeigen radial nach außen. Ein neutrales Heliumatom (kleiner Kreis) wird aufgrund induzierter Dipolwechselwirkung in den Bereich höherer Feldstärke hineingezogen. Ein Heliumion (kleiner Kreis mit Pluszeichen) wird stark in Richtung der Feldlinien von der Spitze abgestoßen. Das Feld ist nur in der unmittelbaren Nähe der Spitze stark genug, um Heliumatome zu ionisieren. Die grundlegende Annahme ist nun, daß die meisten Heliumatome in der unmittelbaren Nachbarschaft von Oberflächenatomen ionisiert werden, wo das Feld am stärksten ist. Da der Verlauf der Feldstärke nahe der Oberfläche die atomare Struktur widerspiegelt, kann man annehmen, daß die Verteilung der auf der Gegenelektrode auftreffenden Heliumionen ein Abbild der atomaren Struktur der Spitze darstellt.

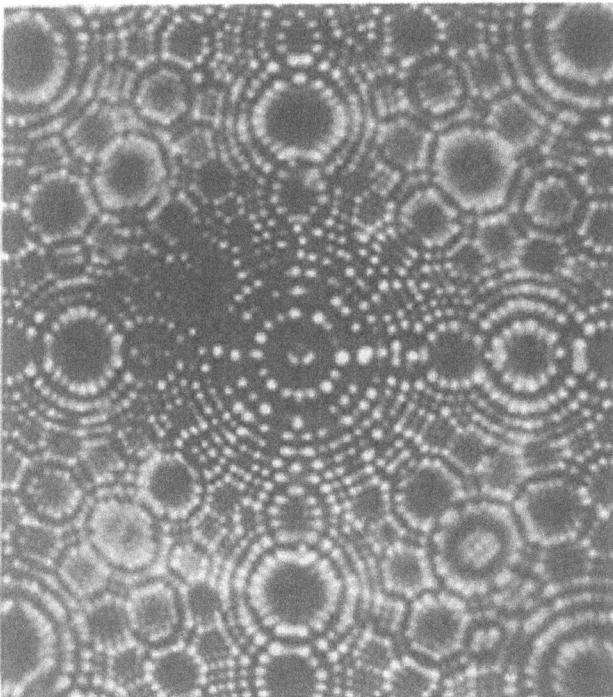

Bild 18.8: Feldionen-Mikrograph einer Goldspitze. In diesem Beispiel war das „abbildende" Gas Neon, nicht Helium. (Aus R. S. Averbach, D. N. Seidelman, *Surface Science* **40**, 249 (1973). Wir möchten uns bei Prof. Seidelman bedanken, der uns das Mikrograph im Original überlies.)

Tatsächlich zeigen die auf diese Weise erhaltenen Bilder nicht nur exakt die Symmetrie der Kristallstruktur des Materials der Spitze, sie scheinen sogar die Positionen einzelner Atome abzubilden (Bild 18.8). Man kann diese experimentelle Technik dazu verwenden, das Verhalten atomarer Verunreinigungen der Spitze zu verfolgen.

Elektronische Oberflächenzustände

Jeder Ansatz der detaillierten Beschreibung einer Festkörperoberfläche muß der Tatsache Rechnung tragen, daß es über die Bloch-Lösungen der Ein-Elektron-Schrödingergleichung für einen gewöhnlichen, räumlich periodischen Kristall hinaus noch weitere Lösungen mit komplexen Wellenvektoren gibt, welche die elektronischen Niveaus beschreiben, die in der Nähe der Oberfläche eines realen Kristalls lokalisiert sind. Mit Recht konnten wir das Vorhandensein solcher Niveaus bei unseren bisherigen Behandlungen der Körpereigenschaften von Festkörpern vernachlässigen: Das Verhältnis der Anzahl von Oberflächenniveaus zur Anzahl von Bloch-Niveaus ist höchstens von der Größenordnung des Verhältnisses zwischen der Zahl von Oberflächenatomen und der Gesamtzahl von Atomen im Kristall – und damit von der Größenordnung 10^8 für eine makroskopisch ausgedehnte Probe. Folglich ist der Beitrag der Oberflächenniveaus zu den Körpereigenschaften vernachlässigbar gering – außer im Falle sehr kleiner Proben. Dennoch sind die Oberflächenniveaus von wesentlicher Bedeutung, wenn man die Struktur einer Kristalloberfläche bestimmen will. So kann man beispielsweise davon ausgehen, daß die Oberflächenniveaus in jeder wirklich mikroskopischen Berechnung der Struktur der Oberflächen-Dipolschicht eine Rolle spielen.

Um qualitativ zu verstehen, wie es zur Ausbildung dieser Oberflächenzustände kommt, betrachten wir noch einmal unsere Ableitung des Blochschen Satzes in Kapitel 8.

Im Laufe der Argumentation, die uns zur Blochschen Form

$$\psi(\mathbf{r}) = e^{i\mathbf{k}\cdot\mathbf{r}}u(\mathbf{r}), \quad u(\mathbf{r}+\mathbf{R}) = u(\mathbf{r}) \tag{18.29}$$

führte, mußten wir an keiner Stelle voraussetzen, daß der Wellenvektor **k** reell sei; diese Einschränkung ergab sich erst durch Anwendung der periodischen Randbedingung nach Born-von Karman. Diese Randbedingung jedoch ist ein Artefakt für den unendlich ausgedehnten Kristall; läßt man diese Randbedingung fallen, so kann man wesentlich mehr Lösungen der Schrödingergleichung für den unendlich ausgedehnten Kristall der Form

$$\psi(\mathbf{r}) = \left[e^{i\mathbf{k}\cdot\mathbf{r}}u(\mathbf{r})\right]e^{-\boldsymbol{\kappa}\cdot\mathbf{r}} \tag{18.30}$$

finden, wobei der Bloch-Wellenvektor nunmehr sowohl einen Realteil **k**, als auch einen Imaginärteil $\boldsymbol{\kappa}$ haben kann.

In Richtung von $\boldsymbol{\kappa}$ fällt die Wellenfunktion (18.30) exponentiell ab, in Gegenrichtung wächst sie unbegrenzt. Da die Elektronenkonzentration überall endlich ist, sind solche Niveaus in einem unendlich ausgedehnten Kristall ohne Bedeutung; gibt es jedoch eine ebene Oberfläche senkrecht zu $\boldsymbol{\kappa}$, so liegt es nahe, die Verbindung einer Lösung der Form (18.30) im Bereich innerhalb des Kristalls – welche exponentiell wächst,

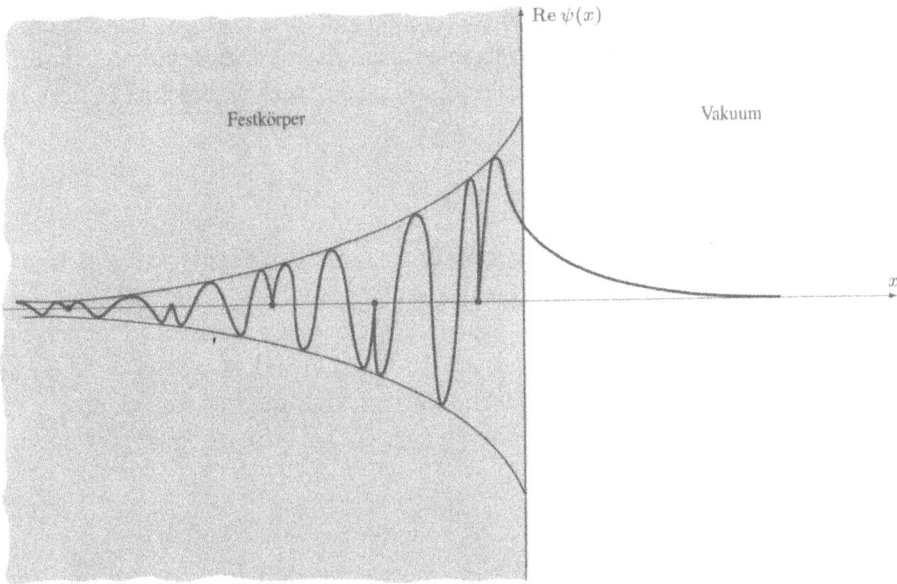

Bild 18.9: Wellenfunktion eines Ein-Elektron-Oberflächenniveaus, aufgetragen in x-Richtung senkrecht zur Oberfläche. Beachten Sie, daß ψ außerhalb des Kristalls exponentiell abfällt und innerhalb des Kristalls eine exponentiell abfallende Einhüllende besitzt.

wenn man sich der Oberfläche nähert – mit einer außerhalb des Kristalls exponentiell gedämpften Lösung zu versuchen (Bild 18.9).

Für eine gegebene Komponente von **k** parallel zur Oberfläche wird eine solche Anpassung der Lösungen im allgemeinen nur für einen Satz diskreter Werte von κ möglich sein – wie es in jeder physikalischen Situation der Fall ist, bei der lokalisierte Niveaus eine Rolle spielen.

Eine eingehende Behandlung dieser Problemstellung würde uns weit über den Rahmen dieses Buches hinausführen: Hierzu wäre zunächst die gesamte Herleitung der Bloch-Funktionen erneut durchzuführen, diesmal ohne die Beschränkung auf reelle Wellenvektoren **k**. Anschließend wäre das Problem der Anpassung solcher Bloch-Funktionen mit komplexen Wellenvektoren an exponentiell abfallende Niveaus im Raum außerhalb des Kristalls zu untersuchen. In Aufgabe 2 betrachten wir einige Eigenschaften dieser Lösungen im Rahmen der Näherung nahezu freier Elektronen.

Aufgaben

18.1 Einige Problemstellungen der Elektrostatik, die für die Phänomene des Kontaktpotentials und der Doppelschicht relevant sind

(a) Betrachten Sie eine ebene Metalloberfläche senkrecht zur x-Achse. Das wohl einfachste Modell der Deformation der Ladungsdichteverteilungen in den oberflächennahen Zellen vernachlässigt jegliche Änderungen innerhalb der Oberflächenebene und setzt die Abweichung der Ladungsdichteverteilung von ihrer Form im Inneren des Kristalls als eine Funktion der einzigen Variablen x an: $\delta\rho(x)$. Die Bedingung dafür, daß keine resultierende makroskopische Ladungsdichte auf der Oberfläche existiert, ist

$$0 = \int dx\, \delta\rho(x).\tag{18.31}$$

Die Ladungsdichte $\delta\rho(x)$ erzeugt ein ebenfalls zur Oberfläche senkrechtes elektrisches Feld $E(x)$. Leiten Sie direkt aus dem Gaußschen Satz der Elektrostatik ($\nabla\cdot\mathbf{e} = 4\pi\delta\rho$) her, daß aus dem Verschwinden des Feldes auf der einen Seite der Doppelschicht (wie es innerhalb des Metalls der Fall ist) das Verschwinden auf der anderen Seite der Doppelschicht folgt. Leiten Sie weiterhin her, daß die zur Verschiebung eines Elektrons durch die Doppelschicht hindurch notwendige Arbeit gegeben ist durch

$$W_s = -4\pi e P.\tag{18.32}$$

Dabei bezeichne P das durch die Doppelschicht erzeugte Dipolmoment pro Einheit der Oberfläche. (Hinweis: Scheiben Sie die Arbeit als Integral und führen Sie eine naheliegende partielle Integration durch.)

(b) Zeigen Sie, daß die auf eine leitende Kugel mit Radius 1 cm zur Erhöhung ihres Potentials von 0 V auf 1 V aufzubringende Ladungsdichte von der Größenordnung 10^{-10} Elektronen pro Å^2 ist.

18.2 Elektronische Oberflächenniveaus bei einem schwachen periodischen Potential[19]

Wir können die in Kapitel 9 eingeführte Methode zur Untersuchung von Oberflächenniveaus anwenden. Betrachten wir dazu einen halb-unendlich ausgedehnten Kristall mit einer ebenen Oberfläche senkrecht zum Vektor $\mathbf{K}$ des reziproken Gitters (Kristalloberflächen sind parallel zu Gitterebenen.). Wählen wir die x-Achse parallel zu $\mathbf{K}$ und den Koordinatenursprung in einem Punkt des Bravaisgitters, so können wir das Potential eines halb-unendlichen Kristalls grob annähern durch $V(\mathbf{r}) = U(\mathbf{r})$ für $x < a$, $V(\mathbf{r}) = 0$ für $x > a$, wobei $U(\mathbf{r})$ das periodische Potential des unendlich ausgedehnten Kristalls bezeichnet. Der Wert der Länge a liegt im Bereich zwischen null und dem Ebenenabstand innerhalb der Familie von Ebenen parallel zur Oberfläche und sollte von Fall zu Fall geeignet gewählt werden, um die Form von $U(\mathbf{r})$ dem wirklichen Potentialverlauf an der Oberfläche anzupassen.

Wir nehmen auch weiterhin an, daß die Fourier-Komponenten $U_\mathbf{K}$ reell sind. Fordern wir jedoch, daß das niedrigstliegende Niveau außerhalb des Kristalls die Energie null hat, so können wir die nullte Fourier-Komponente U_0 innerhalb des Kristalls nicht mehr – wie in Kapitel 9 – vernachlässigen. Die Wirkung der Berücksichtigung von U_0 besteht einfach darin, die Niveaus innerhalb des Kristalls, wie sie durch die Formeln

---

[19] Siehe E. T. Goodwin, *Proc. Camb. Phil. Soc.* **35**, 205 (1935).

von Kapitel 9 gegeben sind, um diesen Betrag zu verschieben. Beachten Sie, daß U_0 nicht klein sein muß, um die Methode aus Kapitel 9 anwenden zu können – im Gegensatz zum Fall der Fourier-Komponenten U_K mit $K \neq 0$.

Wir untersuchen ein Bloch-Niveau des unendlich ausgedehnten Kristalls mit einem Wellenvektor k in der Nähe der durch K definierten Bragg-Ebene, der jedoch in der Nähe keiner weiteren Bragg-Ebene liegt, so daß die Wellenfunktion des Niveaus in einem schwachen periodischen Potential eine Linearkombination ebener Wellen mit den Wellenvektoren k und $k - K$ ist. In Kapitel 9 forderten wir, daß k reell sei und die Born-von Karman-Randbedingung erfülle. In einem halb-unendlichen Kristall jedoch muß die zur Kristalloberfläche senkrechte Komponente von k nicht notwendig reell sein, vorausgesetzt, daß sich mit dieser Komponente eine in negativer x-Richtung (in das Metall hinein) gedämpfte Welle innerhalb des Metalls ergibt. Die Bloch-Funktion ist nun an eine außerhalb des Metalls in positiver x-Richtung (vom Metall weg) gedämpfte Lösung der Schrödingergleichung des freien Raumes anzubinden. Wir setzen daher im Bereich außerhalb des Metalls

$$\psi(\mathbf{r}) = e^{-px + i\mathbf{k}_\parallel \cdot \mathbf{r}} \quad \text{für } x > a \tag{18.33}$$

und innerhalb des Metalls

$$\psi(\mathbf{r}) = e^{qx + ik_0 x + i\mathbf{k}_\parallel \cdot \mathbf{r}}(c_\mathbf{k} + c_{\mathbf{k}-\mathbf{K}} e^{-iKx}) \quad \text{für } x < a \tag{18.34}$$

an, wobei $\mathbf{k}_\parallel$ die zur Oberfläche senkrechte Komponente von k bezeichnet. Die Koeffizienten in (18.34) sind die Lösungen der Säkulargleichung (9.24), wobei die Energie ε um den konstanten Betrag U_0 verschoben ist:

$$(\varepsilon - \varepsilon_\mathbf{k}^0 - U_0)c_\mathbf{k} - U_K c_{\mathbf{k}-\mathbf{K}} = 0$$

$$-U_K c_\mathbf{k} + (\varepsilon - \varepsilon_{\mathbf{k}-\mathbf{K}}^0 - U_0)c_{\mathbf{k}-\mathbf{K}} = 0. \tag{18.35}$$

(a) Zeigen sie, daß $k_0 = K/2$ als notwendige Bedingung gelten muß, damit sich aus (18.35) für $q \neq 0$ reelle Energiewerte ergeben.

(b) Zeigen Sie, daß diese Energien für $k_0 = K/2$ gegeben sind durch

$$\varepsilon = \frac{\hbar^2}{2m}\left(k_\parallel^2 + \frac{1}{4}K^2 - q^2\right) + U_0 \pm \sqrt{U_\mathbf{k}^2 - \left(\frac{\hbar^2}{2m}qK\right)^2}. \tag{18.36}$$

(c) Zeigen Sie, daß aus der Stetigkeit von ψ und $\nabla\psi$ an der Oberfläche die Bedingung

$$p + q = \frac{1}{2}K \tan\left(\frac{K}{2}a + \delta\right) \tag{18.37}$$

folgt, mit

$$\frac{c_{\mathbf{k}}}{c_{\mathbf{k}-\mathbf{K}}} = e^{2i\delta}. \tag{18.38}$$

(d) Wählen Sie $a = 0$ und gehen Sie davon aus, daß außerhalb des Metalls

$$\varepsilon = \frac{\hbar^2}{2m}(k_\parallel^2 - p^2) \tag{18.39}$$

gilt, um zu zeigen, daß die Gleichungen (18.35) und (18.39) gelöst werden durch

$$q = -\frac{1}{4}K\frac{U_{\mathbf{K}}}{\varepsilon_0}\sin 2\delta \tag{18.40}$$

mit

$$\sec^2\delta = -\frac{(U_0 + U_{\mathbf{K}})}{\varepsilon_0}, \quad \varepsilon_0 = \frac{\hbar^2}{2m}\left(\frac{K}{2}\right)^2. \tag{18.41}$$

Beachten Sie dabei, daß diese Lösung nur dann existiert, wenn sowohl U_0 als auch $U_{\mathbf{K}}$ negativ sind und die Bedingung $|U_0| + |U_{\mathbf{K}}| > \varepsilon_0$ erfüllen.

19 Klassifikation der Festkörper

Die räumliche Verteilung der Valenzelektronen

Kovalente, Ionische und Molekülkristalle

Die Alkalihalogenide

Ionenradien

II-VI und III-V-Verbindungen

Kovalente Kristalle

Molekülkristalle

Metalle

Wasserstoffbrücken-gebundene Festkörper

In Kapitel 7 klassifizierten wir die Festkörper auf der Grundlage der Symmetrie ihrer Kristallstrukturen. Diese Kategorien sind von wesentlicher Bedeutung, gründen jedoch vollständig auf nur einem einzigen Aspekt des festen Körpers: seinen räumlichen Symmetrien. Ein solches Klassifikationsschema ist natürlich blind für wesentliche strukturelle Eigenschaften eines Festkörpers, die zwar einen Einfluß auf seine physikalischen, nicht jedoch auf seine rein geometrischen Eigenschaften haben. So gehören jeweils ein und demselben der sieben Kristallsysteme Festkörper an, deren elektrische, mechanische und optische Eigenschaften über einen weiten Bereich streuen.

In diesem Kapitel stellen wir ein anderes, weniger strenges Klassifikationsschema vor, welches nicht auf räumlicher Symmetrie beruht, sondern die physikalischen Eigenschaften in den Vordergrund stellt. Dieses Schema gründet auf der Konfiguration der Valenzelektronen.[1]

Der wesentlichste Unterschied zwischen verschiedenen Festkörpern, der vollständig auf der Konfiguration der Valenzelektronen beruht, ist die Unterscheidung zwischen Metallen und Isolatoren. Wie wir in Kapitel 8 feststellen konnten, ist die Zugehörigkeit eines Festkörpers zur Klasse der Metalle oder zur Klasse der Isolatoren dadurch bestimmt, ob teilweise gefüllte Energiebänder vorhanden sind (Metalle), oder nicht (Isolatoren).[2] In idealen Kristallen am Nullpunkt der Temperatur – vorausgesetzt, die Näherung unabhängiger Elektronen gilt – ist dies ein sehr strenges Kriterium, welches eine eindeutige Zuordnung der Festkörper zu einer von zwei Klassen gestattet.[3]

---

[1] Wie generell in diesem Buch betrachten wir auch hier die Festkörper als aufgebaut aus Atomrümpfen – d.h. den Kernen und all jenen Elektronen, die so stark gebunden sind, daß ihre atomaren Konfigurationen beim Einbau in die Umgebung eines Festkörpers nur vernachlässigbar wenig gestört werden – und Valenzelektronen – d.h. jenen Elektronen, deren Konfigurationen im Festkörper sich von den Konfigurationen des freien Atoms möglicherweise wesentlich unterscheiden. Wie wir bereits betonten, ist die Unterscheidung zwischen Rumpf- und Valenzelektronen eine Konvention für praktische Zwecke. Bei Metallen – insbesondere den „einfachen" Metallen – ist es oft ausreichend, lediglich die Leitungselektronen als Valenzelektronen zu betrachten und alle übrigen Elektronen den unveränderlichen Atomrümpfen zuzuordnen. Bei den Übergangsmetallen dagegen kann es sinnvoll und wichtig sein, die Elektronen in den energetisch höchstliegenden d-Schalen nicht als Rumpfelektronen, sondern als Valenzelektronen zu betrachten. Wenn wir davon sprechen, daß unser Klassifikationsschema auf der Konfiguration der Valenzelektronen beruht, so meinen wir damit nur, daß es jene Aspekte der atomaren Elektronenkonfiguration berücksichtigt, die sich wesentlich ändern, sobald die Atome zu einem Festkörper zusammengebaut werden.

[2] Diese Unterscheidung beruht gleichermaßen auf der Gültigkeit der Näherung unabhängiger Elektronen – oder, weniger streng gesehen, auf der Richtigkeit des Bildes der Quasiteilchen (Kapitel 17).

[3] Bei von null verschiedenen Temperaturen kann dieses Kriterium für Isolatoren mit kleinen Bandlücken aufgrund der dann möglichen thermischen Anregung von Elektronen in das Leitungsband nicht mehr eindeutig sein. Man bezeichnet solche Festkörper als intrinsische Halbleiter. Verunreinigungsatome in einem eigentlich isolierenden Festkörper können ebenfalls Elektronen beitragen, die thermisch leicht in das Leitungsband anzuregen sind, was zu einem extrinsischen Halbleiter führt. Die charakteristischen Eigenschaften der Halbleiter behandeln wir in Kapitel 28. Vom Standpunkt des vorliegenden Kapitels aus betrachtet – welches sich nur mit idealen Kristallen bei $T = 0$ beschäftigt – sind alle Halbleiter Isolatoren.

Diese beiden Kategorien beruhen auf unterschiedlichen Verteilungen der Elektronen – jedoch nicht im Ortsraum, sondern im Raum der Wellenvektoren. Auf die Verteilung der Elektronen im Ortsraum kann man kein auch nur annähernd ebenso strenges Kriterium zur Unterscheidung von Metallen und Isolatoren gründen. Man kann lediglich die qualitative Beobachtung machen, daß die räumliche Verteilung der Elektronen in Metallen im allgemeinen keine auch nur annähernd so starke Konzentration in der Nähe der Atomrümpfe zeigt, wie es bei Isolatoren der Fall ist. Bild 19.1 veranschaulicht diese Beobachtung, wobei die Wellenfunktionen der besetzten elektronischen Niveaus im atomaren Natrium sowie im atomaren Neon in der Umgebung zweier Punkte aufgetragen sind, deren Entfernung dem jeweiligen Abstand nächster Nachbarn im Festkörper entspricht. Die Elektronendichte des Natriums bleibt auch in der Mitte zwischen den beiden Zentren nennenswert, wogegen die Elektronendichte des Neons in diesem Punkt klein ist. Versuchte man, aufgrund dieser Beobachtung zu begründen, daß festes Neon ein Isolator, festes Natrium dagegen elektrisch leitend sei, so könnte man folgendermaßen argumentieren: Ein deutlich ausgeprägter Überlapp der atomaren Wellenfunktionen deutet – vom Standpunkt der Theorie des *tight-binding* (Kapitel 10) – auf das Vorhandensein breiter Bänder hin, woraus sich die Möglichkeit relativ starken Bandüberlaps und damit metallischer Eigenschaften ergibt. Man wird dadurch relativ rasch wieder auf eine Betrachtung des k-Raums geführt, in welchem Rahmen das einzig wirklich zufriedenstellende Kriterium für eine Unterscheidung zwischen Metallen und Festkörpern zu formulieren ist.

Klassifikation der Isolatoren

Die Unterscheidung zwischen Metallen und Isolatoren gründet auf der elektronischen Verteilung im k-Raum; diese Verteilung gibt an, welche der möglichen k-Niveaus besetzt sind. Es ist jedoch sehr zweckmäßig, eine weitergehende Differenzierung innerhalb der Klasse der Isolatoren auf der Grundlage der räumlichen Verteilung der Elektronen vorzunehmen. Man kennt drei Typen elektrisch isolierender Festkörper, die aufgrund der jeweiligen räumlichen Verteilung ihrer Elektronen klar voneinander zu unterscheiden sind.[4] Diese Klassen sind nicht streng voneinander zu trennen, und wir werden Grenzfälle kennenlernen; trotzdem sind die jeweiligen Prototypen klar zu definieren.

1. Kovalente Kristalle Die räumlichen Verteilungen der Elektronen in kovalenten Kristallen unterscheiden sich wenig von den Verteilungen der Metalle, jedoch gibt es keine teilweise gefüllten Bänder im k-Raum. Die Elektronen in kovalenten Kristallen müssen deshalb nicht notwendig im Bereich der Atomrümpfe konzentriert sein. Auf der anderen Seite zeigen kovalente Kristalle daher wahrscheinlich

---

[4] Da das Wasserstoffatom in vielerlei Hinsicht unter den Atomen einzigartig ist, nimmt man in diese Reihe oft auch noch einen vierten Typus auf, den Wasserstoffbrücken-gebundenen Festkörper. Am Ende dieses Kapitels werden wir kurz auf diesen Festkörpertyp eingehen.

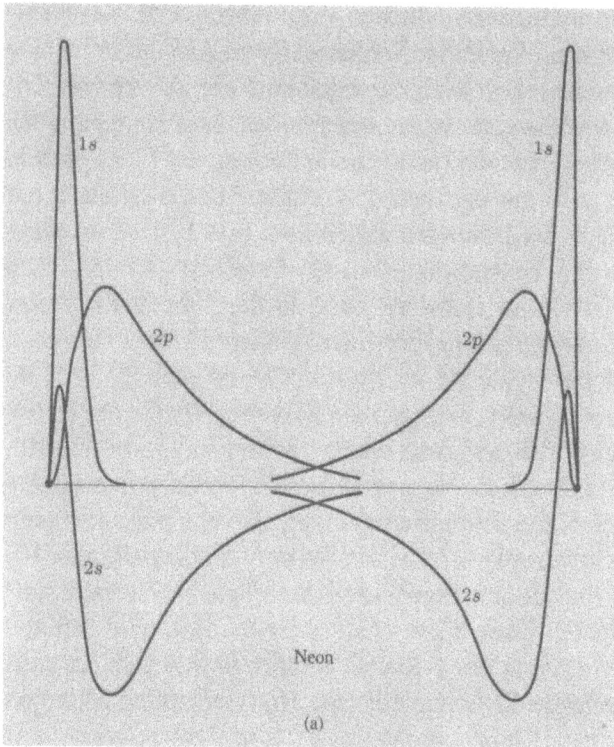

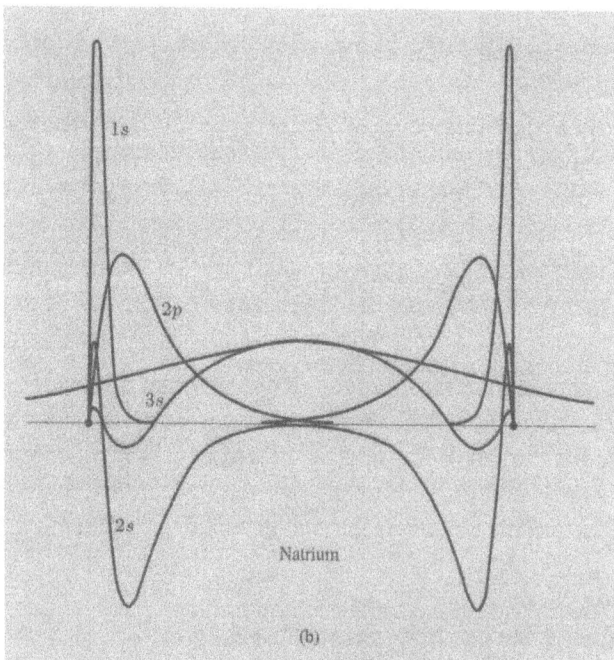

Bild 19.1: Berechnete Radialteile $r\psi(r)$ der atomaren Wellenfunktionen für (a) Neon, mit der Elektronenkonfiguration $[1s^2 2s^2 2p^6]$ und (b) Natrium, mit der Konfiguration $[1s^2 2s^2 2p^6 3s^1]$. Die Wellenfunktionen sind in der Umgebung zweier Zentren dargestellt, deren Entfernung als der jeweils gemessene Abstand nächster Nachbarn im Festkörper (Neon: 3,1 Å, Natrium: 3,7 Å) gewählt wurde. Die 2s- und die 2p-Orbitale in Neon überlappen nur sehr schwach. Der Überlapp der entsprechenden Orbitale ist im Natrium noch wesentlich schwächer, jedoch gibt es einen enormen Überlapp der 3s-Wellenfunktionen. (Die Kurven stellen die Ergebnisse der Berechnungen von D. R. Hartree und W. Hartree, *Proc. Roy. Soc.* **A193**, 299 (1948) dar.)

nicht die nahezu gleichförmige Verteilung der Elektronendichte in den Bereichen zwischen den Atomrümpfen, wie sie für die einfachen Metalle charakteristisch ist, deren Ein-Elektron-Wellenfunktionen in diesen Bereichen nahezu ebene Wellen sind. Es erscheint dagegen wesentlich wahrscheinlicher, daß die Elektronenverteilung in diesen Zwischenbereichen in gewissen, ausgezeichneten Richtungen konzentriert ist, ein Phänomen, welches man in der Sprache der Chemie als „Bindungen" bezeichnet. Ein Beispiel für einen kovalenten Kristall – auch als Valenzkristall bezeichnet – ist der Diamant, ein Isolator mit einer Bandlücke von 5,5 eV. Im Diamanten ist die Elektronendichte in den Zwischenbereichen beträchtlich, wobei die Elektronen stark in der Umgebung der Linien konzentriert sind, welche jeden Kohlenstoffatomrumpf mit seinen vier nächsten Nachbarn verbinden (Bild 19.2).[5] Es ist diese charakteristische Verteilung der Ladungsdichte in den Zwischenbereichen, durch welche sich die kovalenten Kristalle von den anderen beiden Isolatortypen unterscheiden.

2. Molekülkristalle   Die ausgeprägtesten Beispiele für Molekülkristalle[6] sind die festen Edelgase Neon, Argon, Krypton und Xenon.[7] Im atomaren Zustand weisen sie vollständig gefüllte Elektronenschalen auf – eine hochstabile Konfiguration, die bei der Kondensation zu einem Festkörper nur schwach gestört wird.

Bezüglich ihrer Bandstruktur sind die Edelgase hervorragende Beispiele eines extremen *tight-binding*: Die Elektronendichte in den Bereichen zwischen den Atomrümpfen ist sehr gering, sämtliche Elektronen bleiben sehr deutlich in der Nähe ihrer

---

[5] Chemiker würden diese Ladungsdichteverteilung als die vier Bindungen des Kohlenstoffatoms bezeichnen; vom Standpunkt der Bloch-Theorie jedoch ist es einfach eine Eigenschaft der besetzten elektronischen Niveaus, die zu einer Ladungsdichteverteilung

$$\rho(\mathbf{r}) = -e \sum_{\substack{\text{Sämtliche Niveaus} \\ \text{des Valenzbandes}}} |\psi(\mathbf{r})|^2$$

führt, die in gewissen Richtungen auch weit von den Atomrümpfen entfernt noch recht große Werte annimmt, obwohl es zwischen den besetzten und den unbesetzten Niveaus eine ausgeprägte Energielücke gibt, wodurch der Kristall zu einem Isolator wird.

[6] Die Bezeichnung „Molekülkristall" spiegelt die Tatsache wider, daß sich die Einheiten, aus welchen ein solcher Festkörper aufgebaut ist, nur wenig von einzelnen, isolierten Molekülen unterscheiden. Im Falle der Edelgase sind diese „Moleküle" einfach die Atome selbst. Trotzdem bezeichnet man diese Festkörperstrukturen als Molekülkristalle – nicht etwa als Atomkristalle – um damit auch festen Wasserstoff, festen Stickstoff etc. mit einbeziehen zu können. Die Einheiten sind bei diesen Stoffen die Moleküle H_2 oder N_2, deren Struktur beim Einbau in den Festkörper nur wenig gestört wird. Obwohl fester Wasserstoff und fester Stickstoff wohl mehr als die festen Edelgase die Bezeichnung „Molekülkristall" verdienen, stellen sie nur wesentlich weniger deutlich ausgeprägte Beispiele für diese Struktur dar, insofern die Elektronenverteilungen innerhalb eines jeden Moleküls *nicht* bei den beiden Atomrümpfen lokalisiert sind. Betrachtete man deshalb bei der Beschreibung dieser Stoffe die einzelnen Atomrümpfe als fundamentale Bausteine, so wären Festkörper wie fester Wasserstoff oder Stickstoff als teils molekular, teils kovalent gebunden aufzufassen.

[7] Festes Helium ist aufgrund der sehr kleinen Masse des Heliumatoms ein leicht „pathologisches" Beispiel für einen molekularen Festkörper. Selbst bei $T = 0$ ist die flüssige Phase stabiler als die feste, und man muß einen beträchtlichen äußeren Druck ausüben, um die Verfestigung zu erreichen.

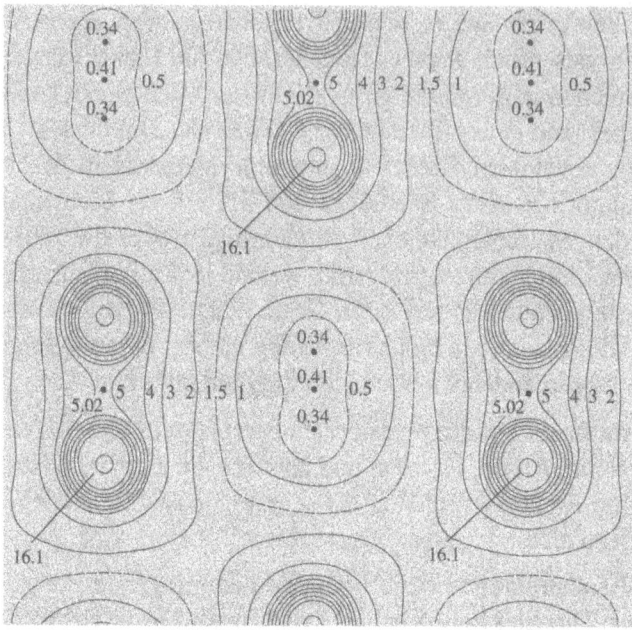

(a)

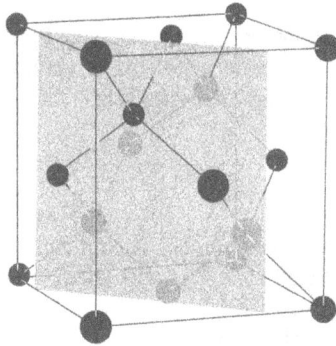

(b)

Bild 19.2: Die elektronische Ladungsverteilung in einer Ebene innerhalb der konventionellen kubischen Zelle des Diamanten, bestimmt anhand experimenteller Daten aus der Röntgenstreuung. Die Kurven in (a) sind Konturlinien konstanter Elektronendichte. Die Zahlen an den Kurven geben die jeweilige Elektronendichte in Elektronen pro $Å^3$ an. Bild (b) zeigt die Lage der Ebene aus (a) innerhalb der kubischen Zelle. Beachten Sie, daß die Elektronendichte an den Schnittpunkten der Ebene mit den Bindungen zwischen nächsten Nachbarn relativ hoch ist: 5,02 Elektronen pro $Å^3$, verglichen mit 0,034 in den Bereichen mit der niedrigsten Dichte; dies ist charakteristisch für kovalente Kristalle. (Die Darstellung geht zurück auf eine Abbildung von Y. K. Syrkin, M. E. Dyatkina, *Structure of Molecules and the Chemical Bond*, übersetzt und durchgesehen von M. A. Partridge und D. O. Jordan, Interscience, New York (1950).)

Ursprungsatome lokalisiert. Für zahlreiche Zwecke scheint die Theorie der Bandstruktur bei derartigen Festkörpern den Punkt nicht zu treffen, da man sämtliche Elektronen als Rumpfelektronen betrachten kann.[8] Eine Behandlung solcher Molekülkristalle muß ausgehen von einer Betrachtung jener schwachen Störungen der Atome, die beim Aufbau des Festkörpers aus den Atomen auftreten.

3. Ionenkristalle Ionenkristalle – wie beispielsweise Natriumchlorid – sind Verbindungen aus einem Metall und einem Nichtmetall. Ebenso wie im Falle der Molekülkristalle sind die elektronischen Ladungsverteilungen der Ionenkristalle sehr stark in der Nähe der Atomrümpfe lokalisiert. Während jedoch in Molekülkristallen sämtliche Elektronen sehr nahe bei ihren Ursprungsatomen bleiben, entfernen sich in Ionenkristallen einige Elektronen derart weit von ihren Ursprungsatomen, daß man sie als gebunden an ein Atom des anderen Bestandteiles der Verbindung betrachten kann. Tatsächlich kann man einen Ionenkristall als einen Molekülkristall auffassen, bei dem die den Kristall aufbauenden Moleküle (zweier verschiedener Arten) nicht Natrium- und Chloratome sind, sondern die Ionen Na^+ und Cl^-, deren Ladungsverteilungen beim Einbau in den Festkörper gegenüber den Formen der freien Ionen nur wenig verändert werden. Da jedoch die lokalisierten Einheiten, aus welchen ein Ionenkristall aufgebaut ist, nicht neutrale Atome, sondern geladene Ionen sind, spielen die immensen elektrostatischen Kräfte zwischen diesen Ionen die absolut dominierende Rolle bei der Herausbildung der Eigenschaften eines Ionenkristalls, die von den Eigenschaften der molekularen Festkörper stark abweichen.

Die jeweils charakteristischen Formen der elektronischen Ladungsverteilungen für die drei grundlegenden Klassen von Isolatoren sind in Bild 19.3 zusammenfassend dargestellt.

Oft bezieht man sich bei diesen Unterscheidungen nicht so sehr auf die räumliche Verteilung der Elektronen, sondern spricht von unterschiedlichen Arten der sogenannten Bindung. Besonders Chemiker pflegen diese Sichtweise zu bevorzugen, da ihr hauptsächliches Interesse bei einer Klassifizierung der Festkörper darin besteht, zu benennen, auf welche Weise die Körper zusammengehalten werden. Die beiden Betrachtungsweisen sind eng verwandt, da die Coulomb-Anziehung zwischen Elektronen und Atomkernen der eigentliche „Kitt" ist, der einen jeden Festkörper zusammenhält, eine Bindung daher im wesentlichen durch die räumliche Verteilung der Elektronen charakterisiert wird. Vom Standpunkt der modernen Physik jedoch – und dabei insbesondere in der Untersuchung makroskopischer Festkörper – ist die zum Zusammenbau eines Körpers notwendige Energie eine nicht annähernd so fundamentale Größe, wie sie es für einen Chemiker sein muß. Deshalb betonten wir zur Verdeutlichung der vier Klassen von Festkörpern mehr die räumliche elektronische Struktur als – wie es inzwischen üblich geworden ist – die verschiedenen Bindungsarten. Für den Physiker ist „Bindung" nur eine von vielen anderen, durch die räumliche Elektronenverteilung bestimmten Eigenschaften.

---

[8] Man hat die Niveaus des Leitungsbandes berechnet; wie erwartet liegen sie um einige Elektronenvolt über dem gefüllten Band, welches die acht atomaren Valenzelektronen enthält.

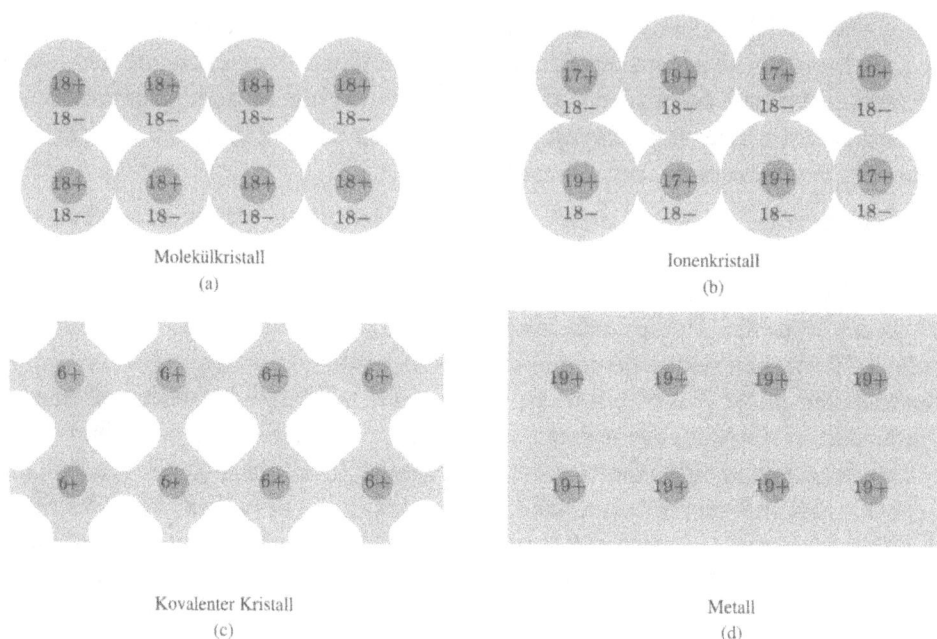

Molekülkristall
(a)

Ionenkristall
(b)

Kovalenter Kristall
(c)

Metall
(d)

Bild 19.3: Stark schematisierte, zweidimensionale Darstellung der elektronischen Ladungsverteilungen in Festkörpern der drei grundlegenden Typen. Die kleinen, dunklen Kreise stellen die positiv geladenen Kerne dar, die schattiert gezeichneten, kreisförmigen Bereiche kennzeichnen Regionen, innerhalb derer die Elektronendichte nennenswert hoch ist – was nicht bedeuten soll, daß sie dort homogen sei. Dargestellt sind in (a) ein Molekülkristall (am Beispiel von zweidimensionalem Argon), in (b) ein Ionenkristall (am Beispiel Kaliumchlorid), in (c) ein kovalenter Kristall (am Beispiel Kohlenstoff) sowie in (d) ein Metall (Kalium).

Man sollte sich jedoch mit der zu dieser Sichtweise der Chemiker gehörigen Nomenklatur vertraut machen: Man spricht von der „metallischen Bindung", der „ionischen Bindung", der „kovalenten Bindung" oder der „Wasserstoffbrücken-Bindung", um die jeweils charakteristische Art und Weise zu bezeichnen, wie die elektrostatischen Kräfte zusammenwirken, um einen Festkörper des jeweiligen Typs zusammenzuhalten. Wir werden in Kapitel 20 noch näher auf die Bindungsenergien der verschiedenen Typen von Festkörpern eingehen.

Im den verbleibenden Abschnitten dieses Kapitels werden wir versuchen, die unterschiedlichen Eigenschaften der fundamentalen Festkörpertypen weiter herauszuarbeiten, wobei wir einerseits aufzeigen, welch außerordentlich verschiedene Modelle man zur Beschreibung der Extremfälle der verschiedenen Typen verwendet, wie kontinuierlich aber auch der Übergang zwischen den Typen sein kann. Wir werden die verschiedenen Festkörpertypen im folgenden grob vereinfacht behandeln; dabei stellen wir eine Reihe von Modellen vor, deren Abstraktionsgrad in etwa demjenigen des Drude-Modells eines Metalls entspricht, und von welchen die Betrachtungen der einzelnen Klassen ausgehen. In Kapitel 20 gehen wir dann auf quantitative Aspekte dieser Modelle ein.

Ionenkristalle

Das naive Modell eines Ionenkristalls behandelt die Ionen als undurchdringliche, geladene Kugeln: Der Kristall wird zusammengehalten durch die elektrostatische Anziehung zwischen diesen Kugeln und durch deren „Undurchdringlichkeit" vor dem Kollaps bewahrt.

Die „Undurchdringlichkeit" ist eine Folge des Pauliprinzips und der stabilen Elektronenkonfiguration der Ionen mit abgeschlossenen Schalen. Kommen zwei Ionen einander so nahe, daß ihre elektronischen Ladungsverteilungen zu überlappen beginnen, so fordert das Pauliprinzip, daß die zusätzliche Ladung, welche jedes Ion in die Umgebung des anderen Ions einbringt, in unbesetzten Niveaus „untergebracht" wird. Jedoch sind die Elektronenkonfigurationen sowohl der negativen als auch der positiven Ionen stabile Konfigurationen der Form ns^2np^6 mit abgeschlossenen Schalen, was bedeutet, daß zwischen den besetzten Niveaus und den niedrigsten unbesetzten eine große Energielücke bestehen muß. Folglich ist viel Energie erforderlich, um die Ladungsverteilungen zu überlappen, so daß eine starke, abstoßende Kraft zwischen den Ionen auftritt, wenn sie einander so nahe kommen, daß ihre elektronischen Ladungsverteilungen zu überlappen beginnen.

Um die quantitativen Folgerungen zu stützen, welche wir in diesem Abschnitt ziehen werden, genügt es, die Ionen als undurchdringliche Kugeln zu behandeln und somit das Potential dieser abstoßenden Kraft als unendlich innerhalb einer gewissen Entfernung und als null außerhalb anzunehmen. Wir möchten trotzdem betonen, daß die Ionen nicht streng undurchdringlich sind: Genaueren Berechnungen der Ionenkristalle muß man deshalb eine weniger simple Form der Abhängigkeit des abstoßenden Potentials vom Abstand zwischen den Ionen zugrunde legen – in Kapitel 20 geben wir eine elementare Veranschaulichung dieses Sachverhalts. Im Rahmen einer weniger realitätsfernen Behandlung kann man die Ionen darüber hinaus nicht als streng kugelförmig ansehen, da sie durch das Vorhandensein der jeweiligen Nachbarn im Kristall gegenüber ihrer (tatsächlich streng kugelförmigen) Gestalt im kräftefreien Raum verformt werden.

Alkalihalogenide (I-VII-Ionenkristalle)

Die Alkalihalogenide realisieren fast perfekt das Idealbild eines Ionenkristalls als Anordnung kugelförmiger, elektrisch geladener Billiardbälle. Bei normalen Drücken sind sämtliche dieser Kristalle kubisch. Das positive Ion (Kation) ist ein Alkalimetall (Li^+, Na^+, K^+, Rb^+, Cs^+), das negative Ion (Anion) ein Halogen (F^-, Cl^-, Br^-, I^-). Diese Stoffe kristallisieren unter Normalbedingungen in der Natriumchloridstruktur (Bild 19.4a), mit Ausnahme von CsCl , CsBr und CsI, welche in der Cäsiumchloridstruktur am stabilsten sind (Bild 19.4b).

Um zu verstehen, weshalb die Bausteine dieser Strukturen Ionen, nicht Atome sind, betrachten wir beispielsweise RbBr. Ein isoliertes Bromatom kann ein zusätzliches

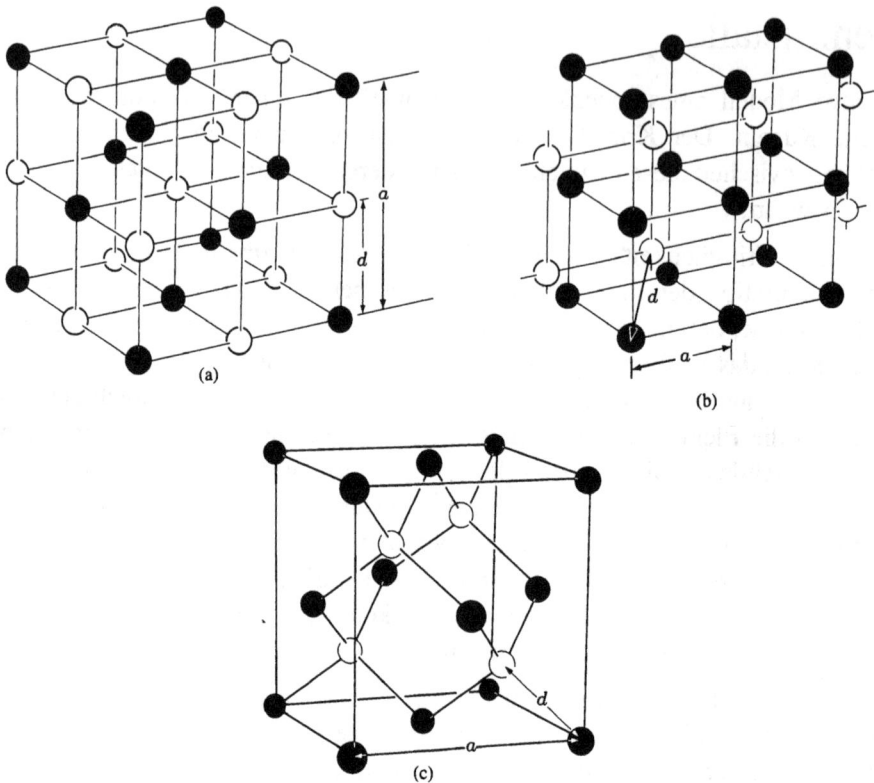

Bild 19.4: (a) Die Natriumchloridstruktur, (b) die Cäsiumchloridstruktur, (c) die Zinkblendestruktur (Sphaleritstruktur). In jedem Fall sind die Seitenlänge a der konventionellen kubischen Zelle sowie der Abstand d nächster Nachbarn angegeben. Aus den Zeichnungen liest man folgende Zusammenhänge ab: (a) Natriumchlorid: $d = a/2$, (b) Cäsiumchlorid: $d = \sqrt{3}a/2$, (c) Zinkblende: $d = \sqrt{3}a/4$. Detaillierte Beschreibungen dieser Strukturen findet man in Kapitel 4.

Elektron binden, um so das stabile Anion Br^- zu bilden, welches über die Elektronenkonfiguration des Kryptonatoms mit abgeschlossenen Schalen verfügt: Dieses zusätzliche Elektron hat eine Bindungsenergie[9] von etwa 3,5 eV.

Andererseits sind 4,2 eV notwendig, um dieses zusätzliche Elektron aus dem Rubidiumatom zu lösen und so das Kation Rb^+ zu bilden, welches ebenfalls die Krypton-Konfiguration aufweist. Man könnte daraus schließen, daß die Energie eines Systems aus einem Bromatom und einem Rubidiumatom um 0,5 eV niedriger sei als die Energie des Systems der entsprechenden Ionen – was auch tatsächlich der Fall ist, vorausgesetzt, die Ionen sind sehr weit voneinander entfernt. Bringt man sie jedoch

---

[9] Man schreibt deshalb gewöhnlich dem Brom eine „Elektronenaffinität" von 3.5 eV zu. Es mag zunächst überraschend erscheinen, daß ein neutrales Atom dazu in der Lage ist, ein zusätzliches Elektron zu binden. Diese Bindung wird dadurch ermöglicht, daß die den Kern umgebende Wolke der atomaren Elektronen dessen Ladung nicht vollständig vom sechsten und letzten p-Orbital abschirmt; in diesem Orbital, welches recht weit in die atomare Elektronenwolke hineinreicht, wird das zusätzliche Elektron gebunden.

Bild 19.5: Elektronische Ladungsdichteverteilung, bestimmt aus Ergebnissen der Röntgenstreuung, in einer [100]-Ebene des NaCl-Kristalls, welche die Ionen enthält. Die Zahlen geben den jeweiligen Wert der Ladungsdichte entlang der Konturlinien konstanter Ladungsdichte in Einheiten von Elektronen pro $\mathring{A}^3$ an. Die kurzen Striche senkrecht zu den Konturlinien sind Fehlerbalken. (Nach G. Schoknecht, *Z. Naturforschung* **12**, 983 (1957).)

nahe zusammen, so wird Gesamtenergie des Paares durch die anziehende elektrostatische Wechselwirkung erniedrigt. Im kristallinen RbBr beträgt der Abstand zwischen den Ionen etwa $r = 3,4\,\mathring{A}$. Ein Ionenpaar mit diesem Abstand weist eine zusätzliche Coulombenergie von $-e^2/r = -4,2\,\text{eV}$ auf, ein Betrag, der mehr als ausreichend ist, um die Bildung der Ionen gegenüber den Atomen zu favorisieren.

Das Bild der Alkalihalogenide als Anordnungen kugelförmiger Ionen wird bestätigt durch Messungen der elektronischen Ladungsverteilung mittels Röntgenbeugung. Bild 19.5 zeigt die Ladungsverteilung im Natriumchlorid, wie man sie aus den Ergebnissen solcher Beugungsexperimente herleiten kann.

d/a_0

Cl⁻ 3p (right label)

Cl⁻ 3p

Cl⁻ 3s

K⁺ 3p

Cl⁻ 3s

K⁺ 3p

K⁺ 3s

K⁺ 3s

ε (Rydberg)

−1.0

−2.0

−3.0

−4.0

4   6   8   10

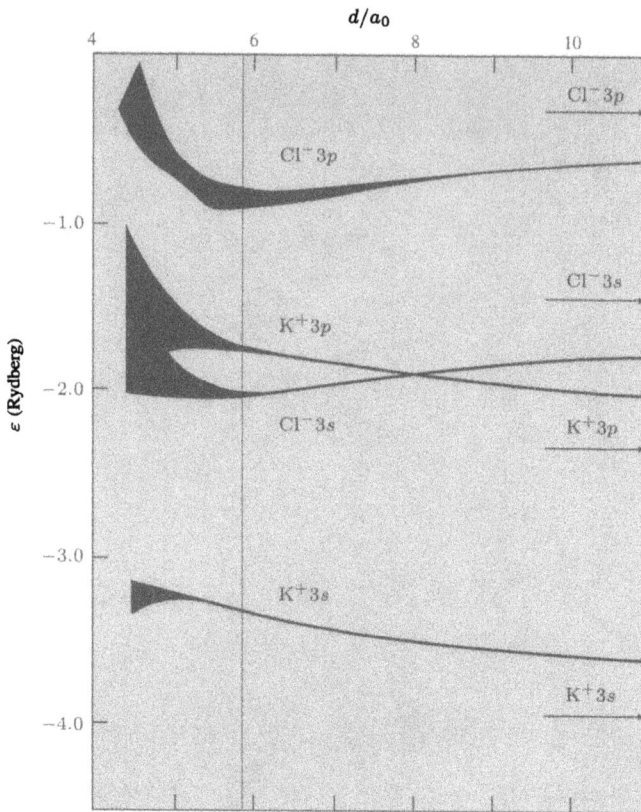

Bild 19.6: Die vier energetisch höchstliegenden, gefüllten Energiebänder von KCl, berechnet als Funktionen des Ionenabstandes d in Bohrschen Radien. Die vertikale Linie kennzeichnet den beobachteten Wert von d; die entsprechenden Energieniveaus der freien Ionen sind jeweils am rechten Rand durch Pfeile angegeben. Beachten Sie, daß die Energien im kristallinen Zustand der Ionen stark von den Energien der freien Ionen abweichen, die Bänder dabei aber sehr schmal bleiben. (Aus L. P. Howard, *Phys. Rev.* **109**, 1927 (1958).)

Auch Berechnungen der Bandstruktur bestätigen die Auffassung, daß die Alkali-halogenide aus lokalisierten Ionen bestehen, deren Ladungsdichteverteilungen im Vergleich zu den freien Ionen leicht verformt sind. Bild 19.6 zeigt berechnete Energiebänder für KCl als Funktion der als frei wählbarer Parameter angenommenen Gitterkonstanten d. Zum Vergleich sind die entsprechenden Niveaus der freien Ionen eingezeichnet. Die Bandenergien können sich aufgrund der zwischen den Ionen wirkenden Coulomb-Wechselwirkung um bis zu einem halben Rydberg von den Energien der entsprechenden Niveaus der freien Ionen unterscheiden. Dabei ist die *Breite* der Bänder beim beobachteten Wert der Gitterkonstanten außerordentlich gering, was darauf schließen läßt, daß der Überlapp der Ladungsverteilungen der Ionen ebenfalls gering ist.

Tabelle 19.1

Angenommene Ionenradien der Alkalihalogenide*

	Li$^+$ (0,60)	Na$^+$ (0,95)	K$^+$ (1,33)	Rb$^+$ (1,48)	Cs$^+$ (1,69)
F$^-$ (1,36)					
d	2,01	2,31	2,67	2,82	3,00
r$^-$ + r$^+$	1,96	2,31	2,69	2,84	3,05
r$^>$/r$^<$	2,27	1,43	1,02	1,09	1,24
Cl$^-$ (1,81)					
d	2,57	2,82	3,15	3,29	3,57
r$^-$ + r$^+$	2,41	2,76	3,14	3,29	3,50
r$^>$/r$^<$	3,02[2,56]	1,91	1,36	1,22	1,07
Br$^-$ (1,95)					
d	2,75	2,99	3,30	3,43	3,71
r$^-$ + r$^+$	2,55	2,90	3,28	3,43	3,64
r$^>$/r$^<$	3,25 [2,76]	2,05	1,47	1,32	1,15
I$^-$ (2,16)					
d	3,00	3,24	3,53	3,67	3,95
r$^-$ + r$^+$	2,76	3,11	3,49	3,64	3,85
r$^>$/r$^<$	3,60 [3,05]	2,27	1,62	1,46	1,28

*Unmittelbar nach der Bezeichnung jedes Ions folgt der Ionenradius (in Å) in Klammern. Folgende zusätzliche Angaben (sämtlich in Å), die sich auf das Halogenid des jeweils in der oberen Zeile genannten Alkalimetalls beziehen, findet man im entsprechenden Kästchen der Tabelle:

1. den Abstand nächster Nachbarn d.[10] In der Natriumchloridstruktur gilt $d = a/2$, wobei a die Seitenlänge der konventionellen kubischen Zelle bezeichnet; in der Cäsiumchloridstruktur (CsCl, CsBr und CsJ) gilt $d = \sqrt{3}a/2$ (Bild 19.4).
2. die Summe $r^- + r^+$ der Ionenradien.
3. das Verhältnis $r^>/r^<$ der Ionenradien. In den drei Fällen, in welchen dieses Verhältnis so groß ist, daß d nicht mehr durch die Summe der Radien gegeben ist, findet man den nun gültigen theoretischen Wert ($\sqrt{2}r^>$) in eckigen Klammern direkt hinter dem Wert des Radiusverhältnisses.

Quelle: L. Pauling, *The Nature of the Chemical Bond*, 3rd ed., Cornell University Press, Ithaca, New York (1960), S. 514.

Ionenradien

Die durch Röntgenbeugung bestimmten Werte der Seitenlänge a der konventionellen kubischen Zelle in den 20 Alkalihalogenid-Kristallen sind mit dem einfachen Modell konsistent, wonach man die Ionen als undurchdringliche Kugeln mit einem definierten Radius r betrachtet, dem *Ionenradius*. Bezeichne d die Entfernung zwischen den Zentren benachbarter, positiv und negativ geladener Ionen, so daß also in der Natrium-

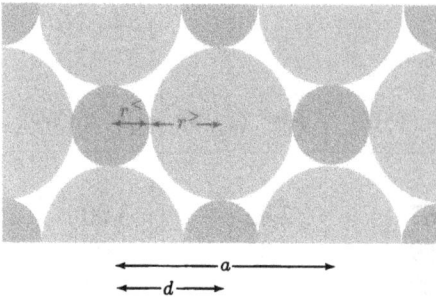

Bild 19.7: Eine [100]-Ebene der Natriumchlorid-struktur, welche die Mittelpunkte der Ionen enthält. Jedes der großen Ionen berührt ausschließlich die jeweils benachbarten kleinen Ionen. Der Abstand d nächster Nachbarn ist deshalb gegeben durch die Summe $r^> + r^<$ der Ionenradien – dies ist der Normalfall.

chloridstruktur $d = a/2$, in der Cäsiumchloridstruktur $a\sqrt{3}/2$ gilt (siehe Bild 19.4). In Tabelle 19.1 sind die Werte von d für die Alkalihalogenid-Kristalle zusammengestellt.[10] Nimmt man jedes der neun Ionen als Kugel mit einem definierten Radius an, so kann man in den meisten Fällen den Abstand d_{XY} nächster Nachbarn im Alkalihalogenid XY mit einer Genauigkeit von etwa 2% zu $d_{XY} = r_X + r_Y$ annehmen. Ausnahmen von dieser Regel sind LiCl, LiBr und LiJ – die Radiussummen sind um 6, 7 und 8% kleiner als die beobachteten Werte von d – sowie NaBr und NaJ, mit um 3 beziehungsweise 4 Prozent kleineren Summen.

Sehen wir zunächst von diesen Ausnahmen ab, so lassen sich die beobachteten Werte der Gitterkonstanten mit einer Genauigkeit von wenigen Prozent unter der Annahme herleiten, daß die Ionen harte Kugeln mit den angegebenen Radien sind, die in einer Natriumchlorid- oder Cäsiumchloridstruktur dicht gepackt vorliegen. Die Wahl der Ionenradien ist jedoch nicht eindeutig, da durch Addition eines festen Betrages Δr zu den Alkaliradien und gleichzeitige Subtraktion desselben Betrages von den Halogenradien ($r_X \rightarrow r + \Delta r$, $r_Y \rightarrow r - \Delta r$) der Wert der Summe $r_X + r_Y$ unverändert bleibt.[11] Durch die folgende, weitergehende Beobachtung kann man das Problem dieser Unbestimmtheit lösen und darüber hinaus das anomale Verhalten der Lithiumhalogenide erklären:

Unsere Feststellung, der Abstand d nächster Nachbarn sei durch die Summe der Radien der Ionen gegeben, deren Zentren sich im Abstand d voneinander befinden, setzt voraus, daß die Ionen einander tatsächlich „berühren" (Bild 19.7). Dies ist aber nur dann der Fall, wenn der Radius $r^>$ der größeren Ionen nicht sehr viel größer ist als der Radius $r^<$ der kleineren. Unterscheiden sich die beiden Radien zu stark, so kann es vorkommen, daß die kleineren Ionen die größeren nicht „berühren" (Bild 19.8). In diesem Fall hängt d dann nicht mehr vom Radius des kleineren Ions ab und ist vollständig durch den Radius des größeren Ions bestimmt. Die für die

---

[10] Unter dem „Abstand nächster Nachbarn" verstehen wir immer die kleinste Entfernung zwischen den *Mittelpunkten* der Atomrümpfe. So ist beispielsweise d der Abstand nächster Nachbarn in Bild 19.8, obwohl die großen Kreise lediglich einander, nicht aber die kleinen Kreise berühren. Die Entfernung zwischen dem Mittelpunkt eines großen Kreises und dem Mittelpunkt eines kleinen Kreises kann kleiner sein, als der Abstand der Mittelpunkte zweier benachbarter großer Kreise.
[11] Dies führte dazu, daß sich verschiedene, konkurrierende Definitionen des Ionenradius entwickelten. Die in Tabelle 19.1 angegebenen Ionenradien sind die am weitesten verbreiteten.

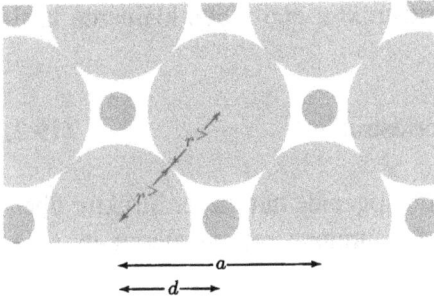

Bild 19.8: Hier ist dieselbe Ebene wie in Bild 19.7 dargestellt. In diesem Fall ist der Unterschied der Ionenradien so groß, daß jedes der großen Ionen ausschließlich die jeweils benachbarten großen Ionen berührt. Nun hängt der Abstand nächster Nachbarn d (definiert als die kürzeste Entfernung zwischen Ionenmittelpunkten) nur vom Radius des größeren Ions $r^>$ in der Form $d = \sqrt{2}r^>$ ab.

Natriumchloridstruktur gültige Beziehung $r^+ + r^- = d$ ist in diesem Falle durch $\sqrt{2}r^> = d$ zu ersetzen (Bilder 19.7 und 19.8). Das „kritische" Verhältnis der Radien, bei dem die Ionen der kleineren Ionensorte den „Berührungskontakt" mit den größeren Ionen verlieren, liegt dann vor, wenn jedes große Ion sowohl das kleine Ion am nächst benachbarten Gitterplatz, als auch das große Ion am zweitnächst benachbarten Gitterplatz berührt (Bild 19.9). Dieses Verhältnis ist durch die Beziehung (Bild 19.9)

$$\frac{r^>}{r^<} = \frac{1}{\sqrt{2}-1} = \sqrt{2} + 1 = 2,41 \quad \text{(Natriumchloridstruktur)} \tag{19.1}$$

bestimmt. Die in Tabelle 19.1 zusammengestellten Werte des Verhältnisses $r^>/r^<$ zeigen, daß der kritische Wert $2,41$ nur in LiCl, LiBr und LiJ überschritten wird. Es ist deshalb zu erwarten, daß der beobachtete Wert von d in diesen Alkalisalzen größer ist als die jeweilige Radiussumme, da d in diesen Fällen mit $\sqrt{2}r^>$ zu vergleichen wäre, und nicht mit $r^+ + r^-$. Die Werte dieses letzteren Größe sind jeweils in eckigen Klammern hinter den Werten des Verhältnisses $r^>/r^<$ für die drei Lithiumhalogenide angegeben; sie stimmen mit den beobachteten Werten von d innerhalb der gleichen Genauigkeit von 2 % überein, wie es auch für die Werte der Summe $r^+ + r^-$ zutrifft, falls diese Form anwendbar ist. Es wäre ohne Bedeutung, könnte man auf diese Weise nur *eines* der drei abweichenden Lithiumhalogenide in den Rahmen der Regel bringen, da man dasselbe auch durch geeignete Wahl der freien Variablen Δr erreichen würde. Die Tatsache aber, daß man auf diese Weise auch die beiden übrigen Lithiumsalze in Übereinstimmung mit der Regel bringt, gibt uns ein gewisses Vertrauen in das zugrunde liegende Bild der Ionen als undurchdringliche Kugeln mit den in Tabelle 19.1 aufgeführten Radien.

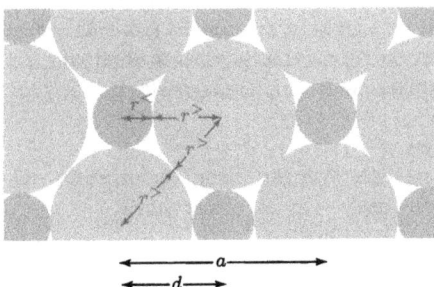

Bild 19.9: Situation für den kritischen Wert $r^>/r^<) = \sqrt{2} + 1$ der Ionenradien; sind die Werte dieses Verhältnisses kleiner, so gilt Bild 19.7, sind sie größer, Bild 19.8. Der Wert des kritischen Verhältnisses ergibt sich aus der Einsicht, daß die Beziehungen $d = \sqrt{2}r^>$ und $d = r^+ + r^- = r^> + r^<$ für einen gewissen kritischen Wert simultan erfüllt sein müssen.

Eine ähnliche Berechnung für die Cäsiumchloridstruktur ergibt den kleineren kritischen Wert

$$\frac{r^>}{r^<} = \frac{1}{2}(\sqrt{3} + 1) = 1,37 \quad \text{(Cäsiumchloridstruktur)}. \tag{19.2}$$

Die Werte der Radiusverhältnisse der drei Alkalihalogenide mit dieser Struktur überschreiten den Wert (19.2) nicht, und die Radiussummen reproduzieren in guter Näherung die beobachteten Werte der Gitterkonstanten.[12]

II-VI-Ionenkristalle

Zweifach ionisierte Elemente aus den Hauptgruppen II und VI des Periodensystems bilden ebenfalls Ionenkristalle. Mit Ausnahme von MgTe sowie der Verbindungen des Berylliums kristallisieren diese Salze in der Natriumchloridstruktur. Man ersieht aus Tabelle 19.2, daß $d = a/2$ für die Salze von Calcium, Strontium und Barium sowie für MgO auch hier innerhalb einer Genauigkeit von einigen Prozent durch $r^+ + r^-$ gegeben ist. Für MgS sowie MgSe wird der kritische Wert $r^>/r^< = 2,42$ des Radiusverhältnisses überschritten; $d = a/2$ stimmt hier innerhalb einer Genauigkeit von 3 % mit dem Wert von $\sqrt{2}r^>$ überein.

Für MgTe und die Berylliumsalze ist der Zusammenhang zwischen Gitterkonstante und Ionenradien dagegen weit weniger deutlich ausgeprägt. BeS, BeSe und BeTe kristallisieren in der Zinkblendestruktur (Sphaleritstruktur, siehe Kapitel 4 sowie Bild 19.4), die übrigen beiden Salze in der Wurtzitstruktur.[13] Der Wert des kritischen Verhältnisses[14] $r^>/r^<$ ist $2+\sqrt{6} = 4,45$; dieser Wert wird in den drei Berylliumsalzen mit Zinkblendestruktur[15] überschritten. Der angegeben Wert von d (berechnet als das $\sqrt{3}/4$-fache der gemessenen Seitenlänge der konventionellen kubischen Zelle) ist deshalb nicht mit der Summe $r^+ + r^-$ zu vergleichen, sondern mit dem Wert von $\sqrt{6}r^>/2$, welcher in Tabelle 19.2 in eckigen Klammern hinter dem jeweiligen

---

[12] Die Übereinstimmung kann dadurch ein wenig verbessert werden, daß man die Ionenradien in der Cäsiumchloridstruktur ein wenig größer annimmt, um dadurch der Tatsache Rechnung zu tragen, daß jedes Ion in dieser Struktur acht nächste Nachbarn hat – verglichen mit den sechs nächsten Nachbarn in der Natriumchloridstruktur – so daß die Abstoßung aufgrund des Pauliprinzips stärker ist und die Ionen folglich in der Cäsiumchloridstruktur weniger eng zusammengepreßt werden.

[13] In der Zinkblendestruktur zeigt ein Blick in [111]-Richtung, daß die Atome einer gegebenen Sorte in der Abfolge ... ABCABC ... gepackt sind, während sie über tetraedrische Bindungen an die Atome der anderen Sorte gebunden sind. Das zugrundeliegende Bravaisgitter ist kubisch. Es gibt eine andere Anordnung, welche die tetraedrische Bindungsstruktur wahrt, die Atome einer gegebenen Sorte jedoch in der Abfolge ... ABABAB ... anordnet; dies ist die Wurtzitstruktur, welcher ein hexagonales Bravaisgitter zugrundeliegt.

[14] Der Leser möge als Übung diese Zahlenwerte verifizieren.

[15] Dies ist ebenfalls der Wert des kritischen Verhältnisses der Wurtzitstruktur, vorausgesetzt, das Verhältnis c/a der zugrundeliegenden hcp-Struktur ist nahezu ideal – was fast immer zutrifft.

Tabelle 19.2
Angenommene Ionenradien der zweifach ionisierten Elemente aus den Gruppen II und VI des Periodensystems*

	Be^{2+} (0,31)	Mg^{2+} (0,65)	Ca^{2+} (0,99)	Sr^{2+} (1,13)	Ba^{2+} (1,35)
O^{2-} (1,40)					
d	1,64	2,10	2,40	2,54	2,76
$r^- + r^+$	1,71	2,05	2,39	2,53	2,75
$r^>/r^<$	4,52	2,15	1,41	1,24	1,04
S^{2-} (1,84)					
d	2,10	2,60	2,85	3,01	3,19
$r^- + r^+$	2,15	2,49	2,83	2,97	3,19
$r^>/r^<$	5,94 [2,25]	2,83 [2,60]	1,86	1,63	1,36
Se^{2-} (1,98)					
d	2,20	2,72	2,96	3,11	3,30
$r^- + r^+$	2,29	2,63	2,97	3,11	3,33
$r^>/r^<$	6,39 [2,42]	3,05 [2,80]	2,00	1,75	1,47
Te^{2-} (2,21)					
d	2,41	2,75	3,17	3,33	3,50
$r^- + r^+$	2,52	2,86	3,20	3,34	3,56
$r^>/r^<$	7,13 [2,71]	3,40	2,23	1,96	1,64

* Unmittelbar nach der Bezeichnung jedes Ions ist der Ionenradius (in Å) in Klammern angegeben. Die folgenden zusätzliche Angaben (sämtlich in Å) zu den jeweiligen Verbindungen findet man in den entsprechenden Kästchen der Tabelle:
1. den Abstand nächster Nachbarn d.
2. die Summe $r^+ + r^-$ der Ionenradien.
3. das Verhältnis $r^>/r^<$ der Ionenradien.
Die Verbindungen kristallisieren in der Natriumchloridstruktur, mit Ausnahme von BeS, BeSe, BeTe (Zinkblendestruktur) sowie BeO, MgTe (Wurtzitstruktur). Im Falle der beiden Magnesiumverbindungen, für welche das Verhältnis der Ionenradien den kritischen Wert 2,42 der Natriumchloridstruktur überschreitet, ist der korrigierte theoretische Wert $d = \sqrt{2}r^>$ in Klammern angegeben. Bei den Verbindungen, welche in der Zinkblendestruktur kristallisieren, wird der entsprechende kritische Wert 4,45 des Radiusverhältnisses in allen Fällen überschritten; der korrigierte theoretische Wert $d = \sqrt{6}r^>/2$ ist dabei wiederum in Klammern angegeben. Diese und die Kristalle mit Wurtzitstruktur betrachtet man angemessener als kovalent.
Quelle: L. Pauling, *The Nature of the Chemical Bond*, 3rd ed., Cornell University Press, Ithaca, New York (1960), S. 514.

Wert des Verhältnisses $r^>/r^<$ angegeben ist. Die Übereinstimmung ist dabei relativ schlecht, verglichen mit der beeindruckend guten Übereinstimmung bei den Kristallen mit Natriumchloridstruktur.

Einer der Gründe dafür besteht darin, daß Beryllium (und in gewissem Maße auch Magnesium) wesentlich weniger leicht zu ionisieren ist, als die übrigen Elemente der zweiten Hauptgruppe (Die ersten Ionisierungsenergien in eV betragen für Be 9,32, Mg 7,64, Ca 6,11, Sr 5,69, Ba 5,21.). Der Energieaufwand zur Bildung weit voneinander entfernter Ionen aus den entsprechenden Atomen ist somit für die Berylliumverbindungen vergleichsweise hoch. Darüber hinaus kann das Berylliumion infolge seiner geringen Größe nicht die Kristallstrukturen mit hohen Koordinationszahlen „nutzen", um diesen Effekt durch Erhöhen der Coulomb-Wechselwirkungsenergie zwischen den Ionen zu kompensieren: Die Anionen würden durch Überlappen ihrer Ladungsverteilungen voneinander abgestoßen – wie es beispielsweise in der Situation von Bild 19.8 der Fall ist – bevor sie dem Berylliumion nahe genug kommen könnten. Diese Betrachtungen legen den Schluß nahe, daß sich die Berylliumsalze in ihren Eigenschaften bereits von den reinen Ionenkristallen entfernen.

Tetraedrisch koordinierte Strukturen, wie beispielsweise die Zinkblende- und die Wurtzit-Struktur, tendieren in der Mehrzahl der Fälle zur kovalenten Bindung. Die tetraedrisch koordinierten II-VI-Verbindungen zeigen in diesem Sinne mehr kovalenten als ionischen Charakter.[16]

III-V-Kristalle (gemischt ionisch-kovalent)

Die Kristalle der Verbindungen aus Elementen der Gruppen III und V des Periodensystems zeigen noch weniger ionischen Charakter. Fast alle von ihnen kristallisieren in der Zinkblendestruktur, welche für kovalente Kristalle charakteristisch ist. Einige Beispiel sind in Tabelle 19.3 zusammengestellt. Die meisten dieser Verbindungen verhalten sich als Halbleiter, nicht als Isolatoren, was bedeutet, daß ihre Bandlücken relativ klein sind. Dies ist ein weiteres Indiz dafür, daß ihre ionische Natur nur schwach ausgeprägt ist und die Elektronen nicht stark lokalisiert sind. Die III-V-Verbindungen sind deshalb gute Beispiele für Stoffe, die sich teils ionisch, teils kovalent verhalten. Man beschreibt sie üblicherweise als vorwiegend kovalent im Charakter, mit einem „Rest" von Überschußladung bei den Atomrümpfen.

---

[16] Man hat auch *kovalente Radien* zur Beschreibung tetraedrisch gebundener Strukturen definiert, die fast ebenso erfolgreich die Gitterkonstanten der entsprechenden Stoffe beschreiben, wie es für die Ionenradien bei der Beschreibung der Ionenkristalle der Fall ist. (Siehe L. Pauling, *The Nature of the Chemical Bond*, 3rd ed., Cornell University Press, Ithaca, New York, s1960.)

Tabelle 19.3

Einige kovalent gebundene III-V-Verbindungen[*]

	Al	Ga	In
P	5,45	5,45	5,87
As	5,62	5,65	6,04
Sb	6,13	6,12	6,48

[*]Sämtliche Verbindungen kristallisieren in der Zinkblendestruktur. Angegeben ist die Kantenlänge der konventionellen kubischen Zelle in Å.

Kovalente Kristalle

Vergleicht man die Bilder 19.2 und 19.5, so erkennt man, wie ausgeprägt unterschiedlich die Ladungsdichteverteilungen in den Bereichen zwischen den Atomrümpfen bei ionisch oder kovalent gebundenen Kristallen sind:

Die Elektronendichte auf einer Verbindungslinie zwischen nächsten Nachbarn fällt beim NaCl auf Werte unter 0,1 Elektronen pro $Å^3$, während sie im kovalenten Kristall *par excellence*, dem Diamanten, immer größer als 5 Elektronen pro $Å^3$ bleibt.

Die Struktur des Diamanten ist ein typisches Beispiel für die von den Elementen der vierten Hauptgruppe des Periodensystems – Kohlenstoff, Silizium, Germanium und (grauem) Zinn (Tabelle 4.3) – gebildeten Kristallstrukturen. Alle genannten Elemente kristallisieren in der tetraedrisch koordinierten Diamantstruktur. In der Terminologie der Chemie beteiligt sich jedes Atom an vier kovalenten Bindungen, indem es jeweils ein Elektron mit jedem seiner vier Nachbarn gemeinsam hat. Obwohl die eigentliche Ursache der Bindung dabei ausschließlich die elektrostatische Anziehung bleibt, ist die Ursache für den Zusammenhalt des Kristalls dabei wesentlich komplexer, als es das einfache Bild entgegengesetzt geladener Billiardbälle suggeriert, welches die Ionenkristalle so treffend beschreibt; wir werden darauf in Kapitel 20 näher eingehen.

Die kontinuierliche Modifikation der Form der elektronischen Ladungsverteilung in der Reihe der Stoffe von den extrem ionisch gebundenen I-VII-Verbindungen über die zunehmend weniger klar zu charakterisierenden II-VI- und III-V-Verbindungen bis zu den extrem kovalent gebundenen Elementen der vierten Hauptgruppe ist schematisch in Bild 19.10 dargestellt.

Kovalente Kristalle sind weniger gute elektrische Isolatoren als Ionenkristalle; diese Beobachtung ist konsistent mit der Delokalisierung der Elektronenladung in der kovalenten Bindung. Sämtliche Halbleiter sind kovalente Kristalle mit manchmal – wie im Falle der III-V-Verbindungen – leicht ionischem Charakter.

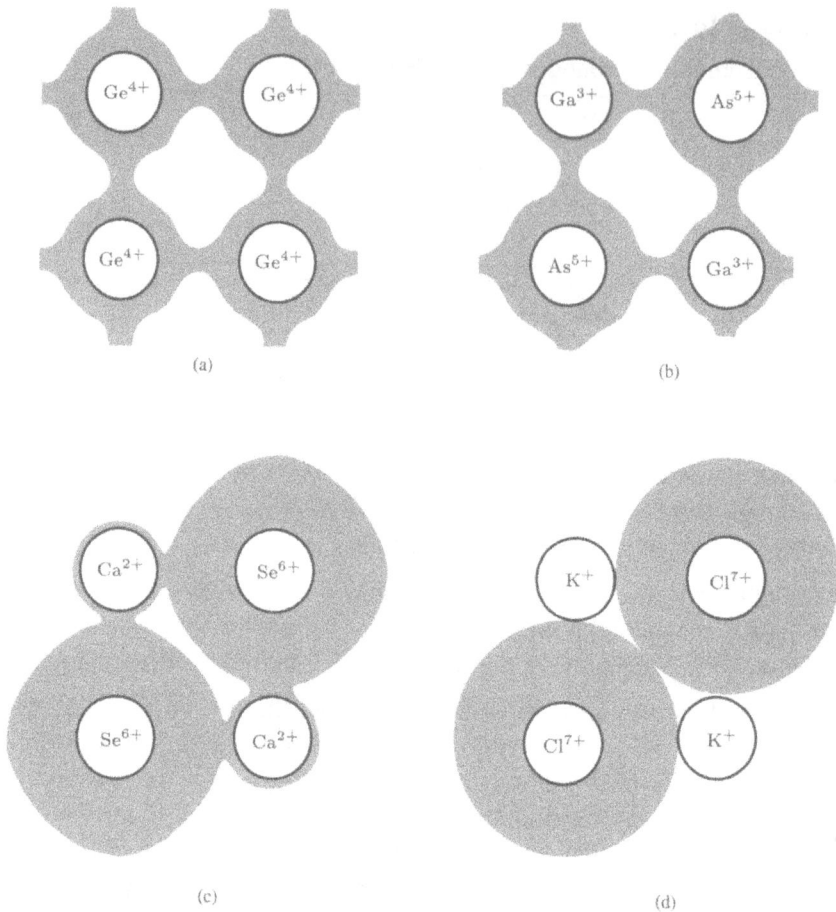

Bild 19.10: Eine stark schematisierte Darstellung des kontinuierlichen Überganges vom ideal kovalent zum ideal ionisch gebundenen Kristall. (a) Ideal kovalent gebundenes Germanium. Vier Elektronen je Einheitszelle sind auf identische Weise um die Ge^{4+}-Atomrümpfe verteilt. In bestimmten Richtungen innerhalb der zwischenatomaren Bereiche ist die Elektronendichte hoch. (b) Kovalent gebundenes Galliumarsenid. Die Elektronendichte in den zwischenatomaren Bereichen ist geringer als im Beispiel (a). Zu erkennen ist eine gewisse Tendenz der Elektronenwolken um jeden der As^{5+}-Rümpfe, ein wenig mehr Ladung zu enthalten, als zur Kompensation der positiven Ladung nötig wäre, während die Elektronenwolken um jeden der Ga^{3+}-Rümpfe entsprechend etwas weniger Ladung enthalten. Der Kristall zeigt dementsprechend einen sehr leicht ionischen Charakter. (c) Ionisch gebundenes Calciumselenid. Das Ca^{2+}-Ion hat praktisch alle seine Valenzelektronen abgegeben und die Elektronenwolke um das Se^{6+}-Ion enthält „fast alle" der acht Elektronen, die aus ihm ein Se^{2-}-Ion machen – so daß es eigentlich berechtigt wäre, von einem Se^{2-}-Ion zu sprechen, dem ein „Bruchteil eines Elektrons" fehlt. Der Kristall zeigt einen schwach kovalenten Charakter in dem Sinne, daß das Ca^{2+}-Ion geringfügig durch die Elektronen in seiner unmittelbaren Nachbarschaft abgeschirmt wird, während dem Se^{6+}-Ion geringfügig zu wenig Elektronen „zur Verfügung stehen", um seine äußeren acht Orbitale vollständig zu füllen und damit zum Se^{2-} zu werden. Der kovalente Charakter zeigt sich auch in einer schwachen Verformung der Ladungsverteilung nach außen in Richtung der Verbindungslinien zwischen nächsten Nachbarn. (d) Ideal ionisch gebundenes Kaliumchlorid. Das K^{+}-Ion hat sämtliche überschüssigen Elektronen abgegeben und sämtliche acht Elektronen häufen sich in der Umgebung des Cl^{7+}, welches dadurch zum Cl^{-} wird. (Man könnte ebensogut auf eine getrennte Darstellung der Überschußelektronen verzichten und statt dessen einfach einen Cl^{-}-Atomrumpf zeichnen.)

Molekülkristalle

Bewegt man sich, ausgehend von einem Element im oberen Teil der vierten Haupt-gruppe, im Periodensystem nach rechts, so sind die festen Elemente, zu welchen man auf diese Weise gelangt, zunehmend bessere Isolatoren (beziehungsweise weniger gute Metalle, wenn man bei den weiter unten stehenden Elementen der Gruppe beginnt) und schwächer gebunden, was sich beispielsweise in immer niedrigeren Schmelzpunkten äußert. Auf der äußersten rechten Seite des Periodensystems finden sich in der ach-ten Gruppe Elemente, welche gute Beispiele für Molekülkristalle geben. Die festen Edelgase – mit Ausnahme von Helium – kristallisieren sämtlich in einatomigen fcc-Bravaisgittern. Die Elektronenkonfiguration dieser Atome ist die stabile Konfiguration abgeschlossener Schalen, welche auch beim Einbau der Atome in den Festkörper nur schwach verformt wird. Der Kristall eines festen Edelgases wird durch sehr schwa-che Kräfte zusammengehalten, die sogenannte *van der Waals-Wechselwirkung* oder *Wechselwirkung fluktuierender Dipole*. Qualitativ ist die physikalische Ursache dieser Kraft leicht zu erklären:[17]

Betrachten wir zwei Atome (1 und 2) im Abstand r voneinander. Obwohl die elektronische Ladungsverteilung eines jeden Edelgasatoms im zeitlichen Mittel kugel-symmetrisch ist, können dennoch vorübergehend effektive Dipolmomente auftreten, deren zeitlicher Mittelwert verschwindet. Ein solches momentanes Dipolmoment p_1 des Atoms 1 erzeugt in der Entfernung r von diesem Atom ein zu p_1/r^3 proportionales elektrisches Feld.[18] Dieses elektrische Feld induziert im Atom 2 ein zur Feldstärke E proportionales Dipolmoment

$$p_2 = \alpha E \sim \frac{\alpha p_1}{r^3}. \tag{19.3}$$

α bezeichnet dabei die Polarisierbarkeit[19] des Atoms 2. Da die Wechselwirkungsener-gie zweier Dipole proportional ist zum Produkt ihrer Dipolmomente, dividiert durch die dritte Potenz des Abstandes zwischen ihnen, so ist mit der Induktion des Dipolmo-ments eine Erniedrigung der Energie des Systems von der Größenordnung

$$\frac{p_2 p_1}{r^3} \sim \frac{\alpha p_1^2}{r^6} \tag{19.4}$$

---

[17] Beachten Sie, daß die grundlegende Ursache der Bindung auch hier wieder elektrostatischer Natur ist. Die Art und Weise jedoch, wie sich die elektrostatische Anziehung in diesem Falle ausprägt, ist so verschieden von – beispielsweise – den Verhältnissen in Ionenkristallen, daß man für diese Bindungsart eine eigene Bezeichnung gewählt hat. In Aufgabe 1 geben wir eine strengere, quantenmechanische Herleitung der van der Waals-Anziehung.

[18] Wir denken dabei an eine Entfernung vom Atom, die deutlich größer ist, als dessen lineare Abmes-sungen. Nähert man sich dem Atom zu sehr an, so wird die Dipolnäherung ungültig; noch wesentlicher aber ist, daß dann die starke Abstoßung zwischen den Atomrümpfen die anziehende Wechselwirkung fluktuierender Dipole zu dominieren beginnt.

[19] Siehe Kapitel 27.

verbunden. Da diese Größe von $p_1{}^2$ abhängt, verschwindet ihr zeitliches Mittel nicht, obwohl dies für den Mittelwert von $\mathbf{p}_1$ der Fall ist. Diese Wechselwirkung wird mit zunehmender Entfernung sehr rasch schwächer; entsprechend niedrig sind die Schmelz- und Siedepunkte der kondensierten Edelgase.

Eine genauere Behandlung der Molekülkristalle muß auch die Wechselwirkung fluktuierender Dipole innerhalb von Gruppen aus drei oder mehreren Atomen in Betracht ziehen, die man nicht mehr als Summe von Paarkräften darstellen kann. Wechselwirkungen dieser Art fallen mit zunehmender Entfernung rascher als $1/r^6$ ab, sind aber dennoch in einer exakten Theorie des festen Zustandes von Bedeutung.[20]

Die Elemente der fünften, sechsten und siebenten Gruppe des Periodensystems – mit Ausnahme des metallischen Poloniums sowie der Halbmetalle Antimon und Wismut – zeigen in wechselndem Maß Züge sowohl von Molekülkristallen, als auch von kovalent gebundenen Kristallen. Fester Sauerstoff und Stickstoff kristallisieren – wie bereits erwähnt – als Molekülkristalle, deren im Festkörper nur schwach gestörte Einheiten nicht die freien Atome, sondern die Moleküle O_2 oder N_2 sind. Innerhalb dieser molekularen Einheiten ist die Bindung kovalent, so daß die Elektronenverteilung im Kristall als Ganzem einen gemischt molekularen und kovalenten Charakter zeigt. Man kennt auch Stoffe – beispielsweise Schwefel und Selen – mit komplizierten Kristallstrukturen, deren Bindungscharakter nicht anhand dieser einfachen Kategorien zu beschreiben ist.

Metalle

Bewegt man sich im Periodensystem von der vierten Gruppe ausgehend nach links, so trifft man auf die Familie der Metalle: Die kovalenten Bindungen sind hier so weit ausgedehnt, daß die Elektronendichte überall innerhalb der zwischenatomaren Bereiche hoch ist, und sich im k-Raum ein deutlicher Bandüberlapp ergibt. Die besten Beispiele für Metallkristalle bieten die Alkalimetalle der ersten Hauptgruppe, die sich für viele Zwecke hinreichend genau durch das Sommerfeldsche Modell freier Elektronen beschreiben lassen, in welchem die Valenzelektronen vollständig von ihren Atomen getrennt sind und ein praktisch gleichförmig verteiltes Elektronengas bilden.

Im allgemeinen beobachtet man selbst bei Metallen Aspekte sowohl der kovalenten, als auch der molekularen Bindung, und dies insbesondere im Falle der Edelmetalle, deren vollständig gefüllte atomare d-Schalen nicht sehr stark gebunden sind, so daß sie beim Einbau in den Festkörper beträchtlich verformt werden.

Es ist sehr instruktiv, die Ionenradien der metallischen Elemente (berechnet aus den Strukturen ihrer Ionenkristalle) mit den Abständen nächster Nachbarn in den Metallen zu vergleichen (Tabelle 19.4). Man ersieht hieraus, daß das Konzept des Ionenradius'

---

[20] B. M. Axilrod und E. Teller, *J. Chem. Phys.***22**, 1619 (1943); B. M. Axilrod, *J. Chem. Phys.***29**, 719, 724 (1951).

Tabelle 19.4
Ionenradien der Metalle, verglichen mit dem halben Abstand nächster Nachbarn im Metall

Metall	Ionenradius des einfach ionisierten Ions, r_{Ion} (Å)	Hälfte des Abstandes nächster Nachbarn im Metall, r_{Met} (Å)	$r_{\text{Met}}/r_{\text{Ion}}$
Li	0,60	1,51	2,52
Na	0,95	1,83	1,93
K	1,33	2,26	1,70
Rb	1,48	2,42	1,64
Cs	1,69	2,62	1,55
Cu	0,96	1,28	1,33
Ag	1,26	1,45	1,15
Au	1,37	1,44	1,05

für die Bestimmung der Gitterkonstanten in den Alkalimetallen offenbar von keinerlei Relevanz ist. Diese Beobachtung ist konsistent mit der Tatsache, daß Größen wie die Kompressibilitätender Alkalimetalle von der Größenordnung ihrer Werte für ein freies Elektronengas sind; die Rümpfe erscheinen als kleine Einheiten, eingebettet in einem „Elektronensee". Auf der anderen Seite spielen bei den Edelmetallen – wie bereits in Kapitel 15 erwähnt – die abgeschlossenen d-Schalen eine wesentlich wichtigere Rolle für die Ausprägung der metallischen Eigenschaften, als es für die Atomrümpfe in den Alkalimetallen der Fall ist. Dies spiegelt sich auch in der Tatsache wider, daß bei Kupfer, Silber und Gold die Abstände nächster Nachbarn im Metall nicht sehr viel größer sind als die Ionenradien in den Ionenkristallen dieser Metalle. Sowohl in den Ionenkristallen, als auch – in einem nur unwesentlich geringeren Maße – in den Metallen, ist die Ausdehnung dieser Metallatome durch die d-Schalen bestimmt.

Wasserstoffbrücken-gebundene Kristalle

Einige Klassifikationsschemata fassen die Wasserstoffbrücken-gebundenen Kristalle zu einer vierten Kategorie von Isolatoren zusammen. Dieser Auffassung liegt die Einsicht zugrunde, daß das Wasserstoffatom in dreierlei Hinsicht einzigartig ist:

1. Der „Atomrumpf" eines Wasserstoffatoms ist ein nacktes Proton, dessen Radius von der Größenordnung 10^{-13} cm und damit um einen Faktor 10^5 kleiner ist als jeder andere Atomrumpf.

2. Das Wasserstoffatom unterscheidet sich lediglich durch ein einziges Elektron von der stabilen Elektronenkonfiguration des Heliumatoms, welches – und dies ist einzigartig unter den besonders stabilen Elektronenkonfigurationen – nicht acht, sondern nur zwei Elektronen in der äußeren Schale enthält.

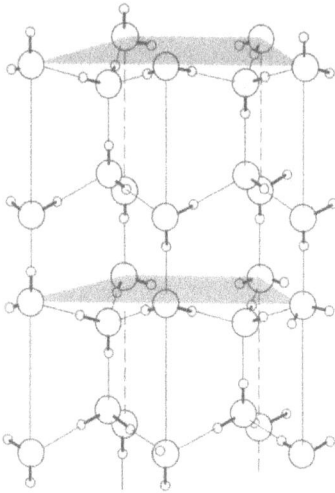

Bild 19.11: Die Kristallstruktur einer der zahlreichen Phasen des Eises. Die größeren Kreise kennzeichnen Sauerstoffionen, die kleineren Protonen. Eis ist ein Beispiel für einen Kristall, in dem die Wasserstoffbrücken-Bindung eine entscheidende Rolle spielt. (Nach L. Pauling, *The Nature of the Chemical Bond*, 3rd ed., Cornell University Press, Ithaca, New York, 1960)

3. Das erste Ionisierungspotential des Wasserstoffatoms ist ungewöhnlich hoch (H: 13,59 eV, Li: 5,39 eV, Na: 5,14 eV, K: 4,34 eV, Rb: 4,18 eV, Cs: 3,89 eV).

Aufgrund dieser besonderen Eigenschaften kann das Wasserstoffatom eine Rolle als Baustein kristalliner Strukturen spielen, durch die es sich von sämtlichen übrigen Elementen unterscheidet. Aufgrund des hohen Ionisierungspotentials ist es sehr viel schwieriger als bei den Alkalimetallen, ein Elektron vom Wasserstoffatom vollständig zu entfernen; es verhält sich daher bei der Bildung von Ionenkristallen *nicht* wie ein Alkaliion mit besonders geringem Radius. Auf der anderen Seite kann es sich nicht wie eines jener Atome verhalten, die kovalent gebundene Kristalle bilden: Da ihm nur ein einziges Elektron bis zu einer Elektronenkonfiguration mit abgeschlossener Schale fehlt, kann das Wasserstoffatom – in den Begriffen der Chemie gesprochen – nur eine einzige kovalente Bindung dadurch eingehen, daß es dieses Elektron mit einem anderen Atom „teilt".[21] Da schließlich das Proton – unter nahezu allen praktischen Aspekten betrachtet – überhaupt keine lineare Ausdehnung besitzt, kann es auf der Oberfläche eines großen, negativen Ions sitzen – eine Anordnung, die mit keinem anderen positiven Ion möglich ist.

Bild 19.11 zeigt am Beispiel des Eises, wie sich die beschriebenen, ungewöhnlichen Eigenschaften des Wasserstoffatoms auswirken können. Die Elektronen der Wasserstoffatome sind – ebenso wie die Protonen – recht deutlich in der Nähe der Sauerstoffionen lokalisiert. Das positiv geladene Proton bleibt nahe bei einem einzelnen Sauerstoffion, auf einer der Verbindungslinien zu dessen nächsten Nachbarn, und vermittelt dadurch eine Bindung der beiden Sauerstoffionen aneinander. (Beachten Sie, daß die Protonen nicht gleichmäßig verteilt sind. Thermodynamisch äußert sich dies durch eine große „Restentropie" des Eises bei niedrigen Temperaturen. Diese große

---

[21] ... im Gegensatz zu den vier Bindungen in tetraedrisch koordinierten, kovalenten Kristallen, die sich durch Bildung zweier abgeschlossener Schalen mit jeweils acht Elektronen ergeben.

Entropie bedeutet, daß es eine große Anzahl von Möglichkeiten gibt, ein Proton am einen oder anderen „Ende" einer jeden Bindung so anzuordnen, daß sich zwei Protonen in der Nähe eines jeden Sauerstoffatoms befinden.)

Damit beschließen wir unsere beschreibende Übersicht über die verschiedenen Festkörpertypen. Wir wenden uns nun einer elementaren, quantitativen Betrachtung einige Konsequenzen zu, die sich aus den verschiedenen beschriebenen Strukturen für die physikalischen Eigenschaften der Festkörper ergeben; dabei gehen wir insbesondere auf die Bindungsenergie ein.

Aufgaben

19.1   Ursprung der van der Waals-Kraft

Betrachten wir zwei Edelgasatome im Abstand R, bestehend aus ortsfesten Kernen der Ladung Ze an den Stellen $\mathbf{0}$ und $\mathbf{R}$, jeweils umgeben von Z Elektronen. Die Koordinaten der an den Kern im Punkt $\mathbf{0}$ gebundenen Elektronen seien mit $\mathbf{r}_i^{(1)}$ bezeichnet, die Koordinaten der Elektronen des Kernes bei $\mathbf{R}$ entsprechend mit $\mathbf{r}_i^{(2)}$, $i = 1, \ldots, Z$. Wir nehmen weiterhin den Abstand $\mathbf{R}$ als so groß an, daß der Überlapp der elektronischen Ladungsverteilungen der beiden Kerne vernachlässigt werden kann.[22] Seien H_1 und H_2 die Hamiltonoperatoren der beiden einzelnen Atome 1 und 2. Der Hamiltonoperator des aus beiden Atomen bestehenden Systems ist dann $H = H_1 + H_2 + U$, wobei mit U die Coulomb-Wechselwirkung zwischen allen Paaren geladener Teilchen – jeweils eines von jedem der beiden Atome – bezeichnet sei:

$$U = e^2 \left[\frac{Z^2}{R} - \sum_{i=1}^{Z} \left(\frac{Z}{|\mathbf{R} - \mathbf{r}_i^{(1)}|} + \frac{Z}{r_i^{(2)}} \right) + \sum_{i,j=1}^{Z} \frac{1}{|\mathbf{r}_i^{(1)} - \mathbf{r}_j^{(2)}|} \right]. \tag{19.5}$$

In Störungstheorie zweiter Ordnung ist die Wechselwirkungsenergie zwischen den Atomen gegeben durch

$$\Delta E = \langle 0|U|0 \rangle + \sum_n \frac{|\langle 0|U|n \rangle|^2}{E_0 - E_n}, \tag{19.6}$$

wobei $|0\rangle$ den Grundzustand des ungestörten Systems der beiden Atome bezeichnet, $|n\rangle$ seine angeregten Zustände.

(a) Zeigen Sie, daß der Term erster Ordnung in (19.6) identisch ist mit dem Ausdruck für die Energie der elektrostatischen Wechselwirkung zwischen zwei Ladungsdichte-

---

[22] Aufgrund dieser Annahme können wir das Pauliprinzip in seiner Auswirkung auf den Austausch von Elektronen zwischen den Atomen ignorieren und die Elektronen bei Atom 1 als unterscheidbar von den Elektronen bei Atom 2 betrachten. Insbesondere ist es daher nicht notwendig, die in (19.6) auftretenden Zustände zu antisymmetrisieren.

verteilungen $\rho^{(1)}(\mathbf{r})$ und $\rho^{(2)}(\mathbf{r})$, wobei $\rho^{(1)}$ und $\rho^{(2)}$ die Ladungsdichteverteilungen der Atome 1 beziehungsweise 2 im Grundzustand sind.

(b) Zeigen Sie, daß die Wechselwirkungsenergie aus (a) identisch verschwindet,[23] wenn die Ladungsdichteverteilungen kugelsymmetrisch sind und nicht überlappen. (c) Die Annahme, daß die elektronischen Zustände der beiden Atome vernachlässigbar wenig überlappen, bedeutet insbesondere, daß die Wellenfunktionen im Term zweiter Ordnung der Gleichung (19.6) vernachlässigbar klein sind, außer dann, wenn sowohl $|\mathbf{r}_i^{(1)}|$ als auch $|\mathbf{r}_i^{(2)} - \mathbf{R}|$ klein sind im Vergleich mit R. Zeigen Sie, daß der führende, nicht verschwindende Term in einer Entwicklung des Ausdruckes (19.5) nach $|\mathbf{r}_i^{(1)}|$ und $|\mathbf{r}_i^{(2)} - \mathbf{R}|$ gegeben ist durch

$$-\frac{e^2}{R^3} \sum_{i,j} \left[3(\mathbf{r}_i^{(1)} \cdot \hat{\mathbf{R}})([\mathbf{r}_j^{(2)} - \mathbf{R}] \cdot \hat{\mathbf{R}}) - \mathbf{r}_i^{(1)} \cdot (\mathbf{r}_j^{(2)} - \mathbf{R}) \right]. \tag{19.7}$$

(d) Zeigen Sie, daß als Folge hieraus der führende Term in (19.6) proportional zu $1/R^6$ und negativ ist.

19.2   Geometrische Verhältnisse in zweiatomigen Kristallen

Verifizieren Sie, daß – wie im Text angegeben – das kritische Verhältnis $r^>/r^<$ für die Cäsiumchloridstruktur den Wert $(\sqrt{3} + 1)/2$, für die Zinkblendestruktur den Wert $2 + \sqrt{6}$ hat.

---

[23] Sind die beiden Atome einander zu nah, so kann der Überlapp nicht mehr vernachlässigt werden und führt zu einer starken, kurzreichweitigen Abstoßung. Der sehr geringfügige Überlapp der Elektronendichteverteilungen der weit voneinander entfernten Atome verursacht Korrekturterme in der Wechselwirkung, die mit dem Abstand exponentiell kleiner werden.

20 Gitterenergie

Die Edelgase: Das Lennard-Jones-Potential

Dichte, Gitterenergie und Kompressionsmodul
der festen Edelgase

Ionenkristalle: Die Madelung-Konstante

Dichte, Gitterenergie und Kompressionsmodul
der Alkalihalogenide

Bindung in kovalenten Kristallen

Bindung in Metallen

Die Gitterenergie eines Festkörpers ist die Energie, die aufgewendet werden muß, um ihn in seine Bestandteile zu zerlegen – also seine Bindungsenergie.[1] Offenbar hängt der Wert dieser Energie davon ab, welche Einheiten man als die Teile des Festkörpers betrachtet. Im allgemeinen nimmt man als Bausteine die einzelnen Atome der Elemente an, aus welchen ein Festkörper besteht – obwohl manchmal auch andere Konventionen getroffen werden. Beispielsweise kann es sinnvoll sein, die Gitterenergie des festen Stickstoffs als diejenige Energie zu definieren, die notwendig ist, um den festen Stickstoff in einzelne, isolierte Stickstoffmoleküle zu zerlegen – nicht etwa in einzelne Atome. Kennt man die Bindungsenergie eines isolierten Stickstoffmoleküls, so kann man leicht von einer Definition zur anderen wechseln. Ähnlich werden wir bei den Kristallen der Alkalihalogenide die Energie betrachten, die notwendig ist, um den Kristall in isolierte Ionen aufzutrennen – nicht etwa in Atome; die Verbindung zwischen den beiden Definitionsarten der Gitterenergie ist gegeben durch das erste Ionisierungspotential des Alkalimetallatoms sowie die Elektronenaffinität des Halogenatoms.

In den „frühen Tagen" der Festkörperphysik verwendete man viel Mühe auf die Berechnung von Gitterenergien, und diese Problemstellung bestimmte die Theorie der Festkörper in viel stärkerem Maße, als dies heute der Fall ist. So fußen beispielsweise ältere Ansätze einer Klassifikation der Festkörper sehr stark auf den unterschiedlichen Arten des Zusammenhalts und betonen nicht – wie wir es in Kapitel 19 taten – die Unterschiede der – eng damit verwandten – räumlichen Elektronenverteilungen. Die Bedeutung der Gitterenergie liegt darin, daß es sich dabei um die Grundzustandsenergie des Festkörpers handelt; ihr Vorzeichen beispielsweise entscheidet darüber, ob ein Festkörper überhaupt stabil sein kann. Ihre Verallgemeinerung auf von null verschiedene Temperaturen, die Helmholtzsche Freie Energie, enthält – falls sie als Funktion des Volumens und der Temperatur gegeben ist – die vollständige thermodynamische Information über den Festkörper im Gleichgewicht. Die Hauptinteressen der Festkörperphysik richten sich jedoch immer mehr auf die Nichtgleichgewichtseigenschaften – wie beispielsweise Transportphänomene oder optische Eigenschaften – so daß die Untersuchung des Zusammenhalts der Festkörper nicht mehr die einstige dominierende Rolle spielt.

In diesem Kapitel gehen wir auf einige grundlegende Eigenschaften der Gitterenergie bei verschwindender Temperatur ein. Wir berechnen Gitterenergien für von außen vorgegebene Gitterkonstanten, betrachten somit Festkörper unter äußerem Druck. Indem wir die Änderungsrate der Gitterenergie mit der Gitterkonstanten betrachten, können wir den Druck bestimmen, unter welchem der Festkörper bei einem gewissen Volumen stabil ist und damit die Gleichgewichts-Gitterkonstante als den bei verschwindendem

---

[1] Die Bindungsenergie wird häufig in kcal/mol angegeben; eine nützliche Umrechnungsbeziehung ist 23,05 kcal/mol = 1 eV/Molekül.

äußeren Druck[2] stabilen Wert berechnen. Auf dieselbe Weise läßt sich so auch die Kompressibilität des Festkörpers bestimmen, als durch eine bestimmte Druckänderung hervorgerufene Volumenänderung. Diese Größe ist der direkten Messung besser zugänglich als die Gitterenergie selbst, da es zu ihrer Messung nicht erforderlich ist, den Festkörper in seine Bestandteile zu zerlegen.

In diesem Kapitel behandeln wir die Atomrümpfe stets als klassische Teilchen, die mit verschwindender kinetischer Energie an ihren jeweiligen Gitterplätzen lokalisiert sind. Diese Annahme ist nicht korrekt, da sie das Unbestimmtheitsprinzip verletzt: Ist ein Atomrumpf innerhalb eines Raumbereiches mit den linearen Abmessungen Δx lokalisiert, so ist die Unbestimmtheit seines Impulses von der Größenordnung $\hbar/\Delta x$; er hat deshalb eine kinetische Energie der Größenordnung $\hbar^2/M(\Delta x)^2$, die sogenannte Nullpunktsenergie, deren Beitrag zur Gesamtenergie des Festkörpers berücksichtigt werden muß. Da die Atomrümpfe deshalb auch nicht streng lokalisiert sind – die strenge Lokalisierung hätte eine unendlich große Nullpunktsenergie zur Folge – muß man weiterhin Abweichungen der Form ihrer potentiellen Energie von der für klassische, an den Gitterplätzen fixierte Teilchen gültigen Form zulassen. Wir werden diese Korrekturen hier zunächst nur in ihrer gröbsten Form berücksichtigen können (Aufgabe 1) und verschieben eine eingehendere Behandlung auf die in Kapitel 23 besprochene Theorie der Gitterschwingungen. An dieser Stelle möchten wir lediglich bemerken, daß die Nullpunktsenergie mit geringerer Masse der Atomrümpfe zunimmt – so daß die Näherung der an ihren Gitterplätzen fixierten Atomrümpfe damit auch immer zweifelhafter wird. Weiter unten in diesem Kapitel zeigen wir am Beispiel der Kristalle der leichteren Edelgase, auf welche Weise sich die Nullpunktsbewegung wesentlich äußern kann;[3] in den meisten übrigen Fällen liegt der durch Vernachlässigung der Nullpunktsbewegung in Kauf genommene Fehler in der Größenordnung von einem Prozent oder weniger.

Nachdem wir von dieser, eigentlich zu starken Vereinfachung Kenntnis genommen haben, wenden wir uns nun anderen Faktoren zu, die im allgemeinen wesentlich stärkeren Einfluß auf die Bindungsenergie der verschiedenen Festkörpertypen haben.[4] Wir beginnen mit einer Diskussion der molekularen Festkörper – deren grobe Theorie besonders einfach ist – und behandeln sie als aufgebaut aus Atomen, die, zusammengehalten durch die kurzreichweitige Wechselwirkung fluktuierender Dipole, vor allzu

---

[2] genauer: Atmosphärendruck. Der Größenunterschied zwischen einem Festkörper bei Atmosphärendruck und im Vakuum ist für unsere Zwecke und bei der hier angestrebten Genauigkeit vernachlässigbar gering.

[3] Nur im Falle des festen Heliums spielen Betrachtungen der Nullpunktsbewegung eine wirklich entscheidende Rolle. Die Masse des Heliumatoms ist derart klein, daß Quanteneffekte eine Verfestigung verhindern und die feste Phase nur unter der Wirkung äußeren Drucks stabil ist.

[4] Wir möchten erneut betonen, daß die einzigen am Zusammenhalt der Festkörper beteiligten, anziehenden Kräfte elektrostatischer Natur sind. Die Art und Weise jedoch, wie sie sich jeweils äußern, ist von Kategorie zu Kategorie der Festkörper so dramatisch verschieden, daß in jedem Fall eine eigene Behandlung oder sogar eine eigene Nomenklatur notwendig ist.

großer Annäherung bewahrt werden durch die mit noch kürzerer Reichweite wirkende Abstoßung zwischen den Kernen.[5] Auf einem ähnlichen Abstraktionsniveau behandelt, erscheinen die Ionenkristalle ein wenig komplizierter, da die Grundbausteine nun elektrisch geladene Ionen sind, wodurch sich Probleme im Zusammenhang mit der großen Reichweite der Wechselwirkung zwischen den Ionen ergeben. Auf der anderen Seite ist die Energie der elektrostatischen Wechselwirkung zwischen den Ionen derart groß, daß sie sämtliche übrigen Mechanismen einer Anziehung vollständig dominiert.[6] In diesem Sinne ist die grobe Theorie der Ionenkristalle von allen die einfachste.

Wenden wir uns jedoch den kovalenten Kristallen oder den Metallen zu, so müssen wir erkennen, daß selbst eine grobe Theorie schwierig zu konstruieren ist. Die fundamentale Schwierigkeit besteht dabei darin, daß sich die Anordnung der Valenzelektronen – sei es in den deutlich lokalisierten Bindungen guter, kovalent gebundener Isolatoren oder im Elektronengas der Alkalimetalle – sehr stark von den Elektronenkonfigurationen sowohl der isolierten Atome als auch der isolierten Ionen unterscheidet. Aus diesem Grunde wird unsere Diskussion in solchen Fällen im wesentlichen qualitativ bleiben.

Der Einfachheit halber beschäftigen wir uns in diesem Kapitel ausschließlich mit kubischen Kristallen und betrachten die Energie eines Festkörpers als Funktion der Seitenlänge a der kubischen Zelle. Damit schließen wir Kristalle von der Betrachtung aus, deren Energie möglicherweise von mehr als einem geometrischen Parameter abhängig sein könnte – in hcp-Strukturen beispielsweise von c und a. Weiter vernachlässigen wir Abweichungen eines kubischen Kristalls von seiner Größe und Gestalt im Gleichgewicht, die komplexer sind als eine homogene Kompression, welche die kubische Symmetrie des Kristalls wahrt. Die solchen komplexeren Deformationen zugrundeliegende Physik ist grundsätzlich dieselbe; jedoch können die geometrischen Aspekte solcher Verformungen recht kompliziert sein. Wir beschränken unsere Diskussion solcher Verformungen auf die weniger ins Grundlegende gehende Beschreibung elastischer Konstanten in Kapitel 22.

Molekülkristalle: Die Edelgase

Wir betrachten hier nur die einfachsten Molekülkristalle, deren Grundbausteine Edelgasatome sind; dabei gehen wir nicht auf die Eigenschaften des festen Heliums ein, da in diesem Falle Quanteneffekte eine entscheidende Rolle spielen.[7] Wie in Kapitel 19 erwähnt, wird die stabile Elektronenkonfiguration der freien Edelgasatome mit ihren

---

[5] Erinnern Sie sich (vgl. Seite 481), daß dadurch lediglich auf eine einfache und grobe, klassische Art und Weise einige Konsequenzen des Pauliprinzips in seiner Anwendung auf vollständig gefüllte atomare Elektronenschalen berücksichtigt werden.

[6] ... wie beispielsweise die Wechselwirkung fluktuierender Dipole zwischen den Ionen.

[7] ... und auch deshalb, weil festes Helium (keines der beiden Isotope) bei verschwindendem äußeren Druck existenzfähig ist. Um die Verfestigung von ^{4}He zu erreichen, ist ein Druck von ca. 25 bar notwendig, zur Verfestigung von ^{3}He ca. 33 bar.

abgeschlossenen Schalen beim Einbau in den Kristall des festen Edelgases nur sehr wenig gestört. Eine derart geringfügige Störung kann man im Rahmen der Wechselwirkung fluktuierender Dipole behandeln, dargestellt durch ein schwaches, anziehendes Potential, welches mit der inversen sechsten Potenz vom Abstand der Atome abhängt. Diese schwache Anziehungskraft hält den Kristall eines festen Edelgases zusammen.

Nähern sich zwei Atome einander an, so kommt die Abstoßung der Atomrümpfe zum tragen; diese Abstoßungskraft bestimmt entscheidend die Gleichgewichtsausdehnung des Festkörpers. Bei kleinen Abständen der Atome muß diese Abstoßung stärker als die Anziehung werden, und es ist üblich geworden, sie ebenfalls durch ein Potenzgesetz zu beschreiben. Im allgemeinen wählt man für diese Abhängigkeit die Potenz 12; damit ergibt sich ein Potentialverlauf der Form

$$\phi(r) = -\frac{A}{r^6} + \frac{B}{r^{12}}, \qquad (20.1)$$

mit den positiven Konstanten A und B sowie dem Abstand r der Atome. Man schreibt dieses Potential üblicherweise in der bezüglich der Dimensionen gefälligeren Form

$$\phi(r) = 4\epsilon \left[\left(\frac{\sigma}{r} \right)^{12} - \left(\frac{\sigma}{r} \right)^6 \right], \qquad \begin{aligned} \sigma &= (B/A)^{1/6} \\ \epsilon &= A^2/4B. \end{aligned} \qquad (20.2)$$

In dieser Gestalt ist es als Lennard-Jones-6-12-Potential bekannt. Es gibt keinerlei besonderen physikalischen Grund dafür, den Wert des Exponenten im abstoßenden Term zu 12 zu wählen – abgesehen von der daraus resultierenden mathematischen Einfachheit sowie der Bedingung, daß dieser Exponent größer als 6 sein muß. Jedenfalls kann man mit dieser Wahl der Exponenten die thermodynamischen Eigenschaften des gasförmigen Neons, Argons, Kryptons und Xenons bei niedrigen Dichten befriedigend reproduzieren, falls man die Parameter ϵ und σ für jedes dieser Edelgase geeignet wählt. Die so erhaltenen Werte der Lennard-Jones-Parameter sind in Tabelle 20.1 zusammengefaßt.[8]

Wir möchten hier davor warnen, die genaue analytische Form des Potentials (20.2) allzu ernst zu nehmen: Dieses Potential soll nichts weiter leisten, als in einfacher Form den folgenden Anforderungen zu genügen:

1. Das Potential ist anziehend und geht bei großen Abständen mit $1/r^6$.

2. Es ist stark abstoßend bei kleinen Abständen.

---

[8] Bei Anwendung dieser Werte auf den festen Zustand ist eine gewisse Vorsicht angebracht, da die Wechselwirkung bei hohen Dichten nicht als eine Summe von Paarpotentialen dargestellt werden kann (vgl. Seite 494). Sollte man dennoch darauf bestehen, experimentelle Daten über einen Festkörper mittels einer Summe von Paarpotentialen der Form (20.2) zu reproduzieren, so muß man wissen, daß die aus den Eigenschaften der Gasphase bestimmten Werte der Parameter ϵ und σ nicht unbedingt die am besten geeigneten sind.

Tabelle 20.1

Lennard-Jones-Parameter der Edelgase*

	Ne	Ar	Kr	Xe
ϵ (10^{-13} erg)	0,050	0,167	0,225	0,320
ϵ (eV)	0,0031	0,0104	0,0140	0,0200
σ (Å)	2,74	3,40	3,65	3,98

* Bestimmt aus den Eigenschaften der verdünnten Gase (aus dem zweiten Virialkoeffizienten).
Quelle: N. Bernardes, *Phys. Rev.* **112**, 1534 (1958).

3. Die Parameter ϵ und σ sind ein Maß für die Stärke der Anziehung und den Radius des abstoßenden Atomrumpfes; man legt sie fest durch Anpassen an experimentell bestimmte Daten des gasförmigen Zustandes.

Beachten Sie, daß ϵ nur von der Größenordnung 0,01 eV ist – konsistent mit der sehr schwachen Bindung in den festen Edelgasen. In Bild 20.1 ist der Verlauf des Lennard-Jones-Potentials dargestellt.

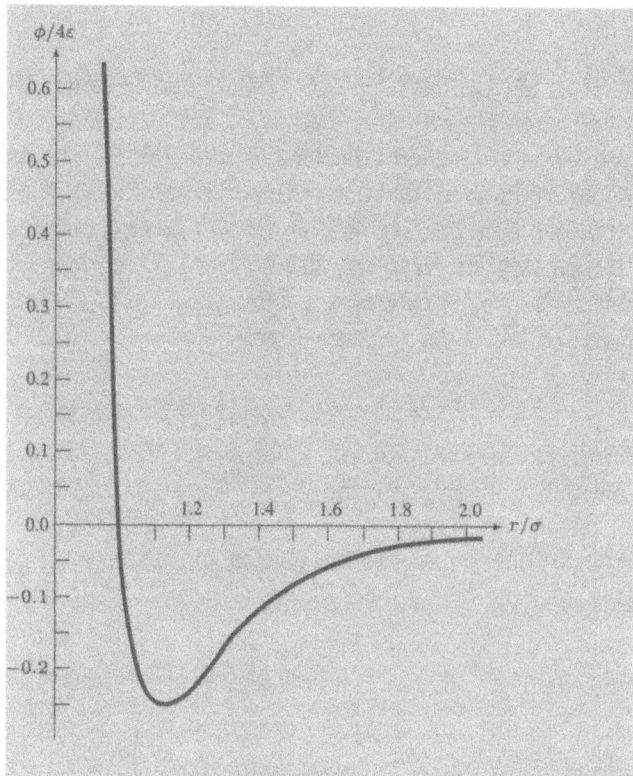

Bild 20.1: Das Lennard-Jones-6-12-Potential (Gleichung (20.2)).

Wir wollen versuchen, einige der beobachteten Eigenschaften der festen Edelgase unter ausschließlicher Verwendung des Potentials (20.2) sowie der in Tabelle 20.1 zusammengestellten experimentellen Daten aus der Gasphase zu reproduzieren. Wir behandeln dafür den Kristall des festen Edelgases als Anordnung klassischer Teilchen, die mit vernachlässigbar geringer kinetischer Energie an den Gitterpunkten des beobachteten, kubisch-flächenzentrierten Bravaisgitters lokalisiert sind. Zur Berechnung der gesamten potentiellen Energie des Festkörpers stellen wir zunächst fest, daß die Energie der Wechselwirkung des Atoms am Koordinatenursprung mit sämtlichen übrigen Atomen gegeben ist durch

$$\sum_{\mathbf{R} \neq 0} \phi(\mathbf{R}). \tag{20.3}$$

Multiplizieren wir diesen Ausdruck mit N, der Gesamtzahl der Atome im Kristall, so erhalten wir das Doppelte der potentiellen Energie des Kristalls, da wir auf diese Weise die Wechselwirkungsenergie eines jeden Paares von Atomen zweifach berücksichtigen. Daher beträgt die Energie u pro Teilchen

$$u = \frac{1}{2} \sum_{\mathbf{R} \neq 0} \phi(\mathbf{R}), \tag{20.4}$$

wobei sich die Summation über sämtliche von null verschiedenen Gittervektoren des fcc-Gitters erstreckt.

Es ist zweckmäßig, den Betrag des Bravaisgittervektors $\mathbf{R}$ als Produkt aus der dimensionslosen Zahl $\alpha(\mathbf{R})$ und dem Abstand r nächster Nachbarn zu schreiben; damit ergeben die Gleichungen (20.2) und (20.4)

$$u = 2\epsilon \left[A_{12} \left(\frac{\sigma}{r} \right)^{12} - A_6 \left(\frac{\sigma}{r} \right)^6 \right] \tag{20.5}$$

mit

$$A_n = \sum_{\mathbf{R} \neq 0} \frac{1}{\alpha(\mathbf{R})^n}. \tag{20.6}$$

Die Konstanten A_n hängen nur von der Art der Kristallstruktur (in diesem Falle fcc) und der Zahl n ab. Man erkennt, daß für sehr große Werte von n lediglich die nächsten Nachbarn des Atoms im Ursprung zur Summe (20.6) beitragen. Nach Definition gilt $\alpha(\mathbf{R}) = 1$, falls $\mathbf{R}$ ein Vektor ist, der nächste Nachbarn miteinander verbindet; deshalb nähert sich der Wert von A_n für $n \to \infty$ der Anzahl nächster Nachbarn in Kristall an, welche im Falle des fcc-Bravaisgitters 12 beträgt. A_n wächst mit kleiner werdendem n an, da dann auch übernächste Nachbarn zur Summe beizutragen beginnen. Ist n

Tabelle 20.2

Gittersummen A_n für die drei kubischen Bravaisgitter*

n	einfach kubisch	kubisch-raumzentriert	kubisch-flächenzentriert
$\leqslant 3$	∞	∞	∞
4	16,53	22,64	25,34
5	10,38	14,76	16,97
6	8,40	12,25	14,45
7	7,47	11,05	13,36
8	6,95	10,36	12,80
9	6,63	9,89	12,49
10	6,43	9,56	12,31
11	6,29	9,31	12,20
12	6,20	9,11	12,13
13	6,14	8,95	12,09
14	6,10	8,82	12,06
15	6,07	8,70	12,04
16	6,05	8,61	12,03
$n \geqslant 17$	$6 + 12(1/2)^{n/2}$	$8 + 6(3/4)^{n/2}$	$12 + 6(1/2)^{n/2}$

* A_n ist die Summe der inversen sechsten Potenzen der Abstände von einem gegeben Punkt des Bravaisgitters zu sämtlichen übrigen Punkten des Gitters, wobei als Einheit der Entfernung der Abstand nächster Nachbarn gewählt ist (Gleichung (20.6)). Innerhalb der Genauigkeit der Tabelle tragen bei einem Wert $n \geqslant 17$ ausschließlich nächste und übernächste Nachbarn zur Summe bei, und die angegebene Formeln sind gültig.

Quelle: J. E. Jones, A. E. Ingham, *Proc. Roy. Soc. (London)* **A107**, 636 (1925).

gleich 12, so tragen die nächsten, übernächsten und drittnächsten Nachbarn des Atoms im Ursprung 0,1% des Wertes von A_n bei. Man hat A_n für die meisten der häufig anzutreffenden Kristallstrukturen und einen Bereich von Werten der Zahl n berechnet. In Tabelle 20.2 sind Werte von A_n für die am weitesten verbreiteten kubischen Kristallstrukturen zusammengestellt.

Zur Berechnung des Abstandes nächster Nachbarn r_0 im Gleichgewicht – und damit der Dichte – ist es lediglich notwendig, den Ausdruck (20.5) in Abhängigkeit von r zu minimieren. Bei einem Abstand

$$r_0^{\text{theo}} = \left(\frac{2A_{12}}{A_6} \right)^{1/6} \sigma = 1,09\,\sigma \tag{20.7}$$

ist $\partial u / \partial r = 0$. Tabelle 20.3 vergleicht diese theoretischen Werte $r_0^{\text{theo}} = 1,09\,\sigma$ mit den jeweils gemessenen Werten r_0^{exp} für die festen Edelgase. Die Übereinstimmung ist recht gut, jedoch wird r_0^{exp} mit abnehmender Atommasse zunehmend größer

Tabelle 20.3

Abstand r_0 nächster Nachbarn, Gitterenergie u_0 und Kompressionsmodul B_0 bei verschwindendem äußeren Druck für die festen Edelgase*

		Ne	Ar	Kr	Xe
r_0 (Å)	(Experiment)	3,13	3,75	3,99	4,33
$r_0 = 1,09\,\sigma$	(Theorie)	2,99	3,71	3,98	4,34
u_0 (eV/Atom)	(Experiment)	-0,02	-0,08	-0,11	-0,17
$u_0 = -8,6\,\epsilon$	(Theorie)	-0,027	-0,089	-0,120	-0,172
$B_0 (10^{10}\text{dyn/cm}^2)$**	(Experiment)	1,1	2,7	3,5	3,6
$B_0 = 75\,\epsilon/\sigma^3$	(Theorie)	1,81	3,18	3,46	3,81

* Die theoretischen Werte wurden im Rahmen einer elementaren klassischen Theorie berechnet.
** Der Druck einer Atmosphäre entspricht $1,01 \cdot 10^6$ dyn/cm^2; der Druck 1 bar entspricht 10^6 dyn/cm^2.
Quelle: Daten aus M. L. Klein, G. K. Horton, J. L. Feldman, *Phys. Rev.* **184**, 968 (1969); D. N. Batchelder et al., *Phys. Rev.* **162**, 767 (1967); E. R. Dobbs, G. O. Jones, *Rep. Prog. Phys.* **xx**, 516 (1957).

als r_0^{theo}. Man kann dieses Phänomen als eine Auswirkung der vernachlässigten Nullpunktsenergie verstehen. Diese kinetische Energie wird um so größer, je kleiner das Volumen ist, welches den Atomen zur Verfügung steht; ihr Vorhandensein sollte sich demnach effektiv als eine zusätzliche abstoßende Kraft äußern, durch deren Wirkung die Gitterkonstante gegenüber dem durch (20.7) gegebenen Wert vergrößert wird. Da der Einfluß der Nullpunktsenergie mit abnehmender Atommasse immer wesentlicher wird, ist zu erwarten, daß die Voraussage der Gleichung (20.7) für die leichtesten Atome am stärksten vom experimentellen Werte r_0^{exp} abweicht.

Gleichgewichts-Gitterenergie der festen Edelgase

Setzen wir den Abstand nächster Nachbarn im Gleichgewicht nach (20.7) in den Ausdruck (20.5) für die Energie pro Teilchen ein, so erhalten wir die Gitterenergie im Gleichgewicht zu

$$u_0^{\text{theo}} = -\frac{\epsilon A_6^2}{2 A_{12}} = -8,6\,\epsilon. \tag{20.8}$$

Ein Vergleich der Werte von u_0^{theo} mit den gemessenen Werten von u_0^{exp} (Tabelle 20.3) zeigt eine gut Übereinstimmung, obwohl $|u_0^{\text{theo}}|$ mit abnehmender Atommasse zunehmend größer wird als $|u_0^{\text{exp}}|$. Auch diese Beobachtung kann man wiederum als eine Auswirkung der vernachlässigten Nullpunktsbewegung der Atome deuten:

Wir vernachlässigten damit einen positiven Term im Ausdruck für die kinetische Energie (eine kinetische Energie ist immer positiv), der die Bindung des Festkörpers abschwächt und mit abnehmender Atommasse immer wesentlicher wird.

Gleichgewichts-Kompressionsmodul der festen Edelgase

Auch das Kompressionsmodul $B = -V(\partial P/\partial V)_T$ kann aus den Parametern ϵ und σ berechnet werden. Da der Druck bei $T = 0$ als Ableitung der Gesamtenergie U durch $P = -dU/dV$ gegeben ist, kann man B folgendermaßen durch die Energie pro Teilchen $u = U/N$ und das Volumen pro Teilchen $v = V/N$ ausdrücken:

$$B = v\frac{\partial}{\partial v}\left(\frac{\partial u}{\partial v}\right). \tag{20.9}$$

In einem fcc-Gitter ist das Volumen pro Teilchen gegeben durch $v = a^3/4$, wobei die Seitenlänge a der konventionellen kubischen Zelle mit dem Abstand r nächster Nachbarn über die Beziehung $a = \sqrt{2}r$ zusammenhängt. Deshalb gilt

$$v = \frac{r^3}{\sqrt{2}}, \qquad \frac{\partial}{\partial v} = \frac{\sqrt{2}}{3r^2}\frac{\partial}{\partial r}, \tag{20.10}$$

und wir können den Ausdruck für das Kompressionsmodul umschreiben zu

$$B = \frac{\sqrt{2}}{9}r\frac{\partial}{\partial r}\frac{1}{r^2}\frac{\partial}{\partial r}u. \tag{20.11}$$

Der Gleichgewichtsabstand r_0 minimiert die Energie u pro Teilchen; deshalb verschwindet $\partial u/\partial r$ im Gleichgewicht, und (20.11) reduziert sich auf

$$B_0^{\text{theo}} = \frac{\sqrt{2}}{9r_0}\frac{\partial^2 u}{\partial r^2}\bigg|_{r=r_0} = \frac{4\epsilon}{\sigma^3}A_{12}\left(\frac{A_6}{A_{12}}\right)^{5/2} = \frac{75\epsilon}{\sigma^3}. \tag{20.12}$$

Vergleicht man dieses berechnete B_0^{theo} mit dem gemessenen B_0^{exp} (Tabelle 20.3), so erkennt man eine gute Übereinstimmung bei Xenon und Krypton, während das experimentell bestimmte Kompressionsmodul von Argon um 20%, dasjenige von Neon um 60% größer ist als der jeweilige theoretische Wert. Die dabei zu erkennende Abhängigkeit von der Atommasse legt es nahe, auch diese Abweichungen auf den Einfluß der vernachlässigten Nullpunktsbewegung zurückzuführen.

Ionenkristalle

Die einfachste Theorie der Bindung in Ionenkristallen geht von denselben physikalischen Vereinfachungen aus, wie die Theorie des Zusammenhalts der Molekülkristalle:

Man nimmt dabei an, daß die Gitterenergie vollständig gegeben ist durch die potentielle Energie klassischer Teilchen, die an ihren Gleichgewichtspositionen lokalisiert sind.[9] Da die Bausteine eines Ionenkristalls elektrisch geladene Teilchen sind, stellt die Coulomb-Wechselwirkung zwischen den Ionen den bei weitem größten Term im Ausdruck für die Wechselwirkungsenergie. Dieser Term ist umgekehrt proportional zum Abstand der Ionen und überwiegt damit vollständig die mit der inversen sechsten Potenz des Abstandes veränderliche Wechselwirkung fluktuierender Dipole[10] und kann deshalb bei nicht sehr genauen Berechnungen als die alleinige Ursache der Bindung in Ionenkristallen angenommen werden.

Bei einer Bestimmung der Gitterparameter im Gleichgewicht ist weiterhin noch die starke, kurzreichweitige Abstoßung der Atomrümpfe aufgrund des Pauliprinzips zu berücksichtigen, welche den Kristall vor dem „Kollaps" bewahrt. In diesem Sinne schreiben wir die gesamte Gitterenergie pro Ionenpaar[11] in der Form

$$u(\mathbf{r}) = u^{\text{Rumpf}}(\mathbf{r}) + u^{\text{Coul}}(\mathbf{r}), \tag{20.13}$$

wobei r den Abstand nächster Nachbarn[12] bezeichnet.

Die Energie $u^{\text{Coul}}(r)$ ist der Berechnung nicht so unmittelbar zugänglich wie die attraktive potentielle Energie der Molekülkristalle, da die Reichweite der Coulomb-Wechselwirkung sehr groß ist. Betrachten wir beispielsweise die Natriumchloridstruktur (Bild 19.4a), welche man darstellen kann als eine Überlagerung zweier fcc-Bravaisgitter, deren eines mit negativ geladenen Ionen (Anionen) an den Punkten $\mathbf{R}$ besetzt ist, während das andere, besetzt mit den positiv geladenen Ionen (Kationen), gegenüber dem ersten um einen Translationsvektor $\mathbf{d}$ mit dem Betrag $a/2$ entlang einer Würfelkante verschoben ist. Wiederum messen wir die Abstände zwischen den Ionen in Einheiten des Abstandes $r = a/2$ nächster Nachbarn:

$$|\mathbf{R}| = \alpha(\mathbf{R})r$$
$$|\mathbf{R} + \mathbf{d}| = \alpha(\mathbf{R} + \mathbf{d})r. \tag{20.14}$$

Es wäre nun naheliegend, auf dieselbe Weise wie im Falle der Molekülkristalle vorzugehen, und die gesamte potentielle Energie eines einzelnen Kations oder Anions

---

[9] Wir wollen die Gitterenergie eines Ionenkristalls definieren als Energie, die aufgebracht werden muß, um den Kristall in isolierte Ionen – nicht Atome – zu zerlegen. Ist man an der Gitterenergie in Bezug auf isolierte Atome interessiert, so ist dafür eine Kenntnis der Ionisierungspotentiale und Elektronenaffinitäten aus Rechnungen oder Messungen notwendig.

[10] Diese Wechselwirkung besteht jedoch auch in Ionenkristallen und muß in genaueren Berechnung berücksichtigt werden.

[11] Es ist üblich, die Gitterenergie pro Ionenpaar, nicht pro einzelnem Ion zu berechnen. Bei einer Gesamtzahl von N Ionen gibt es $N/2$ Ionenpaare.

[12] In Kapitel 19 bezeichneten wir den Abstand nächster Nachbarn mit d, um eine Verwechslung mit den Ionenradien zu vermeiden; hier nennen wir ihn r, da es ästhetisch nicht sehr ansprechend ist, Ableitungen von d nach d zu schreiben – denn im Herzen sind wir Ästheten.

in der Form

$$-\frac{e^2}{r}\left\{\frac{1}{\alpha(\mathbf{d})} + \sum_{\mathbf{R}\neq 0}\left(\frac{1}{\alpha(\mathbf{R}+\mathbf{d})} - \frac{1}{\alpha(\mathbf{R})}\right)\right\} \tag{20.15}$$

zu schreiben. Bezeichnen wir die Gesamtzahl der Ionen im Kristall mit N, so ergibt sich die gesamte potentielle Energie als die Hälfte des Produktes aus $N/2$ und dem Ausdruck (20.15):

$$U = -\frac{N}{2}\frac{e^2}{r}\left\{\frac{1}{\alpha(\mathbf{d})} + \sum_{\mathbf{R}\neq 0}\left(\frac{1}{\alpha(\mathbf{R}+\mathbf{d})} - \frac{1}{\alpha(\mathbf{R})}\right)\right\}. \tag{20.16}$$

Hieraus erhält man die Energie pro Ionenpaar, indem man durch die Anzahl $N/2$ der Ionenpaare dividiert:

$$u^{\mathrm{Coul}}(r) = -\frac{e^2}{r}\left\{\frac{1}{\alpha(\mathbf{d})} + \sum_{\mathbf{R}\neq 0}\left(\frac{1}{\alpha(\mathbf{R}+\mathbf{d})} - \frac{1}{\alpha(\mathbf{R})}\right)\right\}. \tag{20.17}$$

Der Faktor $1/r$ wird nun aber mit zunehmendem Abstand nur so langsam kleiner, daß die Summe in (20.17) nicht wohldefiniert ist. Mathematisch gesprochen ist diese Summe nur bedingt konvergent und kann damit – abhängig von der Ordnung, bis zu welcher die Summe berechnet wird – zu jedem beliebigen Wert aufsummiert werden! Dabei handelt es sich durchaus nicht nur um eine mathematische Spitzfindigkeit; dieses Verhalten spiegelt vielmehr die physikalische Tatsache wider, daß die Coulomb-Wechselwirkung derart langreichweitig ist, daß die Energie einer Ansammlung geladener Teilchen kritisch von der Konfiguration einer sehr kleinen Teilmenge von ihnen auf der Oberfläche der Ansammlung abhängen kann. Wir stießen bereits in Kapitel 18 auf dieses Problem; im vorliegenden Falle können wir es folgendermaßen auf den Punkt bringen:

Berücksichtigten wir bei der Summation nur eine endliche Menge von Ionen, so wäre die Schwierigkeit beseitigt, und der Wert der Summe lieferte die elektrostatische Energie dieses endlichen Kristalls. Eine Summation der unendlichen Reihe in einer gewissen Reihenfolge bedeutet physikalisch, den unendlichen Kristall als eine gewisse Grenzform zunehmend größerer, endlicher Kristalle zu konstruieren. Wäre die Wechselwirkung zwischen den Ionen von genügend geringer Reichweite, so könnte man zeigen, daß in diesem Falle der Grenzwert der Energie pro Ionenpaar nicht davon abhängen würde, auf welche spezielle Weise der unendliche Kristall aufgebaut wurde (vorausgesetzt, die Oberflächen der aufeinanderfolgenden, endlichen „Teilkristalle" wären nicht „wild" unregelmäßig). Unter der Wirkung der langreichweitigen Coulomb-Wechselwirkung jedoch läßt sich der unendliche Kristall in einer solchen

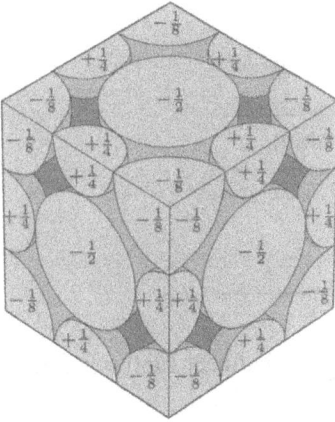

Bild 20.2: Eine mögliche Art, die Natriumchloridstruktur in kubische Zellen aufzuteilen, deren elektrostatische Wechselwirkungsenergie mit der Entfernung zwischen den Zellen rasch abfällt (mit der inversen fünften Potenz des Abstandes). Jede der Zellen enthält fünf Einheiten positiver Ladung, die sich aus einer vollständigen Einheit im Zentrum der Zelle und zwölf Vierteleinheiten an den Kanten ergeben, sowie vier Einheiten negativer Ladung, zusammengesetzt aus sechs halben Einheiten auf den Oberflächen und acht Achteleinheiten in den Ecken. Zur Berechnung nimmt man jede kugelförmige Ladungsverteilung als eine Punktladung in ihrer Mitte an. (Die Energien der Wechselwirkung zwischen den Punktladungen auf den Oberflächen zweier benachbarter Würfel dürfen nicht gezählt werden.)

Art und Weise aufbauen, daß beliebige Verteilungen von Oberflächenladung und/oder Dipolschichten in jedem Zwischenzustand vorhanden sein können. Durch geschickte Wahl der Formen dieser Oberflächenladungen kann man erreichen, daß sich die Energie u pro Ionenpaar im Grenzfall des unendlichen Kristalls jedem gewünschten Wert annähert. Dies ist die physikalischen Situation, welche der in (20.17) auftretenden mathematischen Vieldeutigkeit zugrundeliegt.

Da die Krankheit somit diagnostiziert wurde, ist die Heilungsmethode offensichtlich: Die Reihe ist auf eine Art und Weise zu summieren, daß auf jeder Zwischenstufe der Summation die Beiträge von Ladungen an der Oberfläche der Ansammlung zur Energie vernachlässigbar gering sind. Es gibt viele Möglichkeiten, dies zu erreichen. So kann man beispielsweise den Kristall in elektrisch neutrale Zellen aufteilen, deren Ladungsverteilungen die vollständige kubische Symmetrie aufweisen (siehe Bild 20.2); die Energie eines endlichen, aus n solcher Zellen zusammengesetzten Teilkristalls beträgt dann das n-fache der Energie einer einzelnen Zelle, zuzüglich der Energie der Wechselwirkung zwischen den Zellen. Die innere Energie einer Zelle ist leicht zu berechnen, da jede Zelle nur eine kleine Anzahl von Ladungen enthält; die Wechselwirkungsenergie der Zellen untereinander jedoch fällt dann mit der inversen *fünften* Potenz des Abstandes ab,[13] so daß die Summation zur Berechnung dieser Energie rasch konvergiert und im Grenzfall des unendlich ausgedehnten Kristalls von der Reihenfolge der Summenbildung unabhängig ist.

Man kennt numerisch leistungsfähigere, dabei aber auch kompliziertere Verfahren zur Berechnung solcher Gittersummen von Coulombgittern, die aber immer von

---

[13] ... und dies deshalb, weil die Ladungsverteilung innerhalb einer jeden Zelle die vollständige kubische Symmetrie hat; siehe Seite 452. Beachten Sie weiterhin, daß es ein kleineres Problem gibt, falls einige Ionen auf den Grenzflächen zwischen benachbarten Zellen liegen. Ihre Ladung muß dann auf solche Weise den beteiligten Zellen zugeordnet werden, daß die vollständige Symmetrie jeder Zelle erhalten bleibt. Hat man dies bewerkstelligt, so muß man noch darauf achten, die Selbstenergie eines „geteilten" Ions nicht der Wechselwirkungsenergie der beteiligten Zellen zuzurechnen.

Tabelle 20.4

Werte der Madelung-Konstanten α für einige kubische Kristallstrukturen

Kristallstruktur	Madelung-Konstante α
Cäsiumchlorid	1,7627
Natriumchlorid	1,7476
Zinkblende	1,6381

derselben physikalischen Idee geleitet werden. Die berühmteste dieser Methoden geht
auf Ewald[14] zurück.

Als Ergebnis all dieser Berechnungen ergibt sich die folgende Gestalt der elektrostatischen Wechselwirkungsenergie pro Ionenpaar:

$$u^{\text{Coul}}(r) = -\alpha \frac{e^2}{r}, \tag{20.18}$$

wobei α, die Madelung-Konstante, nur von der Kristallstruktur abhängt. Tabelle 20.4
gibt Werte von α für die wichtigsten kubischen Strukturen an. Beachten Sie, daß α
eine ansteigende Funktion der Koordinationszahl ist: Je mehr nächste Nachbarn (mit
entgegengesetzter Ladung) ein Ion hat, desto geringer ist die elektrostatische Energie.
Da die Coulomb-Wechselwirkung eine derart große Reichweite hat, ist dieses Ergebnis
nicht selbstverständlich. Die elektrostatische Energie der Cäsiumchloridstruktur (mit
der Koordinationszahl 8) ist um weniger als ein Prozent geringer als die Energie
einer Natriumchloridstruktur mit dem gleichen Abstand r nächster Nachbarn (und der
Koordinationszahl 6), obwohl im letzteren Falle der Beitrag der nächsten Nachbarn
um 33 Prozent geringer ist.

Tabelle 20.5 verdeutlicht, welch dominierenden Beitrag zur Gitterenergie der Alkalihalogenide die Coulomb-Energie liefert. $u^{\text{Coul}}(r)$ wurde dabei unter Verwendung der
experimentell bestimmten Abstände nächster Nachbarn berechnet und in der Tabelle den experimentell bestimmten Gitterenergien gegenübergestellt. Man erkennt, daß
u^{Coul} bereits den Großteil der beobachteten Bindungsenergie stellt und in allen Fällen
um etwa 10 Prozent unter den gemessenen Gitterenergien liegt.

Man kann erwarten, daß man anhand der elektrostatischen Energie alleine die Stärke
der Bindung überschätzt, da (20.18) keinerlei Beitrag des positiven Potentials der
kurzreichweitigen Abstoßung zwischen den Atomrümpfen enthält; ein solcher Beitrag
schwächt die Bindung. Daß diese Korrektur klein sein sollte, ersieht man daraus,
daß das Potential der Rumpfabstoßung eine sehr rasch veränderliche Funktion des
Abstandes der Atomrümpfe ist. Behandelten wir die Atomrümpfe als unendlich stark

---

[14] P. P. Ewald, *Ann. Physik* **64**, 253 (1921). Eine besonders hübsche Abhandlung findet man in J. C.
Slater, *Insulators Semiconductors and Metals*, McGraw-Hill, New York (1967), Seiten 215-220.

Tabelle 20.5

Gemessene Gitterenergien und elektrostatische Energien für die Alkalihalogenide mit Natriumchloridstruktur

	Li	Na	K	Rb	Cs
F	−1,68*	−1,49	−1,32	−1,26	−1,20
	−2,01**	−1,75	−1,51	−1,43	−1,34
Cl	−1,38	−1,27	−1,15	−1,11	
	−1,57	−1,43	−1,28	−1,23	
Br	−1,32	−1,21	−1,10	−1,06	
	−1,47	−1,35	−1,22	−1,18	
I	−1,23	−1,13	−1,04	−1,01	
	−1,34	−1,24	−1,14	−1,10	

* Der obere Eintrag in jedem Kästchen ist die gemessene Gitterenergie (in Bezug auf vollständig getrennt Ionen) in Einheiten von 10^{-11} erg pro Ionenpaar.
Quelle: M. P. Tosi, *Solid State Physics*, Vol. 16, F. Seitz, D. Turnbull, eds., Academic Press, New York (1964), S. 54.
** Der untere Eintrag in jedem Kästchen ist der Wert der elektrostatischen Energie, berechnet mittels (20.18) beim experimentell bestimmten Abstand r nächster Nachbarn.

abstoßende, harte Kugeln, so erhielten wir als Gitterenergie exakt die elektrostatische Energie beim minimalen Abstand (Bild 20.3); eine solche Sichtweise ist offensichtlich zu extrem. Wir gewinnen an Flexibilität des Ansatzes, wenn wir den Verlauf der Abstoßung als ein inverses Potenzgesetz annehmen und damit die Gesamtenergie pro Ionenpaar in der Form

$$u(\mathbf{r}) = -\frac{\alpha e^2}{r} + \frac{C}{r^m} \qquad (20.19)$$

schreiben.

Durch Minimieren von u ermittelt man den Gleichgewichtsabstand r_0: Nullsetzen der Ableitung $u'(r_0)$ führt zu

$$r_0{}^{m-1} = \frac{mC}{e^2\alpha}. \qquad (20.20)$$

Im Falle der Edelgase verwendeten wir eine entsprechende Gleichung (Gleichung (20.7)), um r_0 zu bestimmen; nun aber – da uns das Ergebnis einer unabhängigen

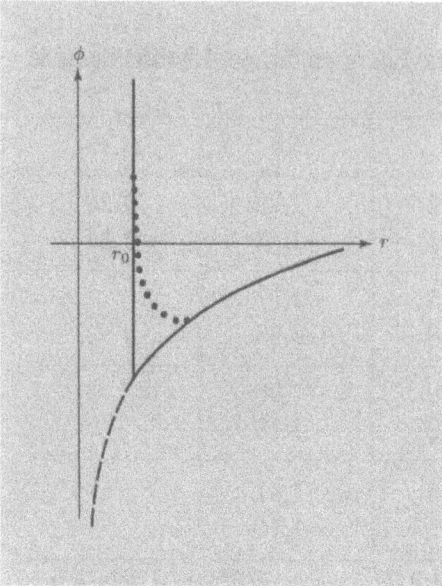

Bild 20.3: Darstellung des Paarpotentials: Das Potential ist unendlich stark abstoßend für $r < r_0$ und zeigt einen Coulombschen Verlauf für $r > r_0$. Die gestrichelte Kurve ist die Fortsetzung des Coulomb-Potentials. Die punktiert angedeutete Kurve zeigt, welcher Potentialverlauf sich einstellen würde, wenn die Abstoßung nicht unendlich stark wäre, sondern einem Potenzgesetz folgen würde.

Messung der Konstanten C nicht zur Verfügung steht – können wir mit Hilfe dieser Gleichung C berechnen, ausgehend vom experimentell bestimmten Wert von r_0:

$$C = \frac{\alpha e^2 r_0{}^{m-1}}{m}. \tag{20.21}$$

Setzen wir diesen Ausdruck wiederum in (20.19) ein, so erhalten wir den theoretischen Wert der Gitterenergie pro Ionenpaar zu

$$u_0^{\text{theo}} = u(r_0) = \frac{\alpha e^2}{r_0} \frac{m-1}{m}. \tag{20.22}$$

Wie erwartet, ist dieser Ausdruck für große m nur geringfügig kleiner als der Ausdruck (20.18).

Bei den Edelgasen wählten wir aus Gründen der mathematischen Einfachheit $m = 12$, und erhielten damit eine zufriedenstellende Übereinstimmung mit den experimentellen Ergebnissen. Diese Motivation zur Wahl von $m = 12$ fehlt bei den Alkalihalogeniden;[15] falls wir auch in diesem Falle ein Potenzgesetz zur Darstellung der Abstoßung verwenden, so können wir die Potenz auch durch Anpassung an die experimentellen Daten bestimmen. Es ist nicht zu empfehlen, m dadurch zu fixieren, daß man den Ausdruck (20.22) gleich der beobachteten Gitterenergie setzt, da dieser Ausdruck eine derart langsam veränderliche Funktion von m ist, daß geringfügige Fehler bei der

---

[15] Man könnte einfach deshalb ein m kleiner als 12 erwarten, weil die Halogenidionen aufgrund ihrer negativen Überschußladung eine deutlich geringere Elektronendichte auf ihrer Oberfläche aufweisen sollten als die entsprechenden Edelgasatome.

Messung der Gitterenergie bereits eine starke Streuung von m nach sich ziehen. Besser ist es, m unabhängig zu messen; man kann dann den experimentellen Wert in (20.22) einsetzen, um zu prüfen, ob die Übereinstimmung mit den beobachteten Gitterenergien über die 10 Prozent in Tabelle 20.5 hinaus verbessert wird.

Die Messung der Kompressionsmodule ermöglicht eine solche unabhängige Bestimmung von m: Aus B_0 und r_0, dem Kompressionsmodul im Gleichgewicht beziehungsweise dem Abstand nächster Nachbarn, berechnet man m mittels der Beziehung (Aufgabe 2)

$$m = 1 + \frac{18 B_0 \, r_0{}^3}{|u^{\text{Coul}}(r_0)|}. \tag{20.23}$$

Tabelle 20.6 faßt Werte von m zusammen, die aus Meßwerten von B_0 und r_0 berechnet wurden; sie variieren etwa im Bereich zwischen 6 und 10. Korrigiert man die rein elektrostatischen Beiträge zur Gitterenergie um den Faktor $(m-1)/m$, so erzielt man eine wesentlich bessere Übereinstimmung mit den gemessenen Gitterenergien innerhalb von 3 Prozent oder weniger – außer für die „problematischen"[16] Lithiumhalogenide und Natriumjodid.

Dies ist das Beste, was man von einer derart groben Theorie erwarten kann; eine tiefergehende Analyse der Zusammenhänge würde folgende Punkte verbessern:

1. Die Abstoßung zwischen den Atomrümpfen wäre wohl günstiger in exponentieller Form darzustellen (eine verbreitete Form ist das sogenannte Born-Mayer-Potential), nicht als Potenzgesetz.

2. Die bisher vernachlässigte, mit der inversen sechsten Potenz des Abstandes veränderliche Wechselwirkung fluktuierender Dipole sollte ebenfalls berücksichtigt werden.

3. Die Nullpunktsschwingungen des Gitters wären zu berücksichtigen.

Diese Verbesserungen ließen jedoch unsere wesentliche Schlußfolgerung unbeeinflußt, daß der größte Teil (90 Prozent) der Gitterenergie von Ionenkristallen einfach auf die elektrostatische Coulomb-Wechselwirkung zwischen den Ionen zurückgeht, welche man als räumlich fixierte Punktladungen betrachten kann.

Bindung in kovalenten Kristallen und Metallen

Unsere eigentlich recht groben Theorien der Gitterenergie von Molekülkristallen oder Ionenkristallen sind im wesentlichen deshalb von zufriedenstellender Genauigkeit, weil die Konfigurationen der Valenzelektronen in diesen Kristallen nur schwach

---

[16] Siehe Seite 483.

Tabelle 20.6: Eigenschaften der Alkalihalogenide mit Natriumchloridstruktur

Verbindung	(1)* r (Å)	(2)* B $\left(10^{11}\,\frac{\text{dyn}}{\text{cm}^2}\right)$	(3)* u $\left(10^{-11}\,\frac{\text{erg}}{\text{Ionenpaar}}\right)$	(4)** u^{Coul} $\left(=-\frac{Ae^2}{r}\right)$	(5)** m $\left(=1+\frac{18Br^3}{|u^{\text{Coul}}|}\right)$	(6)** u^{theo} $\left(=\frac{m-1}{m}u^{\text{Coul}}\right)$
LiF	2,01	6,71	-1,68	-2,01	5,88	-1,67
LiCl	2,56	2,98	-1,38	-1,57	6,73	-1,34
LiBr	2,75	2,38	-1,32	-1,47	7,06	-1,26
LiI	3,00	1,72	-1,23	-1,34	7,24	-1,15
NaF	2,31	4,65	-1,49	-1,75	6,90	-1,50
NACl	2,82	2,40	-1,27	-1,43	7,77	-1,25
NaBr	2,99	1,99	-1,21	-1,35	8,09	-1,18
NaI	3,24	1,51	-1,13	-1,24	8,46	-1,09
KF	2,67	3,05	-1,32	-1,51	7,92	-1,32
KCl	3,15	1,75	-1,15	-1,28	8,69	-1,13
KBr	3,30	1,48	-1,10	-1,22	8,85	-1,08
KI	3,53	1,17	-1,04	-1,14	9,13	-1,02
RbF	2,82	2,62	-1,26	-1,43	8,40	-1,26
RbCl	3,29	1,56	-1,11	-1,23	9,13	-1,10
RbBr	3,43	1,30	-1,06	-1,18	9,00	-1,05
RbI	3,67	1,05	-1,01	-1,10	9,49	-0,98
CsF	3,00	2,35	-1,20	-1,34	9,52	-1,20

*Experimentell bestimmte Werte: (1) Abstand r nächster Nachbarn (aus R. W. G. Wyckoff, *Crystal Structures*, 2nd ed., Interscience, New York (1963)). (2) Kompressionsmodul (aus M. P. Tosi, *Solid State Physics*, Vol. 16, F. Seitz, D. Turnbull, eds. Academic Press, New York (1964), S. 44). (3) Gitterenergie (ebd., S. 54).

**Berechnete Werte: (4) Coulomb-Beitrag (20.18) zur Gitterenergie: $u^{\text{Coul}} = 4,03/r(\text{Å}) \cdot 10^{11}$. (5) Repulsiver Exponent m, berechnet mit (20.23) aus gemessenem Kompressionsmodul und Abstand nächster Nachbarn. (6) Korrigierte theoretische Gitterenergie, berechnet als Produkt aus u^{Coul} und dem Faktor $(m-1)/m$; Man vergleiche diesen Wert mit der gemessenen Gitterenergie in Spalte (3).

gestört sind und nur unwesentlich von den Konfigurationen der freien Atome (im Falle der Molekülkristalle) oder der isolierten Ionen (im Falle der Ionenkristalle) abweichen. In kovalenten Kristallen oder Metallen sind die Verhältnisse andere: Für diese Festkörper ist charakteristisch, daß sich die Verteilungen der Valenzelektronen der Atome im Kristall grundlegend von den Konfigurationen der isolierten Atome oder Ionen des Stoffes unterscheiden. Zur Bestimmung der Gitterenergie solcher Festkörper kann man deshalb nicht einfach die klassische potentielle Energie einer Ansammlung schwach oder vernachlässigbar wenig gestörter Atome oder Ionen berechnen, die in der jeweiligen Kristallstruktur räumlich angeordnet sind; stattdessen müssen selbst die einfachsten Berechnungen eine Bestimmung der Energieniveaus der Valenzelektronen im periodischen Potential der Atomrümpfe mit einschließen.

Eine Theorie der Gitterenergie kovalenter Kristalle oder Metalle muß deshalb eine Berechnung ihrer Bandstruktur umfassen.[17] Aus diesem Grunde kennt man kein Modell der Bindung solcher Festkörper, welches der Einfachheit der vorangehend beschriebenen Modelle der Molekül- oder Ionenkristalle auch nur annähernd gleichkäme. Eine Basis für Berechnungen von vergleichbarer Genauigkeit bilden die in den Kapiteln 10, 11 und 17 beschriebenen Methoden. Wir beschränken uns hier auf einige qualitative Bemerkungen zu den kovalenten Kristallen sowie auf einige grobe und sehr ungenaue Abschätzungen für Metalle, fußend auf einem Modell freier Elektronen.

Bindung in kovalenten Kristallen

Die Theorie der Bindung in guten, kovalent gebundenen Isolatoren ist der Theorie der chemischen Bindung in Molekülen[18] recht ähnlich – einem Gegenstand, der außerhalb des Rahmens dieses Buches liegt.[19] Die Art und Weise, wie die elektrostatischen Kräfte zusammenwirken, um einen kovalenten Kristall zusammenzuhalten, ist sehr viel subtiler als das Bild der einfachen elektrostatischen Anziehung zwischen punktförmigen Ionen, im Rahmen dessen man die Ionenkristalle so treffend beschreiben kann, und selbst komplexer als das Modell der Wechselwirkung fluktuierender Dipole zur Beschreibung der festen Edelgase. Um konkret zu werden, betrachten wir das Beispiel des Diamanten (Kohlenstoff). Nehmen wir an, eine Anzahl von Kohlenstoffatomen sitze auf den Plätzen eines Diamantgitters, jedoch mit einer derart großen Gitterkonstanten, daß die Energie der Ansammlung von Atomen einfach die Summe der Energien der isolierten Atome, die Gitterenergie somit null sei. Ein Bindung entsteht, wenn die Energie der Ansammlung durch Verkleinern der Gitterkonstanten auf ihren aus Messungen bekannten Wert erniedrigt werden kann. Beim Verkleinern der

---

[17] Berechnungen der Gitterenergie motivierten die ersten genauen Berechnungen von Bandstrukturen. Erst später gewann man allgemein die Einsicht, daß eine Kenntnis der Bandstrukturen an sich schon von grundlegendem Interesse war – unabhängig vom Problem der Bindung.

[18] Der Standardtext zu diesem Thema ist L. Pauling, *The Nature of the Chemical Bond*, 3rd ed., Cornell University Press, Ithaca, New York (1960).

[19] Trotzdem geben wir in Kapitel 32 eine elementare Behandlung des Wasserstoffmoleküls.

Gitterkonstanten kann es zu einem gewissen Überlapp der an den verschiedenen Gitterplätzen lokalisierten atomaren Wellenfunktionen kommen (vgl. die Diskussion in Kapitel 10). Wären die außen liegenden Elektronenschalen vollständig gefüllt – wie es bei den Atomen der Edelgase oder den Ionen eines Ionenkristalls der Fall ist – so hätte dieser Überlapp die bekannte, kurzreichweitige Abstoßung der Atomrümpfe zur Folge, und würde die Energie der Ansammlung über die Summe der Energien der isolierten Atome hinaus vergrößern. Die Abstoßung zwischen Atomrümpfen mit vollständig gefüllten Schalen ist eine Folge des Pauliprinzips sowie der Tatsache, daß die einzigen zugänglichen elektronischen Niveaus – falls die äußeren Schalen vollständig gefüllt sind – sehr viel höher liegen. Sind die äußeren Schalen dagegen – wie beim Kohlenstoff – nur teilweise gefüllt, so können sich die Elektronen in diesen Schalen auf wesentlich flexiblere Weise umordnen, falls die Wellenfunktionen benachbarter Atome zu überlappen beginnen, da dann andere Niveaus mit vergleichbaren Energien in derselben Schale zur Verfügung stehen.

Wie sich herausstellt, führt ein Überlapp der äußeren Schalen unter diesen Umständen im allgemeinen zu einer Erniedrigung der gesamten elektronischen Energie, und die Elektronen bilden Niveaus, welche nicht um einen einzelnen Atomrumpf lokalisiert sind. Dafür gibt es keine einfach nachzuvollziehende Begründung. Je weniger lokalisiert die elektronischen Wellenfunktionen sind, desto geringer kann der durch das Unbestimmtheitsprinzip geforderte, minimale Elektronenimpuls sein, und um so geringer ist folglich auch die kinetische Energie der Elektronen. Zusätzlich zu dieser Überlegung wäre abzuschätzen, wie stark sich die potentielle Energie der Elektronen in diesen weniger lokalisierten Niveaus ändert. Im allgemeinen ergibt sich insgesamt eine Erniedrigung der Energie.[20]

Bindung in Metallen mit freien Elektronen

Wenden wir uns nun dem anderen Extrem zu, so beschreiben wir einen Festkörper nicht als eine Anordnung von Atomen, sondern als ein Gas freier Elektronen. In Kapitel 2 sahen wir, daß der Druck eines Gases freier Elektronen bei der Dichte, wie sie in den Alkalimetallen herrscht, Werte der Kompressibilitäten zur Folge hat, welche den beobachteten bis auf einen Faktor 2 oder weniger gleichen. Um davon ausgehend zu einer groben Theorie der Bindung in den Alkalimetallen zu gelangen, ist es notwendig, zur kinetischen Energie des Elektronengases die gesamte elektrostatische potentielle Energie zu addieren. Diese umfaßt unter anderem die Energie der Anziehung zwischen den positiv geladenen Atomrümpfen und dem negativ geladenen Elektronengas, ohne die das Metall überhaupt nicht als Kristall gebunden wäre.

---

[20] Bei der Behandlung des Wasserstoffatoms in Kapitel 32 illustrieren wir dies an einem besonders einfachen Beispiel.

Wir behandeln hier die Atomrümpfe in einem Alkalimetall als Punktladungen, die an den Plätzen eines kubisch-raumzentrierten Bravaisgitters sitzen. Die Elektronen fassen wir als einen homogenen, die positive Ladung der Atomrümpfe kompensierenden, negativen „Ladungshintergrund" auf. Die gesamte elektrostatische Energie pro Atom für eine solche Anordnung kann man mittels ähnlicher Methoden berechnen, wie wir sie in der elementaren Theorie der Ionenkristalle verwendeten; das Ergebnis für ein bcc-Gitter lautet[21]

$$u^{\text{Coul}} = \frac{24,35}{(r_s/a_0)} \text{ eV/Atom.} \tag{20.24}$$

r_s bezeichnet den Radius der Wigner-Seitz-Kugel (das Volumen pro Elektron ist $4\pi r_s^3/3$), a_0 ist der Bohrsche Radius. Wie erwartet, favorisiert dieser Ausdruck hohe Dichten (d.h. kleine r_s).

Die anziehende elektrostatische Energie (20.24) muß die elektronische kinetische Energie pro Atom kompensieren. Da in den Alkalimetallen jedes Atom ein einziges freies Elektron beisteuert, erhält man nach Kapitel 2, Seite 47

$$u^{\text{kin}} = \frac{3}{5}\varepsilon_F = \frac{30,1}{(r_s/a_0)^2} \text{ eV/Atom} \tag{20.25}$$

Wollten wir genauer sein, so hätten wir den Ausdruck (20.25) zu ersetzen durch die vollständige Grundzustandsenergie pro Elektron in einem homogenen Elektronengas[22] mit der Dichte $3/4\pi r_s^3$. Diese Berechnung ist recht schwierig (siehe Kapitel 17) und in Anbetracht der Tatsache, daß es sich beim Bild des Elektronengases um ein sehr grobes Modell handelt, nur von zweifelhaftem Nutzen für eine Abschätzung der tatsächlichen Gitterenergien. Wir werden deshalb hier lediglich die Austausch-Korrektur zu (20.25) berücksichtigen (siehe (17.25)):

$$u^{\text{Austausch}} = -\frac{0,916}{(r_S/a_0)} \text{ Ry/Atom} = -\frac{12,5}{(r_s/a_0)} \text{ eV/Atom.} \tag{20.26}$$

Beachten Sie, daß die Austausch-Korrektur zur Energie des Elektronengases dieselbe Abhängigkeit von der Dichte aufweist, wie die mittlere elektrostatische Energie Gl.(20.24), und im Betrag etwa halb so groß ist wie diese – ein Hinweis darauf, welch wesentliche Rolle die Elektron-Elektron-Wechselwirkungen für die metallische Bindung spielen und mit welchen daraus resultierenden Schwierigkeiten jeder adäquate Ansatz einer Theorie der metallischen Bindung rechnen muß.

---

[21] Siehe beispielsweise C. A. Sholl, *Proc. Phys. Soc.* **92**, 434 (1967).

[22] Dabei ist die mittlere elektrostatische Energie der Atomrümpfe und Elektronen ausgeschlossen, welche bereits in (20.24) berücksichtigt wurde. Diese mittlere elektrostatische Energie ist genau die Hartree-Energie (Kapitel 17), die verschwindet, wenn man die Atomrümpfe als *homogenen* Hintergrund kompensierender positiver Ladung betrachtet – und nicht als lokalisierte Punktladungen, wie wir es zur Herleitung der Gleichung (20.24) angenommen haben.

Addieren wir diese drei Beiträge, so erhalten wir

$$u = \frac{30,1}{(r_s/a_0)^2} - \frac{36,8}{(r_s/a_0)} \text{ eV/Atom.} \tag{20.27}$$

Minimieren wir diesen Ausdruck in Abhängigkeit von r_s, so ergibt sich

$$r_s/a_0 = 1,6. \tag{20.28}$$

Die beobachteten Werte des Verhältnisses r_s/a_0 bewegen sich bei den Alkalimetallen[23] im Bereich zwischen 2 und 6. Daß die Vorhersage der Gleichung (20.28) diesen Ergebnissen noch nicht einmal nahe kommt, steht in (vielleicht recht lehrreichem) Kontrast zu unseren bisherigen Erfolgen und zeigt, wie schwierig es ist, der metallischen Bindung mit einem halbwegs einfachen Modell beizukommen. Eine besonders auffällige, qualitative Eigenschaft des Ausdruckes (20.28) besteht darin, daß er für sämtliche Alkalimetalle denselben Wert von r_s liefert. Diese Vorhersage bliebe durch eine genauere Bestimmung der Gesamtenergie des Elektronengases unbeeinflußt, da diese Energie noch immer von der Form $E(r_s)$ wäre und die Minimierung des Ausdruckes $E(r_s) - 24,35(r_s/a_0)$ ebenfalls für die verschiedenen Alkalimetalle nur einen einzigen Gleichgewichtswert für r_s ergäbe.

Offensichtlich muß man eine andere Längenskala betrachten, um zwischen den verschiedenen Alkalimetallen unterscheiden zu können – und es ist nicht schwierig zu erkennen, welche dies sein könnte: Wir behandelten die Atomrümpfe als Punktladungen, obwohl sie tatsächlich nicht vernachlässigbare Radien haben. Die Näherung punktförmiger Ionen ist bei den Metallen nicht ganz so absurd, wie sie es bei den Molekül- oder Ionenkristallen wäre, da der Bruchteil des von den Atomrümpfen eingenommenen Volumens bei den Metallen deutlich kleiner ist als bei anderen Kristallen. Trotzdem haben wir bei der Annahme dieser Näherung zumindest zwei wesentliche Effekte vernachlässigt: Weist der Atomrumpf einen von null verschiedenen Radius auf, so ist dem Gas der Leitungselektronen das von den Atomrümpfen eingenommene Teilvolumen des Metalls im wesentlichen unzugänglich. Auch in einer groben Theorie bedeutet dies, daß die Dichte des Elektronengases – und somit auch seine kinetische Energie – größer ist, als es unserer bisherigen Abschätzung entspricht. Daß die Leitungselektronen nicht in die von den Atomrümpfen eingenommenen Volumina eindringen können, hat weiterhin zur Folge, daß sie den positiv geladenen Ionen nicht so nahe kommen, wie es das der Gleichung (20.24) zugrundeliegende Bild voraussetzt. Wir können deshalb erwarten, daß die elektrostatische Energie weniger negativ ist, als es unserer Abschätzung entspricht.

Die beiden beschriebenen Effekte sollten bewirken, daß der Gleichgewichtswert von r_s/a_0 mit zunehmendem Radius der Atomrümpfe größer wird (Aufgabe 4); dieses

---

[23] Siehe Tabelle 1.1.

Tabelle 20.6

De Boer-Parameter für die Edelgase, einschließlich der beiden Heliumisotope

^{3}He	^{4}He	Ne	Ar	Kr	Xe
3,1	2,6	0,59	0,19	0,10	0,064

Verhalten ist konsistent mit den beobachteten Dichten der Alkalimetalle. Offenbar wird eine auch nur halbwegs genaue Berechnung dieses entscheidenden Effekts recht komplex sein und auf guten Abschätzungen sowohl der Wellenfunktionen der Leitungselektronen als auch des Kristallpotentials in der Ein-Elektron-Schrödingergleichung aufbauen müssen.

Aufgaben

20.1 Ein Maß für den Einfluß von Quanteneffekten im Verhalten der Edelgase ist der de Boer-Parameter. Wir berechneten die Energie $u(r)$ pro Atom eines Edelgases (Gleichung (20.5)) unter der Annahme, daß diese Energie vollständig potentiell sei. In einem Quantenbild gibt es jedoch selbst bei $T = 0$ Nullpunktsschwingungen, woraus sich eine zu $\hbar$ proportionale Korrektur zum Ausdruck (20.5) ergibt.

(a) Zeigen Sie, daß rein aus Dimensionsgründen diese Korrektur die Form

$$\Delta u = \epsilon \Lambda f(r/\sigma) \tag{20.29}$$

haben muß, falls sie streng linear in $\hbar$ sein soll. Dabei hängt f vom jeweils betrachteten Edelgas nur über das Verhältnis r/σ ab und es gilt

$$\Lambda = \frac{\hbar}{\sigma\sqrt{M\epsilon}}. \tag{20.30}$$

Werte der Größe Λ, als de Boer-Parameter bezeichnet, sind in Tabelle 20.7 zusammengefaßt. Da $\hbar/\sigma$ die Unschärfe des Impulses eines Teilchens beschreibt, welches innerhalb einer Länge σ lokalisiert ist, so gibt Λ grob annähernd das Verhältnis der kinetischen Energie der Nullpunktsbewegung eines Atoms zur Stärke der anziehenden Wechselwirkung an. Der Betrag von Λ ist deshalb ein Maß für den Einfluß von Quanteneffekten – und ein Blick auf Tabelle 20.7 zeigt unmittelbar, warum keinerlei Hoffnung dafür besteht, daß unsere Diskussion auf rein klassischer Basis dem Verhalten von festem Helium wird angemessen sein können.

(b) Sei r_c der durch Minimierung der klassischen Energie (20.5) ermittelte Teilchenabstand im Gleichgewicht und $r_c + \Delta r$ der entsprechende, durch Minimierung der Summe aus klassischer Energie und der Quantenkorrektur (20.29) berechnete Wert.

Tabelle 20.7
Vergleich des Einflusses von Quanteneffekten auf die Gleichgewichtseigenschaften von Neon und Argon

X	X_{Ne}	X_{Ar}	X_{Ne}/X_{Ar}
Λ	0,59	0,19	3,1
$\Delta r/r^c$	0,047	0,011	4,3
$\Delta u/u^c$	0,26	0,10	2,6
$\Delta B/B^c$	0,39	0,15	2,6

Zeigen Sie unter der Annahme $\Delta r \ll r_c$, daß das Verhältnis der Werte von $\Delta r/r_c$ für zwei beliebig herausgegriffene Edelgase gleich dem Verhältnis ihrer de Boer-Parameter ist.

(c) Zeigen Sie, daß das Ergebnis aus (b) ebenso für die relativen Änderungen der inneren Energie und des Kompressionsmoduls aufgrund der entsprechenden Quantenkorrekturen gilt.

Vergleichen Sie diese Schlußfolgerungen mit den in Tabelle 20.8 zusammengefaßten experimentellen Daten für Neon und Argon. (Bei Krypton und Xenon sind die Abweichungen von den klassischen Werten zu klein, um sie zuverlässig aus den experimentellen Werten erkennen zu können; im Falle der Heliumisotope andererseits ist der de Boer-Parameter derart groß, daß die obige Analyse insgesamt nicht mehr zuverlässig ist.) Wir beschreiben in Kapitel 25, auf welche Weise man die Auswirkungen der Nullpunktsschwingungen genauer berücksichtigen kann.

20.2 Zeigen Sie, daß der Kompressionsmodul eines Ionenkristalls mit Natriumchloridstruktur gegeben ist durch

$$B_0 = \frac{1}{18r_0} \frac{\partial^2 u}{\partial r^2}\bigg|_{r=r_0}, \tag{20.31}$$

wobei r_0 den Abstand nächster Nachbarn im Gleichgewicht bezeichnet. Zeigen Sie, daß man unter Verwendung des Ausdruckes für die Gesamtenergie pro Ionenpaar (Gleichung (20.19)) erhält

$$B_0 = \frac{(m-1)}{18} \frac{\alpha e^2}{r_0^4}, \tag{20.32}$$

und folglich

$$m = 1 + \frac{18B_0 r_0^3}{|u^{Coul}(r_0)|}. \tag{20.33}$$

Dabei ist $u^{\text{Coul}}(r)$ die Energie pro Ionenpaar in einem Kristall aus Punktladungen mit einem Abstand r nächster Nachbarn.

20.3 Man kann mit Hilfe des Ausdruckes (20.19) für die Gitterenergie pro Ionenpaar untersuchen, wie stabil verschiedene mögliche Kristallstrukturen eines Ionenkristalls sein werden. Nehmen Sie an, daß die Kopplungskonstante C – welche den Anteil der kurzreichweitigen Abstoßung charakterisiert – proportional zur Koordinationszahl Z sei und zeigen Sie so, daß die Gitterenergie im Gleichgewicht für verschiedene Gittertypen variiert wie $(\alpha^m/Z)^{1/(m-1)}$. Verwenden Sie dann die Werte von α in Tabelle 20.4, um eine Tabelle der relativen Stabilität der Gitter entsprechend dem jeweiligen Wert von m zusammenzustellen. (Hinweis: Untersuchen Sie zunächst das Verhalten bei großen oder kleinen Werten von m.)

20.4 (a) Nehmen Sie in einem sehr groben Modell eines Alkalimetalls an, die Ladung eines jeden Valenzelektrons sei homogen innerhalb einer Kugel vom Radius r_s um jeden Atomrumpf verteilt. Zeigen Sie, daß dann die elektrostatische Energie pro Elektron gegeben ist durch

$$u^{\text{Coul}} = -\frac{9a_0}{5r_s} \text{ Ry/Elektron} = -\frac{24,49}{(r_s/a_0)} \text{eV/Elektron}. \tag{20.34}$$

(Dies ist bemerkenswert ähnlich dem Ergebnis (20.24) für ein bcc-Gitter von Atomrümpfen, die in einem homogenen „Hintergrund" kompensierender negativer Ladung eingebettet liegen.)

(b) In einem Metall können die Valenzelektronen praktisch nicht in die Volumina der Atomrümpfe eindringen. Wir berücksichtigen diese Tatsache dadurch, daß wir die Ladung eines jeden Elektrons als homogen im Volumen der Kugelschale zwischen den Kugeln mit Radien r_c und r_s um jeden Atomrumpf annehmen, und setzen das Potential eines jeden Atomrumpfes als ein Pseudopotential

$$V_{\text{ps}}(r) = \begin{cases} -\dfrac{e^2}{r}, & r > r_c \\ 0, & r < r_c \end{cases} \tag{20.35}$$

an. Zeigen Sie, daß dann (20.34) zur führenden Ordnung in r_c/r_s durch

$$-\frac{9a_0}{5r_s} + \frac{3(r_c/a_0)^2}{(r_s/a_0)^3} \text{ Ry/Elektron} \tag{20.36}$$

zu ersetzen ist.

(c) Nehmen Sie die Energie pro Teilchen als Summe aus kinetischer Energie (20.25), Austauschenergie (20.26) und potentieller Energie (20.36) an. Zeigen Sie, daß der Gleichgewichtswert von r_s/a_0 gegeben ist durch

$$r_s/a_0 = 0,82 + 1,82(r_c/a_0)[1 + O(a_0/r_c)^2], \tag{20.37}$$

und vergleichen Sie dieses Ergebnis mit den Werten in den Tabellen 1.1 und 19.4.

21 Unzulänglichkeiten des Modells eines statischen Gitters

In Kapitel 3 betrachteten wir die Schwächen und Beschränkungen einer Theorie der Metalle auf der Grundlage eines Bildes freier Elektronen und begegneten dabei einer Reihe von Phänomenen, die nur durch die Annahme eines mit dem Gitter der Atomrümpfe verbundenen, periodischen Potentials gedeutet werden konnten.[1] In den darauf folgenden Kapiteln spielte diese periodische Anordnung der Atomrümpfe eine entscheidende Rolle bei unseren Untersuchungen der Metalle und der Isolatoren. In jedem Falle waren wir dabei davon ausgegangen, daß die Atomrümpfe eine raumfeste, in sich starre und unbewegliche periodische Anordnung bilden.[2] Diese Vorstellung nähert jedoch das tatsächliche Gitter der Atomrümpfe[3] nur an: weder sind die Atomrümpfe beliebig massiv, noch werden sie durch beliebig starke Kräfte an ihren Plätzen gehalten. Deshalb kann in einer klassischen Theorie das Modell des starren Gitters nur bei einer Temperatur von null Kelvin korrekt sein. Bei von null verschiedenen Temperaturen muß jeder Atomrumpf eine gewisse thermische kinetische Energie besitzen und folglich eine Bewegung um seine Gleichgewichtspositon ausführen. In einer Quantentheorie des Festkörpers ist das Modell des statischen Gitters selbst bei null Kelvin nicht korrekt: Das Unbestimmtheitsprinzip ($\Delta x \Delta p \gtrsim h$) erfordert, daß das mittlere Impulsquadrat der lokalisierten Atomrümpfe von null verschieden ist.[4]

Im zu stark vereinfachenden Modell unbeweglicher Atomrümpfe ließ sich mit beeindruckendem Erfolg eine große Anzahl jener Gleichgewichts- und Transporteigenschaften der Metalle im einzelnen deuten, die im wesentlichen durch das Verhalten der Leitungselektronen bestimmt sind – vorausgesetzt, man fragte nicht nach dem Mechanismus der Elektronenstöße. Im Bild fixierter Atomrümpfe erzielten wir auch einen gewissen Erfolg bei der Modellierung der Gleichgewichtseigenschaften ionisch und molekular gebundener Isolatoren.

Trotzdem ist es nun an der Zeit, einen Schritt über das Modell des statischen Gitters hinaus zu gehen, um die zahlreichen Lücken in unserem Verständnis der Metalle zu schließen – von denen einige, wie beispielsweise die Theorie der Temperaturabhängigkeit der Gleichstromleitfähigkeit, wesentlich sind – und zu einer über das Rudimentäre hinausgehenden Theorie der Isolatoren zu gelangen.

---

[1] Mit dem Wort „Atomrumpf" beziehen wir uns in diesem allgemeinen Zusammenhang gleichermaßen auf die Atomrümpfe in Metallen oder kovalenten Kristallen, die Ionen in den Ionenkristallen oder die Atome in Molekülkristallen.

[2] ... außer in Kapitel 20, wo wir eine homogene Ausdehnung des Gitters betrachteten und kurz auf die Nullpunktsbewegung der Atome in den festen Edelgasen eingingen.

[3] Wir denken dabei nicht an die Gitterfehler, die jeder reale Kristall aufweist; dabei handelt es sich um statische Abweichungen von der idealen Periodizität (siehe Kapitel 30). Auch diese Gitterfehler kann man im Rahmen eines statischen Gittermodells beschreiben. Im folgenden beziehen wir uns auf dynamische Abweichungen von der Periodizität aufgrund von Schwingungen der Atomrümpfe um ihre Gleichgewichtslagen. Diese Schwingungen treten auch in einem idealen Kristall auf.

[4] Wir diskutierten diese Konsequenz des Unbestimmtheitsprinzips im einführenden Abschnitt von Kapitel 20 und lernten einige einfache Beispiele dafür bei unseren Abschätzungen der Gitterenergien der festen Edelgase (Aufgabe 1 von Kapitel 20) kennen.

Die Schwächen einer auf dem Modell des statischen Gitters aufbauenden Theorie treten besonders deutlich in der Theorie der Isolatoren zutage, da sich das System der Elektronen in einem Isolator vergleichsweise „passiv" verhält und sämtliche Elektronen in gefüllten Bändern sitzen. Außer in Situationen, bei denen genügend Energie zu Verfügung steht, um Elektronen über die Energielücke E_g zwischen der Oberkante des höchstliegenden gefüllten Bandes und den niedrigstliegenden unbesetzten Niveaus hinaus anzuregen, verhalten sich Isolatoren „elektronisch unauffällig". Würden wir im Falle der Isolatoren an der Näherung des statischen Gitters festhalten, so ständen uns keinerlei weitere „Freiheitsgrade" mehr zur Deutung ihrer vielfältigen Eigenschaften zur Verfügung.

In diesem Kapitel fassen wir einige Beispiele dafür zusammen, in welchen Situationen und auf welche Weise das Modell des statischen Gitters im Widerspruch zu den experimentellen Tatsachen steht. In den folgenden Kapiteln wenden wir uns dann einer dynamischen Theorie der Gitterschwingungen zu, die unter verschiedenen Aspekten ein wesentlicher Gegenstand der Kapitel 22 bis 27 sind.

Wir klassifizieren die wesentlichste Problematik des Modells des statischen Gitters in drei weit gefaßten Kategorien:

1. Schwierigkeiten bei der Deutung von Gleichgewichtseigenschaften,

2. Schwierigkeiten bei der Deutung von Transporteigenschaften,

3. Schwierigkeiten bei der Deutung von Effekten der Wechselwirkung unterschiedlicher Arten von Strahlung mit dem Festkörper.

Gleichgewichtseigenschaften

Alle Gleichgewichtseigenschaften werden in wechselndem Maße durch die Gitterschwingungen beeinflußt; wir nennen im folgenden die wichtigsten dieser Eigenschaften.

Wärmekapazität

Das Modell des statischen Gitters schreibt die Wärmekapazität eines Metalls den elektronischen Freiheitsgraden zu und sagt eine lineare Temperaturabhängigkeit der Wärmekapazität im Bereich deutlich unterhalb der Fermitemperatur voraus, d.h. im gesamten Temperaturbereich unterhalb des Schmelzpunktes. Tatsächlich beobachtet man einen solchen linearen Temperaturverlauf (Kapitel 2) jedoch nur bis zu Temperaturen von der Größenordnung 10 K. Bei höheren Temperaturen steigt die Wärmekapazität sehr viel rascher an (proportional zu T^3), um bei noch höheren Temperaturen (typischerweise zwischen 10^2 K und 10^3 K) einen annähernd konstanten Wert anzunehmen. Dieser zusätzliche – und bei Temperaturen oberhalb von 10K dominierende – Beitrag zur Wärmekapazität geht ausschließlich auf die bisher vernachlässigten Freiheitsgrade des Gitters der Atomrümpfe zurück.

Auch im Verhalten der Isolatoren findet man deutliche Hinweise darauf, daß die Atomrümpfe zur Wärmekapazität beitragen. Wäre die Theorie des statischen Gitters streng gültig, so würde sich die in einem Isolator gespeicherte thermische Energie von der Energie bei $T = 0$ nur durch die Energie einiger thermisch über die Energielücke E_g hinaus angeregter Elektronen unterscheiden. Man kann zeigen, daß die Anzahl dieser Elektronen bei Temperaturen unterhalb von E_g/k_B – was bei einer Breite der Energielücke von 1 eV dem gesamten interessierenden Temperaturbereich entspricht – im wesentlichen proportional zu $e^{-E_g/2k_BT}$ ist. Dieser Exponentialfaktor bestimmt auch das Verhalten von $c_v = du/dT$. Die gemessene Wärmekapazität von Isolatoren bei niedrigen Temperaturen zeigt jedoch keine exponentielle Temperaturabhängigkeit, sondern ist vielmehr proportionnal zu T^3. Sowohl bei Isolatoren als auch bei Metallen kann man diesen T^3-Beitrag zu c_v deuten, indem man die Bewegung des Gitters quantenmechanisch berücksichtigt.

Dichte im Gleichgewicht und Gitterenergien

In Kapitel 20 erkannten wir, daß die Nullpunktsschwingungen bei einer Berechnung der Grundzustandsenergie eines Festkörpers berücksichtigt werden müssen – und somit auch bei der Berechnung seiner Gleichgewichtsdichte und seiner Gitterenergie. Der Beitrag der Nullpunktsschwingungen der Atomrümpfe ist bei den meisten Kristallen deutlich kleiner als der Term der potentiellen Energie, kann aber – wie wir es an den Beispielen von Neon und Argon sahen – zu leicht beobachtbaren Effekten führen.[5]

Wärmeausdehnung

Die Gleichgewichtsdichte eines Festkörpers hängt von der Temperatur ab. Im Modell des statischen Gitters besteht der einzige Effekt einer erhöhten Temperatur in der thermischen Anregung von Elektronen. In Isolatoren ist die Häufigkeit solcher Anregungsprozesse bei Temperaturen unterhalb von E_g/k_B vernachlässigbar gering. Die Wärmeausdehnung von Isolatoren – und, wie sich herausstellt, auch der Metalle – beruht ganz wesentlich auf der Existenz der Freiheitsgrade des Gitters der Atomrümpfe. In einem gewissen Sinne handelt es sich bei dieser letzteren Feststellung lediglich um die Version für $T = 0$ der zentralen Aussage des vorangegangenen Abschnitts; im allgemeinen verursachen die Gitterschwingungen jedoch nur eine kleine Korrektur der Gleichgewichtsausdehnung bei $T = 0$, während sie für die Wärmeausdehnung von zentraler Bedeutung sind.

Schmelzen

Bei hinreichend hohen Temperaturen schmelzen Festkörper: Die Atomrümpfe verlassen ihre Gleichgewichtslagen und bewegen sich in der Schmelze über große Entfernungen. Spätestens hier wird die Hypothese des statischen Gitters vollends un-

---

[5] In festem Helium sind diese Nullpunktsschwingungen derart stark, daß man sie selbst in erster Näherung nicht vernachlässigen kann. Man bezeichnet die beiden festen Heliumisotope – mit den Massenzahlen 3 und 4 – oft als *Quantenkristalle*.

brauchbar. Jedoch auch unterhalb des Schmelzpunktes, wenn sich die Atomrümpfe noch in der Nähe ihrer Gleichgewichtslagen aufhalten, muß jede adäquate Theorie des Schmelzprozesses – und es existieren nur sehr grobe Theorien des Schmelzvorgangs – die mit steigender Temperatur größer werdende Amplitude der Gitterschwingungen berücksichtigen.

Transporteigenschaften

In den Kapiteln 1, 2, 12 und 13 untersuchten wir jene Transporteigenschaften eines Metalls, die fast vollständig durch die elektronische Struktur bestimmt sind. Viele Aspekte des Transports in Metallen jedoch – und sämtliche Eigenschaften des Transports in Isolatoren – kann man nur bei Berücksichtigung der Gitterschwingungen verstehen.

Temperaturabhängigkeit der elektronischen Relaxationszeit

In einem ideal periodischen Potential würde ein Elektron keinerlei Stöße erfahren und die elektrische ebenso wie die Wärmeleitfähigkeit eines solchen Metalls wären beliebig groß. Gelegentlich hatten wir darauf hingewiesen, daß eine der wesentlichsten Ursachen der Elektronenstreuung in einem Metall in der Abweichung des Gitters von der idealen Periodizität aufgrund der thermischen Schwingungen der Atomrümpfe um ihre Gleichgewichtslagen besteht. Dieser Effekt verursacht den charakteristischen, zu T^5 proportionalen Term im Temperaturverlauf des elektrischen Widerstandes bei niedrigen Temperaturen ebenso wie den linearen Anstieg mit T bei hohen Temperaturen (Kapitel 26). Im Modell des starren Gitters sind diese experimentellen Tatsachen nicht zu deuten.

Versagen des Wiedemann-Franzschen Gesetzes

Das Versagen des Wiedemann-Franzschen Gesetzes bei mittleren Temperaturen (siehe Seite 75) findet eine einfache Erklärung in der Theorie der Streuung von Elektronen an den Gitterschwingungen.

Supraleitung

Unterhalb einer bestimmten Temperatur (20 K oder deutlich weniger) geht der Widerstand einiger Metalle – der sogenannten Supraleiter – abrupt gegen null. Erst 1957 konnte man eine vollständige Erklärung dieses Phänomens geben; nunmehr versteht man es, und ein entscheidender Teil der Theorie zu seiner Deutung beruht auf einer Beteiligung der Gitterschwingungen an der effektiven Wechselwirkung zwischen jeweils zwei Elektronen in einem Metall (Kapitel 34). In einem streng statischen Gitter gäbe es keine Supraleitung.[6]

---

[6] Genaugenommen könnte es auch im statischen Gitter durchaus Supraleiter geben, sie wären aber recht verschieden von den Supraleitern, die wir heute kennen. Man hat andere Mechanismen der Supraleitung diskutiert, die nicht auf einem Einfluß der Gitterschwingungen auf die Elektron-Elektron-Wechselwirkung beruhen, jedoch bisher keine Supraleitung beobachtet, die auf alternativen Mechanismen beruhen würde.

Wärmeleitfähigkeit von Isolatoren

Die meisten Transporteigenschaften der Metalle finden keine Entsprechung bei den Isolatoren. Doch auch Isolatoren leiten die Wärme, wenn auch nicht so gut wie die Metalle: Das äußerste Ende eines Silberlöffels im Kaffee wird wesentlich schneller heiß als der Griff der Tasse aus Keramik. Vom Standpunkt eines Modells des statischen Gitters aus betrachtet ist jedoch keinerlei Mechanismus vorstellbar, der überhaupt eine nennenswerte Wärmeleitung in einem Isolator ermöglichen würde: Es gibt ganz einfach zu wenige Elektronen in teilweise gefüllten Bändern, die den Job übernehmen könnten. Das Wärmeleitvermögen von Isolatoren ist somit fast vollständig auf das Vorhandensein von Freiheitsgraden des Gitters zurückzuführen.

Übertragung von Schall

Isolatoren können nicht nur Wärme transportieren, sondern auch Schall: als Wellen im Gitter der Atomrümpfe. Im Modell des statischen Gitters wären elektrische Isolatoren auch akkustische Isolatoren.

Wechselwirkung mit Strahlung

Auf die Wechselwirkung eines Festkörpers mit Strahlung gingen wir in Kapitel 6 (Röntgenstrahlung) sowie in Teilen der Kapitel 1 und 15 ein (optischen Eigenschaften der Metalle). Eine große Menge weiterer experimenteller Daten zur Wechselwirkung von Strahlung und Festkörpern kann nicht durch das Verhalten von Elektronen in einem fixen Gitter aus Atomrümpfen gedeutet werden. Einige wichtige Beispiele sind die folgenden:

Reflexionsvermögen von Ionenkristallen

Ionenkristalle zeigen ein scharfes Maximum ihres Reflexionsvermögens bei Lichtwellenlängen im Infraroten, entsprechend Werten von $\hbar\omega$, die weit kleiner sind als die Breite der Bandlücke. Deshalb kann dieses Phänomen nicht auf elektronische Anregung zurückzuführen sein; vielmehr übt das elektrische Feld des Lichts entgegengesetzt gerichtete Kräfte auf die positiv oder negativ geladenen Atomrümpfe aus und verschiebt sie dadurch relativ zueinander. Eine angemessene Deutung dieses Phänomens erfordert daher eine Theorie der Gitterschwingungen.

Inelastische Lichtstreuung

Wird Laserlicht von Kristallen gestreut, so enthält das Licht des reflektierten Strahls Komponenten mit Wellenlängen, die gegenüber der Wellenlänge des einfallenden Lichts geringfügig verschoben sind (Brillouin- und Raman-Streuung). Die Deutung dieses Phänomens erfordert eine Quantentheorie der Gitterschwingungen.

Röntgenstreuung

Das Modell des Statischen Gitters sagt Intensitäten der Bragg-Reflexe voraus, die nicht mit den gemessenen übereinstimmen: Die thermische Schwingungsbewegung der Atomrümpfe um ihre Gleichgewichtslagen – und sogar die Nullpunktsschwingungen bei $T = 0$ K – vermindern die Amplituden der Bragg-Reflexe. Da das Gitter nicht statisch ist, beobachtet man darüber hinaus einen Hintergrund gestreuter Röntgenstrahlung in Richtungen, für welche die Bragg-Bedingung nicht erfüllt ist.

Neutronenstreuung

Bei der Streuung von Neutronen[7] an kristallinen Festkörpern beobachtet man, daß sie ihre Energie nur in bestimmten, diskreten Beträgen abgeben, deren Größe davon abhängt, welche Impulsänderung sie bei der Streuung erfahren. Die Quantentheorie der Gitterschwingungen ermöglicht eine sehr einfache Deutung dieses Phänomens. Neutronen gehören zu den zuverlässigsten „Sonden" zur Untersuchung von Festkörpern. Damit ist die Liste der Phänomene, in welchen sich das Vorhandensein von Gitterschwingungen äußert, keineswegs vollständig. Man erkennt jedoch deren wesentlichste Wirkungsmechanismen:

1. Die Schwingungsbewegung der Atomrümpfe um ihre Gleichgewichtslagen hat wesentlichen Einfluß auf all jene Gleichgewichtseigenschaften eines Festkörpers, die nicht durch einen sehr viel größeren elektronischen Beitrag dominiert werden.

2. Die Schwingungen des Gitters bieten einen Mechanismus für den Transport von Energie durch den Festkörper.

3. Die Gitterschwingungen sind eine wesentliche Ursache der Elektronenstreuung in Metallen und können die Wechselwirkung der Elektronen untereinander grundlegend beeinflussen.

4. Die Gitterschwingungen beeinflussen das Verhalten des Festkörpers bei allen Untersuchungen mit „Sonden", die an die Atomrümpfe „koppeln" – beispielsweise sichtbarem Licht, Röntgenstrahlung oder Neutronen.

Diese und weitere Aspekte der Gitterschwingungen untersuchen wir in den Kapiteln 22 bis 27.

---

[7] Vom Standpunkt der Quantenmechanik aus kann man einen Strahl von Neutronen mit der Energie E und dem Impuls $\mathbf{p}$ auch als Strahlung mit der Kreisfrequenz $\omega = E/\hbar$ und dem Wellenvektor $\mathbf{k} = \mathbf{p}/\hbar$ betrachten.

22 Klassische Theorie des harmonischen Kristalls

Die harmonische Näherung

Die adiabatische Näherung

Wärmekapazität eines klassischen Kristalls

Eindimensionales, einatomiges Bravaisgitter

Eindimensionales Gitter mit Basis

Dreidimensionales, einatomiges Bravaisgitter

Dreidimensionales Gitter mit Basis

Zusammenhang mit der Theorie der Elastizität

Indem wir nun die unrealistische Annahme fallenlassen, daß die Atomrümpfe unbeweglich an ihren Plätzen **R** eines Bravaisgitters sitzen, stützen wir uns ausführlich auf zwei schwächere Annahmen:

1. Wir gehen davon aus, daß die mittlere Gleichgewichtslage eines jeden Atomrumpfes mit einem Platz des Bravaisgitters identisch ist. Damit können wir auch weiterhin jedem Atomrumpf einen bestimmten Bravaisgitterplatz **R** zuordnen, um welchen er schwingt. Dieser Platz **R** ist nun aber nur im Mittel mit der Position des Atomrumpfes identisch, er ist nicht dessen fixe Lage zu jedem Zeitpunkt.

2. Wir nehmen weiterhin an, daß die Auslenkungen der Atomrümpfe aus ihren Gleichgewichtslagen typischerweise klein sind im Vergleich zum Abstand zwischen den Atomrümpfen (in einem Sinne, der weiter unten deutlich wird).

Annahme 1 besagt, daß die kristalline Struktur der Festkörper trotz der Bewegung der Atomrümpfe aufrechterhalten wird, nimmt dabei aber an, daß die Kristallstruktur nur die mittlere Konfiguration der Atomrümpfe beschreibt, nicht die momentane. Obwohl diese Annahme noch eine Vielzahl verschiedener Bewegungsarten der Gitterbausteine zuläßt, schließt sie doch eine Diffusion der Atomrümpfe aus: Ein bestimmter Atomrumpf schwingt für alle Zeiten um ein und denselben Gitterplatz **R**. Diese Annahme wirkt nicht sehr einschränkend – außer in Situationen, wenn der Austausch der Gleichgewichtslagen der Atomrümpfe zu einem wesentlichen Mechanismus wird, was beispielsweise in der Nähe des Schmelzpunktes der Fall sein kann.

Annahme 2 dagegen wurde alleine aus Gründen der mathematischen Einfachheit gewählt: Sie führt zu einer einfachen Theorie, der *harmonischen Näherung*, die uns präzise, quantitative Ergebnisse liefert. Diese Ergebnisse sind oft in hervorragender Übereinstimmung mit den beobachteten Eigenschaften der Festkörper. Einige Phänomene jedoch können im Rahmen der harmonischen Theorie nicht gedeutet werden und erfordern zu ihrer Erklärung die Erweiterung zu einer *anharmonischen* Theorie (Kapitel 25). Doch auch in solchen Fällen setzt die Rechenmethode noch immer implizit die Gültigkeit der Annahme 2 voraus, obwohl sie dann *raffinierter* genutzt wird. Wenn Annahme 2 grundsätzlich unzutreffend ist – wie es beim festen Helium der Fall zu sein scheint – so wird es notwendig, von Anbeginn an eine Theorie von erheblicher mathematischer Komplexität zu entwickeln, und erst in jüngster Zeit gibt es einige Fortschritte in dieser Richtung zu verzeichnen.[1]

---

[1] ... unter dem romantischen Titel „Die Theorie der Quantenfestkörper". Die Bezeichnung bezieht sich auf die Tatsache, daß – nach der klassischen Theorie – Annahme 2 in jedem Festkörper bei hinreichend niedriger Temperatur erfüllt ist. Lediglich das Unbestimmtheitsprinzip fordert gewisse Abweichungen der Orte der Atomrümpfe von ihren Gleichgewichtslagen – unabhängig davon, wie niedrig die Temperatur sei.

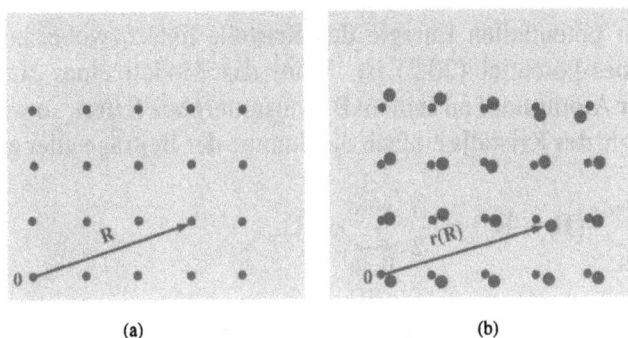

Bild 22.1: (a) Bravaisgitter von Punkten, die durch Vektoren **R** gegeben sind. (b) Eine herausgegriffene, momentane Konfiguration der Atomrümpfe. Der Atomrumpf, dessen mittlere Lage **R** ist, befindet sich an der Stelle **r(R)**.

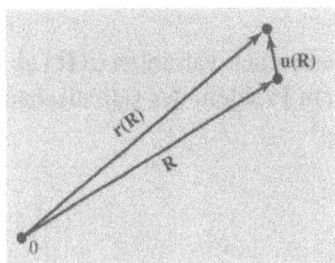

Bild 22.2: Zusammenhang zwischen dem Bravaisgittervektor **R**, der momentanen Position **r(R)** des um den Punkt **R** schwingenden Atomrumpfes und der Auslenkung **u(R)** = **r(R)** − **R** des Atomrumpfes.

Aufgrund von Annahme 1 können wir jeden Atomrumpf eindeutig mit dem Bravaisgitterplatz **R** indizieren, um welchen er schwingt.[2] Mit **r(R)** bezeichnen wir den Ort des Atomrumpfes, dessen mittlere Position **R** ist (Bild 22.1). In der Näherung eines statischen Gitters, wenn also jeder Atomrumpf an seinem Bravaisgitterplatz fixiert ist, gilt **r(R)** = **R**. Realistischer nimmt man aber an, daß **r(R)** von seinem Mittelwert **R** abweicht, so daß wir zu jedem gegebenen Zeitpunkt schreiben können[3]

$$\mathbf{r(R)} = \mathbf{R} + \mathbf{u(R)}, \tag{22.1}$$

wobei **u(R)** die Abweichung von der Gleichgewichtslage für den Atomrumpf mit der Gleichgewichtslage **R** bezeichnet (Bild 22.2).

Um unser Modell zu konkretisieren, wollen wir in diesem erweiterten Rahmen erneut unsere Berechnung der Gitterenergie der Edelgase (Kapitel 20) betrachten. Wir nehmen dazu auch weiterhin an, daß ein Paar von Atomen im Abstand **r** einen

---

[2] Im größten Teil dieses Kapitels beschäftigen wir uns explizit nur mit einatomigen Bravaisgittern, also mit Festkörpern, in deren Kristallstruktur ein einzelner Atomrumpf innerhalb jeder primitiver Zelle an einem der Plätze $\mathbf{R} = n_1\mathbf{a}_1 + n_2\mathbf{a}_2 + n_3\mathbf{a}_3$ eines Bravaisgitters angeordnet ist. Die Verallgemeinerung auf Gitter mit einer Basis aus n Atomen je primitiver Zelle, angeordnet an den Stellen $\mathbf{R} + \mathbf{d}_1, \mathbf{R} + \mathbf{d}_2, \ldots, \mathbf{R} + \mathbf{d}_n$, liegt auf der Hand, doch die entsprechende Notation kann mühselig sein.

[3] In einem allgemeineren Ansatz zur Beschreibung eines Gitters mit Basis würden wir den Ort des j-ten Atoms der Basis in der Primitiven Zelle um **R** mit $\mathbf{r}_j(\mathbf{R})$ bezeichnen und schreiben $\mathbf{r}_j(\mathbf{R}) = \mathbf{R} + \mathbf{d}_j + \mathbf{u}_j(\mathbf{R})$.

Beitrag $\phi(\mathbf{r})$ zur potentiellen Energie des Kristalls liefert, wobei ϕ beispielsweise das Lennard-Jones-Potential (20.2) ist. Wäre das Modell eines statischen Gitters korrekt und jeder Atomrumpf an seinem Bravaisgitterplatz fixiert, so wäre die gesamte potentielle Energie des Kristalls einfach die Summe der Beiträge aller einzelnen Paare:

$$U = \frac{1}{2} \sum_{\mathbf{RR'}} \phi(\mathbf{R} - \mathbf{R'}) = \frac{N}{2} \sum_{\mathbf{R} \neq 0} \phi(\mathbf{R}). \tag{22.2}$$

Lassen wir jedoch die Möglichkeit zu, daß sich ein Atomrumpf mit der mittleren Lage $\mathbf{R}$ im allgemeinen an einer Stelle $\mathbf{r}(\mathbf{R}) \neq \mathbf{R}$ aufhält, so ist (22.2) zu ersetzen durch

$$U = \frac{1}{2} \sum_{\mathbf{RR'}} \phi(\mathbf{r}(\mathbf{R}) - \mathbf{r}(\mathbf{R'})) = \frac{1}{2} \sum_{\mathbf{RR'}} \phi(\mathbf{R} - \mathbf{R'} + \mathbf{u}(\mathbf{R}) - \mathbf{u}(\mathbf{R'})). \tag{22.3}$$

Somit hängt die potentielle Energie nunmehr von den dynamischen Variablen $\mathbf{u}(\mathbf{R})$ ab, und wir müssen uns mit dem dynamischen Problem (einem Problem der statistischen Mechanik) befassen, welches durch die Hamiltonfunktion[4]

$$H = \sum_{\mathbf{R}} \frac{\mathbf{P}(\mathbf{R})^2}{2M} + U \tag{22.4}$$

beschrieben wird. Dabei bezeichnet $\mathbf{P}(\mathbf{R})$ den Impuls des Atomrumpfes mit der Gleichgewichtslage $\mathbf{R}$, und M die Atommasse.

Die harmonische Näherung

Ausgehend von einem Paarpotential der Lennard-Jones-Form, erscheint es hoffnungslos schwierig, aus der Hamiltonfunktion (22.4) irgendwelche nützlichen, konkreten Folgerungen herzuleiten. Man zieht sich deshalb auf eine Näherung zurück, die auf der Annahme gründet, die Atome entfernten sich nur unwesentlich aus ihren Gleichgewichtslagen: Sind sämtliche $\mathbf{u}(\mathbf{R})$ klein,[5] so kann man die potentielle Energie U unter Verwendung der dreidimensionalen Form des Taylorschen Satzes um ihren Gleichgewichtswert entwickeln:

$$f(\mathbf{r} + \mathbf{a}) = f(\mathbf{r}) + \mathbf{a} \cdot \nabla f(\mathbf{r}) + \frac{1}{2}(\mathbf{a} \cdot \nabla)^2 f(\mathbf{r}) + \frac{1}{3!}(\mathbf{a} \cdot \nabla)^3 f(\mathbf{r}) + \dots . \tag{22.5}$$

---

[4] In der Gitterdynamik wählt man im allgemeinen die $\mathbf{u}(\mathbf{R})$ als kanonische Koordinaten, nicht die $\mathbf{r}(\mathbf{R})$, was bedeutet, daß der Ort eines jeden Atoms auf einen anderen Ursprung bezogen ist.

[5] Genauer: falls $\mathbf{u}(\mathbf{R}) - \mathbf{u}(\mathbf{R'})$ klein ist für alle Atompaare mit nennenswertem $\phi(\mathbf{R} - \mathbf{R'})$. Die absolute Verschiebung eines Atoms kann groß sein; wesentlich ist, daß die Verschiebung klein ist im Vergleich mit all jenen Atomen, mit welchen es nennenswert wechselwirkt.

Wenden wir diese Entwicklung auf jeden Summanden in (22.3) an (mit $\mathbf{r} = \mathbf{R} - \mathbf{R}'$ und $\mathbf{a} = \mathbf{u}(\mathbf{R}) - \mathbf{u}(R')$), so erhalten wir

$$U = \frac{N}{2} \sum \phi(\mathbf{R}) + \frac{1}{2} \sum_{\mathbf{R}\mathbf{R}'} (\mathbf{u}(\mathbf{r}) - \mathbf{u}(\mathbf{R}')) \cdot \nabla \phi(\mathbf{R} - \mathbf{R}')$$

$$+ \frac{1}{4} \sum_{\mathbf{R}\mathbf{R}'} [(\mathbf{u}(\mathbf{R}) - \mathbf{u}(\mathbf{R}')) \cdot \nabla]^2 \phi(\mathbf{R} - \mathbf{R}') + O(u^3). \qquad (22.6)$$

Der Koeffizient von $\mathbf{u}(\mathbf{r})$ im linearen Term ist

$$\sum_{\mathbf{R}'} \nabla \phi(\mathbf{R} - \mathbf{R}'). \qquad (22.7)$$

Dies entspricht dem Negativen der Kraft, die von allen übrigen Atomen auf das Atom an der Stelle $\mathbf{R}$ ausgeübt wird, wenn sich all diese übrigen Atome in ihren Gleichgewichtslagen befinden. Diese Kraft muß null sein, da es im Gleichgewicht keinerlei effektive Kraft auf irgendeines der Atome geben kann.

Da somit der lineare Term in (22.7) verschwindet, ist die erste von Null verschiedene Korrektur der potentiellen Energie im Gleichgewicht durch den quadratischen Term gegeben. In der *harmonischen Näherung* behält man nur diesen Term bei und schreibt die potentielle Energie in der Form

$$U = U^{\text{eq}} + U^{\text{harm}}. \qquad (22.8)$$

Dabei bezeichnet U^{eq} die potentielle Energie im Gleichgewicht (Gleichung (22.2)) und es gilt

$$U^{\text{harm}} = \frac{1}{4} \sum_{\substack{\mathbf{R}\mathbf{R}' \\ \mu,\nu=x,y,z}} [u_\mu(\mathbf{R}) - u_\mu(\mathbf{R}')]\phi_{\mu\nu}(\mathbf{R} - \mathbf{R}')[u_\nu(\mathbf{r}) - u_\nu(\mathbf{R}')],$$

$$\phi_{\mu\nu}(\mathbf{r}) = \frac{\partial^2 \phi(\mathbf{r})}{\partial r_\mu \partial r_\nu}. \qquad (22.9)$$

Da U^{eq} eine Konstante ist – unabhängig von den u und $\mathbf{P}$ – kann sie in zahlreichen dynamischen Problemstellungen vernachlässigt werden,[6] und man verhält sich häufig so, als sei die gesamte potentielle Energie lediglich durch U^{harm} gegeben – wobei man dann die Kennzeichnung „harm" wegfallen läßt, falls keine Gefahr einer Verwechslung besteht.

---

[6] U^{eq} kann natürlich nicht in jedem Falle vernachlässigt werden: Wie wir in Kapitel 20 sahen, ist dieser Term von entscheidender Bedeutung für eine Bestimmung der absoluten Energie des Kristalls, seiner Gleichgewichtsausdehnung oder seiner Kompressibilität im Gleichgewicht.

Die harmonische Näherung ist der Ausgangspunkt aller Theorien der Gitterdynamik, außer – vielleicht – im Falle des festen Heliums. Höhere Korrekturen der potentiellen Energie U, besonders jene zur dritten oder vierten Ordnung in den u, bezeichnet man als anharmonische Terme; wie wir in Kapitel 25 sehen werden, gibt es zahlreiche physikalische Phänomene, zu deren Deutung sie notwendig sind. Man behandelt sie normalerweise als kleine Störungen des dominierenden, harmonischen Terms.

Man schreibt die harmonische potentielle Energie gewöhnlich nicht in der Form (22.9), sondern in der allgemeineren Form

$$U^{\text{harm}} = \frac{1}{2} \sum_{\substack{\mathbf{R}\mathbf{R}' \\ \mu,\nu}} u_\mu(\mathbf{R}) D_{\mu\nu}(\mathbf{R} - \mathbf{R}') u_\nu(\mathbf{R}'). \tag{22.10}$$

Offenbar hat auch (22.9) diese Struktur, mit

$$D_{\mu\nu}(\mathbf{R} - \mathbf{R}') = \delta_{\mathbf{R},\mathbf{R}'} \sum_{\mathbf{R}'} \phi_{\mu\nu}(\mathbf{R} - \mathbf{R}'') - \phi_{\mu\nu}(\mathbf{R} - \mathbf{R}'). \tag{22.11}$$

Die adiabatische Näherung

Abgesehen davon, daß sie wesentlich kompakter ist, verwenden wir auch deshalb die Form (22.10) anstelle von (22.9), weil es im allgemeinen nicht möglich ist, die Wechselwirkung zwischen den Atomrümpfen als eine einfache Summe von Paar-Wechselwirkungen der Form (22.3) darzustellen. Tatsächlich sind die in (22.10) auftretenden Größen D – außer in einigen besonders einfachen Fällen, beispielsweise bei den Edelgasen – recht schwierig zu berechnen. Diese Schwierigkeit ergibt sich im Falle der Ionenkristalle aus der sehr großen Reichweite der Coulomb-Wechselwirkung zwischen den Ionen. Bei den kovalenten Kristallen und den Metallen ist die Problematik grundlegender, da hier die Bewegung der Atomrümpfe unlösbar mit der Bewegung der Valenzelektronen gekoppelt ist. Diese Kopplung ergibt sich dadurch, daß bei kovalenten Kristallen und Metallen die elektronische Struktur – und damit auch der Beitrag der Valenzelektronen zur Gesamtenergie des Festkörpers – empfindlich von der jeweiligen Anordnung der Atomrümpfe abhängt. Wird deshalb der Festkörper durch Auslenkung der Atomrümpfe aus ihren Gleichgewichtspositionen verformt, so werden dadurch die elektronischen Wellenfunktionen ebenfalls auf eine schwer mit Präzision vorhersagbare Weise verzerrt.[7]

Man behandelt diese Problem, indem man die sogenannte *adiabatische Näherung* einführt; sie beruht auf der Tatsache, daß typische Elektronengeschwindigkeiten wesentlich größer sind als typische Geschwindigkeiten der Atomrümpfe. In Kapitel 2

---

[7] Dieses Phänomen kann selbst in Ionenkristallen ein Problem darstellen. Die am weitesten außen liegenden Rumpfelektronen können derart schwach gebunden sein, daß die Atomrümpfe eine merkliche Polarisierung erfahren, wenn sie aus ihren Gleichgewichtslagen ausgelenkt werden. Eine Theorie, welche diesen Effekt berücksichtigt, hat man Schalenmodell genannt – nicht zu verwechseln mit dem Schalenmodell der Kernphysik. Siehe Kapitel 27.

sahen wir, daß man als maßgebliche Elektronengeschwindigkeit $v_F \approx 10^8$ cm/s annehmen kann. Auf der anderen Seite sind typische Geschwindigkeiten der Atomrümpfe höchsten von der Größenordnung 10^5 cm/s.[8] Da die Bewegung der Atomrümpfe daher auf der für die Elektronen relevanten Geschwindigkeitsskala derart langsam vor sich geht, kann man annehmen, daß sich die Elektronen zu jedem Zeitpunkt in dem Grunzustand befinden, welcher der jeweiligen Konfiguration der Atomrümpfe zu diesem Zeitpunkt angemessenen ist. Bei der Berechnung der Kraftkonstanten in (22.10) muß man deshalb die Wechselwirkung zwischen den Atomrümpfen um Terme ergänzen, welche die Abhängigkeit der zusätzlichen elektronischen Energie von der momentanen, durch die $\mathbf{u}(\mathbf{R})$ spezifizierten Konfiguration der Atomrümpfe beschreibt. In der Praxis kann sich dies als recht schwierig erweisen, so daß es oft praktikabler ist, die Größen D als empirische, direkt durch das Experiment zu bestimmende Parameter zu betrachten (Kapitel 24).[9]

Wärmekapazität des klassischen Kristalls: Das Gesetz von Dulong-Petit

Nachdem wir die Näherung des statischen Gitters fallengelassen haben, können wir die Gleichgewichtseigenschaften des Festkörpers nicht mehr – wie in Kapitel 20 – unter der Annahme berechnen, jeder Atomrumpf sitze ruhig an seinem Bravaisgitterplatz $\mathbf{R}$. Vielmehr müssen wir nun über sämtliche möglichen Konfigurationen der Atomrümpfe mitteln, wobei wir jeder Konfiguration oder jedem Zustand des Gitters ein zu $e^{-E/k_B T}$ proportionales Gewicht zuordnen, abhängig von der Energie E der jeweiligen Konfiguration.[10] Behandeln wir den Kristall klassisch, so ist die Dichte seiner thermischen Energie daher gegeben durch

$$u = \frac{1}{V} \frac{\int d\Gamma\, e^{-\beta H} H}{\int d\Gamma\, e^{-\beta H}}, \qquad \beta = \frac{1}{k_B T}, \qquad (22.12)$$

---

[8] Dies wird sich im Laufe der folgenden Argumentation noch zeigen. Wir werden dabei sehen, daß typische Schwingungsfrequenzen der Atomrümpfe höchstens von der Größenordnung $0,01\, \varepsilon_F/\hbar$ sind. Da die Amplituden der Schwingungen der Atomrümpfe klein sind im Vergleich zu den Abmessungen $a = O(1/k_F)$ der Einheitszelle, so kann man die Geschwindigkeiten der Atomrümpfe zu $0,01 \varepsilon_F/\hbar k_F \approx 0,01 v_F$ nach oben abschätzen.

[9] Es gibt jedoch auch eine hochentwickelte Theorie der Berechnung von D für Metalle, siehe Kapitel 26.

[10] Dies ist die Grundregel der statistischen Mechanik des Gleichgewichts. Sie gilt unabhängig davon, ob man ein System klassisch oder quantenmechanisch behandelt, vorausgesetzt, die betrachteten Zustände sind *Zustände des gesamten N-Teilchen-Systems*, nicht etwa Ein-Teilchen-Zustände. Als einen klassischen Zustand bezeichnen wir einen Satz von Werten der $3N$ kanonischen Koordinaten $\mathbf{u}(\mathbf{R})$ und der $3N$ kanonisch konjugierten Impulse $\mathbf{P}(\mathbf{R})$, repräsentiert durch einen Punkt im Phasenraum des Systems. Unter einem Quantenzustand verstehen wir eine zeitunabhängige (stationäre) Lösung der N-Teilchen-Schrödingergleichung $H\Psi = E\Psi$.

wobei wir eine kompakte Schreibweise verwendet haben, bei der $d\Gamma$ ein Volumenelement im Phasenraum des Kristalls bezeichnet:

$$d\Gamma = \prod_{\mathbf{R}} d\mathbf{u}(\mathbf{R}) \, d\mathbf{P}(\mathbf{R}) = \prod_{\mathbf{R},\mu} du_\mu(\mathbf{R}) \, dp_\mu(\mathbf{R}). \tag{22.13}$$

Man schreibt (22.12) auch in der nützlicheren Form

$$u = -\frac{1}{V} \frac{\partial}{\partial \beta} \ln \int d\Gamma e^{-\beta H}, \tag{22.14}$$

wie man explizit durch Differenzieren des Logarithmus in (22.14) nachweisen kann.

In der harmonischen Näherung kann man auf einfache Weise die Temperaturabhängigkeit des Integrals in (22.14) durch eine Variablentransformation

$$\begin{aligned}
\mathbf{u}(\mathbf{R}) &= \beta^{-1/2}\overline{\mathbf{u}}(\mathbf{R}), & d\mathbf{u}(\mathbf{R}) &= \beta^{-3/2}d\overline{\mathbf{u}}(\mathbf{R}), \\
\mathbf{P}(\mathbf{R}) &= \beta^{-1/2}\overline{\mathbf{P}}(\mathbf{R}), & d\mathbf{P}(\mathbf{R}) &= \beta^{-3/2}d\overline{\mathbf{P}}(\mathbf{R}),
\end{aligned} \tag{22.15}$$

abtrennen. Man schreibt dieses Integral dann folgendermaßen um:

$$\begin{aligned}
\int d\Gamma e^{-\beta H} &= \int d\Gamma \, \exp\left[-\beta\left(\sum \frac{\mathbf{P}(\mathbf{R})^2}{2M} + U^{\text{eq}} + U^{\text{harm}}\right)\right] \\
&= e^{-\beta U^{\text{eq}}}\beta^{-3N}\left\{\int \prod_{\mathbf{R}} d\overline{\mathbf{u}}(\mathbf{R}) \, d\overline{\mathbf{P}}(\mathbf{R}) \cdot \exp\left[-\sum \frac{1}{2M}\overline{\mathbf{P}}(\mathbf{R})^2\right.\right. \\
&\qquad\qquad \left.\left. -\frac{1}{2}\sum \overline{u}_\mu(\mathbf{R})D_{\mu\nu}(\mathbf{R}-\mathbf{R}')\overline{u}_\nu(\mathbf{R}')\right]\right\}. \tag{22.16}
\end{aligned}$$

Das Integral in geschweiften Klammern in Gleichung (22.16) ist unabhängig von der Temperatur und trägt deshalb nicht zur Ableitung nach β bei, wenn man (22.16) in (22.14) einsetzt. Damit reduziert sich der Ausdruck für die thermische Energie einfach auf

$$u = -\frac{1}{V} \frac{\partial}{\partial \beta} \ln(e^{-\beta U^{\text{eq}}}\beta^{-3N} \cdot \text{Konstante}) = \frac{U^{\text{eq}}}{V} + \frac{3N}{V}k_BT \tag{22.17}$$

oder[11]

$$u = u^{\text{eq}} + 3nk_BT. \tag{22.18}$$

---

[11] Sollte es notwendig sein, zwischen der Anzahl der Atomrümpfe pro Einheitsvolumen und der Anzahl von Leitungselektronen pro Einheitsvolumen zu unterscheiden, so verwenden wir Indizes: n_i oder n_e. In einfachen Metallen gilt $n_e = Zn_i$, wobei Z die Wertigkeit bezeichnet.

Beachten Sie, daß sich dieser Ausdruck für $T = 0$ auf das Ergebnis $u = u^{eq}$ der Theorie des statischen Gitters reduziert – wie wir es von einer klassischen Theorie erwarten, welche die Nullpunktsbewegung ignoriert. Bei von null verschiedenen Temperaturen wird das Ergebnis der statischen Theorie durch Hinzufügen des einfachen, additiven Terms $3nk_BT$ korrigiert. Da k_BT – selbst bei Raumtemperatur – nur wenige Hundertstel eines Elektronenvolts beträgt, ist diese Korrektur im allgemeinen klein. Wesentlich besser zu handhaben – und auch sehr viel einfacher zu messen – als die innere Energie u ist die Wärmekapazität $c_v = (\partial u/\partial T)_v$. Bei der Berechnung der Ableitung fällt der Beitrag des statischen Gitters zur inneren Energie u heraus, so daß c_v vollständig durch die temperaturabhängige Korrektur[12] bestimmt ist:

$$c_v = \frac{\partial u}{\partial T} = 3nk_B. \tag{22.19}$$

Dieses Resultat – die durch die Schwingungen des Gitters verursachte Wärmekapazität, also die gesamte Wärmekapazität eines Isolators, beträgt $3k_B$ pro Atomrumpf – ist als Gesetz von Dulong-Petit bekannt. Für einen einatomigen Festkörper, welcher $6,022 \cdot 10^{23}$ Atome pro Mol enthält, beträgt die spezifische Wärmekapazität[13]

$$c_v^{molar} = 5,96 \text{ cal/mol·K}. \tag{22.20}$$

Bild 22.3 zeigt den Verlauf der gemessenen spezifischen Wärmekapazitäten von festem Argon, Krypton und Xenon. Bei Temperaturen von der Größenordnung 100 K und darüber liegen die gemessenen Werte der spezifischen Wärmekapazität recht nahe bei der Voraussage durch das Gesetz von Dulong-Petit. Jedoch werden

1. die gemessenen Werte mit sinkender Temperatur kleiner als die Voraussage des Dulong-Petitschen Gesetzes und gehen mit T gegen Null, und

2. auch bei hohen Temperaturen scheint deutlich erkennbar zu sein, daß sich die Kurven nicht exakt dem Dulong-Petitschen Wert annähern.

---

[12] Experimentell bestimmt man die Wärmekapazität bei konstantem Druck, c_p, während wir hier die Wärmekapazität c_v bei konstantem Volumen berechnet haben. Bei einem Gas unterscheiden sich diese beiden Wärmekapazitäten sehr deutlich voneinander, in einem Festkörper jedoch sind sie nahezu identisch. Man erkennt dies am besten an Hand der thermodynamischen Identität $c_p/c_v = (\partial P/\partial V)_S/(\partial P/\partial V)_T$: Die beiden Wärmekapazitäten unterscheiden sich im gleichen Maße wie die adiabatischen und isothermen Kompressibilitäten. Da u^{eq} der dominierende Term im Ausdruck für die innere Energie eines Festkörpers ist, spielen thermische Aspekte bei der Bestimmung der Kompressibilität nur eine untergeordnete Rolle. Somit hängt die zur Kompression eines Festkörpers um einen bestimmten Betrag notwendige Arbeit nur in sehr geringem Ausmaß davon ab, ob der Körper während der Kompression thermisch isoliert ist (adiabatische Kompression) oder im thermischen Kontakt mit einem Wärmebad der Temperatur T steht (isotherme Kompression). Normalerweise unterscheiden sich die beiden Wärmekapazitäten bei Raumtemperatur um weniger als ein Prozent und bei niedrigeren Temperaturen noch deutlich weniger voneinander.

[13] $k_B = 1,38 \cdot 10^{-16}$ erg/K; $4,184 \cdot 10^7$ erg = 1cal.

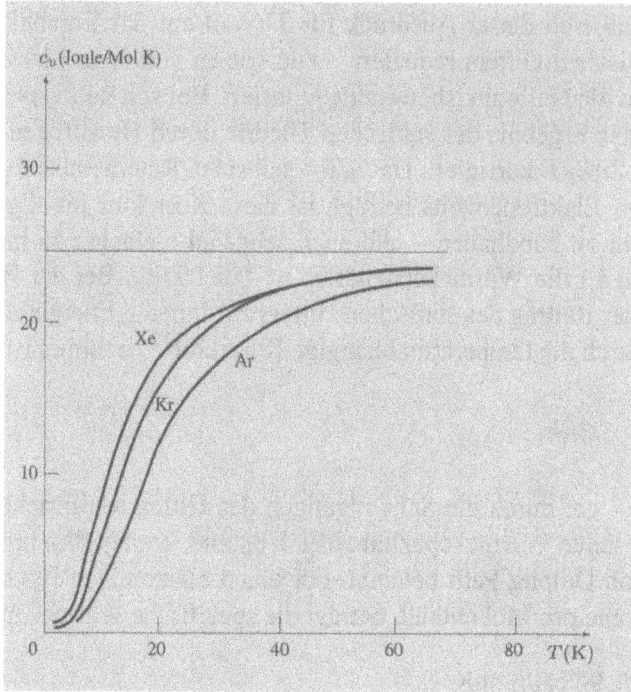

Bild 22.3: Gemessene spezifische Wärmekapazitäten von Argon, Xenon und Krypton. Die horizontale Linie gibt den klassischen Wert nach Dulong-Petit an. (Aus M. L. Klein, G. K. Horton, J. L. Feldman, *Phys. Rev.* **184**, 68 (1969).)

Man kann Punkt 2 rein klassisch als ein Versagen der harmonischen Näherung deuten: Entsprechend der klassischen Theorie sind die thermischen Energien bei sehr niedrigen Temperaturen einfach ungenügend, um die Atomrümpfe nennenswert aus ihren Gleichgewichtspositionen auszulenken, so daß die harmonische Näherung mit niedrigerer Temperatur besser wird.[14] Bei höheren Temperaturen hingegen besitzen die Atomrümpfe genügend Energie, um sich so weit von ihren Gleichgewichtspositionen zu entfernen, daß die vernachlässigten anharmonischen Terme zum Tragen kommen (d.h. die Terme von höherer als quadratischer Ordnung in der Entwicklung von U nach Potenzen der Auslenkungen u). Die klassische statistische Mechanik suggeriert somit, daß das Gesetz von Dulong-Petit zwar bei höheren Temperaturen nicht exakt

---

[14] In einer klassischen Theorie wird die harmonische Näherung mit $T \to 0$ asymptotisch exakt, da bei $T = 0$ (β unendlich) nur solche Werte der u zum exakten Integral (22.12) beitragen, bei welchen die Energie ein absolutes Minimum hat (d.h. $u(\mathbf{R}) \to 0$). Bei genügend niedrigen Temperaturen T ergibt $u(\mathbf{R})$ nur in der unmittelbaren Umgebung von Null einen nennenswerten Beitrag. Daher ist bei hinreichend niedrigen Temperaturen die exakte Hamiltonfunktion bei allen Werten von u, die in nennenswertem Maße zum Integral beitragen, gleich ihrer harmonischen Näherung. Andererseits tragen bei sehr niedrigen Temperaturen nur sehr kleine Werte der $u(\mathbf{R})$ in nennenswertem Maße zum Integral (22.16) bei, in welchem die Hamiltonfunktion durch ihre harmonische Näherung ersetzt wurde. Somit sind sowohl im exakten Integral (22.12), als auch in seiner harmonischen Näherung (22.16) die Integranden bei niedrigen Temperaturen nur dann von nennenswerter Größe, wenn sie übereinstimmen.

befolgt wird, bei niedrigen Temperaturen jedoch eine immer bessere Näherung darstellen sollte.

Das in Punkt 1 beschriebene Verhalten bei niedrigen Temperaturen ist daher vom klassischen Standpunkt her völlig unerklärlich. Zur Deutung des Temperaturverlaufs der Wärmekapazität des Gitters bei niedrigen Temperaturen benötigt man die Quantentheorie, und wir können – außer bei ziemlich hohen Temperaturen, nach Bild 22.3 von der Größenordnung 10^2 K – nicht hoffen, sehr weit zu kommen mit einer Theorie der Gitterdynamik, die im wesentlichen auf rein klassischen Vorstellungen beruht.[15] Zur Deutung physikalischer Phänomene, die auf den Schwingungen des Gitters beruhen, müssen wir uns demnach einer Quantentheorie der Gitterdynamik zuwenden.

Trotz dieses blamablen Fehlschlags der klassischen Mechanik ist es wichtig, die klassische Theorie der Gitterschwingungen zu verstehen, bevor man den Versuch einer entsprechenden Quantentheorie unternimmt. Ein Grund dafür liegt in der quadratischen Struktur der harmonischen Hamiltonfunktion: Weil diese Funktion in den Auslenkungen $\mathbf{u}(\mathbf{R})$ und den Impulsen $\mathbf{P}(\mathbf{R})$ quadratisch ist, repräsentiert sie einen Spezialfall des allgemeinen klassischen Ansatzes der *kleinen Schwingungen*, welcher exakt lösbar ist.[16] Die Lösung dieses Problems stellt die allgemeine Bewegung von N Teilchen dar als eine Überlagerung (oder Linearkombination) von $3N$ Normalschwingungen, deren jede eine eigene, charakteristische Frequenz ν hat. Eine grundlegende Erkenntnis der Quantentheorie besagt jedoch, daß die möglichen Werte der Schwingungsenergie eines mit der Frequenz ν schwingenden Oszillators gegeben sind durch

$$(n + \frac{1}{2}) h\nu, \qquad n = 0, 1, 2, \ldots . \tag{22.21}$$

Die Verallgemeinerung dieses Resultats auf $3N$ voneinander unabhängige Oszillatoren ist offensichtlich: Man erhält die möglichen Energien eines Systems aus $3N$ Oszillatoren, indem man jedem Oszillator als Energie ein halbganzes Vielfaches des Produktes aus seiner Frequenz und h zuschreibt, und sämtliche Beiträge aufaddiert. Beim harmonischen Kristall bilden die Frequenzen der $3N$ Normalschwingungen einen solchen Satz von Frequenzen, aus welchem man sämtliche Energieniveaus des Kristalls konstruieren kann.[17]

Eine Untersuchung der klassischen Normalschwingungen eines Teilchengitters ist deshalb von großem Nutzen, selbst angesichts der Tatsache, daß eine rein klassische Theorie der Gitterschwingungen offenbar inadäquat ist. Wir müssen daher zunächst die klassischen Normalschwingungen eines Kristalls betrachten, bevor wir das Gesetz von

---

[15] Ein ähnliches Problem stellte sich im Zusammenhang mit dem elektronischen Beitrag zur Wärmekapazität eines Metalls: Bei Temperaturen unterhalb der Fermitemperatur trifft das klassische Ergebnis von $(3/2)k_B$ pro Elektron nicht mehr zu.
[16] Siehe ein beliebiges Buch über klassische Mechanik.
[17] Zu Beginn von Kapitel 23 werden wir diese Aussage präzisieren. In Anhang L geben wir eine Zusammenfassung des exakten quantenmechanischen Beweises.

Dulong-Petit korrigieren und zur Behandlung weiterer Eigenschaften des dynamischen Gitters fortschreiten können. Im verbleibenden Teil dieses Kapitels beschäftigen wir uns deshalb mit einer Untersuchung des klassischen harmonischen Kristalls. Wir nähern uns diesem Problem in den folgenden Schritten:

1. Normalschwingungen eines eindimensionalen, einatomigen Bravaisgitters.
2. Normalschwingungen eines eindimensionalen Gitters mit Basis.
3. Normalschwingungen eines dreidimensionalen, einatomigen Bravaisgitters.
4. Normalschwingungen eines dreidimensionalen Gitters mit Basis.

Die Analyse ist im Prinzip in allen vier Fällen gleich. Rein von der Notation her ist jedoch der allgemeinste Fall (4) derart komplex, daß hier wesentliche physikalische Aspekte verschleiert werden, die in den einfacheren Fällen deutlich erkennbar bleiben.

Wir beschließen das vorliegende Kapitel, indem wir die Beziehung dieser Theorie zur klassischen Theorie eines elastischen, kontinuierlichen Mediums aufzeigen.

Normalschwingungen eines eindimensionalen, einatomigen Bravaisgitters

Wir betrachten eine Anzahl von Teilchen der Masse M, die in einer geraden Linie an Punkten mit dem Abstand a angeordnet sind, so daß die Gittervektoren dieses eindimensionalen Bravaisgitters somit durch $\mathbf{R} = na$ für ganzzahliges n gegeben sind. Sei $u(na)$ die Auslenkung eines um den Punkt na schwingenden Teilchens in Richtung der Linie (Bild 22.4). Der Einfachheit halber nehmen wir an, daß nur benachbarte Teilchen miteinander wechselwirken, so daß die harmonische potentielle Energie (22.9) die Form

$$U^{\text{harm}} = \frac{1}{2}K \sum_n [u(na) - u([n+1]a)]^2 \qquad (22.22)$$

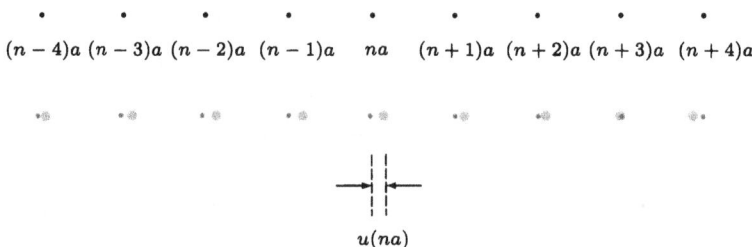

Bild 22.4: Zu einem gegebenen Zeitpunkt ist der Atomrumpf mit der Gleichgewichtslage na aus dieser Lage um einen Betrag $u(na)$ ausgelenkt.

Bild 22.5: Berücksichtigt man ausschließlich Kräfte zwischen nächsten Nachbarn, so beschreibt die harmonische Näherung für das eindimensionale Bravaisgitter ein Modell, bei welchem jedes Teilchen mit seinen Nachbarn durch ideale Federn verbunden ist.

annimmt, wobei $K = \phi''(a)$ gilt und $\phi(x)$ die Wechselwirkungsenergie zweier Teilchen bezeichnet, die entlang der Linie den Abstand x haben. Die Bewegungsgleichungen lauten dann

$$M\ddot{u}(na) = -\frac{\partial U^{\text{harm}}}{\partial u(na)} = -K[2u(na) - u([n-1]a) - u([n+1]a)]. \quad (22.23)$$

Dies sind exakt die Bewegungsgleichungen, die sich ergeben würden, wenn jedes Teilchen mit seinen beiden Nachbarn verbunden wäre durch ideale, masselose Federn mit der Federkonstanten K (und der Gleichgewichtslänge a – obwohl die Gestalt der Gleichungen tatsächlich unabhängig von der Gleichgewichtslänge der Federn ist). Man veranschaulicht sich die Bewegungen des Systems am einfachsten anhand eines solchen Modells (Bild 22.5).

Enthält die Kette nur eine endliche Anzahl N von Teilchen, so müssen wir noch eine Aussage darüber machen, auf welche Weise die Teilchen an den beiden Enden der Kette zu beschreiben sind. Wir könnten annehmen, daß sie lediglich mit ihren Nachbarn auf den Innenseiten wechselwirken, was aber die Analyse nur erschweren würde, ohne das Endergebnis wesentlich zu beeinflussen. Ist nämlich N groß und sind wir nicht an „Oberflächeneffekten" interessiert, so sind die Einzelheiten der Behandlung der Endatome ohne Belang, und wir können nach dem Prinzip der größten mathematischen Einfachheit vorgehen. Ebenso wie im Falle des Elektronengases (Kapitel 2) ist die praktisch-mathematisch bei weitem einfachste Wahl die periodische Randbedingung nach Born-von Karman. Man kann diese Randbedingung für die lineare Kette von Teilchen einfach dadurch konstruieren, daß man die beiden Enden der Kette durch eine weitere Feder derselben Art wie im Inneren der Kette miteinander verbindet (Bild 22.6). Lassen wir die Teilchen die Plätze $a, 2a, \ldots, Na$ besetzen, so können wir (22.22) zur Beschreibung jedes der N Teilchen ($n = 1, 2, \ldots, N$) verwenden, vorausgesetzt, wir interpretieren die Ausdrücke $u([N+1]a)$ und $u(0)$, die in den Bewegungsgleichungen für $u(Na)$ und $u(a)$ auftreten, als[18]

$$u([N+1]a) = u(a), \quad u(0) = u(Na). \quad (22.24)$$

---

[18] Eine andere Interpretation der Randbedingung nach Born-von Karman biegt nicht die Kette zu einem Ring, sondern konstruiert explizit eine mechanische Vorrichtung, mittels derer das Teilchen N über eine Feder mit der Federkonstanten K zur Wechselwirkung mit dem Teilchen 1 gezwungen wird (Bild 22.7). Dieses Bild ist wohl hilfreicher als das Modell der geschlossenen Kette, wenn man sich die Randbedingung in drei Dimensionen vorzustellen hat; besonders nützlich ist es dann, wenn man Problemstellungen im Zusammenhang mit dem Gesamtimpuls eines endlichen Kristalls betrachtet oder auch die Frage, warum ein Kristall gerade die beobachtete Gleichgewichtsausdehnung hat.

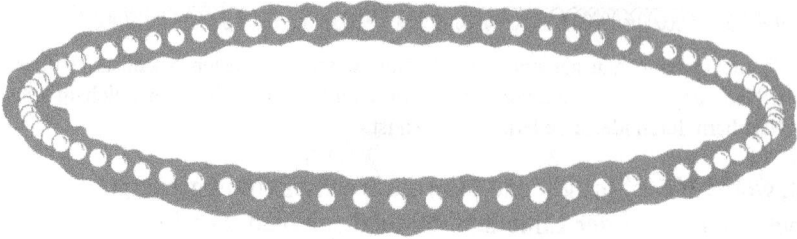

Bild 22.6: Die periodische Randbedingung nach Born-von Karman für eine lineare Kette.

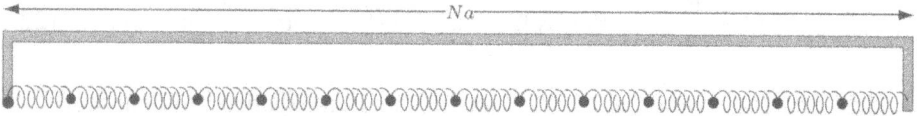

Bild 22.7: Eine andere Konstruktion der Randbedingung nach Born-von Karman: Das Teilchen am linken Ende der Kette ist durch eine masselose, starre Stange der Länge $L = Na$ mit der Feder am rechten Ende verbunden.

Wir suchen nach Lösungen der Gleichung (22.23) von der Form

$$u(na, t) \sim e^{i(kna-\omega t)}. \tag{22.25}$$

Die periodische Randbedingung (22.24) erfordert, daß

$$e^{ikNa} = 1, \tag{22.26}$$

woraus wiederum folgt, daß k von der Form

$$k = \frac{2\pi}{a} \frac{n}{N}, \quad \text{n ganzzahlig} \tag{22.27}$$

sein muß. Beachten Sie, daß eine Änderung von k um $2\pi/a$ die durch (22.25) definierte Verschiebung unverändert läßt. Folglich gibt es genau N mit (22.27) konsistente Werte von N, die verschiedene Lösungen liefern. Wir wählen sie als die Werte im Bereich zwischen $-\pi/a$ und π/a.[19]

Setzen wir (22.25) in (22.23) ein, so erhalten wir

$$
\begin{aligned}
-M\omega^2 e^{i(kna-\omega t)} &= -K\left[2 - e^{-ika} - e^{ika}\right] e^{i(kna-\omega t)} \\
&= -2K[1 - \cos(ka)]\, e^{i(kna-\omega t)}.
\end{aligned} \tag{22.28}
$$

---

[19] Dies ist die eindimensionale Version der Forderung, daß **k** innerhalb der ersten Brillouin-Zone liegt (Kapitel 8).

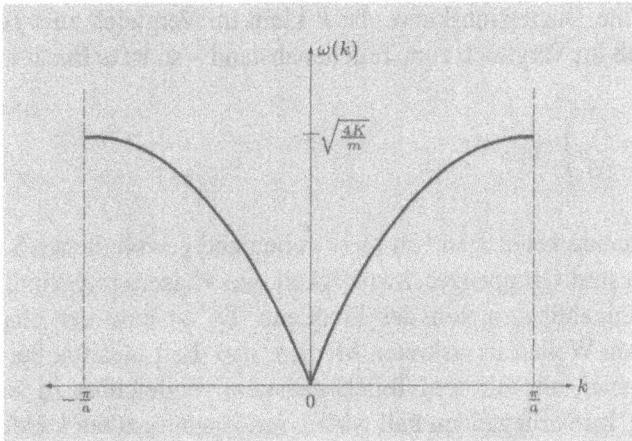

Bild 22.8: Dispersionskurve für eine einatomige, lineare Kette mit Wechselwirkung nur zwischen nächsten Nachbarn. Beachten Sie, daß ω bei kleinen Werten von k linear verläuft und $\partial\omega/\partial k$ an den Grenzen der Zone (bei $k = \pm\pi/a$) verschwindet.

Damit gibt es für ein gegebenes k eine Lösung, vorausgesetzt, daß $\omega = \omega(k)$ mit

$$\omega(k) = \sqrt{\frac{2K(1 - cos(ka))}{M}} = 2\sqrt{\frac{K}{M}}|\sin(\frac{1}{2}ka)|. \tag{22.29}$$

Die tatsächlichen Teilchenverschiebungen ergeben sich als Real- und Imaginärteile des Ausdruckes (22.25):

$$u(na, t) \sim \begin{cases} \cos(kna - \omega t) \\ \sin(kna - \omega t) \end{cases}. \tag{22.30}$$

Da ω eine gerade Funktion von k ist, genügt es, nur die positive Lösung in (22.29) zu berücksichtigen: Die Lösungen (22.30) für k und $-\omega(k)$ sind identisch mit jenen für $-k$ und $\omega(k) = \omega(-k)$. Es gibt deshalb N verschiedene Werte von k, jeder mit einer eindeutig bestimmten Frequenz $\omega(k)$, so daß (22.30) $2N$ unabhängige Lösungen liefert.[20] Eine allgemeine Bewegung der Kette ist bestimmt durch Angabe der N Anfangsorte sowie der N Anfangsgeschwindigkeiten der Teilchen. Da diese immer durch Linearkombinationen der $2N$ unabhängigen Lösungen (22.30) dargestellt werden können, haben wir somit eine vollständige Lösung des Problems gefunden.

Die Lösungen (22.30) beschreiben Wellen, die sich entlang der Kette mit der Phasengeschwindigkeit $c = \omega/k$ und der Gruppengeschwindigkeit $v = \partial\omega/\partial k$ ausbreiten. Bild 22.8 zeigt eine Darstellung der Abhängigkeit der Frequenz ω vom Wellenvektor

---

[20] Obwohl $2N$ Lösungen existieren, erhält man lediglich N Normalschwingungen, da sich die Lösung mit der Sinusfunktion aus der Lösung mit der Cosinusfunktion einfach durch eine Verschiebung um π/ω in der Zeit ergibt.

k, eine sogenannte Dispersionskurve. Ist k klein im Vergleich zu π/a – ist also die Wellenlänge groß im Vergleich zum Teilchenabstand – so ist ω linear in k:

$$\omega = \left(a\sqrt{\frac{K}{M}} \right) |k|. \tag{22.31}$$

Ein solches Verhalten kennt man von Lichtwellen und gewöhnlichen Schallwellen. Ist ω linear in k, so sind Gruppengeschwindigkeit und Phasengeschwindigkeit identisch und beide sind unabhängig von der Frequenz. Es ist eine der charakteristischen Eigenschaften von Wellen in diskreten Medien, daß die Linearität bei Wellenlängen, die kurz genug sind, um mit dem Teilchenabstand vergleichbar zu sein, nicht mehr gewährleistet ist. Im vorliegenden Fall wird ω mit zunehmendem k kleiner als ck, und die Dispersionskurve wird flach – d.h. die Gruppengeschwindigkeit geht gegen Null – wenn k sich den Zonenrändern $\pm\pi/a$ nähert.

Lassen wir die Voraussetzung fallen, daß nur nächste Nachbarn wechselwirken, so ändert dies unsere Ergebnisse nur sehr geringfügig: Die funktionale Abhängigkeit $\omega(k)$ wird komplexer, aber es gibt nach wie vor N Normalschwingungen der Form (22.25) für die N erlaubten Werte von k. Weiter bleibt die Kreisfrequenz $\omega(k)$ für Werte von k, die klein sind im Vergleich zu π/a, linear in k und erfüllt $\partial\omega/\partial k = 0$ bei $k = \pm\pi/a$.[21]

Normalschwingungen eines eindimensionalen Gitters mit Basis

Als nächstes betrachten wir ein eindimensionales Bravaisgitter mit *zwei* Teilchen in der primitiven Zelle, deren Gleichgewichtslagen na und $na + d$ sind. Die beiden Teilchen seien identisch, aber es gelte $d \leqslant a/2$, so daß die Kraft zwischen benachbarten Teilchen davon abhängt, ob ihre Entfernung d ist oder $a - d$ (Bild 22.9).[22] Der Einfachheit halber nehmen wir wieder an, daß nur nächste Nachbarn wechselwirken, mit einer Kraft, die für Paare mit Abstand d stärker ist als für Paare mit Abstand $a - d$ (da $a - d$ größer ist als d). Unter diesen Annahmen schreibt man die harmonische potentielle Energie (22.9) folgendermaßen:

---

[21] Siehe Aufgabe 1. Diese Schlußfolgerungen sind unter der Bedingung korrekt, daß die Wechselwirkung nur von endlicher Reichweite ist, vorausgesetzt also, daß ein Teilchen nur mit seinen Nachbarn erster bis m-ter Ordnung wechselwirkt, wobei mit m eine feste ganze Zahl unabhängig von N bezeichnet sei. Ist die Reichweite der Wechselwirkung dagegen unendlich, so muß man fordern, daß ihre Stärke mit der Entfernung rascher als die inverse dritte Potenz des Abstandes zwischen den Teilchen abfällt (in einer Dimension), wenn gewährleistet sein soll, daß die Frequenzen für kleine Werte von k linear in k sind.

[22] Eine ebenso instruktive Problemstellung ergibt sich (Aufgabe 2), wenn man annimmt, daß die Kräfte zwischen allen Paaren benachbarter Teilchen identisch sind, die Teilchenmassen entlang der Kette aber

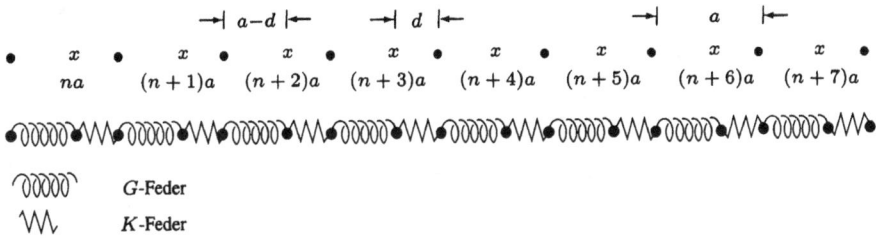

Bild 22.9: Zweiatomige lineare Kette aus identischen Atomen, die miteinander durch Federn abwechselnd verschiedener Stärken verbunden sind.

$$U^{\text{harm}} = \frac{K}{2}\sum_n [u_1(na) - u_2(na)]^2 + \frac{G}{2}\sum_n [u_2(na) - u_1([n+1]a)]^2. \qquad (22.32)$$

Dabei bezeichnen wir mit $u_1(na)$ die Verschiebung des um den Gitterplatz na schwingenden Teilchens, sowie entsprechend mit $u_2(na)$ die Verschiebung des um den Platz $na + d$ schwingenden Teilchens. Im Einklang mit unserer Wahl $d \leqslant a/2$ nehmen wir auch $K \geqslant G$ an.

Die Bewegungsgleichungen sind dann

$$
\begin{aligned}
M\ddot{u}_1(na) &= -\frac{\partial U^{\text{harm}}}{\partial u_1(na)} \\
&= -K[u_1(na) - u_2(na)] - G[u_1(na) - u_2([n-1]a)], \\
M\ddot{u}_2(na) &= -\frac{\partial U^{\text{harm}}}{\partial u_2(na)} \\
&= -K[u_2(na) - u_1(na)] - G[u_2(na) - u_1([n+1]a)], \qquad (22.33)
\end{aligned}
$$

Wir suchen wieder nach einer Lösung, die eine Welle mit der Kreisfrequenz ω und dem Wellenvektor k darstellt:

$$
\begin{aligned}
u_1(na) &= \epsilon_1 e^{i(kna - \omega t)}, \\
u_1(na) &= \epsilon_2 e^{i(kna - \omega t)}. \qquad (22.34)
\end{aligned}
$$

ϵ_1 und ϵ_2 sind noch zu bestimmende Konstanten, deren Verhältnis ein Maß ist für das Amplitudenverhältnis und die relative Phase der Schwingungsbewegungen der Teilchen innerhalb jeder primitiven Zelle. Wie im einatomigen Fall führt die Anwendung der periodischen Randbedingung nach Born-von Karman auch hier wieder auf N nicht äquivalente Werte von k, wie sie durch (22.27) gegeben sind.

---

abwechselnd M_1 und M_2 betragen.

Setzen wir (22.34) in (22.33) ein und kürzen den gemeinsamen Faktor $e^{i/(kna-\omega t)}$, so erhalten wir die beiden gekoppelte Gleichungen

$$[M\omega^2 - (K + G)]\epsilon_1 + (K + Ge^{-ika})\epsilon_2 = 0,$$
$$(K + Ge^{ika})\epsilon_1 + [M\omega^2 - (K + G)]\epsilon_2 = 0. \tag{22.35}$$

Dieses Paar homogener Gleichungen hat Lösungen unter der Bedingung, daß die Koeffizientendeterminante verschwindet:

$$[M\omega^2 - (K + G)]^2 = |K + Ge^{-ika}|^2 = K^2 + G^2 + 2KG\cos(ka). \tag{22.36}$$

Gleichung (22.36) ist für die beiden positiven Werte von ω erfüllt, für die

$$\omega^2 = \frac{K + G}{M} \pm \frac{1}{M}\sqrt{K^2 + G^2 + 2KG\cos(ka)}, \tag{22.37}$$

gilt, mit

$$\frac{\epsilon_2}{\epsilon_1} = \mp \frac{K + Ge^{ika}}{|K + Ge^{ika}|}. \tag{22.38}$$

Für jeden der N Werte von k existieren deshalb *zwei* Lösungen, woraus sich eine Gesamtzahl von $2N$ Normalschwingungen ergibt – konsistent mit den $2N$ Freiheitsgraden des Systems (mit zwei Teilchen in jeder der N primitiven Zellen). Die beiden in Bild 22.10 dargestellten Kurven $\omega(k)$ bezeichnet man als *Zweige* der Dispersionsrelation. Der untere der beiden Zweige hat die gleiche Struktur wie der einzelne Zweig, der sich im Falle des einatomigen Bravaisgitters ergibt: ω geht für kleines k linear mit k gegen Null, und die Kurve wird an den Rändern der Brillouin-Zone horizontal. Diesen Zweig bezeichnet man als den *akkustischen Zweig*, da die zugehörige Dispersionsrelation bei kleinen k-Werten die Form $\omega = ck$ hat, was für Schallwellen charakteristisch ist. Der zweite Zweig beginnt bei $\omega = \sqrt{2(K + G)/M}$ mit dem Wert $k = 0$, und nimmt mit zunehmendem k bis zum Wert $\sqrt{2K/M}$ an den Zonenrändern ab. Man bezeichnet ihn als *optischen Zweig*, da die langwelligen optischen Moden in Ionenkristallen mit elektromagnetischer Strahlung in Wechselwirkung treten können und damit die Ursache sind für das charakteristische optische Verhalten solcher Kristalle (Kapitel 27).

Indem wir einige Spezialfälle detaillierter betrachten, verstehen wir die charakteristischen Eigenschaften der beiden Zweige besser:

Fall 1: $k \ll \pi/a$. In diesem Fall ist $\cos(ka) \approx 1 - (ka)^2/2$, und die Lösungen sind zur führenden Ordnung in k gegeben durch

$$\omega = \sqrt{\frac{2(K + G)}{M}} - O(ka)^2, \tag{22.39}$$

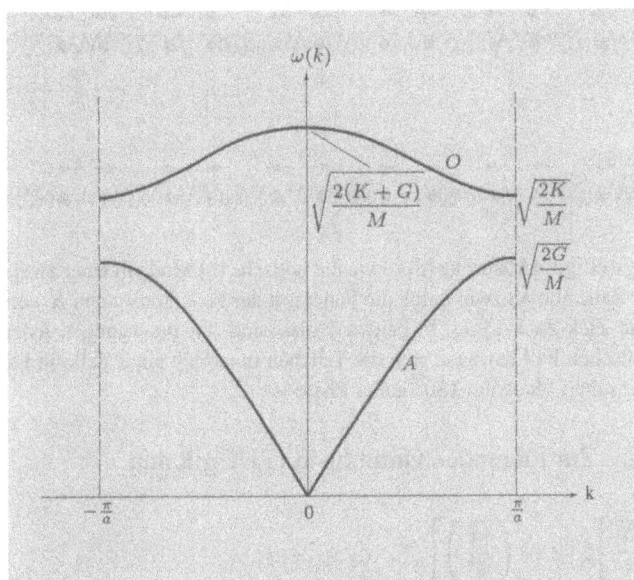

Bild 22.10: Dispersionsrelation für die zweiatomige, lineare Kette. Der untere der beiden Zweige ist der akkustische Zweig und hat dieselbe Struktur wie der einzelne Zweig, der sich im einatomaren Fall ergab (Bild 22.8). Zusätzlich gibt es nun einen optischen Zweig (oben).

$$\omega = \sqrt{\frac{KG}{2M(K+G)}}(ka). \tag{22.40}$$

Ist k sehr klein, so reduziert sich (22.38) auf $\epsilon_2 = \mp\epsilon_1$. Das untere Vorzeichen entspricht der akkustischen Mode und beschreibt eine Bewegung, bei welcher sich die beiden Teilchen in der primitiven Zelle in Phase miteinander bewegen (Bild 22.11). Dem oberen Vorzeichen entspricht eine hochfrequente, optische Mode; es beschreibt eine Bewegung, bei welcher die beiden Teilchen in der primitiven Zelle um 180° außer Phase sind.

Fall 2: $k = \pi/a$. Die Lösungen sind nun

$$\omega = \sqrt{\frac{2K}{M}}, \qquad \epsilon_1 = -\epsilon_2, \tag{22.41}$$

$$\omega = \sqrt{\frac{2G}{M}}, \qquad \epsilon_1 = \epsilon_2. \tag{22.42}$$

Für $k = \pi/a$ sind die Bewegungen in benachbarten Zellen um 180° außer Phase, so daß man sich die beiden Lösungen wie in Bild 22.12 gezeichnet vorzustellen hat. In jedem Falle werden nur die Federn eines Typs gedehnt. Wären die beiden Federkonstanten identisch, so gäbe es bei $k = \pi/a$ zwischen den beiden Frequenzen bei keine Lücke. Der Grund dafür ist aus Bild 22.12 klar ersichtlich.

(a)

(b)

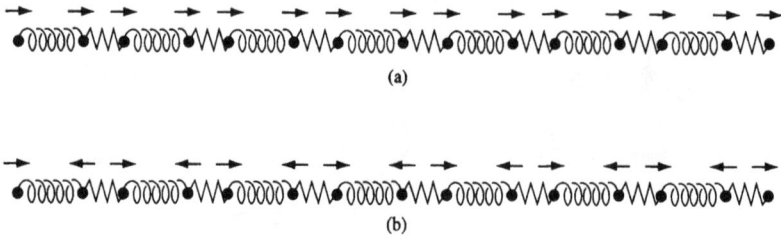

Bild 22.11: Die langwellige akkustische (a) sowie die optische (b) Mode in einer zweiatomigen, linearen Kette. Die primitive Zelle enthält zwei durch die Feder mit der Federkonstanten K verbundene Teilchen, dargestellt durch die Zick-Zack-Linie. In beiden Fällen sind die Bewegungen jeder primitiven Zelle identisch; im akkustischen Fall bewegen sich die Teilchen innerhalb einer Zelle in Phase, während ihre Bewegung in der optischen Mode um 180° außer Phase ist.

Fall 3: $K \gg G$. Zur führenden Ordnung in G/K gilt nun

$$\omega = \sqrt{\frac{2K}{M}}\left[1 + O\left(\frac{G}{K}\right)\right], \quad \epsilon_1 \approx -\epsilon_2, \tag{22.43}$$

$$\omega = \sqrt{\frac{2G}{M}}\left|\sin(\tfrac{1}{2}ka)\right|\left[1 + O\left(\frac{G}{K}\right)\right], \quad \epsilon_1 \approx \epsilon_2. \tag{22.44}$$

Die Frequenz des optischen Zweiges ist nun – zur führenden Ordnung in G/K – unabhängig von k und gleich der Schwingungsfrequenz eines einzelnen, zweiatomigen Moleküls aus Teilchen der Masse M, die durch eine Feder mit der Federkonstanten K verbunden sind. Es ist mit diesem Bild unabhängiger, molekularer Bewegungen in jeder primitiven Zelle konsistent, daß die Bewegungen der Teilchen innerhalb jeder Zelle – zur führenden Ordnung in G/K – um 180° außer Phase sind, unabhängig von der Wellenlänge der Normalschwingung. Da G/K nicht Null ist, sind diese molekularen Schwingungen sehr schwach gekoppelt, was sich in einer geringen

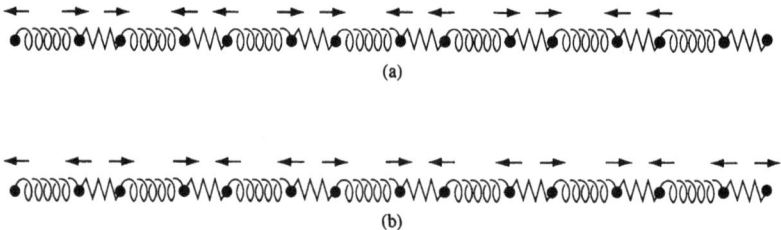

(a)

(b)

Bild 22.12: Akkustische (a) und optische (b) Mode der zweiatomigen linearen Kette, für $k = \pi/a$, an den Grenzen der Brillouin-Zone. Die Bewegung ist nun von Zelle zu Zelle um 180° verschoben. Trotzdem bewegen sich – wie in Bild 22.11 – die Teilchen innerhalb jeder Zelle bei der akkustischen Mode in Phase, während sie bei der optischen Mode um 180° außer Phase sind. Wären die Federkonstanten K und G identisch, so wären auch die Bewegungsarten in beiden Fällen dieselben. Dies ist der Grund dafür, daß die beiden Zweige für $K = G$ an den Rändern der Zone entartet sind.

Bandbreite des optischen Bandes von der Größenordnung G/K äußert, wenn sich k über die Brillouin-Zone hinweg ändert.[23]

Der akkustische Zweig ist – zur führenden Ordnung in G/K – identisch mit jenem einer linearen Kette von Teilchen der Masse $2M$, die durch schwache Federn mit der Federkonstanten G gekoppelt sind (vgl. (22.44) und (22.29)). Dies ist konsistent mit $\epsilon_1 = \epsilon_2$: innerhalb jeder Zelle bewegen sich die Teilchen in Phase, und die starke Feder mit der Federkonstanten K wird kaum gedehnt.

Dieser Fall legt die folgende Charakterisierung des Unterschiedes zwischen optischen und akkustischen Zweigen nahe:[24] In einer akkustischen Mode bewegen sich sämtliche Teilchen innerhalb einer primitiven Zelle im wesentlichen in Phase – als eine Einheit – und die Dynamik des Systems wird von der Wechselwirkung zwischen den Zellen dominiert. In einer optischen Mode andererseits führen die Teilchen innerhalb jeder primitiven Zelle eine Bewegung aus, die im wesentlichen einer molekularen Schwingung entspricht, deren Frequenz sich aufgrund der Wechselwirkung zwischen den Zellen zu einem Frequenzband verbreitert.

Fall 4: $K = G$ In diesem Fall haben wir es eigentlich mit einem einatomigen Bravaisgitter der Gitterkonstanten $a/2$ zu tun, und es gelten die Überlegungen des vorangegangenen Abschnitts. Trotzdem ist es lehrreich, sich klar zu machen, auf welche Weise der Grenzübergang $K \to G$ vor sich geht; dies ist Gegenstand der Aufgabe 3.

Normalschwingungen eines einatomigen, dreidimensionalen Bravaisgitters

Wir betrachten nun ein allgemeines, dreidimensionales harmonisches Potential der Form (22.10). Um nicht von einer Vielzahl von Indizes „erschlagen" zu werden, ist es oft sinnvoll, eine Größe der Art

$$\sum_{\mu\nu} u_\mu(\mathbf{R}) D_{\mu\nu}(\mathbf{R} - \mathbf{R}') u_\nu(\mathbf{R}') \tag{22.45}$$

in einer Matrixschreibweise als Vektorprodukt aus $\mathbf{u}(\mathbf{R})$ und dem Vektor zu schreiben, der sich durch Wirkung der Matrix $\mathbf{D}(\mathbf{R} - \mathbf{R}')$ aus dem Vektor $\mathbf{u}(\mathbf{R}')$ ergibt. In dieser

---

[23] Beachten Sie die Ähnlichkeit mit der Theorie des *tight-binding* für die elektronischen Energieniveaus (Kapitel 10), in welchem Falle sich die schwach gekoppelten atomaren Energieniveaus zu einem schmalen Band verbreitern. Im vorliegenden Falle verbreitern sich schwach gekoppelte molekulare Schwingungsniveaus zu einem schmalen Band.

[24] Diese einfache physikalische Interpretation ist im allgemeinen Fall nicht möglich.

Notation schreibt man das harmonische Potential (22.10) in der folgenden Form:

$$U^{\text{harm}} = \frac{1}{2} \sum_{\mathbf{R}\mathbf{R}'} \mathbf{u}(\mathbf{R})\mathbf{D}(\mathbf{R} - \mathbf{R}')\mathbf{u}(\mathbf{R}'). \tag{22.46}$$

Bei der Behandlung der Normalschwingungen des Kristalls ist es hilfreich, einige allgemeine Symmetrien zu nutzen, die den Matrizen $D(\mathbf{R} - \mathbf{R}')$ unabhängig von der speziellen Form der Wechselwirkung zwischen den Teilchen zu eigen sind.

Symmetrie 1:

$$D_{\mu\nu}(\mathbf{R} - \mathbf{R}') = D_{\nu\mu}(\mathbf{R}' - \mathbf{R}). \tag{22.47}$$

Da die D's Koeffizienten in der quadratischen Form (22.10) sind, kann man sie immer so wählen, daß sie diese Symmetrie aufweisen. Diese Symmetrie ergibt sich auch aus der allgemeinen Definition von $D_{\mu\nu}(\mathbf{R} - \mathbf{R}')$ als zweite Ableitung des exakten Potentials der Wechselwirkung zwischen den Teilchen,

$$D_{\mu\nu}(\mathbf{R} - \mathbf{R}') = \left.\frac{\partial^2 U}{\partial u_\mu(\mathbf{R})\partial u_\nu(\mathbf{R}')}\right|_{\mathbf{u}\equiv 0}, \tag{22.48}$$

infolge der Unabhängigkeit des Ergebnisses von der Reihenfolge der Differentiationen.

Symmetrie 2:

$$D_{\mu\nu}(\mathbf{R} - \mathbf{R}') = D_{\mu\nu}(\mathbf{R}' - \mathbf{R}) \quad \text{oder} \quad \mathbf{D}(\mathbf{R}) = \mathbf{D}(-\mathbf{R}), \tag{22.49}$$

oder auch, wegen (22.47),

$$D_{\mu\nu}(\mathbf{R} - \mathbf{R}') = D_{\nu\mu}(\mathbf{R} - \mathbf{R}'). \tag{22.50}$$

Diese Symmetrie folgt aus der Tatsache, daß jedes Bravaisgitter inversionssymmetrisch ist. Daraus folgt, daß die Energie einer Konfiguration, in welcher das zum Ort $\mathbf{R}$ gehörige Teilchen um $\mathbf{u}(\mathbf{R})$ verschoben ist, dieselbe sein muß, wie die Energie der Konfiguration, in welcher das zum Ort $\mathbf{R}$ gehörige Teilchen um $-\mathbf{u}(-\mathbf{R})$ verschoben ist.[25] Gleichung (22.49) ist die Bedingung dafür, daß (22.45) durch die Ersetzung $(\mathbf{u}(\mathbf{R}) \to -\mathbf{u}(-\mathbf{R}))$ für beliebige Werte von $\mathbf{u}(\mathbf{R})$ unverändert bleibt.

Symmetrie 3:

$$\sum_{\mathbf{R}} D_{\mu\nu}(\mathbf{R}) = 0 \quad \text{oder} \quad \sum_{\mathbf{R}} \mathbf{D}(\mathbf{R}) = 0. \tag{22.51}$$

---

[25] Dies bedeutet $\mathbf{r}(\mathbf{R}) \to -\mathbf{r}(-\mathbf{R})$.

Diese Eigenschaft folgt aus der Tatsache, daß dann, wenn jedes Teilchen dieselbe Verschiebung d aus seiner Gleichgewichtslage erfährt (d.h. $\mathbf{u}(\mathbf{R}) \equiv \mathbf{d}$), der gesamte Kristall einfach ohne innere Verformung verschoben wird; das Potential U^{harm} nimmt dann denselben Wert an, den es auch hat, wenn sämtliche $\mathbf{u}(\mathbf{R})$ verschwinden – nämlich null:

$$0 = \sum_{\substack{\mathbf{R}\mathbf{R}' \\ \mu\nu}} d_\mu D_{\mu\nu}(\mathbf{R} - \mathbf{R}')d_\nu = \sum_{\mu\nu} N d_\mu d_\nu \left(\sum_{\mathbf{R}} D_{\mu\nu}(\mathbf{R}) \right). \tag{22.52}$$

Gleichung (22.51) ist einfach die Bedingung dafür, daß der Ausdruck (22.52) für beliebige Wahl des Vektors d gleich null ist.

Ausgerüstet mit diesen Symmetrien können wir nun folgendermaßen vorgehen:

Es gibt drei Bewegungsgleichungen (eine für jede der drei Komponenten der Verschiebung eines jeden der N Teilchen):

$$M\ddot{u}_\mu(\mathbf{R}) = -\frac{\partial U^{\text{harm}}}{\partial u_\mu(\mathbf{R})} = -\sum_{\mathbf{R}'\nu} D_{\mu\nu}(\mathbf{R} - \mathbf{R}')u_\nu(\mathbf{R}') \tag{22.53}$$

oder, in Matrixschreibweise,

$$M\ddot{\mathbf{u}}(\mathbf{R}) = -\sum_{\mathbf{R}'} \mathbf{D}(\mathbf{R} - \mathbf{R}')\mathbf{u}(\mathbf{R}'). \tag{22.54}$$

Wie in den eindimensionalen Fällen suchen wir nach Lösungen der Bewegungsgleichungen in der Form einfacher ebener Wellen:

$$\mathbf{u}(\mathbf{R}, t) = \boldsymbol{\epsilon} e^{i(\mathbf{k}\cdot\mathbf{R} - \omega t)}. \tag{22.55}$$

$\boldsymbol{\epsilon}$ ist ein noch zu bestimmender Vektor, der die Richtung angibt, in die sich die Teilchen bewegen. Man bezeichnet ihn als den *Vektor der Polarisation* der Normalschwingung.

Wir verwenden auch weiterhin die periodische Randbedingung nach Born-von Karman und fordern, daß $\mathbf{u}(\mathbf{R} + N_i\mathbf{a}_i) = \mathbf{u}(\mathbf{R})$ für jeden der drei primitiven Vektoren $\mathbf{a}_i$ gilt, wobei die N_i große Zahlen sind, welche die Bedingung $N = N_1 N_2 N_3$ erfüllen. Diese Bedingung schränkt die Zahl der erlaubten Wellenvektoren k auf jene der Form[26]

$$\mathbf{k} = \frac{n_1}{N_1}\mathbf{b}_1 + \frac{n_2}{N_2}\mathbf{b}_2 + \frac{n_3}{N_3}\mathbf{b}_3, \quad n_i \text{ ganzzahlig} \tag{22.56}$$

---

[26] Vergleichen Sie die Diskussion auf S. 170, wo wir identische Bedingungen zur Bestimmung der erlaubten Wellenvektoren einer elektronischen Wellenfunktion in einem periodischen Potential erhielten.

ein, wobei die b_i Vektoren des reziproken Gitters sind, welche die Beziehung $b_i \cdot a_j = 2\pi\delta_{ij}$ erfüllen. Wie in unserer Behandlung des eindimensionalen Falles liefern nur Wellenvektoren k, die innerhalb einer einzigen primitiven Zelle liegen, verschiedene Lösungen. Addiert man deshalb einen Vektor K des reziproken Gitters zu dem in (22.55) auftretenden k, so bleiben die Verschiebungen sämtlicher Teilchen unverändert – infolge der Eigenschaft $e^{iK \cdot R} \equiv 1$ der Vektoren des reziproken Gitters. Deshalb gibt es genau N nicht äquivalente Werte von k in der Form (22.56), die man als in einer beliebigen primitiven Zelle des reziproken Gitters liegend wählen kann. Es ist im allgemeinen sinnvoll, diese Zelle als die erste Brillouin-Zone zu wählen.

Setzen wir (22.55) in (22.54) ein, so gibt es immer dann eine Lösung, wenn ϵ ein Eigenvektor des dreidimensionalen Eigenwertproblems

$$M\omega^2\epsilon = D(k)\epsilon \tag{22.57}$$

ist. Die sogenannte *dynamische Matrix* $D(k)$ ist gegeben durch

$$D(k) = \sum_R D(R)e^{-ik \cdot R}. \tag{22.58}$$

Die drei Lösungen der Gleichung (22.57) für jeden der N erlaubten Werte von k ergeben $3N$ Normalschwingungen. Zur Betrachtung dieser Lösungen ist es sinnvoll, die Symmetrien der Matrix $D(R)$ in die entsprechenden Symmetrien der Matrix $D(k)$ zu „übersetzen". Aus (22.49) und (22.51) folgt, daß man $D(k)$ in der folgenden Form schreiben kann:

$$\begin{aligned} D(k) &= \frac{1}{2}\sum_R D(R)[e^{-ik \cdot R} + e^{ik \cdot R} - 2] \\ &= \sum_R D(R)[\cos(k \cdot R) - 1] \\ &= -2\sum_R D(R)\sin^2(\frac{1}{2}k \cdot R). \end{aligned} \tag{22.59}$$

Gleichung (22.59) zeigt explizit, daß $D(k)$ eine gerade Funktion von k ist, und eine reelle Matrix. Darüber hinaus folgt aus (22.50), daß $D(k)$ eine symmetrische Matrix ist. Nach einem Satz der Matrixalgebra hat jede reelle, symmetrische, dreidimensionale Matrix drei reelle Eigenvektoren $\epsilon_1, \epsilon_2, \epsilon_3$, welche die Beziehung

$$D(k)\epsilon_s(k) = \lambda_s(k)\epsilon_s(k) \tag{22.60}$$

erfüllen und normiert werden können, so daß gilt

$$\epsilon_s(k) \cdot \epsilon_{s'}(k) = \delta_{ss'} , \qquad s, s' = 1, 2, 3 . \tag{22.61}$$

Offensichtlich kann man den drei Normalschwingungen mit Wellenvektor k, Polarisationsvektoren $\epsilon_s(k)$ und Frequenzen $\omega_s(k)$ zuordnen, die gegeben sind durch[27]

$$\omega_s(\mathbf{k}) = \sqrt{\frac{\lambda_s(\mathbf{k})}{M}}. \tag{22.62}$$

Für das eindimensionale, einatomige Bravaisgitter erhielten wir das Ergebnis, daß $\omega(\mathbf{k})$ bei kleinen Werten von k linear mit k gegen null geht. Auch im Falle des dreidimensionalen, einatomigen Bravaisgitters gilt dies weiterhin für jeden der drei Zweige. Dies folgt aus (22.59): Ist das Skalarprodukt $\mathbf{k} \cdot \mathbf{R}$ klein für alle Vektoren $\mathbf{R}$, welche Gitterplätze miteinander verbinden, deren Teilchen überhaupt nennenswert miteinander wechselwirken, so können wir die Sinusfunktion annähern durch[28]

$$\sin^2(\frac{1}{2}\mathbf{k} \cdot \mathbf{R}) \approx (\frac{1}{2}\mathbf{k} \cdot \mathbf{R})^2, \tag{22.63}$$

so daß gilt

$$\mathbf{D}(\mathbf{k}) \approx -\frac{k^2}{2} \sum_{\mathbf{R}} (\hat{\mathbf{k}} \cdot \mathbf{R})^2 \mathbf{D}(\mathbf{R}), \qquad \hat{\mathbf{k}} = \frac{\mathbf{k}}{k}. \tag{22.64}$$

Folglich kann man im langwelligen Grenzfall (für kleine Werte von k) schreiben

$$\omega_s(\mathbf{k}) = c_s(\hat{\mathbf{k}})k, \tag{22.65}$$

wobei die $c_s(\hat{\mathbf{k}})$ die Quadratwurzeln der Eigenwerte

$$-\frac{1}{2M} \sum_{\mathbf{R}} (\hat{\mathbf{k}} \cdot \mathbf{R})^2 \mathbf{D}(\mathbf{R}) \tag{22.66}$$

der Matrix sind. Beachten Sie, daß die c_s im allgemeinen von der Ausbreitungsrichtung $\hat{\mathbf{k}}$ der Welle ebenso abhängig sind wie vom Zweigindex s.

---

[27] Man kann zeigen, daß aus der Existenz eines beliebigen negativen Eigenwertes von $\mathbf{D}(\mathbf{k})$ folgt, daß es eine Konfiguration der Atomrümpfe gibt, für welche U^{harm} negativ ist – was der Annahme widerspricht, daß U^{eq} die minimale Energie sei. Folglich sind die Frequenzen $\omega_s(k)$ reell. Wie im eindimensionalen Fall genügt es, in (22.62) nur die positive Wurzel zu berücksichtigen.

[28] Wird die Wechselwirkung mit zunehmender Entfernung nicht genügend rasch schwächer, so kann diese Vorgehensweise unzulässig sein. Eine hinreichende Bedingung dafür, daß man die Näherung durchführen darf, ist die Konvergenz von

$$\sum_{\mathbf{R}} R^2 \mathbf{D}(\mathbf{R}).$$

Diese Reihe konvergiert unter der Bedingung, daß $\mathbf{D}(\mathbf{R})$ im Dreidimensionalen rascher als $1/R^5$ kleiner wird (vgl. Fußnote 21).

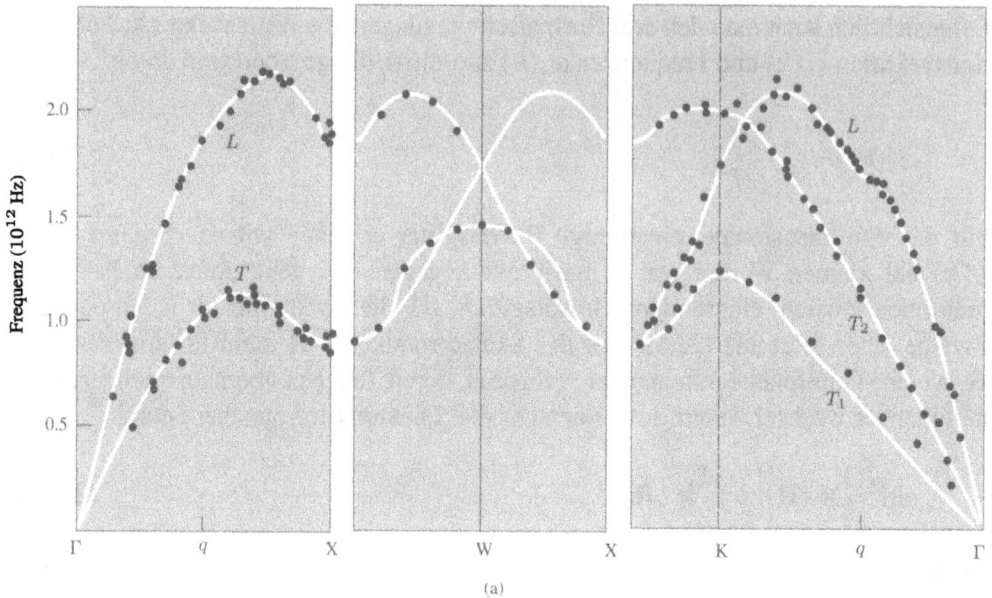

(a)

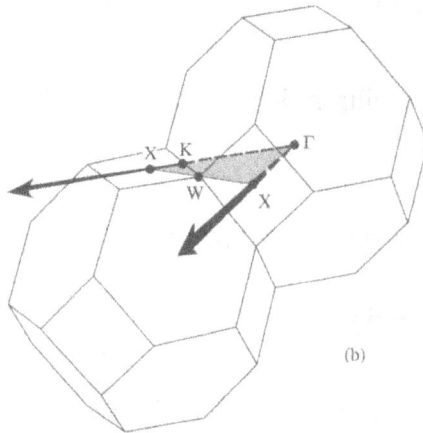

(b)

Bild 22.13: (a) Typische Dispersionskurven für die Frequenzen der Normalschwingungen eines einatomigen Bravaisgitters. Dargestellt sind die Kurven für Blei (mit kubisch-flächenzentrierter Struktur) in einem periodischen Zonenschema in Richtung der Kanten des in (b) schattiert gezeichneten Dreiecks. Beachten Sie, daß die beiden transversalen Zweige in Richtung [100] entartet sind. (Nach Brockhouse et al., *Phys. Rev.* **128**, 1099 (1962).)

Bild 22.13 zeigt typische Dispersionskurven eines dreidimensionalen, einatomigen Bravaisgitters.

Im dreidimensionalen Fall ist es wichtig, nicht nur das Verhalten der Frequenzen $\omega_s(k)$ zu betrachten, sondern auch die Beziehungen zwischen den Richtungen der Polarisationsvektoren $\epsilon_s(k)$ und der Ausbreitungsrichtung k. In einem isotropen Medium kann man die drei Lösungen für ein gegebenes k immer so wählen, daß einer der Zweige – der longitudinale Zweig – in Ausbreitungsrichtung polarisiert ist ($\epsilon \parallel \mathbf{k}$) und die beiden anderen – die transversalen Zweige – senkrecht zur Ausbreitungsrichtung ($\epsilon \perp \mathbf{k}$).

In einem anisotropen Kristall dagegen sind die Beziehungen zwischen den Polarisationsvektoren und der Ausbreitungsrichtung nicht notwendigerweise ebenso einfach, außer dann, wenn $\mathbf{k}$ unter geeigneten Symmetrieoperationen des Kristalls invariant ist. Liegt $\mathbf{k}$ beispielsweise in Richtung einer 3-, 4- oder 6-zähligen Drehachse, so ist eine der Moden in Richtung von $\mathbf{k}$ polarisiert, während die beiden anderen senkrecht zu $\mathbf{k}$ polarisiert, und in ihren Frequenzen entartet sind.[29] Man kann in diesem Fall auch weiterhin die Nomenklatur des isotropen Mediums verwenden, indem man von longitudinalen und transversalen Zweigen spricht. In Kristallen mit hoher – beispielsweise kubischer – Symmetrie findet man solche Symmetrierichtungen recht häufig vor, und da die Polarisationsvektoren kontinuierliche Funktionen von $\mathbf{k}$ sind, hat ein Zweig, der sich longitudinal verhält, wenn $\mathbf{k}$ parallel zur Symmetrierichtung liegt, auch dann seinen Polarisationsvektor annähernd parallel zu $\mathbf{k}$, wenn $\mathbf{k}$ nicht in Symmetrierichtung liegt. Entsprechend liegen die Polarisationsvektoren von Zweigen, die transversal sind, wenn $\mathbf{k}$ in Symmetrierichtung liegt, selbst dann nicht allzu weit außerhalb der zu $\mathbf{k}$ senkrechten Ebene, wenn $\mathbf{k}$ eine beliebige Richtung hat. Deshalb spricht man auch in solchen Fällen weiterhin von longitudinalen und transversalen Zweigen, obwohl diese Zweige nur für bestimmte Richtungen von $\mathbf{k}$ streng longitudinal oder transversal sind.

Normalschwingungen eines dreidimensionalen Gitters mit Basis

Die Berechnung der Normalschwingungen eines dreidimensionalen Gitters mit Basis unterscheidet sich nicht derart wesentlich von den Überlegungen des vorangegangenen Abschnitts, daß man eine Wiederholung rechtfertigen könnte. Ebenso wie in einer Dimension entstehen durch Einführung einer mehratomigen Basis im wesentlichen weitere optische Zweige. Von der Notation her wird deren Beschreibung dadurch erschwert, daß man einen Index einführen muß, welcher angibt, auf welches Teilchen der Basis man sich bezieht. Die wesentlichen Ergebnisse einer derartigen Analyse sind offensichtliche Verallgemeinerungen der bereits betrachteten Fälle:

Für jeden Wert von $\mathbf{k}$ gibt es $3p$ Normalschwingungen, wobei p die Anzahl von Teilchen in der Basis bezeichnet. Die Frequenzen $\omega_s(\mathbf{k})$, $(s = 1, \ldots, 3p)$ sind sämtlich Funktionen von $\mathbf{k}$ mit der Periodizität des reziproken Gitters, im Einklang mit der Tatsache, daß ebene Wellen, deren Wellenvektoren $\mathbf{k}$ sich um Vektoren $\mathbf{K}$ des reziproken Gitters unterscheiden, identische Gitterwellen beschreiben.

Drei der $3p$ Zweige sind akkustisch, d.h. sie beschreiben Schwingungen mit Fre-

---

[29] Siehe Aufgabe 4. Beachten Sie, daß die drei Polarisationsvektoren für *beliebige* Richtungen von $\mathbf{k}$ (Gleichung (22.61)) zueinander orthogonal sind.

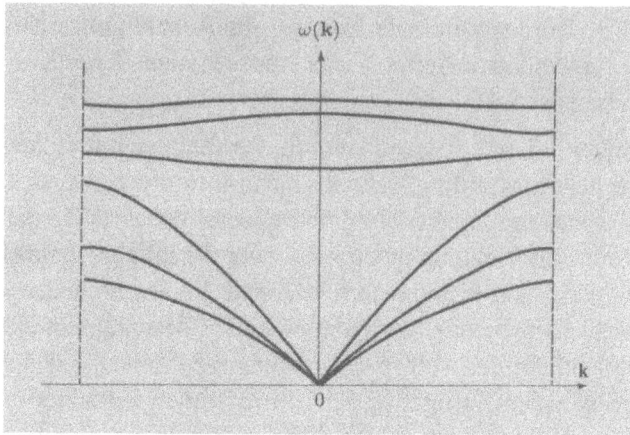

Bild 22.14: Typische Dispersionskurven entlang einer beliebig gegebenen Richtung im k-Raum für ein Gitter mit einer zweiatomigen Basis. Die drei unteren Kurven (die akkustischen Zweige) sind für kleine Werte von k linear in k. Die drei oberen Kurven (die optischen Zweige) verlaufen relativ flach, falls die Wechselwirkungen innerhalb der Zellen sehr viel stärker sind als die Wechselwirkungen zwischen den Zellen. Beachten Sie: Da keine Entartung vorliegt, ist die Richtung von **k** keine Richtung hoher Symmetrie.

quenzen, die im langwelligen Grenzfall linear mit k gegen Null gehen. Die übrigen $3(p-1)$ Zweige sind optische Zweige: Ihre Frequenzen verschwinden im langwelligen Grenzfall nicht. Man kann sich diese Moden als Verallgemeinerungen der jeweils drei Translationsfreiheitsgrade und Schwingungsfreiheitsgrade eines p-atomigen Moleküls auf einen Kristall vorstellen. Typische Dispersionskurven für den Fall $p = 2$ sind in Bild 22.14 dargestellt.

Die Polarisationsvektoren der Normalschwingungen stehen nun nicht mehr über Orthogonalitätsrelationen von der Einfachheit einer Gleichung (22.61) miteinander in Beziehung. Ist in der Normalschwingung s die Verschiebung des Teilchens i in der Zelle um den Ort **R** gegeben durch

$$\mathbf{u}_s^i(\mathbf{R}, t) = \mathrm{Re}\left[\boldsymbol{\epsilon}_s^i(\mathbf{k})e^{i(\mathbf{k}\cdot\mathbf{R}-\omega_s(\mathbf{k})t)}\right],\tag{22.67}$$

so kann man zeigen, daß man dann die Polarisationsvektoren so wählen kann, daß sie die $3p$ verallgemeinerten Orthogonalitätsrelationen

$$\sum_{i=1}^{p} \boldsymbol{\epsilon}_s^{i\,*}(\mathbf{k}) \cdot \boldsymbol{\epsilon}_{s'}^i(\mathbf{k})M_i = \delta_{ss'}\tag{22.68}$$

erfüllen; dabei bezeichnet M_i die Masse eines Teilchens von der Sorte i in der Basis. Im allgemeinen werden weder die Polarisationsvektoren notwendig reell sein,[30] noch

---

[30] ... was bedeutet, daß zueinander senkrechte Komponenten der Teilchenverschiebung in einer Normalschwingung nicht in Phase sind, so daß die Mode also elliptisch polarisiert ist.

wird die Orthogonalitätsrelation (22.68) eine einfache, allgemeingültige geometrische Veranschaulichung zulassen.

Zusammenhang mit der Theorie der Elastizität

Die klassische Theorie der Elastizität ignoriert die atomare Struktur eines Festkörpers auf mikroskopischer Ebene und behandelt ihn als Kontinuum. Die Theorie beschreibt eine allgemeine Verformung des Festkörpers durch ein kontinuierliches Verschiebungsfeld $\mathbf{u}(\mathbf{r})$. Dieses Feld gibt die vektorielle Verschiebung eines im Gleichgewicht an der Stelle $\mathbf{r}$ befindlichen Teilbereiches des Festkörpers an. Die grundlegende Annahme dieser Kontinuumstheorie besteht darin, daß der Beitrag zur Energiedichte des Festkörpers an der Stelle $\mathbf{r}$ nur vom Wert des Feldes $\mathbf{u}(\mathbf{r})$ in der unmittelbaren Nachbarschaft von $\mathbf{r}$ abhängt, oder genauer, nur von den Werten der ersten Ableitungen von $\mathbf{u}(\mathbf{r})$ im Punkt $\mathbf{r}$.

Wir können die Kontinuumstheorie der Elastizität aus der Theorie der Gitterschwingungen herleiten, indem wir nur solche Verformungen des Gitters betrachten, die sich auf der durch die Reichweite der Wechselwirkung zwischen den Atomrümpfen definierten Längenskala langsam ändern. Weiterhin müssen wir annehmen, daß die Verschiebungen der Basisatome innerhalb jeder primitiven Zelle vollständig durch das Vektorfeld $\mathbf{u}(\mathbf{r})$ gegeben sind, welches die Verschiebung der Zelle als Ganzes bestimmt. Der Einfachheit halber beschränken wir uns auf einatomige Bravaisgitter, in welchem Falle die letztere Annahme trivial erfüllt ist.

Zur Herleitung der klassischen Theorie der Elastizität bemerken wir zunächst, daß wir die harmonische potentielle Energie (22.10) mit Hilfe der Symmetrieeigenschaften (22.49) und (22.51) in der Form

$$U^{\text{harm}} = -\frac{1}{4} \sum_{\mathbf{R}\mathbf{R}'} \{\mathbf{u}(\mathbf{R}') - \mathbf{u}(\mathbf{R})\} \mathbf{D}(\mathbf{R} - \mathbf{R}') \{\mathbf{u}(\mathbf{R}') - \mathbf{u}(\mathbf{r})\} \qquad (22.69)$$

schreiben können. Dabei betrachten wir ausschließlich Verschiebungen $\mathbf{u}(\mathbf{R})$, die sich von Zelle zu Zelle nur sehr geringfügig ändern. Wir können dann die Existenz einer glatten, kontinuierlichen Funktion $\mathbf{u}(\mathbf{r})$ annehmen, die mit $\mathbf{u}(\mathbf{R})$ übereinstimmt, wenn $\mathbf{r}$ gleich einem Bravaisgitterplatz ist. Ändert sich $\mathbf{u}(\mathbf{r})$ nur wenig über den Wertebereich von $\mathbf{D}(\mathbf{R}-\mathbf{R}')$, so können wir in exzellenter Näherung (die im Grenzfall sehr langwelliger Störungen exakt wird) in (22.69) die Ersetzung

$$\mathbf{u}(\mathbf{R}') = \mathbf{u}(\mathbf{R}) + (\mathbf{R}' - \mathbf{R}) \cdot \nabla \mathbf{u}(\mathbf{r})\Big|_{\mathbf{r}=\mathbf{R}} \qquad (22.70)$$

vornehmen, und erhalten so

$$U^{\text{harm}} = \frac{1}{2} \sum_{\mathbf{R},\mu\nu\sigma\tau} \left(\frac{\partial}{\partial x_\sigma} u_\mu(\mathbf{R}) \right) \left(\frac{\partial}{\partial x_\tau} u_\nu(\mathbf{R}) \right) E_{\sigma\mu\tau\nu}. \tag{22.71}$$

Die Größen $E_{\sigma\mu\tau\nu}$ bilden einen Tensor vierter Stufe und sind in Abhängigkeit von $\mathbf{D}$ gegeben durch[31]

$$E_{\sigma\mu\tau\nu} = -\frac{1}{2} \sum_{\mathbf{R}} R_\sigma D_{\mu\nu}(\mathbf{R}) R_\tau. \tag{22.72}$$

Da die $\mathbf{u}(\mathbf{r})$ nur langsam veränderlich sind, können wir (22.71) auch als Integral

$$U^{\text{harm}} = \frac{1}{2} \sum_{\substack{\sigma\tau \\ \mu\nu}} \int d\mathbf{r} \left(\frac{\partial}{\partial x_\sigma} u_\mu(\mathbf{r}) \right) \left(\frac{\partial}{\partial x_\tau} u_\nu(\mathbf{r}) \right) \overline{E}_{\sigma\mu\tau\nu} \tag{22.73}$$

schreiben, mit

$$\overline{E}_{\sigma\mu\tau\nu} = \frac{1}{v} E_{\sigma\mu\tau\nu} \tag{22.74}$$

und dem Volumen v der primitiven Zelle.

Gleichung (22.73) bildet den Ausgangspunkt der klassischen Elastizitätstheorie. Im folgenden bestimmen wir die von der Theorie genutzten Symmetrien des Tensors $E_{\sigma\mu\tau\nu}$.

Zunächst folgt aus den Gleichungen (22.72) und (22.50) unmittelbar, daß $E_{\sigma\mu\tau\nu}$ durch die Vertauschung $(\mu \leftrightarrow \nu)$ oder $(\sigma \leftrightarrow \tau)$ der Indizes unverändert bleibt. Deshalb genügt es, den Wert von $E_{\sigma\mu\tau\nu}$ für die sechs Kombinationen

$$xx, \quad yy, \quad zz, \quad yz, \quad zx, \quad xy \tag{22.75}$$

von Werten des Indexpaares $\mu\nu$ sowie für dieselben sechs Kombinationen für das Indexpaar $\sigma\tau$ anzugeben. Somit sind $6 \times 6 = 36$ voneinander unabhängige Zahlen erforderlich, um die Energie einer gegebenen Verformung zu spezifizieren. Ein weiteres, allgemeingültiges Argument vermindert diese Anzahl auf 21, und sie kann noch weiter reduziert werden, indem man die Symmetrien des jeweils zu untersuchenden Kristalls ausnutzt.

---

[31] Offenbar ist unsere Theorie nur dann sinnvoll, wenn $\mathbf{D}(R)$ bei großen Werten von R hinreichend rasch klein wird, so daß die Reihe (22.72) konvergiert. Dies ist trivialerweise dann der Fall, wenn $\mathbf{D}(\mathbf{R})$ für Werte von R größer als ein bestimmter Wert R_0 verschwindet, oder wenn die Reichweite von $\mathbf{D}(\mathbf{R})$ zwar unendlich ist, $\mathbf{D}(\mathbf{R})$ aber mit der Entfernung rascher als $1/R^5$ abnimmt.

Weitere Verminderung der Anzahl unabhängiger elastischer Konstanten

Die Energie eines Kristalls bleibt durch eine starre Rotation unbeeinflußt. Eine Rotation um einen infinitesimalen Winkel $\delta\omega$ mit einer Drehachse $\hat{n}$ durch den Ursprung ändert jeden Vektor des Bravaisgitters um

$$\mathbf{u}(\mathbf{R}) = \delta\boldsymbol{\omega} \times \mathbf{R}, \qquad \delta\boldsymbol{\omega} = \delta\omega\hat{n}. \tag{22.76}$$

Setzen wir nun (22.76) in (22.71) ein, so muß sich $U^{\text{harm}} = 0$ für beliebiges $\delta\omega$ ergeben. Daraus folgt – wie man unschwer zeigen kann –, daß U^{harm} von den Ableitungen $(\partial/\partial x_\sigma)u_\mu$ nur in Form der symmetrischen Kombination (dem Dehnungstensor)

$$\varepsilon_{\sigma\mu} = \frac{1}{2}\left(\frac{\partial}{\partial x_\sigma}u_\mu + \frac{\partial}{\partial x_\mu}u_\sigma\right) \tag{22.77}$$

abhängen kann. Man kann folglich (22.73) in die Form

$$U^{\text{harm}} = \frac{1}{2}\int d\mathbf{r}\left[\sum_{\substack{\sigma\mu\\\tau\nu}} \varepsilon_{\sigma\mu}c_{\sigma\mu\tau\nu}\varepsilon_{\tau\nu}\right] \tag{22.78}$$

bringen, mit

$$c_{\sigma\mu\tau\nu} = -\frac{1}{8v}\sum_\mathbf{R}\left[R_\sigma D_{\mu\nu}R_\tau + R_\mu D_{\sigma\nu}R_\tau + R_\sigma D_{\mu\tau}R_\nu + R_\mu D_{\sigma\tau}R_\nu\right]. \tag{22.79}$$

Man ersieht aus (22.79) und der Symmetrie (22.50) von $\mathbf{D}$, daß $c_{\sigma\mu\tau\nu}$ unter der Vertauschung $\sigma\mu \leftrightarrow \tau\nu$ invariant ist. Weiterhin folgt aus (22.79) direkt, daß $c_{\sigma\mu\tau\nu}$ auch unter den Vertauschungen $\sigma \leftrightarrow \mu$ oder $\tau \leftrightarrow \nu$ invariant ist. Folglich reduziert sich die Anzahl unabhängiger Komponenten von $c_{\sigma\mu\tau\nu}$ auf 21.

Kristallsymmetrien

Abhängig vom Kristallsystem kann man die Anzahl unabhängiger elastischer Konstanten noch weiter verringern.[32]

---

[32] Siehe beispielsweise A. E. H. Love, *A Treatise on the Mathematical Theory of Elasticity*, Dover, New York (1944), S. 159.

Tabelle 22.1
Anzahl unabhängiger elastischer Konstanten

Kristallsystem	Punktgruppe	Elastische Konstante
Triklin	alle	21
Monoklin	alle	13
Orthorhombisch	alle	9
Tetragonal	C_4, C_{4h}, S_4	7
	C_{4v}, D_4, D_{4h}, D_{2d}	6
Rhombohedrisch	C_3, S_6	7
	C_{3v}, D_3, D_{3d}	6
Hexagonal	alle	5
Kubisch	alle	3

Die maximal notwendige Anzahl in jedem der sieben Kristallsysteme gibt Tabelle 22.1 an. So sind beispielsweise im kubischen Fall lediglich die drei Komponenten

$$c_{11} = c_{xxxx} = c_{yyyy} = c_{zzzz},$$

$$c_{12} = c_{xxyy} = c_{yyzz} = c_{zzxx}$$

$$c_{44} = c_{xyxy} = c_{yzyz} = c_{zxzx}$$

unabhängig; sämtliche übrigen Komponenten, in welchen die x, y oder z als Indizes ungeradzahlig oft auftreten müssen, verschwinden, da sich die Energie eines kubischen Kristalls nicht ändern kann, wenn das Vorzeichen einer einzelnen Komponente des Verschiebungsfeldes entlang einer beliebigen der kubischen Achsen umgekehrt wird.

Unglücklicherweise macht die Sprache, in der man die Elastizitätstheorie üblicherweise faßt, nicht in vollem Umfang von den Vorteilen der einfachen Tensornotation Gebrauch. So beschreibt man insbesondere das Verschiebungsfeld gewöhnlich nicht in der Form (22.77), sondern durch die Dehnungskomponenten

$$\begin{aligned} e_{\mu\nu} &= \varepsilon_{\mu\nu}, && \mu = \nu, \\ &= 2\varepsilon_{\mu\nu}, && \mu \neq \nu, \end{aligned} \tag{22.80}$$

welche man wiederum zu den e_α, $\alpha = 1, \ldots, 6$ entsprechend der Regel

$$xx \to 1, \quad yy \to 2, \quad zz \to 3, \quad yz \to 4, \quad zx \to 5, \quad xy \to 6 \tag{22.81}$$

vereinfacht. Anstelle von (22.78) schreibt man

$$U = \frac{1}{2} \sum_{\alpha\beta} \int d\mathbf{r}\, e_\alpha C_{\alpha\beta} e_\beta, \tag{22.82}$$

wobei die Elemente der 6×6-Matrix der C's mit den Komponenten des Tensors $c_{\sigma\mu\tau\nu}$ durch

$$C_{\alpha\beta} = c_{\sigma\mu\tau\nu} \qquad \text{mit } \alpha \leftrightarrow \sigma\mu \text{ und } \beta \leftrightarrow \tau\nu,$$
$$\text{wie in (22.81) angegeben} \tag{22.83}$$

verknüpft sind. Man bezeichnet die Größen $C_{\alpha\beta}$ als elastische Steifigkeitskonstanten (oder Elastizitätsmodule). Die Elemente der 6×6-Matrix S, der zu C inversen Matrix, bezeichnet man als die elastischen Nachgiebigkeitskonstanten (oder einfach als elastische Konstanten).

Ausgehend von der Dichte (22.78) der potentiellen Energie konstruiert die makroskopische Theorie der Elastizität eine Wellengleichung für $\mathbf{u}(\mathbf{r}, t)$. Man tut dies auf die eleganteste Weise, indem man sich klarmacht, daß man die zu einem gegebenen Verschiebungsfeld $\mathbf{u}(\mathbf{r})$ gehörige kinetische Energie in der Form

$$T = \rho \int d\mathbf{r} \frac{1}{2}\, \dot{\mathbf{u}}(\mathbf{r}, t)^2 \tag{22.84}$$

schreiben kann, wobei ρ die Massendichte des Gitters bezeichnet: $\rho = MN/V$. Setzt man die Lagrangefunktion des Mediums als

$$L = T - U = \frac{1}{2} \int d\mathbf{r} \left[\rho \dot{\mathbf{u}}(\mathbf{r})^2 - \frac{1}{4} \sum_{\substack{\mu\nu \\ \sigma\tau}} c_{\sigma\mu\nu\tau} \left(\frac{\partial}{\partial x_\sigma} u_\mu(\mathbf{r}) + \frac{\partial}{\partial x_\mu} u_\sigma(\mathbf{r}) \right) \right.$$
$$\left. \cdot \left(\frac{\partial}{\partial x_\tau} u_\nu(\mathbf{r}) + \frac{\partial}{\partial x_\nu} u_\tau(\mathbf{r}) \right) \right] \tag{22.85}$$

an, so führt das Hamiltonsche Prinzip

$$\delta \int dt\, L = 0$$

auf die Bewegungsgleichungen[33]

$$\rho \ddot{u}_\mu = \sum_{\sigma\nu\tau} c_{\mu\sigma\nu\tau} \frac{\partial^2 u_\tau}{\partial x_\sigma \partial x_\nu}. \tag{22.86}$$

Sucht man eine Lösung der Form

$$\mathbf{u}(\mathbf{r}, t) = \epsilon e^{i(\mathbf{k}\cdot\mathbf{r} - \omega t)}, \tag{22.87}$$

so muß ω mit $\mathbf{k}$ über die Eigenwertgleichung

$$\rho \omega^2 \epsilon_\mu = \sum_\tau \left(\sum_{\sigma\nu} c_{\mu\sigma\nu\tau} k_\sigma k_\nu \right) \epsilon_\tau \tag{22.88}$$

verknüpft sein. Dieser Ausdruck hat die gleiche Struktur wie die Ausdrücke (22.65) und (22.66), die wir für den Grenzfall großer Wellenlängen im Rahmen der allgemeinen harmonischen Theorie herleiteten, und man kann mittels (22.79) zeigen, daß er mit ihnen identisch ist. Somit reduzieren sich im Grenzfall großer Wellenlängen die Normalschwingungen des diskreten Kristalls auf die Schallwellen des elastischen Kontinuums. Umgekehrt kann man durch Messung der Schallgeschwindigkeiten in einem Festkörper und Anwendung der Gleichung (22.88) sowie der mikroskopischen Definition der $c_{\sigma\mu\nu\tau}$ in (22.79) auf die Kraftkonstanten schließen.

In Tabelle 22.2 fassen wir die elastischen Konstanten für einige repräsentative kubische Festkörper zusammen.

Aufgaben

22.1 Lineare Kette mit Wechselwirkung zwischen den m-ten nächsten Nachbarn

Betrachten Sie die Theorie der linearen Kette erneut und nehmen Sie nun nicht mehr an, daß nur nächste Nachbarn wechselwirken, sondern ersetzen Sie (22.22) durch

$$U^{\text{harm}} = \sum_n \sum_{m>0} \frac{1}{2} \mathbf{K}_m [u(na) - u([n+m]a)]^2. \tag{22.89}$$

---

[33] Man kann diese Bewegungsgleichungen natürlich auch in einer elementareren und bildhafteren Weise herleiten, indem man die Kräfte auf kleine Volumenelemente betrachtet. Die Überlegenheit des Lagrange-Formalismus ist nur dann offensichtlich, wenn man die Tensornotation verwendet.

(a) Zeigen Sie, daß die Verallgemeinerung der Dispersionsrelation (22.29) lautet

$$\omega = 2\sqrt{\sum_{m>0} K_m \frac{\sin^2(\frac{1}{2}mka)}{M}}. \tag{22.90}$$

(b) Zeigen Sie, daß die Verallgemeinerung der Dispersionsrelation im langwelligen Grenzfall, Gleichung (22.31), lautet

$$\omega = a\left(\sum_{m>0} m^2 K_m/M\right)^{1/2} \cdot |k|, \tag{22.91}$$

vorausgesetzt, die Reihe $\sum m^2 K_m$ konvergiert.

(c) Zeigen Sie, daß für $K_m = 1/m^p$ $(1 < p < 3)$ – wenn die Reihe also nicht konvergiert – im langwelligen Grenzfall gilt

$$\omega \sim k^{(p-1)/2}. \tag{22.92}$$

(Hinweis: Es ist nun nicht mehr möglich, die für kleine k gültige Entwicklung der Sinusfunktion in (22.90) zu verwenden, doch kann man im Grenzfall für kleines k die Summe durch ein Integral ersetzen.)

(d) Zeigen Sie, daß

$$\omega \sim k\sqrt{|\ln k|} \tag{22.93}$$

im Spezialfall $p = 3$ gilt.

22.2 Zweiatomige lineare Kette

Betrachten Sie eine lineare Kette, in welcher die Teilchen abwechselnd die Massen M_1 und M_2 haben und nur nächste Nachbarn miteinander wechselwirken.

(a) Zeigen Sie, daß die Dispersionsrelation der Normalschwingungen lautet

$$\omega^2 = \frac{K}{M_1 M_2}\left(M_1 + M_2 \pm \sqrt{M_1^2 + M_2^2 + 2M_1 M_2 \cos(ka)}\right). \tag{22.94}$$

(b) Diskutieren Sie die Form der Dispersionsrelation und die Natur der Normalschwingungen im Falle $M_1 \gg M_2$.

(c) Vergleichen Sie die Dispersionsrelation im Falle $M_1 \approx M_2$ mit der Dispersionsrelation (22.29) der einatomigen linearen Kette.

22.3 Behandlung eines Gitters mit Basis als schwach gestörtes, einatomiges Bravaisgitter

Es ist lehrreich, die Dispersionsrelation (22.37) eines eindimensionalen Gitters mit Basis in dem Grenzfall zu untersuchen, daß die Kopplungskonstanten K und G einander sehr ähnlich werden:

$$K = K_0 + \Delta, \quad G = K_0 - \Delta, \quad \Delta \ll K_0. \tag{22.95}$$

(a) Zeigen Sie, daß sich die Dispersionsrelation (22.37) für $\Delta = 0$ auf die Dispersionsrelation einer einatomigen linearen Kette mit Kopplung zwischen nächsten Nachbarn reduziert. (Warnung: Ist die Länge der Einheitszelle in der zweiatomigen Kette a, so wird diese im Falle $K = G$ zur einatomigen Kette mit der Gitterkonstanten $a/2$. Die Brillouin-Zone $(-\pi/a < k < \pi/a)$ in der zweiatomigen Kette ist nur halb so groß wie die Brillouin-Zone $(-\pi/(a/2) < k < \pi/(a/2))$ in der einatomigen Kette; es ist deshalb Ihre Aufgabe zu erklären, auf welche Weise es möglich ist, daß sich zwei Zweige (optisch und akkustisch) in der Hälfte der Zone auf nur einen Zweig in der vollständigen Zone reduzieren. Um diese Reduktion überzeugend zu demonstrieren, sollten Sie das Verhalten des Amplitudenverhältnisses (22.38) im Falle $\Delta = 0$ untersuchen.)

(b) Zeigen Sie, daß sich für $\Delta \neq 0$ – aber $\Delta \ll K_0$ – die Dispersionsrelation von jener der einatomigen Kette nur durch Terme der Ordnung $(\Delta K_0)^2$ unterscheidet, außer dann, wenn $|\pi - ka|$ von der Ordnung Δ/K_0 ist. Zeigen Sie, daß in diesem Falle die Abweichung von der Dispersionsrelation der einatomigen Kette linear in Δ/K_0 ist.[34]

22.4 Polarisierung der Normalschwingungen eines einatomigen Bravaisgitters

(a) Zeigen Sie: Ist **k** parallel zu einer 3-, 4- oder 6-zähligen Drehachse, so ist eine der Normalschwingungen in Richtung von **k**, die beiden anderen senkrecht zu **k** polarisiert und entartet.

(b) Zeigen Sie: Liegt **k** in einer Spiegelebene, so ist eine der Normalschwingungen senkrecht zu **k** polarisiert, während die Polarisationsvektoren der beiden anderen in der Spiegelebene liegen.

(c) Zeigen Sie: Liegt der Punkt **k** in einer Bragg-Ebene, die zu einer Spiegelebene senkrecht ist, so ist eine der Normalschwingungen senkrecht zur Bragg-Ebene polarisiert, während die Polarisationsvektoren der beiden anderen in dieser Ebene liegen. (Beachten Sie, daß die Moden in diesem Falle nicht streng longitudinal oder transversal sein können, außer dann, wenn **k** zur Bragg-Ebene senkrecht ist.)

---

[34]Beachten Sie die Analogie zum Modell nahezu freier Elektronen (Kapitel 9): Dem Gas freier Elektronen entspricht die einatomige lineare Kette, das schwache periodische Potential findet seine Entsprechung in der kleinen Änderung der Kopplungsstärke von Paar zu Paar nächster Nachbarn.

Zur Bearbeitung dieser Aufgaben muß man wissen, daß jede Operation, die sowohl **k** als auch den Kristall invariant läßt, eine Normalschwingung mit Wellenvektor **k** in eine andere mit demselben Wellenvektor transformiert. Insbesondere muß der Satz der drei (orthogonalen) Polarisationsvektoren unter einer solchen Operation invariant sein. Wendet man diese Erkenntnisse an, so muß man dabei beachten, daß für zwei entartete Normalschwingungen jeder Vektor in der durch deren Polarisationsvektoren aufgespannten Ebene ebenfalls ein möglicher Polarisationsvektor ist.

22.5 Normalschwingungen eines dreidimensionalen Kristalls

Betrachten Sie ein kubisch-flächenzentriertes, einatomiges Bravaisgitter, dessen Teilchen nur mit ihren jeweils 12 nächsten Nachbarn wechselwirken. Nehmen Sie an, die Wechselwirkung innerhalb eines Paares benachbarter Teilchen werde beschrieben durch ein Paarpotential ϕ, welches nur vom Abstand r der Teilchen abhängt.

(a) Zeigen Sie, daß die Frequenzen der drei Normalschwingungen zum Wellenvektor **k** gegeben sind durch

$$\omega = \sqrt{\lambda/M}. \tag{22.96}$$

Dabei bezeichnen die λ die Eigenwerte der 3×3-Matrix

$$\mathbf{D} = \sum_{\mathbf{R}} \sin^2(\tfrac{1}{2}\mathbf{k} \cdot \mathbf{R})[A\mathbf{1} + B\hat{\mathbf{R}}\hat{\mathbf{R}}]. \tag{22.97}$$

Die Summe läuft über die 12 nächsten Nachbarn des Ursprungs $\mathbf{R} = 0$:

$$\frac{a}{2}(\pm\hat{\mathbf{x}} \pm \hat{\mathbf{y}}), \quad \frac{a}{2}(\pm\hat{\mathbf{y}} \pm \hat{\mathbf{z}}), \quad \frac{a}{2}(\pm\hat{\mathbf{z}} \pm \hat{\mathbf{x}}), \tag{22.98}$$

1 ist die Einheitsmatrix $((\mathbf{1})_{\mu\nu} = \delta_{\mu\nu})$ und $\hat{\mathbf{R}}\hat{\mathbf{R}}$ das aus den Einheitsvektoren $\hat{\mathbf{R}} = \mathbf{R}/R$ gebildete diadische Produkt (d.h. $(\hat{\mathbf{R}}\hat{\mathbf{R}})_{\mu\nu} = \hat{\mathbf{R}}_{\mu}\hat{\mathbf{R}}_{\nu}$). Die Konstanten A und B sind gegeben durch $A = 2\phi'(d)/d$, $B = 2[\phi''(d) - \phi'(d)/d]$ und d bezeichnet den Gleichgewichtsabstand nächster Nachbarn. (Dies folgt aus den Gleichungen (22.59) und (22.11).)

(b) Zeigen Sie: Liegt **k** in (100)-Richtung (d.h. $\mathbf{k} = (k, 0, 0)$ in rechtwinkligen Koordinaten), so ist eine der Normalschwingungen streng longitudinal mit der Frequenz

$$\omega_L = \sqrt{\frac{8A + 4B}{M}} \sin(\tfrac{1}{4}ka), \tag{22.99}$$

während die beiden anderen streng transversal und entartet sind, mit der Frequenz

$$\omega_T = \sqrt{\frac{8A + 2B}{M}} \, \sin(\tfrac{1}{4}ka). \tag{22.100}$$

(c) Welches sind die Frequenzen und Polarisierungen der Normalschwingungen, wenn **k** in Richtung [111] liegt (**k** $= (k, k, k)/\sqrt{3}$) ?

(d) Zeigen Sie: Liegt **k** in Richtung [110] (**k** $= (k, k, 0)/\sqrt{2}$), so ist eine der Normalschwingungen streng longitudinal mit der Frequenz

$$\omega_L = \sqrt{\frac{8A + 2B}{M} \sin^2\left(\frac{1}{4}\frac{ka}{\sqrt{2}}\right) + \frac{2A + 2B}{M} \sin^2\left(\frac{1}{2}\frac{ka}{\sqrt{2}}\right)}, \tag{22.101}$$

eine ist streng transversal und in Richtung der z-Achse ($\epsilon = (0, 0, 1)$) polarisiert, mit der Frequenz

$$\omega_T^{(1)} = \sqrt{\frac{8A + 4B}{M} \sin^2\left(\frac{1}{4}\frac{ka}{\sqrt{2}}\right) + \frac{2A}{M} \sin^2\left(\frac{1}{2}\frac{ka}{\sqrt{2}}\right)}. \tag{22.102}$$

Die Dritte ist ebenfalls streng transversal und senkrecht zur z-Achse polarisiert, mit der Frequenz

$$\omega_T^{(2)} = \sqrt{\frac{8A + 2B}{M} \sin^2\left(\frac{1}{4}\frac{ka}{\sqrt{2}}\right) + \frac{2A}{M} \sin^2\left(\frac{1}{2}\frac{ka}{\sqrt{2}}\right)}. \tag{22.103}$$

(e) Zeichnen Sie die Dispersionskurven entlang der Linien ΓX und $\Gamma K X$ (Bild 22.13), wobei Sie $A = 0$ annehmen. (Anmerkung: Die Länge von ΓX ist $2\pi/a$.)

Tabelle 22.2
Elastische Konstanten einiger kubischer Kristalle*

Stoff	C_{11}	C_{12}	C_{44}	Referenz**
Li (78 K)	0,148	0,125	0,108	1
Na	0,070	0,061	0,045	2
Cu	1,68	1,21	0,75	3
Ag	1,24	0,93	0,46	3
Au	1,86	1,57	0,42	3
Al	1,07	0,61	0,28	4
Pb	0,46	0,39	0,144	5
Ge	1,29	0,48	0,67	1
Si	1,66	0,64	0,80	3
V	2,29	1,19	0,43	6
Ta	2,67	1,61	0,82	6
Nb	2,47	1,35	0,287	6
Fe	2,34	1,36	1,18	7
Ni	2,45	1,40	1,25	8
LiCl	0,494	0,228	0,246	9
NaCl	0,487	0,124	0,126	9
KF	0,656	0,146	0,125	9
RbCl	0,361	0,062	0,047	10

* Elastische Konstanten in 10^{12} dyn/cm^2 bei 300 K.

** Literaturangaben:

1. H. B. Huntington, *Solid State Phys.* **7**, 214 (1958)
2. P. Ho, A. L. Ruoff, *J. Phys. Chem. Solids* **29**, 2101 (1968)
3. J. deLaunay, *Solid State Phys.* **2**, 220 (1956)
4. P. Ho, A. L. Ruoff, *J. Appl. Phys.* **40**, 3 (1969)
5. P. Ho, A. L. Ruoff, *J. Appl. Phys.* **40**, 51 (1969)
6. D. I. Bolef, *J. Appl. Phys.* **32**, 100 (1961)
7. J. A. Rayne, B. S. Chandrasekhar, *Phys. Rev.* **122**, 1714 (1961)
8. G. A. Alers et al., *J. Phys. Chem. Solids* **13**, 40 (1960)
9. J. T. Lewis et al., *Phys. Rev.* **161**, 877 (1969)
10. M. Ghafelebashi et al., *J. Appl. Phys.* **41**, 652, 2268 (1970)

23 Quantentheorie des harmonischen Kristalls

Normalschwingungen und Phononen

Wärmekapazität bei hohen Temperaturen

Wärmekapazität bei niedrigen Temperaturen

Die Modelle von Debye und Einstein

Vergleich der Wärmekapazitäten von Elektronen und Gitter

Dichte der Normalschwingungen (Dichte der Phononenniveaus)

Analogie zur Theorie der Schwarzkörperstrahlung

In Kapitel 22 sahen wir, daß der Beitrag der Gitterschwingungen zur Wärmekapazität eines klassischen harmonischen Kristalls unabhängig von der Temperatur ist (Regel von Dulong-Petit). Bei Temperaturen unterhalb der Raumtemperatur jedoch beginnt die Wärmekapazität aller Festkörper unter den klassischen Wert zu fallen und verschwindet für $T \to 0$ wie T^3 bei Isolatoren oder wie $AT + BT^3$ bei Metallen. Die Deutung dieses Verhaltens war einer der frühesten Triumphe der Quantentheorie der Festkörper.

In einer Quantentheorie der Wärmekapazität eines harmonischen Kristalls ist der klassische Ausdruck (22.12) für die thermische Energiedichte u durch den allgemeinen quantenmechanischen Ausdruck

$$u = \frac{1}{V} \sum_i E_i e^{-\beta E_i} \bigg/ \sum_i e^{-\beta E_i}, \qquad \beta = 1/k_B T \tag{23.1}$$

zu ersetzen, wobei E_i die Energie des stationären Zustandes i des Kristalls bezeichnet, und sich die Summe über alle stationären Zustände erstreckt.

Die Energien dieser stationären Zustände sind als die Eigenwerte des harmonischen Hamiltonoperators[1]

$$H^{\mathrm{harm}} = \sum_{\mathbf{R}} \frac{1}{2M} P(\mathbf{R})^2 + \frac{1}{2} \sum_{\mathbf{R}\mathbf{R}'} u_\mu(\mathbf{R}) D_{\mu\nu}(\mathbf{R} - \mathbf{R}') u_\nu(\mathbf{R}') \tag{23.2}$$

gegeben. In Anhang L fassen wir die Prozedur zur Berechnung dieser Eigenwerte im einzelnen zusammen; das Ergebnis dieser Rechnung ist so einfach und intuitiv einsichtig, daß wir es hier angeben, ohne auf seine unproblematische, aber recht längliche Herleitung einzugehen.

Um die Energieniveaus eines aus N Atomen aufgebauten harmonischen Kristalls zu bestimmen, betrachtet man ihn als ein System aus $3N$ voneinander unabhängigen Oszillatoren, deren Frequenzen gleich den Frequenzen der $3N$ in Kapitel 22 beschriebenen, klassischen Normalschwingungen sind. Eine bestimmte Schwingungsmode mit der Kreisfrequenz $\omega_s(\mathbf{k})$ kann zur Gesamtenergie nur einen Wert des diskreten Satzes

$$\left(n_{\mathbf{k}s} + \frac{1}{2}\right) \hbar \omega_s(\mathbf{k}) \tag{23.3}$$

---

[1] Siehe die Gleichungen (22.8) und (22.10). Diese Form des Hamiltonoperators gilt nur für ein einatomiges Bravaisgitter; trotzdem ist die folgende Diskussion recht allgemeingültig. Wir haben den Ausdruck für die kinetische Energie hinzugefügt, die nun nicht mehr – wie in der klassischen Mechanik – bereits in einem frühen Stadium herausfällt. Wir lassen hier zunächst die additive Konstante U^{eq} weg; dadurch wird die Energiedichte (23.1) um den Term U^{eq}/V vermindert. Da U^{eq} nicht von der Temperatur abhängt, bleibt dies ohne Auswirkung auf die Wärmekapazität. Sollte man jedoch an der Volumenabhängigkeit der inneren Energie interessiert sein, so muß man den Term U^{eq} berücksichtigen.

beitragen, wobei $n_{\mathbf{k}s}$, die Quantenzahl der Anregung der Mode, auf die Werte 0, 1, 2, . . . beschränkt ist. Ein Zustand des gesamten Kristalls ist durch einen Satz von Anregungszahlen für jede der $3N$ Schwingungsmoden gegeben. Die Gesamtenergie ergibt sich einfach als Summe der Energien jeder einzelnen Mode:

$$E = \sum_{\mathbf{k}s}(n_{\mathbf{k}s} + \frac{1}{2}) \hbar\omega_s(\mathbf{k}). \tag{23.4}$$

Aus (23.4) kann man unmittelbar die thermischen Energie (23.1) berechnen. Bevor wir dies aber tun, beschreiben wir die Sprache, in welcher man die angeregten Zustände des harmonischen Kristalls üblicherweise diskutiert.

Normalschwingungen gegen Phononen

Wir formulierten den Ausdruck (23.4) für die Gesamtenergie mit Hilfe der Anregungszahlen $n_{\mathbf{k}s}$ der Normalschwingungen mit Wellenvektor $\mathbf{k}$ im Zweig s. Diese Nomenklatur kann recht unbeholfen werden, insbesondere bei der Beschreibung von Prozessen des Energieaustauschs zwischen den einzelnen Normalschwingungen oder auch zwischen dem System der Normalschwingungen und anderen Systemen, beispielsweise Elektronen, von außen einfallenden Neutronen oder Röntgenstrahlen. Üblicherweise ersetzt man dann die Sprache der Normalschwingungen durch eine äquivalente Teilchenbeschreibung, die der Terminologie der Quantentheorie des elektromagnetischen Feldes analog ist. Im Rahmen dieser Theorie sind die erlaubten Energien einer Normalschwingung des Strahlungsfeldes in einem Hohlraum gegeben durch $(n + \frac{1}{2})\hbar\omega$, wobei ω die Kreisfrequenz der Mode bezeichnet. Es ist allgemein üblich, nicht von der Anregungszahl n einer Mode zu sprechen, sondern von der Anzahl n vorhandener *Phononen* dieses Typs. In exakt derselben Weise spricht man nun nicht von einer Normalschwingung des Zweiges s mit Wellenvektor $\mathbf{k}$, die sich im $n_{\mathbf{k}s}$-ten angeregten Zustand befinde, sondern man sagt, daß im Kristall $n_{\mathbf{k}s}$ Phononen des Typs s mit Wellenvektor $\mathbf{k}$ vorhanden seien.

Der Terminus „Phonon" betont diese Analogie mit den Photonen: Während letztere die Quanten des Strahlungsfeldes sind, durch welches man – im entsprechenden Frequenzbereich – „klassisches" Licht beschreibt, so sind Phononen die Quanten des Verschiebungsfeldes der Atomrümpfe, welches – im entsprechenden Frequenzbereich – „klassischen" Schall beschreibt. Die beiden Beschreibungsarten sind einander vollständig äquivalent, obwohl die Sprache der Phononen wesentlich einfacher zu handhaben ist als die Sprache der Normalschwingungen.

Allgemeine Form der Wärmekapazität des Gitters

Zur Berechnung des Beitrages der Gitterschwingungen zur inneren Energie des Festkörpers setzen wir die explizite Form (23.4) der Energieniveaus in den allgemeinen Ausdruck (23.1) ein. Um die Berechnung zu vereinfachen, führen wir die Größe

$$f = \frac{1}{V} \ln \left(\sum_i e^{-\beta E_i} \right) \tag{23.5}$$

ein. Die Identität

$$u = -\frac{\partial f}{\partial \beta} \tag{23.6}$$

kann man durch explizites Differenzieren von (23.5) verifizieren. Zur Berechnung von f beachten wir, daß der Faktor $e^{-\beta E}$ für jede Energie der Form (23.4) genau einmal in der Entwicklung des Produkts

$$\prod_{\mathbf{k}s}(e^{-\beta\hbar\omega_s(\mathbf{k})/2} + e^{-3\beta\hbar\omega_s(\mathbf{k})/2} + e^{-5\beta\hbar\omega_s(\mathbf{k})/2} + \ldots) \tag{23.7}$$

auftritt. Die einzelnen Faktoren dieses Produkts sind konvergente Reihen, die man explizit aufsummieren kann. Das Ergebnis ist

$$f = \frac{1}{V} \ln \prod_{\mathbf{k}s} \frac{e^{-\beta\hbar\omega_s(\mathbf{k})/2}}{1 - e^{-\beta\hbar\omega_s(\mathbf{k})}}. \tag{23.8}$$

Differenziert man f – wie es (23.6) erfordert –, so erhält man die Dichte der inneren Energie zu

$$\frac{1}{V} \sum_{\mathbf{k}s} \hbar\omega_s(\mathbf{k})[n_s(\mathbf{k}) + \frac{1}{2}] \tag{23.9}$$

mit

$$n_s(\mathbf{k}) = \frac{1}{e^{\beta\hbar\omega_s(\mathbf{k})} - 1}. \tag{23.10}$$

Vergleicht man (23.9), den Ausdruck für die mittlere Dichte der thermischen Energie eines Kristalls bei der Temperatur T, mit (23.4), dem Ausdruck für die Energie in einem bestimmten stationären Zustand, so kann man schließen, daß $n_s(\mathbf{k})$ einfach die mittlere Anregungszahl der Normalschwingung $\mathbf{k}s$ bei der Temperatur T ist. In der

Sprache der Phononen ist $n_s(\mathbf{k})$ die mittlere Anzahl von Phononen des Typs $\mathbf{k}s$, die im thermischen Gleichgewicht[2] bei der Temperatur T vorhanden sind.

Somit ist der einfache klassische Ausdruck (22.18) für die Energiedichte eines harmonischen Kristalls bei der Temperatur T zu verallgemeinern zu[3]

$$u = u^{\mathrm{eq}} + \frac{1}{V} \sum_{\mathbf{k}s} \frac{1}{2} \hbar \omega_s(\mathbf{k}) + \frac{1}{V} \sum_{\mathbf{k}s} \frac{\hbar \omega_s(\mathbf{k})}{e^{\beta \hbar \omega_s(\mathbf{k})} - 1}. \tag{23.11}$$

Mit $T \to 0$ verschwindet der dritte Summand; im Unterschied zum klassischen Ergebnis (22.18) bleibt jedoch nicht nur die Energie u^{eq} der Gleichgewichtskonfiguration übrig, sondern noch ein weiterer Term, welcher die Energie der Nullpunktsbewegung in den Schwingungsmoden beschreibt. Die gesamte Temperaturabhängigkeit von u – und damit der gesamte mögliche Beitrag zur Wärmekapazität – ist im dritten Summanden enthalten, dessen Temperaturabhängigkeit wesentlich komplexer ist als der einfache lineare Verlauf des klassischen Ergebnisses (22.18). In der Quantentheorie des harmonischen Festkörpers ist die Wärmekapazität nicht mehr konstant, sondern gegeben durch den Ausdruck

$$c_v = \frac{1}{V} \sum_{\mathbf{k}s} \frac{\partial}{\partial T} \frac{\hbar \omega_s(\mathbf{k})}{e^{\beta \hbar \omega_s(\mathbf{k})} - 1}, \tag{23.12}$$

dessen Wert im einzelnen vom Frequenzspektrum der Normalschwingungen anhängt.

Einige allgemeine Eigenschaften der Wärmekapazität in der Form (23.12) zeigen sich in Grenzfällen, welche wir im folgenden untersuchen.

Wärmekapazität bei hohen Temperaturen

Ist $k_B T / \hbar$ groß im Vergleich mit allen Phononenfrequenzen – befindet sich also jede Normalschwingung in einem hochangeregten Zustand – so ist das Argument der Exponentialfunktion in jedem Summanden des Ausdruckes (23.12) klein, und wir

---

[2] Leser, die mit der Theorie des idealen Bose-Gases vertraut sind, werden (23.10) als einen Spezialfall der Verteilungsfunktion nach Bose-Einstein erkennen, welche die Anzahl von Bosonen der Energie $\hbar \omega_s(\mathbf{k})$ im thermischen Gleichgewicht bei der Temperatur T angibt, wenn man das Chemische Potential μ gleich null setzt. Daß man in der Wahl von μ nicht frei ist, ergibt sich aus der Tatsache, daß die Gesamtzahl der Bosonen im thermischen Gleichgewicht nicht wie im Falle der Phononen eine unabhängige Variable (wie beispielsweise bei ^{4}He-Atomen), sondern vollständig durch die Temperatur bestimmt ist.

[3] Zum Vergleich mit (22.18) führen wir hier wiederum die Konstante ein, welche die potentielle Energie der statischen Gleichgewichtsverteilung angibt.

können die Entwicklung

$$\frac{1}{e^x - 1} = \frac{1}{x + \frac{1}{2}x^2 + \frac{1}{6}x^6 + \ldots} = \frac{1}{x}\left[1 - \frac{x}{2} + \frac{x^2}{12} + O(x^3)\right],$$

$$x = \frac{\hbar\omega}{k_B T} \ll 1 \tag{23.13}$$

verwenden. Behalten wir nur den führenden Term in dieser Entwicklung bei, so reduziert sich der Summand im Ausdruck (23.12) auf die Konstante $k_B T$, und die Wärmekapazität geht über in das Produkt aus k_B und der Dichte $3N/V$ der Normalschwingungen. Dies ist die klassische Regel (22.19) von Dulong-Petit.

Berücksichtigt man auch weitere Terme der Entwicklung (23.13), so ergeben sich die für hohe Temperaturen gültigen Quantenkorrekturen zur Regel von Dulong-Petit. Der in x lineare Term (in eckigen Klammern) ergibt einen temperaturunabhängigen Term im Ausdruck für die thermischen Energie – der gleich dem Negativen der Nullpunktsenergie ist – und hat deshalb keinen Einfluß auf die Wärmekapazität. Die Korrektur ist deshalb zur führenden Ordnung durch den in x quadratischen Term innerhalb der eckigen Klammern gegeben. Setzt man diese quadratische Korrektur in (23.12) ein, so erhält man eine Korrektur zur Dulong-Petitschen Wärmekapazität c_v^0 in der Form

$$c_v = c_v^0 + \Delta c_v, \qquad \frac{\Delta c_v}{c_v^0} = -\frac{\hbar^2}{12(k_B T)^2}\frac{1}{3N}\sum \omega_s(\mathbf{k})^2. \tag{23.14}$$

Bei Temperaturen, die hinreichend hoch sind, damit diese Entwicklung gültig ist, können die anharmonischen Korrekturen zur klassischen Wärmekapazität – welche im Dulong-Petitschen Wert nicht enthalten sind[4] – signifikant werden und den Effekt der Quantenkorrektur (23.14) verdecken.[5]

Wärmekapazität bei niedrigen Temperaturen

Um uns einen allgemeineren Überblick über das Verhalten der Wärmekapazität zu verschaffen, machen wir zunächst die Beobachtung, daß im Grenzfall eines großen Kristalls die diskreten Wellenvektoren, über welche in (23.12) summiert wird, „dicht" liegen auf einer Skala, auf welcher der Summand nennenswerte Veränderungen zeigt. Deshalb können wir die Summe durch ein Integral ersetzen, entsprechend der allgemeinen Vorschrift (2.29), die für jeden Satz von Wellenvektoren gilt, welche

---

[4] Siehe Punkt 2 auf S. 541 und die darauf folgende Diskussion.
[5] Tatsächlich wären wirkliche Kristalle bei derart hohen Temperaturen wahrscheinlich bereits geschmolzen – eine recht extreme Form anharmonischen Verhaltens.

die Randbedingungen nach Born-von Karman erfüllen. Auf diese Weise bringen wir (23.12) in die Form

$$c_v = \frac{\partial}{\partial T} \sum_s \int \frac{d\mathbf{k}}{(2\pi)^3} \frac{\hbar \omega_s(\mathbf{k})}{e^{\hbar \omega_s(\mathbf{k})/k_B T} - 1}, \tag{23.15}$$

wobei das Integral beispielsweise über die erste Brillouin-Zone auszuführen ist.

Bei sehr niedrigen Temperaturen tragen Moden mit $\hbar \omega_s(\mathbf{k}) \gg k_B T$ nicht mehr merklich zur Summe in (23.15) bei, da der Integrand dann exponentiell gegen null geht. Da jedoch $\omega_s(\mathbf{k}) \to 0$ mit $k \to 0$ für die drei akkustischen Zweigen gilt, ist dies nicht mehr der Fall für hinreichend langwellige akkustische Moden, unabhängig davon, wie niedrig die Temperatur ist. Diese Moden – und nur sie – tragen dann auch weiterhin in nennenswertem Maße zur Wärmekapazität bei. Auf der Grundlage dieser Überlegungen können wir die folgenden Vereinfachungen in (23.15) vornehmen, die im Grenzfall verschwindender Temperatur nur einen vernachlässigbar kleinen relativen Fehler verursachen:

1. Auch dann, wenn der Kristall eine mehratomige Basis hat, können wir die optischen Moden in der Summe über s vernachlässigen, da ihre Frequenzen nach unten beschränkt sind.[6]

2. Wir können die Dispersionsrelation $\omega = \omega_s(\mathbf{k})$ der drei akkustischen Zweige durch ihre für große Wellenlängen gültige Form $\omega = c_s(\hat{\mathbf{k}})k$ (Gleichung (22.65)) ersetzen. Diese Ersetzung ist unter der Bedingung korrekt, daß $k_B T/\hbar$ deutlich kleiner ist als die Frequenzen, bei welchen sich die akkustischen Dispersionskurven deutlich von ihrem linearen Verlauf bei großen Wellenlängen zu unterscheiden beginnen.

3. Wir können die Integration über die erste Brillouin-Zone ersetzen durch eine Integration über den gesamten k-Raum. Dies ist deshalb möglich, weil der Integrand nur dann nicht vernachlässigbar klein ist, wenn $\hbar c_s(\hat{\mathbf{k}})k$ die Größenordnung von $k_B T$ hat – was nur in der unmittelbaren Umgebung von $\mathbf{k} = 0$ bei niedrigen Temperaturen der Fall ist.

Bild 23.1 veranschaulicht diese drei Vereinfachungen.

---

[6] Unter gewissen, ungewöhnlichen Bedingungen (normalerweise verbunden mit einer bevorstehenden Änderung der Kristallstruktur) kann die Frequenz eines optischen Zweiges nahezu auf null zurückgehen (und dadurch zu einer sogenannten „weichen Mode" (*soft mode*) werden); dies äußert sich in einem zusätzlichen Beitrag dieses optischen Zweiges zur Wärmekapazität bei niedrigen Temperaturen.

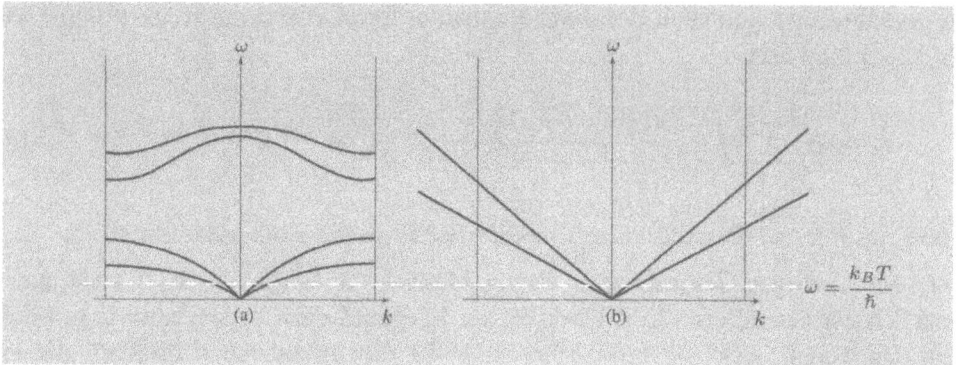

Bild 23.1: Vereinfachungen bei der Berechnung der Wärmekapazität des harmonischen Kristalls für niedrige Temperaturen. (a) Typischer Verlauf der Dispersionsrelationen für die Normalschwingungen eines zweiatomigen Kristalls entlang einer bestimmten Richtung im k-Raum, die angenommen ist als Richtung einer hinreichend hohen Symmetrie, so daß zwei der akkustischen und zwei der optischen Zweige entartet sind. (b) Zur Berechnung des Integrals (23.15) ersetzt dieses Spektrum das Spektrum in (a): Die akkustischen Zweige wurden über den gesamten Bereich von k durch lineare Verläufe ersetzt (d.h. das Integral erstreckt sich nicht mehr nur über die erste Brillouin-Zone, sondern über den gesamten k-Raum) und die optischen Zweige wurden vernachlässigt. Dieses Vorgehen ist gerechtfertigt, da Frequenzen, die groß sind im Vergleich mit $k_B T/\hbar$ (entsprechend jenen Teilen der Dispersionskurven in (a) oder (b), die oberhalb der horizontalen gestrichelten Linie liegen), nur in vernachlässigbar geringem Maße zu (23.15) beitragen, und auch deshalb, weil jene Teile der Dispersionskurven, welche Moden beschreiben, die nennenswert zu (23.15) beitragen (die Teile unterhalb der horizontalen gestrichelten Linie), in den Fällen (a) und (b) identisch sind.

Man kann daher bei sehr niedrigen Temperaturen den Ausdruck (23.15) vereinfachen zu

$$c_v = \frac{\partial}{\partial T} \sum_s \int \frac{d\mathbf{k}}{(2\pi)^3} \frac{\hbar c_s(\hat{\mathbf{k}})k}{e^{\hbar c_s(\hat{\mathbf{k}})k/k_B T} - 1}, \tag{23.16}$$

wobei sich die Integration über den gesamten k-Raum erstreckt. Wir berechnen das Integral in Kugelkoordinaten und schreiben $d\mathbf{k} = k^2\,dk\,d\Omega$. Führen wir in der Integration über k die Substitution $\beta\hbar c_s(\hat{\mathbf{k}})k = x$ aus, so wird (23.16) zu

$$c_v = \frac{\partial}{\partial T} \frac{(k_B T)^4}{(\hbar c)^3} \frac{3}{2\pi^2} \int_0^\infty \frac{x^3\,dx}{e^x - 1}. \tag{23.17}$$

Dabei ist $1/c^3$ der Mittelwert der inversen dritten Potenzen der Phasengeschwindigkeiten in den drei akkustischen Moden für den Fall großer Wellenlängen:

$$\frac{1}{c^3} = \frac{1}{3} \sum_s \int \frac{d\Omega}{4\pi} \frac{1}{c_s(\hat{\mathbf{k}})^3}. \tag{23.18}$$

Das bestimmte Integral in (23.17) berechnen wir folgendermaßen:[7]

$$\int_0^\infty \frac{x^3 \, dx}{e^x - 1} = \sum_{n=1}^\infty \int_0^\infty x^3 e^{-nx} \, dx = 6 \sum_{n=1}^\infty \frac{1}{n^4} = \frac{\pi^4}{15}. \tag{23.19}$$

Bei sehr niedrigen Temperaturen gilt demnach[8]

$$c_v \approx \frac{\partial}{\partial T} \frac{\pi^2}{10} \frac{(k_B T)^4}{(\hbar c)^3} = \frac{2\pi^2}{5} k_B \left(\frac{k_B T}{\hbar c} \right)^3. \tag{23.20}$$

Man kann diesen Zusammenhang überprüfen, indem man die gemessenen Werte der Wärmekapazität bei niedrigen Temperaturen mit den gemessenen elastischen Konstanten vergleicht, die in direkter Beziehung stehen zu den Phasengeschwindigkeiten, welche in die Definition (23.18) von c eingehen. So sind die Abweichungen beispielsweise im Falle der Alkalihalogenide geringer als die Meßfehler, welche typischerweise im Bereich von einem Prozent liegen.[9]

Da (23.20) nur unter der Bedingung gilt, daß $k_B T/\hbar$ klein ist im Vergleich zu allen Phononenfrequenzen, die nicht im linearen Teil des Spektrums liegen, so könnte man daraus folgern, daß $k_B T/\hbar$ nur einen kleinen Bruchteil der Frequenzen in der Nähe des Zonenrandes betragen kann. Dies erfordert eine Temperatur deutlich unterhalb der Raumtemperatur. Da die Regel von Dulong-Petit ihre Gültigkeit verliert, sobald die Temperatur unter die Raumtemperatur fällt, so gibt es einen Temperaturbereich von beträchtlicher Breite, innerhalb dessen weder die Abschätzungen für hohe, noch für niedrige Temperaturen gültig sind, so daß man gezwungen ist, die allgemeine Form (23.15) zu verwenden. Üblicherweise überbrückt man diesen mittleren Temperaturbereich durch eine Interpolation.

Wärmekapazität im mittleren Temperaturbereich: Die Modelle von Debye und Einstein

Die frühesten Quantentheorien der Wärmekapazität des Gitters gehen auf Einstein und Debye zurück. Sie verwendeten nicht die Phononenspektren in der allgemeinen Form, wie wir sie hier betrachten, sondern untersuchten Dispersionsrelationen der Normalschwingungen einer besonders einfachen Struktur. Ihre Ergebnisse, basierend

---

[7] Siehe auch Anhang C, Gleichungen (C.11) bis (C.13).

[8] Wir betonen nochmals, daß dieser Ausdruck – im Rahmen der harmonischen Näherung – mit $T \to 0$ asymptotisch exakt wird. Man kann ihn daher als Grenzübergang folgendermaßen schreiben:

$$\lim_{T \to 0} \frac{c_v}{T^3} = \frac{2\pi^2}{5} \frac{k_B^4}{\hbar^3 c^3}.$$

[9] J. T. Lewis et al., *Phys. Rev.* **161**, 877 (1967).

auf groben Näherungen an die Dispersionsrelationen der Normalschwingungen, sind jedoch noch immer als Interpolationsformeln von Nutzen. Insbesondere die Theorie von Debye beeinflußte wesentlich die Nomenklatur auf diesem Gebiet ebenso wie die Art und Weise der Darstellung von Daten.

Die Debyesche Interpolation

Das Modell von Debye ersetzt alle Zweige des Schwingungsspektrums durch drei Zweige, deren jedem die gleiche lineare Dispersionsrelation zugrundeliegt:[10]

$$\omega = ck. \tag{23.21}$$

Darüber hinaus ersetzt dieses Modell das Integral in (23.15) über die erste Brillouin-Zone durch ein Integral über eine Kugel mit dem Radius k_D, der so gewählt ist, daß die Kugel genau N erlaubte Wellenvektoren einschließt; N bezeichnet die Anzahl der Atome im Kristall. Da das Volumen des k-Raums je Wellenvektor $(2\pi)^3 N/V$ beträgt (siehe S. 47), so folgt, daß $(2\pi)^3 N/V$ gleich $4\pi k_D^3/3$ sein muß, so daß der Radius k_D durch die Beziehung[11]

$$\boxed{n = \frac{k_D^3}{6\pi^2}} \tag{23.22}$$

bestimmt ist. Durch die genannten Vereinfachungen reduziert sich (23.15) auf

$$c_v = \frac{\partial}{\partial T} \frac{3\hbar c}{2\pi^2} \int_0^{k_D} \frac{k^3 \, dk}{e^{\beta\hbar ck} - 1}. \tag{23.23}$$

Bei der Berechnung des Integrals (23.23) definiert man eine Debyefrequenz durch

$$\boxed{\omega_D = k_D c} \tag{23.24}$$

und eine Debyetemperatur durch

$$\boxed{k_B \Theta_D = \hbar \omega_D = \hbar c k_D.} \tag{23.25}$$

---

[10] Im Falle eines Gitters mit mehratomiger Basis wird die mit der Ersetzung der $3p$ Zweige des Phononenspektrums durch nur drei Zweige getroffene Näherung dadurch kompensiert, daß das Volumen der Debye-Kugel das p-fache des Volumens der ersten Brillouin-Zone beträgt. Wir gehen auf diesen Punkt in unserer Diskussion des Einstein-Modells näher ein.

[11] Falls – in Anwendungen auf Metalle – die Gefahr einer Verwechslung der Konzentration der Atomrümpfe mit der Konzentration der Leitungselektronen besteht, so werden wir die erste mit n_i, die letztere mit n_e bezeichnen. Die beiden Konzentrationen sind über die Beziehung $n_e = Zn_i$ miteinander verknüpft, wobei Z die effektive Wertigkeit bezeichnet. Da der Fermi-Wellenvektor k_F für freie Elektronen die Beziehung $k_F^3/3\pi^2 = n_e$ erfüllt, so hängt k_D mit k_F bei einem Metall über die Beziehung $k_D = (2/Z)^{1/3} k_F$ zusammen.

Offenbar ist k_D ein Maß für den inversen Teilchenabstand, ω_D ein Maß der maximalen Phononenfrequenz und Θ_D ein Maß der Temperatur, oberhalb derer sämtliche Moden angeregt sind und unterhalb derer einzelne Moden „auszufrieren" beginnen.[12]

Führt man die Substitution $\hbar c k / k_B T = x$ aus, so kann man (23.23) unter Verwendung der Debyetemperatur Θ_D folgendermaßen schreiben:

$$c_v = 9nk_B \left(\frac{T}{\Theta_D}\right)^3 \int_0^{\Theta_D/T} \frac{x^4 e^x dx}{(e^x - 1)^2}. \tag{23.26}$$

Diese Formel drückt die Wärmekapazität bei allen Temperaturen als Funktion des einzigen empirischen Parameters Θ_D aus. Eine mögliche Art, Θ_D festzulegen – und bei weitem nicht die einzige – besteht darin, (23.26) in Übereinstimmung zu bringen mit dem experimentell beobachteten Verlauf der Wärmekapazität bei niedrigen Temperaturen. Diese Übereinstimmung ist gewährleistet (zumindest im Rahmen der harmonischen Näherung), wenn die Geschwindigkeit c in (23.21) oder (23.25) über die Beziehung (23.18) mit dem exakten Phononenspektrum zusammenhängt. In diesem Falle ergibt sich die folgende Form der Wärmekapazität bei niedrigen Temperaturen[13]

$$\boxed{c_v = \frac{12\pi^4}{5}nk_B \left(\frac{T}{\Theta_D}\right)^3 = 234 \left(\frac{T}{\Theta_D}\right)^3 nk_B.} \tag{23.27}$$

Tabelle 23.1 gibt die Werte von Θ_D für einige Alkalihalogenide an, bestimmt durch Anpassung des T^3-Terms an den Verlauf ihrer Wärmekapazitäten bei niedrigen Temperaturen.

Unglücklicherweise wählt man Θ_D nicht immer entsprechend dieser Konvention – auch deshalb, weil einige dem Ergebnis (23.26) wesentlich größere Allgemeingültigkeit zuschrieben, als es einer groben Interpolationsformel gebührt, entstand die Praxis, den Ausdruck (23.26) an die experimentell beobachteten Verläufe der Wärmekapazität anzupassen und dabei eine Temperaturabhängigkeit von Θ_D zuzulassen. Obwohl es für diese Vorgehensweise keine guten Gründe gibt, hat sich diese Praxis bis zum heutigen Tag erhalten – mit der Konsequenz, daß die Ergebnisse von Messungen der Wärmekapazität bisweilen in Form der Abhängigkeit $\Theta_D(T)$, und nicht durch Angabe der eigentlichen Meßdaten berichtet werden.[14] Zum Zwecke der Rückkonvertierung solcher Information in Werte der Wärmekapazität ist es nützlich, eine graphische Darstellung des Debyeschen c_v als Funktion von Θ_D/T zur Hand zu haben. Eine solche Darstellung ist in Bild 23.3 wiedergegeben; Tabelle 23.2 enthält einige numerische

---

[12] Man kann Θ_D und ω_D auch als Maße für die „Steifheit" des Kristalls betrachten.

[13] Man kann dieses Ergebnis direkt aus (23.26) erhalten, wenn man beachtet, daß man für $T < \Theta_D$ die obere Grenze des Integrals mit exponentiell kleinem Fehler ins Unendliche ausdehnen kann. Dieser Ausdruck ist unter der Bedingung zur exakten Formel (23.20) äquivalent, daß c mittels der Gleichungen (23.22) und (23.25) zu Gunsten von Θ_D und der Dichte der Atomrümpfe eliminiert wird.

[14] Siehe beispielsweise Bild 23.2.

Tabelle 23.1

Debyetemperaturen für die Kristalle einiger Alkalihalogenide*

	F	Cl	Br	I
Li	730	422	—	—
Na	492	321	224	164
K	336	231	173	131
Rb	—	165	131	103

* Alle Angaben in K. Sämtliche Werte wurden erhalten durch Vergleich der Konstante in einem T^3-Fit des Verlaufes der Wärmekapazität bei niedrigen Temperaturen mit (23.27), außer bei NaF, KF und NaBr; in diesen Fällen wurde Θ_D aus gemessenen Werten der elastischen Konstanten mit Hilfe der Gleichungen (23.18) und (23.25) berechnet. (In den Fällen, in welchen die Werte mittels beider Methoden bestimmt wurden, stimmen sie innerhalb von 1-2 Prozent überein, was ungefähr der Meßgenauigkeit entspricht.)
Quelle: J. T. Lewis et al., *Phys. Rev.* **161**, 877 (1967).

Werte dieser Funktion. In Tabelle 23.3 geben wir die Debyetemperaturen einiger ausgewählter Elemente an; diese Temperaturen wurden bestimmt durch Anpassung der Debyeschen Formel (23.26) an die experimentell beobachteten Temperaturverläufe der Wärmekapazitäten in den Punkten, wo die Wärmekapazität jeweils ungefähr die Hälfte des Dulong-Petitschen Wertes beträgt.

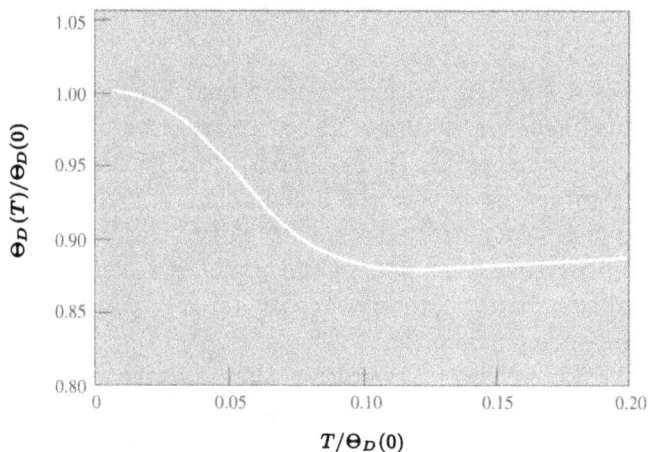

Bild 23.2: Debyetemperatur als Funktion der Temperatur für Argon und Krypton. Dies ist eine weitverbreitete Art der Präsentation von Meßwerten der Wärmekapazität. (L. Finegold, N. Phillips, *Phys. Rev.* **177**, 1383 (1969).)

Beachten Sie, daß man bei allen Temperaturen deutlich oberhalb von Θ_D den Integranden in (23.26) durch seine Form für kleine x ersetzen kann, so daß sich das Dulong-Petitsche Resultat ergibt. (Dies ist zu erwarten, da es über die Definition von

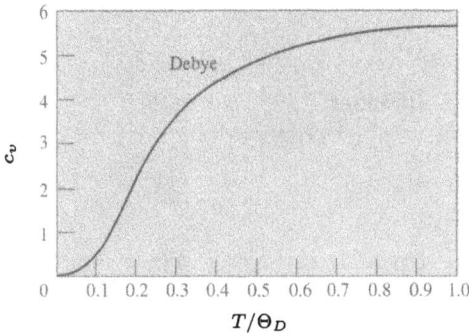

Bild 23.3: Spezifische Wärmekapazität in der Debye-Näherung (in cal/mol·K) in Abhängigkeit von T/Θ_D. (Aus J. de Launay, *op. cit.*; siehe Tabelle 23.2.)

Tabelle 23.2
Temperaturabhängigkeit der Debyeschen Wärmekapazität*

T/Θ_D	$c_v/3nk_B$	T/Θ_D	$c_v/3nk_B$	T/Θ_D	$c_v/3nk_B$
0,00	0	0,35	0,687	0,70	0,905
0,05	0,00974	0,40	0,746	60,75	0,917
0,10	0,0758	60,45	0,791	0,80	0,926
0,15	0,213	0,50	0,825	0,85	0,934
0,20	0,369	0,55	0,852	0,90	0,941
0,25	0,503	0,60	0,874	0,95	0,947
0,30	0,608	0,65	0,891	1,00	0,952

*Die Einträge der Tabelle sind Verhältnisse der Debyeschen zur Dulong-Petitschen Wärmekapazität, $c_v/3nk_B$, wobei c_v durch (23.26) gegeben ist. Quelle: J. de Launay, *Solid State Physics*, vol. 2, F. Seitz, D. Turnbull, eds., Academic Press, New York, 1956.

k_D in die Formel „eingebaut" wurde.) Die Debyetemperatur spielt in der Theorie der Gitterschwingungen dieselbe Rolle wie die Fermitemperatur in der Theorie der Elektronen in Metallen: Beide bestimmen die Grenze zwischen einem Bereich niedriger Temperaturen, wo die Quantenstatistik gilt, und einem Bereich hoher Temperaturen, wo die klassische statistische Mechanik anwendbar ist. Die üblichen Temperaturen liegen jedoch im Falle der Elektronen in Metallen immer deutlich unterhalb der Fermitemperatur T_F, während die Debyetemperatur Θ_D (siehe Tabelle 23.3) typischerweise von der Größenordnung 10^2 K ist, so daß man sowohl den klassischen Bereich, als auch den Quantenbereich untersuchen kann.

Das Einstein-Modell

Im Debye-Modell eines Kristalls mit mehratomiger Basis werden die optischen Zweige des Spektrums durch die Werte desselben linearen Ausdrucks (23.21) für große k dargestellt, dessen Werte für kleine k den akkustischen Zweig ergeben (Bild 23.4a). Man kann anders vorgehen, und das Debye-Modell nur auf die drei

Tabelle 23.3

Debyetemperaturen ausgewählter Elemente*

Element	$\Theta_D(K)$	Element	$\Theta_D(K)$
Li	400	A	85
Na	150	Ne	63
K	100		
		Cu	315
Be	1000	Ag	215
Mg	318	Au	170
Ca	230		
		Zn	234
B	1250	Cd	120
Al	394	Hg	100
Ga	240		
In	129	Cr	460
Tl	96	Mo	380
		W	310
C (Diamant)	1860	Mn	400
Si	625	Fe	420
Ge	360	Co	385
Sn (grau)	260	Ni	375
Sn (weiß)	170	Pd	275
Pb	88	Pt	230
As	285	La	132
Sb	200	Gd	152
Bi	120	Pr	74

* Die Temperaturen wurden bestimmt durch Anpassung der Debye-Formel (23.26) an die gemessenen Wärmekapazitäten c_v in dem Punkt, für den $c_v = 3nk_B/2$ gilt. Quelle: J. de Launay, *Solid State Physics*, vol. 2, F. Seitz, D. Turnbull, eds., Academic Press, New York, 1956.

akkustischen Zweige des Spektrums anwenden. Die optischen Zweige werden dann durch die „Einstein-Näherung" dargestellt, welche die Frequenz eines jeden optischen Zweiges durch eine Frequenz ω_E ersetzt, die nicht von **k** abhängt (Bild 23.4b). Die Dichte n in den Gleichungen (23.22), (23.26) und (23.27) ist dann als Anzahl der primitiven Zellen pro Einheitsvolumen des Kristalls zu wählen, und (23.26) gibt lediglich den Beitrag der akkustischen Zweige zur Wärmekapazität an.[15]

---

[15] Beachten Sie, daß diese Neudefinition von n in (23.27) für die Wärmekapazität bei niedrigen Temperaturen exakt kompensiert wird durch die Neudefinition von Θ_D, so daß der Koeffizient von T^3 unverändert bleibt. Darin spiegelt sich die Tatsache wider, daß die optischen Zweige nicht zur

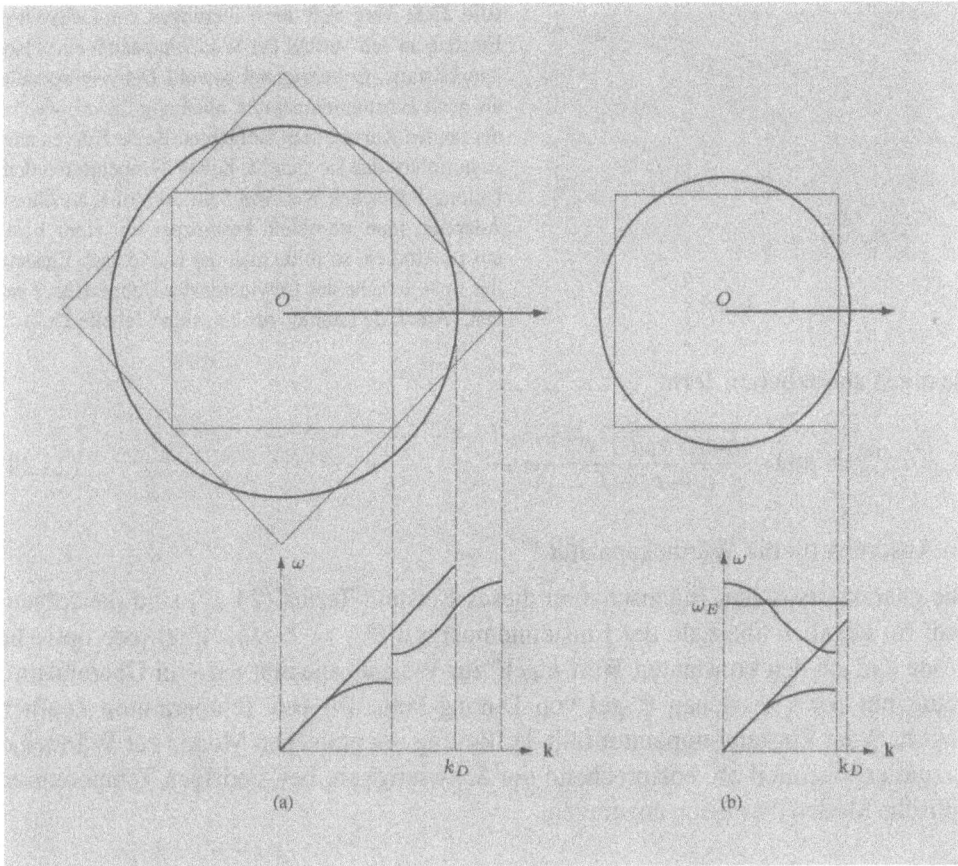

Bild 23.4: Zwei unterschiedliche Arten, die akkustischen und optischen Zweige eines zweiatomigen Kristalls anzunähern, dargestellt in zwei Dimensionen entlang einer Linie der Symmetrie. (a) Die *Debye-Näherung*. Die ersten beiden Zonen des quadratischen Gitters sind ersetzt durch einen Kreis mit gleicher Gesamtfläche; das gesamte Spektrum wird durch einen linearen Verlauf innerhalb des Kreises angenähert. (b) *Debye-Näherung* für den akkustischen Zweig, *Einstein-Näherung* für den optischen Zweig. Die erste Zone ist durch einen Kreis mit gleicher Fläche ersetzt; der akkustische Zweig wird innerhalb des Kreises durch einen linearen Verlauf angenähert, der optische Zweig durch eine Konstante.

Jeder optische Zweig trägt in der Einstein-Näherung

$$\frac{n\hbar\omega_E}{e^{\hbar\omega_E/k_B T} - 1} \tag{23.28}$$

zur thermischen Energiedichte bei. Sind p solcher Zweige vorhanden, so verursachen

---

Wärmekapazität bei niedrigen Temperaturen beitragen, deren Verlauf deshalb unabhängig davon sein muß, auf welche Weise man die optischen Zweige behandelt.

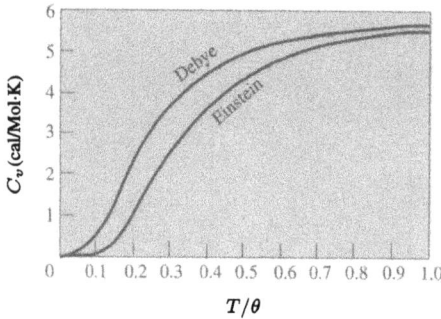

Bild 23.5: Vergleich der Näherungen von Debye und Einstein an den Verlauf der Wärmekapazität eines Isolatorkristalls. Θ bezeichnet sowohl Debyetemperatur als auch Einsteintemperatur, abhängig davon, welche der beiden Kurven man betrachtet. Beide Kurven sind so normiert, daß sie sich bei hohen Temperaturen dem Dulong-Petitschen Wert von 5,96 cal/mol·K annähern. Adaptiert man sie einem Festkörper mit einer Basis aus m Atomen, so sollte man der Kurve nach Einstein das $m - 1$ fache des Gewichtes der Debye-Kurve geben. (Aus J. de Launay, *op. cit.*, siehe Tabelle 23.2)

sie einen zusätzlichen Term

$$c_v^{\mathrm{opt}} = pnk_B \frac{(\hbar\omega_E/k_B T)^2 e^{\hbar\omega_E/k_B T}}{(e^{\hbar\omega_E/k_B T} - 1)^2} \tag{23.29}$$

im Ausdruck für die Wärmekapazität.[16]

Die charakteristischen Eigenschaften dieses Einstein-Terms (23.29) sind die folgenden: (a) Deutlich oberhalb der Einsteintemperatur $\Theta_E = \hbar\omega/k_B$ trägt jede optische Mode einfach den konstanten Wert k_B/V zur Wärmekapazität bei – in Übereinstimmung mit der klassischen Regel von Dulong-Petit. (b) Bei Temperaturen deutlich unterhalb der Einsteintemperatur fällt der Beitrag der optischen Moden zur Wärmekapazität exponentiell ab, entsprechend der Schwierigkeit, bei niedrigen Temperaturen optische Moden thermisch anzuregen.

Vergleich der Wärmekapazitäten von Elektronen und Gitter

Es ist nützlich, eine Abschätzung der Temperatur zur Hand zu haben, ab welcher die Wärmekapazität eines Metalls nicht mehr durch den elektronischen Beitrag – linear in T – sondern durch den Beitrag der Gitterschwingungen – kubisch in T – bestimmt wird. Dividieren wir den elektronischen Beitrag zur Wärmekapazität (2.81) durch den Phononenbeitrag in seiner Form (23.27) für niedrige Temperaturen und beachten wir

---

[16] Einstein war der erste, der die Quantenmechanik auf die Theorie der Wärmekapazität der Festkörper anwandte; er schlug für den gesamten Verlauf der Wärmekapazität die Form (23.29) vor. Obwohl diese Form der Wärmekapazität die experimentell beobachtete Abnahme von dem für hohe Temperaturen gültigen Dulong-Petitschen Wert nachvollziehen konnte, war der Abfall gegen null hin bei sehr niedrigen Temperaturen viel zu rasch (siehe Bild 23.5). Debye schloß daraufhin, daß das Bild eines Festkörpers als ein System identischer Oszillatoren, wie es Einstein zur Herleitung seiner Formel angenommen hatte, nicht korrekt sein konnte, da ein Festkörper elastische Wellen mit sehr großer Wellenlänge und damit sehr niedriger Frequenz tragen konnte. Dennoch funktionierte das Einstein-Modell recht gut bei der Reproduktion des Beitrages eines relativ schmalen, optischen Zweiges zur Wärmekapazität, und zu diesem Zwecke findet es auch weiterhin Verwendung.

dabei, daß sich die Elektronenkonzentration als das Z-fache der Konzentration der Atomrümpfe ergibt, so erhalten wir

$$\frac{c_v^{\text{El}}}{c_v^{\text{Ph}}} = \frac{5}{24\pi^2} \, Z \, \frac{\Theta_D^3}{T^2 T_F}. \tag{23.30}$$

Der Beitrag der Phononen beginnt somit den elektronischen Beitrag bei einer Temperatur T_0 zu übersteigen, die gegeben ist durch

$$T_0 = 0,145 \left(\frac{Z\Theta_D}{T_F}\right)^{1/2} \Theta_D. \tag{23.31}$$

Da die Debyetemperaturen von der Größenordnung der Raumtemperatur sind, während die Fermitemperaturen im Bereich einiger Zehntausend K liegen, beträgt die Temperatur T_0 typischerweise einige Prozent der Debyetemperatur, also einige K. Dies ist die Erklärung dafür, daß man den linearen Term im Temperaturverlauf der Wärmekapazität der Metalle nur bei niedrigen Temperaturen beobachtet.

Dichte der Normalschwingungen (Dichte der Phononenniveaus)

Man betrachtet oft Eigenschaften des Gitters, welche – ebenso wie die Wärmekapazität (23.15) – von der Form

$$\frac{1}{V} \sum_{\mathbf{k}s} Q(\omega_s(\mathbf{k})) = \sum_s \int \frac{d\mathbf{k}}{(2\pi)^3} Q(\omega_s(\mathbf{k})) \tag{23.32}$$

sind. Es ist oft zweckmäßig, solche Größen umzuformen zu Integralen über die Frequenz, indem man eine Dichte der Normalschwingungen pro Einheitsvolumen[17] $g(\omega)$ derart definiert, daß $g(\omega) \, d\omega$ die Gesamtzahl von Moden mit Frequenzen im infinitesimalen Frequenzintervall zwischen ω und $\omega + d\omega$, dividiert durch das Gesamtvolumen des Kristalls angibt. Mit Hilfe dieser Größe g kann man die Summe oder das Integral in Gleichung (23.32) in der Form

$$\int d\omega \, g(\omega) Q(\omega) \tag{23.33}$$

---

[17] Vergleichen Sie die praktisch analoge Behandlung der elektronischen Niveaudichte auf den Seiten 179-182. Im allgemeinen nimmt man an, daß $g(\omega)$ die Beiträge sämtlicher Zweige des Phononenspektrums enthält; man kann jedoch auch jeweils eigene $g_s(\omega)$ für jeden Zweig definieren.

schreiben. Ein Vergleich der Gleichungen (23.33) und (23.32) zeigt, daß man die Dichte der Normalschwingungen in die Form

$$g(\omega) = \sum_s \int \frac{d\mathbf{k}}{(2\pi)^3} \delta(\omega - \omega_s(\mathbf{k})) \tag{23.34}$$

bringen kann. Man bezeichnet diese Dichte der Normalschwingungen auch als Dichte der Phononenniveaus, da in einer Beschreibung des Gitters im Phononenbild jeder Normalschwingung ein erlaubtes Niveau eines bestimmten Phonons entspricht.

Gehen wir exakt dieselben Schritte, welche uns zur Darstellung (8.63) der Niveaudichte der Elektronen führten, so können wir die Niveaudichte der Phononen auch in die Form

$$g(\omega) = \sum_s \int \frac{dS}{(2\pi)^3} \frac{1}{|\nabla \omega_s(\mathbf{k})|} \tag{23.35}$$

schreiben, wobei das Integral über diejenige Oberfläche innerhalb der ersten Brillouin-Zone zu berechnen ist, auf welcher $\omega_s(\mathbf{k}) \equiv \omega$ gilt. Wie im Falle der Elektronen tritt infolge der Periodizität von $\omega_s(\mathbf{k})$ eine Struktur von Singularitäten im Verlauf von $g(\omega)$ auf, da die Gruppengeschwindigkeit im Nenner des Integranden in (23.25) bei einigen Werten der Frequenz verschwindet. Auch hier bezeichnet man diese Singularitäten als van Hove-Singularitäten.[18] Ein typischer Verlauf der Niveaudichte, der solche Singularitäten zeigt, ist in Bild 23.6 dargestellt; Aufgabe 3 gibt ein konkretes Beispiel für das Auftreten von Singularitäten im Modell der linearen Kette.

Man kann die Debye-Näherung und ihre Grenzen auf recht kompakte Weise anhand der Niveaudichte demonstrieren. Zeigen all drei Zweige des Spektrums die lineare Dispersionsrelation (23.21), und nimmt man an, daß die Wellenvektoren der Normalschwingungen, anstatt innerhalb der ersten Brillouin-Zone, innerhalb einer Kugel mit Radius k_D liegen, so wird (23.34) einfach zu

$$g_D(\omega) = 3 \int_{k<k_D} \frac{d\mathbf{k}}{(2\pi)^3} \delta(\omega - ck) = \frac{3}{2\pi^2} \int_0^{k_D} k^2 \, dk \, \delta(\omega - ck)$$

$$= \begin{cases} \dfrac{3}{2\pi^2} \dfrac{\omega^2}{c^3}, & \omega < \omega_D = k_D c, \\[2mm] 0, & \omega > \omega_D. \end{cases} \tag{23.36}$$

Diese einfache, parabolische Kurve ist natürlich eine recht grobe Näherung an die Form der Verläufe (Bild 23.6), wie man sie in wirklichen Festkörpern antrifft. Die Wahl von k_D gewährleistet, daß die Fläche unter der Kurve $g_D(\omega)$ gleich der Fläche unter der korrekten Kurve ist; wählt man darüber hinaus die Geschwindigkeit c

---

[18] Tatsächlich hat man diese Singularitäten zum ersten Male im Zusammenhang mit der Theorie der Gitterschwingungen bemerkt.

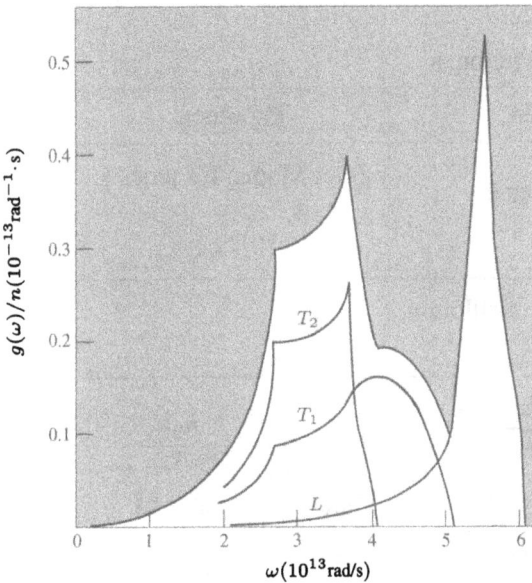

Bild 23.6: Dichte der Phononenniveaus in Aluminium, abgeleitet aus experimentellen Daten der Neutronenstreuung (Kapitel 24). Die obere Kurve entspricht der gesamten Niveaudichte; die übrigen Kurven stellen die Niveaudichten für die einzelnen Zweige dar. (Nach R. Stedman, L. Almqvist, G. Nilsson, *Phys. Rev.* **162**, 549 (1967).)

entsprechend (23.18), so stimmen die beiden Kurven in der Nähe von $\omega = 0$ überein. Infolge der ersten Eigenschaft wird bei hohen Temperaturen die Regel von Dulong-Petit eingehalten, und die letztere führt dazu, daß die Wärmekapazität bei niedrigen Temperaturen korrekt reproduziert wird.[19]

In ähnlicher Weise liefert das Einstein-Modell für einen optischen Zweig die Näherung

$$g_E(\omega) = \int_{Zone} \frac{d\mathbf{k}}{(2\pi)^3} \, \delta(\omega - \omega_E) = n\delta(\omega - \omega_E), \qquad (23.37)$$

von welcher man unter der Bedingung vernünftige Ergebnisse erwarten kann, daß die Variation der hier berechneten Größe Q mit der Frequenz nicht viel größer ist als die Breite des tatsächlichen optischen Zweiges.

Analogie zur Theorie der Schwarzkörperstrahlung

Man kann die auf S. 575 beschriebene Analogie zwischen Photonen und Phononen ausdehnen auf eine Korrespondenz zwischen der Theorie elektromagnetischer Strahlung im thermischen Gleichgewicht (der sogenannten Schwarzkörperstrahlung) und der bisher diskutierten Theorie der Schwingungsenergie eines Festkörpers. Beide Phänomene stellten im Rahmen der klassischen Physik, welche um die Jahrhundertwende allgemein akzeptiert war, Quellen der Rätsel dar. Das Versagen der Regel von Dulong-Petit bei der Deutung der sehr geringen Wärmekapazitäten der Festkörper

---

[19] Man kann die Übereinstimmung insgesamt ein wenig verbessern, indem man in einer verfeinerten Version des Debye-Modells für die drei Zweige drei verschiedene Schallgeschwindigkeiten ansetzt.

Tabelle 23.4

Ein Vergleich zwischen Phononen und Photonen

	Phononen	Photonen
Anzahl der Nor- malschwingungen	$3p$ Moden für jedes $\mathbf{k}$ $\omega = \omega_s(\mathbf{k})$	Zwei Moden für jedes $\mathbf{k}$ $\omega = ck$ $(c \approx 3 \cdot 10^{10}$ cm/s$)$
Beschränkung des Wellenvektors	$\mathbf{k}$ auf die erste Brillouin- Zone beschränkt	$\mathbf{k}$ beliebig
Thermische Ener- giedichte	$\sum_s \int \dfrac{d\mathbf{k}}{(2\pi)^3} \dfrac{\hbar\omega_s(\mathbf{k})}{e^{\beta\hbar\omega_s(\mathbf{k})} - 1}$ (Integral über die erste Brillouin-Zone)	$2 \int \dfrac{d\mathbf{k}}{(2\pi)^3} \dfrac{\hbar ck}{e^{\beta\hbar ck} - 1}$ (Integral über alle $\mathbf{k}$)

bei niedrigen Temperaturen spiegelte sich wider im Versagen der klassischen Theo- rie bei dem Versuch der Berechnung einer Energiedichte der Schwarzkörperstrahlung, die bei der Summation über alle Frequenzen nicht unendlich wurde – die sogenannte Rayleigh-Jeanssche Ultraviolett-Katastrophe. In beiden Fällen resultierte das Problem aus dem klassischen Ergebnis, daß jede Normalschwingung einen Beitrag $k_B T$ zur Energie liefern sollte. Die Regel von Dulong-Petit wurde nur deshalb vor dem Selbst- widerspruch bewahrt, der in der entsprechenden Theorie des Strahlungsfeldes lag, weil die diskrete Natur des Festkörpers die Annahme einer nur endlichen Anzahl von Frei- heitsgraden gestattete. Tabelle 23.4 stellt die beiden Theorien einander gegenüber.

Aufgrund der einfachen, allgemeinen Form der Dispersionsrelation der Photonen ist der exakte Ausdruck für die thermische Energie der Schwarzkörperstrahlung sehr ähnlich der Debye-Näherung an die thermische Energie des harmonischen Kristalls. Die Unterschiede sind folgende:

1. Die Schallgeschwindigkeit ist zu ersetzen durch die Lichtgeschwindigkeit.

2. Die Formel für die Schwarzkörperstrahlung enthält einen zusätzlichen Faktor $\frac{2}{3}$, entsprechend der Tatsache, daß es im Photonenspektrum nur zwei Zweige gibt: elektromagnetische Strahlung muß transversal sein; es gibt keinen longitudinalen Zweig.

3. Die obere Grenze des bestimmten Integrals ist nicht k_D, sondern ∞, da es keinerlei Beschränkung für den Wellenvektor eines Photons gibt.

Punkt 3 bedeutet, daß die Formeln für die Schwarzkörperstrahlung immer die Form ha- ben, welche beim Kristall für den Grenzfall extrem niedriger Temperaturen gilt. Dies ist einzusehen, da die überwiegende Mehrzahl (unendlich viele) der Normalschwingungen des Strahlungsfeldes unabhängig von der Temperatur einen Wert $\hbar ck$ größer als k_BT hat. Zusammen mit der exakten Linearität in k der Dispersionsrelation der Photonen bedeutet dies, daß man sich immer in einem Bereich des streng kubischen Verlaufs der Wärmekapazität befindet. Infolgedessen können wir aus der bei niedrigen Temperaturen gültigen Gleichung (23.20) für die Wärmekapazität $c_v = \partial u/\partial T$ der Gitterschwingungen immer die exakte thermische Energiedichte der Schwarzkörperstrahlung ablesen, indem wir c als die Lichtgeschwindigkeit auffassen und mit $\frac{2}{3}$ multiplizieren (um den Beitrag des longitudinalen akkustischen Zweiges zu entfernen). Das Ergebnis ist das Stefan-Boltzmann-Gesetz:

$$u = \frac{\pi^2}{15} \frac{(k_BT)^4}{(\hbar c)^3}. \tag{23.38}$$

Die thermische Energiedichte im Frequenzbereich zwischen ω und $\omega + d\omega$ erhält man zu

$$\frac{\hbar\omega g(\omega)\, d\omega}{e^{\beta\hbar\omega} - 1}. \tag{23.39}$$

Die entsprechende Niveaudichte beträgt dann zwei Drittel des Debyeschen Ausdrucks (23.36), ohne Beschränkung auf ω_D:

$$\frac{\hbar}{\pi^2} \frac{\omega^3}{c^3} \frac{d\omega}{e^{\beta\hbar\omega} - 1}. \tag{23.40}$$

Dies ist das Plancksche Strahlungsgesetz.

Aufgaben

23.1   Wärmekapazität des harmonischen Kristalls bei hohen Temperaturen

(a) Zeigen Sie, daß man (23.14) – die führende Quantenkorrektur zur Regel von Dulong-Petit bei hohen Temperaturen – auch in der Form

$$\frac{\Delta c_v}{c_v^0} = -\frac{1}{12} \int d\omega\, g(\omega) \left(\frac{\hbar\omega}{k_BT}\right)^2 \Bigg/ \int d\omega\, g(\omega) \tag{23.41}$$

schreiben kann, wobei $g(\omega)$ die Dichte der Normalschwingungen bezeichnet.

(b) Zeigen Sie, daß der folgende Term in der für hohe Temperaturen gültigen Entwicklung von c_v/c_0 nach der Temperatur lautet

$$\frac{1}{240} \int d\omega\, g(\omega) \left(\frac{\hbar\omega}{k_BT}\right)^4 \Bigg/ \int d\omega\, g(\omega). \tag{23.42}$$

(c) Zeigen Sie für ein einatomiges Bravaisgitter aus Atomrümpfen, welche nur über Paarpotentiale $\phi(\mathbf{r})$ miteinander wechselwirken, daß – im Rahmen der harmonischen Näherung – das zweite Moment der in (23.41) auftretenden Frequenzverteilung gegeben ist durch

$$\int d\omega \, \omega^2 g(\omega) = \frac{n}{M} \sum_{\mathbf{R} \neq 0} \nabla^2 \phi(\mathbf{R}). \tag{23.43}$$

23.2   **Wärmekapazität bei niedrigen Temperaturen in d Dimensionen und für nicht-lineare Dispersionsrelationen**

(a) Zeigen Sie, daß Gleichung (23.36) für die Dichte der Normalschwingungen in der Debye-Näherung den – im Rahmen der harmonischen Näherung – exakten, führenden Frequenzverlauf von $g(\omega)$ *bei niedrigen Temperaturen* ergibt, vorausgesetzt, man nimmt die Frequenz c wie in (23.18) gegeben an.

(b) Zeigen Sie, daß sich bei einem d-dimensionalen, harmonischen Kristall die Dichte der Normalschwingungen bei kleinen Frequenzen wie ω^{d-1} verhält.

(c) Leiten Sie aus dem Ergebnis (b) ab, daß die Wärmekapazität eines harmonischen Kristalls bei niedrigen Temperaturen in d Dimensionen mit T^d gegen null geht.

(d) Zeigen Sie, daß die Wärmekapazität bei niedrigen Temperaturen in d Dimensionen mit $T^{d/\nu}$ gegen null gehen würde, sollten die Frequenzen der Normalschwingungen in Abhängigkeit von k nicht linear, sondern mit k^ν verschwinden.

23.3   **van Hove-Singularitäten**

(a) Für eine lineare, harmonische Kette mit ausschließlicher Wechselwirkung zwischen nächsten Nachbarn ist die Dispersionsrelation der Normalschwingungen von der Form (vgl. (22.29)) $\omega(k) = \omega_0 |\sin(ka/2)|$, wobei die Konstante ω_0 die maximale Frequenz bezeichnet, die für k am Zonenrand angenommen wird. Zeigen Sie, daß die Dichte der Normalschwingungen in diesem Falle gegeben ist durch

$$g(\omega) = \frac{2}{\pi a \sqrt{\omega_0^2 - \omega^2}}. \tag{23.44}$$

Die Singularität bei $\omega = \omega_0$ ist eine van Hove-Singularität.

(b) In drei Dimensionen wird bei den van Hove-Singularitäten nicht die Dichte der Normalschwingungen selbst unendlich, sondern deren Ableitung. Zeigen Sie, daß die Normalschwingungen in der Nähe eines Maximums von $\omega(\mathbf{k})$ – beispielsweise – zu einem Term im Ausdruck für die Dichte der Normalschwingungen führen, der proportional zu $(\omega_0 - \omega)^{1/2}$ ist.

24 Messung der Dispersionsrelationen von Phononen

Streuung von Neutronen an einem Kristall

Kristallimpuls

Null-, Ein- und Zwei-Phononen-Streuung

Streuung elektromagnetischer Strahlung an einem Kristall

Messung von Phononenspektren mittels Röntgenstrahlung

Brillouin- und Raman-Streuung

Welleninterpretation der Erhaltungssätze

Man kann den Verlauf der Dispersionsrelationen $\omega_s(\mathbf{k})$ der Normalschwingungen in Experimenten bestimmen, die den Energieaustausch zwischen den Gitterschwingungen und einer externen „Sonde" messen. Die bei weitem informativste dieser Sonden ist ein Neutronenstrahl. Man kann den Energieverlust (oder Energiegewinn) eines Neutrons bei seiner Wechselwirkung mit dem Kristall als Erzeugung (oder Absorption) von Phononen auffassen und durch Messung der Streuwinkel sowie der Energien der gestreuten Neutronen direkt Information über die Gestalt der Phononenspektren erhalten. In ähnlicher Weise verwendet man elektromagnetische Strahlung, meistens in Form von Röntgenstrahlung oder sichtbarem Licht, als Sonde.

Die physikalischen Grundlagen dieser Experimente sind im wesentlichen dieselben, unabhängig davon, ob die einfallenden Teilchen Neutronen oder Photonen sind; die Daten aus der Wechselwirkung mit elektromagnetischen Sonden sind jedoch im allgemeinen entweder nicht so umfassend, oder aber schwieriger zu interpretieren. Andererseits kann die Verwendung elektromagnetischer Sonden – insbesondere der Röntgenstrahlung – von ausschlaggebender Bedeutung bei der Untersuchung von Festkörpern sein, die man nicht mit Hilfe der Neutronenstreuung untersuchen kann. Ein Beispiel[1] für einen solchen Festkörper ist festes ^{3}He: Aufgrund des enormen Wirkungsquerschnittes für den Einfang eines Neutrons durch einen ^{3}He-Kern ist Neutronenspektroskopie in diesem Falle nicht möglich.

Neutronen und Photonen messen die Phononenspektren auf verschiedene Weise, was im wesentlichen auf ihren sehr unterschiedlichen Energie-Impuls-Relationen beruht:

Neutronen:
$$E_n = \frac{p^2}{2M_n},$$

$$M_n = 1838,65 m_e = 1,67 \cdot 10^{-24} \text{ g}. \tag{24.1}$$

Photonen:
$$E_\gamma = pc,$$

$$c = 2,99792 \cdot 10^{10} \text{ cm/s}. \tag{24.2}$$

Diese beiden Energie-Impuls-Relationen sind im gesamten, für die Messung von Dispersionsrelationen der Phononen interessanten Energiebereich außerordentlich voneinander verschieden (Bild 24.1). Dennoch geht die Analyse der Meßdaten in beiden Fällen sehr ähnliche Wege, soweit sie nicht auf der speziellen Form der

---

[1] Ein weiteres, weniger offensichtliches Beispiel ist Vanadium, bei dem die natürlichen relativen Häufigkeiten der Vanadiumisotope numerisch mit den unterschiedlichen Neutronen-Streuamplituden auf eine solche Weise zusammenspielen, daß der informative (der sogenannte *kohärente*) Anteil der Streuung fast vollständig herausgelöscht wird. Durch Anreicherung des einen oder anderen Isotops kann man das Ergebnis der Überlagerung der Streuamplituden beeinflussen.

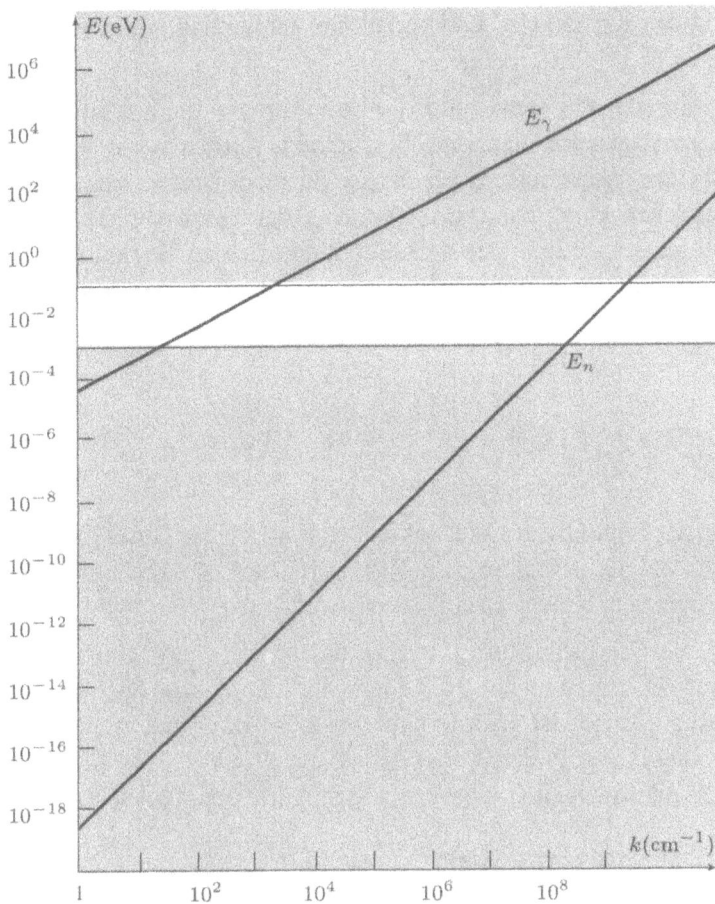

Bild 24.1: Energie-Impuls-Relationen für Neutronen (n) und Photonen (γ). Bei einem Wellenvektor $k = 10^n \mathrm{cm}^{-1}$ gilt $E_n = 2,07 \cdot 10^{2n-19}$ eV sowie $E_\gamma = 1,97 \cdot 10^{n-5}$ eV. Das helle Band deutet den Bereich typischer thermischer Energien an.

Energie-Impuls-Relation der jeweils verwendeten Sonde aufbaut. Obwohl wir mit einer Diskussion der Neutronenstreuung beginnen, werden wir deshalb jene Ergebnisse unserer Analyse, die nicht auf der Form (24.1) der Energie-Impuls-Relation für Neutronen beruhen, auch auf Photonen anwenden können.

Streuung von Neutronen an einem Kristall

Ein Neutron mit Impuls **p** und Energie $E = p^2/2M_d$ treffe auf einen Kristall. Da das Neutron nur mit den Atomkernen im Kristall stark wechselwirkt,[2] dringt es nahezu

---

[2] Das Neutron trägt keine elektrische Ladung, so daß es mit Elektronen nur über die relativ schwache Kopplung seines magnetischen Moments an das magnetische Moment der Elektronen wechselwirkt. Diese Wechselwirkung ist von besonderer Wichtigkeit bei der Untersuchung magnetisch geordneter Festkörper (Kapitel 33), hat aber nur wenig Einfluß bei der Bestimmung der Phononenspektren.

ungehindert in den Kristall ein[3] und verläßt ihn schließlich mit einem Impuls $\mathbf{p}'$ und einer Energie $E' = p'^2/2M_n$.

Wir nehmen an, daß die Bewegung der Atomrümpfe im Kristall angemessen im Rahmen der harmonischen Näherung beschrieben werden kann. Wir werden später zeigen, auf welche Weise unsere Ergebnisse zu modifizieren sind, wenn man auch die unvermeidlichen anharmonischen Terme in der Wechselwirkung zwischen den Atomrümpfen berücksichtigt. Der Kristall befinde sich zu Beginn des Experimentes in einem Zustand mit den Phononen-Besetzungszahlen[4] $n_{\mathbf{k}s}$, nach seiner Wechselwirkung mit dem Neutron in einem Zustand mit den Phononen-Besetzungszahlen $n'_{\mathbf{k}s}$. Die Energieerhaltung fordert

$$E' - E = -\sum_{\mathbf{k}s} \hbar\omega_{\mathbf{k}s}\Delta n_{\mathbf{k}s}, \qquad \Delta n_{\mathbf{k}s} = n'_{\mathbf{k}s} - n_{\mathbf{k}s}. \qquad (24.3)$$

Die Änderung der Energie des Neutrons ist somit gleich der Differenz aus der Energie der Phononen, welche es auf seinem Weg durch den Kristall absorbierte, und der Energie der Phononen, welche es auf diesem Weg erzeugte.[5]

Somit enthält die Energieänderung, welche das Neutron auf seinem Weg durch den Kristall erfährt, Information über die Phononenfrequenzen. Die Anwendung eines zweiten Erhaltungssatzes ist erforderlich, um diese Information aus den Streudaten zu gewinnen; dieser zweite Erhaltungssatz ist die *Erhaltung des Kristallimpulses.* Er ergibt sich als sehr allgemeine Folge einer Symmetrie der Wechselwirkung

$$H_{n-i} = \sum_{\mathbf{R}} w(\mathbf{r} - \mathbf{R} - \mathbf{u}(\mathbf{R})) \qquad (24.4)$$

zwischen Neutron und Atomrumpf. Hier bezeichnet w das sehr kurzreichweitige Potential der Wechselwirkung zwischen einem Neutron und einem Atomkern im Kristall; $\mathbf{r}$ ist der Ortsvektor des Neutrons. Die Wechselwirkung (24.4) bleibt unbeeinflußt durch eine Transformation, welche den Neutronenort $\mathbf{r}$ um einen beliebigen Vektor $\mathbf{R}_0$ des Bravaisgitters verschiebt und gleichzeitig die Koordinaten $\mathbf{u}(\mathbf{R})$ der Auslenkung des Atomrumpfes entsprechend $\mathbf{u}(\mathbf{R}) \to \mathbf{u}(\mathbf{R} - \mathbf{R}_0)$ transformiert. Führen wir

---

[3] Typische Kernradien sind von der Größenordnung 10^{-13} cm, typische Abstände zwischen den Kernen in Festkörpern von der Größenordnung 10^{-8} cm. Die Kerne nehmen deshalb lediglich einen Anteil 10^{-15} des Gesamtvolumens eines Festkörpers ein.

[4] In einem Zustand mit den Phononen-Besetzungszahlen $n_{\mathbf{k}s}$ sind $n_{\mathbf{k}s}$ Phononen des Typs $\mathbf{k}s$ vorhanden, d.h. die $\mathbf{k}s$-te Normalschwingung ist in ihrem $n_{\mathbf{k}s}$-ten angeregten Zustand.

[5] Ein Neutron kann Energie verlieren oder gewinnen, entsprechend der Bilanz der Energien erzeugter oder absorbierte Phononen.

beide Ersetzungen in (24.4) durch, so erhalten wir

$$H_{n-i} \rightarrow \sum_{\mathbf{R}} w(\mathbf{r} + \mathbf{R}_0 - \mathbf{R} - \mathbf{u}(\mathbf{R} - \mathbf{R}_0))$$

$$= \sum_{\mathbf{R}} w(\mathbf{r} - (\mathbf{R} - \mathbf{R}_0) - \mathbf{u}(\mathbf{R} - \mathbf{R}_0)). \tag{24.5}$$

Da wir über sämtliche Vektoren des Bravaisgitters summieren, ist (24.5) mit (24.4) identisch.[6]

Eine der grundlegenden Erkenntnisse der Quantenmechanik besagt, daß sich Symmetrien des Hamiltonoperators als Erhaltungssätze äußern. Wir zeigen in Anhang M, daß aus dieser speziellen Symmetrie der Erhaltungssatz

$$\mathbf{p}' - \mathbf{p} = -\sum_{\mathbf{k}s} \hbar \mathbf{k} \, \Delta n_{\mathbf{k}s} + (\text{Vektor des reziproken Gitters} \times \hbar) \tag{24.6}$$

folgt. Definieren wir den *Kristallimpuls* eines Phonons als das Produkt aus seinem Wellenvektor und $\hbar$, so wird die Form der Aussage (24.6) der Impulserhaltung sehr ähnlich: *Die Änderung des Neutronenimpulses ist – bis auf einen additiven Vektor des reziproken Gitters – gleich dem Negativen der Änderung des gesamten Kristallimpulses der Phononen.*

Wir möchten betonen, daß dem Kristallimpuls eines Phonons im allgemeinen keinerlei wirklicher Impuls des Kristallsystems zugeordnet werden kann. Der Term „Kristallimpuls" ist insofern einfach nur eine Bezeichnung für das Produkt aus $\hbar$ und dem Wellenvektor des Phonons.[7] Jedoch soll dieser Name suggerieren, daß das Produkt $\hbar \mathbf{k}$ häufig eine Rolle spielt, die derjenigen eines Impulses recht ähnlich ist – wie es offensichtlich in (24.6) der Fall ist. Da ein Kristall Translationssymmetrie besitzt, ist es nicht überraschend, einen Erhaltungssatz ähnlich der Impulserhaltung vorzufinden;[8] da es sich dabei lediglich um die Symmetrie eines Bravaisgitters handelt – nicht um eine vollständige Translationssymmetrie des freien Raums – verwundert es jedoch auch nicht, daß dieser Erhaltungssatz schwächer ist als die Impulserhaltung: Der Kristallimpuls ist nur bis auf einen additiven Vektor des reziproken Gitters erhalten.

---

[6] Dies ist strenggenommen nur dann der Fall, wenn das Neutron mit einem unendlich ausgedehnten Kristall wechselwirkt. In dem Maße, in dem Oberflächenstreuung bedeutsam wird, ist der Kristallimpuls nicht mehr erhalten. Im Falle der Neutronenstreuung sind Oberflächeneffekte ohne Bedeutung.

[7] Die hier verwendete Nomenklatur ist analog jener in Kapitel 8, wo wir den Kristallimpuls eines Bloch-Elektrons mit Wellenvektor $\mathbf{k}$ als $\hbar \mathbf{k}$ definierten. Die Terminologie ist bewußt identisch gewählt, da in Prozessen, in welchen Phononenübergänge und elektronische Übergänge gleichzeitig auftreten, der gesamte Kristallimpuls des Elektron-Phonon-Systems erhalten ist (bis auf das additive Produkt aus einem Vektor des reziproken Gitters und $\hbar$). (Siehe Anhang M und Kapitel 26.)

[8] Der Impulserhaltungssatz folgt aus der vollständigen Translationsinvarianz des leeren Raums.

Da es nun also zwei Erhaltungssätze gibt, wird es möglich, die expliziten Formen der Abhängigkeiten $\omega_s(\mathbf{k})$ auf einfache Weise aus den Daten der Neutronenstreuung zu ermitteln. In diesem Sinne untersuchen wir die Verteilung der an einem Kristall gestreuten Neutronen und klassifizieren dazu verschiedene mögliche Typen der Streuung entsprechend der Gesamtzahl von Phononen, mit welchen ein Neutron auf seinem Weg durch den Kristall Energie ausgetauscht hat.

Null-Phononen-Streuung

In diesem Fall ist der Endzustand des Kristalls mit dem Anfangszustand identisch. Aus der Energieerhaltung (24.3) folgt, daß die Energie des Neutrons unverändert bleibt, es sich also um *elastische* Streuung handelt; aus der Erhaltung (24.6) des Kristallimpulses folgt, daß sich der Impuls des Neutrons nur um $\hbar\mathbf{K}$ ändern kann, wobei $\mathbf{K}$ ein Vektor des reziproken Gitters ist. Schreiben wir die Impulse des einfallenden und des gestreuten Neutrons in der Form

$$\mathbf{p} = \hbar\mathbf{q}, \quad \mathbf{p}' = \hbar\mathbf{q}'. \tag{24.7}$$

so lauten die Bedingungen der Energie- und Impulserhaltung

$$q' = q, \quad \mathbf{q}' = \mathbf{q} + \mathbf{K}. \tag{24.8}$$

Die Gleichungen (24.8) sind identisch mit den Laue-Bedingungen, die von den Wellenvektoren der einfallenden und der gestreuten Röntgenstrahlung erfüllt werden müssen, damit die elastisch gestreute Röntgenstrahlung einen Bragg-Reflex erzeugt (siehe S. 124). Da man ein Neutron mit dem Impuls $\mathbf{p} = \hbar\mathbf{q}$ als ebene Welle mit dem Wellenvektor $\mathbf{q}$ betrachten kann, war es zu erwarten, daß sich die Laue-Bedingungen ergeben würden. Wir schließen daraus, daß man elastisch gestreute Neutronen – die *keine* Phononen erzeugen oder vernichten – ausschließlich in Raumrichtungen vorfindet, welche die Bragg-Bedingung erfüllen. Diese elastisch gestreuten Neutronen tragen exakt dieselbe Information über die Struktur des Kristalls, wie elastisch gestreute Röntgenstrahlen (Kapitel 6).

Ein-Phonon-Streuung

Die wesentlichste Information liefern Neutronen, die exakt ein Phonon absorbieren oder erzeugen. Bei der Absorption – dem im allgemeinen wichtigeren Fall – verlangen die Erhaltungssätze von Energie und Kristallimpuls

$$E' = E + \hbar\omega_s(\mathbf{k}),$$
$$\mathbf{p}' = \mathbf{p} + \hbar\mathbf{k} + \hbar\mathbf{K}, \tag{24.9}$$

wobei $\mathbf{k}$ und s Wellenvektor und Zweigindex des absorbierten Phonons bezeichnen.

Andererseits gilt für die Erzeugung eines Phonons

$$E' = E - \hbar\omega_s(\mathbf{k}),$$
$$\mathbf{p}' = \mathbf{p} - \hbar\mathbf{k} + \hbar\mathbf{K}, \tag{24.10}$$

wobei das Phonon mit Wellenvektor $\mathbf{k}$ im Zweig s erzeugt wurde.

In beiden Fällen kann man mit Hilfe des Erhaltungssatzes des Kristallimpulses den Wellenvektor $\mathbf{k}$ durch den Impulsübertrag $\mathbf{p}' - \mathbf{p}$ des Neutrons ausdrücken. Darüber hinaus kann man den in dieser Beziehung auftretenden additiven Vektor des reziproken Gitters beim Einsetzen des Ausdruckes für $\mathbf{k}$ in den Erhaltungssatz der Energie vernachlässigen, da jedes $\omega_s(\mathbf{k})$ eine periodische Funktion im reziproken Gitter ist:

$$\omega_s(\mathbf{k} \pm \mathbf{K}) = \omega_s(\mathbf{k}). \tag{24.11}$$

Daher lassen sich die Forderungen beider Erhaltungssätze in einer einzigen Gleichung zusammenfassen:

$$\frac{p'^2}{2M_n} = \frac{p^2}{2M_n} + \hbar\omega_s\left(\frac{\mathbf{p}' - \mathbf{p}}{\hbar}\right), \qquad \text{Phonon wird absorbiert} \tag{24.12}$$

$$\frac{p'^2}{2M_n} = \frac{p^2}{2M_n} - \hbar\omega_s\left(\frac{\mathbf{p}' - \mathbf{p}}{\hbar}\right), \qquad \text{Phonon wird erzeugt} \tag{24.13}$$

Im Experiment kennt man gewöhnlich den Impuls und die Energie der einfallenden Neutronen. Somit sind – für eine bestimmte Phononen-Dispersionsrelation $\omega_s(\mathbf{k})$ – die drei Komponenten des gestreuten Neutronenimpulses $\mathbf{p}'$ die einzigen Unbekannten in den Gleichungen (24.12) und (24.13). Nun beschreibt eine einzelne Gleichung, welche die drei Komponenten eines Vektors $\mathbf{p}'$ miteinander verknüpft – so sie denn überhaupt Lösungen hat – eine Fläche (oder Flächen) im dreidimensionalen $\mathbf{p}'$-Raum. Betrachtet man ausschließlich Neutronen, die in eine bestimmte Richtung gestreut werden, so ist damit die Richtung von $\mathbf{p}'$ festgelegt, und man kann deshalb erwarten, Lösungen nur an einem einzigen Punkt der Fläche (oder in einer endlichen Anzahl von Punkten auf den Flächen) zu finden.[9]

Wählt man eine beliebige Richtung aus, so kann man in dieser Richtung durch Ein-Phonon-Prozesse gestreute Neutronen nur bei wenigen, diskreten Werten von p' erwarten, entsprechend einigen diskreten Werten $E' = p'^2/2M_n$ der Energie. Kennt man die Energie der gestreuten Neutronen ebenso wie die Richtung, in welche sie gestreut wurden, so kann man $\mathbf{p}' - \mathbf{p}$ und $E' - E$ konstruieren und hieraus

---

[9] Legen wir andererseits die Richtung von $\mathbf{p}'$ fest, so bleibt eine einzige unbekannte Variable (der Betrag p') in den Gleichungen (24.12) und (24.13) übrig, so daß wir eine höchstens endliche Anzahl von Lösungen erwarten.

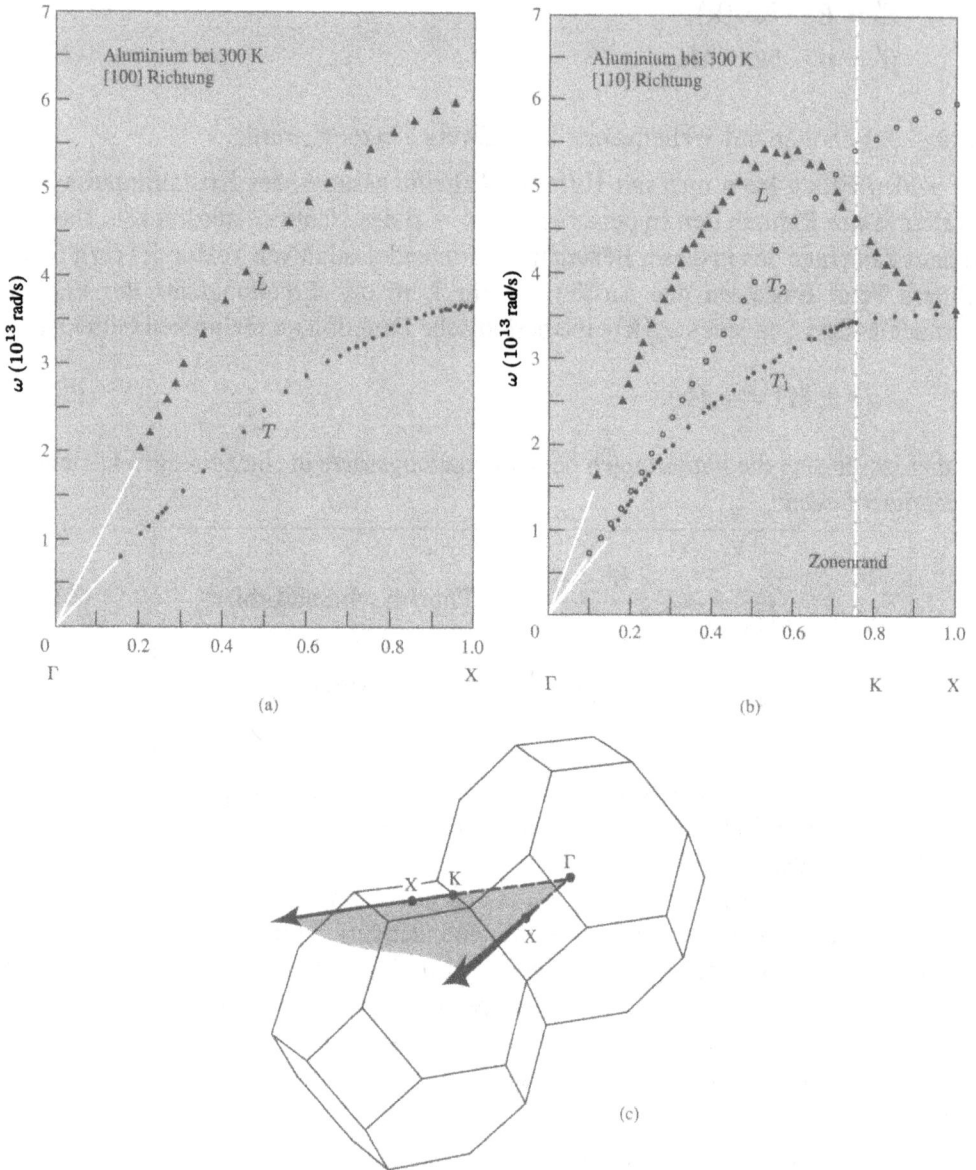

Bild 24.2: Phononen-Dispersionsrelationen für Aluminium, gemessen mittels Neutronenstreuung entlang der Linien ΓX und ΓKX im k-Raum. Der geschätzte Fehler in der Frequenz beträgt 1 bis 2 Prozent. Jeder Punkt entspricht einer gemessenen Neutronengruppe. (Nach J. Yarnell et al., *Lattice Dynamics*, R. F. Wallis, ed., Pergamon, New York (1965).) Beachten Sie, daß die beiden transversalen Zweige in Richtung ΓX (einer vierzähligen Drehachse) entartet sind, nicht aber in Richtung ΓK (einer zweizähligen Drehachse). Siehe Kapitel 22.

schließen, daß der Kristall eine Normalschwingung mit der Frequenz $(E' - E)/\hbar$ und dem Wellenvektor $\pm(\mathbf{p}' - \mathbf{p})/\hbar$ aufweist. Damit hat man einen Punkt des Phononenspektrums des Kristalls bestimmt. Variiert man sämtliche zur Verfügung stehenden Parameter (Energie der einfallenden Neutronen, Orientierung des Kristalls, Detektionsrichtung), so kann man eine große Anzahl solcher Punkte zusammentragen und damit auf recht effektive Weise das gesamte Phononenspektrum punktweise ausmessen (Bild 24.2). Diese Methode führt jedoch nur dann zum Erfolg, wenn man in der Lage ist, die in Ein-Phonon-Prozessen gestreuten Neutronen von anderen zu unterscheiden. Im folgenden gehen wir explizit auf Zwei-Phononen-Prozesse ein.

Zwei-Phononen-Streuung

In einem Zwei-Phononen-Prozeß absorbiert oder erzeugt ein Neutron zwei Phononen, oder es erzeugt eines und absorbiert ein anderes – ein Prozeß, der auch als Streuung eines einzelnen Phonons beschrieben werden kann. Als konkretes Beispiel behandeln wir den Fall der Zwei-Phononen-Absorption. Die Erhaltungssätze lauten nun

$$E' = E + \hbar\omega_s(\mathbf{k}) + \hbar\omega_{s'}(\mathbf{k}'),$$
$$\mathbf{p}' = \mathbf{p} + \hbar\mathbf{k} + \hbar\mathbf{k}' + \hbar\mathbf{K}. \tag{24.14}$$

Eliminieren wir $\mathbf{k}'$ mit Hilfe des Erhaltungssatzes des Kristallimpulses, so erhalten wir daraus eine einzige Bedingung:

$$E' = E + \hbar\omega_s(\mathbf{k}) + \hbar\omega_{s'}\left(\frac{\mathbf{p}' - \mathbf{p}}{\hbar} - \mathbf{k}\right). \tag{24.15}$$

Für jeden festen Wert von $\mathbf{k}$ können wir nun die oben für den Fall nur eines Phonons geführte Argumentation wiederholen: In einer bestimmten Detektionsrichtung erscheinen gestreute Neutronen nur bei einer kleinen Anzahl diskreter Energiewerte. Nun kann aber der Wellenvektor $\mathbf{k}$ kontinuierlich innerhalb der ersten Brillouin-Zone variieren, da der Wellenvektor der absorbierten Phononen *kein* wählbarer Parameter ist. Mit der Variation von $\mathbf{k}$ ändern sich auch die diskreten Energien des gestreuten Neutrons. Somit zeigt die Gesamtheit der Neutronen, welche durch den Prozeß in eine bestimmte Richtung gestreut werden, eine *kontinuierliche* Energieverteilung.

Offenbar ist die Gültigkeit dieser Schlußfolgerung nicht auf den von uns als Beispiel untersuchten, speziellen Typus eines Zwei-Phononen-Prozesses beschränkt, sogar nicht einmal auf allgemeine Zwei-Phononen-Prozesse. Nur in Ein-Phonon-Prozessen wirken die Erhaltungssätze einschränkend genug, um alle Energien mit Ausnahme eines diskreten Satzes für die in eine bestimmte Richtung gestreuten Neutronen auszuschließen. Hat ein Neutron mit zwei oder mehreren Phononen Energie ausgetauscht, so übersteigt die Anzahl der Freiheitsgrade die Anzahl der Erhaltungssätze so deutlich,

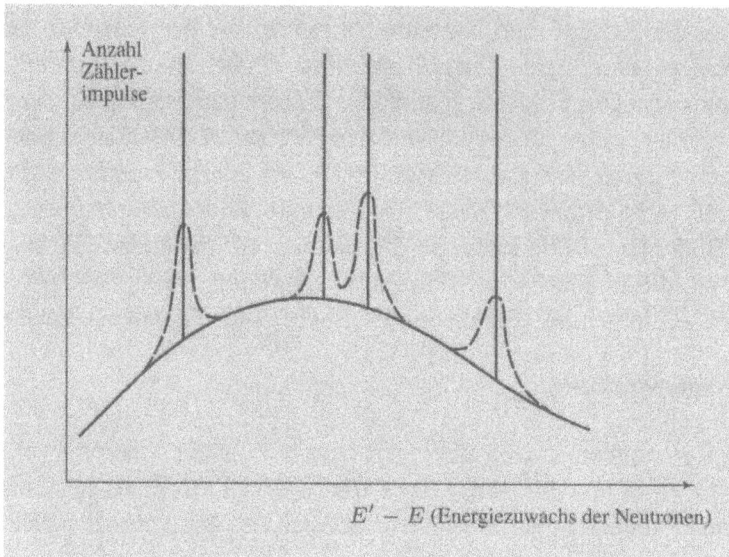

Bild 24.3: Relative Anzahl der in eine bestimmte Richtung gestreuten Neutronen als Funktion der Neutronenenergie. Die schwach gekrümmte Kurve kennzeichnet den auf Vielphononenprozesse zurückgehenden Untergrund. Im Falle eines idealen, harmonischen Kristalls würden die Ein-Phonon-Prozesse scharfe Maxima erzeugen; bei einem realen Kristall sind diese Maxima aufgrund von Lebensdauereffekten der Phononen verbreitert (gestrichelt gezeichnete Kurven).

daß man in jeder Richtung ein Kontinuum der Energien der gestreuten Neutronen beobachtet.

Infolgedessen unterscheidet man die Ein-Phonon-Prozesse von den übrigen Streuprozessen – welche einen Vielphononen-Hintergrund erzeugen – nicht etwa anhand einer bestimmten Eigenschaft jedes einzelnen gestreuten Neutrons, sondern vielmehr durch die statistische Struktur der Energieverteilung der in eine bestimmte Richtung gestreuten Neutronen. Der Ein-Phonon-Prozeß ergibt scharfe Maxima bei isolierten Energiewerten, während die Mehrphononenprozesse einen kontinuierlichen Hintergrund erzeugen (Bild 24.3). Man kann daher den Energie- und Impulsübertrag durch die Ein-Phonon-Prozesse mit den scharfen Maxima korrelieren.

Breite der Ein-Phonon-Maxima

Bild 24.4 zeigt einige typische Neutronenverteilungen. Beachten Sie, daß die Ein-Phonon-Maxima, obwohl im allgemeinen sehr deutlich zu erkennen, nicht so perfekt scharf sind, wie wir es von unserer Analyse her erwarten könnten. Die Breite der Peaks entsteht dadurch, daß reale Kristalle nicht ideal harmonisch sind. Die stationären Zustände in der harmonischen Näherung sind nur angenähert stationäre Zustände: Ein realer Kristall, der sich in einem solchen Zustand befindet – charakterisiert durch einen bestimmten Satz von Phononen-Besetzungszahlen – wird sich mit einer gewissen Wahrscheinlichkeit nach einiger Zeit in eine Überlagerung anderer solcher

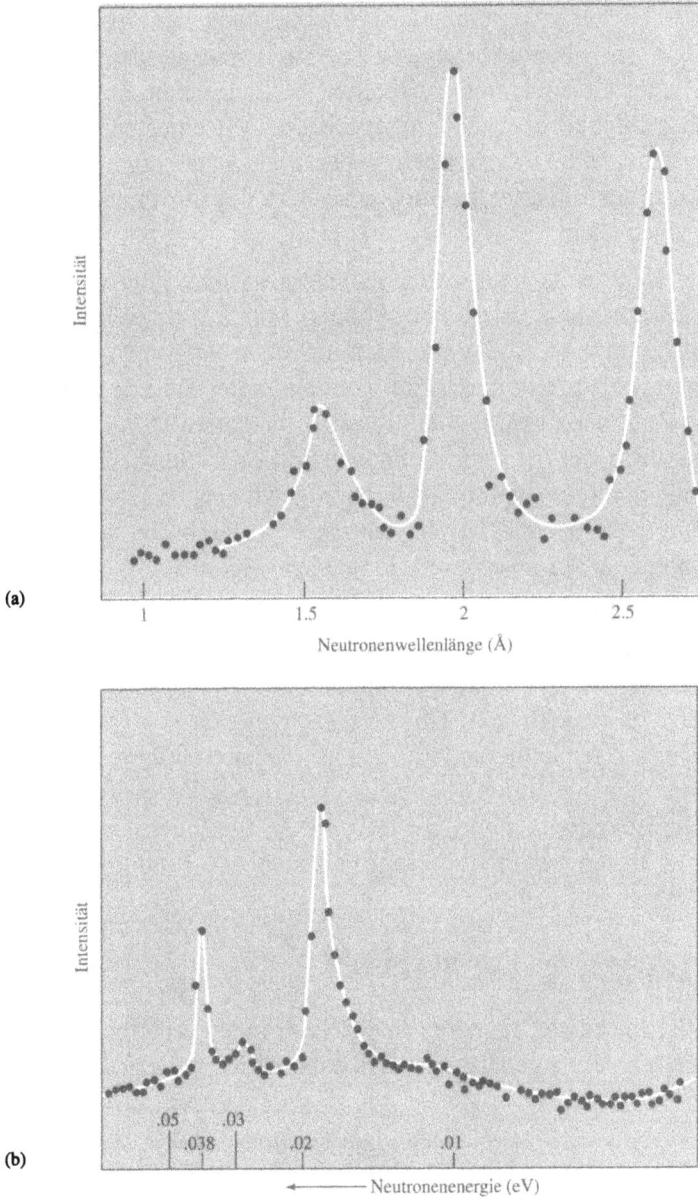

Bild 24.4: Einige typische, gemessene Neutronenverteilungen. Aufgetragen ist die Anzahl von Neutronen mit bekannter, fester Anfangsenerige, die in eine definierte Richtung gestreut wurden, als Funktion eines Parameters, der zur Energie der gestreuten Neutronen proportional ist. (a) Kupfer (G. Gobert, B. Jacrot, *J. Phys. Radium* **19** (1959)). (b) Germanium (I. Pelah et al., *Phys. Rev.* **108**, 1091 (1957)).

Zustände entwickeln, welche durch andere Sätze von Phononen-Besetzungszahlen festgelegt sind. Sind jedoch die harmonischen stationären Zustände ausreichend gute Näherungen an die exakten Zustände, so kann dieser Zerfall langsam genug vor sich gehen, so daß auch weiterhin eine Beschreibung der Prozesse innerhalb des Kristalls anhand von Phononen angemessen ist, vorausgesetzt, man berücksichtigt den möglichen Zerfall eines nur genäherten, harmonischen Zustandes, indem man den Phononen endliche Lebensdauern zuschreibt. Mit einer endlichen Lebensdauer τ der Phononen ist eine Unschärfe $\hbar/\tau$ der Phononenenergie verknüpft; dadurch wird die Wirkung des Energieerhaltungssatzes, der die Ein-Phonon-Maxima festlegt, entsprechend geschwächt.

Wir werden in Kapitel 25 noch näher auf diese Punkte eingehen; an dieser Stelle möchten wir nur bemerken, daß die Ein-Phonon-Maxima, obwohl verbreitert, so doch klar zu identifizieren sind. Daß diese Maxima tatsächlich auf Ein-Phonon-Prozesse zurückgehen, wird eindeutig durch die Konsistenz der Kurven $\omega_s(\mathbf{k})$ bestätigt, die man aus ihren Positionen ableitet, da die experimentellen Daten über die Positionen der Ein-Phonon-Maxima oft stark redundant sind. Auf unterschiedliche Weise kann man Information über ein bestimmtes Phonon gewinnen, indem man Streuereignisse mit identischem Energie- und Impulsübertrag betrachtet, die sich aber durch einen Vektor des reziproken Gitters voneinander unterscheiden.[10]

Wir möchten betonen, daß es Lösungen des Ein-Phonon-Erhaltungssatzes (24.12) innerhalb eines Bereiches von Energie- und Impulsüberträgen gibt, der genügend ausgedehnt ist, um das systematische, punktweise Ausmessen des gesamten Phononenspektrums zu ermöglichen. Um dies nachvollziehen zu können, nehmen wir zunächst der Einfachheit halber an, die Energie E der einfallenden Neutronen sei auf der Skala der Phononenenergien vernachlässigbar klein. Da die maximale Phononenenergie von der Größenordnung $k_B\Theta_D$ ist, und Θ_D typischerweise zwischen 100 und 1000 K liegt, so haben wir es in diesem Falle mit der Streuung sogenannter kalter Neutronen zu tun.

Ein-Phonon-Streuung und Erhaltungssätze

Für $E = 0$ hat (24.13) keine Lösungen, da ein Neutron mit verschwindender kinetischer Energie kein Phonon *erzeugen* kann, so daß dabei die Energie erhalten wäre. Dagegen

---

[10] Man kann auch Information über die Polarisationsvektoren erhalten, da (siehe Anhang N) der Wirkungsquerschnitt für einen gegebenen Ein-Phonon-Prozeß proportional ist zu

$$|\boldsymbol{\epsilon}_s(\mathbf{k}) \cdot (\mathbf{p} - \mathbf{p}')|^2,$$

wobei $\boldsymbol{\epsilon}_s(\mathbf{k})$ den Polarisationsvektor des beteiligten Phonons bezeichnet und $\mathbf{p}' - \mathbf{p}$ den Impulsübertrag des Neutrons.

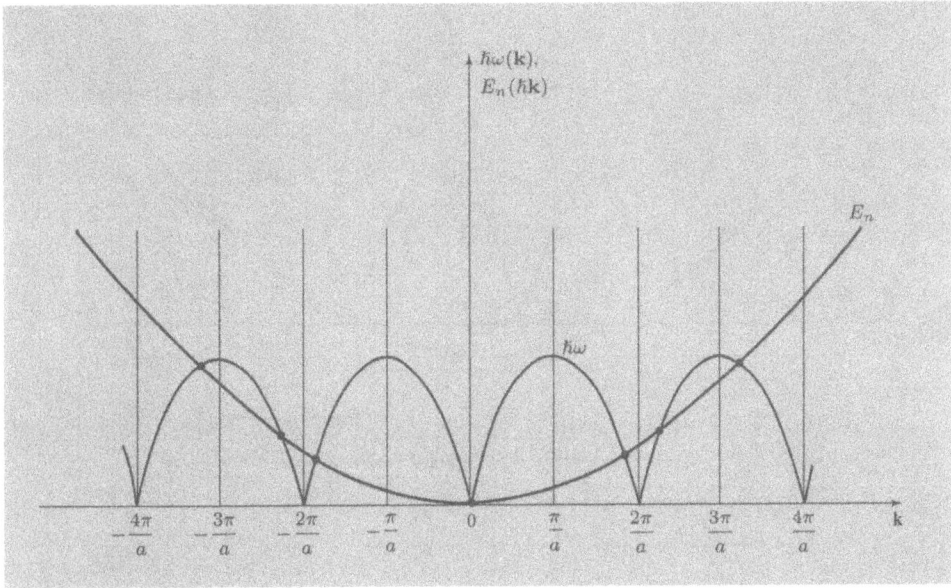

Bild 24.5: Eindimensionale Veranschaulichung der Tatsache, daß die für die Ein-Phonon-Absorption gültigen Erhaltungssätze für Neutronen, die mit der Energie null einfallen, immer erfüllt werden können. Die Gleichung $\hbar^2 k^2 / 2 M_n = \hbar\omega(\mathbf{k})$ gilt in jedem Schnittpunkt der beiden Kurven.

ist die *Absorption* von Phononen sehr wohl möglich, und der Erhaltungssatz (24.12) lautet nun

$$\frac{p'^2}{2m} = \hbar\omega_s \left(\frac{\mathbf{p}'}{\hbar} \right), \tag{24.16}$$

eine Gleichung, die für eine beliebige Richtung von $\mathbf{p}'$ Lösungen haben muß – was aus Bild 24.5 ersichtlich ist.

Analytisch folgt diese Tatsache daraus, daß die Neutronenenergie für kleine p' quadratisch gegen null geht, während $\hbar\omega_s(\mathbf{p}'/\hbar)$ entweder linear gegen null geht (im Falle des akkustischen Zweigs), oder einem konstanten Wert zustrebt (im Falle des optischen Zweiges). Somit ist bei genügend kleinem p' die Neutronenenergie in jedem Falle kleiner als die Energie des Phonons für eine beliebige Richtung von $\mathbf{p}'$. Wird p' größer, so kann die Neutronenenergie unbeschränkt ansteigen, während $\hbar\omega_s(\mathbf{p}'/\hbar)$ nach oben durch die maximale Phononenenergie in diesem Zweig beschränkt ist. Aus Gründen der Stetigkeit gibt es deshalb mindestens einen Wert von p' zu jeder Richtung von $\mathbf{p}'$, für den (24.16) gilt. Für jeden Zweig s des Phononenspektrums muß es mindestens eine solche Lösung geben. Gewöhnlich existieren jedoch mehr als eine Lösung (Bild 24.5), da die Endenergie eines Neutrons selbst dann vergleichsweise klein ist, wenn $\mathbf{p}'/\hbar$ auf dem Rand der Brillouin-Zone liegt: Ein Neutron mit dem Wellenvektor $\mathbf{q}$ (in

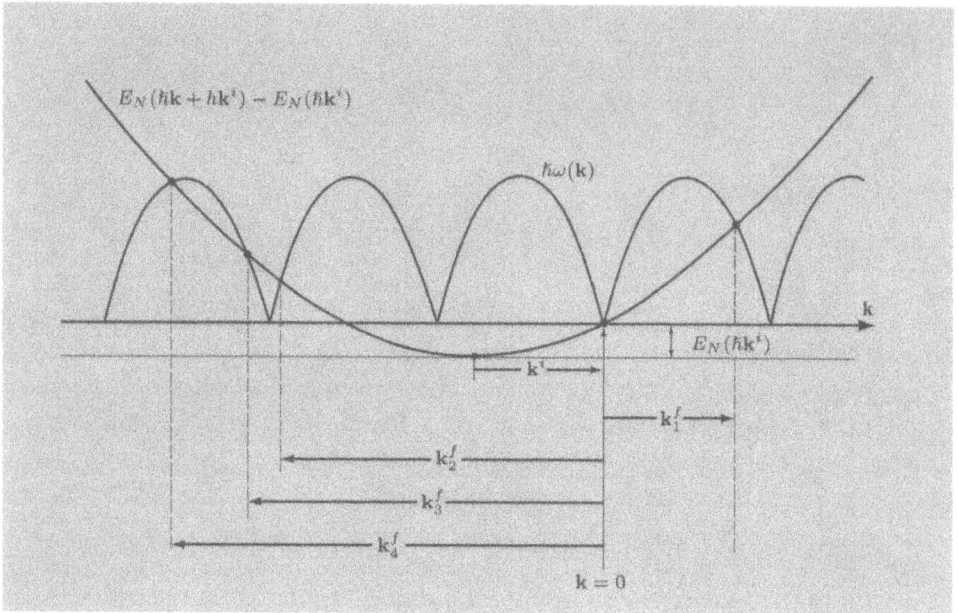

Bild 24.6: Graphische Lösung der Ein-Phonon-Erhaltungssätze für ein mit dem Wellenvektor $\mathbf{k}^i$ einfallendes Neutron. Man kann den Erhaltungssatz für die Phononenabsorption in der Form

$$E_N(\hbar\mathbf{k} + \hbar\mathbf{k}^i) - E_N(\hbar\mathbf{k}^i) = \hbar\omega(\mathbf{k})$$

schreiben, wobei $\hbar\mathbf{k}$ den Impuls des gestreuten Neutrons bezeichnet und $E_N(\mathbf{p}) = p^2/2M_n$ seine Energie. Man zeichnet die linke Seite dieser Gleichung, indem man die Energie-Impuls-Kurve des Neutrons horizontal soweit verschiebt, daß ihr Zentrum bei $\mathbf{k} = -\mathbf{k}^i$ anstelle von $\mathbf{k} = 0$ liegt, und sie sodann um den Betrag $E_N(\hbar\mathbf{k}^i)$ nach unten versetzt. Lösungen existieren in jedem Schnittpunkt der verschobenen Kurve mit der Phononen-Dispersionskurve $\hbar\omega(\mathbf{k})$. Im vorliegenden Beispiel gibt es Lösungen für vier verschiedene Wellenvektoren $\mathbf{k}_1^f \ldots \mathbf{k}_4^f$ des gestreuten Neutrons.

Å^{-1}) hat die Energie

$$E_N = 2,1\,(q\,[\text{Å}^{-1}])^2 \cdot 10^{-3}\ \text{eV},$$
$$\frac{E_N}{k_B} = 24\,(q\,[\text{Å}^{-1}])^2\ \text{K}. \tag{24.17}$$

Daher ist E_n/k_B auch dann klein im Vergleich zu einem typischen Wert von Θ_D, wenn q einen Wert am Rand der Brillouin-Zone hat.

Ist die Energie der einfallenden Neutronen nicht null, so gibt es auch weiterhin Lösungen, welche die Absorption eines Phonons in einem jeden Zweig beschreiben (Bild 24.6).

Überschreitet die Energie einen gewissen Grenzwert, so werden weitere Lösungen zugänglich, welche die Erzeugung eines Phonons beschreiben. Es herrscht somit kein Mangel an Ein-Phonon-Peaks, und man hat einfallsreich Techniken entwickelt, um das Phononenspektrum eines Kristalls entlang verschiedener Richtungen im k-Raum mit beträchtlicher Genauigkeit (von wenigen Prozent) und in einer großen Anzahl von Punkten zu vermessen.

Streuung elektromagnetischer Strahlung an einem Kristall

Exakt dieselben Erhaltungssätze (Erhaltung der Energie und des Kristallimpulses) gelten auch für die Streuung von Photonen an den Atomrümpfen eines Kristalls. Da sich jedoch die Energie-Impuls-Relation der Photonen sehr stark von jener für Phononen unterscheidet, kann man aus experimentellen Daten der Streuung elektromagnetischer Strahlung sehr viel weniger leicht und direkt Informationen über das gesamte Phononenspektrum erhalten, wie es aus den Daten der Neutronenstreuung möglich ist. Die beiden am häufigsten eingesetzten experimentellen Methoden der Streuung elektromagnetischer Strahlung sind die inelastische Röntgenstreuung sowie die inelastische Streuung sichtbaren Lichtes.

Messung von Phononenspektren mittels Röntgenstreuung

Unsere Diskussion der Röntgenstreuung in Kapitel 6 basierte auf dem Modell des statischen Gitters – was der Grund für die Äquivalenz mit der oben beschriebenen, elastischen Ein-Phonon-Streuung ist. Schwächen wir die Annahme eines starren, statischen Gitters der Atomrümpfe ab, so wird es für Röntgenphotonen – ebenso wie im Falle der Neutronen – möglich, in inelastischen Streuprozessen eines oder mehrere Phononen zu erzeugen und/oder zu vernichten. Die Energieänderung eines inelastisch gestreuten Photons ist jedoch extrem schwierig zu messen: Die typische Energie eines Röntgenphotons liegt im Bereich einiger keV (10^3 eV), während eine typische Phononenenergie einige meV (10^{-3} eV) beträgt, und – bei einer Debyetemperatur Θ_D von der Größenordnung der Raumtemperatur – höchstens einige Hundertstel eV. Im allgemeinen ist die Auflösung einer so winzigen relativen Änderung der Photonenfrequenz experimentell derart schwierig, daß man nur die *gesamte* gestreute Strahlung aller Frequenzen als Funktion des Streuwinkels messen kann, vor dem diffusen Hintergrund von Strahlung, die in Winkel gestreut wird, welche die Bragg-Bedingung nicht erfüllen. Infolge dieses Problems der Energieauflösung geht die charakteristische Struktur der Ein-Phonon-Prozesse verloren, und ihr Beitrag zur gesamten, unter einem bestimmten Winkel gestreuten Strahlung kann nicht in einfacher Weise von den Beiträgen der Mehrphononenprozesse getrennt werden.

Trotzdem kann man auf verschieden Weise einige Information gewinnen: In Anhang N zeigen wir, daß der Beitrag der Ein-Phonon-Prozesse zur der in einen bestimmten Winkel gestreuten Gesamtintensität vollständig bestimmt ist durch eine einfache Funktion der Frequenzen und Polarisationen jener wenigen Phononen, welche an Ein-Phonon-

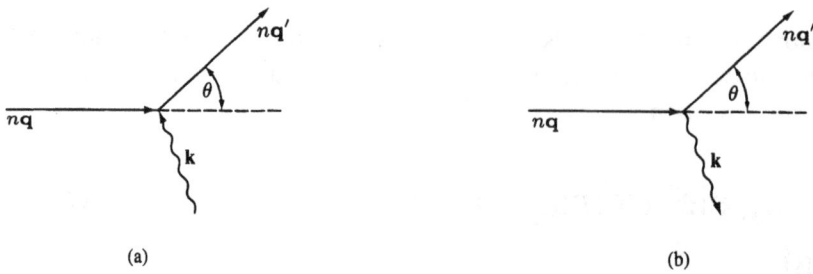

Bild 24.7: Streuung eines Photons um einen Winkel θ vom Wellenvektor q im freien Raum zum Wellenvektor q' unter (a) Absorption eines Phonons mit Wellenvektor k (Anti-Stokes) oder (b) Erzeugung eines Phonons mit Wellenvektor k (Stokes). Die Wellenvektoren der Photonen im Kristall sind nq und nq', wobei n den Brechungsindex des Kristalls bezeichnet.

Prozessen beteiligt sind. Deshalb kann man die Phononen-Dispersionsrelationen aus Messungen der Intensität der gestreuten Röntgenstrahlung als Funktion des Streuwinkels und der Frequenz der einfallenden Röntgenstrahlung bestimmen, vorausgesetzt, man findet eine Möglichkeit, von dieser Gesamtintensität den Beitrag der Mehrphononenprozesse zu subtrahieren. Im allgemeinen versucht man es mit einer theoretischen Berechnung dieses Mehrphononenbeitrags. Darüber hinaus hat man in Betracht zu ziehen, daß Röntgenstrahlen – im Unterschied zu Neutronen – stark mit den Elektronen wechselwirken: Ein gewisser Beitrag zur gestreuten Gesamtintensität – der sogenannte Compton-Hintergrund – geht auf inelastische Streuprozesse zwischen Röntgenquanten und Elektronen zurück, so daß die Gesamtintensität entsprechend zu korrigieren ist.

Aus diesen Betrachtungen folgt, daß die Röntgenstreuung im Vergleich zur Neutronenstreuung eine wesentlich weniger leistungsfähige Sonde zur Messung des Phononenspektrums ist. Die große Stärke der Experimente mit Neutronen ist die hier mögliche gute Energieauflösung, und hat man die gestreuten Energien erst einmal aufgelöst, so sind die hochinformativen Ein-Phonon-Prozesse leicht auszuwerten.

Optische Messung der Phononenspektren

Werden Photonen des sichtbaren Lichtes – gewöhnlich aus einem hochintensiven Laserstrahl – unter Erzeugung und Absorption von Phononen gestreut, so sind die Energieverschiebungen (Frequenzverschiebungen) ebenfalls sehr gering, aber meßbar – im allgemeinen mittels interferometrischer Techniken. Man ist deshalb in der Lage, den Ein-Phonon-Beitrag zur Lichtstreuung zu isolieren, und die Werte $\omega_s(\mathbf{k})$ für die an den Streuprozessen teilnehmenden Phononen zu bestimmen. Da jedoch die Wellenvektoren der Photonen von der Größenordnung 10^5 cm^{-1} sind – und damit wesentlich kleiner als die Abmessungen der Brillouin-Zone (von der Größenordnung 10^8 cm^{-1}) – so kann man mittels Lichtstreuung nur Erkenntnisse über Phononen gewinnen, die sich in der unmittelbaren Umgebung von $\mathbf{k} = 0$ befinden. Man spricht von *Brillouin-Streuung*, wenn das erzeugte oder absorbierte Phonon akkustisch ist, und von *Raman-Streuung*, wenn es sich um ein optisches Phonon handelt.

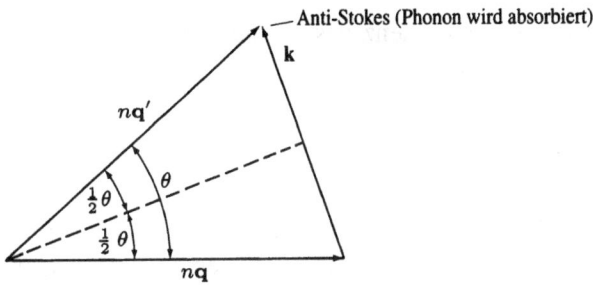

Bild 24.8: Geometrische Herleitung der Gleichung (24.20). Da die Photonenenergie nahezu unverändert bleibt, ist das Dreieck nahezu gleichschenklig. Der Prozeß findet innerhalb des Kristalls statt, so daß die Wellenvektoren der Photonen zu $n\mathbf{q}$ und $n\mathbf{q}'$ zu korrigieren sind, wobei n den Brechungsindex des Kristalls bezeichnet. Die Darstellung wurde für den Prozeß der Phononenabsorption (Anti-Stokes) gezeichnet; sie beschreibt den Fall der Phononenerzeugung (Stokes), wenn man die Richtung von $\mathbf{k}$ umkehrt.

Betrachtet man die Erhaltungssätze für diese Prozesse, so muß man beachten, daß sich die Wellenvektoren innerhalb des Kristalls von ihren Werten im freien Raum durch einen Faktor n, den Brechungsindex des Kristalls, unterscheiden – da die Frequenz im Kristall unverändert bleibt, die Ausbreitungsgeschwindigkeit jedoch nun c/n beträgt. Bezeichnet man die Wellenvektoren der einfallenden und der gestreuten Photonen im freien Raum mit $\mathbf{q}$ und $\mathbf{q}'$, ihre Kreisfrequenzen mit ω und ω', so fordern die Erhaltungssätze von Energie und Kristallimpuls für einen Ein-Phonon-Prozeß

$$\hbar\omega' = \hbar\omega \pm \hbar\omega_s(\mathbf{k}) \tag{24.18}$$

und

$$\hbar n\mathbf{q}' = \hbar n\mathbf{q} \pm \hbar\mathbf{k} + \hbar\mathbf{K}. \tag{24.19}$$

Das obere Vorzeichen gilt für Prozesse, bei welchen ein Phonon absorbiert wird (die sogenannte *Anti-Stokes*-Komponente der gestreuten Strahlung), das untere Vorzeichen für Prozesse, bei welchen ein Phonon erzeugt wird (die *Stokes*-Komponente). Da die Beträge der Wellenvektoren $\mathbf{q}$ und $\mathbf{q}'$ der Photonen klein sind im Vergleich mit den Abmessungen der Brillouin-Zone, so kann der Erhaltungssatz des Kristallimpulses (24.19) für Phononen-Wellenvektoren $\mathbf{k}$, die in der ersten Brillouin-Zone liegen, nur unter der Bedingung erfüllt werden, daß der Vektor $\mathbf{K}$ des reziproken Gitters null ist.

Die beiden Typen von Streuprozessen sind in Bild 24.7 schematisch dargestellt, die Bedingung der Erhaltung des Kristallimpulses in Bild 24.8. Da die Energie eines Phonons höchstens von der Größenordnung $\hbar\omega_D \approx 10^{-2}$ eV ist, wird die Energie der Photonen (typischerweise einige eV) und damit der Betrag ihres Wellenvektors durch die Streuung nur sehr geringfügig geändert – das Dreieck in Bild 24.8 ist daher fast gleichschenklig. Daraus folgt unmittelbar, daß der Betrag des Phononen-

Wellenvektors mit der Kreisfrequenz des Lichtes und dem Streuwinkel θ durch die Beziehung

$$k = 2nq\sin(\tfrac{1}{2}\theta) = (2\omega n/c)\sin(\tfrac{1}{2}\theta) \qquad (24.20)$$

verknüpft ist. Die Richtung von $\mathbf{k}$ bestimmt man aus der Konstruktion Bild 24.8, die Frequenz $\omega_s(\mathbf{k})$ durch Messung der (kleinen) Änderung der Frequenz des Photons.

Bei der Brillouin-Streuung ist das beteiligte Phonon ein akkustisches Phonon in der Nähe des Ursprungs des k-Raums, und $\omega_s(\mathbf{k})$ nimmt die Form $\omega_s(\mathbf{k}) = c_s(\hat{\mathbf{k}})k$ an (Gleichung (22.65)). Gleichung (24.20) verbindet dann die Schallgeschwindigkeit $c_s(\hat{\mathbf{k}})$, den Streuwinkel und die Änderung $\Delta\omega$ der Photonenenergie zu

$$c_s(\hat{\mathbf{k}}) = \frac{\Delta\omega}{2\omega}\,\frac{c}{n}\,\csc(\tfrac{1}{2}\theta). \qquad (24.21)$$

Einige typische experimentelle Ergebnisse sind in Bild 24.9 dargestellt.

Wellenbild der Wechselwirkung von Strahlung und Gitterschwingungen

In der vorangegangenen Diskussion betrachteten wir Neutronen, Photonen und Phononen als Teilchen, für welche die entscheidenden Gleichungen (24.3) und (24.6) die Erhaltungssätze von Energie und Kristallimpuls formulieren. Dieselben Bedingungen kann man auch herleiten, wenn man die Phononen und die einfallende Strahlung nicht als Teilchen, sondern als Wellen betrachtet. Im Falle elektromagnetischer Strahlung ist dies der natürliche, klassische Ansatz, und von diesem Standpunkt ging die ursprüngliche Behandlung des Gegenstandes durch Brillouin aus. Im Falle der Neutronenstreuung bleibt das Wellenbild eine quantenmechanische Sichtweise, da man das Neutron als Welle betrachtet, obwohl man das Phonon nicht mehr als Teilchen behandelt. Obwohl dadurch keinerlei neue Physik ins Spiel kommen kann, ist es dennoch sinnvoll, sich dieses Ansatzes immer bewußt zu sein, da er bisweilen zusätzliche Einsichten gewähren kann.

Betrachten wir also die Wechselwirkung einer Welle der Kreisfrequenz $E/\hbar$ und des Wellenvektors $\mathbf{q} = \mathbf{p}/\hbar$ mit einer bestimmten Normalschwingung des Kristalls mit Kreisfrequenz ω und Wellenvektor $\mathbf{k}$. Wir gehen dabei davon aus, daß nur diese eine Mode angeregt ist, d.h. wir betrachten die Wechselwirkung der Welle mit nur einem Phonon. Wir ignorieren ebenfalls zunächst die mikroskopische Struktur des Kristalls und betrachten die Mode als eine wellenartige Störung in einem kontinuierlichen Medium. Würde sich diese Störung nicht bewegen, so stellte sie für die einfallende Strahlung eine periodische Dichteänderung dar, die als ein Beugungsgitter wirkt (Bild 24.10), so daß die gestreute Welle durch die Bragg-Bedingung bestimmt wäre.

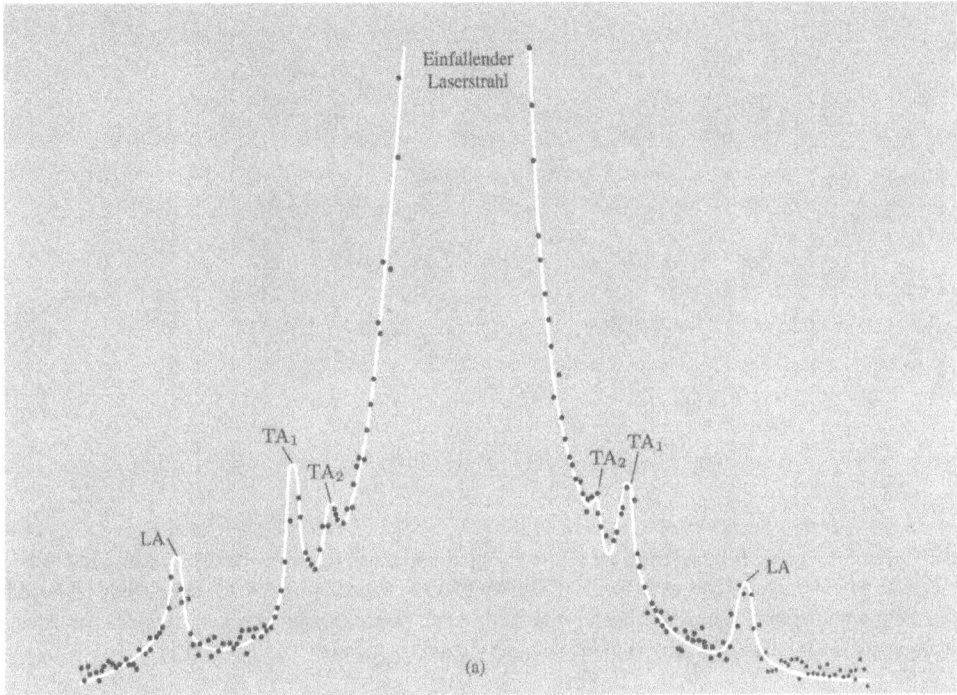

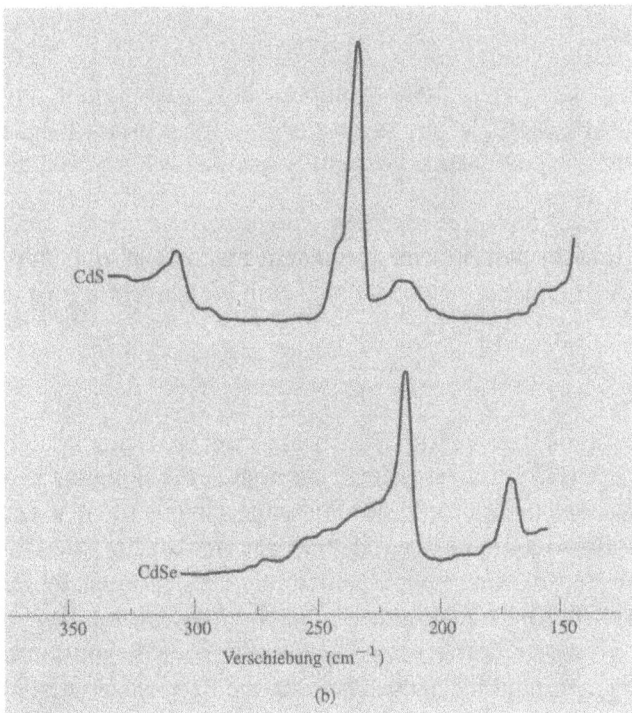

Bild 24.9: (a) Charakteristisches Brillouin-Spektrum. Aufgetragen ist die Intensität der gestreuten Strahlung gegen die Frequenz. Man erkennt deutlich Maxima bei Frequenzen, die oberhalb oder unterhalb der Frequenz des Laserlichtes liegen; sie sind einem longitudinal- und zwei transversal-akkustischen Zweigen zuzuordnen. (S. Fray et al., *Light Scattering Spectra of Solids*, G. B. Wright, ed., Springer, New York (1969).) (b) Raman-Spektren von CdS und CdSe. Man erkennt Maxima, welche longitudinal- und transversal-optischen Phononen zuzuordnen sind. (R. K. Chang et al., *ibid.*.)

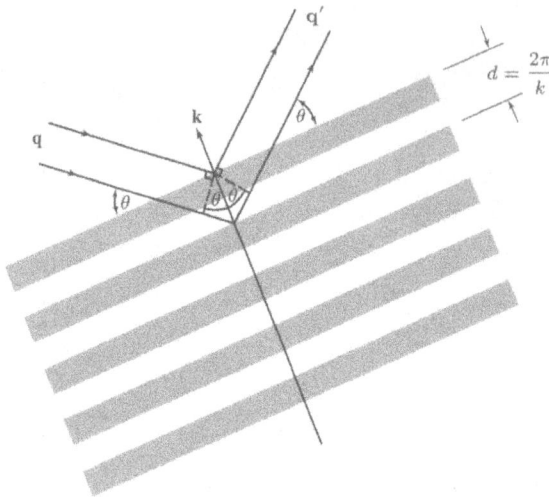

Bild 24.10: Streuung eines Neutrons an einem Phonon, betrachtet in einem Bezugssystem, in welchem die Phasengeschwindigkeit des Phonons Null ist: Das Phonon wirkt als ein statisches Beugungsgitter, d.h. es erzeugt alternierende Bereiche höherer und niedrigerer Konzentration der Atomrümpfe. Die Bragg-Bedingung (S. 124) $m\lambda = 2d \sin\theta$ (m ist eine ganze Zahl) lautet hier

$$\frac{2\pi m}{q} = \frac{4\pi}{k} \sin\theta \quad \text{oder}$$

$$mk = 2q \sin\theta \quad \text{oder}$$

$$mk = (\mathbf{q}' - \mathbf{q}) \cdot \hat{\mathbf{k}}.$$

Da die Bragg-Reflexion spiegelnd ist (der Einfallswinkel ist gleich dem Reflexionswinkel), und die Beträge q' und q übereinstimmen, folgt hieraus, daß $\mathbf{q}' - \mathbf{q}$ parallel zu $\mathbf{k}$ sein muß, so daß $\mathbf{q}' - \mathbf{q} = m\mathbf{k}$ gilt.

Die Störung ist jedoch nicht raumfest, sondern sie bewegt sich mit der Phasengeschwindigkeit $\mathbf{v}$ des Phonons, welche parallel zum Wellenvektor $\mathbf{k}$ ist und vom Betrag ω/k:

$$\mathbf{v} = \frac{\omega}{k} \hat{\mathbf{k}}. \tag{24.22}$$

Man kann diese Komplikation vermeiden, wenn man die Beugung in einem Bezugssystem beschreibt, welches sich mit der Phasengeschwindigkeit $\mathbf{v}$ bewegt. In einem solchen Bezugssystem ist die Störung stationär, und man kann die Bragg-Bedingung anwenden. Die Wellenvektoren sowohl der Gitterwelle, als auch der einfallenden und der gestreuten Wellen, bleiben durch einen Wechsel des Bezugssystems unverändert, da dieser Wechsel weder den Abstand zwischen Ebenen konstanter Phase, noch deren Orientierung beeinflußt.[11] Jedoch werden die Frequenzen der Wellen Doppler-

---

[11] Genauer gesagt ist die Änderung des Wellenvektors ein relativistischer Effekt, den wir hier vernachlässigen können, da die Phasengeschwindigkeit $\mathbf{v}$ klein ist im Vergleich zu c. Auch die Formeln (24.23) für die Dopplerverschiebung verwenden wir in ihren nichtrelativistischen Formen.

verschoben:

$$\begin{aligned}
\overline{\omega} &= \omega - \mathbf{k} \cdot \mathbf{v}, \\
\frac{\overline{E}}{\hbar} &= \frac{E}{\hbar} - \mathbf{q} \cdot \mathbf{v}, \\
\frac{\overline{E}'}{\hbar} &= \frac{E'}{\hbar} - \mathbf{q}' \cdot \mathbf{v}.
\end{aligned} \tag{24.23}$$

Da Bragg-Reflexion an einem stationären Gitter die Frequenz der einfallenden Welle unverändert läßt, muß $\overline{E}'$ gleich $\overline{E}$ sein. Aus der Transformation (24.23) folgt dann, daß im ursprünglichen Bezugssystem die Frequenz der gestreuten Welle zu verschieben ist entsprechend

$$\frac{E'}{\hbar} = \frac{E}{\hbar} + (\mathbf{q}' - \mathbf{q}) \cdot \mathbf{v}. \tag{24.24}$$

Die Änderung des Wellenvektors bei einer Bragg-Reflexion lautet

$$\mathbf{q}' = \mathbf{q} + m\mathbf{k}, \tag{24.25}$$

wobei die ganze Zahl m die Ordnung der Bragg-Reflexion bezeichnet (wie in Bild 24.10 dargestellt).[12] Diese Beziehung gilt in jedem Bezugssystem, da Wellenvektoren gegenüber einem Wechsel des Bezugssystems invariant sind.

Setzen wir (24.25) in (24.24) ein, so erhalten wir die Frequenzverschiebung im ursprünglichen Bezugssystem zu

$$\frac{E'}{\hbar} = \frac{E}{\hbar} + m\mathbf{k} \cdot \mathbf{v}. \tag{24.26}$$

Setzen wir weiterhin die explizite Form (24.22) der Phasengeschwindigkeit $\mathbf{v}$ in (24.26) ein, so ergibt sich

$$E' = E + m\hbar\omega. \tag{24.27}$$

Die Gleichungen (24.25) und (24.27) zeigen, daß einer Bragg-Reflexion m-ter Ordnung im bewegten Bezugssystem ein Prozeß entspricht, den wir im Laborsystem als Absorption oder Erzeugung von m Phononen eines bestimmten Typs beschreiben würden. Mehrphononenprozesse unter Beteiligung mehrerer Normalschwingungen korrespondieren dann offensichtlich mit aufeinanderfolgenden Bragg-Reflexionen an den entsprechenden „bewegten Beugungsgittern".

---

[12] Beachten Sie, daß m beide Vorzeichen haben kann, abhängig davon, auf welche Seite des Gitters die Welle einfällt.

In der Bedingung (24.25) für den Wellenvektor fehlt scheinbar der beliebig wählbare, additive Vektor des reziproken Gitters, der im Erhaltungssatz (24.6) für den Kristall-impuls auftritt. Dieser Vektor ist jedoch implizit auch in (24.25) präsent, sobald wir berücksichtigen, daß der Kristall kein Kontinuum, sondern ein diskretes System ist. Nur in einem Kontinuum ist es möglich, jeder Normalschwingung eindeutig einen Wellenvektor $\mathbf{k}$ zuzuordnen. In einem diskreten Gitter ist der Wellenvektor einer Normalschwingung nur bis auf einen additiven Vektor des reziproken Gitters definiert (siehe S. 556).

Vom Wellenstandpunkt aus betrachtet ist somit der Energieerhaltungssatz einfach ei-ne Formulierung der Dopplerverschiebung für eine Welle, die an einem bewegten Beugungsgitter reflektiert wird. Der Erhaltungssatz für den Kristallimpuls entspricht der Bragg-Bedingung für dieses Gitter, wobei der additive, beliebig wählbare Vektor des reziproken Gitters die Vielzahl möglicher Orientierungen des Gitters widerspie-gelt, welche dieses aufgrund der diskreten, periodischen Natur des Kristalls annehmen kann.

Aufgaben

24.1 (a) Zeichnen Sie Diagramme für einige mögliche Zwei-Phononen-Prozesse, in welche ein Neutron mit dem Impuls $\mathbf{p}$ eintritt und sie mit einem Impuls $\mathbf{p}'$ verläßt. Berücksichtigen Sie beim Bezeichnen der Diagramme in korrekter Weise die gültigen Erhaltungssätze.

(b) Führen Sie Aufgabe (a) für Drei-Phononen-Prozesse durch.

24.2 (a) Wenden Sie die in Bild 24.6 gezeigte graphische Lösungsmethode auf den Fall der Phononenerzeugung an.

(b) Verifizieren Sie, daß keine Lösungen existieren, falls die Energie des einfallenden Neutrons null ist.

(c) Erklären Sie qualitativ, auf welche Weise die Anzahl möglicher Lösungen vom einfallenden Wellenvektor $\mathbf{k}_i$ abhängt.

24.3 Diese Aufgabe baut auf den Anhängen L und N auf.

(a) Zeigen Sie unter Verwendung der Definition (N.17) der Größe W sowie der Entwicklung (L.14) für $\mathbf{u}(\mathbf{R})$, daß man den Debye-Waller-Faktor in der Form

$$e^{-2W} = \exp\left\{-v \int \frac{d\mathbf{k}}{(2\pi)^d} \sum_s \frac{\hbar}{2M\omega_s(\mathbf{k})} (\mathbf{q} \cdot \boldsymbol{\epsilon}_s(\mathbf{k}))^2 \coth(\tfrac{1}{2}\beta\hbar\omega_s(\mathbf{k}))\right\} \quad (24.28)$$

schreiben kann, wobei v das entsprechende Zellenvolumen bezeichnet.

(b) Zeigen Sie, daß in einer und in zwei Dimensionen gilt $e^{-2W} = 0$. (Untersuchen Sie dazu das Verhalten des Integranden für kleine k.) Welche Schlüsse können Sie hieraus über die Möglichkeit der Existenz ein- oder zweidimensionaler kristalliner Ordnung ziehen?

(c) Schätzen Sie die Größenordnung des Debye-Waller-Faktors für einen dreidimensionalen Kristall.

25 Anharmonische Effekte in Kristallen

Fundamentale Inadäquatheit harmonischer Modelle

Allgemeine Aspekte anharmonischer Theorien

Zustandsgleichung und thermische Ausdehnung eines Kristalls

Der Grüneisen-Parameter

Wärmeausdehnung der Metalle

Phononenstöße

Wärmeleitfähigkeit des Gitters

Umklapp-Prozesse

Zweiter Schall

In Kapitel 21 verschafften wir uns eine Überblick über die Gründe dafür, das Modell eines statischen Gitters der Atomrümpfe[1] fallenzulassen, und schwächten dann in den darauf folgenden Kapiteln mit der nötigen Vorsicht die Annahmen dieser eigentlich unzulässigen Vereinfachung ab. Wir bauten jedoch auch weiterhin auf zwei weniger einschränkende, vereinfachende Annahmen:

1. **Annahme kleiner Schwingungen** Wir nahmen dabei an, daß die Auslenkungen der Atomrümpfe aus ihren Gleichgewichtslagen klein seien.

2. **Harmonische Näherung** Wir nahmen an, daß wir die Eigenschaften des Festkörpers mit hinreichender Genauigkeit berechnen könnten, wenn wir nur den führenden, von null verschiedenen Term in der Entwicklung der Wechselwirkungsenergie der Atomrümpfe um ihren Gleichgewichtswert berücksichtigten.

Die Annahme kleiner Schwingungen scheint in den meisten Festkörpern – mit der wichtigen Ausnahme des festen Heliums – bei Temperaturen deutlich unterhalb des Schmelzpunktes tragbar zu sein. Jedenfalls waren wir aus Gründen der mathematischen Handhabbarkeit zu dieser vereinfachenden Annahme gezwungen. Könnten wir sie nicht mehr halten, so müßten wir zu sehr komplexen Näherungsschemata Zuflucht nehmen, deren Gültigkeit durchaus nicht selbstverständlich wäre.

Falls die Annahme kleiner Schwingungen zutrifft, so könnte man versucht sein, daraus zu schließen, daß die Berücksichtigung von Korrekturen zur harmonischen Näherung nur in Berechnungen mit großer Genauigkeit von Interesse sein sollte; dies ist jedoch nicht richtig. Es gibt zahlreiche physikalische Phänomene, die in einer ideal harmonischen Theorie nicht zu deuten sind, da sie *vollständig* auf dem Vorhandensein der vernachlässigten Terme höherer Ordnung in der Entwicklung der Wechselwirkungsenergie der Atomrümpfe um ihren Gleichgewichtswert beruhen.

In diesem Kapitel werden wir einige dieser Phänomene kennenlernen, deren Deutung das Vorhandensein *anharmonischer Terme* erfordert. Wir kennen bereits zwei Beispiele:

1. Die Quantentheorie des harmonischen Kristalls sagt voraus, daß die Wärmekapazität bei hohen Temperaturen ($T \gg \Theta_D$) der klassischen Regel von Dulong-Petit folgen sollte. Daß sich die Wärmekapazität bei hohen Temperaturen jedoch *nicht* diesem Wert nähert, ist ein anharmonischer Effekt (Siehe S. 541 und S. 578).

2. In unserer Diskussion der Neutronenstreuung (Kapitel 25) argumentierten wir, daß im Verlauf des Streuquerschnittes für die inelastischen Neutronenstreuung scharfe Peaks bei Energien auftreten sollten, welche durch die für Ein-Phonon-Prozesse gültigen Erhaltungssätze erlaubt sind. Die beobachteten Maxima, obwohl klar zu

---

[1] Wir verwenden auch weiterhin das Wort „Atomrumpf" im weitesten Sinne, so daß die Bausteine eines kovalent gebundenen Kristalls ebenso eingeschlossen sind wie die Atomrümpfe der Metalle, die Ionen der Ionenkristalle und die neutralen Atome oder Moleküle eines molekularen Festkörpers.

identifizieren, haben eine endliche, meßbare Breite (siehe Bild 24.4). Wir interpretierten diese Verbreiterung als eine Folge der Tatsache, daß die Eigenzustände des harmonischen Hamiltonoperators keine exakten Eigenzustände des Kristalls sind, daß also anharmonische Korrekturen zur harmonischen Näherung in diesem Falle von Bedeutung sind. Die Breite der Ein-Phonon-Peaks ist ein direktes Maß für die Stärke des anharmonischen Anteils der Wechselwirkungsenergie der Atomrümpfe.

Weitere Phänomene, die wesentlich durch die anharmonischen Terme in der Wechselwirkungsenergie bestimmt sind, kann man in Gleichgewichts- und Transporteigenschaften gruppieren:

1. **Gleichgewichtseigenschaften** Eine umfangreiche Klasse von Gleichgewichtseigenschaften der Kristalle erfordert zu ihrer konsistenten Deutung die Berücksichtigung anharmonischer Terme in der Wechselwirkungsenergie der Atomrümpfe. Die wesentlichste dieser Eigenschaften ist die Wärmeausdehnung: Die Gleichgewichtsabmessungen eines streng harmonischen Kristalls wären von der Temperatur unabhängig. Die Existenz anharmonischer Terme äußert sich außerdem in der experimentellen Tatsache, daß die elastischen Konstanten vom Volumen und von der Temperatur abhängen, sowie auch darin, daß adiabatische und isotherme elastische Konstanten nicht identisch sind.

2. **Transporteigenschaften** Die Wärmeleitfähigkeit eines Isolators ist in einem idealen Kristall ausschließlich durch die Anharmonizität der Wechselwirkungsenergie der Atomrümpfe beschränkt: Ein streng harmonischer Kristall hätte eine unendliche Wärmeleitfähigkeit. Die Wärmeleitfähigkeit ist wohl die wesentlichste der Transporteigenschaften, die durch das Vorhandensein anharmonischer Terme beeinflußt werden. Die Anharmonizität spielt aber eine wesentliche Rolle bei nahezu allen Prozessen des Energietransports über die Schwingungen des Gitters.

Allgemeine Aspekte anharmonischer Theorien

Die mathematische Beschreibung anharmonischer Terme ist im Prinzip einfach, wird jedoch in der Praxis durch die Notwendigkeit einer komplexen Notation erschwert. Wir halten an der Annahme kleiner Schwingungen fest, was es uns ermöglicht, nur die führenden Korrekturen zu den harmonischen Termen in der Entwicklung der Wechselwirkungsenergie U der Atomrümpfe nach Potenzen der Auslenkungen $\mathbf{u}$ zu berücksichtigen. Man ersetzt somit (22.8) und (22.10) durch den Ausdruck

$$U = U^{\text{eq}} + U^{\text{harm}} + U^{\text{anh}}, \tag{25.1}$$

wobei (siehe (22.10)) die anharmonischen Korrekturterme von der Form

$$U^{\text{anh}} = \sum_{n=3}^{\infty} \frac{1}{n!} \sum_{\mathbf{R}_1,\dots,\mathbf{R}_n} D^{(n)}_{\mu_1\dots\mu_n}(\mathbf{R}_1\dots\mathbf{R}_n) u_{\mu_1}(\mathbf{R}_1)\dots u_{\mu_n}(\mathbf{R}_n) \qquad (25.2)$$

sind, mit

$$D^{(n)}_{\mu_1\dots\mu_n}(\mathbf{R}_1,\dots,\mathbf{R}_n) = \partial^n U/\partial u_{\mu_1}(\mathbf{R}_1)\dots\partial u_{\mu_n}(\mathbf{R}_n)\Big|_{\mathbf{u}\equiv 0}. \qquad (25.3)$$

Im Sinne der Annahme kleiner Schwingungen mag man versucht sein, nur die führenden Terme (kubisch in den $\mathbf{u}$) im Ausdruck für U^{anh} zu berücksichtigen – und häufig praktiziert man dies auch so. Es gibt jedoch zwei gute Gründe dafür, auch Terme vierter Ordnung in Betracht zu ziehen:

1. Der Hamiltonoperator mit maximal kubischen anharmonischen Termen ist instabil: Gibt man den $\mathbf{u}$'s entsprechende Werte, so kann man die potentielle Energie beliebig groß und negativ machen (siehe Aufgabe 1). Dies impliziert, daß der kubische Hamiltonoperator keinen Grundzustand hat[2] – was bedeutet, daß man durch Ersetzen des vollständigen Hamiltonoperators durch eine auf die kubischen Terme „abgerundete" Näherung ein wohldefiniertes physikalisches Problem in eines mit spektakulären, aber künstlichen mathematischen „Pathologien" verwandelt hat. Trotzdem geht man häufig diesen Weg, behandelt dann die zusätzlichen kubischen Terme als kleine Störungen und gelangt trotz der formalen Absurdität der Prozedur zu physikalisch sinnvollen Ergebnissen. Sollte man jedoch darauf bestehen, es mit einem wohldefinierten Problem zu tun zu haben, so sieht man sich gezwungen, auch die Terme vierter Ordnung zu berücksichtigen.

2. Beiträge, die durch die kubischen Terme verursacht werden, verhalten sich oft anomal – nicht aus dem im ersten Punkt genannten Grund, sondern durch die sehr strengen Bedingungen, welche die Erhaltungssätze Prozessen auferlegen, die über diese kubischen Terme vermittelt werden. Wenn dies geschieht, so können die Terme vierter Ordnung vergleichbar wesentlich werden, und dies selbst dann, wenn die Annahme kleiner Schwingungen eine gute Näherung ist.

Es ist allgemeine Praxis, auch für genaue Rechnungen keine höheren als anharmonische Terme vierter Ordnung zu berücksichtigen – es sei denn, man möchte Aussagen von sehr großer Allgemeinheit beweisen, oder man beschäftigte sich mit Kristallen – vor allem dem festen Helium – für welche die Annahme kleiner Schwingungen ganz grundsätzlich fragwürdig ist. In der Praxis herrscht eine deutliche Tendenz, nur die kubischen anharmonischen Terme in die Berechnungen mit einzubeziehen – wobei man sich aber immer der oben beschriebenen „Fallen" bewußt sein muß.

---

[2] Siehe beispielsweise G. Baym, *Phys. Rev.* **117**, 886 (1960).

Zustandsgleichung und Wärmeausdehnung eines Kristalls

Zur Herleitung der Zustandsgleichung schreiben wir den Druck als $P = -(\partial F/\partial V)_T$, wobei F, die Helmholtzsche Freie Energie, gegeben ist durch $F = U - TS$. Da die Entropie S und die innere Energie U durch die Beziehung

$$T \left(\frac{\partial S}{\partial T} \right)_V = \left(\frac{\partial U}{\partial T} \right)_V \tag{25.4}$$

verknüpft sind, können wir den Druck in Abhängigkeit von der inneren Energie alleine in der Form[3]

$$P = -\frac{\partial}{\partial V} \left[U - T \int_0^T \frac{dT'}{T'} \frac{\partial}{\partial T'} U(T', V) \right] \tag{25.5}$$

schreiben. Trifft die Annahme kleiner Schwingungen zu, so sollte die innere Energie eines Isolatorkristalls exakt durch das Resultat (23.11) der harmonischen Näherung gegeben sein:

$$U = U^{\text{eq}} + \frac{1}{2} \sum_{ks} \hbar\omega_s(\mathbf{k}) + \sum_{ks} \frac{\hbar\omega_s(\mathbf{k})}{e^{\beta\hbar\omega_s(\mathbf{k})} - 1} . \tag{25.6}$$

Setzen wir diesen Ausdruck in die allgemeine Form (25.5) ein, so erhalten wir[4]

$$P = -\frac{\partial}{\partial V} \left[U^{\text{eq}} + \sum \frac{1}{2}\hbar\omega_s(\mathbf{k}) \right] + \sum_{ks} \left(-\frac{\partial}{\partial V}(\hbar\omega_s(\mathbf{k})) \right) \frac{1}{e^{\beta\hbar\omega_s(\mathbf{k})} - 1} . \tag{25.7}$$

Dieses Resultat hat eine sehr einfache Struktur: Der erste Term – der einzige, welcher bei $T = 0$ „überlebt" – ist die negative Volumenableitung der Grundzustandsenergie. Bei von null verschiedenen Temperaturen wird dieser Term ergänzt durch die negative Volumenableitung der Phononenenergien, wobei der Beitrag eines jeden Phononenniveaus mit dessen mittlerer Besetzungszahl gewichtet ist.

Nach (25.7) hängt der Gleichgewichtsdruck nur deshalb von der Temperatur ab, weil die Frequenzen der Normalschwingungen vom Gleichgewichtsvolumen des Kristalls

---

[3] Wir verwenden die Tatsache, daß die Entropiedichte bei $T = 0$ verschwindet (Dritter Hauptsatz der Thermodynamik), um eine Integrationskonstante loszuwerden.

[4] Siehe Aufgabe 2.

abhängig sind. Hätte die potentielle Energie des Kristalls streng die harmonische Form
(Gleichungen (22.46) und (22.8))

$$U^{\mathrm{eq}} + \frac{1}{2} \sum_{\mathbf{R}\mathbf{R}'} \mathbf{u}(\mathbf{R})\mathbf{D}(\mathbf{R} - \mathbf{R}')\mathbf{u}(\mathbf{R}') \tag{25.8}$$

mit von den $\mathbf{u}(\mathbf{R})$ unabhängigen Kraftkonstanten $\mathbf{D}$, so könnten die Frequenzen der
Normalschwingungen nicht vom Volumen abängen.[5]
Man kann dies folgendermaßen einsehen: Um die Volumenabhängigkeit der Frequenzen der Normalschwingungen zu bestimmen, ist das Problem der kleinen Schwingungen nicht nur für das ursprüngliche, durch die Vektoren $\mathbf{R}$ gegebene Bravaisgitter
zu lösen, sondern auch für die gedehnten (oder geschrumpften), durch die Vektoren[6]
$\overline{\mathbf{R}} = (1 + \epsilon)\mathbf{R}$ gegebenen Gitter, deren Volumina sich um einen Faktor $(1 + \epsilon)^3$ vom
Volumen des ursprünglichen Gitters unterscheiden. Ist die potentielle Energie auch für
nicht-kleine $\mathbf{u}(\mathbf{R})$ streng von der Form (25.8), so reduziert man das neue Problem der
kleinen Schwingungen leicht auf das alte: Die Orte $\mathbf{r}(\mathbf{R}) = \overline{\mathbf{R}} + \overline{\mathbf{u}}(\overline{\mathbf{R}})$ der Atomrümpfe
kann man auch in der Form $\mathbf{r}(\mathbf{R}) = \mathbf{R} + \mathbf{u}(\mathbf{R})$ schreiben, vorausgesetzt, die Verschiebungen $\mathbf{u}$ in Bezug auf das ursprüngliche Gitter hängen mit den Verschiebungen $\overline{\mathbf{u}}$ in
Bezug auf das gedehnte (oder geschrumpfte) Gitter über die Beziehung

$$\mathbf{u}(\mathbf{R}) = \epsilon\mathbf{R} + \overline{\mathbf{u}}(\overline{\mathbf{R}}) \tag{25.9}$$

zusammen. Hat die potentielle Energie streng die Form (25.8), so ist es nicht not-
wendig, zur Berechnung der Energie der durch $\mathbf{r}(\mathbf{R}) = \overline{\mathbf{R}} + \overline{\mathbf{u}}(\overline{\mathbf{R}})$ bestimmten
Konfiguration eine neue Entwicklung von U um die neuen Gleichgewichtslagen $\overline{\mathbf{R}}$
durchzuführen, sondern es genügt, einfach die äquivalenten, durch (25.9) gegebenen
Verschiebungen $\mathbf{u}$ in (25.8) einzusetzen. Der resultierende Ausdruck für die potentielle
Energie der Konfiguration, in welcher die Atomrümpfe um $\overline{\mathbf{u}}(\overline{\mathbf{R}})$ aus den Gleichge-
wichtslagen bei $\overline{\mathbf{R}}$ ausgelenkt sind, lautet[7]

$$U^{\mathrm{eq}} + \frac{1}{2}\epsilon^2 \sum_{\mathbf{R}\mathbf{R}'} \mathbf{R}\mathbf{D}(\mathbf{R} - \mathbf{R}')\mathbf{R}' + \frac{1}{2} \sum_{\mathbf{R}\mathbf{R}'} \overline{\mathbf{u}}(\mathbf{R})\mathbf{D}(\mathbf{R} - \mathbf{R}')\overline{\mathbf{u}}(\mathbf{R}'). \tag{25.10}$$

---

[5] Dies ist eine Verallgemeinerung der vertrauten Tatsache, daß die Frequenz eines harmonischen
Oszillators nicht von seiner Schwingungsamplitude abhängt.

[6] Der Einfachheit halber betrachten wir ausschließlich Bravaisgitter, deren Symmetrie es erlaubt, daß
eine homogene, isotrope Ausdehnung oder Schrumpfung zu einer neuen *Gleichgewichtskonfiguration*
führt – im Gegensatz beispielsweise zu einem Kristall mit orthorhombischer Symmetrie, für welchen der
Skalenfaktor $(1 + \epsilon)$ in Richtung verschiedener Kristallachsen unterschiedlich wäre. Trotzdem ist das
Endergebnis unserer Betrachtung von recht großer Allgemeinheit.

[7] Stellen die neuen Gitterplätze $\overline{\mathbf{R}}$ tatsächlich eine Gleichgewichtslage des Kristalls dar, so müssen die
in den $\overline{\mathbf{u}}$ linearen Terme verschwinden.

Die beiden ersten Terme der Gleichung (25.10) sind von den neuen Verschiebungen $\bar{u}$ unabhängig und beschreiben die potentielle Energie der neuen Gleichgewichtskonfiguration. Die Dynamik des Problems wird durch den in den $\bar{u}$ quadratischen Term bestimmt. Da die Koeffizienten dieses Terms identisch sind mit den Koeffizienten des entsprechenden Terms der Gleichung (25.8), so ist die Dynamik der Schwingungen um die neuen Gleichgewichtslagen identisch mit der Dynamik der Schwingungen um die ursprünglichen Gleichgewichtslagen. Deshalb bleiben die Frequenzen der Normalschwingungen durch die Änderung des Gleichgewichtsvolumens unbeeinflußt.

Da also die Frequenzen der Normalschwingungen eines streng harmonischen Kristalls durch eine Volumenänderung unbeeinflußt bleiben, hängt der durch (25.7) gegebene Druck nur vom Volumen, nicht jedoch von der Temperatur ab. Somit ändert sich in einem streng harmonischen Kristall der zur Aufrechterhaltung eines bestimmten Volumens nötige Druck nicht mit der Temperatur. Wegen

$$\left(\frac{\partial V}{\partial T}\right)_P = -\frac{(\partial P/\partial T)_V}{(\partial P/\partial V)_T} \tag{25.11}$$

folgt ebenfalls, daß sich das Gleichgewichtsvolumen bei festem Druck nicht mit der Temperatur ändern kann. Deshalb muß der Wärmeausdehnungskoeffizient[8]

$$\alpha = \frac{1}{l}\left(\frac{\partial l}{\partial T}\right)_P = \frac{1}{3V}\left(\frac{\partial V}{\partial T}\right)_P = \frac{1}{3B}\left(\frac{\partial P}{\partial T}\right)_V \tag{25.12}$$

null sein.

Aus dem Nichtvorhandensein einer Wärmeausdehnung des streng harmonischen Gitters folgen thermodynamisch einige weitere Anomalien. Die Wärmekapazitäten bei konstantem Volumen und bei konstantem Druck hängen zusammen über die Beziehung

$$c_p = c_v - \frac{T(\partial P/\partial T)_V^2}{V(\partial P/\partial V)_T} \tag{25.13}$$

und müssen folglich in einem streng harmonischen Festkörper identisch sein. Gleiches gilt wegen

$$\frac{c_p}{c_v} = \frac{(\partial P/\partial V)_S}{(\partial P/\partial V)_T} \tag{25.14}$$

---

[8] Wir nehmen auch weiterhin an, daß der Kristall genügend symmetrisch ist, so daß sich alle seine linearen Abmessungen auf dieselbe Weise mit der Temperatur ändern. Die Ausdehnungskoeffizienten von Kristallen mit nicht-kubischen Symmetrien sind richtungsabhängig. Den Kompressionsmodul B definierten wir in (2.35) als $B = -V(\partial P/\partial V)_T$.

für die adiabatische und die isotherme Kompressibilität. Solche Ergebnisse sind anomal, da bei realen Kristallen die Kraftkonstanten **d** in der harmonischen Näherung der potentiellen Energie davon abhängen, um welches Gleichgewichtsgitter die harmonische Entwicklung durchgeführt wurde. Diese Abhängigkeit impliziert, daß die harmonische Näherung in realen Kristallen nicht exakt sein kann. Es ist möglich, den Betrag, um welchen sich die Frequenzen der Normalschwingungen verschieben, wenn die Vektoren des Gleichgewichtsgitters von **R** in $(1 + \epsilon)$**R** transformiert werden, als Funktion der Koeffizienten der anharmonischen Terme in der Entwicklung der potentiellen Energie[9] um die Gleichgewichtslagen **R** auszudrücken. Auf diese Weise kann man aus Messungen des Wärmeausdehnungskoeffizienten Rückschlüsse auf die Größe der anharmonischen Korrekturen zur Energie ziehen.

Wärmeausdehnung: Der Grüneisen-Parameter

Nachdem wir erkannt haben, daß die Phononenfrequenzen eines realen Kristalls vom Gleichgewichtsvolumen abhängen, können wir mit der Diskussion der Zustandsgleichung (25.7) fortfahren.

Setzen wir diese Formel (25.7) für den Druck P in (25.12) ein, so erhalten wir den Wärmeausdehnungskoeffizienten zu

$$\alpha = \frac{1}{3B} \sum_{\mathbf{k}s} \left(-\frac{\partial}{\partial V} \hbar \omega_{\mathbf{k}s} \right) \frac{\partial}{\partial T} n_s(\mathbf{k}), \tag{25.15}$$

wobei $n_s(\mathbf{k}) = [e^{\beta \hbar \omega_s(\mathbf{k})} - 1]^{-1}$. Ein Vergleich mit dem Ausdruck (23.12) für die Wärmekapazität, welchen man in die Form

$$c_v = \sum_{\mathbf{k}s} \frac{\hbar \omega_s(\mathbf{k})}{V} \frac{\partial}{\partial T} n_s(\mathbf{k}) \tag{25.16}$$

bringen kann, legt die folgende Darstellung des Wärmeausdehnungskoeffizienten α nahe:

Wir definieren zunächst die Größe

$$c_{vs}(\mathbf{k}) = \frac{\hbar \omega_s(\mathbf{k})}{V} \frac{\partial}{\partial T} n_s(\mathbf{k}), \tag{25.17}$$

den Beitrag der Normalschwingung **k**, s zur Wärmekapazität. Als nächstes definieren wir die Größe $\gamma_{\mathbf{k}s}$ – den sogenannten Grüneisen-Parameter für die Mode **k**, s – als die

---

[9] Siehe Aufgabe 4.

negative logarithmische Ableitung der Frequenz der Mode nach dem Volumen, d.h.

$$\gamma_{\mathbf{k}s} = -\frac{V}{\omega_s(\mathbf{k})}\frac{\partial\omega_s(\mathbf{k})}{\partial V} = -\frac{\partial(\ln\omega_s(\mathbf{k}))}{\partial(\ln V)}. \tag{25.18}$$

Schließlich ist der gesamte *Grüneisen-Parameter*

$$\gamma = \frac{\displaystyle\sum_{\mathbf{k}s}\gamma_{\mathbf{k}s}c_{vs}(\mathbf{k})}{\displaystyle\sum_{\mathbf{k}s}c_{vs}(\mathbf{k})} \tag{25.19}$$

definiert als das gewichtete Mittel der $\gamma_{\mathbf{k}s}$, wobei der Beitrag einer jeden Normalschwingung entsprechend ihrem Beitrag zur Wärmekapazität gewichtet ist. Unter Verwendung dieser Definitionen kann man (25.15) in der einfachen Form

$$\alpha = \frac{\gamma c_v}{3B} \tag{25.20}$$

schreiben. Wir drücken den Wärmeausdehnungskoeffizienten deshalb in dieser etwas eigenartigen Form aus, weil auf diese Weise in den einfachsten Modellen die Volumenabhängigkeit der Frequenzen der Normalschwingungen in einem universellen Faktor enthalten ist, und deshalb die $\gamma_{\mathbf{k}s}$ für alle Normalschwingungen gleich sind. Unter diesen Umständen reduziert sich (25.15) direkt auf (25.20), ohne den Umweg über die dazwischenliegenden Definitionen. In einem Debye-Modell beispielsweise skalieren sämtliche Frequenzen der Normalschwingungen linear mit der Abschneidefrequenz ω_D, so daß

$$\gamma_{\mathbf{k}s} \equiv -\frac{\partial(\ln\omega_D)}{\partial(\ln V)}. \tag{25.21}$$

Da der im Nenner des Ausdruckes (25.20) auftretende Kompressionsmodul B nur schwach temperaturabhängig ist,[10] sagen Theorien, die von konstanten $\gamma_{\mathbf{k}s}$ ausgehen, voraus, daß der Wärmeausdehnungskoeffizient

dieselbe Temperaturabhängigkeit haben sollte wie die Wärmekapazität. Insbesondere sollte er bei Temperaturen, die groß sind im Vergleich zu Θ_D, gegen einen konstanten Wert gehen und für $T \to 0$ wie T^3 verschwinden.

Die Darstellung (25.20) liefert diese beiden Grenzfälle. In jedem realen Festkörper sind die $\gamma_{\mathbf{k}s}$ nicht für alle Normalschwingungen gleich; deshalb hängt γ von der Temperatur ab. Aus (25.19) folgt jedoch, daß γ mit $T \to 0$ gegen einen konstanten Wert strebt, sowie ebenfalls gegen einen (anderen) konstanten Wert bei Temperaturen, die

---

[10] B ist eine direkt meßbare Größe, so daß man problemlos eine schwache Temperaturabhängigkeit zulassen kann.

Tabelle 25.1

Lineare Ausdehnungskoeffizienten α und Grüneisen-Parameter einiger Alkalihalogenide*

T(K)		LiF	NaCl	NaI	KCl	KBr	KI	RbI	CsBr
0	α	0	0	0	0	0	0	0	0
	γ	1,70	0,90	1,04	0,32	0,29	0,28	−0,18	2,0
20	α	0,063	0,62	5,1	0,74	2,23	4,5	6,0	10,0
	γ	1,60	0,96	1,22	0,53	0,74	0,79	0,85	−
65	α	3,6	15,8	27,3	17,5	22,5	26,0	28,0	35,2
	γ	1,59	1,39	1,64	1,30	1,42	1,35	1,35	−
283	α	32,9	39,5	45,1	36,9	38,5	40,0	39,2	47,1
	γ	1,58	1,57	1,71	1,45	1,49	1,47	−	2,0

*Die linearen Ausdehnungskoeffizienten α sind in $10^{-6}\ \mathrm{K}^{-1}$ angegeben.
Quelle: G. K. White, *Proc. Roy. Soc. London* **A286**, 204 (1965).

groß sind im Vergleich mit Θ_D. Somit hat die Temperaturabhängigkeit des Wärmeausdehnungskoeffizienten – auch im allgemeinen Fall – für die beiden Grenzfälle $T \to 0$ und $T \gg \Theta_D$ die Form

$$\alpha \sim T^3 \qquad \text{für} \quad T \to 0,$$
$$\alpha \sim \text{Konstante} \quad \text{für} \quad T \gg \Theta_D. \tag{25.22}$$

Einige Grüneisen-Parameter und ihre Temperaturabhängigkeiten sind in Tabelle 25.1 zusammengefaßt beziehungsweise in Bild 25.1 dargestellt.

Wärmeausdehung der Metalle

Die obige Diskussion geht davon aus, daß die Freiheitsgrade der Atomrümpfe die einzig verfügbaren sind, daß also der untersuchte Festkörper ein Isolator ist. Für Metalle können wir den Effekt der zusätzlichen elektronischen Freiheitsgrade mittels (25.12) abschätzen. Wiederum ist der Kompressionsmodul sehr schwach temperaturabhängig, und kann durch seinen Wert bei $T = 0$ ersetzt werden. Um uns eine grobe Abschätzung des elektronischen Beitrages zu $(\partial P / \partial T)_V$ zu verschaffen, addieren wir einfach zum Beitrag der Gitterschwingungen den Beitrag eines Gases freier Elektronen. Unter Berücksichtigung der Zustandsgleichung (siehe Gleichung (2.101))

$$P = \frac{2}{3} \frac{U}{V} \tag{25.23}$$

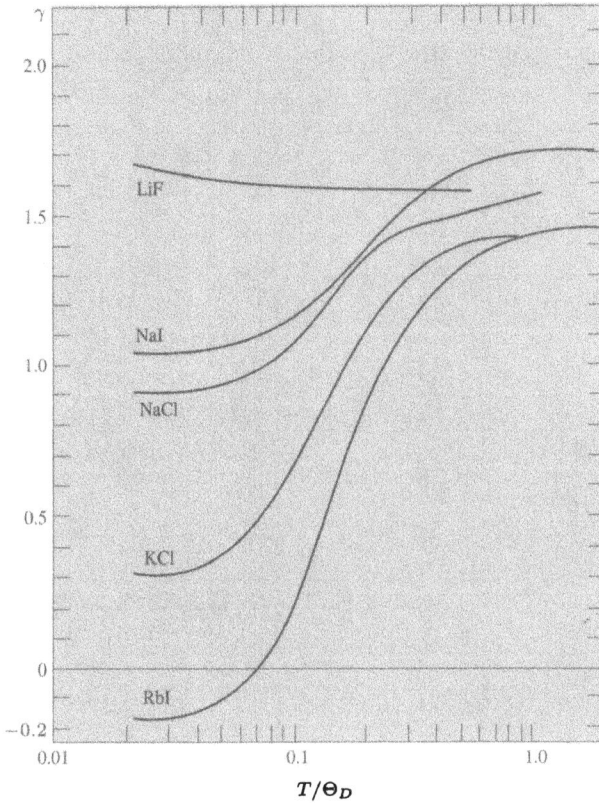

Bild 25.1: Grüneisen-Parameter in Abhängigkeit von T/Θ für einige Alkalihalogenidkristalle. (Aus G. K. White, *Proc. Roy. Soc. London* **A286**, 204 (1965).)

des Gases freier Elektronen folgt

$$\left(\frac{\partial P^{\mathrm{el}}}{\partial T}\right)_V = \frac{2}{3}\, c_v^{\mathrm{el}}, \tag{25.24}$$

woraus man für den Wärmeausdehnungskoeffizienten α den Ausdruck

$$\alpha = \frac{1}{3B}\left(\gamma c_v^{\mathrm{Rumpf}} + \frac{2}{3}\, c_v^{\mathrm{el}}\right) \tag{25.25}$$

erhält. Da der Grüneisen-Parameter typischerweise die Größenordnung eins hat, ist der elektronische Beitrag zur Temperaturabhängigkeit des Ausdehnungskoeffizienten nur bei Temperaturen nicht vernachlässigbar, bei welchen der elektronische Beitrag zur Wärmekapazität mit dem Beitrag der Atomrümpfe vergleichbar ist – also bei Temperaturen von der Größenordnung 10 K oder weniger (siehe (23.30)).[11] Somit besteht der im Rahmen dieser Theorie vorausgesagte, offensichtlichste Unterschied zwischen den Temperaturverläufen der Ausdehnungskoeffizienten α der Metalle einerseits und

---

[11] Die Elektronen liefern natürlich einen wesentlichen Beitrag zum – in grober Näherung temperaturunabhängigen – Kompressionsmodul (siehe Seiten 49-50).

Tabelle 25.2

Lineare Ausdehungskoeffizienten ausgewählter Metalle bei Raumtemperatur

Metall	Koeffizient*		Metall	Koeffizient*	
Li	45		Ca	22,5	
Na	71		Ba	18	
K	83		Nb	7,1	
Rb	66		Fe	11,7	
Cs	97		Zn	61	($\parallel$)
Cu	17,0			14	($\perp$)
Ag	18,0		Al	23,6	
Au	13,9		In	−7,5	($\parallel$)
Be	9,4	($\parallel$)		50	($\perp$)
	11,7	($\perp$)	Pb	28,8	
Mg	25,7	($\parallel$)	Ir	6,5	
	24,3	($\perp$)			

*Die Ausdehnungskoeffizienten sind in 10^{-6} K^{-1} angegeben. Für die nicht-kubischen Kristalle sind jeweils unterschiedliche Koeffizienten für die Ausdehnung parallel oder senkrecht zur Achse der höchsten Symmetrie aufgeführt.

Quelle: W. B. Pearson, *A Handbook of Lattice Spacings and Structures for Metals and Alloys*, Pergamon, New York (1958).

der Isolatoren andererseits darin, daß α bei den Metallen im Bereich sehr niedriger Temperaturen linear mit T gegen null geht, während er bei den Isolatoren mit T^3 verschwindet. Dieses Verhalten wird durch das Experiment bestätigt.[12]

In Tabelle 25.2 sind charakteristische Wärmeausdehnungskoeffizienten einiger Metall zusammengestellt.

Wärmeleitfähigkeit des Gitters: Ein allgemeiner Ansatz

Wie wir in den Kapiteln 22 und 23 feststellten, kann Wärmeenergie in den Normal-schwingungsmoden des Kristallgitters gespeichert werden. Da diese Moden elastische Wellen sind, ist ein Transport von Wärmeenergie durch das Gitter der Atomrümpfe ebenfalls möglich. Dieser Wärmetransport kann über geeignete Wellenpakete aus Normalschwingungen stattfinden, ganz ebenso, wie man Impulse durch ein gespanntes, elastisches Seil senden kann, indem man ein Ende auf und ab schlägt. Bei niedrigen Temperaturen spielt die Tatsache, daß die möglichen Energien dieser Normalschwin-

---

[12] Siehe G. K. White, *Proc. Roy. Soc. London* **A286**, 204 (1965) und K. Andres, *Phys. Kondens. Mater.* **2**, 294 (1964).

gungen quantisiert sind, eine entscheidende Rolle; es ist deshalb ebenso naheliegend wie zweckmäßig, diese Art des Energietransports in der Sprache der Phononen zu beschreiben.

Beschreibt man den Energietransport im Phononenbild, so betrachtet man Phononen, die innerhalb eines bestimmten Raumbereiches lokalisiert sind, welcher auf der Skala der makroskopischen Abmessungen des Kristalls klein ist, der jedoch groß sein muß auf der Skala der Abstände zwischen den Atomrümpfen. Da eine einzelne Normalschwingung mit einem bestimmten Wellenvektor k eine Bewegung sämtlicher Atomrümpfe des Kristalls bedeutet, kann ein Zustand, der aus einem einzigen Phonon mit Wellenvektor k besteht, keine Beschreibung für eine lokalisierte Störung des Kristalls sein. Überlagert man jedoch Zustände des Kristalls, in deren jedem eine Normalschwingung mit einem Wellenvektor innerhalb einer kleinen Umgebung Δk um k angeregt ist, so kann man lokalisierte, phononenähnlich Störungen des Kristalls konstruieren. Die Rechtfertigung für den Wechsel vom Wellenbild zum Teilchenbild beruht auf den Eigenschaften der Wellenpakete: Statt die komplizierte und wenig erhellende Mathematik der Wellenpakete zu studieren, betonen wir einfach die Analogie zum Fall der Elektronen[13] und gestatten uns die gleichen Freiheiten beim Umgang mit Phononen: Wenn wir eine gewisse Ungenauigkeit bei der Festlegung des Wellenvektors der Phononen in Kauf nehmen, können wir Phononen-Wellenfunktionen[14] konstruieren, die auf einer Skala $\Delta x \approx 1/\Delta k$ lokalisiert sind.

In einem ideal harmonischen Kristall sind die Phononenzustände stationär. Schafft man daher eine Verteilung von Phononen, die einen Wärmestrom trägt (beispielsweise dadurch, daß eine überwiegende Anzahl von Phononen ähnlich gerichtete Gruppengeschwindigkeiten hat), so bleibt diese Phononenverteilung im Laufe der Zeit unverändert, und der Wärmestrom fließt zeitlich unbegrenzt: *Ein ideal harmonischer Kristall hätte eine unendlich große Wärmeleitfähigkeit.*[15]

Aus verschiedenen Gründen ist die Wärmeleitfähigkeit real existierender Isolatorkristalle[16] nicht unendlich:

---

[13] Siehe Seiten 64 und 274. Der wesentliche Punkt an dieser Stelle ist vollständig analog zur bereits diskutierten Ersetzung der wellenmechanischen Beschreibung von Elektronen durch das klassische Bild lokalisierter Teilchen. Man kann den Transport von Energie in Wärmeströmen vollständig analog zum Transport von Ladung in elektrischen Strömen sehen; die Träger des Stromes sind nun die Phononen, und die transportierte Größe pro Phonon ist seine Energie $\hbar\omega_s(\mathbf{k})$.

[14] Beachten Sie, daß eine Beschreibung der charakteristischen Eigenschaften eines Phonons durch einen Wellenvektor nur dann möglich ist, wenn die Unbestimmtheit im Wellenvektor klein ist im Vergleich zu den Abmessungen der Brillouin-Zone. Da die Abmessungen der Brillouin-Zone von der Größenordnung einer inversen Gitterkonstanten sind, muß Δx groß sein im Vergleich zum Abstand zwischen den Atomrümpfen, und die Phononen sind daher – wie man bereits vermutet haben könnte – auf einer mikroskopischen Längenskala *nicht* lokalisiert.

[15] Dies ist analog zu der Tatsache (siehe Seite 177), daß Elektronen in einem ideal periodischen Potential (also in einem Kristall ohne Gitterfehler und Gitterschwingungen) beliebig gut den elektrischen Strom leiten würden.

[16] Wir sprechen hier von Isolatoren, obwohl unsere Bemerkungen ebenso auf den Beitrag der

1. Die in realen Kristallen unvermeidlichen Gitterfehler, Verunreinigungen, Inhomogenitäten der Isotopenverteilung etc. (Kapitel 30) wirken als Streuzentren für die Phononen und schwächen den Wärmestrom.

2. Selbst in einem idealen, reinen Kristall würden die Phononen schließlich an den Oberflächen gestreut, was ebenfalls den Wärmestrom schwächt.

3. Auch in einem idealen, reinen und unendlich ausgedehnten Kristall sind die stationären Zustände des harmonischen Hamiltonoperators lediglich Näherungen an die stationären Zustände des vollständigen, anharmonischen Hamiltonoperators, so daß ein Zustand mit einem bestimmten Satz von Phononen-Besetzungszahlen im Laufe der Zeit nicht unverändert bleibt.

Uns interessiert hier im wesentlichen der dritte Punkt, welcher die einzige intrinsische Ursache des Wärmewiderstandes beschreibt, die prinzipiell nicht durch den Übergang zu immer größeren und perfekteren Kristallen zu beseitigen ist.

Man nimmt bei der Behandlung dieser Auswirkungen der Anharmonizität allgemein den Standpunkt ein, die anharmonischen Korrekturen zum harmonischen Hamiltonoperator H_0 als Störungen aufzufassen, die Übergänge zwischen den harmonischen Eigenzuständen auslösen, also die Erzeugung, Vernichtung oder Streuung von Phononen verursachen. Somit spielt der anharmonische Anteil der Wechselwirkung zwischen den Atomrümpfen in der Theorie des Wärmetransports in Isolatoren die gleiche Rolle, wie die Verunreinigungen oder die Elektron-Phonon-Wechselwirkungen in der Theorie des Ladungstransportes in Metallen.

Sind die anharmonischen Anteile klein[17] im Vergleich zum harmonischen Teil des Hamiltonoperators, so sollte es genügen, ihre Auswirkungen in Störungstheorie zu berechnen – was man auch im allgemeinen tut. Man kann zeigen (Anhang O), daß in Störungstheorie niedrigster Ordnung ein anharmonischer Term von der Ordnung n in den Auslenkungen u der Atomrümpfe Übergänge zwischen zwei Eigenzuständen des harmonischen Hamiltonoperators verursachen kann, von deren jeweiligen Phononen-Besetzungszahlen genau n voneinander verschieden sind. Somit kann beispielsweise der kubische anharmonische Term die folgenden Übergänge verursachen:

1. Die Phononen-Besetzungszahlen des Anfangs- und des Endzustandes bleiben unverändert, mit folgenden Ausnahmen: $n_{\mathbf{k}s} \to n_{\mathbf{k}s} - 1$, $n_{\mathbf{k}'s'} \to n_{\mathbf{k}'s'} + 1$ und $n_{\mathbf{k}''s''} \to n_{\mathbf{k}''s''} + 1$. Man kann sich einen solchen Übergang offenbar vorstellen als den Zerfall eines Phonons des Zweiges s mit Wellenvektor $\mathbf{k}$ in zwei Phononen mit den Wellenvektoren und Zweigindizes $\mathbf{k}'s'$ und $\mathbf{k}''s''$.

2. Die Phononen-Besetzungszahlen des Anfangs- und des Endzustandes bleiben unverändert, mit folgenden Ausnahmen: $n_{\mathbf{k}s} \to n_{\mathbf{k}s} - 1$, $n_{\mathbf{k}'s'} \to n_{\mathbf{k}'s'} - 1$ und

---

Atomrümpfe zur Wärmeleitfähigkeit der Metalle zutreffen. Dieser Beitrag wird jedoch gewöhnlich von einem um ein bis zwei Größenordnungen größeren elektronischen Beitrag verdeckt.

[17] Ein deutliches Zeichen dafür ist, daß in den Spektren der Neutronenstreuung an Kristallen die Ein-Phonon-Peaks klar erkennbar sind (siehe Kapitel 24).

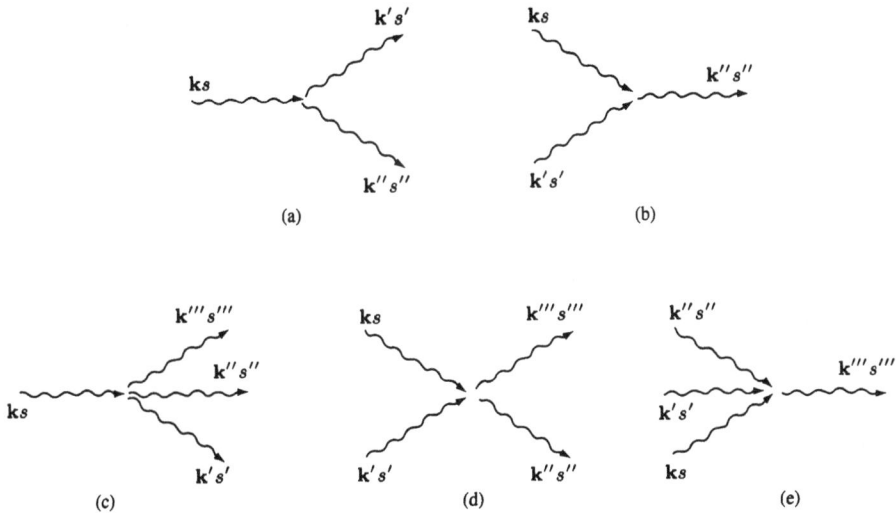

Bild 25.2: Prozesse, die durch anharmonische kubische Terme und Terme vierter Ordnung in Störungstheorie niedrigster Ordnung verursacht werden. (a) Kubisch: Ein Phonon zerfällt in zwei Phononen. (b)
Kubisch: Zwei Phononen vereinigen sich zu einem Phonon. (c) Vierter Ordnung: Ein Phonon zerfällt in
drei Phononen. (d) Vierter Ordnung: Zwei Phononen verwandeln sich in zwei andere (Phonon-Phonon-
Streuung). (e) Vierter Ordnung: Drei Phononen vereinigen sich zu einem Phonon.

$n_{\mathbf{k}''s''} \rightarrow n_{\mathbf{k}''s''} + 1$. Diesen Übergang kann man sich vorstellen als die Vereinigung
zweier Phononen mit den Wellenvektoren und Zweigindizes $\mathbf{k}s$ bzw. $\mathbf{k}'s'$ zu einem
einzigen Phonon im Zweig s'' mit dem Wellenvektor $\mathbf{k}''$.

Man veranschaulicht solche Prozesse oft schematisch, wie es in Bild 25.2 dargestellt
ist.

Die beiden anderen kubischen Prozesse, an die man denken könnte – drei Phononen
verschwinden oder drei neue Phononen werden erzeugt – sind durch die Energieerhaltung verboten: Da die Gesamtenergie dreier Phononen positiv ist, würde bei der
Vernichtung der drei Phononen Energie verloren gehen, beziehungsweise bei der Erzeugung dreier Phononen aus dem Nichts auftauchen.

Auf ähnliche Weise verursachen Terme vierter Ordnung Übergänge, die zusammen-
fassend einfach zu charakterisieren sind: Ein Phonon zerfällt in drei Phononen, drei
Phononen vereinigen sich zu einem Phonon, oder zwei Phononen eines bestimmten
Typs verwandeln sich in zwei andere (Bild 25.2).

Anharmonische Terme höherer Ordnung verursachen ebenfalls Übergänge; im Sinne
unserer Annahme kleiner Schwingungen erwarten wir aber, daß die kubischen Terme
und die Terme vierter Ordnung die wesentlichsten sind. Man berücksichtigt sogar oft
nur Übergänge, die auf kubische Terme zurückzuführen sind. Wie wir bereits erwähnten, legen jedoch die Erhaltungssätze den Prozessen, welche durch kubische Terme
verursacht werden, sehr strenge Beschränkungen auf. Infolge dieser Beschränkungen kann es vorkommen, daß so wenige kubische Prozesse mit den Erhaltungssätzen

vereinbar und erlaubt sind, daß die Prozesse vierter Ordnung vergleichbare Übergangs-
raten verursachen, obwohl die Terme vierter Ordnung kleiner als die kubischen sind.

In der folgenden Diskussion werden wir auf keinerlei Eigenschaften der anharmonischen Terme eingehen, die nicht bereits in den Erhaltungssätzen für Energie und
Kristallimpuls enthalten wären.[18] Bezeichnen wir die Phononen-Besetzungszahlen vor
dem Übergang mit $n_{\mathbf{k}s}$, jene nach dem Übergang mit $n'_{\mathbf{k}s}$, so fordert die Energieerhaltung

$$\sum \hbar\omega_s(\mathbf{k})n_{\mathbf{k}s} = \sum \hbar\omega_s(\mathbf{k})n'_{\mathbf{k}s} \tag{25.26}$$

und die Erhaltung des Kristallimpulses

$$\sum \mathbf{k}n_{\mathbf{k}s} = \sum \mathbf{k}n'_{\mathbf{k}s} + \mathbf{K}, \tag{25.27}$$

mit einem beliebigen Vektor $\mathbf{K}$ des reziproken Gitters.

Üblicherweise bezeichnet man diese Übergänge als „Stöße", um dadurch die Analogie zu elektronischen Transportprozessen zu betonen. Hier jedoch bezieht man sich
unter der Bezeichnung „Stöße" auch auf Prozesse wie den Zerfall eines einzelnen
Phonons in mehrere, die Vereinigung mehrerer Phononen zu einem einzigen, sowie ähnliche, „verallgemeinerte Stöße", die in einer Theorie möglich sind, die keine
Erhaltung der Teilchenzahl kennt. In dem Maße, wie unsere Annahme kleiner Schwingungen zutrifft und anharmonische Terme höherer Ordnung unwesentlich sind, nimmt
auch jeweils nur eine kleine Anzahl von Phononen an einem solchen „Stoß" teil. Unter diesen Voraussetzungen kann man den Energietransport durch Phononen mittels
einer Boltzmann-Gleichung beschreiben (Kapitel 16), die Stoßterme zur Beschreibung von Prozessen enthält, bei denen Phononen mit einer nicht vernachlässigbaren
Wahrscheinlichkeit gestreut werden. In einem einfachen quantitativen theoretischen
Ansatz kann man auch eine Ein-Phonon-Relaxationszeit τ einführen, welche die
Wahrscheinlichkeit pro Zeiteinheit dafür angibt, daß ein bestimmtes Phonon an einem
der verschiedenen Stoßprozesse teilnimmt.[19]

---

[18] Gleichung (M.18). In Anhang M geben wir eine vollständige Diskussion der Erhaltung des Kristallimpulses. Siehe auch Seite 598.

[19] In exakter Analogie mit der elektronischen Relaxationszeit, die wir bei unserer Diskussion des Drude-
Modells einführten. Auch die hier anschließende Argumentation ist analog zum Fall der Elektronen,
mit den folgenden Unterschieden: Die Phononen sind ungeladen (es gibt kein thermoelektrisches Feld),
die Anzahldichte der Phononen hängt von der Temperatur ab, und die Phononen sind nicht notwendig
erhalten, insbesondere nicht an den Rändern der Probe.

Wärmeleitfähigkeit des Gitters: Elementare Kinetische Theorie

Wir werden uns hier nicht mit einer detaillierten Theorie der Wärmeleitfähigkeit des Gitters auf der Grundlage der Boltzmann-Gleichung für Phononen befassen, sondern vielmehr einige wesentliche physikalische Aspekte des Problems veranschaulichen, indem wir eine elementare Relaxationszeitnäherung zugrunde legen, analog jener, die wir in den Kapiteln 1 und 2 bei der Behandlung des elektronischen Transports in Metallen verwendeten.

Der Einfachheit halber betrachten wir auch weiterhin ausschließlich einatomare Bravaisgitter, deren Phononenspektrum nur akkustische Zweige hat. Da wir in erster Linie an den qualitativen Eigenschaften der Wärmeleitfähigkeit interessiert sind, nicht an präzisen, quantitativen Ergebnissen, machen wir – soweit es hilfreich ist – ebenfalls die Debye-Näherung und nehmen somit eine Phononen-Dispersionsrelation der Form $\omega = ck$ für jeden der drei akkustischen Zweige an.

Nehmen wir an, in einem Isolatorkristall liege ein schwacher Temperaturgradient in x-Richtung an (Bild 25.3). Wie im Drude-Modell (vgl. S. 7) nehmen wir auch hier an, daß die Stöße das lokale thermodynamische Gleichgewicht auf eine besonders einfache Weise aufrechterhalten: Phononen, die aus Stößen am Ort x hervorgehen, sollen einen Beitrag zur Nichtgleichgewichts-Energiedichte liefern, der proportional ist zur Gleichgewichts-Energiedichte bei der Temperatur $T(x)$: $u(x) = u^{\text{eq}}[T(x)]$. Jedes Phonon an einem bestimmten Ort gibt zur Wärmestromdichte in x-Richtung einen Beitrag, der gleich ist dem Produkt aus der x-Komponente seiner Geschwindigkeit und seinem Beitrag zur Energiedichte.[20] Der mittlere Beitrag eines Phonons zur Energiedichte hängt jedoch vom Ort seines letzten Stoßes ab.

Es besteht deshalb ein Zusammenhang zwischen der Richtung der Geschwindigkeit eines Phonons (von woher also das Phonon kam) und seinem Beitrag zur mittleren Energiedichte – woraus effektiv ein Wärmestrom resultiert.

Zur Abschätzung dieses Wärmestroms mitteln wir das Produkt aus Energiedichte und Geschwindigkeitskomponente in x-Richtung über sämtliche Orte, an welchen der letzte Stoß eines Phonons stattgefunden haben kann. Nehmen wir – im Geiste des Drude-Modells – an, daß dieser letzte Stoß in einer Entfernung $\ell = c\tau$ vom Punkt x_0 (an welchem der Wärmestrom zu berechnen ist) und in einer durch den Winkel θ mit der x-Achse bestimmten Richtung stattgefunden hat (Bild 25.3), so können wir schreiben

$$j = \langle c_x u(x_0 - \ell \cos \theta) \rangle_\theta = \int_0^\pi c \cos \theta \, u(x_0 - \ell \cos \theta) \, \frac{2\pi \, d\theta}{4\pi} \sin \theta =$$

---

[20] Eine detailliertere Beschreibung dieser Vorgehensweise findet man in der praktisch analogen Diskussion des elektronischer Beitrags zur Wärmeleitfähigkeit eines Metalls auf den Seiten 25-28.

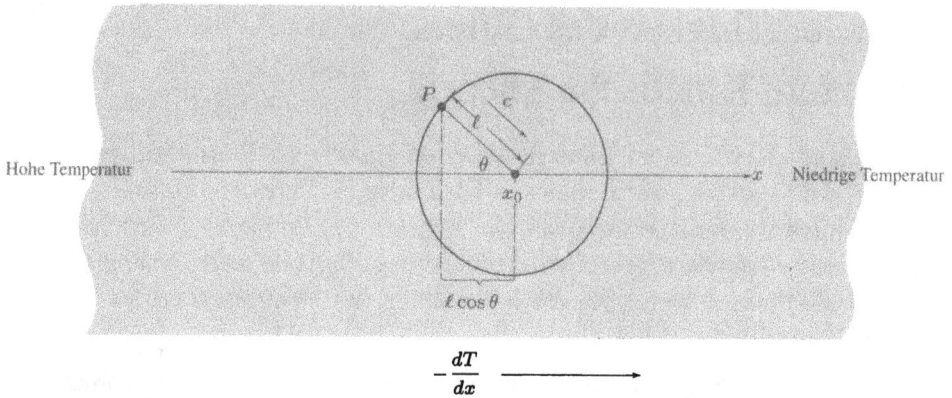

Bild 25.3: Wärmetransport durch Phononen unter der Wirkung eines homogenen Temperaturgradienten in x-Richtung. Der Wärmestrom an der Stelle x_0 wird durch Phononen getragen, deren letzter Stoß – im Mittel – in einer Entfernung $\ell = c\tau$ von x_0 stattfand. Phononen, deren Geschwindigkeitsvektoren an der Stelle x_0 mit der x-Achse einen Winkel θ einschließen, hatten ihren letzten Stoß in einem Punkt P, der von x_0 um die Strecke $\ell\cos\theta$ entfernt entgegen der Richtung des Temperaturgradienten liegt, und tragen deshalb eine Energiedichte $u(x_0 - \ell\cos\theta)$ mit der Geschwindigkeitskomponente $c\cos\theta$ in x-Richtung. Der effektive Wärmestrom ist proportional zum Produkt dieser Größen, gemittelt über den gesamten Raumwinkel.

$$= \frac{1}{2}\int_{-1}^{1} \mu\, d\mu \; cu(x_0 - \ell\mu). \tag{25.28}$$

Zur linearen Ordnung im Temperaturgradienten erhalten wir hieraus

$$j = -c\ell\, \frac{\partial u}{\partial x} \cdot \frac{1}{2}\int_{-1}^{1}\mu^2 d\mu = \frac{1}{3}c\ell\frac{\partial u}{\partial T}\left(-\frac{\partial T}{\partial x}\right) \tag{25.29}$$

oder

$$j = \kappa\left(-\frac{\partial T}{\partial x}\right), \tag{25.30}$$

wobei die Wärmeleitfähigkeit κ durch

$$\kappa = \frac{1}{3}c_{\mathrm{v}}c\ell = \frac{1}{3}c_{\mathrm{v}}c^2\tau \tag{25.31}$$

gegeben ist. Dabei ist die Wärmekapazität c_{v} der Phononen eine der Größen, welche die Temperaturabhängigkeit von κ bestimmen; die andere Größe[21] ist die Stoßrate

---

[21] Im Debye-Modell ist die Geschwindigkeit c der Phononen eine von der Temperatur unabhängige Konstante. Auch in einem genaueren Modell, in welchem c^2 durch einen geeigneten Mittelwert zu ersetzen wäre, trägt diese Geschwindigkeit nicht in nennenswertem Maße zur Temperaturabhängigkeit von κ bei – ganz im Gegensatz zum Fall des klassischen Gases mit $c^2 \sim k_B T$.

τ^{-1} der Phononen. Wir hatten in Kapitel 23 die Abhängigkeit $c_v(T)$ diskutiert; das Problem der Temperaturabhängigkeit von τ^{-1} ist dagegen sehr subtil und komplex, und seine vollständige Lösung beanspruchte viele Jahre. Die Art der auftretenden Schwierigkeiten hängt davon ab, ob man den Bereich hoher ($T \gg \Theta_D$) oder niedriger ($T \ll \Theta_D$) Temperaturen betrachtet.

Fall 1: ($T \gg \Theta_D$) Bei hohen Temperaturen ist die Gesamtzahl der Phononen im Kristall proportional zu T, da die Phononen-Besetzungszahlen im thermodynamischen Gleichgewicht in diesem Falle gegeben sind durch

$$n_s(\mathbf{k}) = \frac{1}{e^{\hbar\omega_s(\mathbf{k})/k_B T} - 1} \approx \frac{k_B T}{\hbar\omega_s(\mathbf{k})}. \tag{25.32}$$

Da ein herausgegriffenes, zum Wärmestrom beitragendes Phonon mit um so höherer Wahrscheinlichkeit gestreut wird, je mehr weitere Phononen vorhanden sind, an welchen es gestreut werden kann, so sollte man erwarten, daß die Relaxationszeit mit steigender Temperatur kleiner wird. Da weiterhin die Wärmekapazität der Phononen bei hohen Temperaturen der Regel von Dulong-Petit folgt und temperaturunabhängig wird, so sollte in diesem Bereich hoher Temperaturen die Wärmeleitfähigkeit selbst mit steigender Temperatur abnehmen.

Diese Vermutungen werden durch das Experiment bestätigt. Im allgemeinen nimmt die Wärmeleitfähigkeit entsprechend

$$\kappa \sim \frac{1}{T^x} \tag{25.33}$$

ab, wobei x eine Zahl zwischen 1 und 2 ist. Die theoretischen Überlegungen, die hinter diesem Potenzgesetz stehen, sind recht komplex und laufen auf eine Konkurrenz zwischen Streuprozessen hinaus, die durch kubische Terme einerseits oder durch Terme vierter Ordnung andererseits getragen werden.[22] Die Situation ist beispielhaft für den Fall, daß die durch kubische Terme verursachten Prozesse derart stark durch die Erhaltungssätze beschränkt sind, daß die Terme vierter Ordnung – selbst wenn sie sehr viel kleiner sind – mit einer vergleichbaren Rate Prozesse auslösen.

Fall 2: ($T \ll \Theta_D$) Bei jeder gegebenen Temperatur T sind nur Phononen in nicht vernachlässigbaren Anzahlen vorhanden, deren Energien mit $k_B T$ vergleichbar oder kleiner sind. Insbesondere gilt für die bei Temperaturen $T \ll \Theta_D$ angeregten Phononen $\omega_s(\mathbf{k}) \ll \omega_D$ und $k \ll k_D$. Betrachten wir auf der Grundlage dieser Überlegungen einen Phononenstoß, der durch die anharmonischen kubischen Terme oder Terme vierter Ordnung vermittelt wird. Da nur eine geringe Anzahl von Phononen vorhanden ist, so muß die Gesamtenergie und der gesamte Kristallimpuls aller Phononen, die für einen Stoß zur Verfügung stehen, klein sein im Vergleich mit $\hbar\omega_D$ und k_D. Da die Energie beim Stoß erhalten ist, so muß auch die gesamte Energie aller Phononen, die

---

[22] Siehe beispielsweise C. Herring, *Phys. Rev.* **95**, 954 (1954), und die dort gegebenen Literaturhinweise.

aus dem Stoß hervorgegangen sind, klein sein im Vergleich mit $\hbar\omega_D$. Dies ist nur dann möglich, wenn der Wellenvektor jedes dieser Phononen – und damit auch deren gesamter Wellenvektor – klein ist im Vergleich mit k_D. Die gesamten Wellenvektoren vor und nach dem Stoß können jedoch nur dann klein sein im Vergleich mit k_D (dessen Betrag vergleichbar ist mit dem Betrag eines Vektors des reziproken Gitters), wenn der im Erhaltungssatz für den Kristallimpuls auftretende, additive Vektor **K** des reziproken Gitters Null ist. Somit finden bei sehr niedrigen Temperaturen nur jene Stöße mit einer nicht vernachlässigbaren Wahrscheinlichkeit statt, die den gesamten Kristallimpuls *exakt* erhalten – und nicht nur bis auf einen additiven Vektor des reziproken Gitters.

Man formuliert diese sehr wesentliche Schlußfolgerung manchmal in der Form einer Unterscheidung zwischen sogenannten *normalen* oder *Umklapp*-Prozessen: Unter einem *Normalprozeß* versteht man einen Phononenstoß, bei dem der gesamte Kristallimpuls streng erhalten ist; bei einem *Umklapp-Prozeß* dagegen unterscheidet sich der gesamte Kristallimpuls vor dem Stoß vom gesamten Kristallimpuls nach dem Stoß um einen von null verschiedenen Vektor des reziproken Gitters. Offenbar hängt diese Unterscheidung davon ab, in welcher primitiven Zelle man den Wellenvektor des Phonons angibt (Bild 25.4); man wählt diese Zelle fast immer als die erste Brillouin-Zone.[23] Man faßt die Auswirkung niedriger Temperaturen auf die Kristallimpulserhaltung manchmal in der Feststellung zusammen, daß *bei hinreichend niedrigen Temperaturen Normalprozesse die einzigen Streuprozesse sind, die mit nicht vernachlässigbarer Wahrscheinlichkeit auftreten; Umklapp-Prozesse sind „ausgefroren".*

Das Phänomen des Ausfrierens der Umklapp-Prozesse ist von ausschlaggebender Bedeutung für das Verhalten der Wärmeleitfähigkeit bei niedrigen Temperaturen.

Treten ausschließlich Normalprozesse auf, so ist der gesamte Wellenvektor

$$\sum_s \sum_{\substack{\text{erste} \\ \text{B.-Z.}}} \mathbf{k}\, n_s(\mathbf{k}) \tag{25.34}$$

der Phononen erhalten. Im Zustand des thermodynamischen Gleichgewichts mit mittleren Phononen-Besetzungszahlen der Form

$$n_s(\mathbf{k}) = \frac{1}{e^{\beta\hbar\omega_s(\mathbf{k})} - 1} \tag{25.35}$$

ist jedoch der gesamte Wellenvektor der Phononen (25.34) gleich null, da $\omega_s(-\mathbf{k}) = \omega_s(\mathbf{k})$. Geht man daher von einer Phononenverteilung mit einem von null verschie-

---

[23] Man kann das Phänomen der mit fallender Temperatur abnehmenden Häufigkeit von Stößen, die einen Vektor des reziproken Gitters zum gesamten Kristallimpuls addieren, im Bild des „Ausfrierens" von Umklapp-Prozessen beschreiben, vorausgesetzt, daß die gewählte primitive Zelle eine Umgebung des Punktes $\mathbf{k} = 0$ umfaßt, die groß genug ist, um die Wellenvektoren **k** sämtlicher Phononen mit einer im Vergleich zu $k_B T$ großen Energie $\hbar\omega_s(\mathbf{k})$ zu enthalten. Die erste Brillouin-Zone erfüllt offensichtlich diese Bedingung.

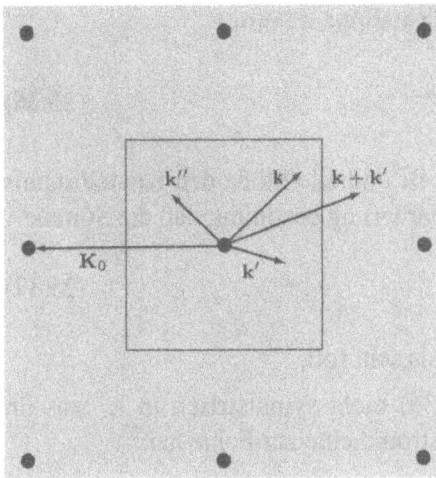

(a)

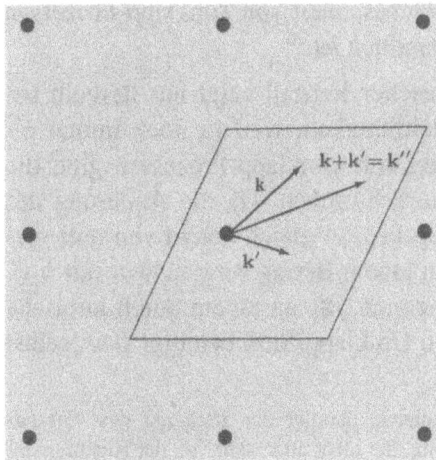

(b)

Bild 25.4: Ein Umklapp-Prozeß, veranschaulicht in einem zweidimensionalen, quadratischen Gitter. Die Punkte bezeichnen Vektoren des reziproken Gitters; der quadratische Bereich in (a) deutet die erste Brillouin-Zone an, das Parallelogramm in (b) eine andere primitive Zelle. Der Erhaltungssatz des Kristallimpulses gestattet die Vereinigung der beiden Phononen mit den Wellenvektoren k und k' zu einem einzigen Phonon mit dem Wellenvektor k''. Gibt man alle Wellenvektoren der Phononen in der ersten Brillouin-Zone an, so unterscheidet sich k'' von $k + k'$ um einen von Null verschiedenen Vektor K_0 des reziproken Gitters, und der Prozeß ist ein Umklapp-Prozeß. Gibt man dagegen alle Wellenvektoren der Phononen in der primitiven Zelle (b) an, so gilt $k'' = k + k'$, und der Prozeß ist ein Normalprozeß. Hat man die primitive Zelle, in welcher man die Wellenvektoren der Phononen angeben möchte, einmal festgelegt, so ist die Unterscheidung zwischen Umklapp-Prozessen und Normalprozessen eindeutig, da jedem Phononenniveau in dieser gewählten primitiven Zelle eindeutig ein Wellenvektor zugeordnet ist, und die Summen der Wellenvektoren vor und nach dem Stoß eindeutig bestimmt sind. Der fragliche Prozeß ist ein Normalprozeß, wenn diese beiden Summen übereinstimmen, und ein Umklapp-Prozeß, wenn sie sich um einen von Null verschiedenen Vektor des reziproken Gitters unterscheiden. Man kann daher durch einen Wechsel der primitiven Zelle einige Prozesse als von der jeweils anderen Art auffassen. (Beachten Sie, daß die Wellenvektoren k und k' in (a) mit den gleich bezeichneten Vektoren in (b) identisch sind.)

denen gesamten Kristallimpuls aus, so sind die normalen Stoßprozesse *alleine* nicht ausreichend, um das vollständige thermodynamische Gleichgewicht herzustellen – *auch dann nicht, wenn kein Temperaturgradient vorhanden ist.* Wie man zeigen kann,[24]

---

[24] Man kann (25.36) mit Hilfe einer Boltzmann-Gleichung für Phononen herleiten; siehe beispielsweise J. M. Zinman, *Electrons and Phonons*, Oxford (1960), Kapitel 8. Wir leiten diese Boltzmann-Gleichung hier nicht her, da die einzige Folgerung, die wir hier benötigen würden, auch intuitiv plausibel ist: Führt die stationäre Verteilungsfunktion auf einen von null verschiedenen Gesamt-Kristallimpuls, so verletzt sie notwendig die Symmetrie, aufgrund derer der Wärmestrom null ist. Folglich wird dann auch der Wärmestrom von null verschieden sein – sollten sich nicht zufällig einige Terme herausheben. Eine ähnliche Argumentation ergibt sich in der Theorie des elektrischen Widerstands eines Metalls bei niedrigen Temperaturen, siehe die Seiten 670, 671.

geht die Verteilungsfunktion der Phononen in die stationäre Form

$$n_s^{\mathbf{w}}(\mathbf{k}) = \frac{1}{e^{\beta(\hbar\omega_s(\mathbf{k}) - \mathbf{w}\cdot\mathbf{k})} - 1} \tag{25.36}$$

über, wenn kein Temperaturgradient vorhanden ist und alle Stöße den Kristallimpuls erhalten. Dabei ist die Konstante $\mathbf{W}$ durch die Forderung bestimmt, daß die Summe

$$\sum \mathbf{k} n_s^{\mathbf{w}}(\mathbf{k}) \tag{25.37}$$

gleich dem anfänglichen, gesamten Kristallimpuls sein soll.

Offensichtlich ist die Verteilungsfunktion (25.36) nicht symmetrisch in $\mathbf{k}$, was im allgemeinen eine von null verschiedene Wärmestromdichte zur Folge hat:[25]

$$j^{th} = \frac{1}{V} \sum_{\mathbf{k}s} \hbar\omega_s(\mathbf{k}) \frac{\partial\omega_s(\mathbf{k})}{\partial\mathbf{k}} n_s^{\mathbf{w}}(\mathbf{k}) \neq 0. \tag{25.38}$$

Dies ist gleichwertig mit der Aussage, daß *in Abwesenheit von Umklapp-Prozessen die Wärmeleitfähigkeit eines Isolatorkristalls unendlich ist.*[26]

Ein idealer, unendlich ausgedehnter, anharmonischer Kristall zeigt nur deshalb bei niedrigen Temperaturen eine endliche Wärmeleitfähigkeit, weil es noch immer eine geringe Wahrscheinlichkeit für das Auftreten von Umklapp-Prozessen gibt, die Kristallimpuls vernichten und den Wärmestrom schwächen. Da die Änderung des gesamten Kristallimpulses durch einen Umklapp-Prozeß gleich einem von null verschiedenen Vektor des reziproken Gitters ist (mit einem Betrag vergleichbar mit k_D), so bedeutet dies, daß wenigstens eines der Phononen, die an einem durch kubische Terme oder Terme vierter Ordnung verursachten Umklapp-Stoß beteiligt sind, selbst

---

[25] Dieser Strom ist in Kristallen mit kubischer Symmetrie parallel zur Richtung des Gesamt-Kristallimpulses und fließt im allgemeinen in eine Richtung, die nicht allzu sehr von der Richtung des Gesamt-Kristallimpulses abweicht.

[26] Diese Argumentation geht implizit davon aus, daß Phononen an den Rändern der Probe erscheinen oder verschwinden können. Dies wird klar, wenn man versucht, dieselbe Schlußweise auf ein verdünntes, klassisches Gas anzuwenden, in welchem die Stöße den *realen* Impuls erhalten. Ein solches Gas, eingeschlossen in einem langen, zylindrischen Behälter, hat keineswegs eine unendliche Wärmeleitfähigkeit. Unsere Argumentation ist in diesem Falle nicht anwendbar, weil die Gasteilchen die Endflächen des Zylinders nicht durchdringen und das Gasvolumen verlassen können. Da sich somit Teilchen an den Enden des Zylinders anhäufen, entstehen Diffusionsströme, die den Gesamtimpuls wieder auf null bringen. Phononen jedoch können an den Enden einer zylinderförmigen kristallinen Probe sowohl reflektiert, als auch absorbiert werden, indem sie ihre Energie an die mit den jeweiligen Enden in Kontakt stehenden „Wärmebäder" abgeben. Es ist deshalb nicht inkonsistent, innerhalb der gesamten Probe eine stationäre Phononenverteilung mit einem von null verschiedenen, effektiven Kristallimpuls anzunehmen. Der Wärmestrom in einem Kristall – unter Ausschluß von Umklapp-Prozessen – hat Ähnlichkeit mit dem Wärmetransport durch Konvektion in einem Gas, welches sich in einem Zylinder mit offenen Enden befindet.

einen Kristallimpuls aufweisen muß, der im Vergleich mit k_D *nicht* klein ist. Dieses Phonon muß ebenfalls eine Energie haben, die nicht klein ist im Vergleich zu $\hbar\omega_D$, und die Energieerhaltung erfordert deshalb, daß vor dem Stoß mindestens ein Phonon mit einer Energie vorhanden ist, die nicht klein ist im Vergleich zu $\hbar\omega_D$. Bei einer im Vergleich zu Θ_D kleinen Temperatur T ist die mittlere Anzahl solcher Phononen gegeben durch

$$n_s(\mathbf{k}) = \frac{1}{e^{\hbar\omega_s(\mathbf{k})/k_B T} - 1} \approx \frac{1}{e^{\Theta_D/T} - 1} \approx e^{-\Theta_d/T}. \tag{25.39}$$

Mit fallender Temperatur nimmt daher die Anzahl der Phononen, die an einem Umklapp-Prozeß teilnehmen können, exponentiell ab. Ohne Umklapp-Prozesse wäre die Wärmeleitfähigkeit unendlich; man kann deshalb erwarten, daß die im Ausdruck für die Wärmeleitfähigkeit auftretende effektive Relaxationszeit von der Temperatur wie

$$\tau \sim e^{T_0/T} \tag{25.40}$$

abhängt – bei Temperaturen deutlich unterhalb von Θ_D, mit einer Temperatur T_0 von derselben Größenordnung wie Θ_D. Eine präzise Bestimmung der Temperatur T_0 erfordert eine Analyse von großer Komplexität; dabei ergeben sich auch Potenzen von T als Vorfaktoren der Exponentialfunktion; dies sind jedoch nur kleine Korrekturen des dominierenden exponentiellen Verlaufs, welcher qualitativ eine direkte Folge des Ausfrierens der Umklapp-Prozesse ist.

Erreicht die Temperatur den Punkt, an welchem der exponentielle Anstieg der Wärmeleitfähigkeit einsetzt, so steigt die Wärmeleitfähigkeit derart rasch mit fallender Temperatur an, daß die mittlere freie Weglänge der Phononen sehr bald vergleichbar mit der durch die Streuung der Phononen an Gitterfehlern oder Verunreinigungen bestimmten mittleren freien Weglänge wird, oder sogar mit der mittleren freien Weglänge, welche die Streuung von Phononen an den Begrenzungsflächen einer endlich ausgedehnten Probe beschreibt. Wenn dieser Fall eintritt, so ist als wirksame mittlere freie Weglänge in (25.31) nicht mehr die intrinsische, durch die anharmonischen Terme bestimmte Länge einzusetzen, sondern eine temperaturabhängige Länge, die bestimmt ist durch die räumliche Verteilung von Gitterfehlern oder durch die Abmessungen[27] der Probe. Die Temperaturabhängigkeit von κ wird dann mit der Temperaturabhängigkeit der Wärmekapazität identisch, welche bei Temperaturen deutlich unterhalb von Θ_D mit T^3 fällt.[28]

---

[27] Dieser Bereich ist der Casimir-Grenzfall, siehe H. B. G. Casimir, *Physica* **5**, 595 (1938).

[28] Inwieweit die Berechtigung dieser Schlußfolgerung davon abhängt, in welchem Maße die Probe kristallin ist, zeigt sich in Experimenten mit Gläsern und amorphen Stoffen, deren Wärmeleitfähigkeit im Bereich $T \leqslant 1$ K grob proportional zu T^2 verläuft. Siehe R. C. Zeller, R. O. Pohl, *Phys. Rev.* **B4**, 2029 (1971).

Überblicken wir den gesamten Temperaturbereich, so erwarten wir, daß die Wärmeleitfähigkeit bei sehr niedrigen Temperaturen durch temperaturunabhängige Streuprozesse beschränkt ist, die alleine auf die Geometrie und die Reinheit der Probe zurückgehen; deshalb steigt die Wärmeleitfähigkeit in diesem Temperaturbereich ebenso wie die Wärmekapazität der Phononen proportional zu T^3 an. Dieser Anstieg setzt sich solange fort, bis eine Temperatur erreicht ist, bei der Umklapp-Prozesse häufig genug auftreten, um die mittlere freie Weglänge unter ihren temperaturunabhängigen Wert zu verkürzen. An diesem Punkt erreicht die Wärmeleitfähigkeit ein Maximum, um mit weiter ansteigender Temperatur aufgrund des Exponentialfaktors $e^{T_0/T}$ rasch abzufallen. Dieser Abfall spiegelt die exponentielle Zunahme der Häufigkeit von Umklapp-Prozessen mit der Temperatur wider. Die Abnahme von κ setzt sich bis zu Temperaturen deutlich oberhalb von Θ_D fort, wobei jedoch der drastische exponentielle Abfall rasch in eine relativ langsam fallende Potenzabhängigkeit übergeht, worin sich einfach die Tatsache zeigt, daß mit steigender Temperatur eine zunehmende Anzahl von Phononen für Streuprozesse zur Verfügung steht.

Die allgemeinen Charakteristika dieser Temperaturabhängigkeit zeigen sich in den typischen, in Bild 25.5 dargestellten, gemessenen Temperaturverläufen der Wärmeleitfähigkeit.

Zweiter Schall

Wie wir feststellen konnten, besteht eine Analogie zwischen den Phononen in einem Isolatorkristall und den Teilchen eines gewöhnlichen, klassischen Gases: Ebenso wie die Teilchen des Gases können die Phononen in Stößen Energie und Impuls (Kristallimpuls) austauschen und Wärmeenergie transportieren. Im Unterschied zum Gas braucht jedoch die Zahl der Phononen in einem Stoß der Phononen miteinander oder mit den Oberflächen des „Behälters" nicht erhalten zu sein (Dem Gasbehälter entspricht im Falle der Phononen der Kristall selbst.). Schließlich ist der Impuls bei Stößen zwischen den Teilchen eines Gases immer erhalten, während der Kristallimpuls der Phononen nur in Normalprozessen eine Erhaltungsgröße darstellt; deshalb ist die Erhaltung des Kristallimpulses nur in dem Maße ein guter Erhaltungssatz, wie die Umklapp- Prozesse bei niedrigen Temperaturen ausgefroren sind. Diese Ähnlichkeiten und Unterschiede sind in Tabelle 25.3 zusammengestellt.

Eines der eindrucksvollsten Phänomene in einem gewöhnlichen Gas ist der Schall, eine wellenartige, oszillatorische Störung der lokalen Teilchendichte. Nach der elementaren kinetischen Theorie kann sich unter den folgenden Voraussetzungen Schall in einem Gas ausbreiten:

(a) Die Stöße zwischen den Teilchen erhalten Teilchenzahl, Energie und Impuls.

(b) Die Stoßrate $1/\tau$ ist groß im Vergleich mit der Frequenz $\nu = \omega/2\pi$ der Schallwelle:

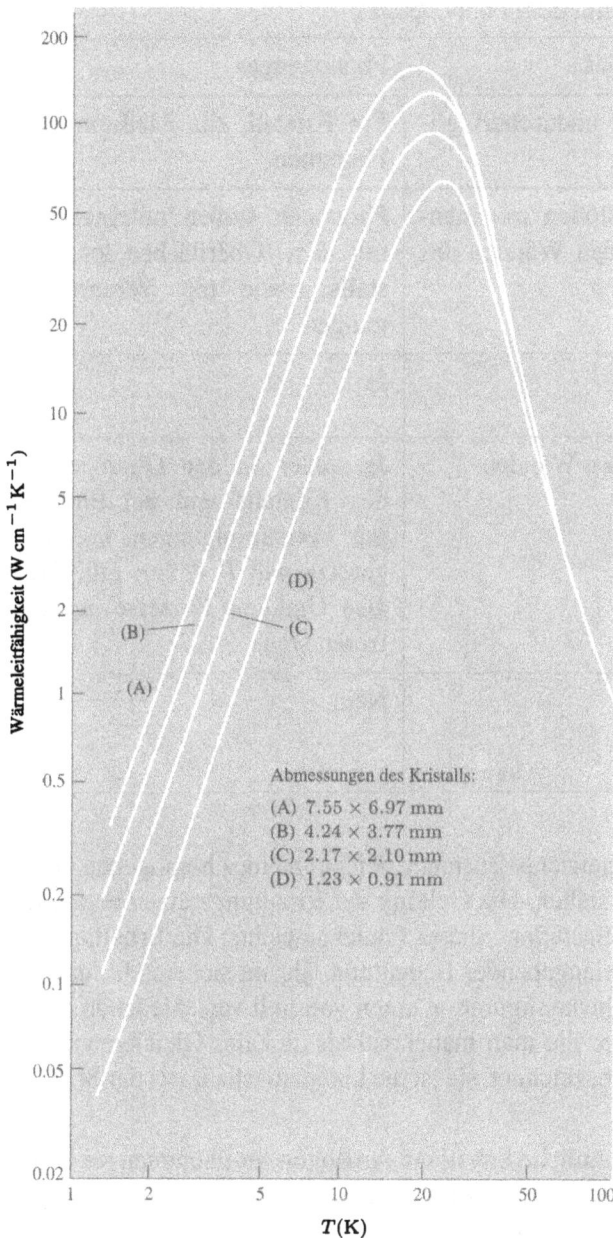

Bild 25.5: Wärmeleitfähigkeit isotopenreiner LiF-Kristalle. Unterhalb von etwa 10 K ist die Wärmeleitfähigkeit durch Oberflächenstreuung beschränkt; deshalb wird in diesem Temperaturbereich die Temperaturabhängigkeit der Wärmeleitfähigkeit vollständig durch den T^3-Verlauf der Wärmekapazität bestimmt und die Wärmeleitfähigkeit ist um so größer, je größer die Querschnittsfläche der Probe ist. Mit steigender Temperatur werden Umklapp-Prozesse häufiger und die Wärmeleitfähigkeit erreicht ein Maximum, sobald die durch Phonon-Phonon-Streuung begrenzte mittlere freie Weglänge vergleichbar wird mit der durch Oberflächenstreuung begrenzten Weglänge. Bei noch höheren Temperaturen nimmt die Wärmeleitfähigkeit wieder ab, da die Phonon-Phonon-Streurate rasch zunimmt, während die Wärmeleitfähigkeit der Phononen zurückgeht. (Nach P. D. Thatcher, *Phys. Rev.* **156**, 975 (1967).)

$$\omega \ll \frac{1}{\tau}. \tag{25.41}$$

Voraussetzung (b) ist die Bedingung dafür, daß die Stoßrate in jedem Moment des Schwingungszyklus hoch genug ist, damit sich ein lokales thermodynamisches Gleichgewicht einstellen kann, bei dem die lokalen, momentanen Werte von Dichte, Druck

Tabelle 25.3

Vergleich des klassischen Gases mit dem Phononengas

	Klassisches Gas	Phononengas
Behälter	Behälter mit undurchdringlichen Wänden	Ein Kristall, das Medium der Phononen
Stöße	Gasteilchen stoßen miteinander und mit den Wänden des Behälters.	Phononen stoßen miteinander, mit den Oberflächen des Kristalls sowie mit Verunreinigungen.
Energieerhaltung bei Stößen	Ja	Ja
Impulserhaltung (Kristallimpulserhaltung) bei Stößen	Ja, außer an den Wänden	Ja, außer an den Oberflächen des Kristalls und bei Stößen mit Verunreinigungen, vorausgesetzt, daß $T \ll \Theta_D$ gilt, daß also Umklapp-Prozesse ausgefroren sind.
Erhaltung der Teilchenzahl bei Stößen	Ja	Nein

und Temperatur über die Gleichgewichts-Zustandsgleichung eines homogenen Gases miteinander im Zusammenhang stehen. Die Geltung der Erhaltungssätze (Voraussetzung (a)) ist wesentlich für die Einstellung dieses Gleichgewichts: Die Erhaltung des Impulses ist insofern von ausschlaggebender Bedeutung, als sie sicherstellt, daß die momentane, lokale Gleichgewichtskonfiguration einen von null verschiedenen effektiven Impuls hat – eine Situation, die man manchmal als „lokales Gleichgewicht in einem bewegten Bezugssystem" bezeichnet; sie ist die kinematische Basis der Schwingungsbewegung.

Um herauszufinden, ob der gewöhnliche Schall ein Analogon im Phononengas haben kann, muß man sich zunächst klar darüber werden, daß sich das Phononengas in zwei wesentlichen Aspekten von einem gewöhnlichen Gas unterscheidet:

(1) Die Teilchenzahl ist in Stößen keine Erhaltungsgröße.

(2) Der Kristallimpuls ist nicht exakt erhalten. In dem Maße, wie die Umklapp-Prozesse mit abnehmender Temperatur „ausfrieren", wird er jedoch mit zunehmender Genauigkeit zur Erhaltungsgröße.

Der erste Punkt stellt keinen entscheidenden Hinderungsgrund dar: Der „Verlust"
eines Erhaltungssatzes spiegelt die Tatsache wider, daß die Verteilungsfunktion der
Phononen im Gleichgewicht,

$$\frac{1}{e^{\hbar \omega_s(\mathbf{k})/k_B T} - 1},$$ (25.42)

vollständig durch die Temperatur festgelegt ist, während die Gleichgewichts-
Verteilungsfunktion für ein ideales Gas sowohl von der Temperatur als auch von der
Dichte abhängt. Da das lokale Gleichgewicht in einem Phononengas somit durch eine
Variable weniger bestimmt ist, genügt auch ein Erhaltungssatz weniger, um es zu
wahren.

Die Impulserhaltung ist jedoch eine wesentliche Voraussetzung für die Ausbreitung
von Schall, was bedeutet, daß die Häufigkeit von Umklapp-Stößen, die Kristallimpuls
vernichten, im Vergleich zur Frequenz der Schwingungsbewegung klein sein muß:

$$\frac{1}{\tau_u} \ll \omega.$$ (25.43)

Diese Bedingung findet keine Entsprechung in der Theorie des Schalls in einem
gewöhnlichen Gas. Das Analogon zu (25.41) muß jedoch auch in diesem Falle gelten,
wobei die relevante Relaxationszeit τ_N hier die Kristallimpuls-erhaltenden, normalen
Stöße beschreibt:

$$\omega \ll \frac{1}{\tau_N}.$$ (25.44)

Die Gültigkeit dieser Gleichung ist auch hier die entscheidende Bedingung dafür,
daß sich das lokale thermodynamische Gleichgewicht auf einer Zeitskala einstellt,
die klein ist im Vergleich zur Periode der Schwingungsbewegung. Kombinieren wir
die Gleichungen (25.43) und (25.44), so zeigt sich, daß die Frequenz innerhalb des
„Fensters"

$$\frac{1}{\tau_u} \ll \omega \ll \frac{1}{\tau_N}$$ (25.45)

liegen muß. Das zum gewöhnlichem Schall analoge Phänomen in einem Phononengas
existiert somit bei Temperaturen, die hinreichend niedrig sind, so daß die Rate der
normalen Stoßprozesse die Rate der Umklapp-Stöße wesentlich übersteigt, und bei
Frequenzen, die im Bereich zwischen den beiden Stoßraten liegen. Man kann diesen
Effekt, der unter der Bezeichnung *Zweiter Schall* bekannt ist, als eine Oszillation
der lokalen Phononen-Anzahldichte betrachten – wie der gewöhnliche Schall eine
Oszillation der lokalen Teilchendichte darstellt – oder ihn auch als eine Oszillation
der lokalen Energiedichte sehen – was vielleicht für Phononen angemessener ist, da

deren wesentliche Eigenschaft darin besteht, Energie zu transportieren. Da die lokalen Gleichgewichtswerte der Anzahldichte und der Energiedichte eines Phononengases in einem Kristall eindeutig durch die lokale Temperatur bestimmt sind, zeigt sich der Zweite Schall als eine wellenartige Oszillation der Temperatur. Man beobachtet ihn am ehesten in sehr isotopenreinen Festkörpern (da jegliche Abweichung von einem idealen Bravaisgitter – und seien es nur vereinzelte Atomrümpfe eines anderen Isotops – Stöße zur Folge hat, bei welchen der Kristallimpuls nicht erhalten ist) mit sehr großen anharmonischen Termen (da die Rate der normalen Phononenstöße hoch sein muß, um das lokale thermodynamische Gleichgewicht zu erhalten). Aufgrund dieser Überlegungen sind festes Helium und der Ionenkristall Natriumfluorid aussichtsreiche Kandidaten für die Beobachtung von Zweitem Schall. Man beobachtet tatsächlich bei beiden Kristallen, daß sich „Wärmeimpulse" mit einer von der Wellengleichung für den Zweiten Schall vorausgesagten Geschwindigkeit ausbreiten – und nicht etwa diffusiv, wie es bei der gewöhnlichen Wärmeleitung der Fall ist.[29] Die Voraussage der Existenz von zweitem Schall und seine Messung stellen einen der größten Triumphe der Theorie der Gitterschwingungen dar.

Aufgaben

25.1   Instabilität einer Theorie mit ausschließlich kubischer Anharmonizität

Zeigen Sie: Berücksichtigt man ausschließlich kubische Terme zur Korrektur der harmonischen potentiellen Energie, so kann man durch entsprechende Wahl der Auslenkungen $u(R)$ der Atomrümpfe erreichen, daß diese potentielle Energie negativ oder ihr Betrag beliebig groß wird. (Hinweis: Wählen sie einen beliebigen Satz von Auslenkungen aus und betrachten Sie, welche Auswirkungen es auf die gesamte potentielle Energie hat, wenn man sämtliche Auslenkungen mit einem Skalierungsfaktor multipliziert und sämtliche Vorzeichen wechselt.)

25.2   Zustandsgleichung eines harmonischen Kristalls

Leiten Sie in der harmonischen Näherung den Ausdruck (25.7) für den Druck ab, indem Sie die harmonische Form (25.6) der Inneren Energie U in die allgemeine thermodynamische Beziehung (25.5) einsetzen. (Hinweis: Wechseln Sie die Integrationsvariable T', indem Sie die Substitution $x = \hbar\omega_s(k)/T'$ durchführen, und integrieren Sie partiell nach x, wobei Sie die ausintegrierten Terme besonders beachten.)

---

[29] Über die Beobachtung von Zweitem Schall in festem ^{4}He berichten Ackermann et al., *Phys. Rev. Lett.* **16**, 789 (1966) sowie in festem ^{3}He C. C. Ackermann, W. C. Overton, Jr., *Phys. Rev. Lett.* **22**, 764 (1969). Über das Einsetzen von Zweitem Schall in NaF berichten T. F. McNelly et al., *Phys. Rev. Lett.* **24**, 100 (1970). Ein Übersichtsartikel ist C. C. Ackermann, R. A. Guyer, *Annals of Physics* **50**, 128 (1968).

25.3 Grüneisen-Parameter im Eindimensionalen

Betrachten Sie eine eindimensionale Anordnung von N über Paarpotentiale $\phi(r)$ wechselwirkenden Atomen; die Länge der Kette sei $L = Na$, die Gleichgewichts-Gitterkonstante daher a.

(a) Zeigen Sie: Sind nur Wechselwirkungen zwischen nächsten Nachbarn wesentlich, so werden die k-abhängigen Grüneisen-Parameter in diesem Falle unabhängig von k und sind gegeben durch

$$\gamma = -\frac{a}{2}\frac{\phi'''(a)}{\phi''(a)}. \tag{25.46}$$

(b) Zeigen Sie: Berücksichtigt man auch Wechselwirkungen zwischen übernächsten Nachbarn, so hängen die Grüneisen-Parameter der einzelnen Normalschwingungen im allgemeinen vom Wellenvektor ab.

25.4 Allgemeine Form der Grüneisen-Parameter

Ohne harmonische Näherung ist die vollständige potentielle Energie der Atomrümpfe eines einatomaren Bravaisgitters von der Form

$$U^{\text{eq}} + \frac{1}{2}\sum_{\substack{\mu\nu \\ \mathbf{R}\mathbf{R}'}} u_\mu(\mathbf{R})u_\nu(\mathbf{R}')D_{\mu\nu}(\mathbf{R} - \mathbf{R}')$$

$$+ \frac{1}{6}\sum_{\substack{\mu\nu\lambda \\ \mathbf{R}\mathbf{R}'\mathbf{R}''}} u_\mu(\mathbf{R})u_\nu(\mathbf{R}')u_\lambda(\mathbf{R}'')D_{\mu\nu\lambda}(\mathbf{R},\mathbf{R}',\mathbf{R}'') + \dots , \tag{25.47}$$

wobei $\mathbf{u}(\mathbf{R})$ die Auslenkung aus der Gleichgewichtslage $\mathbf{R}$ bezeichnet.

(a) Zeigen Sie: Führt man die Entwicklung nicht um die Gleichgewichtslagen $\mathbf{R}$, sondern um die Gitterplätze $\overline{\mathbf{R}} = (1 + \eta)\mathbf{R}$ aus, so sind die Koeffizienten der quadratischen Terme in der neuen Entwicklung zur linearen Ordnung in η gegeben durch

$$\overline{D}_{\mu\nu}(\overline{\mathbf{R}} - \overline{\mathbf{R}'}) = D_{\mu\nu}(\mathbf{R} - \mathbf{R}') + \eta\,\delta D_{\mu\nu}(\mathbf{R} - \mathbf{R}') \tag{25.48}$$

mit

$$\delta D_{\mu\nu}(\mathbf{R} - \mathbf{R}') = \sum_{\lambda\mathbf{R}''} D_{\mu\nu\lambda}(\mathbf{R},\mathbf{R}',\mathbf{R}'')R_\lambda''. \tag{25.49}$$

Beachten Sie, daß in dieser Ordnung von η nur der kubische Term der Gleichung (25.47) einen Beitrag liefert.

(b) Zeigen Sie, daß der Grüneisen-Parameter der Normalschwingung $\mathbf{k}s$ gegeben ist durch

$$\gamma_{\mathbf{k}s} = \frac{\epsilon(\mathbf{k}s)\delta\mathbf{D}(\mathbf{k})\epsilon(\mathbf{k}s)}{6M\omega_s(\mathbf{k})^2}. \tag{25.50}$$

25.5 Drei-Phonon-Prozesse im Eindimensionalen

Betrachten Sie einen Prozeß, in welchem sich zwei Phononen zu einem einzigen Phonon vereinigen – oder ein Phonon in zwei Phononen zerfällt. Sämtliche beteiligten Phononen seien akkustisch, die beiden transversalen Zweige sollen unterhalb des longitudinalen Zweigs liegen und es gelte für alle drei Zweige $d^2\omega/dk^2 \leqslant 0$.

(a) Interpretieren Sie die Erhaltungssätze graphisch – wie beispielsweise in Bild 24.5 – und zeigen Sie so, daß es keine Prozeß geben kann, in welchem alle drei Phononen demselben Zweig angehören.

(b) Zeigen Sie, daß nur Prozesse möglich sind, in welchen das jeweils einzelne Phonon einem Zweig angehört, der höher liegt als der Zweig mindestens eines Phonons des jeweiligen Paares, d.h.

$$\text{transversal} + \text{transversal} \leftrightarrow \text{longitudinal}$$

oder

$$\text{transversal} + \text{longitudinal} \leftrightarrow \text{longitudinal}.$$

26 Phononen in Metallen

Elementare Theorie der Phononen-Dispersionsrelation

Schallgeschwindigkeit

Kohn-Anomalien

Dielektrische Konstante eines Metalls

Effektive Elektron-Elektron-Wechselwirkung

Phononenbeitrag zur Ein-Elektron-Energie

Elektron-Phonon-Wechselwirkung

Temperaturabhängigkeit des elektrischen Widerstandes der Metalle

Wirkung der Umklapp-Prozesse

Die allgemeine Theorie der Gitterschwingungen, wie wir sie in den Kapiteln 22 und 23 ausgeführt haben, gilt sowohl für Isolatoren als auch für Metalle. Trotzdem wird ihre Anwendung auf Metalle durch folgende Eigenheiten des metallischen Zustandes erschwert:

1. **Die Atomrümpfe sind geladen.** Hieraus ergeben sich Probleme im Zusammenhang mit der sehr großen Reichweite der direkten elektrostatischen Wechselwirkung zwischen den Atomrümpfen.[1]

2. **Es gibt Leitungselektronen.** Auch die einfachste Theorie der Gitterschwingungen eines Metalls muß berücksichtigen, daß eine Menge von Elektronen vorhanden ist, die man nicht als fest in den Atomrümpfen gebunden betrachten kann. Die Leitungselektronen wechselwirken mit den Atomrümpfen über elektrostatische Kräfte, die ebenso stark sind wie die Coulomb-Kräfte der direkten Wechselwirkung zwischen den Atomrümpfen; deshalb ist es wesentlich, zu wissen, wie sich diese Elektronen bei einer Schwingung des Gitters verhalten.

Wie sich zeigt, stellen die beweglichen Leitungselektronen eben den Mechanismus bereit, den man benötigt, um die Probleme im Zusammenhang mit der großen Reichweite der direkten elektrostatischen Wechselwirkung zwischen den Atomrümpfen zu beseitigen.

Elementare Theorie der Phononen-Dispersionsrelation

Vernachlässigen wir zunächst die Kräfte zwischen den Leitungselektronen und den Atomrümpfen. In diesem Falle wäre die Theorie der Gitterschwingungen der Metalle eine Theorie der Normalschwingungen einer Anordnung von N geladenen Teilchen der Ladung Ze und der Masse M in einem Volumen V. Im Grenzfall großer Wellenlängen ist dies – abgesehen vom Unterschied der Teilchenmassen und Ladungen[2] – genau die Problemstellung, wie wir sie in Kapitel 1 (Seiten 23 und 25) behandelten, wo wir herausfanden, daß in einem Elektronengas Dichteschwingungen mit der Plasmafrequenz ω_p möglich sind, die gegeben ist durch

$$\omega_p{}^2 = \frac{4\pi n_e e^2}{m}. \tag{26.1}$$

Führen wir die Ersetzungen $e \to Ze$, $m \to M$ und $n_i \to n_e/Z$ durch, so können wir ganz entsprechend folgern, daß eine Anordnung geladener Punktteilchen Schwingungen

---

[1] Wie wir in Kapitel 20 sahen, tritt diese Schwierigkeit auch bei Ionenkristallen auf. Wir diskutieren das Problem der Gitterschwingungen der Ionenkristalle in Kapitel 27.

[2] Wir vernachlässigen auch die Tatsache, daß die Atomrümpfe – im Unterschied zu den Elektronen des Elektronengases – im Gleichgewicht an ihren Gitterplätzen lokalisiert sind und über kurzreichweitige, abstoßende Kräfte miteinander wechselwirken.

großer Wellenlänge mit einer Gitter-Plasmafrequenz Ω_p ausführen kann, die gegeben ist durch

$$\begin{aligned}
\Omega_p{}^2 &= \frac{4\pi n_i (Ze)^2}{M} \\
&= \left(\frac{Zm}{M} \right) \omega_p{}^2 .
\end{aligned} \tag{26.2}$$

Dies widerspricht scheinbar dem Ergebnis des Kapitels 22, daß die Frequenzen der langwelligen Normalschwingungen eines einatomigen Bravaisgitters linear mit k verschwinden sollten. Dieses Ergebnis ist hier insofern nicht anwendbar, als die Näherung (22.64), die zu einer linearen Form von $\omega(\mathbf{k})$ bei kleinen k führt, nur dann anwendbar ist, wenn die Kräfte zwischen den im Abstand R liegenden Atomrümpfen für Werte R von der Größenordnung $1/k$ vernachlässigbar klein sind. Die zum inversen Abstandsquadrat proportionale Kraft jedoch nimmt mit dem Abstand derart langsam ab, daß auch für sehr kleines k die Wechselwirkungen zwischen den im Abstand $R \gtrsim 1/k$ liegenden Atomrümpfen wesentlich zur dynamischen Matrix (22.59) beitragen können.[3] Trotzdem weisen die Phononenspektren der Metalle Zweige auf, in welchen ω linear mit k verschwindet. Man erkennt dies direkt aus Neutronenstreuexperimenten, kann darauf aber auch aus dem Vorhandensein des T^3-Terms im Verlauf der Wärmekapazität der Metalle[4] schließen, welcher charakteristisch ist für eine solche lineare Abhängigkeit.[5]

Zum Verständnis des Einflusses der Leitungselektronen auf die Bewegung der Atomrümpfe ist es wesentlich, zu verstehen, warum die Phononen-Dispersionsrelationen bei kleinen k linear verlaufen.

Man behandelt das Verhalten der Elektronen in der adiabatischen Näherung (siehe Kapitel 22, S. 538) und geht dabei davon aus, daß sich die Elektronen zu jedem Zeitpunkt in derjenigen Konfiguration befinden, die sie auch annehmen würden, wenn die Atomrümpfe in ihrer jeweiligen Konfiguration zu diesem Zeitpunkt starr „eingefroren" wären. Weiterhin erkannten wir in Kapitel 17, daß sich das Elektronengas unter der Wirkung einer externen Ladungsverteilung – in diesem Falle der momentanen Konfiguration der Atomrümpfe – so verteilt, daß es das elektrische Feld dieser Ladungsverteilung abschirmt. Während also die Atomrümpfe vergleichsweise träge ihre Schwingungen ausführen, verteilen sich die flinken Leitungselektronen andauernd in einer solchen Weise um, daß sie den langreichweitigen Anteil des elektrischen Feldes der Atomrümpfe zu jedem Zeitpunkt auslöschen, wodurch das effektive Feld kurzreichweitig wird und sich folglich eine bei großen Wellenlängen in k lineare Phononen-Dispersionsrelation einstellt.

---

[3] Betrachten Sie als Beispiel eine ebene Lage geladener Teilchen; diese Anordnung erzeugt ein elektrisches Feld, welches vom Abstand von dieser Ebene unabhängig ist.

[4] Siehe Aufgabe 2.

[5] Siehe Kapitel 23, Aufgabe 2.

Man bezeichnet oft die ursprüngliche, direkte Coulomb-Wechselwirkung zwischen den Atomrümpfen als „rein", die effektive, durch die abschirmende Wirkung der Leitungselektronen kurzreichweitig gemachte Wechselwirkung dagegen als abgeschirmt oder „dressed".

Um in diesem Bild zu einer Abschätzung der effektiven Phononenfrequenzen zu kommen, fassen wir die Konfiguration der Atomrümpfe in einem Phonon mit Wellenvektor **k** – soweit es die Leitungselektronen betrifft – als eine externe Ladungsdichteverteilung[6] mit dem Wellenvektor **k** auf. Nach (17.36) wird das von dieser Ladungsverteilung erzeugte elektrische Feld durch die abschirmende Wirkung der Leitungselektronen um einen Faktor $1/\epsilon(\mathbf{k})$ verringert, wobei $\epsilon(\mathbf{k})$ die dielektrische Konstante des Elektronengases bezeichnet. Da das Quadrat $\omega(\mathbf{k})^2$ der Phononenfrequenz proportional zur rückstellenden Kraft, und damit zum elektrischen Feld ist, müssen wir den Ausdruck (26.2) um den Faktor $1/\epsilon(\mathbf{k})$ vermindern, da bei der Herleitung dieses Ausdrucks die Abschirmung nicht berücksichtigt wurde. Damit ergibt sich

$$\omega(\mathbf{k})^2 = \frac{\Omega_p{}^2}{\epsilon(\mathbf{k})} \tag{26.3}$$

als „abgeschirmte" Phononenfrequenz. Im Grenzfall $\mathbf{k} \to 0$ ist die dielektrische Konstante durch die Thomas-Fermi-Form (17.51) gegeben:

$$\epsilon(\mathbf{k}) = 1 + \frac{k_0{}^2}{k^2}. \tag{26.4}$$

Deshalb gilt für $k \to 0$

$$\omega(\mathbf{k}) \approx ck, \quad c^2 = \frac{\Omega_p{}^2}{k_0{}^2} = \frac{Zm}{M} \frac{\omega_p^2}{k_0{}^2}. \tag{26.5}$$

Um zu erkennen, daß dieser Ausdruck tatsächlich einen realistischen Wert der Phononengeschwindigkeit ergibt, schätzen wir k_0 durch seinen Wert (Gleichung (17.55))

$$\frac{4\pi e^2}{k_0{}^2} = \frac{\hbar^2 \pi^2}{m k_F} \tag{26.6}$$

---

[6] Dabei ignorieren wir auch Komplikationen, die sich durch die diskrete Natur des Gitters und die daraus resultierende Uneindeutigkeit des Vektors **k** ergeben, welcher nur bis auf einen beliebigen, additiven Vektor des reziproken Gitters bestimmt ist.

für freie Elektronen[7] ab, und berechnen die Plasmafrequenz der Elektronen mittels (2.21) zu

$$n_e = \frac{k_F{}^3}{3\pi^2}. \tag{26.7}$$

Die Schallgeschwindigkeit ist deshalb gegeben durch die Bohm-Staver-Beziehung[8]

$$\boxed{c^2 = \frac{1}{3} Z \frac{m}{M} v_F{}^2.} \tag{26.8}$$

Da das Verhältnis aus der Masse der Atomrümpfe und der Elektronenmasse typischerweise von der Größenordnung 10^{-4} bis 10^{-5} ist, so folgt aus dieser Beziehung ein Wert der Schallgeschwindigkeit von ungefähr einem Hundertstel der Fermigeschwindigkeit, welche von der Größenordnung 10^6 cm/s ist. Dieses Ergebnis stimmt innerhalb der Größenordnung mit gemessenen Werten der Schallgeschwindigkeit überein. Andererseits gilt

$$\frac{\Theta_D}{T_F} = \frac{\hbar c k_D / k_B}{\frac{1}{2} \hbar k_F v_F / k_B} = \frac{2 k_D}{k_F} \frac{c}{v_F} \approx \frac{c}{v_F}, \tag{26.9}$$

so daß (26.8) der Tatsache Rechnung trägt, daß die Debyetemperatur in einem Metall typischerweise von der Größenordnung der Raumtemperatur ist, während die Fermitemperatur einige Zehntausend Kelvin beträgt.

---

[7] Man kann auch die exakte, für große Wellenlängen gültige Beziehung (17.50)

$$\frac{4\pi e^2}{k_0{}^2} = \frac{1}{\partial n_e / \partial \mu}$$

sowie die thermodynamische Identität

$$\frac{n}{\partial n / \partial \mu} = \frac{\partial P}{\partial n}$$

verwenden, um (26.5) in der Form

$$c^2 = \frac{\partial P_{\text{el}}}{\partial \rho_{\text{Rumpf}}}, \qquad \rho_{\text{Rumpf}} = \frac{M n_e}{Z}$$

zu schreiben. Da die Kontinuumsmechanik (unter Vernachlässigung der Anisotropie) voraussagt, daß die Schallgeschwindigkeit in einem beliebigen Medium gegeben ist durch die Quadratwurzel aus der Ableitung des Druckes nach der Massendichte, so ist (26.5) eine ebenso gute Näherung wie die Annahme, daß die Kompressibilität eines Metalls durch den Beitrag der Elektronen dominiert werde (Die Massendichte wird natürlich vom Beitrag der Atomrümpfe dominiert.), und (26.8) ist eine ebenso gute Näherung wie die Annahme, daß die Kompressibilität in erster Linie durch den Beitrag *freier* Elektronen bestimmt sei; zufällig ist dies bei den Alkalimetallen in sehr guter Näherung der Fall (siehe S. 49). Jedenfalls ist offensichtlich, daß (26.8) zumindest die Elektron-Elektron-Wechselwirkung und die Abstoßung zwischen den Atomrümpfen berücksichtigt.

[8] D. Bohm, T. Staver, *Phys. Rev.* **84**, 836 (1950).

Kohn-Anomalien

Die Annahme, daß der Coulombsche Anteil der effektiven Wechselwirkung zwischen den Atomrümpfen durch die dielektrische Konstante der Elektronen vermindert wird, hat ebenfalls Auswirkungen auf die kurzwelligen Normalschwingungen. Bei Wellenvektoren, die im Vergleich zu k_F nicht klein sind, ist die dielektrische Konstante (26.4) nach Thomas-Fermi durch den genaueren Ausdruck nach Lindhard[9] zu ersetzen, welcher singulär wird,[10] sobald der Wellenvektor q der Störung den Betrag $2k_F$ annimmt. W. Kohn wies darauf hin,[11] daß sich diese Singularitäten, vermittelt durch die abgeschirmte Wechselwirkung zwischen den Atomrümpfen, auch im Phononenspektrum selbst zeigen sollten, und zwar als schwach ausgeprägte, jedoch deutlich erkennbare „Knicke" (Unendlichkeitsstellen der Ableitung $(\partial \omega / \partial q)$ bei Werten von q, die extremalen Querschnitten der Fermifläche entsprechen.

Um diese *Kohn-Anomalien* nachzuweisen, sind sehr genaue Messungen der Abhängigkeit $\omega(q)$ mit Hilfe der Neutronenstreuung erforderlich. Man hat solche Messungen durchgeführt,[12] und sie zeigen eine Struktur der Singularitäten, die konsistent ist mit einer aus unabhängigen Messungen bestimmten Geometrie der Fermifläche.

Dielektrische Konstante eines Metalls

Unsere Diskussion der Abschirmung in Kapitel 17 gründete auf dem Modell des Elektronengases; dabei behandelten wir das Gitter der Atomrümpfe als homogenen, inerten, positiven Ladungshintergrund. Eine solche Vorgehensweise übersieht die Tatsache, daß eine externe Ladungsverteilung elektrische Felder in einem Metall induzieren kann, und dies sowohl durch Verzerren der Ladungsverteilungen der Atomrümpfe, als auch der räumlichen Verteilung der Elektronen. Unter gewissen Umständen hat man Gründe dafür, sich alleine für die abschirmende Wirkung der Elektronen zu interessieren.[13] Oft jedoch möchte man auch die Abschirmung einer externe Ladungsverteilung durch alle geladenen Teilchen in einem Metall – Elektronen und Atomrümpfe – betrachten. Wir sind nunmehr in der Lage, auf elementare Weise diese zusätzliche Abschirmung durch die Atomrümpfe zu behandeln.

Wie bisher (Kapitel 17) definieren wir die gesamte dielektrische Konstante eines Metalls als die Proportionalitätskonstante zwischen der Fourier-Transformierten des

[9] Siehe Kapitel 17, S. 435.
[10] Die Ableitung ist logarithmisch divergent.
[11] W. Kohn, *Phys. Rev. Lett.* **2**, 393 (1959).
[12] R. Stedman et al., *Phys. Rev.* **162**, 545 (1967).
[13] ... wie beispielsweise bei unserer Herleitung der Bohm-Staver-Relation (26.8). Wir behandelten dabei die Atomrümpfe als eine zum Elektronengas externe Ladungsverteilung, nicht als Bestandteil des abschirmenden Mediums.

Gesamtpotentials innerhalb des Metalls und der Fourier-Transformierten des Potentials der externe Ladungsverteilung:

$$\epsilon\phi^{\text{total}} = \phi^{\text{ext}}. \tag{26.10}$$

Es ist instruktiv, diese gesamte dielektrische Konstante ϵ in Beziehung zu setzten zur dielektrischen Konstanten ϵ^{el} des Elektronengases alleine, der dielektrischen Konstanten $\epsilon^{\text{Rumpf}}_{\text{nackt}}$ der „nackten" Atomrümpfe alleine, sowie der dielektrischen Konstanten $\epsilon^{\text{Rumpf}}_{\text{dressed}}$ der „gedressten" Atomrümpfe. Diese letztere Konstante beschreibt eine Anordnung von Teilchen – Atomrümpfen mit ihren abschirmenden Elektronenwolken – die über ein abgeschirmtes Potential $\phi^{\text{ext}} + \phi^{\text{Rumpf}}$ miteinander wechselwirken.

Würden wir als Medium alleine die Elektronen betrachten und die Wirkung sowohl der externe Ladungsverteilung als auch der Atomrümpfe in einem gesamten „externen" Potential ϕ^{ext} zusammenfassen, so könnten wir schreiben

$$\epsilon^{\text{el}}\phi^{\text{total}} = \phi^{\text{ext}} + \phi^{\text{Rumpf}}. \tag{26.11}$$

Wir könnten auch andererseits die nackten Atomrümpfe als Medium auffassen, dem die Gesamtheit der Elektronen als Quelle eines externen Potentials gegenübersteht. In diesem Falle würden wir schreiben

$$\epsilon^{\text{Rumpf}}_{\text{nackt}}\phi^{\text{total}} = \phi^{\text{ext}} + \phi^{\text{el}}. \tag{26.12}$$

Addieren wir die beiden letzten Gleichungen und subtrahieren davon die Definitionsgleichung (26.10) von ϵ, so erhalten wir

$$(\epsilon^{\text{el}} + \epsilon^{\text{Rumpf}}_{\text{nackt}} - \epsilon)\phi^{\text{total}} = \phi^{\text{ext}} + \phi^{\text{el}} + \phi^{\text{Rumpf}}. \tag{26.13}$$

Da aber $\phi^{\text{total}} = \phi^{\text{ext}} + \phi^{\text{el}} + \phi^{\text{Rumpf}}$ gilt, so haben wir damit gezeigt, daß[14]

$$\boxed{\epsilon = \epsilon^{\text{el}} + \epsilon^{\text{Rumpf}}_{\text{nackt}} - 1.} \tag{26.14}$$

Diese Gleichung drückt die dielektrische Konstante des Metalls durch die dielektrischen Konstanten der Elektronen sowie der nackten Atomrümpfe aus. Es ist jedoch oft zweckmäßiger, es nicht mit nackten Atomrümpfen, sondern mit „gedressten" zu tun zu haben. Unter „gedressten" Atomrümpfen versteht man die Atomrümpfe zusammen mit ihren jeweiligen „Wolken" (ihrem „Kleid") aus abschirmenden Elektronen, Teilchen also, die als effektives Potential das durch die Elektronen abgeschirmte Potential

---

[14] Ausgedrückt durch die Polarisierbarkeit $\alpha = (\epsilon - 1)/4\pi$ ist dies nichts anderes als ein Spezialfall der Feststellung, daß sich die Polarisierbarkeit eines Mediums, welches aus Ladungsträgern verschiedener Typen besteht, einfach als die Summe der Polarisierbarkeiten der einzelnen Bestandteile ergibt.

der nackten Atomrümpfe erzeugen. Die dielektrische Konstante $\epsilon^{\text{Rumpf}}_{\text{dressed}}$ beschreibt das durch eine Anordnung solcher Teilchen unter der Wirkung eines gegebenen externen Potentials aufgebaute Gesamtpotential. Um die Reaktion eines Metalls – im Gegensatz zu einer Anordnung „gedresster" Atomrümpfe – auf ein externes Potential zu beschreiben, müssen wir beachten, daß die Wirkung der Elektronen nicht alleine darin besteht, die Atomrümpfe zu „dressen", sondern auch darin, das externe Potential abzuschirmen. Dies bedeutet, daß das „externe" Potential, welches durch die „gedressten" Atomrümpfe abgeschirmt werden soll, nicht das „reine" externe Potential ist, sondern das durch die Elektronen bereits abgeschirmte.

Somit kann man die Reaktion eines Metalls auf ein Potential ϕ^{ext} auffassen als Reaktion einer Anordnung „gedresster" Atomrümpfe auf ein Potential $(1/\epsilon^{\text{el}})\phi^{\text{ext}}$, und man kann schreiben

$$\phi^{\text{total}} = \frac{1}{\epsilon^{\text{Rumpf}}_{\text{dressed}}} \frac{1}{\epsilon^{\text{el}}} \phi^{\text{ext}}. \tag{26.15}$$

Vergleicht man dies mit der Definitionsgleichung (26.10) von ϵ, so erhält man

$$\boxed{\frac{1}{\epsilon} = \frac{1}{\epsilon^{\text{Rumpf}}_{\text{dressed}}} \frac{1}{\epsilon^{\text{el}}}.} \tag{26.16}$$

Diese Beziehung ist anstelle der Beziehung (26.14) zu verwenden, wenn man der Beschreibung eine Anordnung „gedresster", nicht nackter Atomrümpfe zugrundelegt. Beide Formulierungen müssen natürlich identisch sein. Schreibt man (26.14) in der Form

$$\frac{1}{\epsilon} = \frac{1}{\epsilon^{\text{el}}} \frac{1}{1 + (\epsilon^{\text{Rumpf}}_{\text{nackt}} - 1)/\epsilon^{\text{el}}}, \tag{26.17}$$

so erfordert die Konsistenz mit (26.16), daß[15]

$$\epsilon^{\text{Rumpf}}_{\text{dressed}} = 1 + \frac{1}{\epsilon^{\text{el}}} (\epsilon^{\text{Rumpf}}_{\text{nackt}} - 1). \tag{26.18}$$

Um grob qualitativ die Bedeutung des Beitrages der Atomrümpfe zur dielektrischen Konstanten abschätzen zu können, verwenden wir die einfachsten Ausdrücke für ϵ^{el} und $\epsilon^{\text{Rumpf}}_{\text{nackt}}$. Für die erste der beiden Konstanten setzen wir die Form (26.4)

---

[15] Ausgedrückt durch die Polarisierbarkeiten ist dies die vernünftige Aussage

$$\alpha^{\text{Rumpf}}_{\text{dressed}} = \frac{\alpha^{\text{Rumpf}}_{\text{nackt}}}{\epsilon^{\text{el}}}.$$

nach Thomas-Fermi an;[16] für die letztere können wir einfach das Ergebnis (1.37) für die dielektrische Konstante eines Gases geladener Teilchen übernehmen, wenn wir die elektronische Plasmafrequenz (26.1) durch die Plasmafrequenz (26.2) der Atomrümpfe ersetzen.[17] Mit

$$\epsilon_{\text{nackt}}^{\text{Rumpf}} = 1 - \frac{\Omega_p{}^2}{\omega^2} \tag{26.19}$$

erhält man somit die gesamte dielektrische Konstante (26.14) zu

$$\boxed{\epsilon = 1 + \frac{k_0{}^2}{q^2} - \frac{\Omega_p{}^2}{\omega^2},} \tag{26.20}$$

sowie die dielektrische Konstante (26.18) der „gedressten" Atomrümpfe zu

$$\boxed{\epsilon_{\text{dressed}}^{\text{Rumpf}} = 1 - \frac{\Omega_p{}^2/\epsilon^{\text{el}}}{\omega^2} = 1 - \frac{\omega(\mathbf{q})^2}{\omega^2}.} \tag{26.21}$$

Wir haben dabei die Abschirmungsbeziehung (26.3) verwendet, um die „gedresste" Phononenfrequenz $\omega(\mathbf{q})$ einzuführen. Beachten Sie, daß $\epsilon_{\text{dressed}}^{\text{Rumpf}}$ und $\epsilon_{\text{nackt}}^{\text{Rumpf}}$ formal identisch sind, wobei lediglich die „nackte" Phononenfrequenz Ω_p durch die „gedresste" ersetzt ist.

Setzen wir nun den Ausdruck (26.21) in die Form (26.16) der gesamten dielektrischen Konstanten ein, so erhalten wir mit

$$\boxed{\frac{1}{\epsilon} = \left(\frac{1}{1 + k_0{}^2/q^2} \right) \left(\frac{\omega^2}{\omega^2 - \omega(\mathbf{q})^2} \right)} \tag{26.22}$$

ein Ergebnis, welches natürlich zu (26.20) äquivalent ist.

Die wesentlichsten Folgerungen aus der Form (26.22) der gesamten dielektrischen Konstanten ergeben sich bei der Behandlung der effektiven Elektron-Elektron-

---

[16] Indem wir die statische Dielektrizitätskonstante der Elektronen verwenden, beschränken wir uns auf Störungen mit Wellenvektor $\mathbf{q}$, deren Frequenzen niedrig genug sind, um der Bedingung $\omega \ll qv_F$ zu genügen.

[17] Gleichung (26.19) vernachlässigt – ebenso wie Gleichung (1.37), von der sie sich herleitet – die Abhängigkeit vom Wellenvektor $\mathbf{q}$. Diese Vorgehensweise ist berechtigt, falls die charakteristische Teilchengeschwindigkeit so gering ist, daß die Teilchen während einer Periode der Störung typischerweise nur eine Strecke zurücklegen, die klein ist im Vergleich zur Wellenlänge der Störung, d.h. wenn gilt: $v/\omega \ll 1/q$ oder $\omega \gg qv$. Da die Geschwindigkeit der Atomrümpfe typischerweise sehr viel kleiner ist als v_F, so kann man in einem großen Bereich von Frequenzen und Wellenvektoren für die Elektronen $\epsilon(\mathbf{q}, \omega) \approx \epsilon(\mathbf{q}, \omega = 0)$ annehmen (siehe Fußnote 16), sowie $\epsilon(\mathbf{q}, \omega) \approx \epsilon(\mathbf{q} = 0, \omega)$ für die „nackten" Atomrümpfe.

Wechselwirkung in einem Metall; deshalb setzen wir unsere Betrachtungen unter diesem Gesichtspunkt fort.

Effektive Elektron-Elektron-Wechselwirkung

In Kapitel 17 argumentierten wir, daß für viele Zwecke die Fourier-Transformierte der Coulomb-Wechselwirkung zwischen den Elektronen um die dielektrische Konstante der Elektronen abzuschirmen sei,

$$\frac{4\pi e^2}{k^2} \rightarrow \frac{4\pi e^2}{k^2 \epsilon^{\text{el}}} = \frac{4\pi e^2}{k^2 + k_0{}^2}, \tag{26.23}$$

um dadurch zu berücksichtigen, daß die übrigen Elektronen die Wechselwirkung zwischen den Elektronen eines herausgegriffenen Paares abschirmen. Die Atomrümpfe wirken jedoch ebenfalls abschirmend auf diese Wechselwirkung, so daß es sinnvoller gewesen wäre, in (26.23) anstelle von ϵ^{el} die gesamte dielektrische Konstante zu verwenden. In diesem Sinne können wir den Ausdruck (26.22) für die gesamte dielektrische Konstante verwenden, um (26.23) durch

$$\frac{4\pi e^2}{k^2} \rightarrow \frac{4\pi e^2}{k^2 \epsilon} = \frac{4\pi e^2}{k^2 + k_0{}^2} \left(1 + \frac{\omega(\mathbf{k})^2}{\omega^2 - \omega(\mathbf{k})^2} \right) \tag{26.24}$$

zu ersetzen. Man berücksichtigt also das Vorhandensein der Atomrümpfe durch Multiplikation von (26.23) mit einem Korrekturfaktor, der sowohl von der Frequenz als auch vom Wellenvektor abhängt. Die Frequenzabhängigkeit zeigt, daß die abschirmende Wirkung der Atomrümpfe nicht momentan ist, sondern begrenzt durch die – im Vergleich mit der Fermigeschwindigkeit v_F kleine – Ausbreitungsgeschwindigkeit elastischer Wellen im Gitter. Folglich ist der durch die Atomrümpfe vermittelte Anteil der effektiven Elektron-Elektron-Wechselwirkung retardiert.

Verwendet man (26.24) als Ausdruck für die effektive Wechselwirkung zwischen den Elektronen eines herausgegriffenen Paares, so muß man wissen, auf welche Weise ω und $\mathbf{k}$ von den Quantenzahlen des Elektronenpaares abhängen. Wie wir aus Kapitel 17 wissen, ist $\mathbf{k}$ die Differenz der Wellenvektoren der beiden elektronischen Niveaus, falls man als effektive Wechselwirkung die frequenzunabhängige Form (26.23) wählt. Analog dazu wählen wir ω als Differenz der Kreisfrequenzen der Niveaus (d.h. ihrer durch $\hbar$ dividierten Energien), falls die effektive Wechselwirkung frequenzabhängig ist. Wir setzen somit die effektive Wechselwirkung zweier herausgegriffener Elektronen mit den Wellenvektoren $\mathbf{k}$ und $\mathbf{k}'$ sowie den Energien $\varepsilon_{\mathbf{k}}$ und $\varepsilon_{\mathbf{k}'}$ in der Form[18]

$$v_{\mathbf{k},\mathbf{k}'}^{\text{eff}} = \frac{4\pi e^2}{q^2 + k_0{}^2} \left[1 + \frac{\omega(\mathbf{q})^2}{\omega^2 - \omega(\mathbf{q})^2} \right], \quad \mathbf{q} = \mathbf{k} - \mathbf{k}', \quad \omega = \frac{\varepsilon_{\mathbf{k}} - \varepsilon_{\mathbf{k}'}}{\hbar} \quad (26.25)$$

an. Dieser Ausdruck für v^{eff} hat qualitativ zwei wesentliche Eigenschaften:[19]

1. Die „gedresste" Phononenfrequenz $\omega(\mathbf{q})$ ist von der Größenordnung ω_D oder kleiner. Unterscheiden sich daher die Energien der beiden Elektronen um deutlich mehr als $\hbar\omega_D$, so ist die Phononen-Korrektur ihrer effektiven Wechselwirkung vernachlässigbar gering. Da die Variationsbreite der elektronischen Energien von der Größenordnung ε_F und damit typischerweise 10^2 bis 10^3 mal so groß wie $\hbar\omega_D$ ist, so wird nur die Wechselwirkung von Elektronen mit sehr ähnlichen Energien in nennenswertem Maße durch Phononen beeinflußt.

2. Ist die Differenz der Elektronenenergien jedoch kleiner als $\hbar\omega_D$, so hat der Phononenbeitrag das entgegengesetzte Vorzeichen wie die elektronisch abgeschirmte Wechselwirkung und ist vom Betrag her größer, so daß sich das Vorzeichen der effektiven Elektron-Elektron-Wechselwirkung umkehrt. Dieses Phänomen, als „Überabschirmung" bezeichnet, ist von entscheidender Bedeutung für die moderne Theorie der Supraleitung. Wir werden in Kapitel 34 noch darauf zurückkommen.

Phononenbeitrag zur Energie-Wellenvektor-Relation der Elektronen

Abgesehen von der entscheidenden Rolle, die sie in der Theorie der Supraleitung spielt, hat die Form (26.25) der effektiven Elektron-Elektron-Wechselwirkung auch wesentliche Konsequenzen für die weniger dramatischen Eigenschaften der Leitungselektronen. In Kapitel 17 kamen wir zu dem Ergebnis, daß die einfachste, durch die

---

[18] Diese Form geht auf die Arbeit von Fröhlich, sowie von Bardeen und Pines zurück (H. Fröhlich, *Phys. Rev.* **79**, 845 (1950); J. Bardeen, D. Pines, *Phys. Rev.* **99**, 1140 (1955)). Man sollte unsere Argumentation mehr als einen Hinweis auf die Plausibilität der Gleichung (26.25) sehen, denn als eine Herleitung. Eine systematische Herleitung dieser Gleichung sowie eine Definition der Umstände, unter welchen man diesen Ausdruck als eine effektive Wechselwirkung verwenden kann, bedarf der Anwendung feldtheoretischer Methoden (der Greenschen Funktion).

[19] Man sollte das Verschwinden des Ausdruckes (26.25) bei $\omega = 0$ nicht allzu tragisch nehmen. Man könnte es dahingehend interpretieren, daß bei sehr langsam veränderlichen Störungen die Atomrümpfe genügend Zeit hätten, sich in einer solchen Weise anzuordnen, daß sie das Feld der Elektronen exakt auslöschen würden. Dies ist nicht möglich – und sei es nur deshalb, weil die Elektronen Punktteilchen sind, während die Atomrümpfe undurchdringliche Kernbereiche haben. Wir vernachlässigten diesen Punkt bei unserer Herleitung der dielektrischen Konstanten der „nackten" Atomrümpfe. In genaueren Berechnungen, welche die Effekte einer endlichen Ausdehnung der Kernbereiche berücksichtigen, tritt diese perfekte Auslöschung nicht mehr auf.

Elektron-Elektron-Wechselwirkung verursachte Korrektur zur elektronischen Energie $\varepsilon_\mathbf{k}$ durch den Austauschterm der Hartree-Fock-Theorie

$$\Delta\varepsilon_\mathbf{k} = -\int \frac{d\mathbf{k}'}{(2\pi)^3} \frac{4\pi e^2}{|\mathbf{k} - \mathbf{k}'|^2} f(\mathbf{k}') \tag{26.26}$$

gegeben ist. Wir sahen, daß diese Korrektur zu einer scheinbaren Singularität der Ableitung $\partial\varepsilon/\partial\mathbf{k}$ bei $k = k_F$ führte, die wir durch Abschirmen der Wechselwirkung in (26.26) mit der dielektrischen Konstanten der Elektronen beseitigen konnten. In einer genaueren Behandlung wäre die Abschirmung nicht durch die dielektrische Konstante der Elektronen alleine, sondern durch die gesamte dielektrische Konstante des Metalls zu beschreiben. Angesichts von (26.25) erscheint es deshalb naheliegend, als abgeschirmte Variante des Hartree-Fockschen Austauschterms den Ausdruck

$$\Delta\varepsilon_\mathbf{k} = -\int \frac{d\mathbf{k}'}{(2\pi)^3} \frac{4\pi e^2}{|\mathbf{k} - \mathbf{k}'|^2 + k_0{}^2}$$
$$\cdot \left\{ 1 + \frac{\omega(\mathbf{k} - \mathbf{k}')^2}{[(\varepsilon_\mathbf{k} - \varepsilon_{\mathbf{k}'})/\hbar]^2 - \omega(\mathbf{k} - \mathbf{k}')^2} \right\} f(\mathbf{k}') \tag{26.27}$$

anzusetzen. Da der Beitrag der Atomrümpfe zur Abschirmung von der Elektronenenergie abhängt, ist (26.27) eine recht komplizierte Integralgleichung für $\varepsilon_\mathbf{k}$. Nutzen wir jedoch die Tatsache aus, daß die Phononenenergie $\hbar\omega(\mathbf{k} - \mathbf{k}')$ im Vergleich mit ε_F sehr klein ist, so können wir die wesentlichste Information aus (26.27) gewinnen, ohne die Integralgleichung vollständig zu lösen (siehe Aufgabe 3). Die wesentlichsten Schlüsse aus (26.27) sind folgende:

1. Der Wert von ε_F sowie die Gestalt der Fermifläche bleiben vom Beitrag der Atomrümpfe zur Abschirmung unbeeinflußt, d.h. sie sind auch dann korrekt gegeben, wenn man den zweiten Summanden in Klammern in (26.27) vernachlässigt.

2. Liegt $\varepsilon_\mathbf{k}$ nahe – gemessen an $\hbar\omega_D$ – bei der Fermienergie ε_F, so ergibt sich

$$\varepsilon_\mathbf{k} - \varepsilon_F = \frac{\varepsilon_\mathbf{k}^{\mathrm{TF}} - \varepsilon_F}{1 + \lambda}. \tag{26.28}$$

$\varepsilon_\mathbf{k}^{\mathrm{TF}}$ ist die unter Vernachlässigung des Beitrags der Atomrümpfe zur Abschirmung berechnete Energie, und λ ist durch das folgende Integral über die Fermifläche gegeben:

$$\lambda = \int \frac{dS'}{8\pi^3 \hbar v(\mathbf{k}')} \frac{4\pi e^2}{(\mathbf{k} - \mathbf{k}')^2 + k_0{}^2}. \tag{26.29}$$

Insbesondere bedeutet dies, daß die Phononenkorrekturen zur Geschwindigkeit der Elektronen sowie zur Niveaudichte an der Fermifläche gegeben sind durch[20]

$$\mathbf{v}(\mathbf{k}) = \frac{1}{\hbar} \frac{\partial \varepsilon}{\partial \mathbf{k}} = \frac{1}{(1+\lambda)} \mathbf{v}^0(\mathbf{k}),$$

$$g(\varepsilon_F) = (1+\lambda)g^0(\varepsilon_F). \tag{26.30}$$

Diese Korrekturen gelten nur für Ein-Elektron-Niveaus, die innerhalb einer Umgebung $\hbar\omega_D$ der Fermienergie ε_F liegen. Bei Temperaturen deutlich unterhalb der Raumtemperatur ($k_B T \ll \hbar\omega_D$) sind es jedoch genau diese elektronischen Niveaus, die den größten Teil der metallischen Eigenschaften bestimmen, so daß man also die Korrekturen berücksichtigen muß, die sich infolge der Abschirmung durch die Atomrümpfe ergeben. Diese Folgerung wird besonders klar, wenn man die Größenordnung von λ abschätzt:

Da k_0 von der Größenordnung k_F ist (siehe (17.55)), so gilt

$$\lambda \lesssim \frac{4\pi e^2}{k_0^2} \int \frac{dS'}{8\pi^3 \hbar v(\mathbf{k}')}. \tag{26.31}$$

Aus (17.50) und (8.63) folgt weiter

$$\frac{4\pi e^2}{k_0^2} = \frac{\partial n}{\partial \mu} = \frac{1}{g(\varepsilon_F)} = \left[\int \frac{dS'}{4\pi^3 \hbar v(\mathbf{k}')}\right]^{-1}. \tag{26.32}$$

In diesem einfachen Modell ist λ daher kleiner als eins, aber von der Größenordnung eins. Folglich ist in zahlreichen Metallen die Korrektur aufgrund der Abschirmung der Elektron-Elektron-Wechselwirkung durch die Atomrümpfe (üblicherweise als die Phononenkorrektur bezeichnet) die wesentlichste Ursache für Abweichungen der elektronischen Niveaudichte von ihrem Wert für freie Elektronen und dabei von größerer Bedeutung, als sowohl Effekte der Bandstruktur als auch Korrekturen aufgrund direkter Elektron-Elektron-Wechselwirkung.[21]

---

[20] Wir nehmen eine kugelförmige Fermifläche an, so daß λ eine Konstante ist. Der Hochindex 0 bezeichnet den Wert nach Thomas-Fermi.

[21] Untersucht man den Einfluß der Elektron-Phonon-Wechselwirkung auf die verschiedenen Ein-Elektron-Eigenschaften, so ist es nicht ausreichend, einfach die unkorrigierte Niveaudichte durch (26.30) zu ersetzen. Vielmehr muß man im allgemeinen die gesamte Herleitung der jeweiligen Eigenschaft erneut durchführen, nunmehr unter Berücksichtigung der effektiven Wechselwirkung (26.27). Man kommt so beispielsweise zu dem Ergebnis, daß die Wärmekapazität (2.80) um einen Faktor $(1+\lambda)$ zu korrigieren ist, die Pauli-Suszeptibilität (31.69) jedoch nicht (siehe Kapitel 31, S. 843, Fußnote 29).

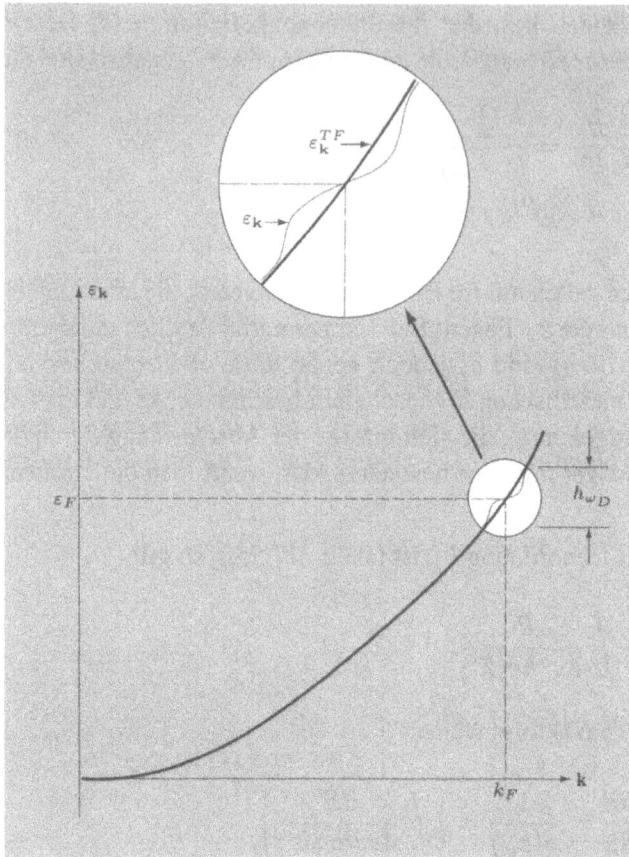

Bild 26.1: Korrekturen zur elektronischen Energie-Wellenvektor-Relation $\varepsilon(\mathbf{k})$ aufgrund der Abschirmung durch die Atomrümpfe (sog. Elektron-Phonon-Korrektur). Die Korrektur – dünn gezeichnete Kurve – ist nur innerhalb einer Umgebung der Breite $\hbar\omega_D$ um ε_F von Bedeutung, wo sie die Steigung der unkorrigierten Kurve deutlich verringern kann.

3. Liegt $\varepsilon_{\mathbf{k}}$ um ein Mehrfaches von $\hbar\omega_D$ von der Fermienergie ε_F entfernt, so gilt

$$\varepsilon_{\mathbf{k}} - \varepsilon_F = (\varepsilon_{\mathbf{k}}^{\text{TF}} - \varepsilon_F)\left[1 - O\left(\frac{\hbar\omega_D}{\varepsilon_{\mathbf{k}} - \varepsilon_F}\right)^2\right], \tag{26.33}$$

und die Phononenkorrektur wird rasch unbedeutend.

Die Ergebnisse dieser Überlegungen sind in Bild 26.1 zusammengefaßt.

Elektron-Phonon-Wechselwirkung

Aufgrund der abschirmenden Wirkung der Atomrümpfe addiert sich nach (26.27) zur Energie eines Elektrons mit Wellenvektor **k** ein Betrag

$$v_{\mathbf{k},\mathbf{k}'}^{\text{eff}} = \frac{1}{V} \left(\frac{4\pi e^2}{(\mathbf{k} - \mathbf{k}')^2 + k_0^2} \right) \left(\frac{[\hbar\omega(\mathbf{k} - \mathbf{k}')]^2}{[\hbar\omega(\mathbf{k} - \mathbf{k}')]^2 - (\varepsilon_{\mathbf{k}} - \varepsilon_{\mathbf{k}'})^2} \right) \qquad (26.34)$$

für jedes besetzte elektronische Niveau **k**′ (mit demselben Spin). Es gibt noch einen anderen Weg, die Auswirkung der Verformungen des Gitters auf die elektronische Energie zu berechnen: Ohne sich explizit auf den Effekt der Abschirmung zu berufen, kann man einfach berechnen, wie sich die Gesamtenergie eines Metalls dadurch verändert, daß die Elektronen als geladene Teilchen mit den Phononen – Dichtewellen im Gitter der ebenfalls geladenen Atomrümpfe – in Wechselwirkung treten. Beschreibt man diese Wechselwirkung durch einen Hamiltonoperator V^{ep}, so ist die Änderung der Energie des Metalls aufgrund der Wechselwirkung in Störungstheorie zweiter Ordnung gegeben durch einen Ausdruck der Form

$$\Delta E = \sum_i \frac{|\langle 0|V^{\text{ep}}|i\rangle|^2}{E_0 - E_i}. \qquad (26.35)$$

Als die wichtigsten angeregten Zustände $|i\rangle$ nimmt man jene an, die von Elektronen besetzt sind, welche im Grundzustand einen Wellenvektor **k** besaßen, dann ein Phonon mit dem Wellenvektor **q** erzeugten und dadurch mit einem Wellenvektor **k**′ in den angeregten Zustand gelangten. (Prozesse unter Absorption eines Phonons können bei $T = 0$ nicht auftreten, da keine Phononen vorhanden sind. Man kann außerdem zeigen, daß Mehrphononen-Übergänge hier unwesentlich sind.)

Da der gesamte Kristallimpuls erhalten ist,[22] gilt **k**′ + **q** = **k** (bis auf einen Vektor des reziproken Gitters). Die Energie des Zwischenzustandes $|i\rangle$ unterscheidet sich von der Energie des Grundzustandes E_0 um die Summe der Energien des elektronischen Endniveaus und des erzeugten Phonons, abzüglich der Energie des elektronischen Ausgangsniveaus:

$$E_i - E_0 = \varepsilon_{\mathbf{k}'} + \hbar\omega(\mathbf{k} - \mathbf{k}') - \varepsilon_{\mathbf{k}}. \qquad (26.36)$$

Ein solcher Zwischenzustand ist für jedes Paar besetzter oder unbesetzter Ein-Elektron-Niveaus der ursprünglichen Grundzustandskonfiguration möglich. Sei $g_{\mathbf{k},\mathbf{k}'}$ das Matrixelement des Hamiltonoperators V^{ep} zwischen dem Grundzustand und einem solchen angeregten Zwischenzustand, so ist die Summe über i in (26.35) einfach

---

[22] Siehe Anhang M, S. 1003.

eine Summe über alle Paare von Wellenvektoren besetzter oder unbesetzter Niveaus, und man erhält

$$\Delta E = \sum_{\mathbf{k}\mathbf{k}'} n_{\mathbf{k}}(1 - n_{\mathbf{k}'}) \frac{|g_{\mathbf{k},\mathbf{k}'}|^2}{\varepsilon_{\mathbf{k}} - \varepsilon_{\mathbf{k}'} - \hbar\omega(\mathbf{k} - \mathbf{k}')}. \tag{26.37}$$

Es erscheint natürlich,[23] die v^{eff} in (26.34) mit

$$v_{\mathbf{k}\mathbf{k}'}^{eff} = \frac{\partial^2 \Delta E}{\partial n_{\mathbf{k}} \partial n_{\mathbf{k}'}} \tag{26.38}$$

zu identifizieren; dann folgt aus (26.37)

$$\begin{aligned}
v_{\mathbf{k}\mathbf{k}'}^{\text{eff}} &= -|g_{\mathbf{k},\mathbf{k}'}|^2 \left(\frac{1}{\varepsilon_{\mathbf{k}} - \varepsilon_{\mathbf{k}'} - \hbar\omega(\mathbf{k} - \mathbf{k}')} + \frac{1}{\varepsilon_{\mathbf{k}} - \varepsilon_{\mathbf{k}'} - \hbar\omega(\mathbf{k}' - \mathbf{k})} \right) \\
&= |g_{\mathbf{k},\mathbf{k}'}|^2 \left[\frac{2\hbar\omega(\mathbf{k} - \mathbf{k}')}{[\hbar\omega(\mathbf{k} - \mathbf{k}')]^2 - (\varepsilon_{\mathbf{k}} - \varepsilon_{\mathbf{k}'})^2} \right].
\end{aligned} \tag{26.39}$$

Verlangt man nun, daß diese Form der effektiven Wechselwirkung mit dem Ausdruck (26.34) übereinstimmen soll, so kann man den folgenden Ausdruck für die Elektron-Phonon-Kopplungskonstante herleiten:

$$\boxed{|g_{\mathbf{k},\mathbf{k}'}|^2 = \frac{1}{V} \frac{4\pi e^2}{|\mathbf{k} - \mathbf{k}'|^2 + k_0{}^2} \frac{1}{2} \hbar\omega_{\mathbf{k}-\mathbf{k}'}.} \tag{26.40}$$

Die wesentlichste Eigenschaft dieses Ergebnisses besteht darin, daß g^2 im Grenzfall für kleines $|\mathbf{k} - \mathbf{k}'|$ linear mit $|\mathbf{k} - \mathbf{k}'|$ gegen null geht. Schreiben wir die Abschätzung (26.6) von k_0 für freie Elektronen in der Form

$$\frac{4\pi e^2}{k_0{}^2} = \frac{2\varepsilon_F}{3n_e}, \tag{26.41}$$

so erhalten wir

$$\boxed{|g_{\mathbf{k},\mathbf{k}'}|^2 \approx \frac{\hbar\omega(\mathbf{k} - \mathbf{k}')\varepsilon_F}{3n_e V} = \frac{\hbar\omega(\mathbf{k} - \mathbf{k}')\varepsilon_F}{3NZ}, \qquad |\mathbf{k} - \mathbf{k}'| \ll k_0.} \tag{26.42}$$

---

[23] Diese – nicht strenge – Argumentation ist im Sinne des Landauschen Ansatzes (Kapitel 17) zu verstehen, welcher davon ausgeht, daß sich die geeigneten Quasiteilchen-Energien aus der ersten Ableitung des Ausdruckes (26.37) nach der Besetzungszahl ergeben, die Änderung der Energien aufgrund der Besetzung dieser Niveaus dagegen aus der zweiten Ableitung.

Die Tatsache, daß das Quadrat der Elektron-Phonon-Kopplungskonstanten linear mit dem Wellenvektor des Phonons verschwindet, hat wesentliche Konsequenzen für die Theorie des elektrischen Widerstandes der Metalle.

Temperaturabhängigkeit des elektrischen Widerstandes der Metalle

Wir konnten feststellen,[24] daß Bloch-Elektronen in einem ideal periodischen Potential einen elektrischen Strom auch in Abwesenheit eines antreibenden elektrischen Feldes aufrechterhalten können, was einer unendlich großen Leitfähigkeit entspricht. Die Leitfähigkeit der Metalle ist nur deshalb endlich, weil das Gitter der Atomrümpfe von der idealen Periodizität abweicht. Die wichtigste dieser Abweichungen ist die thermische Schwingungsbewegung der Atomrümpfe um ihre Gleichgewichtslagen, da diese intrinsische Ursache des elektrischen Widerstandes selbst in einer idealen Probe – frei von Kristallfehlern wie Verunreinigungen, Defekten und Oberflächen – wirksam ist.

Eine quantitative Theorie der Temperaturabhängigkeit des durch die Gitterschwingungen verursachten elektrischen Widerstandes geht von der Beobachtung aus, daß das periodische Potential einer starren Anordnung von Atomrümpfen

$$U^{\mathrm{per}}(\mathbf{r}) = \sum_{\mathbf{R}} V(\mathbf{r} - \mathbf{R}) \tag{26.43}$$

nur eine Näherung an das wirkliche, aperiodische Potential

$$U(\mathbf{r}) = \sum_{\mathbf{R}} V[\mathbf{r} - \mathbf{R} - \mathbf{u}(\mathbf{R})] = U^{\mathrm{per}}(\mathbf{r}) - \sum_{\mathbf{R}} \mathbf{u}(\mathbf{R}) \cdot \nabla V(\mathbf{r} - \mathbf{R}) + \dots \tag{26.44}$$

darstellt. Man kann den Unterschied zwischen diesen beiden Formen des Potentials als Störung auffassen, welche auf die stationären Ein-Elektron-Niveaus des periodischen Hamiltonoperators wirkt, und Übergänge zwischen Bloch-Niveaus auslöst, die zu einer Schwächung des elektrischen Stromes führen.

Wie es im allgemeinen für Übergänge der Fall ist, die durch Gitterschwingungen verursacht werden, so kann man sie auch hier auffassen als Prozesse, bei denen ein Elektron eines oder mehrere Phononen absorbiert oder erzeugt und dabei seine Energie um die Phononenenergie ändert, sowie seinen Wellenvektor – bis auf einen Vektor des reziproken Gitters – um den Wellenvektor der Phononen. Dieses Bild der Streuung von Elektronen an Gitterschwingungen hat sehr große Ähnlichkeit mit dem in Kapitel 24 entworfenen Bild der Streuung von Neutronen an Gitterschwingungen.

---

[24] Siehe beispielsweise Kapitel 12, S. 272.

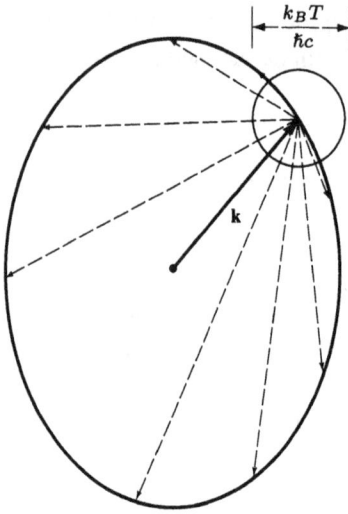

Bild 26.2: Konstruktion der durch die Erhaltungssätze erlaubten Wellenvektoren von Phononen, die an einem Ein-Phonon-Prozeß mit einem Elektron mit Wellenvektor **k** teilnehmen können. Da die Energie der Phononen höchstens $\hbar\omega_D \ll \varepsilon_F$ beträgt, unterscheidet sich die Fläche, welche die Spitzen der von **k** ausgehenden Phononen-Wellenvektoren enthält, nur unwesentlich von der Fermifläche. Bei Temperaturen deutlich unterhalb der Debyetemperatur Θ_D liegen die Spitzen der Wellenvektoren von Phononen, die an einem solchen Streuprozeß teilnehmen können, innerhalb der kleinen Kugel mit Durchmesser $k_B T/\hbar c$ um die Spitze des Wellenvektors **k**.

Die einfachsten Theorien des Gitterbeitrages zum elektrischen Widerstand der Metalle gehen davon aus, daß die Streuung im wesentlichen von Prozessen getragen wird, in welchen ein Elektron nur jeweils ein einziges Phonon absorbiert oder erzeugt. Findet der elektronische Übergang zwischen einem Niveau mit dem Wellenvektor **k** und der Energie $\varepsilon_{\mathbf{k}}$ sowie einem zweiten Niveau mit Wellenvektor **k'** und Energie $\varepsilon_{\mathbf{k}'}$ statt, so fordern die Erhaltungssätze der Energie und des Kristallimpulses,[25] daß für die Energie des beteiligten Phonons gilt

$$\varepsilon_{\mathbf{k}} = \varepsilon_{\mathbf{k}'} \pm \hbar\omega(\mathbf{k} - \mathbf{k}'), \tag{26.45}$$

wobei das Pluszeichen die Erzeugung eines Phonons beschreibt, das Minuszeichen dessen Absorption (angenommen $\omega(-\mathbf{q}) = \omega(\mathbf{q})$). Man kann diese Gleichung lesen als eine einschränkende Bedingung an die Wellenvektoren **q** von Phononen, die an einem Ein-Phonon-Prozeß mit einem Elektron mit Wellenvektor **k** teilnehmen können, nämlich

$$\omega(\mathbf{q}) = \pm\frac{1}{\hbar}[\varepsilon_{\mathbf{k}+\mathbf{q}} - \varepsilon_{\mathbf{k}}]. \tag{26.46}$$

Wie im Falle der Neutronenstreuung beschreibt diese Bedingung – als einzige Einschränkung – im dreidimensionalen Raum der Phononen-Wellenvektoren eine zweidimensionale Fläche, auf der die Spitzen der erlaubten Wellenvektoren liegen müssen. Da $\hbar\omega(\mathbf{q})$ auf der Skala der elektronischen Energien winzig ist, hat die Fläche der für ein gegebenes **q** erlaubten Wellenvektoren **k** große Ähnlichkeit mit der Menge der Vektoren, die **k** mit allen übrigen Punkten der Fläche konstante Energie $\varepsilon_{\mathbf{k}'} = \varepsilon_{\mathbf{k}}$ verbinden (Bild 26.2).

---

[25] Siehe Anhang M.

Bei hohen Temperaturen ($T \gg \Theta_D$) ist die Anzahl von Phononen in einer bestimmten Normalschwingung gegeben durch

$$n(\mathbf{q}) = \frac{1}{e^{\beta \hbar \omega(\mathbf{q})} - 1} \approx \frac{k_B T}{\hbar \omega(\mathbf{q})}. \tag{26.47}$$

Somit ist die Gesamtzahl von Phononen, deren Wellenvektoren auf der Fläche der für die Ein-Phonon-Streuung mit einem gegebenen Elektron erlaubten Wellenvektoren liegen, proportional zur Temperatur T. Da somit die Anzahl der Streuzentren proportional zur Temperatur ansteigt, so gilt dies auch für den Widerstand:

$$\boxed{\rho \sim T \quad \text{für} \quad T \gg \Theta_D.} \tag{26.48}$$

Bei niedrigen Temperaturen ($T \ll \Theta_D$) liegen die Dinge komplizierter. Wir stellen zunächst fest, daß nur Phononen mit einer Energie $\hbar\omega(\mathbf{q})$ von der Größenordnung $k_B T$ oder kleiner durch Elektronen erzeugt oder von ihnen absorbiert werden können. Im Falle der Absorption ist dies unmittelbar einsichtig, da nur Phononen mit solchen Energien in nennenswerten Anzahlen vorhanden sind. Für die Erzeugung von Phononen andererseits gilt, daß ein Elektron nur dann ein Phonon erzeugen kann, wenn seine Energie genügend weit oberhalb der Fermienergie liegt, da nur dann das Endniveau des Elektrons – mit seiner um $\hbar\omega(\mathbf{q})$ geringeren Energie – unbesetzt ist. Da Niveaus nur innerhalb eines Energieabstandes von der Größenordnung $k_B T$ oberhalb von ε_F besetzt, und nur innerhalb des gleichen Energieabstandes unterhalb von ε_F unbesetzt sind, kann ein Elektron nur Phononen mit Energien $\hbar\omega(\mathbf{q})$ von der Größenordnung $k_B T$ erzeugen.

Deutlich unterhalb der Debye-Temperatur verlangt die Bedingung $\hbar\omega(\mathbf{q}) \lesssim k_B T$, daß q klein ist im Vergleich mit k_D; in diesem Bereich ist ω von der Größenordnung cq, so daß die Wellenvektoren der Phononen von der Größenordnung $k_B T/\hbar c$ oder kleiner sind. Man kann daraus schließen, daß innerhalb der „Fläche" von Phononen, die aufgrund der Erhaltungssätze absorbiert oder erzeugt werden dürfen, lediglich die Phononen auf einer Teilfläche mit linearem Verlauf proportional zu T – und damit einem Flächeninhalt proportional zu T^2 – tatsächlich an den Streuprozessen teilnehmen können.

Es folgt, daß die Anzahl von Phononen, die in der Lage sind, ein Elektron zu streuen, im Temperaturbereich deutlich unterhalb der Debye-Temperatur mit T^2 abnimmt. Die elektronische Streurate verringert sich jedoch noch rascher, da für kleines q das Quadrat der Elektron-Phonon-Kopplungskonstanten (26.42) linear mit q gegen null geht. Im Temperaturbereich deutlich unterhalb von Θ_D sind die Wellenvektoren q der physikalisch relevanten Phononen von der Größenordnung $k_B T/\hbar c$, so daß die Streurate – welche proportional ist zum Quadrat der Kopplungskonstanten – für Prozesse, die überhaupt aufgrund der Erhaltungssätze erlaubt sind, linear mit T gegen null geht.

Kombinieren wir diese beiden Abschätzungen, so können wir schließen, daß die effektive Elektron-Phonon-Streurate bei Temperaturen deutlich unterhalb von Θ_D mit T^3 gegen null geht:

$$\frac{1}{\tau^{\text{el-ph}}} \sim T^3 \quad \text{für} \quad T \ll \Theta_D. \tag{26.49}$$

Jedoch gehört die Elektron-Phonon-Streuung bei niedrigen Temperaturen zu jenen Fällen, in denen die Rate, mit welcher der elektrische Strom abnimmt, nicht einfach proportional zur Streurate ist: Bei Temperaturen deutlich unterhalb Θ_D kann jeder einzelne Ein-Phonon-Prozeß den Wellenvektor eines Elektrons nur um einen sehr kleinen Betrag verringern, nämlich um den Wellenvektor des beteiligten Phonons, der im Vergleich mit k_D oder k_F sehr klein ist. Nimmt man an, daß sich die Elektronengeschwindigkeit zwischen Punkten der Fermifläche, die um sehr kleine Vektoren $\mathbf{q}$ voneinander entfernt liegen, nur unwesentlich ändert, so kann man auch davon ausgehen, daß sich die Geschwindigkeit in einem einzelnen Streuprozeß nur wenig ändert. Mit abnehmender Temperatur konzentriert sich die Streuung somit mehr und mehr in Vorwärtsrichtung, so daß sie einen elektrischen Strom weniger effektiv schwächt.

Unsere Diskussion in Kapitel 16 (Seiten 410-413) legt die quantitativen Folgen dieses Effekts für den Phononen-Widerstand bei niedrigen Temperaturen nahe: Wir zeigten dort für den Fall der elastischen Streuung in einem isotropen Metall, daß die für den Widerstand maßgebliche, effektive Streurate proportional ist zu einem Winkelmittel der tatsächlichen Streurate, gewichtet mit dem Faktor $(1 - \cos\theta)$, wobei θ den Streuwinkel bezeichnet (Bild 26.3). Bei sehr niedrigen Temperaturen ist die Phononenstreuung nahezu elastisch – d.h. die Energieänderung ist im Vergleich zu $\hbar\omega_D$ sehr klein – und wir können dieses Ergebnis deshalb mit einem gewissen Vertrauen anwenden, zumindest bei Metallen mit isotroper Fermifläche. Nach Bild 26.3 gilt $\sin(\theta/2) = q/2k_F$, so daß $1 - \cos\theta = 2\sin^2(\theta/2) = \frac{1}{2}(q/k_F)^2$. Bei Temperaturen deutlich unterhalb Θ_D gilt jedoch $q = O(k_B T/\hbar c)$, so daß damit schließlich ein Faktor T im Temperaturverlauf des Widerstandes bei niedrigen Temperaturen erscheint.

Dieser zusätzliche Faktor T^2, der die mit abnehmender Temperatur zunehmende Bedeutung der Vorwärtsstreuung widerspiegelt, ist selbst in anisotropen Metallen zu beobachten – mit gewissen Ausnahmen, die wir im folgenden Abschnitt betrachten. Kombinieren wir diesen Faktor mit der T^3-Abhängigkeit der Streurate, so gelangen wir zum „Blochschen T^5-Gesetz":

$$\rho \sim T^5 \quad \text{für} \quad T \ll \Theta_D. \tag{26.50}$$

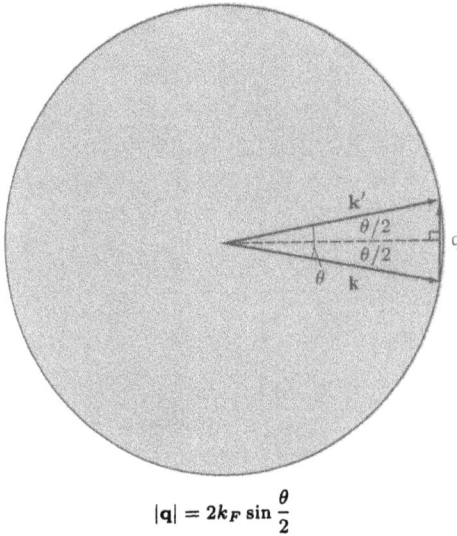

$$|\mathbf{q}| = 2k_F \sin \frac{\theta}{2}$$

Bild 26.3: Kleinwinkelstreuung auf einer kugelförmigen Fermifläche. Da die Streuung nahezu elastisch ist, gilt $k \approx k' \approx k_F$. Ist der Phononen-Wellenvektor $\mathbf{q}$ (und damit θ) klein, so gilt $\theta/2 \approx q/2k_F$.

Modifikation des T^5-Gesetzes durch Umklapp-Prozesse

Das Auftreten des Faktors T^2 im Temperaturverlauf des elektrischen Widerstandes der Metalle bei niedrigen Temperaturen aufgrund der Dominanz von Vorwärtsstreuung beruht auf der Annahme, daß elektronische Niveaus mit nahezu gleichen Wellenvektoren auch nahezu gleiche Geschwindigkeiten haben. Diese Annahme kann jedoch unzutreffend sein, wenn beispielsweise die Fermifläche eine entsprechend komplexe Gestalt hat oder auch dann, wenn Interband-Streuung möglich ist. In solchen Fällen wird ein elektrischer Strom möglicherweise effektiv geschwächt, obwohl die Änderung des Wellenvektors – nicht aber der Geschwindigkeit – der Elektronen in jedem einzelnen Streuereignis klein ist. Unter diesen Umständen kann es vorkommen, daß der Widerstand bei niedrigen Temperaturen weniger rasch als T^5 gegen null geht.

Eines der wichtigsten Beispiele dafür, daß eine kleine Änderung des Wellenvektors eine große Änderung der Geschwindigkeit verursachen kann, beobachtet man dann, wenn eine Fermifläche nahezu freier Elektronen in der Nähe einer Bragg-Ebene liegt (Bild 26.4). In einer solchen Situation kann ein kleiner Wellenvektor $\mathbf{q}$ Niveaus auf der Fermifläche miteinander verbinden, die auf gegenüberliegenden Seiten der Bragg-Ebene liegen, und deren Geschwindigkeiten einander nahezu entgegengesetzt gerichtet sind. Man bezeichnet derartige Prozesse als „Umklapp-Prozesse".[26] Im Rahmen des Modells nahezu freier Elektronen kann man die große Geschwindigkeitsänderung als phononeninduzierte Bragg-Reflexion betrachten.[27]

---

[26] Vergleiche die Diskussion in Kapitel 25 auf den Seiten 637 und 638.

[27] Stellt man die Fermifläche nicht in einem erweiterten Zonenschema dar, sondern in der ersten Brillouin-Zone, so ist die Änderung des Wellenvektors nur klein – bis auf einen beliebigen Vektor des

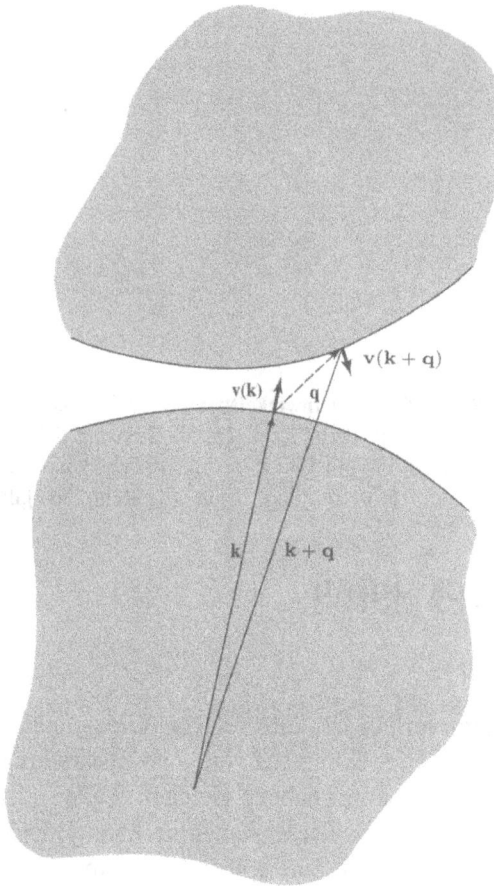

Bild 26.4: Ein einfacher Umklapp-Prozeß: Die Wellenvektoren $\mathbf{k}$ und $\mathbf{k+q}$ unterscheiden sich um einen Betrag, der klein ist im Vergleich zu k_F (oder k_D); trotzdem sind die Geschwindigkeiten $\mathbf{v(k)}$ und $\mathbf{v(k+q)}$ deutlich voneinander verschieden.

Phononen-*Drag*

Peierls[28] schlug einen Mechanismus vor, der einen stärkeren Abfall des Widerstandes bei tiefen Temperaturen verursachen könnte, als es dem T^5-Verlauf entspricht. Dieses Phänomen konnte bisher noch nicht beobachtet werden – möglicherweise deshalb, weil es durch die temperaturunabhängige Streuung an Fehlstellen des Gitters, die bei genügend niedrigen Temperaturen schließlich den Temperaturverlauf des Widerstandes bestimmt, verdeckt wird.

---

reziproken Gitters. Man spricht manchmal davon, daß bei Umklapp-Prozessen der im Erhaltungssatz des Kristallimpulses auftretende, additive Vektor des reziproken Gitters von null verschieden ist. Wie wir in Kapitel 25 betonten, ist dieses Kriterium nicht unabhängig von der Wahl der primitiven Zelle. Der entscheidende Punkt bei der Elektron-Phonon-Streuung ist, ob kleine Änderungen des Kristallimpulses der Elektronen (bis auf einen beliebigen, additiven Vektor des reziproken Gitters) große Änderungen der Elektronengeschwindigkeit zur Folge haben können. Formuliert man es auf diese Art, so ist das Kriterium von der Wahl der primitiven Zelle unabhängig.

[28] R. E. Peierls, *Ann. Phys.* (5) **12**, 154 (1932).

Die Herleitung des T^5-Gesetzes nimmt an, daß sich die Phononen im thermo-dynamischen Gleichgewicht befinden; tatsächlich aber wäre zu erwarten, daß der Nichtgleichgewichts-Charakter einer Verteilung von Elektronen, die einen elektri-schen Strom trägt, auf dem Wege der Elektron-Phonon-Streuung zu einer Phononen-verteilung führen sollte, die sich ebenfalls nicht im Gleichgewicht befindet. Nehmen wir – im einfachsten Falle – an, daß die Fermifläche vollständig innerhalb der ersten Brillouin-Zone liege. Wir definieren Umklapp-Prozesse als Streuprozesse, in denen der gesamte Kristallimpuls *nicht* erhalten ist, und nehmen dabei entsprechend der Konvention an, daß die einzelnen Wellenvektoren der Phononen und Elektronen in der ersten Brillouin-Zone angegeben sind. Wäre der gesamte Kristallimpuls des Systems aus Elektronen und Phononen anfänglich von null verschieden, so würde er, falls keine Umklapp-Prozesse vorkommen, für alle Zeiten von null verschieden bleiben – selbst ohne ein äußeres elektrisches Feld[29] – und das System aus Elektronen und Phononen würde das vollständige thermodynamische Gleichgewicht niemals erreichen. Statt des-sen würden die Elektronen und Phononen zusammen durch den Kristall driften, und dabei einen von null verschiedenen Kristallimpuls ebenso wie einen von null verschie-denen elektrischen Strom aufrechterhalten.

Die Leitfähigkeit der Metalle – wären sie frei von Kristalldefekten – ist nur deshalb nicht unendlich groß, weil Umklapp-Prozesse auftreten. Diese Prozesse verringern den gesamten Kristallimpuls und bewirken, daß ein elektrischer Strom ohne ein antreibendes, äußeres elektrisches Feld schwächer wird. Befindet sich jedoch die Fermifläche vollständig im Inneren der ersten Brillouin-Zone, so gibt es minimale Werte des Phononen-Wellenvektors und der Phononenenergie (Bild 26.5), unterhalb deren keine Umklapp-Prozesse mehr stattfinden können. Liegt der Wert von $k_B T$ deutlich unterhalb dieser minimalen Energie, so ist zu erwarten, daß die Anzahl der Phononen, die für Umklapp-Prozesse zur Verfügung stehen, proportional zu $\exp(-\hbar\omega_{\min}/k_B T)$ wird, so daß der Widerstand exponentiell mit $1/T$ gegen null geht.

Aufgaben

26.1 Genauere Behandlung der Phononen-Dispersionsrelation in Metallen

Bei der Herleitung der Bohm-Staver-Beziehung (26.8) betrachteten wir die Atomrümp-fe als Punktteilchen, die ausschließlich über Coulomb-Kräfte miteinander wech-selwirken. Ein realistischeres Modell würde die Atomrümpfe als ausgedehnte Ladungsverteilungen annehmen, und die „Undurchdringlichkeit" der Rümpfe durch eine effektive Wechselwirkung zusätzlich zur Coulomb-Wechselwirkung berücksich-tigen. Da die Abstoßung der Rümpfe kurzreichweitig ist, ergeben sich durch diese zusätzliche Wechselwirkung keine weiteren Schwierigkeiten bei der üblichen Be-

---

[29] Vergleichen Sie die sehr ähnliche Behandlung der Wärmeleitfähigkeit eines Isolators in Kapitel 25.

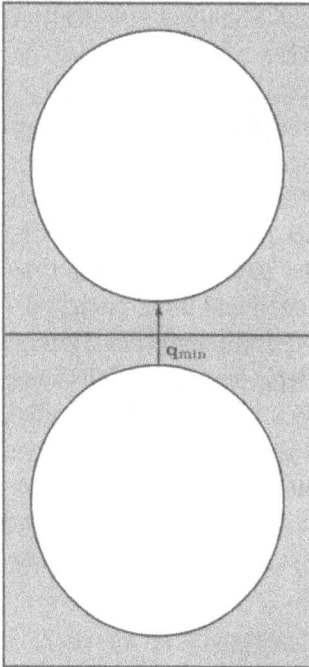

Bild 26.5: Erweitertes Zonenschema für ein Metall, dessen Fermifläche vollständig innerhalb der ersten Brillouin-Zone liegt. In diesem Falle können nur Phononen mit einem Wellenvektor, der größer ist als der minimale Wellenvektor $q_{\min}$, an einem Umklapp-Prozeß teilnehmen. Ist T kleiner als die entsprechende minimale Phononenenergie, so erwartet man, daß der Beitrag von Umklapp-Prozessen exponentiell geringer wird.

handlung der Gitterschwingungen, und man kann sie durch eine dynamische Matrix $\mathbf{D}^c$ auf die in Kapitel 22 beschriebene Weise darstellen. Wir können daher die Gitterschwingungen der Metalle mit den Methoden aus Kapitel 22 behandeln, wenn wir die vollständige dynamische Matrix $\mathbf{D}$ als Summe aus $\mathbf{D}^c$ und einem Term ansetzen, welcher die durch die Elektronen abgeschirmte Coulomb-Wechselwirkung zwischen den Ladungsverteilungen der Atomrümpfe beschreibt.

Der Atomrumpf am Ort $\mathbf{R} + \mathbf{u}(\mathbf{R})$ habe die Ladungsverteilung $\rho[\mathbf{r} - \mathbf{R} - \mathbf{u}(\mathbf{R})]$, so daß die von allen übrigen Atomrümpfen mit den Ladungsverteilungen $\sum_{\mathbf{R}' \neq \mathbf{R}} \rho[\mathbf{r} - \mathbf{R}' - \mathbf{u}(\mathbf{R}')]$ auf diesen Atomrumpf ausgeübte elektrostatische Kraft gegeben ist durch $\int d\mathbf{r}\, \mathbf{E}(\mathbf{r})\rho[\mathbf{r} - \mathbf{R} - \mathbf{u}(\mathbf{R})]$, wobei $\mathbf{E}$ das durch die abschirmende Wirkung der Elektronen[30] reduzierte elektrische Feld bezeichnet.

(a) Entwickeln Sie diese zusätzliche elektrostatische Wechselwirkung bis zur linearen Ordnung in den Auslenkungen $\mathbf{u}$ der Atomrümpfe und zeigen Sie, daß die dynamische

---

[30] Die Theorie der Abschirmung in Kapitel 17 gründete auf der Annahme, daß das externe Potential eine schwache Störung des Elektronengases darstellt. Da diese Annahme für das Potential der Atomrümpfe nicht zutrifft, ist eine Beziehung der Form $\phi^{\text{total}}(\mathbf{q}) = (1/\epsilon)\phi^{\text{Rumpf}}(\mathbf{q})$ nicht streng gültig. Man *kann* jedoch eine lineare Beziehung zwischen den *Abweichungen* des Gesamtpotentials und des Potentials der Atomrümpfe von ihren Gleichgewichtswerten finden. Zur Herleitung dieser Beziehung muß man als System, welches durch die Anwesenheit der Atomrümpfe gestört wird, nicht ein Gas freier Elektronen annehmen, sondern ein Elektronengas unter dem Einfluß des vollständigen periodischen Potentials im Gleichgewicht. Die Formel zur Beschreibung der Abschirmung wird dann komplexer. Diese zusätzlichen Schwierigkeiten bezeichnet man als Bandstruktureffekte; wir vernachlässigen sie in dieser Aufgabe.

Matrix in (22.57) nunmehr als

$$D_{\mu\nu}(\mathbf{k}) = D_{\mu\nu}^c(\mathbf{k}) + V_{\mu\nu}(\mathbf{k}) + \sum_{\mathbf{K}\neq 0}[V_{\mu\nu}(\mathbf{k}+\mathbf{K}) - V_{\mu\nu}(\mathbf{K})],$$

$$V_{\mu\nu}(\mathbf{q}) = \frac{4\pi n q_\mu q_\nu |\rho(\mathbf{q})|^2}{q^2 \epsilon(q)} \tag{26.51}$$

anzusetzen ist, wobei angenommen sei, daß die abschirmende Wirkung der Elektronen durch eine statische dielektrische Konstante[31] $\epsilon(\mathbf{q})$ beschrieben werden kann.

(b) Zeigen Sie: Vernachlässigt man die Abschirmung durch die Elektronen ($\epsilon \equiv 1$), so sagt (26.51) im Grenzfall großer Wellenlängen eine longitudinale Normalschwingung mit der Plasmafrequenz (26.2) der Atomrümpfe voraus.

(c) Zeigen Sie: Berücksichtigt man die elektronische Abschirmung in Form der dielektrischen Funktion (26.4) nach Thomas-Fermi, so verschwinden bei großen Wellenlängen alle Phononenfrequenzen linear mit k, obwohl die Dispersionsrelation nicht die einfache Bohm-Staver-Form (26.5) hat.

26.2 Beiträge der Atomrümpfe und der Elektronen zur Wärmekapazität der Metalle

(a) Schätzen Sie die Schallgeschwindigkeit in einem Metall mit Hilfe der Bohm-Staver-Beziehung (26.8) ab und zeigen Sie, daß

$$\frac{\hbar\omega_D}{\varepsilon_F} = \left(\frac{2^{8/3}}{3}\frac{Z^{1/3}m}{M}\right)^{1/2}. \tag{26.52}$$

(b) Zeigen Sie unter Verwendung des Ergebnisses aus (a) sowie der Gleichung (23.30), daß die Beiträge der Atomrümpfe beziehungsweise der Elektronen zur Wärmekapazität bei niedrigen Temperaturen miteinander zusammenhängen über die Beziehung

$$\frac{c_\nu^{el}}{c_\nu^{Rumpf}} = \left(\frac{5}{12\pi^2}\right)Z\left(\frac{4Z^{1/3}m}{3M}\right)^{3/2}\left(\frac{\varepsilon_F}{k_B T}\right)^2. \tag{26.53}$$

(c) Schätzen Sie die Masse eines Atomrumpfes als AM_p ab – mit der Massenzahl A und der Protonenmasse M_p ($M_p = 1836\,m$) – und zeigen Sie, daß die Wärmekapazität

---

[31] Um genauer zu sein, sollten wir die frequenzabhängige dielektrische Funktion $\epsilon(\mathbf{q},\omega)$ verwenden, wobei ω die Frequenz der zu untersuchenden Normalschwingung bezeichnet. Bei Frequenzen ω kleiner als ω_D ist jedoch die Frequenzabhängigkeit der dielektrischen Funktion (17.60) praktisch vernachlässigbar. Diese Beobachtung ist die mathematische Rechtfertigung der adiabatischen Näherung.

der Elektronen den Beitrag der Atomrümpfe übersteigt, wenn die Temperatur unter

$$T_0 = 5,3 \cdot Z^{1/2} \left(\frac{Z}{A}\right)^{3/4} \cdot \left(\frac{a_0}{r_s}\right)^2 \cdot 10^2 \, \text{K} \tag{26.54}$$

fällt.

(d) Berechnen Sie T_0 für Natrium, Aluminium und Blei.

(e) Zeigen Sie, daß der führende (kubische) Term im Ausdruck für die Wärmekapazität des Gitters den kubischen Korrekturterm zur Wärmekapazität der Elektronen
(Gleichung (2.102), berechnet in der Näherung freier Elektronen) um einen Faktor

$$\frac{1}{Z} \left(\frac{3M}{Z^{1/3}m}\right)^{3/2} \tag{26.55}$$

übersteigt.

26.3   Phononenkorrektur zur elektronischen Energie

Im Grenzfall $\omega_D \to 0$ reduziert sich die Korrektur (26.27) zur elektronischen Energie
auf die Korrektur im Rahmen der Hartree-Fock-Näherung, modifiziert durch die
Thomas-Fermi-Abschirmung (Kapitel 17, S.437):

$$\varepsilon_{\mathbf{k}}^{\text{TF}} = \varepsilon_{\mathbf{k}}^0 - \int\limits_{\mathbf{k}' < k_F} \frac{d\mathbf{k}'}{(2\pi)^3} \frac{4\pi e^2}{|\mathbf{k} - \mathbf{k}'|^2 + {k_0}^2}. \tag{26.56}$$

Betrachtet man die Phononenfrequenzen nicht als vernachlässigbar gering, so unterscheidet sich (26.27) nur für diejenigen Werte der Integrationsvariablen $\mathbf{k}'$ wesentlich
von (26.56), für welche $\varepsilon_{\mathbf{k}'}$ innerhalb einer Umgebung der Ordnung $O(\hbar\omega_D)$ von $\varepsilon_{\mathbf{k}}$
liegt. Da $\hbar\omega_D$ klein ist im Vergleich mit ε_F, so hat der Bereich von $\mathbf{k}'$, innerhalb dessen
die Korrektur wesentlich ist, die Gestalt einer – im Vergleich zu den Dimensionen der
Brillouin-Zone – dünnen Schale über der Fläche $\varepsilon_{\mathbf{k}'} = \varepsilon_{\mathbf{k}}$. Wir können diese Situation
nutzen, um den Korrekturterm zu vereinfachen, indem wir das Integral über $\mathbf{k}'$ als
ein Integral über die Energie ε' sowie ein Integral über die Flächen konstanter Energie
$\varepsilon_{\mathbf{k}'} = \varepsilon'$ schreiben. Variiert ε', so wird die Veränderung des Terms in $(\varepsilon_{\mathbf{k}} - \varepsilon')^2$ im Nenner des Ausdruckes (26.27) sehr wesentlich, da der Nenner innerhalb dieses Bereiches
verschwindet. Die übrige ε'-Abhängigkeit des Integranden (aufgrund der Tatsache, daß
$\mathbf{k}'$ auf einer Fläche der Energie ε' liegen muß) führt nur zu einer sehr geringen Variation, falls ε' innerhalb eines Bereiches $O(\hbar\omega_D)$ um ε_F bleibt. Man kann deshalb in guter
Näherung die $\mathbf{k}'$-Integrationen über die Flächen $\varepsilon_{\mathbf{k}'} = \varepsilon'$ ersetzen durch Integrationen
über die einzelne Fläche $\varepsilon_{\mathbf{k}'} = \varepsilon_{\mathbf{k}}$. Hat man diese Ersetzung durchgeführt, so ist der
explizite Term im Nenner die einzige noch verbleibende ε'-Abhängigkeit. Nunmehr
ist die Integration über ε' leicht auszuführen.

(a) Zeigen Sie, daß in der beschriebenen Näherung gilt

$$\varepsilon_{\mathbf{k}} = \varepsilon_{\mathbf{k}}^{\mathrm{TF}} - \int\limits_{\varepsilon_{\mathbf{k}'} = \varepsilon_{\mathbf{k}}} \frac{dS'}{8\pi^3 |\partial\varepsilon/\partial\mathbf{k}|} \frac{4\pi e^2}{|\mathbf{k} - \mathbf{k}'|^2 + k_0{}^2}$$

$$\cdot \frac{1}{2}\hbar\omega(\mathbf{k} - \mathbf{k}') \ln\left|\frac{\varepsilon_F - \varepsilon_{\mathbf{k}} - \hbar\omega(\mathbf{k} - \mathbf{k}')}{\varepsilon_F - \varepsilon_{\mathbf{k}} + \hbar\omega(\mathbf{k} - \mathbf{k}')}\right|. \tag{26.57}$$

(b) Zeigen Sie: Aus (26.57) folgt unmittelbar, daß die phononen-korrigierte Fermifläche $\varepsilon_{\mathbf{k}} = \varepsilon_F$ mit der nicht korrigierten Fermifläche $\varepsilon_{\mathbf{k}}^{TF} = \varepsilon_F$ identisch ist.

(c) Zeigen Sie: Liegt $\varepsilon_{\mathbf{k}}$ um ein Mehrfaches von $\hbar\omega_D$ von ε_F entfernt, so ist die Phononenkorrektur um einen Faktor der Größenordnung $O(\hbar\omega_D/\varepsilon_F)(\hbar\omega_D/[\varepsilon_{\mathbf{k}} - \varepsilon_F])$ kleiner als die Thomas-Fermi-Korrektur.

(d) Zeigen Sie: Ist die Differenz $\varepsilon_{\mathbf{k}} - \varepsilon_F$ klein im Vergleich zu $\hbar\omega_D$, so reduziert sich (26.57) auf (26.28) und (26.29).

27 Dielektrische Eigenschaften von Isolatoren

Makroskopische elektrostatische Maxwell-Gleichungen

Theorie des lokalen Feldes

Clausius-Mossotti-Beziehung

Theorie der Polarisierbarkeit

Langwellige optische Moden in Ionenkristallen

Optische Eigenschaften von Ionenkristallen

Reststrahlen

Kovalent gebundene Isolatoren

Pyroelektrische und ferroelektrische Kristalle

In Isolatoren kann Ladung nicht frei fließen, so daß äußere elektrische Felder beträchtlicher Amplitude in sie eindringen können. In zumindest drei unterschiedlichen physikalischen Situationen ist es wichtig, zu verstehen, auf welche Weise sich die innere Struktur eines Isolators – sowohl bezüglich der Elektronen, als auch bezüglich der Atomrümpfe – einem zusätzlichen, äußeren elektrischen Feld anpaßt, das sich dem mit dem periodischen Gitterpotential verbundenen elektrischen Feld überlagert:

1. Eine Probe des Isolators befindet sich in einem statischen elektrischen Feld, beispielsweise im Feld zwischen den Platten eines Kondensators. Man kann zahlreiche wichtige Effekte der daraus resultierenden inneren Verzerrung des Isolators ableiten, sobald man die statische dielektrische Konstante ϵ_0 des Kristalls kennt, deren Berechnung deshalb eines der wesentlichsten Ziele jeder mikroskopischen Theorie der Isolatoren ist.

2. Man kann sich für die optischen Eigenschaften der Isolatoren interessieren, d.h. für das Verhalten eines Isolators unter der Wirkung des mit der elektromagnetischen Strahlung verbundenen elektrischen Wechselfeldes. In diesem Falle ist die frequenzabhängige dielektrische Konstante $\varepsilon(\omega)$ (oder, äquivalent, der Brechungsindex $n = \sqrt{\epsilon}$) die wesentliche zu berechnende Größe.

3. Auch wenn keinerlei äußere Felder vorhanden sind, können in einem Ionenkristall langreichweitige elektrostatische Kräfte zwischen den Ionen zusätzlich zum periodischen Gitterpotential auftreten, wenn das Gitter gegenüber seiner Gleichgewichtskonfiguration verformt wird (wie beispielsweise dann, wenn das Gitter eine Normalschwingung ausführt). Man behandelt solche Kräfte oft am besten dadurch, daß man das ihnen zugrundeliegende, zusätzliche elektrische Feld untersucht, dessen Quellen im Kristall selbst liegen.

Die Theorie der makroskopischen Maxwell-Gleichungen in einem Medium stellt das wichtigste Werkzeug bei der Untersuchung aller erwähnten Phänomene dar. Wir beginnen mit einer Übersicht über die elektrostatischen Aspekte dieser Theorie.

Makroskopische Maxwell-Gleichungen der Elektrostatik

Auf einer atomaren Längenskala betrachtet, ist die Ladungsdichte $\rho^{\text{mikro}}(\mathbf{r})$ eines jeden Isolators eine sehr rasch veränderliche Funktion des Ortes und spiegelt so die auf mikroskopischer Ebene atomare Struktur des Isolators wider. Auf derselben atomaren Skala sind auch das elektrostatische Potential $\phi^{\text{mikro}}(\mathbf{r})$ sowie das elektrische Feld $\mathbf{E}^{\text{mikro}}(\mathbf{r}) = -\nabla\phi^{\text{mikro}}(\mathbf{r})$ ausgeprägt und rasch veränderlich, da sie mit $\rho^{\text{mikro}}(\mathbf{r})$ über die Beziehung

$$\nabla \cdot \mathbf{E}^{\text{mikro}}(\mathbf{r}) = 4\pi\rho^{\text{mikro}}(\mathbf{r}) \tag{27.1}$$

zusammenhängen. Auf der anderen Seite zeigen die Ladungsdichte $\rho(\mathbf{r})$, das Potential $\phi(\mathbf{r})$ und das elektrische Feld $\mathbf{E}(\mathbf{r})$ in der konventionellen, *makroskopischen* elektromagnetischen Theorie eines Isolators *nicht* derart rasche Veränderungen.[1] Insbesondere ist im Falle eines Isolators, der keinerlei Überschußladung trägt – abgesehen von der Ladung seiner Atomrümpfe (Ionen, Atome, Moleküle) – das makroskopische elektrostatische Feld durch die makroskopische Maxwell-Gleichung[2]

$$\nabla \cdot \mathbf{D}(\mathbf{r}) = 0 \qquad (27.2)$$

bestimmt, in Verbindung mit der Gleichung, welche das makroskopische elektrische Feld $\mathbf{E}$ durch die dielektrische Verschiebung $\mathbf{D}$ und die Polarisationsdichte $\mathbf{P}$ ausdrückt:

$$\mathbf{D}(\mathbf{r}) = \mathbf{E}(\mathbf{r}) + 4\pi\mathbf{P}(\mathbf{r}). \qquad (27.3)$$

Falls keinerlei freie Ladung vorhanden ist, so folgt aus diesen Beziehungen, daß das makroskopische elektrische Feld die Gleichung

$$\nabla \cdot \mathbf{E}(\mathbf{r}) = -4\pi\nabla \cdot \mathbf{P}(\mathbf{r}) \qquad (27.4)$$

erfüllt, worin die weiter unten genauer zu definierende Größe $\mathbf{P}$ eine im allgemeinen sehr langsam veränderliche Funktion des Ortes innerhalb des Isolators bezeichnet.

Obwohl es sehr angenehm ist, mit den makroskopischen Maxwell-Gleichungen zu arbeiten, ist es trotzdem wichtig, auch das mikroskopische Feld in seiner Wirkung auf jeden einzelnen Atomrumpf zu betrachten.[3] Man muß sich deshalb des Unterschiedes und der Beziehung zwischen makroskopischen und mikroskopischen Größen stets klar bewußt sein. Man kann ihre Beziehung zueinander – wie zuerst von Lorentz hergeleitet – folgendermaßen beschreiben:[4]

Ein Isolator – der sich nicht notwendig in seiner Gleichgewichtskonfiguration befinden muß – werde zu einem gegebenen Zeitpunkt beschrieben durch eine mikroskopische Ladungsdichte $\rho^{\text{mikro}}(\mathbf{r})$, welche die Anordnung der Kerne und Elektronen im einzelnen widerspiegelt und das mit dem Ort sehr rasch veränderliche mikroskopische

---

[1] Tatsächlich ist $\phi(\mathbf{r})$ in einem isolierenden Medium ohne äußere Felder gleich Null oder gleich einem konstanten Wert.

[2] Allgemeiner schreibt man $\nabla \cdot \mathbf{D} = 4\pi\rho$, wobei ρ die sogenannte freie Ladung bezeichnet, also denjenigen Teil der makroskopischen Ladungsdichte, der auf Überschußladungen zurückgeht, die nicht dem Medium angehören. In der folgenden Diskussion setzen wir immer voraus, daß keine freien Ladungen vorhanden sind, so daß unsere makroskopische Ladungsdichte immer identisch ist mit der sogenannten gebundenen Ladung der makroskopischen Elektrostatik. Die Einführung freier Ladung ist jederzeit möglich, jedoch für die hier zu behandelnden physikalischen Situationen ohne Relevanz.

[3] Wir halten auch hier weiter an unserer Konvention fest, und verwenden den Term „Atomrumpf" als stellvertretend sowohl für Ionen in Ionenkristallen, Atome und Moleküle in Molekülkristallen oder natürlich die Atomrümpfe in Metallen.

[4] Die folgende Vorgehensweise ist einer Herleitung sämtlicher makroskopischer Maxwell-Gleichungen durch G. Russakoff, *Am. J. Phys.* **10**, 1188 (1970) sehr ähnlich.

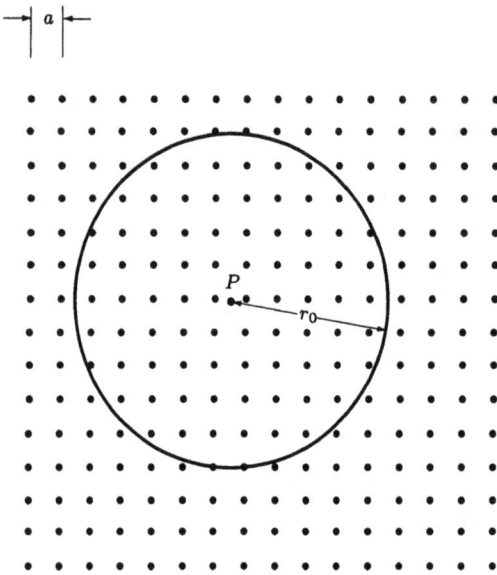

Bild 27.1: Der Wert einer makroskopischen Größe im Punkt P ergibt sich als Mittelwert der entsprechenden mikroskopischen Größe über einen Bereich um P mit den Abmessungen r_0, wobei r_0 groß ist im Vergleich mit dem Abstand a zwischen den Teilchen.

Feld $\mathbf{E}^{\text{mikro}}(\mathbf{r})$ erzeugt. Man definiert dann das makroskopische Feld $\mathbf{E}(\mathbf{r})$ als Mittelwert des mikroskopischen Feldes $\mathbf{E}^{\text{mikro}}(\mathbf{r})$ über einen Raumbereich um $\mathbf{r}$, der auf der makroskopischen Längenskala klein ist, jedoch groß im Vergleich zu einer typischen atomaren Abmessung a (Bild 27.1). Explizit formulieren wir diese Mittelwertbildung, indem wir eine positive, normierte Gewichtsfunktion f durch die Zusammenhänge

$$f(\mathbf{r}) \geqslant 0, \quad f(\mathbf{r}) = 0 \ \text{für} \ r > r_0, \quad \int d\mathbf{r}\, f(\mathbf{r}) = 1, \quad f(-\mathbf{r}) = f(\mathbf{r}) \tag{27.5}$$

definieren. Die Entfernung r_0, bei der f verschwindet, ist groß im Vergleich zu den atomaren Dimensionen a, aber klein verglichen mit den Längen, auf welchen sich makroskopisch definierte Größen merklich ändern.[5] Wir setzen weiterhin voraus, daß f nur langsam veränderlich ist, so daß also $|\nabla f|/f$ nicht wesentlich größer sein sollte als der minimale, durch die Gleichungen (27.5) geforderte Wert, welcher selbst von der Größenordnung $1/r_0$ ist. Außerhalb des Wirkungsbereichs dieser Annahmen ist die Form der makroskopischen Theorie von den Eigenschaften der Gewichtsfunktion f unabhängig.

Nun sind wir in der Lage, eine präzise Definition des makroskopischen elektrischen Feldes $\mathbf{E}(\mathbf{r})$ im Punkt $\mathbf{r}$ zu geben: Dieses Feld ist der Mittelwert des mikroskopischen Feldes über einen Bereich vom Radius r_0 um $\mathbf{r}$, wobei das Feld in einem Punkt, der

---

[5] Genauer gesagt sind die makroskopischen Maxwell-Gleichungen nur dann gültig, wenn die Änderung der makroskopischen Felder hinreichend langsam ist, so daß ihre minimale charakteristische Wellenlänge eine Wahl von r_0 entsprechend der Bedingung $\lambda \gg r_0 \gg a$ gestattet. Diese Bedingung kann für das mit sichtbarem Licht verbundene elektromagnetische Feld ($\lambda \sim 10^4$ Å) erfüllt werden, nicht jedoch für das elektromagnetische Feld von Röntgenstrahlung ($\lambda \sim a$).

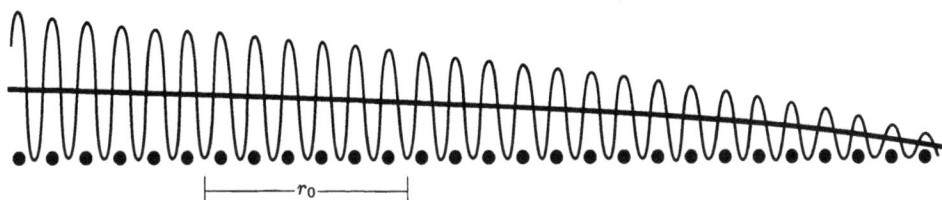

Bild 27.2: Die dünn gezeichnete, rasch oszillierende Kurve stellt den charakteristischen räumlichen Verlauf einer mikroskopischen Größe dar, die dick gezeichnete Kurve den Verlauf der zugehörigen makroskopischen Größe. Im Verlauf der makroskopischen Größe bleiben nur räumliche Änderungen der mikroskopischen Größe erhalten, die über eine Länge stattfinden, die vergleichbar mit r_0 oder größer ist.

im Abstand $-\mathbf{r}'$ von $\mathbf{r}$ liegt, mit einem Gewicht proportional zu $f(\mathbf{r}')$ eingeht, also

$$\mathbf{E}(\mathbf{r}) = \int d\mathbf{r}' \, \mathbf{E}^{\text{mikro}}(\mathbf{r} - \mathbf{r}') f(\mathbf{r}'). \tag{27.6}$$

Locker gesprochen, verwischt die Rechenprozedur (27.6) alle Strukturen des mikroskopischen Feldes, die auf der Skala von r_0 rasch veränderlich sind, erhält aber Strukturen, die sich auf der Längenskala r_0 nur langsam ändern (Bild 27.2). Sollte sich beispielsweise das Feld $\mathbf{E}^{\text{mikro}}$ unter bestimmten Umständen auf der Skala von r_0 nur langsam ändern – wie es zuträfe, wenn sich der Punkt $\mathbf{r}$ im leeren Raum befände, fern vom Isolator – so wären makroskopisches Feld $\mathbf{E}$ und mikroskopisches Feld $\mathbf{E}^{\text{mikro}}(\mathbf{r})$ identisch.

Aus den Gleichungen (27.6) und (27.1) folgt unmittelbar

$$\nabla \cdot \mathbf{E}(\mathbf{r}) = \int d\mathbf{r}' \, \nabla \cdot \mathbf{E}^{\text{mikro}}(\mathbf{r} - \mathbf{r}') f(\mathbf{r}')$$

$$= 4\pi \int d\mathbf{r}' \, \rho^{\text{mikro}}(\mathbf{r} - \mathbf{r}') f(\mathbf{r}'). \tag{27.7}$$

Um nachzuweisen, daß (27.4) erfüllt ist, müssen wir deshalb zeigen, daß

$$\int d\mathbf{r}' \, \rho^{\text{mikro}}(\mathbf{r} - \mathbf{r}') f(\mathbf{r}') d\mathbf{r}' = -\nabla \cdot \mathbf{P}(\mathbf{r}) \tag{27.8}$$

gilt, wobei $\mathbf{P}(\mathbf{r})$ eine langsam veränderliche Funktion bezeichnet, die man als eine Dichte des Dipolmoments interpretieren kann.

Wir werden hier nur den Fall betrachten, daß man die mikroskopische Ladungsdichte zerlegen kann in eine Summe von Beiträgen der an den Orten $\mathbf{r}_j$ lokalisierten, einzelnen Ionen (Atomrümpfe, Atome, Moleküle), welche durch ihre jeweiligen Ladungsverteilungen $\rho_j(\mathbf{r} - \mathbf{r}_j)$ zu charakterisieren sind:

$$\rho^{\text{mikro}}(\mathbf{r}) = \sum_j \rho_j(\mathbf{r} - \mathbf{r}_j). \tag{27.9}$$

Bei Ionenkristallen oder Molekülkristallen ist eine derartige Zerlegung auf recht natürliche Weise möglich; sie wird jedoch zunehmend schwieriger bei kovalenten Kristallen, wenn nämlich wesentliche Teile der elektronischen Ladungsverteilung nicht mehr in einfacher Weise einem bestimmten Gitterplatz des Kristalls zugeordnet werden können. Unsere Behandlung ist daher in erster Linie auf die beiden erstgenannten Typen isolierender Festkörper anwendbar. Zur Berechnung der dielektrischen Eigenschaften kovalenter Kristalle ist dagegen ein davon recht verschiedener Ansatz notwendig; wir kommen weiter unten noch auf diesen Punkt zurück.

Wir interessieren uns für Nichtgleichgewichts-Konfigurationen des Isolators, bei denen die Atomrümpfe aus ihren Gleichgewichtslagen verschoben und verformt sind im Vergleich zu ihren Gestalten im Gleichgewicht,[6] welche beschrieben werden durch die Ladungsdichteverteilungen ρ_j^0. Demnach ist $\rho^{\text{mikro}}(\mathbf{r})$ im allgemeinen *nicht* gleich der mikroskopischen Ladungsdichteverteilung im Gleichgewicht,

$$\rho_0^{\text{mikro}}(\mathbf{r}) = \sum_j \rho_j^0(\mathbf{r} - \mathbf{r}_j^0). \tag{27.10}$$

Unter Verwendung von (27.9) kann man (27.7) in der Form

$$\nabla \cdot \mathbf{E}(\mathbf{r}) = 4\pi \sum_j \int d\mathbf{r}' \rho_j(\mathbf{r} - \mathbf{r}_j - \mathbf{r}') f(\mathbf{r}')$$

$$= 4\pi \sum_j \int d\bar{\mathbf{r}} \, \rho_j(\bar{\mathbf{r}}) f(\mathbf{r} - \mathbf{r}_j^0 - (\bar{\mathbf{r}} + \boldsymbol{\Delta}_j)) \tag{27.11}$$

schreiben, wobei $\boldsymbol{\Delta}_j = \mathbf{r}_j - \mathbf{r}_j^0$. Die Auslenkung $\boldsymbol{\Delta}_j$ des j-ten Atomrumpfes aus seiner Gleichgewichtslage ist eine mikroskopische Länge, vergleichbar mit a oder kleiner. Weiterhin verschwindet die Ladungsdichte $\rho_j(\bar{\mathbf{r}})$, sobald $\bar{\mathbf{r}}$ eine mikroskopische Länge der Größenordnung a übersteigt. Da sich die Gewichtsfunktion f über Entfernungen

---

[6] Wir denken an Anwendungen auf (a) einatomige Bravaisgitter – bei denen die $\mathbf{r}_j^0$ identisch sind mit den Bravaisgittervektoren $\mathbf{R}$, und sämtliche Funktionen ρ_j^0 identisch sind – sowie (b) auf Gitter mit Basis, wobei die $\mathbf{r}_j^0$ als Werte sämtliche Vektoren $\mathbf{R}$, $\mathbf{R} + \mathbf{d}$, etc. annehmen, und es ebenso viele verschiedene funktionale Abhängigkeiten für die ρ_j^0 gibt, wie verschiedene Typen von Atomrümpfen in der Basis vorhanden sind.

von der Größenordnung a nur sehr wenig verändert, können wir (27.11) unter Verwendung der Taylor-Entwicklung

$$f(\mathbf{r} - \mathbf{r}_j^0 - (\bar{\mathbf{r}} + \mathbf{\Delta}_j)) = \sum_{n=0}^{\infty} \frac{1}{n!} \left[-(\bar{\mathbf{r}} + \mathbf{\Delta}_j) \cdot \nabla \right]^n f(\mathbf{r} - \mathbf{r}_j^0) \qquad (27.12)$$

in eine Reihe entwickeln, die eigentlich eine Reihe von Potenzen des Quotienten a/r_0 ist. Setzen wir die beiden ersten Terme[7] der Gleichung (27.12) in (27.11) ein, so erhalten wir

$$\nabla \cdot \mathbf{E}(\mathbf{r}) = 4\pi \left[\sum_j e_j f(\mathbf{r} - \mathbf{r}_j^0) - \sum_j (\mathbf{p}_j + e_j \mathbf{\Delta}_j) \cdot \nabla f(\mathbf{r} - \mathbf{r}_j^0) \right] \qquad (27.13)$$

mit

$$e_j = \int d\bar{\mathbf{r}} \, \rho_j(\bar{\mathbf{r}}), \quad \mathbf{p}_j = \int d\bar{\mathbf{r}} \, \rho_j(\bar{\mathbf{r}}) \bar{\mathbf{r}}. \qquad (27.14)$$

Die Größen e_j und $\mathbf{p}_j$ sind einfach die Gesamtladung und das gesamte Dipolmoment des j-ten Atomrumpfes.

Im Falle eines einatomaren Bravaisgitters muß die Ladung jedes Atomrumpfes null sein, da der Kristall als Ganzer neutral ist und sämtliche Atomrümpfe identisch sind. Darüber hinaus sind die Gleichgewichtslagen der Atomrümpfe die Plätze $\mathbf{R}$ des Bravaisgitters, so daß sich (27.13) vereinfacht zu

$$\nabla \cdot \mathbf{E}(\mathbf{r}) = -4\pi \nabla \cdot \sum_{\mathbf{R}} f(\mathbf{r} - \mathbf{R}) \mathbf{p}(\mathbf{R}), \qquad (27.15)$$

wobei $\mathbf{p}(\mathbf{R})$ das Dipolmoment des Atomrumpfes am Gitterplatz $\mathbf{R}$ bezeichnet.

In offensichtlicher Verallgemeinerung der Definition von $\mathbf{p}(\mathbf{R})$ behält dieses Ergebnis auch dann Gültigkeit (bis zur führenden Ordnung in a/r_0), wenn wir eine Ladung der Atomrümpfe und eine mehratomige Basis zulassen. Um dies einzusehen, nehmen wir an, daß die Werte von $\mathbf{r}_j^0$ nun die Plätze $\mathbf{R} + \mathbf{d}$ eines Gitters mit Basis sind. Man kann nun die p_j und e_j indizieren mit dem Bravaisgittervektor $\mathbf{R}$ und dem Basisvektor $\mathbf{d}$, welche die Gleichgewichtslage des j-ten Atomrumpfes angeben:[8]

$$\mathbf{p}_j \rightarrow \mathbf{p}(\mathbf{R}, \mathbf{d}), \quad e_j \rightarrow e(\mathbf{d}), \quad \mathbf{r}_j^0 \rightarrow \mathbf{R} + \mathbf{d}, \quad \mathbf{\Delta}_j \rightarrow \mathbf{u}(\mathbf{R}, \mathbf{d}). \qquad (27.16)$$

---

[7] Wir werden sehen, daß der erste Term ($n = 0$) keinen Beitrag zu (27.11) liefert, so daß wir auch den zweiten Term ($n = 1$) berücksichtigen müssen, um den führenden Term in (27.11) zu erhalten.

[8] Atomrümpfe, die durch Bravaisgittervektoren verbunden sind, tragen die gleiche Gesamtladung, so daß e_j nur von $\mathbf{d}$ abhängt, nicht von $\mathbf{R}$.

Da d eine mikroskopische Länge der Größenordnung a ist, so können wir die Entwicklung

$$f(\mathbf{r} - \mathbf{R} - \mathbf{d}) \approx f(\mathbf{r} - \mathbf{R}) - \mathbf{d} \cdot \nabla f(\mathbf{r} - \mathbf{R}) \tag{27.17}$$

schreiben. Setzen wir diesen Ausdruck in (27.13) ein und vernachlässigen Terme höherer als linearer Ordnung in a/r_0, so erhalten wir erneut (27.15), wobei $\mathbf{p}(\mathbf{R})$ nunmehr das Dipolmoment der gesamten primitiven Zelle[9] am Gitterplatz $\mathbf{R}$ ist:

$$\mathbf{p}(\mathbf{R}) = \sum_{\mathbf{d}} [e(\mathbf{d})\mathbf{u}(\mathbf{R}, \mathbf{d}) + \mathbf{p}(\mathbf{R}, \mathbf{d})]. \tag{27.18}$$

Gleichung (27.15) und die makroskopischen Maxwell-Gleichung (27.4) sind miteinander konsistent, wenn man die Polarisationsdichte definiert als

$$\mathbf{P}(\mathbf{r}) = \sum_{\mathbf{R}} f(\mathbf{r} - \mathbf{R})\mathbf{p}(\mathbf{R}). \tag{27.19}$$

Haben wir es mit Abweichungen vom Gleichgewicht zu tun, deren Formen sich von Zelle zu Zelle auf der mikroskopischen Skala nicht wesentlich voneinander unterscheiden, so ändert sich auch $\mathbf{p}(\mathbf{R})$ von Zelle zu Zelle nur langsam, und man kann die Summe (27.19) als Integral berechnen:

$$\mathbf{P}(\mathbf{r}) = \frac{1}{v} \sum_{\mathbf{R}} v f(\mathbf{r} - \mathbf{R})\mathbf{p}(\mathbf{R}) \approx \frac{1}{v} \int d\bar{\mathbf{r}} f(\mathbf{r} - \bar{\mathbf{r}})\mathbf{p}(\bar{\mathbf{r}}). \tag{27.20}$$

Die glatte, langsam veränderliche, stetige Funktion $\mathbf{p}(\bar{\mathbf{r}})$ ist die Polarisation der Zellen in unmittelbarer Umgebung von $\bar{\mathbf{r}}$, während v das Gleichgewichtsvolumen der primitiven Zelle bezeichnet.

Wir beschränken uns in der Anwendung der makroskopischen Maxwell-Gleichungen auf Situationen, in welchen sich die Polarisation der Zellen nur über Entfernungen wesentlich ändert, die groß sind im Vergleich mit den Dimensionen r_0 des Bereiches, über den gemittelt wird. Diese Bedingung ist sicherlich für Felder erfüllt, deren Wellenlängen im sichtbaren Spektralbereich liegen oder noch größer sind. Da der

---

[9] Bei der Herleitung von (27.18) nutzten wir die Tatsache, daß die Gesamtladung $\sum e(\mathbf{d})$ der primitiven Zelle Null ist. Außerdem vernachlässigten wir den zusätzlichen Term $\sum d e(\mathbf{d})$, das Dipolmoment der primitiven Zelle des unverzerrten Kristalls im Gleichgewicht. In den meisten Kristallen verschwindet dieser Term für die überwiegende Zahl der „auf natürliche Weise gewählten" primitiven Zellen. Wäre dieser Term von null verschieden, so hätte der Kristall eine von null verschiedene Polarisationsdichte auch ohne Einwirkung den Kristall verzerrender Kräfte oder äußerer elektrischer Felder. Derartige Kristalle existieren; man bezeichnet sie als Pyroelektrika. Wir kommen im Verlauf des vorliegenden Kapitels auf diese Pyroelektrika zu sprechen und verdeutlichen dabei auch, was unter den „auf natürliche Weise gewählten primitiven Zellen" zu verstehen ist (siehe Seite 704).

Integrand in (27.20) verschwindet, wenn $\bar{\mathbf{r}}$ weiter als r_0 von $\mathbf{r}$ entfernt liegt, so können wir unter der Voraussetzung, daß sich $\mathbf{p}(\bar{\mathbf{r}})$ über eine Entfernung r_0 um $\bar{\mathbf{r}}$ nur vernachlässigbar wenig verändert, $\mathbf{p}(\bar{\mathbf{r}})$ durch $\mathbf{p}(\mathbf{r})$ ersetzen und es vor das Integral ziehen:

$$\mathbf{P}(\mathbf{r}) = \frac{\mathbf{p}(\mathbf{r})}{v} \int d\bar{\mathbf{r}}\, f(\mathbf{r} - \bar{\mathbf{r}}). \tag{27.21}$$

Mit $\int d\mathbf{r}'\, f(\mathbf{r}') = 1$ ergibt sich schließlich

$$\mathbf{P}(\mathbf{r}) = \frac{1}{v}\mathbf{p}(\mathbf{r}). \tag{27.22}$$

Vorausgesetzt also, daß sich das Dipolmoment jeder Zelle nur auf einer makroskopischen Längenskala merklich verändert, so gilt die makroskopische Maxwell-Gleichung (27.4) mit einer Polarisationsdichte $\mathbf{P}(\mathbf{r})$, die definiert ist als Dipolmoment einer primitiven Zelle in unmittelbarer Umgebung von $\mathbf{r}$, dividiert durch das Gleichgewichtsvolumen der Zelle.[10]

Theorie des lokalen Feldes

Um die makroskopische Elektrostatik anwenden zu können, ist eine Theorie notwendig, welche die Polarisationsdichte $\mathbf{P}$ auf das makroskopische elektrische Feld $\mathbf{E}$ zurückführt. Da die Atomrümpfe mikroskopische Ausdehnung haben, werden ihre Auslenkungen und Verformungen von der Kraft aufgrund des an ihrem jeweiligen Ort herrschenden *mikroskopischen* Feldes bestimmt, vermindert um den Beitrag des Atomrumpfes selbst zu diesem mikroskopischen Feld. Man bezeichnet dieses Feld oft als das lokale (oder effektive) Feld $\mathbf{E}^{\text{lok}}(\mathbf{r})$.

Man kann mit Hilfe der makroskopischen Elektrostatik die Berechnung von $\mathbf{E}^{\text{lok}}$ vereinfachen, indem man den Raum unterteilt in Bereiche nahe bei $\mathbf{r}$ oder fern davon. Der Fernbereich soll all externen Feldquellen enthalten, sämtliche Punkte außerhalb des Kristalls und ausschließlich Punkte innerhalb des Kristalls, die weit vom Punkt $\mathbf{r}$ entfernt sind, verglichen mit den Dimensionen r_0 des Bereiches, über welchen in (27.6) gemittelt wird. Sämtliche übrigen Punkte sollen dem Nahbereich angehören (Bild 27.3). Der Grund für diese Einteilung liegt darin, daß der Beitrag zu $\mathbf{E}^{\text{lok}}(\mathbf{r})$ von sämtlichen Ladungen im Fernbereich sich nur vernachlässigbar wenig über eine Entfernung r_0 um $\mathbf{r}$ ändert, und durch den Mittelungsprozeß (27.6) unbeeinflußt bliebe. Deshalb ist der Beitrag aller Ladungen im Fernbereich zu $\mathbf{E}^{\text{lok}}(\mathbf{r})$ einfach

---

[10] Die Herleitung dieses intuitiv einsichtigen Ergebnisses gestattet es uns, falls erforderlich, Korrekturen abzuschätzen.

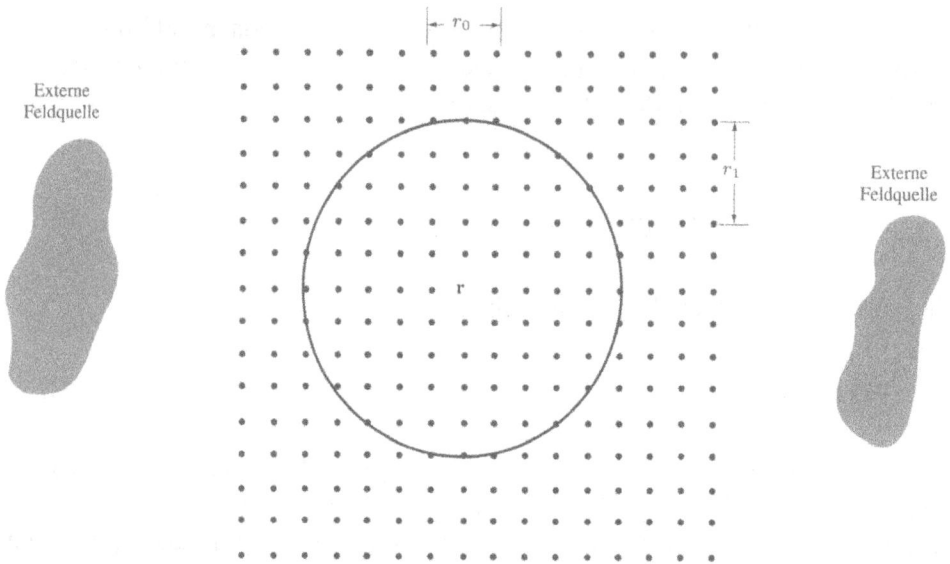

Bild 27.3: Zur Berechnung des lokalen Feldes im Punkt r ist es zweckmäßig, die Beiträge des *Fernbereichs* (der alle Bereiche des Kristalls außerhalb einer Kugel mit dem Radius r_1 um r umfaßt, sowie auch alle externen Feldquellen) und des *Nahbereichs* (welcher alle Punkte innerhalb der Kugel um r enthält) getrennt voneinander zu betrachten. Um sicherzustellen, daß das durch die Ladungen im Fernbereich erzeugte mikroskopische Feld gleich seinem makroskopischen Mittelwert ist, wählt man als Fernbereich alle Punkte, die von r im Vergleich zur räumlichen Ausdehnung r_0 des Mittelungsprozesses weit entfernt sind.

gleich dem makroskopischen Feld $E_{\text{fern}}^{\text{makro}}$, das am Ort r herrschen würde, wenn ausschließlich die Ladungen im Fernbereich vorhanden wären:

$$E^{\text{lok}}(\mathbf{r}) = E_{\text{nah}}^{\text{lok}}(\mathbf{r}) + E_{\text{fern}}^{\text{mikro}}(\mathbf{r}) = E_{\text{nah}}^{\text{mikro}}(\mathbf{r}) + E_{\text{fern}}^{\text{makro}}(\mathbf{r}). \tag{27.23}$$

Nun konstruiert man das vollständige makroskopische Feld im Punkt r durch Mittelung des mikroskopischen Feldes, welches innerhalb einer Umgebung mit den Dimensionen r_0 um r aufgrund sämtlicher vorhandener Ladungen im Fernbereich ebenso wie im Nahbereich besteht:

$$E(\mathbf{r}) = E_{\text{fern}}^{\text{makro}}(\mathbf{r}) + E_{\text{nah}}^{\text{makro}}(\mathbf{r}). \tag{27.24}$$

Dabei ist $E_{\text{nah}}^{\text{makro}}$ das makroskopische Feld, welches im Punkt r wirken würde, wenn ausschließlich die Ladungen im Nahbereich[11] vorhanden wären. Wir können deshalb (27.23) umschreiben zu

$$\boxed{E^{\text{lok}}(\mathbf{r}) = E(\mathbf{r}) + E_{\text{nah}}^{\text{lok}}(\mathbf{r}) - E_{\text{nah}}^{\text{makro}}(\mathbf{r})} \tag{27.25}$$

---

[11] Dabei ist natürlich der Atomrumpf, auf welchen wir die Kraft berechnen, eingeschlossen.

Damit haben wir das unbekannte lokale Feld im Punkt **r** ausgedrückt durch eine Summe aus dem makroskopischen elektrischen Feld[12] im Punkt **r** sowie weiterer Terme, die ausschließlich von der Ladungskonfiguration im Nahbereich abhängen.

Wir werden (27.25) ausschließlich auf Nichtgleichgewichtskonfigurationen des Kristalls anwenden, die sich von Zelle zu Zelle über Entfernungen der Größenordnung r_1, der Ausdehnung des Nahbereichs, nur vernachlässigbar wenig ändern.[13] In einem solchen Fall ist $E_{nah}^{makro}(\mathbf{r})$ das makroskopische Feld eines homogen polarisierten Mediums von der räumlichen Gestalt des Nahbereichs. Wählen wir die Gestalt des Nahbereichs als eine Kugel, so ist dieses Feld bestimmt durch das folgende Ergebnis der elementaren Elektrostatik (siehe Aufgabe 1): Das makroskopische Feld an einem beliebigen Punkt innerhalb einer homogen polarisierten Kugel ist gegeben durch $\mathbf{E} = -4\pi\mathbf{P}/3$, wobei **P** die Polarisationsdichte bezeichnet. Hat somit der Nahbereich die Gestalt einer Kugel, innerhalb derer sich die Polarisationsdichte **P** vernachlässigbar wenig ändert, so kann man (27.25) schreiben als

$$E^{lok}(\mathbf{r}) = E(\mathbf{r}) + E_{nah}^{lok}(\mathbf{r}) + \frac{4\pi\mathbf{P}(\mathbf{r})}{3}. \tag{27.26}$$

Es bleibt somit die Aufgabe, das mikroskopische lokale Feld $E_{nah}^{lok}(\mathbf{r})$ eines kugelförmigen Bereichs zu berechnen, in dessen Mittelpunkt der Atomrumpf liegt, auf welchen das Feld wirkt. Innerhalb dieses Bereichs ist die Ladungsdichte in jeder Zelle gleich – außer dann, wenn man den Atomrumpf im Mittelpunkt des Bereichs entfernen würde. In den meisten Anwendungsfällen führt man diese Berechnung unter den folgenden vereinfachenden Annahmen durch:

1. Man nimmt die räumliche Ausdehnung jedes Atomrumpfes und die Auslenkung aus seiner Gleichgewichtslage als so klein an, daß man das auf ihn wirkende polarisierende Feld als über den gesamten Atomrumpf homogen und gleich dem Wert von E^{lok} an der Gleichgewichtsposition betrachten kann.

---

[12] Eine weitere Komplikation rein makroskopischer Natur ist in dieser Argumentation, bei der wir $E(\mathbf{r})$ als gegeben annehmen, nur von peripherem Interesse. Werden internes Feld und interne Polarisation dadurch erzeugt, daß man die Probe in ein gegebenes Feld E^{ext} bringt, so ist ein zusätzliches Problem der makroskopischen Elektrostatik zu lösen, um das makroskopische Feld **E** im Inneren der Probe zu bestimmen, da die Diskontinuität der Polarisationsdichte **P** an der Oberfläche der Probe als gebundene Oberflächenladung wirkt und somit einen zusätzlichen Term zum makroskopischen Feld im Inneren beiträgt. Für Proben von einfacher Gestalt in homogenen äußeren Feldern sind die induzierte Polarisation **P** und das makroskopische Feld **E** im Inneren beide konstant und parallel zu E^{ext}; in einem solchen Falle kann man schreiben $E = E^{ext} - N\mathbf{P}$, wobei N, der sogenannte Depolarisationsfaktor, von der Geometrie der Probe bestimmt ist. Der einfachste elementare Fall ist die Kugel, mit $N = 4\pi/3$. Die Herleitung des Depolarisationsfaktors für ein allgemeines Ellipsoid, wobei **P** nicht parallel zu **E** zu sein braucht, findet man in E. C. Stoner, *Phil. Mag.* **36**, 803 (1945).

[13] Beachten Sie, daß diese Verhältnisse nun in der Tat „sehr makroskopisch" sind, da wir fordern $\lambda \gg r_1 \gg r_0 \gg a$.

2. Man nimmt die räumliche Ausdehnung jedes Atomrumpfes und die Auslenkung aus seiner Gleichgewichtslage als so klein an, daß der Beitrag eines Atomrumpfes mit einer Gleichgewichtslage $\mathbf{R} + \mathbf{d}$ zum lokalen Feld an der Gleichgewichtsposition des betrachteten Atomrumpfes exakt gegeben ist durch das Feld eines Dipols mit dem Dipolmoment $e(\mathbf{d})\mathbf{u}(\mathbf{R} + \mathbf{d}) + \mathbf{p}(\mathbf{R} + \mathbf{d})$.

Da die Dipolmomente der Atomrümpfe an äquivalenten Gitterplätzen (die um Vektoren $\mathbf{R}$ des Bravaisgitters gegeneinander verschoben liegen) im Nahbereich – innerhalb dessen $\mathbf{P}$ nur vernachlässigbar wenig veränderlich ist – identisch sind, so reduziert sich die Berechnung von $\mathbf{E}_{\text{nah}}^{\text{lok}}$ an einer Gleichgewichtsposition auf eine Gittersumme des in Kapitel 20 beschriebenen Typs. Für den Spezialfall, daß jede Gleichgewichtsposition im Gleichgewichts-Kristall ein Zentrum kubischer Symmetrie ist, kann man leicht zeigen (siehe Aufgabe 2), daß diese Gittersumme verschwinden muß: $\mathbf{E}_{\text{nah}}^{\text{lok}}(\mathbf{r}) = 0$ an jeder Gleichgewichtsposition. Da dieser Spezialfall auf die Verhältnisse sowohl bei den festen Edelgasen, als auch bei den Alkalihalogeniden zutrifft, ist es der einzige Fall, den wir hier betrachten. Bei diesen Kristallen können wir annehmen, daß das Feld, welches jeden Atomrumpf in der unmittelbaren Umgebung von $\mathbf{r}$ polarisiert, gegeben ist durch[14]

$$\boxed{\mathbf{E}^{\text{lok}}(\mathbf{r}) = \mathbf{E}(\mathbf{r}) + \frac{4\pi\mathbf{P}(\mathbf{r})}{3}.}\tag{27.27}$$

Diese Gleichung, bisweilen als Lorentz-Beziehung bezeichnet, wird in den Theorien der Dielektrika häufig verwendet. Es ist sehr wichtig, sich dabei immer der Annahmen bewußt zu sein, die seiner Herleitung zugrunde liegen, insbesondere der Annahme kubischer Symmetrie um eine jede Gleichgewichtsposition.

Man schreibt (27.27) manchmal unter Verwendung der dielektrischen Konstanten ϵ des Mediums, indem man die grundlegende Relation[15]

$$\mathbf{D}(\mathbf{r}) = \epsilon\mathbf{E}(\mathbf{r})\tag{27.28}$$

zusammen mit der Beziehung (27.3) zwischen $\mathbf{D}$, $\mathbf{E}$ und $\mathbf{P}$ benutzt, um $\mathbf{P}(\mathbf{r})$ durch $\mathbf{E}(\mathbf{r})$ auszudrücken:

$$\mathbf{P}(\mathbf{r}) = \frac{\epsilon - 1}{4\pi}\mathbf{E}(\mathbf{r}).\tag{27.29}$$

---

[14] Beachten Sie, daß in dieser Beziehung implizit angenommen ist, daß das auf jeden Atomrumpf wirkende lokale Feld nur vom Ort abhängt, an dem sich der Atomrumpf befindet, jedoch nicht – in einem Gitter mit Basis – von der Art des Atomrumpfes (d.h. das lokale Feld hängt von $\mathbf{R}$ ab, nicht aber von $\mathbf{d}$). Diese bequeme Vereinfachung ist eine Folge unserer Annahme, jeder Atomrumpf sitze an einem Platz mit kubischer Symmetrie.

[15] In nicht-kubischen Kristallen ist $\mathbf{P}$ – und damit $\mathbf{D}$ – nicht notwendig parallel zu $\mathbf{E}$, so daß ϵ ein Tensor wird.

Eliminiert man $\mathbf{P}(\mathbf{r})$ mit Hilfe von (27.29) aus (27.27), so erhält man

$$\boxed{\mathbf{E}^{\text{lok}}(\mathbf{r}) = \frac{\epsilon + 2}{3} \mathbf{E}(\mathbf{r}).}$$
(27.30)

Dasselbe Ergebnis kann man auch durch die *Polarisierbarkeit* α des Mediums ausdrücken. Die Polarisierbarkeit $\alpha(\mathbf{d})$ der an den Stellen d innerhalb der Basis sitzenden Sorte von Atomrümpfen ist definiert als das Verhältnis des im jeweiligen Atomrumpf induzierten Dipolmoments zum effektiv auf ihn wirkenden Feld:

$$\mathbf{p}(\mathbf{R} + \mathbf{d}) + e\mathbf{u}(\mathbf{R} + \mathbf{d}) = \alpha(\mathbf{d})\mathbf{E}^{\text{lok}}(\mathbf{r})\Big|_{\mathbf{r} \approx \mathbf{R}}.$$
(27.31)

Die Polarisierbarkeit α des Mediums definieren wir dann als die Summe der Polarisierbarkeiten der Atomrümpfe innerhalb einer primitiven Zelle

$$\alpha = \sum_{\mathbf{d}} \alpha(\mathbf{d}).$$
(27.32)

Mit (Gleichungen (27.18) und (27.22))

$$\mathbf{P}(\mathbf{r}) = \frac{1}{v} \sum_{\mathbf{d}} \Big[\mathbf{p}(\mathbf{R}, \mathbf{d}) + e(\mathbf{d})\mathbf{u}(\mathbf{R}, \mathbf{d}) \Big]_{\mathbf{R} \approx \mathbf{r}}$$
(27.33)

folgt

$$\mathbf{P}(\mathbf{r}) = \frac{\alpha}{v} \mathbf{E}^{\text{lok}}(\mathbf{r}).$$
(27.34)

Drücken wir mit Hilfe der Gleichungen (27.29) und (27.30) sowohl $\mathbf{P}$ als auch $\mathbf{E}^{\text{lok}}$ durch $\mathbf{E}$ aus, so folgt aus (27.34)

$$\boxed{\frac{\epsilon - 1}{\epsilon + 2} = \frac{4\pi\alpha}{3v}.}$$
(27.35)

Diese Gleichung, bekannt als Clausius-Mossotti-Beziehung,[16] stellt einen nützlichen Zusammenhang zwischen makroskopischen und mikroskopischen Theorien her. Man benötigt eine mikroskopische Theorie, um die Polarisierbarkeit α zu berechnen, welche das Verhalten der Atomrümpfe unter der Wirkung des effektiv auf sie wirkenden Feldes $\mathbf{E}^{\text{lok}}$ beschreibt. Die daraus berechnete dielektrische Konstante ϵ kann man in

---

[16] Ausgedrückt durch den Brechungsindex $n = \sqrt{\epsilon}$ kennt man die Clausius-Mossotti-Beziehung auch als Lorentz-Lorenz-Beziehung. (In der physikalischen und chemischen Literatur Englands und der Vereinigten Staaten ist es üblich geworden, den Nachnamen von O. F. Mossotti falsch zu schreiben – mit einem einzigen s – und/oder seine Initialen zu vertauschen.)

Verbindung mit den makroskopischen Maxwell-Gleichungen zur Vorhersage der optischen Eigenschaften eines Isolators verwenden.

Theorie der Polarisierbarkeit

Zwei Terme tragen zur Polarisierbarkeit α bei: Der Beitrag von $\mathbf{p}$ (siehe (27.31)), die „atomare (elektronische) Polarisierbarkeit", entsteht durch die Verformung der Ladungsverteilung der Atomrümpfe; der Beitrag von $e\mathbf{u}$, die „Verschiebungspolarisierbarkeit" ergibt sich durch die Auslenkung der Atomrümpfe. In Molekülkristallen gibt es keine Verschiebungspolarisierbarkeit, da die „Atomrümpfe" ungeladen sind; in Ionenkristallen andererseits ist sie mit der atomaren Polarisierbarkeit vergleichbar.

Atomare Polarisierbarkeit

Wir lassen nun auch eine Frequenzabhängigkeit des lokalen, auf einen Atomrumpf wirkenden Feldes in der Form

$$\mathbf{E}^{\text{lok}} = \text{Re}\left(\mathbf{E}_0 e^{-i\omega t}\right) \tag{27.36}$$

zu, wobei $\mathbf{E}_0$ ortsunabhängig ist (Annahme 1 auf Seite 687). Die einfachste klassische Theorie der atomaren Polarisierbarkeit behandelt den Atomrumpf als aufgebaut aus einer Elektronenschale mit der Ladung $Z_i e$ und der Masse $Z_i m$, die über eine harmonische Feder mit der Federkonstanten $K = Z_i m \omega_0^2$ fest verbunden ist mit einem schweren, unbeweglichen, nicht verformbaren Kern (Bild 27.4).

Beschreibt man die Auslenkung der Schale aus ihrer Gleichgewichtsposition durch

$$\mathbf{r} = \text{Re}\left(\mathbf{r}_0 e^{-i\omega t}\right), \tag{27.37}$$

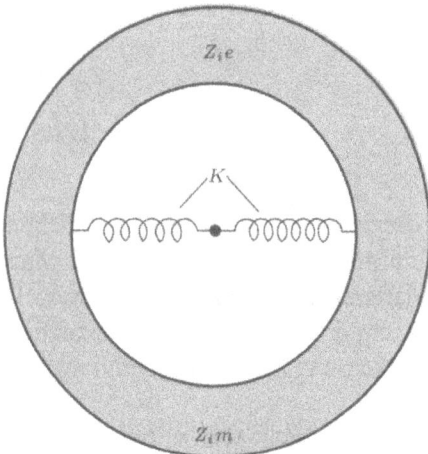

Bild 27.4: Grobes, klassisches Modell der atomaren Polarisierbarkeit. Der Atomrumpf wird dargestellt durch eine geladene Schale mit der Ladung $Z_i e$ und der Masse $Z_i m$, die über eine Feder mit der Federkonstanten $K = Z_i m \omega_0^2$ mit einem unbeweglichen Kern verbunden ist.

so folgt aus der Bewegungsgleichung

$$Z_i m\ddot{\mathbf{r}} = -K\mathbf{r} - Z_i e \mathbf{E}^{\text{lok}} \tag{27.38}$$

der Schale, daß

$$\mathbf{r}_0 = -\frac{e\mathbf{E}_0}{m(\omega_0^2 - \omega^2)}. \tag{27.39}$$

Das induzierte Dipolmoment $\mathbf{p} = -Z_i e \mathbf{r}$ wird damit zu

$$\mathbf{p} = \text{Re}\,(\mathbf{p}_0 e^{-i\omega t}) \tag{27.40}$$

mit

$$\mathbf{p}_0 = \frac{Z_i e^2}{m(\omega_0^2 - \omega^2)} \mathbf{E}_0. \tag{27.41}$$

Definieren wir die frequenzabhängige atomare Polarisierbarkeit durch

$$\mathbf{p}_0 = \alpha^{\text{at}}(\omega)\mathbf{E}_0, \tag{27.42}$$

so folgt

$$\alpha^{\text{at}}(\omega) = \frac{Z_i e^2}{m(\omega_0^2 - \omega^2)}. \tag{27.43}$$

Das Modell, welches uns zu (27.43) führte, ist natürlich sehr grob. Die für unsere Zwecke wichtigste Eigenschaft des Ergebnisses besteht darin, daß die Polarisierbarkeit von der Frequenz unabhängig und gleich dem statischen Wert

$$\alpha^{\text{at}} = \frac{Z_i e^2}{m\omega_0^2} \tag{27.44}$$

wird, wenn ω klein ist im Vergleich zu ω_0. Wir könnten erwarten, daß ω_0, die Schwingungsfrequenz der Elektronenschale, von der Größenordnung einer atomaren Anregungsenergie dividiert durch $\hbar$ sei; dies würde nahelegen, daß man – außer bei Energien $\hbar\omega$ von der Größenordnung einiger Elektronenvolt – die atomare Polarisierbarkeit als frequenzunabhängig annehmen könnte. Diese Vermutung wird durch genauere, quantenmechanische Berechnungen der atomaren Polarisierbarkeit α bestätigt.

Beachten Sie, daß man mit Hilfe der Gleichung (27.44) auch die Frequenz, unterhalb derer α^{at} frequenzunabhängig wird, in Abhängigkeit von den gemessenen, statischen

Polarisierbarkeiten abschätzen kann:

$$\hbar\omega_0 = \sqrt{\frac{\hbar^2 Z_i e^2}{m\alpha^{\mathrm{at}}}}$$

$$= \sqrt{\frac{4a_0^3 Z_i}{\alpha^{\mathrm{at}}}} \frac{e^2}{2a_0}, \quad a_0 = \frac{\hbar^2}{me^2},$$

$$= \sqrt{Z_i \left(\frac{10^{-24}\ \mathrm{cm}^3}{\alpha^{\mathrm{at}}}\right)} \cdot 10,5\ \mathrm{eV}. \tag{27.45}$$

Da die gemessenen Polarisierbarkeiten (siehe Tabelle 27.1) von der Größenordnung 10^{-24} cm^3 sind, so folgt aus dieser Abschätzung, daß die Frequenzabhängigkeit der atomaren Polarisierbarkeit – abgesehen vielleicht von den Atomen mit höchsten Werten der Polarisierbarkeit – erst bei Frequenzen des ultravioletten Lichtes ins Spiel kommt.

Tabelle 27.1
Atomare Polarisierbarkeiten der Halogenidionen, der Edelgasatome sowie der Ionen der Alkalimetalle*

Halogene		Edelgase		Alkalimetalle	
		He	0,2	Li$^+$	0,03
F$^-$	1,2	Ne	0,4	Na$^+$	0,2
Cl$^-$	3	Ar	1,6	K$^+$	0,9
Br$^-$	4,5	Kr	2,5	Rb$^+$	1,7
I$^-$	7	Xe	4,0	Cs$^+$	2,5

* Alle Angaben in Einheiten von 10^{-24} cm^3. Beachten Sie, daß die Einträge einer bestimmten Reihe der Tabelle Atomen mit gleicher elektronischer Schalenstruktur, aber zunehmender Kernladung entsprechen.
Quelle: A. Dalgarno, *Advances Phys.* **11**, 281 (1962).

Verschiebungspolarisierbarkeit

Bei Ionenkristallen ist auch das Dipolmoment in Betracht zu ziehen, welches durch die Verschiebung der elektrisch geladenen Ionen im elektrischen Feld entsteht – zusätzlich zur atomaren Polarisation durch die Verformung der Elektronenhüllen der Ionen im Feld. Wir vernachlässigen zunächst die atomare (elektronische) Polarisation (*Näherung starrer Ionen*). Um die Situation zu vereinfachen, betrachten wir auch ausschließlich Kristalle mit zwei Ionen in der primitiven Zelle, deren Ladungen e und $-e$ sind. Betrachten wir die Ionen als nicht verformbar, so ist das Dipolmoment einer primitiven Zelle gegeben durch

$$\mathbf{p} = e\mathbf{w}, \qquad \mathbf{w} = \mathbf{u}^+ - \mathbf{u}^-, \tag{27.46}$$

wobei die $u^{\pm}$ die Verschiebungen des positiven beziehungsweise des negativen Ions aus der jeweiligen Gleichgewichtslage bezeichnen.

Zur Bestimmung von $w(r)$ stellen wir zunächst fest, daß die langreichweitigen elektrostatischen Kräfte zwischen den Ionen bereits im Feld E^{lok} enthalten sind. Die verbleibenden kurzreichweitigen Kräfte zwischen den Ionen (i.e. elektrostatische Multipolmomente höherer Ordnung sowie die Kern-Kern-Abstoßung) fallen mit der Entfernung rasch ab und wir können annehmen, daß sie eine rücktreibende Kraft auf ein herausgegriffenes Ion im Punkt r bewirken, die nur von den Verschiebungen der Ionen in dessen unmittelbarer Umgebung abhängt. Da wir Störungen betrachten, die auf der atomaren Längenskala langsam veränderlich sind, bewegen sich in der Umgebung von r alle Ionen mit gleicher Ladung gemeinsam mit derselben Verschiebung $u^+(r)$ beziehungsweise $u^-(r)$. Somit ist der kurzreichweitige Anteil der rücktreibenden Kraft auf ein Ion im Punkt r einfach proportional[17] zur relativen Verschiebung $w(r) = u^+(r) - u^-(r)$ der beiden entgegengesetzt geladenen Untergitter in der Umgebung von r.

Bei einer Verzerrung des Kristalls mit auf der mikroskopischen Längenskala langsamen Änderungen erfüllen demnach die Verschiebungen der positiven und der negativen Ionen Gleichungen der Form

$$
\begin{aligned}
M_+\ddot{u}^+ &= -k(u^+ - u^-) + eE^{lok}, \\
M_-\ddot{u}^- &= -k(u^- - u^+) - eE^{lok},
\end{aligned}
\tag{27.47}
$$

die man unter Verwendung der reduzierten Masse M der Ionen, $M^{-1} = (M_+)^{-1} + (M_-)^{-1}$, umschreiben kann zu

$$
\ddot{w} = \frac{e}{M} E^{lok} - \frac{k}{M} w.
\tag{27.48}
$$

Nimmt man E^{lok} als Wechselfeld der Form (27.36) an, so erhält man

$$
w = \mathrm{Re}(w_0 e^{-i\omega t}), \qquad w_0 = \frac{eE_0/M}{\overline{\omega}^2 - \omega^2}
\tag{27.49}
$$

mit

$$
\overline{\omega}^2 = \frac{k}{M}.
\tag{27.50}
$$

---

[17] Diese Proportionalitätskonstante ist im allgemeinen ein Tensor, wird aber für Kristalle mit kubischer Symmetrie – den einzigen Fall, den wir hier betrachten – zu einer Konstanten.

Entsprechend gilt

$$\alpha^{\text{Versch}} = \frac{p_0}{E_0} = \frac{ew_0}{E_0} = \frac{e^2}{M(\overline{\omega}^2 - \omega^2)}. \tag{27.51}$$

Beachten Sie, daß die Verschiebungspolarisierbarkeit (27.51) dieselbe Form hat wie die atomare (elektronische) Polarisierbarkeit (27.43); die Resonanzfrequenz $\overline{\omega}$ ist nun aber eine für Gitterschwingungen charakteristische Frequenz, die man folglich zu $\hbar\overline{\omega} \approx \hbar\omega_D \approx 10^{-1}$ bis 10^{-2} eV abschätzen kann. Dieser Wert kann um einen Faktor 10^2 bis 10^3 kleiner sein als die entsprechende atomare Frequenz ω_0, so daß die Verschiebungspolarisierbarkeit – im Unterschied zur atomaren (elektronischen) Polarisierbarkeit – eine deutliche Frequenzabhängigkeit bereits im infraroten und sichtbaren Spektralbereich zeigt.

Da eine typische Ionenmasse M um etwa einen Faktor 10^4 größer ist als die Elektronenmasse m, so können die statische ($\omega = 0$) ionische Polarisierbarkeit und die Verschiebungspolarisierbarkeit durchaus von der gleichen Größenordnung sein. Dies bedeutet aber, daß die Verwendung unseres Modells des starren Ions nicht zu rechtfertigen, und (27.51) zu korrigieren ist, um auch die atomare (elektronische) Polarisierbarkeit der Ionen zu berücksichtigen. Die einfachste – und auch die naivste – Art einer Korrektur besteht darin, die entsprechenden Beiträge beider Typen zur Polarisierbarkeit zu addieren:

$$\alpha = (\alpha^+ + \alpha^-) + \frac{e^2}{M(\overline{\omega}^2 - \omega^2)}. \tag{27.52}$$

Dabei bezeichnen α^+ und α^- die atomaren (elektronischen) Polarisierbarkeiten der positiven beziehungsweise negativen Ionen. Man kann diese Vorgehensweise eigentlich nicht rechtfertigen, da der erste Term in (27.52) unter der Annahme berechnet wurde, daß die Ionen unbeweglich, aber polarisierbar seien, während der zweite Term voraussetzt, daß die Ionen verschoben, aber nicht verformt werden können. Offensichtlich würde man in einem besser begründbaren Ansatz beide Modell kombinieren, die uns einerseits zu (27.43), andererseits zu (27.51) führten, um dann in einem einzigen Schritt die Wirkung des lokalen Feldes auf Ionen zu berechnen, die sowohl verschoben, als auch verformt werden können. Solche Ansätze kennt man als Theorien eines *Schalenmodells*; sie führen im allgemeinen zu Formeln, die in ihren numerischen Vorhersagen deutlich von den Vorhersagen der naiven Form (27.52) abweichen, dieser Gleichung jedoch in ihrem grundlegenden Verhalten sehr ähnlich sind. Wir beschäftigen uns deshalb weiterhin mit den Eigenschaften der Gleichung (27.52), um erst im Anschluß daran anzudeuten, wie diese Gleichung in einem realistischeren Modell zu modifizieren wäre.

In Verbindung mit der Clausius-Mossotti-Beziehung (27.35) führt die in (27.52) ausgedrückte Näherung auf eine dielektrische Konstante $\epsilon(\omega)$ des Ionenkristalls von der Form

$$\frac{\epsilon(\omega) - 1}{\epsilon(\omega) + 2} = \frac{4\pi}{3v} \left(\alpha^+ + \alpha^- + \frac{e^2}{M(\overline{\omega}^2 - \omega^2)} \right). \tag{27.53}$$

Insbesondere ist die statische dielektrische Konstante gegeben durch

$$\frac{\epsilon_0 - 1}{\epsilon_0 + 2} = \frac{4\pi}{3v} \left(\alpha^+ + \alpha^- + \frac{e^2}{M\overline{\omega}^2} \right), \quad \text{für } \omega \ll \overline{\omega}, \tag{27.54}$$

während die dielektrische Konstante bei hohen Frequenzen[18] die Beziehung

$$\frac{\epsilon_\infty - 1}{\epsilon_\infty + 2} = \frac{4\pi}{3v} (\alpha^+ + \alpha^-), \quad \text{für } \overline{\omega} \ll \omega \ll \omega_0 \tag{27.55}$$

erfüllt. Es ist zweckmäßig, $\epsilon(\omega)$ durch ϵ_0 und ϵ_∞ auszudrücken, da diese beiden Grenzfälle leicht zu messen sind: ϵ_0 ist die statische dielektrische Konstante des Kristalls; ϵ_∞ ist die dielektrische Konstante bei optischen Frequenzen und hängt deshalb mit dem Brechungsindex n über die Beziehung $n^2 = \epsilon_\infty$ zusammen. Es gilt daher

$$\frac{\epsilon(\omega) - 1}{\epsilon(\omega) + 2} = \frac{\epsilon_\infty - 1}{\epsilon_\infty + 2} + \frac{1}{1 - (\omega^2/\overline{\omega}^2)} \left(\frac{\epsilon_0 - 1}{\epsilon_0 + 2} - \frac{\epsilon_\infty - 1}{\epsilon_\infty + 2} \right), \tag{27.56}$$

und aufgelöst nach $\epsilon(\omega)$

$$\epsilon(\omega) = \epsilon_\infty + \frac{\epsilon_\infty - \epsilon_0}{(\omega^2/\omega_T^2) - 1} \tag{27.57}$$

mit

$$\omega_T^2 = \overline{\omega}^2 \left(\frac{\epsilon_\infty + 2}{\epsilon_0 + 2} \right) = \overline{\omega}^2 \left(1 - \frac{\epsilon_0 - \epsilon_\infty}{\epsilon_0 + 2} \right). \tag{27.58}$$

Anwendung auf langwellige optische Moden von Ionenkristallen

Zur Berechnung der Dispersionsrelationen für die Normalschwingungen eines Ionen-kristalls könnten wir nach den allgemein anwendbaren, in Kapitel 22 beschriebenen Methoden vorgehen. Wir würden dabei jedoch aufgrund der sehr großen Reichweite der elektrostatischen Wechselwirkung zwischen den Ionen auf ernsthafte rechnerische

---

[18] Wenn wir in diesem Zusammenhang von „hohen Frequenzen" sprechen, so meinen wir immer Frequenzen, die hoch sind im Vergleich mit den Frequenzen der Gitterschwingungen, jedoch niedrig im Vergleich mit den Frequenzen atomarer Anregungen. Die Frequenzen des sichtbaren Lichts erfüllen im allgemeinen diese Bedingung.

Schwierigkeiten stoßen. Man hat Techniken entwickelt, um mit diesen Problemen umzugehen, ähnlich den Methoden, die wir bei der Berechnung der Gitterenergie eines Ionenkristalls in Kapitel 20 anwandten. Im Falle langwelliger optischer Moden kann man solche Rechnungen vermeiden, indem man das Problem als eines der makroskopischen Elektrostatik formuliert:

In einer langwelligen ($k \approx 0$) optischen Mode sind die Auslenkungen der entgegengesetzt geladenen Ionen innerhalb einer jeden primitiven Zelle einander entgegengesetzt gerichtet, wodurch sich ein von Null verschiedene Polarisationsdichte P ergibt. Mit dieser Polarisationsdichte sind im allgemeinen ein makroskopisches elektrisches Feld E sowie eine elektrische Verschiebungsdichte D verbunden, die folgendermaßen zueinander in Beziehung stehen:

$$\mathbf{D} = \epsilon \mathbf{E} = \mathbf{E} + 4\pi\mathbf{P}. \tag{27.59}$$

Ist keine freie Ladung vorhanden, so gilt

$$\nabla \cdot \mathbf{D} = 0. \tag{27.60}$$

$\mathbf{E}^{\text{mikro}}$ ist der Gradient eines Potentials;[19] aus (27.6) folgt dann, daß dies auch für E der Fall ist, so daß

$$\nabla \times \mathbf{E} = \nabla \times (-\nabla\phi) = 0. \tag{27.61}$$

In einem kubischen Kristall ist D parallel zu E (i.e. ϵ ist kein Tensor), so daß aufgrund von (27.59) beide parallel zu P sind. Nimmt man für alle drei Vektoren eine räumliche Abhängigkeit der Form

$$\left\{ \begin{array}{c} \mathbf{D} \\ \mathbf{E} \\ \mathbf{P} \end{array} \right\} = \mathrm{Re} \left\{ \begin{array}{c} \mathbf{D}_0 \\ \mathbf{E}_0 \\ \mathbf{P}_0 \end{array} \right\} e^{i\mathbf{k}\cdot\mathbf{r}} \tag{27.62}$$

an, so reduziert sich (27.60) auf $\mathbf{k} \cdot \mathbf{D}_0 = 0$, was erfordert, daß

$$\mathbf{D} = 0 \quad \text{oder} \quad \mathbf{D}, \mathbf{E} \text{ und } \mathbf{P} \perp \mathbf{k}, \tag{27.63}$$

während sich (27.61) auf $\mathbf{k} \times \mathbf{E}_0 = 0$ reduziert, was wiederum erfordert, daß

$$\mathbf{E} = 0 \quad \text{oder} \quad \mathbf{E}, \mathbf{D} \text{ und } \mathbf{P} \parallel \mathbf{k}. \tag{27.64}$$

---

[19] Bei optischen Frequenzen könnte man es als problematisch ansehen, nur elektrostatische Felder zu berücksichtigen, da die rechte Seite der vollständigen Maxwell-Gleichung $\nabla \times \mathbf{E} = -(1/c)\partial\mathbf{B}/\partial t$ bei diesen Frequenzen nicht mehr unbedingt vernachlässigbar ist. Wir werden jedoch im folgenden sehen, daß eine vollständige elektrodynamische Behandlung des Problems zu praktisch denselben Schlußfolgerungen führt.

In einer longitudinalen optischen Mode ist die (von Null verschiedene) Polarisations-dichte **P** parallel zu **k**, und (27.63) erfordert deshalb, daß **D** verschwinden muß. Dies ist nur dann mit (27.59) konsistent, wenn

$$\mathbf{E} = -4\pi\mathbf{P}, \quad \epsilon = 0 \qquad \text{(longitudinale Mode).} \tag{27.65}$$

Auf der anderen Seite ist in einer transversalen optischen Mode die (von null verschie-dene) Polarisationsdichte **P** senkrecht zu **k**, was nur dann mit (27.64) konsistent sein kann, wenn **E** null ist. Dies hinwiederum ist nur dann mit (27.59) konsistent, wenn gilt

$$\mathbf{E} = 0, \quad \epsilon = \infty \qquad \text{(transversale Mode).} \tag{27.66}$$

Nach (27.57) gilt $\epsilon = \infty$ für $\omega^2 = \omega_T{}^2$, so daß das Ergebnis (27.66) ω_T als die Frequenz der langwelligen ($\mathbf{k} \to 0$), transversalen optischen Mode bestimmt. Die Frequenz ω_L der longitudinalen optischen Mode ist durch die Bedingung $\epsilon = 0$ festgelegt (Gleichungen (27.65) und (27.57)), so daß aus (27.57) folgt:

$$\boxed{\omega_L{}^2 = \frac{\epsilon_0}{\epsilon_\infty} \omega_T{}^2.} \tag{27.67}$$

Diese Gleichung verknüpft die Frequenzen der longitudinalen und transversalen op-tischen Moden mit der statischen Dielektrizitätskonstanten und dem Brechungsindex; sie ist als *Lyddane-Sachs-Teller-Beziehung* bekannt. Beachten Sie, daß diese Bezie-hung alleine aus der Interpretation der Nullstellen und Pole von $\epsilon(\omega)$ mit Hilfe der Gleichungen (27.65) und (27.66), sowie der Form der funktionalen Abhängigkeit von (27.57) folgt – also aus der Tatsache, daß ϵ als Funktion von ω^2 im interessanten Frequenzbereich gleich der Summe aus einer Konstanten und einem einfachen Pol ist. Infolgedessen reicht der Gültigkeitsbereich dieser Beziehung weit über die grobe Näherung additiver Polarisierbarkeiten (Gleichung (27.52)) hinaus, und ist auch in den sehr viel komplexeren Theorien eines Schalenmodells der zweiatomigen Ionenkristalle anwendbar.

Da ein Kristall bei niedrigen Frequenzen[20] stärker polarisierbar ist als bei hohen, so gilt $\omega_L > \omega_T$. Es könnte überraschend erscheinen, daß sich im Grenzfall großer Wellenlängen ω_L überhaupt von ω_T unterscheidet, da in diesem Grenzfall die Ver-schiebungen der Ionen innerhalb eines jeden Bereichs von endlicher Ausdehnung voneinander ununterscheidbar sind. Infolge der großen Reichweite der elektrostati-schen Kräfte kann ihr Einfluß jedoch durchaus über Entfernungen spürbar sein, die mit der Wellenlänge vergleichbar sind, unabhängig davon, wie groß nun diese Wellenlänge

---

[20] ... bei Frequenzen deutlich oberhalb der natürlichen Schwingungsfrequenzen der Atomrümpfe spre-chen diese nicht auf eine oszillatorische, anregende Kraft an, und man beobachtet ausschließlich atomare (elektronische) Polarisierbarkeit. Bei niedrigen Frequenzen tragen beide Mechanismen zur Polarisierbar-keit bei.

sei. Deshalb wirken in longitudinalen und transversalen optischen Moden immer unterschiedliche elektrostatische Rückstellkräfte.[21] In der Tat leitet man aus (27.65) unter Verwendung der Lorentz-Beziehung (27.27) ab, daß die elektrostatische, rücktreibende Kraft in einer langwelligen, longitudinalen optischen Mode gegeben ist durch das lokale Feld

$$(\mathbf{E}^{\mathrm{lok}})_L = \mathbf{E} + \frac{4\pi \mathbf{P}}{3} = -\frac{8\pi \mathbf{P}}{3} \qquad \text{(longitudinal)}, \tag{27.68}$$

während das lokale Feld für eine langwellige, transversale optische Mode aus (27.66) zu

$$(\mathbf{E}^{\mathrm{lok}})_T = \frac{4\pi \mathbf{P}}{3} \qquad \text{(transversal)} \tag{27.69}$$

folgt.

Somit bewirkt das lokale Feld in einer longitudinalen Mode eine Verminderung der Polarisation (d.h. es addiert sich zu der kurzreichweitigen rückstellenden Kraft, die proportional zu $k = M\omega^2$ ist), während es in einer transversalen Mode die Polarisation verstärkt (d.h. es vermindert die kurzreichweitige rückstellende Kraft). Diese Beobachtung ist konsistent mit der Aussage von (27.58), daß ω_T kleiner sein muß als $\overline{\omega}$ (da $\epsilon_0 - \epsilon_\infty$ positiv ist) und ebenfalls mit Gleichung (27.67), welche man – mit Hilfe von (27.58) – in die Form

$$\omega_L{}^2 = \overline{\omega}^2 \left(1 + 2\frac{\epsilon_0 - \epsilon_\infty}{\epsilon_0 + 2} \frac{1}{\epsilon_\infty} \right) \tag{27.70}$$

bringen kann, woraus man erkennt, daß ω_L größer ist als $\overline{\omega}$.

Man konnte die Lyddane-Sachs-Teller-Beziehung (27.67) durch Vergleich der mittels Neutronenstreuung bestimmten Werte von ω_L und ω_T mit gemessenen Werten der Dielektrizitätskonstanten und des Brechungsindex bestätigen. Für die beiden Alkalihalogenide NaI und KBr fand man eine Übereinstimmung zwischen ω_L/ω_T und $(\epsilon_0/\epsilon_\infty)^{1/2}$, die innerhalb des Meßfehlers von einigen Prozent[22] lag.

Da sie jedoch eigentlich nur eine Konsequenz der analytischen Form der Abhängigkeit $\epsilon(\omega)$ ist, kann man die Gültigkeit der Lyddane-Sachs-Teller-Beziehung nicht als strengen Nachweis der Richtigkeit einer bestimmten Theorie betrachten. Durch Kom-

---

[21] Dieses Argument gründet auf der Annahme einer instantanen Fernwechselwirkung und muß erneut überprüft werden, sobald man die elektrostatische Näherung (27.61) fallenläßt (siehe Fußnoten 19 und 25).

[22] A. D. B. Woods et al., *Phys. Rev.* **131**, 1025 (1963).

bination der Gleichungen (27.54), (27.55) und (27.58) läßt sich jedoch eine etwas schärfere Aussage konstruieren:

$$\frac{9}{4\pi} \frac{(\epsilon_0 - \epsilon_\infty)}{(\epsilon_\infty + 2)^2} \omega_T{}^2 = \frac{e^2}{Mv}. \tag{27.71}$$

Da der Ausdruck e^2/Mv vollständig durch die Ionenladung, die reduzierte Masse der Ionen sowie die Gitterkonstante bestimmt ist, kann man die rechte Seite dieser Gleichung als gegeben annehmen. Meßwerte für ϵ_0, ϵ_∞ und ω_T bei den Alkalihalogeniden führen zu einem Wert der linken Seite von (27.71), den man auch in der Form $(e^*)^2/Mv$ ausdrücken kann, wobei der Wert der Größe e^* (der sogenannten *Szigeti-Ladung*, im Bereich zwischen $0,7e$ und $0,9e$ liegt. Man sollte dies *nicht* dahingehend interpretieren, daß die Ionen etwa „unvollständig" geladen seien, sondern es vielmehr als einen Hinweis auf die Unzulänglichkeit der groben Annahme (27.52) sehen, daß sich nämlich die gesamte Polarisierbarkeit einfach als Summe aus der atomaren (elektronischen) Polarisierbarkeit und der Verschiebungspolarisierbarkeit ergebe.

Um diese Schwäche zu beseitigen, muß man sich der Theorie eines Schalenmodells zuwenden, bei welchem man atomare Polarisierbarkeit und Verschiebungspolarisierbarkeit im selben Ansatz berechnet, indem man die Bewegung der Elektronenschale relativ zum Rumpf zuläßt (wie wir es weiter oben bei der Berechnung der atomaren Polarisierbarkeit taten), während man gleichzeitig auch die Verschiebung der Atomrümpfe berücksichtigt.[23] Eine solche Theorie bewahrt die analytische Struktur der Abhängigkeit $\epsilon(\omega)$ nach (27.57), wobei jedoch die jeweiligen Ausdrücke für die Konstanten ϵ_0, ϵ_∞ und ω_T recht stark abweichen können.

Anwendung auf die optischen Eigenschaften eines Ionenkristalls

Unsere obige Behandlung der transversalen optischen Mode ist insofern nicht exakt, als sie auf der elektrostatischen Näherung (27.61) der Maxwell-Gleichung[24]

$$\nabla \times \mathbf{E} = -\frac{1}{c} \frac{\partial \mathbf{B}}{\partial t} \tag{27.72}$$

beruht. Ersetzt man (27.61) durch die allgemeiner gültige Form (27.72), so ist auch die Schlußfolgerung (27.66), daß die Frequenz der transversalen optischen Mode durch die Bedingung $\epsilon(\omega) = \infty$ bestimmt sei, zu ersetzen durch die allgemeinere Aussage (1.34), daß nämlich transversale Felder mit Kreisfrequenz ω und Wellenvektor $\mathbf{k}$ sich nur unter der Bedingung

$$\epsilon(\omega) = \frac{k^2 c^2}{\omega^2} \tag{27.73}$$

---

[23] Ein frühes und besonders einfaches Modell gibt S. Roberts in *Phys. Rev.* **77**, 258 (1950).

[24] Unsere Behandlung der longitudinalen optischen Mode dagegen gründet auf der Maxwell-Gleichung $\nabla \cdot \mathbf{D} = 0$ und bleibt auch in einer vollständigen elektrodynamischen Betrachtung gültig.

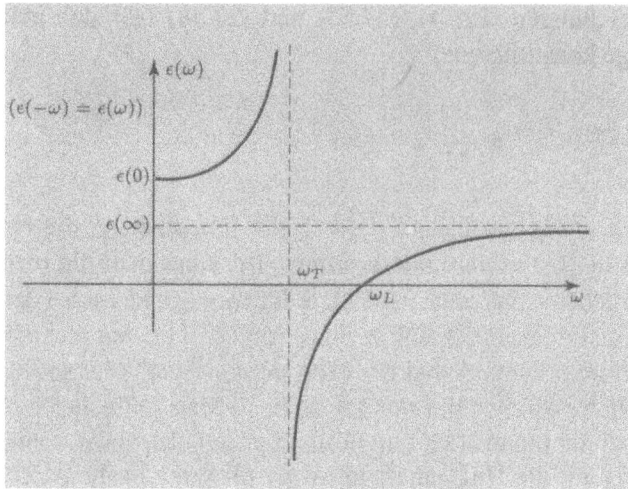

Bild 27.5: Frequenzabhängigkeit der Dielektrizitätskonstanten eines zweiatomigen Ionenkristalls.

ausbreiten können. Daher ist die Näherung $kc \gg \omega$ vertretbar für optische Moden, deren Wellenvektoren die Bedingung $\epsilon = \infty$ erfüllen. Die Frequenzen optischer Phononen sind von der Größenordnung $\omega_D = k_D s$, wobei s die Schallgeschwindigkeit im Kristall bezeichnet, so daß die letztere Bedingung fordert

$$\frac{k}{k_D} \gg \frac{s}{c}. \tag{27.74}$$

Da k_D vergleichbar ist mit den Abmessungen der ersten Brillouin-Zone, während s/c die Größenordnung 10^{-4} bis 10^{-5} besitzt, so erscheint die elektrostatische Näherung nur für optische Moden vollständig vertretbar, deren Wellenvektoren lediglich einen kleinen Bruchteil eines Prozents der Abmessungen der Brillouin-Zone um $\mathbf{k} = 0$ betragen.

Man kann die Struktur der transversalen Moden bis hinab zu $\mathbf{k} = 0$ veranschaulichen, indem man ϵ gegen ω aufträgt ((27.57), Bild 27.5). Beachten Sie, daß ϵ zwischen ω_T und ω_L negativ ist, so daß kc nach (27.73) imaginär sein muß. Dies bedeutet, daß sich im Bereich zwischen den Frequenzen der transversalen und longitudinalen optischen Moden keine Strahlung im Kristall ausbreiten kann. Für Frequenzen außerhalb dieses verbotenen Bereiches ist in Bild 27.6 ω gegen k aufgetragen. Die Dispersionsrelation hat zwei Zweige, die jeweils vollständig unterhalb von ω_T und oberhalb von ω_L verlaufen. Der untere Zweig hat den konstanten Wert $\omega \equiv \omega_T$, außer für kleine, mit ω_T/c vergleichbare Werte von k; dieser Zweig beschreibt das mit einer transversalen optische Mode verbundenen elektrische Feld im Bereich konstanter Frequenz. Wird jedoch k vergleichbar mit ω_T/c, so fällt die Frequenz unter ω_T und geht mit $kc/\sqrt{\epsilon_0}$ gegen null – ein für gewöhnliche elektromagnetische Strahlung in einem Medium mit der Dielektrizitätskonstanten ϵ_0 charakteristisches Verhalten.

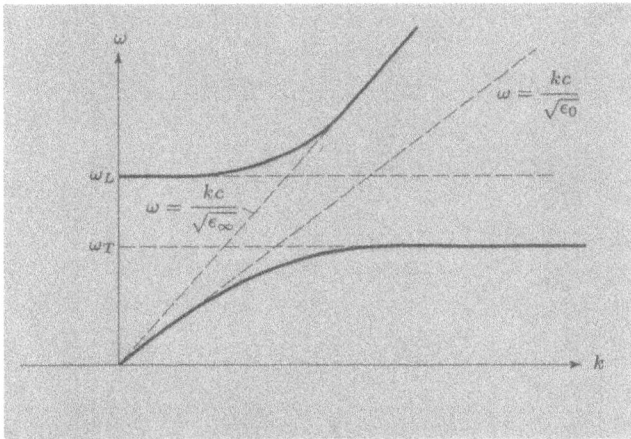

Bild 27.6: Lösungen der Dispersionsrelation $\omega = kc/\sqrt{\varepsilon(\omega)}$ für *transversale* elektromagnetische Moden, die sich in einem zweiatomigen Ionenkristall ausbreiten. Man erkennt den Zusammenhang mit Bild 27.5 am einfachsten, wenn man die Abbildung um 90° dreht und sie als Darstellung von $k = \omega\sqrt{\varepsilon(\omega)}/c$ gegen ω betrachtet. In den linearen Bereichen zeigt eine der Moden klar photonenähnlichen Charakter, während die andere charakteristisch für optische Phononen ist. In den gekrümmten Bereichen sind beide Moden gemischter Natur, und man bezeichnet sie dort manchmal als „Polaritonen".

Der obere Zweig andererseits nimmt den linearen, für elektromagnetische Strahlung in einem Medium mit der Dielektrizitätskonstanten ε_∞ charakteristischen Verlauf $\omega = kc/\sqrt{\epsilon_\infty}$, falls k groß ist im Vergleich zu ω_T/c; geht k gegen null, so verschwindet die Frequenz nicht linear, sondern strebt gegen den Wert ω_L.[25]

Beachten Sie schließlich auch, daß für reelle Werte der dielektrischen Konstanten das Reflexionsvermögen des Kristalls gegeben ist durch (siehe (K.6), Anhang K)

$$r = \left(\frac{\sqrt{\epsilon} - 1}{\sqrt{\epsilon} + 1}\right)^2. \tag{27.75}$$

Mit $\epsilon \to \infty$ geht das Reflexionsvermögen gegen Eins, so daß deshalb sämtliche einfallende elektromagnetische Strahlung bei der Frequenz der transversalen optischen Mode vollständig reflektiert werden sollte. Man kann diesen Effekt durch Mehrfachre-

---

[25] Mit $k \to 0$ tritt also eine transversale Mode bei der gleichen Frequenz wie die der longitudinalen Mode auf (siehe Seite 697). Der Grund dafür, daß dieses Verhalten in einer elektrodynamischen, nicht aber in einer elektrostatischen Behandlung auftritt, ist im wesentlichen die Endlichkeit der Ausbreitungsgeschwindigkeit von Signalen in einer elektrodynamischen Theorie: Elektromagnetische Signale breiten sich maximal mit Lichtgeschwindigkeit aus, so daß sie – unabhängig davon, wie groß ihre räumliche Reichweite sei – eine Unterscheidung zwischen longitudinalen und transversalen Moden nur dann vermitteln können, wenn sie eine mit der Wellenlänge vergleichbare Entfernung in einer Zeit zurücklegen können, die klein ist im Vergleich mit einer Periodendauer (d.h. $kc \gg \omega$). Die Argumentation auf Seite 697, mit der wir erklärten, warum ω_L und ω_T voneinander verschieden sind, nimmt implizit an, daß die Coulomb-Kräfte instantan fernwirken, und wird ungültig, sobald diese Annahme nicht mehr zu halten ist.

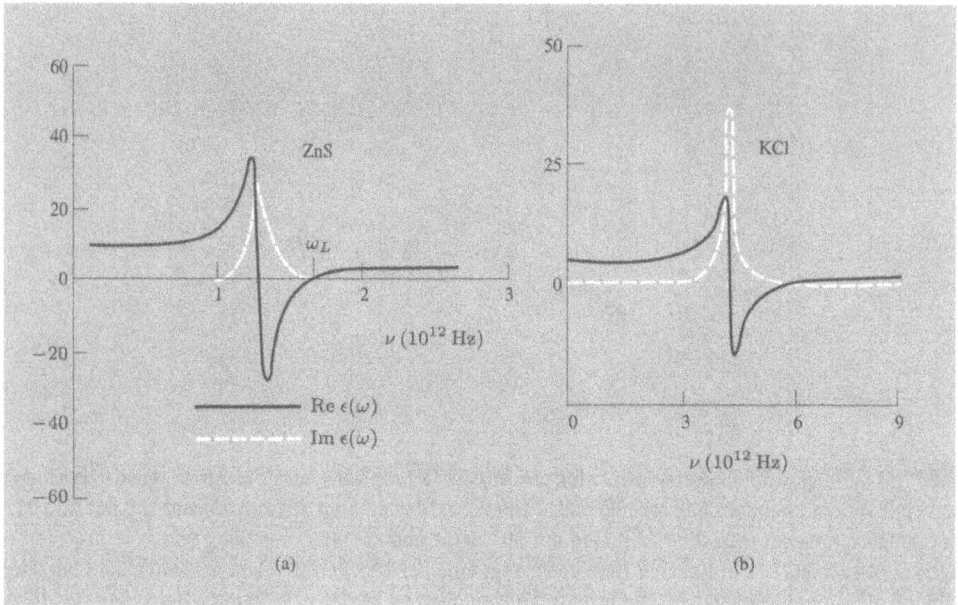

Bild 27.7: (a) Realteil (durchgezogene Linie) und Imaginärteil (gestrichelte Linie) der dielektrischen Konstante von Zinksulfid. (Nach F. Abeles, J. P. Mathieu, *Annales de Physique* 3, 5 (1958); zitiert nach E. Burstein, *Phonons and Phonon Interactions*, T. A. Bak, ed., W. A. Benjamin, Menlo Park, California, 1964.) (b) Realteil (durchgezogene Linie) und Imginärteil (gestrichelte Linie) der dielektrischen Konstanten von Kaliumchlorid. (Nach G. R. Wilkinson, C. Smart, zitiert in D. H. Martin, *Advances Phys.* 14, 39 (1965).)

flexion eines Strahls an Kristallflächen verstärken: Da n Reflexionen die Intensität um einen Faktor r^n vermindern, so bleibt nach einer großen Anzahl von Reflexionen nur der Anteil der Strahlung mit Frequenzen sehr nahe bei ω_T übrig. Man bezeichnet diese verbleibende Strahlung als *Reststrahlung*. Solche Mehrfachreflexionen ermöglichen einerseits eine sehr genaue Messung von ω_T, und bieten andererseits eine Methode zur Erzeugung sehr gut monochromatischer Strahlung im Infraroten.

Im Maße, wie die Gitterschwingungen anharmonisch – und damit gedämpft – sind, hat ϵ auch einen Imaginärteil; dieser äußert sich in einer Verbreiterung der Reststrahl-Resonanz. Bild 27.7 zeigt typische Verläufe der Dielektrizitätskonstanten als Funktion der Frequenz in Ionenkristallen, wie man sie aus den gemessenen optischen Eigenschaften der Kristalle ableiten kann. Einige experimentelle Werte der dielektrischen Größen für die Alkalihalogenide sind in Tabelle 27.2 zusammengestellt.

Kovalent gebundene Isolatoren

Die obige Behandlung der Ionenkristalle und Molekülkristalle beruht darauf, daß es möglich war, die Ladungsverteilung innerhalb des Kristalls entsprechend (27.9) zu trennen in Beiträge klar identifizierbarer Einheiten (Ionen, Atome, Moleküle,

Tabelle 27.2
Statische dielektrische Konstanten, optische dielektrische Konstanten und Frequenzen der transversalen optischen Phononen für die Kristalle der Alkalihalogenide

Verbindung	ϵ_0	ϵ_∞	$\hbar\omega_T/k_B$ *
LiF	9,01	1,96	442
NaF	5,05	1,74	354
KF	5,46	1,85	274
RbF	6,48	1,96	224
CsF	—	2,16	125
LiCl	11,95	2,78	276
NaCl	5,90	2,34	245
KCl	4,84	2,19	215
RbCl	4,92	2,19	183
CsCl	7,20	2,62	151
LiBr	13,25	3,17	229
NaBr	6,28	2,59	195
KBr	4,90	2,34	166
RbBr	4,86	2,34	139
CsBr	6,67	2,42	114
LiI	16,85	3,80	—
NaI	7,28	2,93	167
KI	5,10	2,62	156
RBI	4,91	2,59	117,5
CsI	6,59	2,62	94,6

* hergeleitet aus dem Restrahl-Maximum; Angaben in K.
Quelle: R. S. Knox, K. J. Teegarden, *Physics of Color Centers*, W. B. Fowler, ed., Academic Press, New York (1968), Seite 625.

Atomrümpfe). In kovalenten Kristallen jedoch nimmt die elektronische Ladungsdichte auch in den Bereichen zwischen den Atomrümpfen beträchtliche Werte an – die sogenannten kovalenten Bindungen. Dieser Anteil der gesamten elektronischen Ladungsverteilung ist ein Charakteristikum alleine des kondensierten Zustandes der Materie und findet keinerlei Entsprechung in den Ladungsverteilungen isolierter Ionen, Atome oder Moleküle. Da dieser Anteil die am schwächsten gebundenen atomaren Elektronen repräsentiert, trägt er auch sehr wesentlich zur Polarisierbarkeit des Kristalls bei. Zur Berechnung der dielektrischen Eigenschaften eines kovalenten Kri-

Tabelle 27.3
Statische dielektrische Konstanten ausgewählter kovalenter und kovalent-ionischer Kristalle mit Diamant-, Zinkblende- oder Wurtzitstruktur*

Kristall	Struktur	ϵ_0	Kristall	Struktur	ϵ_0
C	d	5,7	ZnO	w	4,6
Si	d	12,0	ZnS	w	5,1
Ge	d	16,0	ZnSe	z	5,8
Sn	d	23,8	ZnTe	z	8,3
SiC	z	6,7	CdS	w	5,2
GaP	z	8,4	CdSe	w	7,0
GaAs	z	10,9	CdTe	z	7,1
GaSb	z	14,4	BeO	w	3,0
InP	z	9,6	MgO	z	3,0
InAs	z	12,2			
InSb	z	15,7			

* Zitiert nach J. C. Phillips, *Phys. Rev. Lett.* **20**, 550 (1968).

stalls muß man sich daher von vornherein mit dem Kristall als Ganzem beschäftigen, wobei man entweder von Anbeginn an die Bändertheorie zugrundelegt, oder aber eine phänomenologische Theorie der „Bindungs-Polarisierbarkeiten" entwickelt.

Wir erwähnen diesen Gegenstand an dieser Stelle nur, um hervorheben zu können, daß die dielektrischen Konstanten kovalenter Kristalle recht groß sein können – worin sich die recht stark delokalisierte Natur ihrer elektronischen Ladungsverteilungen zeigt. Dielektrische Konstanten einiger ausgewählter kovalenter Kristalle sind in Tabelle 27.3 zusammengestellt. Wie wir in Kapitel 28 sehen werden, ist die Tatsache, daß diese dielektrischen Konstanten recht große Werte haben können, von wesentlicher Bedeutung in der Theorie der Störstellenniveaus in Halbleitern.

Pyroelektrizität

Bei der Herleitung der makroskopischen Gleichung

$$\nabla \cdot \mathbf{E} = -4\pi \nabla \cdot \mathbf{P} \tag{27.76}$$

für Ionenkristalle nahmen wir an (siehe Fußnote 9), daß das Gleichgewichts-Dipolmoment

$$\mathbf{p}_0 = \sum_{\mathbf{d}} \mathbf{d}e(\mathbf{d}) \tag{27.77}$$

der primitiven Zelle verschwinde, und ignorierten damit einen Term

$$\Delta \mathbf{P} = \frac{\mathbf{p}_0}{v} \tag{27.78}$$

im Ausdruck für die Polarisationsdichte **P**. Bild 27.8 veranschaulicht, daß der Wert $\mathbf{p}_0$ des Dipolmoments von der Wahl der primitiven Zelle nicht unabhängig ist. Da jedoch nur die Divergenz von **P** physikalische Bedeutung hat, so ändert ein additiver, konstanter Vektor $\Delta \mathbf{P}$ nicht die physikalischen Konsequenzen der makroskopischen Maxwell-Gleichungen.

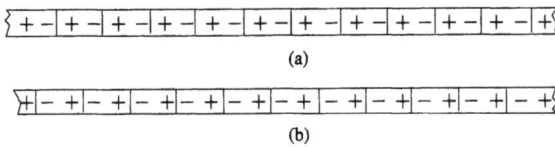

Bild 27.8: Das Dipolmoment der primitiven Zelle hängt von der Wahl der primitiven Zelle ab. Die Zeichnung illustriert diesen Sachverhalt am Beispiel eines eindimensionalen Ionenkristalls.

Dazu gäbe es weiter nichts zu sagen, wären alle Kristalle unendlich ausgedehnt. Real existierende Kristalle jedoch haben Grenzflächen, an welchen die makroskopische Polarisationsdichte **P** unstetig auf null fällt und dadurch einen singulären Term auf der rechten Seite der Gleichung (27.76) erzeugt. Man interpretiert diesen Term üblicherweise als gebundene Oberflächenladung pro Einheitsfläche, mit einem Betrag gleich der Normalkomponente P_n von **P** an der Oberfläche. Damit bleibt eine additive Konstante in **P** im Falle eines endlich ausgedehnten Kristalls durchaus nicht ohne Folgen.

Betrachten wir jedoch einen endlich ausgedehnten Kristall, so müssen wir unsere Annahme, jede primitive Zelle trage eine Gesamtladung null,

$$\sum_{\mathbf{d}} e(\mathbf{d}) = 0 \tag{27.79}$$

neu überdenken. Für einen unendlich ausgedehnten, aus identischen Zellen aufgebauten Kristall macht (27.79) lediglich die Aussage, daß der Kristall als Ganzer neutral ist. Betrachtet man jedoch einen Kristall mit Begrenzungsflächen, so sind nur die im Inneren liegenden Zellen identisch besetzt, und Ladungsneutralität impliziert das Vorhandensein teilweise gefüllter – und somit geladener – Oberflächenzellen (Bild 27.9). Trifft man die Auswahl der Zellen so, daß die Oberflächenzellen eine effektive Ladung tragen, so ist ein zusätzlicher Term in (27.76) aufzunehmen, um diese gebundene Oberflächenladung der Dichte ρ_s zu repräsentieren. Ändert man die Auswahl der Zellen, so ändern sich auch sowohl P_n als auch ρ_s in einer solchen Weise, daß die gesamte, effektive makroskopische Oberflächenladungsdichte $P_n + \rho_s$ unverändert bleibt.

Somit ist die „natürliche" Zellenauswahl, für welche (27.76) auch ohne einen zusätzlichen Term zur Berücksichtigung unkompensierter Ladungen in Oberflächenzellen gilt,

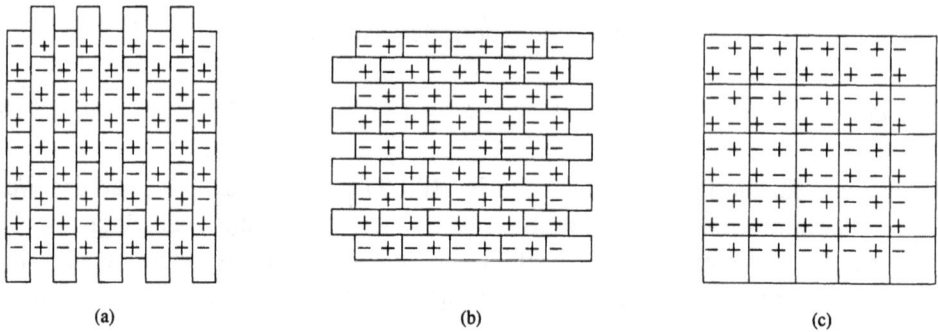

(a)   (b)   (c)

Bild 27.9: Die „natürliche" Auswahl primitiver Zellen führt zu ungeladenen Zellen an der Oberfläche. Für die in (a) und (b) getroffenen Auswahlen primitiver Zellen trifft dies nicht zu, und ihre Beiträge zur Polarisationsdichte werden durch die Beiträge der geladenen Oberflächenzellen kompensiert. Die Auswahl (c) (eine nicht-primitive Zelle) führt zu ungeladenen Oberflächenzellen und hat kein Dipolmoment.

eine Auswahl, deren Neutralität auch an den Grenzflächen einer realen Probe gewahrt ist.[26]

Kristalle, deren natürliche primitive Zellen ein von null verschiedenes Dipolmoment p_0 haben, nennt man *pyroelektrisch*.[27] Im Gleichgewicht zeigt eine ideale Probe eines pyroelektrischen Kristalls ein Gesamt-Dipolmoment, welches gleich dem Produkt aus p_0 und der Anzahl der Zellen im Kristall ist,[28] so daß innerhalb des gesamten Kristalls eine Polarisationsdichte $P = p_0/v$ besteht, und dies auch ohne jegliches äußere Feld. Daraus folgen unmittelbar einige wesentliche Einschränkungen bezüglich der Punktgruppensymmetrie eines pyroelektrischen Kristalls, da eine Symmetrieoperation sämtliche kristallinen Eigenschaften erhalten muß, und somit insbesondere auch die Richtung von P. Deshalb kann eine Achse der Rotationssymmetrie nur parallel zu P liegen, und es kann keine Spiegelebenen senkrecht zu dieser Achse geben. Diese Bedingungen lassen als mögliche Punktgruppen nur noch die Gruppen (siehe Tabelle 7.3) C_n, $C_{nv}(n = 2, 3, 4, 6)$, sowie C_1 und C_{1h} zu. Ein Blick auf Tabelle 7.3

---

[26] Dies erfordert oft die Wahl einer nicht-primitiven Zelle (siehe Bild 27.9). Man überzeugt sich jedoch leicht davon, daß die bisherige Argumentation dieses Kapitels in keiner Weise durch die Wahl einer größeren, noch immer mikroskopischen Zelle beeinträchtigt wird.

[27] Diese Bezeichnung (von Gr. *pyros*: Feuer) geht darauf zurück, daß unter normalen Umständen das Dipolmoment eines pyroelektrischen Kristalls maskiert ist durch neutralisierende Schichten atmosphärischer Ionen, die sich auf den Oberflächen des Kristalls sammeln. Erhitzt man dagegen den Kristall, so wird die Maskierung unvollständig, da sich die Polarisierung aufgrund der Wärmeausdehnung des Kristalls ändert, neutralisierende Ionen abdampfen etc. Man schloß daher zunächst, daß ein elektrisches Moment durch Wärme erzeugt würde. (Manchmal verwendet man auch die Bezeichnung „polarer Kristall" anstelle von „pyroelektrischer Kristall". Es ist jedoch besser, diesen Ausdruck zu vermeiden, da man verbreitet auch Ionenkristalle als polare Kristalle bezeichnet, seien sie pyroelektrisch oder nicht.) Eine effektive Polarisation kann auch durch eine Domänenstruktur maskiert sein, wie beispielsweise bei ferromagnetischen Stoffen (siehe Kapitel 33).

[28] Das Dipolmoment der Oberflächenzellen muß nicht p_0 sein: Im Grenzfall eines großen Kristalls ist der Beitrag der Oberflächenzellen zum gesamten Dipolmoment vernachlässigbar gering, da sich die bei weitem größte Zahl der Zellen im Inneren des Kristalls befindet.

zeigt auch, daß dies die einzigen Punktgruppen sind, die mit dem Vorhandensein eines „gerichteten Objekts" (beispielsweise eines Pfeils) an jedem Gitterplatz kompatibel sind.[29]

Ferroelektrizität

Die stabile Struktur einiger Kristalle ist oberhalb einer bestimmten Temperatur T_c (ihrer *Curie-Temperatur*) nicht-pyroelektrisch, und pyroelektrisch unterhalb dieser Temperatur.[30] Solche Kristalle bezeichnet man als *Ferroelektrika*[31] (Beispiele findet man in Tabelle 27.4). Man bezeichnet den Übergang vom unpolarisierten zum pyroelektrischen Zustand als Übergang erster Ordnung, wenn er unstetig ist (d.h. wenn **P** unmittelbar unterhalb von T_c einen von null verschiedenen Wert annimmt), sowie als Übergang zweiter oder höherer Ordnung, wenn er stetig ist (d.h. wenn **P** von null an stetig zunimmt, sobald die Temperatur unter T_c fällt).[32]

Unmittelbar unterhalb der Curie-Temperatur (für einen stetigen ferroelektrischen Übergang) ist die Verzerrung der primitiven Zelle im Vergleich zur unpolarisierten Konfiguration sehr gering, so daß es möglich ist, durch Anlegen eines äußeren elektrischen Feldes entgegengesetzt zur Richtung der Polarisation diese zu vermindern oder sogar umzukehren. Sinkt die Temperatur noch weiter unter T_c, so wird die Verzerrung der Zelle stärker, und es sind sehr viel stärkere Felder erforderlich, um die Orientierung von **P** umzukehren. Manchmal nimmt man diese Eigenschaft als das eigentliche Charakteristikum der Ferroelektrika, welche man dann definiert als pyroelektrische Kristalle, deren Polarisation man durch Anlegen eines hinreichend starken elektrischen Feldes umkehren kann. Diese Definition hat den Vorteil, daß man Kristalle mit einbeziehen kann, von denen man glaubt, daß sie auch das erstgenannte Kriterium erfüllen würden – also die Existenz einer Curie-Temperatur – die aber schmelzen, bevor sie die avisierte Curietemperatur erreichen. Deutlich unterhalb der Curietemperatur kann die Umkehrung der Polarisation jedoch eine derart dramatische

---

[29] Einige Kristalle, die ohne äußere mechanische Spannung nicht pyroelektrisch sind, entwickeln spontan ein Dipolmoment, wenn sie äußerer mechanischer Spannung ausgesetzt werden. Bei einem solchen Kristall kann man durch geeignetes Zusammendrücken die Kristallstruktur soweit verzerren, daß sie ein Dipolmoment entwickelt. Derartige Kristalle bezeichnet man als *piezoelektrisch*. Die Punktgruppe eines piezoelektrischen Kristalls ohne äußere mechanische Spannung kann *nicht* die Inversionsoperation enthalten.

[30] Man beobachtet auch Übergänge in beide Richtungen, d.h. ein Kristall kann innerhalb eines gewissen Temperaturbereiches die pyroelektrische Phase annehmen, während er bei Temperaturen oberhalb oder unterhalb dieses Bereiches unpolarisiert ist.

[31] Diese Bezeichnung betont lediglich die Analogie zum Verhalten ferromagnetischer Stoffe, die ein effektives *magnetisches* Moment zeigen. Man kann daraus nicht etwa schließen, daß Eisen eine besondere Rolle im Zusammenhang mit dem Phänomen der Ferroelektrizität spielen würde.

[32] Bisweilen verwendet man die Bezeichnung *Ferroelektrikum* ausschließlich für Kristalle, bei denen der Übergang von zweiter Ordnung ist.

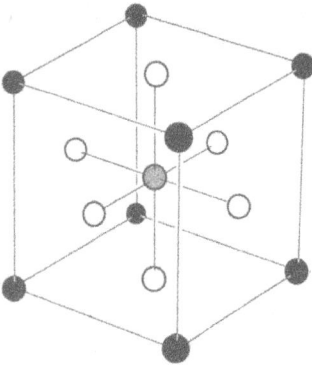

Bild 27.10: Die Perowskit-Struktur, charakteristisch für die Klasse der Bariumtitanat(BaTiO$_3$)-Ferroelektrika, in der unpolarisierten Phase. Der Kristall ist kubisch, mit Ba^{2+}-Ionen in den Würfelecken, O^{2-}-Ionen in den Mittelpunkten der Würfelflächen und einem Ti^{4+}-Ion im Mittelpunkt des Würfels. Der erste Übergang führt zu einer tetragonalen Struktur, wobei die positiv geladenen Ionen relativ zu den negativ geladenen entlang einer [100]-Richtung verschoben werden. Die Perowskit-Struktur ist ein Beispiel für einen kubischen Kristall, bei dem sich *nicht jedes* der Ionen in einem Punkt der vollständigen kubischen Symmetrie befindet: Die Ionen Ba^{2+} und Ti^{4+} befinden sich in Punkten der vollständigen kubischen Symmetrie, nicht aber die O^{2-}-Ionen. Deshalb ist das auf die O^{2-}-Ionen wirkende lokale Feld komplexer, als durch die einfache Lorentz-Formel gegeben. Dieser Sachverhalt ist wesentlich, um den Mechanismus der Ferroelektrizität zu verstehen.

Umstrukturierung des Kristalls erfordern, daß sie auch mit den stärksten experimentell erreichbaren elektrischen Feldern nicht gelingt.

Unmittelbar unterhalb der Curietemperatur eines stetigen ferroelektrischen Überganges verzerrt sich der Kristall spontan und kontinuierlich zu einem polarisierten Zustand. Man könnte deshalb eine ungewöhnlich hohe dielektrische Konstante bei Temperaturen in der unmittelbaren Umgebung der Curietemperatur erwarten, da in diesem Bereich schon sehr geringfügig Änderungen des äußeren Feldes eine sehr deutliche Änderung der Verschiebungspolarisation des Kristalls nach sich ziehen. Dies ist in der Tat der Fall, und man hat in der Nähe ferroelektrischer Übergangstemperaturen Werte der dielektrischen Konstanten bis zu 10^5 beobachtet. In einem idealisierten Experiment sollte die dielektrische Konstante sogar exakt bei der Curietemperatur T_c unendlich werden. Bei einem stetigen Übergang bedeutet diese Aussage einfach, daß die effektive rückstellende Kraft, die einer Gitterverzerrung von der unpolarisierten zur polarisierten Phase entgegenwirkt, gegen null geht, wenn sich die Temperatur von oben her der Curietemperatur T_c nähert.

Ist die Rückstellkraft, die einer bestimmten Gitterverzerrung entgegenwirkt, gleich null, so sollte eine Normalschwingung mit der Frequenz Null existieren, deren Polarisationsvektoren genau diese Verzerrung beschreiben. Da diese Gitterverzerrung zu einem von null verschiedenen effektiven Dipolmoment führt und deshalb eine Verschiebung von Ionen mit entgegengesetzten Ladungen relativ zueinander beinhaltet, muß dieses Normalschwingung eine optische Mode sein. In der unmittelbaren Umgebung des Übergangs sind die relativen Verschiebungen groß, die anharmonischen Terme wesentlich, und man kann erwarten, daß diese „weiche" Mode (*soft mode*) recht stark gedämpft ist.

Diese beiden Beobachtungen – eine unendlich große statische Dielektrizitätskonstante und eine optische Mode mit der Frequenz null – sind nicht voneinander unabhängig: Die letztere Eigenschaft folgt aus der Lyddane-Sachs-Teller-Beziehung (27.67), welche fordert, daß die Frequenz der transversalen optischen Mode immer dann verschwindet, wenn die statische dielektrische Konstante unendlich wird.

Tabelle 27.4
Ausgewählte ferroelektrische Kristalle

Name	Formel	T_c (K)	P ($\mu C/cm^2$)	bei	T (K)
Rubidiumdihydrogenphosphat	KH_2PO_4	123	4,75		96
Kaliumdideuteriumphosphat	KD_2PO_4	213	4,83		180
Rubidiumdideuteriumphosphat	RbH_2PO_4	147	5,6		90
	RbD_2PO_4	218	—		—
Bariumtitanat	$BaTiO_3$	393	26,0		300
Bleititanat	$PbTiO_3$	763	>50		300
Cadmiumtitanat	$CdTiO_3$	55	—		—
Kaliumniobat	$KNbO_3$	708	30,0		523
Natrium-Kalium-Tartrat (Seignette-Salz)	$NaKC_4H_4O_6$ $\cdot 4D_2O$	$\left\{\begin{array}{c}297\\255\end{array}\right\}$	0,25		278
Deuteriertes Seignette-Salz	$NaKC_4H_2D_2O_6$ $\cdot 4D_2O$	$\left\{\begin{array}{c}308\\251\end{array}\right\}$	0,35		279

* besitzt ein hohes und eine niedriges T_c.
Quelle: F. Jona, G. Shirane, *Ferroelectric Crystals*, Pergamon, New York (1962), Seite 389.

Der wahrscheinlich einfachste Typus eines ferroelektrischen Kristalls – und wohl auch der am häufigsten untersuchte – ist die Perowskit-Struktur, dargestellt in Bild 27.10. Andere Ferroelektrika sind deutlich komplexer strukturiert; einige charakteristische Beispiele findet man in Tabelle 27.4.

Aufgaben

27.1 Elektrisches Feld einer neutralen, homogen polarisierten Kugel mit Radius a

In großer Entfernung von der Kugel ist das Potential ϕ der Kugel das Potential eines Punktdipols mit dem Dipolmoment $p = 4\pi Pa^3/3$:

$$\phi = \frac{P\cos\theta}{r^2}, \tag{27.80}$$

wobei die Dipolachse parallel zu $\mathbf{P}$ ist. Die allgemeine, zu $\cos\theta$ proportionale Lösung von $\nabla^2\phi = 0$ ist

$$\frac{A\cos\theta}{r^2} + Br\,\cos\theta. \tag{27.81}$$

Verwenden Sie die Randbedingungen auf der Oberfläche der Kugel, um zu zeigen, daß das Potential im Inneren der Kugel zu einem homogenen elektrischen Feld der Form $\mathbf{E} = -4\pi\mathbf{P}/3$ führt.

27.2 Elektrisches Feld einer Anordnung identischer Dipole mit gleichen Orientierungen, in einem Punkt, relativ zu dem die Anordnung kubische Symmetrie besitzt.

Das vom Dipol im Punkt $\mathbf{r}'$ verursachte Potential im Punkt $\mathbf{r}$ ist

$$\phi = -\mathbf{p} \cdot \nabla \frac{1}{|\mathbf{r} - \mathbf{r}'|}. \tag{27.82}$$

Wenden Sie die einschränkenden Bedingungen der kubischen Symmetrie auf den Tensor

$$\sum_{\mathbf{r}'} \nabla_\mu \nabla_\nu \frac{1}{|\mathbf{r} - \mathbf{r}'|} \tag{27.83}$$

an (wobei Sie beachten, daß $\nabla^2(1/r)=0$ für $\mathbf{r}=0$) und zeigen Sie, daß $\mathbf{E}$ verschwinden muß, wenn die Orte $\mathbf{r}'$ der Dipole in kubischer Symmetrie um den Punkt $\mathbf{r}$ angeordnet sind.

27.3 Polarisierbarkeit eines einzelnen Wasserstoffatoms (Aufgabe)

Ein parallel zur x-Achse gerichtetes elektrisches Feld $\mathbf{E}$ wirke auf ein Wasserstoffatom in seinem Grundzustand mit der Wellenfunktion

$$\psi_0 \sim e^{-r/a_0}. \tag{27.84}$$

(a) Nehmen Sie eine Probe-Wellenfunktion der Form

$$\psi \sim \psi_0(1 + \gamma x) = \psi_0 + \delta\psi \tag{27.85}$$

zur Beschreibung des Atoms im Feld an, und bestimmen Sie γ durch Minimieren der Gesamtenergie.

(b) Berechnen Sie die Polarisation

$$p = \int d\mathbf{r}\,(-e)x(\psi_0\delta\psi^* + \psi_0^*\delta\psi) \tag{27.86}$$

unter Verwendung der „besten" Probe-Wellenfunktion und zeigen Sie, daß sich daraus eine Polarisierbarkeit $\alpha = 4\,a_0{}^3$ ergibt. (Das exakte Ergebnis ist $4,5\,a_0{}^3$.)

27.4   Orientierungspolarisation

Die im folgenden beschriebene Situation stellt sich manchmal in reinen Festkörpern oder Flüssigkeiten ein, deren Moleküle permanente Dipolmomente besitzen (beispielsweise Wasser oder Ammoniak), aber ebenso in Ionenkristallen, bei denen einige der Ionen durch andere mit permanenten Dipolmomenten (beispielsweise OH^- in KCl) ersetzt sind.

(a) Ein elektrisches Feld wirkt ausrichtend auf Teilchen mit permanenten Dipolmomenten, die thermische Bewegung wirkt der Ausrichtung entgegen. Wenden Sie die statistische Mechanik des Gleichgewichts an und formulieren Sie einen Ausdruck für die Wahrscheinlichkeit dafür, daß ein Dipol mit dem äußeren Feld einen Winkel im Bereich zwischen θ und $\theta + d\theta$ einschließt. Zeigen Sie, daß das gesamte Dipolmoment einer Anzahl von N Dipolen mit dem Dipolmoment p im thermodynamischen Gleichgewicht gegeben ist durch

$$Np \langle \cos \theta \rangle = NpL \left(\frac{pE}{k_B T} \right). \tag{27.87}$$

Dabei bezeichnet $L(x)$ die „Langevin-Funktion", definiert durch

$$L(x) = \coth x - \left(\frac{1}{x} \right). \tag{27.88}$$

(b) Typische Dipolmomente haben Werte von der Größenordnung 1 Debye (10^{-18} in Elektrostatischen Einheiten (esu)). Zeigen Sie, daß man für ein elektrisches Feld der Größenordnung 10^4 V/cm die Polarisierbarkeit bei Raumtemperatur in der Form

$$\alpha = \frac{p^2}{3k_B T} \tag{27.89}$$

schreiben kann.

27.5   Verallgemeinerte Lyddane-Sachs-Teller-Beziehung

Nehmen Sie an, der Verlauf der dielektrischen Konstanten $\epsilon(\omega)$ als Funktion von ω^2 weise nicht nur einen einzigen Pol auf (wie in (27.57)), sondern sei von der allgemeineren Struktur

$$\epsilon(\omega) = A + \sum_{i=1}^{n} \frac{B_i}{\omega^2 - \omega_i^2}. \tag{27.90}$$

Gehen Sie direkt von (27.90) aus und zeigen Sie, daß die Verallgemeinerung der Lyddane-Sachs-Teller-Beziehung (27.67) in diesem Falle lautet

$$\frac{\epsilon_0}{\epsilon_\infty} = \prod \left(\frac{\omega_i^0}{\omega_i} \right)^2 . \tag{27.91}$$

wobei die ω_i^0 die Frequenzen bezeichnen, bei denen ϵ verschwindet. (Hinweis: Schreiben Sie die Bedingung $\epsilon = 0$ mit Hilfe eines Polynoms n-ter Ordnung in ω^2 und beachten Sie, daß das Produkt der Nullstellen auf einfache Weise mit dem Wert des Polynoms bei $\omega = 0$ in Beziehung steht. Welche Bedeutung haben die Frequenzen ω_i und ω_i^0?)

28 Homogene Halbleiter

Allgemeine Eigenschaften der Halbleiter

Beispiele für Bandstrukturen von Halbleitern

Zyklotronresonanz

Ladungsträgerstatistik im thermodynamischen Gleichgewicht

Intrinsische und extrinsische Halbleiter

Statistik der Störstellenniveaus im thermodynamischen Gleichgewicht

Ladungsträgerkonzentrationen dotierter Halbleiter im thermodynamischen Gleichgewicht

Störstellenbandleitung

Transport in nichtentarteten Halbleitern

In Kapitel 12 erkannten wir, daß Elektronen in vollständig gefüllten Bändern keinen elektrischen Strom tragen können. Im Rahmen des Modells unabhängiger Elektronen ist diese Einsicht die Grundlage der Unterscheidung zwischen Isolatoren und Metallen: Im Grundzustand eines Isolators sind sämtliche Bänder entweder vollständig gefüllt oder vollständig leer; im Grundzustand eines Metalls ist zumindest ein Band nur zum Teil gefüllt.

Wir können die Isolatoren durch das Vorhandensein einer *Energielücke* zwischen der Oberkante des energetisch höchstliegenden, vollständig gefüllten Bandes (oder: der Bänder) und der Unterkante des niedrigstliegenden leeren Bandes (oder: der Bänder) charakterisieren (siehe Bild 28.1). Ein Festkörper mit einer Energielücke ist bei $T = 0$ ein Nichtleiter, außer dann, wenn eine anliegende Gleichspannung derart groß ist, oder die Energielücke derart klein, daß es zu einem elektrischen Durchbruch kommt, (12.8). Der Festkörper wirkt ebenfalls isolierend für Wechselströme, sofern die Frequenz des anliegenden Wechselfeldes so gering ist, daß $\hbar\omega$ die Energiedifferenz der Energielücke nicht übersteigt.

Ist die Temperatur jedoch nicht null, so gibt es eine von null verschiedene Wahrscheinlichkeit dafür, daß einige Elektronen thermisch über die Energielücke hinaus in die niedrigstliegenden unbesetzten Bänder hinein angeregt sind, welche man in diesem Zusammenhang auch als *Leitungsbänder* bezeichnet; dabei hinterlassen sie unbesetzte Energieniveaus in den höchstliegenden besetzten Bändern, den sogenannten *Valenzbändern*. Diese thermisch angeregten Elektronen können einen elektrischen Strom tragen, und in dem Band, aus welchem heraus sie angeregt wurden, ist dann Löcherleitung möglich.

Ob eine solche thermische Anregung zu einer nennenswerten Leitfähigkeit führt, hängt kritisch von der Breite der Energielücke ab, da – wie wir sehen werden – der Bruchteil von Elektronen, die bei einer Temperatur T thermisch über die Energielücke hinaus angeregt sind, grob von der Größenordnung $e^{-E_g/2k_B T}$ ist. Für eine Energielücke der Breite 4 eV bei Raumtemperatur ($k_B T \approx 0,025$ eV) beträgt dieser Faktor $e^{-80} \approx 10^{-35}$, so daß praktisch keine Elektronen über die Energielücke hinaus angeregt sind. Für eine Energielücke E_g der Breite $0,25$ eV jedoch beträgt der Faktor bei Raumtemperatur $e^{-5} \approx 10^{-2}$, so daß man eine merkliche Leitfähigkeit beobachten kann.

Festkörper, die bei $T = 0$ Isolatoren sind, deren Energielücken jedoch so schmal sind, daß thermische Anregung von Elektronen bei Temperaturen unterhalb des Schmelzpunktes zu einer meßbaren Leitfähigkeit führt, bezeichnet man als *Halbleiter*. Offenbar ist der Unterschied zwischen Isolatoren und Halbleitern nicht scharf definiert, so daß man ihn eher dahingehend formulieren sollte, daß die Breite der Energielücke bei den meisten wichtigen Halbleitern weniger als 2 eV beträgt, häufig sogar weniger als einige Zehntel Elektronenvolt. Typische Widerstandswerte von Halbleitern bei Raumtemperatur liegen im Bereich zwischen 10^{-3} und 10^9 Ohm·cm – im Gegensatz zu den Metallen, mit typischen Werten von der Größenordnung $\rho \approx 10^{-6}$ Ohm·cm, und guten Isolatoren, deren ρ bis zu 10^{22} Ohm·cm betragen kann.

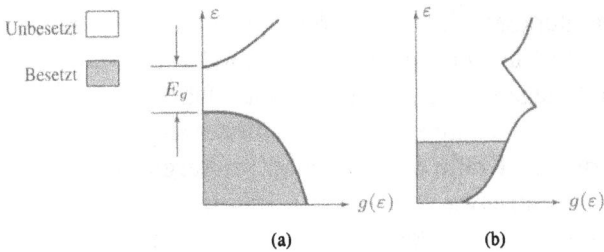

Bild 28.1: (a) In einem Isolator gibt es einen verbotenen Energiebereich, der die höchstliegenden besetzten von der niedrigstliegenden unbesetzten Energieniveaus trennt. (b) Bei einem Metall liegt die Grenze zwischen besetzten und unbesetzten Niveaus innerhalb eines Bereiches erlaubter Energien. Man verdeutlicht dies schematisch dadurch, daß man die Niveaudichte (horizontale Achse) gegen die Energie (vertikale Achse) aufträgt.

Da die Anzahl von Elektronen, die thermisch in das Leitungsband hinein angeregt werden – und damit auch die Anzahl der Löcher, die sie im Valenzband zurücklassen – sich exponentiell mit $1/T$ ändert, erwartet man, daß der Verlauf der elektrischen Leitfähigkeit eines Halbleiters ein sehr rasch anwachsende Funktion der Temperatur sein sollte. Diese Eigenschaft steht im krassen Gegensatz zum Verhalten der Metalle: Die Leitfähigkeit eines Metalls (siehe Gleichung (1.6)),

$$\sigma = \frac{ne^2\tau}{m}, \tag{28.1}$$

nimmt mit zunehmender Temperatur ab, da die Ladungsträgerkonzentration n von der Temperatur unabhängig ist und alle Temperaturabhängigkeit auf die Relaxationszeit τ zurückgeht, die im allgemeinen mit steigender Temperatur abnimmt, da die Häufigkeit von Elektron-Phonon-Streuprozessen zunimmt. Zwar nimmt in einem Halbleiter die Relaxationszeit mit ansteigender Temperatur ebenfalls ab; diese Abnahme – typischerweise ein Potenzgesetz – wird jedoch völlig nebensächlich angesichts des sehr viel rascheren Anstiegs der Ladungsträgerkonzentration mit steigender Temperatur.[1]

Somit besteht die hervorragendste Eigenschaft der Halbleiter darin, daß ihr elektrischer Widerstand – im Gegensatz zu den Metallen – mit ansteigender Temperatur abnimmt;

---

[1] Damit ist die Leitfähigkeit eines Halbleiters kein gutes Maß für die Stoßrate – wie es bei Metallen der Fall ist. Es kann oft vorteilhaft sein, vom Ausdruck für die Leitfähigkeit einen Term abzutrennen, dessen Temperaturabhängigkeit ausschließlich die Temperaturabhängigkeit der Stoßrate widerspiegelt. Man tut dies, indem man die *Beweglichkeit* μ eines Ladungsträgers definiert als das Verhältnis seiner Driftgeschwindigkeit in einem elektrischen Feld E zur Feldstärke: $v_d = \mu E$. Liegen diese Ladungsträger der Ladung q in einer Konzentration n vor, so ist die Stromdichte gegeben durch $j = nqv_d$, so daß Leitfähigkeit und Beweglichkeit über die Beziehung $\sigma = nq\mu$ miteinander verknüpft sind. Das Konzept der Beweglichkeit findet in der Diskussion der Metalle wenig unabhängige Anwendung, da die Beweglichkeit mit der Leitfähigkeit über eine temperaturunabhängige Konstante in Beziehung steht; es spielt jedoch eine wesentliche Rolle bei der Beschreibung von Halbleitern und anderen Leitern, in denen sich die Konzentration der Ladungsträger ändern kann, beispielsweise Lösungen von Ionen. In solchen Fällen gestattet es die Trennung zwischen zwei unterschiedlichen Ursachen für die Temperaturabhängigkeit der Leitfähigkeit. Wir werden die Nützlichkeit des Konzeptes der Beweglichkeit bei unserer Behandlung der inhomogenen Halbleiter in Kapitel 29 noch illustrieren.

sie zeigen einen „negativen Temperaturkoeffizienten des Widerstandes". Es war diese Eigenschaft der Halbleiter, welche im frühen neunzehnten Jahrhundert die Aufmerksamkeit der Physiker auf sich zog.[2] Gegen Ende des neunzehnten Jahrhunderts hatte man dann eine beträchtliche Menge von Kenntnissen über Halbleiter angehäuft: Man beobachtete, daß die thermoelektrischen Kräfte der Halbleiter im Vergleich mit den Metallen ungewöhnlich hoch waren (um etwa einen Faktor 100 größer), daß Halbleiter das Phänomen der Photoleitung zeigten, oder auch daß der Übergang zwischen zwei unterschiedlichen Halbleitern einen den elektrischen Strom gleichrichtenden Effekt hatte. Im frühen zwanzigsten Jahrhundert schließlich bestätigten Messungen des Hall-Effekts,[3] daß die Temperaturabhängigkeit der Leitfähigkeit von Halbleitern durch die Temperaturabhängigkeit der Ladungsträgerzahl bestimmt ist. Gleichzeitig wiesen diese Experimente auch darauf hin, daß man das Vorzeichen des dominanten Ladungsträgers bei zahlreichen halbleitenden Stoffen als positiv, nicht negativ annehmen muß.

Phänomene dieser Art verursachten während vieler Jahre ein gewisses Rätselraten, bis schließlich die Bändertheorie vollständig entwickelt war. Im Rahmen der Bändertheorie finden all diese Effekte einfache Erklärungen: Die Photoleitfähigkeit beispielsweise – der Anstieg der Leitfähigkeit eines Stoffes durch Einstrahlen von Licht – findet ihre Deutung einfach darin, daß sichtbares Licht in der Lage ist, Elektronen über eine schmale Bandlücke hinweg in das Leitungsband hinein anzuregen, so daß diese Elektronen ebenso leiten können wie die Löcher, die sie im Valenzband zurücklassen. Die thermoelektrische Kraft eines Halbleiters – um ein weiteres Beispiel zu nennen – ist um etwa einen Faktor 100 größer als die thermoelektrische Kraft der Metalle. Man kann dies dadurch erklären, daß die Ladungsträgerkonzentrationen in Halbleitern derart gering sind, daß man sie in angemessener Weise durch die Maxwell-Boltzmann-Statistik beschreiben kann – wie wir weiter unten noch sehen werden. Der Faktor 100 ist daher derselbe Faktor, um welchen die frühen Theorien der Metalle – vor Sommerfelds Einführung der Fermi-Dirac-Statistik – die thermoelektrische Kraft überschätzten (Seite 31).

Die bändertheoretischen Deutungen dieser und anderer charakteristischer Eigenschaften der Halbleiter sind Gegenstand des vorliegenden Kapitels sowie des darauf folgenden.

In den „frühen Tagen" der Halbleiterphysik wurde die Ermittlung zuverlässiger experimenteller Daten über Halbleiter sehr wesentlich dadurch erschwert, daß die Ergebnisse

---

[2] M. Faraday, *Experimental Researches on Electricity*, 1839, Faksimile-Nachdruck bei Taylor and Francis, London. R. A. Smith, *Semiconductors*, Cambridge University Press (1964) gibt eine der ansprechendsten Einführungen in das Gebiet der Halbleiter. Inhaltlich geht ein Großteil unserer kurzen historischen Einführung auf dieses Buch zurück.

[3] Man könnte erwarten, daß die Anzahl angeregter Elektronen gleich der Anzahl der dadurch entstandenen Löcher sei, so daß der Hall-Effekt nur wenig direkte Information über die Anzahl der Ladungsträger liefern würde. Wie wir jedoch sehen werden, muß die Anzahl der Elektronen in einem unreinen Halbleiter nicht notwendig gleich der Anzahl der Löcher sein – und zur Zeit der ersten Experimente mit Halbleitern standen nur unreine Proben zur Verfügung.

Probe	Donatorkonzentration (cm^{-3})
1	5.3×10^{14}
2	9.3×10^{14}
5	1.6×10^{15}
7	2.3×10^{15}
8	3.0×10^{15}
10	5.2×10^{15}
12	8.5×10^{15}
15	1.3×10^{16}
17	2.4×10^{16}
18	3.5×10^{16}
20	4.5×10^{16}
21	5.5×10^{16}
22	6.4×10^{16}
23	7.4×10^{16}
24	8.4×10^{16}
25	1.2×10^{17}
26	1.3×10^{17}
27	2.7×10^{17}
29	9.7×10^{17}

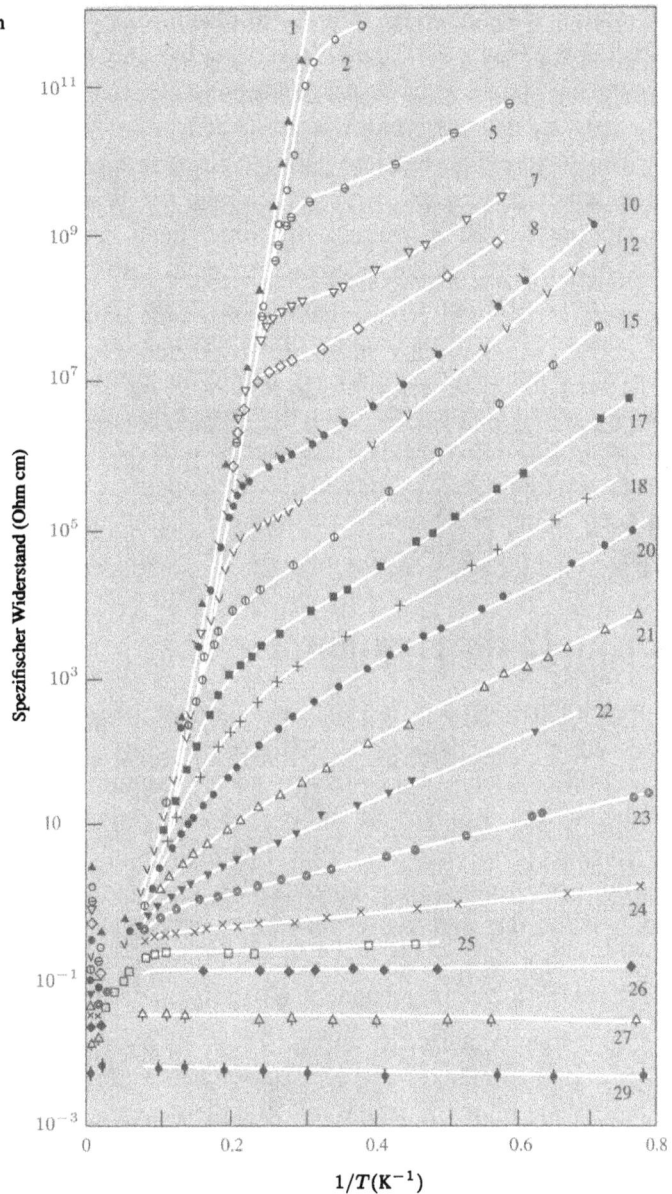

Bild 28.2: Spezifischer Widerstand Antimon-dotierten Germaniums als Funktion von $1/T$ für eine Reihe von Störstellenkonzentrationen. (Aus H. J. Fritzsche, *J. Phys. Chem. Solids* **6**, 69 (1958).)

der entsprechenden Experimente ausgesprochen empfindlich von der Reinheit der Probe abhängen. Als Beispiel dafür zeigt Bild 28.2 die Temperaturabhängigkeit des spezifischen Widerstandes von Germanium für eine Anzahl unterschiedlicher Werte der Konzentration von Verunreinigungsatomen. Beachten Sie, daß bereits sehr geringe Konzentrationen von der Größenordnung 10^{-8} beobachtbare Effekten zeigen, und daß der spezifische Widerstand bei einer gegebenen Temperatur um einen Faktor

10^{12} variieren kann, wenn sich die Konzentration der Verunreinigungsatome um lediglich einen Faktor 10^3 ändert. Beachten Sie außerdem, daß sich die verschiedenen Verläufe des spezifischen Widerstandes mit steigender Temperatur schließlich in einer gemeinsamen Kurve treffen. Diesen Widerstand – bei dem es sich offensichtlich um den Widerstand einer idealen, perfekt reinen Probe handelt, bezeichnet man als den *intrinsischen* Widerstand, wohingegen man die Widerstandswerte der unterschiedlichen Proben bei Temperaturen, die hinreichend niedrig sind, so daß die Kurve des intrinsischen Widerstandes noch nicht erreicht wird, als *extrinsische* Eigenschaften bezeichnet. Im allgemeinen bezeichnet man einen Halbleiter als intrinsisch, wenn seine elektronischen Eigenschaften bestimmt werden durch thermisch aus dem Valenzband ins Leitungsband angeregte Elektronen; er ist extrinsisch, wenn seine elektronischen Eigenschaften überwiegend durch Elektronen bestimmt sind, die von Verunreinigungsatomen in das Leitungsband abgegeben oder aus dem Valenzband aufgenommen werden – auf eine weiter unten zu beschreibende Art und Weise. Wir kehren im folgenden noch zu der Frage zurück, warum die charakteristischen Halbleitereigenschaften derart empfindlich von der Reinheit der Probe abhängen.

Beispiele für Halbleiter

Im wesentlichen sind es kovalent gebundenen Isolatoren, die Halbleiterkristalle bilden.[4] Die einfach halbleitenden Elemente findet man in der vierten Hauptgruppe des Periodensystems, mit Silizium und Germanium als den beiden wichtigsten Elementhalbleitern. Kohlenstoff in seiner Modifikation als Diamant möchte man eher als Isolator klassifizieren, da seine Energielücke bei 5,5 eV liegt. Das Zinn, in seiner allotropen Modifikation als graues Zinn, ist ein Halbleiter mit einer sehr schmalen Energielücke, das Blei dagegen natürlich ein Metall. Die übrigen Elementhalbleiter – roter Phosphor, Bor, Selen und Tellur – weisen in den meisten Fällen hochkomplexe, jedoch immer kovalent gebundene Kristallstrukturen auf.

Über die Elementhalbleiter hinaus kennt man eine Vielzahl halbleitender Verbindungen. Eine umfangreiche Klasse solcher Verbindungshalbleiter sind die III-V-Halbleiter; sie bilden Kristalle mit Zinkblendestruktur (siehe Seite 103), zusammengesetzt aus Elementen der Gruppen III und V des Periodensystems. Wie in Kapitel 19 beschrieben, ist der Bindungscharakter in diesen Stoffen ebenfalls überwiegend kovalent. Halbleitende Kristalle aus Elementen der Gruppen II und VI zeigen zunehmend sowohl stark ionischen, als auch kovalenten Bindungscharakter. Man bezeichnet diese Stoffe als *polare Halbleiter*; sie kristallisieren entweder in der Zinkblendestruktur, oder – wie im Falle von Bleiselenid, Bleitellurid und Bleisulfid – in der für ionische Bindung typischen Natriumchloridstruktur. Man kennt noch zahlreiche weitere, wesentlich komplexer strukturierte Verbindungshalbleiter.

---

[4] Unter allen verschiedenen Arten isolierender Kristalle ist die räumliche Verteilung der Elektronenladung in kovalenten Kristallen der Verteilung in den Metallen am ähnlichsten (siehe Kapitel 19).

Tabelle 28.1
Energielücken ausgewählter Halbleiter

Stoff	E_g (eV) (T = 300 K)	E_g (eV) (T = 0 K)	E_0 (eV) (lineare Extrapolation auf T=0)	(linear bis hinab zu einer Temperatur von (in K))
Si	1,12	1,17	1,2	200
Ge	0,67	0,75	0,78	150
PbS	0,37	0,29	0,25	
PbSe	0,26	0,17	0,14	20
PbTe	0,29	0,19	0,17	
InSb	0,16	0,23	0,25	100
GaSb	0,69	0,79	0,80	75
AlSb	1,5	1,6	1,7	80
InAs	0,35	0,43	0,44	80
InP	1,3		1,4	80
GaAs	1,4		1,5	
GaP	2,2		2,4	
Sn grau	0,1			
Se grau	1,8			
Te	0,35			
B	1,5			
C (Diamant)	5,5			

Quelle: C. A. Hogarth, ed., *Materials Used in Semiconductor Devices*, Interscience, New York (1965); O. Madelung, *Physics of III-V Compounds*, Wiley, New York (1964); R. A. Smith, *Semiconductors*, Cambridge University Press (1964).

Tabelle 28.1 gibt einige Beispiele wichtiger Halbleiter. Die in dieser Tabelle angegebenen Werte für die Energielücke sind bis auf 5 Prozent genau. Beachten Sie, daß die Breite der Energielücke in jedem Falle temperaturabhängig ist und sich im Bereich zwischen 0 K und Raumtemperatur um etwa 10 Prozent ändert. Diese Temperaturabhängigkeit hat im wesentlichen zwei Ursachen: Infolge der Wärmeausdehnung des Kristalls ändert sich das periodische Potential, in dem sich die Elektronen bewegen – und damit auch die Bandstruktur und die Breite der Energielücke – mit der Temperatur. Darüber hinaus ist auch der Einfluß der Gitterschwingungen auf Bandstruktur und Energielücke[5] temperaturabhängig, worin sich die Temperaturabhängigkeit der Phononenverteilung zeigt. Im allgemeinen sind die beiden erwähnten Ursachen von vergleichbarer Relevanz und führen bei Raumtemperatur zu einer linearen Temperaturabhängigkeit, die bei sehr niedrigen Temperaturen in eine quadratische Abhängigkeit übergeht (Bild 28.3).

---

[5] ... beispielsweise über die in Kapitel 26 beschriebenen Mechanismen.

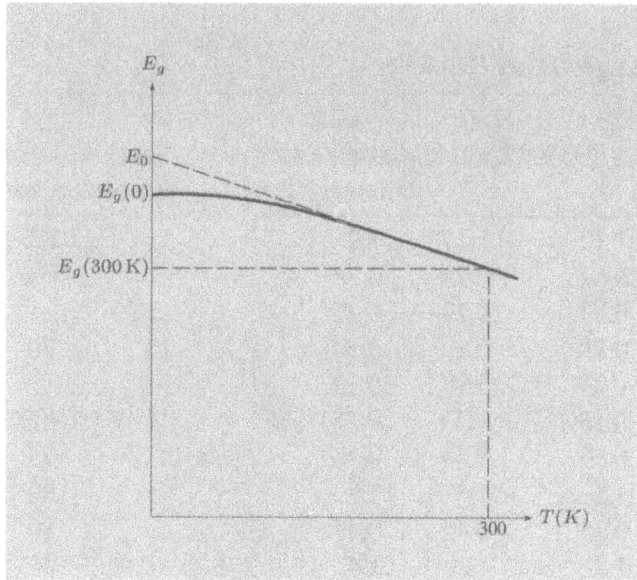

Bild 28.3: Typische Temperaturabhängigkeit der Energielücke eines Halbleiters. Werte von E_0, $E_g(0)$ und $E_g(300\text{K})$ für verschiedene Stoffe findet man in Tabelle 28.1.

Es gibt verschiedene Methoden, um die Breite der Energielücke zu messen; dabei gehören die optischen Eigenschaften des Kristalls zu den wichtigsten Informationsquellen. Sobald die Frequenz der Photonen groß genug wird, so daß $\hbar\omega$ die Breite der Energielücke übersteigt, so beobachtet man – wie auch bei den Metallen (siehe die Seiten 370 und 372) – einen abrupten Anstieg der Absorption einfallender elektromagnetischer Strahlung.

Liegt das Minimum des Leitungsbandes im k-Raum an derselben Stelle wie das Maximum des Valenzbandes, so kann man die Energielücke direkt mittels einer Messung des Einsetzens der optischen Absorption bestimmen. Liegen – was oft der Fall ist – Maximum und Minimum an unterschiedlichen Stellen des k-Raums, so muß aufgrund der Erhaltung des Kristallimpulses auch ein Phonon am Absorptionsprozeß teilnehmen,[6] welchen man dann als *indirekten Übergang* bezeichnet (Bild 28.4). Da das teilnehmende Phonon nicht nur den fehlenden Kristallimpuls beisteuert, sondern ebenfalls eine Energie $\hbar\omega(k)$, so ist die Photonenenergie an der Absorptionsschwelle in diesem Falle um einen Betrag der Größenordnung $\hbar\omega_D$ kleiner als E_g. Typischerweise liegt $\hbar\omega_D$ bei einigen Hundertstel Elektronenvolt, so daß dieser Effekt – außer bei Halbleitern mit sehr schmaler Energielücke – nur von geringer Bedeutung ist.[7]

---

[6] Bei optischen Frequenzen ist der vom Photon selbst beigetragene Kristallimpuls vernachlässigbar klein.

[7] Um einen wirklich zuverlässigen Wert für die Breite der Energielücke aus den Daten optischer Absorption zu erhalten, ist es notwendig, das Phononenspektrum zu bestimmen und mit seiner Hilfe die indirekten Übergänge zu analysieren.

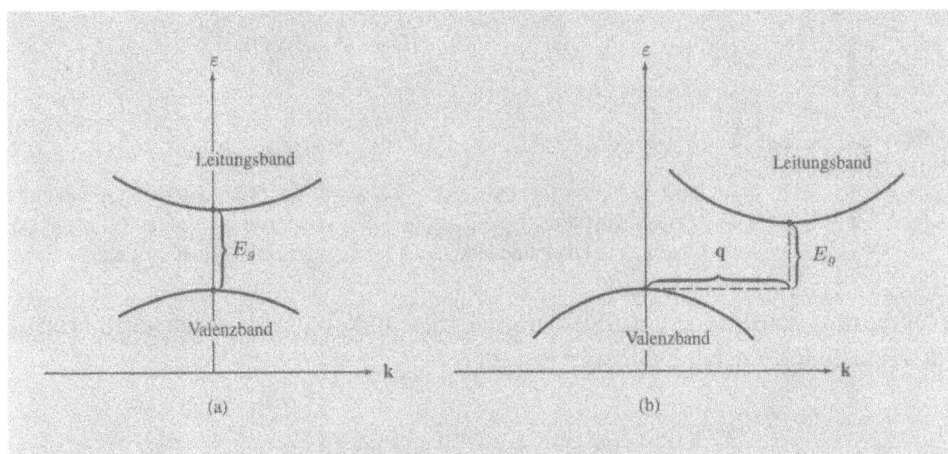

Bild 28.4: Absorption eines Photons durch (a) einen direkten, (b) einen indirekten Übergang. Beim direkten Übergang entspricht der Schwellenenergie für einen optischen Übergang eine Frequenz $\omega = E_g/\hbar$; im Falle des indirekten Übergangs beträgt diese Schwelle $E_g/\hbar - \omega(\mathbf{q})$, da das Phonon mit dem Wellenvektor $\mathbf{q}$, welches absorbiert werden muß, um den fehlenden Kristallimpuls zur Verfügung zu stellen, auch eine Energie $\hbar\omega(\mathbf{q})$ mitbringt.

Man kann die Breite der Energielücke auch aus Messungen der Temperaturabhängigkeit der intrinsischen Leitfähigkeit bestimmen, deren Verlauf im wesentlichen die sehr starke Temperaturabhängigkeit der Ladungsträgerkonzentrationen widerspiegelt. Diese Trägerkonzentrationen ändern sich (wie wir weiter unten noch sehen werden) mit der Temperatur im wesentlichen wie $e^{-E_g/2k_BT}$, so daß die Steigung[8] der Geraden, die man bei einer graphischen Darstellung von $-\ln(\sigma)$ in Abhängigkeit von $1/2k_BT$ erhält, recht genau gleich der Breite der Energielücke sein sollte.

Typische Bandstrukturen von Halbleitern

Die elektronischen Eigenschaften der Halbleiter sind vollständig bestimmt durch die vergleichsweise kleine Anzahl von Elektronen, die in das Leitungsband hinein angeregt werden, sowie durch die Löcher, die infolge der Anregung im Valenzband verbleiben. Die Elektronen besetzen fast ausschließlich Niveaus in der Nähe der Leitungsbandminima, während die Löcher in den Umgebungen der Valenzbandmaxima zu finden sind. Man kann deshalb die Beziehungen zwischen Energie und Wellenvek-

---

[8] Ermittelt man die Energielücke auf diese Weise, so muß man berücksichtigen, daß die Breite der Energielücken der meisten Halbleiter bei Raumtemperatur linear von der Temperatur abhängt. Gilt $E_g = E_0 - AT$, so ist die Steigung der Geraden nicht gleich E_g, sondern gleich dem Wert E_0, den man durch lineare Extrapolation der Breite der Energielücke bei Raumtemperatur auf die Temperatur Null erhält (Bild 28.3). Tabelle 28.1 enthält auch Werte von E_0, die mit Hilfe einer solchen linearen Extrapolation ermittelt wurden.

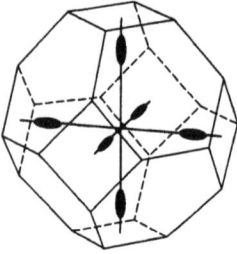

Bild 28.5: Flächen konstanter Energie in der Nähe der Leitungsbandminima des Siliziums. Man erkennt sechs symmetriekorrelierte, ellipsoidische „Taschen". Die beiden langen Achsen liegen in $\langle 100 \rangle$-Richtungen.

tor für diese Ladungsträger im allgemeinen annähern durch die quadratischen Verläufe in der Umgebung solcher Extrema:[9]

$$\varepsilon(\mathbf{k}) = \varepsilon_c + \frac{\hbar^2}{2} \sum_{\mu\nu} k_\mu (\mathbf{M}^{-1})_{\mu\nu} k_\nu, \qquad \text{(Elektronen)}$$

$$\varepsilon(\mathbf{k}) = \varepsilon_v - \frac{\hbar^2}{2} \sum_{\mu\nu} k_\mu (\mathbf{M}^{-1})_{\mu\nu} k_\nu. \qquad \text{(Löcher)}$$

$$(28.2)$$

Dabei bezeichnet E_c die Energie am tiefsten Punkt des Leitungsbandes, E_v die Energie am höchsten Punkt des Valenzbandes, und der Ursprung des k-Raums wurde jeweils im Bandmaximum oder Bandminimum gewählt. Gibt es mehr als jeweils ein einzelnes Maximum oder Minimum, so tritt in (28.2) für jedes der Extrema ein entsprechender Term auf. Da der Tensor $\mathbf{M}^{-1}$ reell und symmetrisch ist, so läßt sich für jeden solchen Punkt ein System orthogonaler Hauptachsen finden, in dem die Energien diagonal sind:

$$\varepsilon(\mathbf{k}) = \varepsilon_c + \hbar^2 \left(\frac{k_1{}^2}{2m_1} + \frac{k_2{}^2}{2m_2} + \frac{k_3{}^2}{2m_3} \right), \qquad \text{(Elektronen)}$$

$$\varepsilon(\mathbf{k}) = \varepsilon_v - \hbar^2 \left(\frac{k_1{}^2}{2m_1} + \frac{k_2{}^2}{2m_2} + \frac{k_3{}^2}{2m_3} \right). \qquad \text{(Löcher)}$$

$$(28.3)$$

Deshalb sind die Flächen konstanter Energie um diese Extremalstellen Ellipsoide, die ganz allgemein bestimmt sind durch Angabe ihrer drei Hauptachsen – den drei „effektiven Massen" – sowie der Lage des jeweiligen Ellipsoids im k-Raum. Im folgenden einige wichtige Beispiele:

Silizium Der Kristall des Siliziums hat Diamanstruktur, so daß die erste Brillouin-Zone ein stumpfes Oktaeder ist, wie es einem kubisch-flächenzentrierten Bravaisgitter entspricht. Das Leitungsband hat sechs symmetriekorrelierte Minima an Punkten

---

[9] Wir bezeichnen die Inverse der Koeffizientenmatrix in (28.2) mit M, da sie eine spezielle Form des allgemeinen, auf Seite 289 eingeführten Tensors der effektiven Masse ist. Der Tensor der Elektronenmasse ist natürlich nicht identisch mit dem Tensor der Lochmasse; trotzdem bezeichnen wir beide mit demselben allgemeinen Symbol M, um die Anzahl der Indizes in Grenzen zu halten.

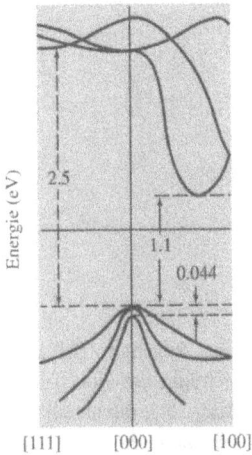

Bild 28.6: Energiebänder des Siliziums. Beachten Sie das Leitungsbandminimum in Richtung [100], welches die Ellipsoide in Bild 28.5 verursacht. Das Valenzbandmaximum tritt bei $k = 0$ auf, wo sich zwei entartete Bänder mit unterschiedlichen Krümmungen treffen, so daß es „leichte Löcher" und „schwere Löcher" gibt. Beachten Sie außerdem das um 0,044 eV unterhalb des Valenzbandmaximums liegende dritte Band. Dieses Band ist von den beiden entarteten Bändern lediglich durch die Energie der Spin-Bahn-Kopplung getrennt. Bei Temperaturen von der Größenordnung der Raumtemperatur ($k_B T = 0,025$ eV) kann auch dieses Band in nennenswertem Maße Ladungsträger beitragen. (Aus C. A. Hogarth, ed., *Materials Used in Semiconductor Devices*, Interscience, New York (1965).)

auf den $\langle 100 \rangle$-Richtungen, die bei etwa 80 Prozent der Strecke vom Ursprung zum Zonenrand liegen (Bild 28.5).

Aus Symmetriegründen muß jedes der sechs Ellipsoide ein Rotationsellipsoid um eine Würfelachse sein. Diese Ellipsoide sind zigarrenförmig und in Richtung der jeweiligen Würfelachse gestreckt. Ausgedrückt durch die freie Elektronenmasse m ist die effektive Masse in Achsenrichtung (die *longitudinale* effektive Masse) $m_L \approx 1,0\ m$, während die effektiven Massen in Richtungen senkrecht zu dieser Achse (die *transversalen* effektiven Massen) $m_T \approx 0,2\ m$ betragen. Es gibt zwei entartete Valenzbandmaxima, beide bei $k = 0$, die insoweit kugelsymmetrisch sind, als die elliptische Entwicklung (28.3) mit den effektiven Massen $0,49\ m$ und $0,16\ m$ gilt (Bild 28.6).

Germanium Kristallstruktur und Gestalt der ersten Brillouin-Zone sind die gleichen wie bei Silizium. Bei Germanium jedoch treten die Minima des Leitungsbandes an den Zonenrändern in den Richtungen $\langle 111 \rangle$ auf. Minima, die auf zueinander parallelen, sechseckigen Randflächen der Brillouin-Zone liegen, repräsentieren physikalisch dieselben Niveaus, so daß es vier symmetriekorrelierte Leitungsbandminima gibt. Die Flächen konstanter Energie sind Rotationsellipsoide, die entlang der $\langle 111 \rangle$-Richtungen gestreckt sind, mit den entsprechenden effektiven Massen $m_L \approx 1,6\ m$ und $m_T \approx 0,08\ m$ (Bild 28.7).

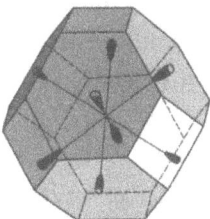

Bild 28.7: Flächen konstanter Energie in der Nähe der Leitungsbandminima von Germanium. Es gibt acht symmetriekorrelierte Halbellipsoide in den Mittelpunkten der sechseckigen Zonenrandflächen; die lange Achsen dieser Ellipsoide liegen in den $\langle 111 \rangle$-Richtungen. Durch geeignete Wahl der primitiven Zelle im k-Raum kann man diese acht Halbellipsoide durch vier Ellipsoide darstellen, wobei die auf gegenüberliegenden Flächen zentrierten Halbellipsoide durch Translationen um geeignete Vektoren des reziproken Gitters miteinander verbunden werden.

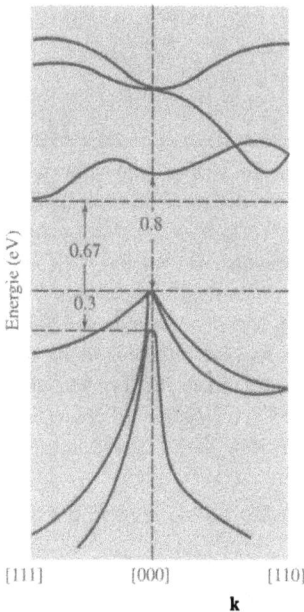

Bild 28.8: Energiebänder des Germaniums. Beachten Sie das Leitungsbandminimum, welches in [111]-Richtung am Zonenrand auftritt und Ursache ist für die vier, in Bild 28.7 dargestellten, ellipsoidischen „Taschen". Ebenso wie bei Silizium liegt das Valenzbandmaximum an der Stelle **k** = 0, wo sich zwei entartete Bänder mit unterschiedlichen Krümmungen treffen und damit zwei „Taschen" von Löchern mit unterschiedlichen effektiven Massen erzeugen. (Aus C. A. Hogarth, ed., *Materials Used in Semiconductor Devices*, Interscience, New York (1965).)

Auch im Falle des Germaniums gibt es zwei entartete Valenzbänder, deren Maxima bei **k** = 0 liegen; sie sind in der quadratischen Näherung kugelsymmetrisch, mit den effektiven Massen $0,28\,m$ und $0,044\,m$ (Bild 28.8).

Indiumantimonid Diese Verbindung mit Zinkblendestruktur ist deshalb von Interesse, weil sämtliche Valenzbandmaxima und Leitungsbandminima bei **k** = 0 liegen; die Flächen konstanter Energie sind deshalb kugelförmig. Die effektive Masse im Leitungsband ist mit $m^* \approx 0,015\,m$ sehr klein. Die zur Verfügung stehende Information über die Valenzbandmassen ist weniger eindeutig; es scheinen aber zwei kugelförmige „Taschen" um **k** = 0 zu existieren, eine davon mit einer effektiven Masse $0,2\,m$ („schwere Löcher"), die andere mit einer effektiven Masse von etwa $0,015\,m$ („leichte Löcher").

Zyklotronresonanz

Man mißt die oben erwähnten effektiven Massen mit der Methode der Zyklotronresonanz. Betrachten wir ein Elektron, welches sich nahe genug beim Leitungsbandminimum (oder beim Valenzbandmaximum) befindet, so daß die quadratische Entwicklung (28.2) gilt. Unter der Wirkung eines Magnetfeldes **H** folgt aus den semiklassischen Bewegungsgleichungen (12.32) und (12.33), daß die Geschwindigkeit **v**(**k**) das Gleichungssystem

$$\mathbf{M}\,\frac{d\mathbf{v}}{dt} = \mp\frac{e}{c}\,\mathbf{v}\times\mathbf{H} \tag{28.4}$$

erfüllt. Man kann unschwer zeigen (Aufgabe 1), daß (28.4) in einem konstanten, homogenen Feld (parallel zur z-Achse gewählt) eine Schwingungslösung

$$\mathbf{v} = \text{Re } \mathbf{v}_0 e^{-i\omega t} \tag{28.5}$$

hat , falls gilt

$$\omega = \frac{eH}{m^*c}. \tag{28.6}$$

Dabei ist m^*, die „Zyklotronmasse", gegeben durch

$$m^* = \left(\frac{\det \mathbf{M}}{M_{zz}}\right)^{1/2}. \tag{28.7}$$

Man kann diese Beziehung auch durch die Eigenwerte und die Hauptachsen des Massentensors ausdrücken (Aufgabe 1):

$$m^* = \sqrt{\frac{m_1 m_2 m_3}{\hat{H}_1{}^2 m_1 + \hat{H}_2{}^2 m_2 + \hat{H}_3{}^2 m_3}}. \tag{28.8}$$

Die $\hat{H}_i$ sind die Komponenten eines zur Feldrichtung parallelen Einheitsvektors in Richtung der drei Hauptachsen.

Beachten Sie, daß die Zyklotronfrequenz für ein herausgegriffenes Ellipsoid von der Orientierung des Magnetfeldes in Bezug auf dieses Ellipsoid abhängt, nicht jedoch von der anfänglichen Energie oder dem anfänglichen Wellenvektor des Elektrons. Deshalb präzedieren sämtliche Elektronen innerhalb einer bestimmten, ellipsoidischen Tasche von Leitungsbandelektronen – und gleichermaßen sämtliche Löcher in einer bestimmten, ellipsoidischen Tasche von Valenzbandlöchern – für eine gegebene Orientierung des Kristalls relativ zum Feld, und dies mit einer Frequenz, die vollständig bestimmt ist durch den Tensor der effektiven Masse, der die entsprechende Tasche beschreibt. Es gibt deshalb eine kleine Anzahl diskreter Zyklotronfrequenzen. Mißt man die Verschiebung dieser Resonanzfrequenzen bei einer Änderung der Orientierung des Magnetfeldes, so kann man mit Hilfe von (28.8) die oben besprochenen Eigenschaften herleiten.

Um Zyklotronresonanz beobachten zu können, muß die Zyklotronfrequenz (28.6) größer sein oder vergleichbar mit der Stoßfrequenz. Wie auch bei den Metallen ergibt sich daraus die grundlegende Notwendigkeit, mit sehr reinen Proben bei sehr niedrigen Temperaturen zu arbeiten, um dadurch sowohl die Störstellenstreuung, als auch die Streuung an Phononen auf ein Minimum zu reduzieren. Unter diesen Bedingungen wird die elektrische Leitfähigkeit eines Halbleiters derart klein, daß das äußere elektromagnetische Feld – im Gegensatz zur Situation bei den

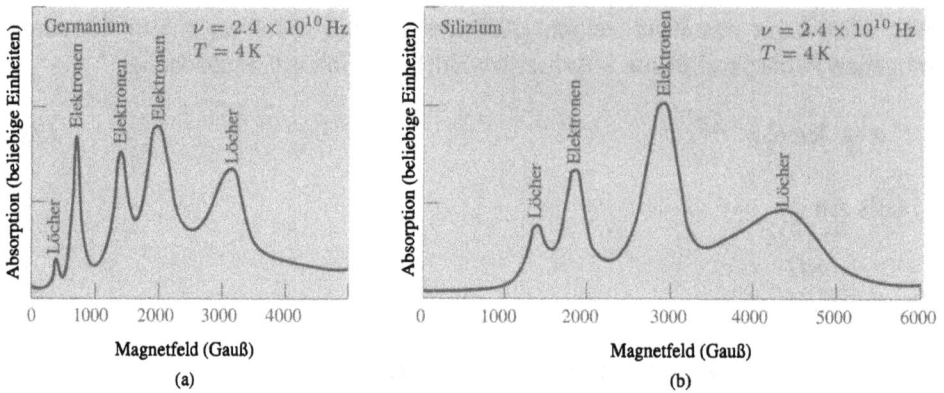

Bild 28.9: Typische Meßsignale der Zyklotronresonanz in (a) Germanium und (b) Silizium. Das Magnetfeld liegt in einer (110)-Ebene und schließt mit der [001]-Achse einen Winkel von 60° (Ge) oder 30° (Si) ein. (Aus G. Dresselhaus et al., *Phys. Rev.* **98**, 368 (1955).)

Metallen (siehe Seite 353) – genügend weit in die Probe eindringen und dort – unbehindert durch eine beschränkte Eindringtiefe – die Resonanz anregen kann. Andererseits kann unter diesen Bedingungen niedriger Temperaturen und hoher Reinheit der Probe die Anzahl der im thermodynamischen Gleichgewicht zur Teilnahme an der Resonanz verfügbaren Ladungsträger auch bereits derart klein sein, daß es notwendig wird, zusätzliche Ladungsträger mit anderen Methoden – beispielsweise durch Photoanregung – zu erzeugen. Bild 28.9 zeigt einige typische Ergebnisse von Zyklotronresonanz-Experimenten.

Anzahl der Ladungsträger im thermodynamischen Gleichgewicht

Die wichtigste Eigenschaft eines Halbleiters bei einer Temperatur T ist die Anzahl n_c von Elektronen pro Einheitsvolumen im Leitungsband beziehungsweise die Anzahl p_v von Löchern[10] pro Einheitsvolumen im Valenzband. Die theoretische Bestimmung dieser beiden Größen in Abhängigkeit von der Temperatur ist eine direkte, wenn auch bisweilen rechnerisch etwas komplizierte Anwendung der Fermi-Dirac-Statistik auf einen geeigneten Satz von Ein-Elektron-Niveaus.

Die Form der Temperaturverläufe $n_c(T)$ und $p_v(T)$ hängt – wie wir noch sehen werden – kritisch vom Vorhandensein von Störstellen ab. Dennoch gelten einige grundlegende Zusammenhänge unabhängig von der Reinheit der Probe, und wir betrachten diese Beziehungen als erstes. Seien die Niveaudichten (siehe Seite 179) $g_c(\varepsilon)$ im Leitungsband und $g_v(\varepsilon)$ im Valenzband. Wie wir weiter unten sehen werden, besteht der Effekt

---

[10] Man bezeichnet Löcherkonzentrationen üblicherweise mit dem Buchstaben p (für *positiv*). Diese weitverbreitete Notation ist dadurch inspiriert, daß man den Buchstaben n, der die Anzahldichte (*number density*) der Elektronen bezeichnet, ebensogut als Abkürzung für *negativ* ansehen kann.

von Störstellen darin, zusätzliche Niveaus im Bereich zwischen der Oberkante ε_v des Valenzbandes und der Unterkante ε_c des Leitungsbandes zu erzeugen, ohne dabei die Form von $g_c(\varepsilon)$ oder $g_v(\varepsilon)$ wesentlich zu ändern. Da die elektrische Leitfähigkeit ausschließlich auf dem Vorhandensein von Elektronen in Niveaus des Leitungsbandes beziehungsweise von Löchern in Niveaus des Valenzbandes beruht, sind die Anzahlen von Ladungsträgern bei einer Temperatur T gegeben durch

$$n_c(T) = \int_{\varepsilon_c}^{\infty} d\varepsilon \, g_c(\varepsilon) \frac{1}{e^{(\varepsilon - \mu)/k_B T} + 1},$$

$$p_v(T) = \int_{-\infty}^{\varepsilon_v} d\varepsilon \, g_v(\varepsilon) \left(1 - \frac{1}{e^{(\varepsilon - \mu)/k_B T} + 1} \right),$$

$$= \int_{-\infty}^{\varepsilon_v} d\varepsilon \, g_v(\varepsilon) \frac{1}{e^{(\mu - \varepsilon)/k_B T} + 1}. \tag{28.9}$$

Das Vorhandensein von Störstellen geht in die Bestimmung von n_c und p_v nur indirekt über den in (28.9) verwendeten Wert des Chemischen Potentials[11] μ ein. Zur Berechnung von μ sind Kenntnisse über die Störstellenniveaus erforderlich. Auch ohne detaillierte Kenntnisse diesbezüglich kann man aber einige nützliche Folgerungen aus den Ausdrücken (28.9) ziehen, deren Gültigkeit unabhängig vom exakten Wert des chemischen Potentials ist, vorausgesetzt, es erfüllt die Bedingungen

$$\varepsilon_c - \mu \gg k_B T,$$

$$\mu - \varepsilon_v \gg k_B T. \tag{28.10}$$

Es gibt einen Bereich von Werten des chemischen Potentials μ, innerhalb dessen (28.10) selbst für Energielücken $E_g = \varepsilon_c - \varepsilon_v$ von nur einigen Zehntel Elektronenvolt und Temperaturen bis hinauf zur Raumtemperatur erfüllt ist. Wir werden hier so vorgehen, daß wir die Gültigkeit von (28.10) zunächst annehmen, mit Hilfe dieser Bedingungen dann (28.9) vereinfachen, und schließlich mit den so berechneten Werten von n_c und p_v sowie einer geeigneten Kenntnis möglicher Störstellenniveaus den Wert des Chemischen Potentials berechnen, um zu überprüfen, ob er tatsächlich in dem durch (28.10) bestimmten Bereich liegt. Trifft dies zu, so bezeichnet man den Halbleiter als *nichtentartet*, und unsere Vorgehensweise ist gerechtfertigt; liegt der Wert von μ

---

[11] Es ist allgemein üblich, das Chemische Potential μ eines Halbleiters als *Ferminiveau* zu bezeichnen – eine etwas unglücklich gewählte Terminologie. Da das Chemische Potential praktisch immer innerhalb der Energielücke liegt, so gibt es kein Ein-Elektron-Niveau, dessen Energie tatsächlich gleich diesem „Ferminiveau" wäre – ganz im Gegensatz zum Fall der Metalle. Deshalb ist durch die übliche Definition des Ferminiveaus – als Energie, unterhalb derer die Ein-Elektron-Niveaus besetzt, und oberhalb derer sie im Grundzustand des Metalls leer sind – im Falle eines Halbleiters keine bestimmte Energie festgelegt: Jede beliebige Energie innerhalb der Energielücke trennt bei $T = 0$ die besetzten von den unbesetzten Niveaus. Man sollte daher in der Bezeichnung „Ferminiveau" im Zusammenhang mit Halbleitern nichts anderes als ein Synonym für „Chemisches Potential" sehen.

dagegen nicht im Bereich (28.10), so hat man es mit einem *entarteten* Halbleiter zu tun, und muß direkt mit (28.9) arbeiten, ohne die durch (28.10) möglichen Vereinfachungen durchzuführen zu können.

Da jedes Niveau des Leitungsbandes energetisch höher liegt als ε_c, und jedes Valenzbandniveau niedriger als ε_v, so können wir – unter Annahme der Gültigkeit von (28.10) – die statistischen Faktoren in (28.9) vereinfachen:

$$\frac{1}{e^{(\varepsilon-\mu)/k_BT}+1} \approx e^{-(\varepsilon-\mu)/k_BT} \quad \text{für } \varepsilon > \varepsilon_c,$$

$$\frac{1}{e^{(\mu-\varepsilon)/k_BT}+1} \approx e^{-(\mu-\varepsilon)/k_BT} \quad \text{für } \varepsilon < \varepsilon_v. \tag{28.11}$$

Damit reduzieren sich die Gleichungen (28.9) auf

$$\boxed{\begin{aligned} n_c(T) &= N_c(T)e^{-(\varepsilon_c-\mu)/k_BT}, \\ p_v(T) &= P_v(T)e^{-(\mu-\varepsilon_v)/k_BT}, \end{aligned}} \tag{28.12}$$

mit

$$N_c(T) = \int_{\varepsilon_c}^{\infty} d\varepsilon\, g_c(\varepsilon)e^{-(\varepsilon-\varepsilon_c)/k_BT},$$

$$P_v(T) = \int_{-\infty}^{\varepsilon_v} d\varepsilon\, g_v(\varepsilon)e^{-(\varepsilon_v-\varepsilon)/k_BT}. \tag{28.13}$$

Da die Integrationsintervalle in (28.13) die Punkte enthalten, in welchen die Argumente der Exponentialfunktionen verschwinden, so sind $N_c(T)$ und $P_v(T)$ relativ langsam veränderliche Funktionen der Temperatur, verglichen mit den Exponentialfunktionen, mit denen sie in (28.12) multipliziert werden. Dies ist auch ihre wesentlichste Eigenschaft. Gewöhnlich ist man in der Lage, sie explizit zu berechnen. Die Exponentialfaktoren in den Integranden von (28.13) bewirken, daß nur Energien innerhalb eines Bereiches k_BT um die Bandkanten nennenswert zu den Integralen beitragen, und in diesem Bereich gilt die quadratische Näherung (28.2) oder (28.3) im allgemeinen in exzellenter Näherung. Man kann die Niveaudichte zu

$$g_{c,v}(\varepsilon) = \sqrt{2|\varepsilon - \varepsilon_{c,v}|}\,\frac{m_{c,v}^{3/2}}{\hbar^3\pi^2} \tag{28.14}$$

annehmen (Aufgabe 3), womit die Integrale (28.13) zu den folgenden Ausdrücken führen:

$$N_c(T) = \frac{1}{4}\left(\frac{2m_ck_BT}{\pi\hbar^2}\right)^{3/2},$$

$$P_v(T) = \frac{1}{4} \left(\frac{2m_v k_B T}{\pi \hbar^2} \right)^{3/2}. \tag{28.15}$$

$m_c{}^3$ ist das Produkt der Hauptwerte des Tensors der effektiven Masse des Leitungsbandes (d.h. seine Determinante),[12] und $m_v{}^3$ ist entsprechend definiert.

Man kann (28.15) in die numerisch bequemer handhabbaren Formen

$$\begin{aligned}
N_c(T) &= 2,5 \left(\frac{m_c}{m} \right)^{3/2} \left(\frac{T}{300\,\text{K}} \right)^{3/2} \cdot 10^{19}/\text{cm}^3, \\
P_v(T) &= 2,5 \left(\frac{m_v}{m} \right)^{3/2} \left(\frac{T}{300\,\text{K}} \right)^{3/2} \cdot 10^{19}/\text{cm}^3
\end{aligned} \tag{28.16}$$

bringen, wobei T in K anzugeben ist. Da die Exponentialfaktoren in (28.12) um mindestens eine Größenordnung kleiner als Eins, m_c/m und m_v/m dagegen typischerweise von der Größenordnung Eins sind, so folgert man aus (28.16), daß ein Wert von 10^{18} bis 10^{19} Ladungsträgern pro cm^3 eine absolute obere Grenze für die Ladungsträgerkonzentration in nichtentarteten Halbleitern darstellt.

Solange wir den Wert des Chemischen Potentials μ nicht kennen, so können wir noch immer nicht aus (28.12) auf $n_c(T)$ und $p_v(T)$ schließen. Immerhin verschwindet die μ-Abhängigkeit aus dem Produkt der beiden Konzentrationen:

$$\begin{aligned}
n_c p_v &= N_c P_v e^{-(\varepsilon_c - \varepsilon_v)/k_B T} \\
&= N_c P_v e^{-E_g/k_B T}.
\end{aligned} \tag{28.17}$$

Dieses Ergebnis, welches man bisweilen als „Massenwirkungsgesetz" bezeichnet,[13] bedeutet, daß bei einer gegebenen Temperatur die Kenntnis der Konzentration der Ladungsträger des einen Typs ausreicht, um auch die Konzentration der Ladungsträger des anderen Typs bestimmen zu können. Auf welche Weise genau man diese Bestimmung durchführt, hängt davon ab, wie wichtig die Störstellen als Quelle zusätzlicher Ladungsträger sind.

Der intrinsische Fall

Ist der Kristall eines Halbleiters so rein, daß Störstellen nur in vernachlässigbar geringem Maße zu den Ladungsträgerkonzentrationen beitragen, so spricht man von einem *intrinsischen Halbleiter*. In diesem intrinsischen Fall können Elektronen im

---

[12] Gibt es mehr als ein einziges Leitungsbandminimum, so hat man eine Summe aus Termen der Form (28.14) und (28.15) für jedes der Minima zu betrachten. Diese Summen bewahren die Form der Ausdrücke in (28.14) und (28.15), vorausgesetzt, man ändert die Definition von m_c in $m_c{}^{3/2} \to \sum m_c{}^{3/2}$.

[13] Die Analogie mit chemischen Reaktionen ist ziemlich gut: Ein Ladungsträger entsteht durch die Dissoziation eines Elektron-Loch-Paares.

Leitungsband nur aus Niveaus des Valenzbandes stammen, die sie vorher besetzten, so daß sie im Valenzband Löcher zurücklassen. Die Anzahl von Elektronen im Leitungsband ist deshalb gleich der Anzahl von Löchern im Valenzband:

$$n_c(T) = p_v(T) \equiv n_i(T). \tag{28.18}$$

Da $n_c = p_v$ gilt, so können wir deren gemeinsamen, mit n_i bezeichneten Wert als $(n_c p_v)^{1/2}$ schreiben. Dann folgt aus (28.17)

$$n_i(T) = [N_c(T)P_v(T)]^{1/2} e^{-E_g/2k_B T} \tag{28.19}$$

oder, mit (28.15) und (28.16),

$$\begin{aligned} n_i(T) &= \frac{1}{4}\left(\frac{2k_B T}{\pi \hbar^2}\right)^{3/2} (m_c m_v)^{3/4}\, e^{-E_g/2k_B T} \\ &= 2{,}5 \left(\frac{m_c}{m}\right)^{3/4}\left(\frac{m_v}{m}\right)^{3/4}\left(\frac{T}{300\,\mathrm{K}}\right)^{3/2} e^{-E_g/2k_B T} \cdot 10^{19}/\mathrm{cm}^3. \end{aligned} \tag{28.20}$$

Nunmehr können wir für den intrinsischen Fall die Bedingung für die Gültigkeit der Annahme (28.10) formulieren, auf welcher unsere Herleitung gründet. Definieren wir μ_i als den Wert des Chemischen Potentials im intrinsischen Fall, so stimmen die aus den Gleichungen (28.12) berechneten Werte von n_c und p_v mit n_i nach (28.19) unter der Bedingung überein, daß

$$\mu = \mu_i = \varepsilon_v + \frac{1}{2}E_g + \frac{1}{2}k_B T \ln\left(\frac{P_v}{N_c}\right) \tag{28.21}$$

oder, mit (28.15):

$$\mu_i = \varepsilon_v + \frac{1}{2}E_g + \frac{3}{4}k_B T \ln\left(\frac{m_v}{m_c}\right). \tag{28.22}$$

Diese Gleichung besagt, daß das Chemische Potential μ_i für $T \to 0$ exakt in der Mitte der Energielücke liegt. Da $\ln(m_v/m_c)$ eine Zahl von der Größenordnung Eins ist, so kann sich μ_i auch bei von null verschiedenen Temperaturen nur um einen Betrag, der höchstens von der Größenordnung $k_B T$ ist, aus der Mitte der Energielücke herausbewegen. Folglich liegt bei Temperaturen, für die $k_B T$ klein ist im Vergleich zu E_g, das Chemische Potential innerhalb der Energielücke weit entfernt – verglichen zu $k_B T$ – von den Bandkanten ε_c und ε_v (Bild 28.10), und die Bedingung (28.10) für einen nichtentarteten Halbleiter ist erfüllt. Deshalb ist (28.20) ein gültiger Ausdruck für den gemeinsamen Wert von n_c und p_v im intrinsischen Fall, lediglich

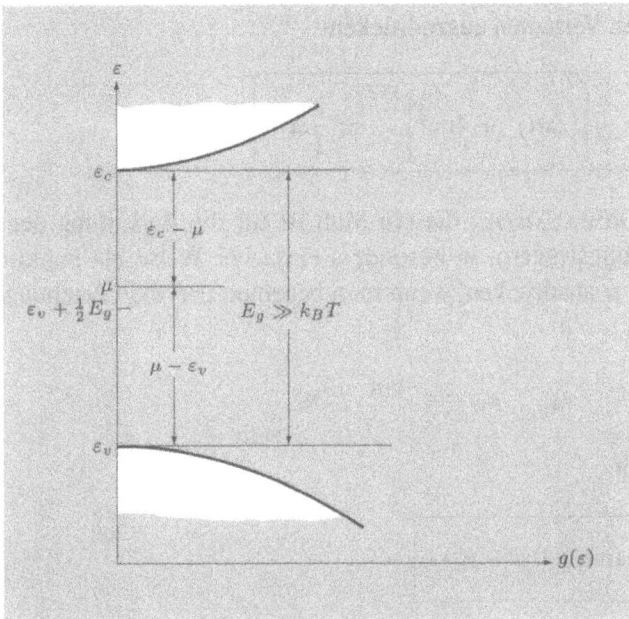

Bild 28.10: In einem intrinsischen Halbleiter mit einer Energielücke E_g, die groß ist im Vergleich zu $k_B T$, liegt das Chemische Potential μ innerhalb einer Größenordnung $k_B T$ von der Mitte der Energielücke entfernt, und deshalb – wiederum im Vergleich zu $k_B T$ – weit entfernt von den Bandkanten ε_c und ε_v.

vorausgesetzt, daß E_g groß ist im Vergleich zu $k_B T$ – eine Bedingung, die in fast allen Halbleitern bei Raumtemperatur und darunter erfüllt ist.

Der extrinsische Fall: Einige allgemeine Aspekte

Tragen Verunreinigungsatome (Störstellen) einen wesentlichen Teil der Elektronen im Leitungsband und/oder der Löcher im Valenzband bei, so spricht man von einem *extrinsischen Halbleiter*.

Da deshalb im Vergleich zum intrinsischen Fall zusätzliche Ladungsträger zur Verfügung stehen, ist die Elektronenkonzentration im Leitungsband nicht mehr notwendig gleich der Löcherkonzentration im Valenzband:

$$n_c - p_v = \Delta n \neq 0. \tag{28.23}$$

Da das Massenwirkungsgesetz (28.17) unabhängig vom Vorhandensein von Störstellen gilt, können wir mit Hilfe der Definition (28.19) von $n_i(T)$ allgemein schreiben:

$$n_c p_v = n_i^2. \tag{28.24}$$

Die Gleichungen (28.24) und (28.23) erlauben es nun, die Ladungsträgerkonzentrationen im extrinsischen Fall durch ihren intrinsischen Wert n_i sowie die Abweichung Δn

vom intrinsischen Verhalten auszudrücken:

$$\begin{Bmatrix} n_c \\ p_v \end{Bmatrix} = \frac{1}{2}\left[(\Delta n)^2 + 4n_i^2\right]^{1/2} \pm \frac{1}{2}\Delta n. \tag{28.25}$$

Man kann die Größe $\Delta n/n_i$, die ein Maß ist für die Bedeutung der Störstellen als Quelle von Ladungsträgern, in besonders einfacher Weise als Funktion des Chemischen Potentials μ ausdrücken, wenn man beachtet, daß die Gleichungen (28.12) von der Form[14]

$$n_c = e^{\beta(\mu-\mu_i)}n_i, \qquad p_v = e^{-\beta(\mu-\mu_i)}n_i \tag{28.26}$$

sind. Deshalb gilt

$$\frac{\Delta n}{n_i} = 2\sinh\left(\beta(\mu - \mu_i)\right). \tag{28.27}$$

Wir konnten feststellen, daß das intrinsische Chemische Potential μ_i die Bedingung (28.10) für einen nichtentarteten Halbleiter erfüllt, wenn die Energielücke groß ist im Vergleich zu $k_B T$. Liegt jedoch μ_i auf einer Skala $k_B T$ weit von den Bandkanten ε_c und ε_v entfernt, so fordert (28.27), daß dies auch für μ gilt – außer dann, wenn Δn die intrinsische Trägerkonzentration n_i um viele Größenordnungen übersteigt. Daher ist die Annahme der Nichtentartung, die der Herleitung von (28.27) zugrundeliegt, unter der Bedingung $E_g \gg k_B T$ berechtigt – außer im Bereich extrem extrinsischen Verhaltens.

Ist Δn groß im Vergleich zu n_i, so besagt (28.25), daß die Konzentration der Ladungsträger eines Typs im wesentlichen gleich Δn ist, während die Konzentration der Ladungsträger des anderen Typs um einen Faktor der Größenordnung $(n_i/\Delta n)^2$ darunter liegt. Stellen daher Verunreinigungen den überwiegenden Teil der Ladungsträger, so dominiert einer der beiden Ladungsträgertypen: Man bezeichnet einen extrinsischen Halbleiter als *n-leitend* oder *p-leitend*, je nachdem die dominanten Ladungsträger Elektronen (n) oder Löcher (p) sind.

Die Beschreibung der Ladungsträgerkonzentrationen in extrinsischen Halbleitern bleibt noch durch eine Berechnung von Δn oder μ zu vervollständigen. Dazu ist es notwendig, die Eigenschaften der durch die Verunreinigungsatome geschaffenen elektronischen Niveaus zu betrachten, und die statistische Mechanik ihrer Besetzung im thermodynamischen Gleichgewicht zu untersuchen.

---

[14] Um die Richtigkeit dieser Beziehungen zu zeigen, ist es nicht notwendig, die expliziten Definitionen von n_i und μ_i einzusetzen; es genügt, festzustellen, daß n_c und p_v zu $\exp(\beta\mu)$ beziehungsweise $\exp(-\beta\mu)$ proportional sind, und daß sich beide für $\mu = \mu_i$ auf n_i reduzieren.

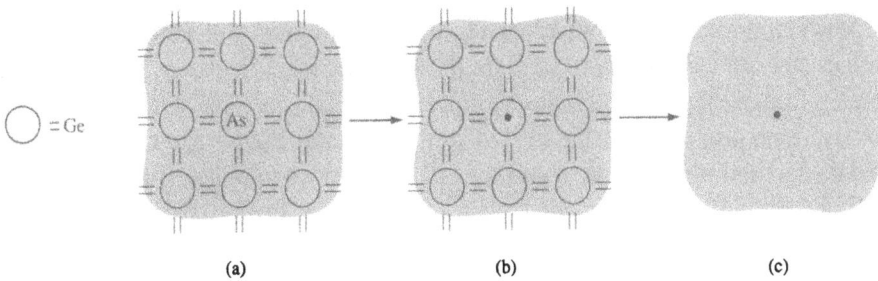

Bild 28.11: (a) Schematische Darstellung einer substitutiven Donator-Verunreinigung (einem Arsenatom mit der Wertigkeit 5) in einem Germaniumkristall aus Germaniumatomen mit der Wertigkeit 4. (b) Man kann das Arsenatom (As) betrachten als ein Germaniumatom, welches eine zusätzliche Einheit positiver Ladung trägt, die am Ort des Atoms lokalisiert ist (dargestellt durch den von einem Kreis umschlossenen Punkt). (c) In der semiklassischen Näherung behandelt man den reinen Halbleiter als ein homogenes Medium und faßt die Arsen-Verunreinigung als eine ortsfeste Punktladung $+e$ auf (schwarzer Punkt).

Störstellenniveaus

Man bezeichnet Verunreinigungsatome, die zur Ladungsträgerkonzentration eines Halbleiters beitragen, als *Donatoren*, wenn sie zusätzliche Elektronen in das Leitungsband abgeben, beziehungsweise als *Akzeptoren*, wenn sie zusätzliche Löcher im Valenzband beitragen – also Elektronen aus dem Valenzband entfernen. Donatoren sind Atome mit einer höheren chemischen Wertigkeit als die Atome des Wirtsgitters, während die Akzeptoren eine geringere chemische Wertigkeit besitzen.

Betrachten wir beispielsweise substitutive Verunreinigungsatome in einem Halbleiter der vierten Hauptgruppe des Periodensystems. Wir denken uns dazu in einem reinen Germaniumkristall einige der Germaniumatome ersetzt durch Arsenatome – dem Nachbarn des Germaniums zur rechten im Periodensystem (Bild 28.11). Das Germanium hat einen Atomrumpf mit der Ladung $4e$ und trägt vier Valenzelektronen bei, während das Arsen, mit einem Atomrumpf der Ladung $5e$, fünf Valenzelektronen beisteuern kann. Vernachlässigen wir in einer ersten Näherung die strukturellen Unterschiede zwischen den Rümpfen der beiden Atome, so können wir die Ersetzung eines Germaniumatoms durch ein Arsenatom zunächst durch die weniger drastische Veränderung simulieren, daß das Germaniumatom nicht entfernt, sondern ihm eine zusätzliche positive Ladung e angeheftet, sowie ein zusätzliches Elektron zugeordnet wird.

Dies ist das allgemeine Bild, welches man sich von einem mit Donatoren dotierten Halbleiter macht: Unregelmäßig[15] über den reinen Halbleiterkristall verteilt gibt es pro Einheitsvolumen N_D ortsfeste, attraktive Zentren der Ladung $+e$ sowie eine ebensogroße Anzahl zusätzlicher Elektronen. Wie erwartet, kann jedes dieser Zentren mit der Ladung $+e$ eines der zusätzlichen Elektronen mit der Ladung $-e$ binden.[16]

---

[15] Unter außergewöhnlichen Umständen kann es vorkommen, daß die Verunreinigungsatome selbst regelmäßig im Raum angeordnet sind; wir werden diese Möglichkeit hier nicht betrachten.

[16] Wie wir sehen werden, ist diese Bindung recht schwach, und es ist leicht möglich, die an ein Zentrum

Wäre das Verunreinigungsatom nicht in den Halbleiterkristall eingebettet, sondern befände es sich im leeren Raum, so wäre die Bindungsenergie dieses Elektrons gleich dem ersten Ionisierungspotential des Verunreinigungsatoms – im Falle von Arsen 9,81 eV. Ist das Donatoratom jedoch in den reinen Kristall eines Halbleiters eingebaut, so wird diese Bindungsenergie – *und dies ist von entscheidender Wichtigkeit für die Theorie der Halbleiter* – sehr stark verringert, im Falle von Arsen in Germanium auf 0,013 eV. Dafür gibt es zwei Gründe:

1. Das Feld der Ladung, die das Verunreinigungsatom repräsentiert, ist um die statische Dielektrizitätskonstante ϵ des Halbleiters zu vermindern.[17] Diese Dielektrizitätskonstanten sind recht groß ($\epsilon \approx 16$ in Germanium) und liegen typischerweise zwischen 10 und 20, können in manchen Fällen jedoch auch 100 und mehr betragen. Große Dielektrizitätskonstanten ergeben sich als Folge schmaler Energielücken. Wäre keinerlei Energielücke vorhanden, so hätte man es nicht mit einem Halbleiter, sondern mit einem Metall zu tun, und die statische Dielektrizitätskonstante wäre unendlich, da nunmehr ein statisches elektrisches Feld einen Strom induzieren würde, in welchem sich Elektronen beliebig weit von ihrem ursprüngliche Ort entfernen könnten. Ist die Energielücke dagegen nicht null, sondern nur sehr klein, so ist die Dielektrizitätskonstante zwar nicht mehr unendlich, kann aber sehr groß sein, da es nun noch immer relativ einfach ist, die räumliche Verteilung der Elektronen zu verformen.[18]

2. Ein Elektron, das sich im „Medium" Halbleiter bewegt, ist nicht durch die Energie-Impuls-Relation des freien Raumes zu beschreiben, sondern vielmehr durch die semiklassische Beziehung $\varepsilon(\mathbf{k}) = \varepsilon_c(\mathbf{k})$ (Kapitel 12), mit dem Kristallimpuls $\hbar\mathbf{k}$ des Elektrons und der Energie-Impuls-Relation $\varepsilon_c(\mathbf{k})$ im Leitungsband. Man sollte sich daher vorstellen, daß das zusätzliche, durch das Verunreinigungsatom eingeführte Elektron sich in einem Zustand befindet, der eine Überlagerung von Leitungsbandniveaus des reinen Wirtsmaterials ist, entsprechend verändert durch die zusätzliche, lokalisierte Ladung $+e$, die das Verunreinigungsatom repräsentiert. Das Elektron kann seine Energie minimieren, indem es sich ausschließlich in Niveaus in der Nähe der Leitungsbandkante aufhält, für welche Niveaus die quadratische Näherung (28.2) gilt. Liegt das Leitungsbandminimum an einem Punkt mit kubischer Symmetrie, so verhält sich dieses Elektron sehr ähnlich einem freien Elektron, mit dem Unterschied, daß seine effektive Masse von der Masse m

---

gebundenen Elektronen durch thermische Anregung zu befreien.

[17] Die Anwendung der makroskopischen Elektrostatik zur Beschreibung der Bindung eines einzelnen Elektrons ist durch die – weiter unten besprochene – Tatsache gerechtfertigt, daß die Wellenfunktion des gebundenen Elektrons über viele Hundert Angström ausgedehnt ist.

[18] Man kann den Zusammenhang zwischen schmalen Energielücken und großen dielektrischen Konstanten auch vom Standpunkt der Störungstheorie her verstehen: Die Größe der dielektrischen Konstanten ist ein Indiz dafür, in welchem Maße ein schwaches elektrisches Feld die elektronische Wellenfunktion stört. Eine schmale Energielücke hat zur Folge, daß die Energie-Nenner der Störungstheorie klein sind, und damit die Änderungen der Wellenfunktionen erster Ordnung groß.

eines freien Elektrons verschieden ist. Allgemeiner gesprochen ist seine Energie-Wellenvektor-Beziehung dann eine anisotrope, quadratische Funktion von k. In jedem Falle können wir die Bewegung des Elektrons in einer ersten Näherung auffassen als eine Bewegung im freien Raum mit einer geeignet definierten effektiven Masse m^* anstelle der Masse m des freien Elektrons. Im allgemeinen ist diese Masse kleiner als die Masse des freien Elektrons, oft um einen Faktor 0,1 oder sogar weniger.

Diese beiden Betrachtungen legen es nahe, ein Elektron im Medium des Halbleiters in Anwesenheit einer Donator-Störstelle der Ladung e als ein Teilchen der Ladung $-e$ und der Masse m^* aufzufassen, welches sich im freien Raum unter dem Einfluß eines attraktiven Zentrums mit der Ladung e/ϵ bewegt. Diese Situation ist nun aber identisch mit dem Wasserstoffproblem, wenn man nur das Produkt $-e^2$ aus Kernladung und Elektronenladung durch $-e^2/\epsilon$ ersetzt und die Masse m des freien Elektrons durch m^*. Der Ausdruck für den Radius der ersten Bohrschen Bahn, $a_0 = \hbar^2/me^2$, wird dann in diesem Fall zu

$$r_0 = \frac{m}{m^*}\,\epsilon a_0, \tag{28.28}$$

und die Bindungsenergie $me^4/2\hbar^2 = 13,6$ eV des Wasserstoff-Grundzustandes zu

$$\varepsilon = \frac{m^*}{m}\frac{1}{\epsilon^2} \cdot 13,6\,\text{eV}. \tag{28.29}$$

Für realistische Werte von m^*/m und ϵ kann der Radius r_0 von der Größenordnung 100 Å oder mehr sein. Diese Beobachtung ist von großer Bedeutung für die Konsistenz der gesamten Argumentation, da sowohl die Anwendung des semiklassischen Modells als auch der makroskopischen dielektrischen Konstanten auf der Annahme beruhen, daß die zu beschreibenden Felder auf der Längenskala der Gitterkonstanten nur langsam räumlich veränderlich sind.

Typische Werte von m^*/m und ϵ können zu einer Bindungsenergie ε führen, die um einen Faktor 10^3 oder mehr kleiner ist als 13,6 eV. Da schmale Energielücken im allgemeinen mit großen Dielektrizitätskonstanten einhergehen, ist in fast allen Fällen *die Bindungsenergie eines Elektrons an eine Donator-Störstelle klein im Vergleich zur Energielücke des Halbleiters*. Da diese Bindungsenergie relativ zur Energie der Leitungsbandniveaus gemessen wird, aus welchen das lokalisierte Störstellenniveau gebildet ist, so schließen wir, daß durch das Vorhandensein der Donatoratome zusätzliche elektronische Niveaus bei Energien ε_d entstehen, die um einen bestimmten Energiebetrag unterhalb der Leitungsbandkante ε_c liegen, der klein ist im Vergleich zur Breite E_g der Energielücke (Bild 28.12).

Mit einer ähnlichen Argumentation kann man die Akzeptorstörstellen behandeln, deren Wertigkeit um eine Einheit geringer ist als die Wertigkeit der Atome des

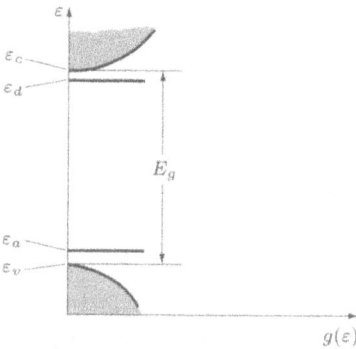

Bild 28.12: Niveaudichte eines Halbleiters, der sowohl Donatorstörstellen als auch Akzeptorstörstellen enthält. Die Donatorniveaus ε_d liegen im allgemeinen nahe – verglichen mit E_g – bei der Leitungsbandkante ε_c, die Akzeptorniveaus ε_a andererseits liegen im allgemeinen nahe bei der Valenzbandkante ε_v.

Wirtsgitters (beispielsweise Gallium in Germanium). Eine solche Störstelle kann man beschreiben durch eine ortsfeste, zusätzliche Ladung $-e$ an einem Atom des Wirtsgitters, zusammen mit einem Defektelektron im Kristall. Man kann das fehlende Elektron als ein gebundenes Loch auffassen, angezogen durch die negative Überschußladung des Akzeptoratoms, mit einer Bindungsenergie, die wiederum klein[19] ist im Vergleich zur Breite E_g der Energielücke. Im Elektronenbild zeigt sich das Vorhandensein dieses gebundenen Lochs dadurch, daß ein zusätzliches elektronisches Niveau bei einer Energie ε_a entsteht, die geringfügig oberhalb der Valenzbandkante liegt (Bild 28.12). Das Loch ist gebunden, wenn dieses Niveau leer ist. Die Bindungsenergie des Loches ist die zur Anregung eines Elektrons von der Valenzbandkante in das Akzeptorniveau notwendige Energie $\varepsilon_a - \varepsilon_v$; in diesem Prozeß wird das Loch in der Nähe des Akzeptoratoms gefüllt, und es entsteht ein freies Loch im Valenzband.

Die bei weitem wichtigste Eigenschaft dieser Donatorniveaus und Akzeptorniveaus besteht darin, daß sie sehr nahe bei den Grenzen des verbotenen Energiebereiches liegen:[20] Es ist wesentlich einfacher, ein Elektron aus einem Donatorniveau heraus thermisch in das Leitungsband anzuregen – oder entsprechend ein Loch aus einem Akzeptorniveau heraus in das Valenzband – als ein Elektron über die gesamte Breite der Energielücke hinweg vom Valenzband ins Leitungsband zu bringen. Sind daher die Konzentrationen der Donatorstörstellen oder Akzeptorstörstellen nicht zu gering, so stellen sie eine wesentlich ergiebigere Quelle von Ladungsträgern dar, als der intrinsische Mechanismus der Anregung von Ladungsträgern über die gesamte Breite der Energielücke hinweg.

---

[19] Aus denselben Gründen wie im Falle von Donatorstörstellen ist die Bindung des Loches recht schwach, was bedeutet, daß die Elektronen des Valenzbandes sehr leicht thermisch in ein Akzeptorniveau hinein angeregt werden können.

[20] Einige gemessene Donatorniveaus und Akzeptorniveaus sind in Tabelle 28.2 zusammengestellt.

Tabelle 28.2

Durch Donatorverunreinigungen (Elemente der fünften Hauptgruppe) und Akzeptor-verunreinigungen (Elemente der dritten Hauptgruppe) in Silizium und Germanium erzeugte Störstellenniveaus

Akzeptoren der dritten Hauptgruppe (Energiedifferenz $\varepsilon_a - \varepsilon_v$ in eV)

	B	Al	Ga	In	Tl
Si	0,046	0,057	0,065	0,16	0,26
Ge	0,0104	0,0102	0,0108	0,0112	0,01

Donatoren der fünften Hauptgruppe (Energiedifferenz $\varepsilon_c - \varepsilon_d$ in eV)

	P	As	Sb	Bi
Si	0,044	0,049	0,039	0,069
Ge	0,0120	0,0127	0,0096	–

Breite der Energielücke bei Raumtemperatur ($E_g = \varepsilon_c - \varepsilon_v$ in eV)

Si	1,12
Ge	0,67

Quelle: P. Aigrain, M. Balkanski, *Selected Constants Relative to Semiconductors*, Pergamon, New York (1961).

Besetzung der Störstellenniveaus im thermodynamischen Gleichgewicht

Um abzuschätzen, in welchem Ausmaß Ladungsträger thermisch aus Störstellenni-veaus heraus angeregt werden können, müssen wir die mittlere Anzahl von Elektronen in diesen Niveaus bei einer gegebenen Temperatur und gegebenem Chemischen Poten-tial berechnen. Wir nehmen dazu an, daß die Störstellenkonzentration niedrig genug ist, um Wechselwirkungen zwischen Elektronen (oder Löchern), die an unterschied-liche Störstellen gebunden sind, vernachlässigen zu können. Wir können dann die Anzahldichten n_d (oder p_a) der an die Donatorstörstellen (oder Akzeptorstörstellen) gebundenen Elektronen (oder Löcher) berechnen, indem wir einfach die Anzahldichte N_d der Donatoren (oder N_a der Akzeptoren) multiplizieren mit der mittleren An-zahl von Elektronen (oder Löchern), die vorhanden wären, gäbe es nur eine einzige Störstelle. Der Einfachheit halber nehmen wir an, daß ein Verunreinigungsatom nur ein einzelnes Ein-Elektron-Bahnniveau erzeugt.[21] Die mittlere Besetzung dieses Ni-veaus berechnen wir wie folgt:

---

[21] Grundsätzlich könnte eine Donatorstörstelle auch mehr als ein einzelnes gebundenes Niveau haben, und wir machen diese Annahme nur, um die Diskussion zu vereinfachen. Unsere qualitativen Schlußfol-gerungen bleiben trotzdem recht allgemeingültig (siehe Aufgabe 4c).

Berechnung eines Donatorniveaus Würden wir Elektron-Elektron-Wechselwirk-ungen vernachlässigen, so könnte das Niveau entweder leer sein, ein Elektron mit beliebigem Spin enthalten, oder aber zwei Elektronen mit entgegengesetzten Spins. Die Coulomb-Abstoßung zweier lokalisierter Elektronen erhöht jedoch die Energie des doppelt besetzen Niveaus so stark, daß man die doppelte Besetzung praktisch als verboten betrachten kann. Ganz allgemein ist die mittlere Anzahl von Elektronen in einem System, das sich im thermodynamischen Gleichgewicht befindet, gegeben durch

$$\langle n \rangle = \frac{\sum N_j e^{-\beta(E_j - \mu N_j)}}{\sum e^{-\beta(E_j - \mu N_j)}}. \tag{28.30}$$

Dabei wird über sämtliche Zustände des Systems summiert; E_j und N_j bezeichnen die Energie des Zustandes j sowie die Anzahl von Elektronen in diesem Zustand, und μ ist das Chemische Potential. Im vorliegenden Falle identifizieren wir das System mit einem einzelnen Verunreinigungsatom, das nur drei Zustände annehmen kann: einen Zustand, der keine Elektronen enthält und keinen Beitrag zur Energie liefert, sowie zwei Zustände der Energie ε_d mit jeweils einem Elektron. Unter diesen Annahmen folgt aus (28.30)

$$\langle n \rangle = \frac{2e^{-\beta(\varepsilon_d - \mu)}}{1 + 2e^{-\beta(\varepsilon_d - \mu)}} = \frac{1}{\frac{1}{2}e^{\beta(\varepsilon_d - \mu)} + 1}, \tag{28.31}$$

so daß[22]

$$\boxed{n_d = \frac{N_d}{\frac{1}{2}e^{\beta(\varepsilon_d - \mu)} + 1}.} \tag{28.32}$$

Berechnung eines Akzeptorniveaus Im Unterschied zu einem Donatorniveau kann ein Akzeptorniveau – wenn man es als ein elektronisches Niveau betrachtet – einfach oder zweifach besetzt, nicht aber leer sein. Dies ist vom „Löcher-Standpunkt" aus einfach einzusehen: Man kann eine Akzeptorstörstelle betrachten als ein ortsfestes, negativ geladenes, attraktives Zentrum am Ort eines dadurch unverändert bleibenden Atoms des Wirtsgitters. Die zusätzliche Ladung $-e$ kann ein Loch schwach binden – ein Zustand, der dem Vorhandensein eines Elektrons im Akzeptorniveau entspricht. Die Bindungsenergie des Loches ist $\varepsilon_a - \varepsilon_v$, und wird das Loch „ionisiert", so geht ein zusätzliches Elektron in das Akzeptorniveau über. Befinden sich nun aber keine Elektronen im Akzeptorniveau, so entspricht dies der Situation, daß zwei Löcher bei

---

[22] Man versteht die Ursache des seltsamen Faktors $\frac{1}{2}$, der in (28.32) im Unterschied zur vertrauten Form der Fermi-Dirac-Statistik auftritt, besser, wenn man untersucht, was geschieht, wenn sich die Energie des zweifach besetzten Niveaus von $+\infty$ auf $2\varepsilon_d$ verringert – siehe Aufgabe 4.

der Akzeptorstörstelle lokalisiert sind. Diese Konfiguration hat aufgrund der Coulomb-Abstoßung der Löcher eine sehr hohe Energie.[23]

Unter Berücksichtigung dieser Überlegungen können wir nun die mittlere Anzahl von Elektronen in einem Akzeptorniveau aus (28.30) berechnen, wenn wir beachten, daß die Konfiguration ohne Elektronen im Akzeptorniveau nun verboten ist, während die Energie des Zwei-Elektronen-Zustandes um einen Betrag ε_a höher liegt als die Energie der beiden Ein-Elektronen-Zustände. Deshalb gilt

$$\langle n \rangle = \frac{2e^{\beta\mu} + 2e^{-\beta(\varepsilon_a - 2\mu)}}{2e^{\beta\mu} + e^{-\beta(\varepsilon_a - 2\mu)}} = \frac{e^{\beta(\mu - \varepsilon_a)} + 1}{\frac{1}{2}e^{\beta(\mu - \varepsilon_a)} + 1}. \tag{28.33}$$

Die mittlere Anzahl von Löchern im Akzeptorniveau ergibt sich als Differenz zwischen der Maximalzahl von Elektronen, die das Niveau aufnehmen kann (zwei), und der tatsächlichen mittleren Anzahl von Elektronen in diesem Niveau ($\langle n \rangle$): $\langle p \rangle = 2 - \langle n \rangle$. Deshalb ist $p_a = N_a \langle p \rangle$ gegeben durch

$$\boxed{p_a = \frac{N_a}{\frac{1}{2}e^{\beta(\mu - \varepsilon_a)} + 1}.} \tag{28.34}$$

Ladungsträgerkonzentrationen dotierter Halbleiter im thermodynamischen Gleichgewicht

Betrachten wir einen Halbleiter, der mit N_d Donatoratomen und N_a Akzeptoratomen pro Einheitsvolumen dotiert ist. Zur Bestimmung der Ladungsträgerkonzentrationen müssen wir die Bedingung $n_c = p_v$ (Gleichung (28.18)) verallgemeinern, die es uns gestattete, diese Konzentrationen im intrinsischen Fall (eines reinen Halbleiters) zu berechnen. Dazu betrachten wir zunächst die elektronische Konfiguration bei $T = 0$. Sei $N_d \geqslant N_a$ (Der Fall $N_d < N_a$ ist ebenso einfach und führt zum selben Ergebnis (28.35).). In diesem Falle können pro Einheitsvolumen des Halbleiters N_a der N_d von den Donatoren bereitgestellten Elektronen von Donatorniveaus in Akzeptorniveaus übergehen.[24] Dadurch ergibt sich eine elektronische Grundzustandskonfiguration, in welcher die Valenzbandniveaus und die Akzeptorniveaus gefüllt sind, $N_d - N_a$ der Donatorniveaus ebenfalls gefüllt, und die Leitungsbandniveaus leer sind. Im thermodynamischen Gleichgewicht bei der Temperatur T verteilen sich die Elektronen über diese Niveaus; da aber ihre Gesamtzahl konstant bleibt, so muß die Anzahl $n_c + n_d$

---

[23] Beschreibt man ein Akzeptorniveau als elektronisches Niveau, so ignoriert man gewöhnlich das Elektron, welches sich im Niveau befinden *muß*, und betrachtet dagegen nur das Vorhandensein oder die Abwesenheit des *zweiten* Elektrons: Man beschreibt das Niveau als leer oder besetzt nur in Abhängigkeit davon, ob das *zweite* Elektron fehlt oder vorhanden ist.

[24] Da ε_d unmittelbar unterhalb des Leitungsbandminimums ε_c liegt, und ε_a unmittelbar oberhalb des Valenzbandmaximums ε_v, so gilt $\varepsilon_d > \varepsilon_a$ (siehe Bild 28.12).

von Elektronen in Leitungsbandniveaus oder Donatorniveaus den Wert $N_d - N_a$ bei $T = 0$ übertreffen um genau die Anzahl $p_v + p_a$ leerer Niveaus – also Löcher – im Valenzband und in den Akzeptorniveaus:

$$\boxed{n_c + n_d = N_d - N_a + p_v + p_a.}$$
(28.35)

Diese Gleichung – zusammen mit den expliziten Ausdrücken, die wir für n_c, p_v, n_d und n_a als Funktionen von μ und T herleiteten – gestattet es nun, μ als Funktion von T zu bestimmen und damit die Ladungsträgerkonzentrationen im thermodynamischen Gleichgewicht bei einer beliebigen Temperatur zu berechnen. Die allgemeine Behandlung dieses Problems ist recht kompliziert, so daß wir hier nur einen besonders einfachen und wichtigen Fall betrachten:

Es gelte

$$\varepsilon_d - \mu \gg k_B T,$$
$$\mu - \varepsilon_a \gg k_B T.$$
(28.36)

Da ε_d und ε_a nahe bei den Bandkanten liegen, ist diese Bedingung nur wenig restriktiver als die Annahme der Nichtentartung, (28.10). Die Bedingung (28.36) sowie die Ausdrücke (28.32) und (28.34) für n_d und p_a gewährleisten, daß die Verunreinigungsatome durch die thermische Anregung von Ladungsträgern vollständig „ionisiert" werden, so daß nur ein vernachlässigbar geringer Bruchteil der Donatoren oder Akzeptoren mit gebundenen Elektronen oder Löchern verbleibt: $n_d \ll N_d$ und $p_a \ll N_a$. (28.35) wird deshalb zu

$$\Delta n = n_c - p_v = N_d - N_a,$$
(28.37)

so daß die Gleichungen (28.25) und (28.27) nunmehr die Ladungsträgerkonzentrationen und das Chemische Potential als explizite Funktionen der Temperatur alleine bestimmen:

$$\left\{ \begin{matrix} n_c \\ p_v \end{matrix} \right\} = \frac{1}{2} \left[(N_d - N_a)^2 + 4n_i^2 \right]^{1/2} \pm \frac{1}{2} \left[N_d - N_a \right],$$
(28.38)

$$\frac{N_d - N_a}{n_i} = 2 \sinh \left(\beta(\mu - \mu_i) \right).$$
(28.39)

Ist die Energielücke groß im Vergleich zu $k_B T$, so können wir erwarten, daß unsere Ausgangsvoraussetzung (28.36) gültig bleibt, solange sich μ auf der Skala $k_B T$ nicht allzu weit von μ_i entfernt. Nach (28.39) wird dies nur dann der Fall sein, wenn $|N_d - N_a|$ die intrinsische Trägerkonzentration n_i um mehrere Größenordnungen übersteigt. Deshalb beschreibt (28.38) korrekt den Übergang von überwiegend intrinsischem Verhalten ($n_i \gg |N_d - N_a|$) bis weit in den Bereich extrinsischen Verhaltens hinein ($n_i \ll |N_d - N_a|$). Entwickelt man (28.38), so erhält man für niedrige Verunreinigungskonzentrationen die folgenden Korrekturen zu den rein intrinsischen Trägerkonzentrationen:

$$\left\{ \begin{array}{l} n_c \\ p_v \end{array} \right\} \approx n_i \pm \frac{1}{2}(N_d - N_a). \tag{28.40}$$

Im Bereich extrinsischen Verhaltens andererseits gilt in einem großen Bereich von Trägerkonzentrationen

$$\left. \begin{array}{l} n_c \approx N_d - N_a \\[2mm] p_v \approx \dfrac{n_i{}^2}{N_d - N_a} \end{array} \right\} N_d > N_a,$$

$$\left. \begin{array}{l} n_c \approx \dfrac{n_i{}^2}{N_a - N_d} \\[2mm] p_v \approx N_a - N_d \end{array} \right\} N_a > N_d. \tag{28.41}$$

Die Gleichung (28.41) ist von Bedeutung in der Theorie der Halbleiterbauelemente (Kapitel 29); sie besagt, daß der durch die Verunreinigungsatome erzeugte, effektive Überschuß von Elektronen (oder Löchern) $N_d - N_a$ fast vollständig in das Leitungsband (oder das Valenzband) abgegeben wird; im jeweils anderen Band hat die Trägerkonzentration den sehr viel kleineren, vom Massenwirkungsgesetz (28.24) geforderten Wert $n_i{}^2/(N_d - N_a)$.

Ist die Temperatur zu niedrig – oder die Verunreinigungskonzentration zu hoch – so gilt (28.36) schließlich nicht mehr, und entweder n_d/N_d oder p_a/N_a – aber nicht beide – ist nicht mehr vernachlässigbar, was bedeutet, daß entweder die Donatoren oder die Akzeptoren thermisch nicht mehr vollständig „ionisiert" sind. Infolgedessen nimmt die Konzentration des dominanten Ladungsträgertyps mit abnehmender Temperatur ebenfalls ab (Bild 28.13).[25]

Störstellenbandleitung

Geht die Temperatur gegen null, so verschwindet auch der Anteil „ionisierter" Verunreinigungsatome, und damit gehen ebenfalls die Ladungsträgerkonzentrationen im Leitungsband oder im Valenzband gegen null. Dennoch beobachtet man auch bei den niedrigsten Temperaturen eine geringe Restleitfähigkeit. Diese Restleitfähigkeit kann man darauf zurückführen, daß die Wellenfunktion des an eine Störstelle gebundenen

---

[25] Wir beschreiben dieses Verhalten quantitativ in Aufgabe 6.

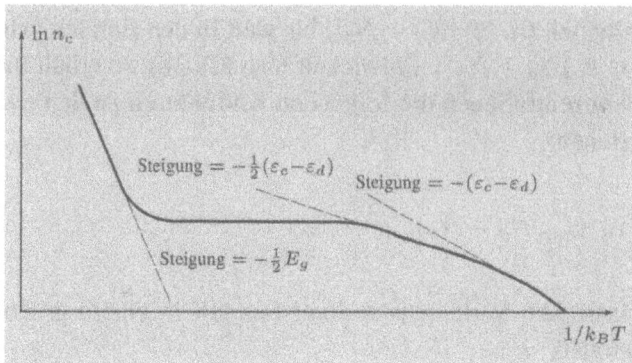

Bild 28.13: Temperaturabhängigkeit der Konzentration der Majoritätsladungsträger im Falle $N_d > N_a$. Im Text besprechen wir das Verhalten in den beiden Bereichen hoher Temperatur; das Verhalten bei sehr niedrigen Temperaturen behandeln wir in Aufgabe 6.

Elektrons (oder Lochs) räumlich ausgedehnt ist, so daß ein Überlapp zwischen Wellenfunktionen, die an verschiedenen Störstellen lokalisiert sind, selbst bei recht niedrigen Verunreinigungskonzentrationen möglich ist. Ist dieser Überlapp nicht vernachlässigbar gering, so ist es einem Elektron möglich, von einer Störstelle zur anderen zu tunneln. Den daraus resultierenden Ladungstransport bezeichnet man als *Störstellenbandleitung.*

In diesem Zusammenhang weist der Gebrauch der Bezeichnung „Band" auf die Analogie zur Methode des *tight-binding* (Kapitel 10) hin, wo man zeigt, daß sich eine Anzahl atomarer Energieniveaus mit gleicher Energie durch den Überlapp der Wellenfunktionen zu einem Energieband verbreitern kann. Da jedoch die Verunreinigungsatome gewöhnlich *nicht* an den Plätzen eines Bravaisgitters sitzen, muß man vorsichtig vorgehen, wenn man diesen „Störstellenbändern" Eigenschaften zuweist, die man von elektronischen Bändern in *periodischen* Potentialen kennt.[26]

Transporttheorie in nichtentarteten Halbleitern

Die Form

$$f(\mathbf{v}) = n \frac{|\det \mathbf{M}|^{1/2}}{(2\pi k_B T)^{3/2}} \exp\left\{ -\frac{\beta}{2} \sum_{\mu\nu} v_\mu \mathbf{M}_{\mu\nu} v_\nu \right\} \tag{28.42}$$

der Geschwindigkeitsverteilung im thermodynamischen Gleichgewicht für Elektronen in der Nähe eines bestimmten Leitungsbandminimums (oder Löcher in der Nähe eines

---

[26] Das Problem der Behandlung elektronischen Verhaltens in aperiodischen Potentialen stellt sich nicht nur im Zusammenhang mit Störstellenbändern, sondern beispielsweise auch bei der Beschreibung ungeordneter Legierungen. Die entsprechende Theorie steckt noch immer in den Kinderschuhen, und ihre Entwicklung ist eines der zur Zeit lebendigsten Forschungsgebiete der Festkörperphysik.

bestimmten Valenzbandmaximums) folgt direkt (Aufgabe 7) aus der Fermi-Dirac-Statistik und der Annahme (28.10) der Nichtentartung. Dabei bezeichnet n den Beitrag dieser Ladungsträger zur gesamten Ladungsträgerkonzentration.

Die Form (28.42) ist praktisch identisch mit der Geschwindigkeitsverteilung der Teilchen eines klassischen Gases im Gleichgewicht – mit zwei Ausnahmen:

1. In einem klassischen Gas liegt die Teilchendichte n fest; in einem Halbleiter dagegen ist n eine sehr empfindliche Funktion der Temperatur.

2. In einem klassischen Gas ist der Massentensor M diagonal.

Deshalb ist die Theorie des Transports in nichtentarteten Halbleitern ähnlich der Theorie des Transports in einem klassischen Gas aus unterschiedlichen, geladenen Bestandteilen,[27] und man kann zahlreiche Ergebnisse der klassischen Theorie direkt auf Halbleiter anwenden, wenn man nur eine Temperaturabhängigkeit der Trägerkonzentrationen zuläßt und den Tensorcharakter der Masse berücksichtigt. So ist beispielsweise die außergewöhnlich hohe thermoelektrische Kraft eines Halbleiters (Seite 716) nur im Vergleich mit Metallen außergewöhnlich hoch; mit den Eigenschaften eines klassischen Gases geladener Teilchen ist sie wohl vereinbar. Tatsächlich beurteilte man die thermoelektrische Kraft der Metalle in der frühen Zeit der Elektronentheorie als ungewöhnlich niedrig – bevor man erkannte, daß die Elektronen eines Metalls nicht durch die klassische, sondern durch die Fermi-Dirac-Statistik zu beschreiben sind.

Aufgaben

28.1   Zyklotronresonanz in Halbleitern

(a) Zeigen Sie, daß sich die Formeln (28.6) und (28.7) für die Frequenz der Zyklotronresonanz ergeben, wenn man den Ausdruck (28.5) für die Geschwindigkeit der Schwingungsbewegung in die semiklassische Bewegungsgleichung (28.4) einsetzt und fordert, daß die so erhaltene homogene Gleichung eine von null verschiedene Lösung hat.

(b) Zeigen Sie, daß (28.7) und (28.8) zueinander äquivalenten Darstellungen der Zyklotronmasse sind, indem Sie (28.7) in einem Koordinatensystem berechnen, in welchem der Massentensor M diagonal ist.

---

[27] Diese Theorie wurde von Lorentz entwickelt und vorangetrieben als ein Versuch, das Drude-Modell der Metalle zu verfeinern. Obwohl die Theorie von Lorentz nur in einer stark modifizierten Form auf Metalle anwendbar ist – unter Einführung einer entarteten Fermi-Dirac-Statistik und Bandstruktur – sind zahlreiche ihrer Ergebnisse zur Beschreibung nichtentarteter Halbleiter ohne wesentliche Veränderungen anwendbar.

28.2 Interpretation der Daten aus Messungen der Zyklotronresonanz

(a) Vergleichen Sie das Meßsignal der Zyklotronresonanz in Silizium (Bild 28.9b) mit der Gestalt des in Bild 28.5 dargestellten Leitungsbandellipsoids und erklären Sie, warum man nur zwei Maxima beobachtet, obwohl sechs Elektronentaschen vorhanden sind.

(b) Verifizieren Sie, daß die Positionen der Elektronenresonanzen in Bild (28.9b) konsistent sind mit den auf Seite 723 angegebenen effektiven Massen der Elektronen in Silizium sowie den Ausdrücken (28.6) und (28.8) für die Resonanzfrequenz.

(c) Führen Sie Aufgabenteil (a) nochmals für die Resonanz in Germanium durch (Bild 28.9a) und beachten Sie dabei, daß Bild 28.7 vier Elektronentaschen zeigt.

(d) Verifizieren Sie, daß die Positionen der Elektronenresonanzen in Bild 28.9a konsistent sind mit den auf Seite 723 angegebenen effektiven Massen der Elektronen in Germanium.

28.3 Niveaudichte für ellipsoidische Taschen

(a) Zeigen Sie, daß der Beitrag einer ellipsoidischen Elektronentasche zur Niveaudichte $g_c(\varepsilon)$ des Leitungsbandes gegeben ist durch $(d/d\varepsilon)h(\varepsilon)$, wobei $h(\varepsilon)$ die Anzahl von Niveaus pro Einheitsvolumen mit Energien kleiner als ε in der Tasche bezeichnet.

(b) Zeigen Sie in entsprechender Weise, daß der Beitrag einer ellipsoidischen Löchertasche zur Niveaudichte $g_v(\varepsilon)$ des Valenzbandes gegeben ist durch $(d/d\varepsilon)h(\varepsilon)$, wobei $h(\varepsilon)$ die Anzahl elektronischer Niveaus pro Einheitsvolumen mit Energien größer als ε in der Tasche bezeichnet.

(c) Gehen Sie von der Tatsache aus, daß ein Volumen Ω des k-Raumes $\Omega/4\pi^3$ elektronische Niveaus pro cm^3 enthält und das Volumen eines Ellipsoids $x^2/a^2 + y^2/b^2 + z^2/c^2 = 1$ durch $V = (4\pi/3)abc$ gegeben ist, um zu zeigen, daß die Ausdrücke (28.14) direkt aus (a) und (b) folgen, wenn nur eine einzelne ellipsoidische Tasche im Leitungsband (oder Valenzband) vorhanden ist.

28.4 Statistik der Donatorniveaus

(a) Zeigen Sie: Nimmt man die Energie eines zweifach besetzten Donatorniveaus zu $2\varepsilon_d + \Delta$ an, so ist (28.32) zu ersetzen durch

$$n_d = N_d \frac{1 + e^{-\beta(\varepsilon_d - \mu + \Delta)}}{\frac{1}{2}e^{\beta(\varepsilon_d - \mu)} + 1 + \frac{1}{2}e^{-\beta(\varepsilon_d - \mu + \Delta)}}. \tag{28.43}$$

(b) Verifizieren Sie, daß sich (28.43) für $\Delta \to \infty$ auf (28.32) reduziert, und für $\Delta \to 0$ auf das für unabhängige Elektronen zu erwartende Ergebnis.

(c) Betrachten Sie eine Donatorstörstelle mit vielen gebundenen elektronischen Bahnniveaus der Energien ε_i. Gehen Sie davon aus, daß die Coulomb-Abstoßung zwischen den Elektronen die Bindung von mehr als einem Elektron an die Störstelle verhindert, und zeigen Sie, daß die geeignete Verallgemeinerung von (28.32) lautet:

$$\frac{N_d}{1 + \frac{1}{2}(\sum e^{-\beta(\varepsilon_i - \mu)}) - 1}. \tag{28.44}$$

Erläutern sie, auf welche Weise – wenn überhaupt – sich dadurch die auf den Seiten 739 bis 741 hergeleiteten Ergebnisse verändern.

28.5 Beschränkungen der Trägerkonzentrationen in p-leitenden Halbleitern

Beschreiben Sie die Elektronenkonfiguration in einem dotierten Halbleiter für $T \to 0$, wenn $N_a > N_d$ gilt. Erklären Sie, warum Gleichung (28.35) (im Text hergeleitet für $N_d \geqslant N_a$) auch für $N_a > N_d$ eine korrekte Beschränkung der Elektronenkonzentration und der Löcherkonzentration bei von null verschiedenen Temperaturen ausdrückt.

28.6 Ladungsträgerstatistik in dotierten Halbleitern bei niedrigen Temperaturen

Betrachten Sie einen dotierten Halbleiter mit $N_d > N_a$. Nehmen Sie an, daß die Bedingung (28.10) für Nichtentartung erfüllt, $(N_d - N_a)/n_i$ jedoch so groß ist, daß (28.39) nicht notwendig einen Wert des Chemischen Potentials μ liefert, der mit (28.36) kompatibel ist.

(a) Zeigen Sie unter diesen Bedingungen, daß man p_v gegenüber n_c, sowie p_a gegenüber N_a vernachlässigen kann, so daß das Chemische Potential durch die quadratische Gleichung

$$N_c e^{-\beta(\varepsilon_c - \mu)} = N_d - N_a - \frac{N_d}{\frac{1}{2}e^{\beta(\varepsilon_d - \mu)} + 1} \tag{28.45}$$

gegeben ist.

(b) Leiten Sie hieraus ab, daß bei Temperaturen, die so niedrig sind, daß n_c nicht mehr durch $N_d - N_a$ (siehe (28.41)) gegeben ist, in einem Übergangsbereich gilt

$$n_c = \sqrt{\frac{N_c(N_d - N_a)}{2}} e^{-\beta(\varepsilon_c - \varepsilon_d)/2}. \tag{28.46}$$

(c) Zeigen Sie, daß es bei noch weiter fallenden Temperaturen einen anderen Übergangsbereich gibt, in dem gilt

$$n_c = \frac{N_c(N_d - N_a)}{N_a} e^{-\beta(\varepsilon_c - \varepsilon_d)}. \tag{28.47}$$

(d) Leiten Sie die für $N_a > N_d$ zu den Gleichungen (28.45) bis (28.47) analogen Ergebnisse her.

28.7 Geschwindigkeitsverteilung der Ladungsträger in einer ellipsoidischen Tasche

Leiten Sie die Geschwindigkeitsverteilung (28.42) aus der Verteilungsfunktion im k-Raum

$$f(\mathbf{k}) \sim \frac{1}{e^{\beta(\varepsilon(\mathbf{k})-\mu)} + 1} \tag{28.48}$$

her. Nehmen Sie dabei an, daß die Bedingung (28.10) der Nichtentartung erfüllt ist und wechseln Sie von der Variablen $\mathbf{k}$ zur Variablen $\mathbf{v}$, wobei Sie beachten, daß der Beitrag der Tasche zur Ladungsträgerkonzentration durch $n = \int d\mathbf{v}\, f(\mathbf{v})$ gegeben ist.

29 Inhomogene Halbleiter

Semiklassische Behandlung inhomogener Festkörper

Felder und Ladungsträgerkonzentrationen in einem p-n-Übergang
im Gleichgewicht

Einfaches Modell der Gleichrichtung an einem p-n-Übergang

Driftströme und Diffusionsströme

Stoßzeiten und Rekombinationszeiten

Felder, Ladungsträgerkonzentrationen und Ströme in einem
p-n-Übergang im Nicht-Gleichgewicht

Für Liebhaber der Musik und ihrer elektronischen Wiedergabe ist das Gebiet mit der Bezeichnung *solid state technology* identisch mit der Wissenschaft von den *inhomogenen Halbleitern*, und es wäre wohl zutreffender, wenn dieser letztere Schriftzug die Frontplatten der zahllosen Tuner und Verstärker schmücken würde. Der populäre Gebrauch dieses Begriffes *solid state technology* macht deutlich, daß die eindrucksvollsten und am weitesten verbreiteten technologischen Anwendungen der Ergebnisse moderner Festkörperphysik auf den besonderen elektronischen Eigenschaften der Halbleiterbauelemente beruhen. Diese elektronischen Bauelemente verwenden Halbleiterkristalle, in welchen man die Verteilungen von Donator- und Akzeptorstörstellen auf eine sehr gezielte und kontrollierte Weise inhomogen gemacht hat. Wir unternehmen hier nicht den Versuch, einen Überblick über die große Vielfalt unterschiedlicher Halbleiterbauelemente zu geben, sondern beschränken uns auf eine Beschreibung der fundamentalen physikalischen Zusammenhänge, die ihrer Funktionsweise zugrundeliegen. Diese physikalischen Grundlagen kommen ins Spiel, wenn man bestimmen will, wie die Konzentrationen und Ströme von Elektronen und Löchern in einem inhomogenen Halbleiter verteilt sind, und dies sowohl ohne äußeres Feld, als auch unter dem Einfluß eines äußeren elektrostatischen Potentials.

Im Idealfall sind diese inhomogenen Halbleiter Einkristalle, innerhalb derer die lokalen Werte der Konzentrationen von Donatoren oder Akzeptoren ortsabhängig sind. Eine der Methoden, um solche Kristalle herzustellen, besteht darin, die Konzentration der Verunreinigungsatome in der Schmelze zu verändern, aus der man den wachsenden Kristall langsam herauszieht. Mittels dieses Verfahrens erzielt man eine räumliche Änderung der Konzentration eines bestimmten Verunreinigungsatoms in einer Raumrichtung. Zur Präparation solcher inhomogener Halbleiter sind außerordentlich präzise Herstellungsverfahren notwendig, da die so aufgebauten Halbleiterbauelemente nur dann effizient arbeiten, wenn die Elektronenstreurate mit veränderter Dotierungsstärke nur unwesentlich zunimmt.

Wir erläutern die physikalischen Grundlagen der inhomogenen Halbleiter anhand des einfachsten Beispiels, dem p-n-Übergang. Ein solcher Übergang wird durch einen Halbleiterkristall verwirklicht, in welchem sich die Störstellenkonzentration nur entlang einer Raumrichtung (als x-Achse gewählt) und nur in einem engen Bereich (als Umgebung von $x = 0$ gewählt) ändert. Im Bereich negativer Werte von x überwiegen die Akzeptorstörstellen (d.h. der Halbleiter ist p-leitend), während im Bereich positiver Werte von x vorwiegend Donatorstörstellen vorhanden sind, der Halbleiter also n-leitend ist (Bild 29.1). Der Verlauf der Donator- und Akzeptorkonzentrationen $N_d(x)$ und $N_a(x)$ als Funktion des Ortes bezeichnet man als das *Dotierungsprofil* des Halbleiters.

Die Bezeichnung „Übergang" steht sowohl für das Bauelement als Ganzes, als auch – genauer – für den Übergangsbereich um $x = 0$, in welchem das Dotierungsprofil ungleichförmig ist.

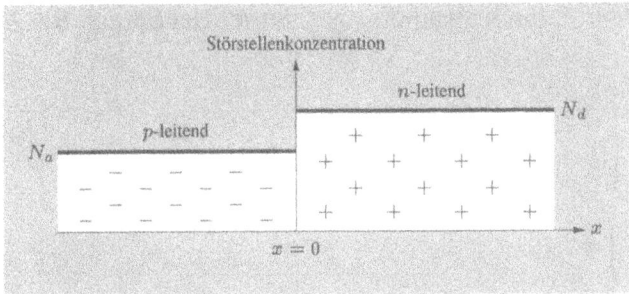

Bild 29.1: Verlauf der Störstellenkonzentrationen über einen „abrupten" Übergang, bei dem auf der Seite positiver x-Werte die Donatorstörstellen dominieren, auf der Seite negativer x-Werte die Akzeptorstörstellen. Die Donatoren sind mit (+) gekennzeichnet – entsprechend ihrer Ladung im ionisierten Zustand – die Akzeptoren mit (–). Ein Übergang ist abrupt, wenn der Bereich nahe $x=0$, innerhalb dessen sich die Störstellenkonzentrationen verändern, schmal ist im Vergleich zur Breite der Verarmungsschicht, innerhalb derer die Ladungsträgerkonzentrationen inhomogen sind. In Bild 29.3 sind typische Verläufe der Ladungsträgerkonzentrationen überlagert.

Wie wir weiter unten noch sehen werden, erzeugt die Ungleichförmigkeit der Störstellenkonzentrationen eine Ungleichförmigkeit der Konzentrationen $n_c(x)$ oder $p_v(x)$ von Leitungsbandelektronen beziehungsweise Valenzbandlöchern, wodurch sich ein Potential $\phi(x)$ aufbaut. Man bezeichnet den Bereich, innerhalb dessen die Ladungsträgerkonzentrationen ungleichförmig sind, als *Verarmungsschicht* oder *Raumladungsbereich*. Wie wir sehen werden, kann sich die Verarmungsschicht über einen Bereich der Breite 10^2 bis 10^4 Å um die im allgemeinen schmalere Übergangszone erstrecken, innerhalb derer sich die Dotierungprofile ändern. Innerhalb der Verarmungsschicht – außer in der Nähe ihres Randes – ist die gesamte Ladungsträgerkonzentration sehr viel geringer als in den homogenen Bereichen des Halbleiters, die weiter von der Übergangszone entfernt liegen. Die Existenz einer Verarmungsschicht ist eine der ausschlaggebenden Eigenschaften eines p-n-Übergangs. Es wird eines unserer hauptsächlichen Ziele sein, zu erklären, auf welche Weise das Phänomen der Verarmungsschicht durch die Veränderungen der Störstellenkonzentrationen bedingt ist, und wie sich die Struktur der Verarmungsschicht unter dem Einfluß eines externen Potentials V verändert.

Der Einfachheit halber betrachten wir hier nur „abrupte Übergänge" mit einer so geringen Breite der Übergangszone, daß man die Verläufe der Störstellenkonzentrationen[1]

---

[1] Es ist nicht wesentlich, daß im n-leitenden Bereich ausschließlich Donatoren vorhanden sind, oder ausschließlich Akzeptoren im p-leitenden Bereich. Es genügt vielmehr, daß eine der beiden Störstellenarten in einem Bereich des Halbleiters dominiert. In der folgenden Diskussion kann man N_d durchaus als die Konzentration der überschüssigen Donatoren betrachten, und umgekehrt N_a als die Konzentration der überschüssigen Akzeptoren.

als Funktionen von x durch einen einzigen, unstetigen Sprung bei $x = 0$ darstellen kann:

$$N_d(x) = \begin{cases} N_d \text{ für } x > 0, \\ 0 \quad \text{ für } x < 0, \end{cases}$$

$$N_a(x) = \begin{cases} 0 \quad \text{ für } x > 0, \\ N_a \text{ für } x < 0. \end{cases} \tag{29.1}$$

Abrupte Übergänge sind nicht nur von der Konzeption her die einfachsten, sondern auch praktisch von hauptsächlichem Interesse. Im Verlaufe der nachfolgenden Diskussion wird sich noch herausstellen, wie schmal die Übergangszone tatsächlich sein muß, um auf der Grundlage von (29.1) ein realistisches Modell eines realen Übergangs zu erhalten. Wir werden dabei sehen, daß man den Übergang als abrupt betrachten kann, wenn die Ausdehnung der Übergangszone im Dotierungsprofil klein ist im Vergleich zur Breite der Verarmungsschicht. In den meisten Fällen erlaubt dieses Kriterium eine Breite der Übergangszone von 100 Å oder mehr. Einen Übergang, den man nicht als abrupt beschreiben kann, bezeichnet man als „abgestuften Übergang" (*graded junction*).

Das semiklassische Modell

Um das Verhalten eines inhomogenen Halbleiters unter dem Einfluß eines äußeren elektrostatischen Potentials zu berechnen – oder auch nur die Ladungsverteilung ohne äußeres Feld – verwendet man in fast allen Fällen das in Kapitel 12 besprochene, semiklassische Modell. Ist dem periodischen Potential des Kristalls ein äußeres Potential $\phi(x)$ überlagert, so behandelt das semiklassische Modell die Elektronen im n-ten Band als klassische Teilchen (d.h. als Wellenpakete), deren Verhalten durch die Hamiltonfunktion

$$H_n = \varepsilon_n \left(\frac{\mathbf{p}}{\hbar} \right) - e\phi(x) \tag{29.2}$$

beschrieben wird. Eine solche Behandlung ist gerechtfertigt, sofern sich das Potential $\phi(x)$ hinreichend langsam ändert. Die Frage, wie langsam diese Änderung tatsächlich sein muß, ist im allgemeinen sehr schwierig zu beantworten. Man muß dazu mindestens fordern, daß die Änderung der elektrostatischen Energie $e\Delta\phi$ über eine Distanz von der Größenordnung der Gitterkonstanten klein sei im Vergleich zur Bandlücke E_g – die Bedingung kann aber auch noch wesentlich einschränkender sein.[2] Im Falle

---

[2] Eine grobe Argumentation für den Fall der Metalle findet man in Anhang J. Eine analoge, ebenso grobe Argumentation kann man für Halbleiter entwickeln.

eines p-n-Übergangs findet die bei weitem stärkste räumliche Änderung des Potentials ϕ innerhalb der Verarmungsschicht statt: Wie wir sehen werden, ändert sich die Energie $e\phi$ innerhalb dieser Schicht um etwa E_g über eine Entfernung von typischerweise einigen Hundert Angström oder mehr, so daß die elektrische Feldstärke innerhalb der Verarmungsschicht bis zu 10^6 Volt pro Meter betragen kann. Obwohl damit die Minimalbedingung für die Anwendbarkeit des semiklassischen Modells erfüllt ist – daß nämlich die Änderung von $e\phi$ über die Entfernung einer Gitterkonstanten nicht größer ist als ein Bruchteil eines Prozents der Energielücke E_g – ist die Änderung dennoch so groß, daß man die Möglichkeit eines Versagens der semiklassischen Beschreibung in der Verarmungsschicht nicht ausschließen kann. Man sollte sich deshalb stets der Möglichkeit bewußt sein, daß das elektrische Feld innerhalb der Verarmungsschicht groß genug sein kann, um das Tunneln von Elektronen aus Valenzbandniveaus in Leitungsbandniveaus zu ermöglichen, wodurch die tatsächliche Leitfähigkeit deutlich über dem semiklassischen Wert liegen kann.

Nachdem wir diese Warnung ausgesprochen haben, folgen wir nun jedoch der allgemeinen Praxis und nehmen an, die semiklassische Beschreibung sei zumindest insoweit angemessen, daß wir Folgerungen aus ihr ziehen können. Bevor wir uns einer semiklassischen Theorie der Ströme in einem p-n-Übergang zuwenden, untersuchen wir zunächst die Eigenschaften eines p-n-Übergangs im thermodynamischen Gleichgewicht, ohne äußere Felder und ohne Ströme.

Der p-n-Übergang im thermodynamischen Gleichgewicht

Wir wollen die Trägerkonzentrationen und das elektrostatische Potential $\phi(x)$ bestimmen, die sich infolge der inhomogenen Dotierung einstellen. Wir nehmen dazu an, daß überall im Halbleiterkristall die Bedingungen der Nichtentartung erfüllt sind, so daß die Ausdrücke für die Trägerkonzentrationen an jedem Ort x von der Maxwellschen Form sind, analog zu den Konzentrationen (28.12), die wir für den homogenen Halbleiter bestimmten. Die semiklassische Methode zur Bestimmung der Trägerkonzentration an einer Stelle mit der Koordinate x unter dem Einfluß eines äußeren Potentials $\phi(x)$ im inhomogenen Halbleiter besteht einfach in einer Wiederholung der Prozedur für den homogenen Fall, nun aber unter Verwendung der semiklassischen Ein-Elektron-Energie (29.2), bei der jedes Niveau um $-e\phi(x)$ verschoben ist. Betrachten wir die Ausdrücke (28.3) für die Energien $\varepsilon(\mathbf{k})$ der Niveaus nahe dem Leitungsbandminimum beziehungsweise dem Valenzbandmaximum, so erkennen wir, daß sich infolge dieser Änderung einfach die konstanten Werte ε_c und ε_v um $-e\phi(x)$ verschieben. Deshalb lauten die Verallgemeinerungen der Ausdrücke (28.12) für die Trägerkonzentrationen im thermodynamischen Gleichgewicht

$$N_c(x) = N_c(T) \exp \left\{ -\frac{[\varepsilon_c - e\phi(x) - \mu]}{k_B T} \right\},$$

$$P_v(x) = P_v(T) \exp\left\{ -\frac{[\mu - \varepsilon_v + e\phi(x)]}{k_B T} \right\}. \tag{29.3}$$

Das Potential $\phi(x)$ ist selbstkonsistent zu bestimmen als dasjenige Potential, welches sich nach der Poisson-Gleichung einstellt, wenn die Ladungsträgerkonzentrationen von der Form (29.3) sind. Wir untersuchen dieses Problem im speziellen Fall – der wiederum der Fall größten praktischen Interesses ist, daß in großer Entfernung vom Übergangsbereich auf jeder Seite extrinsische Bedingungen vorherrschen, was bedeutet, daß die Dotierungsatome dort vollständig „ionisiert" sind (siehe die Seiten 740 und 741). Somit ist in großer Entfernung vom Übergang auf der n-leitenden Seite die Konzentration der Elektronen im Leitungsband nahezu gleich der Donatorkonzentration N_d, während weit vom Übergang auf der p-leitenden Seite in entsprechender Weise die Konzentration der Valenzbandlöcher praktisch gleich der Akzeptorkonzentration N_a ist:

$$N_d = N_c(\infty) = N_c(T) \exp\left\{ -\frac{[\varepsilon_c - e\phi(\infty) - \mu]}{k_B T} \right\},$$
$$N_a = P_v(-\infty) = P_v(T) \exp\left\{ -\frac{[\mu - \varepsilon_v + e\phi(-\infty)]}{k_B T} \right\}. \tag{29.4}$$

Da sich der gesamte Halbleiterkristall im thermodynamischen Gleichgewicht befindet, ist das Chemische Potential ortsunabhängig. Insbesondere erscheint deshalb derselbe Wert von μ in jeder der Gleichungen (29.4). Daraus folgt unmittelbar, daß die gesamte Potentialdifferenz über den Übergang gegeben ist durch[3]

$$e\phi(\infty) - e\phi(-\infty) = \varepsilon_c - \varepsilon_v + k_B T \ln\left[\frac{N_d N_a}{N_c P_v}\right] \tag{29.5}$$

oder

$$\boxed{e\Delta\phi = E_g + k_B T \ln\left[\frac{N_d N_a}{N_c P_v}\right].} \tag{29.6}$$

Es erweist sich oft als hilfreich, die Aussagen (29.3) und (29.6) in einer anderen Form darzustellen: Definieren wir ein ortsabhängiges „elektrochemisches Potential" $\mu_e(x)$ durch

$$\mu_e(x) = \mu + e\phi(x), \tag{29.7}$$

---

[3] Die Herleitung von (29.5) setzt die Gültigkeit von (29.3) lediglich in großer Entfernung von der Verarmungsschicht voraus, wo sich ϕ in der Tat kaum verändert. Sie bleibt daher auch dann gültig, wenn das semiklassische Modell in der Übergangszone versagt.

so können wir die Ausdrücke (29.3) für die Trägerkonzentrationen schreiben als

$$N_c(x) = N_c(T) \exp\left\{-\frac{[\varepsilon_c - \mu_e(x)]}{k_B T}\right\},$$

$$P_v(x) = P_v(T) \exp\left\{-\frac{[\mu_e(x) - \varepsilon_v]}{k_B T}\right\}. \tag{29.8}$$

Diese Ausdrücke sind von der gleichen Form wie die Beziehungen (28.12) für einen homogenen Halbleiter, lediglich das konstante Chemische Potential μ ist nun durch das elektrochemische Potential $\mu_e(x)$ ersetzt. Damit ist $\mu_e(\infty)$ das Chemische Potential eines homogenen, n-leitenden Halbleiterkristalls, dessen Eigenschaften identisch sind mit den Eigenschaften des inhomogenen Kristalls weit auf der n-leitenden Seite der Übergangszone; entsprechend ist $\mu_e(-\infty)$ das Chemische Potential eines homogenen, p-leitenden Kristalls dessen Eigenschaften identisch sind mit den Eigenschaften des inhomogenen Kristalls weit auf der p-leitenden Seite. Man kann daher die Beziehung (29.6) auch schreiben als[4]

$$e\Delta\phi = \mu_e(\infty) - \mu_e(-\infty). \tag{29.9}$$

Bild 29.2a zeigt eine Darstellung des elektrochemischen Potentials als Funktion der Ortskoordinate über einen p-n-Übergang. Dabei haben wir angenommen, daß sich – wie wir weiter unten noch zeigen werden – ϕ monoton vom einen Ende des Kristalls zum anderen hin ändert. Bild 29.2b zeigt einen äquivalente Darstellung desselben Zusammenhangs, wobei aber in diesem Falle das Potential ϕ, welches die Ortsabhängigkeit in (29.3) repräsentiert, nicht das Chemische Potential μ verschiebt, sondern die Bandkanten ε_c und ε_v. In beiden Fällen kann man diese Diagramme dahingehend interpretieren, daß die Ladungsträgerkonzentration an einer bestimmten Stelle x des Übergangs identisch ist mit der Konzentration, wie sie sich in einem homogenen Halbleiter mit der am Ort x herrschenden Störstellenkonzentration einstellen würde, und daß die Lage des Chemischen Potentials relativ zu den Bandkanten aus einem vertikalen Schnitt durch das Diagramm an der Stelle x zu ersehen ist.

Gleichung (29.6) – oder die ihr äquivalente Form (29.9) – dient als Randbedingung einer Differentialgleichung, die das Potential $\phi(x)$ bestimmt. Diese Differentialgleichung ist einfach die Poisson-Gleichung[5]

$$-\nabla^2\phi = -\frac{d^2\phi}{dx^2} = \frac{4\pi\rho(x)}{\epsilon}, \tag{29.10}$$

---

[4] Dies folgt direkt aus (29.7). Man beschreibt die Aussage von (29.9) bisweilen durch die Regel, daß der gesamte Potentialabfall gerade groß genug sein muß, „um die Ferminiveaus auf den beiden Seiten des Übergangs zur Übereinstimmung zu bringen". Diese Betrachtungsweise ist offensichtlich durch eine Darstellung wie in Bild 29.2b inspiriert.

[5] ϵ bezeichnet hier die statische Dielektrizitätskonstante des Halbleiters. Da die Änderung von ϕ über die Breite der Verarmungsschicht hinweg stattfindet, also über eine Entfernung, die groß ist auf der Skala der zwischenatomaren Entfernungen, so ist die Verwendung der makroskopischen Gleichung gerechtfertigt.

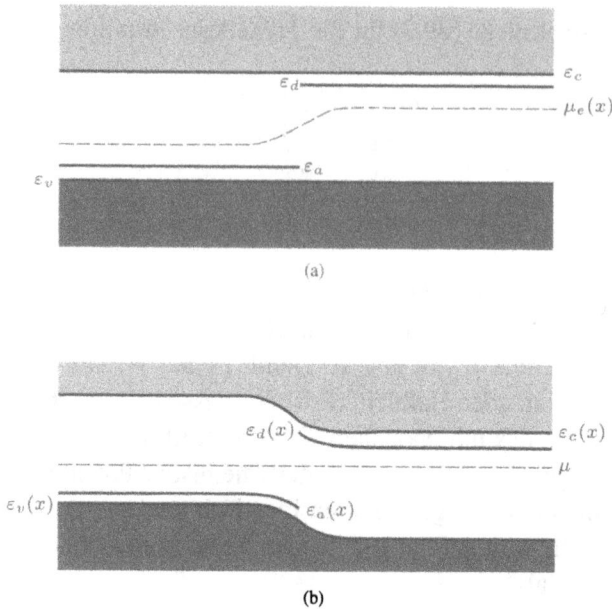

Bild 29.2: Zwei äquivalente Arten, die Wirkung des internen Potentials $\phi(x)$ auf die Elektronenkonzentration und die Löcherkonzentration innerhalb eines p-n-Übergangs darzustellen. (a) Darstellung des elektrochemischen Potentials $\mu_e(x) = \mu + e\phi(x)$ über den Übergang. Die Ladungsträgerkonzentrationen sind an jeder Stelle x identisch mit den Konzentrationen, wie man sie in einem homogenen, durch die festen Werte der Bandkantenenergien ε_c und ε_v sowie der Energien der Störstellenniveaus ε_d und ε_a charakterisierten Halbleiter mit einem Chemischen Potential gleich $\mu_e(x)$ vorfinden würde. (b) In diesem Falle bezeichnet $\varepsilon_c(x) = \varepsilon_c - e\phi(x)$ die Energie eines Elektronen-Wellenpakets, welches um x lokalisiert und gebildet ist aus Niveaus, die sehr nahe dem Leitungsbandminimum liegen; entsprechend ist $\varepsilon_v(x)$ definiert. Die Energien der lokalen Störstellenniveaus sind $\varepsilon_d(x) = \varepsilon_d - e\phi(x)$ und $\varepsilon_a(x) = \varepsilon_a - e\phi(x)$. Die Lage des (konstanten) Chemischen Potentials ist durch eine gestrichelte Linie gekennzeichnet. Die Ladungsträgerkonzentrationen sind an jeder Stelle x identisch mit den Konzentrationen, wie man sie in einem homogenen, durch die Bandkantenenergien $\varepsilon_c(x)$ und $\varepsilon_v(x)$ sowie die Energien $\varepsilon_d(x)$ und $\varepsilon_a(x)$ der Störstellenniveaus charakterisierten Halbleiter mit dem nun festen Chemischen Potential μ vorfinden würde.

die das Potential $\phi(x)$ in Beziehung setzt zu der das Potential erzeugenden Ladungs-dichteverteilung $\rho(x)$. Um $\rho(x)$ in einer geschlossenen Gleichung durch ϕ ausdrücken zu können, überlegen wir folgendermaßen: Sind die Störstellen entsprechend unserer Annahme in großen Entfernungen von der Übergangszone vollständig ionisiert, so gilt dies auch für alle x.[6] Folglich kann man die durch Störstellen und Ladungsträger

---

[6] Ist ϕ monoton – was, wie wir weiter unter noch sehen werden, tatsächlich zutrifft – so folgt diese Aussage aus der Tatsache, daß der Ionisierungsgrad der Störstellen wächst, je weiter das Chemische Potential vom Störstellenniveau entfernt liegt. Siehe dazu Bild 29.2 sowie die Gleichungen (28.32) und (28.34).

repräsentierte Ladungsdichte schreiben als[7]

$$\rho(x) = e[N_d(x) - N_a(x) - N_c(x) + P_v(x)].\tag{29.11}$$

Setzt man die Ausdrücke (29.3) für die Trägerkonzentrationen und (29.1) für die Störstellenkonzentrationen in die Gleichung (29.11) für die Ladungsdichte ein, und das Ergebnis dann in die Poisson-Gleichung (29.10), so erhält man eine nichtlineare Differentialgleichung für $\phi(x)$, deren exakte Lösung normalerweise nur numerisch möglich ist.[8] Trotzdem kann man eine befriedigende Vorstellung von $\phi(x)$ erhalten, wenn man sich klar macht, daß die gesamte Änderung von $e\phi$ von der Größenordnung $E_g \gg k_B T$ ist. Die Bedeutung dieser Abschätzung zeigt sich, wenn man (29.3) mit (29.4) kombiniert, und schreibt

$$N_c(x) = N_d\, e^{-e[\phi(\infty)-\phi(x)]/k_B T},$$
$$P_v(x) = N_a\, e^{-e[\phi(x)-\phi(-\infty)]/k_B T}.\tag{29.12}$$

Nehmen wir an, die Änderung von ϕ finde innerhalb eines Bereiches $-d_p \leqslant x \leqslant d_n$ statt. Außerhalb dieses Bereichs nimmt ϕ seinen asymptotischen Wert an, so daß $N_c = N_d$ auf der n-leitenden Seite gilt, $P_v = N_a$ auf der p-leitenden Seite, sowie $\rho = 0$. Innerhalb dieses Bereiches – außer in der unmittelbaren Umgebung der Ränder – unterscheidet sich $e\phi$ um viele $k_B T$ von seinem asymptotischen Wert, so daß $N_c \leqslant N_d$ und $P_v \leqslant N_a$ gilt. Somit ist die Ladungsdichte (29.11) im Bereich zwischen $-d_p$ und d_n (außer in der unmittelbaren Nähe von $x = -d_p$ und $x = d_n$) recht genau gegeben durch $\rho(x) = e[N_d(x) - N_a(x)]$, so daß demnach keine nennenswerte Trägerladung zur Verfügung steht, um die Ladungen der „ionisierten" Störstellen zu kompensieren. Demnach kennzeichnen die Punkte $x = -d_p$ und $x = d_n$ die Grenzen der Verarmungsschicht.

Fassen wir diese Beobachtungen zusammen, und verwenden wir die Form (29.1) für die Störstellenkonzentrationen, so sehen wir, daß man die Poisson-Gleichung – außer

---

[7] Die Löcherkonzentration weit auf der n-Seite hat den sehr kleinen Wert $P_v(\infty) = n_i{}^2/N_d$, wie er vom Massenwirkungsgesetz gefordert wird. Andererseits übersteigt die Elektronenkonzentration weit auf der n-Seite die Konzentration N_a um den gleichen kleinen Betrag, so daß die Gültigkeit von $N_c(\infty) - P_v(\infty) = N_d$ gewährleistet ist. Ignorieren wir bei der Berechnung der gesamten Ladungsdichte diese kleine Korrektur zu N_c – wie wir es taten, indem wir (29.4) schrieben – so sollten wir ebenfalls die kleine, kompensierende Löcherdichte weit auf der n-Seite vernachlässigen. Eine entsprechende Überlegung gilt für die kleine Elektronenkonzentration weit auf der p-Seite. Der Einfluß dieser Konzentrationen der jeweiligen „Minoritätsträger" ist von vernachlässigbar geringem Einfluß auf die gesamte Ladungsbalance. Weiter unten werden wir jedoch sehen, daß diese Minoritätsträger eine wichtige Rolle bei der Ausbildung der Ströme unter dem Einfluß eines äußeren Potentials spielen.

[8] Einige Aspekte dieser Gleichung untersuchen wir in Aufgabe 1.

an Stellen x, die nur wenig größer sind als $-d_p$ oder nur wenig kleiner als d_n – in guter Näherung folgendermaßen darstellen kann:

$$\phi''(x) = \begin{cases} 0 & \text{für } x > d_n, \\ -\dfrac{4\pi e N_d}{\epsilon} & \text{für } d_n > x > 0, \\ \dfrac{4\pi e N_a}{\epsilon} & \text{für } 0 > x > -d_p, \\ 0 & \text{für } -d_p > x. \end{cases} \qquad (29.13)$$

Hieraus folgt unmittelbar

$$\phi(x) = \begin{cases} \phi(\infty) & \text{für } x > d_n, \\ \phi(\infty) - \left(\dfrac{2\pi e N_d}{\epsilon}\right)(x - d_n)^2 & \text{für } d_n > x > 0, \\ \phi(-\infty) + \left(\dfrac{2\pi e N_a}{\epsilon}\right)(x + d_p)^2 & \text{für } 0 > x > -d_p, \\ \phi(-\infty) & \text{für } x < -d_p. \end{cases} \qquad (29.14)$$

Die Lösung (29.14) erfüllt explizit die Randbedingungen der Stetigkeit von ϕ sowie seiner ersten Ableitung an den Stellen $x = -d_p$ und $x = d_n$. Fordert man ihre Gültigkeit auch an der Stelle $x = 0$, so erhält man zwei weitere Gleichungen, welche die Längen d_n und d_p bestimmen. Aus der Stetigkeit von ϕ' an der Stelle $x = 0$ folgt

$$N_d d_n = N_a d_p. \qquad (29.15)$$

Diese Beziehung drückt die Bedingung aus, daß der Überschuß an positiver Ladung auf der n-leitenden Seite des Übergangs gleich sein muß dem Überschuß an negativer Ladung auf der p-leitenden Seite. Die Bedingung der Stetigkeit von ϕ an der Stelle $x = 0$ erfordert, daß

$$\left(\frac{2\pi e}{\epsilon}\right)(N_d d_n{}^2 + N_a d_p{}^2) = \phi(\infty) - \phi(-\infty) = \Delta\phi. \qquad (29.16)$$

Zusammen mit (29.15) bestimmt diese Gleichung die Längen d_n und d_p:

$$d_{n,p} = \left(\frac{(N_a/N_d)^{\pm 1}}{(N_d + N_a)}\frac{\epsilon\Delta\phi}{2\pi e}\right)^{1/2}. \qquad (29.17)$$

Um diese Längen abschätzen zu können, schreiben wir (29.17) in der numerisch besser handhabbaren Form

$$d_{n,p} = 105\left(\frac{(N_a/N_d)^{\pm 1}}{10^{-18}(N_d + N_a)}[\epsilon\Delta\phi]_{eV}\right)^{1/2} \quad (\text{Å}). \qquad (29.18)$$

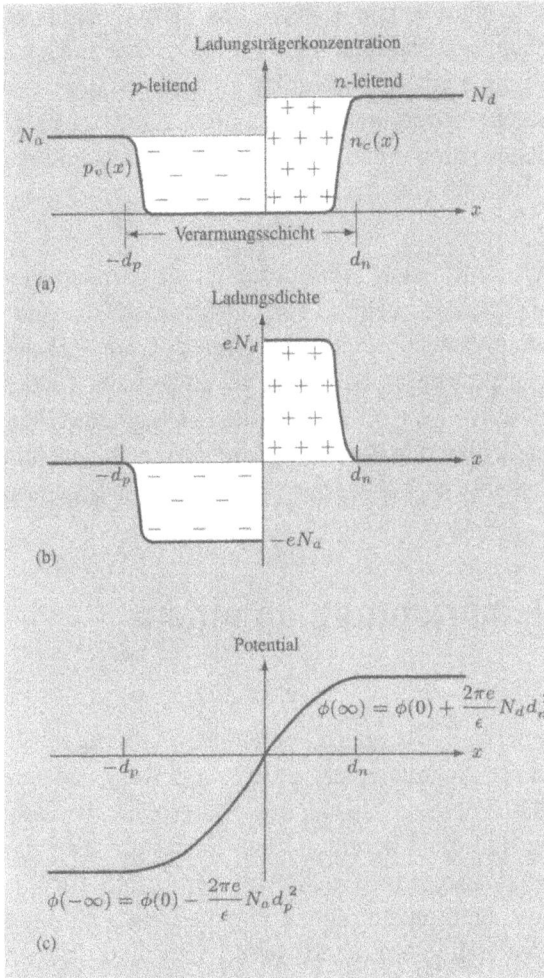

Bild 29.3: (a) Trägerkonzentrationen, (b) Ladungsdichte und (c) Potential $\phi(x)$, aufgetragen gegen die Ortskoordinate x über einen abrupten p-n-Übergang. Im Text nahmen wir als Näherung konstante Werte der Trägerkonzentrationen und der Ladungsdichte an, die sich an den Stellen $x = -d_p$ und $x = d_n$ unstetig ändern. Genauer betrachtet (siehe Aufgabe 1) ändern sich diese Größen sehr rasch in den Randzonen der Verarmungsschicht, innerhalb von Bereichen, deren Breite von der Größenordnung eines Bruchteils $(k_B T/E_g)^{1/2}$ der Gesamtbreite der Verarmungsschicht ist. Die Gesamtbreite der Verarmungsschicht liegt typischerweise zwischen 10^2 und 10^4 Å.

Die Größe $\epsilon e \Delta \phi$ ist typischerweise von der Größenordnung 1 eV; typische Werte der Störstellenkonzentrationen liegen im Bereich 10^{14} bis 10^{18} pro Kubikzentimeter, so daß die Längen d_n und d_p, welche die Ausdehnung der Verarmungsschicht angeben, im allgemeinen 10^4 bis 10^2 Å betragen. Das Feld innerhalb der Verarmungsschicht ist von der Größenordnung $\Delta\phi/(d_n + d_p)$, und beträgt für die oben abgeschätzten Werte der d's daher zwischen 10^5 und 10^7 Volt pro Meter – bei einer Energielücke der Breite 0,1 eV.

Diese Überlegungen führen uns zu der Vorstellung von der Verarmungsschicht in Bild 29.3: Wie oben festgestellt, verändert sich das Potential ϕ monoton über die Breite der Verarmungsschicht; außer an den Rändern der Schicht sind die Trägerkonzentrationen vernachlässigbar gering im Vergleich mit den Störstellenkonzentrationen, so daß die gesamte Ladungsdichte praktisch identisch ist mit der Ladungsdichte der ionisierten Störstellen. Außerhalb der Verarmungsschicht wiegen die Trägerkonzentrationen die Störstellenkonzentrationen auf, so daß die gesamte Ladungsdichte null ist.

Der Mechanismus, der zur Ausbildung eines solchen Bereiches extrem niedriger Trägerkonzentrationen führt, ist relativ einfach: Nehmen wir an, man könnte zunächst Trägerkonzentrationen einstellen, die eine Ladungsneutralität an jedem Punkt des Kristalls gewährleisten würden. Eine solche Konfiguration wäre nicht stabil, da Elektronen von der n-Seite, wo ihre Konzentration hoch ist, zur p-Seite diffundieren würden, wo ihre Konzentration niedrig ist, und entsprechend Löcher in die entgegengesetzte Richtung.

Durch fortgesetzte Diffusion dieser Art würde sich infolge des damit verbundenen Ladungstransports ein elektrisches Feld aufbauen, welches den Diffusionsströmen entgegenwirkt, bis schließlich eine Gleichgewichtskonfiguration erreicht wäre, bei der die Wirkung des Feldes den Ladungstransport durch Diffusion genau aufhebt. Da die Ladungsträger eine hohe Beweglichkeit aufweisen, so sind in dieser Gleichgewichtskonfiguration die Trägerkonzentrationen in all jenen Bereichen sehr gering, in welchen das elektrische Feld von nennenswerter Stärke ist. Genau diese physikalische Situation ist in Bild 29.3 dargestellt.

Einfaches Modell der Gleichrichtung an einem p-n-Übergang

Wir betrachten nun das Verhalten eines p-n-Übergangs unter der Wirkung einer äußeren Spannung V. Wir nehmen diese Spannung als positiv an, wenn sie das Potential auf der p-Seite gegenüber dem Potential auf der n-Seite erhöht. Im Falle $V = 0$ bildet sich, wie wir oben sahen, um die Übergangszone, innerhalb derer die Dotierung von p zu n wechselt, einen Verarmungsschicht von der Breite 10^2 bis 10^4 Å aus, innerhalb derer die Ladungsträgerkonzentrationen im Vergleich zu ihren Werten in den homogenen Bereichen des Halbleiterkristalls sehr gering sind. Infolge dieser stark verringerten Ladungsträgerkonzentrationen hat die Verarmungsschicht einen wesentlich größeren elektrischen Widerstand als die homogenen Bereiche des Kristalls, so daß man die gesamte Anordnung als Reihenschaltung eines relativ hohen Widerstandes zwischen zwei relativ kleinen Widerständen betrachten kann. Legt man an diese Anordnung eine Spannung V, so fällt der größte Teil der Spannung über den Bereich mit hohem Widerstand ab. Auch unter der Wirkung einer äußeren Spannung V können wir also erwarten, daß sich das Potential $\phi(x)$ als Funktion der Koordinate x entlang des Übergangs nur innerhalb der Verarmungsschicht nennenswert ändert. Für den Fall $V = 0$ sahen wir, daß sich das Potential $\phi(x)$ von der p-Seite der Verarmungsschicht zur n-Seite um den durch (29.6) gegebenen Betrag ändert (den wir nun mit $(\Delta\phi)_0$ bezeichnen), so daß wir nun schließen können, daß unter der Wirkung einer Spannung V der Ausdruck für die Potentialänderung über die Verarmungsschicht zu modifizieren ist zu

$$\Delta\phi = (\Delta\phi)_0 - V. \qquad (29.19)$$

Mit dieser Änderung des Potentialabfalls über die Verarmungsschicht ist auch eine Änderung ihrer Breite verbunden. Die Längen d_n und d_p, welche die Ausdehnung der Verarmungsschicht auf der n-Seite beziehungsweise der p-Seite des Übergangs bestimmen, sind durch die Gleichungen (29.15) und (29.16) gegeben; in diese Gleichungen geht nur der Wert des gesamten Potentialabfalls über die Verarmungsschicht ein, sowie die Annahme, daß die Trägerkonzentrationen praktisch überall innerhalb der Schicht sehr gering sind. Wir werden weiter unten sehen, daß diese Annahme auch für Spannungen $V \neq 0$ gültig bleibt, so daß d_n und d_p auch weiterhin durch (29.17) gegeben sind, vorausgesetzt, man ändert den Wert von $\Delta\phi$ zu $(\Delta\phi)_0 - V$. Da sich d_n und d_p nach (29.17) wie $(\Delta\phi)^{1/2}$ ändern, so folgt für $V \neq 0$

$$d_{n,p}(V) = d_{n,p}(0) \left[1 - \frac{V}{(\Delta\phi)_0} \right]^{1/2}. \tag{29.20}$$

Dieses Verhalten von ϕ sowie der Breite der Verarmungsschicht illustriert Bild 29.4.

Um die Abhängigkeit des Stromes durch einen p-n-Übergang von der Spannung V zu bestimmen, wenn man den Übergang mit dieser äußeren Spannung vorspannt, müssen wir die Ströme der Elektronen und der Löcher getrennt voneinander betrachten. In der folgenden Behandlung dieser Ströme bezeichnen wir Anzahlstromdichten mit dem Buchstaben J und elektrische Stromdichten mit j, so daß also

$$j_e = -eJ_e, \quad j_h = eJ_h. \tag{29.21}$$

Im Falle $V = 0$ verschwinden sowohl J_e als auch J_h. Dies bedeutet natürlich nicht, daß keinerlei einzelne Ladungsträger den Übergang überqueren, sondern vielmehr, daß ebensoviele Elektronen (oder Löcher) in die eine Richtung fließen, wie in die andere. Ist $V \neq 0$, so wird dieses Gleichgewicht gestört. Betrachten wir beispielsweise den Strom von Löchern durch die Verarmungsschicht. Dieser Strom hat zwei Komponenten:

1. Ein Löcherstrom, der sogenannte Löcher-*Generationsstrom*, fließt von der n-Seite zur p-Seite des Übergangs. Wie die Bezeichnung andeutet, entsteht dieser Strom durch die Erzeugung von Löchern durch thermische Anregung von Elektronen aus Valenzbandniveaus auf der n-Seite der Verarmungsschicht. Obwohl die Konzentration dieser Löcher auf der n-Seite – wo sie die „Minoritätsladungsträger" sind – sehr klein ist im Vergleich mit der Konzentration der Elektronen (den „Majoritätsladungsträgern"), so spielen sie doch eine wichtige Rolle beim Ladungstransport über der Übergang hinweg: Jedes dieser Löcher, sobald es in die Verarmungsschicht hineinwandert, wird durch das dort herrschende, starke elektrische Feld rasch zur p-Seite des Übergangs transportiert. Dieser Generationsstrom ist unabhängig von der Größe des Potentialabfalls über die Verarmungsschicht,

da unterschiedslos jedes Loch, das von der n-Seite kommend in die Verarmungs-schicht wandert, auf die p-Seite geschoben wird.[9]

2. Ein Löcherstrom, der Löcher-*Rekombinationsstrom*,[10] fließt von der p-Seite zur n-Seite des Übergangs. Das elektrische Feld innerhalb der Verarmungsschicht wirkt diesem Strom entgegen, und nur Löcher, deren thermische Energie am Rande der Verarmungsschicht groß genug ist, so daß sie die Potentialbarriere überwinden können, tragen zum Rekombinationsstrom bei. Die Anzahl solcher Löcher ist proportional zu $e^{-e\Delta\phi/k_B T}$, so daß gilt[11]

$$J_h^{\mathrm{rec}} \sim e^{-e[(\Delta\phi)_0 - V]/k_B T}.$$ (29.22)

Im Unterschied zum Generationsstrom hängt der Rekombinationsstrom empfindlich von der Vorspannung V ab. Um die Beträge dieser Ströme miteinander vergleichen zu können, machen wir uns klar, daß es im Falle $V = 0$ effektiv keinen Löcherstrom über den Übergang geben kann:

$$J_h^{\mathrm{rec}}\Big|_{V=0} = J_h^{\mathrm{gen}}.$$ (29.23)

Unter Berücksichtigung von (29.22) muß deshalb gelten

$$J_h^{\mathrm{rec}} = J_h^{\mathrm{gen}} e^{eV/k_B T}.$$ (29.24)

Der gesamte Löcherstrom von der p-Seite zur n-Seite des Übergangs ist gegeben durch die Differenz von Generationsstrom und Rekombinationsstrom:

$$J_h = J_h^{\mathrm{rec}} - J_h^{\mathrm{gen}} = J_h^{\mathrm{gen}}(e^{eV/k_B T} - 1).$$ (29.25)

Die gleiche Überlegung können wir für die Komponenten des Elektronenstromes anstellen, mit dem Unterschied, daß Generationsstrom und Rekombinationsstrom der Elektronen den entsprechenden Löcherströmen entgegengesetzt gerichtet fließen.

---

[9] Die Löcherkonzentration, welche die Ursache des Löcher-Generationsstroms ist, hängt ebenfalls nicht empfindlich von der Größe von V ab, sofern eV klein ist im Vergleich zu E_g, da diese Konzentration über das Massenwirkungsgesetz vollständig durch die Elektronenkonzentration bestimmt ist. Diese Elektronenkonzentration unterscheidet sich nur unwesentlich vom Wert N_c außerhalb der Verarmungsschicht, falls eV klein ist im Vergleich zu E_g; dies wird sich im Verlauf der folgenden, genaueren Behandlung noch herausstellen.

[10] Erreichen diese Löcher die n-Seite des Übergangs, so ereilt sie sehr bald das Schicksal in Form eines der zahlreich vorhandenen Elektronen, welches in das leere Niveau, das Loch eben, „hineinfällt" – mit dem Loch „rekombiniert".

[11] Mit der Annahme, daß (29.22) die dominierende Abhängigkeit des Rekombinationsstromes der Löcher von V darstellt, gehen wir ebenfalls davon aus, daß sich die Konzentration der Löcher unmittelbar auf der p-Seite der Verarmungsschicht nur wenig von N_a unterscheidet. Wir werden sehen, daß dies auch der Fall ist, vorausgesetzt, eV ist klein im Vergleich zur Breite E_g der Energielücke.

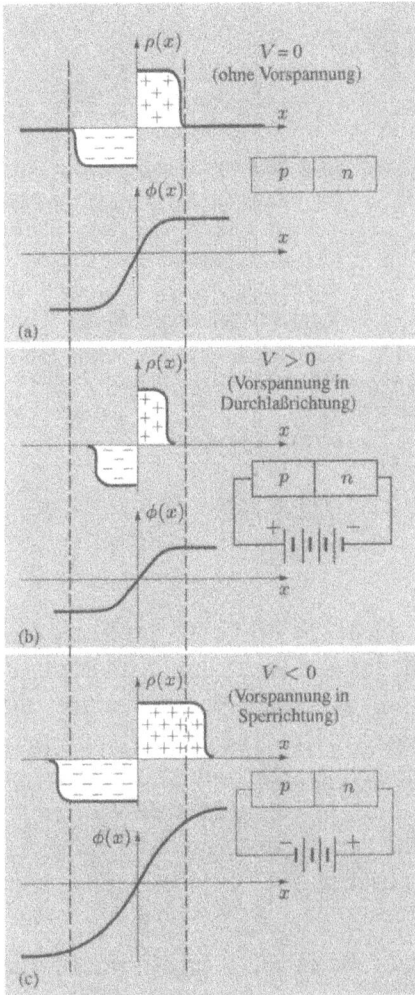

Bild 29.4: Ladungsdichte ρ und Potential ϕ innerhalb der Verarmungsschicht bei (a) einem Übergang ohne Vorspannung, (b) einem Übergang mit Vorspannung $V > 0$ in Durchlaßrichtung und (c) einem Übergang mit Vorspannung $V < 0$ in Sperrichtung. Die gestrichelten Linien geben die Stellen $x = d_n$ und $x = -d_p$ an, die Grenzen der Verarmungsschicht im Falle $V = 0$. Eine Spannung in Durchlaßrichtung vermindert die Breite der Verarmungsschicht ebenso wie den Abfall des Potentials ϕ über die Schicht, eine Vorspannung in Sperrichtung vergrößert beide.

Da jedoch die Elektronen die entgegengesetzte Ladung tragen, sind der elektrische Generationsstrom und der Rekombinationsstrom der Elektronen den entsprechenden Strömen der Löcher gleichgerichtet. Die gesamte elektrische Stromdichte ergibt sich demnach zu

$$j = e(J_h^{\text{gen}} + J_e^{\text{gen}})(e^{eV/k_B T} - 1). \tag{29.26}$$

Dieser Ausdruck hat die für gleichrichtende Elemente typische, hochgradig asymmetrische Form, wie sie in Bild 29.5 dargestellt ist.

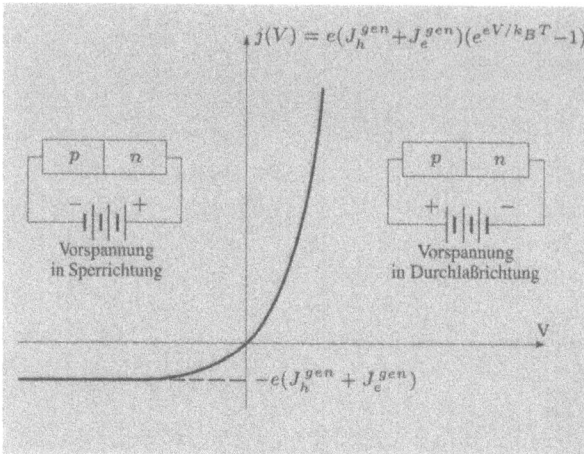

$$j(V) = e(J_h^{gen} + J_e^{gen})(e^{eV/k_BT} - 1)$$

p | n

Vorspannung
in Sperrichtung

p | n

Vorspannung
in Durchlaßrichtung

V

$-e(J_h^{gen} + J_e^{gen})$

Bild 29.5: Abhängigkeit des Stromes j durch einen p-n-Übergang von der äußeren Spannung V. Die im Bild angegebene Abhängigkeit ist anwendbar, solange eV klein ist im Vergleich zur Breite E_g der Energielücke. Wir zeigen weiter unten, daß der Sättigungsstrom $e(J_h^{gen} + J_e^{gen})$ wie e^{-E_g/k_BT} von der Temperatur abhängt.

Allgemeine physikalische Aspekte des Nichtgleichgewichtszustandes

Die vorangegangene Diskussion gab uns keine Abschätzung der Größe des Vorfaktors $e(J_h^{gen} + J_e^{gen})$ in (29.26). Darüber hinaus sind die lokalen Werte der Ladungsträgerkonzentrationen im Nichtgleichgewichtsfall ($V \neq 0$) im allgemeinen nicht über die einfachen, im Gleichgewichtsfall gültigen Maxwellschen Beziehungen (29.3) mit dem lokalen Wert des Potentials ϕ verknüpft. Im Nichtgleichgewichtsfall ist vielmehr eine weitergehende Analyse der Situation erforderlich, um zu einem Modell des Verhaltens der Ladungsträgerkonzentrationen in der Nähe der Übergangszone zu gelangen, das im einzelnen vergleichbar ist mit dem physikalischen Bild, welches wir uns vom Gleichgewichtsfall machten.

Im Rahmen eines solchen allgemeineren Ansatzes ist es nicht sehr hilfreich, die Elektronenströme und Löcherströme durch den Übergang in Generationsströme und Rekombinationsströme zu zerlegen. Statt dessen werden wir an jeder Stelle x – sowohl innerhalb, als auch außerhalb der Verarmungsschicht – Gleichungen formulieren, welche die gesamten Elektronenströme und Löcherströme $J_e(x)$ und $J_h(x)$, die Elektronenkonzentrationen und Löcherkonzentrationen $N_c(x)$ und $P_v(x)$ sowie das Potential $\phi(x)$ – oder, äquivalent, das elektrische Feld $E(x) = -d\phi(x)/dx$ – miteinander verknüpfen. Wir werden fünf solcher Gleichungen finden, die es uns im Prinzip gestatten, die fünf genannten Größen zu bestimmen. Diese Vorgehensweise ist eine direkte Verallgemeinerung des Ansatzes, den wir bei unserer Behandlung des Gleichgewichtsfalles ($V = 0$) verfolgten. Im Gleichgewicht verschwinden die Elektronenströme und die Löcherströme, es gibt nur noch drei unbekannte Größen, und wir verwendeten zu ihrer Bestimmung die Poisson-Gleichung sowie die beiden Gleichungen (29.3), die im thermodynamischen Gleichgewicht $N_c(x)$ und $P_v(x)$ mit $\phi(x)$ verknüpfen. Im Nichtgleichgewichtsfall besteht daher das Problem darin, geeignete Gleichungen zu finden, durch welche die Gleichgewichtsbeziehungen (29.3) zu ersetzen sind, wenn $V \neq 0$ gilt und Ströme fließen.

Ist sowohl eine elektrisches Feld vorhanden, als auch ein Gradient der Ladungsträgerkonzentrationen, so können wir die Stromdichte der Ladungsträger schreiben als Summe aus einem zum Feld proportionalen Term, dem *Driftstrom*, und einem zum Konzentrationsgradienten proportionalen Anteil, dem *Diffusionsstrom*:

$$
\begin{aligned}
J_e &= -\mu_n N_c E - D_n \frac{dN_c}{dx}, \\
J_h &= \mu_p P_v E - D_p \frac{dP_v}{dx}.
\end{aligned}
\tag{29.27}
$$

Die positiven[12] Proportionalitätskonstanten μ_n und μ_p in den Gleichungen (29.27) bezeichnet man als Elektronenbeweglichkeit beziehungsweise Löcherbeweglichkeit. Man führt diese Beweglichkeiten ein, statt die Driftströme durch die Leitfähigkeiten auszudrücken, um die Art der Abhängigkeit des Driftstromes von den Trägerkonzentrationen explizit zu machen. Sind ausschließlich Elektronen in homogener Konzentration vorhanden, so gilt $\sigma E = j = -eJ_e = e\mu_n nE$. Verwenden wir die Drude-Form $\sigma = ne^2\tau/m$ der Leitfähigkeit (siehe (1.6)), so erhalten wir

$$
\mu_n = \frac{e\tau_n^{\text{coll}}}{m_n}
\tag{29.28}
$$

und entsprechend

$$
\mu_p = \frac{e\tau_p^{\text{coll}}}{m_p},
\tag{29.29}
$$

wobei m_n und m_p die entsprechenden effektiven Massen, sowie τ_n^{coll} und τ_p^{coll} die Stoßzeiten der Ladungsträger bezeichnen.[13]

Die positiven[14] Proportionalitätskonstanten D_n und D_p in (29.27) sind die *Diffusionskonstanten* der Elektronen und der Löcher; sie sind mit den Beweglichkeiten über die

---

[12] Die Vorzeichen in (29.27) wurden mit dem Ziel gewählt, die Beweglichkeiten positiv erscheinen zu lassen; der Driftstrom der Löcher ist dem Feld gleichgerichtet, der Driftstrom der Elektronen dem Feld entgegengesetzt gerichtet.

[13] In Halbleitern gibt es eine weitere Lebensdauer von fundamentaler Bedeutung (siehe weiter unten), die *Rekombinationszeit*. Der Hochindex „coll" wurde den mittleren freien Stoßzeiten hinzugefügt, um sie von den Rekombinationszeiten unterscheiden zu können.

[14] Diese Konstanten sind positiv, da der Diffusionsstrom von Bereichen hoher Konzentration in Bereiche niedriger Konzentration fließt. Bei verschwindendem Feld bezeichnet man (29.27) manchmal als Ficksches Gesetz.

Einstein-Beziehungen[15] verknüpft:

$$\mu_n = \frac{eD_n}{k_B T}, \quad \mu_p = \frac{eD_p}{k_B T}.$$

(29.30)

Die Einstein-Beziehungen folgen direkt aus der Tatsache, daß Elektronenstrom und Löcherstrom im thermodynamischen Gleichgewicht verschwinden müssen: Nur wenn die Beweglichkeiten und Diffusionskonstanten über die Gleichungen (29.30) zueinander in Beziehung stehen, sind die Ströme (29.27) null, wenn die Ladungsträgerkonzentrationen die Gleichgewichtsform (29.3) annehmen[16] – wie man einfach durch direktes Einsetzen von (29.3) in (29.27) verifiziert.

Man kann die Beziehung (29.27), welche die Ströme durch die Konzentrationsgradienten und das Feld ausdrückt, ebenso wie die Gleichungen (29.28) bis (29.30) für die Beweglichkeiten und Diffusionskonstanten auch direkt mit Hilfe der einfachen, in Kapitel 1 verwendeten kinetischen Argumentationsweise herleiten (siehe Aufgabe 2).

Beachten Sie, daß (29.27) sowie die Bedingungen $J_e = J_h = 0$ im thermodynamischen Gleichgewicht alle notwendige Information enthalten, um die Ladungsträgerkonzentrationen bestimmen zu können: Verschwinden nämlich diese Ströme, so können wir (29.27) integrieren, und erhalten wiederum – mit Hilfe der Einstein-Beziehungen (29.30) – die Ladungsträgerkonzentrationen (29.3) im thermodynamischen Gleichgewicht. Ist $V \neq 0$ und fließen Ströme, so benötigt man eine weitere Gleichung, die man als Verallgemeinerung der Gleichgewichtsbedingungen verschwindender Ströme auf den Nichtgleichgewichtsfall betrachten kann. Wären die Ladungsträgeranzahlen Erhaltungsgrößen, so wären die erforderlichen Verallgemeinerungen einfach durch die Kontinuitätsgleichungen

$$\frac{\partial N_c}{\partial t} = -\frac{\partial J_e}{\partial x},$$

$$\frac{\partial P_v}{\partial t} = -\frac{\partial J_h}{\partial x}$$

(29.31)

gegeben. Diese Gleichungen besagen, daß die Änderungen der Ladungsträgeranzahlen in einem Raumbereich vollständig festgelegt sind durch die Raten, mit welchen Ladungsträger aus dem fraglichen Raumbereich hinaus oder in ihn hinein fließen. Die Ladungsträgeranzahlen sind jedoch *nicht* erhalten: Ein Elektron im Leitungsband und ein Loch im Valenzband können durch thermische Anregung eines Elektrons aus

---

[15] Die Einstein-Beziehungen sind von recht allgemeiner Gültigkeit; sie treten generell bei der Behandlung geladener Teilchen auf, die der Maxwell-Boltzmann-Statistik gehorchen – wie beispielsweise der Ionen in einer Elektrolytlösung.

[16] In Aufgabe 3 beschreiben wir die Verallgemeinerung der Gleichung (29.30) für den Fall entarteter Halbleiter.

einem Valenzbandniveau *erzeugt* werden; andererseits kann ein Elektron des Leitungsbandes mit einem Loch des Valenzbandes *rekombinieren* – das Elektron besetzt das
leere Niveau, welches mit dem Loch identisch ist – wobei ein Ladungsträger jeder
Sorte verschwindet. Deshalb sind weitere Terme zu den Kontinuitätsgleichungen hin-
zuzufügen, um auch diese Mechanismen einer Änderung der Ladungsträgeranzahl in
einem Raumbereich zu beschreiben:

$$\frac{\partial N_c}{\partial t} = \left(\frac{dN_c}{dt}\right)_{g-r} - \frac{\partial J_e}{\partial x},$$

$$\frac{\partial P_v}{\partial t} = \left(\frac{dP_v}{dt}\right)_{g-r} - \frac{\partial J_h}{\partial x}. \tag{29.32}$$

Zur Bestimmung von $(dN_c/dt)_{g-r}$ und $(dP_v/dt)_{g-r}$ stellen wir zunächst fest, daß die
Prozesse der Erzeugung und Rekombination das thermodynamische Gleichgewicht
wiederherstellen, sobald die Ladungsträgerkonzentrationen von ihren Gleichgewichtswerten abweichen: In Bereichen, wo N_c und P_v ihre Gleichgewichtswerte übersteigen,
finden Rekombinationsprozesse häufiger statt als Erzeugungsprozesse, wodurch sich
die Trägerkonzentrationen verringern, während in Bereichen, innerhalb derer N_c und
P_v kleiner sind als ihre Gleichgewichtswerte, Erzeugungsprozesse häufiger sind als
Rekombinationsprozesse, wodurch sich die Trägerkonzentrationen erhöhen. Die einfachsten Modelle beschreiben diese Prozesse durch Lebensdauern[17] der Elektronen,
τ_n, und der Löcher, τ_p. Man setzt dann die Änderungsraten der beiden Ladungsträgerkonzentrationen aufgrund von Rekombination und Erzeugung als proportional zur
Abweichung der Konzentrationen von ihren durch die jeweils andere Konzentration
und das Massenwirkungsgesetz (28.24) bestimmten Werten an:

$$\left(\frac{dN_c}{dt}\right)_{g-r} = -\frac{(N_c - N_c^0)}{\tau_n},$$

$$\left(\frac{dP_v}{dt}\right)_{g-r} = -\frac{(P_v - P_v^0)}{\tau_p}. \tag{29.33}$$

Dabei gilt $N_c^0 = n_i{}^2/P_v$ und $P_v^0 = n_i{}^2/N_c$.

Zur Deutung dieser Beziehungen stellen wir fest, daß beispielsweise die erste Gleichung die Änderung der Konzentration der als Ladungsträger verfügbaren Elektronen

---

[17] ... auch als „Rekombinationszeiten" bezeichnet. Die Erhaltung der gesamten elektrischen Ladung erfordert, daß die Rekombinationsraten proportional sind zur Konzentration des jeweils anderen Trägertyps:
$(1/\tau_n)(1/\tau_p) = P_v/N_c$.

in einem infinitesimalen Zeitintervall dt aufgrund von Rekombination und Erzeugung zu

$$N_c(t + dt) = \left(1 - \frac{dt}{\tau_n}\right) N_c(t) + \left(\frac{dt}{\tau_n}\right) N_c^0 \qquad (29.34)$$

angibt. Der erste Term auf der rechten Seite von (29.34) beschreibt die Vernichtung eines Bruchteils dt/τ_n der elektronischen Ladungsträger durch Rekombination; die Größe τ_n ist deshalb die mittlere elektronische Lebensdauer gegenüber Rekombination. Der zweite Term auf der rechten Seite beschreibt die thermische Erzeugung von n^0/τ_n elektronischen Ladungsträgern pro Einheitsvolumen und Zeiteinheit. Beachten Sie, daß sich die durch (29.33) gegebenen Ladungsträgerkonzentrationen – wie wir es gefordert haben – verringern, wenn sie ihre Gleichgewichtswerte überschreiten, daß sie anwachsen, sobald sie geringer als ihre Gleichgewichtswerte sind, und daß sie unverändert bleiben, falls sie mit ihren Gleichgewichtswerten übereinstimmen.

Die Lebensdauern τ_n und τ_p sind im allgemeinen sehr viel länger als die gesamten Stoßzeiten τ_n^{coll} der Elektronen und τ_p^{coll} der Löcher, da es sich bei der Rekombination oder der Erzeugung eines Elektron-Loch-Paares um einen Interbandübergang handelt (ein Elektron geht vom Valenzband ins Leitungsband über (Erzeugung) oder vom Leitungsband ins Valenzband (Rekombination)). Gewöhnliche Stöße, welche die Anzahlen der Ladungsträger erhalten, sind Intrabandübergänge. Typische Lebensdauern liegen deshalb zwischen 10^{-3} und 10^{-8} s, während die Stoßzeiten mit 10^{-12} bis 10^{-13} s ungefähr gleich den Werten sind, die man in Metallen vorfindet.

Unter der Wirkung einer konstanten, äußeren Vorspannung befindet sich der p-n-Übergang zwar nicht im thermodynamischen Gleichgewicht, jedoch in einem stationären Zustand: Die Ladungsträgerkonzentrationen sind zeitlich konstant, $dN_c/dt = dP_v/dt = 0$. In Anbetracht dieses Sachverhalts sowie unter Verwendung der Ausdrücke (29.33) für die Änderungsraten der Trägerkonzentrationen aufgrund von Rekombination und Erzeugung erhält man aus der Kontinuitätsgleichung (29.32) die Bedingungen

$$\boxed{\begin{aligned} \frac{dJ_e}{dx} + \frac{N_c - N_c^0}{\tau_n} &= 0, \\ \frac{dJ_h}{dx} + \frac{P_v - P_v^0}{\tau_p} &= 0. \end{aligned}} \qquad (29.35)$$

Diese Gleichungen ersetzen die Gleichgewichtsbedingungen $J_e = J_h = 0$ im Falle $V \neq 0$.

Eine sehr wichtige Anwendung finden die Gleichungen (29.35) und (29.27) in Bereichen, wo das elektrische Feld E vernachlässigbar schwach und die Konzentration der Majoritätsladungsträger konstant ist. In einem solchen Fall kann man den Driftstrom der Minoritätsladungsträger gegenüber ihrem Diffusionsstrom vernachlässigen, und die Gleichungen (29.27) und (29.35) reduzieren sich auf eine einzige Gleichung für die Konzentration der Minoritätsladungsträger mit einer konstanten Rekombinationszeit:

$$
\begin{aligned}
D_n \frac{d^2 N_c}{dx^2} &= \frac{N_c - N_c^0}{\tau_n}, \\
D_p \frac{d^2 P_v}{dx^2} &= \frac{P_v - P_v^0}{\tau_p}.
\end{aligned} \quad (E \approx 0)
\tag{29.36}
$$

Die Lösungen dieser Gleichungen ändern sich exponentiell mit x/L, wobei man die durch

$$
L_n = (D_n \tau_n)^{1/2}, \qquad L_p = (D_p \tau_p)^{1/2}
\tag{29.37}
$$

definierten Längen L_n und L_p als *Diffusionslängen* der Elektronen und der Löcher bezeichnet. Nehmen wir beispielsweise an – ein Fall, der weiter unten noch von einiger Bedeutung sein wird – daß wir uns im Bereich homogenen Potentials auf der n-Seite der Verarmungsschicht befinden, so daß also die Gleichgewichtskonzentration P_v^0 den konstanten Wert $P_v(\infty) = n_i^2/N_d$ hat. Ist die Konzentration der Löcher in einem Punkt x_0 auf den Wert $P_v(x_0) \neq P_v(\infty)$ beschränkt, so hat die Gleichung (29.36) für $x \geqslant x_0$ die Lösung

$$
P_v(x) = P_v(\infty) + [P_v(x_0) - P_v(\infty)]e^{-(x-x_0)/L_p}.
\tag{29.38}
$$

Somit ist die Diffusionslänge ein Maß für die Entfernung, innerhalb derer die Ladungs-trägerkonzentration auf ihren Gleichgewichtswert zurückgeht.

Man könnte erwarten, daß die Entfernung L, über welche eine Abweichung von der Gleichgewichtskonzentration aufrechterhalten werden kann, grob gegeben ist durch die Entfernung, die ein Ladungsträger zurücklegen kann, bevor er rekombiniert. Dies ist aus den Ausdrücken (29.37) für die Diffusionslängen L_n und L_p nicht unmittelbar ersichtlich; es zeigt sich aber, wenn man (29.37) umschreibt unter Verwendung (a) der Einstein-Beziehungen (29.30) zwischen Diffusionskonstante und Beweglichkeit, (b) der Drude-Form (29.28) oder (29.29) der Beweglichkeit, (c) der Beziehung $\frac{1}{2}mv_{\text{th}}^2 = \frac{3}{2}k_B T$ zwischen der mittleren quadratischen Trägergeschwindigkeit und der Temperatur unter nichtentarteten Bedingungen, sowie endlich (d) der Definition $\ell = v_{\text{th}}\tau^{\text{coll}}$ der mittleren freien Weglänge eines Ladungsträgers zwischen aufeinan-derfolgenden Stößen. Man erhält so

$$
\begin{aligned}
L_n &= \left(\frac{\tau_n}{3\tau_n^{\text{coll}}}\right)^{1/2} \ell_n, \\[2mm]
L_p &= \left(\frac{\tau_p}{3\tau_p^{\text{coll}}}\right)^{1/2} \ell_p.
\end{aligned}
\tag{29.39}
$$

Nimmt man an, daß die Bewegungsrichtung eines Ladungsträgers nach jedem Stoß zufällig ist, so kann man eine Reihe von N Stößen als einen *random walk* mit der Schrittlänge ℓ betrachten. Man zeigt leicht,[18] daß die gesamte Entfernung vom Ausgangspunkt nach N Schritten einer solchen Bewegung gegeben ist durch $N^{1/2}\ell$. Da die Gesamtzahl von Stößen, die ein Ladungsträger während der Rekombinationszeit ausführen kann, gegeben ist durch das Verhältnis aus Rekombinationszeit und Stoßzeit, so zeigt (29.39) tatsächlich, daß die Diffusionslänge ein Maß ist für die Entfernung, die ein Ladungsträger zurücklegen kann, bevor er rekombiniert.

Unter Verwendung der auf Seite 766 angegebenen, typischen Werten der Stoßzeit und der – sehr viel längeren – Rekombinationszeit ergibt (29.39) Werte der Diffusionslänge zwischen 10^2 und 10^5 mittleren freien Weglängen.

Wir können die Beträge der Generationsströme im Zusammenhang (29.26) zwischen Strom und Spannung durch die Diffusionslängen und die Lebensdauern der Ladungsträger ausdrücken. Dazu stellen wir zunächst fest, daß per Definition der Lebensdauer Löcher mit einer Rate von P_v^0/τ_p pro Einheitsvolumen thermisch erzeugt werden. Ein solches Loch hat eine reelle Chance, in die Verarmungsschicht zu gelangen, bevor es rekombiniert, und sehr rasch darüber hinweg auf die p-Seite gezogen zu werden, wenn es innerhalb einer Diffusionslänge L_p vom Rand der Verarmungsschicht entfernt erzeugt wird. Deshalb ist der Fluß thermisch erzeugter Löcher in die Verarmungsschicht hinein pro Einheitsfläche und Sekunde von der Größenordnung $L_p P_v^0/\tau_p$. Mit $P_v^0 = n_i^2/N_d$ ergibt sich dann

$$J_h^{\text{gen}} = \left(\frac{n_i^2}{N_d}\right) \frac{L_p}{\tau_p}, \tag{29.40}$$

sowie entsprechend

$$J_e^{\text{gen}} = \left(\frac{n_i^2}{N_a}\right) \frac{L_n}{\tau_n}. \tag{29.41}$$

Man bezeichnet die Summe der Ströme (29.40) und (29.41) als den *Sättigungsstrom*, da es der maximal mögliche Strom ist, der durch den Übergang fließen kann, wenn V negativ ist („Sperrfall"). Da ein Faktor $e^{-E_g/k_B T}$ (siehe (28.19)) die Temperaturabhängigkeit von n_i^2 bestimmt, so ist auch der Sättigungsstrom stark temperaturabhängig.

---

[18] Siehe beispielsweise F. Reif, *Fundamentals of Statistical and Thermal Physics*, McGraw-Hill, New York (1965), Seite 16.

Eine detailliertere Theorie des p-n-Übergangs im Nichtgleichgewicht

Auf der Grundlage der Konzepte des Driftstroms und des Diffusionsstroms sind wir in der Lage, eine mehr ins einzelne gehende Beschreibung des Verhaltens eines p-n-Übergangs im Falle $V \neq 0$ zu geben. Am Übergang im Gleichgewicht beobachtet man die Ausbildung zweier charakteristischer Bereiche, einmal der Verarmungsschicht, innerhalb derer das elektrische Feld stark, die Raumladung und die Gradienten der Ladungsträgerkonzentrationen groß sind, sowie andererseits der homogenen Bereiche außerhalb der Verarmungsschicht, wo Feld, Raumladung und Gradienten verhältnismäßig klein sind. Im Nichtgleichgewichtsfall ist die Stelle, von welcher ab das elektrische Feld und die Raumladung klein sind, verschieden von der Stelle, von welcher ab die Gradienten der Ladungsträgerkonzentrationen klein sind. Folglich ist der p-n-Übergang im Falle $V \neq 0$ nicht nur durch zwei, sondern durch drei unterschiedliche Bereiche zu beschreiben, die in kompakter Form in Tabelle 29.1 charakterisiert sind:

1. **Die Verarmungsschicht** Ebenso wie im Gleichgewichtsfall ist dies ein Bereich, innerhalb dessen sowohl das elektrische Feld, als auch die Raumladung und die Gradienten der Ladungsträgerkonzentrationen groß sind. Für $V \neq 0$ wird die Verarmungsschicht nach (29.20) entweder schmaler oder breiter als im Falle $V = 0$, abhängig davon, ob V positiv ist (Durchlaßfall) oder negativ (Sperrfall).

2. **Die Diffusionszonen** Diese Bereiche dehnen sich um eine Strecke von der Größenordnung der Diffusionslänge außerhalb der Grenzen der Verarmungsschicht aus; elektrisches Feld und Raumladung sind in diesen Bereichen bereits klein, die Gradienten der Ladungsträgerkonzentrationen sind jedoch noch nennenswert, wenn auch nicht mehr so groß wie innerhalb der Verarmungsschicht.

3. **Die homogenen Bereiche** Außerhalb der Diffusionszonen sind die Werte des elektrischen Feldes, der Raumladung sowie der Gradienten der Ladungsträgerkonzentrationen sehr klein, wie es auch im homogenen Halbleiter im Gleichgewicht der Fall ist.

Die Diffusionszone (2) ist im Gleichgewichtsfall nicht ausgebildet; aus den folgenden Gründen tritt sie bei $V \neq 0$ auf:

Im Gleichgewicht ($V = 0$) ist die Änderung der Trägerkonzentrationen über die Verarmungsschicht hinweg gerade groß genug, um einen Übergang zwischen den homogenen Gleichgewichtswerten auf den Seiten hoher Konzentrationen ($N_c(\infty) = N_d$, $P_v(-\infty) = N_a$) sowie den homogenen Gleichgewichtswerten auf den Seiten nied-

Tabelle 29.1

Die drei charakteristischen Bereiche in einem vorgespannten p-n-Übergang*

	homogen p-leitend	Diffusionszone $\leftarrow O(L_p) \rightarrow$	Verarmungsschicht $\leftarrow d_p \nleftrightarrow d_n \rightarrow$	Diffusionszone $\leftarrow O(L_n) \rightarrow$	homogen n-leitend
Elektrisches Feld oder Raumladung	klein	klein	groß	klein	klein
$\nabla p, \nabla n$	klein	groß	groß	groß	klein
p	groß	groß	klein	klein	klein
n	klein	klein	klein	groß	groß
j_h^{drift}	$\approx j$	$O(j)$	$\gg j$	≈ 0	≈ 0
$j_h^{\mathrm{diffusion}}$	≈ 0	$O(j)$	$\gg j$	$O(j)$	≈ 0
$j_e^{\mathrm{diffusion}}$	≈ 0	$O(j)$	$\gg j$	$O(j)$	≈ 0
j_e^{drift}	≈ 0	≈ 0	$\gg j$	$O(j)$	$\approx j$

* Lage und Ausdehnung der Bereiche sind im Kopf der Tabelle angegeben. Die einem bestimmten Bereich zugeordnete Spalte der Tabelle enthält Angaben über die jeweiligen Größenordnungen der wichtigen physikalischen Größen.

riger Konzentrationen[19] ($N_c(-\infty) = n_i^2/N_a$, $P_v(+\infty) = n_i^2/N_d$) herzustellen. Im Falle $V \neq 0$ unterscheiden sich, wie wir feststellen konnten, die Ausdehnung der Verarmungsschicht sowie der Betrag des Potentialabfalls über die Verarmungsschicht hinweg von ihren jeweiligen Gleichgewichtswerten. Wie wir weiter unten noch explizit sehen werden, reicht folglich die Änderung der Trägerkonzentrationen über die Verarmungsschicht hinweg nicht mehr aus, um den Unterschied zwischen den homogenen Gleichgewichtswerten auf den beiden Seiten zu überbrücken, so daß sich ein weiterer Bereich ausbildet, innerhalb dessen die Trägerkonzentrationen von ihren Werten an den Rändern der Verarmungsschicht auf die Werte in den weiter entfernten, homogenen Bereichen zurückgehen (Bild 29.6).

Tabelle 29.1 faßt diese Eigenschaften zusammen und gibt ebenfalls das charakteristische Verhalten der Driftströme und Diffusionsströme von Elektronen und Löchern in jedem der drei Bereiche an, wenn ein Strom j durch den Übergang fließt:[20]

1. *Innerhalb der Verarmungsschicht* gibt es sowohl Driftströme als auch Diffusionsströme. Im Gleichgewichtsfall sind sie für jeden Trägertyp einander gleich und entgegengesetzt gerichtet, so daß die effektiven Ströme sowohl der Löcher als auch der Elektronen verschwinden. Im Nichtgleichgewichtsfall ergibt sich der effektiv durch die Verarmungsschicht fließende Strom aus einem geringfügigen Unterschied zwischen Driftstrom und Diffusionsstrom für jeden Trägertyp; Driftstrom und Diffusionsstrom sind also jeder für sich im Vergleich zum Gesamtstrom recht groß. Sobald wir ein vollständiges Bild der in einem *p-n*-Übergang fließenden Ströme entworfen haben werden, wird es ein leichtes sein, dies explizit zu zeigen (Aufgabe 4); es ist eine Folge des sehr starken elektrischen Feldes und der großen Konzentrationsgradienten innerhalb der Verarmungszone, was die sehr geringen Trägerkonzentrationen mehr als aufwiegt.

2. *In den Diffusionszonen* liegen die Werte der Trägerkonzentrationen bereits näher bei den Werten in den homogenen Bereichen. Die Konzentration der Majoritätsladungsträger ist nun so groß, daß deren Driftstrom nennenswert wird, obwohl das elektrische Feld nun sehr schwach ist; im Vergleich dazu ist der Driftstrom der Minoritätsladungsträger praktisch vernachlässigbar klein. Da sich die Trägerkonzentrationen auch in den Diffusionszonen noch ändern, sind die Diffusionsströme

---

[19] In der vorangegangenen Diskussion des Gleichgewichtsfalles näherten wir die Minoritätsträgerkonzentrationen – d.h. die homogenen Gleichgewichtswerte der Konzentration auf der Seite mit niedriger Konzentration des jeweiligen Ladungsträgers – durch null (vgl. Fußnote 7). Diese Näherung war angemessen, da wir lediglich die Raumladungsdichte beschrieben, zu welcher die Minoritätsträger im Vergleich zu den Majoritätsträgern nur unwesentlich beitragen. Der Beitrag der Minoritätsträger zum Strom ist jedoch *nicht* vernachlässigbar, so daß es notwendig wird, die hier angegebenen Werte zu verwenden (Sie sind über das Massenwirkungsgesetz durch die jeweiligen Majoritätsträgerkonzentrationen bestimmt.).

[20] Im stationären Zustand ist der gesamte elektrische Strom entlang des Überganges homogen: j kann nicht von x abhängen.

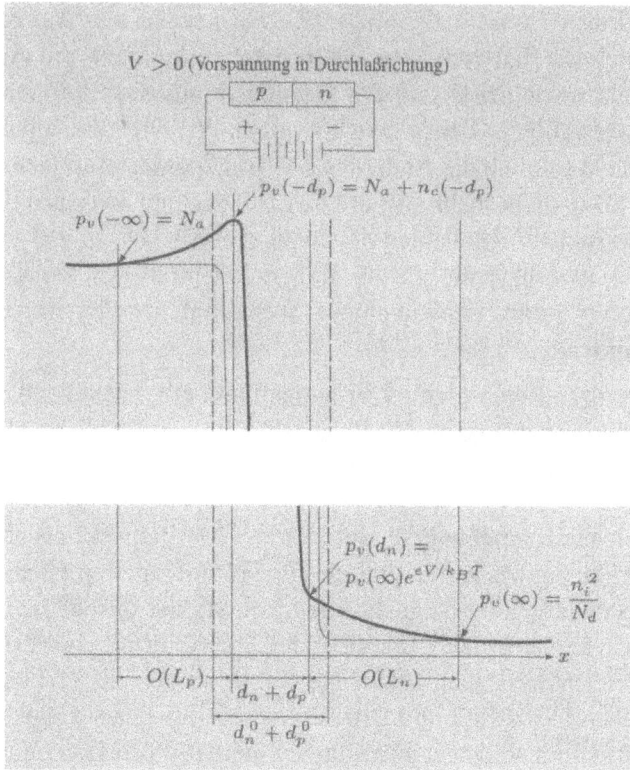

Bild 29.6: Verlauf der Löcherkonzentration (durchgezogene Kurve) über einen p-n-Übergang mit $V > 0$ (Vorwärtsspannung). Die vertikalen, durchgezogenen Linien kennzeichnen die Grenzen der Verarmungsschicht sowie der Diffusionszonen. Beachten Sie die Unterbrechung in der vertikalen Achse. Zum Vergleich ist der Verlauf der Löcherkonzentration im Falle $V = 0$ (Übergang ohne Vorspannung) als dünn gezeichnete Linie aufgetragen; die gestrichelt gezeichneten, vertikalen Linien geben die Grenzen der Verarmungsschicht in diesem Falle an. Die Elektronenkonzentration verhält sich ähnlich. Ist V negativ (Rückwärtsspannung oder Sperrspannung), so sinkt die Löcherkonzentration unter ihren asymptotischen Wert in der Diffusionszone. Obwohl die überschüssige Konzentration im vorgespannten Fall im Vergleich zum nicht vorgespannten Fall in beiden Diffusionszonen vom gleichen Betrag ist, bedeutet sie auf der p-Seite nur eine vergleichsweise winzige Änderung der Trägerdichte, während sie auf der n-Seite eine sehr große Änderung darstellt.

beider Trägertypen – da sie proportional nicht zur Konzentration, sondern zu deren Gradienten sind – wesentlich. Typischerweise sind sämtliche Ströme innerhalb der Diffusionszonen – mit Ausnahme des vernachlässigbar geringen Driftstroms der Minoritätsträger – von der Größenordnung j.

3. *In den homogenen Bereichen* sind die Diffusionsströme vernachlässigbar, und der gesamte Strom wird durch den Driftstrom der Majoritätsladungsträger getragen.

In diesem Bild der einzelnen Driftströme und Diffusionsströme können wir problemlos den Gesamtstrom j berechnen, der bei einer bestimmten Vorspannung V durch den Übergang fließt. Um die Betrachtung zu vereinfachen, machen wir eine weitere Annahme:[21] Wir nehmen an, daß die Passage der Ladungsträger durch die Verarmungsschicht so rasch vonstatten geht, daß innerhalb der Schicht nur vernachlässigbar wenige Erzeugungs- und Rekombinationsprozesse stattfinden. Ist dies der Fall, so sind die Gesamtströme J_e der Elektronen und J_h der Löcher im stationären Zustand über die Verarmungsschicht hinweg konstant. Folglich können wir J_e und J_h im Ausdruck $j = -eJ_e + eJ_h$ für den Gesamtstrom getrennt voneinander und an beliebigen Punkten innerhalb der Verarmungsschicht berechnen, wo auch immer es rechnerisch am bequemsten ist. So berechnet man den Elektronenstrom am einfachsten an der Grenze zwischen der Verarmungsschicht und der Diffusionszone auf der p-Seite des Übergangs, und den Löcherstrom an der entsprechenden Grenze auf der n-Seite:[22] Wir können somit schreiben

$$j = -eJ_e(-d_p) + eJ_h(d_n). \tag{29.42}$$

Diese Darstellung ist nützlich, da an den Grenzen zwischen der Verarmungsschicht und den Diffusionszonen die Ströme der Minoritätsladungsträger rein diffusiv sind (siehe Tabelle 29.1). Wären wir folglich in der Lage, die Ortsabhängigkeit der Konzentrationen der Minoritätsladungsträger innerhalb der Diffusionszonen zu ermitteln, so könnten wir auch unmittelbar die Ströme dieser Ladungsträger mit Hilfe von Gleichung (29.27) (bei $E = 0$) berechnen

$$J_e(-d_p) = -D_n \frac{dN_c}{dx}\bigg|_{x=-d_p},$$

$$J_h(d_n) = -D_p \frac{dP_v}{dx}\bigg|_{x=d_n}. \tag{29.43}$$

Da jedoch die Driftströme der Minoritätsträger in den Diffusionszonen vernachlässigbar klein sind, so erfüllen die Konzentrationen der Minoritätsträger die Diffusionsgleichung (29.36). Bezeichnen wir mit $P_v(d_n)$ die Löcherkonzentration an der Grenze der Verarmungsschicht auf der n-Seite und beachten wir, daß sich P_v mit zunehmender Entfernung von dieser Grenze auf der n-Seite dem Wert $P_v(\infty) = n_i^2/N_d$ nähert, so wird die Lösung (29.38) der Diffusionsgleichung (29.36) zu

$$P_v(x) = \frac{n_i^2}{N_d} + \left[P_v(d_n) - \frac{n_i^2}{N_d}\right] e^{-(x-d_n)/L_p} \quad \text{für} \quad x \geqslant d_n. \tag{29.44}$$

---

[21] Diese Annahme gilt auch im allgemeinen Fall; ist sie nicht mehr erfüllt, so muß man den vollständigen Satz von Gleichungen über die Verarmungsschicht integrieren.

[22] Das oben beschriebene, elementarere Modell der Gleichrichtung konzentrierte sich ebenfalls auf den Elektronenstrom, welcher von der Löcherseite des Übergangs ausgeht – und umgekehrt.

Entsprechend ist die Elektronenkonzentration innerhalb der Diffusionszone auf der p-Seite gegeben durch

$$N_c(x) = \frac{n_i^2}{N_a} + \left[N_c(-d_p) - \frac{n_i^2}{N_a} \right] e^{(x+d_p)/L_n} \quad \text{für} \quad x \leqslant -d_p. \quad (29.45)$$

Setzen wir diese Ausdrücke für die Trägerkonzentrationen in (29.43) ein, so erhalten wir die Ströme der Minoritätsträger an den Grenzen der Verarmungsschicht zu

$$J_e(-d_p) = -\frac{D_n}{L_n} \left[N_c(-d_p) - \frac{n_i^2}{N_a} \right],$$

$$J_h(d_n) = \frac{D_p}{L_p} \left[P_v(d_n) - \frac{n_i^2}{N_d} \right], \quad (29.46)$$

so daß sich der Gesamtstrom (29.42) zu

$$j = \frac{eD_n}{L_n} \left[N_c(-d_p) - \frac{n_i^2}{N_a} \right] + \frac{eD_p}{L_p} \left[P_v(d_n) - \frac{n_i^2}{N_d} \right] \quad (29.47)$$

ergibt. Nun bleibt nur noch zu bestimmen, um welche Beträge sich die Konzentrationen der Minoritätsträger an den Grenzen der Verarmungsschicht von ihren homogenen Gleichgewichtswerten unterscheiden. Im Gleichgewichtsfall erhielten wir die Änderungen der Trägerkonzentrationen über die Verarmungsschicht hinweg aus dem Gleichgewichtsausdruck (29.3) für die Änderung der Trägerkonzentrationen in einem Potential $\phi(x)$. Wie wir weiter oben feststellen konnten, folgt dieser Ausdruck einfach aus der Tatsache, daß die Driftströme im Gleichgewicht den Diffusionsströmen betragsgleich, aber entgegengesetzt gerichtet sind. Im allgemeinen Nichtgleichgewichtsfall (d.h. innerhalb der Diffusionszone) gleichen sich Driftströme und Diffusionsströme nicht aus, und (29.3) ist nicht erfüllt. Trotzdem besteht innerhalb der Verarmungsschicht nahezu eine Balance zwischen Driftströmen und Diffusionsströmen,[23] so daß die Trägerkonzentrationen in vertretbar guter Näherung die Beziehung (29.3) erfüllen, wobei sie sich über die Verarmungsschicht hinweg um einen Faktor $e^{-e\Delta\phi/k_BT}$ ändern:

$$N_c(-d_p) = N_c(d_n)e^{-e\Delta\phi/k_BT} = [N_c(d_n)e^{-e(\Delta\phi)_0/k_BT}]e^{eV/k_BT},$$

$$P_v(d_n) = P_v(-d_p)e^{-e\Delta\phi/k_BT} = [P_v(-d_p)e^{-e(\Delta\phi)_0/k_BT}]e^{eV/k_BT}. \quad (29.48)$$

Gilt $eV \ll E_g$, so ist V klein im Vergleich zu $(\Delta\phi)_0$, und die Trägerkonzentrationen auf der Minoritätsseite, $N_c(-d_p)$ und $P_v(d_n)$, sind auch weiterhin sehr klein im Vergleich zu ihren Werten auf der Majoritätsseite, $N_c(d_n)$ und $P_v(-d_p)$ – wie es auch für $V = 0$

---

[23] Wir verifizieren dies in Aufgabe 4.

der Fall ist. Deshalb folgen aus den Bedingungen, daß die Raumladung an den Grenzen der Verarmungsschicht verschwindet,

$$N_c(d_n) - P_v(d_n) = N_d,$$
$$P_v(-d_p) - N_c(-d_p) = N_a \tag{29.49}$$

Werte der Majoritätsträgerkonzentrationen $N_c(d_n)$ und $P_v(-d_p)$, die sich von ihren Gleichgewichtswerten N_d und N_a lediglich um Faktoren unterscheiden, die sehr nahe bei eins liegen. Daher gilt im Falle $eV \ll E_g$ in sehr guter Näherung

$$N_c(-d_p) = [N_d e^{-e(\Delta\phi)_0/k_B T}] e^{eV/k_B T},$$
$$P_v(d_n) = [N_a e^{-e(\Delta\phi)_0/k_B T}] e^{eV/k_B T}, \tag{29.50}$$

oder – äquivalent –[24]

$$N_c(-d_p) = \frac{n_i^2}{N_a} e^{eV/k_B T},$$
$$P_v(d_n) = \frac{n_i^2}{N_d} e^{eV/k_B T}. \tag{29.51}$$

Setzen wir diese Ausdrücke in den Ausdruck (29.47) für den Gesamtstrom ein, so erhalten wir

$$j = e n_i^2 \left(\frac{D_n}{L_n N_a} + \frac{D_p}{L_p N_d} \right) (e^{eV/k_B T} - 1). \tag{29.52}$$

Diese Beziehung ist von der Form (29.26), mit Generationsströmen, die explizit durch

$$\boxed{\begin{aligned} J_e^{\text{gen}} &= \left(\frac{n_i^2}{N_a} \right) \frac{D_n}{L_n}, \\ J_h^{\text{gen}} &= \left(\frac{n_i^2}{N_d} \right) \frac{D_p}{L_p} \end{aligned}} \tag{29.53}$$

gegeben sind. Eliminieren wir die Diffusionskonstanten in (29.53) mit Hilfe von (29.37), so stimmen diese Ausdrücke für die Generationsströme mit den groben Abschätzungen (29.40) und (29.41) überein.

---

[24] Dies folgt aus dem Ausdruck (29.6) für $(\Delta\phi)_0$ und der Form (28.19) von n_i, aber auch direkt aus (29.50), wenn man fordert, daß diese Gleichung für $V = 0$ die korrekten Gleichgewichtswerte $N_c(-d_p) = n_i^2/N_a$ und $P_v(d_n) = n_i^2/N_e$ liefern soll.

Aufgaben

29.1   Die Verarmungsschicht im thermodynamischen Gleichgewicht

(a) Zeigen Sie: Geht man von der exakten (nichtentarteten) Form (29.3) der Träger-konzentrationen aus, so wird die Poisson-Gleichung (die wir im Text durch (29.13) näherten) zur folgenden Differentialgleichung für die Variable $\psi = (e\phi + \mu - \mu_i)/k_B T$:

$$\frac{d^2\psi}{dx^2} = K^2 \left(\sinh\psi - \frac{\Delta N(x)}{2n_i} \right).$$ (29.54)

Dabei ist $K^2 = 8\pi n_i e^2/k_B T\epsilon$, $\Delta N(x)$ bezeichnet das Dotierungsprofil $\Delta N(x) = N_d(x) - N_a(x)$, und n_i sowie μ_i sind die Trägerkonzentration sowie das Chemische Potential für einen störstellenfreien Halbleiter bei der gleichen Temperatur.

(b) Im Text diskutierten wir das Verhalten eines p-n-Übergangs zwischen stark extrinsischen Halbleitern mit N_d, $N_a \gg n_i$. Im entgegengesetzten Fall schwach dotierter Halbleiter mit

$$n_i \gg N_d,\ N_a$$ (29.55)

können wir das elektrostatische Potential mit hoher Genauigkeit für ein beliebiges Dotierungsprofil auf die folgende Weise bestimmen:

(i) Unter der Annahme $\psi \ll 1$ gilt $\sinh\psi \approx 1$. Zeigen Sie, daß die Lösung (29.54) in diesem Falle gegeben ist durch

$$\psi(x) = \frac{1}{2}K \int_{-\infty}^{\infty} dx' e^{-K|x-x'|} \frac{\Delta N(x)}{2n_i}.$$ (29.56)

(ii) Zeigen Sie, daß aus dieser Lösung und (29.55) folgt, daß ψ tatsächlich sehr viel kleiner als eins ist, womit der anfängliche Ansatz gerechtfertigt ist.

(iii) Zeigen Sie: Ändert sich ΔN in mehr als einer Raumrichtung, so gilt im nahezu intrinsischen Fall

$$\phi(\mathbf{r}) = e \int d\mathbf{r}'\, \Delta N(\mathbf{r}') \frac{e^{-K|\mathbf{r}-\mathbf{r}'|}}{|\mathbf{r}-\mathbf{r}'|}.$$ (29.57)

(iv) Das obige Ergebnis ist formal identisch mit dem abgeschirmten Thomas-Fermi-Potential, das von Verunreinigungen in einem Metall erzeugt wird (vgl. (17.54)). Zeigen Sie, daß der Thomas-Fermi-Wellenvektor (17.50) eines Gases freier Elektronen exakt die Form von K hat, sofern man v_F durch die thermische Geschwindigkeit der Boltzmann-Statistik ersetzt und die Trägerkonzentration zu $2n_i$ wählt (Was ist die Ursache für das Auftreten dieses letzteren Faktors 2?). Die Größe K ist die Abschirmlänge der Debye-Hückel-Theorie.

(c) Man versteht die Bedeutung der allgemeinen Lösung (29.54) besser, wenn man einfach die Bezeichnungen der Variablen folgendermaßen verändert:

$$\psi \to u, \quad x \to t, \quad K^2 \to \frac{1}{m}. \tag{29.58}$$

Die Gleichung beschreibt nun die Auslenkung u eines Teilchens der Masse m, welches sich unter dem Einfluß einer Kraft bewegt, die sowohl vom Ort u, als auch von der Zeit t abhängt. Im Falle eines abrupten Übergangs ist diese Kraft vor $t = 0$ und auch danach zeitunabhängig. Zeichnen Sie den Verlauf der „potentiellen Energie" vor und nach $t = 0$ und begründen Sie qualitativ anhand Ihrer Zeichnung, warum die Lösung (29.54), die mit $x \to \pm\infty$ asymptotisch konstant wird, nur in einer Umgebung von $x = 0$ nennenswert veränderlich sein kann.

(d) Zeigen Sie, daß aus der Bedingung der „Energieerhaltung" vor und nach $t = 0$ in diesem mechanischen Modell eines abrupten Übergangs folgt, daß das exakte Potential an der Stelle $x = 0$ als Summe aus der Näherungslösung (29.14) und einer Korrektur

$$\Delta\phi = -\frac{kT}{e}\left(\frac{\sqrt{N_d{}^2 + 4n_i{}^2} - \sqrt{N_a{}^2 + 4n_i{}^2}}{N_d + N_a}\right) \tag{29.59}$$

gegebenen ist. Erläutern Sie, wie wesentlich diese Korrektur zu ϕ ist, und wie zuverlässig die durch die Näherungslösung (29.14) innerhalb der Verarmungsschicht gegebenen Trägerkonzentrationen (29.12) wohl sein mögen.

(e) Ermitteln und diskutieren Sie wie in (d) den Näherungswert sowie den exakten Wert des elektrischen Feldes an der Stelle $x = 0$.

29.2 Herleitung der Einstein-Beziehungen aus der kinetischen Theorie

Zeigen Sie, daß die phänomenologischen Gleichungen (29.27), welche die Ströme der Ladungsträger mit dem elektrischen Feld und den Gradienten der Trägerkonzentrationen in Beziehung setzen, auch aus den elementaren, in Kapitel 1 verwendeten kinetischen Argumenten folgen, wenn man die Beweglichkeiten in der Form (29.28) und (29.29) annimmt, sowie die Diffusionskonstanten als

$$D = \frac{1}{3}\left\langle v^2 \right\rangle \tau^{\text{coll}}. \tag{29.60}$$

Zeigen Sie, daß die Einstein-Beziehungen (29.30) unter der Bedingung erfüllt sind, daß das mittlere thermische Geschwindigkeitsquadrat $\left\langle v^2 \right\rangle$ durch die Maxwell-Boltzmann-Statistik gegeben ist.

29.3   Einstein-Beziehungen im entarteten Fall

Im entarteten, inhomogenen Halbleiter sind die Ausdrücke (29.3) für die Trägerkonzentrationen im Gleichgewicht zu verallgemeinern zu

$$
\begin{aligned}
N_c(x) &= N_c^0(\mu + e\phi(x)), \\
P_v(x) &= P_v^0(\mu + e\phi(x)).
\end{aligned}
\tag{29.61}
$$

Dabei bezeichnen $N_c^0(\mu)$ und $P_v^0(\mu)$ die Trägerkonzentrationen des homogenen Halbleiters als Funktionen des Chemischen Potentials.[25]

(a) Zeigen Sie, daß der Ausdruck (29.9) für $\Delta\phi$ und ebenso die *vorangehende Interpretation* sich auch weiterhin direkt aus (29.61) ergeben.

(b) Zeigen Sie durch eine geringfügige Verallgemeinerung der Argumentation auf Seite 764, daß

$$
\mu_n = eD_n \frac{1}{n}\frac{\partial n}{\partial \mu}, \qquad \mu_p = -eD_p \frac{1}{p}\frac{\partial p}{\partial \mu}.
\tag{29.62}
$$

(c) Für einen nicht im Gleichgewicht befindlichen, inhomogenen Halbleiter mit den Trägerkonzentrationen $N_c(x)$ und $P_v(x)$ definiert man bisweilen die Quasi-Chemischen Potentiale[26] $\tilde{\mu}_e(x)$ und $\tilde{\mu}_h(x)$ für Elektronen und Löcher, indem man fordert, daß die Trägerkonzentrationen von der Gleichgewichtsform (29.61) sind:

$$
N_c(x) = N_c^0(\tilde{\mu}_e(x) + e\phi(x)), \qquad P_v(x) = P_v^0(\tilde{\mu}_h(x) + e\phi(x)).
\tag{29.63}
$$

Zeigen Sie aus den Einstein-Beziehungen (29.62), daß die Gesamtströme (also die Summen aus Driftströmen und Diffusionsströmen) gegeben sind durch

$$
J_e = -\mu_n N_c \frac{d}{dx}\frac{1}{e}\,\tilde{\mu}_e(x),
$$

$$
J_h = \mu_p P_v \frac{d}{dx}\frac{1}{e}\,\tilde{\mu}_h(x).
\tag{29.64}
$$

Beachten Sie, daß diese Ausdrücke die Form reiner Driftströme in einem elektrostatischen Potential $\phi = (-1/e)\tilde{\mu}$ haben.

29.4   Driftströme und Diffusionsströme in der Verarmungsschicht

Machen Sie sich klar, daß das elektrische Feld in der Verarmungsschicht von der Größenordnung $\Delta\phi/d$ ist (mit $d = d_n + d_p$), und daß die Trägerkonzentrationen

---

[25] Beachten Sie, daß die Form der Abhängigkeiten $N_c^0(\mu)$ und $P_v^0(\mu)$ *nicht* von der Dotierung abhängt – obwohl dies natürlich sehr wohl für den Wert von μ zutrifft.

[26] Da kein Gleichgewicht herrscht, muß $\tilde{\mu}_e$ nicht notwendig gleich $\tilde{\mu}_h$ sein.

dort wesentlich größer sind als ihre Minoritätswerte (außer an den Rändern der Schicht); zeigen Sie nun, daß die Annahme, die Driftströme – und damit auch die Diffusionsströme – überstiegen innerhalb der Verarmungsschicht sehr wesentlich den Gesamtstrom, in sehr guter Näherung erfüllt ist.

29.5 Felder in den Diffusionszonen

Verifizieren Sie die Annahme, daß das Potential ϕ innerhalb der Diffusionszonen nur wenig variiere, indem Sie seine Änderung über eine Diffusionszone hinweg folgendermaßen abschätzen:

(a) Bestimmen Sie den Driftstrom der Elektronen an der Stelle d_n, indem sie unter Beachtung der Tatsache, daß der gesamte Elektronenstrom über die Verarmungsschicht hinweg stetig ist, explizit den Diffusionsstrom der Elektronen an der Stelle d_n berechnen.

(b) Beachten Sie, daß sich die Elektronenkonzentration an der Stelle d_n nur sehr wenig von N_d unterscheidet, und leiten Sie einen Ausdruck her für das elektrische Feld, welches an der Stelle d_n herrschen muß, um den in (a) berechneten Driftstrom zu erzeugen.

(c) Nehmen Sie an, daß das in (b) berechnete Feld ein Maß ist für die Größenordnung des elektrischen Feldes in den Diffusionszonen, und zeigen Sie, daß die Änderung von ϕ über die Diffusionszone hinweg von der Größenordnung $(k_B T/e)(n_i/N_d)^2$ ist.

(d) Warum ist diese Änderung tatsächlich vernachlässigbar?

29.6 Sättigungsstrom

Schätzen Sie die Größenordnung des elektrischen Sättigungsstromes in einem p-n-Übergang bei Raumtemperatur ab, indem Sie eine Energielücke von 0,5 eV annehmen, die Konzentrationen der Donatoren (und Akzeptoren) zu $10^{18}/\text{cm}^3$, die Rekombinationszeiten zu 10^{-5} s, sowie die Diffusionslängen zu 10^{-4} cm.

30 Kristalldefekte

Thermodynamik der Punktdefekte

Schottky-Defekte und Frenkel-Defekte

Tempern

Elektrische Leitfähigkeit der Ionenkristalle

Farbzentren

Polaronen und Exzitonen

Versetzungen

Festigkeit von Kristallen

Kristallwachstum

Stapelfehler und Korngrenzen

Unter einem Kristalldefekt versteht man ganz allgemein einen Bereich des Kristalls, in dem die mikroskopische Anordnung der Atomrümpfe drastisch von der Anordnung in einem fehlerfreien Kristall verschieden ist. Man unterscheidet Oberflächendefekte, Liniendefekte oder Punktdefekte, je nachdem der „fehlerhafte" Kristallbereich auf der atomaren Skala in einer, zwei oder drei Dimensionen beschränkt ist.

Wie menschliche Fehler, so treten auch die Kristallfehler in einer scheinbar unendlichen Vielfalt auf, viele davon frustrierend, einige faszinierend. In diesem Kapitel beschreiben wir einige dieser Abweichungen von der Perfektion, deren Vorhandensein jeweils wenigstens eine der wesentlichen physikalischen Eigenschaften eines Festkörpers entscheidend beeinflußt. Man könnte vermuten, daß praktisch jeder Defekt diesem Kriterium genügt; so kann eine Inhomogenität der Isotopenverteilung sowohl das Phononenspektrum verändern, als auch den Charakter der Neutronenstreuung. Die Beispiele, die wir hier betrachten werden, sind jedoch ein wenig dramatischer.[1] Die beiden wichtigsten Arten von Defekten, auf die wir im folgenden eingehen werden, sind

1. **Fehlstellen und Fremdatome** Diese Kristallfehler sind Punktdefekte und identisch mit Lücken im Gitter oder mit zusätzlichen Atomen auf Zwischengitterplätzen. Diese Defekte bestimmen vollständig die beobachtete elektrische Leitfähigkeit der Ionenkristalle und können deren optische Eigenschaften – insbesondere ihre Farbe – entscheidend verändern. Ihr Vorhandensein im thermodynamischen Gleichgewicht ist ein normales Phänomen, so daß sie eine intrinsische Eigenschaft realer Kristalle darstellen.

2. **Versetzungen** Versetzungen sind Liniendefekte. Obwohl man sich einen idealen Kristall im thermodynamischen Gleichgewicht als frei von Versetzungen vorstellen kann, sind sie in jeder real existierenden Kristallprobe unvermeidlich vorhanden. Versetzungen bestimmen die beobachtete Festigkeit – oder vielmehr die Verminderung der Scherfestigkeit – realer Kristalle sowie die Geschwindigkeit des Kristallwachstums.

Punktdefekte: Allgemeine thermodynamische Eigenschaften

Punktdefekte sind selbst in einem Kristall vorhanden, der sich im thermodynamischen Gleichgewicht befindet – wie man bereits am einfachsten Beispiel, der *Fehlstelle*, auch *Schottky-Defekt* genannt, in einem einatomigen Bravaisgitter zeigen kann. Eine Fehlstelle liegt dann vor, wenn ein Bravaisgitterplatz, der im idealen Kristall durch einen

---

[1] Nicht nur ist unsere Auswahl von Defekttypen sehr selektiv, wir diskutieren auch Phänomene wie Polaronen und Exzitonen, die man im allgemeinen gar nicht als Defekte betrachtet. Wir tun dies deshalb, weil diese Phänomene große Ähnlichkeit mit anderen zeigen, die man tatsächlich zu den Kristalldefekten rechnet, so daß die Verbindung beider als sehr natürlich erscheint.

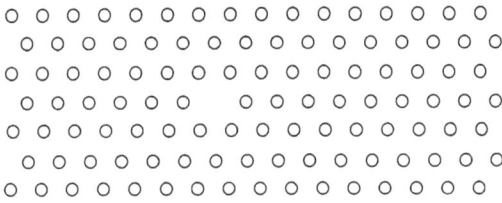

Bild 30.1: Ausschnitt aus einem einatomigen Bravaisgitter mit einer Fehlstelle, einem Schottky-Defekt.

Atomrumpf besetzt wäre, leer bleibt (Bild 30.1). Da die Anzahl n solcher Fehlstellen bei der Temperatur T eine extensive thermodynamische Größe, d.h. proportional zur Gesamtzahl N der Atomrümpfe für sehr großes N ist, kann man ihre Größe abschätzen, indem man das entsprechende thermodynamische Potential minimiert. Für einen Kristall unter konstantem Druck ist dies die Gibbs'sche Freie Energie

$$G = U - TS + PV.$$

Um einzusehen, auf welche Weise G von n abhängt, stellt man sich am einfachsten den aus N Atomrümpfen bestehenden Kristall mit n leeren Gitterplätzen als einen idealen Kristall mit $(N + n)$ Atomrümpfen vor, aus dem n Atomrümpfe entfernt wurden. Daher ist das Volumen $V(n)$ in erster Näherung gegeben durch $(N + n)v_0$, wobei wir mit v_0 das Volumen pro Atomrumpf im idealen Kristall bezeichnen.

Für eine beliebige Auswahl von n leeren Gitterplätzen können wir – im Prinzip – $F_0(n) = U - TS$ für diesen speziellen, fehlerbehafteten Kristall berechnen. Ist n sehr klein[2] verglichen mit N, so erwarten wir, daß F_0 nur von der Anzahl der Fehlstellen, nicht aber von ihrer besonderen räumlichen Anordnung (Konfiguration) abhängt.[3] Zur Entropie S einer bestimmten, festen Konfiguration von Fehlstellen ist ein weiterer Beitrag S^{config} zu addieren, der die „Unordnung" beschreibt, die in der Freiheit der Wahl zwischen den $(N + n)!/N!\,n!$ Möglichkeiten besteht, n Gitterplätze von insgesamt $N + n$ Gitterplätzen als leer zu wählen:

$$S^{\text{config}} = k_B \ln \frac{(N+n)!}{N!\,n!}. \tag{30.1}$$

Die vollständige Gibbs'sche Freie Energie ist damit gegeben durch

$$G(n) = F_0(n) - TS^{\text{config}}(n) + P(N + n)v_0. \tag{30.2}$$

---

[2] Die ist nicht inkonsistent mit unserer Feststellung, n sei eine extensive Größe von der Ordnung N. Eine Größe ist extensiv, wenn $\lim_{N\to\infty}(n/N) \neq 0$. Daß n klein ist im Vergleich zu N, bedeutet nicht, daß dieser Grenzwert verschwindet, sondern lediglich, daß er sehr viel kleiner als eins ist. Dies ist für Punktdefekte in Kristallen immer der Fall, denn wäre die Anzahl der Defekte von der Größenordnung der Anzahl der Atome im Kristall, so würde der Begriff des Kristalls seinen Sinn verlieren.

[3] Dies trifft sicherlich *nicht* für Konfigurationen zu, bei denen eine nicht zu vernachlässigende Anzahl von Fehlstellen nahe beisammen liegt, da in diesem Falle das Vorhandensein einer Fehlstelle die Bildungsenergie einer benachbarten beeinflussen kann. Unter der Bedingung $n \ll N$ sind solche Konfigurationen jedoch recht unwahrscheinlich.

Für große X gilt die Stirlingsche Formel

$$\ln X! \approx X(\ln X - 1),\tag{30.3}$$

mit deren Hilfe man

$$\frac{\partial S^{\text{config}}}{\partial n} = k_B \ln\left(\frac{N+n}{n}\right) \approx k_B \ln\left(\frac{N}{n}\right), \quad n \ll N\tag{30.4}$$

berechnet, woraus man

$$\frac{\partial G}{\partial n} = \frac{\partial F_0}{\partial n} + Pv_0 - k_B T \ln\left(\frac{N}{n}\right)\tag{30.5}$$

erhält. Für $n \ll N$ können wir schreiben

$$\frac{\partial F_0}{\partial n} \approx \left.\frac{\partial F_0}{\partial n}\right|_{n=0} = \varepsilon,\tag{30.6}$$

wobei ε von n unabhängig ist. Aus (30.5) folgt dann, daß G minimal wird für

$$n = N e^{-(\varepsilon + Pv_0)/k_B T}.\tag{30.7}$$

Zur Berechnung von ε könnten wir – wie wir es in Kapitel 22 taten – die gesamte potentielle Energie eines typischen Gitters aus $(N+n)$ Atomrümpfen mit n Fehlstellen in der Form $U = U^{\text{eq}} + U^{\text{harm}}$ schreiben (siehe (22.8)). Wir könnten dann F_0 aus der Verteilungsfunktion

$$e^{-\beta F_0} = \sum_E e^{-\beta E} = e^{-\beta U^{\text{eq}}} \sum_{E_{\text{harm}}} e^{-\beta E_{\text{harm}}}, \quad \beta = \frac{1}{k_B T}\tag{30.8}$$

berechnen, wobei E^{harm} die Eigenwerte des harmonischen Anteils des Hamiltonoperators durchläuft. Offenbar erhält man auf diese Weise ein F_0, welches gleich der Summe aus der potentiellen Energie des Gitters mit Fehlstellen im Gleichgewicht und der Freien Energie der Phononen, F^{ph}, ist:

$$F_0 = U^{\text{eq}} + F^{\text{ph}}.\tag{30.9}$$

Der zweite Term ist im allgemeinen klein im Vergleich zum ersten Term, so daß man für ε in erster Näherung schreiben kann

$$\varepsilon_0 = \left.\frac{\partial U^{\text{eq}}}{\partial n}\right|_{n=0},\tag{30.10}$$

was der temperaturunabhängigen potentiellen Energie entspricht, die aufzuwenden ist, um einen einzelnen Atomrumpf zu entfernen. Bei Normaldruck (i.e. Atmosphärendruck) ist Pv_0 im Vergleich dazu vernachlässigbar, so daß

$$n = Ne^{-\beta\varepsilon_0}. \tag{30.11}$$

Da man für ε_0 die Größenordnung einiger Elektronenvolt erwarten kann,[4] so ist n/N tatsächlich sehr klein, aber von null verschieden.

Die Phononenkorrektur zu (30.11) durch den zweiten Term in (30.9) erhöht im allgemeinen den Wert von n geringfügig, da das Vorhandensein von Fehlstellen normalerweise eine Erniedrigung einiger der Normalfrequenzen des Gitters und damit auch der zugehörigen Phononenenergien zur Folge hat, was sich in einem negativen Wert von $\partial F^{\mathrm{ph}}/\partial n$ äußert. In Aufgabe 1 diskutieren wir ein einfaches Modell dieses Effekts.

Bei der obigen Behandlung gingen wir davon aus, daß nur eine einzige Art von Punktdefekten auftreten kann: die Fehlstelle an einem Bravaisgitterplatz. Im allgemeinen jedoch gibt es natürlich – in mehratomigen Gittern – auch andere Arten von Fehlstellen. Auch eine weitere Art von Punktdefekten, das Vorhandensein zusätzlicher *Fremdatome* auf Zwischengitterplätzen, die im idealen Kristall nicht besetzt sind, ist möglich. Wir sollten daher unsere Behandlung verallgemeinern, um n_j Punktdefekte des Typs j berücksichtigen zu können. Sind alle n_j klein im Vergleich zu N, so tritt jeder Defekttyp in einer Anzahl n_j auf, die gegeben ist durch die naheliegende Verallgemeinerung von (30.7) (unter Vernachlässigung der kleinen Korrektur Pv_0)

$$n_j = N_j e^{-\beta\varepsilon_j}, \quad \varepsilon_j = \left.\frac{\partial F_0}{\partial n_j}\right|_{n_j=0}. \tag{30.12}$$

Dabei ist N_j die Anzahl von Gitterplätzen, an welchen ein Defekt des Typs j auftreten kann.

Die ε_j sind im allgemeinen recht groß im Vergleich zu k_BT, und wenn darüber hinaus noch die beiden kleinsten Werte von ε_j – sie seien mit ε_1 und ε_2 bezeichnet – weit im Vergleich zu k_BT voneinander entfernt liegen, so ist n_1 sehr viel größer als alle übrigen n_j. Dies bedeutet, daß der Defekt mit dem kleinsten Wert von ε_j bei weitem am häufigsten auftritt.

Der Ausdruck (30.12) ist jedoch nur unter der Bedingung korrekt, daß die verschiedenen Defekte unabhängig voneinander auftreten, da er durch Minimierung der Freien Energie in Bezug auf jedes einzelne der n_j hergeleitet wurde. Sollten zwischen den n_j Korrelationen bestehen, so wäre unsere Behandlung zu revidieren. Die wesentlichste derartige Nebenbedingung ist die Forderung nach Ladungsneutralität: Es kann

---

[4] Man kann erwarten, daß diese Energie grob von der Größenordnung der Gitterenergie pro Teilchen ist; siehe Kapitel 20.

beispielsweise in einem Ionenkristall nicht ausschließlich Fehlstellen an den Plätzen positiver Ionen geben, da in einem solchen Falle eine nicht kompensierte positive Ladung mit einer hohen Coulomb-Energie vorhanden wäre. Diese überschüssige Ladung muß kompensiert werden, sei es durch das Vorhandensein positiver Ionen an Zwischengitterplätzen, durch fehlende negative Ionen, oder auch durch eine Kombination beider Möglichkeiten.[5] Die Freie Energie ist deshalb unter der Nebenbedingung

$$0 = \sum q_j n_j \tag{30.13}$$

zu minimieren, wobei q_j die Ladung eines Defekts vom Typ j bezeichnet (es gilt $q_j = +e$ für die Fehlstelle eines negativen Ions oder ein positives Fremdion, $q_j = -e$ für die Fehlstelle eines positiven Ions oder ein negatives Fremdion). Führen wir den Lagrange-Multiplikator λ ein, so können wir die Nebenbedingung dadurch berücksichtigen daß wir nicht mehr G, sondern $G + \lambda \sum q_j n_j$ minimieren. Als Ergebnis dieser Minimierung ist (30.12) durch

$$n_j = N_j e^{-\beta(\varepsilon_j + \lambda q_j)} \tag{30.14}$$

zu ersetzen, wobei man die Unbekannte λ aus der Forderung bestimmt, daß (30.14) die Nebenbedingung (30.13) erfüllen soll.

Normalerweise liegt die niedrigste Energie ε_j für eine gegebene Ladungsart um viele $k_B T$ von der zweitniedrigsten Energie entfernt.[6] Folglich dominiert für jede Ladungsart ein bestimmter Defekttyp mit den jeweiligen Konzentrationen

$$n_+ = N_+ e^{-\beta(\varepsilon_+ + \lambda e)},$$
$$n_- = N_- e^{-\beta(\varepsilon_- - \lambda e)}, \quad \varepsilon_\pm = \min_{(q_j = \pm e)} (\varepsilon_j). \tag{30.15}$$

Da die Konzentrationen aller übrigen Defekttypen

$$n_j \ll n_+, \quad q_j = +e,$$
$$n_j \ll n_-, \quad q_j = -e \tag{30.16}$$

erfüllen, so folgt aus der Bedingung der Ladungsneutralität, daß mit großer Genauigkeit gilt

$$n_+ = n_- . \tag{30.17}$$

---

[5] Wir vernachlässigen hier die Möglichkeit der Bildung von Farbzentren; siehe weiter unten.
[6] Ist dies nicht der Fall, so kann man die weiter unten entwickelte Unterscheidung zwischen Schottky- und Frenkel-Defekten nicht mehr aufrechterhalten. Siehe Aufgabe 2.

```
+ - + - + - + - + -
- + - + - + - + - +
+ - + - + - + - + -
- + - + - + - + - +
+ - + - + - + - + -
- + - + - + - + - +
```
(a)

```
+ - + - + - + - + -
- + - + - +   + - +
+ -   - + - + - + -
- + - +   + - + - +
+ - + - + -   - + -
- + - + - + - + - +
```
(b)

```
+ - + - + - + - + -
- + - + -   - + - +
                +
+ - + - + - + - + -
- + - + - + - + - +
    +
+ - + - + -   - + -
- + - + - + - + - +
```
(c)

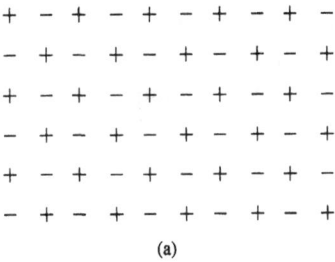

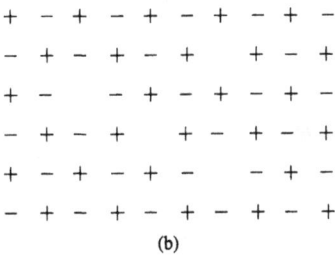

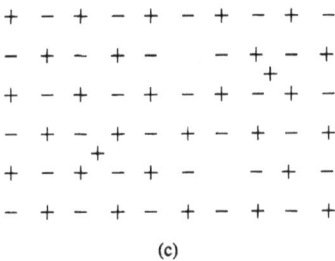

Bild 30.2: (a) Ein fehlerfreier Ionenkristall (b) Ein Ionenkristall mit Punktdefekten vom Schottky-Typ (gleichen Anzahlen von Fehlstellen positiver und negativer Ionen. (c) Ein Ionenkristall mit Punktdefekten vom Frenkel-Typ (gleichen Anzahlen von Fehlstellen positiver Ionen sowie Ionen auf Zwischengitterplätzen.

Aus (30.15) folgt auch

$$n_+ n_- = N_+ N_- e^{-\beta(\varepsilon_+ + \varepsilon_-)}, \tag{30.18}$$

so daß

$$n_+ = n_- = \sqrt{N_+ N_-}\, e^{-\beta(\varepsilon_+ + \varepsilon_-)/2}. \tag{30.19}$$

Somit wirkt sich die Bedingung der Ladungsneutralität dahingehend aus, daß die Konzentration des häufigsten Defekttyps verringert, die Konzentration des häufigsten Defekttyps mit entgegengesetzter Ladung jedoch erhöht wird. Die Bedingung ändert die Werte, die beide Größen ohne Randbedingung hätten, in das geometrische Mittel dieser Werte.

Selbst in einfachen, zweiatomigen Ionenkristallen gibt es deshalb mehrere unterschiedliche Arten, Ladungsneutralität zu erreichen (Bild 30.2):

Einerseits kann es praktisch übereinstimmende Anzahlen von Fehlstellen positiver und negativer Ionen geben, die man in diesem Zusammenhang als *Schottky-Defekte* bezeichnet. Andererseits können die Anzahlen von Fehlstellen eines bestimmten

Ions sowie von Ionen desselben Typs auf Zwischengitterplätzen, den sogenannten *Frenkel-Defekten*, übereinstimmen. Die Alkalihalogenide haben Schottky-Defekte, die Silberhalogenide Frenkel-Defekte. (Die dritte Möglichkeit, Ladungsneutralität zu erreichen, nämlich gleiche Anzahlen von Ionen jeder Ladung auf Zwischengitterplätzen, scheint nicht aufzutreten: Ionen auf Zwischengitterplätzen haben im allgemeinen eine höhere Energie als Fehlstellen desselben Ions.)

Defekte und thermodynamisches Gleichgewicht

Es ist sehr unwahrscheinlich, daß Liniendefekte oder Oberflächendefekte auch im thermodynamischen Gleichgewicht in nennenswertem Maße auftreten, wie es für Punktdefekte der Fall ist. Die Bildungsenergie eines dieser ausgedehnteren Defekte ist proportional zu den linearen Abmessungen ($N^{1/3}$) oder zur Querschnittsfläche ($N^{2/3}$) des Kristalls. Die Anzahl der Möglichkeiten, einen solchen Defekt zu erzeugen – vorausgesetzt, er ist nicht sehr stark gewunden (Liniendefekte) oder buckelig (Oberflächendefekte) – scheint nicht stärker als logarithmisch von N abzuhängen, wie es auch für Punktdefekte zutrifft. Obwohl daher der Energieaufwand für einen einzelnen Punktdefekt (der von N unabhängig ist) mehr als kompensiert wird durch die Zunahme der Entropie (von der Größenordnung N), ist dies möglicherweise für Liniendefekte und Oberflächendefekte nicht der Fall.

Liniendefekte und Oberflächendefekte sind aller Wahrscheinlichkeit nach metastabile Konfigurationen des Kristalls. Führt man den Kristall jedoch hinreichend langsam an das thermodynamische Gleichgewicht heran, so können die Defekte praktisch „eingefroren" werden. Man kann leicht auch Nichtgleichgewichtskonzentrationen von Punktdefekten präparieren, die von beträchtlicher Stabilität sind – beispielsweise durch sehr rasches Abkühlen eines Kristalls, der sich im thermodynamischen Gleichgewicht befand. Man kann die Gleichgewichtskonzentration von Punktdefekten wieder auf die Maxwell-Boltzmann-Form bringen, und entsprechend die Konzentrationen von Liniendefekten und Oberflächendefekten auf null reduzieren, indem man den Festkörper langsam erwärmt und wieder abkühlt. Das Wiederherstellen der Gleichgewichts-Defektkonzentrationen auf diese Weise bezeichnet man als *Tempern*.

Punktdefekte und die elektrische Leitfähigkeit der Ionenkristalle

Ionenkristalle, diese elektrischen Isolatoren *par excellence*, zeigen eine von null verschiedene elektrische Leitfähigkeit. Typischerweise hängt der spezifische Widerstand sehr empfindlich von der Temperatur und der Reinheit der Probe ab und kann – wie bei den Kristallen der Alkalihalogenide – im Bereich zwischen 10^2 und $10^8 \Omega$ cm liegen. (Im Vergleich dazu sind typische spezifische Widerstände von Metallen von der

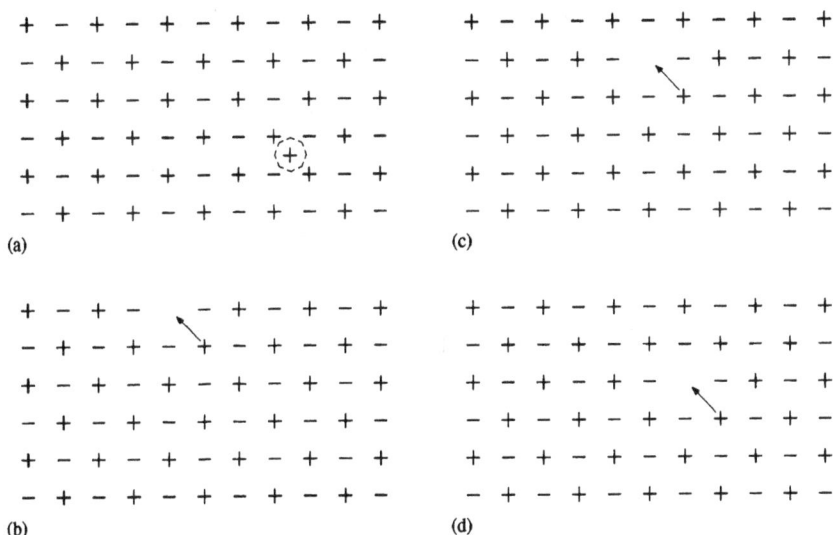

Bild 30.3: (a) Es ist sehr schwierig, ein positiv geladenes Ion durch einen idealen Ionenkristall hindurch zu bewegen. Durch aufeinanderfolgendes Nachrücken positiv geladener Ionen in benachbarte Fehlstellen ist es jedoch, wie in (b)-(d) dargestellt, relativ einfach möglich, eine Einheit positiver Ladung durch den gesamten Kristall hindurch zu transportieren.

Größenordnung $\mu\Omega\,\mathrm{cm}$.) Ursache für diese Leitfähigkeit kann nicht – wie bei den Halbleitern (siehe (28.20)) – die thermische Anregung von Elektronen aus dem Valenzband in das Leitungsband sein, da die Energielücke der Ionenkristalle so breit ist, daß nur wenige der 10^{23} Elektronen aufgrund ihrer thermischen Energie dazu in der Lage sind, diese Energielücke zu überwinden. Experimentell gibt es Anzeichen dafür, daß die Ladung eines elektrischen Stromes in Ionenkristallen nicht von Elektronen getragen wird, sondern von den Ionen selbst: Nachdem ein Strom während einer bestimmten Zeit durch den Ionenkristall geflossen ist, kann man die Atome der entsprechenden Ionen an den Elektroden in Mengen abgelagert finden, die proportional sind zur transportierten Gesamtladung.

Diese Leitfähigkeit der Ionenkristalle wird durch das Vorhandensein von Fehlstellen sehr stark erhöht: Die Arbeit, die notwendig ist, um eine Fehlstelle durch einen Kristall zu bewegen, ist wesentlich geringer als die Arbeit, die notwendig wäre, um ein Ion durch die dichte Anordnung von Ionen in einem idealen Ionenkristall hindurch zu zwängen (Bild 30.3).

Es gibt zahlreiche Hinweise darauf, daß die Ionenleitfähigkeit auf der Wanderung von Fehlstellen durch den Kristall beruht. Man beobachtet, daß die Leitfähigkeit exponentiell in $1/T$ von der Temperatur abhängt, ein Verhalten, in dem sich die Temperaturabhängigkeit der Fehlstellenkonzentration im thermodynamischen Gleichgewicht widerspiegelt (30.14).[7] Weiter ist bei niedrigen Temperaturen die Leitfähigkeit

---

[7] Diese Betrachtungsweise ist in sich selbst nicht vollständig überzeugend, da die Diffusionskonstante der Ionen, die von der Wahrscheinlichkeit dafür abhängt, daß ein Ion genügend thermische Energie hat,

eines mit zweiwertigen Verunreinigungsionen dotierten, einwertigen Ionenkristalls (beispielsweise Ca-Ionen in NaCl) proportional zur Konzentration dieser zweiwertigen Dotierungsionen – obwohl auch weiterhin an der Kathode das einwertige Atom abgelagert wird. Wie in Bild 30.4 dargestellt, besteht die wesentlich Rolle der Dotierungsionen darin, im Zuge der Ladungsneutralität die Erzeugung einer Na^+-Fehlstelle für jedes zusätzlich am Gitterplatz eines Ca^{2+}-Ions in das Gitter eingebrachte Na^+-Ion zu erzwingen.[8] Je mehr Ca^{2+}-Ionen daher in den Kristall eingebracht werden, um so größer ist die Anzahl der Na^+-Fehlstellen, und um so größer ist damit auch die Leitfähigkeit.[9]

Farbzentren

Wie wir feststellen konnten, erfordert die Ladungsneutralität, daß Fehlstellen der einen Komponente eines zweiatomigen Ionenkristalls kompensiert werden durch entweder eine gleiche Anzahl von Fremdionen desselben Bestandteils auf Zwischengitterplätzen (Frenkel), oder aber durch eine gleiche Anzahl von Fehlstellen der anderen Komponente (Schottky). Es ist jedoch auch denkbar, die fehlende Ladung der Fehlstelle eines negativen Ions zu kompensieren durch ein Elektron, welches sich in der Nähe dieses Punktdefektes aufhält, dessen fehlende Ladung es ersetzt.

Man kann sich ein solches Elektron als an ein effektiv positiv geladenes Zentrum gebunden denken, so daß es im allgemeinen ein diskretes Energiespektrum besitzt.[10] Übergänge zwischen diesen Niveaus verursachen eine Serie optischer Absorptionslinien, ganz analog den Absorptionslinien eines einzelnen, isolierten Atoms. Diese Anregungsenergien liegen im optisch verbotenen Band des idealen Kristalls (siehe Kapitel 27) zwischen $\hbar\omega_T$ und $\hbar\omega_L$, und erscheinen deshalb im optischen Absorptionsspektrum des Kristalls als prominente Linien (Bild 30.5). Diese und ähnliche Defektelektronen-Strukturen bezeichnet man als *Farbzentren*, da sie eine starke Färbung des sonst farblosen Ionenkristalls verursachen.

Man hat Farbzentren ausführlich in den Kristallen der Alkalihalogenide untersucht. Diese Kristalle können durch die Einwirkung von Röntgenstrahlen oder Gammastrahlen gefärbt werden, wobei die hochenergetischen Photonen dieser Strahlung Fehlstellen erzeugen; auf instruktivere Weise jedoch färbt man einen Kristall dadurch,

---

um eine Potentialbarriere zu überwinden, ebenfalls exponentiell mit $1/T$ variiert. Entsprechendes gilt daher auch für die Beweglichkeit und die Leitfähigkeit. (Beweglichkeit und Diffusionskonstante wurden in Kapitel 29 definiert.)

[8] Für die Richtigkeit dieser Sichtweise spricht unmittelbar die Beobachtung, daß die Massendichte des dotierten Kristalls geringer ist als die Massendichte des reinen Kristalls, obwohl die Masse des Calciumatoms größer ist als die Masse des Natriumatoms.

[9] Dieses Phänomen ist ziemlich analog zum Effekt der Dotierung von Halbleitern mit Fremdatomen. Siehe Kapitel 28 und Aufgabe 3.

[10] Siehe Aufgabe 5.

Na$^+$	Cl$^-$	Na$^+$	Cl$^-$	Na$^+$	Cl$^-$	Na$^+$	Cl$^-$	Na$^+$	Cl$^-$	Na$^+$
Cl$^-$	Na$^+$	Cl$^-$	Na$^+$	Cl$^-$	Na$^+$	Cl$^-$	Ca^{++}	Cl$^-$	Na$^+$	Cl$^-$
Na$^+$	Cl$^-$	Na$^+$	Cl$^-$	Na$^+$	Cl$^-$	Na$^+$	Cl$^-$	Na$^+$	Cl$^-$	Na$^+$
Cl$^-$	Na$^+$	Cl$^-$	Na$^+$	Cl$^-$	Na$^+$	Cl$^-$	Na$^+$	Cl$^-$	Na$^+$	Cl$^-$
Na$^+$	Cl$^-$	◯	Cl$^-$	Na$^+$	Cl$^-$	Na$^+$	Cl$^-$	Na$^+$	Cl$^-$	Na$^+$
Cl$^-$	Na$^+$	Cl$^-$	Na$^+$	Cl$^-$	Na$^+$	Cl$^-$	Na$^+$	Cl$^-$	Na$^+$	Cl$^-$
Na$^+$	Cl$^-$	Na$^+$	Cl$^-$	Ca^{++}	Cl$^-$	Na$^+$	Cl$^-$	Na$^+$	Cl$^-$	Na$^+$
Cl$^-$	Na$^+$	Cl$^-$	Na$^+$	Cl$^-$	Na$^+$	Cl$^-$	Na$^+$	Cl$^-$	Na$^+$	Cl$^-$
Na$^+$	Cl$^-$	Na$^+$	Cl$^-$	Na$^+$	Cl$^-$	Na$^+$	Cl$^-$	Na$^+$	Cl$^-$	Na$^+$
Cl$^-$	◯	Cl$^-$	Na$^+$	Cl$^-$	Na$^+$	Cl$^-$	Na$^+$	Cl$^-$	Na$^+$	Cl$^-$
Na$^+$	Cl$^-$	Na$^+$	Cl$^-$	Na$^+$	Cl$^-$	Na$^+$	Cl$^-$	Na$^+$	Cl$^-$	Na$^+$
Cl$^-$	Na$^+$	Cl$^-$	Na$^+$	Cl$^-$	Na$^+$	Cl$^-$	Na$^+$	Cl$^-$	Na$^+$	Cl$^-$

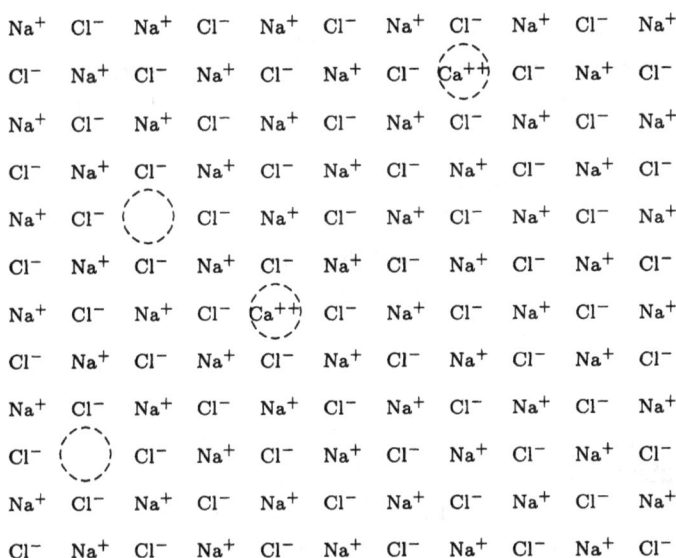

Bild 30.4: Bringt man n Ca^{2+}-Ionen in einen NaCl-Kristall ein, so werden n Na$^+$-Ionen durch Ca^{2+}-Ionen ersetzt und n zusätzliche Na$^+$-Fehlstellen erzeugt, um die Ladungsneutralität zu wahren.

daß man ihn im Dampf eines Alkalimetalls erhitzt. In diesem Falle werden, wie die nachfolgende chemische Analyse zeigt, überschüssige Alkaliatome mit Konzentrationen von 10^{-7} bis zu 10^{-3} in das Gitter eingebracht. Die Massendichte des gefärbten Kristalls jedoch verringert sich proportional zur Konzentration der überschüssigen Alkaliatome, woraus man schließen kann, daß die Atome *nicht* auf Zwischengitterplätzen untergebracht werden.

Stattdessen werden die Alkaliatome ionisiert und nehmen Plätze eines fehlerfreien, positiv geladenen Untergitters ein, während die überschüssigen Elektronen an eine gleiche Zahl von Fehlstellen negativer Ionen gebunden sind (Bild 30.6).

Daß dieses Bild der Farbzentren richtig ist, wird durch die Beobachtung bestätigt, daß sich das Absorptionsspektrum nicht wesentlich ändert, wenn man beispielsweise einen Kristall von Kaliumchlorid nicht in Kaliumdampf erhitzt, sondern in Natriumdampf.

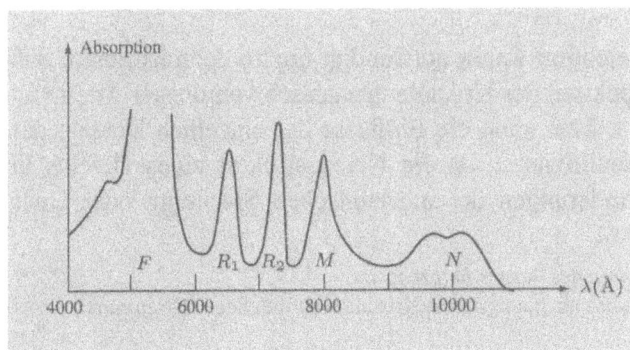

Bild 30.5: Absorptionsspektrum von Kaliumchlorid; man erkennt Maxima, die den verschiedenen Kombinationen von F-Zentren zuzuordnen sind: dem F-Zentrum selbst, dem M-Zentrum sowie dem R-Zentrum (R. H. Silsbee, *Phys. Rev.* **A180**, 138 (1965)).

Diese Beobachtung unterstützt die Auffassung, daß die primäre Rolle der Atome des Metalldampfes darin besteht, Fehlstellen negativer Ionen zu erzeugen und die neutralisierenden Elektronen zu stellen, deren Energieniveaus sich im Absorptionsspektrum abbilden.

Das Spektrum des gebundenen Systems aus einem Elektron und der Fehlstelle eines negativen Ions (ein sogenanntes F-Zentrum[11]), zeigt qualitativ zahlreiche Charakteristika gewöhnlicher Atomspektren, mit dem Unterschied, daß sich das Elektron in diesem Falle nicht in einem kugelsymmetrischen Feld befindet, sondern in einem Feld mit kubischer Symmetrie. Man kann diese Situation zum Anlaß nehmen, seine Kenntnisse der Gruppentheorie zu erproben – und beispielsweise die Frage untersuchen, auf welche Weise Drehimpulsmultipletts durch ein Feld mit kubischer Symmetrie aufgespalten werden. Setzt man den Kristall unter mechanische Spannung, so reduziert man dadurch die kubische Symmetrie und führt „diagnostisch" nützliche Störungen des Systems ein, die bei der Entzifferung der komplexen Struktur der Absorptionsspektren hilfreich sein können. Diese zusätzliche Struktur der Spektren ergibt sich deshalb, weil ein einfaches F-Zentrum nicht die einzige Möglichkeit darstellt, wie Elektronen und Fehlstellen zusammenwirken können, um den Kristall zu färben.[12] Die beiden anderen Möglichkeiten sind (a) das M-Zentrum (Bild 30.7a), bei dem zwei in einer (100)-Ebene benachbarte Fehlstellen negativer Ionen zwei Elektronen binden, sowie (b) das R-Zentrum (Bild 30.7b), bei dem drei in einer (111)-Ebene benachbarte Fehlstellen negativer Ionen drei Elektronen binden.

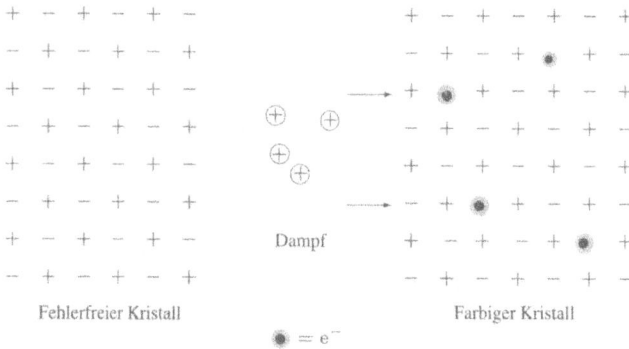

Bild 30.6: Erhitzt man einen fehlerfreien Alkalihalogenidkristall im Dampf eines Alkalimetalls, so erzeugt man einen Kristall mit einem Überschuß an Alkaliionen. Eine entsprechende Konzentration von Fehlstellen negativer Ionen bildet sich aus, an deren Gitterplätzen nun die überschüssigen Elektronen stark lokalisiert sind.

Großes Geschick und Einfallsreichtum waren notwendig, um zu demonstrieren, daß die beobachteten Absorptionsspektren der Kristalle tatsächlich von diesen Arten von Kristalldefekten erzeugt werden. Man kann die Einflüsse der einzelnen Defekte auf den Verlauf der Absorption identifizieren, da die Niveaustruktur eines Defekts in charakteristischer Weise auf Änderungen der mechanischen Spannung oder eines

---

[11] Diese Bezeichnung ist eine Abkürzung des Wortes *Farbzentrum*.

[12] Das einfache F-Zentrum ist jedoch das am häufigsten in Kristallen auftretende Farbzentrum.

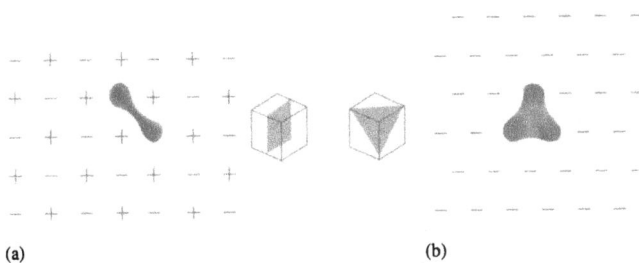

Bild 30.7: (a) Das *M*-Zentrum, bei dem zwei in einer (100)-Ebene benachbarte Fehlstellen negativer Ionen zwei Elektronen binden. (b) Das *R*-Zentrum, bei dem drei in einer (111)-Ebene benachbarte Fehlstellen negativer Ionen drei Elektronen binden.

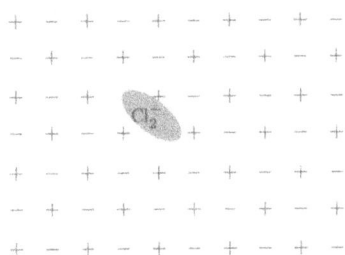

V_K-Zentrum

Bild 30.8: Farbzentren mit gebundenen Löchern enthalten keine Fehlstellen positiver Ionen. Die Struktur des V_K-Zentrums beruht auf der Bindung eines Lochs an zwei benachbarte negative Ionen.

äußeren elektrischen Feldes reagiert.

Die Resonanzen in der optischen Absorption eines Farbzentrums sind nicht annähernd so scharf ausgeprägt wie die resonanten Übergänge bei der Anregung isolierter Atome. Diese größere Breite der Resonanzen ergibt sich aufgrund der Tatsache, daß die Linienbreite umgekehrt proportional zur Lebensdauer des angeregten Zustandes ist. Angeregte Zustände isolierter Atome können nur auf dem Wege von Strahlungsübergängen zerfallen, was ein relativ langsamer Prozeß ist. Das „Atom" *F*-Zentrum dagegen ist stark mit dem Festkörper gekoppelt und kann deshalb seine Anregungsenergie auch auf dem Wege der Erzeugung von Phononen abgeben.

Man könnte erwarten, daß es durch Erhitzen eines Alkalihalogenidkristalls im Gas eines *Halogens* möglich sein würde, Fehlstellen von Alkaliionen im Kristall zu erzeugen, an die sich dann Löcher binden könnten – diese „Gegenstücke" zum *F*-Zentrum und dessen Verwandten konnte man jedoch bisher nicht beobachten. Zwar können sich Löcher sehr wohl an Punktdefekte binden; man hat jedoch niemals beobachtet, daß diese Defekte Fehlstellen positiver Ionen sind. Tatsächlich enthält die Struktur des am ausführlichsten untersuchten „Loch-Zentrums", des V_K-Zentrums, keinerlei Fehlstellen, sondern beruht auf der Bindung eines Lochs an zwei benachbarte negative Ionen (beispielsweise Chloridionen); dieses Gebilde zeigt ein Spektrum ähnlich dem des Molekülions Cl_2^- (Bild 30.8).

Ein ähnliches Loch-Zentrum, das *H*-Zentrum, entsteht durch Bindung eines Chloridions auf einem Zwischengitterplatz an ein Gitterion mittels eines Lochs (Bild 30.9): Das so entstandene, einfach ionisierte Chlormolekül besetzt den Platz eines negativen Gitterions. Die Spektren der V_K- und *H*-Zentren sind einander so ähnlich, daß es bisher kaum gelang, diese Spektren definitiv zuzuordnen.

Man könnte die nun begonnene Diagnose und Konstruktion von Farbzentren noch eine ganze Weile fortsetzen; so könnte man beispielsweise nach einer Struktur suchen – oder sie herstellen – die aus einem einfachen F-Zentrum besteht, bei dem eines der sechs nächst benachbarten positiven Ionen durch ein Fremdion ersetzt ist (Bild 30.10). Die reduzierte Symmetrie des auf diese Weise entstandenen, sogenannten F_A-Zentrums erfreut die Spektroskopiker.

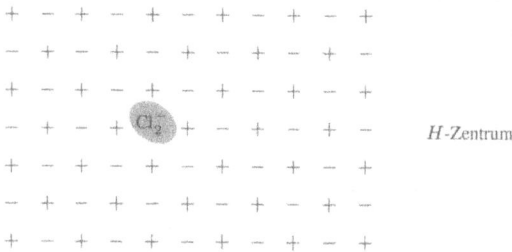

Bild 30.9: Man stellt sich das H-Zentrum vor als eine Struktur aus einem Chloridion auf einem Zwischengitterplatz, welches durch ein Loch an ein Gitterion gebunden ist. Man kann das Ganze betrachten als ein einfach ionisiertes Chlormolekül, welches den Gitterplatz eines negativen Gitterions einnimmt.

Schließlich könnten wir noch fragen, ob das Gegenstück des V_K-Zentrums existiert und beobachtet werden konnte: ein lokalisiertes Elektron, das zwei benachbarte, positiv geladene Ionen aneinander bindet. Da beispielsweise Cl_2-Moleküle existieren (kovalent gebunden), Na_2-Moleküle im allgemeinen jedoch nicht, so ist die Antwort auf diese Frage Nein: Die Asymmetrie zwischen Elektron-Zentren und Loch-Zentren geht genau auf den entscheidenden Unterschied zwischen den Valenzelektronen des Natriums (s-Elektronen) einerseits und des Chlors (p-Elektronen) andererseits zurück, die nur im Falle des Chlors kovalente Bindungen ausbilden. Dennoch existiert ein Gebilde, das deutlich schwächer lokalisiert ist als das hypothetische Gegenstück zum V_K-Zentrum: Man bezeichnet es als *Polaron*.

Polaronen

Setzt man ein Elektron in das Leitungsband eines fehlerfreien Ionenkristalls, so kann es für dieses Elektron energetisch günstig sein, sich in ein räumlich lokalisiertes

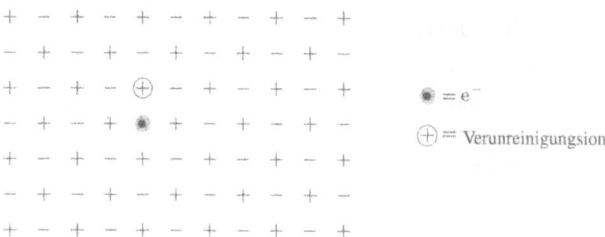

Bild 30.10: Das F_A-Zentrum, bei dem eines der sechs nächst benachbarten positiven Ionen um die Fehlstelle eines negativen Ions durch ein Fremdion ersetzt ist, wodurch die Symmetrie der Energieniveaus des gebundenen Elektrons erniedrigt wird. Diese Art der Verbindung zwischen einem Fremdion und einer Fehlstelle ist oft energetisch begünstigt.

● = e$^-$

⊕ = Verunreinigungsion

Niveau zu begeben, das mit einer lokalen Verformung der vorher perfekten räumlichen Anordnung der Ionen einhergeht, einer Polarisierung des Gitters also, die das Feld des Elektrons abschirmt und dessen elektrostatische Energie verringert. Eine solche Einheit aus Elektron und der von diesem Elektron induzierten Polarisierung des Gitters stellt sich als sehr viel beweglicher heraus, als es die oben beschriebenen Defekte sind. Man betrachtet sie im allgemeinen gar nicht als einen Defekt, sondern eher als eine wesentliche Komplikation in der Theorie der Elektronenbeweglichkeit in ionisch oder teilweise ionisch gebundenen Kristallen. Theorien der Polaronen sind ziemlich undurchschaubar, da man dabei gezwungen ist, die Dynamik eines stark an die ionischen Freiheitsgrade gekoppelten Elektrons zu betrachten.[13]

Exzitonen

Die offensichtlichsten Punktdefekte bestehen aus fehlenden Ionen (Fehlstellen), überschüssigen Ionen (Fremdionen auf Zwischengitterplätzen) oder „falschen" Ionen (Fremdionen, die gittereigene Ionen ersetzen). Ein subtilerer Defekt ist ein Ion in einem fehlerfreien Kristall, das sich von seinen Kollegen nur dadurch unterscheidet, daß es sich in einem elektronisch angeregten Zustand befindet. Einen solchen „Defekt" bezeichnet man als *Frenkel-Exziton*. Da jedes der Ionen elektronisch anregbar ist und die Kopplung zwischen den äußeren Elektronenschalen der Ionen stark ist, kann die Anregungsenergie von Ion zu Ion übertragen werden. Somit kann sich das Frenkel-Exziton durch den Kristall bewegen, ohne daß die Ionen selbst ihre Plätze tauschen müßten. Aus diesem Grunde ist es – ebenso wie das Polaron – sehr viel beweglicher als Fehlstellen oder Fremdionen. Tatsächlich stellt man sich in den meisten Fällen das Exziton am besten als nicht lokalisiert vor. Es ist genauer, die elektronische Struktur eines Kristalls, der ein Exziton enthält, als eine quantenmechanische Überlagerung von Zuständen zu beschreiben, bei der es gleich wahrscheinlich ist, die Anregung bei einem beliebigen der Ionen des Kristalls zu finden. Diese Betrachtungsweise steht in einer ähnlichen Beziehung zum Bild eines einzelnen, angeregten Ions, wie die Bloch-schen *tight-binding*-Niveaus (Kapitel 10) zu einzelnen, atomaren Energieniveaus in der Theorie der Bandstruktur.

Es ist daher möglicherweise sinnvoller, das Exziton als einen der komplexeren Aspekte elektronischer Bandstruktur zu betrachten, denn als einen Kristalldefekt. Hat man einmal erkannt, daß die geeignete Beschreibung eines Exzitons eigentlich ein Problem der Theorie der Bandstruktur ist, so kann man dasselbe Phänomen auch von einem ganz anderen Standpunkt aus betrachten:

---

[13] Zwei allgemein gehaltene Artikel über Polaronen sind C. G. Kuper, G. D. Whitfield, eds., *Polaronen und Exzitonen*, Plenum Press, New York (1963) sowie J. Appel, *Solid State Physics*, vol. 21, Academic Press, New York (1968), Seite 193. (Der Leser sei gewarnt, daß unsere Einführung der Polaronen als bewegliche Gegenstücke der V_K-Zentren lediglich unserer verzweifelten Bemühung um eine Kontinuität der Sichtweise entspringt; wir vertreten damit nicht den orthodoxen Standpunkt.)

Gehen wir davon aus, wir hätten den elektronischen Grundzustand eines Isolators in der Näherung unabhängiger Elektronen berechnet. Den niedrigsten angeregten Zustand des Isolators erhält man dann offenbar dadurch, daß man ein Elektron aus dem höchstliegenden Niveau des höchsten besetzten Bandes (des Valenzbandes) entnimmt, und es in das niedrigstliegende Niveau des niedrigsten leeren Bandes (des Leitungsbandes) befördert.[14] Eine solche Umordnung der Elektronenverteilung ändert nicht das selbstkonsistente, periodische Potential, in dem sich die Elektronen bewegen (siehe die Gleichungen (17.7) oder (17.15)). Dies deshalb, weil die Bloch-Elektronen nicht lokalisiert sind (da $|\psi_{n\mathbf{k}}(r)|^2$ periodisch ist), so daß die Änderung der lokalen Ladungsdichte, die sich infolge der Änderung des Niveaus eines einzelnen Elektrons ergibt, von der Größenordnung $1/N$ (da sich in jeder Zelle nur der N-te Teil der Ladung des Elektrons befindet) und damit vernachlässigbar gering ist. Daher ist es nicht notwendig, die elektronischen Energieniveaus für die angeregte Konfiguration neu zu berechnen, und der erste angeregte Zustand liegt um $\varepsilon_c - \varepsilon_v$ über der Energie des Grundzustandes, wobei ε_c das Minimum des Leitungsbandes und ε_v das Maximum des Valenzbandes bezeichnen.

Es gibt jedoch eine andere Möglichkeit, einen angeregten Zustand zu konstruieren: Nehmen wir an, wir formten ein Ein-Elektron-Niveau durch Überlagerung genügend vieler Niveaus aus der Umgebung der Leitungsbandkante als deutlich lokalisiertes Wellenpaket. Da wir zur Konstruktion des Wellenpakets Niveaus aus der unmittelbaren Umgebung des Leitungsbandminimums benötigen, ist die Energie des Wellenpakets ein wenig größer als ε_c. Nehmen wir weiter an, daß das Valenzbandniveau, welches wir entleeren, ebenfalls als Wellenpaket dargestellt werden kann, gebildet aus Niveaus in der unmittelbaren Umgebung des Valenzbandmaximums, so daß seine Energie $\bar{\varepsilon}_v$ ein wenig unterhalb von ε_v liegt. Dieses Wellenpaket sei so gewählt, daß sein Mittelpunkt räumlich sehr nahe beim Mittelpunkt des Leitungsband-Wellenpakets liegt. Unter Vernachlässigung von Elektron-Elektron-Wechselwirkungen wäre die zum Transfer eines Elektrons vom Valenzband-Wellenpaket zum Leitungsband-Wellenpaket notwendige Energie gegeben durch $\bar{\varepsilon}_c - \bar{\varepsilon}_v > \varepsilon_c - \varepsilon_v$: da die Niveaus jedoch lokalisiert sind, gibt es zusätzlich einen nicht vernachlässigbaren Betrag negativer Coulomb-Energie aufgrund der elektrostatischen Anziehung zwischen dem (lokalisierten) Elektron im Leitungsband und dem (ebenfalls lokalisierten) Loch im Valenzband.

Diese zusätzliche, negative elektrostatische Energie kann die gesamte Anregungsenergie auf einen Betrag reduzieren, der kleiner ist als $\varepsilon_c - \varepsilon_v$, so daß also der komplexere angeregte Zustand, in welchem das Elektron im Valenzband räumlich korreliert ist mit dem Loch, das es im Valenzband zurückließ, den eigentlich niedrigstliegenden angeregten Zustand des Kristalls repräsentiert. Für die Richtigkeit dieser Überlegung spricht die Beobachtung, daß (a) die optische Absorption bereits bei Energien einsetzt, die unterhalb der Grenzenergie des Interband-Kontinuums liegen (siehe Bild 30.11), sowie (b) das folgende, elementare theoretische Argument, welches aufzeigt, daß es

---

[14] Wir verwenden hier die auf Seite 714 eingeführte Nomenklatur.

immer von Vorteil ist, die Anziehung zwischen Elektronen und Löchern in die Betrachtung mit einzubeziehen:

Betrachten wir den Fall, daß die lokalisierten Niveaus des Elektrons und des Lochs über eine Entfernung von mehreren Gitterkonstanten ausgedehnt sind. Wir können nun eine semiklassische Argumentation verfolgen, die vom Typus her ähnlich ist den Überlegungen, die uns zu den Ausdrücken für die Störstellenniveaus in Halbleitern (Kapitel 28) führten; dazu betrachten wir Elektron und Loch als Teilchen mit den Massen m_L beziehungsweise m_V, den effektiven Massen des Leitungsbandes beziehungsweise des Valenzbandes (siehe (28.3)), die wir der Einfachheit halber als isotrop annehmen. Sie wechselwirken miteinander durch eine anziehende Coulomb-Wechselwirkung, die um die dielektrische Konstante ϵ des Kristalls abgeschirmt ist. Offenbar handelt es sich dabei einfach um ein Wasserstoffproblem, bei dem die reduzierte Masse μ des Wasserstoffatoms, $1/\mu = 1/M_{\text{Proton}} + 1/m_{\text{Elektron}} \approx 1/m_{\text{Elektron}}$, durch die reduzierte effektive Masse m^* mit $1/m^* = 1/m_c + 1/m_v$ ersetzt ist, sowie die Elektronenladung durch e^2/ϵ. Es gibt somit gebundene Zustände, deren niedrigstliegender sich über einen Bereich mit dem Bohrschen Radius

$$a_{\text{ex}} = \frac{\hbar^2}{m^*(e^2/\epsilon)} = \epsilon\, \frac{m}{m^*}\, a_0 \qquad (30.20)$$

ausdehnt. Die Energie dieses gebundenen Zustandes liegt um einen Betrag

$$E_{ex} = \frac{(e^2/\epsilon)}{2a_0^*} = \frac{m^*}{m}\, \frac{1}{\epsilon^2}\, \frac{e^2}{2a_0}$$

$$= \frac{m^*}{m}\, \frac{1}{\epsilon^2}\, (13,6)\,\text{eV} \qquad (30.21)$$

niedriger als die Energie $\varepsilon_c - \varepsilon_v$ von Elektron und Loch, wenn diese nicht miteinander wechselwirken. Dieses Modell ist nur unter der Voraussetzung gültig, daß a_{ex} groß ist auf der Längenskala des Gitters (d.h. $a_{\text{ex}} \gg a_0$); da jedoch Isolatoren mit kleinen Energielücken im allgemeinen kleine effektive Massen und große dielektrische Konstanten aufweisen, ist diese Voraussetzung unschwer zu erfüllen, insbesondere bei Halbleitern. Derartige „Wasserstoffspektren" hat man tatsächlich in optischer Absorption bei Energien unterhalb der Interband-Schwellenenergie beobachtet.

Ein durch dieses Modell beschriebenes Exziton bezeichnet man als *Mott-Wannier-Exziton*. Werden die atomaren Niveaus, aus denen die Bandniveaus durch Überlagerung entstehen, stärker gebunden, so verringern sich ϵ und a_0, m^* wird größer, das Exziton wird stärker lokalisiert – und schließlich versagt das Mott-Wannier-Modell. Das Mott-Wannier-Exziton einerseits und das Frenkel-Exziton andererseits sind die beiden Extreme desselben Phänomens: Im Frenkelschen Fall, dem die Betrachtung eines einzelnen, angeregten elektronischen Niveaus eines Ions zugrundeliegt, sind

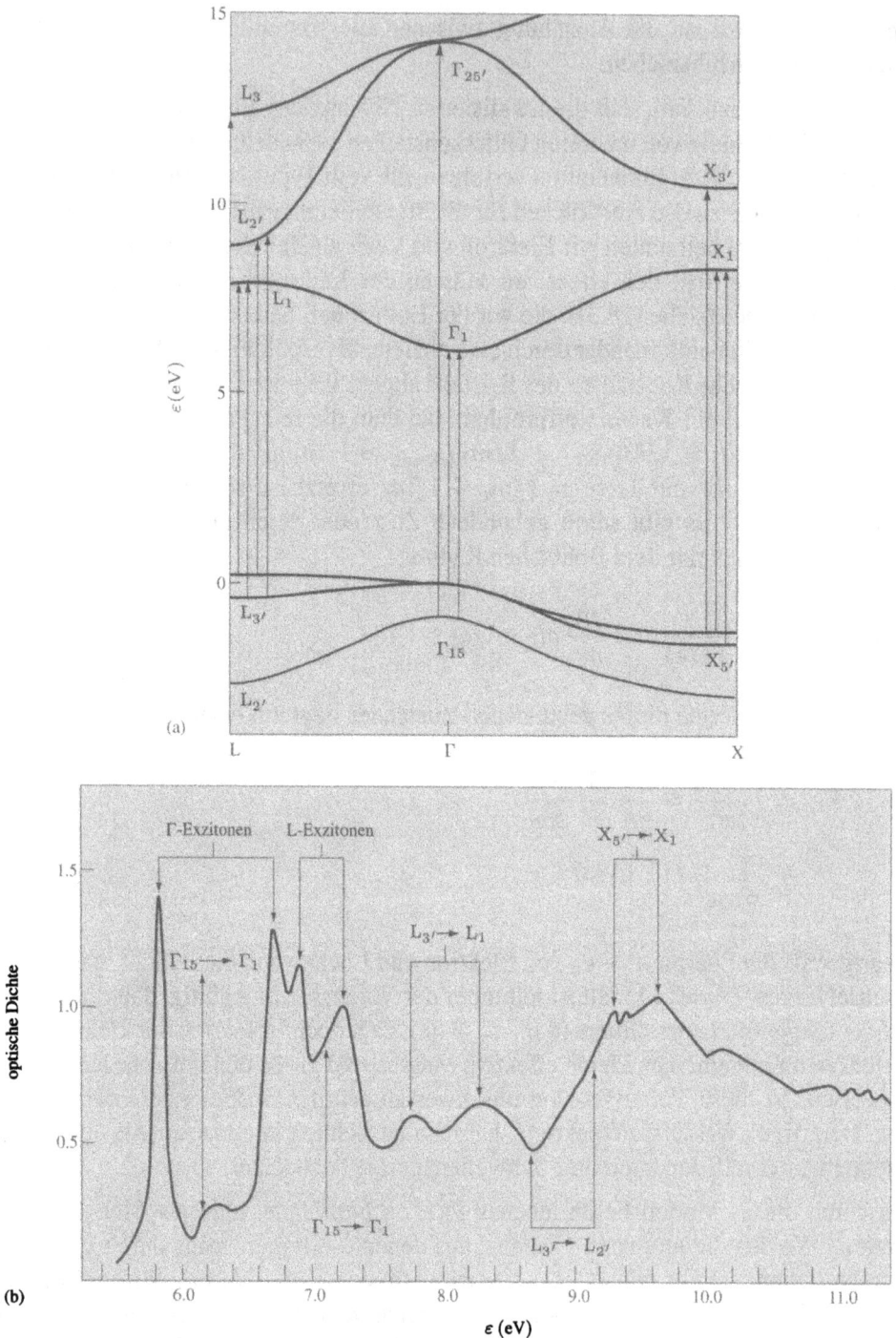

Bild 30.11: (a) Die Bandstruktur von Kaliumjodid, abgeleitet aus seinem optischen Absorptionsspektrum (J. C. Phillips, *Phys. Rev.* **A136**, 1705 (1964).). (b) Das Exzitonenspektrum mit den Zuordnungen der verschiedenen Maxima und Minima des Valenzbandes und des Leitungsbandes, nach J. E. Eby, K. J. Teegarden, D. B. Dutton, *Phys. Rev.* **116**, 1099 (1959), wie zusammengefaßt in J. C. Phillips, *Fundamental Optical Spectra of Solids, Solid State Physics*, Vol. 18, Academic Press, New York (1966).

Elektron und Loch auf einer atomaren Längenskala stark lokalisiert; die Exzitonenspektren der festen Edelgase fallen in diese Kategorie.[15]

Liniendefekte: Versetzungen

Eine der offensichtlichsten Schwächen des Modells eines Festkörpers als fehlerfreier Kristall besteht darin, daß es in diesem Modell nicht möglich ist, auch nur die Größenordnung der Kraft korrekt anzugeben, die notwendig ist, um einen Kristall plastisch – d.h. permanent und irreversibel – zu verformen.

Unter der Annahme, daß der Festkörper ein idealer Kristall sei, erhält man für diese Kraft folgende Abschätzung:

Zerlegen wir, wie in Bild 30.12 dargestellt, den Kristall in eine Familie paralleler Gitterebenen im Abstand d zueinander, und betrachten wir eine Scherverformung des Kristalls, bei der jede Gitterebene parallel zu sich selbst in einer gegebenen Richtung $\hat{n}$ um einen Betrag x relativ zur direkt darunterliegenden Ebene verschoben wird. Die zusätzliche Energie des Kristalls aufgrund der Scherung sei pro Einheitsvolumen bezeichnet mit $u(x)$. Für kleine x erwarten wir, daß u in x quadratisch ($x=0$ entspricht dem Gleichgewicht), und durch die Elastizitätstheorie von Kapitel 22 gegeben ist. Beispielsweise sind die Gitterebenen für einen kubischen Kristall die (100)-Ebenen, die Richtung $\hat{n}$ ist [010], und man erhält (siehe Aufgabe 4)

$$u = 2 \left(\frac{x}{d}\right)^2 C_{44}. \qquad (30.22)$$

Im allgemeinen gilt eine Beziehung der Form

$$u = \frac{1}{2} \left(\frac{x}{d}\right)^2 G, \qquad (30.23)$$

wobei G von der Größenordnung einer typischen elastischen Konstanten ist, und somit (siehe Tabelle 22.2) Werte im Bereich 10^{11} bis 10^{12} dyn/cm^2 hat.

Der Ausdruck (30.23) ist mit Sicherheit nicht mehr korrekt, sobald x zu groß wird. Als extremes Beispiel sei x gleich dem Betrag des kürzesten, zu $\hat{n}$ parallelen Bravaisgittervektors **a**; in diesem Falle ist die verschobene Konfiguration des Kristalls – unter Vernachlässigung kleiner Oberflächeneffekte – ununterscheidbar von der Ausgangskonfiguration, und $u(a)$ gleich null. Tatsächlich ist u als eine Funktion von x periodisch mit der Periode a. Es gilt also $u(x + a) = u(x)$ und u reduziert sich nur im Falle $x \ll a$ auf die Form (30.23) (Bild 30.13a). Beginnt man die Verformung des idealen Kristalls, so wächst daher die Kraft $\sigma(x)$ pro Einheitsfläche der Gitterebene und pro Ebene, die notwendig ist, um die Verschiebung x aufrechtzuerhalten – die

---

[15] Zum Thema Exzitonen siehe R. S. Knox, *Excitons*, Academic Press, New York (1963).

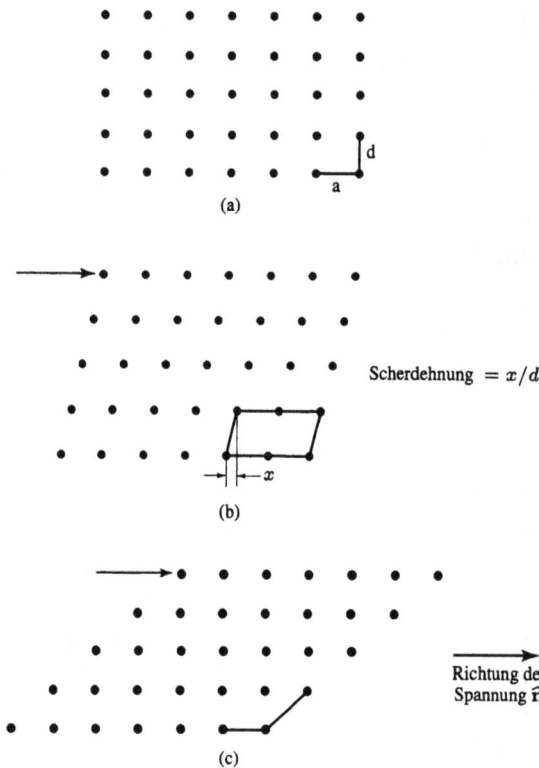

(a)

(b)

Scherdehnung $= x/d$

(c)

Richtung der
Spannung $\hat{n}$

Bild 30.12: Ein zunächst unverformter Kristall wird einer zunehmenden Scherspannung ausgesetzt. (a) Fehlerfreier Kristall. (b) Verformter Kristall. In (c) wurde der Kristall soweit verformt, daß seine innere Konfiguration vom unverformten Kristall nicht zu unterscheiden ist.

sogenannte Scherspannung – nicht unbegrenzt mit x. Den maximalen Betrag dieser Kraft schätzen wir wie folgt ab:

Ist der Kristall aus N Gitterebenen der Fläche A aufgebaut, so beträgt sein Volumen $V = ANd$, und die Scherspannung ist gegeben durch

$$\sigma = \frac{1}{NA} \frac{d}{dx} (Vu) = d \left(\frac{du}{dx} \right). \tag{30.24}$$

Diese Spannung wird maximal bei einem bestimmten Wert x_0 der Verschiebung zwischen 0 und $a/2$ (Bild 30.13b). Schätzen wir grob den Wert im Maximum ab, indem wir den linearen Bereich von $\sigma(x)$ (gültig für kleine x) auf $x = a/4$ extrapolieren, so erhalten wir eine kritische Scherspannung von der Größenordnung

$$\sigma_c \approx \frac{d}{dx} \frac{1}{2} G \frac{x^2}{d} \bigg|_{x=a/4} = \frac{1}{4} \frac{a}{d} G \approx 10^{11} \text{ dyn/cm}^2. \tag{30.25}$$

Übt man eine Scherspannung größer als σ_c aus, so gibt es nichts mehr, was die Gitterebenen davon abhalten könnte, gegeneinander abzugleiten: der Kristall *gleitet*. Bereits aus Bild 30.13b ist offensichtlich, daß (30.25) nur eine grobe Abschätzung der kritischen Scherspannung geben kann. Dennoch beobachtet man kritische Scherspan-

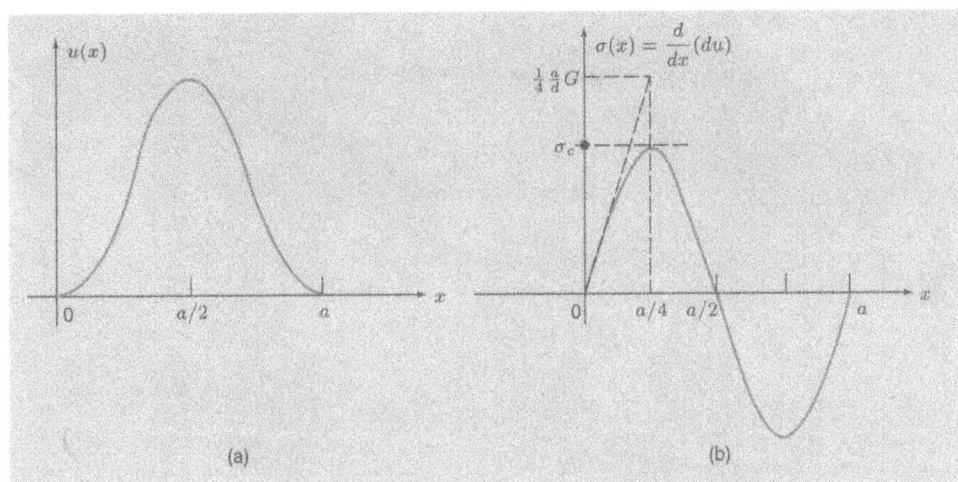

Bild 30.13: (a) Verlauf der zusätzlichen Energie $u(x)$ pro Einheitsvolumen aufgrund einer Scherdehnung x. Beachten Sie, daß $u(x + a) = u(x)$. (b) Darstellung des Verlaufs der Kraft pro Einheitsfläche und pro Gitterebene, die notwendig ist, um die Dehnung x aufrechtzuerhalten. In diesem einfachen Modell kann man die Größenordnung der maximalen oder kritischen Spannung σ_c abschätzen, indem man den Wert von σ bei $x = a/4$ berechnet, oder aber den linearen Bereich von $\sigma(x)$ auf diesen x-Wert extrapoliert.

nungen an scheinbar wohlpräparierten „Einkristallen", die um einen Faktor von bis zu 10^4 geringer sind als die Abschätzung (30.25)! Ein Fehler dieser Größenordnung legt die Vermutung nahe, daß die Beschreibung des Gleitens, auf welcher die Abschätzung (30.25) beruht, schlicht falsch ist.

Der dem Gleiten eines Kristalls in den meisten Fällen zugrundeliegende Prozeß ist wesentlich subtiler. Dabei spielt ein bestimmter linearer Defekt, die *Versetzung*, eine entscheidende Rolle. Die beiden einfachsten Arten einer Versetzung, die *Schraubenversetzung* und die *Stufenversetzung* sind in Bild 30.14 schematisch dargestellt; wir werden sie weiter unten noch im einzelnen beschreiben. Die Versetzungsdichten in realen Kristallen hängen von der Präparation der Probe ab[16] und liegen im Bereich zwischen 10^2 bis 10^{12} /cm². Entlang einer linearen Versetzung ist der Kristall in einem Zustand derart hoher lokaler Verformung, daß die zur Verschiebung der Versetzung seitwärts um eine Gitterkonstante zusätzlich noch notwendige Verformung bereits durch eine relativ geringe, von außen einwirkende Spannung erreicht werden kann. Der Effekt der Bewegung einer Versetzung um viele Gitterkonstanten besteht in einer Verschiebung der beiden Hälften des Kristalls, welche durch die Ebene der Bewe-

---

[16] Wie oben erwähnt, sind lineare Defekte *kein* Phänomen des thermodynamischen Gleichgewichts. Es gibt daher keinen intrinsischen Wert der Versetzungsdichte, welche deshalb durch Tempern stark reduziert werden kann.

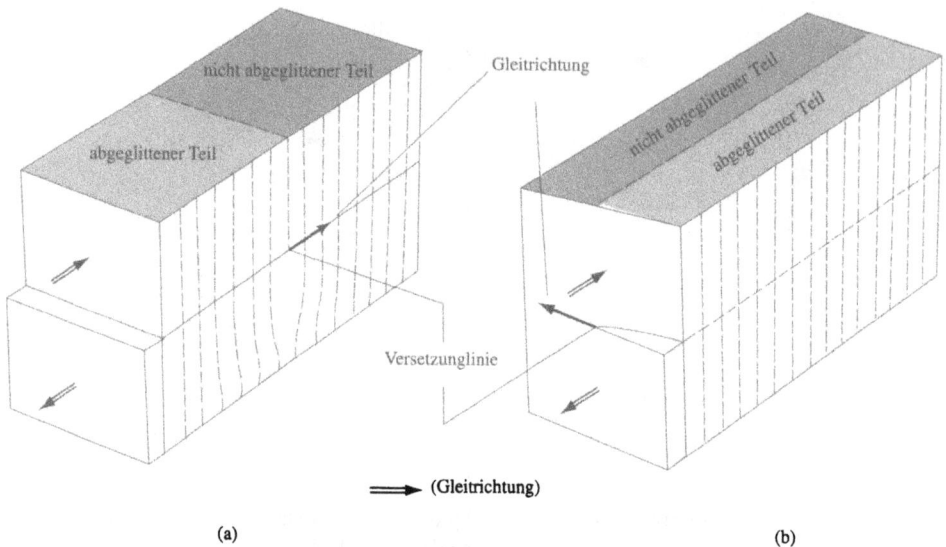

Bild 30.14: (a) Gleiten in einem Kristall durch Bewegung einer *Stufenversetzung*. (b) Gleiten in einem Kristall durch Bewegung einer *Schraubenversetzung*.

gung[17] getrennt sind, um eine Gitterkonstante.[18]

Man kann sich eine Stufenversetzung dadurch konstruiert denken (Bild 30.14a), daß man dem Kristall eine an die Versetzungslinie angrenzende Halbebene von Atomen entnimmt, und die beiden Gitterebenen auf beiden Seiten der fehlenden Ebene sorgfältig wieder zusammenfügt, so daß die Ordnung des idealen Kristalls wiederhergestellt ist, außer in der unmittelbaren Umgebung der Versetzungslinie.[19]

Auf ähnliche Weise kann man eine Schraubenversetzung (Bild 30.14b) „konstruieren", wenn man sich eine an der Versetzungslinie endende Ebene vorstellt, oberhalb derer der Kristall um einen Gittervektor parallel zur Versetzungslinie verschoben und danach wieder mit dem Teil des Kristalls unterhalb der Ebene zusammengefügt wurde, und zwar auf eine solche Weise, daß die kristalline Ordnung überall, außer in der unmittelbaren Umgebung der Versetzungslinie, gewahrt bleibt.

Versetzungen sind nicht notwendig rechtwinklig: Man beschreibt eine allgemeine

---

[17] Man betont oft die Analogie zur Bewegung einer linearen Welle über einen Teppich: Der Teppich liegt nach dem Durchlauf der Welle ein wenig verschoben, und diese Verschiebung war auf diese Weise wesentlich einfacher zu erzielen, als hätte man den gesamten, unverformten Teppich über die gleiche Distanz gezogen.

[18] Man kennt noch eine weitere Art des durch Versetzungen vermittelten Gleitens, bei welcher der abgeglittene Teil des Kristalls in einer komplexeren Beziehung zum nicht abgeglittenen Teil steht: Die *Zwillingsbildung* – siehe weiter unten.

[19] Nur die Versetzungslinie selbst hat eine konkrete Bedeutung. Betrachtet man eine Stufenversetzung, so kann man sich eine beliebige Anzahl von Positionen vorstellen, aus welchen die fehlende Ebene entnommen worden sein kann. Man kann sich die Versetzung sogar durch Einfügen einer zusätzlichen Ebene entstanden denken (Bild 30.15). Entsprechendes gilt für Schraubenversetzungen.

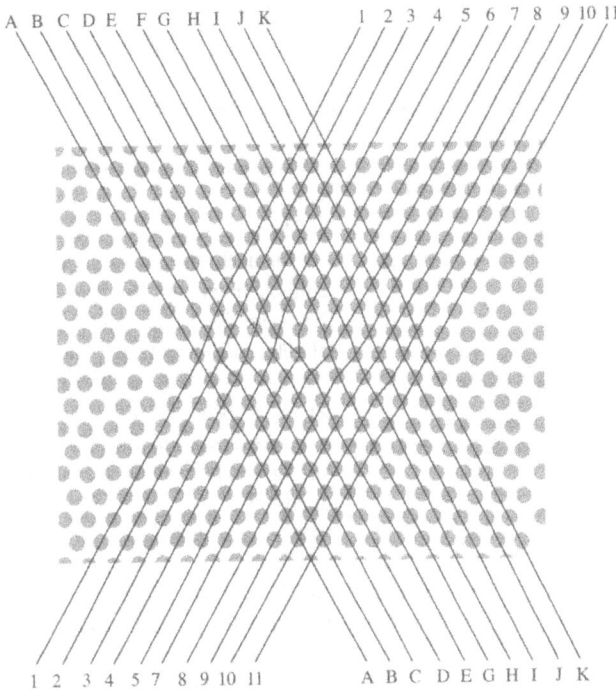

1 2 3 4 5 7 8 9 10 11   A B C D E G H I J K

Bild 30.15: Verschiedene Möglichkeiten der „konstruktiven Definition" einer Versetzung. Dargestellt ist eine Ebene des Kristalls senkrecht zu einer einzelnen Stufenversetzung. (Man erkennt den Punkt, an dem die Versetzung die Kristallebene schneidet, am einfachsten, wenn man die Abbildung unter einem sehr flachen Winkel entlang einer der beiden Scharen paralleler Linien betrachtet.) Man kann sich die Versetzung entstanden denken durch Einfügen einer zusätzlichen Ebene von Atomen, welche die obere Hälfte der Abbildung entlang der Linie 6 schneidet – oder auch durch Einfügen einer ebensolchen Ebene entlang der Linie *F*. Andererseits kann man die Versetzung auch durch Entfernen einer Ebene von Atomen aus der unteren Hälfte der Abbildung konstruieren; diese Ebene kann entweder zwischen den Linien 5 und 7, oder aber zwischen *E* und *G* herausgenommen worden sein. Die Darstellung beruht auf den von Bragg und Nye, *Proc. Roy. Soc.* **A190**, 474 (1947) aufgenommenen Photographien von „Flößen" aus Seifenblasen.

Versetzung als einen beliebigen linearen Bereich des Kristalls – entweder in Gestalt einer geschlossenen Kurve oder einer Kurve, die an einer Oberfläche des Kristalls endet – mit den folgenden Eigenschaften:

1. Hinreichend weit vom Versetzungsbereich entfernt unterscheidet sich der Kristall lokal nur vernachlässigbar wenig von einem idealen Kristall.

2. In der unmittelbaren Umgebung des Versetzungsbereichs sind die Orte der Atome wesentlich verschieden von ihren ursprünglichen Plätzen im Kristall.

3. Es existiert ein von null verschiedener *Burgersvektor*.

Der Burgersvektor ist wie folgt definiert: Betrachten wir eine geschlossene Kurve in einem idealen Kristall, die durch eine Reihe von Gitterplätzen führt, so daß sie in einer Folge von Translationen um Bravaisgittervektoren durchlaufen werden kann (Bild 30.16, untere Kurve). Nun denke man sich dieselbe Abfolge von Translationen des Bravaisgitters in einem Kristall mit Versetzung durchlaufen (Bild 30.16, obere

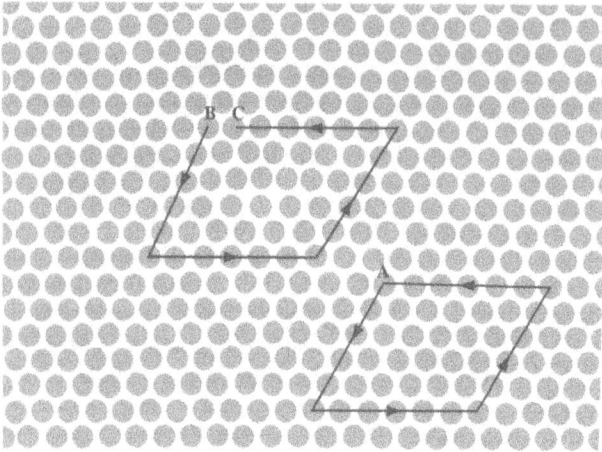

Bild 30.16: Zwei Kurven in einer Gitterebene. Die untere der Kurven verläuft in einem Bereich des Kristalls, der frei von Versetzungen ist: Beginnt man im Punkt *A*, bewegt sich um fünf Schritte nach unten, dann sechs Schritte nach rechts, fünf Schritte nach oben und sechs Schritte nach links, so erreicht man schließlich wieder den Punkt *A*. Die obere der beiden Kurven umschließt eine Versetzung; die Versetzungslinie steht senkrecht auf der Gitterebene. Beginnt man nun im Punkt *B* und durchläuft dieselbe Abfolge von Schritten (fünf nach unten, sechs nach rechts, fünf nach oben, sechs nach links), so kehrt man nicht zum Ausgangspunkt *B* zurück, sondern erreicht den von B verschiedenen Punkt *C*. Der Vektor von *B* nach *C* ist der Burgersvektor. Man erkennt die von der zweiten Kurve umschlossene Versetzung am einfachsten, wenn man die Seite unter einem sehr flachen Blickwinkel von links unten betrachtet.

Kurve). Die Testkurve sollte weit genug entfernt sein von der Versetzung, so daß sich die Bereiche des Kristalls in der Umgebung der Kurve kaum von der Konfiguration im unverzerrten Kristall unterscheiden, wodurch auch die Bedeutung der Redeweise von „derselben Abfolge von Translationen des Bravaisgitters" eindeutig wird. Führt nun dieselbe Abfolge von Translationen nicht mehr zum Ausgangspunkt zurück, so schließt die Kurve eine Versetzung ein. Man bezeichnet nun den Bravaisgittervektor b, um den der Endpunkt der Abfolge ihren Anfangspunkt verfehlt, als den Burgersvektor der Versetzung.[20]

Durch ein wenig Nachdenken kann man sich davon überzeugen, daß der Burgersvektor einer gegebenen Versetzung von der speziellen Wahl der die Versetzung umschließenden Testkurve unabhängig ist. Der Burgersvektor steht auf einer Stufenversetzung senkrecht, und ist zu einer Schraubenversetzung parallel. Versetzungen mit komplizier-

---

[20]   Wird b = 0, so ist der lineare Defekt keine Versetzung, es sei denn, die Testkurve hätte zufällig zwei Versetzungen mit betragsgleichen, aber einander entgegengesetzt gerichteten Burgersvektoren umrundet. Eine lineare Anordnung von Fehlstellen beispielsweise erfüllt zwar die Kriterien 1 und 2, ist aber keine Versetzung. (Entfernt man ein Ion aus dem Inneren des von der unteren Kurve in Bild 30.16 umschlossenen Kristallbereichs, so bleibt die Kurve dennoch geschlossen.)

terer Struktur als einfache Stufenversetzungen oder Schraubenversetzungen können ebenfalls durch einen einzelnen, vom Weg unabhängigen Burgersvektor beschrieben werden, wobei jedoch die Beziehung zwischen der Geometrie der Versetzung und der Richtung des Burgersvektors nicht mehr so einfach ist wie im Falle der Stufen- oder Schraubenversetzungen.[21]

Festigkeit von Kristallen

Die geringe Festigkeit guter Kristalle war während vieler Jahre ein Rätsel, zum Teil zweifelsohne deshalb, weil man durch die experimentellen Daten leicht zu falschen Schlüssen geführt wird. Man fand bei relativ schlecht präparierten Kristallen Werte der Schubfestigkeit, die fast so hoch waren wie der Maximalwert, den wir oben für den idealen Kristall abschätzten. Wurden die Kristalle „verbessert", beispielsweise durch Tempern, so ging ihre Schubfestigkeit drastisch zurück und erreichte in sehr „guten" Kristallen um viele Größenordnungen kleinere Werte. Die Annahme erschien nur natürlich, daß die Schubfestigkeit gegen die Werte des idealen Kristalls streben sollte, wenn man auch die Probe dem idealen Kristall annäherte – tatsächlich aber beobachtete man das Gegenteil.

Drei Physiker schlugen unabhängig voneinander im Jahre 1934[22] eine Erklärung vor, indem sie die *Versetzung* als Ursache des beobachteten Verhaltens „erfanden".[23] Sie vermuteten, daß praktisch alle real existierenden Kristalle Versetzungen enthalten, und daß plastisches Fließen aufgrund der oben beschriebenen Bewegung dieser Versetzungen im Kristall wie oben beschrieben stattfindet. Somit gibt es zwei Möglichkeiten, Kristalle mit hoher Festigkeit herzustellen. Eine Möglichkeit ist die Präparation eines „wirklich" idealen Kristalls ohne jegliche Versetzung – was extrem schwierig zu bewerkstelligen ist.[24] Die andere Möglichkeit besteht darin, die Bewegung der Versetzungen zu verhindern oder zu erschweren. In einem idealen Kristall bewegen sich Versetzungen mit relativ großer Leichtigkeit; treffen sie jedoch auf Fremdatome an Zwischengitterplätzen oder Verunreinigungen, oder kreuzt eine andere Versetzung ihren Weg, so kann sich die zu ihrer Verschiebung notwendige Arbeit ganz wesentlich

---

[21] Stellt man sich vor, man erzeuge eine geschlossene Versetzung mittels Skalpell und Klebstoff dadurch, daß man eine kreisförmige Fläche aus dem Kristall schneidet, die Flächen auf beiden Seiten des Schnittes gegeneinander verschiebt und danach wieder verklebt, nachdem man Atome entfernt oder neue hinzugefügt hat, um die ideale Ordnung des Kristalls wiederherzustellen, dann ist der Burgersvektor gleich der Verschiebung der beiden Flächen relativ zueinander. Die entsprechende topologische Definition ist äquivalent, jedoch intuitiv besser nachvollziehbar, da man sich dabei nicht derart abstruse Operationen vorstellen muß.

[22] G. I. Taylor, E. Orowan und G. Polyani. (G. I. Taylor, *Proc. Roy. Soc.* **A145**, 362 (1934); E. Orowan, *Z. Phys.* **89**, 614 (1934); G. Polyani, *Z. Phys.* **98**, 660 (1934).) Etwa 30 Jahre zuvor hatte V. Volterra das Konzept der Versetzungen in die Kontinuumstheorie der Elastizität eingeführt.

[23] Während weiterer fast 10 Jahre konnte man Versetzungen nicht direkt beobachten.

[24] Siehe im folgenden die Beschreibung der *Whisker*.

erhöhen.

Somit zeigt ein schlecht präparierter Kristall deshalb einen große Festigkeit, weil er „vollgestopft" ist mit Versetzungen und Kristalldefekten und diese sich gegenseitig in ihren Bewegungen so ernsthaft behindern, daß ein Gleiten nur durch die oben beschriebenen, drastischeren Maßnahmen zu erreichen ist. Wird der Kristall gereinigt und seine Struktur verbessert, so verschwinden die Versetzungen zum größten Teil aus dem Kristall, die Anzahlen der Fehlstellen sowie der Fremdatome auf Zwischengitterplätzen reduzieren sich auf die niedrigen Werte im thermodynamischen Gleichgewicht, und die nun praktisch ungehindert mögliche Bewegung der wenigen verbleibenden Versetzungen äußert sich in einer leichten Verformbarkeit des Kristalls. Nun ist der Kristall sehr weich. Könnte man den Prozeß fortsetzen bis zu dem Punkt, an dem sämtliche Versetzungen aus dem Kristall entfernt sind, so würde seine Festigkeit wieder zunehmen. In einigen Fällen konnte man dieses Verhalten tatsächlich beobachten, wie wir weiter unten noch sehen werden.

Dehnungshärtung

Es ist eine bekannte Beobachtung, daß ein Stück eines weichen Metalls nach wiederholtem Biegen schließlich an der Biegestelle bricht. Dies ist ein Beispiel für das Phänomen der *Dehnungshärtung*: Bei jedem Biegen fließen mehr und mehr Versetzungen in das Metall, bis es so viele von ihnen gibt, daß sie sich gegenseitig in ihren Bewegungen behindern. Nun kann der Kristall nicht mehr plastisch verformt werden und bricht unter der nächsten mechanischen Spannung.

Versetzungen und Kristallwachstum

Das Rätsel des plastischen (d.h. irreversiblen) Fließens konnten gelöst werden, indem man dieses Verhalten durch die Bewegung von Versetzungen deutete. Als ebenso verwirrend erschien das Phänomen des Kristallwachstums, das man besser verstehen konnte, als man die Existenz von Schraubenversetzungen erkannt hatte. Ein großer Kristall werde dadurch gezüchtet, daß man einen kleinen Kristall in den Dampf der Atome dieses Kristalls bringen. Ein Atom aus dem Dampf kondensiert leichter in eine bestimmte Gitterposition, wenn die Nachbarn dieses Gitterplatzes bereits vorhanden sind. Deshalb ist es relativ unwahrscheinlich, daß ein Atom aus dem Dampf auf einer idealen Oberfläche des Kristalls angelagert wird; wahrscheinlicher ist die Anlagerung an einer Stufe zwischen zwei Gitterebenen, am wahrscheinlichsten jedoch an einer Ecke des Kristalls (Bild 30.17). Nimmt man an, daß solcherart gezüchtete Kristalle ideal sind und das Wachstum Ebene für Ebene geschieht, so muß immer dann, wenn eine neue Ebene begonnen wird, ein Atom, wie in Bild 30.17a gezeigt, auf der darunterliegenden Ebene kondensieren. Da die Bindung des Atoms in diesem Falle relativ schwach ist, sind solche Prozesse (das „Keimen" der nächsten Schicht) bei

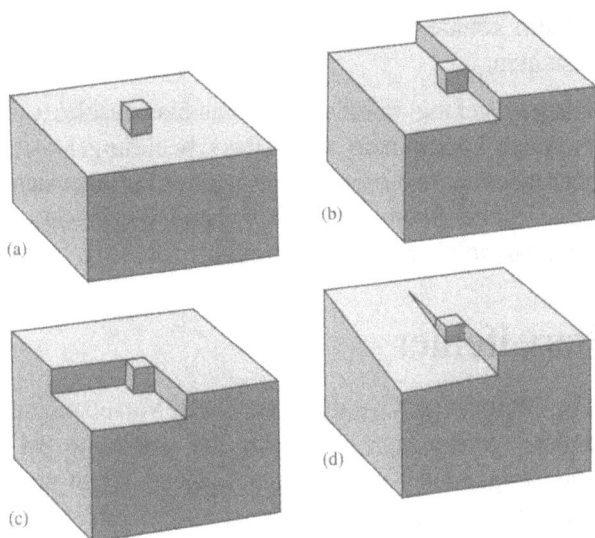

Bild 30.17: Atome haften nicht sehr stark auf idealen Kristallflächen (a), besser schon an einer Stufe zwischen zwei Gitterebenen (b), und am besten an einer Ecke des Kristalls (c). Enthält der Kristall dagegen eine Schraubenversetzung (d), so kann sich durch Hinzufügen von Atomen in der dargestellten Weise die lokale, ebene Struktur beliebig oft um die Versetzung herumwinden. Auf diese Weise können Kristalle sehr rasch wachsen, da das in (a) angedeutete „Keimen" neuer Ebenen niemals erforderlich wird.

weitem nicht häufig genug, um die beobachtete, hohe Wachstumsgeschwindigkeit erklären zu können. Enthält der Kristall jedoch eine Schraubenversetzung, so ist es niemals erforderlich, mit dem Aufbau einer neuen Ebene zu beginnen, da sich die lokale Ebene beliebig oft um die Schraubenversetzung herumwinden kann, wie eine spiralförmige Rampe (Bild 30.17d).

Whisker

Kristallwachstum der oben beschriebenen Art kann zu sehr langen, dünnen, nadelförmigen Kristallen führen, die sich um eine Schraubenversetzung herumwinden und sie verlängern. Solche Kristallnadeln, *Whisker* genannt, enthalten oft nur eine einzige Schraubenversetzung, die als Kristallisationskeim wirkt, und zeigen Werte der Schubfestigkeit, die vergleichbar sind mit den Werten eines idealen Kristalls.

Beobachtung von Versetzungen und anderen Kristalldefekten

Zu den frühesten Hinweisen darauf, daß Versetzungen – und eine Vielzahl weiterer Kristalldefekte – tatsächlich in praktisch allen natürlichen Kristallen vorhanden sein könnten, gehören die Beobachtungen von Bragg und Nye[25] an den wie Eisschollen auf den Oberflächen von Seifenlösungen schwimmenden Feldern identischer Seifenblasen. Diese Blasenfelder werden durch Oberflächenspannung zusammengehalten, und ihre zweidimensionale Anordnung stellt eine sehr gute Näherung eines Kristall-

---

[25] W. L. Bragg, J. F. Nye, *Proc. Roy. Soc.* **A190**, 474 (1947).

abschnitts dar. An solchen Blasenfeldern konnte man Phänomene wie Punktdefekte, Versetzungen und Korngrenzen beobachten.

Die direkte Beobachtung in Festkörpern gelang mittels der Transmissionselektronenmikroskopie. Durch chemisches Ätzen konnte man auch Überschneidungen von Versetzungen mit Oberflächen sichtbar machen: In diesen Schnittpunkten befindet sich der Festkörper in einem Zustand beträchtlicher Spannung, so daß chemische Prozesse bevorzugt an Atomen in der Nachbarschaft solcher Punkte angreifen.

Oberflächendefekte: Stapelfehler

Es gibt eine komplexere Variante des Gleitens in Kristallen, die durch Versetzungen vermittelt wird, und bei der die äußere mechanische Spannung die kohärente Bildung von Versetzungen in aufeinanderfolgenden Kristallebenen auslöst. Wenn eine Versetzung durch den Kristall wandert, so hinterläßt sie „in ihrem Kielwasser" eine Gitterebene, die um einen Nicht-Bravaisgittervektor verschoben ist, so daß also die Wanderung einer ganzen Familie von Versetzungen einen Kristallbereich hinterläßt, in dem die kristalline Ordnung das Spiegelbild – gespiegelt in der Gleitebene – des ursprünglichen Kristalls ist. Derartige Prozesse bezeichnet man als „Zwillingsbildung", den invertierten Bereich des Kristalls als einen *Kristallzwilling*.

Nehmen wir als Beispiel einen idealen, kubisch-flächenzentrierten Kristall. Hier sind aufeinanderfolgende (111)-Ebenen angeordnet nach dem Muster

$$...ABCABCABCABC... \,, \tag{30.26}$$

wie es in Bild 4.21 dargestellt ist. Nachdem Zwillingsbildung durch Gleiten stattgefunden hat, sind die Ebenen folgendermaßen angeordnet:

$$...ABCABCABCABCBACBACBACBA... \tag{30.27}$$

Der senkrechte Pfeil zeigt die Grenze des abgeglittenen Bereiches an.

Solcherart fehlerhaft liegende Atomlagen eines Kristalls bezeichnet man als *Stapelfehler*. Ein weiteres Beispiel ist die Anordnung

$$...ABCABCABABCABCABC... \,, \tag{30.28}$$

bei der eine bestimmte Ebene – gekennzeichnet durch den senkrechten Pfeil – „aus dem Schritt gerät" und gewissermaßen die Stapelfolge einer hexagonal dichtest gepackten Struktur anstelle der kubisch-flächenzentrierten realisiert. Nach diesem

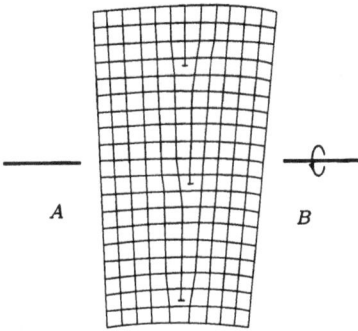

Bild 30.18: Man kann die Kleinwinkel-Kippgrenze, eine Art der Kleinwinkel-Korngrenze, als Abfolge von Stufenversetzungen betrachten. Wird der Bereich B des Kristalls relativ zum Bereich A um die angegebene Achse gedreht, so erhält die Korngrenze zusätzlich eine Drehkomponente. Eine *Drehgrenze* kann man – sofern die Drehung an der Grenze nur um einen kleinen Winkel erfolgt – als eine Abfolge von Schraubenversetzungen betrachten.

Stapelfehler kehrt der Kristall wieder zur regulären, ungespiegelten fcc-Anordnung zurück.

Kleinwinkel-Korngrenzen

Eine ebene, gemeinsame Fläche zweier Einkristalle mit unterschiedlichen Orientierungen bildet eine *Korngrenze*. Ist der Unterschied der Orientierungen *klein*, so bezeichnet man diese Fläche als *Kleinwinkel-Korngrenze*. Ein Beispiel, die sogenannte *Kippgrenze* ist in Bild 30.18 schematisch dargestellt: Sie wird gebildet durch eine lineare Abfolge von Stufenversetzungen. Weiter kennt man die *Drehgrenze* als Abfolge von Schraubenversetzungen. Im allgemeinen sind Kleinwinkel-Korngrenzen zusammengesetzt aus einer Mischung der beiden Typen.

Die meisten real existierenden Kristalle bestehen – sofern sie nicht mit sehr großer Sorgfalt präpariert wurden – aus zahlreichen Körnern mit geringfügig voneinander verschiedenen Orientierungen, die durch Kleinwinkel-Korngrenzen voneinander getrennt werden. Zwar sind die Unterschiede der Orientierungen so klein, daß sie sich in der Röntgenbeugung nicht durch scharf ausgeprägte Bragg-Reflexe zeigen, doch hat das Vorhandensein der Körner einen wesentlichen Einfluß auf die Intensität der Reflexe.

Aufgaben

30.1 Phononenkorrektur der Fehlstellenkonzentration

Eine genauere Behandlung der Gleichgewichtsanzahl von Fehlstellen in einem einatomigen Bravaisgitter führt zu einer Multiplikation von (30.11) mit einer Phononenkorrektur (siehe (30.9))

$$n = N e^{-\beta \varepsilon_0} e^{-\beta (\partial F^{\mathrm{ph}} / \partial n)}. \tag{30.29}$$

Führen Sie eine einfache Einstein-Theorie der Normalschwingungen des Kristalls mit Fehlstellen durch, behandeln Sie also jeden Atomrumpf als einen unabhängigen Oszillator, nehmen Sie aber an, daß die möglichen Oszillatorfrequenzen auf entweder ω_E oder $\bar{\omega}_E$ beschränkt sind, je nachdem einer der dem betrachteten Atomrumpf nächst benachbarten (z) Gitterplätze eine Fehlstelle ist oder nicht. Zeigen Sie, daß in diesem Modell (30.29) die Form

$$n = N e^{-\beta \varepsilon_0} \left[\frac{1 - e^{-\beta \hbar \omega_E}}{1 - e^{-\beta \hbar \bar{\omega}_E}} \right]^{3z} \tag{30.30}$$

annimmt. Da $\bar{\omega}_E < \omega_E$ (warum?), so begünstigt diese Phononenkorrektur die Bildung von Fehlstellen. Diskutieren Sie die Form der Korrektur in den Fällen $T \gg \Theta_E$ und $T \ll \Theta_E$.

30.2   Mischung von Schottky- und Frenkel-Defekten

Betrachten Sie einen zweiatomigen Ionenkristall, bei dem die Bildungsenergien der Fehlstellen positiver und negativer Ionen beziehungsweise von Zwischengitterionen gegeben sind durch ε_+^v, ε_-^v, ε_+^i und ε_-^i. Wird die Bildung von negativen Zwischengitterionen energetisch behindert – da ε_-^i auf der Skala von $k_B T$ sehr viel größer als die übrigen Energien ist – so sind die Fehlstellen positiver Ionen die einzigen negativ geladenen Defekte im Kristall. Ihre Ladung kann entweder durch Fehlstellen negativer Ionen (Schottky-Defekte) oder durch positive Zwischengitterionen (Frenkel-Defekte) kompensiert werden, abhängig davon, ob $\varepsilon_+^i - \varepsilon_-^v \gg k_B T$ oder $\varepsilon_-^v - \varepsilon_+^i \gg k_B T$ entsprechend gilt. Im Schottky-Fall folgt aus (30.19)

$$(n_+^v)_s = (n_-^v)_s = [N_+^v N_-^v e^{-\beta(\varepsilon_+^v + \varepsilon_-^v)}]^{1/2}, \tag{30.31}$$

im Frenkel-Fall

$$(n_+^v)_f = (n_+^i)_f = [N_+^v N_+^i e^{-\beta(\varepsilon_+^v + \varepsilon_+^i)}]^{1/2}. \tag{30.32}$$

Zeigen Sie, daß die Konzentrationen der drei Defekttypen gegeben sind durch

$$n_+^v = [(n_+^v)_s^2 + (n_+^v)_f^2]^{1/2},$$
$$n_+^i = \frac{(n_+^i)_f^2}{n_+^v},$$
$$n_-^v = \frac{(n_-^v)_s^2}{n_+^v}, \tag{30.33}$$

wenn *keiner* der beiden Fälle zutrifft, d.h. wenn $\varepsilon_+^i - \varepsilon_-^v = O(k_B T)$. Verifizieren Sie, daß sich diese Ausdrücke in den entsprechenden Grenzfällen auf (30.31) beziehungsweise (30.32) reduzieren.

30.3 Punktdefekte in Calcium-dotiertem Natriumchlorid

Betrachten Sie einen mit Calcium dotierten NaCl-Kristall mit einer Konzentration von n_{Ca} Calciumatomen pro Kubikzentimeter. Zeigen Sie unter Zugrundelegung der Tatsache, daß reines Natriumchlorid Schottky-Defekte mit Konzentrationen von

$$n_+^v = n_-^v = n_i = (N_+ N_-)^{1/2} e^{-\beta(\varepsilon_+ + \varepsilon_-)/2} \tag{30.34}$$

aufweist, daß die Defektkonzentrationen im dotierten Kristall gegeben sind durch

$$n_+^v = \frac{1}{2}\left[\sqrt{4n_i{}^2 + n_{Ca}{}^2} + n_{Ca}\right],$$
$$n_-^v = \frac{1}{2}\left[\sqrt{4n_i{}^2 + n_{Ca}{}^2} - n_{Ca}\right]. \tag{30.35}$$

(Beachten Sie die Ähnlichkeit mit der Theorie der dotierten Halbleiter; siehe (28.38).)

30.4 Scherspannung eines idealen Kristalls

Zeigen Sie unter Verwendung von (22.82), daß (30.22) für einen kubischen Kristall gilt.

30.5 Einfaches Modell eines F-Zentrums

Bild 30.19b zeigt die Positionen der Maxima in den optischen Absorptionsbändern der F-Zentren verschiedener Chloride (dargestellt in Bild 30.19a) in Abhängigkeit von der Gitterkonstanten a. Nehmen Sie als Modell eines F-Zentrums ein in einem Leerstellenpotential der Form $V(r) = 0$ für $r < d$, $V(r) = \infty$ für $r > d$ gebundenes Elektron an, wobei d proportional zur Gitterkonstanten a sei.

Zeigen Sie, daß das Spektrum dieses Zentrums skaliert wie $1/d^2$, so daß gilt

$$\lambda_{\max} \sim a^2, \tag{30.36}$$

wenn die Maxima zum selben Anregungstyp gehören. Dabei bezeichnet $\lambda_{\max}$ die Wellenlänge des beobachteten Maximums der F-Band-Absorption. (Man kennt (30.36) als Mollwo-Beziehung.)

30.6 Burgersvektor

Welches ist der kleinstmögliche, zur [111]-Richtung parallele Burgersvektor einer Versetzung in einem fcc-Kristall?

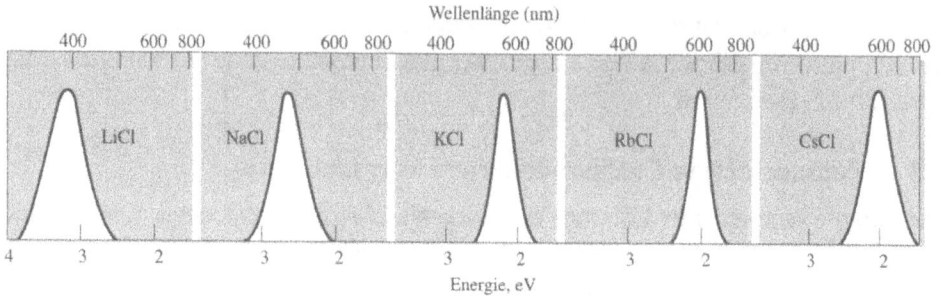

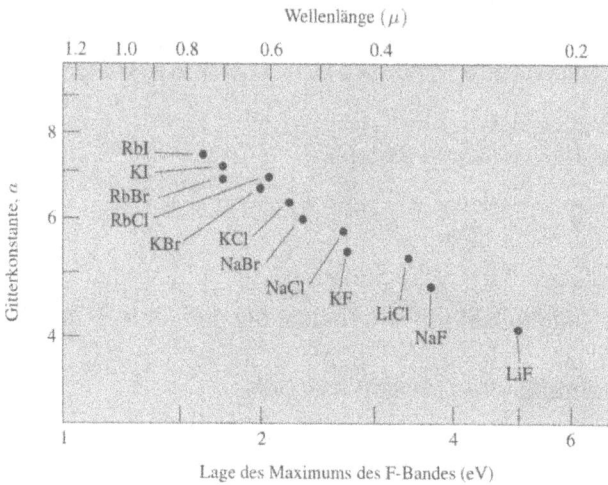

Bild 30.19: (a) Absorptionsbänder der *F*-Zentren einiger Alkalichloride. (b) Abhängigkeit der Position des Absorptionsmaximums in den *F*-Bändern verschiedener Alkalichloride von der Gitterkonstanten. (Aus Schulman und Compton, *Color Centers in Solids*, Pergamon, New York (1962).)

30.7   Elastische Energie einer Schraubenversetzung

Betrachten Sie einen Kristallbereich mit dem Radius r um eine Schraubenversetzung mit dem Burgersvektor b (Bild 30.20). Für hinreichend großes r ist die Scherdehnung gegeben durch $b/2\pi r$. (Was geschieht in der unmittelbaren Nähe der Versetzung?)

Nehmen Sie an, daß Spannung und Dehnung über die Beziehung (30.23) zusammenhängen, und zeigen Sie, daß die gesamte elastische Energie pro Einheitslänge der Schraubenversetzung gegeben ist durch

$$G\,\frac{b^2}{4\pi}\,\ln\frac{R}{r_0}. \tag{30.37}$$

Dabei bezeichnen R und r_0 die obere und die untere Schranke von r. Durch welche physikalischen Betrachtungen kann man realistische Werte dieser Größen abschätzen?

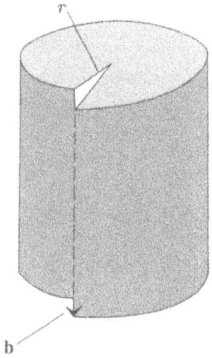

Bild 30.20: Eine Schraubenversetzung und ihr Burgersvektor b.

31 Diamagnetismus und Paramagnetismus

Wechselwirkung von Festkörpern mit Magnetfeldern

Larmorscher Diamagnetismus

Hundsche Regeln

Van-Vleck-Paramagnetismus

Curiesches Gesetz für freie Ionen

Curiesches Gesetz in Festkörpern

Adiabatische Entmagnetisierung

Paulischer Paramagnetismus

Diamagnetismus der Leitungselektronen

Kernmagnetische Resonanz (NMR): Die Knight-Verschiebung

Diamagnetismus der Elektronen in dotierten Halbleitern

In den vorangegangenen Kapiteln betrachteten wir die Wirkung eines Magnetfeldes auf einen Festkörper nur im Fall der Metalle, und auch hier nur unter dem Aspekt, daß die Beobachtung der Bewegung der Leitungselektronen im Magnetfeld eine Messung der Fermifläche des Metalls gestattet. In den folgenden drei Kapiteln wenden wir unsere Aufmerksamkeit einigen der intrinsischen magnetischen Eigenschaften der Festkörper zu: den magnetischen Momenten, die sie unter der Wirkung eines äußeren Magnetfeldes – oder sogar ohne äußeres Magnetfeld – zeigen.

Im vorliegenden Kapitel geben wir zunächst eine Zusammenfassung der Theorie des atomaren Magnetismus. Anschließend betrachten wir die magnetischen Eigenschaften elektrisch isolierender Festkörper, die man auf die individuellen Eigenschaften ihrer Bestandteile, der Atomrümpfe oder Ionen zurückführen kann, mit den gegebenenfalls aufgrund des Einflusses der kristallinen Umgebung nötigen Modifikationen. Dabei behandeln wir auch jene magnetischen Eigenschaften der Metalle, die man – zumindest qualitativ – im Rahmen der Näherung unabhängiger Elektronen verstehen kann.

Wir gehen in diesem Kapitel nicht näher auf den Einfluß der Elektron-Elektron-Wechselwirkung ein – da einerseits unsere Behandlung der Isolatoren vollständig auf den Ergebnissen der Atomphysik gründet (deren Herleitung natürlich kritisch auf einer Untersuchung dieser Wechselwirkungen beruht), sowie andererseits die Behandlung der hier zu beschreibenden Phänomene im Falle der Metalle zumindest in grober Näherung im Rahmen eines Modells unabhängiger Elektronen möglich ist. In Kapitel 32 wenden wir uns schließlich einer Untersuchung der physikalischen Grundlagen dieser Elektron-Elektron-Wechselwirkungen zu, die durchaus einen wesentlichen Einfluß auf die charakteristischen magnetischen Eigenschaften der Metalle und Isolatoren zeigen können. In Kapitel 33 dann beschreiben wir weitere magnetische Verhaltensweisen der Festkörper, wie Ferromagnetismus und Antiferromagnetismus, die ihre Ursache in diesen Wechselwirkungen haben.

Magnetisierungsdichte und Suszeptibilität

Bei $T = 0$ ist die *Magnetisierungsdichte* $M(H)$ eines quantenmechanischen Systems vom Volumen V in einem homogenen Magnetfeld[1] H definiert als[2]

---

[1] Wir nehmen H als das Feld an, welches auf die einzelnen, mikroskopischen magnetischen Momente innerhalb des Festkörpers wirkt. Wie im Falle eines dielektrischen Festkörpers auch (siehe Kapitel 27), ist dieses Feld im allgemeinen nicht identisch mit dem äußeren Feld. Diese Lokalfeldkorrekturen sind jedoch für die in diesem Kapitel zu besprechenden paramagnetischen und diamagnetischen Stoffe sehr klein, so daß wir sie vernachlässigen können.

[2] Der Einfachheit halber gehen wir davon aus, daß M parallel ist zu H. Allgemeiner sollte man eigentlich eine Vektorgleichung der Form $M_\mu = -(1/V)\partial E_0/\partial H_\mu$ schreiben, womit die unten zu definierende Suszeptibilität ein Tensor wird. Wir zeigen in Aufgabe 1, daß diese Definition äquivalent ist zu der vertrauteren Ampèreschen Definition, der man in den üblichen Formulierungen der klassischen, makroskopischen Elektrodynamik begegnet.

$$M(H) = -\frac{1}{V} \frac{\partial E_0(H)}{\partial H}.$$ (31.1)

Dabei bezeichnet $E_0(H)$ die Grundzustandsenergie des Systems unter der Wirkung des Feldes H. Für ein System, das sich bei der Temperatur T im thermodynamischen Gleichgewicht befindet, definiert man die Magnetisierungsdichte als den thermodynamischen Gleichgewichtsmittelwert der Magnetisierungsdichten jedes einzelnen angeregten Zustandes der Energie $E_n(H)$:

$$M(H,T) = \frac{\sum_n M_n(H) e^{-E_n/k_B T}}{\sum_n e^{-E_n/k_B T}},$$ (31.2)

mit

$$M_n(H) = -\frac{1}{V} \frac{\partial E_n(H)}{\partial H}.$$ (31.3)

Man kann diesen Ausdruck auch in der thermodynamischen Form

$$M = -\frac{1}{V} \frac{\partial F}{\partial H}$$ (31.4)

schreiben, wobei F, die magnetische Helmholtzsche Freie Energie, durch die grundlegende Beziehung

$$e^{-F/k_B T} = \sum_n e^{-E_n(H)/k_B T}$$ (31.5)

der statistischen Mechanik definiert ist. Schließlich definiert man die *Suszeptibilität* durch[3]

$$\chi = \frac{\partial M}{\partial H} = -\frac{1}{V} \frac{\partial^2 F}{\partial H^2}.$$ (31.6)

Man kann die Magnetisierung messen, indem man die Kraft auf eine Probe in einem inhomogenen Magnetfeld bestimmt, welches sich räumlich über die Ausdehnung der

---

[3] Wie wir noch sehen werden, ist M für praktisch erreichbare Feldstärken häufig mit sehr großer Genauigkeit linear in H; in diesem Falle reduziert sich die Definition der Suszeptibilität auf $\chi = M/H$. Beachten Sie weiterhin, daß χ in cgs-Einheiten dimensionslos ist, da H^2 die Dimension Energie pro Einheitsvolumen hat.

Probe nur langsam ändert. Unter diesen Bedingungen beträgt die Änderung der Freien Energie der Probe[4] bei einer Bewegung[5] vom Ort x zum Ort $x + dx$

$$dF = F(H(x + dx)) - f(H(x)) = \frac{\partial F}{\partial H} \frac{\partial H}{\partial x} dx = -VM \frac{\partial H}{\partial x} dx, \qquad (31.7)$$

so daß die Kraft f auf ein Einheitsvolumen der Probe aufgrund des Magnetfeldes H gegeben ist durch

$$f = -\frac{1}{V} \frac{dF}{dx} = M \frac{\partial H}{\partial x}. \qquad (31.8)$$

Berechnung atomarer Suszeptibilitäten: Allgemeine Formulierung des Problems

Unter der Wirkung eines homogenen Magnetfeldes ergeben sich im Hamiltonoperator eines Atoms oder Ions die folgenden wesentlichen Änderungen:[6]

1. Im Ausdruck $T_0 = \sum p_i^2/2m$ für die gesamte kinetische Energie ist der Impuls eines Elektrons (der Ladung $-e$) zu ersetzen durch[7]

$$\mathbf{p}_i \to \mathbf{p}_i + \frac{e}{c} \mathbf{A}(\mathbf{r}_i), \qquad (31.9)$$

---

[4] Diese Änderung der Freien Energie ist gleich der mechanischen Arbeit, die bei konstant gehaltener Temperatur an der Probe verrichtet wird.

[5] Wir wählen das Feld parallel zur z-Richtung und bewegen die Probe in x-Richtung.

[6] In den folgenden Situationen kümmert man sich im allgemeinen *nicht* um eine Modifikation des Hamiltonoperators: Man vernachlässigt praktisch in jedem Falle die Auswirkungen des Magnetfelds auf die Translationsbewegung der *Atomrümpfe*, man führt also die Ersetzung (31.9) *nicht* für die Impulsoperatoren der Atomkerne durch. Des weiteren vernachlässigt man das Analogon zu (31.12) für die Kernspins, es sei denn, man wäre explizit an den Auswirkungen des Kernspins interessiert – wie beispielsweise bei Experimenten der kernmagnetischen Resonanz. In beiden erwähnten Fällen sind die durchgeführten Vereinfachungen durch die Tatsache gerechtfertigt, daß die Kernmasse sehr viel größer ist als die Elektronenmasse, weshalb der Beitrag der Kerne zum magnetischen Moment eines Festkörpers um einen Faktor 10^6 bis 10^8 kleiner ist als der elektronische Beitrag. Schließlich führt die Ersetzung (31.9) der Operatoren des Elektronenimpulses in den Termen der Spin-Bahn-Kopplung zu Korrekturen, die sehr klein sind im Vergleich zur direkten Kopplung des Elektronenspins an das Magnetfeld, so daß man diese Korrekturen auch hier vernachlässigt.

[7] In einer rein klassischen Theorie – den Elektronenspin als Quantenphänomen betrachtet – wäre dies die einzige Auswirkung des Feldes. Man kann dann leicht mit Hilfe der klassischen statistischen Mechanik zeigen, daß die Magnetisierung im thermodynamischen Gleichgewicht in jedem Fall null sein muß (*Bohr-van Leeuwen-Theorem*), da die Summe, durch welche die Freie Energie definiert ist, zu einem Integral über einen $6N$-dimensionalen N-Elektronen-Phasenraum wird:

$$e^{-\beta F} = \int \prod_{i=1}^{N} d\mathbf{p}_i \, d\mathbf{r}_i \, \exp\left[-\beta H(\mathbf{r}_1, \ldots, \mathbf{r}_N; \mathbf{p}_1, \ldots, \mathbf{p}_N)\right].$$

wobei **A** das Vektorpotential bezeichnet. In diesem Kapitel nehmen wir für **A** in einem homogenen Magnetfeld **H** die Form

$$\mathbf{A} = -\frac{1}{2}\,\mathbf{r} \times \mathbf{H} \tag{31.10}$$

an, so daß die beiden Bedingungen

$$\mathbf{H} = \nabla \times \mathbf{A} \quad \text{und} \quad \nabla \cdot \mathbf{A} = 0 \tag{31.11}$$

erfüllt sind.

2. Die Energie der Wechselwirkung eines jeden Elektronenspins $\mathbf{s}^i = \frac{1}{2}\sigma_i$ mit dem Magnetfeld ist zum Hamiltonoperator zu addieren:[8]

$$\Delta\mathcal{H} = g_0\mu_B H \mathbf{S}_z, \qquad \left(\mathbf{S}_z = \sum_i \mathbf{s}_z{}^i\right). \tag{31.12}$$

Dabei ist das *Bohrsche Magneton* μ_B gegeben durch

$$\mu_B = \frac{e\hbar}{2mc} = 0{,}927 \cdot 10^{-20} \ \text{erg/G}$$
$$= 0{,}579 \cdot 10^{-8} \ \text{eV/G}, \tag{31.13}$$

sowie g_0, der *g-Faktor* des Elektrons, durch

$$g_0 = 2\left[1 + \frac{\alpha}{2\pi} + O(\alpha^2) + \dots\right], \quad \alpha = \frac{e^2}{\hbar c} \approx \frac{1}{137}. \tag{31.14}$$

Im Rahmen der Genauigkeit der meisten Messungen an Festkörpern kann man diesen Faktor als exakt 2 annehmen.

Da das Magnetfeld *ausschließlich* in der Form $\mathbf{p}_i + e\mathbf{A}(\mathbf{r}_i)/c$ eingeht, kann man es vollständig durch eine einfache Verschiebung des Ursprungs bei den Impulsintegrationen eliminieren, da deren Integrationsgrenzen $-\infty$ und ∞ sind und daher von der Verschiebung unberührt bleiben. Hängt jedoch F nicht von H ab, so muß die Magnetisierung, die proportional ist zu $\partial F/\partial H$, verschwinden. Man erkennt so, daß bereits von Beginn an eine Quantentheorie notwendig ist, um auch nur eines der magnetischen Phänomene deuten zu können.

[8] Bei der Behandlung von Problemen des Magnetismus verwenden wir das Symbol $\mathcal{H}$ zur Bezeichnung des Hamiltonoperators, um Verwechslungen mit der magnetischen Feldstärke H zu vermeiden. Weiterhin verwenden wir dimensionslose Spins, mit ganzzahligen oder halb-ganzen Werten, so daß sich durch Multiplikation eines Spins mit $\hbar$ ein Drehimpuls ergibt.

Mit (31.9) ist der Operator der gesamten elektronischen kinetischen Energie zu ersetzen durch

$$T = \frac{1}{2m} \sum_i \left[\mathbf{p}_i + \frac{e}{c} \mathbf{A}(\mathbf{r}_i) \right]^2 = \frac{1}{2m} \sum_i \left(\mathbf{p}_i - \frac{e}{2c} \mathbf{r}_i \times \mathbf{H} \right)^2. \tag{31.15}$$

Man kann diesen Ausdruck entwickeln, und erhält so

$$T = T_0 + \mu_B \mathbf{L} \cdot \mathbf{H} + \frac{e^2}{8mc^2} H^2 \sum_i (x_i{}^2 + y_i{}^2), \tag{31.16}$$

wobei $\mathbf{L}$ den Operator des gesamten elektronischen Bahndrehimpulses bezeichnet:[9]

$$\hbar \mathbf{L} = \sum_i \mathbf{r}_i \times \mathbf{p}_i. \tag{31.17}$$

Unter Verwendung von (31.16) erhält man aus dem Spin-Term (31.12) die folgenden feldabhängigen Terme des Hamiltonoperators:

$$\Delta \mathcal{H} = \mu_B (\mathbf{L} + g_0 \mathbf{S}) \cdot \mathbf{H} + \frac{e^2}{8mc^2} H^2 \sum_i (x_i{}^2 + y_i{}^2). \tag{31.18}$$

Wir werden weiter unten sehen, daß die durch (31.18) bewirkten Energieverschiebungen im allgemeinen auf der Energieskala atomarer Anregungen recht klein sind, selbst unter der Wirkung der stärksten Magnetfelder, die man heute erzeugen kann. Man kann deshalb die durch das Magnetfeld verursachten Verschiebungen der Energieniveaus im Rahmen der gewöhnlichen Störungstheorie berechnen. Zur Berechnung der Suszeptibilität, einer zweiten Ableitung nach dem Feld, muß man Terme bis zur zweiten Ordnung in H berücksichtigen, und deshalb das berühmte Ergebnis

$$E_n \to E_n + \Delta E_n, \quad \Delta E_n = \langle n | \Delta \mathcal{H} | n \rangle + \sum_{n' \neq n} \frac{|\langle n | \Delta \mathcal{H} | n' \rangle|^2}{E_n - E'_n} \tag{31.19}$$

der Störungstheorie zweiter Ordnung[10] verwenden. Setzt man (31.18) in (31.19) ein und berücksichtigt keine höheren als die quadratische Terme in H, so erhält man in

---

[9] Wir messen $\mathbf{L}$ in denselben, dimensionslosen Einheiten wie die Spins, so daß jede Komponente von $\mathbf{L}$ ganzzahlige Eigenwerte hat und sich der Bahndrehimpuls in den üblichen Einheiten durch Multiplikation mit $\hbar$ zu $\hbar \mathbf{L}$ ergibt. Drehimpulsoperatoren bezeichnen wir mit nichtkursiven, fetten Buchstaben; $\mathbf{L}$ bezeichnet den Vektoroperator mit den Komponenten $\mathbf{L}_x$, $\mathbf{L}_y$ und $\mathbf{L}_z$. (Entsprechendes gilt für die Operatoren des Spins $\mathbf{S}$ sowie des Gesamtdrehimpulses $\mathbf{J}$.)

[10] D. Park, *Introduction to the Quantum Theory*, McGraw Hill, New York (1964), Kapitel 8. Ist das n-te Niveau entartet – was häufig vorkommt – so sind die n Zustände derart zu wählen, daß sie $\Delta \mathcal{H}$ in dem entarteten Unterraum diagonalisieren. Wie wir noch sehen werden, läßt sich dies unschwer einrichten.

zweiter Ordnung[11]

$$\Delta E_n = \mu_B \mathbf{H} \cdot \langle n | \mathbf{L} + g_0 \mathbf{S} | n \rangle + \sum_{n' \neq n} \frac{|\langle n | \mu_B \mathbf{H} \cdot (\mathbf{L} + g_0 \mathbf{S} | n' \rangle|^2}{E_n - E'_n}$$

$$+ \frac{e^2}{8mc^2} H^2 \langle n | \sum_i (x_i{}^2 + y_i{}^2) | n \rangle.$$

(31.20)

Gleichung (31.20) ist die Grundlage von Theorien der magnetischen Suszeptibilität einzelner Atome, Ionen oder Moleküle. Sie bildet ebenfalls die Basis von Theorien der Suszeptibilität jener Festkörper, die man als Anordnungen von nur schwach gegenüber ihren Konfigurationen als freie Teilchen veränderten Bausteinen betrachten kann, also der Ionenkristalle und Molekülkristalle. In solchen Fällen berechnet man die Suszeptibilität pro Teilchen.

Bevor wir (31.20) in speziellen Fällen anwenden, stellen wir zunächst fest, daß der lineare Term in H – sollte er nicht identisch null sein, was bisweilen vorkommt – fast immer der dominante Term ist, selbst in sehr starken Feldern von der Größenordnung 10^4 G. Verschwindet dieser Term nicht identisch, so ist $\langle n | (\mathbf{L} + g_0 \mathbf{S}) | n \rangle$ von der Größenordnung eins, so daß

$$\mu_B \mathbf{H} \cdot \langle n | (\mathbf{L}_z + g_0 \mathbf{S}_z) | n \rangle = O(\mu_B H) \sim \frac{\hbar e H}{mc} \sim \hbar \omega_c.$$

(31.21)

Für Felder H von der Größenordnung 10^4 G hat dieser Ausdruck Werte von der Größenordnung 10^{-4} eV – was unsere obige Feststellung konkretisiert, daß die Energieverschiebungen klein seien. Um zu einer Abschätzung der Größenordnung des letzten Terms in $\Delta \mathcal{H}$ zu gelangen, beachten wir, daß $\langle n | (x_i{}^2 + y_i{}^2) | n \rangle$ von der Größenordnung eines Quadrats einer typischen atomaren Länge ist, so daß

$$\frac{e^2}{8mc^2} H^2 \langle n | \sum_i (x_i{}^2 + y_i{}^2) | n \rangle = O \left[\left(\frac{eH}{mc} \right)^2 ma_0{}^2 \right] \approx (\hbar \omega_c) \left(\frac{\hbar \omega_c}{e^2/a_0} \right).$$

(31.22)

Da e^2/a_0 ungefähr 27 eV beträgt, so ist dieser Term um etwa einen Faktor 10^{-5} kleiner als der lineare Term in (31.21), und dies selbst bei Feldern von 10^4 G. Man kann zeigen, daß auch der zweite Term in (31.20) um einen Faktor der Größenordnung $\hbar \omega_c / \Delta$ kleiner ist als der erste Term, mit $\Delta = \min |E_n - E_{n'}|$ als einem Maß für eine typische atomare Anregungsenergie. In den meisten Fällen ist Δ groß genug, um den Faktor $\hbar \omega_c / \Delta$ recht klein zu machen.

---

[11] Man kann die Größe e^2/mc^2 in der Form $\alpha^2 a_0$ schreiben.

Suszeptibilität von Isolatoren mit gefüllten Elektronenschalen: Larmorscher Diamagnetismus

Am einfachsten wendet man die oben hergeleiteten Ergebnisse auf einen Festkörper aus Atomrümpfen[12] an, deren Elektronenschalen vollständig gefüllt sind: Sowohl Spin als auch Bahndrehimpuls eines solchen Atomrumpfes sind in seinem Grundzustand[13] $|0\rangle$ gleich null:

$$\mathbf{J}|0\rangle = \mathbf{L}|0\rangle = \mathbf{S}|0\rangle = 0. \tag{31.23}$$

Folglich trägt nur der dritte Term in (31.20) zu der durch das Feld verursachten Verschiebung der Grundzustandsenergie bei:[14]

$$\Delta E_0 = \frac{e^2}{8mc^2}H^2\langle 0|\sum_i (x_i{}^2 + y_i{}^2)|0\rangle = \frac{e^2}{12mc^2}H^2\langle 0|\sum r_i{}^2|0\rangle. \tag{31.24}$$

Ist die Wahrscheinlichkeit dafür, daß sich im thermodynamischen Gleichgewicht ein Atomrumpf in irgendeinem anderen als seinem Grundzustand befindet, vernachlässigbar klein – was außer bei sehr hohen Temperaturen immer zutrifft – so ist die Suszeptibilität eines aus N solcher Atomrümpfe zusammengesetzten Festkörpers gegeben durch

$$\chi = -\frac{N}{V}\frac{\partial^2 \Delta E_0}{\partial H^2} = -\frac{e^2}{6mc^2}\frac{N}{V}\langle 0|\sum_i r_i{}^2|0\rangle. \tag{31.25}$$

Diesen Ausdruck kennt man als die *Larmorsche diamagnetische Suszeptibilität*.[15] Die Bezeichnung *diamagnetisch* bezieht sich auf Systeme mit negativer Suszeptibilität: In solchen Fällen ist das induzierte magnetische Moment dem äußeren Feld entgegengesetzt gerichtet.

Man kann erwarten, daß (31.25) das magnetische Verhalten der festen Edelgase sowie einfacher Ionenkristalle wie der Alkalihalogenide beschreibt, da die Atomrümpfe bei diesen Kristallen durch ihren Einbau in die kristalline Umgebung nur wenig verändert

---

[12] Wie bisher verwenden wir die Bezeichnung „Atomrumpf" je nach Zusammenhang für ein Ion oder auch für ein Atom; dabei ist ein Atom ein Ion mit der Ladung null.

[13] ... da der Grundzustand eines Atomrumpfes mit abgeschlossenen Schalen kugelsymmetrisch ist. Die Aussage folgt ebenfalls als eine besonders einfache Folgerung aus den Hundschen Regeln (siehe unten).

[14] Die Form ganz rechts folgt aus der Kugelsymmetrie eines Atomrumpfes mit abgeschlossenen Schalen:

$$\langle 0|\sum x_i{}^2|0\rangle = \langle 0|\sum y_i{}^2|0\rangle = \langle 0|\sum z_i{}^2|0\rangle = \frac{1}{3}\langle 0|\sum r_i{}^2|0\rangle.$$

[15] ... oft auch als Langevin-Suszeptibilität bezeichnet.

werden. Tatsächlich kann man im Falle der Alkalihalogenide die Suszeptibilitäten mit einer Genauigkeit von einigen Prozent als Summe der voneinander unabhängigen Suszeptibilitäten der positiven und negativen Ionen darstellen. Diese ionischen Suszeptibilitäten repräsentieren ebenfalls mit großer Genauigkeit den Beitrag der Alkalihalogenide zur Suszeptibilität von Lösungen dieser Salze.

Man gibt die Suszeptibilitäten üblicherweise als molare Größen an, bezieht sich also dabei auf die Magnetisierung pro Mol, nicht pro Kubikzentimeter. Die molare Suszeptibilität χ^{molar} erhält man daher durch Multiplikation von χ mit dem Volumen $N_A/[N/V]$ eines Mols; dabei bezeichnet N_A die Avogadrozahl. Es ist ebenfalls üblich, einen mittleren quadratischen Radius der Atomrümpfe durch

$$\langle r^2 \rangle = \frac{1}{Z_i} \sum \langle 0|r_i^2|0 \rangle \tag{31.26}$$

zu definieren, wobei Z_i die *Gesamtzahl* der Elektronen pro Atomrumpf bezeichnet. Man kann daher die molare Suszeptibilität schreiben als

$$\chi^{\text{molar}} = -Z_i N_a \frac{e^2}{6mc^2} \langle r^2 \rangle = -Z_i \left(\frac{e^2}{\hbar c} \right)^2 \frac{N_A a_0{}^3}{6} \langle (r/a_0)^2 \rangle. \tag{31.27}$$

Mit $a_0 = 0,529$ Å, $e^2/\hbar c = 1/137$ und $N_A = 0,6022 \cdot 10^{24}$ erhält man daraus

$$\chi^{\text{molar}} = -0,79 \, Z_i \cdot 10^{-6} \langle (r/a_0)^2 \rangle \, \text{cm}^3/\text{mol}. \tag{31.28}$$

Die Größe $\langle (r/a_0^2) \rangle$ ist von der Größenordnung eins, wie auch die Anzahl von Molen pro Kubikzentimeter, mit welcher Zahl auch die molare Suszeptibilität zu multiplizieren ist, um die in (31.6) definierte, dimensionslose Suszeptibilität zu erhalten. Wir können daraus schließen, daß die diamagnetischen Suszeptibilitäten typischerweise von der Größenordnung 10^{-5} sind, und M daher sehr klein ist im Vergleich zu H.

Tabelle 31.1 faßt Werte der molaren Suszeptibilitäten der Edelgase sowie der Alkalihalogenidionen zusammen.

Enthält ein Festkörper einige Atomrümpfe mit nur teilweise gefüllten Elektronenschalen, so unterscheidet sich sein magnetisches Verhalten sehr vom oben beschriebenen. Bevor wir aber (31.20) auf Beispiele solcher Festkörper anwenden können, müssen wir die grundlegenden Tatsachen über die energetisch niedrigliegenden Zustände von Atomrümpfen mit nicht abgeschlossenen Elektronenschalen zusammenfassen.

Tabelle 31.1

Molare Suszeptibilitäten der Edelgasatome und der Alkalihalogenidionen*

Element	Suszeptibilität	Element	Suszeptibilität	Element	Suszeptibilität
		He	$-1,9$	Li^+	$-0,7$
F^-	$-9,4$	Ne	$-7,2$	Na^+	$-6,1$
Cl^-	$-24,2$	Ar	$-19,4$	K^+	$-14,6$
Br^-	$-34,5$	Kr	-28	Rb^+	$-22,0$
I^-	$-50,6$	Xe	-43	Cs^+	$-35,1$

* In Einheiten von 10^{-6} cm^3/mol. Atomrümpfe innerhalb einer Reihe der Tabelle haben dieselbe Elektronenkonfiguration.
Quelle: R. Kubo, T. Nagamiya, eds., *Solid State Physics*, McGraw-Hill, New York, 1969, Seite 439.

Grundzustand eines Atoms mit einer teilweise gefüllten Elektronenschale: Die Hundschen Regeln

Betrachten wir ein freies[16] Atom oder Ion, dessen Elektronenschalen entweder vollständig gefüllt oder leer sind, mit Ausnahme einer einzigen teilweise gefüllten Schale, deren Ein-Elektron-Niveaus durch eine Bahndrehimpulsquantenzahl l charakterisiert sind. Für einen gegebenen Wert von l kann l_z die $2l + 1$ Werte $(l, l - 1, l - 2, \ldots, -l)$ annehmen, und für jeden dieser Werte von l_z sind zwei Spinorientierungen möglich. Deshalb gibt es in einer solchen Schale $2(2l + 1)$ Ein-Elektron-Niveaus. Sei n die Anzahl der Elektronen in der Schale, wobei n im Bereich $0 < n < 2(2l + 1)$ liegt. Würden die Elektronen nicht miteinander wechselwirken, so wäre der Grundzustand entartet, entsprechend der großen Anzahl von Möglichkeiten, n Elektronen in mehr als n Niveaus unterzubringen. Diese Entartung wird jedoch aufgrund der Coulomb-Wechselwirkung zwischen den Elektronen sowie auch der Spin-Bahn-Wechselwirkung jedes Elektrons deutlich aufgehoben, wenn auch im allgemeinen nicht vollständig. Außer im Falle der schwersten Atome – mit sehr starker Spin-Bahn-Kopplung – kann man die niedrigstliegenden Energieniveaus nach dem Aufheben der Entartung durch einen Satz einfacher Regeln beschreiben, deren Gültigkeit sowohl durch komplexe Rechnungen, als auch durch die Analyse der Atomspektren bestätigt ist. Wir geben hier diese Regeln einfach an, da wir weniger an ihrer Begründung interessiert sind, als vielmehr an ihren Konsequenzen für die magnetischen Eigenschaften der Festkörper.[17]

---

[16] Auf welche Weise das Verhalten eines freien Atomrumpfes durch die kristalline Umgebung beeinflußt wird, beschreiben wir auf den Seiten 833 -834.

[17] Die Hundschen Regeln werden in den meisten Büchern über Quantenmechanik diskutiert; siehe beispielsweise L. D. Landau, E. M. Lifshitz, *Quantum Mechanics*, Addison Wesley, Reading, Mass. (1965).

1. Russel-Saunders-Kopplung Man kann den Hamiltonoperator eines Atoms oder Ions in guter Näherung[18] derart wählen, daß er mit dem gesamten Elektronenspin **S** und dem gesamten Bahndrehimpuls **L** der Elektronen ebenso vertauscht, wie mit dem Gesamtdrehimpuls **J = L + S** der Elektronen. Die Zustände des Atoms können deshalb charakterisiert werden durch die Quantenzahlen L, L_z, S, S_z, J und J_z, so daß sie daher Eigenzustände der Operatoren $\mathbf{L}^2$, L_z, $\mathbf{S}^2$, S_z, $\mathbf{J}^2$ und J_z sind, mit den Eigenwerten $L(L+1)$, L_z, $S(S+1)$, S_z, $J(J+1)$ und J_z. Da Bahndrehimpuls, Spin und Gesamtdrehimpuls der vollständig gefüllten Elektronenschalen null sind, so beschreiben diese Quantenzahlen die Elektronenkonfiguration der teilweise gefüllten Schale ebenso wie die Konfiguration des gesamten Atoms.

2. Erste Hundsche Regel Von den zahlreichen Zuständen, die man bilden kann, indem man n Elektronen auf die $2(2l+1)$ Niveaus einer teilweise gefüllten Schale verteilt, haben die energetisch niedrigstliegenden Zustände den größten, mit dem Pauliprinzip vereinbaren Gesamtspin S. Um dessen Wert herauszufinden, stellt man zunächst fest, daß der größtmögliche Wert von S gleich dem größten Wert von S_z sein muß. Im Falle $n \leqslant 2l+1$ können sämtliche Elektronen parallele Spins haben, ohne daß auch nur ein einziges Ein-Elektron-Niveau der Schale doppelt besetzt sein müßte, wenn man ihnen Niveaus mit jeweils verschiedenen Werten von l_z zuteilt. Daher ergibt sich im Falle $n \leqslant 2l+1$ der Gesamtspin zu $S = \frac{1}{2}n$. Gilt $n = 2l+1$, so nimmt S seinen maximalen Wert $l + \frac{1}{2}$ an. Da die Spins aller Elektronen, welche die Anzahl $2l+1$ übersteigen, nach dem Pauliprinzip den Spins der zuerst auf die Zustände verteilten $2l+1$ Elektronen entgegengesetzt sein müssen, nimmt der Wert von S von seinem Maximalwert her um einen Betrag von $\frac{1}{2}$ für jedes zusätzliche Elektron über der Zahl $2l+1$ ab.

3. Zweite Hundsche Regel Der gesamte Bahndrehimpuls L der energetisch niedrigstliegenden Zustände nimmt den größten, mit der ersten Hundschen Regel und dem Pauliprinzip verträglichen Wert an. Zur Bestimmung dieses Wertes stellen wir zunächst fest, daß er gleich dem größten Betrag von L_z ist. Das erste Elektron der Schale besetzt daher ein Niveau, dessen $|l_z|$ gleich dem Maximalwert l ist. Das zweite Elektron hat nach der zweiten Hundschen Regel den gleichen Spin wie das erste Elektron, und kann daher aufgrund des Pauliprinzips nicht denselben Wert von l_z annehmen. Dieses zweite Elektron kann also bestenfalls $|l_z| = l - 1$ haben, was zu einem gesamten Bahndrehimpuls $l + (l-1) = 2l - 1$ führt. Fahren wir auf diese Weise fort, so erhalten wir $L = l + (l-1) + \ldots + [l - (n-1)]$, falls die Schale weniger als zur Hälfte gefüllt ist. Ist die Schale exakt zur Hälfte gefüllt, so müssen sämtliche möglichen Werte von l_z vertreten sein, so daß $L = 0$. Die zweite Hälfte der Schale wird mit Elektronen gefüllt, deren Spins den Spins der Elektronen in der ersten Hälfte der Schale entgegengesetzt sind, so daß das Pauliprinzip wiederum dieselbe Reihen von Werten von L wie beim Füllen der ersten Hälfte der Schale zuläßt.

---

[18] Die Quantenzahl des Gesamtdrehimpulses J ist immer eine gute Quantenzahl für ein Atom oder ein Ion; L und S sind jedoch nur dann gute Quantenzahlen, wenn die Spin-Bahn-Kopplung ohne Bedeutung ist.

4. Dritte Hundsche Regel Die ersten beiden Regeln bestimmen die Werte von L und S in den energetisch niedrigstliegenden Zuständen; damit sind noch immer $(2L + 1)(2S + 1)$ verschiedene Zustände möglich. Man kann diese Zustände noch weiter entsprechend ihrem Gesamtdrehimpuls J klassifizieren; entsprechend den grundlegenden Regeln der Zusammensetzung von Drehimpulsen kann J alle ganzzahligen Werte zwischen $|L - S|$ und $L + S$ annehmen. Die Entartung des Satzes von $(2L + 1)(2S + 1)$ Zuständen wird durch die Spin-Bahn-Wechselwirkung aufgehoben, die man innerhalb dieses Satzes von Zuständen durch einen Term im Hamiltonoperator darstellen kann, der die einfache Form $\lambda(\mathbf{L} \cdot \mathbf{S})$ hat. Die Spin-Bahn-Kopplung begünstigt maximales J (Bahndrehimpuls und Spin sind parallel), wenn λ negativ ist, und minimales J (Bahndrehimpuls und Spin sind antiparallel) für positives λ. Wie sich herausstellt, ist λ positiv für Schalen, die weniger als zur Hälfte gefüllt sind, und negativ für Schalen, die mehr als zur Hälfte gefüllt sind. Infolgedessen nimmt J in den energetisch am niedrigsten liegenden Zuständen folgende Werte an:

$$J = |L - S|, \quad n \leqslant (2l + 1),$$
$$J = L + S, \quad n \geqslant (2l + 1). \tag{31.29}$$

Bei Untersuchungen des magnetischen Verhaltens der Atome zieht man normalerweise nur den Satz der $(2L + 1)(2S + 1)$ Zustände in Betracht, die durch die ersten beiden Hundschen Regeln bestimmt sind, da die übrigen Zustände energetisch um so viel höher liegen, daß sie nicht von Bedeutung sind. Darüber hinaus ist es sogar oft ausreichend, nur die $2J + 1$ niedrigstliegenden der durch die dritte Hundsche Regel bestimmten Zustände zu betrachten.

Die obigen Regeln sind leichter anzuwenden, als es ihre Beschreibung vermuten läßt. So betrachtet man zur Bestimmung des energetisch niedrigstliegenden J-Multipletts, eines sogenannten *Terms* der Atomrümpfe in einem Festkörper tatsächlich nur 22 Fälle von Interesse: 1 bis 9 Elektronen in einer d-Schale ($l = 2$) oder 1 bis 13 Elektronen in einer f-Schale ($l=3$).[19] Unglücklicherweise bezeichnet man aus historischen Gründen das Grundzustandsmultiplett in diesen Fällen nicht einfach durch einen Satz der drei Zahlen SLJ, sondern man symbolisiert den Wert der Bahndrehimpulsquantenzahl L durch einen Buchstaben entsprechend dem geheimnisvollen, spektroskopischen Code

$$L = 0\ 1\ 2\ 3\ 4\ 5\ 6$$
$$X = S\ P\ D\ F\ G\ H\ I. \tag{31.30}$$

Den Spin spezifiziert man durch Angabe der Zahl $2S + 1$ – der sogenannten *Multiplizität* – als vorderer Hochindex an diesem Buchstaben, und nur der Wert von J

---

[19] Teilweise gefüllte p-Schalen enthalten Valenzelektronen und verbreitern sich in Festkörpern ausnahmslos zu Bändern. Daher ergibt sich die Konfiguration der Elektronen in diesen Bändern im Festkörper keinesfalls als geringfügige Verzerrung aus der Konfiguration des freien Atoms, so daß die Vorgehensweise dieses Kapitels nicht mehr anwendbar ist.

Tabelle 31.2

Grundzustände von Atomrümpfen mit teilweise gefüllten d- oder f-Schalen, konstruiert mit Hilfe der Hundschen Regeln *

			d-Schale ($l=2$)								
n	$l_z =$	2	1	0	-1	-2	S	$L = \lvert \sum l_z \rvert$		J	Symbol
1		↓					1/2	2	3/2		$^2D_{3/2}$
2		↓	↓				1	3	2		$^3F_2$
3		↓	↓	↓			3/2	3	3/2	$J = \lvert L - S \rvert$	$^4F_{3/2}$
4		↓	↓	↓	↓		2	2	0		$^5D_0$
5		↓	↓	↓	↓	↓	5/2	0	5/2		$^6S_{5/2}$
6		↓↑	↓	↓	↓	↓	2	2	4		$^5D_4$
7		↓↑	↓↑	↓	↓	↓	3/2	3	9/2	$J = L + S$	$^4F_{9/2}$
8		↓↑	↓↑	↓↑	↓	↓	1	3	4		$^3F_4$
9		↓↑	↓↑	↓↑	↓↑	↓	1/2	2	5/2		$^2D_{5/2}$
10		↓↑	↓↑	↓↑	↓↑	↓↑	0	0	0		$^1S_0$

				f-Schale ($l=3$)								
n	$l_z =$	3	2	1	0	-1	-2	-3	S	$L = \lvert \sum l_z \rvert$	J	Symbol
1		↓							1/2	3	5/2	$^2F_{5/2}$
2		↓	↓						1	5	4	$^3H_4$
3		↓	↓	↓					3/2	6	9/2	$^4I_{9/2}$
4		↓	↓	↓	↓				2	6	4	$^5I_4$
5		↓	↓	↓	↓	↓			5/2	5	5/2	$^6H_{5/2}$
6		↓	↓	↓	↓	↓	↓		3	3	0	$^7F_0$
7		↓	↓	↓	↓	↓	↓	↓	7/2	0	7/2	$^8S_{7/2}$
8		↓↑	↓	↓	↓	↓	↓	↓	3	3	6	$^7F_6$
9		↓↑	↓↑	↓	↓	↓	↓	↓	5/2	5	15/2	$^6H_{15/2}$
10		↓↑	↓↑	↓↑	↓	↓	↓	↓	2	6	8	$^5I_8$
11		↓↑	↓↑	↓↑	↓↑	↓	↓	↓	3/2	6	15/2	$^4I_{15/2}$
12		↓↑	↓↑	↓↑	↓↑	↓↑	↓	↓	2	5	6	$^3H_6$
13		↓↑	↓↑	↓↑	↓↑	↓↑	↓↑	↓	1/2	3	7/2	$^2F_{7/2}$
14		↓↑	↓↑	↓↑	↓↑	↓↑	↓↑	↓↑	0	0	0	$^1S_0$

In the f-Schale table, $J = \lvert L - S \rvert$ applies to rows 1–6 and $J = L + S$ applies to rows 8–13.

* ↑: Spin $\frac{1}{2}$, ↓: Spin $-\frac{1}{2}$.

erscheint als die entsprechende Zahl als gewöhnlicher Index des spektroskopischen Buchstabens.

Die bei Untersuchungen des Magnetismus der Festkörper wesentlichsten Fälle sind in Tabelle 31.2 zusammengefaßt.

Suszeptibilität von Isolatoren, die Atomrümpfe mit einer teilweise gefüllten Elektronenschale enthalten: Paramagnetismus

Man kann zwei Fälle unterscheiden:

1. Hat die Schale $J = 0$ – wie es für Schalen zutrifft, die ein Elektron zu wenig haben, um exakt zur Hälfte gefüllt zu sein – so ist der Grundzustand nicht entartet (wie im Falle einer vollständig gefüllten Schale) und der lineare Term im Ausdruck (31.20) für die Energieverschiebung ist null.[20] Im Unterschied zum Fall einer vollständig gefüllten Schale jedoch muß der zweite Term in (31.20) nicht notwendig verschwinden, so daß man für die durch das Magnetfeld verursachte Verschiebung der Grundzustandsenergie den Ausdruck

$$\Delta E_0 = \frac{e^2}{8mc^2} H^2 \langle 0| \sum_i (x_i{}^2 + y_i{}^2)|0\rangle - \sum_n \frac{|\langle 0|\mu_B \mathbf{H} \cdot (\mathbf{L} + g_0 \mathbf{S})|n\rangle|^2}{E_n - E_0} \tag{31.31}$$

erhält. Enthält der Festkörper N/V solcher Atomrümpfe im Einheitsvolumen, so ist seine Suszeptibilität gegeben durch

$$\chi = -\frac{N}{V} \frac{\partial^2 E_0}{\partial H^2}$$
$$= -\frac{N}{V}\left[\frac{e^2}{4mc^2} \langle 0| \sum_i (x_i{}^2 + y_i{}^2)|0\rangle - 2\mu_B{}^2 \sum_n \frac{|\langle 0|(\mathbf{L}_z + g_0 \mathbf{S}_z)|n\rangle|^2}{E_n - E_0} \right]. \tag{31.32}$$

Der erste Term darin ist identisch mit der oben hergeleiteten Larmorschen diamagnetischen Suszeptibilität; der zweite Term hat das entgegengesetzte Vorzeichen des ersten Terms, da die Energien der angeregten Zustände notwendigerweise über der Grundzustandsenergie liegen. Dieser zweite Term begünstigt deshalb die Ausrichtung des Moments parallel zum Feld, ein Verhalten, welches man als *Paramagnetismus* bezeichnet. Diese paramagnetische Korrektur zur Larmorschen diamagnetischen Suszeptibilität kennt man als *Van Vleckschen Paramagnetismus*.[21] Das magnetische Verhalten von Atomrümpfen mit einer Elektronenschale, der genau ein Elektron fehlt, um zur Hälfte gefüllt zu sein, ergibt sich aus einer Balance zwischen Larmorschem Diamagnetismus und Van Vleckschem Paramagnetismus – *vorausgesetzt*, daß nur der Grundzustand im thermodynamischen Gleichgewicht mit nicht vernachlässigbarer Wahrscheinlichkeit besetzt ist, so daß die Freie Energie identisch mit der Grundzustandsenergie ist. In zahlreichen Fällen dieser Art liegt das nächstniedrige J-Multiplett

---

[20] Dies folgt aus der Symmetrie von Zuständen mit $J = 0$, wie in Aufgabe 4 gezeigt.
[21] Van Vleckscher Paramagnetismus zeigt sich auch in der Suszeptibilität von Molekülen mit komplexerer Struktur als die der einfachen Atomrümpfe, die wir hier betrachten.

nahe genug beim Grundzustand mit $J = 0$, um einen nicht vernachlässigbaren Beitrag zur Freien Energie – und damit zur Suszeptibilität – zu liefern, so daß eine kompliziertere Formel als (31.32) erforderlich wird.

2. Hat die Schale einen Gesamtdrehimpuls $J \neq 0$ – was immer dann der Fall ist, wenn es sich nicht um eine abgeschlossene Schale handelt oder eine Schale, der genau ein Elektron fehlt, um zur Hälfte gefüllt zu sein – so verschwindet der erste Term im Ausdruck (31.20) für die Energieverschiebung *nicht*, und ist, wie wir oben zeigten, fast immer so deutlich größer als die beiden anderen Terme, daß man sie mit gutem Gewissen vernachlässigen kann. In diesem Falle ist der Grundzustand im Feld null $(2J + 1)$-fach entartet, und man wird auf das Problem der Berechnung und Diagonalisierung der $(2J + 1)$-dimensionalen, quadratischen Matrix[22]

$$\langle JLSJ_z|(\mathbf{L}_z + g_0\mathbf{S}_z)|JLSJ_{z'}'\rangle, \quad J_z, J_{z'} = -J, \dots, J \tag{31.33}$$

geführt. Diese Aufgabe wird durch das Wigner-Eckart-Theorem[23] vereinfacht, welches besagt, daß die Matrixelemente eines beliebigen Vektoroperators im $(2J + 1)$-dimensionalen Raum der Eigenzustände der Operatoren $\mathbf{J}^2$ und $\mathbf{J}_z$ zu einem gegebenen Wert J proportional sind zu den Matrixelementen des Operators $\mathbf{J}$ selbst:

$$\langle JLSJ_z|(\mathbf{L} + g_0\mathbf{S})|JLSJ_{z'}'\rangle = g(JLS)\langle JLSJ_z|\mathbf{J}|JLSJ_{z'}'\rangle. \tag{31.34}$$

Die wesentlichste Eigenschaft dieses Ergebnisses besteht darin, daß die Proportionalitätskonstante $g(JLS)$ *nicht* von den Werten von J_z und $J_{z'}$ abhängt.

Da die Matrixelemente von $\mathbf{J}_z$ gegeben sind durch

$$\langle JLSJ_z|\mathbf{J}_z|JLSJ_{z'}'\rangle = J_z\delta_{J_z,J_{z'}}, \tag{31.35}$$

so folgt insbesondere

$$\langle JLSJ_z|(\mathbf{L}_z + g_0\mathbf{S}_z)|JLSJ_{z'}'\rangle = g(JLS)J_z\delta_{J_z,J_{z'}}. \tag{31.36}$$

Damit ist das Säkularproblem gelöst: Die Matrix ist in den Zuständen mit bestimmten Werten von J_z bereits diagonal, und der $(2J + 1)$-fach entartete Grundzustand spaltet deshalb auf in Zustände mit bestimmten Werten von J_z, deren Energien äquidistant im Abstand $g(JLS)\mu_B H$ liegen.

Man berechnet den Wert von $g(JLS)$, dem Landéschen g-Faktor, leicht zu (siehe

---

[22] Siehe die Bemerkung in Fußnote 10.

[23] Einen Beweis des Wigner-Eckart-Theorems findet man beispielsweise in K. Gottfried, *Quantum Mechanics*, Vol. 1, W. A. Benjamin, Menlo Park, California (1966), Seiten 302-304.

Anhang P)

$$g(JLS) = \frac{1}{2}(g_0 + 1) - \frac{1}{2}(g_0 - 1)\frac{L(L+1) - S(S+1)}{J(J+1)}. \tag{31.37}$$

Nimmt man g_0, den g-Faktor des Elektrons, zu exakt 2 an, so erhält man aus (31.37)

$$g(JLS) = \frac{3}{2} + \frac{1}{2}\left[\frac{S(S+1) - L(L+1)}{J(J+1)}\right]. \tag{31.38}$$

Man begegnet der Aussage (31.34), die man auch in der äquivalenten Form

$$\langle JLSJ_z|(\mathbf{L} + g_0\mathbf{S})|JLSJ_z'\rangle = \langle JLSJ_z|g(JLS)\mathbf{J}|JLSJ_z'\rangle \tag{31.39}$$

angeben kann, bisweilen in einer Schreibweise ohne Zustandsvektoren:

$$\mathbf{L} + g_0\mathbf{S} = g(JLS)\mathbf{J}. \tag{31.40}$$

Wir möchten hier betonen, daß diese Beziehung ausschließlich innerhalb des $(2J+1)$-dimensionalen Satzes von Zuständen gilt, die den entarteten, atomaren Grundzustand im Feld null darstellen. Konkreter bedeutet dies, daß (31.40) nur für Matrixelemente zwischen Zuständen erfüllt ist, die in J, L und S diagonal sind. Ist die Aufspaltung zwischen dem atomaren Grundzustandsmultiplett im Feld null und dem ersten angeregten Multiplett groß im Vergleich zu k_BT (was häufig zutrifft), so tragen nur die $(2J+1)$ Zustände des Grundzustandsmultipletts in nennenswertem Maße zur Freien Energie bei. In diesem Fall – und *nur* in diesem Fall – gestattet es die Beziehung (31.40), den ersten Term im Ausdruck (31.20) für die Energieverschiebung als Wechselwirkungsenergie ($-\boldsymbol{\mu} \cdot \mathbf{H}$) zwischen dem Feld und einem magnetischen Moment zu interpretieren, welches proportional ist zum Gesamtdrehimpuls des Atomrumpfes:[24]

$$\boldsymbol{\mu} = -g(JLS)\mu_B\mathbf{J}. \tag{31.41}$$

Da der Grundzustand im Feld null entartet ist, kann es niemals zulässig sein, die Suszeptibiltät durch Gleichsetzen von Freier Energie und Grundzustandsenergie zu berechnen (wie wir es im Falle nichtentarteter Schalen mit $J = 0$ taten), da die Aufspaltung der $(2J + 1)$ energetisch niedrigstliegenden Zustände klein wird im Vergleich zu k_BT, sobald das Feld gegen null geht. Zur Berechnung der Suszeptibilität ist deshalb eine zusätzliche Berechnung im Rahmen der statistischen Mechanik notwendig.

---

[24] Innerhalb des Grundzustandsmultipletts ist dann die Energie des Atomrumpfes in einem Feld **H** gegeben durch den Operator $-\boldsymbol{\mu} \cdot \mathbf{H}$. Dies ist ein sehr einfaches Beispiel für einen „Spin-Hamiltonoperator" (siehe die Seiten 864-866).

Magnetisierung eines Systems identischer Atomrümpfe mit gleichen Gesamtdrehimpulsen J: Das Curiesche Gesetz

Sind nur die $2J + 1$ niedrigsten Zustände mit nennenswerter Wahrscheinlichkeit thermisch besetzt, so ist die Freie Energie (31.5) gegeben durch

$$e^{-\beta F} = \sum_{J_z=-J}^{J} e^{-\beta\gamma H J_z}, \quad \gamma = g(JLS)\mu_B, \quad \beta = \frac{1}{k_B T}. \quad (31.42)$$

Diese geometrische Reihe ist einfach zu summieren und ergibt

$$e^{-\beta F} = \frac{e^{\beta\gamma H(J+1/2)} - e^{-\beta\gamma H(J+1/2)}}{e^{\beta\gamma H/2} - e^{-\beta\gamma H/2}}. \quad (31.43)$$

Mit Hilfe des Ausdruckes (31.4) für die Magnetisierung von N Atomrümpfen in einem Volumen V erhält man hieraus

$$M = -\frac{N}{V}\frac{\partial F}{\partial H} = \frac{N}{V}\gamma J B_J(\beta\gamma J H), \quad (31.44)$$

wobei die *Brillouin-Funktion* $B_J(x)$ definiert ist durch

$$B_J(x) = \frac{2J+1}{2J}\coth\frac{2J+1}{2J}x - \frac{1}{2J}\coth\frac{1}{2J}x. \quad (31.45)$$

Dieser Zusammenhang ist in Bild 31.1 für einige Werte von J als Parameter aufgetragen.

Beachten Sie, daß für $T \to 0$ und festes H gilt $M \to (N/V)\gamma J$. Dies bedeutet, daß jeder Atomrumpf vollständig durch das Feld ausgerichtet ist und $|J_z|$ seinen Maximalwert (oder Sättigungswert) J hat. Dieser Fall der Sättigung tritt jedoch nur dann ein, wenn $k_B T \ll \gamma H$; bei einem Feld von 10^4 G gilt die Abschätzung $\gamma H/k_B \approx \hbar\omega_c/k_B \approx 1$ K, so daß man es normalerweise mit dem entgegengesetzten Grenzfall zu tun hat, außer bei niedrigsten Temperaturen und höchsten Feldstärken.

Unter Bedingungen mit $\gamma H \ll k_B T$ ergibt die für kleine x gültige Entwicklung

$$\coth x \approx \frac{1}{x} + \frac{1}{3}x + O(x^3), \quad B_j(x) \approx \frac{J+1}{3J}x + O(x^3) \quad (31.46)$$

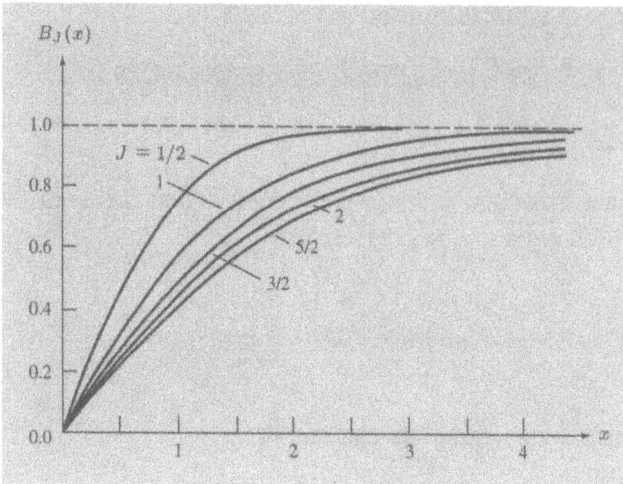

Bild 31.1: Darstellung der Brillouin-Funktion $B_J(x)$ für einige Werte des Gesamtdrehimpulses J.

den Ausdruck

$$\chi = \frac{N}{V} \frac{(g\mu_B)^2}{3} \frac{J(J+1)}{k_B T}, \qquad (k_B T \gg g\mu_B H) \tag{31.47}$$

oder

$$\chi^{\text{molar}} = N_A \frac{(g\mu_B)^2}{3} \frac{J(J+1)}{k_B T}. \tag{31.48}$$

Dieses Verhalten der Suszeptibilität umgekehrt proportional zur Temperatur bezeichnet man als Curiesches Gesetz. Es ist charakteristisch für paramagnetische Systeme mit „permanenten magnetischen Momenten", deren Ausrichtung entgegen der thermischen Unordnung vom Feld begünstigt wird. Obwohl die Bedingung $k_B T \gg g\mu_B H$ für die Gültigkeit des Curieschen Gesetzes innerhalb eines außerordentlich großen Bereiches von Feldstärken und Temperaturen erfüllt ist, sollte man dennoch nie vergessen, daß die Anwendbarkeit des Gesetzes an die Gültigkeit dieser Bedingung geknüpft ist.[25]

Die paramagnetische Suszeptibilität (31.47) ist bei Raumtemperatur um einen Faktor von ungefähr 500 größer als die temperaturunabhängige, Larmorsche diamagnetische Suszeptibilität (31.25) (Aufgabe 7). Sind deshalb Atomrümpfe mit teilweise gefüllten Schalen und mit von null verschiedenem J vorhanden, so dominiert der Beitrag dieser Schalen zur gesamten Suszeptibilität des Festkörpers vollständig den diamagnetischen Beitrag der übrigen, gefüllten Schalen. Wir schätzten die Größenordnung der diamagnetischen Suszeptibilitäten auf Seite 823 zu 10^{-5} ab, so daß wir nun eine

---

[25] Andererseits gilt das Gesetz bei sehr hohen Temperaturen, und selbst dann, wenn es nennenswerte magnetische *Wechselwirkungen* zwischen den Atomrümpfen gibt. Siehe Gleichung (33.50).

Tabelle 31.3

Berechnete und gemessene Werte der effektiven Bohrschen Magnetonenzahl p für die Atomrümpfe der Seltenen Erden*

Element (dreifach ionisiert)	Elektronen- konfiguration	Grund- zustands- term	berechnetes** p	gemessenes*** p
La	$4f^0$	^1S	0,00	diamagnetisch
Ce	$4f^1$	$^2F_{5/2}$	2,54	2,4
Pr	$4f^2$	$^3H_4$	3,58	3,5
Nd	$4f^3$	$^4I_{9/2}$	3,62	3,5
Pm	$4f^4$	$^5I_4$	2,68	–
Sm	$4f^5$	$^6H_{5/2}$	0,84	1,5
Eu	$4f^6$	$^7F_0$	0,00	3,4
Gd	$4f^7$	$^8S_{7/2}$	7,94	8,0
Tb	$4f^8$	$^7F_6$	9,72	9,5
Dy	$4f^9$	$^6H_{15/2}$	10,63	10,6
Ho	$4f^{10}$	$^5I_8$	10,60	10,4
Er	$4f^{11}$	$^4I_{15/2}$	9,59	9,5
Tm	$4f^{12}$	$^3H_6$	7,57	7,3
Yb	$4f^{13}$	$^2F_{7/2}$	4,54	4,5
Lu	$4f^{14}$	^1S	0,00	diamagnetisch

* Beachten Sie die Diskrepanz bei Sm und Eu, verursacht durch niedrig liegende J-Multipletts, die wir in der Theorie ausschlossen.
** Gleichung (31.50)
*** Gleichung (31.49)
Quelle: J. H. Van Vleck, *The Theory of Electric and Magnetic Susceptibilities*, Oxford (1952), Seite 243; siehe auch R. Kubo, T. Nagamiya, eds., *Solid State Physics*, McGraw-Hill, New York (1969), Seite 451.

Größenordnung der paramagnetischen Suszeptibilitäten bei Raumtemperatur von 10^{-2} bis 10^{-3} erwarten können.

Curiesches Gesetz in Festkörpern

Wir untersuchen nun, inwieweit die oben entworfene Theorie des Paramagnetismus freier Atome auch auf das Verhalten der Atomrümpfe als Teile der Struktur eines Festkörpers anwendbar ist.

Beispielsweise folgen Kristalle von Isolatoren, die auch Elemente der seltenen Erden mit teilweise gefüllten f-Schalen enthalten, dem Curieschen Gesetz recht gut. Man schreibt das Gesetz häufig in der Form

$$\chi = \frac{1}{3}\frac{N}{V}\frac{\mu_B{}^2 p^2}{k_B T},\tag{31.49}$$

wobei p, die „effektive Bohrsche Magnetonenzahl", definiert ist durch

$$p = g(JLS)[J(J+1)]^{1/2}.\tag{31.50}$$

Tabelle 31.3 vergleicht Werte von p, wie man sie aus den Koeffizienten von $1/T$ im gemessenen Verlauf der Suszeptibilitäten bestimmt, mit den jeweils aus (31.50) und dem Landé-Faktor (31.38) berechneten Werten.

Die Übereinstimmung ist sehr gut, mit Ausnahme von Samarium und Europium: Im letzteren Falle ist $J = 0$, und unsere Theorie damit offensichtlich nicht anwendbar; in beiden Fällen führt man die Diskrepanz zwischen theoretischen und experimentellen Werten darauf zurück, daß das J-Multiplett unmittelbar oberhalb des Grundzustandes diesem energetisch so nahe liegt, daß (a) die Energienenner im zweiten Term der Gleichung (31.20) – die wir bei der Herleitung des Curieschen Gesetzes vernachlässigten – klein genug sind, um diesen Term nicht mehr vernachlässigen zu können, sowie (b) die Wahrscheinlichkeit für eine thermische, bei unserer Herleitung des Curieschen Gesetzes ebenfalls vernachlässigte Anregung von Atomrümpfen aus dem Zustand (oder den Zuständen) mit niedrigstem J heraus wesentlich werden kann.

Somit kann man in allen Fällen den Magnetismus der in die Kristalle von Isolatoren eingebauten Atome der Seltenen Erden dadurch befriedigend beschreiben, daß man deren Atomrümpfe als isoliert behandelt. Dies gilt *nicht* für die Atomrümpfe der *Übergangsmetalle* in einem isolierenden Festkörper. Obwohl das Curiesche Gesetz im Falle der Übergangsmetalle der Eisengruppe sehr wohl gilt, stimmt der daraus ermittelte Wert von p mit dem anhand von (31.50) berechneten Wert nur dann überein, wenn man L zu null und daher J gleich S annimmt, wobei S noch immer durch die Hundschen Regeln bestimmt ist (siehe Tabelle 31.4). Dieser Effekt, den man als *Quenching* des Bahndrehimpulses bezeichnet, ist ein Spezialfall des allgemeineren Phänomens der *Kristallfeldaufspaltung*.

Die Kristallfeldaufspaltung ist im Falle der Ionen der Seltenen Erden unbedeutend, da deren teilweise gefüllte $4f$-Schalen tief im Inneren des Ions liegen, innerhalb der $5s$- und $5p$-Schalen. Im Gegensatz hierzu sind die teilweise gefüllten d-Schalen der Übergangsmetalle die am weitesten außen liegenden Elektronenschalen und unterliegen dem Einfluß der kristallinen Umgebung in weit stärkerem Maße. Die Elektronen in diesen teilweise gefüllten d-Schalen spüren elektrische Felder von nicht vernachlässigbarer Stärke, die *nicht* kugelsymmetrisch sind, sondern die am Ort des Ions herrschende kristalline Symmetrie aufweisen. Aus diesem Grund ist die Basis für eine Anwendung der Hundschen Regeln nur zum Teil gegeben.

Tabelle 31.4

Berechnete und gemessene effektive Bohrsche Magnetonenzahlen p für die Ionen der Eisengruppe (Konfiguration $3d$)*

Element (und Ionisierungsgrad)	Elektronen-konfiguration	Grund-zustandsterm	berechnetes** p $(J = S)$ $(J = \lvert L \pm S \rvert)$		gemessenes*** p
Ti^{3+}	$3d^1$	$^2D_{3/2}$	1,73	1,55	–
V^{4+}	$3d^1$	$^2D_{3/2}$	1,73	1,55	1,8
V^{3+}	$3d^2$	$^3F_2$	2,83	1,63	2,8
V^{2+}	$3d^3$	$^4F_{3/2}$	3,87	0,77	3,8
Cr^{3+}	$3d^3$	$^4F_{3/2}$	3,87	0,77	3,7
Mn^{4+}	$3d^3$	$^4F_{3/2}$	3,87	0,77	4,0
Cr^{2+}	$3d^4$	$^5D_0$	4,90	0	4,8
Mn^{3+}	$3d^4$	$^5D_0$	4,90	0	5,0
Mn^{2+}	$3d^5$	$^6S_{5/2}$	5,92	5,92	5,9
Fe^{3+}	$3d^5$	$^6S_{5/2}$	5,92	5,92	5,9
Fe^{2+}	$3d^6$	$^5D_4$	4,90	6,70	5,4
Co^{2+}	$3d^7$	$^4F_{9/2}$	3,87	6,54	4,8
Ni^{2+}	$3d^8$	$^3F_4$	2,83	5,58	3,2
Cu^{2+}	$3d^9$	$^2D_{5/2}$	1,73	3,55	1,9

* Aufgrund des „Quenchings" erhält man wesentlich bessere theoretische Werte, wenn man J gleich dem Gesamtspin S wählt, und nicht gleich dem für freie Ionen gültigen Wert $J = \lvert L \pm S \rvert$.
** Gleichung (31.50). Im Falle $J = S$ wählt man $L = 0$.
*** Gleichung (31.49)
Quelle: J. H. Van Vleck, *The Theory of Electric and Magnetic Susceptibilities*, Oxford (1952), Seite 285; R. Kubo, T. Nagamiya, eds., *Solid State Physics*, McGraw-Hill, New York (1969), Seite 453.

Wie sich herausstellt, behalten die ersten beiden Hundschen Regeln auch für Atomrümpfe in einer kristallinen Umgebung ihre Gültigkeit; es ist jedoch notwendig, das Kristallfeld als eine Störung des $(2S+1)(2L+1)$-fachen, durch die ersten beiden Regeln bestimmten Satzes von Zuständen einzuführen. Diese Störung wirkt zusätzlich zur Spin-Bahn-Kopplung. Aus diesem Grund ist die dritte Hundsche Regel, die auf der Wirkung der Spin-Bahn-Kopplung alleine beruht, zu modifizieren.

Im Falle der Ionen der Übergangsmetalle der Eisengruppe mit ihren teilweise gefüllten $3d$-Schalen ist das Kristallfeld sehr viel größer als die Spin-Bahn-Kopplung, so daß man in erster Näherung eine neue Version der dritten Hundschen Regel konstruieren kann, bei der man die Störung durch die Spin-Bahn-Kopplung vollständig zugunsten der Störung durch das Kristallfeld vernachlässigt. Diese letztere Störung hebt die Spinentartung *nicht* auf, da sie ausschließlich von räumlichen Variablen abhängt und deshalb mit **S** vertauscht; sie kann aber sehr wohl die Entartung des Bahndrehimpulsmultipletts aufheben, falls sie hinreichend unsymmetrisch ist.[26] Daraus resultiert dann ein Grundzustandsmultiplett, bei dem der Mittelwert einer jeden Komponente von **L** verschwindet, obwohl $\mathbf{L}^2$ stets den Mittelwert $L(L+1)$ hat. Man kann dieses Ergebnis klassisch dahingehend interpretieren, daß der Bahndrehimpuls im Kristallfeld präzediert, so daß sich alle seine Komponenten zu null mitteln, obwohl sein Betrag unverändert bleibt.

Die Situation ist bei den höheren Serien der Übergangsmetalle mit ihren teilweise gefüllten 4d- oder 5d-Schalen komplexer, da die Spin-Bahn-Kopplung in diesen schwereren Elementen stärker ist: Die Multiplettaufspaltung aufgrund der Spin-Bahn-Kopplung kann hier vergleichbar oder größer sein als die Kristallfeldaufspaltung. In Fällen wie diesen beruhen die Untersuchungen der Art und Weise, wie die Kristallfelder die Niveaus zu Strukturen umordnen können, die verschieden sind von den Vorhersagen der dritten Hundschen Regel, auf recht komplizierten Anwendungen der Gruppentheorie. Wir werden derartige Überlegungen hier nicht anstellen und beschränken uns auf die Angabe zweier wichtiger Prinzipien, die in diesem Zusammenhang ins Spiel kommen:

1. Je geringer die Symmetrie des Kristallfeldes, desto geringer ist auch der Grad der Entartung, den man für den exakten Grundzustand eines Ions erwartet. Jedoch besagt ein wichtiger Satz von Kramers, daß der Grundzustand eines Ions mit einer ungeraden Anzahl von Elektronen mindestens zweifach entartet sein muß, ganz unabhängig davon, wie unsymmetrisch das Kristallfeld sei, auch unter dem Einfluß der Spin-Bahn-Kopplung.

2. Man könnte erwarten, daß die Symmetrie des Kristallfeldes in vielen Fällen so hoch ist (wie beispielsweise an Gitterplätzen mit kubischer Symmetrie), daß es die Entartung nur in einem geringeren Maße aufhebt, als es der Satz von Kramers erlaubt. Ein weiterer Satz von Jahn und Teller besagt jedoch, daß der Grad der Grundzustandsentartung eines magnetischen Ions, das sich an einem Gitterplatz mit solch hoher Symmetrie befindet, nicht dem Kramers'schen Minimalwert entspricht, sondern daß es für den Kristall energetisch günstiger ist, sich zu verzerren und seine Symmetrie dadurch genügend weit zu erniedrigen, um die Entartung aufzuheben. Der Satz garantiert jedoch nicht, daß diese Aufspaltung genügend groß ist, um wesentlich zu sein, also vergleichbar zu sein mit $k_B T$ oder der Aufspaltung in äußeren Magnetfeldern. Ist dieser *Jahn-Teller-Effekt* nicht groß genug, so kann man ihn nicht beobachten.

---

[26] Fügt man dem Hamiltonoperator den Term der Spin-Bahn-Kopplung als zusätzliche Störung des Kristallfeldes hinzu, so wird auch noch die restliche $(2S+1)$-fache Entartung des Grundzustandes aufgehoben. Diese zusätzliche Aufspaltung kann sehr wohl klein sein im Vergleich sowohl zu $k_B T$, als auch zur Aufspaltung durch das äußere Magnetfeld, und man kann sie unter diesen Bedingungen vernachlässigen. Offenbar ist dies bei den Ionen der Übergangsmetalle aus der Eisengruppe der Fall.

Thermische Eigenschaften paramagnetischer Isolatoren: Adiabatische Entmagnetisierung

Aus der Definition $F = U - TS$ der Helmholtzschen Freien Energie (mit der Inneren Energie U) ist die Magnetische Entropie $S(H, T)$ – wegen $U = (\partial/\partial\beta)\beta F)$ – gegeben durch

$$S = k_B \beta^2 \frac{\partial F}{\partial \beta}, \qquad \beta = \frac{1}{k_B T}. \tag{31.51}$$

Der Ausdruck (31.42) für die Freie Energie eines Systems nichtwechselwirkender, paramagnetischer Ionen zeigt, daß βF von β und H nur über deren Produkt abhängt; F hat somit die Gestalt

$$F = \frac{1}{\beta} \, \Phi(\beta H). \tag{31.52}$$

Folglich ist die Entropie in der Form

$$S = k_B[-\Phi(\beta H) + \beta H \Phi'(\beta H)] \tag{31.53}$$

ebenfalls nur vom Produkt $\beta H = H/k_B T$ abhängig. Verringert man daher adiabatisch – d.h. bei festem S – das auf ein Spinsystem wirkende Feld so langsam, daß sich das System stets im thermodynamischen Gleichgewicht befindet, so verringert sich die Temperatur dieses Spinsystems um einen proportionalen Betrag, da sich H/T bei festem S nicht verändern kann. Deshalb gilt

$$T_f = T_i \left(\frac{H_f}{H_i} \right). \tag{31.54}$$

Man kann diesen Zusammenhang praktisch nutzen, um tiefe Temperaturen zu erreichen – allerdings nur in einem Temperaturbereich, in welchem die Wärmekapazität des Spinsystems den dominanten Beitrag zur Wärmekapazität des gesamten Festkörpers liefert. In der Praxis ist die Wirksamkeit dieser Methode daher auf Temperaturen weit unterhalb der Debye-Temperatur beschränkt (siehe Aufgabe 10) und hat sich als brauchbares Verfahren erwiesen, um ein System von einer Temperatur von wenigen Kelvin auf einige Hundertstel Kelvin zu kühlen – oder auch auf einige Tausendstel, wenn man geschickt ist.

Die untere Grenze der Temperaturen, die man mit der Methode der adiabatischen Entmagnetisierung erreichen kann, ist bestimmt durch die begrenzte Gültigkeit der Folgerung, daß die Entropie nur von H/T abhänge: Wäre dieser Schluß streng richtig, so könnte man das zu kühlende System auf die Temperatur null bringen, indem man das Feld vollständig entferne. Dies kann jedoch bei schwachen Feldern nicht der Fall

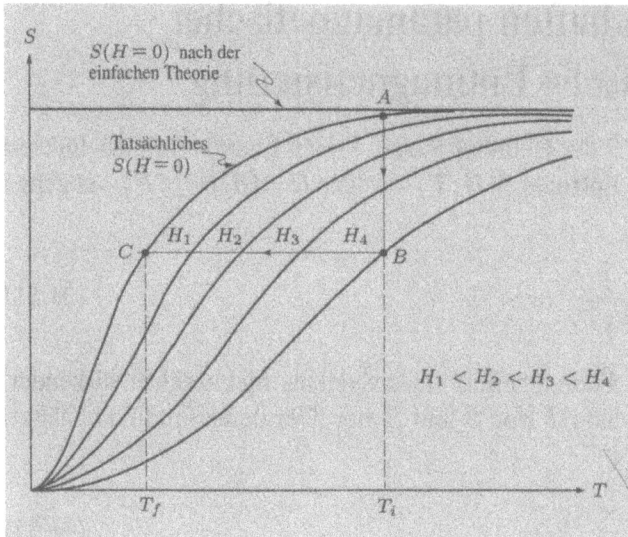

Bild 31.2: Temperaturverlauf der Entropie eines Systems miteinander wechselwirkender Spins für verschiedene Werte eines externen Magnetfeldes H. Die gestrichelte Linie markiert den Wert der Konstanten $Nk_B \ln(2J+1)$ für voneinander unabhängige Spins ohne äußeres Feld. Der Kühlzyklus verläuft wie folgt: Ausgehend vom Punkt A (T_i, $H = 0$) geht das System isotherm in den Punkt B über, wobei das Magnetfeld von Null auf H_4 zunimmt. Danach wird das Feld adiabatisch (bei konstantem S) entfernt, wodurch sich das System in den Punkt C bewegt und eine Temperatur T_f erreicht.

sein, da sonst die Entropie beim Feld null nicht von der Temperatur abhängen würde. Tatsächlich *muß* die Nullfeld-Entropie von der Temperatur abhängen, so daß die Entropiedichte mit abnehmender Temperatur auf null fallen kann, wie es der dritte Hauptsatz der Thermodynamik verlangt. Eine Temperaturabhängigkeit der Nullfeld-Entropie ergibt sich einmal aufgrund des Vorhandenseins magnetischer Wechselwirkungen zwischen den paramagnetischen Atomrümpfen, sodann infolge der zunehmenden Bedeutung der Kristallfeldaufspaltung bei niedrigen Temperaturen, sowie auch durch weitere Effekte, die wir bei den Überlegungen, die uns zur Gleichung (31.53) führten, außer Acht ließen.

Zieht man diese Effekte in Betracht, so ist der Ausdruck (31.54) für die erreichbare Endtemperatur durch eine Beziehung der allgemeinen Form $S(H_i, T_i) = S(0, T_f)$ zu ersetzen, und man benötigt eine ins Einzelne gehende Kenntnis der Temperaturabhängigkeit der Nullfeld-Entropie, um die Endtemperatur berechnen zu können (Bild 31.2).

Der Prozeß der Kühlung mittels adiabatischer Entmagnetisierung verläuft offenbar bei jenen Stoffen am effektivsten, bei denen der unvermeidliche Abfall der Nullfeld-Entropie mit abnehmender Temperatur erst bei den niedrigsten Temperaturen einsetzt. Man verwendet deshalb paramagnetische Salze mit gut abgeschirmten (um die Kristallfeldaufspaltung zu minimieren) und deutlich voneinander getrennten (um die magnetischen Wechselwirkungen zu minimieren) magnetischen Ionen. Jedoch erniedrigt sich durch diese Verdünnung der paramagnetischen Ionen natürlich auch die magnetische Wärmekapazität, so daß man einen Kompromiß finden muß. Die heute am häufigsten verwendeten Substanzen sind vom Typ der Verbindung $Ce_2Mg_3(NO_3)_{12} \cdot (H_2O)_{24}$.

Suszeptibilität der Metalle: Paulischer Paramagnetismus

Keine unserer bisherigen Betrachtungen befaßte sich mit dem Problem des Beitrages der Leitungselektronen zum magnetischen Moment eines Metalls. Weder sind die Leitungselektronen räumlich lokalisiert, wie es für die Elektronen in den teilweise gefüllten Elektronenschalen der Atomrümpfe zutrifft, noch können sie – aufgrund der strengen Beschränkungen, die das Pauliprinzip auferlegt – unabhängig voneinander reagieren, wie es Elektronen können, die an verschiedenen Atomrümpfen lokalisiert sind.

Das Problem des Magnetismus der Leitungselektronen ist im Rahmen der Näherung unabhängiger Elektronen lösbar; diese Lösung ist aufgrund der verwickelten Art und Weise, wie die Bahnbewegung der Elektronen auf das äußere Feld reagiert, recht komplex. Vernachlässigen wir die Reaktion der Bahnbewegung auf das äußere Feld, nehmen wir also an, das Elektron besitze nur ein magnetisches Spinmoment, jedoch keine Ladung, so können wir folgendermaßen vorgehen:

Jedes Elektron trägt $-\mu_B/V$ ($g_0 = 2$ angenommen) zur Magnetisierungsdichte bei, falls sein Spin parallel zum Feld H orientiert ist, sowie μ_B/V, wenn Spin und Feld antiparallel sind. Bezeichnen $n_\pm$ die Anzahlen von Elektronen pro Einheitsvolumen mit Spin parallel (+) oder antiparallel (−) zu H, so kann man für die Magnetisierungsdichte schreiben

$$M = -\mu_B(n_+ - n_-). \tag{31.55}$$

Treten die Elektronen mit dem Feld ausschließlich über ihr magnetisches Moment in Wechselwirkung, so besteht die einzige Wirkung des Feldes darin, die Energie eines jeden elektronischen Niveaus um einen Betrag $\pm\mu_B H$ zu verschieben, je nachdem der Spin parallel (+) oder antiparallel (−) zum Feld H orientiert ist. Wir können diesen Zusammenhang einfach durch die Niveaudichte für einen gegebenen Spin ausdrücken: Sei $g_\pm(\varepsilon)\,d\varepsilon$ die Anzahl von Elektronen mit einem bestimmten Spin pro Einheitsvolumen und im Energiebereich zwischen ε und $\varepsilon + d\varepsilon$.[27] Ohne äußeres Feld gilt

$$g_\pm(\varepsilon) = \frac{1}{2}g(\varepsilon) \quad (H = 0), \tag{31.56}$$

wobei $g(\varepsilon)$ die gewöhnliche Niveaudichte bezeichnet. Da die Energie eines jeden elektronischen Niveaus mit Spin parallel zum Feld um einen Betrag $\mu_B H$ gegenüber seiner Energie beim Feld null vergrößert wird, ist die Anzahl von Niveaus mit einer

---

[27] Um Verwechslungen der Niveaudichte mit dem g-Faktor zu vermeiden, geben wir in jedem Falle die Energie als Argument der Niveaudichte explizit an. Der Index „B" unterscheidet das Bohrsche Magneton μ_B vom Chemischen Potential μ.

Energie ε unter der Wirkung des Feldes H gleich der Anzahl von Niveaus mit einer Energie $\varepsilon - \mu_B H$ in Abwesenheit von H

$$g_+(\varepsilon) = \frac{1}{2}g(\varepsilon - \mu_B H). \tag{31.57}$$

Entsprechend gilt

$$g_-(\varepsilon) = \frac{1}{2}g(\varepsilon + \mu_B H). \tag{31.58}$$

Die Anzahl von Elektronen pro Einheitsvolumen mit gegebenem Spin ist

$$n_\pm = \int d\varepsilon \, g_\pm(\varepsilon)f(\varepsilon), \tag{31.59}$$

mit der Fermifunktion f:

$$f(\varepsilon) = \frac{1}{e^{\beta(\varepsilon-\mu)} + 1}. \tag{31.60}$$

Das Chemische Potential μ ist dadurch bestimmt, daß die gesamte Elektronenkonzentration gegeben sein muß durch

$$n = n_+ + n_-. \tag{31.61}$$

Eliminiert man μ mit Hilfe dieser Relation, so kann man durch (31.59) und (31.55) die Magnetisierungsdichte als Funktion der Elektronenkonzentration n ausdrücken. Im nichtentarteten Fall ($f \approx e^{-\beta(\varepsilon-\mu)}$) führt dies zurück auf unsere frühere Theorie des Paramagnetismus, und man erhält (31.44) mit $J = \frac{1}{2}$ (siehe Aufgabe 8).

Bei Metallen dagegen hat man es sehr deutlich mit dem entarteten Fall zu tun. Die wesentliche Änderung der Niveaudichte $g(\varepsilon)$ findet auf der Skala von ε_F statt, und da $\mu_B H$ selbst bei 10^4 G nur von der Größenordnung $10^{-4}\varepsilon_F$ ist, kann man die Niveaudichte mit vernachlässigbar geringem Fehler folgendermaßen entwickeln:

$$g_\pm(\varepsilon) = \frac{1}{2}g(\varepsilon \pm \mu_B H) = \frac{1}{2}g(\varepsilon) \pm \frac{1}{2}\mu_B H g'(\varepsilon). \tag{31.62}$$

In Verbindung mit (31.59) erhält man hieraus

$$n_\pm = \frac{1}{2}\int g(\varepsilon)f(\varepsilon)\,d\varepsilon \mp \frac{1}{2}\mu_B H \int d\varepsilon \, g'(\varepsilon)f(\varepsilon), \tag{31.63}$$

so daß mit (31.61) folgt

$$n = \int g(\varepsilon) f(\varepsilon) d\varepsilon. \qquad (31.64)$$

(31.64) ist identisch mit der Formel für die Elektronenkonzentration ohne Feld, so daß man für das Chemische Potential μ dessen Wert (2.77) beim Feld null annehmen kann:

$$\mu = \varepsilon_F \left[1 + O \left(\frac{k_B T}{\varepsilon_F} \right)^2 \right]. \qquad (31.65)$$

In Verbindung mit (31.55) und (31.63) ergibt sich für die Magnetisierungsdichte

$$M = \mu_B{}^2 H \int g'(\varepsilon) f(\varepsilon) \, d\varepsilon \qquad (31.66)$$

oder, nach partieller Integration,

$$M = \mu_B{}^2 H \int g(\varepsilon) \left(-\frac{\partial f}{\partial \varepsilon} \right) d\varepsilon. \qquad (31.67)$$

Am Nullpunkt der Temperatur gilt $-\partial f / \partial \varepsilon = \delta(\varepsilon - \varepsilon_F)$, so daß

$$M = \mu_B{}^2 H g(\varepsilon_F). \qquad (31.68)$$

Da die Korrekturen zu $-\partial f / \partial \varepsilon$ bei Temperaturen $T \neq 0$ von der Größenordnung $(k_B T / \varepsilon_F)^2$ sind (siehe Kapitel 2), so gilt (31.68) ebenfalls bei von null verschiedenen Temperaturen, außer bei sehr hohen ($T \approx 10^4$ K).

Aus (31.68) folgt für die Suszeptibilität

$$\boxed{\chi = \mu_B{}^2 g(\varepsilon_F).} \qquad (31.69)$$

Diese Form der Suszeptibilität bezeichnet man als die *Paulische paramagnetische Suszeptibilität*. Im Unterschied zur Suszeptibilität paramagnetischer Ionen, wie sie durch das Curiesche Gesetz gegeben ist, hängt die Paulische Suszeptibilität der Leitungselektronen praktisch nicht von der Temperatur ab. Im Fall freier Elektronen ist die Niveaudichte von der Form $g(\varepsilon_F) = mk_F / \hbar^2 \pi^2$, so daß die Paulische Suszeptibilität die einfache Gestalt

$$\chi_{\text{Pauli}} = \left(\frac{\alpha}{2\pi} \right)^2 (a_0 k_F) \qquad (31.70)$$

Tabelle 31.5

Vergleich der Paulischen Suszeptibilitäten für freie Elektronen
mit den gemessenen Werten

Metall	r_s/a_0	$10^6 \chi_{\text{Pauli}}$ (nach Gl. (31.71))	$10^6 \chi_{\text{Pauli}}$ (gemessen)*
Li	3,25	0,80	2,0
Na	3,93	0,66	1,1
K	4,86	0,53	$0,8_5$
Rb	5,20	0,50	0,8
Cs	5,62	0,46	0,8

* Die gemessenen Werte sind den folgenden Quellen entnommen: Li:
R. T. Schumacher, C. P. Slichter, *Phys. Rev.* **101**, 58 (1956); Na: R. T.
Schumacher, W. E. Vehse, *J. Phys. Chem. Solids* **24**, 297 (1965); K: S.
Schultz, G. Dunifer, *Phys. Rev. Lett.* **18**, 283 (1967); Rb, Cs: J. A. Kaeck,
Phys. Rev. **175**, 897 (1968).

annimmt, mit $\alpha = e^2/\hbar c = 1/137$. Für praktische Zwecke verwendet man

$$\chi_{\text{Pauli}} = \left(\frac{2,59}{r_s/a_0}\right) \cdot 10^{-6}. \tag{31.71}$$

Diese Zusammenhänge zeigen, daß χ_{Pauli} einen sehr kleinen Wert hat, wie er für diamagnetische Suszeptibilitäten charakteristisch ist, im Gegensatz zu den wesentlich
größeren paramagnetischen Suszeptibilitäten magnetischer Ionen. Der Grund dafür
ist, daß das Pauliprinzip der Ausrichtung der magnetischen Spinmomente in einem
äußeren Feld sehr viel effektiver entgegenwirkt, als die thermische Unordnung. Ein
anderer Aspekt eines Vergleichs zwischen dem Paulischen Paramagnetismus und dem
Paramagnetismus magnetischer Ionen besteht darin, daß man die Paulische Suszeptibilität in die Form des Curieschen Gesetzes (31.47) bringen kann, wobei jedoch eine
feste Temperatur der Größenordnung T_F die Variable T ersetzt; die Paulische Suszeptibilität ist daher selbst bei Raumtemperatur viele hundertmal kleiner.[28]

In Tabelle 31.5 sind sowohl theoretisch mit Hilfe von Gleichung (31.71) bestimmte, als auch gemessene Werte der Paulischen Suszeptibilität für die Alkalimetalle
zusammengefaßt. Die recht deutliche Diskrepanz zwischen experimentellen und
theoretischen Werten ist im wesentlichen auf die Vernachlässigung der Elektron-

---

[28] Bevor Pauli seine Theorie formuliert hatte, schien das Nichtvorhandensein eines starken, durch
ein Curiesches Gesetz beschriebenen Paramagnetismus der Metalle eine der auffälligsten Anomalien
der Beschreibung der Metalle durch eine Theorie freier Elektronen zu sein. Ebenso wie im Falle der
Wärmekapazität wurde diese Anomalie gegenstandslos, sobald man erkannt hatte, daß die Elektronen
nicht der klassischen Statistik unterliegen, sondern der Fermi-Dirac-Statistik.

Elektron-Wechselwirkungen zurückzuführen (siehe Aufgabe 12).[29]

Diamagnetismus der Leitungselektronen

In unserer obigen Diskussion des Magnetismus der Leitungselektronen betrachteten wir nur die paramagnetischen Effekte, die sich aus der Kopplung des Elektronenspins an ein äußeres Magnetfeld H ergeben. Darüber hinaus gibt es auch ein diamagnetisches Verhalten aufgrund einer Kopplung der Bahnbewegung der Elektronen an das Feld. Wir behandelten derartige Effekte mit einer gewissen Ausführlichkeit in Kapitel 14, wo wir zu dem Ergebnis kamen, daß sich bei niedrigen Temperaturen, starken Feldern und sehr reinen Proben ($\omega_c \tau = eH\tau/mc \gg 1$) eine komplexe, oszillatorische Struktur der Abhängigkeit $M(H)$ zeigt. Im Falle gewöhnlicher Proben mit normaler Reinheit ist die Voraussetzung eines großen Wertes von $\omega_c \tau$ nicht erfüllt, und die oszillatorische Struktur nicht erkennbar. Trotzdem ist der Mittelwert von $M(H)$ nicht Null: Es gibt eine effektiv von Null verschiedene Magnetisierung antiparallel zu H, den sogenannten *Landauschen Diamagnetismus*, den man zurückführen kann auf eine feldinduzierte Bahnbewegung der Elektronen. Für *freie* Elektronen kann man zeigen, daß[30]

$$\chi_{\text{Landau}} = -\frac{1}{3}\chi_{\text{Pauli}}. \tag{31.72}$$

---

[29] Erinnert sich der Leser an die bedeutenden Korrekturen der in den Ausdruck für die Wärmekapazität der Elektronen eingehenden elektronischen Niveaudichte aufgrund von Elektron-Phonon-Wechselwirkungen, so mag es ihn überraschen, nunmehr zu erfahren, daß eine ähnlich große Korrektur der Paulischen Suszeptibilität *nicht* auftritt. Der Grund dafür liegt in einem wesentlichen Unterschied zwischen beiden Situationen: Bei der Berechnung der Wärmekapazität ermittelt man eine *feste*, temperaturunabhängige Korrektur der elektronischen Niveaudichte und setzt dann diese *feste* Niveaudichte in Formeln wie (2.79) ein, welche die Änderung der Energie mit der Temperatur beschreiben. Wird das Magnetfeld verändert, so ändert sich aber die Niveaudichte ebenfalls. Wir konnten beispielsweise bereits feststellen, daß sich – unter Vernachlässigung von Phononenkorrekturen – der Wert der Niveaudichte für jede Spinpopulation bei einer Feldänderung energetisch nach oben oder nach unten verschiebt. Die Phononenkorrektur hierzu wird in einer Umgebung der Fermienergie bedeutsam, deren Breite von der Größenordnung $\hbar\omega_D$ und damit groß ist im Vergleich zur Verschiebung $\hbar\omega_c$ durch das Feld. Die Fermienergie jedoch verschiebt sich unter einer Feldänderung nicht, im Gegensatz zur unkorrigierten Niveaudichte. Folglich kann man nicht ohne weiteres eine phononenkorrigierte Niveaudichte in (31.68) einsetzen – wie es bei Gleichung (2.79) möglich ist – da die Feldabhängigkeit der korrigierten Niveaudichte von der Feldabhängigkeit der unkorrigierten Niveaudichte grundsätzlich verschieden ist. Eine sorgfältige Untersuchung zeigt, daß die Phononenkorrektur, da sie fest mit der Fermienergie gekoppelt ist, einen nur sehr geringen Einfluß auf die Feldabhängigkeit der Magnetisierung hat und zu einem Korrekturfaktor in der Suszeptibilität führt, der lediglich von der Größenordnung $(m/M)^{1/2}$ ist – im Gegensatz zum Korrekturfaktor von der Größenordnung eins im Falle der Wärmekapazität.

[30] Siehe beispielsweise R. E. Peierls, *Quantum Theory of Solids*, Oxford (1955), Seiten 144 bis 149. Eine Behandlung unter Berücksichtigung der Bandstruktur findet man in P. K. Misra, L. M. Roth, *Phys. Rev.* **177**, 1089 (1969) und der darin angegebenen Literatur.

Bewegen sich die Elektronen in einem periodischen Potential, sind sie aber ansonsten unabhängig, so erweist sich die Analyse ihres Verhaltens als recht kompliziert, es ergibt sich aber wiederum eine diamagnetische Suszeptibilität von der gleichen Größenordnung wie die paramagnetische. Praktisch ist es natürlich die *gesamte* Suszeptibilität, die sich bei einer Messungen des durch ein äußeres Magnetfeld induzierten magnetischen Moments einer Probe zeigt, und diese gesamte Suszeptibilität ergibt sich als eine Kombination der Beiträge des Paulischen Paramagnetismus', des Landauschen Diamagnetismus' sowie des Larmorschen Diamagnetismus' der Rumpfelektronen in abgeschlossenen Elektronenschalen. Die Paulischen Suszeptibilitäten in Tabelle 31.5 wurden daher mit recht indirekten Methoden bestimmt; eines dieser Verfahren beschreiben wir im folgenden Abschnitt.

Messung des Paulischen Paramagnetismus durch Kernmagnetische Resonanz

Um den paramagnetischen Beitrag des Elektronenspins zur Suszeptibilität eines Metalls von den übrigen Ursachen einer Magnetisierung experimentell unterscheiden zu können, benötigt man eine „Sonde", die wesentlich stärker an die magnetischen Spinmomente der Leitungselektronen koppelt, als an die Felder, welche die Elektronen durch ihre Translationsbewegung erzeugen. Eine solche Sonde sind die magnetischen Momente der Atomkerne.

Ein Kern mit dem Drehimpuls I besitzt ein magnetisches Moment $m_N = \gamma_N I$, welches typischerweise um das Verhältnis von Elektronenmasse zur Kernmasse kleiner ist als das magnetische Moment des Elektrons. In einem äußeren Magnetfeld spalten die $(2I + 1)$ entarteten Kernspinniveaus um einen Betrag $\gamma_N H$ auf. Man kann diese Aufspaltung messen, indem man die resonante Absorption von Energie bei der Kreisfrequenz $\gamma_N H / \hbar$ beobachtet.[31,32]

Das Feld, welches die Frequenz der kernmagnetischen Resonanz bestimmt, ist natürlich das unmittelbar auf den Kern einwirkende. Dieses Feld am Kernort unterscheidet sich in nicht-paramagnetischen Stoffen um kleine diamagnetische Korrekturen, die sogenannte *Chemische Verschiebung*, vom äußeren Magnetfeld. In Metallen gibt es dagegen eine viel wesentlichere[33] Quelle eines Magnetfeldes am Kernort:

---

[31] In der Praxis beobachtet man die kernmagnetische Resonanz, indem man die Stärke des äußeren Magnetfelds bei einer konstanten Frequenz des Hochfrequenzfeldes verändert.

[32] Eine hervorragende Einführung in das Gebiet der kernmagnetischen Resonanz gibt C. Slichter in *Principles of Magnetic Resonance*, Harper Row, New York (1963).

[33] Da man schwerlich mit isolierten Kernen arbeiten kann, hat man es normalerweise nur mit *relativen* Verschiebungen zu tun. Die Verschiebung ist in Metallen von größerer Bedeutung als in den Salzen der Metalle: Die Unterschiede in der Verschiebung zwischen einem bestimmten Metall und seinem Salz sind wesentlich größer als die Unterschiede in den Verschiebungen der Salze verschiedener Metalle.

Die Wellenfunktionen der Leitungselektronen, die sich im allgemeinen – wenigstens teilweise – von atomaren s-Schalen herleiten, haben an den Kernorten von null verschiedene Werte. Überlappt die Wellenfunktion des Elektrons den Kern, so ergibt sich eine direkte Kopplung der beiden magnetischen Momente proportional zu deren Produkt[34] $m_e \cdot m_N$. Hätte das Gas der Leitungselektronen effektiv kein paramagnetisches Moment, so würde sich aus dieser Kopplung effektiv auch keine Verschiebung der kernmagnetischen Resonanz ergeben, da alle möglichen Orientierungen der Elektronenspins mit gleicher Wahrscheinlichkeit am Kernort vertreten sind.[35] Dasselbe Feld, in welchem die Kernmomente präzedieren, erzeugt jedoch auch die Paulische paramagnetische Ungleichheit der Elektronenspinpopulationen. Es existiert daher effektiv ein elektronisches Moment, und dieses Moment führt zu einem effektiven Feld am Kernort, welches proportional ist zur Spinsuszeptibilität der Leitungselektronen.

Man ermittelt die durch dieses Feld verursachte Verschiebung der kernmagnetischen Resonanz, die sogenannte *Knight-Verschiebung*, indem man die Differenz der Resonanzfrequenzen für ein metallisches Element in – beispielsweise – einem nicht-paramagnetischen Salz einerseits und im metallischen Zustand dieses Elements andererseits bestimmt. Ungünstigerweise ist die Knight-Verschiebung nicht nur zur Paulischen Suszeptibilität proportional, sondern auch zum Betragsquadrat der Wellenfunktionen der Leitungselektronen am Kernort; man benötigt deshalb eine Abschätzung dieses Beitrags, meistens aus einer Berechnung, um die Pauli-Suszeptibilität aus der gemessenen Knight-Verschiebung bestimmen zu können.

Diamagnetismus der Elektronen in dotierten Halbleitern

Dotierte Halbleiter sind Beispiele für elektrisch leitende Stoffe, bei denen der Diamagnetismus der Leitungselektronen wesentlich größer sein kann als der Paramagnetismus. Die Suszeptibilität des intrinsischen Halbleitermaterials bei sehr niedrigen Temperaturen, die man zunächst mißt, geht praktisch vollständig auf den Diamagnetismus der Atomrümpfe zurück. Dieser Beitrag ist natürlich auch beim dotierten Halbleiter vorhanden, und subtrahiert man ihn von der gesamten Suszeptibiliät des dotierten Halbleitermaterials, so erhält man den Beitrag der durch das Dotieren bereit-

---

[34] Man bezeichnet diesen Term als Hyperfein-Wechselwirkung, aber auch als Fermi-Wechselwirkung oder Kontakt-Wechselwirkung.

[35] Diese Sichtweise setzt natürlich voraus, daß der Kern das mittlere Feld der Elektronen „spürt", daß ein Kern also während der Zeit einer einzelnen Periode seiner Präzessionsbewegung mit vielen Elektronenspins wechselwirkt. Diese Zeit beträgt in einem starken Magnetfeld typischerweise 10^{-6} s, so daß diese Bedingung sehr deutlich erfüllt ist: Ein Leitungselektron bewegt sich mit einer Geschwindigkeit v_F von der Größenordnung 10^8 cm/s und benötigt demnach eine Zeit von etwa 10^{-21} s, um die Entfernung eines Kerndurchmessers zurückzulegen (bei einem typischen Kernradius von der Größenordnung 10^{-13} cm).

gestellten Ladungsträger zur Suszeptibilität.[36]

Betrachten wir den Fall, daß sich die durch das Dotieren bereitgestellten Ladungsträger in Bändern mit Kugelsymmetrie aufhalten, so daß $\varepsilon(\mathbf{k}) = \hbar^2 k^2 / m^*$ gilt. (Um konkret zu bleiben, nehmen wir an, die Dotierungsatome seien Donatoren, und messen $\mathbf{k}$ relativ zum Leitungsbandminimum.) Nach (31.69) ist die paramagnetische Suszeptibilität proportional zur Niveaudichte;[37] diese wiederum ist für freie Elektronen proportional zu m, so daß die Paulische Suszeptibilität der Ladungsträger um einen Faktor m^*/m reduziert[38] wird. Andererseits vergrößert sich die Landausche Suszeptibilität um einen Faktor m/m^*, da die Kopplung der Bahnbewegung der Elektronen an das äußere Feld proportional ist zum Produkt $e(\mathbf{v}/c) \times \mathbf{H}$, welches selbst umgekehrt proportional zu m^* ist. Folglich gilt

$$\frac{\chi_{\text{Landau}}}{\chi_{\text{Pauli}}} \sim \left(\frac{m}{m^*}\right)^2. \tag{31.73}$$

Es gibt daher Halbleiter, deren Landauscher Diamagnetismus der Elektronen den Paulischen Paramagnetismus der Spins vollständig dominiert und deshalb unmittelbar durch Messung des Betrages zu bestimmen ist, um welchen die Suszeptibilität des dotierten Halbleiters die Suszeptibilität des intrinsischen Halbleitermaterials übersteigt.[39]

Damit schließen wir unsere Übersicht jener magnetischen Eigenschaften der Festkörper ab, die man verstehen und deuten kann, ohne die Wechselwirkungen zwischen den verschiedenen Ursachen magnetischen Moments explizit zu betrachten. In Kapitel 32 wenden wir uns der Beschreibung einer Theorie dieser Wechselwirkungen zu, um schließlich in Kapitel 33 zu einer Untersuchung weiterer magnetischer Eigenschaften der Festkörper zurückzukehren, welche zu ihrer Deutung eine Kenntnis dieser Wechselwirkungen voraussetzen.

Aufgaben

31.1 Ampère gab die klassische Definition des durch die Bahnbewegung eines Teilchens der Ladung $-e$ verursachten magnetischen Moments $\mathbf{m}$ als Mittelwert der Größe

$$-\frac{e}{2c}(\mathbf{r} \times \mathbf{v}) \tag{31.74}$$

---

[36] Die Änderung der diamagnetischen Suszeptibilität aufgrund der von der Struktur der Wirtsatome verschiedenen, geschlossenschaligen elektronischen Struktur der Donatoren ist nur sehr gering.

[37] Man kann zeigen, daß diese Betrachtungen auch dann gültig bleiben, wenn die Niveaus des Leitungsbandes nicht entartet sind.

[38] Der Wert des Verhältnisses m^*/m ist typischerweise 0,1 oder kleiner.

[39] Ein Übersichtsartikel ist R. Bowers, *J. Phys. Chem. Solids* **8**, 206 (1959).

über die Bahnkurve. Weisen Sie nach, daß sich unsere Definition $\mathbf{m} = -\partial E/\partial \mathbf{H}$ des magnetischen Moments auf diese Form reduziert, indem Sie unter Verwendung von (31.15) zeigen, daß

$$\mathbf{m} = -\frac{e}{2mc} \sum_i \mathbf{r}_i \times \left(\mathbf{p}_i - \frac{e}{2c} \mathbf{r}_i \times \mathbf{H} \right) \tag{31.75}$$

und

$$\mathbf{v}_i = \frac{\partial H}{\partial \mathbf{p}_i} = \frac{1}{m} \left(\mathbf{p}_i - \frac{e}{2c} \mathbf{r}_i \times \mathbf{H} \right). \tag{31.76}$$

31.2   Die Paulischen Spinmatrizen erfüllen die einfache Identität

$$(\mathbf{a} \cdot \boldsymbol{\sigma})(\mathbf{b} \cdot \boldsymbol{\sigma}) = \mathbf{a} \cdot \mathbf{b} + i\,(\mathbf{a} \times \mathbf{b}) \cdot \boldsymbol{\sigma} \tag{31.77}$$

unter der Voraussetzung, daß sämtliche Komponenten von $\mathbf{a}$ und $\mathbf{b}$ mit sämtlichen Komponenten von $\boldsymbol{\sigma}$ vertauschen. Vertauschen die Komponenten von a untereinander, so ist $\mathbf{a} \times \mathbf{a} = 0$. Da die Komponenten von $\mathbf{p}$ auf diese Weise untereinander vertauschen, so könnten wir ohne äußeres Magnetfeld die kinetische Energie eines Spin-$\frac{1}{2}$-Teilchens auch in der Form $(\boldsymbol{\sigma} \cdot \mathbf{p})^2/2m$ schreiben. Ist jedoch ein Feld vorhanden, so vertauschen die Komponenten von $\mathbf{p} + e\mathbf{A}/c$ nicht mehr untereinander. Zeigen Sie, daß deshalb aus (31.77) folgt

$$\frac{1}{2m} \left[\boldsymbol{\sigma} \cdot \left(\mathbf{p} + \frac{e\mathbf{A}}{c} \right) \right]^2 = \frac{1}{2m} \left(\mathbf{p} + \frac{e\mathbf{A}}{c} \right)^2 + \frac{e\hbar}{mc} \frac{1}{2} \boldsymbol{\sigma} \cdot \mathbf{H}. \tag{31.78}$$

Diese Beziehung umfaßt sowohl Spinbeitrag als auch Bahnbeitrag zum magnetischen Anteil des Hamiltonoperators in einer einzigen, kompakten Formel ($g_0 = 2$ angenommen).

31.3   (a) Zeigen Sie, daß man die Hundschen Regeln für eine Elektronenschale mit n Elektronen und einem Bahndrehimpuls l in den folgenden Formeln zusammenfassen kann:

$$S = \frac{1}{2} \left[(2l+1) - |2l+1-n| \right],$$
$$L = S\,|2l+1-n|,$$
$$J = |2l-n|\,S. \tag{31.79}$$

(b) Verifizieren Sie, daß die beiden Arten der Abzählung des Entartungsgrades eines gegebenen LS-Multipletts zum selben Ergebnis führen; zeigen Sie also, daß

$$(2L+1)(2S+1) = \sum_{|L-S|}^{L+S} (2J+1). \tag{31.80}$$

(c) Zeigen Sie, daß für die Gesamtaufspaltung eines LS-Multipletts aufgrund der Spin-Bahn-Wechselwirkung $\lambda(\mathbf{L} \cdot \mathbf{S})$ gilt

$$\begin{aligned} E_{J_{\max}} - E_{J_{\min}} &= \lambda S(2L+1) \quad \text{für } L > S, \\ &= \lambda L(2S+1) \quad \text{für } S > L, \end{aligned} \tag{31.81}$$

sowie für die Aufspaltungen zwischen aufeinanderfolgenden J-Multipletts innerhalb des LS-Multipletts

$$E_{J+1} - E_J = \lambda(J+1). \tag{31.82}$$

31.4   (a) Man kann die Vertauschungsrelationen für Drehimpulse in den folgenden Identitäten zwischen Vektoroperatoren zusammenfassen:

$$\mathbf{L} \times \mathbf{L} = i\mathbf{L}, \quad \mathbf{S} \times \mathbf{S} = i\mathbf{S}. \tag{31.83}$$

Schließen Sie aus diesen Identitäten sowie der Tatsache, daß sämtliche Komponenten von $\mathbf{L}$ mit sämtlichen Komponenten von $\mathbf{S}$ vertauschen, auf die Gültigkeit der Beziehung

$$[\mathbf{L} + g_0\mathbf{S}, \hat{\mathbf{n}} \cdot \mathbf{J}] = i\hat{\mathbf{n}} \times (\mathbf{L} + g_0\mathbf{S}) \tag{31.84}$$

für einen beliebigen Einheitsvektor in der komplexen Ebene.

(b) Ein Zustand $|0\rangle$ mit einem Gesamtdrehimpuls null erfüllt die Beziehung

$$\mathbf{J}_x|0\rangle = \mathbf{J}_y|0\rangle = \mathbf{J}_z|0\rangle = 0. \tag{31.85}$$

Leiten Sie aus (31.84) ab, daß

$$\langle 0|(\mathbf{L} + g_0\mathbf{S})|0\rangle = 0, \tag{31.86}$$

obwohl weder $\mathbf{L}^2$ noch $\mathbf{S}^2$ im Zustand $|0\rangle$ identisch verschwinden, und auch $(\mathbf{L} + g_0\mathbf{S}|0\rangle$ nicht notwendig null ist.

(c) Leiten Sie das Wigner-Eckart-Theorem (31.34) für den Spezialfall $J = \frac{1}{2}$ aus den Vertauschungsrelationen (31.84) her.

31.5 Nehmen Sie an, man könne das für den Satz der $(2L+1)(2S+1)$ energetisch niedrigstliegenden elektronischen Zustände der Atomrümpfe maßgebliche Kristallfeld in der Form $a\mathbf{L}_x{}^2 + b\mathbf{L}_y{}^2 + c\mathbf{L}_z{}^2$ darstellen, wobei a, b und c jeweils voneinander verschieden sind. Das Kristallfeld sei die im Vergleich mit der Spin-Bahn-Kopplung dominante Störung. Zeigen Sie für den Spezialfall $L=1$, daß das Kristallfeld unter den genannten Voraussetzungen einen $(2S+1)$-fach entarteten Satz von Grundzuständen erzeugt, in welchen jedes Matrixelement einer jeden Komponente von L verschwindet.

31.6 Zur Suszeptibilität eines einfachen Metalls tragen die Leitungselektronen einen Anteil χ_{Le} bei; andererseits führt das diamagnetische Verhalten der Rumpfelektronen in abgeschlossenen Schalen zu einem Beitrag χ_{Rumpf}. Nehmen Sie an, die Suszeptibilität der Leitungselektronen sei durch die Werte der Paulischen paramagnetischen Suszeptibilität sowie der Landauschen diamagnetischen Suszeptibilität für freie Elektronen gegeben; zeigen Sie nun, daß

$$\frac{\chi_{\mathrm{Rumpf}}}{\chi_{\mathrm{Le}}} = -\frac{1}{3}\frac{Z_c}{Z_v}\left\langle (k_F r)^2 \right\rangle, \tag{31.87}$$

wobei Z_v die Wertigkeit bezeichnet, Z_c die Anzahl der Rumpfelektronen sowie $\langle r^2 \rangle$ das in (31.26) definierte, mittlere Radiusquadrat der Atomrümpfe.

31.7 Betrachten Sie einen Atomrumpf mit einer teilweise gefüllten Schale vom Drehimpuls J sowie Z Elektronen in gefüllten Schalen. Zeigen Sie, daß das Verhältnis der paramagnetischen Suszeptibilität im Curieschen Gesetz zur Larmorschen, diamagnetischen Suszeptibilität gegeben ist durch

$$\frac{\chi_{\mathrm{para}}}{\chi_{\mathrm{dia}}} = -\frac{2J(J+1)}{Zk_BT}\frac{\hbar^2}{m\langle r^2 \rangle}. \tag{31.88}$$

Leiten Sie mit Hilfe dieser Beziehung die auf Seite 832 getroffene numerische Abschätzung her.

31.8 Zeigen Sie, daß die Magnetisierung eines *nichtentarteten* Elektronengases exakt gegeben ist durch den für voneinander unabhängige magnetische Momente hergeleiteten Ausdruck (31.44) (mit $J=\frac{1}{2}$), indem Sie die für niedrige Konzentrationen gültige Entwicklung $f \approx e^{-\beta(\varepsilon-\mu)}$ der Fermifunktion in (31.59) einsetzen.

31.9 Schreibt man die Freie Energie (31.5) in der Form

$$e^{-\beta F} = \sum_n e^{-\beta E_n} = \sum_n \langle n|e^{-\beta\mathcal{H}}|n\rangle = \mathrm{Sp}\, e^{-\beta\mathcal{H}}, \tag{31.89}$$

so kann man das Curiesche Gesetz bei hohen Temperaturen auf einfache Weise unmittelbar herleiten, ohne den algebraischen Umweg über die Brillouin-Funktionen gehen zu müssen: Gilt nämlich $\mathcal{H} \ll k_B T$, so kann man die Entwicklung $e^{-\beta \mathcal{H}} = 1 - \beta \mathcal{H} + (\beta \mathcal{H})^2/2 - \dots$ durchführen. Berechnen Sie die Freie Energie bis zur zweiten Ordnung im Feld, wobei Sie die Tatsache ausnutzen, daß

$$\text{Sp} \left(\mathbf{J}_\mu \mathbf{J}_\nu \right) = \frac{1}{3} \delta_{\mu\nu} \text{Sp} \, \mathbf{J}^2,$$

und leiten Sie die für hohe Temperaturen gültige Form (31.47) der Suszeptibilität her.

31.10   Zeigen Sie für einen idealen Paramagneten, dessen Freie Energie von der Form (31.52) ist, daß seine Wärmekapazität bei konstantem Feld mit seiner Suszeptibilität über

$$c_H = T \left(\frac{\partial s}{\partial T} \right)_H = \frac{H^2 \chi}{T} \tag{31.90}$$

zusammenhängt, beziehungsweise im Gültigkeitsbereich des Curieschen Gesetzes über

$$c_H = \frac{1}{3} \frac{N}{V} k_B J(J+1) \left(\frac{g \mu_B H}{k_B T} \right)^2 . \tag{31.91}$$

Schätzen Sie den Beitrag der Gitterschwingungen zur Wärmekapazität durch (23.27) ab und zeigen Sie, daß dieser Gitterbeitrag bei einer Temperatur T_0 von der Größenordnung

$$T_0 \approx \left(\frac{N}{N_i} \right)^{1/5} \left(\frac{g \mu_B H}{k_B \Theta_D} \right)^{2/5} \Theta_D \tag{31.92}$$

unter den Beitrag der Spins fällt. (N_i bezeichnet die Gesamtzahl von Atomrümpfen, N die Anzahl paramagnetischer Atomrümpfe.) Wie groß ist typischerweise $g \mu_B H / k_B \Theta_D$ bei einem Feld von 10^4 G?

31.11   Zeigen Sie: Ist T klein im Vergleich zur Fermitemperatur, so ist die temperaturabhängige Korrektur zur Paulischen Suszeptibilität (31.69) gegeben durch

$$\chi(T) = \chi(0) \left(1 - \frac{\pi^2}{6} (k_B T)^2 \left[\left(\frac{g'}{g} \right)^2 - \frac{g''}{g} \right] \right) . \tag{31.93}$$

Dabei bezeichnen g, g' und g'' die Niveaudichte und ihre ersten beiden Ableitungen bei der Fermienergie. Zeigen Sie weiter, daß sich dieser Ausdruck im Falle freier Elektronen reduziert auf

$$\chi(T) = \chi(0) \left(1 - \frac{\pi^2}{12} \left(\frac{k_B T}{\varepsilon_F} \right)^2 \right). \tag{31.94}$$

31.12 Aufgrund des Vorhandenseins von Elektron-Elektron-Wechselwirkungen tritt im Ausdruck für die Verschiebung der Elektronenenergie durch Wechselwirkung des elektronischen Spinmoments mit einem Magnetfeld H ein zusätzlicher Term auf, der die Veränderung der Verteilung von Elektronen beschreibt, mit welchen ein gegebenes Elektron wechselwirkt. In der Hartree-Fock-Näherung (siehe beispielsweise (17.19)) hat dieser Term die Form

$$\varepsilon_\pm(\mathbf{k}) = \varepsilon_0(\mathbf{k}) \pm \mu_B H - \int \frac{d\mathbf{k}'}{(2\pi)^3} v(|\mathbf{k} - \mathbf{k}'|) f(\varepsilon_\pm(\mathbf{k})). \tag{31.95}$$

Zeigen Sie für $k_B T \ll \varepsilon_F$, daß dieser Ausdruck auf eine Integralgleichung für $\varepsilon_+ - \varepsilon_-$ mit der Lösung

$$[\varepsilon_+(\mathbf{k}) - \varepsilon_-(\mathbf{k})]_{k=k_F} = \frac{2\mu_B H}{1 - v_0 g(\varepsilon_F)} \tag{31.96}$$

führt; dabei ist v_0 ein Mittelwert von v über alle Raumwinkel:

$$v_0 = \frac{1}{2} \int_{-1}^{+1} dx \, v(\sqrt{2k_F^2(1-x)}). \tag{31.97}$$

Um welchen Faktor wird die Paulische Suszeptibilität dadurch verändert?

32 Wechselwirkungen der Elektronen und magnetische Struktur

Elektrostatischer Ursprung der magnetischen Wechselwirkungen

Magnetische Eigenschaften eines Zwei-Elektronen-Systems

Versagen der Näherung unabhängiger Elektronen

Spin-Hamiltonoperatoren

Direkte und indirekte Austauschwechselwirkung, Superaustausch und Itineranter Austausch

Magnetische Wechselwirkungen in einem Gas freier Elektronen

Das Hubbard-Modell

Lokalisierte Momente

Die Kondo-Theorie des Widerstandsminimums

Die in Kapitel 31 beschriebene, einfache Theorie des Paramagnetismus in Festkörpern geht davon aus, daß die diskreten Quellen des magnetischen Moments – in Isolatoren also die Elektronenschalen mit von null verschiedenem Drehimpuls, in einfachen Metallen die Leitungselektronen – nicht miteinander in Wechselwirkung treten. Wir sahen, daß man diese Annahme fallenlassen muß, um beispielsweise die niedrigsten, mit der Methode der adiabatischen Entmagnetisierung erreichbaren Temperaturen voraussagen oder aber den Paulischen Spin-Paramagnetismus der Leitungselektronen der Metalle mit Genauigkeit abschätzen zu können.

Es gibt jedoch spektakulärere Konsequenzen magnetischer Wechselwirkungen:[1] So zeigen einige Festkörper, die sogenannten Ferromagnete, ein von Null verschiedenes magnetisches Moment, eine „spontane Magnetisierung", auch ohne äußeres Magnetfeld.[2] Gäbe es keinerlei magnetische Wechselwirkungen, so würde die Wärmebewegung in Abwesenheit eines äußeren Magnetfeldes die einzelnen magnetischen Momente zufällig ausrichten, und sie könnten ihre magnetischen Momente nicht zu einem effektiven magnetischen Moment des gesamten Festkörpers addieren (Bild 32.1a). Die parallele Ausrichtung der Momente in einem Ferromagneten (Bild 32.1b) muß durch Wechselwirkungen zwischen ihnen verursacht sein. Bei Festkörpern eines anderen Typs, den sogenannten Antiferromagneten, ist zwar in Abwesenheit eines äußeren Magnetfeldes kein von Null verschiedenes Gesamtmoment der Probe vorhanden; dennoch ist das räumliche Verteilungsmuster der einzelnen magnetischen Momente weit davon entfernt, regellos zu sein, was auf magnetische Wechselwirkungen zurückzuführen ist, die eine antiparallele Ausrichtung benachbarter magnetischer Momente begünstigen (Bild 32.1c).

Die Theorie des Ursprungs magnetischer Wechselwirkungen gehört zu den weniger hoch entwickelten der grundlegenden Gebiete der Festkörperphysik.

Am besten versteht man die physikalische Situation im Falle der Isolatoren, bei denen die magnetischen Atomrümpfe deutlich voneinander getrennt sind – obwohl die Theorie auch hier recht komplex ist. Um die Dinge so einfach wie möglich zu halten, erläutern wir einige grundlegende physikalische Aspekte der Verhältnisse in Isolatoren lediglich am einfachen Beispiel eines einzelnen Wasserstoffmoleküls, welches der großzügige Leser als einen Festkörper mit $N = 2$ – anstatt $O(10^{23})$ –

---

[1] Mit dem Terminus „magnetische Wechselwirkung" bezeichnen wir allgemein eine Abhängigkeit der Energie zweier oder mehrerer magnetischer Momente von ihren relativen Orientierungen. Wir werden sehen, daß der wesentlichste Beitrag zu dieser Wechselwirkungsenergie gewöhnlich elektrostatischer, nicht magnetischer Natur ist. Die Nomenklatur kann irreführend sein, sobald man vergißt, daß sich die Klassifizierung als „magnetisch" lediglich auf die Auswirkungen der Wechselwirkungen bezieht, und nicht notwendig auf deren Ursachen.

[2] Die spontane Magnetisierung nimmt mit steigender Temperatur ab, und sie verschwindet gänzlich oberhalb einer gewissen kritischen Temperatur (siehe Kapitel 33). Wenn wir von einem „Ferromagneten" sprechen, so beziehen wir uns dabei auf einen ferromagnetischen Stoff bei einer Temperatur unterhalb seiner jeweiligen kritischen Temperatur; im selben Sinne verwenden wir auch die Bezeichnung „Antiferromagnet".

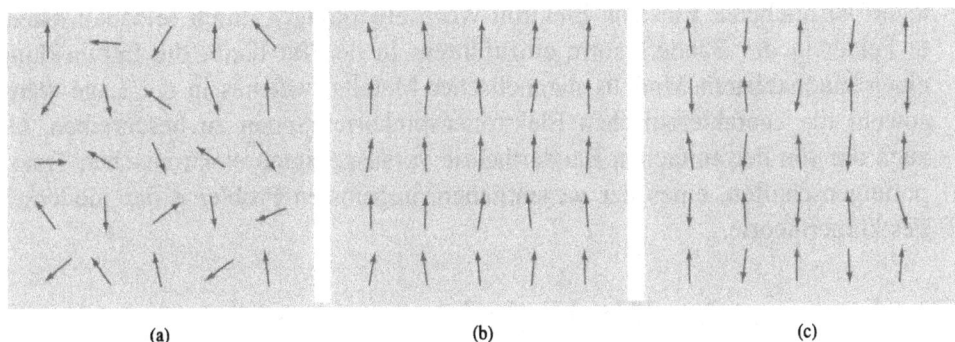

Bild 32.1: Typische Verteilungen der Orientierungen der lokalen magnetischen Momente ohne äußeres Magnetfeld in (a) einem Festkörper mit ungeordneten magnetischen Wechselwirkungen, (b) einem ferromagnetischen Stoff unterhalb seiner kritischen Temperatur, sowie (c) einem antiferromagnetischen Festkörper unterhalb seiner kritischen Temperatur. Die Fälle (a) und (b) sind Beispiele für *magnetisch geordnete* Zustände des Festkörpers.

betrachten möge, wobei diese physikalischen Betrachtungen, beträchtlich modifiziert und geschönt, auch auf Metalle übertragbar sind. Im Anschluß daran deuten wir an, auf welche Weise man die am Beispiel des Wasserstoffmoleküls entwickelten physikalischen Konzepte auf den Fall eines wirklichen Festkörpers mit einer großen Zahl von Atomen verallgemeinern kann. Schließlich gehen wir noch auf einige der spezifischen Schwierigkeiten ein, auf die man bei einer Theorie der magnetischen Momente und ihrer Wechselwirkungen in Metallen trifft.

Leser, die verschont bleiben möchten von unserer ziemlich beschränkten Darstellung, die uns die Schwierigkeit und Unvollständigkeit des Gegenstandes aufnötigt, sollten wenigstens die beiden folgenden, wesentlichen Feststellungen zur Kenntnis nehmen, die wir im Rest dieses Kapitels ein wenig detaillierter zu illustrieren suchen:

1. Man möchte zunächst erwarten, daß die magnetischen Wechselwirkungen zwischen diskreten magnetischen Momenten durch deren Magnetfelder verursacht werden, entweder auf direktem Wege durch magnetische Dipol-Dipol-Wechselwirkungen, oder – weniger direkt – über die Spin-Bahn-Kopplung. Dies sind jedoch häufig *nicht* die dominanten magnetischen Wechselwirkungen. Die bei weitem wesentlichste Ursache magnetischer Wechselwirkungen ist die gewöhnliche *elektrostatische* Elektron-Elektron-Wechselwirkung. Tatsächlich vernachlässigen viele Theorien des Magnetismus Dipol-Dipol- und Spin-Bahn-Kopplung in erster Näherung vollständig und berücksichtigen alleine Coulomb-Wechselwirkungen.

2. Zur Erklärung magnetischer Ordnung in Festkörpern ist es in der überwiegenden Mehrzahl der Fälle notwendig, wesentlich über die Näherung unabhängiger Elektronen hinauszugehen, auf der die Bändertheorie mit ihren beeindruckenden Erfolgen bei der Deutung nichtmagnetischer Phänomene aufbaut. Es ist dabei

kaum ausreichend, Elektron-Elektron-Wechselwirkungen durch selbstkonsistente Felder in die Bändertheorie einzuführen: In der Tat bleibt die Entwicklung eines handhabbaren Modells magnetischer Metalle, welches in der Lage wäre, sowohl die charakteristischen Elektronenspinkorrelationen zu beschreiben, als auch die von der einfachen Bändertheorie vorausgesagten elektronischen Transporteigenschaften, eines der wesentlichen, ungelösten Probleme der modernen Festkörpertheorie.

Abschätzung der Wechselwirkungsenergie magnetischer Dipole

Bevor wir erklären, auf welche Weise sich magnetische Wechselwirkungen als Folge rein elektrostatischer Kopplung ergeben können, schätzen wir zunächst die Energie der direkten Wechselwirkung zweier magnetischer Dipole $\mathbf{m}_1$ und $\mathbf{m}_2$ ab, die sich im Abstand $\mathbf{r}$ voneinander befinden:

$$U = \frac{1}{r^3}\left[\mathbf{m}_1\cdot\mathbf{m}_2 - 3(\mathbf{m}_1\cdot\hat{\mathbf{r}})(\mathbf{m}_2\cdot\hat{\mathbf{r}})\right]. \tag{32.1}$$

Atomare magnetische Dipolmomente sind von der Größenordnung $m_1 \approx m_2 \approx g\mu_B \approx e\hbar/mc$ (Seiten 819 und 830). Demnach folgt für die Größenordnung von U (unter Vernachlässigung der Winkelabhängigkeit)

$$U \approx \frac{(g\mu_B)^2}{r^3} \approx \left(\frac{e^2}{\hbar c}\right)^2\left(\frac{a_0}{r}\right)^3\frac{e^2}{a_0} \approx \frac{1}{(137)^2}\left(\frac{a_0}{r}\right)^3 \text{Ry}. \tag{32.2}$$

Die Abstände der magnetischen Momente in einem magnetischen Festkörper liegen typischerweise bei etwa 2 Å, so daß U nicht mehr als 10^{-4} V beträgt. Im Vergleich zu typischen elektrostatischen Energiedifferenzen von Bruchteilen eines Elektronenvolts zwischen atomaren Zuständen ist diese Energie sehr klein. Könnten wir also einen Grund dafür finden, warum die elektrostatische Energie eines Paares magnetischer Atomrümpfe (oder Elektronen) von der Orientierung ihrer magnetischen Momente abhängt – einen Grund, den, wie wir weiter unten sehen werden, das Pauliprinzip liefert – so könnten wir mit Recht erwarten, daß diese Ursache magnetischer Wechselwirkung viel wesentlicher als die Dipolwechselwirkung sein sollte.[3]

---

[3] Einen deutlichen Hinweis darauf, daß die Dipolwechselwirkung bei weitem zu schwach ist, um die magnetische Ordnung zu erklären, liefern die ferromagnetischen kritischen Temperaturen von Eisen, Kobalt und Nickel, die viele Hundert Kelvin betragen. Würden die Spins durch magnetische Dipolwechselwirkungen ausgerichtet, so sollte man beobachten, daß die ferromagnetische Ordnung bereits oberhalb einiger Kelvin (1 K = 10^{-4} eV) durch die Wärmebewegung zerstört wird. Andererseits können in Festkörpern mit weit voneinander entfernten magnetischen Momenten die Dipolwechselwirkungen durchaus die Wechselwirkungen elektrostatischer Natur dominieren. Dipolwechselwirkungen sind

Im allgemeinen kann man auch die Spin-Bahn-Kopplung als wesentliche Ursache magnetischer Kopplung ausschließen. Natürlich ist die Spin-Bahn-Kopplung von Bedeutung bei der Bestimmung des gesamten magnetischen Moments einzelner Atome, und stellt daher eine wesentliche inneratomare Ursache magnetischer Wechselwirkungen dar – doch auch in diesem Fall gründen die ersten beiden Hundschen Regeln (Seite 824) vollständig auf elektrostatischen Energiebetrachtungen. Lediglich die dritte Regel, welche die endgültige Aufspaltung innerhalb des LS-Multipletts bestimmt, beruht auf der Spin-Bahn-Kopplung. Im Falle paramagnetischer Isolatoren, bei welchen die Kristallfeldaufspaltung den Bahndrehimpuls quencht (Seite 834), wird sogar auch noch diese Folge der Spin-Bahn-Kopplung durch rein elektrostatische Effekte übertroffen.

Magnetische Eigenschaften eines Zwei-Elektronen-Systems: Singulett- und Triplettzustände

Um zu demonstrieren, auf welche Weise das Pauliprinzip auch dann zu magnetischen Effekten führen kann, wenn der Hamiltonoperator keine spinabhängigen Terme enthält, betrachten wir ein Zwei-Elektronen-System mit einem *spinunabhängigen* Hamiltonoperator. Da H nicht vom Spin abhängt, ist der allgemeine stationäre Zustand Ψ ein Produkt aus einem reinen Bahnzustand, dessen Wellenfunktion $\psi(\mathbf{r}_1, \mathbf{r}_2)$ den Bahnanteil

$$H\psi = -\frac{\hbar^2}{2m}(\nabla_1{}^2 + \nabla_2{}^2)\psi + V(\mathbf{r}_1, \mathbf{r}_2)\psi = E\psi \tag{32.3}$$

der Schrödingergleichung erfüllt, mit einer beliebigen Linearkombination der vier Spinzustände[4]

$$|\uparrow\uparrow\rangle, \ |\uparrow\downarrow\rangle, \ |\downarrow\uparrow\rangle, \ |\downarrow\downarrow\rangle. \tag{32.4}$$

Man kann diese Linearkombinationen derart wählen, daß sie jeweils wohlbestimmte Werte des Gesamtspins S sowie dessen Komponente S_z parallel zu einer Koordinatenachse aufweisen. Die folgende Tabelle faßt diese Linearkombinationen zusammen:[5]

---

darüber hinaus von entscheidender Wichtigkeit bei der Deutung des Phänomens der magnetischen Domänen (Seite 915).

[4] Diese Symbole bezeichnen Spinzustände, bei denen sich beide Elektronen in Niveaus mit bestimmten Werten von s_z befinden. Beispielsweise hat im Spinzustand $|\uparrow\downarrow\rangle$ das Elektron 1 eine Spinkomponente $s_z = 1/2$, das Elektron 2 eine Spinkomponente $s_z = -1/2$.

[5] Siehe beispielsweise D. Park, *Introduction to the Quantum Theory*, McGraw-Hill, New York (1964), Seiten 154 bis 156.

Zustand	S	S_z
$\frac{1}{\sqrt{2}}(\lvert\uparrow\downarrow\rangle - \lvert\downarrow\uparrow\rangle)$	0	0
$\lvert\uparrow\uparrow\rangle$	1	1
$\frac{1}{\sqrt{2}}(\lvert\uparrow\downarrow\rangle + \lvert\downarrow\uparrow\rangle)$	1	0
$\lvert\downarrow\downarrow\rangle$	1	-1

Beachten Sie, daß der einzige Zustand mit $S = 0$ – als Singulett-Zustand bezeichnet – sein Vorzeichen wechselt, wenn die Spins der Elektronen vertauscht werden, während dies für die drei Zustände mit $S = 1$ *nicht* zutrifft. Das Pauliprinzip fordert, daß die *Gesamt*wellenfunktion Ψ das Vorzeichen wechselt, wenn die räumlichen und die Spinkoordinaten simultan vertauscht werden. Da die Gesamtwellenfunktion ein Produkt aus Bahnanteil und Spinanteil ist, so folgt daher aus dem Pauliprinzip, daß jene Lösungen des Bahnanteils (32.3) der Schrödingergleichung, die ihr Vorzeichen beim Vertauschen von r_1 und r_2 *nicht* wechseln (symmetrische Lösungen), Zustände mit $S = 0$ beschreiben, während Lösungen, die ihr Vorzeichen wechseln (antisymmetrische Lösungen), Zustände mit $S = 1$ darstellen.[6] Es existiert daher eine strenge Korrelation zwischen der räumlichen Symmetrie einer Lösung des – spinunabhängigen – Bahnanteils der Schrödingergleichung einerseits und dem Gesamtspin andererseits: Symmetrische Lösungen der Bahngleichung erfordern Singulett-Spinzustände, antisymmetrische Lösungen entsprechend Triplett-Spinzustände.

Sind E_s und E_t die zu einer Singulett-Lösung (symmetrisch) beziehungsweise einer Triplett-Lösung (antisymmetrisch) gehörenden, energetisch niedrigstliegenden Eigenwerte der Bahngleichung (32.3), so ist der Spin des Grundzustandes entweder Null oder eins – alleine abhängig davon, ob E_s kleiner oder größer ist als E_t. Diese letztere Unterscheidung, wir betonen es noch einmal, kann vollständig durch eine Untersuchung des *spinunabhängigen* Bahnanteils (32.3) der Schrödingergleichung getroffen werden.

Für Zwei-Elektronen-Systeme besagt ein elementarer Satz, daß die Grundzustandswellenfunktion für (32.3) symmetrisch sein muß.[7] Deshalb muß auch E_s notwendig kleiner sein als E_t, und der Grundzustand einen Gesamtspin Null haben. Die Gültigkeit dieses Satzes ist jedoch auf Zwei-Elektronen-Systeme beschränkt,[8] weshalb es

---

[6] Wegen der Symmetrie des Potentials V, welches jegliche elektrostatische Wechselwirkung zwischen den beiden Elektronen und den beiden an den Orten R_1 und R_2 fixierten Protonen enthält, kann man annehmen, daß sämtliche Lösungen von (32.3) entweder symmetrisch oder antisymmetrisch sind; siehe Aufgabe 1.

[7] Siehe Aufgabe 2.

[8] Man hat in *einer* Raumdimension gezeigt, daß der Grundzustand einer beliebigen Anzahl von Elektronen mit allgemeinen, spinunabhängigen Wechselwirkungen einen Gesamtspin Null haben muß (E. Lieb, D. Mattis, *Phys. Rev.* **125**, 164 (1962)). Dieses Ergebnis ist *nicht* auf drei Raumdimensionen zu verallgemeinern, wo beispielsweise die Hundschen Regeln (Kapitel 31) zahlreiche Gegenbeispiele liefern.

notwendig ist, einen Weg zur Abschätzung von $E_s - E_t$ zu finden, der verallgemeinert werden kann auf das entsprechende Problem für einen Festkörper mit N Atomen. Wir werden auch weiterhin das Zwei-Elektronen-System zur Illustration dieses Weges verwenden, da man anhand dieses Modells am einfachsten erkennt, wie ungeeignet die Näherung unabhängiger Elektronen bei der Behandlung von Problemen des Magnetismus ist.

Berechnung der Singulett-Triplett-Aufspaltung: Versagen der Näherung unabhängiger Elektronen

Die Singulett-Triplett-Aufspaltung gibt an, in welchem Maße die antiparallele ($S = 0$) Ausrichtung der Spins zweier Elektronen gegenüber der parallelen Ausrichtung ($S=1$) energetisch begünstigt ist. Da $E_s - E_t$ die Differenz zwischen Eigenwerten eines Hamiltonoperators ist, der ausschließlich elektrostatische Wechselwirkungen enthält, so kann man erwarten, daß diese Energie von der Größenordnung typischer elektrostatischer Energiedifferenzen ist, und somit durchaus die dominante Ursache magnetischer Wechselwirkungen auch dann noch sein kann, wenn man explizit spinabhängige Wechselwirkungsterme dem Hamiltonoperator hinzufügt. Wir beschreiben im folgenden einige Näherungsmethoden zur Berechnung der Energiedifferenz $E_s - E_t$. Es ist dabei nicht unser Ziel, numerische Ergebnisse zu erhalten – obwohl man die zu beschreibenden Methoden wohl in diesem Sinne einsetzt – als vielmehr am sehr einfachen Fall zweier Elektronen das sehr schwerwiegende Versagen (insbesondere für großes N) der Näherung unabhängiger Elektronen bei der Behandlung von Elektronenspinkorrelationen zu illustrieren.

Beginnen wir also mit dem Versuch, das Zwei-Elektronen-Problem (32.3) im Rahmen der Näherung unabhängiger Elektronen zu lösen. Wir vernachlässigen daher die Coulombsche Elektron-Elektron-Wechselwirkung in $V(\mathbf{r}_1, \mathbf{r}_2)$ und berücksichtigen ausschließlich die Wechselwirkungen eines jeden der beiden Elektronen mit den beiden Atomrümpfen, die wir als fixiert an den Orten $\mathbf{R}_1$ und $\mathbf{R}_2$ annehmen. Die Schrödingergleichung (32.3) des Zwei-Elektronen-Systems nimmt in diesem Falle die Form

$$(h_1 + h_2)\psi(\mathbf{r}_1, \mathbf{r}_2) = E\psi(\mathbf{r}_1, \mathbf{r}_2) \tag{32.5}$$

an, mit[9]

$$h_i = -\frac{\hbar^2}{2m}\nabla_i{}^2 - \frac{e^2}{|\mathbf{r}_i - \mathbf{R}_1|} - \frac{e^2}{|\mathbf{r}_i - \mathbf{R}_2|}, \quad i = 1, 2. \tag{32.6}$$

---

[9] Die anschließende Diskussion behielte unverändert auch dann ihre Gültigkeit, wenn man die Elektron-Elektron-Wechselwirkung durch ein selbstkonsistentes Feld annähern würde, welches die nackte Elektron-Rumpf-Wechselwirkung modifizierte (siehe Seite 192).

Da der Hamiltonoperator in (32.5) eine Summe aus Ein-Elektron-Hamiltonoperatoren ist, kann man die Lösung dieser Gleichung aus Lösungen der Ein-Elektron-Schrödingergleichung

$$h\psi(\mathbf{r}) = \varepsilon\psi(\mathbf{r}) \tag{32.7}$$

konstruieren: Sind $\psi_0(\mathbf{r})$ und $\psi_1(\mathbf{r})$ die beiden Lösungen von (32.7) mit den niedrigsten Energien, und gilt $\varepsilon_0 < \varepsilon_1$, so ergibt sich die symmetrische Lösung der genäherten Zwei-Elektronen-Schrödingergleichung (32.5) zur niedrigsten Energie zu

$$\psi_s(\mathbf{r}_1, \mathbf{r}_2) = \psi_0(\mathbf{r}_1)\psi_0(\mathbf{r}_2), \quad E_s = 2\varepsilon_0. \tag{32.8}$$

Die energetisch niedrigstliegende antisymmetrische Lösung lautet

$$\psi_t(\mathbf{r}_1, \mathbf{r}_2) = \psi_0(\mathbf{r}_1)\psi_1(\mathbf{r}_2) - \psi_0(\mathbf{r}_2)\psi_1(\mathbf{r}_1), \quad E_t = \varepsilon_0 + \varepsilon_1. \tag{32.9}$$

Die Singulett-Triplett-Aufspaltung ist dann – konsistent mit der Aussage $E_s < E_t$ des allgemeinen Satzes für Zwei-Elektronen-Systeme – gegeben durch

$$E_s - E_t = \varepsilon_0 - \varepsilon_1. \tag{32.10}$$

Zur Ermittlung der Grundzustandsenergie $2\varepsilon_0$ gingen wir einfach die Schritte der Bändertheorie, lediglich spezialisiert auf den Fall eines „Festkörpers" mit $N = 2$, lösten zunächst das Ein-Elektron-Problem (32.7) und füllten danach die $N/2$ energetisch niedrigstliegenden Ein-Elektron-Niveaus mit jeweils zwei Elektronen mit entgegengesetzten Spins pro Niveau. Trotz dieser beruhigenden Vertrautheit ist die Wellenfunktion (32.8) definitiv dann eine sehr schlechte Näherung an den Grundzustand der exakten Schrödingergleichung (32.3), wenn der Abstand der beiden Protonen sehr groß ist, da sie in diesem Fall ziemlich katastrophal bei der Beschreibung der Coulomb-Wechselwirkung zwischen den Elektronen versagt. Dieses Versagen wird offenbar, wenn man die Struktur der Ein-Elektron-Wellenfunktionen $\psi_0(\mathbf{r})$ und $\psi_1(\mathbf{r})$ untersucht: Für weit voneinander getrennte Protonen ergeben sich diese Lösungen zu (32.7) in exzellenter Näherung mittels der Methode des *tight-binding* (Kapitel 10), spezialisiert auf den Fall $N = 2$. Die Methode des *tight-binding* nimmt die Wellenfunktionen der stationären Ein-Elektron-Zustände des Festkörpers als Linearkombinationen der in den Gitterpunkten $\mathbf{R}$ zentrierten Wellenfunktionen der atomaren stationären Zustände an. Für $N = 2$ sind die korrekten Linearkombinationen die folgenden:[10]

$$\psi_0(\mathbf{r}) = \phi_1(\mathbf{r}) + \phi_2(\mathbf{r}),$$

---

[10] Siehe Aufgabe 3. Wählt man die Phasen derart, daß die ϕ_i reell und positiv sind – was für den Grundzustand des Wasserstoffatoms möglich ist – so hat die Linearkombination mit positivem Vorzeichen die niedrigere Energie, da sie keine Knoten aufweist.

$$\psi_1(\mathbf{r}) = \phi_1(\mathbf{r}) - \phi_2(\mathbf{r}).\tag{32.11}$$

Dabei ist $\phi_i(\mathbf{r})$ die elektronische Grundzustandswellenfunktion eines einzelnen Wasserstoffatoms, dessen Proton am Punkt $\mathbf{R}_i$ fixiert ist. Sind die Ein-Elektron-Niveaus von dieser Form – was für weit voneinander entfernte Protonen im wesentlichen exakt der Fall ist – so ergeben sich die Zwei-Elektronen-Wellenfunktionen (32.8) und (32.9) im Rahmen der Näherung unabhängiger Elektronen zu

$$\psi_s(\mathbf{r}_1, \mathbf{r}_2) = \phi_1(\mathbf{r}_1)\phi_2(\mathbf{r}_2) + \phi_2(\mathbf{r}_1)\phi_1(\mathbf{r}_2)$$
$$+ \phi_1(\mathbf{r}_1)\phi_1(\mathbf{r}_2) + \phi_2(\mathbf{r}_1)\phi_2(\mathbf{r}_2)\tag{32.12}$$

und

$$\psi_t(\mathbf{r}_1, \mathbf{r}_2) = 2[\phi_2(\mathbf{r}_1)\phi_1(\mathbf{r}_2) - \phi_1(\mathbf{r}_1)\phi_2(\mathbf{r}_2)].\tag{32.13}$$

Gleichung (32.12) ist eine exzellente Näherung an den Grundzustand der Schrödingergleichung (32.5), bei der Elektron-Elektron-Wechselwirkungen vernachlässigt wurden; sie ist jedoch eine sehr schlechte Näherung an den Grundzustand der ursprünglichen Schrödingergleichung (32.3), bei der die Elektron-Elektron-Wechselwirkungen berücksichtigt wurden. Um dies einzusehen, beachte man, daß die beiden ersten Terme in (32.12) sehr deutlich verschieden sind von den beiden letzten: Im Falle der ersten beiden Terme ist jedes der beiden Elektronen in einer Wasserstoffbahn in der Umgebung jeweils eines der beiden Kerne lokalisiert; sind die beiden Protonen weit voneinander entfernt, so ist die Wechselwirkungsenergie der beiden Elektronen klein, und eine Beschreibung des Moleküls durch die beiden ersten Terme in (32.12) als zwei schwach gestörte Atome ist recht angemessen. Jeder der beiden letzten Terme in (32.12) jedoch beschreibt beide Elektronen als lokalisiert in Wasserstoffbahnen um *dasselbe* Proton; deshalb ist ihre Wechselwirkungsenergie beträchtlich, gleich wie weit die Protonen voneinander entfernt seien. Die beiden letzten Terme in (32.12) beschreiben daher das Wasserstoffmolekül als ein System aus einem H^--Ion und einem nackten Proton – ein höchst ungenaues physikalisches Bild, sobald man Elektron-Elektron-Wechselwirkungen berücksichtigt.[11]

Im Grundzustand in der Näherung unabhängiger Elektronen – beschrieben durch Gleichung (32.12) – trifft man demnach mit einer Wahrscheinlichkeit von 50% beide Elektronen beim selben Ion an. Der Triplett-Zustand für unabhängige Elektronen nach Gleichung (32.13) dagegen ist von diesem Mangel nicht betroffen. Führt man

---

[11] Dieses Versagen der Näherung unabhängiger Elektronen bei dem Versuch einer genauen Beschreibung des Wasserstoffmoleküls ist analog zum Versagen dieser Näherung im Zusammenhang mit der in Kapitel 10 beschriebenen Methode des *tight binding*. Dieses Problem tritt im Falle eines vollständig gefüllten Bandes – oder auch beim molekularen Analogon, einem System aus zwei benachbarten Heliumatomen – nicht auf, da eine genauere Wellenfunktion auch jedes lokalisierte Orbital mit zwei Elektronen besetzen muß.

daher Elektron-Elektron-Wechselwirkungen in den Hamiltonoperator ein, so liegt die mittlere Energie des Triplett-Zustandes (32.13) mit Sicherheit niedriger als die Energie des Singulett-Zustandes (32.12), falls die beiden Protonen weit genug voneinander entfernt sind.

Diese bedeutet jedoch nicht etwa, daß der „eigentliche" Grundzustand ein Triplett wäre. Man erhält einen symmetrischen Zustand, der niemals beide Elektronen am selben Proton lokalisiert und deshalb energetisch sehr viel niedriger liegt als der Grundzustand für unabhängige Elektronen, wenn man lediglich die beiden ersten Terme in (32.12) betrachtet:

$$\overline{\psi}_s(\mathbf{r}_1, \mathbf{r}_2) = \phi_1(\mathbf{r}_1)\phi_2(\mathbf{r}_2) + \phi_2(\mathbf{r}_1)\phi_1(\mathbf{r}_2). \tag{32.14}$$

Eine Theorie, welche die Näherungen an die Singulett- und Triplett-Grundzustände des vollständigen Hamiltonoperators (32.3) als proportional zu (32.14) und (32.13) annimmt, kennt man als die Heitler-London-Näherung.[12] Offensichtlich beschreibt der Heitler-London-Singulettzustand (32.14) die Situation weit voneinander entfernter Protonen weit genauer, als der Singulett-Zustand (32.12) für unabhängige Elektronen, und sollte deshalb – in geeigneter Verallgemeinerung – zur Beschreibung magnetischer Ionen in einem Isolatorkristall besser geeignet sein.

Sind andererseits die beiden Protonen sehr eng benachbart, so liegt die Näherung unabhängiger Elektronen (32.8) näher am tatsächlichen Grundzustand, als die Heitler-London-Näherung (32.14) – wie man im Extremfall zweier nahezu deckungsgleicher Protonen leicht erkennt. Die Näherung unabhängiger Elektronen geht von zwei Ein-Elektron-Wellenfunktionen aus, die einem einzelnen, zweifach geladenen Kern angemessen wären, während die Heitler-London-Näherung mit Ein-Elektron-Wellenfunktionen um einen einfach geladenen Kern arbeitet. Diese Wellenfunktionen sind räumlich deutlich zu weit ausgedehnt, um eine gute Ausgangsbasis für die Beschreibung eines Gebildes zu bieten, welches nun kein Wasserstoffmolekül mehr ist, sondern ein Heliumatom.

Im wesentlichen sollte die bisherige Diskussion am einfachen Beispiel eines Zwei-Elektronen-Systems herausstellen, daß es nicht möglich ist, das auf der Näherung unabhängiger Elektronen gründende Konzept der Bändertheorie bei der Modellierung magnetischer Wechselwirkungen in Isolatorkristallen anzuwenden. Auch die Heitler-

---

[12] In der Molekülphysik bezeichnet man eine vom Grundzustand (32.12) für freie Elektronen ausgehende Beschreibung als Hund-Mullikan-Näherung oder *Methode der Molekülorbitale*. Eine weitere spezielle Terminologie knüpft an die Tatsache, daß man die Heitler-London-Näherung des Grundzustandes darstellen kann als eine Linearkombination *zweier* in der Näherung unabhängiger Elektronen bestimmter Zwei-Elektronen-Zustände,

$$\overline{\psi}(\mathbf{r}_1, \mathbf{r}_2) = \psi_0(\mathbf{r}_1)\psi_0(\mathbf{r}_2) - \psi_1(\mathbf{r}_1)\psi_1(\mathbf{r}_2)$$

– ein einfaches Beispiel für eine physikalische Situation, die man als „Konfigurationsmischung" kennt. Die Heitler-London-Zustände $\overline{\psi}_s$ und ψ_t bezeichnet man als „bindend" beziehungsweise „antibindend".

London-Methode weist Schwächen auf, da sie wohl die Energien der Singulett- und Triplettzustände für große Abstände der Protonen sehr genau wiedergibt,[13] ihre Vorhersage der sehr kleinen Singulett-Triplett-Aufspaltung jedoch wesentlich weniger verläßlich ist, wenn sich die beiden Protonen in größerem Abstand voneinander befinden. Die Heitler-London-Methode ist deshalb recht tückisch, und sollte niemals unkritisch angewandt werden.[14] Davon unbenommen geben wir hier das Heitler-London-Ergebnis für die Differenz $E_s - E_t$ an, da dieses Resultat sowohl eine Ausgangsbasis für weitergehende, verfeinerte Untersuchungen bietet, als auch deshalb, weil es der Ursprung einer auf dem Gebiet des Magnetismus weit verbreiteten Nomenklatur ist:

Mit Hilfe der Singulett- und Triplett-Wellenfunktionen (32.14) und (32.13) schätzt man in der Heitler-London-Näherung die Singulett-Triplett-Aufspaltung zu

$$E_s - E_t = \frac{(\overline{\psi}_s, H\overline{\psi}_s)}{(\overline{\psi}_s, \overline{\psi}_s)} - \frac{(\psi_t, H\psi_t)}{(\psi_t, \psi_t)} \tag{32.15}$$

ab, wobei H den vollständigen Hamiltonoperator (32.3) bezeichnet. Man kann zeigen (Aufgabe 4), daß sich dieser Ausdruck im Grenzfall großer Abstände der beiden Protonen einfach auf

$$\frac{1}{2}(E_s - E_t) = \int d\mathbf{r}_1\, d\mathbf{r}_2\, [\phi_1(\mathbf{r}_1)\phi_2(\mathbf{r}_2)] \left(\frac{e^2}{|\mathbf{r}_1 - \mathbf{r}_2|} + \frac{e^2}{|\mathbf{R}_1 - \mathbf{R}_2|} \right.$$
$$\left. - \frac{e^2}{|\mathbf{r}_1 - \mathbf{R}_1|} - \frac{e^2}{|\mathbf{r}_2 - \mathbf{R}_2|} \right) [\phi_2(\mathbf{r}_1)\phi_1(\mathbf{r}_2)] \tag{32.16}$$

reduziert. Da es sich hierbei um das Matrixelement zwischen zwei Zuständen handelt, die sich lediglich durch den Austausch der Koordinaten der beiden Elektronen voneinander unterscheiden, bezeichnet man diese Energiedifferenz zwischen Singulettzustand und Triplettzustand als eine *Austauschaufspaltung* oder auch als *Austauschwechselwirkung*,[15] insofern man sie als Ursache magnetischer Wechselwirkungen betrachtet.

Da das Atomorbital $\phi_i(\mathbf{r})$ stark in der Umgebung von $\mathbf{r} = \mathbf{R}_i$ lokalisiert ist, bewirken die Faktoren $\phi_1(\mathbf{r}_1)\phi_2(\mathbf{r}_1)$ und $\phi_1(\mathbf{r}_2)\phi_2(\mathbf{r}_r)$ im Integranden von (32.16), daß die Singulett-Triplett-Aufpaltung mit dem Abstand $|\mathbf{R}_1 - \mathbf{R}_2|$ zwischen den Protonen rasch kleiner wird.

---

[13] ... im Gegensatz zur Näherung unabhängiger Elektronen.

[14] Eine gründliche Kritik der Heitler-London-Methode gab C. Herring, *Direct Exchange Between Well Separated Atoms* in *Magnetism*, vol. 2B, G. T. Rado, H. Suhl, eds., Academic Press, New York (1965).

[15] Man sollte sich durch diese Nomenklatur nicht dazu verleiten lassen, zu vergessen, daß dieser Austauschwechselwirkung nichts anderes zugrundeliegt, als elektrostatische Wechselwirkungsenergien und das Pauliprinzip.

Spin-Hamiltonoperator und Heisenberg-Modell

Man kann die Abhängigkeit des Spins eines Zwei-Elektronen-Systems von der Singulett-Triplett-Aufspaltung in einer Weise ausdrücken, die – sollte sie auch in diesem einfachen Fall unnötig kompliziert erscheinen – von fundamentaler Bedeutung ist bei der Untersuchung der Energien der Spinkonfigurationen realer Festkörper. Dazu stellt man zunächst fest, daß für große Abstände zwischen den beiden Protonen der Grundzustand des Systems zwei voneinander unabhängige Wasserstoffatome beschreibt, und deshalb vierfach entartet ist, da der Spin jedes Elektrons zwei Orientierungen haben kann. Als nächstes stellt man sich vor, die Protonen würden ein wenig näher zusammengebracht, so daß es zu einer Aufspaltung der vierfachen Entartung aufgrund von Wechselwirkungen zwischen den Atomen kommt, deren Betrag jedoch klein ist im Vergleich zu sämtlichen übrigen Anregungsenergien des Zwei-Elektronen-Systems. Unter solchen Bedingungen bestimmen diese vier Zustände zahlreiche wichtige Eigenschaften des Moleküls,[16] und man vereinfacht deshalb die Behandlung oft dadurch, daß man die Existenz der höherliegenden Zustände vollständig ignoriert und das Molekül einfach als ein System mit vier Zuständen betrachtet. Stellt man in diesem Sinne einen allgemeinen Zustand des Moleküls als Linearkombination dieser vier Zustände dar, so erweist es sich als zweckmäßig, einen Operator, den Spin-Hamiltonoperator, zur Hand zu haben, dessen Eigenwerte innerhalb der Mannigfaltigkeit der vier Zustände mit den Eigenwerten des ursprünglichen Hamiltonoperators übereinstimmen, und dessen Eigenfunktionen den Spin der zugehörigen Zustände beschreiben.

Um diesen Spin-Hamiltonoperator im Falle eines Zwei-Elektronen-Systems zu bestimmen, stellen wir fest, daß jeder einzelne Elektronenspin-Operator eine Beziehung $\mathbf{S}_i^2 = \frac{1}{2}(\frac{1}{2}+1) = \frac{3}{4}$ erfüllt, so daß für den Gesamtspin $\mathbf{S}$ gilt

$$\mathbf{S}^2 = (\mathbf{S}_1 + \mathbf{S}_2)^2 = \frac{3}{2} + 2\mathbf{S}_1 \cdot \mathbf{S}_2. \tag{32.17}$$

Da $\mathbf{S}^2$ in Zuständen mit Spin S die Eigenwerte $S(S+1)$ hat, so erhält man aus (32.17) die Eigenwerte des Operators $\mathbf{S}_1 \cdot \mathbf{S}_2$ zu $-\frac{3}{4}$ im Singulett-Zustand ($S = 0$) und $+\frac{1}{4}$ im Triplett-Zustand ($S = 1$). Folglich besitzt der Operator

$$\mathcal{H}^{\mathrm{spin}} = \frac{1}{4}(E_s + 3E_t) - (E_s - E_t)\mathbf{S}_1 \cdot \mathbf{S}_2 \tag{32.18}$$

die Eigenwerte E_s im Singulett-Zustand und E_t in jedem der drei Triplett-Zustände – und ist der gesuchte Spin-Hamiltonoperator.

---

[16] ... beispielsweise die Eigenschaften im thermodynamischen Gleichgewicht, wenn $k_B T$ vergleichbar ist mit $E_s - E_t$, aber dennoch klein genug, so daß außer den vier Zustände keine weiteren thermisch angeregt sind.

Durch eine Verschiebung des Energienullpunktes kann man das Auftreten der allen vier Zuständen gemeinsamen Konstanten $(E_s + 3E_t)/4$ vermeiden und den Spin-Hamiltonoperator in der Form

$$\mathcal{H}^{\text{spin}} = -J\mathbf{S}_1 \cdot \mathbf{S}_2, \quad J = E_s - E_t \tag{32.19}$$

schreiben. Da der Operator $\mathcal{H}^{\text{spin}}$ das Skalarprodukt der beiden Spin-Vektoroperatoren $\mathbf{S}_1$ und $\mathbf{S}_2$ ist, so begünstigt er parallele Spins für positives J und antiparallele Spins für negatives[17] J. Beachten Sie, daß im Gegensatz zur magnetischen Dipolwechselwirkung (32.1) die Kopplung im Spin-Hamiltonoperator ausschließlich von der relativen Orientierung der beiden Spins abhängt, nicht jedoch von deren Orientierungen relativ zu $\mathbf{R}_1 - \mathbf{R}_2$. Dies ergibt sich ganz allgemein als Folge der Spinunabhängigkeit des ursprünglichen Hamiltonoperators und gilt, *nota bene*, unabhängig von jeglicher einschränkenden Annahme bezüglich dessen räumlicher Symmetrie. Um einen Spin-Hamiltonoperator mit anisotroper Kopplung[18] zu erhalten, muß man in den ursprünglichen Hamiltonoperator Terme einschließen, welche die Rotationssymmetrie im Spin-Raum brechen, beispielsweise Dipolwechselwirkungen oder Spin-Bahn-Kopplung.

Für große N drückt der Spin-Hamiltonoperator nicht nur einfach bereits bekannte Ergebnisse in neuer Form aus (wie es für $N = 2$ der Fall ist), sondern enthält in hochkompakter Form außerordentlich komplexe Information über die niedrigliegenden Niveaus.[19] Liegen N Atomrümpfe mit Spin S in großen Abständen[20] verteilt vor, so ist der Grundzustand $(2S+1)^N$-fach entartet. Der Spin-Hamiltonoperator beschreibt, auf welche Weise dieser hochentartete Grundzustand aufspaltet, wenn die Atomrümpfe ein wenig näher beisammen, aber dennoch weit genug voneinander entfernt liegen, so daß die Aufspaltungen klein sind im Vergleich zu allen übrigen Anregungsenergien des Systems. Auf zahlreiche verschiedene Arten kann man eine Operatorenfunktion der $\mathbf{S}_i$ konstruieren, deren Eigenwerte die Energien der aufgespaltenen Niveaus angeben. Bemerkenswert ist jedoch, daß die Form des Spin-Hamiltonoperators in vielen An-

---

[17] Da J positiv oder negativ ist, je nachdem E_s oder E_t niedriger liegt, so beschreibt diese Aussage nur erneut die Tatsache, daß die Spins im Triplett-Zustand parallel, im Singulett-Zustand antiparallel ausgerichtet sind.

[18] Eine solche Anisotropie ist von ausschlaggebender Bedeutung für ein Verständnis der Existenz von Richtungen leichter Magnetisierung und spielt auch eine Rolle in der Theorie der Domänenbildung (siehe Seite 918).

[19] Im allgemeinen ist diese Information nicht leicht zu gewinnen, auch nicht aus einem Spin-Hamiltonoperator. In Gegensatz zum Fall $N = 2$ kennt man die niedrigliegenden Niveaus nicht von Beginn an, und einen Spin-Hamiltonoperator zu finden ist nur das halbe Problem: Es bleibt die höchst nichttriviale Aufgabe, die Eigenwerte dieses Spin-Hamiltonoperators zu bestimmen (siehe beispielsweise die Seiten 893 bis 893).

[20] Der Einfachheit halber nehmen wir an, daß für jeden Atomrumpf $J = S$ gilt, d.h. $L = 0$. Diese Einschränkung ist ohne Bedeutung für die Möglichkeit der Konstruktion eines Spin-Hamiltonoperators.

wendungen von Interesse einfach identisch ist mit seiner Form im Falle zweier Spins, summiert über sämtliche Paare von Atomrümpfen:

$$H^{\text{spin}} = - \sum J_{ij} \mathbf{S}_i \cdot \mathbf{S}_j. \tag{32.20}$$

Wir werden hier nicht der Frage nachgehen, unter welchen Bedingungen (32.20) gerechtfertigt werden kann, eine Frage, deren Beantwortung ein recht kompliziertes Unterfangen ist.[21] Wir können an dieser Stelle jedoch folgendes feststellen:

1. Als notwendige Voraussetzung dafür, daß in (32.20) ausschließlich Produkte von Paaren von Spinoperatoren eingehen, müssen sämtliche magnetischen Atomrümpfe so weit voneinander entfernt sein, daß der Überlapp ihrer elektronischen Wellenfunktionen sehr klein ist.

2. Enthält der Gesamtdrehimpuls eines jeden Atomrumpfes sowohl einen Bahnanteil als auch einen Spinanteil, so kann die Kopplung im Spin-Hamiltonoperator sowohl von den absoluten Orientierungen der Spins abhängen, als auch von deren relativen Orientierungen.

Man bezeichnet den Spin-Hamiltonoperator (32.20) als den Heisenberg-Hamiltonoperator,[22] die J_{ij} als Austausch-Kopplungskonstanten (oder Kopplungsparameter, Kopplungskoeffizienten ...). Eine Auswertung selbst des Heisenberg-Hamiltonoperators ist ein im allgemeinen derart schwieriges Unterfangen, daß man diesen Operator oft als Ausgangspunkt tiefergehender Untersuchungen des Magnetismus der Festkörper annimmt. Man sollte sich dabei aber immer bewußt sein, daß man sich in recht komplexe Näherungsannahmen und subtile physikalische Überlegungen verstricken mußte, um überhaupt zu diesem Heisenberg-Hamiltonoperator zu gelangen.

Direkter Austausch, Superaustausch, Indirekter Austausch, Itineranter Austausch

Man bezeichnet die oben beschriebene magnetische Wechselwirkung als *direkten Austausch*, da sie sich als Folge der direkten Coulomb-Wechselwirkung zwischen den Elektronen der beiden Atomrümpfe ergibt. Häufig liegen in einem Festkörper zwei magnetische Atomrümpfe durch einen nichtmagnetischen Atomrumpf (dessen sämtliche Elektronenschalen abgeschlossen sind) getrennt voneinander; in einem solchen Falle besteht die Möglichkeit, daß durch die Elektronen des gemeinsamen, nichtmagnetischen Nachbarn der beiden magnetischen Atomrümpfe eine magnetische Wechselwirkung zwischen ihnen vermittelt wird, die bedeutsamer ist als ihre direkte

---

[21] Eine sehr gründliche Diskussion dieser Frage gibt C. Herring (siehe Fußnote 14).

[22] In der älteren Literatur wird er als Heisenberg-Dirac-Hamiltonoperator bezeichnet.

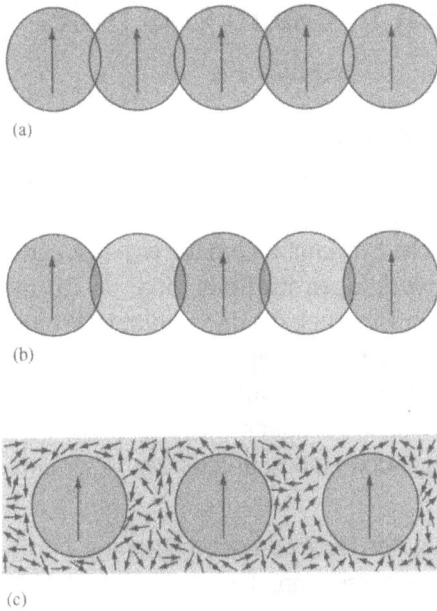

(a)

(b)

(c)

Bild 32.2: Schematische Darstellungen (a) des direkten Austauschs, bei dem die magnetischen Atomrümpfe miteinander wechselwirken, weil ihre elektronischen Ladungsverteilungen überlappen, (b) des Superaustauschs, bei dem sich eine Wechselwirkung zwischen zwei magnetischen Atomrümpfen mit einander nicht überlappenden Ladungsverteilungen dadurch ergibt, daß beide mit der Ladungsverteilung desselben nichtmagnetischen Atomrumpfes überlappen, sowie (c) des indirekten Austauschs, bei dem auch ohne jeglichen Überlapp der Ladungsverteilungen eine magnetische Wechselwirkung durch Wechselwirkungen der magnetischen Atomrümpfe mit den Leitungselektronen vermittelt wird.

Austauschwechselwirkung. Diesen Typus der magnetischen Wechselwirkung bezeichnet man als *Superaustausch* (Bild 32.2).

Eine weitere Art der magnetischen Wechselwirkung kann zwischen den Elektronen in den teilweise gefüllten f-Schalen der Metalle der seltenen Erden auftreten: Über ihre direkte Austauschwechselwirkung hinaus sind die f-Elektronen auf dem Wege ihrer Wechselwirkung mit den Leitungselektronen miteinander gekoppelt. Diesen Mechanismus, der in einem gewissen Sinne das Analogon bei den Metallen zum Superaustausch bei Isolatoren darstellt, bezeichnet man als *indirekten Austausch*; er kann durchaus stärker sein als die direkte Austauschkopplung, da die f-Schalen im allgemeinen nur sehr wenig überlappen.

In Metallen treten darüber hinaus wesentliche Austauschwechselwirkungen der Leitungselektronen untereinander auf, die man oft als *Itineranten Austausch*[23] bezeichnet. Um die große Allgemeinheit des Ansatzes der Austauschwechselwirkungen zu verdeutlichen, diskutieren wir im folgenden kurz den itineranten Austausch in einem System, das denkbar weit entfernt ist vom Bild deutlich lokalisierter Elektronen, für welches man die Heitler-London-Theorie des direkten Austauschs entwickelte: in einem Gas freier Elektronen.

---

[23] Eine Behandlung des itineranten Austauschs gibt C. Herring in *Magnetism*, vol. 4, G. T. Rado, H. Suhl, eds., Academic Press, New York (1966).

Magnetische Wechselwirkungen in einem Gas freier Elektronen

Die Theorie des Magnetismus in einem Gas freier Elektronen ist hoffnungslos unangemessen als Ansatz einer Behandlung des Magnetismus in wirklichen Metalle. Dennoch ist eine entsprechende Untersuchung nicht ohne Interesse, da sie (a) ein weiteres, einfaches Beispiel dafür ist, daß sich eine magnetische Struktur auch dann ergeben kann, wenn keinerlei explizit spinabhängige Wechselwirkungen im Spiel sind, da (b) die Kompliziertheit einer solchen Untersuchung einen Eindruck davon vermittelt, Problemen welcher Größenordnung man in wirklichen Metallen begegnet, sowie auch nicht zuletzt deshalb, weil (c) eine exakte – zur Zeit nicht existente – allgemeine Theorie des Magnetismus in Metallen unzweifelhaft einen Weg wird finden müssen, *sowohl* die oben beschriebenen lokalen, *als auch* die im folgenden zu beschreibenden itineranten Aspekte des Austauschs simultan zu behandeln.

F. Bloch stellte als erster heraus[24] daß man aus der Hartree-Fock-Näherung Ferromagnetismus in einem Gas von Elektronen voraussagen kann, die ausschließlich über die zwischen ihnen wirkenden Coulomb-Kräfte miteinander wechselwirken. Unter der Voraussetzung, daß jedes Ein-Elektron-Niveau mit einem Wellenvektor kleiner als k_F mit zwei Elektronen unterschiedlicher Spins besetzt ist, zeigten wir in Kapitel 17 im Rahmen dieser Näherung, daß dann die Energie des Grundzustandes eines Systems von N freien Elektronen gegeben ist durch (siehe Gleichung (17.23))

$$E = N \left[\frac{3}{5}(k_F a_0)^2 - \frac{3}{2\pi}(k_F a_0) \right] \text{Ry}, \quad \left(1\,\text{Ry} = \frac{e^2}{2a_0} \right). \tag{32.21}$$

Der erste Term in (32.21) beschreibt die gesamte kinetische Energie, der zweite Term, die sogenannte Austauschenergie, ist die Hartree-Fock-Näherung des Effektes der Elektron-Elektron-Coulomb-Wechselwirkungen.

Bei der Herleitung von (32.21) nahmen wir an, daß jedes besetzte Ein-Elektron-Niveau durch zwei Elektronen mit entgegengesetzten Spins besetzt sei. Eine Möglichkeit von größerer Allgemeinheit, resultierend in einem effektiven Ungleichgewicht der Spins, bestände darin, jedes Ein-Elektron-Niveau mit k kleiner als ein gewisser Wert $k_\uparrow$ mit Elektronen des einen Spintyps zu bevölkern, und entsprechend jedes Niveau mit $k < k_\downarrow$ mit Elektronen des entgegengesetzten Spintyps.

Da die Austauschwechselwirkung in der Hartree-Fock-Theorie nur zwischen Elektronen mit übereinstimmenden Spins wirkt (siehe (17.15)), so ergibt sich für jede

---

[24] *Z. Phys.* **57**, 545 (1929).

Spinpopulation eine Gleichung der Form (32.21):

$$E_\uparrow = N_\uparrow \left[\frac{3}{5}(k_\uparrow a_0)^2 - \frac{3}{2\pi}(k_\uparrow a_0) \right] \text{Ry},$$

$$E_\downarrow = N_\downarrow \left[\frac{3}{5}(k_\downarrow a_0)^2 - \frac{3}{2\pi}(k_\downarrow a_0) \right] \text{Ry}. \tag{32.22}$$

Dabei sind die Gesamtenergie und die Gesamtzahl der Elektronen gegeben durch

$$E = E_\uparrow + E_\downarrow\,,$$
$$\frac{N}{V} = \frac{N_\uparrow}{V} + \frac{N_\downarrow}{V} = \frac{k_\uparrow{}^3}{6\pi^2} + \frac{k_\downarrow{}^3}{6\pi^2} = \frac{k_F{}^3}{3\pi^2}. \tag{32.23}$$

Gleichung (32.21) ist die Form der Energie E unter der Bedingung $N_\uparrow = N_\downarrow = N/2$, so daß man sich nun auch fragen kann, ob es nicht möglich wäre, durch Fallenlassen dieser Annahme zu einer niedrigeren Energie zu gelangen. In diesem Fall hätte der Grundzustand eine von Null verschiedene Magnetisierungsdichte

$$M = -g\mu_B \frac{N_\uparrow - N_\downarrow}{V}, \tag{32.24}$$

und das Elektronengas wäre ferromagnetisch.

Der Einfachheit halber betrachten wir nur das andere Extrem[25] und wählen $N_\downarrow = N$ und $N_\uparrow = 0$. Dann ist E gleich $E_\downarrow$ und $k_\downarrow$ nach (32.23) gleich $2^{1/3}k_F$, so daß gilt

$$E = N \left[\frac{3}{5} 2^{2/3}(k_F a_0)^2 - \frac{3}{2\pi} 2^{1/3}(k_F a_0) \right]. \tag{32.25}$$

Im Vergleich zum nichtmagnetischen Fall (32.21) ist die positive kinetische Energie in (32.25) um einen Faktor $2^{2/3}$ größer, und der Betrag der negativen Austauschenergie um einen Faktor $2^{1/3}$. Die Energie des vollständig magnetisierten Zustandes ist daher geringer als die Energie des unmagnetisierten Zustandes, wenn die Austauschenergie die kinetische Energie dominiert. Dies ist der Fall für kleine k_F, also bei niedrigen Konzentrationen. Mit zunehmender Konzentration tritt ein Übergang von nichtmagnetischen zu vollständig magnetischen Grundzuständen auf, sobald die Energien (32.21) und (32.25) gleich werden, d.h. falls

$$k_F a_0 = \frac{5}{2\pi} \frac{1}{2^{1/3} + 1} \tag{32.26}$$

---

[25] Man kann zeigen, daß Werte von $N_\uparrow$ und $N_\downarrow$ in den Bereichen zwischen den Extremen $N_\uparrow = N_\downarrow$ und $N_\uparrow$ (oder $N_\downarrow$) $= N$ eine höhere Energie ergeben, als jeder der beiden Grenzfälle.

oder (siehe Gleichung (2.22))

$$\frac{r_s}{a_0} = \frac{2\pi}{5}(2^{1/3} + 1)\left(\frac{9\pi}{4}\right)^{1/3} = 5,45.\tag{32.27}$$

Das einzige metallische Element, dessen Leitungselektronenkonzentration so gering ist, daß r_s diesen Wert übertrifft, ist Cäsium; man kennt jedoch Metallverbindungen[26] mit $r_s/a_0 > 5,45$. In keinem dieser Fälle sind die Stoff dagegen ferromagnetisch, obwohl ihre Bandstrukturen recht gut im Modell freier Elektronen beschrieben werden können.

Das einfache Kriterium (32.26) für Ferromagnetismus bei geringen Konzentrationen wird durch weitergehende theoretische Betrachtungen außer Kraft gesetzt:

1. Selbst innerhalb der Hartree-Fock-Näherung gibt es noch komplexere Möglichkeiten der Auswahl von Ein-Elektron-Niveaus, die zu geringeren Energien führen, als sowohl die Energien der vollständig magnetisierten, als auch der nichtmagnetischen Lösungen. Diese Lösungen, die sogenannten Spindichtewellen, wurden von Overhauser[27] entdeckt und beschreiben einen antiferromagnetischen Grundzustand bei Konzentrationen im durch (32.27) gegebenen Bereich.

2. Die Hartree-Fock-Näherung wird verbessert, wenn man eine Abschirmung der Austauschwechselwirkung durch die Elektronen zuläßt (Seite 437), wodurch die Reichweite der Austauschwechselwirkung geringer wird. Diese Verbesserung ändert die Prognosen der Hartree-Fock-Theorie recht drastisch, so daß beispielsweise für den Fall eines extrem kurzreichweitigen Potentials von der Form einer Deltafunktion das Auftreten von Ferromagnetismus bei *hohen* Konzentrationen und die Existenz eines nichtmagnetischen Zustandes bei *niedrigen* Konzentrationen vorausgesagt wird.

3. Bei sehr niedrigen Konzentrationen zeigt der tatsächliche Grundzustand eines Gases *freier* Elektronen keinerlei Ähnlichkeit mit irgendeiner der oben beschriebenen Arten von Grundzuständen. Man kann zeigen, daß das Gas freier Elektronen im Grenzfall geringer Konzentrationen kristallisiert und dabei eine räumliche Konfi-

---

[26] ... beispielsweise die Amine der Metalle. Siehe hierzu J. J. Lagowski, M. J. Sienko, eds., *Metal Ammonia Solutions*, Butterworth, London (1970).

[27] A. W. Overhauser, *Phys. Rev. Lett.* **4**, 462 (1960); *Phys. Rev.* **128**, 1437 (1962); siehe auch C. Herring, Fußnote 23. Die Einführung der Abschirmung eliminiert das Phänomen der Spindichtewelle. Gewisse spezielle Eigenschaften der Bandstruktur von Chrom ermöglichen jedoch eine Wiederbelebung der Spindichtewelle durch Einführung der Bandstruktur in die Theorie auf eine besonders einfache Art und Weise, und man glaubt derzeit, daß anhand einer solchen Theorie der Antiferromagnetismus von Chrom zu deuten sei. Siehe beispielsweise T. M. Rice, *Phys. Rev.* **B2**, 3619 (1970) sowie die Literaturangaben darin.

guration annimmt (den *Wigner-Kristall*), dessen Beschreibung praktisch außerhalb der Möglichkeiten der Näherung unabhängiger Elektronen liegt.[28]

Somit liegt es durchaus nicht auf der Hand, welches der „beste" Hartree-Fock-Grundzustand ist, und unschuldige Versuche einer Verbesserung der Hartree-Fock-Theorie können – was noch gravierender ist – deren Voraussagen drastisch verändern. Man vertritt zur Zeit allgemein die Auffassung, daß es möglicherweise *keinen* Wert der Konzentration gibt, bei dem das Gas freier Elektronen ferromagnetisch ist, wobei ein strenger Beweis dieser Vermutung jedoch fehlt. Jedenfalls konnte man das Phänomen des Ferromagnetismus experimentell bisher ausschließlich bei Metallen beobachten, deren freie Atomrümpfe teilweise gefüllte *d*- oder *f*-Schalen enthalten, bei Systemen also, deren Beschreibung weit außerhalb des Zuständigkeitsbereiches eines Modells freier Elektronen liegt. Um die magnetische Ordnung in Metallen zu deuten, wären itinerante Austauschwechselwirkungen zu verbinden mit bestimmten Eigenschaften der Bandstruktur[29] und/oder jener Art von atomaren Betrachtungen, die zu den Hundschen Regeln führten.

Das Hubbard-Modell

J. Hubbard[30] schlug ein sehr stark vereinfachtes Modell vor, welches mit den beschriebenen Problem zurechtzukommen sucht, indem es das nackte Minimum von Eigenschaften enthält, um in den geeigneten Grenzfällen sowohl bandartiges als auch lokalisiertes Verhalten zu reproduzieren. Das Hubbard-Modell reduziert die riesige Menge gebundener elektronischer Niveaus und Kontinuumsniveaus eines jeden Atomrumpfes auf ein einziges, lokalisiertes Bahnorbital. Die im Rahmen des Modells möglichen Zustände sind festgelegt durch die vier möglichen Konfigurationen

---

[28] E. Wigner, *Trans. Farad. Soc.* **34**, 678 (1938).

[29] Einer weitverbreiteten Ansicht nach läßt sich beispielsweise der Ferromagnetismus von Nickel durch eine einfache Verbindung des Bildes freier Elektronen in einem itineranten Ferromagnetismus mit der Bändertheorie deuten. Man berechnet die Energiebänder von Nickel also in der üblichen Weise, läßt aber ein selbstkonsistentes Austauschfeld zu – häufig einfach als eine Konstante angenommen – welches für Elektronen mit entgegengesetzten Spins unterschiedlich sein kann, falls sich die beiden Spinpopulationen voneinander unterscheiden. Durch geeignete Wahl dieses Austauschfeldes kann man einen Grundzustand des Nickels mit seinen insgesamt zehn Elektronen in atomaren $3d$- und $4s$-Niveaus konstruieren, in welchem ein d-Band vollständig (5 Elektronen pro Atom) mit Elektronen eines Spintyps gefüllt ist. Das zweite d-Band enthält Elektronen mit entgegengesetzten Spins, liegt aber in seiner Energie gegenüber dem ersten d-Band nach oben über die Fermienergie hinweg verschoben, so daß seine Füllung nicht ganz vollständig ist (4,4 Elektronen pro Atom); die pro Atom fehlenden 0,6 Elektronen befinden sich in einem Band freier Elektronen, mit zufällig orientierten Spins. Da die eine der beiden Spinpopulationen um 0,6 Elektronen pro Atom größer ist als die andere, zeigt der Festkörper effektiv eine Magnetisierung. E. C. Stoner, *Rept. Prog. Phys.* **11**, 43 (1947) gibt eine Zusammenfassung früher Arbeiten in dieser Richtung, bei C. Herring (zitiert in Fußnote 23) findet man einen aktuelleren Überblick.

[30] J. Hubbard, *Proc. Roy. Soc.* **A276**, 238 (1963); **A277**, 237 (1964); **A281**, 401 (1964). In Aufgabe 5 wenden wir das Modell auf das Wasserstoffmolekül an.

eines jeden Atomrumpfes: Dieses eine Niveau kann entweder leer sein, ein Elektron mit jeweils einem der beiden Spintypen enthalten, oder aber zwei Elektronen mit entgegengesetzten Spins. Der Hamiltonoperator des Hubbard-Modells enthält Terme zweier Typen: (a) einen Term, der in den möglichen Zuständen diagonal ist und aus dem Produkt einer positiven Energie U mit der Anzahl doppelt besetzter Niveaus des Atomrumpfes besteht (sowie einem Summanden, der das Produkt aus einer – unbedeutenden – Energie U und der Anzahl von Elektronen ist), sowie (b) einen Term, der in den möglichen Zuständen nicht diagonal ist und von Null verschiedene Matrixelemente t zwischen genau jenen Zustandspaaren enthält, die sich nur dadurch voneinander unterscheiden, daß ein einzelnes Elektron ohne Änderung seines Spins von einem gegebenen Atomrumpf zu einem seiner Nachbarn bewegt wurde. Der erste Satz von Termen (a) würde – in Abwesenheit von Termen des Typs (b) – die Ausbildung lokaler magnetischer Momente begünstigen, da er verhindert, daß ein zweites Elektron mit entgegengesetztem Spin einfach besetzte Plätze einnimmt. Man kann zeigen, daß der zweite Satz von Termen (b) andererseits – in Abwesenheit von Termen des Typs (a) – zu einem konventionellen Bandspektrum sowie zu Ein-Elektron-Blochniveaus führt, in welchen jedes Elektron über den gesamten Kristall verteilt ist. Sind beide Typen von Termen vorhanden, so erweist sich selbst dieses einfache Modell als zu kompliziert für eine exakte Behandlung, wobei man aber für Spezialfälle einige interessante Information gewinnen konnte. Ist beispielsweise die Gesamtzahl der Elektronen gleich der Gesamtzahl von Gitterplätzen, so ergibt sich im Grenzfall vernachlässigbarer innerer Abstoßung ($t \gg U$) ein gewöhnliches, zur Hälfte gefülltes metallisches Band. Im entgegengesetzten Grenzfall ($U \gg t$) kann man einen antiferromagnetischen Heisenbergschen Spin-Hamiltonoperator mit einer Austauschkonstanten $|J| = 4t^2/U$ zur Beschreibung der niedrigliegenden Anregungen herleiten. Niemand konnte jedoch bisher eine überzeugende Lösung des Problems angeben, auf welche Weise das Modell den Übergang von einem nichtmagnetischen Metall zu einem antiferromagnetischen Isolator bei einer Veränderung von t/U wiedergibt.

Lokalisierte Momente in Legierungen

Wir machten oben deutlich, welche Gefahren darin liegen, den Magnetismus in Leitern von einem rein itineranten Standpunkt aus zu betrachten. Andererseits mag man im Falle von Metallen, deren magnetische Atomrümpfe als freie Atome eine teilweise gefüllte d-Schale haben, spontan dem anderen Extrem zugeneigt sein und die d-Elektronen mit denselben Methoden wie bei magnetischen Isolatoren behandeln wollen, also mit dem Konzept des direkten Austauschs, ergänzt durch den indirekten Austausch, welcher in Metallen ebenfalls auftreten kann.[31] Dieser Ansatz birgt ebenfalls Gefahren: Ein Atomrumpf, der als isoliertes Teilchen eine magnetische Elektronenschale hat, kann möglicherweise nur einen Bruchteil seines magnetischen

---

[31] Mit den f-Schalen der Metalle der Seltenen Erden ist diese Methode wohl durchführbar.

Tabelle 32.1
Vorhandensein oder Fehlen lokalisierter Momente für „Lösungen"
von Übergangsmetallatomen als Verunreinigungen in nichtmagnetischen Gastmetallen*

Verunreinigung	Gastmetall			
	Au	Cu	Ag	Al
Ti	Nein	—	—	Nein
V	?	—	—	Nein
Cr	Ja	Ja	Ja	Nein
Mn	Ja	Ja	Ja	?
Fe	Ja	Ja	—	Nein
Co	?	?	—	Nein
Ni	Nein	Nein	—	Nein

* Vorhandensein lokalisierter Momente ist durch „Ja", ihr Fehlen durch „Nein"
angegeben. Ein Fragezeichen deutet an, daß die Situation ungeklärt ist. Für einige
der angegebenen Kombinationen von Verunreinigungsatom und Wirtsmetall gibt
es Schwierigkeiten metallurgischer Art, reproduzierbar gemischte Legierungen zu
erzeugen, meistens infolge nicht hinreichend guter Löslichkeiten; hieraus erklärt
sich die Mehrzahl der Leerstellen in der Tabelle. Quelle: A. J. Heeger, *Solid State
Physics* **23**, F. Seitz, D, Turnbull, eds., Academic Press, New York (1969).

Moments beibehalten oder auch gar keines zeigen, sobald er Teil eines Metalls wird;
dieser Effekt ist sehr deutlich in den Eigenschaften verdünnter magnetischer Legierungen zu erkennen.

Liegen kleine Mengen von Übergangsmetallen gelöst in einem nichtmagnetischen, oft
freie-Elektronen-ähnlichen Metall vor, so kann diese Legierung eine lokalisiertes magnetisches Moment zeigen oder auch nicht (Tabelle 32.1).[32] Das magnetische Moment
des freien Atomrumpfes wir durch die Hundschen Regeln (Seiten 824 bis 827) bestimmt, die wiederum auf Betrachtungen der Coulomb-Wechselwirkungen innerhalb
des Atomrumpfes (und in geringerem Maße auch der Spin-Bahn-Wechselwirkungen)
beruht. Eine Theorie der lokalisierten Momente in einer verdünnten magnetischen Legierung muß bestimmen, auf welche Weise diese Betrachtungen zu modifizieren sind,
wenn der Atomrumpf nicht frei, sondern in ein Metall eingebaut ist.[33]

---

[32] Das Kriterium für ein lokalisiertes Moment ist das Vorhandensein eines zur Temperatur umgekehrt
proportionalen Terms in der magnetischen Suszeptibilität, mit einem Koeffizienten proportional zur
Konzentration der magnetischen Atomrümpfe, wie er durch das Curie-Gesetz (31.47) gegeben wird.

[33] In Kapitel 31 betrachteten wir eine analoge Situation, die sich ergibt, wenn man den Atomrumpf
in einen Isolator einbettet. Wir fanden in diesem Fall, daß die Effekte des Kristallfeldes ohne weiteres
wesentlicher sein können als die Kopplung nach den Hundschen Regeln, mit einer entsprechenden
Variation des effektiven magnetischen Moments.

Selbst wenn wir den Einfluß aller Wechselwirkungen zwischen den Elektronen auf den magnetischen Atomrumpf sowie auf die Elektronen und Atomrümpfe des Wirtsmetalls vernachlässigen würden, so gäbe es doch noch immer einen einfachen Mechanismus, durch den das effektive magnetische Moment des Atomrumpfes verändert werden könnte: Abhängig von der relativen Lage der Energieniveaus des Atomrumpfes zur Fermienergie des Metalls können Elektronen entweder den Atomrumpf verlassen und in das Leitungsband des Wirtsmetalls übergehen, oder aber aus diesem Leitungsband in niedrigerliegende Energieniveaus des Atomrumpfes „fallen", wodurch sich das magnetische Moment des Atomrumpfes ändert, oder in einigen Fällen gänzlich verschwindet. Da überdies Niveaus des Atomrumpfes entartet sind mit dem Kontinuum von Leitungsbandniveaus des Wirtsmetalls, so ergibt sich eine Zustandsmischung zwischen diesen Rumpfniveaus und den entsprechenden Kontinuumsniveaus, in deren Zuge sich die räumliche Lokalisierung der Rumpfniveaus vermindert, während die Ladungsverteilungen der jeweils energetisch benachbarten Leitungsbandniveaus in der räumlichen Umgebung des magnetischen Atomrumpfes verändert werden. Infolgedessen ändert sich radikal die Energiebilanz innerhalb des Atomrumpfes, auf welcher die effektive Spinkonfiguration der in der Umgebung des Atomrumpfes lokalisierten Elektronen beruht: Nimmt beispielsweise die Lokalisierung der Rumpfniveaus allmählich ab, so verliert die Coulomb-Abstoßung innerhalb des Atomrumpfes entsprechend an Bedeutung.

Kurz: Die Problemstellung ist von beträchtlicher Komplexität. Einigen Einblick in die Zusammenhänge gewährte ein Modell von P. W. Anderson,[34] welches sämtliche Niveaus des magnetischen Atomrumpfes – wie im Hubbard-Modell – durch ein einziges, lokalisiertes Niveau ersetzt, so daß sich die Kopplung zwischen lokalisierten Niveaus und Bandniveaus auf ein Minimum reduziert. Man kann die physikalische Komplexität von Situationen, in denen sowohl lokale Eigenschaften als auch Bandeigenschaften eine Rolle spielen, daran ermessen, daß es auch im extrem stark vereinfachten Anderson-Modell nicht gelungen ist, eine exakte Lösung zu erhalten, und dies, obwohl sich eine massive theoretische Aktivität an diesem Modell entfaltet hat.

Die Kondo-Theorie des Widerstandsminimums

Die Existenz lokalisierter, an die Leitungselektronen koppelnder magnetischer Momente in verdünnten Legierungen hat wesentliche Konsequenzen für die elektrische Leitfähigkeit. Die magnetischen Verunreinigungen wirken als Streuzentren, und sind sie der vorherrschende Typus von Verunreinigungen oder Gitterfehlern im Festkörper, so ist bei hinreichend niedrigen Temperaturen die durch sie verursachte Streuung die wesentlichste Ursache des elektrischen Widerstands.[35] In Kapitel 16 konnten wir

---

[34] P. W. Anderson, *Phys. Rev.* **124**, 41 (1961). Siehe auch A. J. Heeger, *Solid State Physics*, vol. 23, F. Seitz, D. Turnbull, eds., Academic Press, New York (1969), Seite 293.

[35] Erinnern Sie sich daran, daß der Beitrag der Phononenstreuung wie T^5 mit der Temperatur abnimmt.

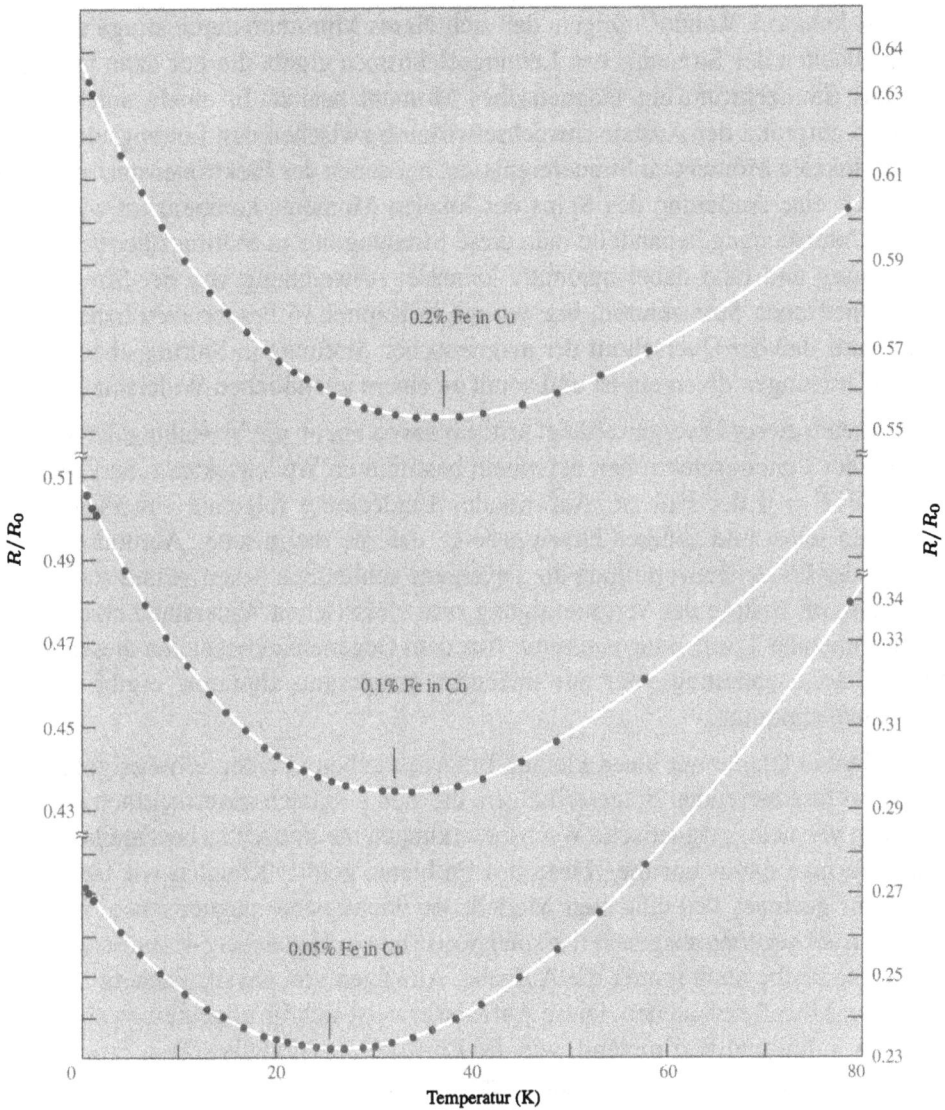

Bild 32.3: Das Widerstandsminimum bei einigen verdünnten Legierungen von Eisen in Kupfer (R_0 ist der Widerstand bei $0°C$.). Die Lage des Minimums hängt von der Konzentration des Eisens ab (Aus J. P. Franck et al., *Proc. Roy. Soc.* **A263**, 494 (1961).).

feststellen, daß sich das Vorhandensein nichtmagnetischer Streuzentren in einem temperaturunabhängigen Term äußert, dem sogenannten Restwiderstand, bis zu dem hinab der Widerstand mit geringer werdender Temperatur monoton abfällt. Seit 1930[36] weiß man, daß in magnetischen Legierungen der Widerstand nicht monoton abfällt, sondern ein recht flaches Minimum zeigt. Dieses Minimum tritt bei einer niedrigen Temperatur von der Größenordnung 10 K auf, die schwach von der Konzentration der magnetischen Verunreinigung abhängt (Bild 32.3).

---

[36] W. Meißner, B. Voigt, *Ann. Phys.* **7**, 761, 892 (1930).

Erst 1963 konnte J. Kondo[37] zeigen, daß sich dieses Minimum durch einige unerwartete Eigenheiten der Streuung von Leitungselektronen ergab, die nur dann auftreten, wenn das Streuzentrum ein magnetisches Moment besitzt. In einem solchen Fall kommt es aufgrund der Austauschwechselwirkung zwischen den Leitungselektronen und dem lokalen Moment zu Streuereignissen, bei denen der Elektronenspin umklappt (was durch eine Änderung des Spins des lokalen Moments kompensiert wird). Vor Kondos Untersuchung behandelte man diese Streuung nur in Störungstheorie führender Ordnung und fand dabei qualitativ keinerlei Abweichung von der Streuung an nichtmagnetischen Streuzentren, wie wir sie in Kapitel 16 beschrieben haben. Kondo erkannte, daß der Querschnitt der magnetischen Streuung in Störungstheorie aller höheren Ordnungen divergent ist und somit zu einem unendlichen Widerstand führt.

Das Auftreten dieser Divergenz hängt kritisch davon ab, ob die Verteilung der Wellenvektoren der Leitungselektronen bei einem bestimmten Wellenvektor scharf abbricht – was bei $T = 0$ der Fall ist. Auf Kondos Entdeckung folgende Untersuchungen von Kondo selbst und anderen haben gezeigt, daß die thermische „Abrundung" und Glättung der Elektronenverteilung die Divergenz schließlich beseitigt und stattdessen einen Term im Beitrag der Verunreinigung zum elektrischen Widerstand erzeugt, der mit abnehmender Temperatur *zunimmt*. Aus dem Gegeneinanderspielen dieses Terms und des Phononenbeitrags, der mit sinkender Temperatur abnimmt, ergibt sich das Widerstandsminimum.

Dieses Kapitel konnte nur einen kleinen Eindruck geben von den schwierigen, subtilen und oft faszinierenden Fragestellungen, die sich praktisch unvermeidlich ergeben, wenn man versucht, magnetische Wechselwirkungen theoretisch zu beschreiben. Dennoch hätte man damit nur die Hälfte des Problems gelöst: Könnten wir tatsächlich von einem geeignet vereinfachten Modell der wichtigsten magnetischen Wechselwirkungen als *gegeben* ausgehen (beispielsweise einem Heisenberg-Hamiltonoperator (32.20)), so bliebe noch immer die Aufgabe, Aussagen von physikalischem Interesse aus diesem Modell herzuleiten. Diese Aufgabe erweist sich im allgemeinen als ebenso schwierig, subtil und faszinierend, wie der Entwurf des Modells selbst. Einen Überblick über diesen Aspekt des Magnetismus geben wir in Kapitel 33.

Aufgaben

32.1 Symmetrie von Zwei-Elektronen-Bahnwellenfunktionen

Zeigen Sie, daß die stationären Zustände des Bahnanteils der Schrödingergleichung eines Zwei-Elektronen-Systems mit einem symmetrischen Potential – also Gleichung (32.3) mit $V(\mathbf{r}_1, \mathbf{r}_2) = V(\mathbf{r}_2, \mathbf{r}_1)$ – als entweder symmetrisch oder antisymmetrisch gewählt werden können. (Dieser Beweis ist analog zum ersten Beweis des Blochschen Satzes in Kapitel 8.)

---

[37] J. Kondo, *Prog. Theoret. Phys.* **32**, 37 (1964); *Solid State Physics*, vol. 23, F. Seitz, D. Turnbull, eds., Academic Press, New York (1969), Seite 183.

32.2 Beweis, daß der Zwei-Elektronen-Grundzustand eines spinunabhängigen Hamiltonoperators ein Singulett ist

(a) Man kann die mittlere Energie eines Zwei-Elektronen-Systems mit einem Hamiltonoperator (32.3) in einem Zustand ψ in der Form schreiben

$$E = \int d\mathbf{r}_1 \, d\mathbf{r}_2 \left[\frac{\hbar^2}{2m} \{|\nabla_1 \psi|^2 + |\nabla_2 \psi|^2\} + V(\mathbf{r}_1, \mathbf{r}_2)|\psi|^2 \right] \qquad (32.28)$$

(nach partieller Integration im Term der kinetischen Energie). Zeigen Sie, daß der kleinste Wert, den die Energie (32.28) für alle normierten, antisymmetrischen, differenzierbaren, im Unendlichen verschwindenden Wellenfunktionen ψ annimmt, die Triplett-Grundzustandsenergie E_t ist, für alle symmetrischen Funktionen dieser niedrigste Wert dagegen identisch ist mit der Singulett-Grundzustandsenergie E_s.

(b) Verwenden Sie (i) das Ergebnis (a), (ii) die Tatsache, daß man den Triplett-Grundzustand ψ_t als reell wählen kann, falls V reell ist, sowie (iii) die Tatsache, $|\psi_t|$ symmetrische ist, um zu zeigen, daß $E_s \leqslant E_t$.

32.3 Symmetrie von Ein-Elektron-Bahnwellenfunktionen für das Wasserstoffmolekül

Zeigen Sie – im wesentlichen auf die gleiche Weise, wie in Aufgabe 1 – daß die stationären Ein-Elektron-Niveaus in einem Ein-Elektron-Potential mit Spiegelebene so gewählt werden können, daß sie entweder invariant unter einer Spiegelung an dieser Ebene sind, oder aber bei der Spiegelung das Vorzeichen wechseln. (Dieses Ergebnis zeigt, daß Gleichung (32.11) die korrekten Linearkombinationen von Atomorbitalen für das Zwei-Protonen-Potential angibt.)

32.4 Singulett-Triplett-Aufspaltung nach Heitler-London!Aufgabe

Leiten Sie die Heitler-London-Abschätzung (32.16) für die Differenz der Singulett- und Triplett-Grundzustandsenergien des Wasserstoffmoleküls her. (Beim Nachweis, daß sich für deutlich voneinander getrennte Protonen (32.15) auf (32.16) reduziert, sind die folgenden Punkte beachtenswert: (a) Die Ein-Elektron-Wellenfunktionen ϕ_1 und ϕ_2, aus welchen die Wellenfunktionen (32.13) und (32.14) konstruiert wurden, sind exakte Grundzustandswellenfunktionen für ein einzelnes Elektron in einem Wasserstoffatom, das sich im Punkt $\mathbf{R}_1$ beziehungsweise $\mathbf{R}_2$ befindet. (b) Das Kriterium für „deutlich voneinander getrennte" Protonen ist erfüllt, wenn die Protonen weit voneinander entfernt sind, verglichen mit der Ausdehnung einer Ein-Elektron-Wasserstoffwellenfunktion. (c) Das elektrostatische Feld außerhalb einer kugelsymmetrischen Ladungsverteilung ist identisch mit dem Feld, das sich ergeben würde, wäre die Gesamtladung als Punktladung im Zentrum der Kugel angeordnet. Es ist zweckmäßig, in den Hamiltonoperator die (konstante) Wechselwirkungsenergie $e^2/|\mathbf{R}_1 - \mathbf{R}_2|$ der beiden Protonen mit aufzunehmen.)

32.5   Hubbard-Modell des Wasserstoffmoleküls

Das Hubbard-Modell stellt ein Atom an der Stelle $\mathbf{R}$ durch ein einzelnes elektronisches Bahnniveau $|\mathbf{R}\rangle$ dar. Ist dieses Niveau leer, befindet sich also kein Elektron am Atom, so ist seine Energie Null; besetzt ein Elektron (mit beliebigem Spin) das Niveau, so ist seine Energie gleich ε, und befinden sich zwei Elektronen mit notwendigerweise entgegengesetzten Spins im Niveau, so beträgt seine Energie $2\varepsilon + U$. Die zusätzliche, positive Energie U ist die inneratomare Coulomb-Abstoßung der beiden lokalisierten Elektronen. (Das Pauliprinzip verhindert, daß mehr als zwei Elektronen dasselbe Niveau besetzen.)

Das Hubbard-Modell für ein zweiatomiges Molekül geht von zwei solcher Bahnniveaus aus, die mit $|\mathbf{R}\rangle$ und $|\mathbf{R}'\rangle$ bezeichnet seien; diese Niveaus repräsentieren Elektronen, die am Ort $\mathbf{R}$ beziehungsweise am Ort $\mathbf{R}'$ lokalisiert sind. Der Einfachheit halber nimmt man die beiden Niveaus als orthogonal zueinander an:

$$\langle \mathbf{R}|\mathbf{R}'\rangle = 0. \tag{32.29}$$

Wir betrachten zunächst den Fall zweier „Protonen" und eines Elektrons (d.h. das Wasserstoffmolekülion H_2^+). Wäre der Ein-Elektron-Hamiltonoperator diagonal in $|\mathbf{R}\rangle$ und $|\mathbf{R}'\rangle$, so würden seine stationären Zustände ein System aus einem Wasserstoffatom und einem Proton beschreiben. Wir wissen jedoch, daß es für nicht zu weit voneinander entfernte Protonen eine gewisse Wahrscheinlichkeit dafür gibt, daß das Elektron vom einen Proton zum anderen tunnelt, wodurch das System zum einfach ionisierten Wasserstoffmolekül wird. Wir stellen diese Tunnelamplitude durch ein nicht auf der Diagonalen liegendes Matrixelement des Ein-Elektron-Hamiltonoperators dar,

$$\langle \mathbf{R}|h|\mathbf{R}'\rangle = \langle \mathbf{R}'|h|\mathbf{R}\rangle = -t, \tag{32.30}$$

wobei wir die Phasen von $|\mathbf{R}\rangle$ und $|\mathbf{R}'\rangle$ derart wählen können, daß die Zahl t reell und positiv ist. In Verbindung mit den Diagonalelementen

$$\langle \mathbf{R}|h|\mathbf{R}\rangle = \langle \mathbf{R}'|h|\mathbf{R}'\rangle = \varepsilon \tag{32.31}$$

ist dadurch das Ein-Elektron-Problem definiert.

(a) Zeigen Sie, daß die stationären Ein-Elektron-Zustände gegeben sind durch

$$\frac{1}{\sqrt{2}}(|\mathbf{R}\rangle \mp |\mathbf{R}'\rangle) \tag{32.32}$$

mit den zugehörigen Eigenwerten

$$\varepsilon \pm t. \tag{32.33}$$

Als einen ersten Ansatz zur Lösung des Zwei-Elektronen-Problems (das Wasserstoff-molekül) machen wir die Näherung unabhängiger Elektronen für den – räumlich symmetrischen – Singulett-Grundzustand und setzen beide Elektronen in das Ein-Elektron-Niveau mit niedrigster Energie, so daß sich eine Gesamtenergie von $2(\varepsilon - t)$ ergibt. Damit vernachlässigen wir vollständig die Wechselwirkungsenergie U, welche auftritt, sobald sich beide Elektronen am selben Proton aufhalten. Als gröbste Art, die Abschätzung $2(\varepsilon - t)$ zu verbessern, kann man die Energie U addieren, multipliziert mit der Wahrscheinlichkeit dafür, tatsächlich beide Elektronen bei demselben Proton anzutreffen, wenn sich das Molekül im Grundzustand der Näherung unabhängiger Elektronen befindet.

(b) Zeigen Sie, daß diese letztere Wahrscheinlichkeit gleich $\frac{1}{2}$ ist, so daß sich die verbesserte Abschätzung der Grundzustandsenergie in der Näherung unabhängiger Elektronen zu

$$E_{ie} = 2(\varepsilon - t) + \frac{1}{2}U \qquad (32.34)$$

ergibt. (Dieses Resultat entspricht exakt dem Ergebnis einer Anwendung der Hartree-Näherung (der Näherung des selbstkonsistenten Feldes) auf das Hubbard-Modell; siehe die Kapitel 11 und 17.)

Der vollständige Satz (räumlich symmetrischer) Singulett-Zustände für das Zwei-Elektronen-Problem ist

$$\Phi_0 = \frac{1}{\sqrt{2}}(|\mathbf{R}\rangle|\mathbf{R}'\rangle + |\mathbf{R}'\rangle|\mathbf{R}\rangle),$$
$$\Phi_1 = |\mathbf{R}\rangle|\mathbf{R}\rangle, \quad \Phi_2 = |\mathbf{R}'\rangle|\mathbf{R}'\rangle, \qquad (32.35)$$

wobei sich im Zustand $|\mathbf{R}\rangle|\mathbf{R}'\rangle$ Elektron 1 beim Atom an der Stelle $\mathbf{R}$ und Elektron 2 beim Atom an der Stelle $\mathbf{R}'$ befindet, etc.

(c) Zeigen Sie, daß man die angenäherte Grundzustandswellenfunktion in der Näherung unabhängiger Elektronen in der folgenden Form durch die Zustände (32.35) ausdrücken kann:

$$\Phi_{ie} = \frac{1}{\sqrt{2}}\Phi_0 + \frac{1}{2}(\Phi_1 + \Phi_2). \qquad (32.36)$$

Die Matrixelemente des *vollständigen* Zwei-Elektronen-Hamiltonoperators

$$H = h_1 + h_2 + V_{12} \qquad (32.37)$$

im Raum der Singulett-Zustände sind $H_{ij} = (\Phi_i, H\Phi_j)$, mit

$$
\begin{pmatrix} H_{00} & H_{01} & H_{02} \\ H_{10} & H_{11} & H_{12} \\ H_{20} & H_{21} & H_{22} \end{pmatrix} = \begin{pmatrix} 2\varepsilon & -\sqrt{2}t & -\sqrt{2}t \\ -\sqrt{2}t & 2\varepsilon + U & 0 \\ -\sqrt{2}t & 0 & 2\varepsilon + U \end{pmatrix}. \tag{32.38}
$$

Beachten Sie, daß die Diagonalelemente in den Zuständen Φ_1 und Φ_2, in welchen sich zwei Elektronen beim selben Proton befinden, die zusätzliche Coulomb-Abstoßung U enthalten; das Diagonalelement im Zustand Φ_0 enthält diese Coulomb-Abstoßung nicht, da sich die Elektronen im Zustand Φ_0 bei unterschiedlichen Protonen aufhalten. Dieses Auftreten von U ist der einzige Effekt der Elektron-Elektron-Wechselwirkung V_{12}. Beachten Sie ebenfalls, daß die Ein-Elektron-Tunnelamplitude t nur solche Zustände miteinander verbindet, in welchen ein einzelnes Elektron von einem der Protonen zum anderen gebracht wurde; es bedürfte einer weiteren Zwei-Körper-Wechselwirkung, um auch zwischen Zuständen, in welchen die Orte beider Elektronen vertauscht sind, von Null verschiedene Matrixelemente zu erzeugen. Überzeugen Sie sich davon, daß der Faktor $\sqrt{2}$ in (32.38) korrekt ist.

Die Heitler-London-Näherung an den Singulett-Grundzustand ist gerade Φ_0, so daß die Heitler-London-Abschätzung der Grundzustandsenergie gerade H_{00} ist, und es gilt

$$
E_{\mathrm{HL}} = 2\varepsilon. \tag{32.39}
$$

(d) Zeigen Sie, daß die exakte Grundzustandsenergie des Hamiltonoperators (32.38) gegeben ist durch

$$
E = 2\varepsilon + \frac{1}{2}U - \sqrt{4t^2 + \frac{1}{4}U^2}. \tag{32.40}
$$

Zeichnen Sie die Verläufe (i) dieser Energie, (ii) der Näherung (32.34) an die Grundzustandsenergie in der Näherung unabhängiger Elektronen, sowie (iii) der Heitler-London-Näherung an die Grundzustandsenergie als Funktionen von U (für feste Werte von ε und t). Diskutieren Sie das Verhalten dieser Abhängigkeiten in den Grenzfällen großer und kleiner Werte von U/t und zeigen Sie, daß diese Verhaltensweisen physikalisch sinnvoll sind. In welchem Verhältnis stehen diese drei Energien im Falle $U = 2t$ zueinander?

(e) Zeigen Sie, daß der exakte Grundzustand des Hamiltonoperators (32.38) bis auf eine Normierungskonstante gegeben ist durch

$$
\Phi = \frac{1}{\sqrt{2}}\Phi_0 + \left(\sqrt{1 + \left(\frac{U}{4t}\right)^2} - \frac{U}{4t} \right) \frac{1}{2}(\Phi_1 + \Phi_2). \tag{32.41}
$$

Welches ist in diesem Zustand die Wahrscheinlichkeit dafür, zwei Elektronen am selben Proton anzutreffen? Tragen Sie diese Wahrscheinlichkeit als Funktion von U (für feste Werte von ε und t) auf und diskutieren Sie ihr Verhalten in den Grenzfällen kleiner und großer Werte von U/t.

33 Magnetische Ordnung

Typen magnetischer Struktur

Beobachtung magnetischer Struktur

Thermodynamische Eigenschaften beim Einsetzen
magnetischer Ordnung

Grundzustand des Heisenberg-Ferromagneten
und -Antiferromagneten

Verhalten bei tiefen Temperaturen: Spinwellen

Verhalten bei hohen Temperaturen: Korrekturen zum
Curieschen Gesetz

Untersuchung des kritischen Punktes

Molekularfeldtheorie

Effekte der Dipol-Wechselwirkungen: Domänen und
Entmagnetisierungsfaktoren

In den vorangegangenen beiden Kapiteln beschäftigten wir uns vornehmlich mit der Untersuchung der Frage, wie sich magnetische Momente in Festkörpern ausbilden und auf welche Weise Coulomb-Wechselwirkungen zwischen den Elektronen, zusammen mit dem Pauliprinzip, effektiv zu Wechselwirkungen zwischen diesen magnetischen Momenten führen können. In diesem Kapitel gehen wir davon aus, daß die magnetischen Momente miteinander wechselwirken, und beschäftigen uns nicht weiter mit den Theorien über den Ursprung dieser Wechselwirkungen. Wir geben einen Überblick über die Typen magnetischer Strukturen, die sich in Systemen miteinander wechselwirkender magnetischer Momente zeigen, und gehen auf einige typische Probleme ein, die sich auch dann bei dem Versuch ergeben, das Verhalten solcher magnetischer Strukturen herzuleiten, wenn man nicht vom fundamentalen Hamiltonoperator des Festkörpers ausgeht, sondern lediglich von einem „einfachen" phänomenologischen Modell eines Systems miteinander wechselwirkender magnetischer Momente.

Bei der Beschreibung der beobachteten Eigenschaften magnetischer Strukturen vermeiden wir, uns auf ein besonderes Modell der zugrundeliegenden magnetischen Wechselwirkung festzulegen. Dennoch verwenden wir bei einem Großteil unserer theoretischen Betrachtungen den Heisenbergschen Spin-Hamiltonoperator (32.20). Selbst wenn man vom Heisenberg-Modell ausgeht, erweist es sich als eine extrem schwierige Aufgabe, die magnetischen Eigenschaften eines Festkörpers als Funktionen der Temperatur und des äußeren Feldes herzuleiten. Selbst für dieses vereinfachte Modellproblem konnte man keine systematische Lösung finden, obwohl es in zahlreichen wesentlichen Spezialfällen gelungen ist, Teillösungen zu ermitteln.

Wir diskutieren hier die folgenden, repräsentativen Themenbereiche:

1. Typen magnetischer Ordnung, die man beobachten konnte.
2. Die Theorie der sehr niedrig liegenden Zustände magnetisch geordneter Systeme.
3. Die Theorie der magnetischen Eigenschaften bei hohen Temperaturen.
4. Den kritischen Temperaturbereich, innerhalb dessen die magnetische Ordnung verschwindet.
5. Eine sehr grobe, phänomenologische Theorie der magnetischen Ordnung (Molekularfeldtheorie).
6. Einige wesentliche Konsequenzen der magnetischen Dipolwechselwirkungen in ferromagnetisch geordneten Festkörpern.

Typen magnetischer Struktur

Die hier verwendete Terminologie ist zur Beschreibung von Festkörpern geeignet, in welchen die magnetischen Atomrümpfe an den Gitterplätzen lokalisiert sind. Weiter unten dann erläutern wir, auf welche Weise man diesen Ansatz auf eine Behandlung des itineranten Magnetismus der Elektronen verallgemeinern kann.

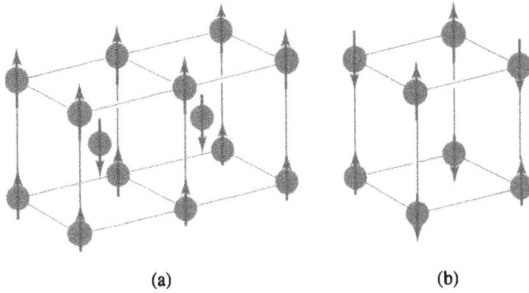

Bild 33.1: Einfache antiferromagnetische Spinanordnungen. (a) Antiferromagnetische Ordnung auf einem kubisch-raumzentrierten Gitter: Spins identischen Typs bilden zwei ineinanderliegende, einfach kubische Gitter. (b) Antiferromagnetische Ordnung auf einem einfach kubischen Gitter. Spins identischen Typs bilden zwei ineinanderliegende, kubisch-flächenzentrierte Gitter.

Gäbe es keinerlei magnetische Wechselwirkungen, so wären die einzelnen magnetischen Momente in Abwesenheit eines äußeren Feldes bei jeder beliebigen Temperatur thermisch ungeordnet, und der Vektor des Moments eines jeden magnetischen Atomrumpfes würde sich zu Null mitteln.[1] In einigen Festkörpern jedoch zeigen die einzelnen magnetischen Atomrümpfe unterhalb einer kritischen Temperatur T_c einen von Null verschiedenen mittleren Vektor ihres magnetischen Moments; solche Festkörper bezeichnet man als *magnetisch geordnet.*

Nun können sich die einzelnen, lokalisierten magnetischen Momente in einem magnetisch geordneten Festkörper zu einer effektiv von Null verschiedenen Magnetisierungsdichte für den Festkörper als Ganzen addieren oder nicht. Tun sie es, so zeigt sich die mikroskopische magnetische Ordnung durch das Vorhandensein einer makroskopischen Magnetisierungsdichte der Probe auch ohne äußeres Feld. Diese Magnetisierungsdichte bezeichnet man als *spontane Magnetisierung,* den geordneten Zustand als *ferromagnetisch.*

Häufiger trifft man den Fall, daß sich die einzelnen, lokalen magnetischen Momente zu einem Gesamtmoment Null addieren und keinerlei spontane Magnetisierung das Vorhandensein der mikroskopischen Ordnung enthüllt; solche magnetisch geordneten Zustände nennt man *antiferromagnetisch.*

In den einfachsten Ferromagneten haben sämtliche lokalen Momente denselben Betrag und die gleiche mittlere Richtung; im einfachsten antiferromagnetischen Zustand verteilen sich die lokalen Momente auf zwei ineinanderliegende *Untergitter* mit identischer Struktur.[2] Innerhalb eines jeden der beiden Untergitter sind die Beträge und die mittleren Richtungen der magnetischen Momente gleich, die effektiven Momente der beiden Untergitter sind jedoch einander entgegengesetzt gerichtet und addieren sich zum Gesamtmoment Null (Bild 33.1).

Man verwendet die Bezeichnung „Ferromagnet" auch in einem stärker eingeschränkten Sinne, wenn man nämlich eine Unterscheidung treffen will zwischen den zahlrei-

---

[1] Dies wurde in Kapitel 31 gezeigt: Gleichung (31.44) ergibt $M = 0$ für $H = 0$ bei beliebiger Temperatur.

[2] Beispielsweise kann man ein einfach-kubisches Gitter als zwei ineinanderliegende kubisch-flächenzentrierte Gitter betrachten, ein kubisch-raumzentriertes Gitter entsprechend als zwei ineinanderliegende einfach-kubische Gitter. Dagegen ist ein kubisch-flächenzentriertes Gitter nicht auf diese Weise darstellbar.

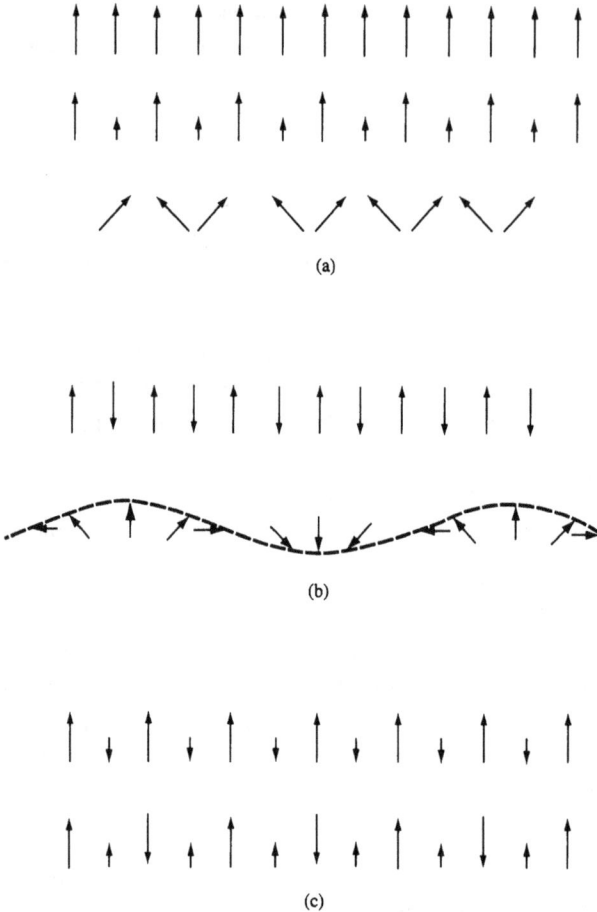

(a)

(b)

Bild 33.2: Lineare Anordnungen von Spins als Beispiele für (a) ferromagnetische, (b) antiferromagnetische und (c) ferrimagnetische Ordnung.

(c)

chen ferromagnetischen Zuständen, die sich ergeben können, wenn die primitive Zelle mehrere, nicht notwendig identische magnetische Atomrümpfe enthält. In solchen Fällen reserviert man das Attribut „ferromagnetisch" zur Bezeichnung jener magnetischen Strukturen, in welchen *sämtliche* lokalen Momente eine positive Komponente in Richtung der spontanen Magnetisierung aufweisen. Festkörper mit spontaner Magnetisierung, welche dieses Kriterium nicht erfüllen, bezeichnet man als *Ferrimagnete*.[3]

In einem einfachen Ferrimagneten kann möglicherweise die Austauschkopplung zwischen nächsten Nachbarn eine antiparallele Ausrichtung begünstigen; da jedoch benachbarte magnetische Atomrümpfe nicht identisch sind, löschen sich ihre magnetischen Momente nicht aus, und es verbleibt ein restliches, effektives Moment des Festkörpers als Ganzes.

Einige der zahlreichen Typen magnetischer Ordnung illustriert schematisch Bild 33.2. Viele der magnetischen Strukturen sind derart komplex, daß es angemessener ist, sie

---

[3] So genannt nach den *Ferriten*. Siehe W. P. Wolf, *Repts. Prog. Phys.* 24, 212 (1961) als Übersichtsartikel.

Tabelle 33.1

Ausgewählte Ferromagnete, ihre kritischen Temperaturen T_c und Sättigungsmagnetisierungen M_0

Stoff	T_c (K)	M_0 (Gauß)*
Fe	1043	1752
Co	1388	1446
Ni	627	510
Gd	293	1980
Dy	85	3000
$CrBr_3$	37	270
Au_2MnAl	200	323
Cu_2MnAl	630	726
Cu_2MnIn	500	613
EuO	77	1910
EuS	16,5	1184
MnAs	318	870
MnBi	670	675
$GdCl_3$	2,2	550

* Bei $T = 0$ K

Quelle: F. Keffer, *Handbuch der Physik*, Band 18, Teil 2, Springer, New York (1966); P. Heller, *Rep. Progr. Phys.* **30**, (part II), 731 (1967).

Tabelle 33.2

Ausgewählte Antiferromagnete und ihre kritischen Temperaturen T_c

Stoff	T_c (K)	Stoff	T_c (K)
MnO	122	$KCoF_3$	125
FeO	198	MnF_2	67,34
CoO	291	FeF_2	78,4
NiO	600	CoF_2	37,7
$RbMnF_3$	54,5	$MnCl_2$	2
$KFeF_3$	115	VS	1040
$KMnF_3$	88,3	Cr	311

Quelle: F. Keffer, *Handbuch der Physik*, Band 18, Teil 2, Springer, New York (1966).

Tabelle 33.3
Ausgewählte Ferrimagnete, ihre kritischen Temperaturen T_c und Sättigungsmagnetisierungen M_0

Stoff	T_c (K)	M_0 (Gauß)[*]
Fe_3O_4 (Magnetit)	858	510
$CoFe_2O_4$	793	475
$NiFe_2O_4$	858	300
$CuFe_2O_4$	728	160
$MnFe_2O_4$	573	560
$Y_3Fe_5O_{12}$ (YIG)	560	195

[*] Bei $T = 0$ K
Quelle: F. Keffer, *Handbuch der Physik*, Band 18, Teil 2, Springer, New York (1966).

explizite zu beschreiben, anstatt ein Klassifizierung in eine der oben beschriebenen drei Kategorien zu versuchen.

Unterscheidungen ähnlicher Art kann man für magnetisch geordnete Metalle treffen, obwohl hier das Konzept eines lokalisierten magnetischen Atomrumpfes möglicherweise nicht anwendbar sein kann. Man beschreibt die Ordnung anhand der Spindichte; diese ist an einem Punkt $\mathbf{r}$ und entlang einer Richtung $\hat{\mathbf{z}}$ definiert als $s_z(\mathbf{r}) = \frac{1}{2}[n_\uparrow(\mathbf{r}) - n_\downarrow(\mathbf{r})]$, wobei $n_\uparrow(\mathbf{r})$ und $n_\downarrow(\mathbf{r})$ die Beiträge der beiden Spinpopulationen zur Elektronenkonzentration bezeichnen, wenn man die Spins auf die z-Achse projiziert. In einem magnetisch geordneten Metall ist die lokale Spindichte von Null verschieden. In einem ferromagnetischen Metall ist für eine bestimmte Richtung $\hat{\mathbf{z}}$ auch $\int d\mathbf{r} s_z(\mathbf{r})$ von Null verschieden, während dieses Integral in einem antiferromagnetischen Metall für jede Wahl von $\hat{\mathbf{z}}$ gleich Null ist, obwohl $s_z(\mathbf{r})$ selbst nicht identisch verschwindet.

Die magnetischen Strukturen in Metallen können ebenfalls sehr komplex sein: Antiferromagnetisches Chrom beispielsweise hat eine von Null verschiedene, periodische Spindichte, deren Periode unter normalen Bedingungen nicht mit der Periodizität des Gitters korreliert und stattdessen durch die Geometrie der Fermifläche bestimmt ist.

Einige Beispiele für magnetisch geordnete Festkörper sind in den Tabellen 33.1, 2 und 3 zusammengestellt.

Beobachtung magnetischer Struktur

Die magnetische Ordnung eines Festkörpers mit spontaner Magnetisierung zeigt sich deutlich durch sein makroskopisches Magnetfeld.[4] Die magnetische Ordnung in an-

---

[4] Achtung: Dieses makroskopische Feld wird oft durch eine Domänenstruktur maskiert; siehe die Seiten 915 bis 920.

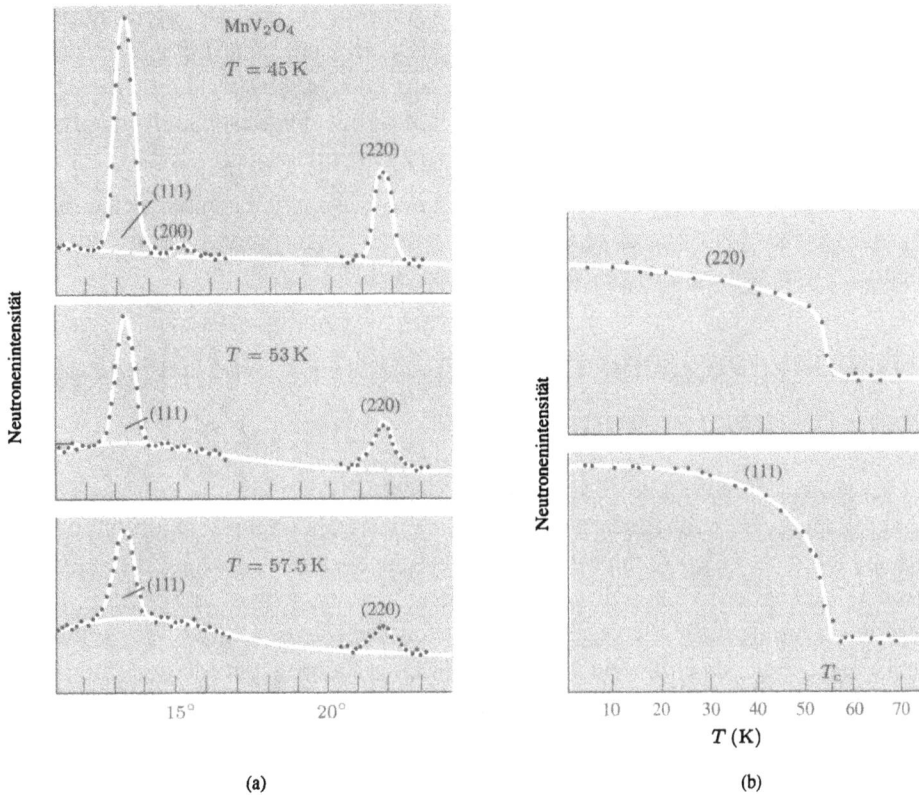

(a)

(b)

Bild 33.3: (a) Bragg-Maxima bei der Neutronenstreuung an Manganvanadit (MnV_2O_4), einem Antiferromagneten mit $T_c = 56$ K. Die Intensität der Maxima nimmt ab, wenn die Temperatur T gegen die kritische Temperatur T_c hin ansteigt. (b) Intensität der Maxima (220) und (111) als Funktion der Temperatur. Oberhalb von T_c zeigt sich nur eine sehr schwache Temperaturabhängigkeit. (Aus R. Plumier, *Proceedings of the International Conference on Magnetism*, Nottingham (1964).)

tiferromagnetischen Festkörpern verursacht dagegen kein makroskopisches Feld und bedarf daher subtilerer Methoden zu ihrem Nachweis. Niederenergetische Neutronen beispielsweise sind eine sehr effektive Sonde zur Detektion lokaler magnetischer Momente, da das magnetische Moment des Neutrons an den Spin der Elektronen im Festkörper koppelt. Dadurch ergibt sich eine Struktur im Querschnitt der elastischen Neutronenstreuung zusätzlich zur Struktur durch unmagnetische Bragg-Reflexion der Neutronen an den Kernen der Atomrümpfe (siehe Seite 600). Man kann diese „magnetischen" Reflexe von den „unmagnetischen" unterscheiden, da sie schwächer werden und schließlich vollständig verschwinden, wenn die Temperatur bis zur kritischen Temperatur und darüber ansteigt, bei der die magnetische Ordnung verschwindet; auch das Verhalten der magnetischen Reflexe in Abhängigkeit von äußeren Magnetfeldern ist charakteristisch[5] (Bild 33.3).

---

[5] Einen sorgfältig zusammengestellten Überblick über die theoretischen und experimentellen Aspekte der Neutronenstreuung an magnetisch geordneten Festkörpern findet man in Y. A. Izyumov, R. P. Ozerov,

Ein weiteres Verfahren zur Untersuchung der mikroskopischen Spinstruktur ist die kernmagnetische Resonanz.[6] Die Kerne der Atomrümpfe „spüren" die magnetischen Dipolfelder der sie umgebenden Elektronen; deshalb kann man in magnetisch geordneten Festkörpern die kernmagnetische Resonanz auch in Abwesenheit äußerer Felder beobachten, wobei das Feld am Kernort – und damit die Resonanzfrequenz – ausschließlich durch die geordneten magnetischen Momente bedingt ist.

Somit kann man mit Hilfe der kernmagnetischen Resonanz beispielsweise die einer makroskopischen Messung unzugängliche effektive Magnetisierung eines der antiferromagnetischen Untergitter messen (Siehe dazu Bild 33.4.).

Thermodynamische Eigenschaften beim Einsetzen magnetischer Ordnung

Man bezeichnet die kritische Temperatur T_c, oberhalb derer die magnetische Ordnung verschwindet, bei Ferromagneten oder Ferrimagneten als *Curie-Temperatur*, bei Antiferromagneten als *Néel-Temperatur*, häufig geschrieben als T_N. Nähert man sich der kritischen Temperatur von niedrigeren Temperaturen her, so geht die spontane Magnetisierung – oder, im Falle von Antiferromagneten, die Magnetisierung des Untergitters – kontinuierlich gegen Null. Die gemessene Magnetisierung unmittelbar unterhalb der Curie-Temperatur T_c wird in guter Näherung durch ein Potenzgesetz der Form

$$M(T) \sim (T_c - T)^\beta \tag{33.1}$$

beschrieben, wobei der Exponent β typischerweise zwischen 0,33 und 0,37 liegt (Bild 33.4).

Das Einsetzen magnetischer Ordnung kündigt sich ebenfalls an, wenn die Temperatur von höheren Temperaturen her auf T_c fällt, am deutlichsten im Verlauf der Suszeptibilität beim Feld Null. In Abwesenheit magnetischer Wechselwirkungen variiert die Suszeptibilität bei allen Temperaturen umgekehrt proportional zur Temperatur T (Curiesches Gesetz, Seite 833). In einem Ferromagneten beobachtet man jedoch, daß die Suszeptibilität divergiert, wenn die Temperatur von höheren Temperaturen her auf T_c fällt, wobei sie einem Potenzgesetz der Form

$$\chi(T) \sim (T - T_c)^{-\gamma} \tag{33.2}$$

folgt; γ liegt dabei typischerweise im Bereich zwischen 1,3 und 1,4 (Bild 33.5). Bei Antiferromagneten steigt die Suszeptibilität bis zu einem Maximum bei einer Temperatur ein wenig oberhalb von T_c an, um dann zu T_c hin abzufallen, wobei die

---

Magnetic Neutron Diffraction, Plenum Press, New York (1970).
[6] Siehe Seite 844.

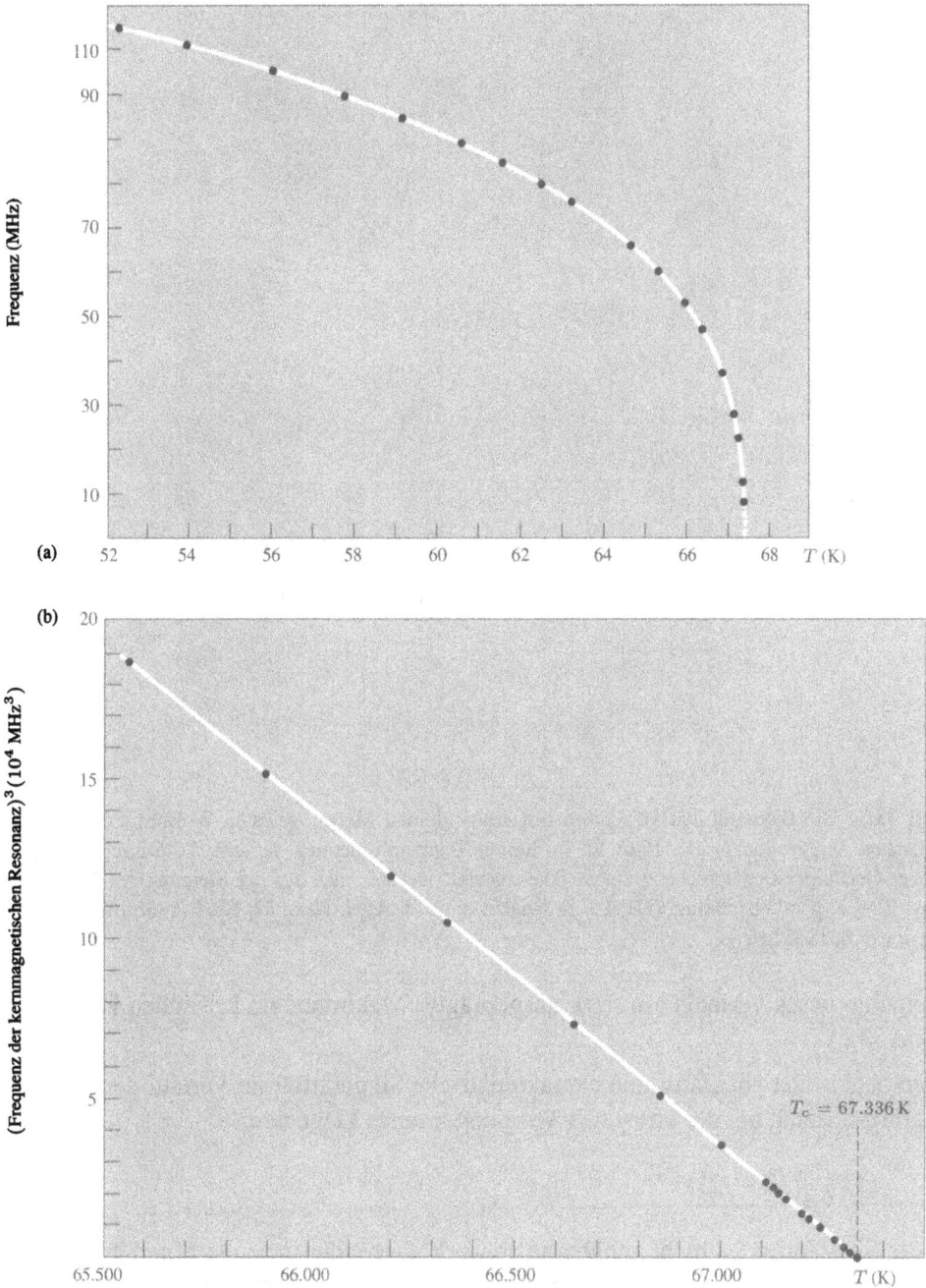

Bild 33.4: (a) Temperaturabhängigkeit der kernmagnetischen Resonanzfrequenz von ^{19}F-Kernen im Antiferromagneten MnF$_2$ beim Feld Null. Die Resonanzfrequenz verschwindet bei der antiferromagnetischen kritischen Temperatur $T_c = 67,336$ K. (Aus P. Heller, G. B. Benedek, *Phys. Rev. Lett.* **8**, 428 (1962).) (b) Temperaturabhängigkeit der dritten Potenz der kernmagnetischen Resonanzfrequenz von ^{19}F-Kernen in MnF$_2$, in der unmittelbaren Umgebung von T_c (Beachten Sie die im Vergleich zu (a) stark gestreckte Temperaturskala.). Geht man davon aus, daß die Resonanzfrequenz proportional ist zur Magnetisierung des Untergitters, so zeigt sich hier, daß die Magnetisierung mit sehr großer Genauigkeit proportional zu $(T_c - T)^{1/3}$ verschwindet.

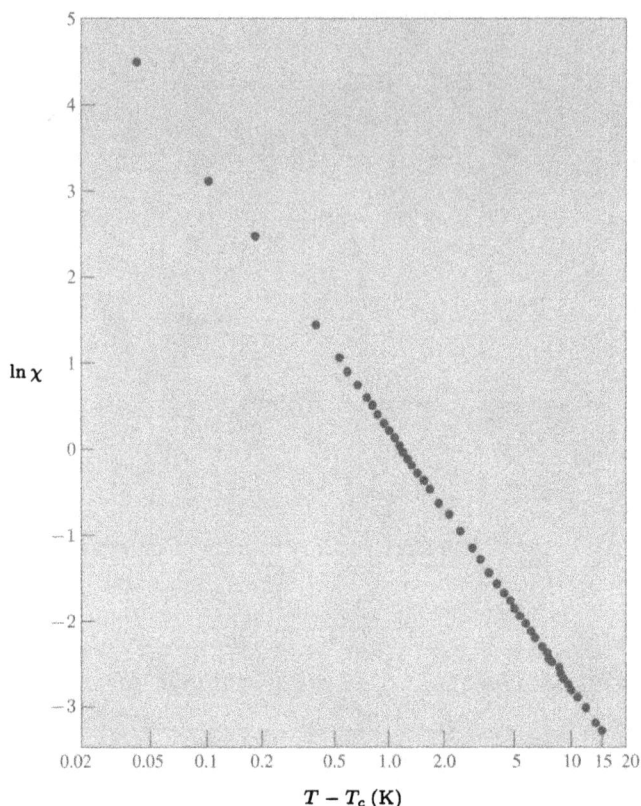

Bild 33.5: Die Suszeptibiltät von Eisen mit einer kleinen Menge gelösten Wolframs oberhalb der kritischen Temperatur $T_c = 1043$ K. In diesem Temperaturbereich verläuft die Suszeptibilität mit großer Genauigkeit entsprechend einem Potenzgesetz, welches man aus der Steigung der Geraden zu $\chi \sim (T - T_c)^{-1,33}$ bestimmt. (Nach J. E. Noakes et al., *J. Appl. Phys.* **37**, 1264 (1966). Beachten Sie $\log_{10} \chi = 0,4343 \ln \chi$.)

Steigung dieses Verlaufs ein stark ausgeprägtes Maximum am kritischen Punkt zeigt (Bild 33.6).

Man beobachtet ebenfalls eine charakteristische Singularität im Verlauf der Nullfeld-Wärmekapazität bei der kritischen Temperatur eines Magneten:

$$c(T) \sim (T - T_c)^{-\alpha}. \tag{33.3}$$

Diese Singularität ist nicht annähernd so stark ausgeprägt, wie die Singularität in der Suszeptibilität, mit einem Exponenten α von der Größenordnung 0,1 oder weniger.[7]

---

[7] Man kann eine Vielzahl weiterer Exponenten definieren und messen; exzellente Übersichtsartikel, die sich mit magnetischen und anderen kritischen Punkten befassen, sind M. E. Fisher, *Rep. Progr. Phys.* **30**, part II, 615 (1967); P. Heller, *Rep. Progr. Phys.* **30**, part II, 731 (1967); L. P. Kadanoff et al., *Rev. Mod. Phys.* **39**, 395 (1967). Eine Theorie des kritischen Punktes, die eine numerische Berechnung kritischer Exponenten gestattet, wurde von K. G. Wilson entwickelt; sie beruht auf den Methoden der

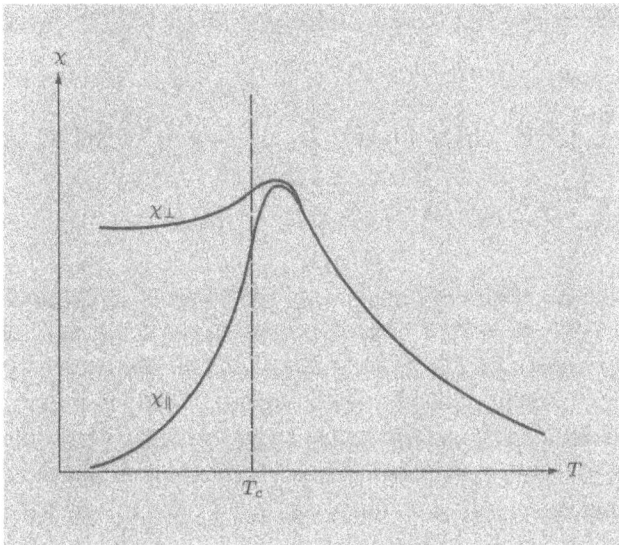

Bild 33.6: Charakteristische Temperaturabhängigkeit der Suszeptibilität eines Antiferromagneten in der Nähe der kritischen Temperatur. Unterhalb von T_c hängt die Suszeptibiltät sehr stark davon ab, ob das äußere Feld parallel oder senkrecht zur Richtung der Magnetisierung des Untergitters angelegt wird. Beachten Sie, daß dies für einen perfekt isotropen Antiferromagneten nicht der Fall wäre: Unabhängig von der Richtung des äußeren Feldes würde sich die Magnetisierung des Untergitters in die energetisch günstigste Orientierung relativ zum Feld drehen (angenommen senkrecht), und es gäbe nur die eine Suszeptibilität $\chi_\perp$. Die unterhalb von T_c zu beobachtende Abhängigkeit von der Orientierung geht auf kristalline Anisotropie zurück. Diese Anisotropie ist ebenfalls die Ursache für den geringfügigen Unterschied zwischen $\chi_\parallel$ und $\chi_\perp$ oberhalb von T_c, wobei sich „parallel" und „senkrecht" nunmehr auf diejenige Achse beziehen, parallel zu welcher – infolge der Anisotropie – die Magnetisierung des Untergitters unterhalb von T_c vorzugsweise liegt. (Siehe M. E. Fisher, *Phil. Mag.* 7, 1731 (1962).)

Der Bereich der kritischen Temperaturen ist wohl der theoretisch am schwierigsten zu behandelnde Temperaturbereich. Wir gehen weiter unten noch näher auf die Theorie des kritischen Temperaturbereiches ein, wenden unsere Aufmerksamkeit aber zunächst einer Untersuchung der Bereiche niedriger $(T \ll T_c)$ und hoher $(T \gg T_c)$ Temperaturen zu, die einer Analyse besser zugänglich sind.

Eigenschaften bei der Temperatur Null: Grundzustand des Heisenberg-Ferromagneten

Wir betrachten eine Menge an den Gitterplätzen **R** eines Bravaisgitters sitzender magnetischer Atomrümpfe, deren niedrigliegende Anregungen durch einen ferro-

---

Renormierungsgruppe und ist in elementarer Weise dargestellt in S. Ma, *Rev. Mod. Phys.* **45**, 589 (1973); siehe auch M. E. Fisher, *Rev. Mod. Phys.* **46**, 597 (1974).

magnetischen Heisenberg-Hamiltonoperator der Form (32.20) beschrieben werden können:[8]

$$\mathcal{H} = -\frac{1}{2} \sum_{\mathbf{R},\mathbf{R}'} \mathbf{S}(\mathbf{R}) \cdot \mathbf{S}(\mathbf{R}') J(\mathbf{R} - \mathbf{R}') - g\mu_B H \sum_{\mathbf{R}} \mathbf{S}_z(\mathbf{R}),$$

$$J(\mathbf{R} - \mathbf{R}') = J(\mathbf{R}' - \mathbf{R}) \geqslant 0. \tag{33.4}$$

Wir bezeichnen diesen Hamiltonoperator als ferromagnetisch, da eine positive Austauschwechselwirkungsenergie J eine parallele Ausrichtung der Spins begünstigt. Effekte der magnetischen Dipolkopplung zwischen den Momenten sind in der Wechselwirkungsenergie J nicht enthalten; sie können jedoch durch eine geeignete Definition des auf die lokalen Spins wirkenden Feldes $\mathbf{H}$ berücksichtigt werden, dessen Richtung wir als die z-Achse annehmen. Wir gehen auf diesen Punkt weiter unten ein (Seite 920) und merken hier lediglich an, daß $\mathbf{H}$ das lokale, auf jeden einzelnen magnetischen Atomrumpf wirkende Feld ist (im Sinne von Kapitel 27), welches nicht unbedingt mit dem äußeren Feld übereinstimmt.

Würden wir die Spins im Hamiltonoperator (33.4) als klassische Vektoren betrachten, so könnten wir erwarten, daß im Zustand mit der geringsten Energie sämtliche Spins parallel zur z-Achse ausgerichtet wären, parallel zum Magnetfeld und zueinander. Ein Kandidat für den quantenmechanischen Grundzustand $|0\rangle$ wäre also ein Eigenzustand von $\mathbf{S}_z(\mathbf{R})$ für beliebiges $\mathbf{R}$ mit maximalem Eigenwert S:

$$|0\rangle = \prod_{\mathbf{R}} |S\rangle_{\mathbf{R}} \tag{33.5}$$

mit

$$\mathbf{S}_z(\mathbf{R})|S\rangle_{\mathbf{R}} = S|S\rangle_{\mathbf{R}}. \tag{33.6}$$

Um zu verifizieren, daß $|0\rangle$ tatsächlich ein Eigenzustand von $\mathcal{H}$ ist, drücken wir den Hamiltonoperator (33.4) durch die Operatoren

$$\mathbf{S}_{\pm}(\mathbf{R}) = \mathbf{S}_x(\mathbf{R}) \pm i\mathbf{S}_y(\mathbf{R}) \tag{33.7}$$

---

[8] Weitverbreiteter Praxis folgend behandelt man die Operatoren im Heisenberg-Hamiltonoperator als Spinoperatoren, obwohl der Spinoperator eines jeden Atomrumpfes hier dessen Gesamtdrehimpuls repräsentiert, welcher im allgemeinen sowohl einen Spinanteil als auch einen Bahnanteil besitzt. Es ist ebenfalls üblich, diese fiktiven Spins als parallel zum magnetischen Moment des Atomrumpfes anzunehmen, nicht zu dessen Gesamtdrehimpuls – was bedeutet, daß der entsprechende Term in H im Ausdruck (33.4) ein negatives Vorzeichen hat (für $g\mu_B$ positiv), wenn $\mathbf{H}$ in Richtung der positiven z-Achse liegt.

mit der Eigenschaft[9]

$$\mathbf{S}_{\pm}(\mathbf{R})|S_z\rangle_{\mathbf{R}} = \sqrt{(S \mp S_z)(S + 1 \pm S_z)}\, |S_z \pm 1\rangle_{\mathbf{R}}. \tag{33.8}$$

Trennt man die Terme in $\mathbf{S}_z$ von den Termen, die $\mathbf{S}_+$ oder $\mathbf{S}_-$ enthalten, so kann man schreiben

$$\mathcal{H} = -\frac{1}{2}\sum_{\mathbf{R},\mathbf{R}'} J(\mathbf{R} - \mathbf{R}')\mathbf{S}_z(\mathbf{R})\mathbf{S}_z(\mathbf{R}') - g\mu_B H \sum_{\mathbf{R}} \mathbf{S}_z(\mathbf{R})$$

$$-\frac{1}{2}\sum_{\mathbf{R},\mathbf{R}'} J(\mathbf{R} - \mathbf{R}')\mathbf{S}_-(\mathbf{R}')\mathbf{S}_+(\mathbf{R}). \tag{33.9}$$

Da $\mathbf{S}_+(\mathbf{R})|S_z\rangle_{\mathbf{R}} = 0$, falls $S_z = S$, so folgt, daß ausschließlich die Terme in $\mathbf{S}_z$ zum Ergebnis der Wirkung von $\mathcal{H}$ auf $|0\rangle$ beitragen können. Der Zustand $|0\rangle$ wurde aber derart konstruiert, daß er Eigenzustand jedes der Operatoren $\mathbf{S}_z(\mathbf{R})$ zum Eigenwert S ist; daher gilt

$$\mathcal{H}|0\rangle = E_0|0\rangle \tag{33.10}$$

mit

$$E_0 = -\frac{1}{2}S^2 \sum_{\mathbf{R},\mathbf{R}'} J(\mathbf{R} - \mathbf{R}') - Ng\mu_B HS. \tag{33.11}$$

$|0\rangle$ ist somit tatsächlich ein Eigenzustand von $\mathcal{H}$. Um zu zeigen, daß E_0 die Energie des *Grundzustandes* ist, betrachten wir einen beliebigen anderen Eigenzustand $|0'\rangle$ von $\mathcal{H}$ zum Eigenwert E_0'. Mit

$$E_0' = \langle 0'|\mathcal{H}|0'\rangle \tag{33.12}$$

folgt – falls alle $J(\mathbf{R} - \mathbf{R}')$ positiv sind – daß E_0' die untere Schranke

$$-\frac{1}{2}\sum_{\mathbf{R},\mathbf{R}'} J(\mathbf{R} - \mathbf{R}')\max\langle\mathbf{S}(\mathbf{R})\cdot\mathbf{S}(\mathbf{R}')\rangle - g\mu_B H \sum_{\mathbf{R}} \max\langle\mathbf{S}_z(\mathbf{r})\rangle \tag{33.13}$$

besitzt, wobei $\max\langle X\rangle$ das größte Diagonal-Matrixelement des Operators X ist,

---

[9] Siehe beispielsweise A. Messiah, *Quantum Mechanics*, Wiley, New York (1962), Seite 512.

betrachtet über alle möglichen Zustände. Wir zeigen in Aufgabe 1, daß[10]

$$\langle \mathbf{S}(\mathbf{R}) \cdot \mathbf{S}(\mathbf{R'}) \rangle \leqslant S^2 \qquad \text{für } \mathbf{R} \neq \mathbf{R'},$$

$$\langle \mathbf{S}_z(\mathbf{R}) \rangle \leqslant S. \tag{33.14}$$

Kombinieren wir diese Ungleichungen mit dem Ausdruck (33.13) für die Schranke von E_0', und vergleichen wir die sich ergebende Ungleichung mit der Form (33.11) von E_0, so schließen wir, daß E_0' nicht kleiner als E_0 sein kann und folglich E_0 die Energie des Grundzustandes sein muß.

Eigenschaften bei der Temperatur Null: Grundzustand des Heisenberg-Antiferromagneten

Das Problem der Berechnung des Heisenberg-Antiferromagneten ist ungelöst, außer im Spezialfall einer eindimensionalen Anordnung von Atomrümpfen mit Spin $1/2$ und Kopplung nur zwischen nächsten Nachbarn.[11] Die Schwierigkeit zeigt sich, wenn man eine Situation betrachtet, bei der die Spins auf zwei Untergittern sitzen und jeder Spin nur mit Spins auf dem jeweils anderen Untergitter wechselwirkt. Ohne äußeres Feld hat dann der Hamiltonoperator die Gestalt

$$\mathcal{H} = \frac{1}{2} \sum_{\mathbf{R},\mathbf{R'}} |J(\mathbf{R} - \mathbf{R'})| \mathbf{S}(\mathbf{R}) \cdot \mathbf{S}(\mathbf{R'}). \tag{33.15}$$

Eine naheliegende Vermutung bezüglich der Struktur des Grundzustandes wäre es, jedes Untergitter in einem ferromagnetischen Grundzustand der Form (33.5) anzunehmen, mit einander entgegengesetzten Magnetisierungen der beiden Untergitter. Wären die Spins klassische Vektoren, so würde eine solche Anordnung die antiferromagnetische Kopplung zwischen den beiden Untergittern am effektivsten nutzen, um eine Grundzustandsenergie

$$E_0 = -\frac{1}{2} \sum_{\mathbf{R},\mathbf{R'}} |J(\mathbf{R} - \mathbf{R'})| S^2 \tag{33.16}$$

zu erreichen. Im Unterschied zum ferromagnetischen Fall dagegen ergibt die Wirkung der Terme $\mathbf{S}_-(\mathbf{R})\mathbf{S}_+(\mathbf{R'})$ im Hamiltonoperator (33.9) auf einen Zustand dieser Art nicht in jedem Falle Null, sondern einen Zustand, in welchem die z-Komponente

---

[10] Diese Ungleichungen mögen der „klassischen Intuition" als selbstverständlich erscheinen; man sollte jedoch über die Tatsache reflektieren, daß $\min\langle \mathbf{S}(\mathbf{R}) \cdot \mathbf{S}(\mathbf{R'}) \rangle$ nicht gleich $-S^2$ ist, sondern gleich $-S(S+1)$ (Aufgabe 1) – und natürlich ist für $\mathbf{R} = \mathbf{R'}$ auch $\max\langle \mathbf{S}(\mathbf{R}) \cdot \mathbf{S}(\mathbf{R'}) \rangle$ nicht S^2, sondern $S(S+1)$.

[11] H. A. Bethe, *Z. Physik* **71**, 205 (1931).

eines Spins des einen Untergitters um eins vermindert, die z-Komponente eines Spins des anderen Untergitters entsprechend vergrößert ist. Somit ist dieser Zustand *kein* Eigenzustand.

Ohne weiteres kann man lediglich sagen, daß (33.16) eine obere Schranke der tatsächlichen Grundzustandsenergie darstellt (Aufgabe 2). Man kann auch eine untere Schranke ermitteln (Aufgabe 2), und erhält so die Ungleichung

$$-\frac{1}{2}S(S+1)\sum_{\mathbf{R},\mathbf{R}'}|J(\mathbf{R}-\mathbf{R}')| \leqslant E_0 \leqslant -\frac{1}{2}S^2\sum_{\mathbf{R},\mathbf{R}'}|J(\mathbf{R}-\mathbf{R}')|. \qquad (33.17)$$

Im Grenzfall großer Spins (wenn also die Spins praktisch klassischen Vektoren entsprechen) geht das Verhältnis dieser Schranken gegen eins; andererseits stellen die Schranken keine wesentlichen Beschränkungen dar, wenn die Spins klein sind: In einer eindimensionalen Spin-1/2-Kette mit Wechselwirkungen ausschließlich zwischen nächsten Nachbarn ergeben die einschränkenden Bedingungen beispielsweise die Ungleichung $-0,25NJ \geqslant E_0 \geqslant -0,75NJ$, was zu vergleichen ist mit Bethes exaktem Ergebnis $-NJ[\ln 2-(1/4)] = -0,443NJ$. Um die Energie des antiferromagnetischen Grundzustandes exakt abschätzen zu können, ist deshalb eine tiefergehende Analyse notwendig.

Verhalten des Heisenberg-Ferromagneten bei niedrigen Temperaturen: Spinwellen

Man ist nicht nur in der Lage, den exakten Grundzustand des Heisenberg-Ferromagneten zu ermitteln, sondern kann auch einige seiner niedrigliegenden angeregten Zustände berechnen. Die Kenntnis dieser Zustände liegt einer Theorie der Tieftemperatureigenschaften des Heisenberg-Ferromagneten zugrunde.

Bei der Temperatur Null befindet sich der Ferromagnet in seinem Grundzustand (33.5), der mittlere „Spin" eines jeden Atomrumpfes ist S, und die Magnetisierungsdichte (als *Sättigungsmagnetisierung* bezeichnet) beträgt

$$M = g\mu_B \frac{N}{V} S. \qquad (33.18)$$

Bei Temperaturen $T \neq 0$ ist die mittlere Magnetisierung aller Zustände mit dem Boltzmannfaktor $e^{-E/k_B T}$ zu wichten. Sehr nahe bei $T = 0$ haben nur die niedrigliegenden Zustände ein nennenswertes statistisches Gewicht. Um einige dieser niedrigliegenden Zustände zu konstruieren, untersuchen wir einen Zustand[12] $|\mathbf{R}\rangle$, der sich vom Grund-

---

[12] Übung: Verifizieren Sie, daß $|\mathbf{R}\rangle$ auf eins normiert ist.

zustand $|0\rangle$ nur dadurch unterscheidet, daß die z-Komponente des Spins am Gitterplatz $\mathbf{R}$ von S auf $S - 1$ reduziert ist:

$$|\mathbf{R}\rangle = \frac{1}{\sqrt{2S}}\,\mathbf{S}_-(\mathbf{R})|0\rangle. \tag{33.19}$$

Der Zustand $|\mathbf{R}\rangle$ bleibt auch weiterhin ein Eigenzustand jener Terme im Hamiltonoperator (33.9), die $\mathbf{S}_z$ enthalten. Da jedoch die z-Komponente des Spins am Gitterplatz $\mathbf{R}$ nicht ihren Maximalwert annimmt, so verschwindet $\mathbf{S}_+(\mathbf{R})|\mathbf{R}\rangle$ nicht, und die Wirkung von $\mathbf{S}_-(\mathbf{R}')\mathbf{S}_+(\mathbf{R})$ besteht einfach darin, den Gitterplatz, an welchem der Spin reduziert ist, von $\mathbf{R}$ in $\mathbf{R}'$ zu ändern. Daher folgt[13]

$$\mathbf{S}_-(\mathbf{R}')\mathbf{S}_+(\mathbf{R})|\mathbf{R}\rangle = 2S|\mathbf{R}'\rangle. \tag{33.20}$$

Berücksichtigt man außerdem, daß

$$\begin{aligned}\mathbf{S}_z(\mathbf{R}')|\mathbf{R}\rangle &= S|\mathbf{R}\rangle & &\text{für } \mathbf{R}' \neq \mathbf{R}, \\ &= (S - 1)|\mathbf{R}\rangle & &\text{für } \mathbf{R}' = \mathbf{R},\end{aligned} \tag{33.21}$$

so ergibt sich

$$\mathcal{H}|\mathbf{R}\rangle = E_0|\mathbf{R}\rangle + g\mu_B H|\mathbf{R}\rangle + S\sum_{\mathbf{R}'} J(\mathbf{R} - \mathbf{R}')[|\mathbf{R}\rangle - |\mathbf{R}'\rangle], \tag{33.22}$$

mit der Grundzustandsenergie E_0 nach (33.11).

Obwohl daher $|\mathbf{R}\rangle$ *kein* Eigenzustand von $\mathcal{H}$ ist, so ist doch $\mathcal{H}|\mathbf{R}\rangle$ sehr wohl eine Linearkombination von $|\mathbf{R}\rangle$ und anderen Zuständen mit nur jeweils einem einzelnen verringerten Spin. Da J von $\mathbf{R}$ und $\mathbf{R}'$ nur über die translationsinvariante Differenz $\mathbf{R} - \mathbf{R}'$ abhängt, so ist es unmittelbar möglich, Linearkombinationen dieser Zustände zu finden, die tatsächlich Eigenzustände[14] von $\mathcal{H}$ sind. Es sei

$$|\mathbf{k}\rangle = \frac{1}{\sqrt{N}}\sum_{\mathbf{R}} e^{i\mathbf{k}\cdot\mathbf{R}}|\mathbf{R}\rangle. \tag{33.23}$$

---

[13] Übung: Verifizieren Sie, daß der numerische Faktor $2S$ korrekt ist.

[14] Die folgende Diskussion lehnt sich stark an die Behandlung der Normalschwingungen eines harmonischen Kristalls in Kapitel 22 an. Wendet man die Born-von Karman Randbedingung an, so kann man insbesondere den Zustand $|\mathbf{k}\rangle$ für genau N verschiedene, in der ersten Brillouin-Zone liegende Wellenvektoren bilden. Da Werte von $\mathbf{k}$, die sich um einen Vektor des reziproken Gitters unterscheiden, zu identischen Zuständen führen, so ist es ausreichend, lediglich diese N Werte zu berücksichtigen. Auch sollte der Leser unter Verwendung der entsprechenden Identitäten aus Anhang F verifizieren, daß die Zustände $\mathbf{k}$ orthonormal sind: $\langle\mathbf{k}|\mathbf{k}'\rangle = \delta_{\mathbf{k}\mathbf{k}'}$.

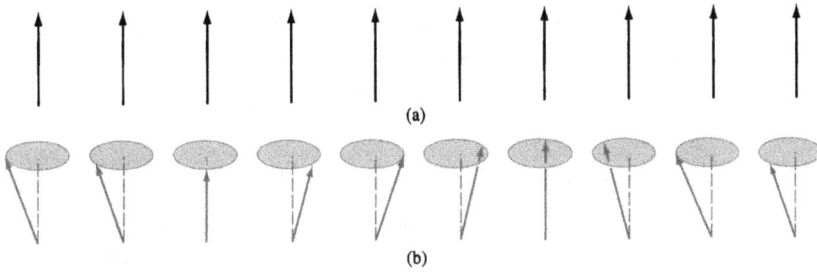

Bild 33.7: Schematische Darstellungen der Orientierungen einer Reihe von Spins (a) im ferromagnetischen Grundzustand und (b) einem Spinwellen-Zustand.

Aus (33.22) folgt

$$\mathcal{H}|\mathbf{k}\rangle = E_{\mathbf{k}}|\mathbf{k}\rangle,$$

$$E_{\mathbf{k}} = E_0 + g\mu_B H + S \sum_{\mathbf{R}} J(\mathbf{R})(1 - e^{i\mathbf{k}\cdot\mathbf{R}}), \tag{33.24}$$

Nutzt man die Symmetrie $J(-\mathbf{R}) = J(\mathbf{R})$, so kann man die Anregungsenergie $\varepsilon(\mathbf{k})$ des Zustandes $|\mathbf{k}\rangle$ – d.h. den Betrag, um welchen die Energie des Zustandes über der Energie des Grundzustandes liegt – in der Form

$$\varepsilon(\mathbf{k}) = E_{\mathbf{k}} - E_0 = 2S \sum_{\mathbf{R}} J(\mathbf{R}) \sin^2(\frac{1}{2}\mathbf{k}\cdot\mathbf{R}) + g\mu_B H \tag{33.25}$$

schreiben. Um zu einer physikalischen Interpretation des Zustandes $|\mathbf{k}\rangle$ zu gelangen, machen wir die folgenden Feststellungen:

1. Da $|\mathbf{k}\rangle$ eine Überlagerung von Zuständen ist, deren Gesamtspin jeweils gegenüber dem Sättigungswert NS um eine Einheit vermindert ist, so beträgt der Gesamtspin im Zustand $|\mathbf{k}\rangle$ selbst $NS - 1$.

2. Die Wahrscheinlichkeit dafür, die Spinerniedrigung im Zustand $|\mathbf{k}\rangle$ an einem bestimmten Gitterplatz $\mathbf{R}$ anzutreffen, beträgt $|\langle \mathbf{k}|\mathbf{R}\rangle|^2 = 1/N$, was bedeutet, daß die Spinerniedrigung mit gleicher Wahrscheinlichkeit über sämtliche magnetischen Atomrümpfe verteilt ist.

3. Wir definieren die transversale Spinkorrelationsfunktion im Zustand $|\mathbf{k}\rangle$ als den Erwartungswert des Operators

$$\mathbf{S}_\perp(\mathbf{R}) \cdot \mathbf{S}_\perp(\mathbf{R}') = \mathbf{S}_x(\mathbf{R})\mathbf{S}_x(\mathbf{R}') + \mathbf{S}_y(\mathbf{R})\mathbf{S}_y(\mathbf{R}'). \tag{33.26}$$

Eine unmittelbar einsichtige Berechnung (Aufgabe 4) ergibt

$$\langle \mathbf{k}|\mathbf{S}_\perp(\mathbf{R}) \cdot \mathbf{S}_\perp(\mathbf{R}')|\mathbf{k}\rangle = \frac{2S}{N} \cos[\mathbf{k}\cdot(\mathbf{R} - \mathbf{R}')], \quad \mathbf{R} \neq \mathbf{R}'. \tag{33.27}$$

Somit hat im Mittel jeder Spin eine kleine transversale Komponente vom Betrag $(2S/N)^{1/2}$ senkrecht zur Richtung der Magnetisierung; die Orientierungen der transversalen Komponenten zweier Spins, die um $\mathbf{R} - \mathbf{R}'$ getrennt liegen, unterscheiden sich um einen Winkel $\mathbf{k} \cdot (\mathbf{R} - \mathbf{R}')$.

Die mikroskopische Magnetisierung im Zustand $|\mathbf{k}\rangle$, die aufgrund des oben gesagten naheliegt, ist in Bild 33.7 schematisch dargestellt: Man beschreibt $|\mathbf{k}\rangle$ als einen Zustand, der eine *Spinwelle* (oder ein *Magnon*) mit einem Wellenvektor $\mathbf{k}$ und einer Energie $\varepsilon(\mathbf{k})$ nach (33.25) enthält.

Die Ein-Spinwellen-Zustände sind exakte Eigenzustände des Heisenberg-Hamiltonoperators. Zur Berechnung ihrer Tieftemperatureigenschaften nimmt man häufig an, daß man zusätzliche Viel-Spinwellen-Zustände mit den Anregungsenergien $\varepsilon(\mathbf{k}_1) + \varepsilon(\mathbf{k}_2) + \ldots + \varepsilon(\mathbf{k}_{N_0})$ durch Überlagerung von N_0 Spinwellen mit den Wellenvektoren $\mathbf{k}_1, \ldots, k_{N_0}$ konstruieren kann. Auf der Grundlage der Analogie zu den Phononen in einem harmonischen Kristall – in welchem Falle die Viel-Phononen-Zustände, ebenso wie die Ein-Phonon-Zustände, exakte stationäre Zustände sind – erscheint diese Annahme vernünftig und realistisch; im Falle der Spinwellen stellt sie jedoch lediglich eine Näherung dar: Spinwellen folgen *nicht* streng dem Superpositionsprinzip. Man konnte jedoch zeigen, daß diese Näherung den dominanten Term in der spontanen Magnetisierung bei niedrigen Temperaturen korrekt reproduziert. Wir verwenden daher die Näherung im folgenden zur Berechnung von $M(T)$ – mit dem warnenden Hinweis, daß man sich zu einer wesentlich komplexeren Betrachtung bequemen muß, möchte man über die führende Korrektur zum Ergebnis für $T = 0$ hinausgehen.

Sind die Energien der niedrigliegenden angeregten Zustände eines Ferromagneten von der Form

$$\sum \varepsilon(\mathbf{k}) n_k, \qquad n_k = 0, 1, 2, \ldots, \tag{33.28}$$

so ist die mittlere Anzahl von Spinwellen mit Wellenvektor $\mathbf{k}$ bei der Temperatur T gegeben durch[15]

$$n(\mathbf{k}) = \langle n_k \rangle = \frac{1}{\left(e^{\varepsilon(\mathbf{k})/k_B T} - 1\right)}. \tag{33.29}$$

Da der Gesamtspin gegenüber seinem Sättigungswert NS um eine Einheit je Spinwelle vermindert ist, gilt für die Magnetisierung bei der Temperatur T

$$M(T) = M(0) \left[1 - \frac{1}{NS} \sum_{\mathbf{k}} n(\mathbf{k}) \right] \tag{33.30}$$

---

[15] Siehe die analoge Diskussion für Phononen auf den Seiten 576 und 577.

oder

$$M(T) = M(0) \left[1 - \frac{V}{NS} \int \frac{d\mathbf{k}}{(2\pi)^3} \frac{1}{(e^{\varepsilon(\mathbf{k})/k_B T} - 1)} \right]. \tag{33.31}$$

Die *spontane* Magnetisierung berechnet man aus (33.31) mit Hilfe des für die $\varepsilon(\mathbf{k})$ im Grenzfall verschwindenden Magnetfeldes geltenden Ausdruckes (33.25):

$$\varepsilon(\mathbf{k}) = 2S \sum_{\mathbf{R}} J(\mathbf{R}) \sin^2(\tfrac{1}{2}\mathbf{k} \cdot \mathbf{R}). \tag{33.32}$$

Bei sehr niedrigen Temperaturen kann man (33.31) auf die gleiche Weise berechnen, wie wir es zur Bestimmung der Gitterwärmekapazität bei niedrigen Temperaturen in Kapitel 23 taten: Für $T \to 0$ tragen nur Spinwellen mit vernachlässigbar kleinen Anregungsenergien in nennenswertem Maße zum Integral bei. Da wir sämtliche Austauschkonstanten $J(\mathbf{R})$ positiv gewählt haben, wird die Energie einer Spinwelle nur im Grenzfall $\mathbf{k} \to 0$ vernachlässigbar klein und hat in diesem Falle den Wert

$$\varepsilon(\mathbf{k}) \approx \frac{S}{2} \sum_{\mathbf{R}} J(\mathbf{R})(\mathbf{k} \cdot \mathbf{R})^2. \tag{33.33}$$

Diesen Ausdruck können wir in (33.31) für alle $\mathbf{k}$ einsetzen; sollte nämlich die Näherung (33.33) nicht mehr angemessen sein, so wären sowohl die exakten als auch die genäherten Energien $\varepsilon(\mathbf{k})$ so groß, daß sie für $T \to 0$ nur einen vernachlässigbar kleinen Beitrag zum Integral liefern würden. Aus demselben Grunde können wir auch die Integration über die erste Brillouinzone mit vernachlässigbar geringem Fehler bei niedrigen Temperaturen auf den gesamten k-Raum ausdehnen. Wechseln wir schließlich die Variablen entsprechend $\mathbf{k} = (k_B T)^{1/2}\mathbf{q}$, so gelangen wir zum Ergebnis

$$M(T) = M(0) \left[1 - \frac{V}{NS}(k_B T)^{3/2} \cdot \right.$$

$$\left. \int \frac{d\mathbf{q}}{(2\pi)^3} \left\{ \exp \left[S \sum_{\mathbf{R}} J(\mathbf{R}) \frac{(\mathbf{q} \cdot \mathbf{R})^2}{2} \right] - 1 \right\}^{-1} \right]. \tag{33.34}$$

Diese Beziehung besagt, daß die spontane Magnetisierung bei einer Erhöhung der Temperatur von $T = 0$ an um einen Betrag proportional zu $T^{3/2}$ von ihrem Sättigungswert abweicht – ein Verhalten, welches man als Blochsches $T^{3/2}$-Gesetz bezeichnet. Dieses $T^{3/2}$-Gesetz ist experimentell sehr gut bestätigt[16] (Bild 33.8). Man konnte

---

[16] ... in isotropen Ferromagneten. Gibt es eine signifikante Anisotropie in der Austauschwechselwirkung, so verschwindet die Anregungsenergie der Spinwelle für kleine k *nicht*, und das $T^{3/2}$-Gesetz versagt; siehe Aufgabe 5.

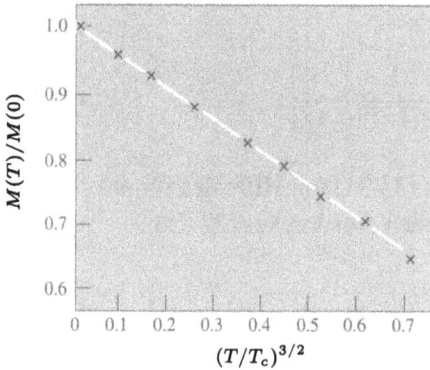

Bild 33.8: Verhältnis der spontanen Magnetisierung bei einer Temperatur T zu ihrem Sättigungswert (bei $T = 0$) als Funktion von $(T/T_c)^{3/2}$ für ferromagnetisches Gadolinium ($T_c = 293$ K). Die Linearität der Kurve bestätigt das Blochsche $T^{3/2}$-Gesetz. (Nach F. Holtzberg et al., *J. Appl. Phys.* **35**, 1033 (1964).)

weiter zeigen,[17] daß (33.34) exakt den führenden Term in der Entwicklung der Abweichung der spontanen Magnetisierung vom Sättigungswert bei niedrigen Temperaturen angibt.

Eine weitere Eigenschaft von (33.34) wurde ebenfalls streng bestätigt: In einer oder zwei Raumdimensionen divergiert das Integral in (33.34) bei kleinen Werten von q. Man interpretiert dieses Verhalten im allgemeinen dahingehend, daß bei jeder von Null verschiedenen Temperatur so viele Spinwellen angeregt sind, daß die Magnetisierung vollständig verschwindet. Dieser Effekt, daß es nämlich in ein- oder zweidimensionalen, isotropen Heisenberg-Modellen keine spontane Magnetisierung geben kann, konnte direkt bestätigt werden, auch ohne die Gültigkeit der Spinwellen-Näherung voraussetzen zu müssen.[18]

Das Auftreten von Spinwellen ist nicht auf den isotropen Heisenberg-Ferromagneten beschränkt: Es existiert eine Spinwellentheorie der niedrigliegenden Anregungen des Antiferromagneten, die von deutlich größerer Komplexität ist – was man bereits von der Tatsache her vermuten könnte, daß man selbst den Grundzustand des Antiferromagneten nicht kennt. Diese Theorie sagt eine Spinwellen-Anregungsenergie voraus, die – im Unterschied zum ferromagnetischen Fall – bei großen Wellenlängen linear in k ist.[19]

Man hat Spinwellentheorien auch für itinerante Modelle des Magnetismus konstruiert. Ganz allgemein erwartet man das Auftreten von Spinwellen, wenn der lokalen Ordnung eine Richtung aufgeprägt ist, die sich räumlich kontinuierlich ändern kann, wobei der Energieaufwand für die Änderung klein wird, sobald die Wellenlänge der Änderung sehr groß ist.

---

[17] F. Dyson, *Phys. Rev.* **102**, 1230 (1956). Dyson berechnete ebenfalls einige der Korrekturen höherer Ordnung. Daß diese Rechnung bisweilen eine *tour de force* gewesen sein muß, kann man an der Tatsache ermessen, daß vor dieser Arbeit etwa ebenso viele verschiedene „Korrekturen" zum $T^{3/2}$-Term existierten, wie es Veröffentlichungen zu diesem Thema gab.

[18] Der Beweis (N. D. Mermin, H. Wagner, *Phys. Rev. Lett.* **17**, 1133 (1966)) gründet auf einer Argumentation von P. C. Hohenberg. Ein Übersichtsartikel ist N. D. Mermin, *J. Phys. Soc. Japan* **26**, Supplement, 203 (1069), der auch andere Anwendungen dieser Methode bei Festkörpern beschreibt.

[19] Eine elementare phänomenologische Diskussion gibt F. Keffer et al., *Am. J. Phys.* **21**, 250 (1953).

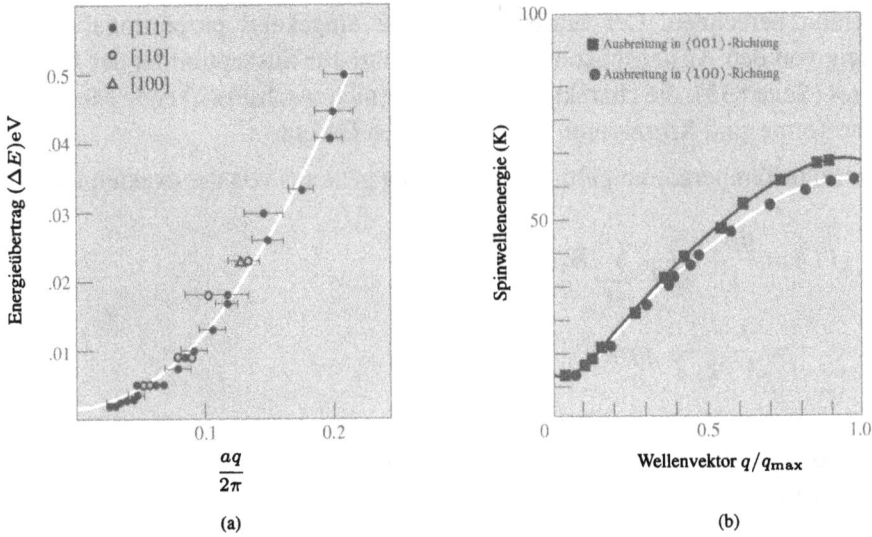

Bild 33.9: Charakteristische Spinwellenspektren, gemessen mittels inelastischer Neutronenstreuung in (a) einem Ferromagneten und (b) einem Antiferromagneten. (a) Spinwellenspektrum für drei verschiedene kristallographische Richtungen in einer Legierung von Kobalt mit 8% Eisen (R. N. Sinclair, B. N. Brockhouse, *Phys. Rev.* **120**, 1638 (1960)). Wie man es für einen Ferromagneten erwartet, ist die Kurve parabolisch, mit einer durch Anisotropie verursachten Lücke bei $q = 0$ (Aufgabe 5). (b) Spinwellenspektrum für zwei unterschiedliche kristallographische Richtungen in MnF_2 (G. G. Low et al., *J. Appl. Phys.* **35**, 998 (1964)). Die Kurve zeigt das für einen Antiferromagneten charakteristische, lineare Verhalten bei kleinen Werten von q. Auch hier geht die Lücke bei $q = 0$ auf Anisotropie zurück.

Wie wir oben sahen, kann die elastische, magnetische Neutronenstreuung die magnetische Struktur eines Festkörpers abbilden, ebenso wie die elastische, nichtmagnetische Neutronenstreuung die räumliche Anordnung der Atomrümpfe enthüllt. Die Analogie gilt auch für inelastische Streuung: Inelastische, magnetische Neutronenstreuung zeigt das Spinwellenspektrum des Festkörpers, ebenso wie die inelastische, nichtmagnetische Neutronenstreuung das Phononenspektrum mißt. Es treten somit im „magnetischen Teil" des inelastischen Streuquerschnittes „Ein-Spinwelle-Maxima" auf, für welche die Änderungen der Neutronenenergie und des Neutronenwellenvektors im Streuprozeß der Anregungsenergie und dem Wellenvektor einer Spinwelle entsprechen. Die Lage dieser Maxima bestätigt die k^2-Abhängigkeit der Anregungsenergie von Spinwellen in Ferromagneten, und ebenso die lineare k-Abhängigkeit der Anregungsenergie in Antiferromagneten (Bild 33.9).

Suszeptibilität bei hohen Temperaturen

Außer in künstlich vereinfachten Modellen ist es bisher niemandem gelungen, die Nullfeld-Suszeptibilität $\chi(T)$ des Heisenberg-Modells in geschlossener Form zu berechnen, wenn magnetische Wechselwirkungen vorhanden sind. Man konnte jedoch zahlreiche Terme in der Entwicklung der Suszeptibilität nach inversen Potenzen der

Temperatur berechnen. Der führende Term ist umgekehrt proportional zu T, unabhängig von den Austauschkonstanten, und führt zur Suszeptibilität des Curieschen Gesetzes (Seite 833), die charakteristisch ist für nichtwechselwirkende Momente. Die höheren Terme sind Korrekturen zum Curieschen Gesetz.

Die für hohe Temperaturen gültige Entwicklung geht aus von der exakten Identität[20]

$$\chi(T) = \frac{g\mu_B}{V} \frac{\partial}{\partial H} \langle \sum_{\mathbf{R}} \mathbf{S}_z(\mathbf{R}) \rangle_{H=0}$$

$$= \frac{1}{V} \frac{1}{k_B T} (g\mu_B)^2 \langle [\sum_{\mathbf{R}} \mathbf{S}_z(\mathbf{R})]^2 \rangle_{H=0} \, . \tag{33.35}$$

Die eckigen Klammern bezeichnen eine Mittelwertbildung im Gleichgewicht, ohne äußeres Feld:

$$\langle X \rangle_{H=0} = \frac{\sum_{\alpha} \langle \alpha | X | \alpha \rangle e^{-\beta E_\alpha}}{\sum_{\alpha} e^{-\beta E_\alpha}} = \frac{\mathrm{Sp} \, X e^{-\beta \mathcal{H}_0}}{\mathrm{Sp} \, e^{-\beta \mathcal{H}_0}} \tag{33.36}$$

mit

$$\mathcal{H}_0 = -\frac{1}{2} \sum_{\mathbf{R} \neq \mathbf{R}'} J(\mathbf{R} - \mathbf{R}') \mathbf{S}(\mathbf{R}) \cdot \mathbf{S}(\mathbf{R}') . \tag{33.37}$$

Zweckmäßig drückt man die mittlere quadratische z-Komponente des Spins in der Form

$$\langle [\sum_{\mathbf{R}} \mathbf{S}_z(\mathbf{R})]^2 \rangle = \sum_{\mathbf{R}', \mathbf{R}} \Gamma(\mathbf{R}, \mathbf{R}') \tag{33.38}$$

aus, wobei Γ die Spinkorrelationsfunktion

$$\Gamma(\mathbf{R}, \mathbf{R}') = \langle \mathbf{S}_z(\mathbf{R}) \mathbf{S}_z(\mathbf{R}') \rangle_{H=0} \tag{33.39}$$

bezeichnet. Man erhält den führenden Term in der Suszeptibilität bei hohen Temperaturen, indem man Γ im Grenzfall $T \to \infty$ (d.h. $e^{\mathcal{H}_0/k_B T} \to 1$) berechnet. In diesem Grenzfall unendlich hoher Temperaturen sind Wechselwirkungen ohne Bedeutung – formal gesehen ist $e^{-J/k_B T} \to 1$ der Grenzwert sowohl für hohe Temperaturen, als

---

[20] Wären die Spins im Hamiltonoperator (33.4) klassische Vektoren, so würde diese Identität unmittelbar aus der Definition (31.6) folgen. Die Tatsache, daß es sich bei den Spins um Operatoren handelt, macht diese Herleitung nicht ungültig, vorausgesetzt, die Komponente des Gesamtspins in Feldrichtung vertauscht mit dem Hamiltonoperator.

auch für verschwindende Wechselwirkungen – und die Spins an verschiedenen Gitterplätzen sind vollständig unkorreliert. Somit gilt[21]

$$\langle \mathbf{S}_z(\mathbf{R})\mathbf{S}_z(\mathbf{R}')\rangle_0 = \langle \mathbf{S}_z(\mathbf{R})\rangle_0 \langle \mathbf{S}_z(\mathbf{R}')\rangle_0 = 0, \quad \text{für } \mathbf{R} \neq \mathbf{R}', \tag{33.40}$$

aber auch

$$\langle \mathbf{S}_z(\mathbf{R})\mathbf{S}_z(\mathbf{R})\rangle_0 = \frac{1}{3}\langle (\mathbf{S}(\mathbf{R}))^2\rangle_0 = \frac{1}{3}S(S+1). \tag{33.41}$$

Kombinieren wir diese beiden Beziehungen, so ergibt sich

$$\langle \mathbf{S}_z(\mathbf{R})\mathbf{S}_z(\mathbf{R}')\rangle_0 = \frac{1}{3}S(S+1)\delta_{\mathbf{R},\mathbf{R}'}. \tag{33.42}$$

Man erhält die führende Korrektur zum Verhalten von Γ im Grenzfall $T \to \infty$, wenn man nur den ersten Term in der Entwicklung

$$e^{-\beta\mathcal{H}_0} = 1 - \beta\mathcal{H}_0 + O(\beta\mathcal{H}_0)^2 \tag{33.43}$$

des statistischen Gewichtes berücksichtigt; setzt man diesen in (33.39) ein, so erhält man

$$\Gamma(\mathbf{R},\mathbf{R}') \approx \frac{\frac{1}{3}S(S+1)\delta_{\mathbf{R},\mathbf{R}'} - \beta\langle \mathbf{S}_z(\mathbf{R})\mathbf{S}_z(\mathbf{R}')\mathcal{H}_0\rangle_0}{1 - \beta\langle\mathcal{H}_0\rangle_0}. \tag{33.44}$$

Bei unendlich hohen Temperaturen T – d.h. ohne Wechselwirkungen – gilt

$$\begin{aligned} \langle \mathbf{S}(\mathbf{R}) \cdot \mathbf{S}(\mathbf{R}')\rangle_0 &= 0 \qquad \text{für } \mathbf{R} \neq \mathbf{R}', \\ \langle\mathcal{H}_0\rangle_0 &= 0, \end{aligned} \tag{33.45}$$

so daß der Nenner in (33.44) gleich eins bleibt. Die Korrektur zum führenden Term im Zähler ist

$$\beta\frac{1}{2}\sum_{\mathbf{R}_1,\mathbf{R}_2} J(\mathbf{R}_1 - \mathbf{R}_2)\langle \mathbf{S}_z(\mathbf{R})\mathbf{S}_z(\mathbf{R}')\,\mathbf{S}(\mathbf{R}_1)\cdot\mathbf{S}(\mathbf{R}_2)\rangle_0. \tag{33.46}$$

Da die Spins an verschiedenen Gitterplätzen im Grenzfall $T \to \infty$ voneinander unabhängig sind, verschwindet (33.46) nur dann nicht, wenn $\mathbf{R}_1 = \mathbf{R}$, $\mathbf{R}_1 = \mathbf{R}'$ gilt – oder umgekehrt. Deshalb wird (33.46) zu

$$\beta J(\mathbf{R} - \mathbf{R}') \sum_{\mu=x,y,z} \langle \mathbf{S}_z(\mathbf{R})\mathbf{S}_\mu(\mathbf{R})\rangle_0 \langle \mathbf{S}_z(\mathbf{R}')\mathbf{S}_\mu(\mathbf{R}')\rangle_0. \tag{33.47}$$

---

[21] Wir führen hier die Schreibweise $\langle X\rangle_0 = \lim\limits_{T\to\infty}\langle X\rangle$ ein. Beachten Sie $\langle X\rangle_0 = \mathrm{Sp}\,X/\mathrm{Sp}\,1$.

Da verschiedene Komponenten eines bestimmten Spins unkorreliert sind, vereinfacht sich dieser Ausdruck weiter zu

$$\beta J(\mathbf{R} - \mathbf{R}')\langle \mathbf{S}_z^2(\mathbf{R})\rangle_0 \langle \mathbf{S}_z^2(\mathbf{R}')\rangle_0 = \beta J(\mathbf{R} - \mathbf{R}') \left(\frac{S(S+1)}{3}\right)^2. \quad (33.48)$$

Sammeln wir unsere Ergebnisse, so erhalten wir für die Hochtemperatur-Entwicklung (33.44) den folgenden Ausdruck:

$$\Gamma(\mathbf{R}, \mathbf{R}') = \frac{S(S+1)}{3} \left[\delta_{\mathbf{R},\mathbf{R}'} + \frac{S(S+1)}{3} \beta J(\mathbf{R} - \mathbf{R}') + O(\beta J)^2\right]. \quad (33.49)$$

Somit ist bei hohen Temperaturen die Korrelationsfunktion zweier verschiedener Spins einfach proportional zur Austauschwechselwirkung selbst. Dieses Ergebnis ist insofern sinnvoll, als man erwartet, daß eine positive (d.h. ferromagnetische) Austauschkopplung der beiden Spins ihre parallele Ausrichtung zueinander begünstigt (und damit zu einem positiven Wert ihres Skalarproduktes führt), während eine negative (d.h. antiferromagnetische) Kopplung die antiparallele Ausrichtung der beiden Spins herbeiführt. Dabei findet jedoch die Möglichkeit keine Berücksichtigung, daß zwei Spins durch ihre gemeinsame Kopplung an andere Spins stärker miteinander gekoppelt sein können, als durch ihre direkte Kopplung aneinander. Terme, die solcherart interpretiert werden können, treten auf, wenn man die Hochtemperatur-Entwicklung zu noch höheren Ordnungen in $J/k_B T$ fortführt.

Setzt man die Korrelationsfunktion (33.49) in den Ausdruck (33.35) für die Suszeptibilität ein, wobei man (33.38) verwendet, so erhält man die Suszeptibilität bei höheren Temperaturen zu

$$\chi(T) = \frac{N}{V} \frac{(g\mu_B)^2}{3k_B T} S(S+1) \left[1 + \frac{\theta}{T} + O\left(\frac{\theta}{T}\right)^2\right], \quad (33.50)$$

mit

$$\theta = \frac{S(S+1)}{3} \frac{J_0}{k_B}, \quad J_0 = \sum_{\mathbf{R}} J(\mathbf{R}). \quad (33.51)$$

Der Ausdruck (33.50) für die Suszeptibilität hat die Gestalt des Curieschen Gesetzes (31.47), multipliziert mit einem Korrekturfaktor $(1 + \theta/T)$, der entweder größer oder kleiner als eins ist, je nachdem die Kopplung vorwiegend ferromagnetisch oder antiferromagnetisch ist.[22] Somit kann man selbst weit oberhalb der kritischen Temperatur

---

[22] Verallgemeinert man diese Betrachtungsweise auf komplexere Kristallstrukturen (was problemlos möglich ist), so ermöglicht das Ergebnis (33.51) eine Unterscheidung zwischen einfach-ferromagnetischen und einfach-ferrimagnetischen Festkörpern: Geht eine spontane Magnetisierung unterhalb

aus der Form der Temperaturabhängigkeit der Suszeptibilität einen Hinweis auf die Natur der magnetischen Ordnung erhalten, die unterhalb von T_c einsetzt.[23]

Untersuchung des kritischen Punktes

In der Umgebung der kritischen Temperatur T_c, bei welcher die Ausprägung der magnetischen Ordnung einsetzt, hat es sich als am schwierigsten erwiesen, quantitative Theorien der magnetischen Ordnung zu konstruieren. Die auftretenden Schwierigkeiten sind keine Besonderheiten des Magnetismus: Kritische Phänomene, wie man sie bei Flüssigkeits-Dampf-Übergängen, bei Übergängen zur Supraleitung (Kapitel 34), dem Übergang zur Supraflüssigkeit in flüssigem ^{4}He sowie auch bei Ordnung-Unordnung-Übergängen in Legierungen – um nur einige zu nennen – beobachtet, zeigen eine ausgeprägte Analogie zum entsprechenden Phänomen beim Magnetismus – und verursachen recht ähnliche Schwierigkeiten in der jeweiligen Theorie.

Einer der bisherigen Berechnungsansätze[24] war es, so viele Terme wie möglich in der Hochtemperatur-Entwicklung beispielsweise der Suszeptibilität zu bestimmen und dann die Abhängigkeit von T bis zur Singularität hinab zu extrapolieren, wobei man sowohl die kritische Temperatur, als auch den Exponenten γ erhält (aus (33.2)). Zu diesem Zweck hat man ausgeklügelte Techniken der Extrapolation entwickelt[25] und konnte damit einen Wert von γ erhalten, der mit dem beobachteten Grad der Divergenz recht kompatibel ist. Unglücklicherweise kann man die spontane Magnetisierung im Heisenberg-Modell nicht in einfacher Weise mit einem ähnlichen Ansatz behandeln. Wäre die Reihenentwicklung von $M(T)$ in der Nähe von $T = 0$ bekannt, so könnte man nach oben in Richtung auf die Singularität hin extrapolieren und hätte damit sowohl den kritischen Exponenten β in (33.1) bestimmt, als auch den durch Herunterextrapolation der Suszeptibilität bestimmten Wert der kritischen Temperatur T_c überprüft. Tieftemperatur-Entwicklungen von $M(T)$ erfordern die Berechnung von Korrekturen zur Spinwellennäherung, und obwohl dies in begrenztem Umfange möglich ist, so reichen doch solche Berechnungen nicht annähernd an das Niveau der systematischen Verfahren heran, die zur Bestimmung der Hochtemperatur-Entwicklungen zur Verfügung stehen.

---

von T_c auf eine positive Austauschwechselwirkung zurück (Ferromagnetismus), so ist der Term in $1/T^2$ im Ausdruck für die Hochtemperatur-Suszeptibilität positiv. Geht die spontane Magnetisierung dagegen auf eine negative (antiferromagnetische) Kopplung zwischen Spins unterschiedlichen Typs zurück, so ist der Term in $1/T^2$ im Ausdruck für die Hochtemperatur-Suszeptibilität negativ.

[23] Dies ist der wichtigste Inhalt einer phänomenologischen Modifikation des Curieschen Gesetzes, des sogenannten Curie-Weiß-Gesetzes; siehe dazu die weiter unten folgende Diskussion der Molekularfeldtheorie.

[24] Eine Übersicht gibt M. E. Fisher, *Rep. Progr. Phys.* **30**, part II, 615 (1967).

[25] Das wichtigste dieser Verfahren ist die Methode der Padé-Approximationen; einen Überblick gibt G. A. Baker, *Advances in Theoretical Physics I*, K. A. Brueckner, ed., Academic Press, New York (1965).

In einem anderen Ansatz versucht man, den Hamiltonoperator weiter zu vereinfachen. Als Preis für die Vereinfachung arbeitet man dann mit Modellen, die oft nur noch eine allgemeine und entfernte Ähnlichkeit mit dem ursprünglichen physikalischen Problem zeigen – außer vielleicht in seltsamen Spezialfällen, die zufällig, und meist *ex post facto*, an diese neuen Modelle erinnern. Dafür hat man es dabei mit Modellen zu tun, die analytisch beträchtlich besser handhabbar sind. Eine detaillierte theoretische Analyse solcher Modelle kann dadurch von Wert sein, daß sie Hinweise auf ein realistischeres Heisenberg-Modell gibt; sie kann aber auch einfach das Prüffeld für die Brauchbarkeit verschiedenster Näherungsmethoden sein.

Die bei weitem wichtigste Vereinfachung des Heisenberg-Modells ist das Ising-Modell, bei welchem man die Terme in S_+ und S_- des Heisenberg-Hamiltonoperators (33.9) einfach vollständig vernachlässigt, was zu

$$\mathcal{H}^{\text{Ising}} = -\frac{1}{2} \sum_{\mathbf{R},\mathbf{R}'} J(\mathbf{R} - \mathbf{R}') S_z(\mathbf{R}) S_z(\mathbf{R}') - g\mu_B H \sum_{\mathbf{R}} S_z(\mathbf{R}) \qquad (33.52)$$

führt. Da alle $S_z(\mathbf{R})$ miteinander vertauschen, so ist $\mathcal{H}^{\text{Ising}}$ explizite diagonal in der Darstellung, in welcher jeder einzelne Operator $S_z(\mathbf{R})$ diagonal ist, so daß also sämtliche Eigenfunktionen und Eigenwerte des Hamiltonoperators bekannt sind. Dennoch ist die Berechnung der Verteilungsfunktion noch immer eine außerordentlich schwierige Aufgabe. Dabei ist die Hochtemperatur-Entwicklung leichter zu ermitteln und kann bis zu Termen höherer Ordnungen ausgeführt werden, als es im Heisenberg-Modell möglich ist, so daß sich die elementaren Schwierigkeiten bei der Berechnung der Tieftemperatur-Entwicklung verflüchtigen; unglücklicherweise „verflüchtigt" sich dabei auch gleichzeitig das Blochsche $T^{3/2}$-Gesetz.

In der Nähe des kritischen Punktes kann man nach wie vor wenig mehr tun, als die Hochtemperatur- und Tieftemperatur-Entwicklungen zu extrapolieren – außer im Falle des zweidimensionalen Ising-Modells mit Wechselwirkungen ausschließlich zwischen nächsten Nachbarn.[26] In diesem einen Fall ist die Freie Energie ohne Magnetfeld für einige einfache Gitter (beispielsweise quadratisches Gitter, Dreiecksgitter, Honigwabenstruktur) exakt bekannt,[27] ebenso die spontane Magnetisierung. Es ist ernüchternd, zu erfahren, daß diese Berechnungen zu den eindrucksvollsten *tours de force* der theoretischen Physik zählen, und dies trotz der außerordentlichen, eigentlich unzulässigen

---

[26] Siehe in diesem Zusammenhang die Bemerkung über Methoden der Renormierungsgruppe in Fußnote 7. Man kann das Modell auch vollständig in einer Dimension behandeln, doch tritt in diesem Falle für Wechselwirkungen beliebiger Reichweite und unabhängig von der Temperatur keinerlei magnetische Ordnung auf.

[27] Dieses Problem wurde gelöst von L. Onsager, *Phys. Rev.* **65**, 117 (1944). Die erste veröffentlichte Berechnung der spontanen Magnetisierung (Onsager berichtete zwar das Ergebnis, veröffentlichte jedoch nie die Berechnung) stammt von C. N. Yang, *Phys. Rev.* **85**, 808 (1952). Eine recht zugängliche Version der Onsagerschen Berechnung der Freien Energie geben T. Schultz et al. in *Rev. Mod. Phys.* **36**, 856 (1964).

Vereinfachungen, die man vornehmen mußte, um auch nur ein Modell dieser Handhabbarkeit zu konstruieren.

In der exakten Onsagerschen Lösung zeigt die Wärmekapazität des zweidimensionalen Ising-Modells ohne äußeres Magnetfeld eine logarithmische Singularität, unabhängig davon, ob man sich der kritischen Temperatur T_c von oben oder von unten nähert. Die spontane Magnetisierung verschwindet mit $(T_c - T)^{1/8}$, die Suszeptibilität divergiert wie $(T - T_c)^{-7/4}$. Beachten Sie, daß sich diese Exponenten recht deutlich von den auf Seite 890 angegebenen, gemessenen Werten unterscheiden – außer vielleicht im Falle der Singularität der Wärmekapazität, wobei man berücksichtigen muß, daß eine Divergenz mit einem Potenzgesetz niedrigen Grades nur schwer von einer logarithmischen Singularität zu unterscheiden ist. Diese Abweichungen sind eine Folge der lediglich zweidimensionalen Struktur des Modells; Reihenentwicklungen in drei Dimensionen lassen Singularitäten erkennen, die den gemessenen Verläufen sehr viel ähnlicher sind.

Schließlich sei ein weiterer theoretischer Zugang zur Behandlung des kritischen Temperaturbereichs erwähnt, welcher auf der Hypothese[28] beruht, daß man die magnetische Zustandsgleichung in der Umgebung von $T = T_c$ und $H = 0$ in der Form

$$\frac{H}{|T_c - T|^{\beta + \gamma}} = f_{\pm}\left(\frac{M}{|T_c - T|^{\beta}}\right), \quad T \gtrless T_c \tag{33.53}$$

ansetzen kann, die man als skalierte Zustandsgleichung bezeichnet. Ausgehend von dieser Form der Zustandsgleichung kann man Beziehungen herleiten zwischen den kritischen Exponenten, welche die Singularitäten am kritischen Punkt beschreiben, so beispielsweise (siehe (33.1), (33.2) und (33.3)) die Beziehung $\alpha + 2\beta + \gamma = 2$. Diese Beziehungen sind ausschließlich als Ungleichungen zu *beweisen*,[29] scheinen aber bei real existierenden Systemen in Form strenger Gleichheiten erfüllt zu sein. Man hat das Konzept der Skalierung auf die statische Korrelationsfunktion[30] und sogar auf

---

[28] B. Widom, *J. Chem. Phys.* **43**, 3898 (1965); L. P. Kadanoff, *Physics* **2**, 263 (1966).

[29] R. B. Griffiths, *J. Chem. Phys.***43**, 1958 (1965) gibt eine große Zahl thermodynamischer Ungleichungen an, deren Gültigkeit in der Nähe des kritischen Punktes für am kritischen Punkt singuläre Größen gezeigt werden kann.

[30] In seiner einfachsten Form (M. E. Fisher, *J. Math. Phys.* **5**, 944 (1964)) geht das Konzept der Skalierung davon aus, daß die Korrelationsfunktion von der Form

$$\Gamma(\mathbf{R}) = \frac{1}{R^p}\, f\left(\frac{R}{\xi}\right)$$

ist, wobei $\xi(T)$, die Korrelationslänge, bei der kritischen Temperatur divergiert. Von der Divergenz der Suszeptibilität am kritischen Punkt her ist klar, daß die Reichweite der Korrelationsfunktion bei T_c sehr groß werden sollte (siehe die Gleichungen (33.35) und (33.38)). Die Skalierungshypothese macht die zusätzlichen Annahmen, daß die Korrelationsfunktion einerseits bei T_c proportional zu einer einfachen Potenz von R abfällt, und daß sie andererseits von der Temperatur nur über die Variable $R/\xi(T)$ abhängt.

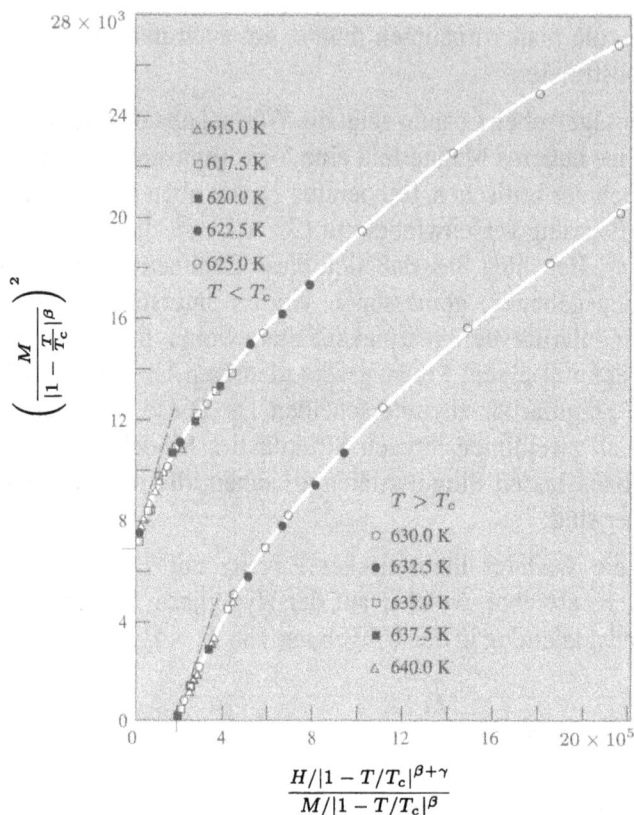

Bild 33.10: Die magnetische Zustandsgleichung von Nickel in der Nähe der kritischen Temperatur $T_c = 627,4$ K. Ist die Skalierungshypothese zutreffend, so sollte es zwei temperaturunabhängige Exponenten β und γ derart geben, daß $H/|T - T_c|^{\beta+\gamma}$ von M und T nur über die Kombination $M/|T - T_c|^{\beta}$ abhängt. (Oberhalb und unterhalb von T_c werden die funktionalen Abhängigkeiten jedoch nicht übereinstimmen.) Trägt man $[M/|1 - (T/T_c)|^{\beta}]^2$ über $[H/|1 - (T/T_c)|^{\beta+\gamma}]/[M/|1 - (T/T_c)|^{\beta}]$ auf, so kann man demonstrieren, in welchem Maße die Hypothese zutrifft: Für fünf verschiedene Temperaturen oberhalb von T_c liegen die auf diese Weise aufgetragenen Punkte sämtlich auf einer gemeinsamen Kurve; dasselbe Verhalten findet man vor, wenn man fünf verschiedene Temperaturen unterhalb von T_c betrachtet. Die hier verwendeten Exponenten sind $\beta = 0,378$ und $\gamma = 1,34$. (Die Maßstäbe an den Achsen messen H in Gauß und M in emu/g.) (Aus J. S. Kouvel, J. B. Comly, *Phys. Rev. Lett.* **20**, 1237 (1968).)

die zeitabhängige Korrelationsfunktion[31] angewandt; es hat die Untersuchungsrichtung zahlreicher experimenteller Untersuchungen des kritischen Punktes vorgegeben, welche wiederum die ursprüngliche Annahme bestätigten (siehe beispielsweise Bild 33.10). Jedoch konnten erst neuere theoretische Arbeiten von K. G. Wilson der Skalierungshypothese eine solide Basis geben.[32]

---

[31] B. I. Halperin, P. C. Hohenberg, *Phys. Rev. Lett.* **19**, 700 (1967).
[32] Siehe Fußnote 7 und ebenso F. J. Wegner, *Phys. Rev.* **B5**, 4529 (1972).

Molekularfeldtheorie

Der früheste Versuch einer quantitativen Deutung des ferromagnetischen Übergangs war die Molekularfeldtheorie[33] von P. Weiß. Die Molekularfeldtheorie zeichnet ein grob inadäquates Bild des Verhaltens im kritischen Temperaturbereich, ist nicht in der Lage, die Existenz von Spinwellen bei niedrigen Temperaturen vorauszusagen und reproduziert selbst bei hohen Temperaturen nur die führenden Korrekturen zum Curieschen Gesetz. Aus zwei Gründen erwähnen wir hier dennoch diese Theorie: (a) Sie wird derart oft verwendet und erwähnt, daß man sie kennen und in der Lage sein muß, sich vor ihren Unzulänglichkeiten zu hüten. (b) Wird man mit einer neuen Situation konfrontiert, beispielsweise einer außergewöhnlich komplexen Anordnung von Spins auf einer Kristallstruktur, mit mehreren verschiedenen Kopplungsarten, so bietet die Molekularfeldtheorie den vielleicht einfachsten Weg einer groben Vorselektion der zu erwartenden Strukturtypen. (c) Die Molekularfeldtheorie dient bisweilen als Ausgangspunkt komplexerer und genauerer Rechnungen.

Konzentrieren wir unsere Aufmerksamkeit im Heisenberg-Hamiltonoperator (33.4) auf einen bestimmten Gitterplatz $\mathbf{R}$ und spalten wir aus $\mathcal{H}$ alle Terme ab, die $\mathbf{S}(\mathbf{R})$ enthalten:

$$\Delta\mathcal{H} = -\mathbf{S}(\mathbf{r}) \cdot \left(\sum_{\mathbf{R} \neq \mathbf{R}'} J(\mathbf{R} - \mathbf{R}')\mathbf{S}(\mathbf{R}') + g\mu_B \mathbf{H} \right). \tag{33.54}$$

Dieser Ausdruck hat die Form der Energie eines Spins in einem effektiven äußeren Feld der Gestalt

$$\mathbf{H}_{\text{eff}} = \mathbf{H} + \frac{1}{g\mu_B} \sum_{\mathbf{R}'} J(\mathbf{R} - \mathbf{R}')\mathbf{S}(\mathbf{R}'), \tag{33.55}$$

wobei das „Feld" $\mathbf{H}_{\text{eff}}$ hier ein Operator ist, der auf eine komplizierte Weise von den Einzelheiten der Konfiguration aller übrigen Spins an von $\mathbf{R}$ verschiedenen Gitterplätzen abhängt. Die Molekularfeldnäherung umgeht diese Komplikation dadurch, daß sie $\mathbf{H}_{\text{eff}}$ durch seinen Mittelwert im thermodynamischen Gleichgewicht ersetzt. Im Falle eines Ferromagneten[34] hat jeder Spin denselben Mittelwert, welchen man in der Form

$$\langle \mathbf{S}(\mathbf{R}) \rangle = \frac{V}{N} \frac{\mathbf{M}}{g\mu_B} \tag{33.56}$$

---

[33] Die Molekularfeldtheorie ist leicht auf die Beschreibung jeder Art von magnetischer Ordnung zu verallgemeinern, zeigt starke Analogie mit der van der Waals-Theorie des Flüssigkeits-Dampf-Überganges und ist ein spezielles Beispiel der sehr allgemeinen Landauschen Theorie der Phasenübergänge.

[34] Weitere Fälle behandelt Aufgabe 7. Im allgemeinen macht man einen Ansatz für das Gleichgewichtsmittel jedes $\mathbf{S}(\mathbf{R})$, konstruiert damit das Molekularfeld, und fordert schließlich im Sinne der Selbstkonsistenz, daß das Gleichgewichtsmittel eines jeden Spins $\mathbf{S}(\mathbf{R})$, berechnet als freier Spin im Molekularfeld, mit dem ursprünglichen Ansatz übereinstimmen soll.

durch die gesamte Magnetisierungsdichte ausdrücken kann. Ersetzen wir in (33.55) jeden Spin durch seinen Mittelwert (33.56), so erhalten wir das effektive Feld

$$\mathbf{H}_{\text{eff}} = \mathbf{H} + \lambda \mathbf{M} \tag{33.57}$$

mit

$$\lambda = \frac{V}{N} \frac{J_0}{(g\mu_B)^2}, \quad J_0 = \sum_{\mathbf{R}} J(\mathbf{R}). \tag{33.58}$$

Die Molekularfeldtheorie eines Ferromagneten geht davon aus, daß man den Effekt der Wechselwirkungen einzig dadurch berücksichtigen kann, daß man das von jedem Spin „verspürte" Feld als $\mathbf{H}_{\text{eff}}$ ansetzt. In Fällen von praktischem Interesse ist diese Annahme nur selten gerechtfertigt, da sie entweder voraussetzt, daß die einzelnen Spinrichtungen nur unwesentlich von ihren Mittelwerten abweichen, oder aber, daß die Austauschwechselwirkung von derart großer Reichweite ist, daß viele Spins zu (33.55) beitragen, wobei sich individuelle Fluktuationen der Spins um ihren Mittelwert gegenseitig auslöschen.

Führen wir dennoch die Molekularfeldnäherung durch, so ergibt sich die Magnetisierungsdichte als Lösung von

$$M = M_0 \left(\frac{H_{\text{eff}}}{T} \right). \tag{33.59}$$

Dabei bezeichnet M_0 die Magnetisierungsdichte im Feld H bei der Temperatur T, berechnet unter Vernachlässigung magnetischer Wechselwirkungen. Wir berechneten die Magnetisierungsdichte M_0 in Kapitel 31, wobei wir herausfanden (Gleichung (31.44)), daß sie von H und T nur über deren Verhältnis abhängt – wovon (33.59) explizite Gebrauch macht. Gibt es bei der Temperatur T eine spontane Magnetisierung $M(T)$, so ist sie durch eine von Null verschiedene Lösung von (33.59) gegeben, falls das äußere Feld verschwindet. Da $\mathbf{H}_{\text{eff}} = \lambda M$ für $H = 0$, so muß daher gelten

$$M(T) = M_0 \left(\frac{\lambda M}{T} \right). \tag{33.60}$$

Die Lösungen der Gleichung (33.60) findet man am einfachsten graphisch; schreibt man sie als das Gleichungspaar

$$M(T) = M_0(x),$$
$$M(T) = \frac{T}{\lambda} x, \tag{33.61}$$

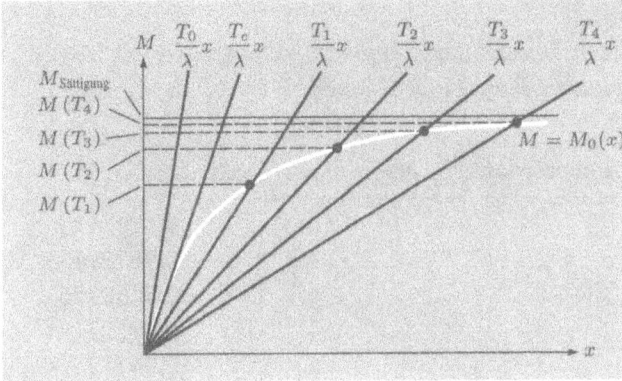

Bild 33.11: Graphische Lösung der Molekularfeld-Gleichungen (33.61). Nimmt die Temperatur T einen Wert größer als T_c an – beispielsweise $T = T_0$ – so gibt es keine Lösung außer $M = 0$. Ist T dagegen kleiner als T_c (beispielsweise $T = T_1, \ldots, T_4$), so existieren auch Lösungen mit von Null verschiedenem M. Der kritische Wert T_c von T ist bestimmt durch die geometrische Bedingung, daß die Steigung von $M_0(x)$ im Ursprung gleich T_c/λ sein soll.

so ergeben sich die Lösungen als Schnittpunkte der Kurve $M_0(x)$ mit der Geraden $(T/\lambda)x$ (Bild 33.11). Solche Schnittpunkt existieren für von Null verschiedene x-Werte genau dann, wenn die Steigung T/λ der Geraden geringer ist als die Steigung $M_0'(x)$ von $M_0(x)$ im Ursprung. Man kann die letztere Steigung ausdrücken durch die Nullfeld-Suszeptibilität χ_0, berechnet unter Vernachlässigung von Wechselwirkungen, da

$$\chi_0 = \left(\frac{\partial M_0}{\partial H}\right)_{H=0} = \frac{M_0'(0)}{T}. \tag{33.62}$$

Vergleicht man diesen Ausdruck mit der expliziten Form (31.47) des Curieschen Gesetzes, so kann man den Wert von $M_0'(x)$ ablesen und schließen, daß die kritische Temperatur T_c, unterhalb derer sich eine von Null verschiedene spontane Magnetisierung einstellt, gegeben ist durch

$$T_c = \frac{N}{V} \frac{(g\mu_B)^2}{3k_B} S(S+1)\lambda = \frac{S(S+1)}{3k_B} J_0. \tag{33.63}$$

Tabelle 33.4 vergleicht diese Voraussage mit den exakten kritischen Temperaturen verschiedener, zwei- und dreidimensionaler Ising-Modelle.[35] Die tatsächlichen kritischen Temperaturen liegen um bis zu einem Faktor 2 unterhalb der Voraussage der Molekularfeldtheorie; die Übereinstimmung verbessert sich jedoch mit zunehmender Dimensionalität des Gitters und zunehmender Koordinationszahl – wie man es auch erwarten würde.

Bei Temperaturen unmittelbar unterhalb von T_c ergibt (33.60) einen Verlauf der spontanen Magnetisierung proportional zu $(T_c - T)^{1/2}$, unabhängig von der Dimensionalität des Gitters (Aufgabe 6). Dies steht im Widerspruch zum bekannten Verhalten

---

[35] Wendet man (33.63) auf das Ising-Modell an, so ist der Faktor $\frac{1}{3}S(S+1)$ zu ersetzen durch den Term, aus welchem er entstand: durch den Mittelwert von $\mathbf{S}_z{}^2$ für einen zufällig orientierten Spin.

Tabelle 33.4

Verhältnis der exakten kritischen Temperaturen mit den Voraussagen der Molekularfeldtheorie (MFT) für verschiedene Ising-Modelle mit Wechselwirkungen zwischen nächsten Nachbarn*

Gitter	Dimensionalität	Koordinationszahl	T_c/T_c^{MFT}
Honigwabengitter	2	3	0,5062173
Quadratisches Gitter	2	4	0,5672963
Dreiecksgitter	2	6	0,6068256
Diamant	3	4	0,67601
Einfach-kubisch	3	6	0,75172
Kubisch-raumzentriert	3	8	0,79385
Kubisch-flächenzentriert	3	12	0,8162

* Die zweidimensionalen T-Werte sind in geschlossener Form bekannt; die Werte für drei Dimensionen wurden durch Extrapolation bis zu der jeweils angegebenen Genauigkeit berechnet. Quelle: M. E. Fisher, *Repts. Prog. Phys.* **30**, part *II*, 615 (1967).

proportional zu $(T_c - T)^\beta$, mit $\beta = \frac{1}{8}$ für das zweidimensionale Ising-Modell und $\beta \approx \frac{1}{3}$ für die meisten physikalischen Systeme und Modellsysteme. Beachten Sie, daß sich die Übereinstimmung mit der Molekularfeldtheorie auch in diesem Fall verbessert, wenn die Dimensionalität zunimmt.[36]

In der Nähe von $T = 0$ sagt die Molekularfeldtheorie voraus, daß die spontane Magnetisierung von ihrem Sättigungswert um einen Term von der Größenordnung $e^{-J_0 S/k_B T}$ abweicht (Aufgabe 9). Dies steht im krassen Widerspruch zum $T^{3/2}$-Verhalten, das aus einer genaueren Untersuchung des isotropen[37] Heisenberg-Modells folgt und auch experimentell bestätigt ist.

Die Suszeptibilität ergibt sich in der Molekularfeldnäherung durch Differenzieren von (33.59):

$$\chi = \frac{\partial M}{\partial H} = \frac{\partial M_0}{\partial H_{\mathrm{eff}}} \frac{\partial H_{\mathrm{eff}}}{\partial H} = \chi_0(1 + \lambda \chi). \tag{33.64}$$

Damit gilt

$$\chi = \frac{\chi_0}{1 - \lambda \chi_0}, \tag{33.65}$$

---

[36] Man glaubt, daß in mehr als vier Dimensionen die kritischen Indizes der Molekularfeldtheorie korrekt sind.

[37] Die spontane Magnetisierung des anisotropen Heisenberg-Modells weicht lediglich exponentiell vom Sättigungswert ab. Dabei ist $J_0/k_B T$ zu ersetzen durch $\Delta J/k_B T$, wobei die Größe ΔJ ein Maß darstellt für die Anisotropie der Austauschkopplung und für schwache Anisotropie sehr viel kleiner ist als J_0 (siehe Aufgabe 5).

wobei χ_0 im Feld H_{eff} berechnet ist. Oberhalb von T_c und im Grenzfall verschwindenden äußeren Feldes ist H_{eff} Null, und die Suszeptibilität χ_0 nimmt die Form (31.47) des Curieschen Gesetzes an. Aus (33.65) erhält man dann für die Nullfeld-Suszeptibilität

$$\chi = \frac{\chi_0}{1 - (T_c/T)}. \tag{33.66}$$

Dieses Ergebnis ist von seiner Form her identisch mit dem Curieschen Gesetz für einen idealen Paramagneten (Gleichung (31.47)), mit dem Unterschied, daß T im Nenner durch $T - T_c$ ersetzt wurde. Diese modifizierte Form des Curieschen Gesetzes kennt man als Curie-Weiß-Gesetz. Die Bezeichnung „Gesetz" ist dabei durchaus unglücklich gewählt, da in der Nähe von T_c die gemessenen und berechneten Suszeptibilitäten dreidimensionaler Ferromagnete wie eine inverse Potenz von $T - T_c$ divergieren – mit einem Exponenten irgendwo zwischen $\frac{5}{4}$ und $\frac{4}{3}$ – und keinesfalls wie der einfache Pol des Ausdrucks (33.66).[38] Dennoch stimmt die durch (33.66) gegebene, dominante Korrektur (von der Ordnung $1/T^2$) zur Hochtemperatur-Suszeptibiltät nach dem Curieschen Gesetz mit dem exakten Ergebnis (33.50) überein – und darin besteht der einzige ernst zu nehmende Inhalt des Curie-Weiß-Gesetzes: Die Hochtemperatur-Korrektur zur Suszeptibiltät eines Ferromagneten vergrößert diese Suszeptibilität gegenüber dem Wert, den das Curiesche Gesetz voraussagt.[39] Höhere Korrekturen als die führende stimmen bei hohen Temperaturen nicht mit den Voraussagen von (33.66) überein. Verläßt man daher den Bereich hoher Temperaturen, so ist das Curie-Weiß-Gesetz nicht viel mehr als eine besonders einfache und nicht sehr zuverlässige Art, die bei hohen Temperaturen gültige Reihenentwicklung der Suszeptibilität zu niedrigeren Temperaturen hin zu extrapolieren.

Folgen des Vorhandenseins der Dipolwechselwirkung in Ferromagneten: Domänen

Obwohl die kritische Temperatur von Eisen mehr als 1000 K beträgt, ist ein Stück Eisen, wie man es normalerweise vorfindet, scheinbar „unmagnetisiert". Dieses Stück Eisen wird aber in Magnetfeldern sehr viel stärker angezogen als ein paramagnetischer Stoff und kann durch Darüberstreichen mit einem „Permanentmagneten" „magnetisiert" werden.

---

[38] Im zweidimensionalen Ising-Modell divergiert die Suszeptibilität wie $(T - T_c)^{-7/4}$, ein Verhalten, welches noch weiter von der Curie-Weiß-Voraussage abweicht. Beachten Sie auch hier, daß sich die Voraussage der Molekularfeldtheorie mit zunehmender Dimensionalität verbessert.

[39] Die Molekularfeldtheorie für Antiferromagnete führt oberhalb von T_c auf eine Suszeptibilität der Form (33.66), jedoch mit einem Pol bei negativem T (siehe Aufgabe 7). Auch dieses Ergebnis ist nicht verläßlich – mit Ausnahme der Aussage über das Vorzeichen der Hochtemperatur-Korrektur zum Curieschen Gesetz.

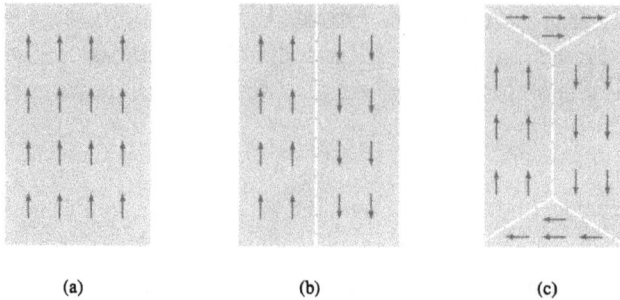

(a)   (b)   (c)

Bild 33.12: Ein ferromagnetisch geordneter Festkörper kann seine magnetische Dipolenergie dadurch verringern, daß er sich in eine komplexe Anordnung von Domänen strukturiert. Somit hat die Struktur (a) mit nur einer Domäne eine sehr viel höhere Dipolenergie als die Struktur (b) mit zwei Domänen. (Um dies einzusehen, betrachte man die bei beiden Hälften der Struktur (b) als Stabmagnete. Um aus dieser Anordnung die Einzeldomänenstruktur (a) zu erhalten, muß einer der beiden „Stabmagnete" in (b) umgedreht werden; dabei geht eine Konfiguration, bei der gegensätzliche Pole einander nahe benachbart sind in eine Konfiguration über, bei der gleiche Pole benachbart liegen.) Auch die Struktur (b) mit zwei Domänen kann ihre Dipolenergie noch weiter dadurch verringern, daß sie zusätzliche, in (c) dargestellte Domänen ausbildet.

Zur Deutung dieser Phänomene ist es notwendig, die bisher vernachlässigten magnetischen Dipolwechselwirkungen der Spins untereinander in Betracht zu ziehen. Wir betonten in Kapitel 32, daß diese Wechselwirkung sehr schwach ist, wobei die Dipolkopplung zwischen nächsten Nachbarn typischerweise um einen Faktor 1000 kleiner ist als die Austauschkopplung. Dabei ist die Austauschkopplung jedoch von recht geringer Reichweite und fällt in einem ferromagnetischen Isolator exponentiell mit dem Abstand der Spins voneinander ab, wogegen die Dipolwechselwirkung eine längere Reichweite hat und mit der inversen dritten Potenz des Spinabstandes kleiner wird. Die magnetische Struktur einer makroskopischen Probe kann deshalb recht komplex sein, da die Dipolenergien signifikant werden, sobald eine enorme Anzahl von Spins beteiligt ist, und dann die Spinkonfiguration, die sich aufgrund der kurzreichweitigen Austauschwechselwirkungen einstellen würde, deutlich verändern können.

Insbesondere ist eine homogen magnetisierte Konfiguration, durch welche wir den ferromagnetischen Zustand charakterisierten, bei Berücksichtigung der Dipolenergie energetisch ausgesprochen unökonomisch: Die Dipolenergie verringert sich deutlich dadurch (Bild 33.12), daß sich in der Probe homogen magnetisierte *Domänen* von makroskopischer Ausdehnung ausbilden, deren Magnetisierungsvektoren in stark unterschiedliche Richtungen weisen. Für eine solche Unterteilung ist ein Preis in Form einer erhöhten Austauschenergie zu entrichten, da die Spins in der Nähe der Domänengrenzen unvorteilhaft stark über Austauschwechselwirkungen mit den nahen Spins der benachbarten, anders ausgerichteten Domäne wechselwirken. Da jedoch die Reichweite der Austauschwechselwirkung gering ist, so wird die Austauschenergie nur für Spins in der Nähe von Domänengrenzen erhöht. Im Gegensatz dazu ist die Ersparnis an magnetischer Dipolenergie ein *Volumeneffekt*: Aufgrund der großen Reichweite der Dipolwechselwirkung wird die Dipolenergie eines *jeden* Spins gesenkt, sobald die

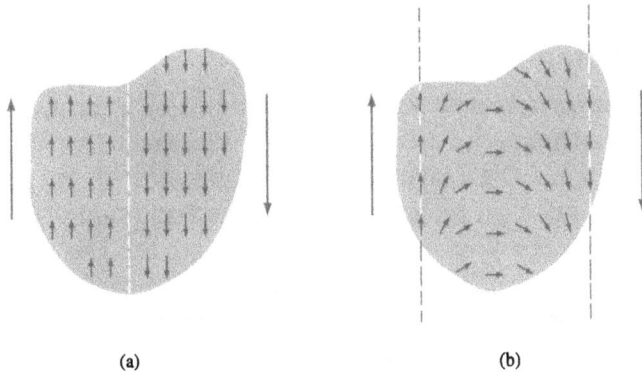

Bild 33.13: Detailansicht eines Teiles einer Domänenwand mit (a) einem abrupten Übergang und (b) einem graduellen Übergang: Die Austauschenergie des Überganges (b) ist geringer.

Domänenbildung einsetzt. Somit ist die Domänenbildung trotz der sehr viel stärkeren Austauschwechselwirkung energetisch begünstigt, vorausgesetzt, die Domänen sind nicht zu klein: Jeder Spin kann durch die Domänenbildung seine (kleine) Dipolenergie verringern, während die (große) Austauschenergie nur weniger Spins – nämlich jener an den Domänengrenzen – erhöht wird.

Diese Leichtigkeit, mit der ein Ferromagnet bei Temperaturen unterhalb von T_c seine spontane Magnetisierung beibehalten oder verlieren kann – indem er sich in Domänen strukturiert – und ebenso der Prozeß, in welchem durch Anwendung eines äußeren Feldes die spontane Magnetisierung wiederhergestellt wird, sind eng verknüpft mit den physikalischen Mechanismen der Größen- und Orientierungsänderungen von Domänen. Bei diesen Prozessen spielt die Struktur der Grenzfläche zwischen zwei Domänen – als Domänenwand oder Bloch-Wand bezeichnet – eine wichtige Rolle.

Ein abrupter Übergang zwischen zwei Domänen, wie er in Bild 33.13a dargestellt ist, kostet unnötig viel Austauschenergie: Die Oberflächenenergie einer Domänenwand liegt wesentlich niedriger, wenn sich die Umkehrung der Spinrichtung auf viele Spins verteilt.[40] Findet die Umkehrung der Spinrichtung über n Spins statt, so ändert sich beim Durchqueren der Domänenwand die Orientierung jedes Spins gegenüber seinem Nachbarn um einen Winkel π/n. (Bild 33.13b). In einem groben, klassischen Bild betrachtet, beträgt die Austauschenergie von Paaren benachbarter Spins dann nicht mehr den Minimalwert $-JS^2$, sondern $-JS^2\cos(\pi/n) \approx -JS^2[1 - \frac{1}{2}(\pi/n)^2]$. Da der Spin innerhalb von n Schritten vollständig umgekehrt wird, beträgt folglich die Energie einer Spindrehung um $180°$ entlang einer Reihe von n Spins

$$\Delta E = n\left[-JS^2\cos\left(\frac{\pi}{n}\right) - (-JS^2)\right] = \frac{\pi^2}{2n}JS^2. \tag{33.67}$$

---

[40] Wir betrachten hier den Fall einer Domänenwand, die *nicht* so dick ist, daß die Dipolenergie der Wand selbst von Bedeutung wäre.

Dieser Betrag ist um einen Faktor $\pi^2/2n$ geringer als die Austauschenergie eines abrupten Überganges.

Wäre dies das einzige relevante Kriterium, so würde sich die Domänenwand bis auf eine Dicke verbreitern, die einzig durch die Reichweite der Dipolwechselwirkungen bestimmt wäre. Die obige Betrachtung ging jedoch davon aus, daß die Austauschkopplung zwischen benachbarten Spins perfekt isotrop und ausschließlich vom Winkel zwischen den Spinorientierungen abhängig sei. Die Wechselwirkungen im Heisenberg-Hamiltonoperator weisen tatsächlich diese Isotropie auf, dies jedoch nur deshalb, weil die Spin-Bahn-Kopplung bei ihrer Herleitung vernachlässigt wurde. In einem real existierenden Festkörper dagegen sind die Spins über die Spin-Bahn-Kopplung an die elektronische Ladungsdichte gekoppelt, so daß ihre Energie bis zu einem gewissen Maße ebenso von ihrer „absoluten" Orientierung relativ zu den Kristallachsen abhängt, wie auch von ihren Orientierungen relativ zueinander. Obwohl diese Abhängigkeit der Spinenergie von der absoluten Orientierung der Spins – beschrieben durch die sogenannte *Anisotropieenergie* – recht geringfügig sein kann, so trägt diese Anisotropieenergie dennoch im Mittel einen festen Energiebetrag pro Spin zur Energie einer Reihe jeweils leicht voneinander in ihren Orientierungen abweichender Spins bei, und kann schließlich die immer kleiner werdenden Reduktionen der Austauschenergie durch immer weiteres Dickenwachstum der Domänenwand bedeutungslos werden lassen. Damit ergibt sich die tatsächliche Dicke einer Domänenwand aus der Balance zwischen Austauschenergie und Anisotropieenergie.[41]

Im Prozeß der „Magnetisierung" eines Stückes zunächst „unmagnetisierten" Eisens durch ein äußeres Feld – deutlich unterhalb der kritischen Temperatur T_c – werden Domänen umgeordnet und umorientiert. Unter der Wirkung eines *schwachen* Feldes können Domänen, die in Feldrichtung orientiert sind, auf Kosten der dem Feld entgegengesetzt gerichteten Domänen durch eine stetige Bewegung der Domänenwände wachsen (Bild 33.14).[42] Der Prozeß der Magnetisierung ist in schwachen Feldern reversibel: Geht das ausrichtende Feld wieder auf Null zurück, so bilden sich die ursprünglichen Formen der Domänen wieder aus, und die Magnetisierung der gesamten Probe wird wieder Null. Ist das ausrichtende Feld jedoch *nicht* schwach, so können sich entsprechend ausgerichtete Domänen auch durch irreversible Prozesse ausdehnen. So kann beispielsweise die im schwachen Feld reversible Bewegung der Domänenwände durch Kristallfehler behindert werden, durch welche die Domänenwand nur dann hindurchtritt, wenn der Energiegewinn im externen Feld hinreichend groß ist. Entfernt man dann das ausrichtende Feld, so können die Domänenwände durch die Kristallfehler daran gehindert werden, zu ihrer ursprünglichen Konfiguration in der unmagnetisierten Probe zurückzukehren. In einem solchen Falle muß man ein

---

[41] Die Anisotropieenergie ist die Ursache des Auftretens von Richtungen leichter Magnetisierung.

[42] Die graduelle Umkehrung der Spinrichtung innerhalb der Domänenwand ist eine wesentliche Voraussetzung für die Stetigkeit der Wandbewegung. Die Bewegung einer „abrupten" Wand über eine Abfolge von 180°-Umklappprozessen der einzelnen Spins würde die „Bewegung" eines jeden Spins durch eine hohe Barriere der Austauschenergie hindurch bedeuten.

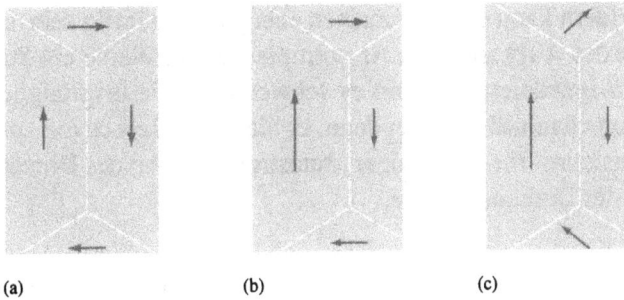

(a)   (b)   (c)

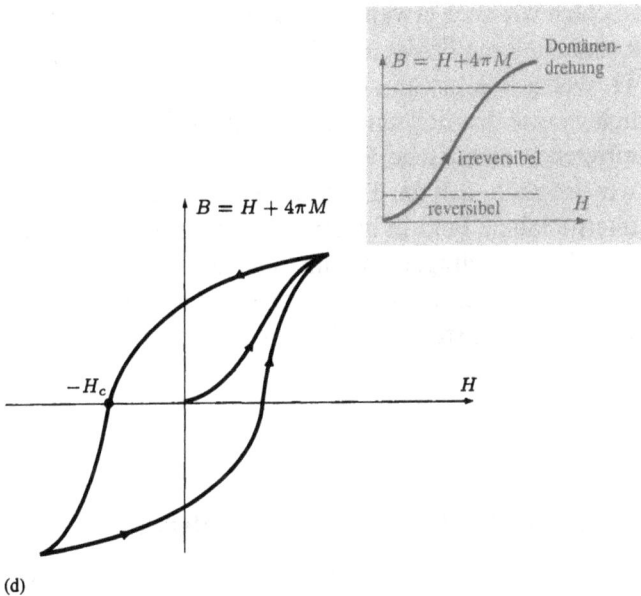

(d)

Bild 33.14: Der Prozeß der Magnetisierung: (a) Eine unmagnetisierte Probe, (b) dieselbe Probe in einem schwachen Feld, welches einen der beiden Spintypen begünstigt. Durch Bewegung der Domänenwand nach rechts ist die Domäne der Spins dieses Typs auf Kosten der Domäne der Spins des anderen Typs gewachsen. Im Bild (c) ist das äußere Feld stärker, und die Domänenrotation beginnt. Im grau unterlegten Feld ist die Magnetisierungskurve (der Konvention entsprechend $B = H + 4\pi M$ als Funktion von H) dargestellt, beginnend bei der Magnetisierung Null (entsprechend der Konfiguration (a) im Feld Null) bis zur Sättigung. Verringert man anschließend – ausgehend vom Zustand der Sättigung – die Stärke des äußeren Feldes, so geht die Magnetisierung *nicht* mit der Feldstärke auf Null zurück, sondern es ergibt sich die in (d) gezeigte Hysteresekurve. Erreicht das äußere Feld den Wert $-H_c$, so wird B Null. Diesen Sachverhalt nimmt man als eine andere Definition der Koerzitivkraft.

recht starkes, entgegengesetzt orientiertes äußeres Feld anlegen, um die ursprüngliche Konfiguration wiederherzustellen. Dieses Phänomen bezeichnet man als *Hysterese*, das zur Wiederherstellung der Magnetisierung Null (gewöhnlich ausgehend vom Zustand der Sättigung) notwendige Feld als *Koerzitivkraft*. Offenbar hängt der Wert der Koerzitivkraft davon ab, auf welche Weise die Probe präpariert wurde.

In sehr starken Feldern kann es für Domänen energetisch günstig sein, sich als Ganzes zu drehen – trotz des Aufwandes an Anisotropieenergie. Wurde ein Stoff erst einmal auf diese Weise magnetisiert, so kann es schwer sein, die ursprüngliche Domänenstruktur wieder zurückzubilden, es sei denn, es bleibt ein Rest davon zurück und wirkt als „Kondensationskeim" für die weniger „katastrophale" Art des Domänenwachstums durch Bewegung der Domänenwände.

Folgen des Vorhandenseins der Dipolwechselwirkung: Entmagnetisierungsfaktoren

Zum Abschluß möchten wir noch erwähnen, daß sich die magnetischen Dipolwechselwirkungen durch starke interne Felder an jedem Spinort äußern können, wodurch sich das lokale Feld **H**, welches jeder Spin tatsächlich „spürt", von dem von außen angelegten Feld möglicherweise deutlich unterscheiden kann. Wir diskutierten das analoge, bei Isolatoren auftretende elektrische Phänomen detailliert in Kapitel 27. An dieser Stelle ergänzen wir lediglich, daß der Effekt in ferromagnetischen Stoffen recht groß sein kann: Das interne lokale Feld in einem Ferromagneten kann ohne jedes äußere Feld mehrere Tausend Gauß betragen. Wie im Falle der Dielektrika hängt der Wert des internen Feldes auf komplizierte Weise von der Gestalt der Probe ab. Man führt häufig sogenannte *Entmagnetisierungsfaktoren* ein, um das äußere Feld in das tatsächliche lokale Feld umrechnen zu können.

Aufgaben

33.1   Schranken für die Produkte von Spinoperatoren

(a) Gehen Sie von der Tatsache aus, daß die Eigenzustände einer Hermiteschen Matrix einen vollständigen Satz orthonormaler Zustände bilden und zeigen Sie, daß das größtmögliche (kleinstmögliche) Diagonalelement eines Hermiteschen Operators gleich ist seinem größten (kleinsten) Eigenwert.

(b) Zeigen Sie, daß das größtmögliche Diagonalelement des Produktes $S(\mathbf{R}) \cdot S(\mathbf{R}')$ für $\mathbf{R} \neq \mathbf{R}'$ gleich S^2 ist. (Hinweis: Drücken Sie den Operator durch das Quadrat von $S(\mathbf{R}) + S(\mathbf{R}')$ aus.)

(c) Zeigen Sie, daß das kleinstmögliche Diagonalelement des Produktes $S(\mathbf{R}) \cdot S(\mathbf{R}')$ gegeben ist durch $-S(S + 1)$.

33.2   Schranken für die Grundzustandsenergie eines Ferromagneten

Leiten Sie die untere Schranke für die Grundzustandsenergie eines Heisenberg-Antiferromagneten in (33.17) aus einem der Ergebnisse von Aufgabe 1 her. Folgern Sie die obere Schranke in (33.17) aus einem Variationsprinzip, wobei Sie als Probe-Grundzustand den auf Seite 896 beschriebenen Zustand wählen.

33.3   Exakte Grundzustandsenergie eines einfachen „Antiferromagneten"

Zeigen Sie, daß die Grundzustandsenergie einer linearen, antiferromagnetischen Heisenberg-Kette aus vier Spins mit Wechselwirkungen nur zwischen nächsten Nachbarn,

$$\mathcal{H} = J(\mathbf{S}_1 \cdot \mathbf{S}_2 + \mathbf{S}_2 \cdot \mathbf{S}_3 + \mathbf{S}_3 \cdot \mathbf{S}_4 + \mathbf{S}_4 \cdot \mathbf{S}_1), \tag{33.68}$$

gegeben ist durch

$$E_0 = -4JS^2 \left[1 + \frac{1}{2S}\right]. \tag{33.69}$$

(Hinweis: Schreiben Sie den Hamiltonoperator in der Form

$$\mathcal{H} = \frac{1}{2}J[(\mathbf{S}_1 + \mathbf{S}_2 + \mathbf{S}_3 + \mathbf{S}_4)^2 - (\mathbf{S}_1 + \mathbf{S}_3)^2 - (\mathbf{S}_2 + \mathbf{S}_4)^2].) \tag{33.70}$$

33.4   Eigenschaften von Spinwellen-Zuständen

(a) Bestätigen Sie die Normierung in den Gleichungen (33.19) und (33.20).

(b) Leiten Sie (33.27) her.

(c) Zeigen Sie $\langle k|\mathbf{S}_\perp(\mathbf{R})|k\rangle = 0$, was bedeutet, daß die Phase der Spinwelle im Zustand $|k\rangle$ unbestimmt ist.

33.5   Anisotropes Heisenberg-Modell

Betrachten Sie den anisotropen Heisenberg-Spin-Hamiltonoperator

$$\mathcal{H} = -\frac{1}{2} \sum_{\mathbf{R},\mathbf{R}'} \left[J_z(\mathbf{R} - \mathbf{R}')\mathbf{S}_z(\mathbf{R})\mathbf{S}_z(\mathbf{R}') + J(\mathbf{R} - \mathbf{R}')\mathbf{S}_\perp(\mathbf{R}) \cdot \mathbf{S}_\perp(\mathbf{R}')\right] \tag{33.71}$$

mit $J_z(\mathbf{R} - \mathbf{R}') > J(\mathbf{R} - \mathbf{R}') > 0$.

(a) Zeigen Sie, daß der Grundzustand (33.5) und die Ein-Spinwellen-Zustände (33.23) Eigenzustände von $\mathcal{H}$ bleiben, während die Anregungsenergien der Spinwellen um

$$S \sum_{\mathbf{R}} [J_z(\mathbf{R}) - J(\mathbf{R})] \tag{33.72}$$

angehoben werden.

(b) Zeigen Sie, daß nun die spontane Magnetisierung bei niedrigen Temperaturen von ihrem Sättigungswert exponentiell in $-1/T$ abweicht.

(c) Zeigen Sie, daß die auf Seite 902 dargelegte Argumentation, nach welcher es in zwei Dimensionen keine spontane Magnetisierung geben kann, nun nicht mehr anwendbar ist.

33.6   Molekularfeldtheorie in der Nähe des kritischen Punktes

Für kleine x hat die Brillouin-Funktion $B_J(x)$ die Form $Ax - Bx^3$, mit positiven Konstanten A und B.

(a) Zeigen Sie: Nähert sich T der kritischen Temperatur T_c von kleineren Temperaturen her, so folgt aus der Molekularfeldtheorie, daß die spontane Magnetisierung eines Ferromagneten proportional zu $(T_c - T)^{1/2}$ verschwindet.

(b) Zeigen Sie, daß die Magnetisierungsdichte $M(H, T_c)$ am kritischen Punkt T_c nach der Molekularfeldtheorie proportional zu $H^{1/3}$ verschwindet. (Sowohl Experimente als auch Berechnungen deuten darauf hin, daß der Exponent für dreidimensionale System näher bei $1/5$ liegt. Der Exponent beträgt $1/15$ für das zweidimensionale Ising-Modell.)

33.7   Molekularfeldtheorie des Ferrimagnetismus und des Antiferromagnetismus

Betrachten Sie eine magnetische Struktur, die aus Spins zweier unterschiedlicher Typen aufgebaut ist, welche zwei ineinanderliegende Untergitter besetzen. Die Spins des Untergitters 1 seien untereinander über die Austauschkonstante J_1 gekoppelt, die Spins des Untergitters 2 über die Konstante J_2, sowie die Spins verschiedener Untergitter miteinander über die Konstante J_3.

(a) Verallgemeinern Sie die Molekularfeldtheorie eines einfachen Ferromagneten auf diese Struktur und zeigen Sie, daß der Ausdruck (33.59) für die spontane Magnetisierung zu verallgemeinern ist auf zwei gekoppelte Gleichungen der Form

$$M_1 = M_0[(H + \lambda_1 M_1 + \lambda_3 M_2)/T],$$
$$M_2 = M_0[(H + \lambda_2 M_2 + \lambda_3 M_1)/T] \tag{33.73}$$

für die Magnetisierungen der beiden Untergitter.

(b) Leiten Sie aus dem Ergebnis (a) ab, daß die Nullfeld-Suszeptibilität oberhalb von T_c als Verhältnis aus einem in T linearen Polynom und einem in T quadratischen Polynom gegeben ist.

(c) Verifizieren Sie, daß sich die Suszeptibilität auf die Curie-Weiß-Form reduziert, wenn die Atomrümpfe der beiden Untergitter identisch und ferromagnetisch gekoppelt sind ($\lambda_1 = \lambda_2$, $\lambda_3 > 0$).

(d) Verifizieren Sie: Sind die Atomrümpfe der beiden Untergitter identisch ($\lambda_1 = \lambda_2 > 0$) und antiferromagnetisch gekoppelt ($\lambda_3 < 0$, mit $|\lambda_3| > |\lambda_1|$), so wird die Temperatur im Curie-Weiß-„Gesetz" negativ.

33.8 Hochtemperatur-Suszeptibilität von Ferrimagneten und Antiferromagne-ten

Verallgemeinern Sie die Entwicklung der Hochtemperatur-Suszeptibilität auf den Fall der in Aufgabe 7 beschriebenen Struktur und vergleichen Sie die exakte führende Korrektur (von der Ordnung $O(1/T^2)$) zum Curieschen Gesetz mit dem Ergebnis der Molekularfeldtheorie.

33.9 Spontane Magnetisierung bei niedrigen Temperaturen in der Molekular-feldtheorie

Zeigen Sie: Für Temperaturen T weit unterhalb von T_c sagt die Molekularfeldtheorie eines Ferromagneten eine spontane Magnetisierung voraus, die von ihrem Sättigungs-wert exponentiell in $-1/T$ abweicht.

34 Supraleitung

Kritische Temperatur

Dauerströme

Thermoelektrische Eigenschaften

Der Meißner-Ochsenfeld-Effekt

Kritische Felder

Wärmekapazität

Energielücke

Die London-Gleichung

Struktur der BCS-Theorie

Voraussagen der BCS-Theorie

Die Ginzburg-Landau-Theorie

Flußquantisierung

Dauerströme

Die Josephson-Effekte

In Kapitel 32 erkannten wir, daß die meisten magnetisch geordneten Festkörper in der Näherung unabhängiger Elektronen nicht adäquat zu beschreiben sind. Bei zahlreichen Metallen ohne magnetische Ordnung setzt bei sehr niedrigen Temperaturen abrupt eine Phänomen ein, welches noch wesentlich spektakulärerer das Versagen der Näherung unabhängiger Elektronen vor Augen führt: Es bildet sich ein elektronisch geordneter Zustand neuer Art aus, den man als *supraleitenden Zustand* bezeichnet. Das Phänomen der Supraleitung ist keine spezielle Eigenschaft einiger Metalle: Mehr als 20 metallische Elemente können supraleitend werden (Tabelle 34.1). Man kann sogar einige Halbleiter unter geeigneten Bedingung supraleitend machen,[1] und die Liste der Legierungen, deren Eigenschaften als Supraleiter man gemessen hat, zählt Tausende.[2]

Die charakteristischen Eigenschaften eines Metalls im supraleitenden Zustand erscheinen vom Standpunkt der Näherung unabhängiger Elektronen aus betrachtet im höchsten Maße anomal. Die außergewöhnlichsten Eigenschaften eines Supraleiters sind die folgenden:

1. Ein Supraleiter verhält sich so, als wäre sein elektrischer Widerstand unmeßbar klein. Man hat in Supraleitern Ströme induziert, die ohne jegliches äußere antreibende Feld, aber dennoch ohne erkennbare Abschwächung, flossen, solange man die Geduld aufbrachte, sie zu beobachten.[3]

2. Ein Supraleiter kann sich als ein idealer Diamagnet verhalten. Eine supraleitende Probe, die sich im thermodynamischen Gleichgewicht in einem äußeren Magnetfeld befindet, trägt elektrische Oberflächenströme – vorausgesetzt, das Feld ist nicht zu stark. Diese Oberflächenströme erzeugen ein Magnetfeld, welches das äußere Magnetfeld im Inneren der Probe exakt auslöscht.

3. Ein Supraleiter verhält sich normalerweise so, als existierte eine Energielücke der Breite 2Δ, zentriert um die Fermienergie, in der Menge der erlaubten Ein-Elektron-Niveaus.[4] Dies bedeutet, daß man ein Elektron mit der Energie ε nur dann in einen Supraleiter einbringen, oder es aus ihm entfernen kann,[5] wenn die

---

[1] ... beispielsweise durch Anwendung hohen Drucks oder durch Präparation des Halbleiters als dünne Schicht. Ein beeindruckendes Beispiel dafür, unter welch unerwarteten Bedingungen man Supraleitung beobachten kann, ist Wismut: Amorphes Wismut wird bei *höheren* Temperaturen supraleitend als das kristalline Element – ein Phänomen, welches vom Standpunkt der Näherung unabhängiger Elektronen aus betrachtet keinerlei Sinn macht.

[2] Siehe B. W. Roberts, *Progr. Cryog.* **4**, 161 (1964).

[3] Die Rekordzeit scheint etwa 2 1/2 Jahre zu betragen; siehe S. C. Collins, zitiert in E. A. Lynton, *Superconductivity*, Wiley, New York (1969).

[4] Unter einer Vielzahl besonderer Bedingungen kann Supraleitung auch ohne das Phänomen der Energielücke auftreten: Man kann „lückenlose" Supraleitung beispielsweise durch Einführen magnetischer Verunreinigungen in geeigneter Konzentration in den Supraleiter erzeugen. Einen Überblick gibt K. Maki in *Superconductivity*, R. D. Parks, ed., Dekker, New York (1969). Im Zusammenhang mit Supraleitung bezieht sich der Begriff „Energielücke" immer auf die Größe Δ.

[5] Man beobachtet diesen Effekt am unmittelbarsten in Elektronen-Tunnelexperimenten, welche wir weiter unten beschreiben, zusammmen mit weiteren Manifestationen des Vorhandenseins einer Energielücke.

Tabelle 34.1

Supraleitende Elemente*

H																	He
Li	Be											B	C	N	O	F	Ne
Na	Mg											Al	Si	P	S	Cl	Ar
K	Ca	Sc	Ti	V	Cr	Mn	Fe	Co	Ni	Cu	Zn	Ga	Ge	As	Se	Br	Kr
Rb	Sr	Y	Zr	Nb	Mo	Tc	Ru	Rh	Pd	Ag	Cd	In	Sn	Sb	Te	I	Xe
Cs	Ba	Lu	Hf	Ta	W	Re	Os	Ir	Pt	Au	Hg	Tl	Pb	Bi	Po	At	Rn
Fr	Ra																

La	Ce	Pr	Nd	Pm	Sm	Eu	Gd	Tb	Dy	Ho	Er	Tm	Yb
Ac	Th	Pa	U	Np	Pu								

*Elemente, die nur unter besonderen Bedingungen supraleitend werden, sind gesondert angegeben. Beachten Sie die Inkompatibilität von Supraleitung und magnetischer Ordnung. Nach G. Gladstone et al., Parks, zitiert in Fußnote 6.

Legende:

Al	supraleitend		B	Nichtmetalle
Si	supraleitend unter hohem Druck oder in dünnen Filmen		Fe	Elemente mit magnetischer Ordnung
Li	metallisch, bisher keine Supraleitung festgestellt			

Differenz $\varepsilon - \varepsilon_F$ (oder $\varepsilon_F - \varepsilon$) größer ist als Δ. Mit fallender Temperatur verbreitert sich die Energielücke Δ und geht bei sehr niedrigen Temperaturen gegen einen Maximalwert $\Delta(0)$.

Die Theorie der Supraleitung ist umfangreich und hochspezialisiert. Ebenso wie die anderen, in diesem Buch beschriebenen Theorien, basiert sie auf der nichtrelativistischen Quantenmechanik der Elektronen und Atomrümpfe – jenseits dieser Gemeinsamkeit jedoch verschwindet die Ähnlichkeit der Theorie der Supraleitung mit den anderen, bisher von uns untersuchten Modellen und Theorien sehr rasch. Die mikroskopische Theorie der Supraleitung kann nicht in der Sprache der Näherung unabhängiger Elektronen beschrieben werden. Selbst vergleichsweise elementare, mikroskopische Berechnungen der Eigenschaften von Supraleitern beruhen auf der Anwendung formaler Techniken (feldtheoretischer Methoden), die – obwohl sie von der Konzeption her nicht schwieriger sind als die gewöhnlichen Methoden der Quantenmechanik – zu ihrer verständnisvollen und zuverlässigen Anwendung eine beträchtliche Erfahrung und einschlägige Praxis voraussetzen.

Wir beschränken uns deshalb in noch höherem Maße als in den vorangegangenen Kapiteln bei unserem Überblick über die Theorie der Supraleitung auf eine qualitative Beschreibungen einiger ihrer wesentlichsten Konzepte und gehen auf einige ihrer einfacheren Voraussagen ein. Leser, die eine Fähigkeit zum praktischen Umgang mit der Theorie erwerben wollen – und sei sie auch noch so elementar – müssen wir auf die in großer Zahl verfügbaren, einschlägigen Bücher verweisen.[6]

Wir geben im vorliegenden Kapitel

1. einen Überblick über die wesentlichsten empirischen Tatsachen der Supraleitung.

2. eine Beschreibung der phänomenologischen London-Gleichung und ihrer Beziehung zum idealen Diamagnetismus.

3. eine qualitative Beschreibung der mikroskopischen Theorie von Bardeen, Cooper und Schrieffer.

4. eine Zusammenfassung einiger der grundlegenden Voraussagen der mikroskopischen Theorie bezüglich der Gleichgewichtseigenschaften eines Supraleiters und ihrer Beziehung zu den experimentellen Ergebnissen.

5. eine qualitative Diskussion der Beziehungen zwischen der mikroskopischen Theorie, dem Konzept eines „Ordnungsparameters" sowie den Transporteigenschaften eines Supraleiters.

6. eine Beschreibung der bemerkenswerten Tunnelphänomene zwischen Supraleitern, die von B. D. Josephson theoretisch vorausgesagt wurden.

---

[6] Zwei grundlegende Referenzen zur phänomenologischen Theorie sind F. London, *Superfluids*, vol. 1, Wiley, New York (1954) und Dover, New York (1954), sowie D. Shoenberg, *Superconductivity*, Cambridge (1962). Einen sehr kurzen Überblick gibt E. A. Lynton, *Superconductivity*, Methuen, London (1969). Eine Behandlung der mikroskopischen Theorie findet man in J. R. Schrieffer, *Superconductivity*, W. A. Benjamin, New York (1964), sowie im letzten Kapitel von A. A. Abrikosov, L. P. Gorkov, I. E. Dzyaloshinski, *Methods of Quantum Field Theory in Statistical Physics*, Prentice-Hall, Englewood Cliffs, New York (1963). Einen detaillierten Überblick über die theoretischen Aspekte der Supraleitung gibt G. Rickayzen, *Theory of Superconductivity*, Interscience, New York (1965), und etwas weniger ausführlich auch P. de Gennes, *Superconductivity of Metals and Alloys*, W. A. Benjamin, Menlo Park, California (1966). Behandlungen aller Aspekte der Supraleitung, der theoretischen wie der experimentellen, von zahlreichen der führenden Experten auf diesem Gebiet findet man in *Superconductivity*, R. D. Parks, ed., Dekker, New York (1969).

Kritische Temperatur oder Sprungtemperatur

In räumlich ausgedehnten Proben eines Festkörpers ist der Übergang zum supraleitenden Zustand sehr abrupt: Oberhalb einer kritischen Temperatur[7] T_c, der Sprungtemperatur, sind die Eigenschaften des Metalls vollständig normal; unterhalb dieser kritischen Temperatur zeigt das Metall supraleitende Eigenschaften, deren eindrucksvollste das Verschwinden jedes meßbaren elektrischen Gleichstromwiderstandes ist. Gemessene Sprungtemperaturen liegen im Bereich von einigen Millikelvin[8] bis zu Temperaturen wenig oberhalb von 20 K, die entsprechenden thermischen Energien $k_B T_c$ reichen von etwa 10^{-7} eV bis zu einigen 10^{-3} eV. Diese Energien sind winzig im Vergleich zu den Energien, die man erfahrungsgemäß in Festkörpern als relevant betrachtet.[9] Tabelle 34.2 faßt die Sprungtemperaturen der supraleitenden Elemente zusammen.

Dauerströme

Bild 34.1 zeigt den Verlauf des elektrischen Widerstandes eines supraleitenden Metalls als Funktion der Temperatur beim Durchgang durch die kritische Temperatur T_c. Oberhalb von T_c zeigt der elektrische Widerstand das für ein normales Metall charakteristische Verhalten $\rho(T) = \rho_0 + BT^5$, wobei der konstante Term die Streuung an Verunreinigungsatomen[10] und Gitterfehlern beschreibt, der Term in T^5 die Streuung an Phononen. Unterhalb von T_c scheinen diese Mechanismen den Strom nicht mehr schwächen zu können, und der Widerstand fällt abrupt auf Null. In einem Supraleiter können Ströme ohne erkennbare Wärmeverluste fließen.[11] Es gibt jedoch Grenzen:

1. Das Phänomen der Supraleitung wird durch ein hinreichend starkes Magnetfeld zerstört (siehe unten).

---

[7] Die kritische Temperatur ist definiert als die Temperatur, bei welcher der Übergang zur Supraleitung ohne äußeres Magnetfeld stattfindet; ist dagegen ein äußeres Magnetfeld vorhanden, so findet der Übergang bei einer niedrigeren Temperatur statt, und der Charakter des Übergangs ist nicht mehr von zweiter, sondern von erster Ordnung. Man beobachtet also in einem von Null verschiedenen Magnetfeld eine latente Wärme.

[8] ... den niedrigsten Temperaturen, bei welchen man bis heute nach dem Auftreten von Supraleitung gesucht hat.

[9] Somit ist $\varepsilon_F \sim 10$ eV, $\hbar\omega_D \sim 0,1$ eV.

[10] Wir nehmen an, daß keinerlei magnetische Verunreinigungen vorhanden sind; siehe Seite 874.

[11] Als Ampère zum ersten Male vorschlug, das Phänomen des Magnetismus durch die Annahme zu deuten, daß in den einzelnen Teilchen elektrische Ströme fließen, wendete man ein, daß man noch nie einen Strom beobachtet hätte, der ohne jegliche Dissipation von Energie geflossen wäre. Ampère jedoch beharrte auf seinem Standpunkt und wurde schließlich durch die Quantentheorie bestätigt, die stationäre atomare oder molekulare Zustände erlaubte, in welchen effektiv ein Strom floß (siehe Kapitel 31). In diesem Sinne verhält sich ein Festkörper im supraleitenden Zustand wie ein riesiges Molekül. Das Fließen eines elektrischen Stromes ohne jegliche Energiedissipation in einem Supraleiter ist ein dramatischer makroskopischer Quanteneffekt.

Tabelle 34.2

Werte der kritischen Temperatur T_c und des kritischen Feldes H_c für die supraleitenden Elemente*

Material		T_c (K)	$H_c(G)$**
Al		1,196	99
Cd		0,56	30
Ga		1,091	51
Hf		0,09	—
Hg	α (rhomb.)	4,15	411
	β	3,95	339
In		3,40	293
Ir		0,14	19
La	α (hcp)	4,9	798
	β (fcc)	6,06	1096
Mo		0,92	98
Nb		9,26	1980
Os		0,655	65
Pa		1,4	—
Pb		7,19	803
Re		1,698	198
Ru		0,49	66
Sn		3,72	305
Ta		4,48	830
Tc		7,77	1410
Th		1,368	162
Ti		0,39	100
Tl		2,39	171
U	α	0,68	—
	γ	1,80	—
V		5,30	1020
W		0,012	1
Zn		0,875	53
Zr		0,65	47

* Für Supraleiter zweiter Art erhält man das hier angegebene kritische Feld bei der Temperatur Null durch eine Konstruktion gleicher Flächen: Man extrapoliert die Magnetisierung bei kleinem Feld ($H < H_{c1}$) linear auf ein Feld H_c, welches so gewählt wird, daß die von der Magnetisierungskurve eingeschlossene Fläche gleich ist der Fläche unter der tatsächlichen Magnetisierungskurve.

** Bei $T = 0$ K

Quellen: B. W. Roberts, *Progr. Cryog.* **4**, 161 (1964); G. Gladstone, M. A. Jensen, J. R. Schrieffer, *Superconductivity*, R. D. Parks, ed., Dekker, New York (1969); *Handbook of Chemistry and Physics*, 55th ed., Chemical Rubber Publishing Co., Cleveland (1974-1975).

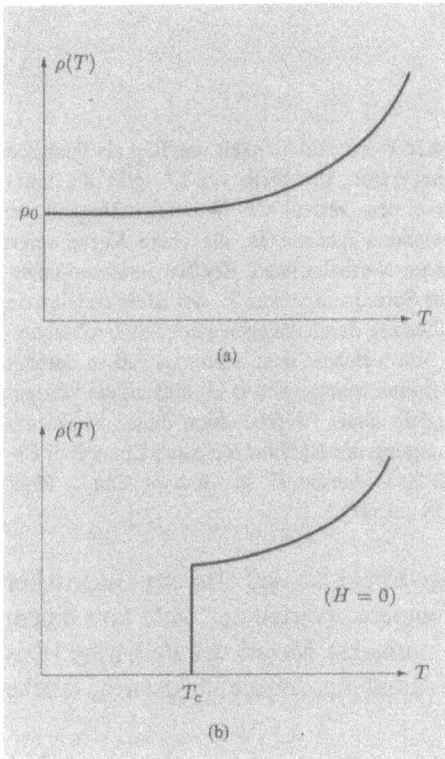

Bild 34.1: (a) Temperaturverlauf $\rho(T) = \rho_0 + BT^5$ des Widerstandes eines normalen Metalls, das nichtmagnetische Verunreinigungsatome enthält, bei niedrigen Temperaturen. (b) Temperaturverlauf des Widerstandes eines Supraleiters, der nichtmagnetische Verunreinigungen enthält, bei niedrigen Temperaturen und ohne äußeres Magnetfeld. Bei T_c fällt der Widerstand abrupt auf Null.

2. Übertrifft die Stärke des Suprastroms eine „kritische Stromstärke", so wird der supraleitende Zustand zerstört (Silsbee-Effekt). Die Stärke dieses kritischen Stroms – die in einem Draht vom Durchmesser 1 mm bis zu 100 A betragen kann – hängt von der Art und der Geometrie der supraleitenden Probe und außerdem auch davon ab, ob das vom Suprastrom selbst erzeugte Magnetfeld an der Oberfläche der Probe den Wert des kritischen Feldes übersteigt.[12]

3. Ein Supraleiter reagiert bei Temperaturen deutlich unterhalb seiner Sprungtemperatur auch auf ein äußeres Wechselfeld ohne Energiedissipation, vorausgesetzt, dessen Frequenz ist nicht zu groß. Der Übergang vom dissipationslosen zum normalen Verhalten geschieht bei einer Frequenz ω von der Größenordnung $\Delta/\hbar$, wobei Δ die Energielücke bezeichnet.

Thermoelektrische Eigenschaften

In der Näherung unabhängiger Elektronen sind gute elektrische Leiter auch gute Wärmeleiter, da die Leitungselektronen Entropie genauso gut transportieren, wie elektrische Ladung.[13] Im Gegensatz dazu sind Supraleiter schlechte Wärmeleiter (Bild

---

[12] Siehe Aufgabe 3.
[13] Siehe Seite 320.

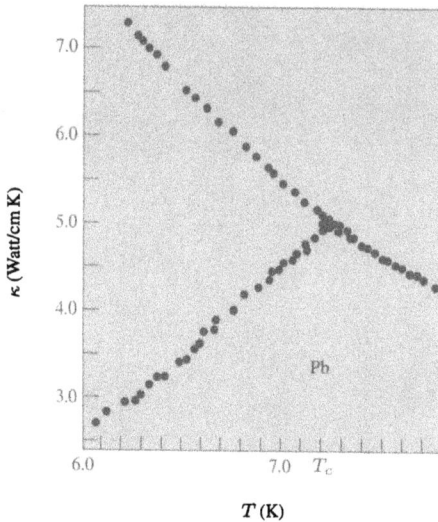

Bild 34.2: Wärmeleitfähigkeit von Blei als Funktion der Temperatur. Unterhalb von T_c gibt die untere Kurve den Verlauf der Wärmeleitfähigkeit im supraleitenden Zustand an, die obere Kurve deren Verlauf im Normalzustand. Bei Temperaturen unterhalb der Sprungtemperatur T_c des Bleis erzielt man Normalleitung durch Anlegen eines äußeren Magnetfeldes, von welchem man annimmt, daß es darüber hinaus keinen nennenswerten Einfluß auf die Wärmeleitfähigkeit habe. (Reproduktion dieser Kurve mit Genehmigung des National Research Council of Canada, J. H. P. Watson, G. M. Graham, *Can. J. Phys.* **41**, 1738 (1963).)

34.2);[14] sie zeigen darüber hinaus keinen Peltier-Effekt, so daß also ein elektrischer Strom in einem Supraleiter bei homogener Temperaturverteilung *nicht* von einem Wärmestrom begleitet wird, wie es in einem normalen Metall der Fall wäre. Das Nichtvorhandensein eines Peltier-Effekts deutet darauf hin, daß die Elektronen, welche den Dauerstrom bilden, keine Entropie tragen.

Die schlechte Wärmeleitfähigkeit weist darauf hin, daß selbst dann, wenn ein Supraleiter keinen elektrischen Strom trägt, nur ein Bruchteil seiner Leitungselektronen in der Lage ist, Entropie zu transportieren.[15]

Magnetische Eigenschaften: Idealer Diamagnetismus

Ein Magnetfeld kann nicht in das Innere eines Supraleiters eindringen – vorausgesetzt, das Feld ist nicht zu stark. Dieses Phänomen zeigt sich am eindrucksvollsten im Meißner-Ochsenfeld-Effekt: Kühlt man ein normalleitendes Metall, welches sich in einem Magnetfeld[16] befindet, unter seine Sprungtemperatur ab, so wird der magnetische Fluß abrupt aus dem Inneren der Probe verdrängt. Somit ist der Übergang zur Supraleitung in einem Magnetfeld begleitet vom Auftreten von Oberflächenströmen, welche das von außen angelegte Feld im Inneren der Probe exakt auslöschen.

---

[14] Man nutzt diese Eigenschaft zur Konstruktion von Wärmeschaltern.

[15] Vermutlich bleibt die Fähigkeit der Phononen zum Wärmetransport unvermindert bestehen; dieser Beitrag zur Wärmeleitfähigkeit ist aber im allgemeinen weniger wesentlich als der Beitrag der Leitungselektronen.

[16] Ein normalleitendes Metall ist entweder schwach paramagnetisch oder schwach diamagnetisch (keines der magnetisch geordneten Metalle wird supraleitend), und ein äußeres Magnetfeld kann in das Metall eindringen.

Beachten Sie, daß dieses Phänomen *nicht alleine* aus der unendlich großen Leitfähigkeit ($\sigma = \infty$) folgt, obwohl beliebig gute Leitfähigkeit eine dem Meißner-Ochsenfeld-Effekt verwandtes Verhalten nach sich zieht: Bewegt man einen idealen Leiter, der sich zunächst im feldfreien Raum befindet, in einen Raumbereich mit einem von Null verschiedenen Magnetfeld (oder schaltet man einfach das Magnetfeld ein), so entstehen aufgrund des Faradayschen Induktionsgesetzes Wirbelströme, deren Felder das äußere Magnetfeld im Innern des Leiters auslöschen. Bestände jedoch in einem idealen Leiter bereits ein Magnetfeld, so würde dessen Verdrängung aus dem Inneren des Leiters ebenso ein Widerstand entgegengesetzt: Wirbelströme würden induziert, um das Magnetfeld im Inneren aufrechtzuerhalten, sobald man den Leiter in einen feldfreien Raumbereich bewegt (oder das Feld ausschaltet). Somit folgt aus der idealen Leitfähigkeit, daß das Magnetfeld im Inneren des Leiters zeitunabhängig ist – womit jedoch *nicht* der Wert dieses Feldes bestimmt ist. Im Inneren eines Supraleiters dagegen ist das Magnetfeld nicht nur zeitunabhängig, vielmehr ist auch sein Wert Null.

Im Rahmen unserer Diskussion der London-Gleichung weiter unten gehen wir quantitativ auf den Zusammenhang zwischen idealer Leitfähigkeit und dem Meißner-Ochsenfeld-Effekt ein.

Magnetische Eigenschaften: Das kritische Feld

Betrachten wir einen Supraleiter bei einer Temperatur T unterhalb seiner kritischen Temperatur T_c. Schaltet man ein Magnetfeld H ein, so wird eine bestimmte Energiemenge dazu verwendet, das Magnetfeld der abschirmenden Oberflächenströme aufzubauen, welches das äußere Magnetfeld im Inneren der supraleitenden Probe auslöscht. Wird das äußere Feld groß genug, so ist es für den Supraleiter schließlich energetisch vorteilhaft, in den normalleitenden Zustand zurückzukehren und das äußere Feld eindringen zu lassen: Obwohl bei Temperaturen unterhalb von T_c und ohne äußeres Feld die Freie Energie des normalleitenden Zustandes höher ist als die Freie Energie des supraleitenden Zustandes, so wird dieser Zuwachs an Freier Energie in hinreichend starken Feldern mehr als ausgeglichen durch die Verringerung der magnetischen Feldenergie, die sich einstellt, wenn die abschirmenden Ströme verschwinden und das äußere Magnetfeld in den Supraleiter eindringt.

Die Art und Weise, wie das äußere Feld schließlich bei zunehmender Feldstärke in den Supraleiter eindringt, hängt im allgemeinen von der Gestalt der Probe ab. Für Proben der praktisch einfachsten Gestalt – lange, dünne Zylinder, deren Achse parallel zum äußeren Feld liegt – beobachtet man zwei klar zu unterscheidende Verhaltensweisen:

Supraleiter erster Art: Unterhalb des Wertes eines *kritischen Feldes* $H_c(T)$, welches größer wird, je weiter T unter T_c fällt, dringt der magnetische Fluß nicht in die supraleitende Probe ein; übersteigt das äußere Feld den Wert von $H_c(T)$, so kehrt die gesamte Probe in den Normalzustand zurück, und das Magnetfeld dringt ungehindert

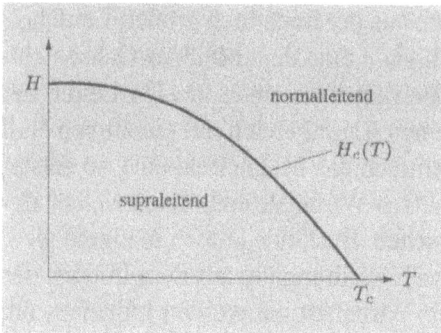

Bild 34.3: Die Phasengrenze zwischen dem supra-leitenden Zustand und dem Normalzustand eines Supraleiters erster Art, dargestellt in der $H - T$-Ebene. Die Grenzkurve wird beschrieben durch die Abhängigkeit $H_c(T)$.

ein.[17] Bild 34.3 zeigt das entsprechende Phasendiagramm in der $H - T$-Ebene.[18] Man beschreibt diese Art des Eindringens des Feldes in die Probe häufig dadurch, daß man die makroskopische, diamagnetische Magnetisierungsdichte M gegen das äußere Feld H aufträgt (Bild 34.4a).

Supraleiter zweiter Art: Unterhalb eines *unteren kritischen Feldes* $H_{c1}(T)$ dringt der magnetische Fluß nicht in die Probe ein; überschreitet das äußere Feld den Wert eines *oberen kritischen Feldes* $H_{c2}(T)$, so kehrt die gesamte Probe in den Normalzu-stand zurück, und das Magnetfeld dringt ungehindert in die Probe ein. Liegt die Stärke des äußeren Feldes zwischen $H_{c1}(T)$ und $H_{c2}(T)$, so dringt der magnetische Fluß nur teilweise ein, und die Probe bildet eine recht komplexe, mikroskopische Struktur aus normalleitenden und supraleitenden Bereichen aus, die man als *gemischten Zu-stand* bezeichnet.[19] Der typische Verlauf der Magnetisierungskurve eines Supraleiters zweiter Art ist in Bild 34.4b dargestellt.

Wie es von A. A. Abrikosov vorgeschlagen und nachfolgend experimentell bestätigt wurde (Bild 34.5), dringt im gemischten Zustand das äußere Magnetfeld in Form dünner „Flußfäden" (Vortices) teilweise in die supraleitende Probe ein. Innerhalb eines jeden Flußfadens ist die Feldstärke hoch, und das Material ist nicht supraleitend. Außerhalb des Kerns eines Flußfadens ist das Material supraleitend, und das Feld nimmt entsprechend der London-Gleichung ab (siehe unten). Jeder dieser Flußfäden wird von einem abschirmenden Wirbelstrom (Vortex) umflossen.[20]

---

[17] Ein normalleitendes Metall ist entweder schwach paramagnetisch oder schwach diamagnetisch (keines der magnetisch geordneten Metalle wird supraleitend), und eine äußeres Magnetfeld kann in das Metall eindringen.

[18] In Aufgabe 1 untersuchen wir einige thermodynamische Konsequenzen dieses Verhaltens.

[19] ... nicht zu verwechseln mit dem *Zwischenzustand*, einer Konfiguration, die ein Supraleiter erster Art annehmen kann, wenn seine äußere Gestalt von der einfachen Form eines zum äußeren Feld parallelen Zylinders abweicht. In dieser Konfiguration sind makroskopische, supraleitende und normalleitende Bereiche derart miteinander verwoben, daß die magnetische Feldenergie dadurch um einen Betrag verringert wird, der größer ist, als der Aufwand an Freier Energie zur Ausbildung der normalleitenden Bereiche.

[20] Häufig bezeichnet man als „Vortex" sowohl einen Flußfaden selbst, als auch die Wirbelstromstruktur, von der er umgeben ist. Man kann zeigen, daß der in jedem einzelnen Flußfaden enthaltene magnetische Fluß gleich ist dem magnetischen Flußquantum $hc/2e$ (siehe Fußnote 60).

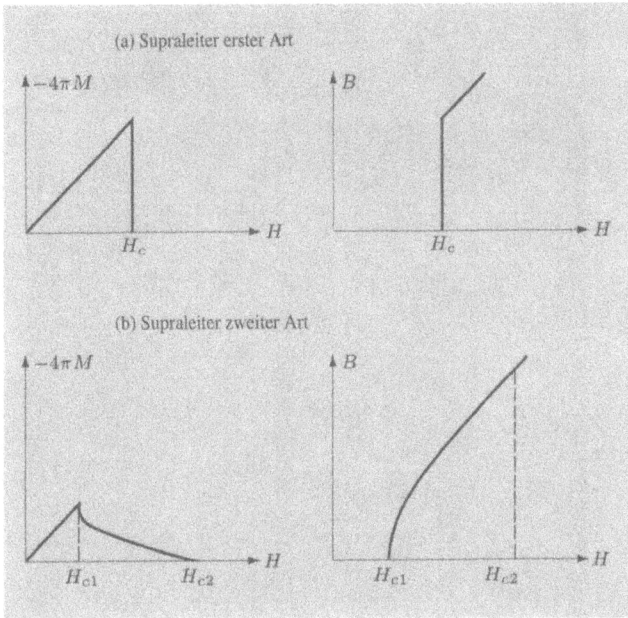

Bild 34.4: (a) Magnetisierungskurve eines Supraleiters erster Art. Unterhalb von H_C dringt das äußere Magnetfeld nicht in die supraleitende Probe ein: $B = 0$ (oder $M = -H/4\pi$). (Zum Unterschied zwischen B und H in einem Supraleiter siehe Fußnote 30.) (b) Magnetisierungskurve eines Supraleiters zweiter Art. Unterhalb von $H_{c1}(T)$ ist das Verhalten eines Supraleiters zweiter Art identisch mit dem Verhalten eines Supraleiters erster Art. Im Bereich zwischen $H_{c1}(T)$ und $H_{c2}(T)$ geht M stetig gegen Null und B steigt stetig auf H an.

Bei Temperaturen deutlich unterhalb der kritischen Temperatur liegen typische Werte des kritischen Feldes für Supraleiter erster Art bei 10^2 G. Dagegen kann der Wert des oberen kritischen Feldes bei sogenannten „harten" Supraleitern zweiter Art bis zu 10^5 G betragen, wodurch die Supraleiter zweiter Art von großer praktischer Bedeutung beim Bau von Hochfeld-Magneten sind.

Die Werte der kritischen Felder bei niedrigen Temperaturen sind für die supraleitenden Elemente in Tabelle 34.2 angegeben.

Bild 34.5: Dreieckiges Gitter von Fluß-fäden, die durch die Oberfläche einer supraleitenden $Pb_{,98}In_{,02}$-Folie hindurch-treten. Die Folie ist in einem Magnet-feld von 80 G angeordnet, welches senk-recht auf der Folienebene steht (Mit Ge-nehmigung von J. Silcox und G. Dolan). Die Flußfäden werden sichtbar durch die Ausrichtung feinverteilter ferromagneti-scher Partikel. Der Abstand benachbarter Flußfäden beträgt etwa 0,5 μ.

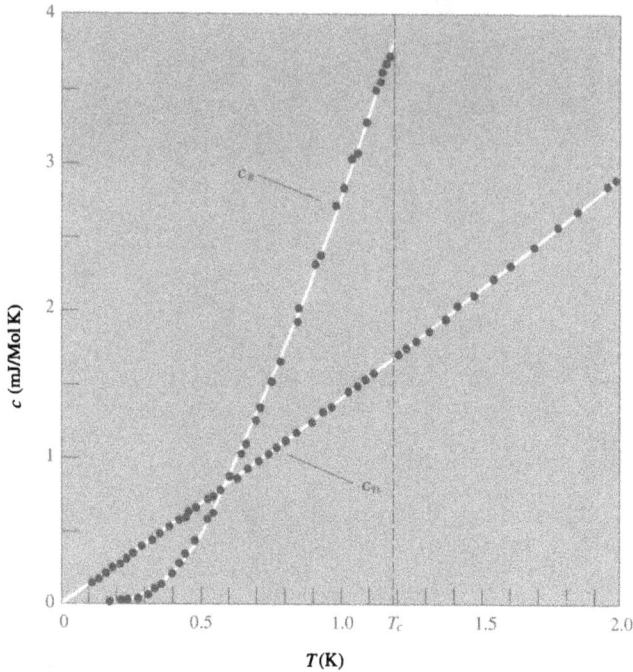

Bild 34.6: Spezifische Wärmekapazität von normalleitendem und supraleitendem Aluminium bei niedrigen Temperaturen. Bei Temperaturen unterhalb von T_c erreicht man den Übergang in den normalleitenden Zustand durch Anwendung eines schwachen Magnetfeldes (300 G), welches die supraleitende Ordnung zerstört, darüber hinaus aber von vernachlässigbar geringem Einfluß auf die Wärmekapazität ist. Die Debye-Temperatur von Aluminium ist recht hoch, so daß der elektronische Beitrag zur Wärmekapazität in diesem Temperaturbereich dominiert (Man erkennt dies daran, daß der Verlauf für den normalleitenden Zustand recht genau linear ist.). Die Unstetigkeit bei T_c tritt in guter Übereinstimmung mit der theoretischen Voraussage (34.22), $[c_s - c_n]/c_n = 1,43$ auf. Bei Temperaturen weit unter T_c fällt c_s auf Werte, die deutlich kleiner sind als c_n, was auf das Vorhandensein einer Energielücke hindeutet. (N. E. Phillips, *Phys. Rev.* **114**, 676 (1959).)

Wärmekapazität

Bei niedrigen Temperaturen ist der Temperaturverlauf der Wärmekapazität eines normalen Metalls von der Form $AT + BT^3$, wobei der lineare Term auf elektronische Anregungen zurückgeht, während der kubische Term den Beitrag der Gitterschwingungen beschreibt. Bei Temperaturen unterhalb der kritischen Temperatur eines Supraleiters ändert sich dieses Verhalten ganz wesentlich. Fällt die Temperatur – bei einem äußeren Feld Null – unter T_c, so springt die Wärmekapazität auf einen höheren Wert, um danach langsam auf Werte abzunehmen, die deutlich unter der Wärmekapazität liegen, die man für das normale Metall erwarten würde (Bild 34.6).

Legt man ein Magnetfeld an, um das Metall in den normalleitenden Zustand zu zwingen, so kann man die Wärmekapazitäten im supraleitenden und im normalleitenden Zustand bei Temperaturen unterhalb der kritischen Temperatur miteinander vergleichen.[21] Eine solche Untersuchung zeigt, daß der lineare, elektronische Beitrag zur Wärmekapazität im supraleitenden Zustand zu ersetzen ist durch einen Term, der bei sehr niedrigen Temperaturen mit einem dominanten Verhalten von der Form $\exp(-\Delta/k_BT)$ sehr viel rascher verschwindet. Dies ist das charakteristische thermodynamische Verhalten eines Systems, dessen angeregte Niveaus vom Grundzustand um einen Energiebetrag 2Δ getrennt liegen.[22] Sowohl Theorie (Gleichung (34.19)) als auch Experiment (Tabelle 34.3) deuten darauf hin, daß diese Energielücke Δ von der Größenordnung k_BT_c ist.

Weitere Folgen aus dem Vorhandensein einer Energielücke

Normales Tunneln

Man kann die Leitungselektronen in einem Supraleiter und in einem normalleitenden Metall miteinander ins thermodynamische Gleichgewicht bringen, indem man die beiden Metallproben in engen Kontakt miteinander bringt, so daß sie nur noch durch eine hinreichend dünne, isolierende Schicht voneinander getrennt sind,[23] welche die Elektronen aufgrund des quantenmechanischen Tunneleffekts durchqueren können. Ist das thermodynamischen Gleichgewicht erreicht, so haben genügend Elektronen die Grenzfläche durchquert, so daß die Chemischen Potentiale der Elektronen in beiden Metallen einander gleich sind.[24] Sind beide Metalle normalleitend, so erhöht das Anlegen einer Potentialdifferenz das Chemische Potential eines der Metalle relativ zum Chemischen Potential des anderen, und weitere Elektronen tunneln durch die isolierende Schicht. Man hat festgestellt, daß diese „Tunnelströme" durch Kontakte zwischen normalleitenden Metallen dem Ohmschen Gesetz folgen. Ist jedoch eines der Metalle ein Supraleiter bei einer Temperatur deutlich unterhalb seiner kritischen Temperatur, so beobachtet man keinerlei Stromfluß, bevor die Potentialdifferenz V einen Schwellenwert $eV = \Delta$ erreicht (Bild 34.7). Der Betrag von Δ ist in guter Übereinstimmung mit dem Wert, den man aus Messungen der Wärmekapazität bei niedrigen Temperaturen schließt, was die Vorstellung vom Vorhandensein einer Lücke in der Verteilung der Ein-Elektron-Niveaus eines Supraleiters unterstützt. Steigt die Temperatur in Richtung auf T_c hin an, so nimmt der Wert der Schwellenspannung ab,[25] woraus man schließen kann, daß die Energielücke selbst mit steigender Temperatur schmaler wird.

---

[21] Die Wärmekapazität im normalleitenden Zustand wird durch das Vorhandensein eines Magnetfeldes nicht wesentlich beeinflußt.

[22] Siehe Punkt 3 auf Seite 924.

[23] ... beispielsweise die dünne Oxidschicht auf den Oberflächen der beiden Proben.

[24] Siehe Seite 458.

[25] Auch wird die Schwelle dadurch unscharf, daß thermisch angeregte Elektronen vorhanden sind, die weniger zusätzliche Energie zum Tunneln benötigen.

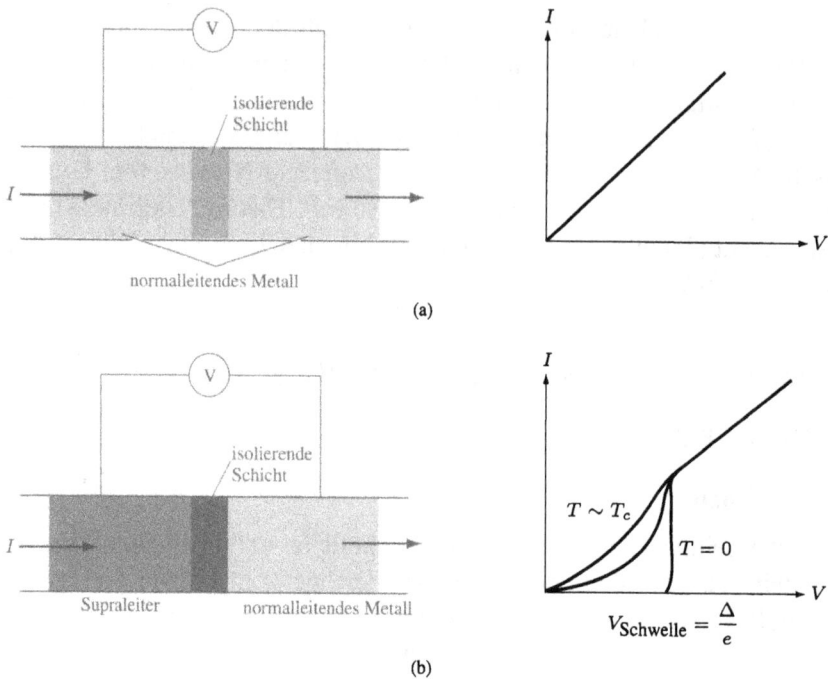

(a)

(b)

Bild 34.7: (a) Strom-Spannungs-Verhalten für das Tunneln von Elektronen durch eine dünne, isolierende Schicht zwischen zwei normalleitenden Metallen. Für kleine Ströme und Spannungen ist der Zusammenhang linear. (b) Strom-Spannungs-Verhalten für das Tunneln von Elektronen durch eine dünne, isolierende Schicht zwischen einem supraleitenden und einem normalleitenden Metall. Der Zusammenhang ist stark temperaturabhängig: Bei $T = 0$ existiert eine scharf ausgeprägte Schwelle, die bei höheren Temperaturen aufgrund der thermischen Anregung von Elektronen im Supraleiter über die Energielücke hinweg undeutlicher wird.

Frequenzabhängiges elektromagnetisches Verhalten

Das Verhalten eines Metalls gegenüber elektromagnetischer Strahlung – beispielsweise die Transmission durch dünne Schichten oder die Reflexion an massiven Proben – wird bestimmt durch die frequenzabhängige Leitfähigkeit, welche hinwiederum davon abhängt, welche Mechanismen der Energieabsorption durch die Leitungselektronen bei einer gegebenen Frequenz möglich sind. Da das elektronische Anregungsspektrum im supraleitenden Zustand charakterisiert ist durch das Vorhandensein einer Energielücke Δ, so könnte man erwarten, daß sich die Wechselstromleitfähigkeit bei Frequenzen, die klein sind im Vergleich zu $\Delta/\hbar$, wesentlich von ihrer Form im normalleitenden Zustand unterscheiden sollte, während sie bei Frequenzen, die groß sind im Vergleich zu $\Delta/\hbar$, im supraleitenden und im normalleitenden Zustand im wesentlichen übereinstimmen würde.

Außer in unmittelbarer Nähe der kritischen Temperatur (siehe Seite 947) liegt $\Delta/\hbar$ typischerweise zwischen dem Mikrowellenbereich und dem Infraroten. Im supraleitenden Zustand beobachtet man ein Wechselstromverhalten, welches bei optischen

Frequenzen nicht vom Verhalten im normalleitenden Zustand zu unterscheiden ist. Abweichungen von diesem Verhalten treten zum ersten Mal im Infraroten auf, und erst bei Mikrowellenfrequenzen zeigt sich im Wechselstromverhalten vollständig ausgeprägt das Fehlen der elektronischen Absorption, wie es für das Vorhandensein einer Energielücke charakteristisch ist.

Schallabschwächung

Breitet sich eine Schallwelle in einem Metall aus, so kann über die Änderung der mikroskopischen elektrischen Felder aufgrund der Auslenkungen der Atomrümpfe Energie auf Elektronen in der Nähe der Fermienergie übertragen werden, so daß die Welle Energie verliert.[26] Bei Temperaturen deutlich unterhalb der kritischen Temperatur T_c ist die Abschwächungsrate in einem Supraleiter deutlich kleiner als in einem normalleitenden Metall – wie man es für Schallwellen erwartet, für die $\hbar\omega < 2\Delta$ gilt.

Die London-Gleichung

F. London und H. London untersuchten als erste in quantitativer Weise die fundamentale phänomenologische Tatsache, daß ein Metall im supraleitenden Zustand kein Magnetfeld in seinem Inneren „duldet".[27] Ihre Untersuchung geht vom Zwei-Flüssigkeiten-Modell von Gorter und Casimir aus.[28] Als einzige entscheidende Voraussetzung dieses Modells werden wir hier die Annahme verwenden, daß in einem Supraleiter bei einer Temperatur $T < T_c$ lediglich ein Bruchteil $n_s(T)/n$ der Gesamtzahl von Leitungselektronen in der Lage ist, am Suprastrom teilzunehmen. Man bezeichnet die Größe $n_s(T)$ als die Teilchendichte supraleitender Elektronen. Sie nähert sich der gesamten Elektronenkonzentration n an, wenn T weit unter T_c fällt, und geht für $T \rightarrow T_c$ gegen Null. Vom restlichen Teil der Elektronen nimmt man an, daß sie eine „normale Flüssigkeit" mit der Teilchendichte $n - n_s$ bilden, die einen elektrischen Strom nicht ohne die normale Energiedissipation tragen kann. Man geht weiter davon aus, daß der normale Strom und der Suprastrom parallel und simultan fließen; da letzterer ohne jeglichen Widerstand fließt, ist praktisch der gesamte, durch eine kleine, vorübergehende Änderung des elektrischen Feldes erzeugte Strom ein Suprastrom, so daß die normalen Elektronen praktisch unbeteiligt bleiben. Wir können deshalb in der folgenden Diskussion die normalen Elektronen vernachlässigen.

Nehmen wir an, innerhalb eines Supraleiters werde ein elektrisches Feld momentan „eingeschaltet". Die supraleitenden Elektronen werden dann durch das Feld ohne

---

[26] Siehe die Seiten 350 bis 352.

[27] F. London, H. London, *Proc. Roy. Soc.* (London), **A149**, 71 (1935); *Physica* **2**, 341 (1935); F. London, *Superfluids* vol. 1, Wiley, New York (1954) sowie Dover, New York (1954).

[28] Man verwendet das Zwei-Flüssigkeiten-Modell auch zur Beschreibung von superflüssigem ^{4}He; es wird in den beiden Bänden *Superfluids*, vols. 1, 2 von F. London, zitiert in Fußnote 7, behandelt.

jegliche Energiedissipation frei beschleunigt, so daß für ihre mittlere Geschwindigkeit $\mathbf{v}_s$ gilt[29]

$$m\frac{d\mathbf{v}_s}{dt} = -e\mathbf{E}. \tag{34.1}$$

Die durch diese Elektronen getragene Stromdichte ist gegeben durch $\mathbf{j} = -e\mathbf{v}_s n_s$, so daß man (34.1) in der Form

$$\frac{d}{dt}\mathbf{j} = \frac{n_s e^2}{m}\mathbf{E} \tag{34.2}$$

schreiben kann. Beachten Sie, daß man die gewöhnliche Wechselstromleitfähigkeit (1.29) eines Elektronengases der Teilchendichte n_s im Drude-Modell als Fourier-Transformierte von (34.2) erhält, wenn die Relaxationszeit τ beliebig groß wird:

$$\mathbf{j}(\omega) = \sigma(\omega)\mathbf{E}(\omega),$$
$$\sigma(\omega) = i\frac{n_s e^2}{m\omega}. \tag{34.3}$$

Setzt man (34.2) in das Faradaysche Induktionsgesetz

$$\nabla \times \mathbf{E} = -\frac{1}{c}\frac{\partial \mathbf{B}}{\partial t}. \tag{34.4}$$

ein, so erhält man die folgende Beziehung zwischen der Stromdichte und dem Magnetfeld:

$$\frac{\partial}{\partial t}\left(\nabla \times \mathbf{j} + \frac{n_s e^2}{mc}\mathbf{B}\right) = 0. \tag{34.5}$$

Diese Beziehung bestimmt zusammen mit der Maxwell-Gleichung[30]

$$\nabla \times \mathbf{B} = \frac{4\pi}{c}\mathbf{j} \tag{34.6}$$

---

[29] Wir vernachlässigen in diesem Kapitel alle Einflüsse der Bandstruktur und beschreiben die Elektronen im Rahmen einer Dynamik freier Elektronen.

[30] Wir nehmen an, daß die zeitliche Änderungsrate so gering ist, daß man den Verschiebungsstrom vernachlässigen kann. Weiter wählen wir $\mathbf{B}$ als Feld in (34.6), nicht $\mathbf{H}$, und dies deshalb, weil $\mathbf{j}$ den mittleren *mikroskopischen* Strom darstellt, der im Supraleiter fließt. Das Feld $\mathbf{H}$ wäre nur dann zu verwenden, würde man $\mathbf{j}$ durch eine effektive Magnetisierungsdichte darstellen, welche die Beziehung $\nabla \times \mathbf{M} = \mathbf{j}/c$ erfüllt, und würde man $\mathbf{H}$ in der üblichen Weise als $\mathbf{H} = \mathbf{B} - 4\pi\mathbf{M}$ definieren. In diesem Falle wäre (34.6) durch $\nabla \times \mathbf{H} = 0$ zu ersetzen, und zusammen mit den Definitionen von $\mathbf{H}$ und $\mathbf{M}$ hätte man damit eine vollständig äquivalente Formulierung.

die Magnetfelder und Stromdichten, die innerhalb eines idealen Supraleiters existieren können.

Beachten Sie insbesondere, daß jedes statische Feld **B** über die Beziehung (34.6) eine statische Stromdichte **j** bedingt. Da jedes zeitunabhängige Feld **B** oder jede stationäre Stromdichte **j** trivialerweise (34.5) löst, so sind diese beiden Gleichungen konsistent mit der Existenz eines beliebigen statischen Magnetfeldes. Diese Folgerung ist inkompatibel mit dem beobachteten Verhalten der Supraleiter, in deren Inneren *kein* Feld bestehen kann. F. London und H. London erkannten, daß man dieses charakteristische Verhalten der Supraleiter theoretisch reproduzieren kann, wenn man die vollständige Menge von Lösungen der Gleichung (34.5) auf jene Lösungen beschränkt, welche der Bedingung[31]

$$\nabla \times \mathbf{j} = -\frac{n_s e^2}{mc}\mathbf{B} \qquad (34.7)$$

genügen, der sogenannten London-Gleichung. Gleichung (34.5) – eine Beziehung, die jedes beliebige Medium charakterisiert, welches den elektrischen Strom ohne Energiedissipation leitet – verlangt, daß der Ausdruck $\nabla \times \mathbf{j} + (n_s e^2/mc)\mathbf{B}$ zeitunabhängig ist. Die London-Gleichung dagegen charakterisiert speziell die Supraleiter und unterscheidet sie von „beliebig guten" Leitern, indem sie darüber hinaus fordert, daß dieser Ausdruck nicht nur zeitunabhängig, sondern gleich Null ist.

Die Grund dafür, (34.5) durch die restriktivere London-Gleichung zu ersetzen, besteht einfach darin, daß die London-Gleichung direkt auf den Meißner-Ochsenfeld Effekt

---

[31] Dies ist eine lokale Beziehung, was bedeutet, daß sie den Strom im Punkt **r** in Beziehung setzt zum Feld im selben Punkt. A. B. Pippard wies darauf hin, daß allgemeiner der Strom im Punkt **r** bestimmt sein sollte durch das Feld in einer Umgebung von **r**, entsprechend einer Beziehung der Form

$$\nabla \times \mathbf{j}(\mathbf{r}) = -\int d\mathbf{r}'\, K(\mathbf{r} - \mathbf{r}')\mathbf{B}(\mathbf{r}'),$$

wobei der Kern $K(\mathbf{r})$ nur für Beträge r nicht vernachlässigbar klein ist, die kleiner sind als eine Länge ξ_0. Diese Länge ξ_0 ist eine von mehreren fundamentalen Längen, die einen gegebenen Supraleiter charakterisieren, und von welchen man – unglücklicherweise ohne jede Unterscheidung – als der „Kohärenzlänge" spricht. In reinen Stoffen, deutlich unterhalb ihrer kritischen Temperatur, stimmen alle diese verschiedenen Kohärenzlängen überein; in der Nähe der kritischen Temperatur jedoch, oder in Stoffen mit durch Verunreinigungen bedingt kleiner freier Weglänge, kann „die Kohärenzlänge" von Situation zu Situation verschieden sein. Wir vermeiden diese Verwirrung bezüglich der unterschiedlichen Kohärenzlängen, indem wir die Gültigkeit unserer Bemerkungen auf den Fall reiner Proben und tiefer Temperaturen beschränken, in welchem Falle die verschiedenen Kohärenzlängen einander gleich sind. In solchen Fällen liefert die Größe der Kohärenzlänge das Kriterium dafür, ob es sich um einen Supraleiter erster oder zweiter Art handelt: Ist die Kohärenzlänge groß im Vergleich mit der Londonschen Eindringtiefe Λ, Gleichung (34.9), so handelt es sich um einen Supraleiter erster Art, ist sie klein, so liegt ein Supraleiter zweiter Art vor.

führt.[32] Aus den Gleichungen (34.6) und (34.7) folgt

$$\nabla^2 \mathbf{B} = \frac{4\pi n_s e^2}{mc^2} \mathbf{B},$$

$$\nabla^2 \mathbf{j} = \frac{4\pi n_s e^2}{mc^2} \mathbf{j}. \tag{34.8}$$

Diese Gleichungen besagen umgekehrt, daß Ströme und Magnetfelder in einem Supraleiter nur innerhalb einer Schicht der Dicke Λ an der Oberfläche existieren können, wobei die Länge Λ, die Londonsche Eindringtiefe, gegeben ist durch[33]

$$\Lambda = \left(\frac{mc^2}{4\pi n_s e^2} \right)^{1/2} = 41,9 \left(\frac{r_s}{a_0} \right)^{3/2} \left(\frac{n}{n_s} \right)^{1/2} \text{Å}. \tag{34.9}$$

Somit folgt der Meißner-Ochsenfeld-Effekt aus der London-Gleichung, zusammen mit einem physikalischen Bild von Oberflächenströmen, die das äußere Feld abschirmen. Diese Ströme fließen innerhalb einer Oberflächenschicht der Dicke 10^2-10^3 Å (Dies gilt für Temperaturen deutlich unterhalb von T_c; in der Nähe der kritischen Temperatur, wenn also n_s gegen Null geht, kann die Dicke der Oberflächenschicht wesentlich größer sein.) Innerhalb dieser Oberflächenschicht fällt das äußere Feld stetig auf Null. Diese Aussagen werden durch die experimentelle Tatsache bestätigt, daß in dünnen, supraleitenden Schichten, mit Dicken von der Größenordnung der Eindringtiefe Λ oder geringer, die Felddurchdringung nicht vollständig ist.

Qualitative Eigenschaften der mikroskopischen Theorie

Eine mikroskopische Theorie der Supraleitung wurde von Bardeen, Cooper und Schrieffer im Jahre 1957 vorgestellt.[34] Im Rahmen unserer überblicksartigen Darstellung würde es zu weit gehen, den Formalismus zu entwickeln, der zu einer adäquaten Beschreibung dieser BCS-Theorie erforderlich ist, so daß wir uns hier dar-

---

[32] Weiter unten wird sich herausstellen, daß die Existenz der London-Gleichung auch durch gewisse Eigenschaften der mikroskopischen elektronischen Ordnung nahegelegt wird.

[33] Betrachten Sie beispielsweise den Fall eines halbunendlich ausgedehnten Supraleiters, der den halben Raum $x > 0$ ausfüllt. Dann folgt aus (34.8), daß die physikalisch relevanten Lösungen exponentiell abfallen:

$$B(x) = B(0)e^{-x/\Lambda}.$$

Weitere Geometrien untersucht Aufgabe 2.

[34] J. Bardeen, L. N. Cooper, J. R. Schrieffer, *Phys. Rev.* **108**, 1175 (1957). Man bezeichnet diese Theorie im allgemeinen als BCS-Theorie.

auf beschränken, rein qualitativ die physikalischen Grundlagen der Theorie und ihre wesentlichsten theoretischen Voraussagen aufzuzeigen.

Zunächst muß eine Theorie der Supraleitung eine *effektiv anziehende Wechselwirkung* zwischen den Elektronen in der Nähe der Fermifläche liefern. Obwohl die direkte elektrostatische Wechselwirkung zwischen den Elektronen abstoßend ist, kann die Bewegung der Atomrümpfe diese Coulomb-Wechselwirkung „über-abschirmen", so daß sich effektiv eine anziehende Wechselwirkung ergibt.[35] Wir erörterten diese Möglichkeit in Kapitel 26 und kamen dort im Rahmen eines einfachen Modells zum folgenden Schluß: Läßt man es zu, daß die Atomrümpfe in ihren Bewegungen auf den Einfluß der Bewegung der Elektronen reagieren können, so ergibt sich eine effektive Wechselwirkung zwischen Elektronen mit den Wellenvektoren $\mathbf{k}$ und $\mathbf{k}'$ von der Form[36]

$$v_{\mathbf{k},\mathbf{k}'}^{\text{eff}}(\mathbf{k}, \mathbf{k}') = \frac{4\pi e^2}{q^2 + k_0{}^2} \frac{\omega^2}{\omega^2 - \omega_q{}^2}. \tag{34.10}$$

Dabei ist $\hbar\omega$ die Differenz der Elektronenenergien, k_0 bezeichnet den Thomas-Fermi-Wellenvektor (17.50), $\mathbf{q}$ die Differenz der Wellenvektoren der beiden Elektronen, sowie $\omega_{\mathbf{q}}$ die Frequenz eines Phonons mit dem Wellenvektor $\mathbf{q}$.

Somit kann die Abschirmung durch die Bewegung der Atomrümpfe zu einer effektiv anziehenden Wechselwirkung zwischen Elektronen führen, deren Energien so nahe beisammen liegen, daß die Differenz ihrer Energien, grob geschätzt, kleiner ist als $\hbar\omega_D$, ein Maß für typische Phononenenergien. Diese Anziehung[37] liegt der Theorie der Supraleitung zugrunde.

Geht man davon aus, daß Elektronen, deren Energien sich um $O(\hbar\omega_D)$ voneinander unterscheiden, effektiv eine anziehende Wechselwirkung „spüren", so könnten solche Elektronen möglicherweise gebundene Paare bilden.[38] Diese Möglichkeit könnte

---

[35] Ein direkter Hinweis darauf, daß die Bewegung der Atomrümpfe bei der Ausbildung des Phänomens der Supraleitung eine Rolle spielt, ist der *Isotopeneffekt* der Supraleitung: Die kritische Temperatur eines metallischen Elements ist von Isotop zu Isotop verschieden und häufig – jedoch nicht in jedem Falle – proportional zur inversen Quadratwurzel der Atommasse. Alleine schon die Tatsache, daß überhaupt eine Abhängigkeit der Sprungtemperatur von der Masse der Atomrümpfe existiert, zeigt deutlich, daß die Rolle der Atomrümpfe beim Übergang zum supraleitenden Zustand nicht nur eine rein statische sein kann, sondern daß die Rümpfe dynamisch involviert sein müssen.

[36] Siehe die Seiten 658 und 659. H. Fröhlich wies zum ersten Male darauf hin, daß eine derartige Anziehung möglich sein und dem Phänomen der Supraleitung zugrundeliegen könnte.

[37] Auch jeder andere Mechanismus, der eine effektiv anziehende Wechselwirkung zwischen Elektronen nahe der Fermifläche vermittelt, würde bei hinreichend niedriger Temperatur zu Ausbildung eines supraleitenden Zustandes führen. Man konnte bisher jedoch keine auf anderen Wechselwirkungsmechanismen beruhenden Fälle von Supraleitung in Metallen überzeugend nachweisen.

[38] Allgemeiner könnte man auch die Möglichkeit einer Bindung von n Elektronen in Betracht ziehen; die Schwäche der Wechselwirkung und das Pauliprinzip lassen jedoch den Fall $n=2$ am vielversprechendsten erscheinen.

zweifelhaft erscheinen, da zwei Teilchen im Dreidimensionalen mit einer gewissen Mindeststärke wechselwirken müssen, um einen gebundenen Zustand bilden zu können, eine Voraussetzung, welche die recht schwache, effektive Anziehung zwischen den Elektronen durchaus nicht erfüllen könnte. Cooper[39] argumentierte jedoch, daß diese zunächst wenig plausibel erscheinende Möglichkeit einer Paarbildung durch den Einfluß der übrigen $N - 2$ Elektronen auf das herausgegriffene wechselwirkende Elektronenpaar aufgrund des Pauliprinzips recht wahrscheinlich wird.

Cooper betrachtete die physikalische Situation zweier Elektronen, zwischen denen eine anziehende Wechselwirkung besteht, die bei weitem zu schwach wäre, die beiden Elektronen aneinander zu binden, wenn sie isoliert wären. Er konnte zeigen, daß das Pauliprinzip dieses Zwei-Elektronen-Problem in Gegenwart einer Fermifläche zusätzlicher Elektronen[40] radikal dahingehend verändert, daß nunmehr ein gebundener Zustand existiert, unabhängig davon, wie schwach die Anziehung sei. Coopers Berechnung demonstrierte nicht nur, daß die effektive anziehende Wechselwirkung zwischen den Elektronen keine Mindeststärke aufweisen muß, um sie zu einem Paar zu binden, sondern wies auch auf den Grund dafür hin, warum die Übergangstemperatur zum supraleitenden Zustand im Vergleich mit sämtlichen übrigen charakteristischen Temperaturen eines Festkörpers derart niedrig ist. Dieser Grund lag in der Form seiner Lösung des Problems, aus der sich eine Bindungsenergie des gebundenen Zustands ergab, die im Vergleich mit der potentiellen Energie der schwachen Anziehung sehr gering war.

In seiner Argumentation bezog sich Cooper auf ein einzelnes Elektronenpaar in Gegenwart einer normalen Fermiverteilung zusätzlicher Elektronen. Dagegen gingen Bardeen, Cooper und Schrieffer in ihrer Theorie einen entscheidenden Schritt weiter, indem sie einen Grundzustand konstruierten, in dem *sämtliche* Elektronen gebundene Paare bildeten. Dies bedeutet eine wesentliche Erweiterung des Cooperschen Modells, da jedes Elektron nunmehr zwei Rollen spielt: Es trägt – auf dem Wege der Wirksamkeit des Pauliprinzips – zur notwendigen Beschränkung der Werte erlaubter Wellenvektoren bei, wodurch eine Bindung anderer Paare trotz der Schwachheit der anziehenden Wechselwirkung möglich wird; in seiner anderen Rolle ist es Teil eines der gebundenen Paare.

Man kann die BCS-Näherung an die Wellenfunktion des elektronischen Grundzustandes folgendermaßen beschreiben: Man betrachte die N Leitungselektronen als gruppiert in $N/2$ Paare,[41] deren jedes durch eine Wellenfunktion $\phi(rs, r's')$ eines

---

[39] L. N. Cooper, *Phys. Rev.* **104**, 1189 (1956).

[40] Die Rolle der entarteten Fermiverteilung zusätzlicher Elektronen sollte dabei einfach nur darin bestehen, zu verhindern, daß die beiden betrachteten Elektronen Niveaus mit Wellenvektoren kleiner als k_F besetzen können. Coopers Behandlung des Problems war deshalb im wesentlichen eine Zwei-Elektronen-Rechnung; dabei beschränkte er sich auf aus Ein-Elektron-Niveaus aufgebaute Zustände, aus welchen alle ebenen Wellen mit Wellenvektoren kleiner als k_F ausgeschlossen waren. Siehe Aufgabe 4.

[41] Im Grenzfall eines großen Systems ist das eine „ungeradzahlige" Elektron (falls N ungerade ist) bedeutungslos.

gebundenen Zustands beschrieben werde, wobei $\mathbf{r}$ den Elektronenort und s die Spin-quantenzahl bezeichnet. Die N-Elektronen-Wellenfunktion sei dann einfach gegeben durch das Produkt aus $N/2$ solcher *identischer* Zwei-Elektronen-Wellenfunktionen:

$$\Psi(\mathbf{r}_1 s_1, \ldots, \mathbf{r}_N s_N) = \phi(\mathbf{r}_1 s_1, \mathbf{r}_2 s_2) \ldots \phi(\mathbf{r}_{N-1} s_{N-1}, \mathbf{r}_N s_N). \tag{34.11}$$

Diese Wellenfunktion beschreibt einen Zustand, in dem sämtliche Elektronen in identischen Zwei-Elektronen-Zuständen paarweise gebunden vorliegen; jedoch fehlt ihr noch die vom Pauliprinzip geforderte Symmetrie. Um diese zu erreichen, um also einen Zustand zu konstruieren, dessen Wellenfunktion das Vorzeichen wechselt, wenn man die Raum- und die Spinkoordinaten von irgend zwei Elektronen miteinander vertauscht, müssen wir den Zustand (34.11) antisymmetrisieren. Dies führt zum BCS-Grundzustand:[42]

$$\Psi_{\text{BCS}} = \mathcal{A}\Psi. \tag{34.12}$$

Es mag überraschend erscheinen, daß der Zustand (34.12) dem Pauliprinzip genügt, obwohl sämtliche Paar-Wellenfunktionen ϕ, aus welchen er aufgebaut ist, identisch sind. In der Tat: Hätten wir einen zu (34.11) analogen Produktzustand aus N identischen *Ein*-Elektron-Niveaus konstruiert, so hätte ihn die darauffolgende Antisymmetrisierung zum Verschwinden gebracht. Aus der fundamentalen Forderung nach Antisymmetrie folgt, daß kein Ein-Elektron-Niveau doppelt besetzt sein kann, wenn die Zustände antisymmetrisierte Produkte von Ein-Elektron-Niveaus sind. Die Forderung nach Antisymmetrie impliziert jedoch *nicht*, daß eine entsprechende Beschränkung auch für die Besetzung von Zwei-Elektronen-Niveaus in Zuständen besteht, die antisymmetrisierte Produkte von Zwei-Elektronen-Niveaus sind.[43]

Nimmt man den Zustand (34.12) als Testzustand in einer Variationsabschätzung der Grundzustandsenergie, so muß die optimale Wahl von ϕ zu einer Energie führen, die niedriger ist als das Ergebnis der besten Wahl von Slater-Determinanten – also der besten Testfunktion für unabhängige Elektronen – für eine beliebige anziehende Wechselwirkung, wie schwach sie auch immer sein möge.

---

[42] Der „Antisymmetrisator" $\mathcal{A}$ addiert einfach zu der Funktion, auf welche er wirkt, jede der $N! - 1$ Funktionen, die man durch alle möglichen Permutationen der Argumente erhält, gewichtet mit $+1$ oder -1, je nachdem sich die jeweilige Permutation aus einer geraden oder ungeraden Anzahl von Paar-Vertauschungen zusammensetzt.

[43] Dies ist der Grund dafür, daß sich ein Paar von Fermionen *statistisch* verhalten kann wie ein Boson. In der Tat: Wäre die Bindung innerhalb jedes der Paare so stark, daß die Ausdehnung eines Paares klein wäre im Vergleich mit dem Teilchenabstand r_s, so bestände der Grundzustand aus $N/2$ Bosonen, die sämtliche in dasselbe Zwei-Elektronen-Niveau kondensiert vorliegen. Wie wir jedoch sehen werden, ist die Ausdehnung eines Cooper-Paares groß im Vergleich zu r_s, so daß es sehr irreführend sein kann, die Cooper-Paare als unabhängige Bosonen zu betrachten.

In der BCS-Theorie nimmt man die Paar-Wellenfunktionen ϕ als Singulett-Zustände[44] an, so daß also die beiden Elektronen eines Paares einander entgegengesetzte Spins haben und der Bahnanteil $\phi(\mathbf{r}, \mathbf{r}')$ der Wellenfunktion symmetrisch ist. Wählt man den Paar-Zustand als translationsinvariant – und ignoriert dabei mögliche Komplikationen aufgrund der Periodizität des Gitterpotentials – so daß $\phi(\mathbf{r}, \mathbf{r}')$ die Form $\chi(\mathbf{r} - \mathbf{r}')$ annimmt, so kann man schreiben

$$\chi(\mathbf{r} - \mathbf{r}') = \frac{1}{V} \sum_{\mathbf{k}} \chi_{\mathbf{k}} e^{i\mathbf{k}\cdot\mathbf{r}} e^{-i\mathbf{k}\cdot\mathbf{r}'}. \tag{34.13}$$

Man kann χ somit betrachten als eine Überlagerung von Produkten aus Ein-Elektron-Niveaus, wobei in jedem Term Elektronen mit betragsgleichen, einander entgegengesetzt gerichteten Wellenvektoren gepaart sind.[45]

Als ein Resultat der Variationsberechnung von Ψ_{BCS} ergibt sich, daß die Reichweite ξ_0 der Paar-Wellenfunktion[46] sehr groß ist im Vergleich zum Abstand r_s zwischen den Elektronen. Auf die folgende Weise gelangt man zu einer groben Abschätzung von ξ_0: Man kann vermuten, daß die Paar-Wellenfunktion $\phi(\mathbf{r})$ eine Überlagerung von Ein-Elektron-Niveaus mit Energien in einer Umgebung der Größenordnung $O(\Delta)$ von ε_F ist, da Tunnelexperimente darauf hinweisen, daß außerhalb dieses Energiebereiches die Dichte der Ein-Elektron-Niveaus nur wenig von ihrer Form in einem normalleitenden Metall abweicht. Deshalb ist die Impulsstreuung der Ein-Elektron-Niveaus, die den Paar-Zustand aufbauen, festgelegt durch die Bedingung

$$\Delta = \delta\varepsilon = \delta\left(\frac{p^2}{2m}\right) = \left(\frac{p_F}{m}\right)\delta p \approx v_F \delta p. \tag{34.14}$$

---

[44] Wären die Paar-Zustände Triplett-Zustände (mit dem Spin 1), so würden hieraus charakteristische magnetische Eigenschaften folgen, die man jedoch nicht beobachtet. Dennoch hat man Triplett-Paarbildung in flüssigem ^{3}He beobachtet, einer entarteten Fermiflüssigkeit, die in vielen Aspekten große Ähnlichkeit mit dem Elektronengas der Metalle zeigt; siehe beispielsweise *Nobel Symposion 24, Collective Properties of Physical Systems*, B. Lundqvist, S. Lundqvist, eds., Academic Press, New York (1973), Seiten 84 bis 120.

[45] Oft findet man diese Eigenschaft des Grundzustandes betont, zusammen mit der Feststellung, daß Elektronen mit entgegengesetzten Spins und Wellenvektoren in Paaren gebunden seien. Dies ist nicht mehr und nicht weniger zutreffend als die Aussage, daß jeder translationsinvariante, gebundene Zustand zweier identischer Teilchen diese mit gleichen und einander entgegengesetzt gerichteten Impulsen aneinander bindet. Die erste Aussage richtet korrekt die Aufmerksamkeit auf die Tatsache, daß der Gesamtimpuls des gebundenen Paares Null ist, lenkt dagegen auf irreführende Weise davon ab, daß der Zustand eine Überlagerung solcher Paare, und deshalb in der relativen Ortskoordinate lokalisiert ist – ganz im Gegensatz zu einem einzelnen Produkt ebener Wellen.

[46] In reinen Supraleitern, bei Temperaturen deutlich unterhalb ihrer kritischen Temperatur T_c, stellt sich diese Größe als gleich der Kohärenzlänge heraus, wie sie in Fußnote 31 beschrieben wurde; wir bezeichnen sie deshalb mit demselben Symbol.

Somit ist die Reichweite der Paar-Wellenfunktion $\phi(\mathbf{r})$ von der Größenordnung

$$\xi_0 \sim \frac{\hbar}{\delta p} \sim \frac{\hbar v_F}{\Delta} \sim \frac{1}{k_F} \frac{\varepsilon_F}{\Delta}. \tag{34.15}$$

Da ε_F typischerweise das 10^3-10^4-fache von Δ beträgt und k_F von der Größenordnung 10^8 cm^{-1} ist, so erhält man für ξ_0 als typische Größenordnung 10^3 Å.

Innerhalb des von einem gegebenen Elektronenpaar eingenommenen Raumbereiches finden sich deshalb auch die Zentren vieler – Millionen oder mehr – weiterer Paare. Dies ist ein entscheidendes Charakteristikum des supraleitenden Zustandes: Man kann sich die Paare nicht als unabhängige Teilchen vorstellen; vielmehr sind sie räumlich sehr eng miteinander verflochten, eine Tatsache, die für die Stabilität des supraleitenden Zustandes von wesentlicher Bedeutung ist.

Die obige Beschreibung faßt die wesentlichen Eigenschaften des elektronischen Grundzustandes eines Supraleiters zusammen. Um angeregte Zustände zu erfassen oder die thermischen Eigenschaften sowie die Transporteigenschaften eines Supraleiters zu beschreiben, muß man sich wesentlich komplexerer Formalismen bedienen. Wir gehen hier nicht weiter auf diese Formalismen ein und betonen lediglich, daß auch diesen Methoden das physikalische Bild eines Systems gepaarter Elektronen zugrundeliegt. In Nichtgleichgewichtszuständen kann der Paar-Zustand eine kompliziertere Form haben. Bei von Null verschiedenen Temperaturen ist ein gewisser Anteil der Paare thermisch dissoziiert, und die Teilchendichte n_s supraleitender Elektronen ist gegeben durch den verbleibenden Bruchteil gepaarter Elektronen. Aufgrund der immanent selbstkonsistenten Natur der Paarbildung infolge der thermischen Dissoziation eines Teils der Paare bei von Null verschiedenen Temperaturen ergibt sich eine Temperaturabhängigkeit der charakteristischen Eigenschaften – wie beispielsweise der Reichweite der Paar-Wellenfunktion – jener Paare, die gebunden bleiben. Erhöht sich die Temperatur über T_c hinaus, so dissoziieren schließlich sämtliche Paare, und der supraleitende Grundzustand verwandelt sich kontinuierlich zurück in den normalen Grundzustand der Näherung unabhängiger Elektronen.

Quantitative Voraussagen der elementaren mikroskopischen Theorie

In ihrer einfachsten Form führt die BCS-Theorie zwei grobe Vereinfachungen im fundamentalen, die Leitungselektronen beschreibenden Hamiltonoperator ein:

1. Die BCS-Theorie behandelt die Leitungselektronen in der Näherung freier Elektronen; Effekte der Bänderstruktur werden vernachlässigt.

2. Die recht komplexe, effektiv anziehende Wechselwirkung[47] (34.10) zwischen Elektronen in der Nähe der Fermifläche wird weiter vereinfacht zu einer effektiven Wechselwirkung V. Man nimmt das Matrixelement von V zwischen einem Zwei-Elektronen-Zustand mit den elektronischen Wellenvektoren k_1 und k_2 sowie einem anderen mit den Wellenvektoren k_3 und k_4 innerhalb eines Volumens Ω in der folgenden Form an:

$$\langle k_1 k_2 | V | k_3 k_4 \rangle = -V_0/\Omega, \quad \text{falls } k_1 + k_2 = k_3 + k_4,$$
$$|\varepsilon(k_i) - \varepsilon_F| < \hbar\omega, \quad i = 1, \ldots, 4, \quad (34.16)$$
$$= 0 \qquad \text{sonst.}$$

Eine Beschränkung der Werte der Wellenvektoren ist für jedes translationsinvariante Potential erforderlich; der ausschlaggebende Aspekt der Wechselwirkung (34.16) besteht in der Anziehung, die auftritt, sobald sämtliche vier Energien freier Elektronen innerhalb einer Umgebung $\hbar\omega$ (gewöhnlich angenommen als von der Größenordnung $\hbar\omega_D$) der Fermienergie liegen.

Gleichung (34.16) bedeutet eine grobe Vereinfachung der tatsächlichen effektiven Wechselwirkung, so daß man Schlußfolgerungen, die auf den Eigenschaften dieser Wechselwirkung im einzelnen beruhen, mit Vorsicht zu betrachten hat. Glücklicherweise ergeben sich aus der Theorie eine Reihe von Beziehungen, welche die beiden phänomenologischen Parameter V_0 und $\hbar\omega$ nicht enthalten. Diese Relationen sind für eine nicht geringe Zahl von Supraleitern tatsächlich recht gut erfüllt – mit gewissen, bemerkenswerten Ausnahmen wie Blei und Quecksilber. Selbst solche Ausnahmen, die sogenannten Supraleiter mit starker Kopplung, kann man in überzeugender Weise im allgemeineren Rahmen der BCS-Theorie unterbringen, vorausgesetzt, man läßt die in der genäherten Wechselwirkung (34.16) enthaltenen Vereinfachungen fallen, zusammen mit gewissen anderen, ebenfalls zu stark vereinfachenden Darstellungen der Effekte von Phononen.[48]

Aus dem Modell-Hamiltonoperator (34.16) leitet die BCS-Theorie die folgenden wesentlichen Gleichgewichtsaussagen ab:

---

[47] Man darf nicht vergessen, daß auch (34.10) nur eine vergleichsweise grobe Darstellung der komplexen, dynamischen Wechselwirkung ist, welche die Wirkung der Phononen zwischen den Elektronen stiftet. In den sogenannten stark gekoppelten Supraleitern (siehe unten) gibt selbst (34.10) keine angemessen Beschreibung der Verhältnisse mehr.

[48] In der Theorie der stark gekoppelten Supraleiter behandelt man das vollständige System aus Elektronen und Phononen, ohne dabei zu Beginn zu versuchen, den Einfluß der Phononen zugunsten einer effektiven Wechselwirkung der Form (34.16) oder sogar (34.10) zu eliminieren. Als Folge daraus wird die effektive Wechselwirkung zwischen den Elektronen komplexer, und ist nicht mehr instantan, sondern retardiert. Weiterhin können dadurch die Lebensdauern durch Elektron-Phonon-Streuung der elektronischen Niveaus innerhalb eines Bereiches der Größenordnung $\hbar\omega_D$ um die Fermienergie derart kurz sein, daß auch das physikalische Bild von wohldefinierten Ein-Elektron-Niveaus, aus denen sich die Paare aufbauen, einer Modifikation bedarf.

Tabelle 34.3
Gemessene Werte* der Größe $2\Delta(0)/k_B T_c$

Element	$2\Delta(0)/k_B T_c$
Al	3,4
Cd	3,2
Hg (α)	4,6
In	3,6
Nb	3,8
Pb	4,3
Sn	3,5
Ta	3,6
Tl	3,6
V	3,4
Zn	3,2

* Die Werte von $\Delta(0)$ erhält man aus Tunnelexperimenten. Beachten Sie, daß die BCS-Theorie einen Wert von 3,53 für das hier tabellierte Verhältnis liefert. Die meisten der angegebenen Werte gelten mit einer Genauigkeit von $\pm 0,1$. Quelle: R. Mersevey, B. B. Schwartz, *Superconductivity*, R. D. Parks, ed., Dekker, New York (1969).

Kritische Temperatur

Ohne äußeres Magnetfeld setzt die supraleitende Ordnung bei einer kritischen Temperatur (Sprungtemperatur) ein, die gegeben ist durch

$$k_B T_c = 1,13\,\hbar\omega e^{-1/N_0 V_0}. \qquad (34.17)$$

In diesem Ausdruck bezeichnet N_0 die elektronische Niveaudichte für eine bestimmte Spinpopulation im normalleitenden Metall,[49] ω und V_0 sind die Parameter des Modell-Hamiltonoperators (34.16). Durch die exponentielle Abhängigkeit läßt sich die effektive Kopplung V_0 nicht präzise genug bestimmen, um die kritische Temperatur mit Hilfe von (34.17) sehr genau berechnen zu können. Diese exponentielle Abhängigkeit bedingt aber ebenfalls die sehr niedrigen kritischen Temperaturen, die typischerweise um eine bis drei Größenordnungen unterhalb der Debye-Temperatur liegen: Obwohl $\hbar\omega$ von der Größenordnung $k_B\Theta_D$ ist, kann die starke Abhängigkeit von $N_0 V_0$ zu kritischen Temperaturen der beobachteten Größenordnung führen, wenn $N_0 V_0$ im Bereich von 0,1 bis 0,5 liegt, und $V_0 n$ daher im Bereich[50] $0,1\varepsilon_F$ bis $0,5\varepsilon_F$. Beachten Sie ebenfalls, daß die Theorie unabhängig von der Stärke der Kopplung V_0

---

[49] Die Größe N_0 ist einfach identisch mit $g(\varepsilon_F)/2$. In der Literatur zur Supraleitung ist diese Schreibweise für die Niveaudichte weit verbreitet.

[50] Die Größe N_0 ist von der Größenordnung n/ε_F, siehe (2.65).

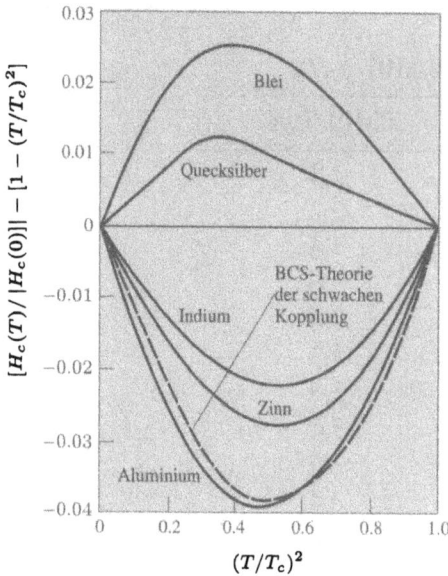

Bild 34.8: Abweichung von der groben empirischen Beziehung $H_c(T)/H_c(0) \approx 1 - [T/T_c]^2$, gemessen für verschiedene Metalle und berechnet nach der einfachen BCS-Theorie. Bei den stark gekoppelten Supraleitern Blei und Quecksilber sind die Abweichungen von der Voraussage der einfachen BCS-Theorie deutlicher. (J. C. Swihart et al., *Phys. Rev. Lett.* **14**, 106 (1965).)

das Auftreten eines Übergangs zur Supraleitung voraussagt, wenn auch möglicherweise bei einer experimentell nicht mehr erreichbaren Übergangstemperatur (34.17).

Energielücke

Für die Energielücke bei der Temperatur Null liefert die BCS-Theorie einen Ausdruck ähnlich (34.17):

$$\Delta(0) = 2\,\hbar\omega e^{-1/N_0 V_0}. \tag{34.18}$$

Bildet man den Quotienten der Gleichungen (34.18) und (34.17), so erhält man eine fundamentale Formel, die von den phänomenologischen Parametern unabhängig ist:

$$\frac{\Delta(0)}{k_B T_c} = 1,76. \tag{34.19}$$

Dieses Resultat scheint für eine große Zahl von Supraleitern mit einer Genauigkeit besser als 10% zu gelten (Tabelle 34.3). Supraleiter, für welche diese Regel nicht gilt – beispielsweise Blei und Quecksilber, bei denen die Abweichungen um 30% liegen – weichen auch von den übrigen Voraussagen der einfachen Theorie systematisch ab, und man behandelt sie konsistenter im Rahmen der komplexeren Theorie der starken Kopplung.

Die einfache Theorie sagt ebenfalls voraus, daß die Energielücke in der Nähe der kritischen Temperatur ohne äußeres Feld nach dem universellen Gesetz[51]

$$\frac{\Delta(T)}{\Delta(0)} = 1,74 \left(1 - \frac{T}{T_c}\right)^{1/2}, \quad T \approx T_c \tag{34.20}$$

gegen Null geht.

Kritisches Feld

Man drückt die Voraussage der elementaren BCS-Theorie für $H_c(T)$ häufig durch die Abweichung vom entsprechenden empirischen Gesetz[52] aus:

$$\frac{H_c(T)}{H_c(0)} \approx 1 - \left(\frac{T}{T_c}\right)^2. \tag{34.21}$$

In Bild 34.8 ist der Verlauf der Größe $[H_c(T)/H_c(0)] - [1 - (T/T_c)^2]$ für einige Supraleiter im Vergleich mit der Voraussage der BCS-Theorie aufgetragen. Die Abweichung ist in allen Fällen klein; beachten sie jedoch, daß die stark gekoppelten Supraleiter Blei und Quecksilber ein Ausnahme bilden.

Wärmekapazität

Die elementare BCS-Theorie sagt bei der kritischen Temperatur ohne äußeres Feld eine Unstetigkeit im Verlauf der Wärmekapazität voraus, die man in einer Form unabhängig von den Parametern des Modell-Hamiltonoperators (34.16) ausdrücken kann:[53]

$$\left.\frac{c_s - c_n}{c_n}\right|_{T_c} = 1,43. \tag{34.22}$$

Die Übereinstimmung dieses Ergebnisses mit dem Experiment ist ebenfalls besser als 10%, mit Ausnahme der stark gekoppelten Supraleiter (Tabelle 34.4).

---

[51] Gleichung (34.20) ist ein charakteristisches Ergebnis der Molekularfeldtheorie, nämlich die Voraussage, daß die spontane Magnetisierung wie $(T_c - T)^{1/2}$ verschwindet; siehe Kapitel 33, Aufgabe 6. Bekanntermaßen gilt die Molekularfeldtheorie nicht für Ferromagnete bei Temperaturen, die hinreichend nahe bei der kritischen Temperatur liegen. Vermutlich gilt sie auch nicht für Supraleiter bei Temperaturen hinreichend nahe der kritischen Temperatur, doch man hat argumentiert, daß der Temperaturbereich, innerhalb dessen die Molekularfeldtheorie versagt, außerordentlich klein ist – typischerweise $(T_c - T)/T_c \approx 10^{-8}$. Supraleiter geben ein seltenes Beispiel für einen Phasenübergang, der noch recht nahe am kritischen Punkt gut durch eine Molekularfeldtheorie beschrieben werden kann.

[52] Auch in diesem Falle kann man die Aussage (34.21) der BCS-Theorie in eine parameterunabhängige Form bringen: Bei niedrigen Temperaturen lautet sie $H_c(T)/H_c(0) \approx 1 - 1,06(T/T_c)^2$, in der Nähe von T_c dagegen $H_c(T)/H_c(0) = 1,74[1 - (T/T_c)]$.

[53] Eine Unstetigkeit der Wärmekapazität bei T_c ist ebenfalls ein charakteristisches Ergebnis der Molekularfeldtheorie. Möglicherweise divergiert die Wärmekapazität bei Temperaturen, die *sehr nahe* bei der kritischen Temperatur T_c liegen.

Tabelle 34.4

Gemessene Werte des Verhältnisses*

$[(c_s - c_n)/c_n]_{T_c}$

Element	$\left[\dfrac{c_s - c_n}{c_n}\right]_{T_c}$
Al	1,4
Cd	1,4
Ga	1,4
Hg	2,4
In	1,7
La (hcp)	1,5
Nb	1,9
Pb	2,7
Sn	1,6
Ta	1,6
Tl	1,5
V	1,5
Zn	1,3

* Die Voraussage der einfachen BCS-Theorie ist $[(c_s - c_n)/c_n]_{T_c} = 1,43$.
Quelle: R. Mersevey und B. B. Schwartz, *Superconductivity*, R. D. Parks, ed., Dekker, New York (1969).

Man kann auch die elektronische Wärmekapazität bei niedrigen Temperaturen in die von den Parametern unabhängige Form

$$\frac{c_s}{\gamma T_c} = 1,34 \left(\frac{\Delta(0)}{T}\right)^{3/2} e^{-\Delta(0)/T} \tag{34.23}$$

bringen; dabei bezeichnet γ den Koeffizienten des linearen Terms im Ausdruck (2.80) für die Wärmekapazität des Metalls im normalleitenden Zustand. Beachten Sie den exponentiellen Abfall auf einer Skala, die von der Größe der Energielücke $\Delta(0)$ bestimmt ist.

Der Meißner-Ochsenfeld-Effekt im Lichte der mikroskopischen Theorie

Unter der Wirkung eines äußeren Magnetfeldes fließen im Gleichgewichtszustand des Metalls diamagnetische Ströme – sei es normalleitend oder supraleitend – wobei diese

Ströme in einem Supraleiter wesentlich größer sind. In einem Modell freier Elektronen ist dieser Strom bis zur ersten Ordnung im Feld durch eine Gleichung der Form[54]

$$\nabla \times \mathbf{j}(\mathbf{r}) = -\int d\mathbf{r}' \, K(\mathbf{r} - \mathbf{r}')\mathbf{B}(\mathbf{r}') \tag{34.24}$$

bestimmt. Erfüllt der Kern $K(\mathbf{r})$ zufällig die Beziehung

$$\int d\mathbf{r} K(\mathbf{r}) = K_0 \neq 0, \tag{34.25}$$

so reduziert sich (34.24) im Grenzfall von Magnetfeldern, die sich über die Skala von $K(\mathbf{r})$ nur langsam ändern, auf

$$\nabla \times \mathbf{j}(\mathbf{r}) = -K_0 \mathbf{B}(\mathbf{r}). \tag{34.26}$$

Dies ist nichts anderes als die London-Gleichung (34.7), wobei n_s gegeben ist durch

$$n_s = \frac{mc}{e^2} K_0. \tag{34.27}$$

Da die Gültigkeit der London-Gleichung den Meißner-Ochsenfeld-Effekt impliziert, so folgt auch, daß die Konstante K_0 in normalleitenden Metallen verschwinden muß. Um zu zeigen, daß der Meißner-Ochsenfeld-Effekt aus der BCS-Theorie folgt, kann man den Kern $K(\mathbf{r})$ mittels Störungstheorie im äußeren Feld berechnen und damit explizite verifizieren, daß $K_0 \neq 0$.

Die praktische Demonstration von $K_0 \neq 0$ ist eine ziemlich komplexe Anwendung der BCS-Theorie. Eine intuitive Erklärung der London-Gleichung wurde zu derselben Zeit gegeben, als die Londons zum ersten Male diese Gleichung vorstellten. Diese Erklärung wirkt überzeugender, wenn man die von V. L. Ginzburg und L. D. Landau[55] entwickelte, phänomenologische Theorie kennt. Man kann diese Theorie – obwohl sie sieben Jahre *vor* der BCS-Theorie vorgeschlagen wurde – auf recht natürliche Weise mit Hilfe einiger der fundamentalen Begriffsbildungen der mikroskopischen Theorie formulieren.

Die Ginzburg-Landau-Theorie

Ginzburg und Landau stellten fest, daß man den supraleitenden Zustand durch einen komplexen „Ordnungsparameter" $\psi(\mathbf{r})$ charakterisieren kann, welcher oberhalb von T_c verschwindet und dessen Betrag bei einer Temperatur unterhalb von T_c ein Maß für

---

[54] Dieser Kern K ist identisch mit dem in Fußnote 31 erwähnten.
[55] V. L. Ginzburg, L. D. Landau, *Zh. Eksp. Teor. Fiz.* **20**, 1064 (1950).

den Grad der supraleitenden Ordnung an der Stelle r ist.[56] Vom Standpunkt der BCS-Theorie aus betrachtet kann man diesen Ordnungsparameter interpretieren als eine Ein-Teilchen-Wellenfunktion, die den Ort des Schwerpunktes eines Cooper-Paares beschreibt. Da sich alle Cooper-Paare in demselben Zwei-Elektronen-Zustand befinden, genügt dafür eine einzige Funktion. Da der Ordnungsparameter keinerlei Bezug auf die relativen Koordinaten der beiden Elektronen des Cooper-Paares beinhaltet, so ist die Beschreibung eines Supraleiters durch den Ordnungsparameter $\psi(\mathbf{r})$ nur möglich für Phänomene, die sich auf der Skala[57] der Ausdehnung des Cooper-Paares nur langsam ändern.

Im Grundzustand des Supraleiters befindet sich jedes Cooper-Paar in einem translationsinvarianten Zustand, der von der Koordinate des Massenmittelpunktes unabhängig ist – der Ordnungsparameter ist somit konstant. Dagegen entwickelt der Ordnungsparameter einen interessanten Charakter, sobald ein Strom fließt oder man ein äußeres Feld anlegt. Eine der grundlegenden Annahmen der Ginzburg-Landau-Theorie besagt, daß ein Strom in einem durch den Ordnungsparameter $\psi(\mathbf{r})$ charakterisierten Supraleiter in Gegenwart eines durch das Vektorpotential $\mathbf{A}(\mathbf{r})$ gegebenen Magnetfeldes beschrieben wird durch die gewöhnliche quantenmechanische Formel für den Strom von Teilchen der Ladung $-2e$ und Masse $2m$ – der Cooper-Paare also – deren Wellenfunktion ebendieses $\psi(\mathbf{r})$ ist:

$$\mathbf{j} = -\frac{e}{2m}\left[\psi^*\left\{\left(\frac{\hbar}{i}\nabla + \frac{2e}{c}\mathbf{A}\right)\psi\right\} + \left\{\left(\frac{\hbar}{i}\nabla + \frac{2e}{c}\mathbf{A}\right)\psi\right\}^*\psi\right]. \quad (34.28)$$

Aus (34.28) folgt die London-Gleichung (34.7) unter der zusätzlichen Annahme, daß die signifikante räumliche Änderung des Ordnungsparameters $\psi = |\psi|e^{i\phi}$ in seiner Phase ϕ erfolgt, nicht in seinem Betrag $|\psi|$. Da der Betrag des Ordnungsparameters ein Maß ist für den Grad der supraleitenden Ordnung, so beschränkt man sich mit dieser Annahme auf die Betrachtung von Phänomenen, bei welchen die Konzentration der Cooper-Paare nur unwesentlich von ihrem homogenen Wert im thermodynamischen Gleichgewicht abweicht. Man kann davon ausgehen, daß dies bei Phänomenen der

---

[56] Es ist manchmal hilfreich, die Analogie zu einem Heisenberg-Ferromagneten zu sehen, bei dem man den Ordnungsparameter als den Mittelwert des lokalen Spins $\mathbf{s}(\mathbf{r})$ auffassen kann. Oberhalb von T_c verschwindet $\mathbf{s}(\mathbf{r})$; unterhalb von T_c gibt $\mathbf{s}(\mathbf{r})$ den lokalen Wert der spontanen Magnetisierung an. Im Grundzustand ist $\mathbf{s}(\mathbf{r})$ unabhängig von $\mathbf{r}$ – und entsprechend ist in einem homogenen Supraleiter, der keinen Strom trägt, $\psi(\mathbf{r})$ konstant. Jedoch sind auch kompliziertere Konfigurationen eines Ferromagneten vorstellbar: So kann man beispielsweise durch äußere Felder erzwingen, daß die Magnetisierungen an den beiden Enden eines Stabes einander entgegengesetzt gerichtet sind. Ein ortsabhängiges $\mathbf{s}(\mathbf{r})$ ist weiterhin nützlich bei der Untersuchung von Aspekten der Domänenstruktur. Auf ähnliche Weise verwendet man ein ortsabhängiges $\psi(\mathbf{r})$ zur Untersuchung von stromtragenden Konfigurationen eines Supraleiters.

[57] Deutlich unterhalb von T_c ist diese Längenskala identisch mit der auf Seite 945 beschriebenen Länge ξ_0.

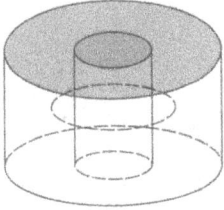

Bild 34.9: Ein Ring aus einem supraleitenden Stoff. Ein Weg ist gestrichelt eingezeichnet, der deutlich innerhalb des Materials liegt und die Öffnung des Ringes umschließt.

Fall sein wird, bei welchen die Cooper-Paare fließen können, jedoch weder angehäuft noch dissoziiert werden.[58]

Auf der Grundlage dieser Annahme vereinfacht sich der Ausdruck (34.28) für die elektrische Stromdichte zu

$$\mathbf{j} = - \left[\frac{2e^2}{mc} \mathbf{A} + \frac{e\hbar}{m} \nabla \phi \right] |\psi|^2. \tag{34.29}$$

Da die Rotation eines Gradienten identisch verschwindet und $|\psi|^2$ im wesentlichen konstant ist, leitet man daraus unmittelbar die London-Gleichung (34.7) ab, vorausgesetzt, man identifiziert die Teilchendichte supraleitender Elektronen n_s mit $2|\psi|^2$ – was sinnvoll erscheint im Hinblick auf die Interpretation von ψ als Wellenfunktion von Teilchen der Ladung $2e$.

Flußquantisierung

Gleichung (34.29) hat noch eindrucksvollere Konsequenzen als die London-Gleichung: Betrachten wir dazu einen ringförmigen Supraleiter (Bild 34.9).

Integriert man (34.29) entlang eines Weges, der weit im Inneren des supraleitenden Materials liegt und die Öffnung des Ringes umschließt, so erhält man

$$0 = \oint \mathbf{j} \cdot d\boldsymbol{\ell} = \oint \left(\frac{2e^2}{mc} \mathbf{A} + \frac{e\hbar}{m} \nabla \phi \right) \cdot d\boldsymbol{\ell}. \tag{34.30}$$

da nur in unmittelbarer Nähe der Oberfläche des Supraleiters nennenswerte Ströme

---

[58] Allgemeiner: Ist der Grad der supraleitenden Ordnung deutlich ortsabhängig, so muß man eine zweite Ginzburg-Landau-Gleichung in Verbindung mit (34.28) verwenden, um sowohl ψ als auch den Strom zu bestimmen. Diese zweite Gleichung setzt die räumliche Änderungsrate des Ordnungsparameters in Beziehung zum Vektorpotential und zeigt eine leicht falsch zu verstehende Ähnlichkeit mit einer Ein-Teilchen-Schrödingergleichung. Beispielsweise ist es zur Beschreibung von Flußfäden in Supraleitern zweiter Art wesentlich, den vollständigen Satz von Ginzburg-Landau-Gleichungen zu verwenden, da der Ordnungsparameter im Kernbereich des Flußfadens rasch gegen Null geht, womit in diesem Bereich der Magnetfluß einen nicht zu vernachlässigenden Wert annimmt.

fließen können. Mit Hilfe des Stokesschen Satzes folgt

$$\int \mathbf{A} \cdot d\boldsymbol{\ell} = \int \nabla \times \mathbf{A} \cdot d\mathbf{S} = \int \mathbf{B} \cdot d\mathbf{S} = \Phi. \tag{34.31}$$

wobei Φ den im Ring eingeschlossenen Fluß bezeichnet.[59] Da weiter der Ordnungsparameter eine eindeutige Funktion ist, muß sich seine Phase bei einem vollständigen Umlauf um den Ring um ein ganzzahliges Vielfaches von 2π ändern:

$$\oint \nabla\phi \cdot d\boldsymbol{\ell} = \Delta\phi = 2\pi n. \tag{34.32}$$

Kombinieren wir diese Resultate, so können wir schließen, daß der im Ring eingeschlossene magnetische Fluß quantisiert sein muß:

$$|\Phi| = \frac{nhc}{2e} = n\Phi_0. \tag{34.33}$$

Die Größe $\Phi_0 = hc/2e = 2,0679 \cdot 10^{-7}$ Gcm^2 bezeichnet man als *Fluxoid* oder *Flußquant*. Die Flußquantisierung konnte experimentell beobachtet werden und ist wohl die überzeugendste experimentelle Evidenz für die Richtigkeit der Beschreibung eines Supraleiters durch einen komplexen Ordnungsparameter.[60]

Das Phänomen der Dauerströme im Lichte der mikroskopischen Theorie

Gerade die Eigenschaft, von der das Phänomen der Supraleitung seinen Namen hat, ist unglücklicherweise eines der am schwierigsten aus der mikroskopischen Theorie herzuleitenden Phänomene. In einem gewissen Sinne impliziert der Meißner-Ochsenfeld-Effekt die ideale Leitfähigkeit des Supraleiters, da notwendigerweise makroskopische Ströme ohne jegliche Energiedissipation fließen müssen, um im Gleichgewicht die Abschirmung makroskopischer äußerer Magnetfelder im Inneren des Supraleiters zu bewirken. Tatsächlich ist die direkte mikroskopische Herleitung der Existenz von Dauerströmen der Herleitung des Meißner-Ochsenfeld-Effekts nicht unähnlich: Man berechnet den durch ein elektrisches Feld verursachten Strom in linearer Ordnung und zeigt dann, daß es im Ausdruck für die Wechselstromleitfähigkeit

---

[59] Da das Magnetfeld nicht in den supraleitenden Körper eindringen kann, hängt der Betrag des eingeschlossenen Flusses nicht von der Wahl des Weges ab, solange dieser weit innerhalb des Körpers liegt.

[60] B. S. Deaver, W. M. Fairbank, *Phys. Rev. Lett.* **7**, 43 (1961); R. Doll, M. Näbauer, *Phys. Rev. Lett.* **7**, 51 (1961). Die Ginzburg-Landau-Theorie sagt auch voraus – und diese Voraussage ist experimentell bestätigt – daß ein jeder Flußfaden in einem Supraleiter zweiter Art ein einziges Flußquant enthält.

einen Anteil der Form (34.3) gibt, der ein Elektronengas ohne Energiedissipation beschreibt. Dazu genügt es, zu zeigen, daß[61]

$$\lim_{\omega \to 0} \omega \, \text{Im} \, \sigma(\omega) \neq 0. \tag{34.34}$$

Der Wert der von Null verschiedenen Konstanten bestimmt durch Vergleich mit (34.3) den Wert der Teilchendichte supraleitender Elektronen, n_s.

Die Gültigkeit von (34.34) zu zeigen ist schwieriger, als den Nachweis der Gültigkeit der Bedingung (34.25) für den Meißner-Ochsenfeld-Effekt zu führen, da es hierzu unabdingbar ist, Effekte der Streuung zu berücksichtigen. Ohne Streuung wäre (34.34) für jedes Metall erfüllt – doch selbst bei Abwesenheit jeglicher Streuung führt die Berechnung des Diamagnetismus' eines normalleitenden Metalls *nicht* zum Meißner-Ochsenfeld-Effekt. Man hat diese Berechnung durchgeführt[62] und herausgefunden, daß der Wert von n_s, den man aus der Leitfähigkeit bei niedrigen Frequenzen herleitet, übereinstimmt mit dem Wert, den man aus der Berechnung des Meißner-Ochsenfeld-Effekts erhält. Der Gang dieser Rechnung ist recht formal und liefert keinerlei intuitiv einsichtige Begründung für die bemerkenswerte Tatsache, daß keiner der gängigen Streumechanismen in der Lage ist, den Strom in einem Supraleiter zu schwächen, sobald er einmal in Gang gebracht wurde. Die folgende Argumentation legt zumindest eine solche intuitive Erklärung nahe:[63]

Nehmen wir an, wir setzten mit Hilfe eines äußeren elektrischen Feldes einen Strom in einem Metall in Gang, schalteten sodann das Feld aus und stellten uns die Frage, auf welche Weise nun der Strom geschwächt werden könnte. In einem normalleitenden Metall wird der Strom „elektronenweise" geschwächt: Streuprozesse reduzieren den Gesamtimpuls des Systems der Elektronen durch eine Folge von Stößen einzelner Elektronen mit Verunreinigungsatomen, Phononen oder Gitterfehlstellen. Jeder dieser Streuprozesse führt die Impulsverteilung im Mittel zurück zu ihrer Gleich-

---

[61] Von ihrer Struktur her ist Gleichung (34.34) nicht unähnlich der Bedingung (34.25) für den Meißner-Ochsenfeld-Effekt. Das Integral des Kerns K über den gesamten Raum ist gleich dem Grenzwert für $k = 0$ seiner räumlichen Fourier-Transformierten. In beiden Fällen ist nachzuweisen, daß eine gewisse elektromagnetische Antwortfunktion in einem geeigneten langwelligen – oder niedrigfrequenten – Grenzfall *nicht* verschwindet.

[62] Siehe beispielsweise A. A. Abrikosov, L. P. Gorkov, I. E. Dzyaloshinski, *Methods of Quantum Field Theory in Statistical Physics*, Prentice-Hall, Englewood Cliffs, New York (1963), Seiten 334 bis 341.

[63] Man hat eine Vielzahl „intuitiver" Argumentationen angeboten, die oft nicht sehr überzeugend wirken. Da ist beispielsweise der auf einer alten Idee von Landau zur Deutung der Superfluidität von ^{4}He beruhende Ansatz, welcher versucht, die Existenz von Dauerströmen auf das Vorhandensein einer Lücke im Ein-Elektron-Anregungsspektrum zurückzuführen. Die zugrundeliegende Argumentation erklärt jedoch lediglich, warum die Ströme nicht durch Ein-Elektron-Anregungen geschwächt werden können, läßt aber die Möglichkeit offen, daß der Strom „paarweise" geschwächt werden könnte. Die hier von uns vorgestellte Argumentation findet man in der Literatur in verschiedenster Weise „maskiert" vor, unter Bezeichnungen wie *rigidity of the wave function, off-diagonal long-range order* oder auch *long-range phase coherence*.

gewichtsform, in welcher der Gesamtstrom Null ist. Wird ein elektrischer Strom in einem Supraleiter in Gang gesetzt, so bewegen sich sämtliche Cooper-Paare gemeinsam: Der einzelne Zwei-Elektronen-Zustand, der ein jedes der Paare beschreibt, besitzt einen von Null verschiedenen Impuls seines Massenmittelpunktes.[64] Man könnte erwarten, daß dieser Strom geschwächt werden könnte durch Stöße einzelner Paare, analog den Ein-Elektron-Stößen in einem normalleitenden Metall, wobei die Impulse der Massenmittelpunkte einzelner Paare durch die Stöße schließlich auf Null reduziert würden. Eine solche Vermutung berücksichtigt jedoch nicht die subtile gegenseitige Bedingtheit der Cooper-Paare:[65] Entscheidend für die Stabilität des Paar-Zustandes ist die Tatsache, daß alle übrigen Paare existieren und durch identische Paar-Wellenfunktionen beschrieben werden. Man kann deshalb die Paar-Wellenfunktionen nicht *individuell* ändern, ohne dadurch den Paar-Zustand insgesamt zu zerstören – mit einem enormen Aufwand an Freier Energie.

Welche Art von Übergang, der mit der Zerstörung des Suprastroms einhergeht, mit dem geringsten Aufwand an Freier Energie verbunden ist, hängt im allgemeinen von der Geometrie der Probe ab; gewöhnlich aber erfordert ein solcher Übergang, daß die Paarung der Elektronen innerhalb eines makroskopischen Bereiches der Probe aufgehoben wird. Zwar sind solche Prozesse möglich; der damit verbundene Aufwand an Freier Energie ist jedoch im allgemeinen derart hoch, daß die Lebensdauer des supraleitenden Zustandes auf jeder praktisch in Betracht zu ziehenden Zeitskala unendlich ist.[66]

Tunneln von Supraströmen: Die Josephson-Effekte

Auf Seite 935 beschrieben wir das Tunneln einzelner Elektronen aus einem supraleitenden Metall durch eine dünne, isolierende Schicht hindurch in ein normalleitendes Metall und zeigten, auf welche Weise man durch Messung des Tunnelstromes Rückschlüsse auf die Dichte der Ein-Elektron-Niveaus im Supraleiter ziehen kann. Man kann auch dann Tunnelströme messen, wenn sich beide Metalle im supraleitenden Zustand befinden – mit Ergebnissen, die in guter Übereinstimmung mit der Annahme

---

[64] Das Fehlen thermoelektrischer Effekte bei einem Supraleiter ist eine Bestätigung der Auffassung, daß in einem Suprastrom sämtliche Elektronenpaare denselben Quantenzustand besetzen (siehe Seite 929). Wäre ein Suprastrom dem ungeordneten Elektronenfluß ähnlich, der einen Strom in einem normalleitenden Metall ausmacht, so würde man einen begleitenden Wärmestrom beobachten (den Peltier-Effekt).

[65] Erinnern Sie sich daran (Seite 945), daß innerhalb der Ausdehnung eines herausgegriffenen Elektronenpaares die Massenzentren von Millionen anderer Paare liegen.

[66] Somit sind einen Suprastrom tragende Zustände prinzipiell nur metastabil. Für gewisse Geometrien der supraleitenden Probe – beispielsweise bei Proben, die in einer oder der anderen räumlichen Dimension sehr klein sind – sind deshalb Fluktuationen einer Größenordnung, die den Suprastrom zerstören können, nicht mehr ausgesprochen unwahrscheinlich, so daß man durchaus die Schwächung eines „Dauerstroms" beobachten kann. Ein sehr überzeugendes, mikroskopisches Bild derartiger Prozesse entwerfen V. Ambegaokar und J. S. Langer in *Phys. Rev.* **164**, 498 (1967).

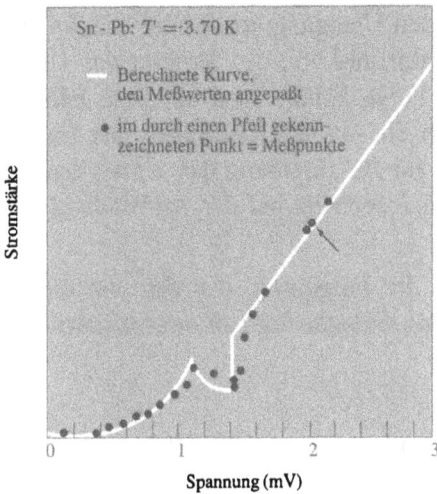

Bild 34.10: „Normaler" Tunnelstrom zwischen zwei Supraleitern (Zinn und Blei). Die durchgezogene Kurve gibt die Voraussage der BCS-Theorie an. (S. Shapiro et al., *IBM J. Res. Develop.* **6**, 34 (1962).)

sind, daß die Formen der Ein-Elektron-Niveaudichten in beiden Metallen durch die BCS-Theorie beschrieben werden (Bild 34.10). Im Jahre 1962 vermutete Josephson,[67] daß es zusätzlich zu diesem „normalen" Tunneln einzelner Elektronen einen Beitrag zum Tunnelstrom geben sollte, der von gepaarten Elektronen getragen wird: Für nicht zu dicke isolierende Schichten zwischen den Metallen erwartete er, daß Elektronenpaare in der Lage sein sollten, diese Barriere ohne Dissoziation zu überwinden.

Als unmittelbare Folge dieses Tunnelphänomens fließt ohne jegliches äußere Feld ein Suprastrom von Elektronenpaaren durch den Übergang zwischen den Metallen: Dies ist der sogenannte *Gleichstrom-Josephson-Effekt*. Da die beiden Supraleiter nur schwach gekoppelt sind – da also die Elektronenpaare einen Zwischenbereich aus nicht-supraleitendem Material durchqueren müssen – kann man erwarten, daß ein typischer Tunnelstrom durch den Übergang sehr viel kleiner sein wird als typische kritische Ströme der beiden supraleitenden Metalle.

Josephson sagte eine Vielzahl weiterer Effekte voraus, wobei er annahm, daß die supraleitende Ordnung auf beiden Seiten des Übergangs durch einen einzigen Ordnungsparameter $\psi(\mathbf{r})$ zu beschreiben sei. Er zeigte, daß der Tunnelstrom bestimmt ist durch die Änderung der Phase des Ordnungsparameters über die Zwischenschicht hinweg. Indem er die Eichinvarianz verwendete, um die Phase des Ordnungsparameters mit dem Wert eines äußeren Vektorpotentials zu korrelieren, konnte er weiter zeigen, daß der Tunnelstrom sehr empfindlich von einem äußeren Magnetfeld abhängen würde, in welchem sich der Übergang befindet. Ganz konkret sollte der Tunnelstrom unter der Wirkung eines äußeren Magnetfeldes von der Form

$$I = I_0 \frac{\sin(\pi\Phi/\Phi_0)}{(\pi\Phi/\Phi_0)} \qquad (34.35)$$

---

[67] B. D. Josephson, *Phys. Lett.* **1**, 251 (1962); siehe auch die Artikel von Josephson und Mercereau in *Superconductivity*, R. D. Parks, ed., Dekker, New York (1969).

sein, wobei Φ den gesamten Magnetfluß durch den Übergang bezeichnet und Φ_0 das Flußquantum $hc/2e$. I_0 hängt von der Temperatur und von der Struktur des Übergangs ab, nicht aber vom Magnetfeld. In der Folge konnte man all diese Effekte tatsächlich beobachten (Bild 34.11) – wodurch ebenso die Richtigkeit des fundamentalen Konzeptes eines Ordnungsparameters zur Beschreibung des supraleitenden Zustandes bestätigt, als auch die Genialität von Josephson bei der Anwendung der BCS-Theorie herausgestellt wurde.[68]

Ähnliche Betrachtungen führten Josephson zu der Folgerung, daß der von einem elektrischen Gleichfeld in einem solchen Übergang erzeugte Suprastrom oszillatorisch sein sollte, mit der Kreisfrequenz

$$\omega_J = \frac{2eV}{\hbar} \tag{34.36}$$

– der *Wechselstrom-Josephson-Effekt*. Dieses ausgesprochen bemerkenswerte Phänomen, daß nämlich ein elektrisches Gleichfeld einen Wechselstrom induzieren kann, wurde nicht nur experimentell nachgewiesen, sondern wurde inzwischen auch zur Grundlage für hochgenaue Methoden zur Messung von Spannungen sowie des exakten Wertes der fundamentalen Konstanten e/h.[69]

Es erscheint durchaus passend, daß unser Buch mit diesem skizzenhaften und herausfordernd unvollständigen Überblick über das Phänomen der Supraleitung endet: Die reich strukturierten und originellen, sowohl mikroskopischen als auch phänomenologischen Theorien, die man im Laufe der vergangenen zwei Jahrzehnte zur Deutung der Phänomene der Supraleitung entwickelte, zeigen deutlich, daß die moderne Theorie der Festkörper in sich gesund ist und auf Weiterentwicklungen hoffen läßt. Trotz der Neuartigkeit und der bisweilen abschreckenden Komplexität der Konzepte, auf welchen die Theorie der Supraleitung aufbaut, darf man nicht vergessen, daß diese Theorie auf einer breiten Basis ruht, die nahezu alle wesentlichen Bereiche der Festkörpertheorie umfaßt, wie wir sie in den vorangegangenen Kapiteln kennenlernten. Auf keinem anderen Gebiet sind die beiden fundamentalen Aspekte der Festkörperphysik – die Dynamik der Elektronen einerseits, die Schwingungen des Gitters der Atomrümpfe andererseits – so innig miteinander verwoben und zeitigen derart spektakuläre Effekte.

Aufgaben

34.1   Thermodynamik des supraleitenden Zustandes

Der Gleichgewichtszustand eines Supraleiters in einem homogenen Magnetfeld ist bestimmt durch die Temperatur T und die Stärke H des Magnetfeldes. (Dabei sei

---

[68] Der Wert des Flußquantums ist sehr klein, wodurch der Josephson-Effekt praktische Bedeutung als hochempfindliche Methode zur Messung magnetischer Feldstärken gewinnt.
[69] W. H. Parker et al., *Phys. Rev.* **177**, 639 (1969).

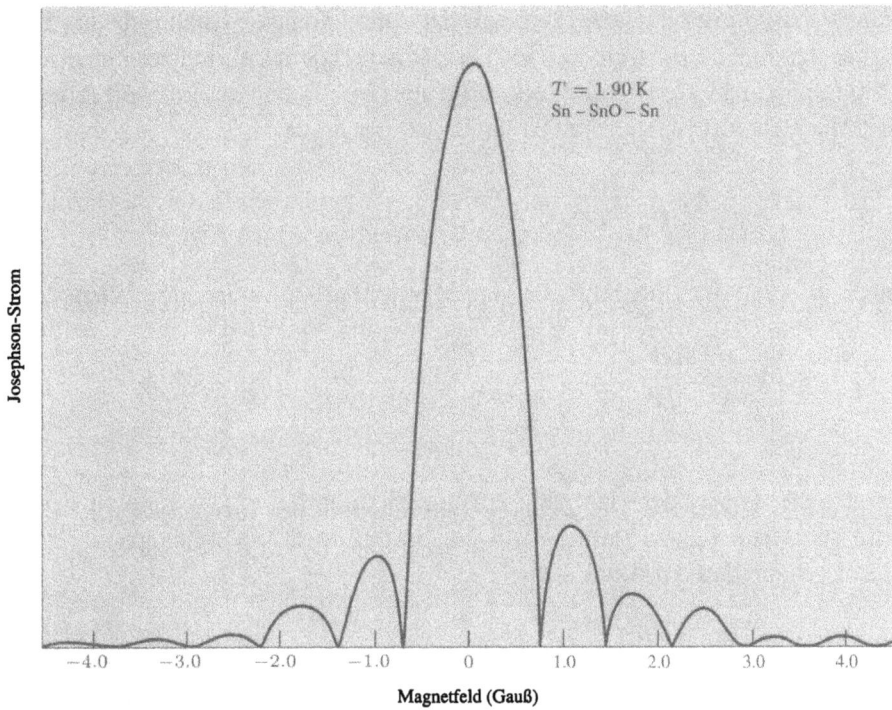

Bild 34.11: Josephson-Tunnelstrom als Funktion des Magnetfeldes in einem Sn-SnO- Sn-Übergang. (R. C. Jaklevic, zitiert in James E. Mercereau, *Superconductivity*, vol. 1, R. D. Parks, ed., Dekker, New York (1969), Seite 393.)

angenommen, daß der Druck P konstant ist und die supraleitende Probe die Form eines langen Zylinders parallel zur Feldrichtung hat, so daß Entmagnetisierungseffekte ohne Bedeutung sind.) Man schreibt die thermodynamische Identität gewöhnlich unter Verwendung der Gibbsschen Freien Energie G:

$$dG = -SdT - \mathfrak{M}dH. \tag{34.37}$$

Darin bezeichnen S die Entropie und $\mathfrak{M}$ die gesamte Magnetisierung $\mathfrak{M} = MV$ (M ist die Magnetisierungsdichte). Die Phasengrenze in der H-T-Ebene zwischen dem supraleitenden und dem normalleitenden Zustand ist gegeben durch den Temperaturverlauf $H_c(T)$ des kritischen Feldes (Bild 34.3).

(a) Gehen Sie von der Tatsache aus, daß G über die Phasengrenze hinweg stetig ist, und zeigen Sie

$$\frac{dH_c(T)}{dT} = \frac{S_n - S_s}{\mathfrak{M}_s - \mathfrak{M}_n}. \tag{34.38}$$

(Die Indizes s und n bezeichnen Größen in der supraleitenden beziehungsweise der normalleitenden Phase.)

(b) Gehen Sie von der Tatsache aus, daß der supraleitende Zustand idealen Diamagnetismus zeigt ($B = 0$), während der Diamagnetismus im normalleitenden Zustand vernachlässigbar ist ($M \approx 0$), und zeigen Sie aus (34.38), daß der Entropiesprung über die Phasengrenze hinweg gegeben ist durch den Ausdruck

$$S_n - S_s = -\frac{V}{4\pi} H_c \frac{dH_c}{dT},\tag{34.39}$$

so daß dann, wenn der Übergang in einem Magnetfeld stattfindet, eine latente Wärme

$$Q = -TV \frac{H_c}{4\pi} \frac{dH_c}{dT}\tag{34.40}$$

auftritt.

(c) Zeigen Sie: Findet der Übergang zur Supraleitung bei einem äußeren Feld Null (d.h. im kritischen Punkt) statt, so tritt ein Sprung in der Wärmekapazität auf, der gegeben ist durch den Ausdruck

$$(c_p)_n - (c_p)_s = -\frac{T}{4\pi} \left(\frac{dH_c}{dT}\right)^2.\tag{34.41}$$

34.2   Die London-Gleichung für eine supraleitende Platte

Betrachten Sie eine unendlich ausgedehnte, supraleitende Platte, die von den beiden zueinander parallelen Ebenen senkrecht zur y-Achse bei $y = \pm d$ begrenzt wird. Ein homogenes Magnetfeld $\mathbf{H_0}$ wirke parallel zur z-Achse.

(a) Nehmen Sie als Randbedingung an, die parallele Komponente von $\mathbf{B}$ sei an der Oberfläche stetig, und leiten Sie aus der London-Gleichung (34.7) und der Maxwell-Gleichung (34.6) her, daß innerhalb des Supraleiters gilt

$$\mathbf{B} = B(y)\hat{\mathbf{z}}, \quad B(y) = H_0 \frac{\cosh(y/\Lambda)}{\cosh(d/\Lambda)}.\tag{34.42}$$

(b) Zeigen Sie, daß die Dichte des im Gleichgewicht fließenden diamagnetischen Stromes gegeben ist durch

$$\mathbf{j} = j(y)\hat{\mathbf{x}}, \quad j(y) = \frac{c}{4\pi\Lambda} H_0 \frac{\sinh(y/\Lambda)}{\cosh(d/\Lambda)}.$$

(c) Die Magnetisierungsdichte an einem Punkt innerhalb der Platte ist $\mathbf{M}(y) = (\mathbf{B}(y) - \mathbf{H_0})/4\pi$. Zeigen Sie, daß die mittlere Magnetisierungsdichte (gemittelt über die Dicke der Platte) beschrieben wird durch den Ausdruck

$$\overline{M} = -\frac{H_0}{4\pi} \left(1 - \frac{\Lambda}{d} \tanh\frac{d}{\Lambda}\right) \tag{34.43}$$

und geben Sie die Grenzformen der Suszeptibilität an, wenn die Platte sehr dick($d \gg \Lambda$) oder sehr dünn ($d \ll \Lambda$) ist.

34.3 Kritischer Strom in einem Draht mit zylindrischem Querschnitt

Ein Strom von I Ampère fließe in einem zylindrischen, supraleitenden Draht mit einem Radius r cm. Das durch den Strom erzeugte Magnetfeld unmittelbar außerhalb des Drahtes sei H_c (in Gauß). Zeigen Sie

$$I = 5rH_c. \tag{34.44}$$

34.4 Das Cooper-Problem

Betrachten Sie ein Elektronenpaar in einem Singulett-Zustand, der durch die räumlich symmetrische Wellenfunktion

$$\phi(\mathbf{r} - \mathbf{r}') = \int \frac{d\mathbf{k}}{(2\pi)^3} \chi(\mathbf{k}) e^{i\mathbf{k}\cdot(\mathbf{r}-\mathbf{r}')} \tag{34.45}$$

beschrieben werde. In der Impulsdarstellung hat die Schrödingergleichung die Form

$$\left(E - 2\frac{\hbar^2 k^2}{2m}\right) \chi(\mathbf{k}) = \int \frac{d\mathbf{k}'}{(2\pi)^3} V(\mathbf{k}, \mathbf{k}') \chi(\mathbf{k}'). \tag{34.46}$$

Nehmen wir an, daß die beiden Elektronen miteinander in Anwesenheit eines entarteten Gases freier Elektronen wechselwirken, dessen Gegenwart sie ausschließlich über das Pauliprinzip „spüren": Elektronische Niveaus mit $k < k_F$ sind jedem der beiden Elektronen verboten, woraus sich die einschränkende Bedingung

$$\chi(\mathbf{k}) = 0 \quad \text{für } k < k_F. \tag{34.47}$$

ergibt. Wir nehmen weiterhin die Wechselwirkung innerhalb des Elektronenpaares als von der einfachen, anziehenden Form (siehe (34.16))

$$\begin{aligned}
V(\mathbf{k}_1\mathbf{k}_2) &\equiv -V \quad \text{für } \varepsilon_F \leqslant \frac{\hbar^2 k_i^2}{2m} \leqslant \varepsilon_F + \hbar\omega, \quad i = 1, 2, \\
&= 0 \quad \text{sonst}
\end{aligned} \tag{34.48}$$

an und suchen nach einem gebundenen Zustand als Lösung der Schrödingergleichung (34.46), in Konsistenz mit der einschränkenden Bedingung (34.47). Da wir ausschließlich Ein-Elektron-Niveaus betrachten, deren Energien in Abwesenheit einer anziehenden Wechselwirkung oberhalb von $2\varepsilon_F$ liegen, so können wir erwarten, daß die Energie E eines gebundenen Zustandes kleiner als $2\varepsilon_F$ ist, und die Bindungsenergie die Form

$$\Delta = 2\varepsilon_F - E \tag{34.49}$$

hat.

(a) Zeigen Sie, daß ein gebundener Zustand mit der Energie E unter der Bedingung existiert, daß

$$1 = V \int_{\varepsilon_F}^{\varepsilon_F + \hbar\omega} \frac{N(\varepsilon)d\varepsilon}{2\varepsilon - E} \tag{34.50}$$

erfüllt ist, wobei $N(\varepsilon)$ die Dichte der Ein-Elektron-Niveaus eines Spintyps bezeichnet.

(b) Zeigen Sie, daß (34.50) für beliebig schwaches Wechselwirkungspotential V eine Lösung mit einer Energie $E < 2\varepsilon_F$ besitzt, vorausgesetzt, daß $N(\varepsilon_F) \neq 0$. (Beachten Sie, welch entscheidende Rolle dabei das Pauliprinzip spielt: Wäre der untere Grenzwert der Energie nicht ε_F, sondern Null, so existierte wegen $N(0) = 0$ *nicht* für beliebig schwache Kopplung V eine Lösung.)

(c) Zeigen Sie unter der Annahme, $N(\varepsilon)$ unterscheide sich innerhalb des Energiebereiches $\varepsilon_F < \varepsilon < \varepsilon_F + \hbar\omega$ nur vernachlässigbar wenig von $N(\varepsilon_F)$, daß die Bindungsenergie dann gegeben ist durch

$$\Delta = 2\hbar\omega \frac{e^{-2/N(\varepsilon_F)V}}{1 - e^{-2/N(\varepsilon_F)V}} \tag{34.51}$$

beziehungsweise – Im Grenzfall schwacher Kopplung – durch

$$\Delta = 2\hbar\omega e^{-2/N(\varepsilon_F)V}. \tag{34.52}$$

Anhang A:
Zusammenstellung wichtiger numerischer Beziehungen der Theorie freier Elektronen der Metalle

Wir stellen hier einige Ergebnisse der Theorie freier Elektronen aus den Kapiteln 1 und 2 zusammen, die für grobe numerische Abschätzungen der metallischen Eigenschaften nützlich sind; dabei verwenden wir die folgenden Werte der fundamentalen physikalischen Konstanten:[1]

Ladung des Elektrons:	$e = 1,60219 \cdot 10^{-19}$ Coulomb
	$= 4,80324 \cdot 10^{-10}$ esu
Lichtgeschwindigkeit:	$c = 2,997925 \cdot 10^{10}$ cm/s
Plancksche Konstante:	$h = 6,6262 \cdot 10^{-27}$ erg·s
	$h/2\pi = \hbar = 1,05459 \cdot 10^{-27}$ erg·s
Masse des Elektrons:	$m = 9,1095 \cdot 10^{-28}$ g
Boltzmannsche Konstante:	$k_B = 1,3807 \cdot 10^{-16}$ erg/K
	$= 0,8617 \cdot 10^{-4}$ eV/K
Bohrscher Radius:	$\hbar^2/me^2 = a_0 = 0,529177$ Å
Rydberg:	$e^2/2a_0 = 13,6058$ eV
Elektronenvolt:	$1\,\mathrm{eV} = 1,60219 \cdot 10^{-12}$ erg
	$= 1,1604 \cdot 10^4$ K

Ideales Fermigas:

$$k_F = [3,63\ \text{Å}^{-1}] \cdot [r_s/a_0]^{-1} \qquad (2.23)$$
$$v_F = [4,20 \cdot 10^8\ \text{cm/s}] \cdot [r_s/a_0]^{-1} \qquad (2.24)$$
$$\varepsilon_F = [50,1\ \text{eV}] \cdot [r_s/a_0]^{-2} \qquad (2.26)$$
$$T_F = [58,2 \cdot 10^4\ \text{K}] \cdot [r_s/a_0]^{-2} \qquad (2.33)$$

---

[1] B. N. Taylor, W. H. Parker, D. N. Langenberg, *Rev. Mod. Phys.* **41**, 375 (1969). Wir geben die Werte der Konstanten hier mit einer weit größeren Genauigkeit an, als es bei ihrer Verwendung in Berechnungen im Rahmen des Modells freier Elektronen notwendig und sinnvoll ist. Weitere physikalische Konstanten findet man im hinteren Innendeckel des Buches.

Werte der Größe r_s (Gleichung (1.2)) sind für ausgewählte Metalle in Tabelle 1.1 zusammengefaßt; r_s ist numerisch gegeben durch die Beziehung

$$\frac{r_s}{a_0} = 5,44\,[n_{22}]^{-1/3}$$

mit der Anzahldichte der Elektronen $n = n_{22} \cdot 10^{22}/\text{cm}^3$.

Relaxationszeit und mittlere freie Weglänge:

$$\tau = [2,2 \cdot 10^{-15}\,\text{s}] \cdot [(r_s/a_0)^3/\rho_\mu] \tag{1.8}$$
$$l = [92\,\text{Å}] \cdot [(r_s/a_0)^2/\rho_\mu] \tag{2.91}$$

ρ_μ ist der spezifische Widerstand in $\mu\Omega \cdot \text{cm}$, tabelliert für ausgewählte Metalle in Tabelle 1.2.

Zyklotronfrequenz:

$$\nu_c = \omega_c/2\pi = 2,80H \cdot 10^6\,\text{Hz}$$
$$\hbar\omega_c = 1,16H \cdot 10^{-8}\,\text{eV}$$
$$= 1,34H \cdot 10^{-4}K \tag{1.22}$$

Dabei ist $\omega_c = eH/mc$ (Gleichung (1.18)) und H bezeichnet die Stärke des Magnetfeldes in Gauß.

Plasmafrequenz:

$$\nu_P = \omega_P/2\pi = [11,4 \cdot 10^{15}\,\text{Hz}] \cdot (r_s/a_0)^{-3/2}$$
$$\hbar\omega_P = [47,1\,\text{eV}] \cdot (r_s/a_0)^{-3/2} \tag{1.40}$$

Dabei ist $\omega_P = [4\pi n e^2/m]^{1/2}$ nach (1.38).

Anhang B:
Das Chemische Potential

Man glaubt,[1] daß im Grenzfall eines großen Systems die Helmholtzsche Freie Energie pro Einheitsvolumen zu einer glatten Funktion

$$\lim_{\substack{N,V \to \infty \\ N/V \to n}} \frac{1}{V} F(N,V,T) = f(n,T) \tag{B.1}$$

der Anzahldichte und der Temperatur wird, oder – in hervorragender Näherung für große Werte von N und V –

$$F(N,V,T) = V f(n,T). \tag{B.2}$$

Da das Chemische Potential mit (2.45) definiert ist durch

$$\mu = F(N+1,V,T) - F(N,V,T), \tag{B.3}$$

so gilt für ein großes System

$$\mu = V \left[f\left(\frac{N+1}{V},T\right) - f\left(\frac{N}{V},T\right) \right] \;=\; V \left[f\left(n+\frac{1}{V},T\right) - f(n,T) \right]$$

$$\xrightarrow[V \to \infty]{} \left(\frac{\partial f}{\partial n}\right)_T. \tag{B.4}$$

Der Druck ist gegeben durch $P = -(\partial F/\partial V)_T$, woraus mit Hilfe von (B.2) und (B.4) der Ausdruck $P = -f + \mu n$ wird. Mit der Inneren Energie U und der Entropie S gilt $F = U - TS$, so daß man das Chemische Potential einfach als die Gibbssche Freie Energie pro Teilchen interpretieren kann:

$$\mu = \frac{G}{N}, \quad G = U - TS + PV. \tag{B.5}$$

Mit $T = (\partial u/\partial s)_n$ – wobei die Energiedichte $u = U/V$ und die Entropiedichte $s = S/V$ auf dieselbe Weise definiert sind, wie die Dichte f der Freien Energie in (B.1) – folgt aus (B.4), daß man μ auch in einer der Formen

$$\mu = \left(\frac{\partial u}{\partial n}\right)_s \tag{B.6}$$

---

[1] In vielen Fällen kann man diese Vermutung auch beweisen; siehe beispielsweise J. L. Lebowitz, E. H. Lieb, *Phys. Rev. Lett.* **22**, 631 (1969).

oder

$$\mu = -T \left(\frac{\partial s}{\partial n} \right)_u \tag{B.7}$$

schreiben kann.

Anhang C:
Die Sommerfeld-Entwicklung

Man verwendet die Sommerfeld-Entwicklung in Integralen der Form

$$\int_{-\infty}^{\infty} d\varepsilon \, H(\varepsilon) f(\varepsilon), \qquad f(\varepsilon) = \frac{1}{e^{(\varepsilon-\mu)/k_B T} + 1}, \tag{C.1}$$

wobei $H(\varepsilon)$ mit $\varepsilon \to -\infty$ gegen null geht und mit $\varepsilon \to \infty$ nicht rascher divergiert als eine Potenz von ε. Definiert man

$$K(\varepsilon) = \int_{-\infty}^{\varepsilon} H(\varepsilon') d\varepsilon', \tag{C.2}$$

so daß

$$H(\varepsilon) = \frac{dK(\varepsilon)}{d\varepsilon}, \tag{C.3}$$

so kann man in (C.1) partiell integrieren[1] und erhält

$$\int_{-\infty}^{\infty} H(\varepsilon) f(\varepsilon) \, d\varepsilon = \int_{-\infty}^{\infty} K(\varepsilon) \left(-\frac{\partial f}{\partial \varepsilon} \right) d\varepsilon. \tag{C.4}$$

Da f von Null nicht mehr zu unterscheiden ist, sobald ε um mehr als einige wenige $k_B T$ größer ist als μ, und andererseits von eins nicht zu unterscheiden ist, falls ε um mehr als wenige $k_B T$ unterhalb von μ liegt, so nimmt die ε-Ableitung von f nur innerhalb einer Umgebung von der Breite weniger $k_B T$ um μ nicht vernachlässigbare Werte an. Setzt man H als nichtsingulär und in der unmittelbaren Umgebung von $\varepsilon = \mu$ als nicht zu rasch veränderlich voraus, so erscheint es sehr vernünftig, (C.4) durch eine Entwicklung von $K(\varepsilon)$ in eine Taylorreihe um $\varepsilon = \mu$ zu berechnen, wobei man die Erwartung hegt, daß lediglich die ersten Terme der Entwicklung von Belang sein sollten:

$$K(\varepsilon) = K(\mu) + \sum_{n=1}^{\infty} \left[\frac{(\varepsilon-\mu)^n}{n!} \right] \left[\frac{d^n K(\varepsilon)}{d\varepsilon^n} \right]_{\varepsilon=\mu}. \tag{C.5}$$

---

[1] Der integrierte Term geht für ∞ gegen null, da die Fermifunktion rascher verschwindet, als K divergiert; er verschwindet für $-\infty$, da die Fermifunktion gegen eins geht, während K sich Null nähert.

Setzen wir (C.5) in (C.4) ein, so ergibt der führende Term gerade $K(\mu)$, da

$$\int_{-\infty}^{\infty} (-\partial f)/\partial \varepsilon)d\varepsilon = 1.$$

Da weiter $\partial f/\partial \varepsilon$ eine gerade Funktion der Differenz $\varepsilon - \mu$ ist, so tragen lediglich die Terme mit geradem Wert n in (C.5) zu (C.4) bei, und drücken wir K mittels (C.2) wieder durch die ursprüngliche Funktion H aus, so erhalten wir

$$\int_{-\infty}^{\infty} H(\varepsilon)f(\varepsilon)\, d\varepsilon = \int_{-\infty}^{\mu} H(\varepsilon)\, d\varepsilon$$

$$+ \sum_{n=1}^{\infty} \int_{-\infty}^{\infty} \frac{(\varepsilon - \mu)^{2n}}{(2n)!} \left(-\frac{\partial f}{\partial \varepsilon}\right) d\varepsilon \frac{d^{2n-1}}{d\varepsilon^{2n-1}} H(\varepsilon)|_{\varepsilon=\mu}. \qquad (C.6)$$

Führen wir schließlich die Ersetzung $(\varepsilon - \mu)/k_B T = x$ durch, so erhalten wir

$$\int_{-\infty}^{\infty} H(\varepsilon)f(\varepsilon)\, d\varepsilon = \int_{-\infty}^{\mu} H(\varepsilon)\, d\varepsilon + \sum_{n=1}^{\infty} a_n (k_B T)^{2n} \frac{d^{2n-1}}{d\varepsilon^{2n-1}} H(\varepsilon)|_{\varepsilon=\mu}, \qquad (C.7)$$

wobei die dimensionslosen Zahlen a_n gegeben sind durch

$$a_n \int_{-\infty}^{\infty} \frac{x^{2n}}{(2n)!} \left(-\frac{d}{dx}\frac{1}{e^x + 1}\right) dx. \qquad (C.8)$$

Durch elementare Umformungen kann man zeigen, daß

$$a_n = 2\left(1 - \frac{1}{2^{2n}} + \frac{1}{3^{2n}} - \frac{1}{4^{2n}} + \frac{1}{5^{2n}} - \dots\right) \qquad (C.9)$$

Diesen Ausdruck schreibt man gewöhnlich mit Hilfe der Riemannschen Zeta-Funktion $\zeta(n)$ als

$$a_n = \left(2 - \frac{1}{2^{2(n-1)}}\right) \zeta(2n) \qquad (C.10)$$

mit

$$\zeta(n) = 1 + \frac{1}{2^n} + \frac{1}{3^n} + \frac{1}{4^n} + \dots. \qquad (C.11)$$

Für die ersten n hat $\zeta(2n)$ die Werte[2]

$$\zeta(2n) = 2^{2n-1} \frac{\pi^{2n}}{(2n)!} B_n. \tag{C.12}$$

Die B_n kennt man als die Bernoulli-Zahlen:

$$B_1 = \frac{1}{6}, \quad B_2 = \frac{1}{30}, \quad B_3 = \frac{1}{42}, \quad B_4 = \frac{1}{30}, \quad B_5 = \frac{5}{66}. \tag{C.13}$$

In den meisten praktischen Rechnungen der Metallphysik benötigt man kaum mehr als $\zeta(2) = \pi^2/6$, niemals jedoch mehr als $\zeta(4) = \pi^4/90$. Sollte man dennoch einmal in die Verlegenheit kommen, die Sommerfeld-Entwicklung (2.70) bis über $n = 5$ hinaus fortführen zu müssen, so daß man also mehr Werte der Bernoulli-Zahlen B_n benötigt, als in (C.13) aufgeführt sind, so beachte man, daß man für $2n$ gleich 12 oder größer die a_n mit einer Genauigkeit von fünf Dezimalstellen erhält, wenn man lediglich die ersten beiden Terme der alternierenden Reihe (C.9) berücksichtigt.

---

[2] Siehe beispielsweise E. Jahnke, F. Emde, *Tables of Functions*, 4th ed., Dover, New York (1945), Seite 272.

Anhang D:
Entwicklung periodischer Funktionen nach ebenen Wellen in mehr als einer Dimension

Wir beginnen mit der allgemeinen Feststellung, daß die ebenen Wellen der Form $e^{i\mathbf{k}\cdot\mathbf{r}}$ eine vollständige Menge von Funktionen bilden, nach der man eine beliebige andere Funktion – welche geeigneten Bedingungen an Glattheit und Stetigkeit genügt – entwickeln kann.[1] Hat eine Funktion $f(\mathbf{r})$ die Periodizität eines Bravaisgitters, ist also $f(\mathbf{r}+\mathbf{R}) = f(\mathbf{r})$ für beliebige $\mathbf{r}$ und sämtliche $\mathbf{R}$ des Bravaisgitters erfüllbar, so kann die Entwicklung der Funktion ausschließlich ebene Wellen mit der Periodizität des Bravaisgitters enthalten. Da die Menge von Wellenvektoren ebener Wellen, deren Periodizität die des Gitters ist, mit dem reziproken Gitter übereinstimmt, so hat eine Funktion, die im direkten Gitter periodisch ist, eine Entwicklung nach ebenen Wellen von der Gestalt

$$f(\mathbf{r}) = \sum_{\mathbf{K}} f_{\mathbf{K}} e^{i\mathbf{K}\cdot\mathbf{r}}, \tag{D.1}$$

wobei die Summation über sämtliche Vektoren $\mathbf{K}$ des reziproken Gitters läuft.

Die Fourier-Koeffizienten $f_{\mathbf{K}}$ sind gegeben durch

$$f_{\mathbf{K}} = \frac{1}{v} \int_C d\mathbf{r}\, e^{-i\mathbf{K}\cdot\mathbf{r}} f(\mathbf{r}), \tag{D.2}$$

wobei sich die Integration über eine beliebige primitive Zelle C des direkten Gitters erstreckt und v das Volumen dieser primitiven Zelle bezeichnet.[2] Man erhält (D.2),

---

[1] Wir beanspruchen hier keinerlei mathematische Strenge. Die mathematischen Subtilitäten in drei Dimensionen sind nicht größer als in einer Dimension, da man die Funktion als jeweils nur von einer Variablen abhängig behandeln kann. Unser Anliegen ist hier mehr ein buchhalterisches und eines der Notation: die grundlegenden Formeln der dreidimensionalen Fourierreihe in einer möglichst kompakten Form auszudrücken, ganz unabhängig von der Frage, auf welche Weise man sie streng herleiten kann.

[2] Die Wahl der Zelle ist ohne Bedeutung, da der Integrand periodisch ist. Daß das Integral einer periodischen Funktion über eine primitive Zelle nicht von der Wahl der Zelle abhängt, erkennt man am einfachsten, wenn man sich daran erinnert, daß man jede primitive Zelle „zerschneiden" und als eine andere wieder zusammensetzen kann, indem man die Teile um Vektoren des Bravaisgitters verschiebt: Die Verschiebung einer periodischen Funktion um einen Vektor eines Bravaisgitters jedoch läßt diese unverändert.

indem man (D.1) mit $e^{-i\mathbf{K}\cdot\mathbf{r}}/v$ multipliziert und sodann über die primitive Zelle C integriert – vorausgesetzt,[3] man kann zeigen, daß

$$\int_C d\mathbf{r}\, e^{i\mathbf{K}\cdot\mathbf{r}} = 0 \tag{D.3}$$

für einen beliebigen, von Null verschiedenen Vektor $\mathbf{K}$ des reziproken Gitters gilt.

Um die Gültigkeit von (D.3) nachzuweisen, stellen wir einfach fest, daß das Integral von $e^{i\mathbf{K}\cdot\mathbf{r}}$ über eine primitive Zelle unabhängig von der Wahl der Zelle ist,[2] da $e^{i\mathbf{K}\cdot\mathbf{r}}$ die Periodizität des Gitters besitzt (und $\mathbf{K}$ ein Vektor des reziproken Gitters ist). Insbesondere bleibt der Wert dieses Integrals unverändert, wenn man die primitive Zelle C um einen Vektor d verschiebt, der nicht notwendig ein Vektor des Bravaisgitters sein muß. Man kann das Integral über die verschobene Zelle C' schreiben als Integral von $e^{i\mathbf{K}\cdot(\mathbf{r}+\mathbf{d})}$ über die unverschobene Zelle C. Daher gilt

$$\int_C d\mathbf{r}\, e^{i\mathbf{K}\cdot(\mathbf{r}+\mathbf{d})} = \int_{C'} d\mathbf{r}\, e^{i\mathbf{K}\cdot\mathbf{r}} = \int_C d\mathbf{r}\, e^{i\mathbf{K}\cdot\mathbf{r}} \tag{D.4}$$

oder

$$(e^{i\mathbf{K}\cdot\mathbf{d}} - 1)\int_C d\mathbf{r}\, e^{i\mathbf{K}\cdot\mathbf{r}} = 0. \tag{D.5}$$

Da $e^{i\mathbf{K}\cdot\mathbf{d}} - 1$ für beliebiges d nur dann verschwinden kann, wenn $\mathbf{K}$ selbst Null ist, so haben wir damit die Gültigkeit von (D.3) für von Null verschiedenes $\mathbf{K}$ gezeigt.

Man kann die obigen Formeln auf verschiedene Art anwenden, so beispielsweise unmittelbar auf Funktionen, deren Periodizität die Periodizität des Bravaisgitters eines Kristalls im Ortsraum ist. Sie sind jedoch ebenso anwendbar auf Funktionen, die im k-Raum mit der Periodizität des reziproken Gitters periodisch sind: In diesem Fall kann man (D.1) und (D.2) umschreiben zu

$$\boxed{\phi(\mathbf{k}) = \sum_{\mathbf{R}} e^{+i\mathbf{R}\cdot\mathbf{k}}\phi_{\mathbf{R}},} \tag{D.6}$$

da das Reziproke des reziproken Gitters das direkte Gitter ist und das Volumen einer primitiven Zelle des reziproken Gitters $(2\pi)^3$ beträgt. (D.6) gilt für beliebiges $\phi(\mathbf{k})$ mit der Periodizität des reziproken Gitters (d.h. $\phi(\mathbf{k} + \mathbf{K}) = \phi(\mathbf{k})$ für beliebiges k und sämtliche Vektoren $\mathbf{K}$ des reziproken Gitters), wobei die Summation über sämtliche

---

[3] Auf unsere mathematisch laxe Art ignorieren wir mögliche Komplikationen, die durch ein Vertauschen der Reihenfolge von Summation und Integration auftreten könnten.

Vektoren $\mathbf{R}$ des direkten Gitters läuft und

$$\phi_\mathbf{R} = v \int \frac{d\mathbf{k}}{(2\pi)^3}\, e^{-i\mathbf{R}\cdot\mathbf{k}} \phi(\mathbf{k}).$$

(D.7)

Darin bezeichnet v das Volumen der primitiven Zelle des direkten Gitters und die Integration erstreckt sich über eine beliebige primitive Zelle des reziproken Gitters, beispielsweise über die erste Brillouin-Zone.

Weiter wendet man die Formeln (D.1) und (D.2) auf Funktionen im Ortsraum an, deren einzige Periodizität darin besteht, daß sie die Born-von Karman-Randbedingung (Gleichung (8.22))

$$f(\mathbf{r} + N_i \mathbf{a}_i) = f(\mathbf{r}), \qquad i = 1, 2, 3$$

(D.8)

erfüllen. Solche Funktionen sind periodisch in einem sehr großen – unphysikalisch großen – Bravaisgitter, welches durch die drei primitiven Vektoren $N_i\mathbf{a}_i$, $i = 1, 2, 3$ erzeugt wird. Das Reziproke dieses Gitters hat die primitiven Vektoren $\mathbf{b}_i/N_i$, wobei die $\mathbf{b}_i$ mit den $\mathbf{a}_i$ über Gleichung (5.3) in Zusammenhang stehen. Ein Vektor dieses reziproken Gitters hat die Form

$$\mathbf{k} = \sum_{i=1}^{3} \frac{m_i}{N_i}\, \mathbf{b}_i, \qquad m_i \text{ ganzzahlig.}$$

(D.9)

Da das Volumen der mit der Born-von Karmanschen Periodizität assoziierten primitiven Zelle das Volumen V des gesamten Kristalls ist, werden (D.1) und (D.2) nun zu

$$f(\mathbf{r}) = \sum_{\mathbf{k}} f_\mathbf{k} e^{i\mathbf{k}\cdot\mathbf{r}}.$$

(D.10)

Gleichung (D.10) gilt für eine beliebige Funktion f, welche die Born-von Karman-Randbedingung (D.8) erfüllt, wobei die Summation über alle $\mathbf{k}$ der Form (D.9) läuft und sich die Integration in

$$f_\mathbf{k} = \frac{1}{V} \int d\mathbf{r}\, e^{-i\mathbf{k}\cdot\mathbf{r}} f(\mathbf{r})$$

(D.11)

über den gesamten Kristall erstreckt. Beachten Sie ebenfalls, daß analog zu (D.3)

$$\int_V d\mathbf{r}\, e^{i\mathbf{k}\cdot\mathbf{r}} = 0$$

(D.12)

für ein beliebiges, von Null verschiedenes $\mathbf{k}$ der Form (D.9) gilt.

Anhang E:
Geschwindigkeit und effektive Masse von Bloch-Elektronen

Man kann die Ableitungen $\partial \varepsilon_n / \partial k_i$ und $\partial^2 \varepsilon_n / \partial k_i \partial k_j$ als die Koeffizienten der in $\mathbf{q}$ linearen beziehungsweise quadratischen Terme in der Entwicklung

$$\varepsilon_n(\mathbf{k} + \mathbf{q}) = \varepsilon_n(\mathbf{k}) + \sum_i \frac{\partial \varepsilon_n}{\partial k_i} q_i + \frac{1}{2} \sum_{ij} \frac{\partial^2 \varepsilon_n}{\partial k_i \partial k_j} q_i q_j + O(q^3) \qquad (\text{E.1})$$

berechnen. Da $\varepsilon_n(\mathbf{k} + \mathbf{q})$ Eigenwert von $H_{\mathbf{k}+\mathbf{q}}$ (Gleichung (8.48)) ist, berechnet man die gesuchten Terme auf der Grundlage der Beziehung

$$H_{\mathbf{k}+\mathbf{q}} = H_{\mathbf{k}} + \frac{\hbar^2}{m} \mathbf{q} \cdot \left(\frac{1}{i} \nabla + \mathbf{k} \right) + \frac{\hbar^2}{2m} q^2 \qquad (\text{E.2})$$

als eine Übungsaufgabe in Störungstheorie.

Gilt $H = H_0 + V$ und erfüllen die normierten Eigenvektoren und Eigenwerte von H_0 die Eigenwertgleichung

$$H_0 \psi_n = E_n^0 \psi_n, \qquad (\text{E.3})$$

so sind nach der Störungstheorie die Eigenwerte von H bis zur zweiten Ordnung in V gegeben durch

$$E_n = E_n^0 + \int d\mathbf{r} \, \psi_n^* V \psi_n + \sum_{n' \neq n} \frac{|\int d\mathbf{r} \psi_n^* V \psi_{n'}|^2}{E_n^0 - E_{n'}^0} + \dots . \qquad (\text{E.4})$$

Zur Berechnung der linearen Ordnung in $\mathbf{q}$ berücksichtigt man lediglich den in $\mathbf{q}$ linearen Term in Gleichung (E.2) und setzt ihn in den Term erster Ordnung in (E.4) ein; man erhält so

$$\sum_i \frac{\partial \varepsilon_n}{\partial k_i} q_i = \sum_i \int d\mathbf{r} \, u_{n\mathbf{k}}^* \frac{\hbar^2}{m} \left(\frac{1}{i} \nabla + \mathbf{k} \right)_i q_i u_{n\mathbf{k}}. \qquad (\text{E.5})$$

Die Integrationen sind dabei entweder über eine primitive Zelle oder über den gesamten Kristall auszuführen, je nachdem das Normierungsintegral $\int d\mathbf{r} |u_{n\mathbf{k}}|^2$ bei einer

Integration über eine primitive Zelle gleich Eins sein soll, oder bei einer Integration über den gesamten Kristall. Damit folgt

$$\frac{\partial \varepsilon_n}{\partial \mathbf{k}} = \frac{\hbar^2}{m} \int d\mathbf{r} \, u_{n\mathbf{k}}^* \left(\frac{1}{i}\nabla + \mathbf{k} \right) u_{n\mathbf{k}}. \tag{E.6}$$

Drückt man die rechte Seite von (E.6) mit Hilfe von Gleichung (8.3) durch die Bloch-Funktionen $\psi_{n\mathbf{k}}$ aus, so erhält man

$$\boxed{\frac{\partial \varepsilon_n}{\partial \mathbf{k}} = \frac{\hbar^2}{m} \int d\mathbf{r} \, \psi_{n\mathbf{k}}^* \frac{1}{i}\nabla \psi_{n\mathbf{k}}.} \tag{E.7}$$

$(1/m)(\hbar/i)\nabla$ ist der Geschwindigkeitsoperator;[1] Gleichung (E.7) besagt somit, daß die mittlere Geschwindigkeit eines Elektrons im Bloch-Niveau n, $\mathbf{k}$ gegeben ist durch $(1/\hbar)(\partial \varepsilon_n(\mathbf{k})/\partial \mathbf{k})$.

Zur Berechnung von $\partial^2 \varepsilon_n / \partial k_i \partial k_j$ benötigen wir $\varepsilon_n(\mathbf{k} + \mathbf{q})$ bis zur quadratischen Ordnung in q. Aus (E.2) und (E.4) erhält man[2]

$$\sum_{ij} \frac{1}{2} \frac{\partial^2 \varepsilon_n}{\partial k_i \partial k_j} q_i q_j = \frac{\hbar^2}{2m} q^2 + \sum_{n' \neq n} \frac{\left| \int d\mathbf{r} \, u_{n\mathbf{k}}^* \frac{\hbar^2}{m} \mathbf{q} \cdot \left(\frac{1}{i}\nabla + \mathbf{k} \right) u_{n'\mathbf{k}} \right|^2}{\varepsilon_{n\mathbf{k}} - \varepsilon_{n'\mathbf{k}}}. \tag{E.8}$$

Wiederum kann man mittels Gleichung (8.3) die rechte Seite von (E.8) durch Bloch-Funktionen ausdrücken:

$$\sum_{ij} \frac{1}{2} \frac{\partial^2 \varepsilon_n}{\partial k_i \partial k_j} q_i q_j = \frac{\hbar^2}{2m} q^2 + \sum_{n' \neq n} \frac{\left| \langle n\mathbf{k} | \frac{\hbar^2}{mi} \mathbf{q} \cdot \nabla | n'\mathbf{k} \rangle \right|^2}{\varepsilon_{n\mathbf{k}} - \varepsilon_{n'\mathbf{k}}}. \tag{E.9}$$

Dabei haben wir die Schreibweise

$$\int d\mathbf{r} \psi_{n\mathbf{k}}^* X \psi_{n'\mathbf{k}} = \langle n\mathbf{k} | X | n'\mathbf{k} \rangle \tag{E.10}$$

verwendet; es folgt

---

[1] Der Geschwindigkeitsoperator ist definiert als $\mathbf{v} = d\mathbf{r}/dt = (1/i\hbar)[\mathbf{r}, H] = \mathbf{p}/m = \hbar\nabla/mi$.

[2] Der erste Term auf der rechten Seite von (E.8) ergibt sich durch Einsetzen des quadratischen Terms von $H_{\mathbf{k}+\mathbf{q}}$ (Gleichung (E.2)) in den linearen Term der störungstheoretischen Formel (E.4); der zweite Term auf der rechten Seite ergibt sich entsprechend durch Einsetzen des linearen Terms von $H_{\mathbf{k}+\mathbf{q}}$ in den quadratischen Term der störungstheoretischen Formel.

$$\frac{\partial^2 \varepsilon_n(\mathbf{k})}{\partial k_i \partial k_j} = \frac{\hbar^2}{2m}\delta_{ij} + \left(\frac{\hbar^2}{2m}\right)^2$$

$$\cdot \sum_{n' \neq n} \frac{\langle n\mathbf{k}|\frac{1}{i}\nabla_i|n'\mathbf{k}\rangle\langle n'\mathbf{k}|\frac{1}{i}\nabla_j|n\mathbf{k}\rangle + \langle n\mathbf{k}|\frac{1}{i}\nabla_j|n'\mathbf{k}\rangle\langle n'\mathbf{k}|\frac{1}{i}\nabla_i|n\mathbf{k}\rangle}{\varepsilon_n(\mathbf{k}) - \varepsilon_{n'}(\mathbf{k})}$$

(E.11)

Die Größe auf der rechten Seite von (E.11) – multipliziert mit einem Faktor $1/\hbar^2$ – ist das Reziproke des Tensors der effektiven Masse (Seite 289) und man bezeichnet (E.11) oft als „Satz über die effektive Masse".

Anhang F:
Einige Identitäten der Fourier-Analyse periodischer Systeme

Zur Herleitung der Umkehrformeln der Fourier-Analyse genügt es, die Gültigkeit der Identität

$$\sum_{\mathbf{R}} e^{i\mathbf{k}\cdot\mathbf{R}} = N\delta_{\mathbf{k},0} \tag{F.1}$$

nachzuweisen; darin variiert $\mathbf{R}$ über sämtliche N Plätze des Bravaisgitters,

$$\mathbf{R} = \sum_{i=1}^{3} n_i \mathbf{a}_i, \qquad 0 \leqslant n_i < N_i, \qquad N_1 N_2 N_3 = N, \tag{F.2}$$

und $\mathbf{k}$ bezeichnet einen beliebigen Vektor in der ersten Brillouin-Zone, der konsistent ist mit derjenigen Born-von Karman-Randbedingung, welche durch die Verteilung der N mit (F.2) bestimmten Punkte gegeben ist.

Am einfachsten erkennt man die Gültigkeit dieser Identität, wenn man sich klarmacht, daß $\mathbf{k}$ mit der periodischen Randbedingung nach Born-von Karman konsistent ist, und deshalb der Wert der Summe in (F.1) unverändert bleibt, wenn man jeden Punkt $\mathbf{R}$ um denselben Vektor $\mathbf{R}_0$ verschiebt, welcher selbst ein beliebiger Vektor der Form (F.2) ist:

$$\sum_{\mathbf{R}} e^{i\mathbf{k}\cdot\mathbf{R}} = \sum_{\mathbf{R}} e^{i\mathbf{k}\cdot(\mathbf{R}+\mathbf{R}_0)} = e^{i\mathbf{k}\cdot\mathbf{R}_0} \sum_{\mathbf{R}} e^{i\mathbf{k}\cdot\mathbf{R}}. \tag{F.3}$$

Folglich ist die Summe nur dann von Null verschieden, wenn $e^{i\mathbf{k}\cdot\mathbf{R}_0} = 1$ für alle Vektoren $\mathbf{R}_0$ der Form (F.2), d.h. für alle Vektoren $\mathbf{R}_0$ des Bravaisgitters gilt. Dies ist nur möglich, wenn $\mathbf{k}$ ein Vektor des reziproken Gitters ist; der einzige Vektor des reziproken Gitters innerhalb der ersten Brillouin-Zone ist jedoch $\mathbf{k} = 0$.[1] Deshalb verschwindet die linke Seite von (F.1) tatsächlich für $\mathbf{k} \neq 0$ und ist für $\mathbf{k} = 0$ trivialerweise gleich N.

---

[1] Ist $\mathbf{k}$ nicht auf die erste Brillouin-Zone beschränkt, so verschwindet die Summe in (F.1) nur dann nicht, wenn $\mathbf{k}$ gleich einem Vektor $\mathbf{K}$ des reziproken Gitters ist und hat in diesem Falle den Wert N.

In enger Beziehung zu (F.1) steht die ähnlich wichtige Identität

$$\sum_{k} e^{i k \cdot R} = N \delta_{R,0},$$ (F.4)

wobei R einen beliebigen Vektor der Form (F.2) bezeichnet und die Summation über k über alle Gitterplätze innerhalb der ersten Brillouin-Zone läuft, die mit der Randbedingung nach Born und von Karman konsistent sind. Nun bleibt die Summe in (F.4) unverändert, wenn man jedes k um denselben Vektor k_0 verschiebt, der in der ersten Brillouin-Zone liegt und die Born-von Karman-Randbedingung erfüllt, da man die primitive Zelle, welche durch Verschiebung der gesamten ersten Brillouin-Zone um k_0 entsteht, wieder zur ersten Zone zusammensetzen kann, indem man ihre entsprechenden Teile um Vektoren des reziproken Gitters verschiebt. Da Terme der Form $e^{i k \cdot R}$ unverändert bleiben, wenn man k um einen Vektor des reziproken Gitters verschiebt, so ist die Summe über die verschobene Zone identisch mit der Summe über die ursprüngliche Zone. Somit gilt

$$\sum_{k} e^{i k \cdot R} = \sum_{k} e^{i(k+k_0) \cdot R} = e^{i k_0 \cdot R} \sum_{k} e^{i k \cdot R},$$ (F.5)

so daß die Summe auf der linken Seite von (F.4) verschwinden muß, außer dann, wenn $e^{i k_0 \cdot R}$ für alle mit der Randbedingung nach Born-von Karman verträglichen k_0 gleich Eins ist. Der einzige Vektor R der Form (F.2), für welchen dies der Fall sein kann, ist $R = 0$ – und wenn $R = 0$ gilt, so ist die Summe in (F.4) trivialerweise gleich N.

Anhang G:
Das Variationsprinzip für die Schrödingergleichung

Wir wollen zeigen, daß das Funktional $E[\psi]$ (Gleichung (11.17)) im Bereich aller differenzierbaren Funktionen ψ, welche die Bloch-Bedingung zu einem Wellenvektor k erfüllen, stationär wird durch die Lösungen $\psi_\mathbf{k}$ der Schrödingergleichung

$$-\frac{\hbar^2}{2m}\nabla^2\psi_\mathbf{k} + U(\mathbf{r})\psi_\mathbf{k} = \varepsilon_\mathbf{k}\psi_\mathbf{k}. \tag{G.1}$$

Wir meinen damit explizit das Folgende: Sei ψ sehr ähnlich einem der $\psi_\mathbf{k}$, so daß

$$\psi = \psi_\mathbf{k} + \delta\psi \tag{G.2}$$

für ein kleines $\delta\psi$ gilt. Erfülle weiter ψ die Bloch-Bedingung zum Wellenvektor k, so daß dasselbe auch auf $\delta\psi$ zutrifft. Dann gilt

$$E[\psi] = E[\psi_\mathbf{k}] + O(\delta\psi)^2. \tag{G.3}$$

Um die Notation bei unserem Beweis einfach zu halten, ist es hilfreich, die Größe

$$F[\phi,\chi] = \int d\mathbf{r}\left(\frac{\hbar^2}{2m}\nabla\phi^* \cdot \nabla\chi + U(\mathbf{r})\phi^*\chi\right) \tag{G.4}$$

zu definieren und darüber hinaus die übliche Schreibweise

$$(\phi,\chi) = \int d\mathbf{r}\phi^*\chi \tag{G.5}$$

zu verwenden. Beachten Sie, daß man $E[\psi]$ damit in der Form

$$E[\psi] = \frac{F[\psi,\psi]}{(\psi,\psi)} \tag{G.6}$$

schreiben kann. Das Variationsprinzip folgt nun unmittelbar aus der Gültigkeit von

$$\begin{aligned} F[\phi,\psi_\mathbf{k}] &= \varepsilon_\mathbf{k}(\phi,\psi_\mathbf{k}), \\ F[\psi_\mathbf{k},\phi] &= \varepsilon_\mathbf{k}(\psi_\mathbf{k},\phi) \end{aligned} \tag{G.7}$$

für beliebiges ϕ, welches die Bloch-Bedingung zum Wellenvektor **k** erfüllt, da die Bloch-Bedingung verlangt, daß die Integranden in (G.7) die Periodizität des Gitters haben. Man kann deshalb mit Hilfe der Formeln aus Anhang I partiell integrieren und dadurch erreichen, daß beide Gradienten auf $\psi_{\mathbf{k}}$ wirken; (G.7) folgt nun unmittelbar aus der Tatsache, daß $\psi_{\mathbf{k}}$ die Schrödingergleichung (G.1) erfüllt.

Damit können wir nun schreiben

$$
\begin{aligned}
F[\psi, \psi] &= F[\psi_{\mathbf{k}} + \delta\psi, \psi_{\mathbf{k}} + \delta\psi] \\
&= F[\psi_{\mathbf{k}}, \psi_{\mathbf{k}}] + F[\delta\psi, \psi_{\mathbf{k}}] + F[\psi_{\mathbf{k}}, \delta\psi] + O(\delta\psi)^2 \\
&= \varepsilon_{\mathbf{k}}\{(\psi_{\mathbf{k}}, \psi_{\mathbf{k}}) + (\psi_{\mathbf{k}}, \delta\psi) + (\delta\psi, \psi_{\mathbf{k}})\} + O(\delta\psi)^2
\end{aligned}
\tag{G.8}
$$

und weiter

$$
(\psi, \psi) = (\psi_{\mathbf{k}}, \psi_{\mathbf{k}}) + (\psi_{\mathbf{k}}, \delta\psi) + (\delta\psi, \psi_{\mathbf{k}}) + O(\delta\psi)^2.
\tag{G.9}
$$

Dividiert man (G.8) durch (G.9), so erhält man schließlich

$$
E[\psi] = \frac{F[\psi, \psi]}{(\psi, \psi)} = \varepsilon_{\mathbf{k}} + O(\delta\psi)^2
\tag{G.10}
$$

womit das Variationsprinzip bewiesen ist. (Die Gültigkeit von $E[\psi_{\mathbf{k}}] = \varepsilon_{\mathbf{k}}$ folgt durch Nullsetzen von $\delta\psi$ unmittelbar aus (G.10).)

Beachten Sie, daß wir im Laufe dieser Herleitung an keiner Stelle die Existenz und Stetigkeit der ersten Ableitung von ψ voraussetzen mußten.

Anhang H:
Hamiltonsche Formulierung der semiklassischen Bewegungsgleichungen und der Satz von Liouville

Man kann die semiklassischen Bewegungsgleichungen (12.6a) und (12.6b) in der kanonischen Hamiltonschen Form

$$\dot{\mathbf{r}} = \frac{\partial H}{\partial \mathbf{p}}, \quad \dot{\mathbf{p}} = -\frac{\partial H}{\partial \mathbf{r}} \tag{H.1}$$

schreiben, wobei der Hamiltonoperator für Elektronen im n-ten Band lautet

$$H(\mathbf{r}, \mathbf{p}) = \varepsilon_n \left(\frac{1}{\hbar} \left[\mathbf{p} + \frac{e}{c} \mathbf{A}(\mathbf{r}, t) \right] \right) - e\phi(\mathbf{r}, t), \tag{H.2}$$

die Felder durch ihre Skalar- und Vektorpotentiale gegeben sind in der Form

$$\mathbf{H} = \nabla \times \mathbf{A}, \quad \mathbf{E} = -\nabla \phi - \frac{1}{c} \frac{\partial \mathbf{A}}{\partial t} \tag{H.3}$$

und die in (12.6a) und (12.6b) auftretende Variable $\mathbf{k}$ definiert ist durch

$$\hbar \mathbf{k} = \mathbf{p} + \frac{e}{c} \mathbf{A}(\mathbf{r}, t). \tag{H.4}$$

Der Nachweis, daß (12.6a) und (12.6b) mittels (H.4) aus (H.1) folgen, ist – wie im Falle freier Elektronen auch – eine recht komplizierte, konzeptionell jedoch unmittelbar einsichtige Übung im Differenzieren.

Beachten Sie, daß der kanonische Kristallimpuls – die Variable also, welche die Rolle des kanonischen Impulses der Hamiltonschen Formulierung spielt – nicht gleich $\hbar \mathbf{k}$ ist, sondern nach (H.4) gegeben ist durch

$$\mathbf{p} = \hbar \mathbf{k} - \frac{e}{c} \mathbf{A}(\mathbf{r}, t). \tag{H.5}$$

Da die semiklassischen Gleichungen für jedes Band die kanonische, Hamiltonsche Form haben, gilt der Satz von Liouville[1] und besagt, daß bei der zeitlichen Entwick-

---

[1] Der Beweis beruht alleine auf der Annahme, daß die Bewegungsgleichungen von der Form (H.1) sind. Siehe hierzu beispielsweise K. R. Symon, *Mechanics*, 3rd ed., Addison-Wesley, Reading, Mass. (1971), Seite 395.

lung von Bereichen des sechsdimensionalen rp-Raums deren Volumen unverändert bleibt. Da sich jedoch **k** von **p** nur um einen additiven Vektor unterscheidet, der nicht von **p** abhängt, so hat ein beliebig gewählter Bereich im rp-Raum das gleiche Volumen wie der entsprechende Bereich im rk-Raum.[2] Dies ist der Liouvillesche Satz in der Form, wie wir ihn in den Kapiteln 12 und 13 verwenden.

---

[2] Formal gesprochen bedeutet dies, daß die Jacobi-Determinante $\partial(\mathbf{r}, \mathbf{p})/\partial(\mathbf{r}, \mathbf{k})$ gleich eins ist.

Anhang I:
Der Greensche Satz für periodische Funktionen

Haben die Funktionen $u(\mathbf{r})$ und $v(\mathbf{r})$ beide die Periodizität eines Bravaisgitters,[1] so gelten die folgenden Identitäten zwischen den Integralen dieser Funktionen über eine primitive Zelle C:

$$\int_C d\mathbf{r}\, u\, \nabla v = -\int_C d\mathbf{r}\, v\, \nabla u, \tag{I.1}$$

$$\int_C d\mathbf{r}\, u\, \nabla^2 v = \int_C d\mathbf{r}\, v\, \nabla^2 u. \tag{I.2}$$

Wir beweisen die Gültigkeit dieser Zusammenhänge folgendermaßen:

Sei $f(\mathbf{r})$ eine beliebige Funktion mit der Periodizität des Bravaisgitters. Da C primitiv ist, so hängt das Integral

$$I(\mathbf{r}') = \int_C d\mathbf{r}\, f(\mathbf{r} + \mathbf{r}') \tag{I.3}$$

nicht von $\mathbf{r}'$ ab. Deshalb gilt insbesondere

$$\nabla' I(\mathbf{r}') = \int_C d\mathbf{r}\, \nabla' f(\mathbf{r} + \mathbf{r}') = \int_C d\mathbf{r}\, \nabla f(\mathbf{r} + \mathbf{r}') = 0, \tag{I.4}$$

$$\nabla'^2 I(\mathbf{r}') = \int_C d\mathbf{r}\, \nabla'^2 f(\mathbf{r} + \mathbf{r}') = \int_C d\mathbf{r}\, \nabla^2 f(\mathbf{r} + \mathbf{r}') = 0. \tag{I.5}$$

Berechnet man diese Ausdrücke an der Stelle $\mathbf{r}' = 0$, so erkennt man, daß jede periodische Funktion f die Beziehungen

$$\int_C d\mathbf{r}\, \nabla f(\mathbf{r}) = 0, \tag{I.6}$$

$$\int_C d\mathbf{r}\, \nabla^2 f(\mathbf{r}) = 0 \tag{I.7}$$

erfüllt. Gleichung (I.1) folgt unmittelbar aus der Anwendung von (I.6) auf den Fall

---

[1] Wir schreiben hier die Abhängigkeiten im Ortsraum, obwohl die Aussagen natürlich auch für periodische Funktionen im k-Raum gelten.

$f = uv$. Zur Herleitung von (I.2) setzt man $f = uv$ in (I.7) ein und erhält so

$$\int_C d\mathbf{r}\,(\nabla^2 u)v + \int_C d\mathbf{r}\,u(\nabla^2 v) + 2\int_C d\mathbf{r}\,\nabla u \cdot \nabla v = 0. \tag{I.8}$$

Man kann (I.1) auf den letzten Summanden in (I.8) anwenden, indem man die beiden periodischen Funktionen in (I.1) als v sowie jeweils eine der verschiedenen Komponenten des Gradienten von u wählt. Man erhält so

$$2\int_C d\mathbf{r}\,\nabla u \cdot \nabla v = -2\int_C d\mathbf{r}\,u\,\nabla^2 v, \tag{I.9}$$

womit sich (I.8) auf (I.2) reduziert.

Anhang J:
Bedingungen für das Ausbleiben von Interbandübergängen in homogenen elektrischen Feldern oder homogenen Magnetfeldern

Die Theorien des elektrischen oder magnetischen Durchbruchs, welche den Bedingungen (12.8) und (12.9) zugrundeliegen, sind recht komplex. Wir stellen in diesem Anhang einige Ansätze zum groben Verständnis dieser Bedingungen vor.

Im Grenzfall verschwindenden periodischen Potentials tritt elektrischer Durchbruch immer dann auf, wenn der Wellenvektor eines Elektrons eine Bragg-Ebene quert (siehe Seite 278). Ist das periodisch Potential schwach, jedoch von Null verschieden, so kann man fragen, ob auch in diesem Falle elektrischer Durchbruch in der Nähe einer Bragg-Ebene zu erwarten ist und wie stark das Potential sein muß, um den elektrischen Durchbruch auszuschließen.

In einem schwachen periodischen Potential sind Punkte in der Nähe einer Bragg-Ebene dadurch charakterisiert, daß die Krümmung von $\varepsilon(\mathbf{k})$ stark ist (siehe beispielsweise Bild 9.3). Folglich kann in der Nähe einer Bragg-Ebene eine kleine Schwankungsbreite des Wellenvektors eine große Schwankungsbreite der Geschwindigkeit zur Folge haben:

$$\Delta v(\mathbf{k}) = \frac{\partial v}{\partial \mathbf{k}} \cdot \Delta \mathbf{k} \approx \frac{1}{\hbar} \left(\frac{\partial^2 \varepsilon}{\partial k^2} \right) \Delta \mathbf{k}. \tag{J.1}$$

Um die Anwendbarkeit des semiklassischen Bildes zu wahren, muß die Unschärfe der Geschwindigkeit klein sein im Vergleich zu einer typischen Elektronengeschwindigkeit von der Größenordnung v_F. Hieraus resultiert eine obere Schranke für Δk:

$$\Delta k \ll \frac{\hbar v_F}{\partial^2 \varepsilon / \partial k^2}. \tag{J.2}$$

Da das periodische Potential schwach ist, können wir den Maximalwert von $\partial^2 \varepsilon / \partial k^2$ dadurch abschätzen, daß wir den Ausdruck (9.26) für nahezu freie Elektronen in einer Richtung senkrecht zur Bragg-Ebene differenzieren und die resultierende Ableitung auf der Ebene berechnen:

$$\frac{\partial^2 \varepsilon}{\partial k^2} \approx \frac{(\hbar^2 \mathbf{K}/m)^2}{|U_{\mathbf{K}}|}. \tag{J.3}$$

Mit $\hbar K/m \approx v_F$ und $\varepsilon_{\mathrm{gap}} \approx |U_{\mathbf{K}}|$ (siehe (9.27)) wird (J.2) zu

$$\Delta \mathbf{k} \ll \frac{\varepsilon_{\mathrm{gap}}}{\hbar v_F}. \tag{J.4}$$

Diese Bedingung setzt eine untere Grenze für die Ortsunschärfe des Elektrons:

$$\Delta x \sim \frac{1}{\Delta k} \gg \frac{\hbar v_F}{\varepsilon_{\mathrm{gap}}}. \tag{J.5}$$

Infolge dieser Ortsunschärfe ist die potentielle Energie des Elektrons in einem äußeren Feld unscharf innerhalb eines Bereichs

$$e\,\Delta\phi = eE\,\Delta x \gg \frac{eE\hbar v_F}{\varepsilon_{\mathrm{gap}}}. \tag{J.6}$$

Wird diese Unschärfe der potentiellen Energie vergleichbar mit der Breite der Bandlücke, so kann ein mit der Energieerhaltung vereinbarer Interbandübergang auftreten. Damit ein solcher Übergang ausgeschlossen ist, muß die Bedingung

$$\varepsilon_{\mathrm{gap}} \gg \frac{eE\hbar v_F}{\varepsilon_{\mathrm{gap}}} \tag{J.7}$$

erfüllt sein. Wegen $\hbar v_F/a \approx \varepsilon_F$ (a ist die Gitterkonstante) kann man (J.7) auch in der Form

$$\frac{\varepsilon_{\mathrm{gap}}{}^2}{\varepsilon_F} \gg eEa \tag{J.8}$$

schreiben.

Auf dem Wege einer ähnlich groben Argumentation kann man auch die Bedingung für das Auftreten des magnetischen Durchbruchs herleiten. Da ein Elektron keine Energie aus einem Magnetfeld gewinnen kann, so erfordert der magnetische Durchbruch eine Unschärfe des Wellenvektors eines Elektrons, die vergleichbar ist mit der Entfernung zwischen zwei Punkten gleicher Energie auf zwei verschiedenen Zweigen der Fermifläche. Der zu überbrückende Abstand im k-Raum ist von der Größenordnung $\varepsilon_{\mathrm{gap}}/|\partial\varepsilon/\partial\mathbf{k}|$ (Bild J.1), was von derselben Größenordnung wie $\varepsilon_{\mathrm{gap}}/\hbar v_F$ ist. Eine Bedingung, deren Gültigkeit den magnetischen Durchbruch ausschließt, ist somit

$$\Delta k \ll \frac{\varepsilon_{\mathrm{gap}}}{\hbar v_F}. \tag{J.9}$$

Auf Seite 291 sahen wir, daß man für die Bewegung in einem Magnetfeld die semiklassische Bahnkurve im Ortsraum dadurch erhält, daß man die Bahnkurve im

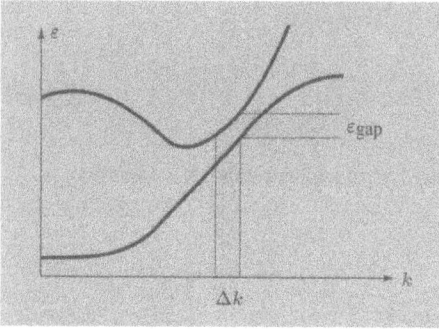

Bild J.1: Kommen sich zwei Bänder nahe, so ist die Entfernung zwischen zwei Punkten gleicher Energie im k-Raum von der Größenordnung $\Delta k = \varepsilon_{\text{gap}}/|\partial\varepsilon/\partial\mathbf{k}|$. Dabei bezeichnet ε_{gap} den minimalen vertikalen Abstand der beiden Bänder.

k-Raum um einen Winkel von 90° um die Feldrichtung dreht und mit dem Faktor $\hbar c/eH$ skaliert. Deshalb folgt aus der Unschärferelation

$$\Delta k_y\, \Delta y > 1 \tag{J.10}$$

eine Unschärferelation im k-Raum:

$$\Delta k_y\, \Delta k_x > \frac{eH}{\hbar c}. \tag{J.11}$$

Somit kann man den Ort eines Elektrons, welches sich in einem Magnetfeld bewegt, im k-Raum nicht genauer als auf einen Bereich mit den Abmessungen

$$\Delta k \approx \left(\frac{eH}{\hbar c}\right)^{1/2} \tag{J.12}$$

einschränken. In Verbindung mit (J.9) bedeutet dies, daß ein magnetischer Durchbruch nicht auftritt, falls die Bedingung

$$\left(\frac{eH}{\hbar c}\right)^{1/2} \ll \frac{\varepsilon_{\text{gap}}}{\hbar v_F} \tag{J.13}$$

erfüllt ist. Mit $\varepsilon_F = \frac{1}{2}mv_F^2$ schreibt man diese Bedingung in der Form

$$\hbar\omega_c \ll \frac{\varepsilon_{\text{gap}}^2}{\varepsilon_F}. \tag{J.14}$$

Anhang K:
Optische Eigenschaften der Festkörper

Betrachten wir eine ebene elektromagnetische Welle mit der Kreisfrequenz ω, die sich entlang der z-Achse in einem Medium mit der Leitfähigkeit $\sigma(\omega)$ und der dielektrischen Konstanten[1] $\epsilon^0(\omega)$ ausbreitet. (Wir ignorieren in diesem Zusammenhang den Fall magnetischer Medien und nehmen die magnetische Permeabilität μ zu eins an, so daß **B** in den Maxwell-Gleichungen identisch wird mit **H**.) Definieren wir $\mathbf{D}(z,\omega)$, $\mathbf{E}(z,\omega)$ und $\mathbf{j}(z,\omega)$ in der üblichen Weise als

$$\mathbf{j}(z,t) = \text{Re}\,[\mathbf{j}(z,\omega)e^{-i\omega t}], \quad \text{etc.,} \tag{K.1}$$

so sind die dielektrische Verschiebung und die elektrische Stromdichte mit dem elektrischen Feld durch

$$\mathbf{j}(z,\omega) = \sigma(\omega)\mathbf{E}(z,\omega), \quad \mathbf{D}(z,\omega) = \epsilon^0(\omega)\mathbf{E}(z,\omega) \tag{K.2}$$

verknüpft.

Annahme der Lokalität

Gleichung (K.2) ist eine lokale Beziehung, was bedeutet, daß der elektrische Strom und die dielektrische Verschiebung in einem Punkt vollständig bestimmt sind durch den Wert des elektrischen Feldes an diesem selben Punkt. Diese Annahme gilt unter der Voraussetzung (siehe Seite 21), daß die räumliche Änderungsrate der Felder klein ist im Vergleich zur mittleren freien Weglänge der Elektronen im Medium. Hat man die Felder unter der Annahme der Lokalität berechnet, so zeigt man leicht die Gültigkeit dieser Annahme bei optischen Frequenzen.

Annahme der Isotropie

Der Einfachheit halber nehmen wir an, das Medium sei so strukturiert, daß $\sigma_{ij}(\omega){=}\sigma(\omega)\delta_{ij}$ und $\epsilon^0_{ij}(\omega){=}\epsilon^0(\omega)\delta_{ij}$ gelte, daß also **D** und **j** parallel seien zu **D**. Diese Voraussetzung ist beispielsweise bei jedem Kristall mit kubischer Symmetrie oder auch jeder polykristallinen Substanz erfüllt. Bei der Beschreibung doppelbrechender Kristalle dagegen ist diese Annahme nicht haltbar.

---

[1] Wir verwenden hier Gaußsche Einheiten. In diesem Einheitensystem ist die dielektrische Konstante des leeren Raumes gleich eins. ϵ^0 bezeichnet die dielektrische Konstante des Mediums.

Die Unterscheidung zwischen $\epsilon^0(\omega)$ und $\sigma(\omega)$ ist rein konventionell

Die dielektrische Konstante und die Leitfähigkeit gehen bei der Bestimmung der optischen Eigenschaften eines Festkörpers lediglich als die Kombination

$$\epsilon(\omega) = \epsilon^0(\omega) + \frac{4\pi i\sigma(\omega)}{\omega} \tag{K.3}$$

ein. Man hat deshalb die Freiheit, ϵ^0 durch Addition einer beliebigen Funktion der Frequenz neu zu definieren, vorausgesetzt, man führt auch eine entsprechende Neudefinition von σ durch, so daß der Zusammenhang (K.3) gewahrt bleibt:

$$\varepsilon^0(\omega) \rightarrow \varepsilon^0(\omega) + \delta\epsilon(\omega), \quad \sigma(\omega) \rightarrow \sigma(\omega) - \frac{\omega}{4\pi i}\delta\epsilon(\omega). \tag{K.4}$$

Diese Definitionsfreiheit spiegelt eine grundsätzliche Uneindeutigkeit bei den physikalischen Definitionen der Größen ϵ^0 und σ wider, welche nur im Falle zeitunabhängiger Felder unterscheidbare physikalische Prozesse beschreiben: In diesem Fall nämlich beschreibt σ die „freien Ladungen" – also Ladungen, die sich unter der Wirkung des Feldes frei über beliebige Entfernungen bewegen können – während ϵ^0 „gebundene Ladungen" beschreibt – also Ladungen, die an gewisse Gleichgewichtslagen gebunden sind und unter der Wirkung des Feldes nur in andere Gleichgewichtslagen ausgelenkt werden (Bild K.1).

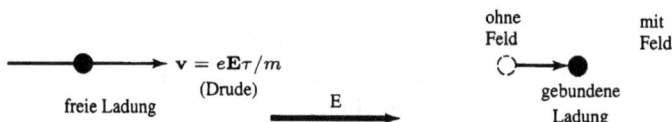

Bild K.1: Das Verhalten „freier" und „gebundener" Ladungen in einem zeitunabhängigen elektrischen Feld. Eine freie Ladung bewegt sich, solange das Feld wirkt. Die gebundene Ladung hingegen wird durch rücktreibende Kräfte festgehalten und kann unter der Wirkung des Feldes nur in eine neue Gleichgewichtslage verschoben („polarisiert") werden.

Unter der Wirkung eines Wechselfeldes ist diese Unterscheidung nicht mehr aufrechtzuerhalten: Die freien Ladungen bewegen sich nicht mehr über beliebige Entfernungen, sondern schwingen mit der Frequenz des Wechselfeldes, während die gebundenen Ladungen nicht mehr in neuen Gleichgewichtslagen zur Ruhe kommen, sondern ebenfalls mit der Frequenz des Feldes schwingen.

Ist die Frequenz des Feldes hinreichend klein ($\omega \ll 1/\tau$), so kann man die Unterscheidung aufrechterhalten – jedoch aus ganz anderen Gründen: Die Geschwindigkeiten der freien Ladungen ändern sich in Phase mit dem Feld (d.h. $\sigma(\omega)$ ist im wesentlichen reell), während sich die Geschwindigkeiten der gebundenen Ladungen außer Phase mit dem Feld ändern, so daß also $\epsilon^0(\omega)$ vorwiegend reell ist. Bei höheren Frequenzen verschwindet selbst dieser Unterschied: Die freien Ladungen können deutlich außer Phase mit dem Wechselfeld sein – tatsächlich ist $\sigma(\omega)$ für Metalle bei optischen Frequenzen im wesentlichen imaginär – während die Reaktion der gebundenen Ladungen deutlich in Phase mit dem Feld sein und je nach Art des Materials bei optischen Frequenzen vorhanden sein kann oder auch nicht.

Somit ist bei hohen Frequenzen die Unterscheidung zwischen freien und gebundenen Ladungen – und damit zwischen $\sigma(\omega)$ und $\epsilon^0(\omega)$ – eine reine Konvention. Bei Untersuchungen der Metalle sind mindestens zwei unterschiedliche Konventionen weit verbreitet:

1. Die Größe σ reserviert man für die Beschreibung von Elektronen in teilweise gefüllten Bändern – der Leitungselektronen – während ϵ^0 die Reaktion der Elektronen in vollständig gefüllten Bändern – der Rumpfelektronen also – beschreibt.[2]

2. Die Reaktion sämtlicher Elektronen, sowohl der Rumpfelektronen als auch der Leitungselektronen, „packt" man in eine einzige dielektrische Konstante der Form

$$\epsilon(\omega) = \epsilon^0(\omega) + \frac{4\pi i \sigma(\omega)}{\omega}, \tag{K.5}$$

wobei nun $\epsilon(\omega)$ Beiträge sowohl der Elektronen in teilweise gefüllten als auch in vollständig gefüllten Bändern zum elektrischen Strom beinhaltet. Aufgrund dieser Konvention kann man in den optischen Theorien der Metalle dieselbe Notation wie für Isolatoren verwenden, bei welchen man nach allgemeiner Konvention alle Ladungen als gebunden betrachtet.

Das Reflexionsvermögen

Trifft eine ebene Welle senkrecht aus dem Vakuum auf die Grenzfläche eines Mediums mit der dielektrischen Konstanten ϵ (im Sinne von (K.5)), so ist der Bruchteil r der

---

[2] Vom Standpunkt der in den Kapiteln 12 und 13 dargelegten semiklassischen Theorie aus betrachtet sollten sich die vollständig gefüllten Bänder inert verhalten und nicht auf äußere Felder reagieren. Korrekturen zur semiklassischen Theorie sagen jedoch das Auftreten einer gewissen Polarisierung der Atomrümpfe voraus.

zurückgeworfenen Strahlungsleistung (das Reflexionsvermögen) gegeben durch[3]

$$r = \frac{|E^r|^2}{|E^i|^2} = \left|\frac{1-\kappa}{1+\kappa}\right|^2 = \frac{(1-n)^2 + k^2}{(1+n)^2 + k^2} \tag{K.6}$$

mit

$$\kappa = \sqrt{\epsilon}, \quad n = \operatorname{Re}\kappa, \quad k = \operatorname{Im}\kappa. \tag{K.7}$$

Bestimmung von $\epsilon(\omega)$ aus dem gemessenen Reflexionsvermögen

Zur Bestimmung von n und k – und damit der Dielektrizitätskonstanten $\epsilon = (n + ik)^2$ – aus dem Reflexionsvermögen (K.6) benötigt man weitere Information. Zwei unterschiedliche Ansätze sind möglich:

1. Man kann den Zusammenhang zwischen n und k über die Kramers-Kronig-Beziehungen[4]

$$n(\omega) = 1 + P \int_{-\infty}^{\infty} \frac{d\omega'}{\pi} \frac{k(\omega')}{\omega' - \omega}, \quad k(\omega) = -P \int_{-\infty}^{\infty} \frac{d\omega'}{\pi} \frac{n(\omega') - 1}{\omega' - \omega} \tag{K.8}$$

nutzen. Mit Hilfe jeder dieser Gleichungen und einer Kenntnis des Zusammenhangs $r(\omega)$ bei *allen* Frequenzen lassen sich, zumindest prinzipiell, die Funktionen $n(\omega)$ und $k(\omega)$ getrennt voneinander ermitteln. In der Praxis kann der hierzu nötige Rechenaufwand erheblich sein. Ein Nachteil dieses Verfahrens besteht darin, daß man Messungen bei genügend vielen Frequenzen benötigt, um eine zuverlässige Extrapolation auf den gesamten Frequenzbereich durchführen zu können, wie es erforderlich ist, um die Beziehungen (K.8) anwenden zu können.

2. Andererseits kann man von der Verallgemeinerung der Beziehung (K.6) auf andere Einfallswinkel als 90° ausgehen.[5] Man erhält so als zweiten Ausdruck für das Reflexionsvermögen bei einem beliebigen Einfallswinkel θ eine Funktion von θ, $n(\omega)$, $k(\omega)$ sowie der Polarisierung der einfallenden Strahlung. Vergleicht man

---

[3] Dieser Zusammenhang wird in den meisten Büchern über Elektromagnetismus hergeleitet, beispielsweise in L. D. Landau, E. M. Lifshitz, *Electrodynamics of continous media*, Addison-Wesley, Reading, Mass. (1960), Seite 274. Die Größen E^i und E^r sind die Amplituden des einfallenden beziehungsweise des reflektierten elektrischen Feldes. Als Wert der Quadratwurzel in (K.7) sei derjenige gewählt, der zu einem nichtnegativen n führt.

[4] Landau und Lifshitz, wie in Fußnote 3 zitiert, Seite 259. (Der Zusatz „P" bedeutet den Hauptwert des Integrals).

[5] ebd., Seiten 272 bis 277.

diesen Ausdruck mit dem in Abhängigkeit von θ gemessenen Reflexionsvermögen, so erhält man eine zweite Gleichung, die $n(\omega)$ und $k(\omega)$ miteinander verknüpft, so daß man beide berechnen kann.

Der Zusammenhang zwischen ϵ und der Interband-Absorption in Metallen

Bei einem Metall liefert die Polarisation der Atomrümpfe im allgemeinem einen reellen Beitrag zu ϵ^0, so daß aus (K.5) für den Imaginärteil folgt

$$\operatorname{Im} \epsilon = \frac{4\pi}{\omega} \operatorname{Re} \sigma. \qquad (K.9)$$

In der semiklassischen Theorie ist der Realteil der Wechselstromleitfähigkeit (13.34) alleine aufgrund der Stöße von Null verschieden. Ohne Stöße ist die semiklassische Leitfähigkeit rein imaginär und ϵ rein reell, was bedeutet, daß es innerhalb des Metalls keine Dissipation elektromagnetischer Energie gibt. Verwendet man jedoch die Korrektur (13.37) des semiklassischen Ergebnisses, so ist der Realteil der Leitfähigkeit auch in Abwesenheit von Stößen von Null verschieden, und man erhält[6]

$$\operatorname{Im} \epsilon = \frac{4\pi^2 e^2}{\omega} \int \frac{d\mathbf{k}}{(2\pi)^3} \sum_{nn'} D_{nn'}(\mathbf{k})\, \delta\left(\frac{\varepsilon_n(\mathbf{k}) - \varepsilon_{n'}(\mathbf{k})}{\hbar} - \omega\right) \qquad (K.10)$$

mit

$$D_{nn'}(\mathbf{k}) = \frac{f(\varepsilon_{n'}(\mathbf{k})) - f(\varepsilon_n(\mathbf{k}))}{\varepsilon_n(\mathbf{k}) - \varepsilon_{n'}(\mathbf{k})} \frac{1}{3} \sum_i |\langle n\mathbf{k}|v_i|n'\mathbf{k}\rangle|^2. \qquad (K.11)$$

Die Größe $D_{nn'}(\mathbf{k})$ ist nichtnegativ und für $k_B T \ll \varepsilon_F$ vernachlässigbar klein, außer dann, wenn ein Niveau des Paares $n\mathbf{k}$, $n'\mathbf{k}$ besetzt und das anderer unbesetzt ist. Somit ergibt sich ein additiver Beitrag zum reellen (absorptiven) Anteil der Leitfähigkeit immer dann, wenn $\hbar\omega$ übereinstimmt mit der Energiedifferenz zwischen zwei Niveaus mit demselben Wert $\mathbf{k}$, von denen eines leer und das andere besetzt ist. Genau diese Bedingung für Interband-Absorption wird auch durch die intuitive Argumentation im Photonenbild nahegelegt (siehe Seite 371).

---

[6] Wir beschränken uns hier auf den Fall eines Metalls mit kubischer Symmetrie. Die Frequenz im Nenner von (13.37) ist im Grenzfall eines sehr kleinen, positiven Imaginärteils η zu berechnen; wir verwenden dabei die Identität

$$\lim_{\eta \to 0} \operatorname{Im} \frac{1}{x + i\eta} = -\pi\delta(x).$$

Anhang L:
Quantentheorie des Harmonischen Kristalls

Wir beschreiben zunächst die Quantentheorie eines einzelnen, eindimensionalen harmonischen Oszillators, dessen Hamiltonoperator lautet

$$h = \frac{p^2}{2m} + \frac{1}{2} m\omega^2 q^2. \tag{L.1}$$

Man vereinfacht die Gestalt dieses Operators durch Definition eines „Vernichtungsoperators"

$$a = \sqrt{\frac{m\omega}{2\hbar}} q + i\sqrt{\frac{1}{2\hbar m\omega}} p, \tag{L.2}$$

sowie seines Adjungierten, des „Erzeugungsoperators"

$$a^\dagger = \sqrt{\frac{m\omega}{2\hbar}} q - i\sqrt{\frac{1}{2\hbar m\omega}} p. \tag{L.3}$$

Aus den kanonischen Vertauschungsrelationen $[q, p] = i\hbar$ folgt damit

$$[a, a^\dagger] = 1. \tag{L.4}$$

Drückt man den Hamiltonoperator durch die a und $a^\dagger$ anstelle der q und p aus, so nimmt er die einfache Form

$$h = \hbar\omega(a^\dagger a + \frac{1}{2}) \tag{L.5}$$

an. Wie man unschwer zeigen kann,[1] folgt aus den Vertauschungsrelationen (L.4), daß die Eigenwerte des Hamiltonoperators (L.5) von der Form $(n + \frac{1}{2})\hbar\omega$ sind, wobei $n = 1, 2, \ldots$. Bezeichnet man den Grundzustand von h mit $|0\rangle$, so ergibt sich der n-te angeregte Zustand zu

$$|n\rangle = \frac{1}{\sqrt{n!}} (a^\dagger)^n |0\rangle \tag{L.6}$$

---

[1] Siehe beispielsweise D. Park, *Introduction to the Quantum Theory*, McGraw-Hill, New York (1964), Seite 110.

und erfüllt die Beziehungen

$$a^\dagger a|n\rangle = n|n\rangle, \qquad h|n\rangle = (n + \frac{1}{2})\hbar\omega|n\rangle. \tag{L.7}$$

Die Matrixelemente der Operatoren a und $a^\dagger$ in diesem vollständigen Satz von Zuständen lauten

$$\begin{aligned}
\langle n'|a|n\rangle &= 0, \qquad n' \neq n - 1, \\
\langle n - 1|a|n\rangle &= \sqrt{n}, \\
\langle n'|a^\dagger|n\rangle &= \langle n|a|n'\rangle.
\end{aligned} \tag{L.8}$$

Alle diese Ergebnisse folgen unmittelbar aus (L.4) und (L.5).

Bei der Behandlung eines harmonischen Kristalls verfährt man entsprechend; der Hamiltonoperator ist nun gegeben durch (23.2).[2] Seien $\omega_s(\mathbf{k})$ und $\epsilon_s(\mathbf{k})$ Frequenz und Polarisationsvektor einer klassischen Normalschwingung mit der Polarisation s und dem Wellenvektor $\mathbf{k}$, wie auf Seite 556 beschrieben. In Analogie zu (L.2) definieren[3] wir nun den „Phononen-Vernichtungsoperator"

$$a_{\mathbf{k}s} = \frac{1}{\sqrt{N}} \sum_{\mathbf{R}} e^{-i\mathbf{k}\cdot\mathbf{R}} \epsilon_s(\mathbf{k}) \cdot \left[\sqrt{\frac{M\omega_s(\mathbf{k})}{2\hbar}} \mathbf{u}(\mathbf{R}) + i\sqrt{\frac{1}{2\hbar M\omega_s(\mathbf{k})}} \mathbf{P}(\mathbf{R}) \right] \tag{L.9}$$

und seinen adjungierten Operator, den „Phononen-Erzeugungsoperator"

$$a_{\mathbf{k}s}^\dagger = \frac{1}{\sqrt{N}} \sum_{\mathbf{R}} e^{i\mathbf{k}\cdot\mathbf{R}} \epsilon_s(\mathbf{k}) \cdot \left[\sqrt{\frac{M\omega_s(\mathbf{k})}{2\hbar}} \mathbf{u}(\mathbf{R}) - i\sqrt{\frac{1}{2\hbar M\omega_s(\mathbf{k})}} \mathbf{P}(\mathbf{R}) \right]. \tag{L.10}$$

Aus den kanonischen Vertauschungsrelationen

$$\begin{aligned}
\left[u_\mu(\mathbf{R}), P_\nu(\mathbf{R}') \right] &= i\hbar\delta_{\mu\nu}\delta_{\mathbf{R}\mathbf{R}'}, \\
\left[u_\mu(\mathbf{R}), u_\nu(\mathbf{R}') \right] &= \left[P_\mu(\mathbf{R}), P_\nu(\mathbf{R}') \right] = 0,
\end{aligned} \tag{L.11}$$

---

[2] Wir fassen den Gang der Herleitung hier nur für einatomige Bravaisgitter zusammen und geben weiter unten an, auf welche Weise die Ergebnisse im Falle einer mehratomigen Basis zu verallgemeinern sind.

[3] Für $\omega_s(\mathbf{k})=0$ versagt diese Definition. Hierin spiegelt sich der physikalische Sachverhalt wider, daß die drei Freiheitsgrade einer Translation des Kristalls als Ganzem nicht als Oszillatorfreiheitsgrade beschrieben werden können. Das Problem tritt jedoch lediglich für drei der insgesamt N Normalschwingungen auf – für die akkustischen Moden mit $\mathbf{k}=0$ nämlich – und kann deshalb normalerweise ignoriert werden. Nur falls man die Translation des Kristalls als Ganzes oder seinen Gesamtimpuls betrachtet, ist es wesentlich, auch diese Freiheitsgrade korrekt zu behandeln. In Anhang M gehen wir noch näher auf dieses Problem ein.

der Identität[4]

$$\sum_{\mathbf{R}} e^{i\mathbf{k}\cdot\mathbf{R}} = 0 \begin{cases} 0, & \mathbf{k} \quad \text{falls } \mathbf{k} \text{ kein Vektor des rez. Gitters ist,} \\ N, & \mathbf{k} \quad \text{falls } \mathbf{k} \text{ ein Vektor des rez. Gitters ist,} \end{cases} \qquad \text{(L.12)}$$

und der Eigenschaft der Orthonormalität der Polarisationsvektoren (22.61) folgen die zu (L.4) analogen Vertauschungsrelationen

$$\left[a_{\mathbf{k}s}, a^{\dagger}_{\mathbf{k}'s'} \right] = \delta_{\mathbf{k}\mathbf{k}'} \delta_{ss'},$$

$$\left[a_{\mathbf{k}s}, a_{\mathbf{k}'s'} \right] = \left[a^{\dagger}_{\mathbf{k}s}, a^{\dagger}_{\mathbf{k}'s'} \right] = 0. \qquad \text{(L.13)}$$

Man kann nun (L.9) nach den ursprünglichen Koordinaten und Impulsen auflösen und sie durch $a_{\mathbf{k}s}$ und $a^{\dagger}_{\mathbf{k}s}$ ausdrücken:

$$\mathbf{u}(\mathbf{r}) = \frac{1}{\sqrt{N}} \sum_{\mathbf{k}s} \sqrt{\frac{\hbar}{2M\omega_s(\mathbf{k})}} (a_{\mathbf{k}s} + a^{\dagger}_{-\mathbf{k}s}) \boldsymbol{\epsilon}_s(\mathbf{k}) e^{i\mathbf{k}\cdot\mathbf{R}},$$

$$\mathbf{P}(\mathbf{r}) = \frac{-i}{\sqrt{N}} \sum_{\mathbf{k}s} \sqrt{\frac{\hbar M\omega_s(\mathbf{k})}{2}} (a_{\mathbf{k}s} - a^{\dagger}_{-\mathbf{k}s}) \boldsymbol{\epsilon}_s(\mathbf{k}) e^{i\mathbf{k}\cdot\mathbf{R}}. \qquad \text{(L.14)}$$

Man verifiziert diese Beziehungen entweder durch direktes Einsetzen von (L.9) und (L.10) in (L.14), oder auch mit Hilfe der „Vollständigkeitsrelation"

$$\sum_{s=1}^{3} [\boldsymbol{\epsilon}_s(\mathbf{k})]_{\mu} [\boldsymbol{\epsilon}_s(\mathbf{k})]_{\nu} = \delta_{\mu\nu}, \qquad \text{(L.15)}$$

die innerhalb einer beliebigen, vollständigen Menge reeller, orthogonaler Vektoren ebenso gilt wie die Identität[4,5]

$$\sum_{\mathbf{k}} e^{i\mathbf{k}\cdot\mathbf{R}} = 0 \quad \text{für } \mathbf{R} \neq 0. \qquad \text{(L.16)}$$

Durch Einsetzen von (L.14) in (23.2) kann man den harmonischen Hamiltonoperator durch die neuen Oszillatorvariablen ausdrücken. Unter Verwendung der Identität

---

[4] Siehe Anhang F.

[5] Dabei haben wir auch von der Tatsache Gebrauch gemacht, daß in einem einatomigen Bravaisgitter gilt $\omega_s(\mathbf{k}) = \omega_s(-\mathbf{k})$ und $(\epsilon)(\mathbf{k}) = (\epsilon)(-\mathbf{k})$.

(L.16) sowie der Eigenschaft der Orthonormalität der Polarisationsvektoren zu einem gegebenen **k** folgt dann für die kinetische Energie

$$\frac{1}{2M} \sum_{\mathbf{R}} \mathbf{P}(\mathbf{R})^2 = \frac{1}{4} \sum_{ks} \hbar\omega_s(\mathbf{k})(a_{\mathbf{k}s} - a^{\dagger}_{-\mathbf{k}s})(a^{\dagger}_{\mathbf{k}s} - a_{-\mathbf{k}s}). \tag{L.17}$$

Die potentielle Energie nimmt eine ähnliche Form an, wenn man die Tatsache berücksichtigt, daß die Polarisationsvektoren Eigenvektoren der dynamischen Matrix $\mathbf{D}(\mathbf{k})$ sind (siehe (22.57)):

$$U = \frac{1}{4} \sum_{ks} \hbar\omega_s(\mathbf{k})(a_{\mathbf{k}s} + a^{\dagger}_{-\mathbf{k}s})(a_{-\mathbf{k}s} + a^{\dagger}_{\mathbf{k}s}). \tag{L.18}$$

Addiert man die Ausdrücke für die kinetische und die potentielle Energie, so erhält man

$$H = \frac{1}{2} \sum \hbar\omega_s(\mathbf{k})(a_{\mathbf{k}s}a^{\dagger}_{\mathbf{k}s} + a^{\dagger}_{\mathbf{k}s}a_{\mathbf{k}s}), \tag{L.19}$$

was man durch Anwendung der Vertauschungsrelationen (L.13) auch in der Form

$$H = \sum \hbar\omega_s(\mathbf{k})(a^{\dagger}_{\mathbf{k}s}a_{\mathbf{k}s} + \frac{1}{2}) \tag{L.20}$$

schreiben kann. Dieser Ausdruck ist nichts anderes als eine Summe der Hamiltonoperatoren von $3N$ unabhängigen Oszillatoren, jeweils einem für jeden Wellenvektor und jede Polarisation. Kann man, wie in diesem Falle, einen Hamiltonoperator zerlegen in eine Summe miteinander vertauschbarer Teiloperatoren, so ergeben sich seine Eigenzustände einfach als alle möglichen Produkte der Eigenzustände seiner Teiloperatoren, und seine Eigenwerte sind Summen der Eigenwerte seiner Teiloperatoren. Somit ist ein Eigenzustand von H festgelegt durch Angabe der $3N$ Quantenzahlen n_{ks}, eine für jeden der $3N$ unabhängigen Oszillator-Hamiltonoperatoren $\hbar\omega_s(\mathbf{k})(a^{\dagger}_{\mathbf{k}s}a_{\mathbf{k}s} + \frac{1}{2})$. Die Energie eines solchen Zustandes ist dann

$$E = \sum (n_{\mathbf{k}s} + \frac{1}{2})\hbar\omega_s(\mathbf{k}). \tag{L.21}$$

Für zahlreiche Anwendungen (wie beispielsweise jene im Kapitel 23) ist es ausreichend, lediglich die Form (L.21) der Eigenwerte von H zu kennen. Spielen jedoch Wechselwirkungen der Gitterschwingungen miteinander oder mit einem äußeren elektromagnetischen Strahlungsfeld eine Rolle – dann also, wenn anharmonische Terme bedeutsam werden – so sind die Beziehungen (L.14) zu verwenden: Physikalische Wechselwirkungen drückt man am einfachsten durch die Koordinaten **u** und **P** aus;

jedoch sind es die a und $a^\dagger$, deren Matrixelemente in den harmonischen stationären Zuständen eine einfache Form annehmen.

Auf ähnliche Weise kann man auch den Hamiltonoperator für ein Gitter mit einer mehratomigen Basis transformieren; wir geben hier lediglich das Ergebnis an:

Die Definitionen (L.9) und (L.10) (welche nunmehr die $a_{\mathbf{k}s}$ und $a^\dagger_{\mathbf{k}s}$ für $s = 1, \ldots, 3p$ definieren, wobei p die Anzahl von Atomen in der Basis bezeichnet) bleiben auch weiterhin gültig, falls man die Ersetzungen

$$\mathbf{u}(\mathbf{R}) \to \mathbf{u}^i(\mathbf{R}),$$
$$\mathbf{P}(\mathbf{R}) \to \mathbf{P}^i(\mathbf{R}),$$
$$M \to M^i,$$
$$\epsilon_s(\mathbf{k}) \to \sqrt{M^i}\epsilon_s^i(\mathbf{k}) \text{ in (L.9)},$$
$$\epsilon_s(\mathbf{k}) \to \sqrt{M^i}\epsilon_s^i(\mathbf{k})^* \text{ in (L.10)}$$

(L.22)

durchführt und über den Index i summiert, welcher die Sorte des Basisatoms angibt. Die ϵ sind nun die Polarisationsvektoren der in (22.67) definierten klassischen Normalschwingungen. Diese Vektoren erfüllen die Orthonormalitätsrelation (22.68), das Kriterium

$$\sum_{s=1}^{3p}[\epsilon_s^i(\mathbf{k})^*]_\mu \, [\epsilon_s^j(\mathbf{k})]_\nu = \frac{1}{M_i}\delta_{ij}\delta_{\mu\nu}$$

(L.23)

für Vollständigkeit sowie die Bedingung[6]

$$\epsilon_s^i(-\mathbf{k}) = \epsilon_s^i(\mathbf{k})^*.$$

(L.24)

Auch die Umkehrformeln (L.14) bleiben unter der Voraussetzung gültig, daß man die Ersetzungen[7] (L.22) durchführt; die Vertauschungsregeln (L.13) sowie die Form (L.20) des harmonischen Hamiltonoperators bleiben unberührt.

---

[6] Ebenso wie die Bedingung $\omega_s(\mathbf{k}) = \omega_s(-\mathbf{k})$ gilt diese Beziehung recht allgemein. Im mehratomigen Fall jedoch sind die Polarisationsvektoren im allgemeinen nicht reell.

[7] Die erste der beiden Ersetzungen für die Polarisationsvektoren ist bei beiden Gleichungen (L.14) zu verwenden.

Anhang M:
Erhaltung des Kristallimpulses

Mit jeder Symmetrie eines Hamiltonoperators ist ein Erhaltungssatz verknüpft. Der Hamiltonoperator eines Kristalls besitzt ein Symmetrie, die eng mit der Translationssymmetrie des Bravaisgitters zusammenhängt und zu einem Erhaltungssatz von großer Allgemeinheit führt, dem *Erhaltungssatz des Kristallimpulses*. Betrachten wir den Hamiltonoperator

$$H = \sum_{\mathbf{R}} \frac{\mathbf{P}(\mathbf{R})^2}{2M} + \frac{1}{2} \sum_{\mathbf{R},\mathbf{R}'} \phi[\mathbf{R} + \mathbf{u}(\mathbf{R}) - \mathbf{R}' - \mathbf{u}(\mathbf{R}')]$$

$$+ \sum_{i=1}^{n} \frac{p_i{}^2}{2m_i} + \frac{1}{2} \sum_{i \neq j} v_{ij}(\mathbf{r}_i - \mathbf{r}_j)$$

$$+ \sum_{\mathbf{R},i} w_i(\mathbf{r}_i - \mathbf{R} - \mathbf{u}(\mathbf{R})). \tag{M.1}$$

Die ersten beiden Terme bilden den Hamiltonoperator der Atomrümpfe. Beachten Sie, daß wir hier die harmonische Näherung *nicht* anwenden,[1] sondern die Wechselwirkung zwischen den Atomrümpfen durch eine allgemeine Summe von Paarpotentialen[2] darstellen. Die beiden folgenden Terme stellen den Hamiltonoperator von n zusätzlichen Teilchen dar und der letzte Term repräsentiert die Wechselwirkung dieser Teilchen mit den Atomrümpfen. Um unseren Ansatz allgemein zu halten, machen wir keinerlei Annahmen bezüglich der konkreten Natur dieser n Teilchen, wobei dennoch die folgenden Feststellungen von Interesse sind:

1. Ist $n = 0$, so haben wir es mit einem einzelnen Isolatorkristall zu tun.

2. Bei $n = 1$ können wir unsere Theorie auf die Streuung eines einzelnen Teilchens – beispielsweise eines Neutrons – an einem Isolatorkristall anwenden.

---

[1] Trotzdem führen wir Operatoren ein, die mit Hilfe der Phononen-Operatoren a und $a^\dagger$ definiert sind (Anhang L). Diese Operatoren sind nicht mehr wohldefiniert, sobald das betrachtete System einem harmonischen Kristall mit einem Bravaisgitter $\{\mathbf{R}\}$ so unähnlich ist, daß es in einem vollständig verschiedenen Hilbert-Raum liegt. Obwohl daher unsere Vorgehensweise formal gesehen auch in Anwendung auf ein beliebiges System sinnvoll ist (beispielsweise eine Flüssigkeit oder einen Kristall, dessen Bravaisgitter von $\{\mathbf{R}\}$ verschieden ist), so sind unsere Schlußfolgerungen jedoch nur anwendbar auf den Fall eines Kristall mit dem Bravaisgitter $\{\mathbf{R}\}$.

[2] Selbst die Annahme von Paar-Wechselwirkungen ist nicht notwendig; wir machen diese Annahme alleine mit dem Ziel, dem Hamiltonoperator H eine konkrete Form zu geben, die nicht allzu komplex ist und damit den Gang der Argumentation verschleiern würde.

3. Zur Behandlung eines isolierten Metalls können wir die n Teilchen als die Leitungselektronen annehmen ($n \approx 10^{23}$); in diesem Falle wären alle m_i gleich der Elektronenmasse m und sämtliche $v_{ij}(\mathbf{r})$ wären dieselbe Funktion von $\mathbf{r}$.

4. Zur Beschreibung der Neutronenstreuung durch ein Metall können wir die n Teilchen wählen als die Gesamtheit der Leitungselektronen sowie ein einzelnes, von außen einfallendes Teilchen.

Beachten Sie, daß der Hamiltonoperator (M.1) invariant ist unter der homogenen Translation

$$\mathbf{r}_i \to \mathbf{r}_i + \mathbf{r}_0, \qquad \text{für } i = 1, \dots, n,$$
$$\mathbf{u}(\mathbf{R}) \to \mathbf{u}(\mathbf{R}) + \mathbf{r}_0, \quad \text{für alle } \mathbf{R}. \tag{M.2}$$

Diese vertraute Symmetrie hat die Erhaltung des *Gesamtimpulses* der Atomrümpfe und Teilchen zur Folge und ist *nicht* die Symmetrie, an der wir hier interessiert sind. Die Erhaltung des *Kristallimpulses* ist vielmehr eine Konsequenz der Tatsache, daß es möglich ist, die Translation der Atomrümpfe durch eine einfache Permutation ihrer Koordinaten zu simulieren, falls der Translationsvektor $\mathbf{r}_0$ gleich einem Vektor $\mathbf{R}_0$ des Bravaisgitters ist; der Hamiltonoperator (M.1) ist somit ebenfalls invariant unter der Transformation

$$\mathbf{r}_i \to \mathbf{r}_i + \mathbf{R}_0, \quad \text{für } i = 1, \dots, n,$$
$$\mathbf{u}(\mathbf{R}) \to \mathbf{u}(\mathbf{R} - \mathbf{R}_0), \quad \mathbf{P}(\mathbf{R}) \to \mathbf{P}(\mathbf{R} - \mathbf{R}_0), \quad \text{für alle } \mathbf{R}, \tag{M.3}$$

wie man explizit durch Einsetzen der Transformationsgleichungen in (M.1) verifiziert.

Um den Unterschied zwischen der Symmetrie (M.2) (mit $\mathbf{r}_0 = \mathbf{R}_0$) und der Symmetrie (M.3) hervorzuheben, betrachten wir die beiden folgenden symmetriebrechenden Terme, die man zum Hamiltonoperator (M.1) addieren könnte:

1. Wir könnten beispielsweise den Term

$$\frac{1}{2} K \sum_{\mathbf{R}} [\mathbf{u}(\mathbf{R})]^2 \tag{M.4}$$

hinzufügen. Dieser Term beschreibt die Bindung eines jeden Atomrumpfes an seine Gleichgewichtslage durch eine harmonische Feder. Er zerstört die Translationssymmetrie (M.2) des Hamiltonoperators, so daß der Impuls in Gegenwart dieses Terms nicht erhalten ist. Der Term (M.4) ist jedoch invariant unter der Permutationssymmetrie (M.3), so daß seine Addition folglich *nicht* die Erhaltung des Kristallimpulses beeinträchtigt.

2. Nehmen Sie andererseits an, wir änderten den Hamiltonoperator (M.1) derart, daß die Translationssymmetrie erhalten bleibt, während die Permutationssymmetrie

gebrochen wird. Dazu könnten wir beispielsweise den Atomrümpfen unterschiedliche Massen geben, womit der Term der kinetischen Energie der Atomrümpfe zu ersetzen wäre durch

$$\sum_{\mathbf{R}} \frac{\mathbf{P(R)}^2}{2M(\mathbf{R})}. \tag{M.5}$$

Der so entstandene Hamiltonoperator ist auch weiterhin invariant unter der räumlichen Translation (M.2), so daß der Gesamtimpuls erhalten bleibt; dagegen ist er nicht mehr invariant unter der Permutation (M.3), und der Kristallimpuls ist folglich *nicht* mehr erhalten.

Die Erhaltung des Kristallimpulses ist von beiden Erhaltungssätzen bei weitem der wichtigere. Praktisch haben Kristalle als Ganze *nicht* die Freiheit des Rückstoßes; selbst wenn sie einen Rückstoßimpuls aufnehmen könnten, so wäre die winzige Änderung des Gesamtimpulses des gesamten Kristalls durch die Streuung eines einzelnen Neutrons weit von der direkten Meßbarkeit entfernt.

Herleitung des Erhaltungssatzes

Zur Herleitung des Erhaltungssatzes, der sich aus der Symmetrie (M.3) ergibt, ist es notwendig, die quantenmechanischen Operatoren zu beschreiben, welche diese Transformation erzeugen. Jener Teil der Transformation, der die Teilchenkoordinaten betrifft ($\mathbf{r}_i \rightarrow \mathbf{r}_i + \mathbf{R}_0$), wird durch den Teilchen-Translationsoperator $T_{\mathbf{R}_0}$ bewirkt (siehe Kapitel 8). Es ist ein grundlegendes Ergebnis der Quantenmechanik, daß man diese Transformation schreiben kann als eine unitäre Transformation, welche den Operator des Gesamtimpulses der Teilchen enthält:[3]

$$\mathbf{r}_i \rightarrow \mathbf{r}_i + \mathbf{R}_0 = T_{\mathbf{R}_0}\, \mathbf{r}_i\, T_{\mathbf{R}_0}{}^{-1} = e^{(i/\hbar)\mathbf{P}\cdot\mathbf{R}_0}\mathbf{r}_i e^{-(i/\hbar)\mathbf{P}\cdot\mathbf{R}_0},$$

$$\mathbf{P} = \sum_{i=1}^{n} \mathbf{P}_i. \tag{M.6}$$

Darüber hinaus benötigen wir den Operator, der die Transformation (M.3) für die Koordinaten der Atomrümpfe erzeugt. Die Formulierung des Satzes von der Erhaltung des Kristallimpulses nimmt im wesentlichen deshalb eine einfache Form an, weil die Struktur dieser Transformation der Struktur von (M.6) sehr ähnlich ist:

$$\mathbf{u(R)} \rightarrow \mathbf{u(R - R_0)} = \Im_{\mathbf{R}_0}\mathbf{u(R)}\Im_{\mathbf{R}_0}{}^{-1} = e^{i\boldsymbol{\mathfrak{K}}\cdot\mathbf{R}_0}\mathbf{u(R)}e^{-i\boldsymbol{\mathfrak{K}}\cdot\mathbf{R}_0},$$

$$\mathbf{P(R)} \rightarrow \mathbf{P(R - R_0)} = \Im_{\mathbf{R}_0}\mathbf{P(R)}\Im_{\mathbf{R}_0}{}^{-1} = e^{i\boldsymbol{\mathfrak{K}}\cdot\mathbf{R}_0}\mathbf{P(R)}e^{-i\boldsymbol{\mathfrak{K}}\cdot\mathbf{R}_0}. \tag{M.7}$$

---

[3] Siehe beispielsweise K. Gottfried, *Quantum Mechanics*, vol. 1, W. A. Benjamin, Menlo Park, California (1966), Seite 245.

Der Operator $\hat{\mathcal{R}}$ steht in keiner Weise in Zusammenhang mit dem Operator $\mathbf{P} = \sum \mathbf{P(R)}$ des Gesamtimpulses der Atomrümpfe; er ist dadurch gegeben,[4] daß man die Eigenzustände von $\hat{\mathcal{R}}$ als Eigenzustände des harmonischen Anteils des Rumpf-Rumpf-Hamiltonoperators annimmt, und seinen Eigenwert in einem Zustand mit den Phononen-Besetzungszahlen $n_{\mathbf{k}}$ als

$$\hat{\mathcal{R}} | \{n_{\mathbf{k}s}\} \rangle = \left(\sum_{\mathbf{k}s} \mathbf{k} n_{\mathbf{k}s} \right) | \{n_{\mathbf{k}s}\} \rangle. \tag{M.8}$$

Um zu verifizieren, daß der durch (M.8) definierte Operator $\hat{\mathcal{R}}$ die Transformation (M.7) realisiert, verwenden wir die Darstellung (L.14), die für jede Normalschwingung die $\mathbf{u(R)}$ und $\mathbf{P(R)}$ in Abhängigkeit von den Erzeugungs- und Vernichtungsoperatoren des Oszillators beschreibt:

$$\mathbf{u(R)} = \frac{1}{\sqrt{N}} \sum_{\mathbf{k}s} \sqrt{\frac{\hbar}{2M\omega_s(\mathbf{k})}} (a_{\mathbf{k}s} + a^\dagger_{-\mathbf{k}s}) e^{i\mathbf{k}\cdot\mathbf{R}} \boldsymbol{\epsilon}_s(\mathbf{k}). \tag{M.9}$$

(Wir betrachten hier nur die $\mathbf{u(R)}$ explizit; die Argumentation für die $\mathbf{P(R)}$ ist praktisch identisch.) Da $a_{\mathbf{k}s}$ und $a^\dagger_{-\mathbf{k}s}$ die einzigen Operatoren in (M.9) sind, so gilt

$$e^{i\hat{\mathcal{R}}\cdot\mathbf{R}_0} \, \mathbf{u(R)} \, e^{-i\hat{\mathcal{R}}\cdot\mathbf{R}_0} = \frac{1}{\sqrt{N}} \sum_{\mathbf{k}s} \sqrt{\frac{\hbar}{2M\omega_s(\mathbf{k})}}$$
$$\cdot (e^{i\hat{\mathcal{R}}\cdot\mathbf{R}_0} a_{\mathbf{k}s} e^{-i\hat{\mathcal{R}}\cdot\mathbf{R}_0} + e^{i\hat{\mathcal{R}}\cdot\mathbf{R}_0} a^\dagger_{-\mathbf{k}s} e^{-i\hat{\mathcal{R}}\cdot\mathbf{R}_0}) e^{i\mathbf{k}\cdot\mathbf{R}} \boldsymbol{\epsilon}(\mathbf{k}). \tag{M.10}$$

Wir hätten somit die Gültigkeit von (M.7) nachgewiesen, wenn es uns gelänge,

$$e^{i\hat{\mathcal{R}}\cdot\mathbf{R}_0} a_{\mathbf{k}s} e^{-i\hat{\mathcal{R}}\cdot\mathbf{R}_0} = e^{-i\mathbf{k}\cdot\mathbf{R}_0} a_{\mathbf{k}s}$$
$$e^{i\hat{\mathcal{R}}\cdot\mathbf{R}_0} a^\dagger_{-\mathbf{k}s} e^{-i\hat{\mathcal{R}}\cdot\mathbf{R}_0} = e^{-i\mathbf{k}\cdot\mathbf{R}_0} a^\dagger_{-\mathbf{k}s}, \tag{M.11}$$

zu zeigen, da sich (M.10) durch Einsetzen von (M.11) auf die Form (M.9) reduziert, wobei $\mathbf{R}$ ersetzt ist durch $\mathbf{R} - \mathbf{R}_0$.

---

[4] Man kann einen Operator als definiert betrachten durch Vorgabe eines vollständigen Satzes von Eigenzuständen und der dazugehörigen Eigenwerte, da ein beliebiger Zustand als eine Linearkombination der Zustände dieses vollständigen Satzes darstellbar ist. Beachten Sie, daß man in diesem Zusammenhang die subtile Annahme machen muß, daß der Festkörper tatsächlich kristallin ist, mit einem Bravaisgitter $\{\mathbf{R}\}$: denn träfe diese Annahme nicht zu, so wäre es nicht möglich, die Zustände des Festkörpers als Linearkombinationen von Eigenzuständen eines harmonischen Kristalls mit einem Bravaisgitter $\{\mathbf{R}\}$ auszudrücken.

Beide Aussagen (M.11) ergeben sich unmittelbar aus der einzigen Identität

$$e^{i\mathfrak{K}\cdot\mathbf{R}_0}a_{\mathbf{k}s}^{\dagger}e^{-i\mathfrak{K}\cdot\mathbf{R}_0} = e^{i\mathbf{k}\cdot\mathbf{R}_0}a_{\mathbf{k}s}^{\dagger}, \qquad (M.12)$$

da die erste der Gleichungen (M.11) das Adjungierte von (M.12) ist und die zweite der Gleichungen durch die Ersetzung $\mathbf{k} \to -\mathbf{k}$ in (M.12) folgt. Die Gültigkeit von (M.12) wäre gezeigt, wenn wir nachweisen könnten, daß die Operatoren auf beiden Seiten der Gleichung dieselbe Wirkung auf einen vollständigen Satz von Zuständen haben, da sie in diesem Falle auch dieselbe Wirkung auf jede Linearkombination von Zuständen dieses vollständigen Satzes hätten – und somit auch auf einen ganz beliebigen Zustand. Wir wählen auch hier wieder als vollständigen Satz von Zuständen die Eigenzustände des harmonischen Hamiltonoperators. Der Operator $a_{\mathbf{k}s}^{\dagger}$, als Oszillator-Erzeugungsoperator für die Normalschwingung $\mathbf{k}s$, wirkt auf einen Zustand mit einem bestimmten Satz von Phononen-Besetzungszahlen und erzeugt – bis auf eine Normierungskonstante – einen Satz von Besetzungszahlen, bei dem die Besetzungszahl der Normalschwingung $\mathbf{k}s$ um Eins erhöht ist und sämtliche übrigen Besetzungszahlen unverändert bleiben. Zunächst können wir

$$e^{i\mathfrak{K}\cdot\mathbf{R}_0}a_{\mathbf{k}s}^{\dagger}e^{-i\mathfrak{K}\cdot\mathbf{R}_0}|\{n_{\mathbf{k}s}\}\rangle = \exp\left(-i\sum_{\mathbf{k}'s}\mathbf{k}'n_{\mathbf{k}'s}\cdot\mathbf{R}_0\right)e^{i\mathfrak{K}\cdot\mathbf{R}_0}a_{\mathbf{k}s}^{\dagger}|\{n_{\mathbf{k}s}\}\rangle \qquad (M.13)$$

schreiben, wobei wir einfach (M.8) verwendet haben. Da sich der Zustand $a_{\mathbf{k}s}^{\dagger}|\{n_{\mathbf{k}s}\}\rangle$ vom Zustand $|\{n_{\mathbf{k}s}\}\rangle$ lediglich dadurch unterscheidet, daß die Besetzungszahl der Mode $\mathbf{k}s$ um eins erhöht ist, so ist er ebenfalls ein Eigenzustand von $\mathfrak{K}$ zum Eigenwert $\sum\mathbf{k}'n_{\mathbf{k}'s} + \mathbf{k}$. Deshalb hebt sich jeder Term im Eigenwert von $e^{i\mathbf{k}\cdot\mathbf{R}_0}$ mit dem entsprechenden Term im Eigenwert von $e^{-i\mathbf{k}\cdot\mathbf{R}_0}$ heraus, mit Ausnahme des einzigen zusätzlichen Terms $e^{i\mathbf{k}\cdot\mathbf{R}_0}$, und man erhält

$$\exp\left(-i\sum_{\mathbf{k}'s}\mathbf{k}'n_{\mathbf{k}'s}\cdot\mathbf{R}_0\right)e^{i\mathfrak{K}\cdot\mathbf{R}_0}a_{\mathbf{k}s}^{\dagger}|\{n_{\mathbf{k}s}\}\rangle = e^{i\mathbf{k}\cdot\mathbf{R}_0}a_{\mathbf{k}s}^{\dagger}|\{n_{\mathbf{k}s}\}\rangle. \qquad (M.14)$$

(M.14) und (M.13) beweisen (M.12), so daß also $\mathfrak{K}$ die gesuchte Transformation ist. Man bezeichnet den Operator $\hbar\mathfrak{K}$ als den Operator des Kristallimpulses.

Anwendungen

Wir demonstrieren die Auswirkungen der Erhaltung des Kristallimpulses in den folgenden Fällen:

1. Freier Isolator Sind nur die Atomrümpfe vorhanden, so folgt aus der Invarianz (M.3), daß der Hamiltonoperator mit dem Operator $e^{i\hat{K}\cdot R_0}$ vertauscht:

$$e^{i\hat{K}\cdot R_0}H(\{u(R), P(R)\})e^{-i\hat{K}\cdot R_0} = H(\{u(R - R_0), P(R - R_0)\}) \equiv H$$

$$\text{oder}\quad e^{i\hat{K}\cdot R_0}H = He^{i\hat{K}\cdot R_0}. \tag{M.15}$$

Dies bedeutet, daß der Operator $\mathfrak{I}_{R_0} = e^{i\hat{K}\cdot R_0}$ eine Konstante der Bewegung ist: Befindet sich der Kristall zur Zeit $t = 0$ in einem Eigenzustand von $\mathfrak{I}_{R_0}$, so bleibt er für alle folgenden Zeiten in diesem Eigenzustand. Nehmen wir insbesondere an, der Kristall befinde sich zur Zeit $t = 0$ in einem Eigenzustand des harmonischen Hamiltonoperators mit den Phononen-Besetzungszahlen n_{ks}. Da der vollständige Hamiltonoperator *nicht* harmonisch ist, kann dies kein stationärer Zustand sein. Die Erhaltung des Kristallimpulses erfordert jedoch, daß dieser Zustand für alle Vektoren R_0 des Bravaisgitters ein Eigenzustand von $\mathfrak{I}_{R_0}$ bleibt – was bedeutet, daß der Zustand zu allen künftigen Zeiten nur eine Linearkombination von Eigenzuständen des harmonischen Hamiltonoperators sein kann, deren Phononen-Besetzungszahlen n'_{ks} zum selben Eigenwert von $\mathfrak{I}_{R_0}$ führen, wie der ursprüngliche Zustand:

$$\exp(i\sum kn'_{ks}\cdot R_0) = \exp(i\sum kn_{ks}\cdot R_0). \tag{M.16}$$

Da dies für *beliebige* Bravaisgittervektoren R_0 gelten muß (die $\mathfrak{I}_{R_0}$ vertauschen für verschiedene R_0 miteinander), so gilt

$$\exp\{i[\sum(kn_{ks} - kn'_{ks})\cdot R_0]\} = 1 \qquad \text{für alle } R_0, \tag{M.17}$$

was erfordert, daß

$$\sum kn_{ks} = \sum kn'_{ks} + \text{Vektor des reziproken Gitters} \tag{M.18}$$

Somit *ist der gesamte Phononen-Wellenvektor in einem anharmonischen Kristall bis auf einen additiven Vektor des reziproken Gitters erhalten.*

2. Streuung eines Neutrons an einem Isolator Nehmen wir an, zu Beginn des Experiments befinde sich der Kristall in einem Eigenzustand des harmonischen Hamiltonoperators mit den Phononen-Besetzungszahlen n_{ks} und das Neutron in einem Zustand mit dem *eigentlichen* Impuls p, welcher die Bedingung

$$T_{R_0}\psi(r) = e^{(i/\hbar)p\cdot R_0}\psi(r) \qquad (\text{d.h. } \psi(r) = e^{(i/\hbar)p\cdot R_0}) \tag{M.19}$$

erfüllt, wobei T_{R_0} den Translationsoperator des Neutrons bezeichnet. Aus der Invarianz des gesamten Hamiltonoperators von Neutron und Atomrümpfen unter der

Transformation (M.3) folgt, daß das Produkt der Translation des Neutrons mit den Permutationsoperatoren der Atomrümpfe für beliebiges $\mathbf{R}_0$ mit H vertauscht:

$$[T_{\mathbf{R}_0} \mathfrak{I}_{\mathbf{R}_0}, H] = 0. \tag{M.20}$$

Im anfänglichen Zustand Φ gilt

$$T_{\mathbf{R}_0} \mathfrak{I}_{\mathbf{R}_0} \Phi = \exp[i(\mathbf{p}/\hbar + \sum \mathbf{k} n_{\mathbf{k}s}) \cdot \mathbf{R}_0] \Phi. \tag{M.21}$$

Deshalb müssen zeitlich folgende Zustände ebenfalls Eigenzustände zum selben Eigenwert sein. Man kann sie daher als Linearkombinationen von Zuständen darstellen, in welchen das Neutron den Impuls $\mathbf{p}'$ hat und der Kristall die Besetzungszahlen $n'_{\mathbf{k}s}$, unter der Einschränkung

$$\mathbf{p}' + \hbar \sum \mathbf{k} n'_{\mathbf{k}s} = \mathbf{p} + \hbar \sum \mathbf{k} n_{\mathbf{k}s} + \hbar \cdot \text{Vektor des reziproken Gitters.} \tag{M.22}$$

Somit *muß die Impulsänderung des Neutrons kompensiert werden durch eine Änderung des Kristallimpulses[5] der Phononen – bis auf das additive Produkt eines Vektors des reziproken Gitters mit $\hbar$.*

3. Freies Metall Nehmen wir die Teilchen als die Leitungselektronen an, so können wir zur Zeit $t = 0$ einen Zustand betrachten, in welchem sich die Elektronen in einem bestimmten Satz von Bloch-Niveaus befinden. Nun ist jedes Bloch-Niveau (siehe (8.21)) ein Eigenzustand des Elektronen-Translationsoperators:

$$T_{\mathbf{R}_0} \psi_{n\mathbf{k}}(\mathbf{r}) = e^{i\mathbf{k} \cdot \mathbf{R}_0} \psi_{n\mathbf{k}}(\mathbf{r}). \tag{M.23}$$

Befindet sich der Kristall darüber hinaus bei $t = 0$ in einem Eigenzustand des harmonischen Hamiltonoperators, so hat die Kombination $T_{\mathbf{R}_0} \mathfrak{I}_{\mathbf{R}_0}$ aus Elektronen-Translationsoperator und Permutationsoperator der Atomrümpfe den Eigenwert

$$\exp[i(\mathbf{k}_e + \sum \mathbf{k} n_{\mathbf{k}s}) \cdot \mathbf{R}_0], \tag{M.24}$$

wobei $\mathbf{k}_e$ die Summe der Wellenvektoren der Elektronen in allen besetzten Bloch-Niveaus bezeichnet (d.h. $\hbar \mathbf{k}_e$ ist der gesamte Kristallimpuls der Elektronen). Da dieser Operator mit dem Elektronen-Rumpf-Hamiltonoperator vertauscht, so muß das Metall für alle zukünftigen Zeiten in einem Eigenzustand bleiben. Somit *muß die Änderung des gesamten Kristallimpulses der Elektronen kompensiert werden durch eine Änderung des gesamten Kristallimpulses der Atomrümpfe – bis auf einen additiven Vektor des reziproken Gitters.*

---

[5] Man bezeichnet den Eigenwert $\hbar \sum \mathbf{k} n_{\mathbf{k}s}$ des Kristallimpulsoperators $\hbar \hat{\mathfrak{K}}$ als den Kristallimpuls (siehe Seite 599).

4. Streuung eines Neutrons durch ein Metall   Auf dieselbe Weise können wir herleiten, daß *bei der Streuung von Neutronen durch ein Metall die Änderung des Neutronenimpulses kompensiert werden muß durch eine Änderung des gesamten Kristallimpulses der Elektronen und Atomrümpfe – bis auf ein additives Produkt aus einem Vektor des reziproken Gitters und* ℏ. Neutronen wechselwirken jedoch nur schwach mit Elektronen, so daß sich praktisch nur der Kristallimpuls des Gitters ändert. Deshalb ist der vorliegende Fall im wesentlichen identisch mit Fall 2. Beachten Sie jedoch, daß Röntgenstrahlen stark mit Elektronen in Wechselwirkung treten, so daß bei der Röntgenstreuung Kristallimpuls an das System der Elektronen „verloren gehen" kann.

Anhang N:
Theorie der Streuung von Neutronen an einem Kristall

Ein Neutron mit dem Impuls $\mathbf{p}$ werde an einem Kristall gestreut und besitze nach dem Streuprozeß den Impuls $\mathbf{p}'$. Wir nehmen an, die einzigen Freiheitsgrade des Kristalls seien die Freiheitsgrade einer Bewegung der Atomrümpfe, vor der Streuung befänden sich die Atomrümpfe in einem Eigenzustand des Kristall-Hamiltonoperators mit der Energie E_i und nach der Streuung ebenfalls wieder in einem Eigenzustand, nun mit der Energie E_f. Wir beschreiben Anfangs- und Endzustand des zusammengesetzten Systems aus Neutronen und Atomrümpfen sowie die Energien dieser Zustände wie folgt:

$$\text{Vor der Streuung:} \quad \Psi_i = \psi_p(\mathbf{r})\Phi_i, \quad \psi_p = \frac{1}{\sqrt{V}}e^{i\mathbf{p}\cdot\mathbf{r}/\hbar},$$

$$\varepsilon_i = E_i + p^2/2M_n,$$

$$\text{Nach der Streuung:} \quad \Psi_f = \psi_{p'}(\mathbf{r})\Phi_f, \quad \psi_{p'} = \frac{1}{\sqrt{V}}e^{i\mathbf{p}'\cdot\mathbf{r}/\hbar},$$

$$\varepsilon_f = E_f + p'^2/2M_n. \tag{N.1}$$

Es ist zweckmäßig, die Variablen ω und $\mathbf{q}$ in Abhängigkeit von Energiegewinn und Impulsübertrag des Neutrons zu definieren als

$$\hbar\omega = \frac{p'^2}{2M_n} - \frac{p^2}{2M_n},$$

$$\hbar\mathbf{q} = \mathbf{p}' - \mathbf{p}. \tag{N.2}$$

Die Wechselwirkung zwischen Neutronen und Atomrümpfen beschreiben wir durch

$$V(\mathbf{r}) = \sum_{\mathbf{R}} v(\mathbf{r} - \mathbf{r}(\mathbf{R})) = \frac{1}{V}\sum_{\mathbf{k},\mathbf{R}} v_{\mathbf{k}} e^{i\mathbf{k}\cdot[\mathbf{r}-\mathbf{r}(\mathbf{R})]}. \tag{N.3}$$

Da v typischerweise von der Größenordnung 10^{-13} cm ist (entsprechend einer typischen Kernabmessung), so variieren ihre Fourier-Komponenten auf einer Skala $k \approx 10^{13}$ cm^{-1} und sind daher für Wellenvektoren von der Größenordnung 10^8 cm^{-1} – dem für die Messung von Phononenspektren relevanten Bereich – im wesentlichen von k unabhängig. Man drückt die Konstante v_0 üblicherweise durch eine Länge a aus, die sogenannte Streulänge; sie ist derart definiert, daß der gesamte Wirkungsquerschnitt für die Streuung eines Neutrons an einem einzelnen, isolierten Atomrumpf in der Bornschen Näherung gegeben ist durch $4\pi a^2$.[1] Damit schreibt man (N.3) in der Form

$$V(\mathbf{r}) = \frac{2\pi\hbar^2 a}{M_n V} \sum_{\mathbf{k},\mathbf{R}} e^{i\mathbf{k}\cdot[\mathbf{r}-\mathbf{r}(\mathbf{R})]}. \tag{N.4}$$

Die Wahrscheinlichkeit pro Zeiteinheit für die Streuung eines Neutrons aufgrund dieser Wechselwirkung mit den Atomrümpfen, bei der sich dessen Impuls von $\mathbf{p}$ zu $\mathbf{p}'$ ändert, berechnet man in praktisch allen Fällen mit Hilfe der „Goldenen Regel" der zeitabhängigen Störungstheorie niedrigster Ordnung:[2]

$$\begin{aligned}
P &= \sum_f \frac{2\pi}{\hbar} \, \delta(\varepsilon_i - \varepsilon_f)(\Psi_i, V\Psi_f)^2 \\
&= \sum_f \frac{2\pi}{\hbar} \, \delta(E_f - E_i + \hbar\omega) \left| \frac{1}{V} \int d\mathbf{r} \, e^{i\mathbf{q}\cdot\mathbf{r}} (\Phi_i, V(\mathbf{r})\Phi_f) \right|^2 \\
&= \frac{(2\pi\hbar)^3}{(M_n V)^2} \, a^2 \sum_f \delta(E_f - E_i + \hbar\omega) \left| \sum_{\mathbf{R}} (\Phi_i, e^{i\mathbf{q}\cdot\mathbf{r}(\mathbf{R})}\Phi_f) \right|^2.
\end{aligned} \tag{N.5}$$

Die Übergangsrate P hängt mit dem gemessenen Streuquerschnitt $d\sigma/(d\Omega\,dE)$ über die folgende Beziehung zwischen dem Streuquerschnitt, der Übergangsrate und dem einfallenden Neutronenfluß $j = (p/M_n)|\psi_\mathbf{p}|^2 = (1/V)(p/M_n)$ zusammen:[3]

$$\begin{aligned}
j\frac{d\sigma}{d\Omega\,dE}\, d\Omega\, dE &= \frac{P}{M_n V} \frac{d\sigma}{d\Omega\,dE} \, d\Omega\, dE = \frac{PV\,d\mathbf{p}'}{(2\pi\hbar)^3} \\
&= \frac{PV p'^2 \, dp' \, d\Omega}{(2\pi\hbar)^3} = \frac{PV M_n \, p' \, dE \, d\Omega}{(2\pi\hbar)^3}.
\end{aligned} \tag{N.6}$$

---

[1] Wir nehmen an, daß die Kerne den Spin Null haben und isotopengleich sind. Im allgemeinen muß man die Möglichkeit zulassen, daß a vom Kernzustand abhängen kann; hieraus ergeben sich zwei unterschiedliche Typen von Termen im Streuquerschnitt: einerseits ein *kohärenter* Term, der die Form des weiter unten hergeleiteten Querschnittes hat, wobei a durch seinen Mittelwert ersetzt ist, sowie andererseits ein *inkohärenter* Term, der nur schwach energieabhängig ist und zusammen mit den Multiphononenprozessen zum diffusen Hintergrund beiträgt.

[2] Siehe beispielsweise D. Park, *Introduction to the Quantum Theory*, McGraw-Hill, New York (1964), Seite 244. Die Auswertung der Daten von Neutronenstreuexperimenten beruht wesentlich auf dieser Art der Anwendung der Störungstheorie niedrigster Ordnung, d.h. auf der Bornschen Näherung. Die Korrekturen der Störungstheorie höherer Ordnungen beschreiben die sogenannte Mehrfachstreuung.

[3] Wir nutzen hier die Tatsache, daß ein Volumenelement $d\mathbf{p}'$ eine Anzahl von $V\,d\mathbf{p}'/(2\pi\hbar)^3$ Neutronenzuständen eines bestimmten Spintyps enthält. (Die Argumentation zur Begründung dieser Aussage ist identisch mit der in Kapitel 2 für Elektronen gegebenen.)

Für einen gegebenen Anfangszustand i und sämtliche Endzustände f, die mit der „energieerhaltenden" δ-Funktion kompatibel sind, ergeben die Gleichungen (N.5) und (N.6)

$$\frac{d\sigma}{d\Omega\,dE} = \frac{p'}{p}\,\frac{Na^2}{\hbar}\,S_i(\mathbf{q},\omega) \tag{N.7}$$

mit

$$S_i(\mathbf{q},\omega) = \frac{1}{N}\sum_f \delta\left(\frac{E_f - E_i}{\hbar} + \omega\right)\left|\sum_{\mathbf{R}}(\Phi_i, e^{i\mathbf{q}\cdot\mathbf{r}(\mathbf{R})}\Phi_f)\right|^2. \tag{N.8}$$

Zur Berechnung von S_i verwenden wir die Darstellung

$$\delta(\omega) = \int_{-\infty}^{\infty}\frac{dt}{2\pi}e^{i\omega t} \tag{N.9}$$

und beachten dabei, daß ein beliebiger Operator die Beziehung $e^{i(E_f - E_i)t/\hbar}(\Phi_f, A\Phi_i) = (\Phi_f, A(t)\Phi_i)$ erfüllt, wobei $A(t) = e^{iHt/\hbar}Ae^{-iHt/\hbar}$. Weiter gilt für ein beliebiges Paar von Operatoren A und B

$$\sum_f (\Phi_i, A\Phi_f)(\Phi_f, B\Phi_i) = (\Phi_i, AB\Phi_i). \tag{N.10}$$

Damit folgt

$$S_i(\mathbf{q},\omega) = \frac{1}{N}\int\frac{dt}{2\pi}e^{i\omega t}$$
$$\cdot \sum_{\mathbf{R}\mathbf{R}'}e^{-i\mathbf{q}\cdot(\mathbf{R}-\mathbf{R}')}(\Phi_i, \exp[i\mathbf{q}\cdot\mathbf{u}(\mathbf{R}')]\exp[-i\mathbf{q}\cdot\mathbf{u}(\mathbf{R},t)]\Phi_i). \tag{N.11}$$

Im allgemeinen betrachten wir den Kristall im thermodynamischen Gleichgewicht, so daß also der Streuquerschnitt für ein gegebenes i über eine Maxwell-Boltzmann-Verteilung von Gleichgewichtszuständen zu mitteln ist. Wir ersetzen daher S_i durch seinen thermodynamischen Mittelwert

$$S(\mathbf{q},\omega) = \frac{1}{N}\sum_{\mathbf{R},\mathbf{R}'}e^{-i\mathbf{q}\cdot(\mathbf{R}-\mathbf{R}')}$$
$$\cdot \int\frac{dt}{2\pi}e^{i\omega t}\langle\exp[i\mathbf{q}\cdot\mathbf{u}(\mathbf{R}')]\exp[-i\mathbf{q}\cdot\mathbf{u}(\mathbf{R},t)]\rangle \tag{N.12}$$

mit

$$\langle A \rangle = \frac{\sum e^{-E_i/k_B T}(\Phi_i, A\Phi_i)}{\sum e^{-E_i/k_B T}}. \tag{N.13}$$

So erhalten wir schließlich

$$\boxed{\frac{d\sigma}{d\Omega\, dE} = \frac{p'}{p} \frac{N a^2}{\hbar} S(\mathbf{q}, \omega).} \tag{N.14}$$

Man bezeichnet $S(\mathbf{q}, \omega)$ als den *dynamischen Strukturfaktor* des Kristalls; er ist vollständig bestimmt durch die Eigenschaften des Kristalls selbst, unabhängig von den jeweiligen Eigenschaften der Neutronen.[4] Bei der Herleitung von (N.14) mußten wir an keiner Stelle von der harmonischen Näherung Gebrauch machen, weshalb dieses Ergebnis mit recht großer Allgemeinheit gilt und – mit den notwendigen Änderungen der Schreibweise – sogar auf die Streuung von Neutronen in Flüssigkeiten anwendbar ist. Zur Herleitung der besonderen Charakteristika der Streuung von Neutronen an einem Gitter von Atomrümpfen führen wir nunmehr die harmonische Näherung ein.

In einem harmonischen Kristall ist der Ort eines Atomrumpfes zur Zeit t eine lineare Funktion der Orte und Impulse sämtlicher Atomrümpfe zur Zeit $t = 0$. Man kann für Operatoren A und B, die in den $\mathbf{u}(\mathbf{R})$ und $\mathbf{P}(\mathbf{R})$ eines *harmonischen Kristalls* linear sind, die Beziehung

$$\langle e^A e^B \rangle = e^{(1/2)\langle A^2 + 2AB + B^2 \rangle} \tag{N.15}$$

zeigen.[5] Dieser Zusammenhang ist unmittelbar auf (N.12) anwendbar, mit dem Ergebnis

$$\langle \exp[i\mathbf{q} \cdot \mathbf{u}(\mathbf{R}')] \exp[-i\mathbf{q} \cdot \mathbf{u}(\mathbf{R}, t)] \rangle =$$
$$\exp\left(-\frac{1}{2}\langle [\mathbf{q} \cdot \mathbf{u}(\mathbf{R}')]^2 \rangle - \frac{1}{2}\langle [\mathbf{q} \cdot \mathbf{u}(\mathbf{R}, t)]^2 \rangle + \langle [\mathbf{q} \cdot \mathbf{u}(\mathbf{R}')][\mathbf{q} \cdot \mathbf{u}(\mathbf{R}, t)] \rangle \right). \tag{N.16}$$

Man kann diesen Ausdruck noch vereinfachen, wenn man beachtet, daß die Produkte der Operatoren nur von den relativen Orten und Zeiten abhängen,

$$\langle [\mathbf{q} \cdot \mathbf{u}(\mathbf{R}')]^2 \rangle = \langle [\mathbf{q} \cdot \mathbf{u}(\mathbf{R}, t)]^2 \rangle = \langle [\mathbf{q} \cdot \mathbf{u}(0)]^2 \rangle \equiv 2W$$
$$\langle [\mathbf{q} \cdot \mathbf{u}(\mathbf{R}')][\mathbf{q} \cdot \mathbf{u}(\mathbf{R}, t)] \rangle = \langle [\mathbf{q} \cdot \mathbf{u}(0)][\mathbf{q} \cdot \mathbf{u}(\mathbf{R} - \mathbf{R}', t)] \rangle, \tag{N.17}$$

---

[4] Es handelt sich dabei einfach um die Fourier-Transformierte der Dichte-Autokorrelationsfunktion.

[5] N. D. Mermin in *J. Math. Phys.* 7, 1038 (1966) führt einen besonders kompakten Beweis.

so daß man schreiben kann

$$S(\mathbf{q}, \omega) = e^{-2W} \int \frac{dt}{2\pi} e^{i\omega t} \sum_{\mathbf{R}} e^{-i\mathbf{q}\cdot\mathbf{R}} \exp[\mathbf{q} \cdot \mathbf{u}(0)][\mathbf{q} \cdot \mathbf{u}(\mathbf{R}, t)]. \tag{N.18}$$

Gleichung (N.18) stellt das Ergebnis einer *exakten* Berechnung von $S(\mathbf{q}, \omega)$ (Gleichung (N.12)) dar, *vorausgesetzt, der Kristall ist harmonisch.*

In Kapitel 24 klassifizierten wir verschiedene Neutronenstreuprozesse anhand der Anzahl m von Phononen, die bei der Streuung vom Neutron erzeugt und/oder absorbiert werden. Entwickelt man die Exponentialfunktion im Integranden von S,

$$\exp\langle[\mathbf{q} \cdot \mathbf{u}(0)][\mathbf{q} \cdot \mathbf{u}(\mathbf{R}, t)]\rangle = \sum_{m=0}^{\infty} \frac{1}{m!} (\langle[\mathbf{q} \cdot \mathbf{u}(0)][\mathbf{q} \cdot \mathbf{u}(\mathbf{R}, t)]\rangle)^m, \tag{N.19}$$

so kann man zeigen, daß der m-te Term dieser Entwicklung exakt den Beitrag des m-Phononen-Prozesses zum gesamten Streuquerschnitt beschreibt. Wir beschränken uns hier darauf, zu zeigen, daß die Terme $m = 0$ und $m = 1$ zu dem Verhalten führen, welches wir auf einer weniger sicheren Grundlage bereits in Kapitel 24 für die Null- und Ein-Phonon-Prozesse ermitteln konnten.

1. Null-Phononen-Beitrag ($m = 0$) Ersetzen wir die Exponentialfunktion zur äußersten Rechten in (N.18) durch Eins, so kann man die Summe über $\mathbf{R}$ mittels (L.12) berechnen, das Zeitintegral reduziert sich wie in (N.9) auf eine δ-Funktion und der Null-Phononen-Beitrag zu $S(\mathbf{q}, \omega)$ ergibt sich damit zu

$$\boxed{S_{(0)}(\mathbf{q}, \omega) = e^{-2W} \delta(\omega) N \sum_{\mathbf{K}} \delta_{\mathbf{q}, \mathbf{K}}.} \tag{N.20}$$

Aufgrund des Vorhandenseins der δ-Funktion muß die Streuung elastisch sein. Integriert man über die Energien der Endzustände, so erhält man

$$\frac{d\sigma}{d\Omega} = \int dE \frac{d\sigma}{d\Omega \, dE} = e^{-2W} (Na)^2 \sum_{\mathbf{K}} \delta_{\mathbf{q}, \mathbf{K}}. \tag{N.21}$$

Genau dieses Verhalten erwartet man von Bragg-reflektierten Neutronen: Die Streuung ist elastisch und tritt ausschließlich für Impulsüberträge auf, die gleich einem Produkt aus $\hbar$ und einem Vektor des reziproken Gitters sind. Daß es sich bei der Bragg-Streuung um einen kohärenten Prozeß handelt, spiegelt sich darin wider, daß der Streuquerschnitt proportional ist zum Produkt aus N^2 und dem Querschnitt a^2 eines einzelnen Streuers – und nicht etwa einfach proportional zum N-fachen des einzelnen Streuquerschnittes. Somit kombinieren die *Streuamplituden* – nicht die Streuquerschnitte – additiv. Der Einfluß der Wärmeschwingung der Atomrümpfe um ihre Gleichgewichtslagen ist vollständig im Faktor e^{-2W} enthalten, dem sogenannten Debye-Waller-Faktor. Da der mittlere quadratische Abstand $\langle[\mathbf{u}(0)]^2\rangle$ eines Atomrumpfes von seiner Gleichgewichtslage mit steigender Temperatur größer wird, so vermindert die Wärmebewegung der Atomrümpfe die Intensitäten der Bragg-Maxima, bringt sie aber nicht *vollständig* zum Verschwinden – wie man es in den frühen Tagen der Röntgenstreuung befürchtet hatte.[6]

2. Ein-Phonon-Beitrag ($m = 1$)   Um den Beitrag des Terms $m = 1$ in (N.19) zu $d\sigma/(d\Omega\, dE)$ zu berechnen, muß man die Gestalt des Ausdrucks

$$\langle[\mathbf{q}\cdot\mathbf{u}(0)][\mathbf{q}\cdot\mathbf{u}(\mathbf{R},t)]\rangle \tag{N.22}$$

betrachten. Dies gelingt auf einfache Weise mittels der Beziehungen (L.14) sowie unter Verwendung der Zusammenhänge[7]

$$\begin{aligned}
a_{\mathbf{k}s}(t) &= a_{\mathbf{k}s}e^{-i\omega_s(\mathbf{k})t}, & a_{\mathbf{k}s}^{\dagger}(t) &= a_{\mathbf{k}s}^{\dagger}e^{i\omega_s(\mathbf{k})t}, \\
\langle a_{\mathbf{k}'s'}^{\dagger}a_{\mathbf{k}s}\rangle &= n_s(\mathbf{k})\,\delta_{\mathbf{k}\mathbf{k}'}\delta_{ss'}, & \langle a_{\mathbf{k}s}^{\dagger}a_{\mathbf{k}'s'}^{\dagger}\rangle &= 0, \\
\langle a_{\mathbf{k}s}a_{\mathbf{k}'s'}^{\dagger}\rangle &= [1+n_s(\mathbf{k})]\,\delta_{\mathbf{k}\mathbf{k}'}\delta_{ss'}, & \langle a_{\mathbf{k}s}a_{\mathbf{k}'s'}\rangle &= 0.
\end{aligned} \tag{N.23}$$

Man erhält so

$$S_{(1)}(\mathbf{q},\omega) = e^{-2W}\sum_s \frac{\hbar}{2M\omega_s(\mathbf{q})}$$
$$\cdot [\mathbf{q}\cdot\boldsymbol{\epsilon}_s(\mathbf{q})]^2\,([1+n_s(\mathbf{q})]\,\delta[\omega+\omega_s(\mathbf{q})] + n_s(\mathbf{q})\,\delta[\omega-\omega_s(\mathbf{q})]). \tag{N.24}$$

Setzt man diesen Ausdruck in (N.14) ein, so erhält man für den Ein-Phonon-Wirkungsquerschnitt

$$\frac{d\sigma}{d\Omega\, dE} = Ne^{-2W}\frac{p'}{p}\,a^2\sum_s \frac{1}{2M\omega_s(\mathbf{q})}$$
$$\cdot [\mathbf{q}\cdot\boldsymbol{\epsilon}_s(\mathbf{q})]^2\,([1+n_s(\mathbf{q})]\,\delta[\omega+\omega_s(\mathbf{q})] + n_s(\mathbf{q})\,\delta[\omega-\omega_s(\mathbf{q})]). \tag{N.25}$$

Beachten Sie, daß dieser Ausdruck tatsächlich verschwindet, sobald die Ein-Phonon-Erhaltungssätze (24.9) oder (24.10) nicht erfüllt sind. Somit hat der Verlauf von $d\sigma/(d\Omega\, dE)$ als Funktion der Energie die Gestalt einer Reihe von scharf ausgeprägten, deltafunktionsartigen Peaks bei den erlaubten Endenergien der Neutronen.

---

[6] Dies ist ein Merkmal der langreichweitigen Ordnung, die in einem realen Kristall immer besteht.

[7] Hier wie in (23.10) ist $n_s(\mathbf{q})$ der Bose-Einstein-Besetzungsfaktor für Phononen in der Mode s mit Wellenvektor $\mathbf{q}$ und Energie $\hbar\omega_s(\mathbf{q})$.

Anhand dieser Struktur kann man Ein-Phonon-Prozesse von sämtlichen weiteren Termen in der Multiphononen-Entwicklung von S oder des Wirkungsquerschnittes unterscheiden, da – wie man zeigen kann – alle diese übrigen Terme glatte Funktionen der Endenergie der Neutronen sind. Beachten Sie, daß die Intensität der Ein-Phonon-Maxima mit demselben Debye-Waller-Faktor moduliert ist, der auch die Intensität der Bragg-Maxima vermindert. Beachten Sie außerdem den Faktor $[\mathbf{q} \cdot \boldsymbol{\epsilon}_s(\mathbf{q})]^2$, der es gestattet, Information über die Polarisationsvektoren der Phononen zu gewinnen. Schließlich gelten die thermischen Faktoren $n_s(\mathbf{q})$ und $1 + n_s(\mathbf{q})$ für Prozesse, bei welchen Phononen absorbiert beziehungsweise erzeugt werden. Diese Faktoren sind typisch für Prozesse, die mit der Erzeugung oder Vernichtung von Bose-Einstein-Teilchen einhergehen und zeigen an – was realistisch erscheint – daß bei sehr niedrigen Temperaturen Prozesse dominieren, bei welchen Phononen erzeugt werden – sofern diese Prozesse durch die Erhaltungssätze erlaubt sind.

Anwendung auf die Röntgenstreuung

Abgesehen vom Faktor $(p'/p)a^2$, welcher der Dynamik der Neutronen eigentümlich ist, sollte der inelastische Streuquerschnitt für Röntgenstrahlen exakt dieselbe Form haben wie (N.14). In diesem Falle kann man jedoch im allgemeinen die – im Vergleich mit typischen Röntgenenergien geringfügigen – Energieverluste oder Energiegewinne bei Ein-Phonon-Prozessen nicht auflösen, und muß deshalb tatsächlich den Streuquerschnitt über sämtliche Endenergien integrieren:

$$\frac{d\sigma}{d\Omega} \sim \int d\omega \, S(\mathbf{q}, \omega) \sim e^{-2W} \sum_{\mathbf{R}} e^{-i\mathbf{q}\cdot\mathbf{R}} \exp\langle [\mathbf{q} \cdot \mathbf{u}(0)][\mathbf{q} \cdot \mathbf{u}(\mathbf{R}, t)]\rangle. \quad \text{(N.26)}$$

Dieses Ergebnis läßt sich auf einfache Weise in Beziehung setzen zu unserer Behandlung der Röntgenstreuung in Kapitel 6, bei der wir vom Modell des statischen Gitters ausgingen: In diesem Kapitel folgerten wir, daß die Streuung im Falle eines einatomigen Bravaisgitters proportional zum Faktor

$$\left| \sum_{\mathbf{R}} e^{i\mathbf{q}\cdot\mathbf{R}} \right|^2 \quad \text{(N.27)}$$

sein sollte. Gleichung (N.26) verallgemeinert dieses Ergebnis dahingehen, daß nunmehr die Atomrümpfe aus ihren Gleichgewichtslagen verschoben werden können, $\mathbf{R} \to \mathbf{R} + \mathbf{u}(\mathbf{R})$, und außerdem ein thermodynamischer Gleichgewichts-Mittelwert über die Konfigurationen der Atomrümpfe gebildet wird.

Durch Einführen der Multiphonon-Entwicklung in (N.26) ergeben sich die Frequenzintegrale der einzelnen Terme in der Multiphonon-Entwicklung für den Neutronenfall. Die Null-Phononen-Terme führen weiterhin zu den Bragg-Maxima, vermindert durch den Debye-Waller-Faktor – ein Aspekt der Bragg-Intensität, den wir bei unserer Behandlung in Kapitel 6 nicht berücksichtigten. Der Ein-Phonon-Term liefert einen Streuquerschnitt, der proportional ist zu

$$\int d\omega \, S_{(1)}(\mathbf{q}, \omega) = e^{-2W} \sum_s \frac{\hbar}{2M\omega_s(\mathbf{q})} (\mathbf{q} \cdot \epsilon_s(\mathbf{q}))^2 \coth(\frac{1}{2}\beta\hbar\omega_s(\mathbf{q})), \quad (N.28)$$

wobei $\mathbf{q}$ die Änderung des Wellenvektors der Röntgenstrahlung bezeichnet. Da die Energieänderung der Röntgenphotonen winzig ist, so ist $\mathbf{q}$ vollständig bestimmt durch die Energie der einfallenden Röntgenstrahlung und die Beobachtungsrichtung. Man kann die Beiträge zu (N.28) von Termen, die auf verschiedene Zweige des Phononenspektrums zurückgehen, experimentell voneinander trennen, indem man die Streuung bei mehreren unterschiedlichen Werten von $\mathbf{q}$ ausführt, die sich jeweils um Vektoren des reziproken Gitters voneinander unterscheiden. Das Hauptproblem besteht jedoch darin, den Beitrag (N.28) der Ein-Phonon-Prozesse zum gesamten Streuquerschnitt vom Beitrag der Multiphononenterme zu trennen, da die charakteristische Struktur der Ein-Phonon-Terme ausschließlich in ihrer singulären Energieabhängigkeit besteht, die aber verloren geht, sobald das Integral über ω ausgeführt wurde. Man kann in der Praxis nicht viel mehr tun, als zu versuchen, die Größe des Multiphononenbeitrags aus dem allgemeinen Ergebnis (N.26) abzuschätzen. Als Alternative bleibt noch die Möglichkeit, bei solch niedrigen Temperaturen und hinreichend kleinen Impulsüberträgen q zu arbeiten, daß die Entwicklung (N.19) rasch konvergiert. Wären Kristalle streng klassische Gebilde, so wäre dies in jedem Falle möglich, da die Abweichungen des Kristalls von der Gleichgewichtskonfiguration der Atomrümpfe mit $T \to 0$ verschwinden würden. Unvorteilhafterweise führen die Atomrümpfe auch bei $T = 0$ Nullpunktsschwingungen aus, so daß es eine intrinsische Beschränkung für die Geschwindigkeit gibt, mit der die Multiphonon-Entwicklung konvergieren kann.

Anhang O:
Anharmonische Terme und
n-Phononen-Prozesse

Mit Hilfe der Gleichung (L.14) kann man einen anharmonischen Term n-ten Grades in den Auslenkungen $\mathbf{u}$ der Atomrümpfe durch die Erzeugungs- und Vernichtungsoperatoren der Normalschwingungen, a und $a^\dagger$, ausdrücken. Ein solcher Term ist dann eine Linearkombination von Produkten aus m Vernichtungsoperatoren, $a_{\mathbf{k}_1 s_1}, \ldots, a_{\mathbf{k}_m s_m}$, und $n - m$ Erzeugungsoperatoren, $a^\dagger_{\mathbf{k}_{m+1} s_{m+1}}, \ldots, a^\dagger_{\mathbf{k}_n s_n}$ (mit $0 \leqslant m \leqslant n$). Die Wirkung eines jeden dieser Produkte auf einen Zustand, der durch einen bestimmten Satz von Phononen-Besetzungszahlen $n_{\mathbf{k}s}$ charakterisiert wird, erzeugt einen Zustand, dessen $n_{\mathbf{k}s}$ im Vergleich zum Ausgangszustand unverändert bleiben, außer für $\mathbf{k}s = \mathbf{k}_1 s_1, \ldots, \mathbf{k}_m s_m$, in welchem Falle die entsprechenden Besetzungszahlen um eins erniedrigt werden, sowie für $\mathbf{k}s = \mathbf{k}_{m+1} s_{m+1}, \ldots, \mathbf{k}_n s_n$, in welchem Falle sie um eins erhöht werden. Demnach hat ein anharmonischer Term n-ten Grades von null verschiedene Matrixelemente nur zwischen Zuständen, von deren Besetzungszahlen genau n voneinander verschieden sind.[1]

---

[1] Bei der überwiegenden Mehrheit der Terme in der Entwicklung eines beliebigen anharmonischen Terms sind sämtliche $\mathbf{k}_i s_i$ voneinander verschieden, es sei denn, der Kristall wäre mikroskopisch klein. Der Beitrag von Termen, bei welchen sich die Besetzungszahl einer bestimmten Mode um zwei oder mehr ändert, ist im Grenzfall eines großen Kristalls vernachlässigbar.

Anhang P:
Berechnung des Landéschen g-Faktors

Wir nehmen auf beiden Seiten von (31.34) das Vektorprodukt mit $\langle JLSJ_z'|\mathbf{J}|JLSJ_z'\rangle$ und summieren über J_z' bei festem J. Da die Matrixelemente von $\mathbf{J}$ zwischen Zuständen mit verschiedenen Werten von J null sind, könnten wir ebenso gut über alle Zustände in der $(2L+1)(2S+1)$-dimensionalen Mannigfaltigkeit mit gegebenen Werten von L und S summieren. Nachdem wir dies erkannt haben, verwenden wir die Vollständigkeitsrelation

$$\sum_{JJ_z'} |JLSJ_z'\rangle\langle JLSJ_z'| = 1, \tag{P.1}$$

um die Summen von Produkten von Matrixelementen durch die Matrixelemente der Operatorprodukte zu ersetzen:

$$\langle JLSJ_z|(L + g_0\mathbf{S})\cdot\mathbf{J}|JLSJ_z\rangle = g(JLS)\langle JLSJ_z|\mathbf{J}^2|JLSJ_z\rangle. \tag{P.2}$$

Nun stellen wir einfach fest, daß es uns die Identitäten

$$\mathbf{S}^2 = (\mathbf{J} - \mathbf{L})^2 = \mathbf{J}^2 + \mathbf{L}^2 - 2\mathbf{L}\cdot\mathbf{J},$$
$$\mathbf{L}^2 = (\mathbf{J} - \mathbf{S})^2 = \mathbf{J}^2 + \mathbf{S}^2 - 2\mathbf{S}\cdot\mathbf{J},$$

$$\langle JLSJ_z| \left\{\begin{array}{c}\mathbf{J}^2 \\ \mathbf{L}^2 \\ \mathbf{S}^2\end{array}\right\} |JLSJ_z\rangle = \left\{\begin{array}{c}J(J+1) \\ L(L+1) \\ S(S+1)\end{array}\right\} \tag{P.3}$$

zwischen den Operatoren gestatten, (P.2) in der Form

$$\begin{aligned}
g(JLS)J(J+1) &= \langle JLSJ_z|(\mathbf{L}\cdot\mathbf{J})|JLSJ_z\rangle + g_0\langle JLSJ_z|(\mathbf{S}\cdot\mathbf{J})|JLSJ_z\rangle \\
&= \frac{1}{2}\left[J(J+1) + L(L+1) - S(S+1)\right] \\
&\quad + \frac{g_0}{2}\left[J(J+1) + S(S+1) - L(L+1)\right]
\end{aligned} \tag{P.4}$$

zu schreiben, was zu (31.37) äquivalent ist.

Index

1A

LEGENDE

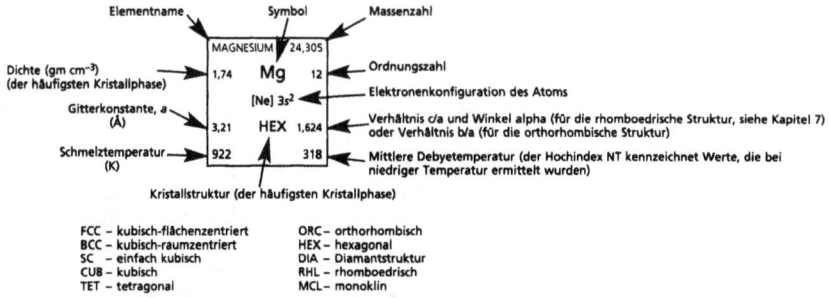

Legende-Beschriftung:
- Elementname → Symbol → Massenzahl
- MAGNESIUM · 24,305
- Dichte (gm cm⁻³) (der häufigsten Kristallphase) → 1,74 **Mg** 12 → Ordnungszahl
- [Ne] 3s² → Elektronenkonfiguration des Atoms
- Gitterkonstante, a (Å) → 3,21 HEX 1,624 → Verhältnis c/a und Winkel alpha (für die rhomboedrische Struktur, siehe Kapitel 7) oder Verhältnis b/a (für die orthorhombische Struktur)
- Schmelztemperatur (K) → 922 — 318 → Mittlere Debyetemperatur (der Hochindex NT kennzeichnet Werte, die bei niedriger Temperatur ermittelt wurden)
- Kristallstruktur (der häufigsten Kristallphase)

Abkürzung	Bedeutung	Abkürzung	Bedeutung
FCC	kubisch-flächenzentriert	ORC	orthorhombisch
BCC	kubisch-raumzentriert	HEX	hexagonal
SC	einfach kubisch	DIA	Diamantstruktur
CUB	kubisch	RHL	rhomboedrisch
TET	tetragonal	MCL	monoklin

Gruppe 1A

- **WASSERSTOFF** 1,0079 — 0,089 H 1 — 1s¹ — 3,75 HEX 1,731 — 14,0 | 110
- **LITHIUM** 6,941 — 0,53 Li 3 — 1s²2s¹ — 3,49 BCC — 453 | 400
- **NATRIUM** 22,9898 — 0,97 Na 11 — [Ne] 3s¹ — 4,23 BCC — 371,0 | 150
- **KALIUM** 39,09 — 0,86 K 19 — [Ar] 4s¹ — 5,23 BCC — 337 | 100
- **RUBIDIUM** 85,47 — 1,53 Rb 37 — [Kr] 5s¹ — 5,59 BCC — 312 | 56LT
- **CÄSIUM** 132,91 — 1,90 Cs 55 — [Xe] 6s¹ — 6,05 BCC — 302 | 40LT
- **FRANKIUM** 223 — Fr 87 — [Rn] 7s¹ — (BCC) — (300)

Gruppe 2A

- **BERYLLIUM** 9,0122 — 1,85 Be 4 — 1s²2s² — 2,29 HEX 1,567 — 1550 | 1000
- **MAGNESIUM** 24,305 — 1,74 Mg 12 — [Ne] 3s² — 3,21 HEX 1,624 — 922 | 318
- **CALCIUM** 40,08 — 1,54 Ca 20 — [Ar] 4s² — 5,58 FCC — 1111 | 230
- **STRONTIUM** 87,62 — 2,60 Sr 38 — [Kr] 5s² — 6,08 FCC — 1043 | 147LT
- **BARIUM** 137,34 — 3,5 Ba 56 — [Xe] 6s² — 5,02 BCC — 998 | 110LT
- **RADIUM** 226 — (5,0) Ra 88 — [Rn] 7s² — 973

Gruppe 3B

- **SCANDIUM** 44,956 — 2,99 Sc 21 — [Ar] 3d¹4s² — 3,31 HEX 1,594 — 1812 | 359LT
- **YTTRIUM** 88,91 — 4,46 Y 39 — [Kr] 4d¹5s² — 3,65 HEX 1,571 — 1796 | 256LT
- **LANTHAN** 138,91 — 6,17 La 57 — [Xe] 5d¹6s² — 3,75 HEX 1,619 — 1193 | 132
- **ACTINIUM** 227 — 10,1 Ac 89 — [Rn] 6d¹7s² — 5,31 FCC — 1323

Gruppe 4B

- **TITAN** 47,90 — 4,51 Ti 22 — [Ar] 3d²4s² — 2,95 HEX 1,588 — 1933 | .380
- **ZIRKON** 91,22 — 6,49 Zr 40 — [Kr] 4d²5s² — 3,23 HEX 1,593 — 2125 | 250
- **HAFNIUM** 178,49 — 13,1 Hf 72 — [Xe] 4f¹⁴5d²6s² — 3,20 HEX 1,582 — 2495

Gruppe 5B

- **VANADIUM** 50,942 — 6,1 V 23 — [Ar] 3d³4s² — 3,02 BCC — 2163 | 390
- **NIOB** 92,91 — 8,4 Nb 41 — [Kr] 4d⁴5s¹ — 3,30 BCC — 2741 | 275
- **TANTAL** 180,95 — 16,6 Ta 73 — [Xe] 4f¹⁴5d³6s² — 3,31 BCC — 225

Gruppe 6B

- **CHROM** 52,00 — 7,19 Cr 24 — [Ar] 3d⁵4s¹ — 2,88 BCC — 2130 | 460
- **MOLYBDEN** 95,94 — 10,2 Mo 42 — [Kr] 4d⁵5s¹ — 3,15 BCC — 2890 | 380
- **WOLFRAM** 183,85 — 19,3 W 74 — [Xe] 4f¹⁴5d⁴6s² — 3,16 BCC — 3683 | 310

Gruppe 7B

- **MANGAN** 54,938 — 7,43 Mn 25 — [Ar] 3d⁵4s² — 8,89 CUB — 1518 | 400
- **TECHNETIUM** 98,91 — 11,5 Tc 43 — [Kr] 4d⁵5s² — 2,74 HEX 1,604 — 2445
- **RHENIUM** 186,2 — 21,0 Re 75 — [Xe] 4f¹⁴5d⁵6s² — 2,76 HEX 1,615 — 3453 | 416LT

Gruppe 8

- **EISEN** 55,85 — 7,86 Fe 26 — [Ar] 3d⁶4s² — 2,87 BCC — 1808 | 420
- **KOBALT** 58,93 — 8,9 Co 27 — [Ar] 3d⁷4s² — 2,51 HEX 1,622 — 1768 | 385
- **RUTHENIUM** 101,07 — 12,2 Ru 44 — [Kr] 4d⁷5s¹ — 2,70 HEX 1,584 — 2583 | 382LT
- **RHODIUM** 102,90 — 12,4 Rh 45 — [Kr] 4d⁸5s¹ — 3,80 FCC — 2239 | 350LT
- **OSMIUM** 190,20 — 22,6 Os 76 — [Xe] 4f¹⁴5d⁶6s² — 2,74 HEX 1,579 — 3318 | 400LT
- **IRIDIUM** 192,22 — 22,5 Ir 77 — [Xe] 4f¹⁴5d⁷6s² — 3,84 FCC — 2683 | 430

SELTENE ERDEN

LANTHANOIDE 6

- **CER** 140,12 — 6,77 Ce 58 — [Xe] 4f²5d⁰6s² — 5,16 FCC — 1071 | 139LT
- **PRÄSODYM** 140,91 — 6,77 Pr 59 — [Xe] 4f³5d⁰6s² — 3,67 HEX 1,614 — 1204 | 152LT
- **NEODYM** 144,24 — 7,00 Nd 60 — [Xe] 4f⁴5d⁰6s² — 3,66 HEX 1,614 — 1283 | 157LT
- **PROMETHIUM** 145 — Pm 61 — [Xe] 4f⁵5d⁰6s² — (1350)
- **SAMARIUM** 150,35 — 7,54 Sm 62 — [Xe] 4f⁶5d⁰6s² — 9,00 RHL 23°13' — 1345 | 166

ACTINOIDE 7

- **THORIUM** 232,04 — 11,7 Th 90 — [Rn] 6d²7s² — 5,08 FCC — 2020 | 100
- **PROACTINIUM** 231 — 15,4 Pa 91 — [Rn] 5f²6d¹7s² — 3,92 TET 0,825 — 1470
- **URAN** 238,03 — 19,07 U 92 — [Rn] 5f³6d¹7s² — 2,85 ORC 2,056/1,736 — 1406 | 210LT
- **NEPTUNIUM** 237,05 — 20,3 Np 93 — [Rn] 5f⁶6d⁰7s² — 4,72 ORC 1,411/1,035 — 913 | 188LT
- **PLUTONIUM** 244 — 19,8 Pu 94 — [Rn] 5f⁶6d⁰7s² — MCL — 914 | 150LT

						HELIUM 4,0026
						0,179 **He** 2
						1s²
3A	**4A**	**5A**	**6A**	**7A**		3,57 HEX 1,633
						~1,0 (26 Atm) 26^LT

BOR 10,81	KOHLENSTOFF 12,01	STICKSTOFF 14,007	SAUERSTOFF 15,999	FLUOR 18,998	NEON 20,18
2,34 **B** 5	2,26 **C** 6	1,03 **N** 7	1,43 **O** 8	1,97 (α) **F** 9	1,56 **Ne** 10
1s²2s²2p¹	1s²2s²2p²	1s²2s²2p³	1s²2s²2p⁴	1s²2s²2p⁵	1s²2s²2p⁶
8,73 TET 0,576	3,57 DIA	4,039 HEX 1,651	6,83 CUB	MCL	4,43 FCC
2600 · 1250	(4300) · 1860	63,3 (β)79^LT	54,7 (γ)46^LT	53,5	24,5 · 63

ALUMINIUM 26,982	SILIZIUM 28,086	PHOSPHOR 30,974	SCHWEFEL 32,064	CHLOR 35,453	ARGON 39,948
2,70 **Al** 13	2,33 **Si** 14	1,82 (weiß) **P** 15	2,07 **S** 16	2,09 **Cl** 17	1,78 **Ar** 18
[Ne] 3s²3p¹	[Ne] 3s²3p²	[Ne] 3s²3p³	[Ne] 3s²3p⁴	[Ne] 3s²3p⁵	[Ne] 3s²3p⁶
4,05 FCC	5,43 DIA	7,17 CUB	10,47 ORC 2,339/1,229	6,24 ORC 1,324/0,718	5,26 FCC
933 · 394	1683 · 625	317,3	386	172,2	83,9 · 85

1B **2B**

NICKEL 58,71	KUPFER 63,55	ZINK 65,38	GALLIUM 69,72	GERMANIUM 72,59	ARSEN 74,922	SELEN 78,96	BROM 79,91	KRYPTON 83,80
8,9 **Ni** 28	8,96 **Cu** 29	7,14 **Zn** 30	5,91 **Ga** 31	5,32 **Ge** 32	5,72 **As** 33	4,79 **Se** 34	4,10 **Br** 35	3,07 **Kr** 36
[Ar] 3d⁸4s²	[Ar] 3d¹⁰4s¹	[Ar] 3d¹⁰4s²	[Ar] 3d¹⁰4s²4p¹	[Ar] 3d¹⁰4s²4p²	[Ar] 3d¹⁰4s²4p³	[Ar] 3d¹⁰4s²4p⁴	[Ar] 3d¹⁰4s²4p⁵	[Ar] 3d¹⁰4s²4p⁶
3,52 FCC	3,61 FCC	2,66 HEX 1,856	4,51 ORC 1,695/1,001	5,66 DIA	4,13 RHL 54°10'	4,36 HEX 1,136	6,67 ORC 1,307/0,672	5,72 FCC
1726 · 375	1356 · 315	693 · 234	303 · 240	1211 · 360	1090 · 285	490 · 150^LT	266	116,5 · 73^LT

PALLADIUM 106,40	SILBER 107,87	CADMIUM 112,40	INDIUM 114,82	ZINN 118,69	ANTIMON 121,75	TELLUR 127,60	JOD 126,90	XENON 131,30
12,0 **Pd** 46	10,5 **Ag** 47	8,65 **Cd** 48	7,31 **In** 49	7,30 **Sn** 50	6,62 **Sb** 51	6,24 **Te** 52	4,94 **I** 53	3,77 **Xe** 54
[Kr] 4d¹⁰5s⁰	[Kr] 4d¹⁰5s¹	[Kr] 4d¹⁰5s²	[Kr] 4d¹⁰5s²5p¹	[Kr] 4d¹⁰5s²5p²	[Kr] 4d¹⁰5s²5p³	[Kr] 4d¹⁰5s²5p⁴	[Kr] 4d¹⁰5s²5p⁵	[Kr] 4d¹⁰5s²5p⁶
3,89 FCC 1,584	4,09 FCC	2,98 HEX 1,886	4,59 TET 1,076	5,82 TET 0,546	4,51 RHL 57°6'	4,45 HEX 1,330	7,27 ORC 1,347/0,659	6,20 FCC
1825 · 375	1234 · 215	594 · 120	429,8 · 129	505 · 170	904 · 200	723 · 139^LT	387	161,3 · 55^LT

PLATIN 195,09	GOLD 196,97	QUECKSILBER 200,59	THALLIUM 204,37	BLEI 207,19	WISMUTH 208,98	POLONIUM 210	ASTAT 210	RADON 222
21,4 **Pt** 78	19,3 **Au** 79	13,6 **Hg** 80	11,85 **Tl** 81	11,4 **Pb** 82	9,8 **Bi** 83	9,4 **Po** 84	**At** 85	(4,4) **Rn** 86
[Xe] 4f¹⁴5d¹⁰6s⁰	[Xe] 4f¹⁴5d¹⁰6s¹	[Xe] 4f¹⁴5d¹⁰6s²	[Xe] 4f¹⁴5d¹⁰6s²6p¹	[Xe] 4f¹⁴5d¹⁰6s²6p²	[Xe] 4f¹⁴5d¹⁰6s²6p³	[Xe] 4f¹⁴5d¹⁰6s²6p⁴	[Xe] 4f¹⁴5d¹⁰6s²6p⁵	[Xe] 4f¹⁴5d¹⁰6s²6p⁶
3,92 FCC	4,08 FCC	2,99 RHL 70°45'	3,46 HEX 1,599	4,95 FCC	4,75 RHL 57°14'	3,35 SC	SC	(FCC)
2045 · 230	1337 · 170	234,3 · 100	577 · 96	601 · 88	544,5 · 120	527	(575)	(202)

EUROPIUM 151,96	GADOLINIUM 157,25	TERBIUM 158,92	DYSPROSIUM 162,50	HOLMIUM 164,93	ERBIUM 167,26	THULIUM 168,93	YTTERBIUM 173,04	LUTETIUM 174,97
7,90 **Eu** 63	8,23 **Gd** 64	8,54 **Tb** 65	8,78 **Dy** 66	9,05 **Ho** 67	9,37 **Er** 68	9,31 **Tm** 69	6,97 **Yb** 70	9,84 **Lu** 71
[Xe] 4f⁷5d⁰6s²	[Xe] 4f⁷5d¹6s²	[Xe] 4f⁹5d⁰6s²	[Xe] 4f¹⁰5d⁰6s²	[Xe] 4f¹¹5d⁰6s²	[Xe] 4f¹²5d⁰6s²	[Xe] 4f¹³5d⁰6s²	[Xe] 4f¹⁴5d⁰6s²	[Xe] 4f¹⁴5d¹6s²
4,61 BCC	3,64 HEX 1,588	3,60 HEX 1,581	3,59 HEX 1,573	3,58 HEX 1,570	3,56 HEX 1,570	3,54 HEX 1,570	5,49 FCC	3,51 HEX 1,585
1095 · 107^LT	1585 · 176^LT	1633 · 188^LT	1680 · 186^LT	1743 · 191^LT	1795 · 195^LT	1818 · 200^LT	1097 · 118^LT	1929 · 207^LT

AMERICIUM 243	CURIUM 247	BERKELIUM 247	CALIFORNIUM 251	EINSTEINIUM 254	FERMIUM 257	MENDELEVIUM 256	NOBELIUM 254	LAWRENCIUM 257
11,8 **Am** 95	**Cm** 96	**Bk** 97	**Cf** 98	**Es** 99	**Fm** 100	**Md** 101	**No** 102	**Lw** 103
[Rn] 5f⁷6d⁰7s²	[Rn] 5f⁷6d¹7s²	[Rn] 5f⁹6d⁰7s²	[Rn] 5f¹⁰6d¹7s²					
1267	1600							

WERTE GRUNDLEGENDER KONSTANTEN

Größe		CGS-Einheiten	MKS-Einheiten (SI)
Ladung des Elektrons	1,60219 ·	—	10^{-19} Coulomb
	4,80324 ·	10^{-10} esu	—
Elektronenvolt (eV)	1,60219 ·	10^{-12} erg·eV^{-1}	10^{-19} J· eV^{-1}
Ruhemasse des Elektrons(m)	9,1095 ·	10^{-28} g	10^{-31} kg
Plancksche Konstante (h)	6,6262 ·	10^{-27} erg·s	10^{-34}J·s
Plancksche Konstante (h)	4,1357 ·	10^{-15} eV·s	10^{-15} eV·s
Plancksche Konstante ($\hbar$)	1,05459 ·	10^{-27} erg·s	10^{-34}J·s
Plancksche Konstante ($\hbar$)	6,5822 ·	10^{-16} eV·s	10^{-16} eV·s
Bohrscher Radius ($a_0 = \hbar^2/me^2$)	0,529177 ·	10^{-8} cm	10^{-10} m
Rydberg (Ry $= \hbar^2/2ma_0^2$)	13,6058 ·	1 eV	1 eV
Lichtgeschwindigkeit (c)	2,997925 ·	10^{10} cm·s^{-1}	10^8 m·s^{-1}
Feinstrukturkonstante			
($\alpha = e^2/\hbar c$)	7,2973 ·	10^{-3}	10^{-3}
(α^{-1})	137,036 ·	1	1
Avogadrozahl (N_A)	6,022 ·	10^{23}mol^{-1}	10^{23}mol^{-1}
Boltzmannkonstante (k_B)	1,3807 ·	10^{-16} erg·K^{-1}	10^{-23} J·K^{-1}
Boltzmannkonstante (k_B)	8,617 ·	10^{-5} eV·K^{-1}	10^{-5} eV·K^{-1}
Gaskonstante (R)	8,314 ·	10^7 erg·K^{-1}mol^{-1}	1 J·K^{-1}mol^{-1}
Mechanisches Wärme-			
äquivalent	4,184 ·	10^7 erg·cal^{-1}	1 J·cal^{-1}
Energie $k_B T$ ($T = 273,15$ K)	2,3538 ·	10^{-2} eV	10^{-2} eV
Konstante in $\hbar\omega/k_B T$			
($\hbar/k_B$)	7,6383 ·	10^{-12} K·s	10^{-12} K·s
Bohrsches Magneton			
($\mu_B = e\hbar/2mc$)	9,2741 ·	10^{-21} erg·G^{-1}	10^{-24} J·T^{-1}
Bohrsches Magneton (μ_B)	5,7884 ·	10^{-9} eV·G^{-1}	10^{-5} eV·T^{-1}
Konstante in $\mu_B H/k_B T$			
(μ_B/k_B)	6,7171 ·	10^{-5} K·G^{-1}	10^{-1} K·T^{-1}
Ruhemasse des Protons (m_p)	1,6726 ·	10^{-24} g	10^{-27} kg
Proton-Elektron-Massenverhältnis	1836,15 ·	1	1
Kernmagneton			
($\mu_K = e\hbar/2m_p c$)	5,0508 ·	10^{-24} erg·G^{-1}	10^{-27} J·T^{-1}

$$1 \text{ eV/Teilchen} \equiv 2,306 \cdot 10^4 \text{ cal} \cdot \text{mol}^{-1}$$
$$1 \text{ eV} \equiv 2,41796 \cdot 10^{14} \text{ Hz}$$
$$\equiv 8,0655 \cdot 10^3 \text{ cm}^{-1}$$
$$\equiv 1,1604 \cdot 10^4 \text{ K}$$

QUELLE: E. R. Cohen und B. N. Taylor, *Journal of Physical and Chemical Reference Data* **2** (4), 663 (1973).

www.ingramcontent.com/pod-product-compliance
Lightning Source LLC
Chambersburg PA
CBHW062014210326

41458CB00075B/5421